EUROPA-FACHBUCHREIHE
für Chemieberufe

Technische Mathematik für Chemieberufe

Grundlagen

Klaus Brink, Gerhard Fastert, Eckhard Ignatowitz

5. Auflage

W0004550

VERLAG EUROPA-LEHRMITTEL · Nourney, Vollmer GmbH & Co. KG
Düsselberger Straße 23 · 42781 Haan-Gruiten

Europa-Nr. 71314

Autoren:
Dr. Klaus Brink, StR — Leverkusen
Gew.-Lehrer Gerhard Fastert, OStR † — Stade
Dr. Eckhard Ignatowitz, StR — Waldbronn

Leitung des Arbeitskreises und Lektorat:
Dr. Eckhard Ignatowitz

Bildentwürfe: Die Autoren

Bildbearbeitung:
Zeichenbüro des Verlags Europa-Lehrmittel, Ostfildern

Foto des Buchtitelbildes: Mit freundlicher Genehmigung der
Dow Deutschland Anlagengesellschaft mbH, Stade

5. Auflage 2012, unveränderter ND 2018

Druck 5 – bei den Nachdrucken der Druckquoten 2 (2014), 3 (2016) und 4 (2017) lag je ein „Nachdruck mit Fehlerkorrektur" vor.

Alle Drucke derselben Auflage sind parallel einsetzbar, da sie bis auf die Behebung von Druckfehlern untereinander unverändert sind.

ISBN 978-3-8085-7135-4

Alle Rechte vorbehalten. Das Werk ist urheberrechtlich geschützt. Jede Verwertung außerhalb der gesetzlich geregelten Fälle muss vom Verlag schriftlich genehmigt werden.

© 2012 by Verlag Europa-Lehrmittel, Nourney, Vollmer GmbH & Co. KG, 42781 Haan-Gruiten

Umschlaggestaltung: Atelier PmbH, 35088 Battenberg

Satz: Satz+Layout Werkstatt Kluth GmbH, 50374 Erftstadt

Druck: M.P. Media-Print Informationstechnologie GmbH, 33100 Paderborn

Vorwort

Das Buch TECHNISCHE MATHEMATIK FÜR CHEMIEBERUFE ist ein Lehr-, Lern- und Übungsbuch für die schulische und betriebliche Ausbildung im Unterrichtsfach Technische Mathematik.

Es ist besonders für die Ausbildung in den Produktionsberufen der chemischen Industrie geeignet: zum Chemikant und zur Produktionsfachkraft Chemie.

Darüber hinaus kann es für die Ausbildung zur Fachkraft für Wasserversorgungstechnik bzw. Abwassertechnik, für Papiermacher, für Textilreiniger und Färberei-Textilveredler sowie verschiedene Laborberufe verwendet werden.

Hilfreich kann es auch an Berufsfachschulen, Fachoberschulen, Meister-Fachschulen, Chemotechniker-Fachschulen und bei Weiterbildungskursen in der chemischen Industrie eingesetzt werden.

Zudem bietet es eine fachmathematische Einführung für ein Chemie- bzw. Chemieingenieurstudium.

Das Buch vermittelt neben mathematischen Grundkenntnissen vor allem berufsbezogene fachmathematische Kenntnisse aus den Bereichen allgemeine Chemie und analytische Chemie, technikorientierte Sachgebiete aus der Physik sowie Messtechnik.

Die Stoffauswahl basiert auf dem Rahmenlehrplan der Kultusministerkonferenz sowie den Lehrplänen der Bundesländer des Ausbildungsberufes Chemikant. Darüber hinaus wurden Ergänzungen für die anderen Berufe und Schularten aufgenommen.

Die Kapitel des Buches lauten:

1 Mathematische Grundlagen, praktisches Rechnen
2 Auswertung von Messwerten und Prozessdaten
3 Ausgewählte physikalische Berechnungen
4 Stöchiometrische Berechnungen
5 Rechnen mit Gehaltsgrößen von Mischungen
6 Berechnungen zum Verlauf chemischer Reaktionen
7 Analytische Bestimmungen
8 Berechnungen zur Elektrizitätslehre
9 Berechnungen zur Wärmelehre
10 Bestimmung von Produkteigenschaften
11 Qualitätssicherung

Die Lerninhalte sind nach einem einheitlichen methodischen Grundkonzept dargeboten:

Nach einer kurzen Einführung in die theoretischen Sachverhalte werden die zur Berechnung erforderlichen Größengleichungen abgeleitet oder gegeben und die Einheiten der physikalischen Größen erläutert.

Darauf folgt die ausführliche Darstellung des Rechengangs an ein oder zwei typischen Aufgabenbeispielen. Zum eigenständigen Üben steht eine umfangreiche Sammlung von Aufgaben zum gerade dargebotenen Lerninhalt zur Verfügung.

Am Ende jedes Großkapitels folgt eine Zusammenstellung von gemischten Aufgaben, die zur Leistungskontrolle oder zur Prüfungsvorbereitung verwendet werden können.

Beim chemischen Rechnen wird als Lösungsmethode überwiegend das Rechnen mit Größengleichungen eingesetzt. Aber auch das Schlussrechnen wird eingeführt und in dafür typischen Aufgabenbeispielen durchgerechnet.

Das Buch ist durchgängig auf die Verwendung von Taschenrechner und PC konzipiert. Dabei werden das Runden und das Rechnen mit den signifikanten Ziffern eingeführt und im ganzen Buch konsequent berücksichtigt. Auch die Prozessdatenauswertung mit Tabellenkalkulationsprogrammen und die grafische Darstellung mit Rechnern wird an berufstypischen Beispielen geübt.

Das Buch hat ein ausführliches Sachwortverzeichnis mit der englischen Übersetzung der Fachausdrücke. Es kann als **Sachwort-Lexikon** genutzt werden.

Zum Buch TECHNISCHE MATHEMATIK FÜR CHEMIEBERUFE gibt es ein **Lösungsbuch**, EUROPA-Nr. 71411, in dem für alle Aufgaben ein Lösungsvorschlag mit Ergebnis durchgerechnet ist.

Die weiteren Themen zur Ausbildung zum Chemikanten bzw. für die Meister- und Techniker-Ausbildung im Fachbereich Chemietechnik sind in dem Buch **BERECHNUNGEN ZUR CHEMIETECHNIK**, EUROPA-Nr. 71378 dargestellt. Die Kapitel dieses Buches lauten:

1 Berechnungen zu Komponenten der Chemieanlage
2 Berechnungen zur Messtechnik
3 Berechnungen zur Qualitätssicherung
4 Berechnungen zur Aufbereitungstechnik
5 Berechnungen zu mechanischen Trennprozessen
6 Berechnungen zur Heiz- und Kühltechnik
7 Berechnungen zu thermischen Trennverfahren
8 Berechnungen zur Regelungstechnik
9 Berechnungen zur Steuerungstechnik
10 Berechnungen zur Reaktionstechnik

Die Autoren

Sommer 2012

Inhaltsverzeichnis

1 Mathematische Grundlagen, praktisches Rechnen

Basis des Rechnens in der Chemie sind die grundlegenden mathematischen Rechnungsarten sowie deren praktische Anwendung mit dem Taschenrechner oder dem Computer.

1.1 Zahlenarten

Beim Rechnen unterscheidet man die **bestimmten Zahlen** sowie die **allgemeinen Zahlen**.
Während die bestimmten Zahlen einen festen Wert haben, wie z. B. 3, 9, 5, ½ usw., stehen die allgemeinen Zahlen als Platzhalter für beliebige Zahlen, wie z. B. *x*, *y*, *z*.

Bestimmte Zahlen

Die bestimmten Zahlen kann man weiter in verschiedene Zahlenarten untergliedern.

Zahlenarten der bestimmten rationalen Zahlen	Beispiele
Natürliche Zahlen: Sie sind die zum Zählen benutzten Zahlen. Es sind **positive ganze Zahlen** sowie Null (0). Sie werden normalerweise ohne Pluszeichen (+) geschrieben.	0, 1, 2, 3, 4, ..., 10, 11, 12, ..., 37, ..., 59, 60, 61, ..., 107, ...
Die **negativen ganzen Zahlen** erhält man durch Subtrahieren einer größeren natürlichen Zahl von einer kleineren natürlichen Zahl. Beispiel: 5 – 7 = –2; 15 – 29 = –14	–1, –2, –3, ..., –18, –19, ...
Die **ganzen Zahlen** umfassen die natürlichen Zahlen (positive ganze Zahlen) und die negativen ganzen Zahlen.	0, 1, 2, 3, 4, ..., 71, 72, 73, ... –1, –2, –3, –4, ..., –21, –22, ...
Gebrochene Zahlen, auch **Bruchzahlen** genannt, sind Quotienten aus zwei ganzen Zahlen. Quotient ist der Name für einen Bruch, d. h. eine nicht ausgeführte Divisionsaufgabe ganzer Zahlen. Bruchzahlen können positiv und negativ sein.	$\frac{1}{2}, \frac{1}{3}, \frac{2}{3}, \frac{5}{3}, 1\frac{1}{6}, \frac{7}{9}, \dots$ $-\frac{1}{2}, -\frac{1}{3}, -\frac{5}{3}, -2\frac{1}{3}, -\frac{7}{9}, \dots$
Dezimalzahlen sind Zahlen mit einem Komma. Es können positive und negative Dezimalzahlen sein.	1,748, 0,250, –8,32, –2,0, –0,5, –7,8316, 4,57, 7,8

Die bislang genannten Zahlen bezeichnet man insgesamt als **rationale Zahlen.** Außerdem gibt es die Gruppe der **irrationalen Zahlen.** Es sind bestimmte Zahlen.

Zahlenarten der bestimmten irrationalen Zahlen	Beispiele
Wurzelzahlen	$\sqrt{2}$ = 1,4142136... ; $\sqrt{3}$ = 1,7320508...
Transzendente Zahlen	π = 3,1415927... ; e = 2,7182818...
Die irrationalen Zahlen sind nicht periodische Dezimalzahlen mit unendlich vielen Stellen.	

Zahlenstrahl

Die bestimmten Zahlen lassen sich außer durch Ziffern (siehe oben, Beispiele) auch zeichnerisch auf einem Zahlenstrahl als Strecke darstellen **(Bild 1).** Vom Nullpunkt aus nach rechts liegen die positiven Zahlen, nach links die negativen Zahlen.

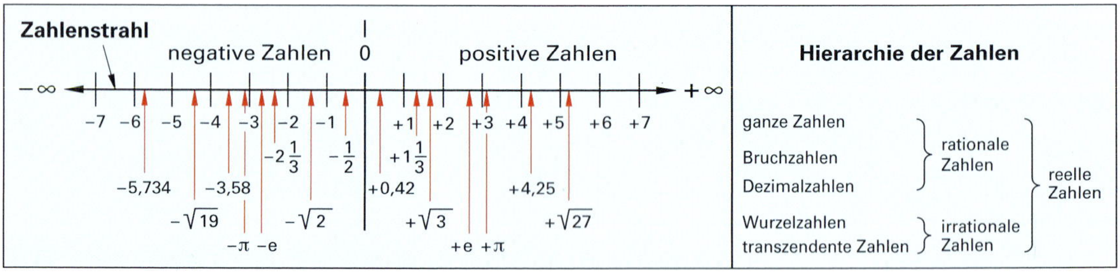

Bild 1: Zahlenarten und ihre Lage auf dem Zahlenstrahl, Hierarchie der Zahlen

Allgemeine Zahlen

Die allgemeinen Zahlen, auch Variable genannt, stehen als Platzhalter für eine beliebige Zahl.

In der Mathematik werden für die allgemeinen Zahlen die kleinen Buchstaben des Alphabets verwendet.

Beispiele

a, b, c, … u, v, w, …, x, y, z

In der technischen Mathematik benutzt man kleine oder große Buchstaben zur Benennung einer Variablen, die meist dem Anfangsbuchstaben des deutschen oder englischen Namens der Variablen entsprechen.

l, b, t, v, …, A, V, U, T, …
l Länge, *b* Breite, *t* Zeit (time), *h* Höhe, *A* Fläche (aerea), *V* Volumen, *U* Umfang, *T* thermodynamische Temperatur, …

Aufgaben zu Zahlenarten

1. Zu welcher Zahlenart gehören folgende Zahlen: 0,7, –18, $\sqrt{3}$, 1/7, 0, –387, –π, –0,32?
2. Wo liegen auf dem Zahlenstrahl die Zahlen: $-3\frac{1}{3}$, 0,85, e, –0,25, $\sqrt{9}$, $\frac{2}{4}$, –3,50 ? Zeichnen Sie in den Zahlenstrahl ein.

1.2 Größen, Einheiten, Zeichen, Formeln

In chemischen Berechnungen wird meist mit Größen und Einheiten gerechnet, die mit mathematischen Zeichen in Formeln verknüpft sind.

Größen, Einheiten

Mit einer Größe (engl. physical quantity) werden chemische oder physikalische Eigenschaften beschrieben. Zu ihrer Kurzschreibweise benutzt man ein Größenzeichen, z. B. ***l*** für die Länge.

Der Wert einer Größe besteht aus einem Zahlenwert und einer Einheit, z. B. 5,8 kg. Die Einheit wird mit einem Einheitenzeichen angegeben, z. B. kg.

Beispiel: Die Länge einer 3,40 Meter langen Rohrleitung beträgt: $l = 3{,}40$ m.

Es gibt 7 **Basisgrößen,** auf die sich alle Größen zurückführen lassen **(Tabelle 1).**

Tabelle 1: Basisgrößen und ihre Einheiten

Physikalische Größen	Größenzeichen	Einheitenname	Einheitenzeichen
Länge	l	Meter	m
Masse	m	Kilogramm	kg
Stoffmenge	n	Mol	mol
Zeit	t	Sekunde	s
Thermodynamische Temperatur	T	Kelvin	K
Stromstärke	I	Ampere	A
Lichtstärke	I_V	Candela	cd

Mathematische Zeichen

Die mathematischen Zeichen (engl. mathematical symbols) dienen zur Kurzbezeichnung einer mathematischen Operation **(Tabelle 2).**

Beispiel: Sollen zwei Zahlen multipliziert werden, so setzt man zwischen die Zahlen das Kurzzeichen für „multiplizieren", einen Punkt, z. B. 3 · 5.

Für Flächenformate und räumliche Abmessungen ist auch das Multiplikationszeichen × zugelassen.

Beispiel: 3 m × 5 m

Tabelle 2: Mathematische Zeichen (DIN 1302)

Zeichen	Bedeutung	Zeichen	Bedeutung
+, –	plus, minus	<, >	kleiner, größer
:, —, /	geteilt durch, pro	≤ ≥	kleiner gleich, größer gleich
·, ×	mal	Δ	Differenz
=, ≠	ist gleich, ist ungleich	…	und so weiter
≈	beträgt rund	∞	unendlich
≡	identisch gleich	±	plus/minus
~	proportional	$\|a\|$	Betrag von *a*
≙	entspricht	√	Wurzel

Formeln, Größengleichungen

Die gesetzmäßigen Zusammenhänge zwischen Größen werden durch Größengleichungen (engl. equations) oder Formeln (engl. formula) ausgedrückt.

Mit Hilfe von Größengleichungen lassen sich durch Umstellen und Auflösen die gesuchten Größen berechnen (Seite 28).

Beispiel für Größengleichungen:

Fläche $A = l \cdot b$ Gewichtskraft $F_G = m \cdot g$

Volumen $V = l \cdot b \cdot h$ Geschwindigkeit $v = \frac{s}{t}$

1.3 Grundrechnungsarten

1.3.1 Addieren und Subtrahieren

Diese beiden Rechnungsarten werden wegen ihrer aus Strichen bestehenden mathematischen Zeichen (+, –) auch als Strichrechnungen bezeichnet.

Beim **Addieren** (Zusammenzählen, engl. to add) werden die einzelnen Summanden zusammengezählt. Das Ergebnis heißt Summenwert oder kurz Summe.

Beim **Subtrahieren** (Abziehen, engl. to subtract) zieht man von einer Zahl eine andere Zahl ab. Das Ergebnis ist der Differenzwert, einfach auch Differenz genannt.

Addieren

Summe: $a + b$ — Summenwert: c

$$a + b = c$$

a, b: Summanden

Subtrahieren

Differenz: $d - e$ — Differenzwert: f

$$d - e = f$$

d: Minuend, e: Subtrahend

Rechenregeln und Klammern beim Addieren und Subtrahieren	
Rechenregeln	**Beispiele**
Nur gleichartige allgemeine Zahlen bzw. Größen können addiert bzw. subtrahiert werden.	$8\ m^2 + 72\ cm^2 + 7{,}5\ m^2 - 23\ cm^2$ $= 15{,}5\ m^2 + 49\ cm^2$
Die einzelnen Glieder in einer Strichrechnung können vertauscht werden (Kommutativgesetz).	$5 - 16 + 7 = -16 + 7 + 5 = -4$; $11x - 3x + 9x = 11x + 9x - 3x = 17x$
Einzelne Glieder können zu Teilsummen bzw. Teildifferenzen zusammengefasst werden (Assoziativgesetz).	$2 + 5 - 2 - 1 = 7 - 3 = 4$ $8u - 3v + 3u + 8v = 11u + 5v$
Klammern beim Addieren und Subtrahieren	
Klammern, () oder [], fassen Teilsummen bzw. Teildifferenzen zusammen. Das Vorzeichen der Glieder in der Klammer kann sich durch das Setzen oder Weglassen von Klammern ändern.	
Steht ein + Zeichen vor einer Klammer, so kann man sie weglassen, ohne dass sich die Vorzeichen der Glieder in der Klammer ändern.	$25 + (5 - 3) = 25 + 5 - 3 = 27$; $7a + (3a - 9a) = 7a + 3a - 9a$ $= 1a = a$
Steht ein – Zeichen vor einer Klammer, so muss man beim Weglassen der Klammer das Vorzeichen aller Glieder in der Klammer umkehren. Setzt man eine Klammer, vor der ein – Zeichen steht, so muss man ebenfalls das Vorzeichen aller Glieder, die in der Klammer stehen, umkehren.	$16 - (3 - 2 + 8 - 5)$ $= 16 - 3 + 2 - 8 + 5 = 12$ $5x - (2x + 9a - 7b)$ $= 5x - 2x - 9a + 7b$

Aufgaben zum Addieren und Subtrahieren

1. Ermitteln Sie das Ergebnis:
   $59{,}30\,a - 27{,}53\,a + 7{,}83\,b - 21{,}04\,b$
2. Klammern Sie aus:
   $8{,}3\,x - 7{,}8\,a + 2{,}5\,x - 9{,}2\,a$
3. Lassen Sie die Klammer weg:
   $25\,a - (36\,b - 19\,a - 11\,b - 12\,a)$
4. Ermitteln Sie die Maße l_1, l_2, l_{ges} der Rohrleitung in **Bild 1**. Die Maße in der Zeichnung sind in mm angegeben.

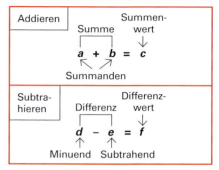

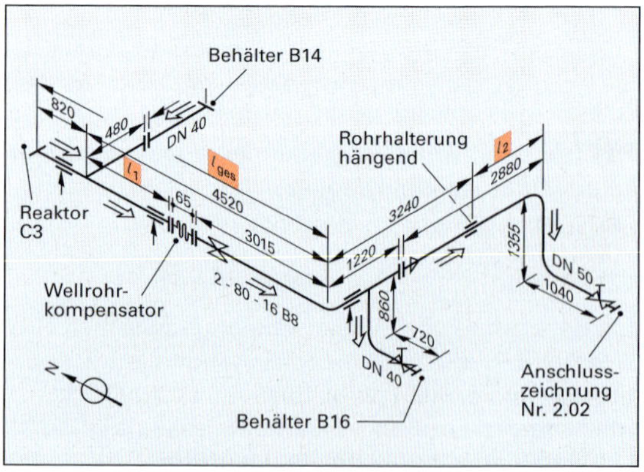

Bild 1: Maße in einer Rohrleitungszeichnung (Aufgabe 4)

1.3.2 Multiplizieren

Beim **Multiplizieren** (umgangssprachlich Malnehmen, engl. to multiply) werden die Faktoren miteinander malgenommen und ergeben den Produktwert, kurz auch Produkt genannt.

Das mathematische Zeichen für Multiplizieren ist · oder ×.

Bei allgemeinen Zahlen kann das Malzeichen weggelassen werden, z. B. $a\,b$ anstatt $a \cdot b$.

Die Ziffer 1 wird meist nicht mitgeschrieben. **Beispiel:** $1a = a$

Multiplikation

Produkt (a · b), Produktwert (c)

$$\mathbf{a \cdot b = c}$$

Faktoren (a, b)

Rechenregeln beim Multiplizieren	Formeln	Beispiele
Ist ein Faktor 0, so ist das ganze Produkt 0.	$a \cdot b \cdot c \cdot 0 = 0$	$387 \cdot 229 \cdot 712 \cdot 0 = 0$
Die Faktoren können vertauscht werden.	$a \cdot b \cdot c = c \cdot b \cdot a$	$15 \cdot 28 \cdot 77 = 77 \cdot 28 \cdot 15$
Teilprodukte lassen sich zusammenfassen.	$a \cdot a \cdot b = a^2 \cdot b$	$5\text{ m} \cdot 3\text{ m} \cdot 2\text{ m} = 30\text{ m}^3$
Vorzeichen beim Multiplizieren		
Die Multiplikation von 2 Faktoren mit gleichen Vorzeichen ergibt ein positives Produkt.	$(+a) \cdot (+b) = a \cdot b = ab$ $(-a) \cdot (-b) = a \cdot b = ab$	$2 \cdot 3 = 6;\quad (-7) \cdot (-3) = 21$ $(+a) \cdot (+b) = a \cdot b = ab$ $(-a) \cdot (-b) = a \cdot b = ab$
Die Multiplikation von 2 Faktoren mit unterschiedlichen Vorzeichen ergibt ein negatives Produkt.	$(+a) \cdot (-b) = -a \cdot b$ $(-a) \cdot (+b) = -a \cdot b$	$5 \cdot (-2) = -10;\quad (-6) \cdot 3 = -18$ $a \cdot (-b) = -ab;\quad (-4) \cdot \text{m} = -4\text{ m}$
Multiplizieren von Klammerausdrücken		
Ein Klammerausdruck wird mit einem Faktor multipliziert, indem man jedes Glied der Klammer mit dem Faktor multipliziert.	$a \cdot (b - c) = ab - ac$	$9 \cdot (7 - 3) = 9 \cdot 7 - 9 \cdot 3$ $= 63 - 27 = 36$ $5 \cdot (3 + 2) = 5 \cdot 3 + 5 \cdot 2 = 25$
Zwei Klammerausdrücke werden multipliziert, indem jedes Glied der einen Klammer mit jedem Glied der anderen Klammer multipliziert wird.	$(a + b) \cdot (c - d)$ $= ac - ad + bc - bd$	$(12 - 7) \cdot (3 + 5)$ $= 12 \cdot 3 + 12 \cdot 5 - 7 \cdot 3 - 7 \cdot 5$ $= 36 + 60 - 21 - 35 = 40$
Bei Klammerausdrücken mit bestimmten Zahlen wird zuerst der Zahlenwert der Klammer ermittelt und dann das Produkt berechnet.		$9 \cdot (7 - 3) = 9 \cdot 4 = 36;$ $(12 - 7) \cdot (3 + 5) = 5 \cdot 8 = 40;$
Ausklammern (Faktorisieren)		
Haben mehrere Glieder einer Summe einen gemeinsamen Faktor, so kann er ausgeklammert werden. Bei allgemeinen Zahlen wird dadurch die Summe in ein Produkt umgewandelt.	$ax + bx + cx$ $= x \cdot (a + b + c)$	$19 \cdot 7 - 19 \cdot 5 = 19 \cdot (7 - 5)$ $= 19 \cdot 2 = 38$ $3\pi x + 3\pi y = 3\pi(x + y)$ $L_0 + L_0\alpha \cdot \Delta\vartheta = L_0(1 + \alpha \cdot \Delta\vartheta)$

Aufgaben zum Multiplizieren

1. Berechnen Sie die folgenden Ausdrücke:
   a) $(+3) \cdot (-15)$ b) $(+9) \cdot (+7)$
   c) $(-7) \cdot (-12)$ d) $(+5) \cdot 0$
   e) $(0) \cdot (-16)$ f) $(-3a) \cdot (+8b) \cdot (+2c)$
   g) $(+9x) \cdot (-4y)$ h) $(+13\text{m}) \cdot (+4\text{m}) \cdot (+2\text{m})$

2. Führen Sie die Multiplikationen aus :
   a) $3(3a - 2b)$ b) $9(7u + 8v)$
   c) $(-5) \cdot (-4x - 7y)$ d) $(+16) \cdot (0) \cdot (4 + 32)$
   e) $(6c - 3d) \cdot (+2a)$ f) $-x(y - z)$
   g) $4uv(9r - 5s)$ h) $-(4ab + 7xy) \cdot (-12)$
   i) $W = p \cdot (V_2 - V_1)$ j) $m_M = \varrho_M \cdot \left(\frac{m_1}{\varrho_1} + \frac{m_2}{\varrho_2}\right)$

3. Multiplizieren Sie die Ausdrücke:
   a) $(7s + 5r) \cdot (3l - 6k)$
   b) $5(3u - 4v) \cdot 8 \cdot (2w - 9x)$
   c) $(-4) \cdot (9w + 3x) \cdot (-3) \cdot (8y - 5z)$
   d) $11a(-3b + 2x) \cdot (4c - 5y)$

4. Welche Zahl liefert der Ausdruck, wenn für $x = 3$ und $y = 4$ gesetzt wird?
   $7(5 - 2x) \cdot (-4) \cdot (-3 + 6y)$

5. Klammern Sie aus:
   a) $2ab + 2ac + 2ad$ b) $\pi n r_1 + \pi n r_2$
   c) $k \cdot A \cdot \vartheta_2 - k \cdot A \cdot \vartheta_1$ d) $\pi r_1^2 + \pi h^2$

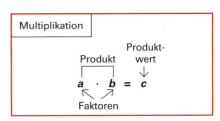

1.3.3 Dividieren

Das Dividieren (umgangssprachlich Teilen; engl. to devide) ist die Umkehrung des Multiplizierens.

Das mathematische Zeichen für Dividieren ist : oder der Bruchstrich — bzw. der Schrägstrich /.

Das : - Zeichen und der Bruchstrich sind gleichbedeutend.

Zähler und Nenner dürfen **nicht** vertauscht werden.

Ist der Nenner null, so hat der Quotient keinen bestimmten Wert, er kann nicht bestimmt werden.

Division

Quotient: $a : b$ — Zähler: a

$$a : b = \frac{a}{b} = c$$

Dividend (a), Divisor (b), Nenner (b), Wert des Quotienten (c)

Rechenregeln beim Dividieren	Formeln	Beispiele
Vorzeichen beim Dividieren Gleiche Vorzeichen bei Zähler und Nenner ergeben einen positiven Quotienten. Ungleiche Vorzeichen von Zähler und Nenner ergeben einen negativen Quotienten.	$\frac{+a}{+b} = \frac{a}{b}$; $\frac{-a}{-b} = \frac{a}{b}$; $\frac{-a}{+b} = -\frac{a}{b}$; $\frac{+a}{-b} = -\frac{a}{b}$;	$(+2) : (+3) = \frac{2}{3}$; $\frac{-5}{-6} = \frac{5}{6}$; $\frac{-4}{+7} = -\frac{4}{7}$; $\frac{+3}{-5} = -\frac{3}{5}$;
Dividieren von Klammerausdrücken Ein Klammerausdruck wird dividiert, indem jedes Glied in der Klammer mit dem Nenner geteilt wird. Der Bruchstrich fasst die Ausdrücke auf und unter dem Bruchstrich zusammen, als ob sie von einer Klammer umschlossen wären.	$(a - b) : x = a : x - b : x$ $\frac{a-b}{x} = \frac{a}{x} - \frac{b}{x}$ $\frac{a+b}{c} \cdot d = \frac{a \cdot d}{c} + \frac{b \cdot d}{c}$	$\frac{36xyz - 24xuv}{6x}$ $= \frac{36xyz}{6x} - \frac{24xuv}{6x}$ $= 6yz - 4uv$
Kürzen, Erweitern Beim **Kürzen** werden Zähler und Nenner durch die gleiche Zahl geteilt. Es können nur **Faktoren** gekürzt werden oder es müssen alle Summanden gekürzt werden. Beim **Erweitern** werden Zähler und Nenner mit der gleichen Zahl (Erweiterungszahl) multipliziert.	$\frac{4ab}{6ac} = \frac{\not{4} \cdot \not{a} \cdot b \cdot 2}{\not{6} \cdot \not{a} \cdot c \cdot 3} = \frac{2b}{3c}$ $\frac{a(b+c)}{a} = b + c$ $\frac{ab + ac}{a} = b + c$ $b + c = \frac{(b+c)a}{a}$	$\frac{-48xy}{36y} = \frac{-4 \cdot \not{12} \cdot x\not{y}}{3 \cdot \not{12} \cdot \not{y}}$ $= -\frac{4}{3}x$ $\frac{9x - 2y}{5z}$ erweitern mit $(-3) \Rightarrow$ $\frac{(9x-2y)(-3)}{5z \cdot (-3)} = \frac{-27x + 6y}{-15z}$

Aufgaben zum Dividieren

Berechnen Sie folgende Ausdrücke:

1. a) $63 : (-7)$ b) $(-64) : (-4)$ c) $(-91) : 13$ d) $\frac{105}{15}$ e) $\frac{-96}{8}$ f) $\frac{-132}{-11}$

2. a) $\frac{(-7) \cdot (18)}{12}$ b) $\frac{(11) \cdot (-14)}{(-7)}$ c) $\frac{(-9) \cdot (-18)}{(-36)}$

3. a) $(156 - 72) : 14$ b) $(391 - 144) : (121 - 102)$

4. Kürzen Sie soweit wie möglich:

a) $\frac{-12uv}{3v}$ b) $\frac{6a - 3b}{3}$ c) $\frac{81xyz}{-9yz}$ d) $\frac{-187rs + 153rs + 34rs}{-17s}$ e) $\frac{21 \cdot (-9) \cdot 4x}{(-35) \cdot (-2)}$

f) $\frac{-(x-5)}{(5-x)}$ g) $\frac{-(7x-y) \cdot (3+2b}{-2b-3}$

5. Erweitern Sie a) $\frac{7a}{5b}$ mit (-3) b) $\frac{3x}{-8y}$ mit (-1)

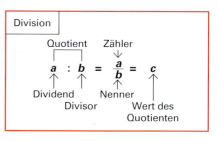

1.4 Berechnen zusammengesetzter Ausdrücke

Bei der Berechnung von Ausdrücken, die sowohl Additionen und Substraktionen (Strichrechnungen + –) als auch Multiplikationen und Divisionen (Punktrechnungen · :) enthalten, werden die Rechenoperationen in einer bestimmten Reihenfolge durchgeführt:

1. Enthält der zu verrechnende Ausdruck nur Punktrechnungen und Strichrechnungen, so gilt:

Punkt vor Strich, d. h., Punktrechnungen müssen vor den Strichrechnungen ausgeführt werden.

Beispiele: $5 \cdot 7 + 65 : 13 = 35 + 5 = 40$; $\frac{21}{7} - \frac{48}{6} + (-3) \cdot (-9) = 3 - 8 + 27 = 22$

$\frac{122-66}{8} \cdot 14 = \frac{56}{8} \cdot 14 = 98$; $125 : (+5) - (-80) : (-4) = +25 - 20 = \mathbf{5}$

2. Enthält ein Ausdruck neben Punktrechnungen und Strichrechnungen noch Klammern, so gilt:

Zuerst die Klammerausdrücke berechnen, dann die Punktrechnungen und anschließend die Strichrechnungen ausführen.

Beispiele: $3 \cdot (23 - 17) + 12 = 3 \cdot 6 + 12 = 18 + 12 = 30$

$5a \cdot (11b - 8b) - 2b \cdot (3a + 4a) = 5a \cdot 3b - 2b \cdot 7a = 15ab - 14ab = ab$

$\frac{7 \cdot (23{,}2 - 23{,}3)}{(2{,}4 + 4{,}6) \cdot (-0{,}5)} = \frac{\not{7} \cdot 0{,}1}{\not{7} \cdot 0{,}5} = \frac{0{,}1}{0{,}5} = \frac{1}{5} = \mathbf{0{,}2}$

3. Enthält der Ausdruck ineinander verschachtelte Klammerausdrücke, so gilt:

Zuerst die innerste Klammer, dann die nächstäußere Klammer usw. zusammenfassen.

Beispiel: $4ac + [(3a + 7a) \cdot 5c + 5ac] = 4ac + [10a \cdot 5c + 5ac] = 4ac + 50ac + 5ac = \mathbf{59}ac$

4. Enthält ein Ausdruck verschachtelte Klammern sowie Punktrechnungen und Strichrechnungen, so gilt:

Es wird in der Reihenfolge – Klammerausdrücke – Punktrechnungen – Strichrechnungen – ausgerechnet. Innerhalb der Klammerausdrücke gilt ebenfalls: Punktrechnungen vor Strichrechnungen.

Aufgaben zum Berechnen zusammengesetzter Ausdrücke

1. a) $-4 \cdot (0{,}2 - 3{,}2) + (14{,}5 - 8{,}5) \cdot (-0{,}1)$ b) $12x \cdot (-3y) + (0{,}75x - 0{,}50x) \cdot (+80)$

2. a) $\frac{(-2{,}5) \cdot (86 - 82)}{(1{,}3 - 0{,}8) \cdot (42 - 38)}$ b) $\frac{222}{37} - \frac{0{,}125 \cdot (-85 + 117)}{(0{,}4) \cdot (-8) \cdot (2{,}5)}$ c) $24{,}7 \cdot \frac{(1 - 0{,}392)}{(1 - 0{,}065)}$

3. a) $(23{,}8 - 21{,}3) \cdot \frac{2{,}14 + 0{,}86}{4{,}52 - 4 \cdot 0{,}38}$ b) $\frac{18{,}06 - 17{,}56}{0{,}25} + \frac{27}{3{,}2 + 5{,}8} - \frac{(0{,}2 + 2{,}8) \cdot (5{,}4 - 3{,}4)}{2{,}4 \cdot 2{,}5}$

4. a) $2x - [5y - (3x - 4y) + 7x] - y$ b) $4{,}5a \cdot [(2b - c) - c] - 8a\,(c - b)$

   c) $[-0{,}2a - (1{,}7b - 1{,}9a)] : \left[\frac{5{,}5a}{10} - 0{,}85b + 0{,}3a\right]$

5. a) $2 \cdot [-2xy - (20a - 12xy)] + 5\,(2a - x - y)$ b) $(0{,}3a \cdot (5xy - (92x - 87y) - (84y - 82x))$

   c) $(-9{,}5x + [(1{,}5x - 4y) \cdot (0{,}5 + 6{,}5)] + 29y) \cdot \frac{1}{x + y}$

1.5 Bruchrechnen

Ein Bruch (engl. fraction) ist eine Divisionsaufgabe, die mit einem Bruchstrich geschrieben ist. Als Bruchrechnen bezeichnet man das Rechnen mit Brüchen.

Ein Bruch besteht aus dem Zähler und dem Nenner.

Jeden Bruch kann man in eine Dezimalzahl umrechnen, z. B.: $\frac{1}{2} = 0{,}5$; $\frac{1}{3} = 0{,}333\ldots$

Mit Brüchen wird bevorzugt bei der Umwandlung von Formeln gerechnet.

Benennungen bei Brüchen

Zähler → a, Nenner → b: $\frac{a}{b} = c$

Bruch ($\frac{a}{b}$), Wert des Bruchs (c)

Es gibt verschiedene **Brucharten:**

Brucharten	Beispiele	Merkmale
Echte Brüche	$\frac{1}{3}; \frac{5}{7}; \frac{2}{5}$	Zähler < Nenner
Unechte Brüche	$\frac{5}{3}; \frac{7}{3}; \frac{3}{2}$	Zähler ≥ Nenner Wert des Bruchs ≥ 1
Gemischte Zahlen	$1\frac{1}{2}; 3\frac{2}{3}$	Ganze Zahl und Bruch
Gleichnamige Brüche	$\frac{1}{7}; \frac{3}{7}; \frac{5}{7}$	Brüche mit gleichen Nennern
Ungleichnamige Brüche	$\frac{1}{3}; \frac{1}{5}; \frac{1}{6}$	Brüche mit ungleichen Nennern
Scheinbrüche	$\frac{3}{1}; \frac{6}{2}; \frac{10}{5}$	Der Wert des Bruchs ist eine ganze Zahl

Die Regeln des Kürzens und Erweiterns von Brüchen wurden bereits beim Dividieren genannt (Seite 12).

- Das Kürzen dient meist zur Vereinfachung der weiteren Rechnung oder des Ergebnisses.
- Durch Erweitern wird der Bruch so umgeformt, wie es für die weitere Rechnung vorteilhaft ist.

Beispiele zum Kürzen: $\frac{7}{21} = \frac{\cancel{7}\,1}{\cancel{21}\,3} = \frac{1}{3}$; $\frac{8ab}{14a} = \frac{\cancel{8}\cancel{a}b\,4}{\cancel{14}\cancel{a}\,7} = \frac{4b}{7}$; $\frac{32a+4ab}{6a} = \frac{\cancel{4}\cancel{a}(8+b)\cdot 2}{\cancel{6}\cancel{a}\cdot 3} = \frac{2(8+b)}{3}$

Beispiel zum Erweitern: $\frac{2a-3b}{2}$ erweitern auf den Nenner $10a \Rightarrow$ $\frac{(2a\cdot 3b)\cdot 5a}{2\cdot 5a} = \frac{5a(2a-3b)}{10a}$

1.5.1 Addieren und Subtrahieren von Brüchen

Gleichnamige Brüche werden addiert bzw. subtrahiert, indem man die Zähler zusammenfasst und den gemeinsamen Nenner beibehält.

Addieren und Subtrahieren

$$\frac{a}{x} + \frac{b}{x} - \frac{c}{x} = \frac{a+b-c}{x}$$

Beispiele: $\frac{1}{3} + \frac{5}{3} = \frac{6}{3}$; $\frac{3x}{5b} + \frac{7x}{5b} - \frac{4x}{5b} = \frac{3x+7x-4x}{5b} = \frac{6x}{5b}$

Brüche mit ungleichen Nennern (ungleichnamige Brüche) müssen vor dem Addieren bzw. Subtrahieren in Brüche mit gleichen Nennern (gleichnamige Brüche) umgewandelt werden und können erst dann zusammengefasst werden. Den gemeinsamen Nenner mehrerer Brüche nennt man **Hauptnenner.** Es ist das kleinste gemeinsame Vielfache, kurz das **kgV,** der einzelnen Nenner.

Schema zur Ermittlung der Summe ungleichnamiger Brüche: Beispiel: $\frac{3}{8} - \frac{5}{6} - \frac{7}{10}$

1. Zerlegung in Primzahlfaktoren

Nenner		Primzahlfaktoren
8	=	[2 · 2 · 2]
6	=	2 · [3]
10	=	2 · [5]
kgV	=	[2 · 2 · 2] · [3] · [5] = **120**

2. Hauptnenner (kgV) bestimmen
Das kgV ist das Produkt der größten Anzahl jeder vorkommenden Primzahl: $2\cdot 2\cdot 2\cdot 3\cdot 5 = 120$. (Primzahlen sind die kleinsten Faktoren, in die eine Zahl zerlegt werden kann.)

3. Erweiterungsfaktor der einzelnen Brüche bestimmen
120 : 8 = 15
120 : 6 = 20
120 : 10 = 12

4. Gleichnamigmachen der einzelnen Brüche durch Erweitern
$\frac{3\cdot 15}{8\cdot 15} + \frac{5\cdot 20}{6\cdot 20} - \frac{7\cdot 12}{10\cdot 12} =$

5. Addieren bzw. Subtrahieren der jetzt gleichnamigen Brüche
$\frac{45}{120} + \frac{100}{120} - \frac{84}{120} = \frac{61}{120}$

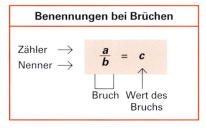

Zusammenfassen mehrerer Brüche mit bestimmten und allgemeinen Zahlen

Beispiel: $\frac{3x}{2a} - \frac{2x}{9ab} + \frac{5x}{18b}$

1. Hauptnenner bestimmen:

$2a \ = 2 \cdot a$

$9ab = 3 \cdot 3 \cdot a \cdot b$

$18b \ = 2 \cdot 3 \cdot 3 \cdot b$

kgV $= 2 \cdot 3 \cdot 3 \cdot a \cdot b = 18ab$

2. Erweiterungsfaktoren bestimmen:

$18ab : 2a = 9b$

$18ab : 9ab = 2$

$18ab : 18b = a$

3. Erweitern und zusammenfassen:

$$\frac{3x \cdot 9b}{2a \cdot 9b} - \frac{2x \cdot 2}{9ab \cdot 2} + \frac{5x \cdot a}{18b \cdot a} = \frac{27bx}{18ab}$$

$$- \frac{4x}{18ab} + \frac{5ax}{18ab} = \frac{x(27b - 4 + 5a)}{18ab}$$

$$= \frac{x(5a + 27b - 4)}{18ab}$$

Aufgaben: Fassen Sie die folgenden Brüche zusammen

1\. a) $\frac{2}{3} + \frac{1}{4} + \frac{5}{24}$ b) $\frac{14}{25} + \frac{23}{15} - \frac{1}{3} + \frac{2}{5}$ 2. a) $\frac{7x}{41} + \frac{5x}{12b}$ b) $\frac{5u}{3bc} + \frac{7u}{12c} - \frac{5u}{18b}$

1.5.2 Multiplizieren und Dividieren von Brüchen

Rechenregeln	Formeln	Beispiele
Multiplizieren **Brüche** werden multipliziert, indem jeweils die Zähler miteinander und die Nenner miteinander multipliziert werden. **Gemischte Zahlen** werden miteinander multipliziert, indem sie zuerst in unechte Brüche umgewandelt und diese dann miteinander multipliziert werden.	$\frac{a}{b} \cdot \frac{c}{d} \cdot f = \frac{a \cdot c \cdot f}{b \cdot d}$	$\frac{2}{5} \cdot \frac{2}{3} = \frac{4}{15}$; $\frac{3y}{x} \cdot \frac{4x}{y} = \frac{3\cancel{y} \cdot 4\cancel{x}}{\cancel{x} \cdot \cancel{y}} = 12$ $3\frac{1}{2} \cdot 5\frac{1}{3} = \frac{7}{2} \cdot \frac{16}{3} = \frac{112}{6} = \frac{56}{3}$
Dividieren Ein Bruch wird durch einen 2. Bruch dividiert, indem der 1. Bruch mit dem Kehrwert des 2. Bruchs multipliziert wird. **Ganze Zahlen** können als Bruch mit dem Nenner 1 geschrieben werden.	$\frac{a}{b} : \frac{c}{d} = \frac{a}{b} \cdot \frac{d}{c} = \frac{ad}{bc}$ $a = \frac{a}{1}$	$\frac{3}{8} : \frac{5}{4} = \frac{3}{8} \cdot \frac{4}{5} = \frac{12}{40} = \frac{3}{10}$; $\frac{1}{3} : 5 = \frac{1}{3} : \frac{5}{1} = \frac{1}{3} \cdot \frac{1}{5} = \frac{1}{15}$; $7 : \frac{7}{4} = \frac{7}{1} \cdot \frac{4}{7} = \frac{7 \cdot 4}{1 \cdot 7} = 4$

Aufgaben zum Bruchrechnen

1\. Fassen Sie zusammen

a) $\frac{8}{49} + \frac{6}{56} - \frac{3}{8}$ b) $3\frac{6}{25} - 18\frac{7}{10} + 24\frac{3}{5}$ c) $\frac{8x + 4y}{4a + 6b} + \frac{9x}{9b + 6a} - \frac{5}{3}$

2\. Multiplizieren Sie

a) $\frac{7}{6} \cdot \frac{3}{14}$ b) $\frac{11}{8} \cdot \frac{4}{22}$ c) $5 \cdot \frac{2}{3} \cdot \frac{3}{5}$ d) $1\frac{5}{6} \cdot 3\frac{6}{15}$ e) $\frac{9ab}{5y} \cdot \frac{15x}{12a}$

3\. Dividieren Sie

a) $\frac{1}{2} : \frac{1}{3}$ b) $\frac{7}{2} : \frac{16}{7}$ c) $\frac{9}{5} : \frac{12}{15}$ d) $3xy : \frac{1}{2}z$ e) $\frac{2x}{9y} : \frac{4x}{3y}$ f) $\frac{26ab}{33u} : \frac{13a}{22v}$

4\. Berechnen Sie bzw. fassen Sie soweit wie möglich zusammen

a) $14 \cdot \left(\frac{7}{12} + \frac{5}{8}\right)$ b) $42 \cdot \frac{7}{6} + \frac{9}{22}$ c) $\frac{8x + 8y}{3r - 3s} : \frac{4x + 4y}{9r - 9s}$ d) $\left(\frac{11}{15} - \frac{6}{10}\right) \cdot 8$ e) $\frac{5a - 3b}{6n} + \frac{5a - 3b}{3m}$

f) $5\frac{1}{2} - \left(\frac{6}{5} - \frac{2}{10}\right) \cdot \left[5 : \left(\frac{21}{3} - \frac{10}{2}\right)\right]$ g) $4\frac{2}{3} \cdot 3\frac{8}{5}$ h) $\left(12 : 2\frac{2}{3}\right) : \frac{7}{9}$ i) $\left(\frac{u + v}{l + k} + \frac{3(u + v)}{2(l + k)} - \frac{5(u - v)}{3(k + l)}\right) \cdot \frac{1}{2}$

1.6 Rechnen mit Potenzen

Definition des Potenzbegriffs

Besteht ein Produkt aus mehreren gleichen Faktoren, so kann es abgekürzt als Potenz (engl. power) geschrieben werden.
Der Exponent (Hochzahl) gibt an, wie viel Mal die Basis (Grundzahl) mit sich selbst multipliziert wird.

gleiche Faktoren → $a \cdot a \cdot a \ldots = a^n = c$ ← Basis, Exponent

Produkt ($a \cdot a \cdot a \ldots$) Potenz (a^n) Potenzwert (c)

Beispiele: $2 \cdot 2 \cdot 2 \cdot 2 \cdot 2 = 2^5$ (gesprochen: 2 hoch 5)
$3^4 = 3 \cdot 3 \cdot 3 \cdot 3 = 81$

Die Potenzwerte von Potenzzahlen werden mit dem **Taschenrechner** berechnet. Dazu haben die Taschenrechner eine Potenziertaste, z. B. [y^x] oder [∧]

Beispiel: Es ist zu berechnen: $3{,}25^3$

Eingabe	3,25	[y^x] 3	[=]
Anzeige	3,25	$3{,}25^3$	34.328125

Das Vorzeichen beim Potenzieren

Beispiele: $(+2)^2 = (+2) \cdot (+2) = +4$; $(+2)^3 = (+2) \cdot (+2) \cdot (+2) = +8$; $(-2)^4 = (-2) \cdot (-2) \cdot (-2) \cdot (-2) = +16$
$(-2)^2 = (-2) \cdot (-2) = +4$; $(-2)^3 = (-2) \cdot (-2) \cdot (-2) = -8$ usw.

Merke:
- Ist die Basis positiv, so ist der Potenzwert immer positiv.
- Ist die Basis negativ und der Exponent eine gerade Zahl, so ist der Potenzwert positiv.
- Ist die Basis negativ und der Exponent eine ungerade Zahl, so ist der Potenzwert negativ.

Potenzen mit negativem Exponenten

Eine Potenz mit negativem Exponenten (z. B. a^{-n}) kann auch als Kehrwert der gleichen Potenz mit positivem Exponenten geschrieben werden.

Umgekehrt kann eine Potenz mit positivem Exponenten im Zähler eines Bruchs als Potenz mit negativem Exponenten im Nenner des Bruchs gesetzt werden.

$$a^{-n} = \frac{1}{a^n}$$

$$\frac{a^x}{b^y} = \frac{b^{-y}}{a^{-x}}$$

Beispiele: $5^{-3} = \frac{1}{5^3} = \frac{1}{125} = 0{,}008$; $\frac{3^{-4}}{4^{-2}} = \frac{4^2}{3^4} = \frac{16}{81} = 0{,}1975$; $\frac{1}{\text{min}} = \text{min}^{-1}$

Sonderfälle bei Potenzen

Potenzen mit Basis 1. **Beispiel:** $1^2 = 1 \cdot 1 = 1$; $1^3 = 1 \cdot 1 \cdot 1 = 1$
Merke: Jede Potenz mit der Basis 1 hat immer den Potenzwert 1.

$$1^n = 1$$

Potenzen mit dem Exponent 0. **Beispiel:** $\frac{2^3}{2^3} = 2^{3-3} = 2^0 = 1$, da $\frac{2^3}{2^3} = \frac{8}{8} = 1$

Merke: Jede Potenz mit dem Exponent 0 hat den Wert 1.

$$a^0 = 1$$

Potenzen mit der Basis 10 (Zehnerpotenzen)

Sehr große und sehr kleine Zahlen können als Vielfaches der Potenzen der Basis 10 (Zehnerpotenzen) geschrieben werden.
Große positive Zahlen werden als Zehnerpotenzen mit positivem Exponenten ausgedrückt.

Beispiele: $100\,000\,000 = 1{,}0 \cdot 10^8 = 10^8$; $7\,200\,000 = 7{,}2 \cdot 1\,000\,000 = 7{,}2 \cdot 10^6$

Sehr kleine Zahlen werden als Zehnerpotenzen mit negativem Exponenten geschrieben.

Beispiele: $0{,}0085 = 85 \cdot 10^{-4}$; $0{,}0002938 = 2938 \cdot 10^{-7} = 2{,}938 \cdot 10^{-4}$

Aufgaben

1. Schreiben Sie in Potenzform:
   a) 2L · 4L · 8L b) $2a \cdot 3b \cdot 2a \cdot 3b$
   c) 1,5 cm · 2,3 cm · 1,4 cm

2. Berechnen Sie den Potenzwert:
   a) $21^{2,5}$ b) $(-6{,}3)^3$
   c) $\left(\frac{1}{2}\right)^{-7}$ d) $2{,}4^{3,5}$

3. Schreiben Sie als Zehnerpotenz:
   a) 5 000 000 b) 0,0023
   c) 96 485 d) 0,000082

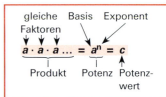

Rechenregeln beim Potenzieren	Formeln	Beispiele
Addieren und Subtrahieren von Potenzen Potenzen können addiert oder subtrahiert werden, wenn sie sowohl dieselbe Basis als auch denselben Exponenten haben. Potenzausdrücke zuerst ordnen und dann die gleichnamigen Glieder zusammenfassen.	$x \cdot a^n + y \cdot a^n = (x + y) \cdot a^n$	$9 \cdot 3^4 - 6 \cdot 3^4 + 2 \cdot 3^3$ $= (9 - 6) \cdot 3^4 + 2 \cdot 3^3$ $= 3 \cdot 3^4 + 2 \cdot 3^3$ $4{,}2\ cm^2 + 5{,}8\ cm^2$ $= (4{,}2 + 5{,}8) \cdot cm^2 = 10{,}0\ cm^2$
Multiplizieren von Potenzen **Potenzen mit gleicher Basis** werden multipliziert, indem die Basis beibehalten und mit der Summe der Exponenten potenziert wird. **Potenzen mit gleichen Exponenten** werden multipliziert, indem ihre Basen multipliziert und der Exponent beibehalten wird.	$a^n \cdot a^m = a^{n+m}$ $a^n \cdot b^n = (a \cdot b)^n$	$2^2 \cdot 2^3 = 2 \cdot 2 \cdot 2 \cdot 2 \cdot 2 = 2^5$ oder $2^2 \cdot 2^3 = 2^{(2+3)} = 2^5$ $10^{-3} \cdot 10^6 = 10^{(-3+6)} = 10^3$ $m^3 \cdot m^{-2} = m^{(3-2)} = m^1 = m$ $5^3 \cdot 2^3 = (5 \cdot 2)^3 = 10^3 = 1000$ $4{,}0^3 \cdot cm^3 = (4{,}0 \cdot cm)^3 = 64\ cm^3$
Dividieren von Potenzen **Potenzen mit gleicher Basis** werden dividiert, indem die gemeinsame Basis mit der Differenz der Exponenten potenziert wird. **Potenzen mit gleichen Exponenten** werden dividiert, indem aus den Basen ein Bruch gebildet wird, der mit dem gemeinsamen Exponent potenziert wird.	$\frac{a^n}{a^m} = a^{n-m}$ $\frac{a^n}{b^n} = \left(\frac{a}{b}\right)^n$	$\frac{2^6}{2^2} = 2^{6-2} = 2^4$ $\frac{m^5}{m^2} = m^{5-2} = m^3$ $\frac{12^3}{10^3} = \left(\frac{12}{10}\right)^3 = \left(\frac{6}{5}\right)^3 = 1{,}728$
Potenzieren von Potenzen Potenzen werden potenziert, indem man die Exponenten multipliziert.	$(a^m)^n = a^{m \cdot n}$	$(3^2)^3 = 3^{2 \cdot 3} = 3^6 = 729$ $(r^2)^x = r^{2 \cdot x} = r^{2x}$
Potenzieren von Summen aus Zahlen Eine Summe oder eine Differenz aus Zahlen wird zuerst ausgerechnet und dann potenziert.		$(2 + 5)^2 = 7^2 = 49$ $(9 - 3)^3 = 6^3 = 216$

Aufgaben zum Rechnen mit Potenzen

1. Addieren und Subtrahieren von Potenzen

   a) $4r^3 + 12r^2 - 2r^3 + 3r^3 + 3r^2$ b) $12\ m^2 + 7\ m^3 - 7\ m^2 + 5\ m^3$ c) $6{,}2x^4 + 3{,}4y^2 + 7{,}5x^4 - 3{,}4y^2$

   d) $2{,}8\pi r^2 h + \frac{5}{4}\pi r^3 - 1{,}75\pi r^3 + 2{,}2hr^2\pi$ e) $-14{,}3 \cdot 7^3 + 6{,}9 \cdot 11^4 + 1715 \cdot 7^{-3} + 1{,}1 \cdot 11^4 + 8{,}7 \cdot 7^3$

2. Multiplizieren von Potenzen

   a) $10^7 \cdot 10^2 \cdot 10^{-5}$ b) $0{,}4a^4 \cdot 0{,}5a^5$ c) $2{,}5 \cdot 10^5 \cdot 2{,}5 \cdot 10^{-2}$ d) $(r^3 - 2{,}5r^2) \cdot 2r^2$

   e) $d^{0{,}5x} \cdot d^{7x+3}$ f) $x^{a-n} \cdot x^{a+n}$ g) $(r + s)^2 \cdot (r + s)^3$ h) $(x + y)^a \cdot (x + y)^b$

3. Dividieren von Potenzen

   a) $\frac{10^3}{10^2}$ b) $\frac{10^3 \cdot 10^2}{10 \cdot 10^3}$ c) $\frac{225^3}{15^3}$ d) $\frac{780x^5}{39y^5}$ e) $\frac{2r^3}{3a^2} \cdot \frac{12a^2}{16r^3}$ f) $\frac{n^3}{x^4} : \frac{n^3 \cdot x^4}{a}$

4. Potenzieren von Potenzen

   a) $(5^3)^2$ b) $(10^3)^{-2}$ c) $(4^2 \cdot axy^2)^3$ d) $5 \cdot (u^2 v^3)^5$ e) $(1^7)^2 \cdot (3^0)^3$ f) $(7^2)^3 \cdot \left(\frac{1}{7}\right)^3$

5. Potenzieren von Summen a) $(3 + 7)^3$ b) $(22 - 17)^5$ c) $(23 - 14)^5$ d) $(5 + 9)^4$

1.7 Rechnen mit Wurzeln

Definition des Wurzelbegriffs

Das Wurzelziehen, auch Radizieren genannt, ist die Umkehrung des Potenzierens.

Durch Wurzelziehen (engl. extraction) soll ermittelt werden, welche Zahl (x) z. B. ins Quadrat (Exponent 2) erhoben werden muss, um den Potenzwert (25) zu erhalten. Als Operatorzeichen für das Wurzelziehen verwendet man das Wurzelzeichen $\sqrt[2]{\ }$, kurz Wurzel genannt.

Beispiele: $\sqrt[2]{16} = ?$; *Lösung:* $\sqrt[2]{16} = 4$, da $4^2 = \mathbf{16}$
$\sqrt[2]{9} = ?$; *Lösung:* $\sqrt[2]{9} = 3$, da $3^2 = \mathbf{9}$

Ein Wurzelausdruck besteht aus dem Wurzelzeichen mit Wurzelexponent und der darunter stehenden Basis. Das Ergebnis ist der Wurzelwert.

Einschränkung auf bestimmte Zahlen: Um Probleme beim Rechnen zu vermeiden, sollten die Basis a und der Wurzelwert c positive Zahlen und der Wurzelexponent n eine natürliche Zahl sein.

Beispiel: Potenzieren
$5^2 = 5 \cdot 5 = 25$

Beispiel: Wurzelziehen
$x^2 = 25$; $x = ?$
Schreibweise mit Wurzelzeichen:
$\sqrt[2]{25} = ?$
Lösung:
$\sqrt[2]{25} = 5$, da $5^2 = 25$

Wurzelexponent → $\sqrt[n]{a} = c$ ← Wurzelzeichen
Basis (Radikant) → a; Wurzelwert → c

$a, c \geq 0$
$n \Rightarrow$ natürliche Zahl (1, 2, 3, …)

Verschiedene Wurzelexponenten

Da es bei Potenzen verschiedene Exponenten gibt (2, 3, 4, …), gibt es auch Wurzeln mit verschiedenen Wurzelexponenten (2, 3, 4, …).

Die einfachste Wurzel hat den Wurzelexponenten 2. Sie heißt Quadratwurzel oder einfach Wurzel. Beim Schreiben wird der Wurzelexponent 2 im Wurzelzeichen meist weggelassen: $\sqrt{\ }$

Die Wurzel mit dem Wurzelexponenten 3 heißt Kubikwurzel oder 3. Wurzel.

Ab dem Wurzelexponent 4 wird der Wurzelname nur noch mit dem Wurzelexponent gebildet, also 4. Wurzel ($\sqrt[4]{\ }$), 5. Wurzel ($\sqrt[5]{\ }$) usw.

Außer beim Wurzelexponenten 2 muss der Wurzelexponent immer geschrieben werden.

Beispiel: Quadratwurzel
$\sqrt[2]{36} = \sqrt{36} = 6$
(sprich: Wurzel aus 36 ist 6)

Beispiel: Kubikwurzel
$\sqrt[3]{64} = 4$ (da $4^3 = 64$)
(sprich: Kubikwurzel oder 3. Wurzel aus 65 ist 4)

Beispiel: 4. Wurzel
$\sqrt[4]{16} = 2$ (da $2^4 = 16$)

Wurzeln in Potenzschreibweise

Ein Wurzelausdruck kann auch in Potenzschreibweise geschrieben werden. Dem Wurzeloperator entspricht ein Potenzbruch.

Der Zähler des Potenzbruchs ist der Exponent der Basis und sein Nenner ist der Wurzelexponent.

Da das Wurzelzeichen die Umkehrung des Potenzierens ist, heben sich Radizieren und Potenzieren mit demselben Exponenten auf.

In umgekehrter Reihenfolge gilt das bei negativen Zahlen nicht immer!

Wurzel als Potenzausdruck

$$\sqrt[n]{a} = \sqrt[n]{a^1} = a^{\frac{1}{n}}$$

Beispiel: $\sqrt[3]{27} = \sqrt[3]{3^3} = 3^{\frac{3}{3}} = 3^1 = 3$

Aufheben des Wurzelziehens

$$\left(\sqrt[n]{a}\right)^n = a$$

Beispiel: $\left(\sqrt[3]{64}\right)^3 = 64$

Berechnen von Wurzelzahlen

Der Wurzelwert von Wurzelzahlen wird mit dem Taschenrechner berechnet.

Zur Berechnung von Quadratwurzeln haben die Taschenrechner eine Quadratwurzeltaste, z. B. [$\sqrt{\ }$] oder [$\sqrt{x}$].

Wurzeln mit höheren Wurzelexponenten werden mit den entsprechenden Rechnertasten berechnet, z. B. [$\sqrt[x]{\ }$], [$\sqrt[x]{y}$] oder [INV] [y^x].

Beispiel: Es sind zu berechnen:
a) $\sqrt{529}$; b) $\sqrt[4]{39{,}0625}$

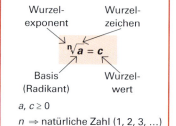

a) Eingabe	[$\sqrt{x}$]	529	[=]	
Anzeige	$\sqrt{\ }$	$\sqrt{529}$	23.00000	
b) Eingabe	4	[$\sqrt{x}$]	39,0635	[=]
Anzeige	4	$\sqrt[4]{\ }$	$\sqrt[4]{39.0625}$	2.500016

Rechenregeln beim Wurzelziehen	Formeln	Beispiele
Addieren und Subtrahieren von Wurzeln Es können nur Wurzeln mit gleichen Wurzelexponenten und gleicher Basis (so genannte gleichnamige Wurzeln) addiert oder subtrahiert werden. Man klammert die gleichnamige Wurzel aus und addiert bzw. subtrahiert die Beizahlen (Koeffizienten).	$x \cdot \sqrt[n]{a} + y \cdot \sqrt[n]{a}$ $= (x+y) \cdot \sqrt[n]{a}$	$5 \cdot \sqrt[3]{125} + 12 \cdot \sqrt[3]{125} - 14 \cdot \sqrt[3]{125}$ $= (5+12-14) \cdot \sqrt[3]{125}$ $= 3 \cdot \sqrt[3]{125} = 3 \cdot 5 = 15$
Radizieren von Produkten Ein Produkt wird radiziert, indem • entweder der Produktwert radiziert wird oder • jeder einzelne Faktor des Produkts radiziert wird.	$\sqrt[n]{a \cdot b \cdot c} = \sqrt[n]{a} \cdot \sqrt[n]{b} \cdot \sqrt[n]{c}$	$\sqrt{36 \cdot 81} = \sqrt{2916} = 54$ oder $\sqrt{36 \cdot 81} = \sqrt{36} \cdot \sqrt{81}$ $= 6 \cdot 9 = 54$
Radizieren von Quotienten (Brüchen) Ein Quotient wird radiziert, indem • entweder der Quotientenwert radiziert wird oder • Zähler und Nenner getrennt radiziert werden.	$\sqrt[n]{\frac{a}{b}} = \frac{\sqrt[n]{a}}{\sqrt[n]{b}}$	$\sqrt{\frac{64}{16}} = \sqrt{4} = 2$ oder $\sqrt{\frac{64}{16}} = \frac{\sqrt{64}}{\sqrt{16}} = \frac{8}{4} = 2$
Radizieren von Potenzen Eine Potenz wird radiziert, indem man • die Wurzel aus der Basis zieht und den Wurzelwert mit dem Exponenten der Basis potenziert oder • die Wurzel in Potenzschreibweise umwandelt.	$\sqrt[n]{a^x} = (\sqrt[n]{a})^x$ $\sqrt[n]{a^x} = a^{\frac{x}{n}}$	$\sqrt{9^4} = (\sqrt{9})^4 = 3^4 = 81$ $\sqrt{9^4} = \sqrt[2]{9^4} = 9^{\frac{4}{2}} = 9^2 = 81$
Radizieren von Summen und Differenzen Eine Summe oder eine Differenz kann nur radiziert werden, wenn vorher der Summenwert zahlenmäßig ausgerechnet oder zu einem Produkt zusammengefasst wurde.	$\sqrt[n]{a+b} = \sqrt[n]{(a+b)}$	$\sqrt[3]{81+44} = \sqrt[3]{125} = 5$ $\sqrt{289-145} = \sqrt{144} = 12$ $\sqrt{39x^2y^2 + 25x^2y^2}$ $= \sqrt{64x^2y^2} = 8xy$

Aufgaben zum Rechnen mit Wurzeln

1. Berechnen Sie den Wurzelwert

a) $\sqrt{45\,796}$ b) $\sqrt{0{,}0065324}$ c) $\sqrt{1432{,}6225}$ d) $\sqrt[3]{39{,}785}$ e) $\sqrt[4]{42{,}424}$ f) $\sqrt{\pi}$

2. Berechnen Sie, nachdem Sie möglichst weit zusammengefasst haben

a) $2{,}8 \cdot \sqrt{3} + 1{,}9 \cdot \sqrt{5} - 2{,}1 \cdot \sqrt{5} - 1{,}6 \cdot \sqrt{3}$ b) $\frac{1}{5} \cdot \sqrt[3]{216} + \frac{2}{3} \cdot \sqrt[3]{125} - \frac{1}{2} \cdot \sqrt[3]{64}$ c) $\sqrt{10} \cdot \sqrt{22{,}5}$

d) $(7 + 4\sqrt{3}) \cdot (7 - \sqrt[4]{3})$ e) $\sqrt{\frac{1}{9}}$ f) $\frac{5}{\sqrt[3]{343}}$ g) $\frac{7x \cdot \sqrt[3]{108}}{\sqrt[3]{4}}$ h) $\sqrt[3]{27^4}$ i) $125^{\frac{2}{3}}$

3. Berechnen Sie

a) $\sqrt{1444 \cdot 729}$ b) $\sqrt[3]{125 \cdot 343 \cdot 27}$ c) $\sqrt{64^2}$ d) $3 \cdot \sqrt{\frac{1}{9}}$ e) $\frac{\sqrt[3]{2560}}{\sqrt[3]{5}}$ f) $\sqrt[4]{81^6}$ g) $\sqrt[3]{\left(\frac{3}{7}\right)^6}$

h) $4{,}3 \cdot \sqrt[3]{343} - 3{,}8 \cdot \sqrt[3]{343}$ i) $1\frac{1}{3}\sqrt{3} + 2\frac{2}{3}\sqrt{3} - 3\sqrt{3}$ j) $\sqrt{\left(\frac{3{,}9\text{m} - 2{,}7\text{m}}{3}\right)^2 + (0{,}3\text{m})^2}$

1.8 Rechnen mit Logarithmen

1.8.1 Definition des Logarithmus

Soll in einem Potenzausdruck $a^n = c$ der unbekannte Exponent n bestimmt werden, so ist das dazu erforderliche Rechenverfahren das **Logarithmieren** (engl. logarithm).

> Der Logarithmus ist der Exponent *n*, mit dem die Basis *a* potenziert werden muss, um den Numerus *c* zu erhalten.

Numerus

$$n = \log_a c$$

Logarithmus Basis

Man schreibt: $n = \log_a c$. Man spricht: *n* ist gleich dem Logarithmus von *c* zur Basis *a*.

Es besteht folgender Zusammenhang zwischen der Potenzrechnung, der Wurzelrechnung und dem Logarithmieren:

Bei der **Potenzrechnung**:	Berechnet wird der Potenzwert *c*:	$c = a^n$	z. B.	$100 = 10^2$
Bei der **Wurzelrechnung**:	Berechnet wird die Basis *a*:	$a = \sqrt[n]{c}$	z. B.	$10 = \sqrt[2]{100}$
Beim **Logarithmieren**:	Berechnet wird der Exponent *n*:	$n = \log_a c$	z. B.	$2 = \log_{10} 100$

Beispiele für Logarithmen

$\log_2 8 = 3$	da $2^3 = 8$;	$\log_2 32 = 5$	da $2^5 = 32$
$\log_3 9 = 2$	da $3^2 = 9$;	$\log_3 27 = 3$	da $3^3 = 27$
$\log_5 25 = 2$	da $5^2 = 25$;	$\log_5 125 = 3$	da $5^3 = 125$
$\log_{10} 10 = 1$	da $10^1 = 10$;	$\log_{10} 100 = 2$	da $10^2 = 100$
$\log_{10} 1000 = 3$	da $10^3 = 1000$	$\log_{10} 10\,000 = 4$	da $10^4 = 10\,000$
$\log_{10} 0{,}1 = -1$	da $10^{-1} = \frac{1}{10^1} = 0{,}1$	$\log_{10} 0{,}01 = -2$	da $10^{-2} = \frac{1}{10^2} = 0{,}01$

Logarithmensysteme

Alle Logarithmen einer Basis bilden ein Logarithmensystem. Als Basis kann außer 0 und 1 jede positive Zahl verwendet werden.

In den Naturwissenschaften und der Technik sind zwei Logarithmensysteme in Gebrauch.

Das Logarithmensystem mit der Basis 10 ist rechnerisch am einfachsten zu handhaben und deshalb das in der Technik und den Naturwissenschaften übliche Logarithmensystem.

Logarithmen der Basis 10 werden **dekadische Logarithmen** oder **BRIGG'sche Logarithmen** genannt. Man schreibt sie entweder $\log_{10}$ oder vereinfacht nur **log** oder **lg**.

Auf der Taschenrechnertastatur berechnet man dekadische Logarithmen mit der Taste [log] oder [LOG].

In den Naturwissenschaften, wie z. B. der Chemie oder Physik, wird außerdem ein Logarithmensystem mit der Basis e angewandt: $\log_e$. Es wird **natürlicher Logarithmus** genannt und abgekürzt **ln** geschrieben.

(e, die sogenannte Euler-Zahl, ist eine Zahl, die zur Beschreibung natürlicher Wachstumsvorgänge benutzt wird. Sie beträgt e = 2,7182818...; mit unendlich vielen Stellen.)

Auf dem Taschenrechner berechnet man natürliche Logarithmenwerte mit der Taste [lnx] oder [LN].

Die Logarithmen der beiden Systeme können mit einem Faktor ineinander umgerechnet werden (siehe rechts).

Umrechnen der Logarithmen

$\lg x = 0{,}4342945 \cdot \ln x$

$\ln x = 2{,}3029851 \cdot \lg x$

Beispiel: Es soll der natürliche Logarithmus (ln) der Zahl 126 mit einem Taschenrechner ermittelt werden, der nur eine [log]-Taste besitzt.

Lösung: Mit der [log]-Taste wird bestimmt: lg 126 = 2,1003705

Mit der Umrechnungsgleichung folgt:

ln 126 = 2,3025851 · lg 126 = 2,3025851 · 2,1003705 = **4,8362819**

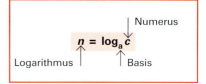

1.8.2 Berechnen dekadischer Logarithmen

Die dekadischen Logarithmen der dekadischen Zahlen (1, 10, 100, 1000, ...) lassen sich leicht bestimmen, da diese Zahlen in ganzzahligen Zehnerpotenzen ausgedrückt werden können.

z. B. lg 10 = 1 da $10^1 = 10$
lg 100 = 2 da $10^2 = 100$
lg 1 = 0 da $10^0 = 1$
lg 0,1 = −1 da $10^{-1} = \frac{1}{10} = 0{,}1$
lg 0,01 = −2 da $10^{-2} = \frac{1}{100} = 0{,}01$

Trägt man die Zehnerpotenzen in einem Diagramm in gleichen Abständen auf der *x*-Achse auf, so liegen deren Logarithmen auf einer Geraden **(Bild 1)**. Strebt der Numerus ⇒ 0, so strebt der Logarithmus ⇒ − ∞. Der Logarithmus negativer Numeri ist nicht definiert.

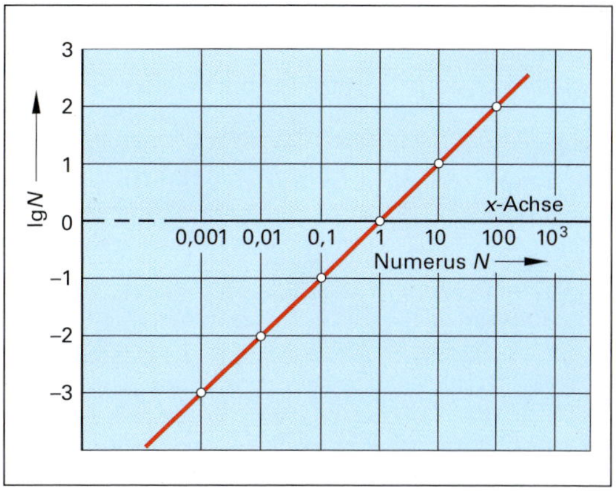

Bild 1: Numerus und dekadischer Logarithmus

In der Praxis werden die **dekadischen Logarithmen** mit dem Taschenrechner berechnet. Er besitzt dazu eine Logarithmentaste [log] oder [LOG].

Beispiel: lg 250 =?					
Eingabe	[LOG]	250	[ )]	[=]	⇒ **log 250 = 2,397940009**
Anzeige	LOG(	LOG(250	LOG(250)	2.397940009	

Aufgaben: Bestimmen Sie den dekadischen Logarithmus folgender Zahlen mit dem Taschenrechner
a) 2320 b) 0,873 c) 11,3 d) 0,990 e) 0,01 f) 0,5352 g) 120 000

Aus einem Logarithmuswert kann auch der Numerus zurückberechnet werden. Dazu benutzt man die Taschenrechnertasten [2nd] [LOG] oder [INV] [LOG].

Beispiel: lg *x* = 2,5					
x = ?					
Eingabe	[2nd] [10^x]	2,5	[ )]	[=]	⇒ ***x* = 316,22777**
Anzeige	10^(	10^(2.5	10^(2.5)	316.2277766	

Aufgaben: Bestimmen Sie den Numerus der dekadischen Logarithmenwerte a) 0,752 b) 10,25

1.8.3 Berechnen natürlicher Logarithmen

Die Berechnung von Zahlenwerten des natürlichen Logarithmus erfolgt auf dem Taschenrechner mit der Taste [lnx] bzw. [LN].

Beispiele:	ln 1 = 0;	ln 2 = 0,693;
	ln 5 = 1,609;	ln 10 = 2,303;
	ln 0,5 = −0,693	ln 0,1 = −2,303;
Sonderfälle:	ln e = 1;	ln 1 = 0

Aus dem Kurvenverlauf **(Bild 2)** erkennt man, dass bei Annäherung des Numerus *N* an Null (0) der natürliche Logarithmus von *N* gegen − ∞ strebt. Der natürliche Logarithmus negativer Numeri ist nicht definiert.
Der Numerus eines natürlichen Logarithmuswerts wird mit den [2nd] [LN]-Tasten ermittelt.

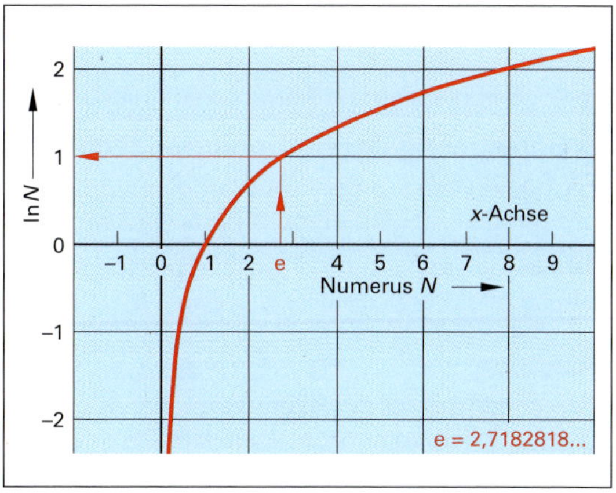

Bild 2: Natürlicher Logarithmus

Aufgabe: Bestimmen Sie den natürlichen Logarithmus der Zahlenwerte 20; 1000; 0,001; 580

1.8.4 Logarithmengesetze

Die Gesetze zum Rechnen mit Logarithmenausdrücken können aus den Potenzgesetzen (Seite 17) hergeleitet werden.
Es gelten analoge Gesetze für die dekadischen und die natürlichen Logarithmen.

Rechenart	Regel	Beispiele
Logarithmieren von Produkten	$\lg (a \cdot b) = \lg a + \lg b$ $\ln (a \cdot b) = \ln a + \ln b$	$\lg (210 \cdot 38) = \lg 980 = 3{,}9020029$ oder $\lg (210 \cdot 38) = \lg 210 + \lg 38 = 2{,}3222193 + 1{,}5797836$ $= 3{,}9020029$
Logarithmieren von Brüchen	$\lg \frac{a}{b} = \lg a - \lg b$ $\ln \frac{a}{b} = \ln a - \ln b$	$\lg \frac{851}{23} = \lg 37 = 1{,}5682017$ oder $\lg \frac{851}{23} = \lg 851 - \lg 23 = 2{,}9299296 - 1{,}3617278$ $= 1{,}5682018$ (Abweichung bei der letzten Ziffer wegen Rundung)
Logarithmieren von Potenzen	$\lg a^n = n \cdot \lg a$ $\ln a^n = n \cdot \ln a$	$\lg 12^{3,5} = \lg 5985{,}9676 = 3{,}7771344$ oder $\lg 12^{3,5} = 3{,}5 \cdot \lg 12 = 3{,}5 \cdot 1{,}0791812 = 3{,}7771344$
Logarithmieren von Wurzeln	$\lg \sqrt[n]{a} = \frac{1}{n} \cdot \ln a$ $\ln \sqrt[n]{a} = \frac{1}{n} \cdot \ln a$	$\lg \sqrt[3]{778{,}688} = \lg 9{,}2 = 0{,}963787$ oder $\lg \sqrt[3]{778{,}688} = \frac{1}{3} \cdot \lg 778{,}688 = \frac{1}{3} \cdot 2{,}8913635 = 0{,}9637878$

Aufgaben

Bestätigen Sie die Logarithmengesetze, indem Sie folgende Ausdrücke nach den beiden Schreibweisen des entsprechenden Logarithmusgesetzes berechnen.

a) $\lg (147 \cdot 717 \cdot 873)$ b) $\lg \frac{4{,}38 \cdot 2{,}19}{871 \cdot 2{,}52}$ c) $\lg (0{,}97^7 \cdot 2{,}82^{3,5})$ d) $\ln \sqrt[5]{65{,}931}$

1.8.5 Logarithmieren bei der pH-Wert-Berechnung

Der pH-Wert ist definiert als der negative dekadische Logarithmus des Zahlenwertes der Hydroniumionen-Konzentration $c(H_3O^+)$ in mol/L (Seite 189).

$$\mathrm{pH} = -\lg c(H_3O^+)$$

pH-Wert-Berechnung aus der Hydroniumionen-Konzentration

Beispiele:

$c(H_3O^+) = 0{,}2$ mol/L $\Rightarrow \lg c(H_3O^+) = \lg 0{,}2 = -0{,}69897$ $\Rightarrow$ pH = 0,7

$c(H_3O^+) = 7{,}3 \cdot 10^{-3}$ mol/L $\Rightarrow \lg c(H_3O^+) = \lg (7{,}3 \cdot 10^{-3}) = -2{,}1367$ $\Rightarrow$ pH = 2,1

$c(H_3O^+) = 10^{-7}$ mol/L $\Rightarrow \lg c(H_3O^+) = \lg 10^{-7} = -7$ $\Rightarrow$ pH = 7

$c(H_3O^+) = 5{,}2 \cdot 10^{-12}$ mol/L $\Rightarrow \lg c(H_3O^+) = \lg (5{,}2 \cdot 10^{-12}) = \lg 5{,}2 + \lg 10^{-12}$
$= 0{,}7160033 + (-12) = -11{,}283997$ $\Rightarrow$ pH = 11,3

Die Logarithmenwerte bestimmt man mit der LOG -Taste auf den Taschenrechner.

Berechnung der Hydroniumionen-Konzentration aus dem pH-Wert

Umgekehrt kann aus dem pH-Wert die Hydroniumionen-Konzentration $c(H_3O^+)$ in mol/L berechnet werden: $-\mathrm{pH} = \lg c(H_3O^+) \Rightarrow$

$$c(H_3O^+) = 10^{-\mathrm{pH}} \frac{\mathrm{mol}}{\mathrm{L}}$$

Beispiel: pH 5,6 $\Rightarrow c(H_3O^+) = 10^{-5,6}$ mol/L
Lösung: Mit der Numerusberechnung (Seite 21, Mitte) folgt: $c(H_3O^+) = 0{,}0000025$ mol/L = **2,5 · 10⁻⁶ mol/L**

Aufgaben

Berechnen Sie aus der Hydroniumionen-Konzentration $c(H_3O^+)$ den pH-Wert bzw. aus dem pH-Wert die Hydroniumionen-Konzentration $c(H_3O^+)$.

a) $c(H_3O^+) = 0{,}040$ mol/L b) $c(H_3O^+) = 8{,}5 \cdot 10^{-12}$mol/L c) $c(H_3O^+) = 6{,}83 \cdot 10^{-5}$mol/L

d) pH = 2,67 e) pH = 7,51 f) pH = 3,7 g) pH = 10,2 h) pH = 0,94

1.9 Lösen von Gleichungen

1.9.1 Lösen von Bestimmungsgleichungen

Bestimmungsgleichungen (engl. equation) sind Gleichungen mit einer gesuchten Größe *(x, y, z* usw.).

Beispiele für Bestimmungsgleichungen sind: $x + 3 = 5$ oder $2y - 8 = -4$ oder $5z = 10$

Zur Bestimmung der gesuchten Größe wird die Bestimmungsgleichung so umgestellt, dass die gesuchte Größe mit positivem Vorzeichen allein auf der linken Seite der Gleichung steht.

Je nach Gleichungsform kommen verschiedene Umformregeln zur Anwendung:

Gleichungen mit Summanden

Beispiele:

$$x + 3 = 5 \qquad x = 5 - 3 \qquad \mathbf{x = 2}$$

$$-x - 5 = 2 \qquad -x = 2 + 5 \qquad -x = 7 \quad | \cdot (-1) \qquad \mathbf{x = -7}$$

Umformregeln

Wird ein Summand oder ein Subtrahend auf die andere Seite der Gleichung gebracht, so wird sein Vorzeichen umgekehrt.

Gleichungen mit Faktoren und Divisoren

Beispiele:

$$5z = 10 \qquad z = \frac{10}{5} \qquad \mathbf{z = 2}$$

$$\frac{x}{3} = 12 \qquad x = 12 \cdot 3 \qquad \mathbf{x = 36}$$

Wird ein Faktor auf die andere Seite der Gleichung gebracht, so wird er dort in den Nenner gestellt. Er wird zum Divisor.
Wird ein Divisor auf die andere Seite der Gleichung gestellt, so wird er dort in den Zähler gestellt. Er wird zum Faktor.

Gemischte Gleichungen

Beispiele:

$$2y - 8 = -4 \qquad 2y = -4 + 8 \qquad 2y = +4 \qquad y = \frac{4}{2} \qquad \mathbf{y = 2}$$

$$-\frac{x}{2} - 7 = 5 \qquad -\frac{x}{2} = 5 + 7 \qquad -\frac{x}{2} = 12 \qquad -x = 12 \cdot 2 \qquad -x = 24 \quad | \cdot (-1) \qquad \mathbf{x = -24}$$

Bei einer Bestimmungsgleichung mit Summanden bzw. Subtrahenden sowie Faktoren bzw. Divisoren wird zuerst der Summand oder Subtrahend auf die andere Seite der Gleichung gestellt. Dann wird der Faktor bzw. der Divisor auf die andere Gleichungsseite gebracht.

Gleichungen mit Potenzen oder Wurzeln

Beispiele:

$$x^2 = 9 \quad /\sqrt{\ } \qquad x = \sqrt[2]{9} \qquad \mathbf{x = 3}$$

$$\sqrt[3]{x} = 4 \quad /^3 \qquad x = 4^3 \qquad \mathbf{x = 64}$$

$$2x^2 + 7 = 39 \qquad 2x^2 = 39 - 7 \qquad 2x^2 = 32 \qquad x^2 = \frac{32}{2} \qquad x^2 = 16 \qquad x = \sqrt[2]{16} \qquad \mathbf{x_1 = +4} \qquad \mathbf{x_2 = -4}$$

$$\frac{x^3}{5} - 35 = -10 \qquad \frac{x^3}{5} = -10 + 35 \qquad \frac{x^3}{5} = 25 \qquad x^3 = 25 \cdot 5 \qquad x^3 = 125 \qquad x = \sqrt[3]{125} \qquad \mathbf{x = 5}$$

Eine potenzierte Variable wird freigestellt, indem die andere Seite der Gleichung entsprechend radiziert wird.
Eine unter der Wurzel stehende Variable wird freigestellt, indem die andere Seite der Gleichung entsprechend potenziert wird.

Bei einer Bestimmungsgleichung mit Summanden, Subtrahenden, Faktoren, Divisoren, Potenzen und Wurzeln werden zuerst der Summand bzw. Subtrahend und dann die Faktoren und Divisoren auf die andere Seite der Gleichung gebracht.
Abschließend wird die potenzierte bzw. unter der Wurzel stehende Variable durch die umgekehrte Rechenart freigestellt.

Bringt man eine Größe einer Bestimmungsgleichung von der einen Seite auf die andere Seite der Gleichung, so erhält sie dort den umgekehrten Rechenbefehl.

Beispiele:

a) $\frac{x-42}{5} = 20$

$x - 42 = 20 \cdot 5$

$x = 100 + 42$

$\mathbf{x = 142}$

b) $\frac{5}{2x} + 3 = \frac{4}{x}$

$\frac{5}{2x} - \frac{4}{x} = -3$

$\frac{5-8}{2x} = -3$

$\frac{-3}{2x} = -3$

$-3 = -3 \cdot 2x$

$-3 = -6x$

$\frac{-3}{-6} = x$

$\mathbf{x = 0{,}5}$

Aufgaben: Lösen Sie die folgenden Bestimmungsgleichungen nach der Variablen auf:

1. $8{,}5x + 4{,}75 = 9$
2. $\frac{3x}{7} = 12$
3. $\frac{7}{x} = \frac{112}{8}$
4. $\frac{23-x}{12} = 2$
5. $\frac{x-2}{3} = \frac{x}{5}$
6. $\frac{15x}{6} + 2{,}2 = -7{,}8$
7. $4x^2 - 69 = 31$
8. $\sqrt{3x-2} = \sqrt{8x}$
9. $(x+5)^2 = 8{,}1$

1.9.2 Lösen von Größengleichungen

In der Chemie, der Physik und der Technik werden gesetzmäßige Zusammenhänge zwischen Größen mit **Größengleichungen,** einfach auch **Gleichungen** oder **Formeln** genannt, beschrieben.

Beispiel: Die Fläche A eines Rechtecks wird mit der Größengleichung $A = a \cdot b$ beschrieben.

Eine Größengleichung enthält mehrere Variablen. Sie kann nach jeder Variablen aufgelöst werden. Dazu wird die Größengleichung so umgeformt, dass die gesuchte Variable auf der linken Seite der Gleichung allein und mit positivem Vorzeichen steht. Für die Umformung von Größengleichungen gelten die gleichen Regeln wie beim Lösen von Bestimmungsgleichungen (Seite 23).
Ist z. B. bei der Größengleichung $A = a \cdot b$ die Kantenlänge a gesucht, so formt man die Gleichung nach a um: $A = a \cdot b \;\Rightarrow\; a = \frac{A}{b}$

In die umgestellte Größengleichung werden die Größen mit Zahlenwert und Einheit eingesetzt und ausgerechnet, z. B. mit $A = 31{,}28\ \text{cm}^2$ und $b = 6{,}8\ \text{cm}$ folgt $\boldsymbol{a} = \frac{31{,}28\,\text{cm}^2}{6{,}8\,\text{cm}} = \mathbf{4{,}6\ cm}$

Beispiele:

a) Kreisfläche

$A = \frac{\pi \cdot d^2}{4}$

gesucht ist d

$\Rightarrow d^2 = \frac{A \cdot 4}{\pi}$

$d = \sqrt{\frac{4 \cdot A}{\pi}} = 2\sqrt{\frac{A}{\pi}}$

b) Wärmeenergie

$Q = c \cdot m \cdot \Delta\vartheta$

gesucht ist c

$\Rightarrow \frac{Q}{m \cdot \Delta\vartheta} = c$

$c = \frac{Q}{m \cdot \Delta\vartheta}$

c) Allgemeine Gasgleichung

$p \cdot V = \frac{m}{M} \cdot R \cdot T$

gesucht ist T

$\Rightarrow \frac{p \cdot V \cdot M}{R \cdot m} = T$

$T = \frac{p \cdot V \cdot M}{R \cdot m}$

d) Mischungsgleichung (für Lösungen)

$m_1 \cdot w_1 + m_2 \cdot w_2 = m_M \cdot w_M$

gesucht ist m_2

$\Rightarrow m_2 \cdot w_2 = m_M \cdot w_M - m_1 \cdot w_1$

$m_2 = \frac{m_M \cdot w_M - m_1 \cdot w_1}{w_2}$

e) Gesamtwiderstand zweier paralleler Widerstände

$\frac{1}{R_{ges}} = \frac{1}{R_1} + \frac{1}{R_2}$

gesucht ist R_1

$\Rightarrow \frac{1}{R_1} = \frac{1}{R_{ges}} - \frac{1}{R_2}$

$R_1 = \frac{1}{\frac{1}{R_{ges}} - \frac{1}{R_2}}$

f) Wärmedurchgangszahl

$k = \frac{1}{\frac{1}{\alpha_1} + \frac{s}{\lambda} + \frac{1}{\alpha_2}}$

gesucht ist α_1

$\Rightarrow \frac{1}{k} = \frac{1}{\alpha_1} + \frac{s}{\lambda} + \frac{1}{\alpha_2}$

$\frac{1}{\alpha_1} = \frac{1}{k} - \frac{s}{\lambda} - \frac{1}{\alpha_2}$

$\alpha_1 = \frac{1}{\frac{1}{k} - \frac{s}{\lambda} - \frac{1}{\alpha_2}}$

Aufgaben: Lösen Sie obige Gleichungen nach folgender Größe auf:

1. Beispiel b) nach $\Delta\vartheta$
2. Beispiel c) nach M
3. Beispiel e) nach R_2
4. Beispiel d) nach w_M
5. Beispiel f) nach α_2
6. Beispiel f) nach λ

1.10 Rechnen mit Winkeln und Winkelfunktionen

Winkelangaben

Ein Vollkreis umfasst 360° **(Bild 1)**. 90° ist ein Viertel eines Kreises, 180° ein halber Kreis. 1° ist der 360ste Teil eines Vollkreises.
Die Einheit des Winkels (engl. angle) ist das Grad, Einheitenzeichen grad oder °. Bruchteile von 1° sind die Winkelminute (') und die Winkelsekunde ("), 1° = 60' 1' = 60"

Beispiel einer Winkelangabe: α = 48° 36' 25"

Häufig werden Winkel auch in Dezimalschreibweise angegeben, z. B. α = 48,6°. Beide Winkelangaben können ineinander umgerechnet werden.

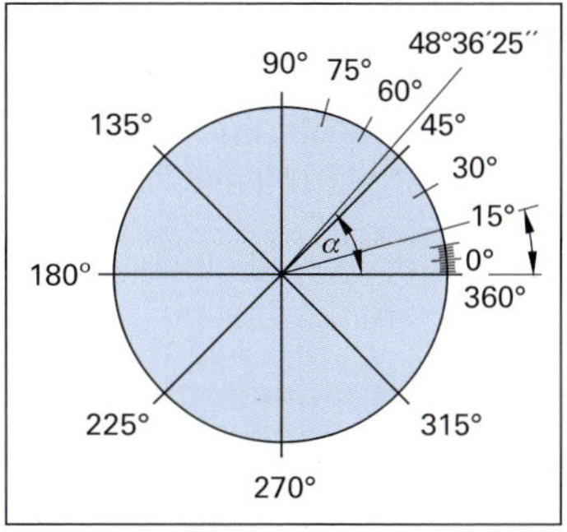

Bild 1: Winkel im Vollkreis

Beispiel 1: Wie lautet die Winkelangabe α = 48° 36' in Dezimalschreibweise?
Lösung: $36' = 36 \frac{1°}{60} = 0{,}6°$; $\Rightarrow$ $\alpha = 48° + 0{,}6° =$ **48,6°**

Beispiel 2: Wie lautet die Winkelangabe α = 32,3525° in Grad, Winkelminuten und Winkelsekunden?
Lösung: 0,3525° = 0,3525 · 60' = 21,15'; 0,15' = 0,15 · 60" = 9"; $\Rightarrow$ α = **32° 21' 9"**

Aufgaben

1. Berechnen Sie die Winkel in Dezimalschreibweise: a) 12° 16' 2" b) 27° 44' 59" c) 69° 48'
2. Drücken Sie die folgenden Winkelangaben in Grad, Minuten und Sekunden aus:
   a) 19,27° b) 38,18° c) 72,75° d) 28,68°

Winkelfunktionen

Die Definition der Winkelfunktionen erfolgt am rechtwinkligen Dreieck **(Bild 2)**. Vom Winkel α aus betrachtet, bezeichnet man die Seiten des Dreiecks als Ankathete, Gegenkathete und Hypothenuse.
Als Winkelfunktionen bezeichnet man verschiedene Größenverhältnisse der Seiten des rechtwinkligen Dreiecks (siehe rechts unten): Sinus (sin), Cosinus (cos), Tangens (tan), Cotangens (cot).
Zu jedem Winkel α gehört ein Funktionswert der entsprechenden Winkelfunktion. Die Funktionswerte sind im Taschenrechner gespeichert und können mit den Funktionstasten abgerufen werden.

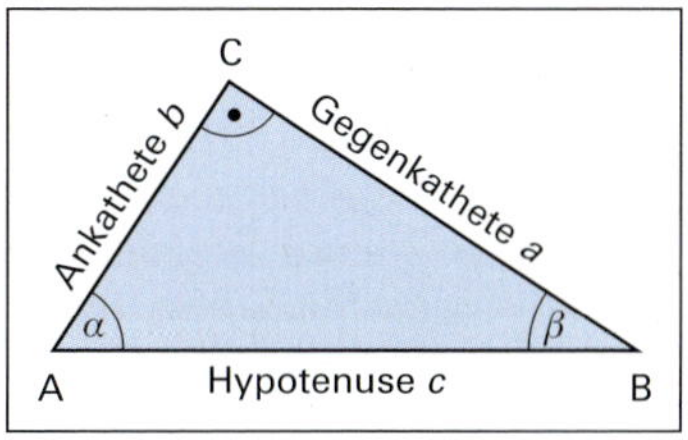

Bild 2: Rechtwinkliges Dreieck

Beispiel: sin 30,5° = ?

Eingabe	ON/C	30,5°	sin
Anzeige	0	30.5	0.5075384

Lösung:
sin 30,5° = 0,5075384

Aufgaben

1. Bestimmen Sie zu folgenden Winkeln die Winkelfunktionen sin, cos, tan sowie cot mit dem Taschenrechner und tragen Sie sie in eine Tabelle ein.

α	**0°**	**30°**	**45°**	**60°**	**90°**	**17° 33'**
sin α						
cos α						
tan α						
cot α						

2. Bestimmen Sie die Winkel folgender Funktionswerte:
   a) $\sin\alpha = 0{,}2215485$; b) $\tan\beta = 0{,}7954359$; c) $\cos\gamma = 0{,}378906$

Winkelfunktionen

$$\sin\alpha = \frac{\text{Gegenkathete}}{\text{Hypothenuse}}$$

$$\cos\alpha = \frac{\text{Ankathete}}{\text{Hypothenuse}}$$

$$\tan\alpha = \frac{\text{Gegenkathete}}{\text{Ankathete}}$$

$$\cot\alpha = \frac{\text{Ankathete}}{\text{Gegenkathete}}$$

mit $\tan\alpha = \frac{1}{\cot\alpha}$

1.11 Berechnungen mit dem Dreisatz

Zahlreiche Berechnungen aus der Labor- und Betriebspraxis können durch Dreisatz- bzw. Schlussrechnung einfach und anschaulich gelöst werden. Dies betrifft insbesondere die stöchiometrischen Berechnungen (Kapitel 4), das Rechnen mit Mischphasen (Kapitel 5) und analytische Berechnungen (Kapitel 7). Allerdings sollte auch bei diesen Berechnungen die Schlussrechnung das *Rechnen mit Größengleichungen* nicht prinzipiell ersetzen.
Der wichtigste Gesichtspunkt aller chemischen und physikalischen Berechnungen ist das Verständnis für die auftretenden Größen, die Abhängigkeiten zwischen den Größen sowie die Berücksichtigung der entsprechenden Einheiten.

Direkter Dreisatz

Der direkte Dreisatz (engl. direct rule of three) bzw. die Schlussrechnung stellt die Beziehung zwischen zwei direkt proportionalen Größen her. Dies entspricht in einem Diagramm einer Ursprungsgeraden **(Bild 1).**
Das festgelegte Denkschema zur Berechnung wird an zwei Beispielen beschrieben.

Beispiel 1: Durch Verbrennen von 32,0 g Schwefel S entstehen 22,4 L Schwefeldioxidgas SO_2. Wie viel Liter SO_2 entstehen bei der Verbrennung von 150 g Schwefel?

Lösung:

1. Satz: aus 32,0 g S entstehen 22,4 L SO_2

2. Satz: aus 1 g S entstehen $\frac{22{,}4}{32{,}0}$ L SO_2

3. Satz: aus 150 g S entstehen $\frac{22{,}4 \cdot 150}{32{,}0}$ L = **105 L SO_2**

Es entstehen 105 L SO_2 oder: **$V(SO_2)$ = 105 L**

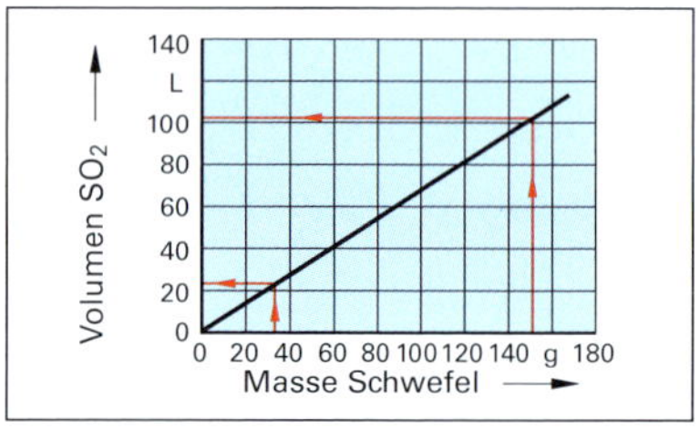

Bild 1: Abhängigkeit SO_2-Volumen zur verbrauchten Schwefelmasse

Im Schema des Dreisatzes wird im 2. Satz auf die *Einheit* geschlossen, im 3. Satz auf die gesuchte *Mehrheit* der Einheit. Dabei müssen die zusammengehörenden Größen jeweils auf der gleichen Seite des Satzes untereinander angeordnet werden, bei den Einheitenzeichen ist auf Gleichheit zu achten.
Beim *direkten Dreisatz* (Beispiel 1) führt das Vergrößern ↑ (Verkleinern ↓) der Ausgangsgröße 1 (Schwefel S) zu einer Vergrößerung ↑ (Verkleinerung ↓) der Ausgangsgröße 2 (Schwefeldioxidgas SO_2).
Das Ergebnis eines Dreisatzes muss mit dem entsprechenden Einheitenzeichen versehen sein, und es sollte die gesuchte Größe, z. B. das Volumen SO_2, oder das Größenzeichen, z. B. $V(SO_2)$, enthalten.
Im 3. Satz des Dreisatzes kann anstelle des Quotienten die gesuchte Größe als Variable (Platzhalter, z. B. *x, y* usw.) eingesetzt werden. Der Quotient wird anschließend ausgerechnet.

Beispiel 2: 100 g Wasser von 20 °C lösen 36 g Natriumchlorid NaCl.

Wie viel Gramm NaCl können bei gleicher Temperatur in 150 g Wasser gelöst werden **(Bild 2)**?

Lösung:

1. Satz: 100 g Wasser lösen 36 g NaCl

2. Satz: 1 g Wasser löst $\frac{36}{100}$ g NaCl

3. Satz: 150 g Wasser lösen *x* NaCl

$$x = m(\text{NaCl}) = \frac{36 \cdot 150}{100}\,\text{g} = \mathbf{54\ g}$$

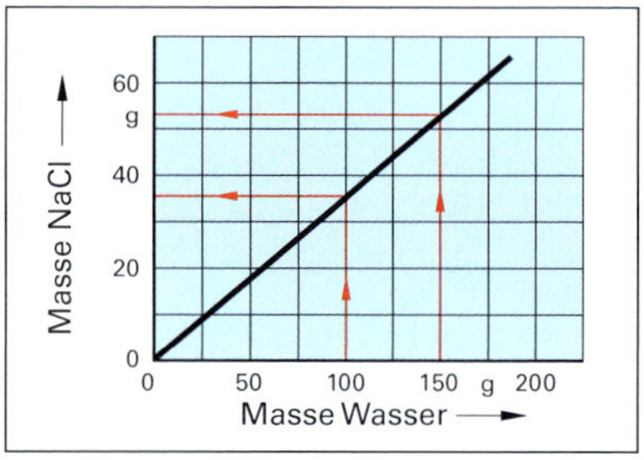

Bild 2: Gelöste NaCl-Masse pro Masse Wasser

Aufgaben zu Berechnungen mit dem direkten Dreisatz

1. Beim Glühen von 100 g Calciumcarbonat $CaCO_3$ entstehen 44 g Kohlenstoffdioxid CO_2. Welche Masse an $CaCO_3$ muss geglüht werden, wenn 800 kg CO_2 hergestellt werden sollen?
2. 7,55 g Rohkohle werden nach der Trocknung mit 6,24 g ausgewogen. Wie viel Tonnen Feuchtigkeit enthält ein Kohletransport mit 785 t Rohkohle?
3. In 80 g Ammoniumnitrat NH_4NO_3 sind 28 g Stickstoff N chemisch gebunden. Berechnen Sie die Masse an Stickstoff in 2,5 t Ammoniumnitrat.

Indirekter Dreisatz

Beim indirekten Dreisatz (engl. indirect rule of three) sind die beiden verbundenen Größen umgekehrt proportional. Dies entspricht in einem Diagramm einer Hyperbel **(Bild 1)**. Durch Vergrößern ↑ (Verkleinern ↓) der einen Größe verkleinert ↓ (vergrößert ↑) sich der Wert der zweiten Größe. Das Lösungsschema ist entspechend wie beim direkten Dreisatz.

Beispiel 1: Zwei parallel geschaltete Kreiselpumpen füllen einen Säuretank in 6 Minuten. Welche Füllzeit ist erforderlich, wenn die Befüllung mit drei parallel arbeitenden Pumpen gleicher Förderleistung erfolgt?

Lösung:
1. Satz: 2 Pumpen benötigen 6 min
2. Satz: 1 Pumpe benötigt 6 min · 2
3. Satz: 3 Pumpen benötigen *x* min

$\boldsymbol{x = t(3\ \text{Pumpen})} = \frac{6 \cdot 2}{3}\ \text{min} = 4\ \text{min}$ oder: $\boldsymbol{t(3\ \text{Pumpen}) = 4\ \text{min}}$

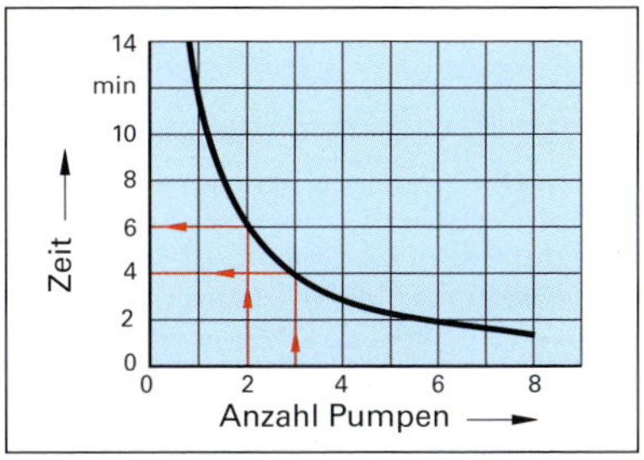

Bild 1: Abhängigkeit der Pumpzeit von der Anzahl eingesetzter Pumpen

Bei praktischen Berechnungen wird häufig auf den 2. Satz des Dreisatzes, den Schluss auf die *Einheit,* verzichtet. Man spricht vom *abgekürzten* Dreisatz oder auch von der **Schlussrechnung.**

Beispiel 2: Das Volumen einer Gasportion beträgt bei einem Druck von 2,5 bar 10 m³. Wie groß ist das Volumen bei 7,5 bar unter gleicher Temperatur?

Lösung: Vorüberlegung: Mit steigendem Druck wird das Volumen kleiner, deshalb *indirekter* Dreisatz.

1. Satz: bei 2,5 bar ist das Volumen 10 m^3
2. Satz: bei 7,5 bar ist das Volumen *x*

Bei einem bar ist das Volumen 2,5 · 10 m^3 (**nicht** formulierter Gedankengang)

$\boldsymbol{x = V} = \frac{2{,}5\,\text{bar} \cdot 10\,\text{m}^3}{7{,}5\,\text{bar}} = 3{,}3333\ \text{m}^3 \approx \boldsymbol{3{,}3\ \text{m}^3}$ **Das Volumen beträgt 3,3 m³**

Aufgaben zu Berechnungen mit dem indirekten Dreisatz

1. Ein Rührkessel hat ein Füllvolumen von 32,0 m^3 Reaktionsgut. Die monatliche Produktion erfordert 70 Chargen (Ansätze). Wie viele Chargen sind monatlich nötig, wenn der 32-m^3-Kessel durch einen neuen Kessel mit 40,0 m^3 Füllvolumen ersetzt wird?
2. Mit einer in einem Mischbehälter enthaltenen Lacklösung konnten 30 Gebinde von 40 L Inhalt vollständig gefüllt werden. Wie viele 60-L-Gebinde werden für die gleiche Portion benötigt?
3. Zur Neutralisation von 500 kg Kalilauge wurden 110 kg Salzsäure mit dem HCl-Massenanteil 36 % benötigt. Welche Masse an Salzsäure ist erforderlich, wenn sie nur den Massenanteil 30 % hat?

1.12 Berechnungen mit Proportionen

Das Verhältnis zweier Zahlen (auch als Quotient bezeichnet) wird durch einen Bruch oder durch ein Divisionszeichen angegeben,

Beispiel: $\frac{2}{5}$ oder 2 : 5 (gesprochen: 2 zu 5)

Der Wert eines Verhältnisses ändert sich nicht, wenn seine Zähler und Nenner bzw. Dividend und Divisor mit derselben Zahl multipliziert oder durch dieselbe Zahl dividiert werden.

Beispiel: $\frac{2}{5} = \frac{2 \cdot 3}{5 \cdot 3} = \frac{6}{15} = \frac{2 : 10}{5 : 10} = \frac{0{,}2}{0{,}5}$ oder 2 : 5 = 6 : 15 = 0,2 : 0,5

Zwei Verhältnisse mit dem gleichen Wert können gleichgesetzt werden. Man erhält eine **Verhältnisgleichung** (engl. ratio equation) oder eine **Proportion** (engl. proportion).

Beispiel: 2 zu 5 verhält sich wie 6 zu 15. Als Proportion geschrieben: 2 : 5 = 6 : 15

Schreibt man diese Proportion mit allgemeinen Zahlen, so erhält man die allgemeine Proportion $a : b = c : d$. Darin werden *a* und *d* als *Außenglieder*, *b* und *c* als *Innenglieder* bezeichnet.
Nach der *Produktenregel* ist das Produkt der Innenglieder einer Proportion gleich dem Produkt der Außenglieder.
Für das Beispiel 2 : 5 = 6 : 15 gilt daher: $2 \cdot 15 = 5 \cdot 6 = 30$
Ist eine der Größen in einer Proportion unbekannt (= *x*), so kann die Proportion nach dieser unbekannten Größe umgestellt und diese berechnet werden.

Proportionen

Außenglieder (*a*, *d*)

$$a : b = c : d \Rightarrow a \cdot d = b \cdot c$$

Innenglieder (*b*, *c*)

Beispiel: $\frac{2}{5} = \frac{x}{15} \Rightarrow x = \frac{2 \cdot 15}{5} = 6$

Wie auch beim Dreisatz ist bei der Berechnung über Proportionen zu prüfen, ob die *vorhandene* oder die *resultierende* Größe in *direkter* oder *indirekter* proportionaler Abhängigkeit zueinander stehen.

Beispiel: Bei der Verbrennung von 12,0 g Kohlenstoff C entstehen 44,0 g Kohlenstoffdioxid CO_2. Welche Masse an CO_2 entsteht bei der Verbrennung von 78,0 g Kohlenstoff?

Lösung: Die Massen des vorhandenen Stoffes (C) und des entstehenden Stoffes (CO_2) verhalten sich direkt proportional (direkte Proportion), d. h., bei der Zunahme des Ausgangsstoffes C wird auch der Endstoff CO_2 im gleichen Verhältnis zunehmen.

Es müssen sich also 12,0 g C zu 78,0 g C verhalten wie 44,0 g CO_2 zum gesuchten Wert *x*.

$$\frac{12{,}0\,g}{78{,}0\,g} = \frac{44{,}0\,g}{x} \Rightarrow x = \frac{44{,}0\,g \cdot 78{,}0\,g}{12{,}0\,g} = \mathbf{286\,g} \quad \boldsymbol{m(CO_2) = 286\,g}$$

Aufgaben zu Berechnungen mit Proportionen

1. In 286,1 g Soda $Na_2CO_3 \cdot 10\,H_2O$ sind 180 g H_2O als Kristallwasser gebunden. Welche Masse an Natriumcarbonat Na_2CO_3 bindet 500 kg Kristallwasser?
2. In 20,112 g Rohbauxit wurden bei einer Bestimmung des Glühverlustes 480 mg Feuchtigkeit ermittelt. Berechnen Sie die Masse an Feuchtigkeit in 75 t Rohbauxit.
3. Ein Tank wird über eine Zuleitung mit dem Rohrquerschnitt 75 cm^2 in 40 min befüllt.
   a) Welche Füllzeit ist mit einer Zuleitung von 90 cm^2 zu erwarten?
   b) Bei welchem Rohrquerschnitt wird eine Füllzeit von 50 min erzielt?

1.13 Berechnungen mit Anteilen

Anteile sind Quotienten aus jeweils zwei gleichen physikalischen Größen.

Beispiel: Welchen Massenanteil *w*(NaCl) hat eine Lösung, die 18 g NaCl in 100 g Lösung enthält?

Lösung: $\boldsymbol{w(NaCl)} = \frac{18\,g}{100\,g} = \mathbf{0{,}18}$

Anteile (engl. fractions) können auf Massen, Volumina, Stoffmengen oder Teilchenzahlen von Stoffportionen angewendet werden.

Die Zahlenwerte der Anteile liegen zwischen 0 und 1. Die Summe aller Anteile einer Stoffportion ergibt 1. Bei sehr kleinen Anteilwerten können die Zahlenwerte auch mit 10er-Potenz-Faktoren multipliziert oder mit einem Kurzzeichen versehen werden. Einige wichtige Kurzzeichen sind in der folgenden Übersicht aufgeführt, eine vollständige Übersicht zeigt Tabelle 1, Seite 147.

Anteilsangabe	Bedeutung	Kurzzeichen	Faktor
Prozent	Hundertstel	%	10^{-2}
Promille	Tausendstel	‰	10^{-3}
Parts per million	Millionstel	ppm	10^{-6}
Parts per billion[1]	Milliardstel	ppb	10^{-9}

Die Berechnung von Anteilen kann durch Schlussrechnung, Aufstellen einer Proportion oder durch Größengleichungen erfolgen. Dies wird an folgenden Beispielen gezeigt.

[1] ppb für parts per billion, billion englisch für *Milliarde*.

Beispiel 1: In einer Kaliumhydroxid-Probe wird ein Feuchtigkeits-Massenanteil von w(Feuchte) = 0,025 analysiert. Wie groß ist der Feuchtigkeits-Massenanteil in Prozent? Was bedeutet diese Angabe?

Lösung: **w(Feuchte) =** 0,025 = 0,025 · 10^2 % = **2,5 %.** Das bedeutet: 100 g Probe enthalten 2,5 g Feuchtigkeit.

Beispiel 2: Der Arbeitsplatzgrenzwert (AGW) von Chlor beträgt 0,000 000 5. Wie groß ist der AGW-Wert von Chlor in ppm?

Lösung: **AGW** = 0,000 000 5 = 0,000 000 5 · 10^6 = **0,5 ppm.**

Aufgaben zu Berechnungen mit Anteilen

1 Wandeln Sie die Dezimalangaben um:

a) 0,234 in Prozent b) 0,029 in Promille c) 0,0000170 in ppm d) 0,001350 in Prozent

2. Rechnen Sie die genannten Anteile in Dezimalzahlen um:

a) 2,5 % b) 1,75 ‰ c) 50 ppm d) 0,134 % e) 2500 ppm f) 0,91 ‰

3. 28,52 g Quarzsand werden geglüht. Nach dem Abkühlen verbleibt ein Rückstand von 26,03 g. Welcher Masseverlust in Prozent ist eingetreten?

4. In einem Kupferkies wurden 21,78 % taubes Gestein ermittelt. Wie viel Kupfererz ist in 500 t Rohmaterial enthalten?

5. Ein Kühlwasserbecken ist mit 250 m³ Kühlwasser gefüllt; dies entspricht 65 % des maximalen Füllvolumens. Welches Volumen kann das Becken noch aufnehmen?

Gemischte Aufgaben zu 1 Mathematische Grundlagen und praktisches Rechnen

Grundrechnungsarten, Bruchrechnen

1. Berechnen Sie:

a) $(-3a)\cdot(5b)\cdot(-2c)$ b) 23,94 m – (–16,35 m) – 3,22 m c) $(5r+3s)\cdot(2r-4s)$

2. Klammern Sie aus: a) $9x^2a-6xa^2-15x^2a^2$ b) $\frac{\pi}{4}h\,D^2-\frac{d\,h^2\pi}{4}$

3. Berechnen Sie folgende Ausdrücke:

a) $\frac{(-287)}{(-7)}$ b) $\frac{\frac{\pi}{4}(D-d)^2}{\frac{D-d}{2}}$ c) $\frac{\frac{1}{2}at^2}{\frac{2}{3}at}$ d) $\frac{m_1\cdot c_1\cdot\vartheta_1+m_1\cdot c_1\cdot\vartheta_2}{m_1\cdot c_1+m_1\cdot c_1}$

e) $\frac{7{,}82\,\text{g}+6{,}93\,\text{g}+7{,}57\,\text{g}+7{,}34\,\text{g}+7{,}69\,\text{g}}{5}$ f) $\frac{(36{,}1981\,\text{g}-24{,}2561\,\text{g})\cdot 0{,}9982\,\text{g/cm}^3}{36{,}1981\,\text{g}-24{,}2561\,\text{g}-54{,}7525\,\text{g}+44{,}2595\,\text{g}}$

4. Wandeln Sie in Dezimalzahlen um: a) $\frac{8}{10}$ b) $\frac{314\,159}{100\,000}$ c) $\frac{66}{125}$ d) $\frac{2\,\text{m}^2}{9\,\text{m}}$

5. Berechnen Sie: a) $\frac{5(u+v)}{(u+v):3a}$ b) $\frac{3-a}{7b}:\frac{a-3}{7b}$ c) $\left(-3\frac{1}{3}\right):\left(8\frac{2}{5}\right)$

Rechnen mit dem Taschenrechner

6. Bestimmen Sie die Unbekannte:

a) $\frac{1}{R_{\text{ges}}}=\frac{1}{25\,\Omega}+\frac{1}{50\,\Omega}+\frac{1}{10\,\Omega}$ b) $k=\frac{1}{\frac{1}{25\,000}+\frac{0{,}0021}{70}+\frac{1}{12\,500}}$

c) $V_A=\pi\cdot(1{,}52\,\text{m})^2\cdot\left(3{,}64\,\text{m}-\frac{1{,}52\,\text{m}}{3}\right)$ d) $\gamma_A=\frac{2{,}75\cdot 0{,}05}{1+0{,}05(2{,}75+1)}$

7. Berechnen Sie die folgenden Aufgaben mit dem Taschenrechner mit möglichst günstiger Tastenfolge:

a) $\frac{27{,}35 \cdot 84{,}28 \cdot 2{,}73}{53{,}13 \cdot 102{,}04}$ b) $\frac{7{,}22 \cdot 2{,}91 + 3{,}88 \cdot 0{,}13}{12{,}81 - 6{,}25 \cdot 0{,}98}$ c) $\pi \cdot 2{,}5\ \text{m} \cdot 6{,}2\ \text{m} + \frac{\pi \cdot (2{,}5\ \text{m})^2}{2}$

d) $\frac{1}{R_{ges}} = \frac{1}{23{,}4\ \Omega} + \frac{1}{18{,}3\ \Omega} + \frac{1}{6{,}9\ \Omega}$ e) $\frac{98 \cdot \pi}{12} + \frac{4{,}27}{0{,}85} - \frac{1}{2{,}3}$ f) $\frac{1}{\frac{1}{12\,400} + \frac{0{,}003}{55} + \frac{1}{6250}}$

Rechnen mit Potenzen und Wurzeln

8. Fassen Sie zusammen: a) $23 \cdot r^{2n+2} \cdot 2 \cdot r^{-(n+1)}$ b) $\frac{\pi \cdot h}{12} \cdot (D^5 + d^2D^3 + D^4 \cdot d)$

c) $(7 \cdot x^n - 2x^n) : 6x^{n-2}$ d) $\frac{u^4 - u^2}{u^2 - u}$ e) $\pi\, h^2 \cdot r - \frac{\pi h^3}{3}$ f) $\frac{x^3}{y^5} \cdot \frac{x^2}{y^3} : \frac{x^4}{y^6}$

9. Berechnen Sie: a) $(-5{,}8)^3$ b) $4{,}5^{2{,}5}$ c) $\frac{8{,}9^3 \cdot 6{,}4^2}{0{,}82 \cdot 1{,}5^5}$ d) $3{,}2 \cdot 10^4 + 12{,}3 \cdot 10^3 + 0{,}45 \cdot 10^5$

10. Ermitteln Sie den Zahlenwert: a) $\sqrt{3{,}4225}$ b) $\sqrt[3]{143{,}87782}$ c) $\sqrt[7]{1{,}9487171}$

d) $s = \pm\sqrt{\frac{8{,}32^2 + 8{,}12^2 + 7{,}97^2 + 8{,}05^2 + 8{,}09^2}{4}}$ e) $V = 0{,}6 \cdot 2{,}3 \cdot \sqrt{2 \cdot 9{,}81 \cdot \left(5{,}7 + \frac{250\,000}{964 \cdot 9{,}81}\right)}$

11. Fassen Sie zusammen: a) $\sqrt{2{,}5} \cdot \sqrt{14{,}4}$ b) $5^{\frac{1}{2}} \cdot 5^{\frac{1}{3}}$ c) $\sqrt[4]{81 \cdot 10^4}$ d) $\left(\frac{1}{3}\right)^{\frac{1}{3}}$ e) $(ab^2)^{\frac{1}{2}}$

Rechnen mit Logarithmen

12. Bestimmen Sie den dekadischen Logarithmus der Zahlen:

a) 24 b) 7392 c) 100 d) 0,092 e) 10^5 f) 10^{-12} g) 22 493 h) $5{,}2 \cdot 10^{-4}$

i) $7{,}83 \cdot 10^5$ j) 0,35 k) $8{,}92 \cdot 10^{-11}$ l) $4{,}76 \cdot 10^{-11}$ m) $h = 18\,400\ \text{m} \cdot \lg \frac{1013\ \text{mbar}}{899\ \text{mbar}}$

13. Ermitteln Sie den Numerus der Logarithmen:

a) $\lg x = 2{,}8395$ b) $\lg x = 0{,}053$ c) $\lg x = -1{,}842$ d) $\lg x = -9{,}257$

14. Berechnen Sie aus der Hydroniumionen-Konzentration $c(H_3O^+)$ den pH-Wert:

a) $c(H_3O^+) = 0{,}059$ mol/L b) $c(H_3O^+) = 7{,}21 \cdot 10^{-9}$ mol/L c) $c(H_3O^+) = 0{,}83 \cdot 10^{-7}$ mol/L

15. Berechnen Sie aus dem pH-Wert die Hydroniumionen-Konzentration $c(H_3O^+)$:

a) pH = 5,8 b) pH = 9,4 c) pH = 2,8 d) pH = 11,3

16. Bestimmen Sie:

a) $\ln \pi$ b) ln 10 c) ln 2,7182818 d) ln 22 026,466 e) $\vartheta_m = \frac{38{,}9\,°\text{C} - 26{,}5\,°\text{C}}{\ln \frac{38{,}9\,°\text{C}}{26{,}5\,°\text{C}}}$

17. Formen Sie die folgenden Ausdrücke mit den Logarithmengesetzen um:

a) $\lg (9 \cdot 2 \cdot 7)$ b) $\lg \frac{1}{5}$ c) $\lg x^3$ d) $\lg \sqrt{xy}$ e) $\lg \frac{1}{1 + x}$

Lösen von Gleichungen

18. Lösen Sie nach der Unbekannten auf:

 a) $25 = 7t + 4$ b) $\frac{3}{4}x = 7{,}5 - 0{,}75\,x$ c) $3r - [2r - (2 - r)] = 5r - 7$ d) $7 = \frac{12 - x}{2a}$

19. Lösen Sie die Gleichungen nach der Unbekannten x auf:

 a) $5x - 3x - 5 = 3$ b) $\frac{1}{x} = \frac{1}{r} + \frac{1}{s}$ c) $\frac{8u}{2x - v} = \frac{1}{2}$

20. Lösen Sie die folgenden Größengleichungen nach der geforderten Größe auf:

 a) $e = \sqrt{l^2 + b^2}$; $l = ?, b = ?$ b) $V = \frac{\pi}{4} \cdot h(D^2 - d^2)$; $D = ?, d = ?, h = ?$

 c) $s = \frac{1}{2} g t^2$; $t = ?$ d) $\frac{V_1}{T_1} = \frac{V_2}{T_2}$; $V_1 = ?, T_1 = ?, V_2 = ?, T_2 = ?$ e) $t = \frac{m}{\ddot{A} \cdot V}$; $m = ?, V = ?$

 f) $\frac{m_1}{m_2} = \frac{w_M - w_2}{w_1 - w_M}$; $w_M = ?, w_1 = ?, w_2 = ?$ g) $R_W = R_K \cdot (1 + \alpha \cdot \Delta\vartheta)$; $\Delta\vartheta = ?, \alpha = ?$

 h) $\vartheta_m = \frac{m_1 \cdot c_1 \cdot \vartheta_1 + m_2 \cdot c_2 \cdot \vartheta_2}{m_1 \cdot c_1 + m_2 \cdot c_2}$; $m_1 = ?, \vartheta_1 = ?, c_1 = ?$ i) $d_i = 2 \cdot \sqrt{\frac{\dot{V}}{\pi \cdot v}}$; $V = ?, v = ?$

Rechnen mit dem Dreisatz, Proportionen, Anteilen

21. 16,0 g Methangas CH_4 haben ein Volumen von 22,4 L. Welches Volumen nehmen 125 kg Methangas bei gleichen Bedingungen ein?

22. Für eine Umsetzung werden 2,75 t reines Natriumchlorid NaCl benötigt. Das zur Verfügung stehende Rohsalz enthält pro Tonne 50 kg Nebenbestandteile. Von welcher Masse Rohsalz ist auszugehen?

23. Aus einem Abfüllbehälter werden 30 Gebinde zu je 50 L Inhalt gefüllt. Wie viele Gebinde zu je 40 L können mit dem gleichen Volumen vollständig gefüllt werden?

24. 25,00 mL einer Säureprobe verbrauchen bei der Titration 28,24 mL Natronlauge-Maßlösung. Welches Volumen der gleichen Lauge muss 32,50 mL Säure zugesetzt werden, um sie zu neutralisieren?

25. 100 g Wasser von 20 °C lösen 35,8 g Natriumchlorid. Welche Masse an NaCl kann von 750 g Wasser der gleichen Temperatur gelöst werden?

26. Beim Eindampfen von 5,00 kg einer Lacklösung verbleibt ein Rückstand von 2,75 kg Feststoff. Wie viel Rückstand ist nach dem Eindampfen von 75,0 kg derselben Lösung zu erwarten?

27. Ein Wärmetauscher mit 250 Kühlrohren hat pro Rohr eine Kühlfläche von 15 dm^2.

 a) Wie groß ist die Gesamt-Kühlfläche des Wärmetauschers?

 b) Um welchen Anteil in Prozent verringert sich die Kühlfläche, wenn 5 Kühlrohre nach Leckagen dichtgesetzt werden müssen?

28. In einer Elektrolysezelle werden 750 g Chlor elektrolytisch aus Kochsalz-Lösung erzeugt. 70,9 g gasförmiges Chlor nehmen ein Volumen von 22,4 L ein.

 a) Welches Volumen hat die Chlorportion?

 b) Um welchen Anteil in Prozent nimmt das Chlorvolumen nach Verflüssigung ab, wenn 1,571 g flüssiges Chlor ein Volumen von 1,00 cm^3 haben?

29. Elektrolytisch erzeugtes Chlorgas enthält einen Feuchte-Massenanteil von 5,0 ppm. Welche Masse an Wasserdampf ist in 20,0 t Chlorgas enthalten?

30. Der Arbeitsplatzgrenzwert für Schwefelwasserstoff H_2S beträgt 10 ppm. Welches Volumen an Schwefelwasserstoff ist in 120 m^3 Luft einer Abfüllhalle enthalten, wenn der AGW-Wert gerade erreicht ist?

2 Auswertung von Messwerten und Prozessdaten

Im chemischen Labor, im Chemietechnikum und in chemischen Produktionsbetrieben fallen viele Messwerte oder auch Reihen von Versuchs- und Prozessdaten an.

Die Erfassung der Messwerte und Prozessdaten sowie deren Auswertung ist ein wichtiger Teil der Arbeit beim Fahren einer Chemieanlage.

2.1 Messtechnik in der Chemieanlage

2.1.1 Grundbegriffe der Messtechnik

Durch das Messen wird der Wert einer Messgröße, auch **Messwert** genannt, ermittelt.

Beispiel: Mit einem Messzylinder misst man das Volumen einer Flüssigkeitsportion.
Der in **Bild 1** abgelesene Messwert beträgt z. B. 613 mL.

Der erhaltene Messwert ist das Vielfache der Volumeneinheit Milliliter (mL): $V = 613$ mL.

Ein Messwert kann grundsätzlich nicht den wahren Wert der Messgröße angeben. Messwerte sind immer nur eine Annäherung an den wahren Wert der Messgröße.

Wichtige messtechnische Grundbegriffe gemäß DIN 1319-1 sind: Die Messgröße, die Anzeige, der Skalenteilungswert, der Messwert, die Messunsicherheit und das Messergebnis. Sie werden in der folgenden **Tabelle** erläutert.

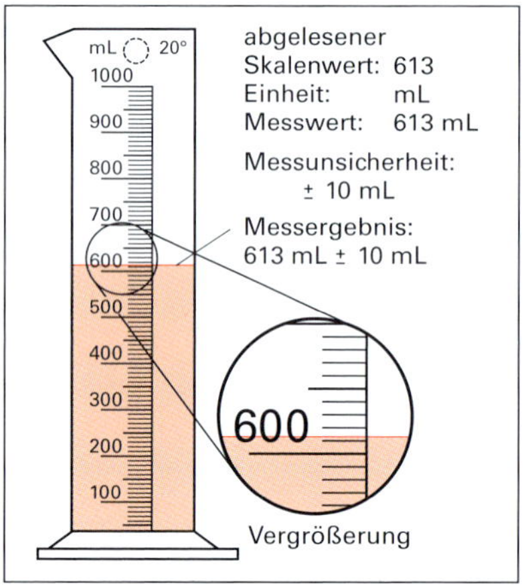

Bild 1: Bestimmung des Volumens mit dem Messzylinder

Tabelle: Messtechnische Grundbegriffe

Begriffe		Kurzzeichen	Beispiele	Definition, Erklärung
Messgröße (engl. measurand)		allgemein x speziell m, V, p usw.	Masse m Volumen V Druck p 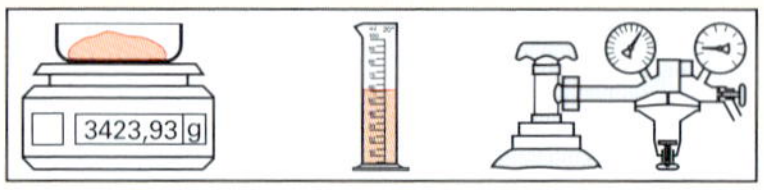	Die Messgröße ist die zu messende Größe, z. B. die Masse, das Volumen, der Druck, der Füllstand, die Temperatur, der Volumenstrom, usw.
Anzeige (engl. indication)		Az	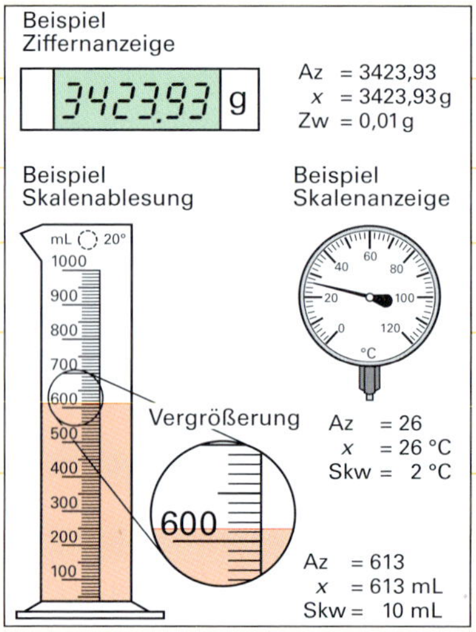	Die Anzeige ist der ablesbare Messwert.
Ziffernanzeige (engl. numeral indication)		Az		Digitale Anzeige auf einem Zifferndisplay.
Skalenablesung (engl. scale reading)		Az		Ablesewert auf einer Strichskale.
Skalenanzeige (engl. scale indication)		Az		Analoge Anzeige auf einer Strichskale.
Auflösung (engl. resolution)	**Ziffernschrittwert**	Zw		Der Ziffernschrittwert einer Ziffernanzeige ist der kleinste Wert der Anzeigenänderung. Der Ziffernschrittwert hat die Einheit der Messgröße.
	Skalenteilungswert	Skw		Der Skalenteilungswert ist der Wert der Messgröße, der eine Änderung der Anzeige um einen Skalenteil bewirkt. Der Skalenteilungswert hat die Einheit der Messgröße.

Tabelle: Messtechnische Grundbegriffe (Fortsetzung von Seite 32)

Begriffe	Kurzzeichen	Beispiele	Definition, Erklärung
Messwert (engl. measured value)	allgemein x speziell m, V, p usw.	Der abgelesene Wert: 6,0 bar  A_Z = 6,0 p = 6,0 bar Skw = 1 bar	Ermittelter Wert der zu messenden Größe. Er wird aus der Anzeige ermittelt und besteht aus Zahlenwert und Einheit. Jeder Messwert ist mit einer Messunsicherheit behaftet.
Messbereich (engl. specified measuring range)	Meb	Beispiele: Flüssigkeitsthermometer Messbereich: 0 °C bis 110 °C Messzylinder Messbereich: 50 mL bis 1000 mL 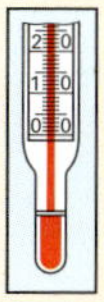	Bereich von Messwerten, die vom Messgerät mit der garantierten Genauigkeit angezeigt werden können.
Messunsicherheit (engl. uncertainty of measurement)	u	• Fehlergrenzen bei Messzylindern • Reproduzierbarkeit bei Waagen • Genauigkeitsklassen bei Manometern	Aus Messwerten gewonnener Genauigkeitskennwert eines Messgerätes. Er gibt den Wertebereich an, in dem sich der wahre Wert der Messgröße befindet.
Messergebnis (engl. result of measurement)	M	Aus mehreren Messwerten wird der arithmetische Mittelwert x gebildet.	Aus Messungen gewonnener Schätzwert für den wahren Wert einer Messgröße.
Vollständiges Messergebnis	y oder das Kurzzeichen der Messgröße	Vollständiges Messergebnis für die Messgröße x: für Einzelmessungen: $y = x \pm u$ für Wiederholmessungen: $y = \overline{x} \pm u$	Messergebnis mit quantitativer Angabe zur Genauigkeit. Das vollständige Messergebnis wird aus dem Messergebnis M (z. B. dem Mittelwert x) und der Messunsicherheit u gebildet.

2.1.2 Unsicherheit von Messwerten

In Abhängigkeit vom Messverfahren, dem Messgerät und der messenden Person bei Skalenablesung weichen Messungen derselben Messgröße voneinander ab. Auch bei gleichen wiederholten Messungen unter denselben Bedingungen treten Abweichungen auf: Die Messwerte streuen.

Die Unsicherheit (Ungenauigkeit) der Messwerte wird einerseits durch die Bauart des Messgeräts und zusätzlich durch das Ablesen des Messgeräts verursacht.

Jedes Messgerät hat eine konstruktionsbedingte, gerätespezifische **Messgeräte-Unsicherheit** $\pm u_M$.

Sie ist durch das physikalische Messprinzip und die innere Konstruktion des Messgerätes bedingt.

Hinzu kommt eine gerätespezifische **Ablese-Unsicherheit** $\pm u_A$.

Die **Gesamtunsicherheit** u_{ges} eines Messwerts ergibt sich aus den Einzel-Unsicherheiten nach nebenstehender Gleichung.

Anstatt Messunsicherheit verwendet man auch den gleichbedeutenden Begriff **Messgenauigkeit**.

Gesamtunsicherheit eines Messwerts
$u_{ges} = \pm(u_M + u_A)$

Angaben zur Messgenauigkeit

Die Messgenauigkeit (engl. measurement accuracy) wird bei den verschiedenen Geräten unterschiedlich angegeben:

- Bei Glasgeräten wird die Messgenauigkeit mit **Fehlergrenzen** (error margin) angegeben.

Beispiel: Ein Messzylinder mit 250 mL Nennvolumen hat Fehlergrenzen von ± 2 mL.

- Bei Waagen wird die Messgenauigkeit durch die **Reproduzierbarkeit** (engl. repeatability) benannt.

Beispiel: Für eine Technikumswaage wird die Reproduzierbarkeit über den gesamten Wägebereich mit ≤ 0,1 g angegeben. Das Messergebnis lautet dann z. B. m = 3472,5 g ± 0,1 g.

- Bei Manometern und Messgeräten mit elektrischem Signal gibt man die Messgenauigkeit durch eine **Genauigkeitsklasse** (engl. modulus of precision) an. Die Messgenauigkeit (Messunsicherheit) berechnet sich aus der Genauigkeitsklasse in Prozent (Kl durch 100) multipliziert mit dem Messbereichsendwert ME.

Messunsicherheit bei Messgeräten mit Genauigkeitsklasse

$$u_M = \pm \frac{Kl}{100} \cdot ME$$

Beispiel: Ein Widerstandsthermometer hat einen Messbereich von 0 °C bis 120 °C und die Genauigkeitsklasse Kl 1,0. Wie groß ist die Messgeräte-Unsicherheit?

Lösung: Dies bedeutet eine Messgeräteunsicherheit $u_M = \pm \frac{1{,}0}{100} \cdot 120\ °C = \pm\ \mathbf{1{,}20\ °C}$

Geschätzte Messgenauigkeit

Liegen für die Messgenauigkeit eines Messgerätes keine Angaben vor, z. B. keine Genauigkeitsklasse, Reproduzierbarkeit oder Fehlergrenze, so lässt sich aus der Messgeräteablesung die Messgenauigkeit schätzen.

Diese **Ablesegenauigkeit** (Ableseunsicherheit) ist von der Ableseart bzw. der Anzeigeart abhängig. Ein Messgerät hat entweder einen Skalenteilungswert Skw oder einen Ziffernschrittwert Zw. Damit lässt sich die Ablesegenauigkeit mit nebenstehenden Gleichungen ermitteln

Ablesegenauigkeit bei Skalenablesung und Skalenanzeige

$$u_A = \pm \tfrac{1}{2} \cdot Skw$$

Ablesegenauigkeit bei Ziffernanzeige

$$u_A = \pm 1 \cdot Zw$$

Beispiele:
- Messzylinder mit Skw = 1 mL ⇒ $u_A \approx \pm \tfrac{1}{2}\ Skw \approx \pm \tfrac{1}{2} \cdot 1\ mL \approx \pm 0{,}5\ mL$;
- Technikumswaage: Zw = 1 g ⇒ $u_A \approx 1 \cdot Zw \approx \pm 1 \cdot 1\ g \approx \pm 1\ g$

Üblicherweise ist bei Messgeräten der Skalenteilungswert so gewählt, dass er der Messgenauigkeit des Messgerätes entspricht. Beim Messzylinder mit 1000 mL Nennvolumen **(Bild 1,** Seite 32**)** z. B. ist die Fehlergrenze ± 10 mL: Das entspricht dem Skalenteilungswert.

Beim Ablesen der Skala eines Messgerätes macht es nur begrenzt Sinn, zwischen den Skalenwerten einen Schätzwert abzulesen. Diese letzte Dezimalstelle des Messwertes ist unsicher.

Messwerte ohne angegebene Genauigkeit

Bei Messwerten, deren Genauigkeit (Unsicherheit) nicht bekannt ist, wird angenommen, dass die letzte Ziffer unsicher (ungenau) ist, während die vorletzte Ziffer des Zahlenwertes sicher (genau) ist. Die Unsicherheit beträgt ungefähr das Einfache des Stellenwertes der letzten Ziffer.

Beispiel: Die Volumenangabe $V = 45$ mL würde somit die Wertschranken 44 mL ≤ V ≤ 46 mL besitzen.

2.1.3 Messgenauigkeit im Labor und Chemiebetrieb

Im Chemielabor und Technikum sowie im Produktionsbetrieb kommen Messgeräte mit unterschiedlicher Messgenauigkeit (Messunsicherheit) zum Einsatz. Dies zeigen die folgenden Messgeräte.

Messzylinder

Messzylinder (engl. measuring glass) mit Strichteilung sind in DIN EN ISO 4788 genormt **(Bild 1).** Es gibt eine hohe Bauform (Bauform 1) und eine niedrige Bauform (Bauform 2). Ihre Messgenauigkeit wird mit einer Fehlergrenze angegeben, die vom Nennvolumen abhängt **(Tabelle).** Es gelten die Genauigkeitsklassen A und B, wobei es die niedrige Bauform nur in der Klasse B gibt. Bezugstemperatur ist 20 °C.

Tabelle: Messzylinder nach DIN EN ISO 4788 (Auswahl)

Nennvolumen	Skalenteilungswert	Fehlergrenzen	
		Klasse A	Klasse B
mL	mL	± mL	± mL
100	1	0,5	1
250	2	1	2
500	5	2,5	5
1000	10	5	10
2000	20	10	20

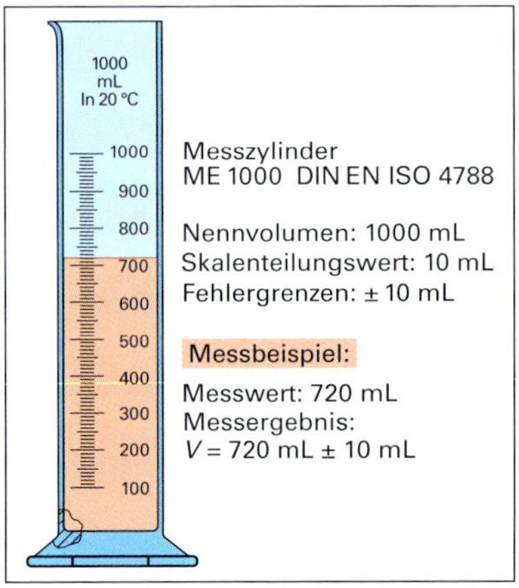

Bild 1: Messzylinder (niedrige Form, Klasse B) mit Messbeispiel

Büretten

Büretten (engl. burets) werden bei der Titration zum genauen Abmessen von kleinen Volumina verwendet. Es gibt sie in den Genauigkeitsklassen A, AS und B. Büretten der Klasse A und AS haben enge Fehlergrenzen; Büretten der Klasse B haben ungefähr die doppelten Fehlergrenzen der Klasse A **(Tabelle)**.

Büretten sind wie Pipetten auf Auslauf geeicht (Ex).

Tabelle: Büretten nach DIN EN ISO 385 (Auswahl)

Nennvolumen mL	Skalenteilungswert mL	Klasse A Fehlergrenzen mL	Klasse AS Fehlergrenzen mL	Klasse B Fehlergrenzen mL
10	0,05	± 0,02	± 0,02	± 0,05
25	0,05	± 0,03	± 0,03	± 0,05
50	0,10	± 0,05	± 0,05	± 0,10

Die Ablesung erfolgt am tiefsten Punkt des Miniskus mit dem oberen Rand des Teilstrichs; bei Büretten mit SCHELLBACHstreifen an der SCHELLBACHspitze **(Bild 1)**.

Beispiel: Messung mit einer 10 mL-Bürette der Genauigkeitsklasse AS
$V = 8{,}64$ mL ± 0,02 mL

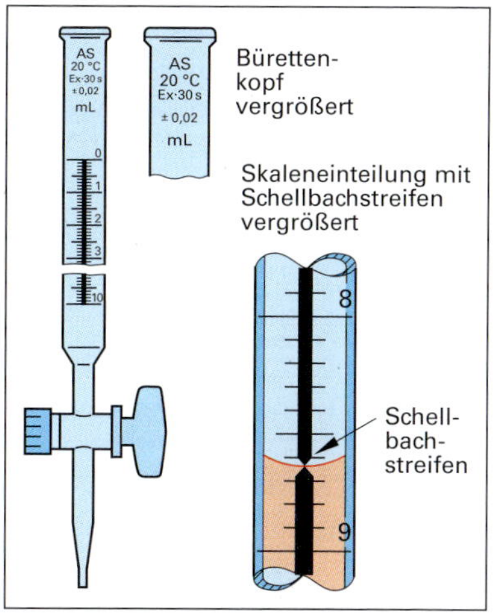

Bild 1: Bürette 10 mL, Klasse AS mit SCHELLBACHstreifen

Laborwaagen

Moderne Laborwaagen (engl. balance) sind oberschalige Tischwaagen mit digitaler Anzeige **(Bild 2)**.

Der Wägebereich beträgt 200 g bis 10 kg. Die Anzeige erfolgt z. B. auf 0,1 g, 0,01 g oder 0,001 g. Die Messgenauigkeit von digitalen Waagen wird durch die Reproduzierbarkeit angegeben.

Laborwaagen haben wahlweise eine Reproduzierbarkeit von ≤ ± 0,1 g, ≤ ± 0,01 g oder ≤ ± 0,001 g.

Beispiel: Eine Laborwaage zeigt einen Messwert von 175,67 g. Bei einer gewährleisteten Reproduzierbarkeit von ≤ ± 0,01g lautet das Wägeergebnis mit Genauigkeitsangabe:
$m = 175{,}67$ g ± 0,01 g.

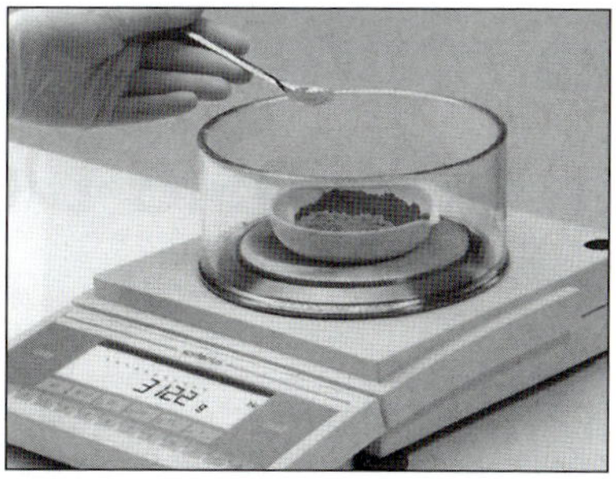

Bild 2: Laborwaage

Industriewaagen

Industriewaagen (engl. scale) haben einen Wägebereich von 20 kg bis 3 t. Sie bestehen aus einer Wägeplattform sowie einem Wägeterminal mit Rechner, Display und Drucker **(Bild 3)**. Die Software der Waage ermöglicht Tarawiegen, Rezeptieren und Dosieren sowie die statistische Wägekontrolle (Qualitätssicherung).

Die Reproduzierbarkeit beträgt z. B. ≤2 g bei einem maximalen Lastbereich von 300 kg.

Beispiel: Angabe eines Wägeergebnisses: $m = 86{,}368$ kg ± 2 g

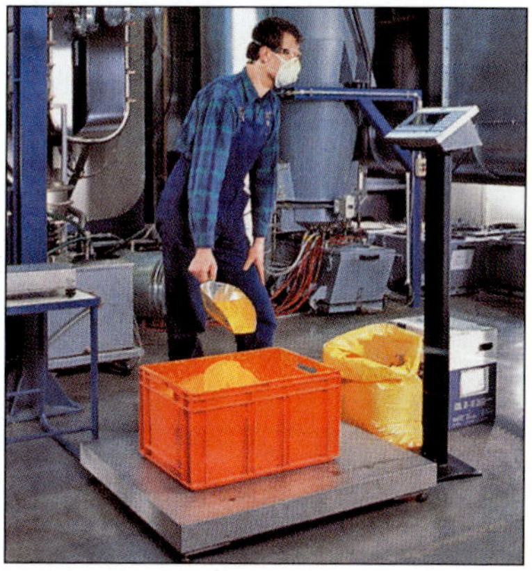

Bild 3: Industriewaage

Förderbandwaage

Bei einer Förderbandwaage (engl. belt weigher) gleitet das Fördergut auf dem Förderband über eine Wägeplattform **(Bild 4)**. Dort wird die Masse gemessen. Ein Drehzahlmesser misst die Förderbandgeschwindigkeit. Daraus ermittelt ein Rechner den Massenstrom $\dot{m}$, der digital angezeigt wird. Die Reproduzierbarkeit beträgt z. B. ≤ 0,010 kg/min.

Beispiel: Angabe eines Massestroms: $\dot{m} = 482{,}951$ kg/min ± 0,010 kg/min

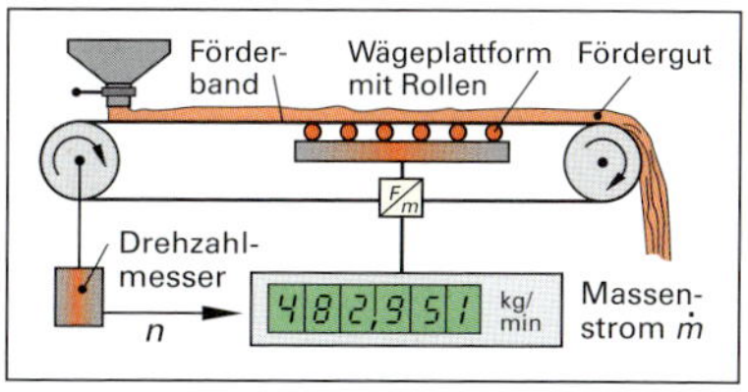

Bild 4: Förderbandwaage (schematisch)

Glasthermometer

Es gibt verschiedene Ausführungen von Glasthermometern, auch Laborthermometer genannt (engl. laboratory thermometer) **(Bild 1).** Ihre Fehlergrenzen richten sich nach der Thermometerart und dem Nennmessbereich.

Bei **Laborthermometern** mit einem Nennmessbereich von –200 °C bis +50 °C beträgt die Fehlergrenze ±2 °C, bei einem Nennmessbereich von 0 °C bis 210 °C sind es ± 1 °C und bei einem Nennmessbereich von 0 °C bis >210 °C ± 2 °C.

Beispiel: Mit einem Laborthermometer mit einem Nennmessbereich 0 °C bis 120 °C wird eine Temperatur von ϑ = 83 °C gemessen.

Das Messergebnis lautet: $\boldsymbol{\vartheta}$ **= 83 °C ± 1 °C.**

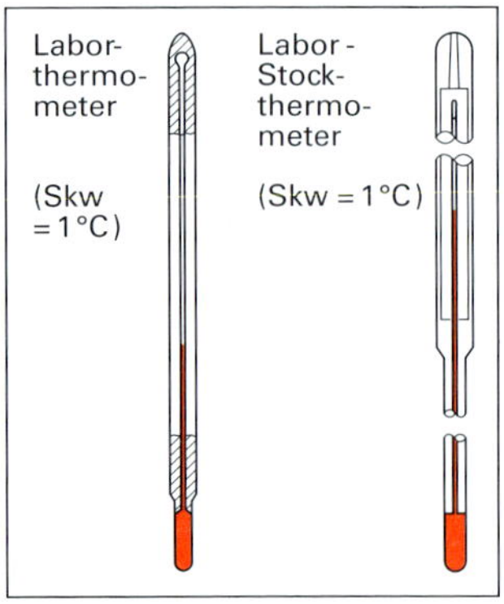

Bild 1: Glasthermometer

Labor-Thermometer mit Messfühler und Anzeigegerät

Viele Messgeräte in Labor und Chemiebetrieb bestehen aus einem Sensor (Messfühler), der ein elektrisches Signal erzeugt, und einem Anzeigegerät. Das Signal wird auf dem Display eines Handgerätes oder dem Monitor eines Computers als Messgröße angezeigt. So werden z. B. Temperaturen im Labor mit einem mobilen Messfühler gemessen **(Bild 2).**

Bild 2: Temperaturmessung im Labor mit einem Messfühler

Industrie-Temperatur-Messgeräte

In Chemieanlagen werden die Temperaturen in Apparaten, Öfen und Reaktionsbehältern mit Einbau-Messfühlern erfasst **(Bild 3).** Ihr Messsignal wird in einem Umformer in ein Einheitssignal umgeformt und in einer Messwarte als Temperaturgröße angezeigt.

Das Messprinzip bei den elektronischen Temperaturmessgeräten ist überwiegend das Widerstandsthermometer (Seite 259).

Für Feinmessgeräte mit elektrischem Signal sind die Genauigkeitsklassen 0,1; 0,2 sowie 0,5 und für elektrische Betriebsmessgeräte die Genauigkeitsklassen 1; 1,5; 2,5 und 5 festgelegt.

Die Ungenauigkeit eines Messgerätes mit elektrischem Signal und digitaler Anzeige setzt sich aus der Messgeräte-Ungenauigkeit des Sensors (in Prozent des Messwerts oder des Messbereichsendwerts) und der Anzeige-Ungenauigkeit (in Ziffernschrittwerten, Digit) zusammen.

Beispiel: Ein digitales Temperaturmessgerät **(Bild 2)** mit dem Anzeigeendwert 250 °C hat die Genauigkeitsklasse 0,2. Die Ungenauigkeit ist ±0,2 % vom Messbereichsendwert ±1 Digit. Es zeigt eine Temperatur von 103,1 °C an. Der Ziffernschrittwert ist 0,1 °C.

Die Messwertungenauigkeit beträgt dann:

$u = \pm\, 0{,}2\,\% \cdot 250\,°C \pm 0{,}1\,°C = \pm\, 0{,}5\,°C \pm 0{,}1\,°C = \pm\, \mathbf{0{,}6\,°C}$

Das Messergebnis lautet: $\boldsymbol{\vartheta}$ **= 103,1 °C ± 0,6 °C**

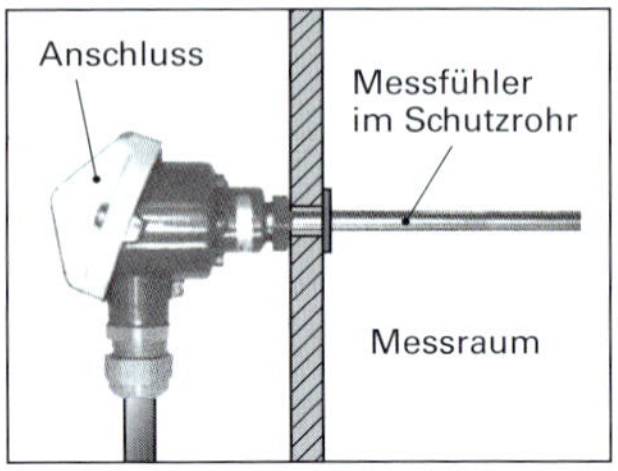

Bild 3: Industrie-Widerstands-Thermometer

Druckmessgeräte

Auch bei Rohrfeder-Manometern (engl. tube spring manometer) wird die Messgenauigkeit mit Genauigkeitsklassen angegeben **(Bild 4).** Der Zahlenwert der Genauigkeitsklasse gibt die Messunsicherheit in Prozent vom Messbereichsendwert an.

Beispiel: Ein Rohrfeder-Manometer mit dem Messbereich 25 bar und der Genauigkeitsklasse 1,6 **(Bild 4)** zeigt einen Messwert von 8,0 bar.

Die Messunsicherheit ist:
$u = \pm 1{,}6\,\% \cdot 25\text{ bar} = \pm 1{,}6 \cdot \frac{1}{100} \cdot 25\text{ bar} = \pm\, 0{,}4\text{ bar}$

Das Messergebnis lautet: $\boldsymbol{p}$ **= 8,0 bar ± 0,4 bar**

Rohrfeder-Manometer mit elektrischem Signalabgriff oder kapazitive bzw. induktive Drucksensoren für den Produktionsbetrieb haben Genauigkeitsklassen von 1, 1,5, 2,5 und 5.

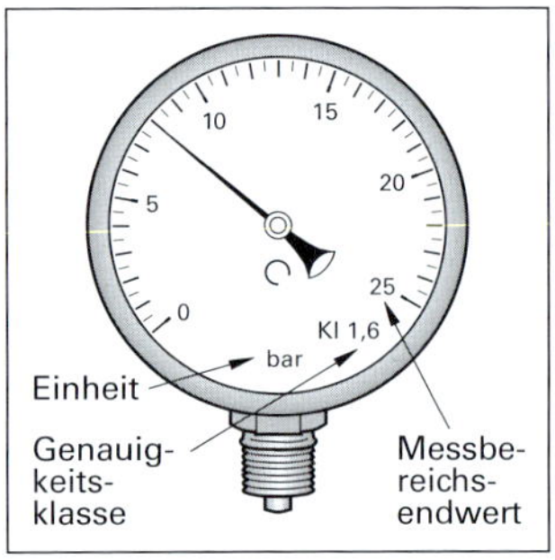

Bild 4: Rohrfeder-Manometer

Messsysteme in Industrieanlagen

Die Durchführung einer Messaufgabe erfolgt im Chemiebetrieb häufig mit Hilfe eines Messsystems **(Bild 1)**.

Das Messgerät ist z. B. eine Wägeplattform mit Wägesensor, dessen elektrische Signale in einem Umformer umgeformt und einem Prozessrechner zugeführt werden. Der Messwert wird an einem Anzeige- und Bedienterminal am Messort und auf dem Monitor des Leitstandcomputers angezeigt. Ein Drucker dokumentiert die Messwerte. Der Prozessrechner wertet die Messwerte zur Qualitätskontrolle aus.

Die Genauigkeit eines solchen Messsystems wird im Wesentlichen durch die Genauigkeit des Sensorsystems bestimmt. Sie wird z. B. als Reproduzierbarkeit angegeben.

Beispiel: Bei einem Wägesystem für die Messung der aus einem Silo in Kartons abgefüllten Masse (Bild 1) wird als Reproduzierbarkeit ≤0,10 kg angegeben.
Ein Messwert von 40,12 kg muss dann mit m **= 40,12 kg ± 0,10 kg** angegeben werden.

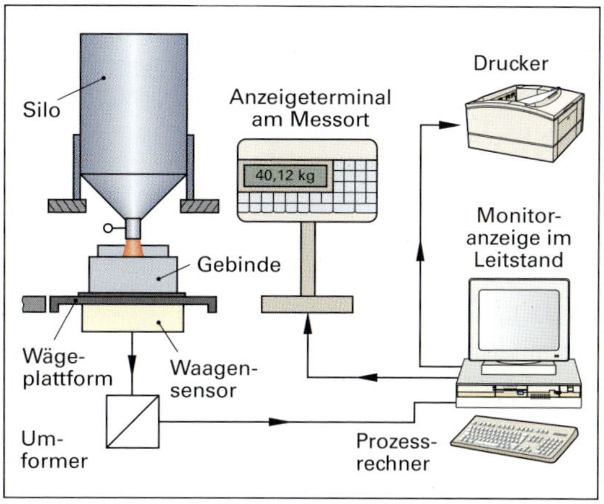

Bild 1: Messung, Auswertung, Anzeige und Dokumentation eines Industrie-Wägesystems

Aufgaben zu Grundbegriffe der Messtechnik, Messunsicherheit, Messgenauigkeit

1. Mit einem Messzylinder ME 100 werden 45,8 mL einer Flüssigkeit abgefüllt. Welche Fehlergrenze hat der Messwert?
2. Welche Fehlergrenze hat eine Bürette der Klasse AS mit 25 mL Nennvolumen?
3. Eine Analysenwaage mit einer Reproduzierbarkeit von ≤ ±0,0001 g zeigt einen Messwert von 2,7319 g. Wie lautet das Wägeergebnis mit Genauigkeitsangabe?
4. Ein Rohrfeder-Manometer **(Bild 2)** soll abgelesen werden.
   a) Geben Sie die Anzeige Az, den Messwert Mw und den Skalenteilungswert Skw an.
   b) Welche Genauigkeitsklasse hat das Manometer und welche Unsicherheit hat der Messwert?
   c) Geben Sie das Messergebnis mit Genauigkeit an.

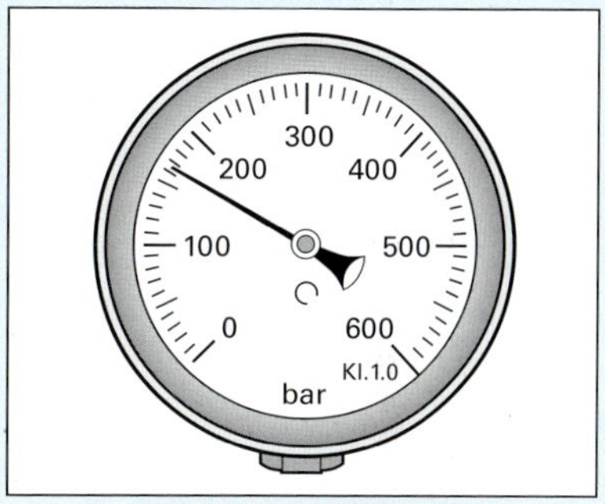

Bild 2: Anzeige eines Rohrfedermanometers (Aufgabe 4)

5. Ein analog anzeigendes elektrisches Temperaturmessgerät der Genauigkeitsklasse 1,5 hat den Messbereich 0°C bis 200°C. Ermittelt wurden die Messwerte 20°C, 120°C und 180°C.
   a) Mit welcher Unsicherheit u sind die Messwerte behaftet?
   b) Geben Sie die Messergebnisse mit Genauigkeit an.
6. Ein digital anzeigendes Druckmessgerät mit elektrischem Signal hat die Genauigkeitsklasse 1,0 ± 1 Digit und den Messbereich 0 bis 40 bar. Der Ziffernschrittwert (Digit) beträgt 0,1 bar.
   Mit welcher Unsicherheit wird ein Messwert von 8,4 bar angezeigt und wie lautet das vollständige Messergebnis?
7. Der Schwebekörper-Durchflussmesser zeigt nebenstehende Messstellung des Schwebekörpers **(Bild 3)**.
   Welche geschätzte Messunsicherheit hat der Durchflussmesser und wie lautet das Messergebnis?

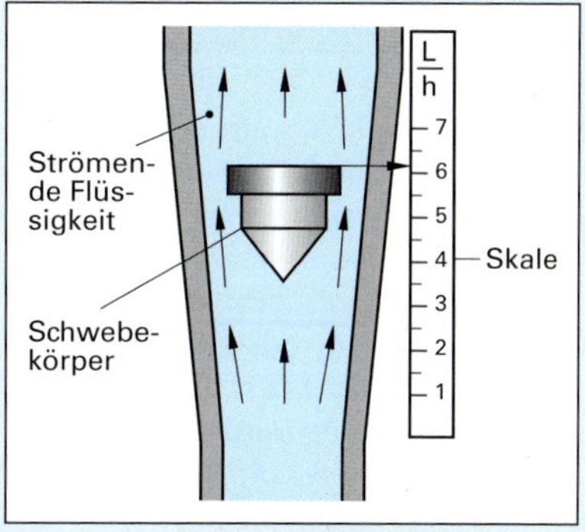

Bild 3: Schwebekörper-Durchflussmesser (Aufgabe 7)

2.2 Rechnen mit Messwerten

Messwerte sind grundsätzlich Werte mit einer bestimmten Unsicherheit, also einer eingeschränkten Genauigkeit. Sie ist durch das Messverfahren, mit dem der Messwert gewonnen wurde, bestimmt. Messwerte oder Ergebnisse von Berechnungen mit Messwerten sind deshalb nur so genau anzugeben, wie es die Genauigkeit des Messverfahrens erlaubt, mit dem die Messwerte erhalten wurden.

Beim Rechnen mit Messwerten sind die Kenntnis der **signifikanten Ziffern** und das **Runden** von Rechenergebnissen von entscheidender Bedeutung.

2.2.1 Signifikante Ziffern

Unter den signifikanten Ziffern (engl. significant figures) versteht man die Ziffern eines Messwertes oder Rechenergebnisses, die berücksichtigt werden müssen und nicht weggelassen werden dürfen. Man bezeichnet sie deshalb auch als *zu berücksichtigende Ziffern* oder als *geltende Ziffern*.

Der Messwert eines bestimmten Messgerätes wird mit einer bestimmten Ziffernzahl angezeigt oder kann mit einer bestimmten Ziffernzahl abgelesen werden. Diese Ziffern sind die signifikanten Ziffern des Messwertes. Die verschiedenen Messgeräte ergeben Messwerte mit unterschiedlich vielen signifikanten Ziffern.

Beispiele: Laborwaage: m = 175,6 g — vier signifikante Ziffern
Industriewaage: m = 716,250 kg — sechs signifikante Ziffern
Bürette: V = 8,36 mL — drei signifikante Ziffern

Besondere Aufmerksamkeit ist der Ziffer Null (0) in Dezimalzahlen zu schenken. Die Nullen am Ende einer Dezimalzahl gehören zu den signifikanten Ziffern. Die am Anfang einer Zahl stehenden Nullen sind keine signifikanten Ziffern.

Beispiele: Laborwaage: m = 0,0750 g — 0,0: keine signifikanten Ziffern; 750: drei signifikante Ziffern
m = 0,0075 g — 0,00: keine signifikanten Ziffern; 75: zwei signifikante Ziffern
m = 0,007 g — 0,00: keine signifikanten Ziffern; 7: eine signifikante Ziffer

Die Anzahl der signifikanten Ziffern eines Messwertes darf nicht durch Anhängen einer Null oder durch Weglassen einer Null am Ende verändert werden.

Beispiel: Der Messwert einer Laborwaage (mit 0,1-g-Anzeige), der z. B. mit 175,6 g angezeigt wird, darf nicht als m = 175,60 g geschrieben werden oder der Messwert einer Industriewaage (mit 0,001-kg-Anzeige), der z. B. mit 716,250 kg angezeigt wird, darf nicht als m = 716,25 kg angegeben werden.

2.2.2 Runden

Beim Runden (engl. to round) wird die Stellenzahl einer rechnerisch ermittelten, vielstelligen Dezimalzahl auf eine gewünschte Stellenzahl verringert.

Man unterscheidet aufrunden und abrunden. Liegt der Zahlenwert der Ziffer nach der Rundestelle zwischen 0 und 4, dann wird der Rundestellenwert beibehalten, d. h., es wird **abgerundet** (siehe Beispiel 1). Wenn der Zahlenwert der Ziffer nach der Rundestelle zwischen 5 und 9 beträgt, dann wird der Rundestellenwert um eins erhöht, also wird **aufgerundet** (siehe Beispiel 2).

Das gerundete Ergebnis wird durch ein Rundungszeichen ≈ gekennzeichnet.

Beispiel 1: Zu rundende Zahl: **24,2469**; auf **eine** Nachkommastelle

- Gewünschte Ziffernzahl: 3
- Rundestelle
- Diese Ziffer entscheidet über das Auf- oder Abrunden. Sie beträgt 4: Also wird der Rundestellenwert beibehalten.
- Diese Ziffern bleiben außer Betracht.

Die gerundete Zahl lautet: ≈ **24,2**

Beispiel 2: Zu rundende Zahl: **9,37481**; auf 4. Stelle von links

- Gewünschte Ziffernzahl: 4
- Rundestelle
- Diese Ziffer entscheidet über das Auf- oder Abrunden. Sie beträgt 8: Also wird der Rundestellenwert um eins erhöht.
- Diese Ziffer bleibt außer Betracht.

Die gerundete Zahl lautet: ≈ **9,375**

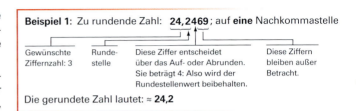

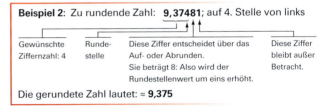

2.2.3 Rechnen mit Messwerten ohne angegebene Unsicherheit

Bei Messwerten ohne angegebene Unsicherheit bzw. Genauigkeit (engl. uncertainty) wird angenommen, dass die vorletzte Stelle des Zahlenwertes sicher (genau) ist, während die letzte Stelle als unsicher (ungenau) anzusehen ist.

Beim Rechnen mit Messwerten ohne angegebene Unsicherheit müssen einige Regeln beachtet werden.

Addieren und Subtrahieren

Beim **Addieren und Subtrahieren** von Messwerten mit unterschiedlicher Anzahl von **Nachkommastellen** (Dezimalstellen) wird das Ergebnis nur mit so vielen Nachkommastellen angegeben, wie der Messwert mit der geringsten Anzahl von Nachkommastellen besitzt.

Beispiel 1: Es werden 3 Stoffportionen gemischt, deren Massen auf unterschiedlichen Waagen bestimmt wurden:

m_1 = 158,4 kg, m_2 = 16,38 kg, m_3 = 2,4072 kg

Welches Ergebnis kann angegeben werden?

158,4	kg
16,38	kg
2,4072	kg
177,1872	kg

Lösung: Rein rechnerisch ergibt sich der Zahlenwert m = 177,1872 kg. Das Ergebnis darf jedoch nur mit **einer** Nachkommastelle angegeben werden. Aufgerundet lautet das Ergebnis $\boldsymbol{m}$ **≈ 177,2 kg**

Beispiel 2: Es soll die molare Masse von Natriumhydroxid NaOH berechnet werden. Die molaren Massen der Elemente werden aus einem Tabellenbuch abgelesen:

M(Na)= 22,989768 g/mol

M(O) = 15,9994 g/mol

M(H) = 1,00794 g/mol

Welches Ergebnis kann angegeben werden?

Lösung: Rein rechnerisch ergibt sich:

22,989768	g/mol
15,9994	g/mol
1,00794	g/mol
40,068568	g/mol

Lösung: Der Wert mit der geringsten Anzahl von Nachkommastellen M(O) hat 4 Nachkommastellen. Das Ergebnis darf deshalb nur gerundet mit 4 Nachkommastellen angegeben werden: $\boldsymbol{M}$**(NaOH) = 40,0686 g/mol**.

Multiplizieren und Dividieren

Beim **Multiplizieren und Dividieren** von Messwerten mit unterschiedlicher **Ziffernzahl** ist das Ergebnis nur mit so vielen Ziffern anzugeben, wie der Messwert mit der kleinsten Anzahl signifikanter Ziffern besitzt.

Beispiel 1: Welche Masse hat 50,0 Liter Schwefelsäure, deren Dichte zu ϱ = 1,203 kg/L bestimmt wurde? Geben Sie die Masse mit der richtigen Anzahl an Ziffern an.

Lösung: $\varrho = m/V \Rightarrow m = V \cdot \varrho$. Rein rechnerisch ergibt sich m = 50,0 L · 1,203 kg/L = 60,15 kg.

Das Volumen 50,0 L hat mit 3 signifikanten Ziffern gegenüber der Dichte mit 4 signifikanten Ziffern die geringere Genauigkeit. Das Ergebnis ist deshalb nur mit 3 signifikanten Ziffern anzugeben. Das Rechenergebnis wird in der 3. Ziffer aufgerundet und lautet $\boldsymbol{m}$ **≈ 60,2 kg**

Beispiel 2: Das Volumen eines rechteckigen Behälters mit den Innenmaßen a = 7,9 cm, b = 9,5 cm, c = 16,8 cm ist zu berechnen. Welches Ergebnis kann unter Beachtung der Ziffernzahl angegeben werden?

Lösung: Mit $V = a \cdot b \cdot c$ = 7,9 cm · 9,5 cm · 16,8 cm folgt mit dem Taschenrechner: V = 1260,84 cm^3. Dieses Taschenrechner-Ergebnis täuscht eine Genauigkeit auf 6 Ziffern vor, die nicht existiert. Der Messwert mit der kleinsten Anzahl signifikanter Ziffern hat 2 Ziffern. Das Ergebnis darf also nur auf 2 signifikante Ziffern gerundet angegeben werden.

Man schreibt das Ergebnis deshalb als zweiziffrige Zahl mit Zehnerpotenz: $\boldsymbol{V \approx 13 \cdot 10^2\ cm^3}$

Oder man wählt die Volumeneinheit so, dass ein zweiziffriges Ergebnis möglich ist. Dies gelingt im vorliegenden Fall durch eine Volumenangabe in der größeren Einheit Kubikdezimeter:

$V = 13 \cdot 10^2\ cm^3 = 1{,}3 \cdot 10^3\ cm^3 = \boldsymbol{1{,}3\ dm^3}$

Beispiel 3: Das Ergebnis der Schichtdickenbestimmung einer Lackschicht d = 0,54786 mm soll dreiziffrig wiedergegeben werden.

Lösung: Mit der 3. Stelle aufgerundet ergibt sich: d = 0,54786 mm ≈ **0,548 mm ≈ 548 µm**

Bei **Berechnungen mit Zwischenergebnissen** werden diese nicht auf die geringste Anzahl an Nachkommastellen bzw. signifikanter Ziffern gekürzt, sondern es wird bei den Zwischenergebnissen entweder mit der höheren Taschenrechnergenauigkeit oder mit zwei Zusatzziffern (Schutzziffern) gerechnet. Erst beim Endergebnis wird durch Runden auf die niedrigste Zahl signifikanter Ziffern bzw. Nachkommastellen gekürzt.

Kommen in einer Berechnung kleine ganzzahlige **Multiplikationsfaktoren** vor, so hat der Multiplikationsfaktor keinen Einfluss auf die Anzahl der signifikanten Ziffern des Ergebnisses.

Beispiel: Berechnen Sie das Gesamtvolumen von 4 Fässern mit 200 L Inhalt.

Lösung: $V_{ges} = 4 \cdot 200\ \text{L} = \mathbf{800\ L}$ Das Ergebnis hat wie das Ausgangsvolumen **drei** signifikante Ziffern.

Auch bei großen ganzzahligen Multiplikationsfaktoren behält man die Anzahl signifikanter Ziffern im Endergebnis bei.

Beispiel: Berechnen Sie das Gesamtvolumen von 54 Fässern mit 200 L Inhalt.

Lösung: $V_{ges} = 54 \cdot 200\ \text{L} = 10800\ \text{L} = \mathbf{10{,}8\ m^3}$
Das Ergebnis hat wie das Ausgangsvolumen drei signifikante Ziffern.

2.2.4 Rechnen mit Messwerten mit angegebener Unsicherheit

In Messergebnissen sollte die Unsicherheit des Messwertes angegeben sein.

Beispiel: Eine Flüssigkeitsportion in einem Reaktionskessel hat das Volumen $V = 360\ \text{L} \pm 25\ \text{L}$.

Beim **Addieren und Subtrahieren** summieren sich die Unsicherheiten.

Beispiel: In einen Reaktionskessel werden $V_1 = 3600$ L Flüssigkeit gepumpt. Die Messunsicherheit des Volumenmessgerätes beträgt $u_1 = \pm 25$ L. Anschließend werden über eine andere Leitung weitere 240 L Flüssigkeit zugepumpt. Die Messunsicherheit des Volumenmessgerätes dieser Leitung beträgt $u_2 = \pm 15$ L. Wie viel Liter Flüssigkeit befinden sich dann im Kessel und wie groß ist die Unsicherheit der Volumenangabe?

Lösung: Bei Additionen und Subtraktionen addieren sich die Unsicherheiten. Im vorliegenden Fall:
$V_{ges} = V_1 + V_2 + u_1 + u_2 = 3600\ \text{L} + 2400\ \text{L} \pm 25\ \text{L} \pm 15\ \text{L} = \mathbf{6000\ L \pm 40\ L}$

Das Beispiel zeigt, dass sich durch Addieren die Unsicherheiten der Messwerte nicht nur linear fortpflanzen, sondern dass die Unsicherheit des Rechenwertes größer wird.

Beim Multiplizieren, Potenzieren usw. pflanzen sich die Unsicherheiten der Messwerte nach komplizierten Gesetzmäßigkeiten fort. Auf deren Berechnung wird hier nicht eingegangen.

Aufgaben zu Rechnen mit Messwerten

1. Benennen Sie die Anzahl signifikanter Ziffern bei folgenden Messwerten:
   a) $V = 8{,}379\ \text{m}^3$ b) $m = 0{,}03694$ kg c) $M(\text{H}) = 1{,}00794$ g/mol d) $\vartheta = 0{,}640$ °C
2. Runden Sie nachstehende Größenwerte auf zwei Stellen nach dem Komma:
   a) 0,2653 kg b) 6,7462 L c) 12,4454 g d) 12,99981 m^2 e) 4,4445 m f) 0,05495 g
3. Geben Sie das Rechenergebnis mit der richtigen Ziffernzahl an:
   a) 12,65 t + 0,350 t b) 244,0 mL + 0,75 mL c) 960,3 g + 12,146 g
   d) $m = 0{,}43\ \text{mol} \cdot 169{,}873\ \text{g/mol}$ e) $0{,}920 \cdot 6{,}80$ f) $\varphi = \frac{523\,\text{mL}}{748{,}3\,\text{mL}}$
4. Ein Fass ist bis zu seiner 200-L-Messmarke mit einem Lackbindemittel gefüllt. Seine Dichte wurde mit einem Aräometer zu $\varrho = 1{,}152\ \text{g/cm}^3$ bestimmt. Geben Sie die Masse des Lackbindemittels mit der richtigen Ziffernzahl an.
5. In ein Becherglas werden zuerst mit einer Bürette 12,53 mL Flüssigkeit und anschließend mit einer zweiten Bürette 7,29 mL pipettiert. Die erste Bürette hat eine Fehlergrenze von ± 0,03 mL, die zweite Bürette von ± 0,05 mL. Welches Gesamtvolumen befindet sich im Becherglas und welche Unsicherheit hat der Wert?

2.3 Auswertung von Messwertreihen

In der Regel werden bei der Ermittlung von Messwerten mehrere Messungen durchgeführt, um zufällige Abweichungen und Streuungen in der Messwertreihe auszugleichen. Daraus berechnet man verschiedene **Fehlerarten** und **statistische Kennwerte**, wie z. B. den relativen Fehler, den arithmetischen Mittelwert, den Medianwert usw.

2.3.1 Statistische Kennwerte

Der **arithmetische Mittelwert** $\bar{x}$, auch kurz Mittelwert (engl. mean) genannt, wird erhalten, indem die einzelnen Messwerte $x_1, x_2, \ldots x_n$ addiert und durch die Anzahl der Messwerte dividiert werden.

Arithmetischer Mittelwert

$$\bar{x} = \frac{x_1 + x_2 + \ldots + x_n}{n}$$

Beispiel 1: Bei einer Produktanalyse wurde die Titration als Fünffachbestimmung durchgeführt. Verbraucht wurden jeweils 24,35 mL; 24,30 mL; 24,34 mL; 24,40 mL und 24,45 mL Maßlösung. Welcher mittlere Verbrauch liegt vor?

Lösung: $$\bar{x} = \frac{x_1 + x_2 + x_3 + x_4 + x_5}{n} = \frac{(24{,}35 + 24{,}30 + 24{,}34 + 24{,}40 + 24{,}45)\,\text{mL}}{5} = 24{,}368\ \text{mL} \approx \mathbf{24{,}37\ mL}$$

Beispiel 2: Berechnen Sie den Mittelwert der Volumina: 18,46 mL; 30,65 mL; 22,02 mL; 26,13 mL und 24,60 mL.

Lösung: $$\bar{x} = \frac{x_1 + x_2 + x_3 + x_4 + x_5}{n} = \frac{(18{,}46 + 30{,}65 + 22{,}02 + 26{,}13 + 24{,}60)\,\text{mL}}{5} = 24{,}372\ \text{mL} \approx \mathbf{24{,}37\ mL}$$

Ein Vergleich beider Beispiellösungen zeigt, dass beide Messwertreihen denselben Mittelwert 24,37 mL aufweisen. Es bestehen jedoch sehr unterschiedliche Abweichungen der Einzelwerte vom Mittelwert. Die Einzelwerte der Messreihe 1 liegen sehr dicht beieinander, während die Messwerte der Messreihe 2 sehr weit vom Mittelwert abweichen.

Der arithmetische Mittelwert gibt einen rechnerischen Mittelwert aller Messwerte an. Er macht keine Angaben über die Abweichungen der einzelnen Messwerte voneinander und vom Mittelwert.

Der **Medianwert** $\tilde{x}$ (engl. median) ist der Zentralwert der nach der Größe geordneten Messwerte einer Messwertreihe.

Medianwert

$x_1, x_2, x_3, \mathbf{x_4}, x_5, x_6, x_7$

Beispiel 3: Geordnete Volumen-Messwerte von Beispiel 1: 24,30 mL – 24,34 mL – 24,35 mL – 24,40 mL – 24,45 mL ⇒ Der Medianwert ist $\tilde{x}$ **= 24,35 mL**

Bei gerader Anzahl der Messwerte ist der Medianwert der Mittelwert aus den beiden Zentralwerten.

Die **Spannweite** R (engl. range) ist die Differenz zwischen dem größten und dem kleinsten Messwert. Sie ist ein einfaches Maß für die **Streuung** der Messwerte.

Spannweite

$$R = x_{max} - x_{min}$$

Beispiel 4: Messreihe **aus Beispiel 3**
Spannweite R = 24,45 mL – 24,30 mL = **0,15 mL**

2.3.2 Absoluter und relativer Fehler

Der **absolute Fehler** (engl. absolute error) ist der Betrag der Differenz zwischen dem größten Messwert x_{max} und dem arithmetischen Mittelwert $\bar{x}$ der Messwertreihe. Er wird als ±-Wert angegeben. Bestimmungsgleichung siehe unten.

Beim **relativen Fehler** (engl. relative error) wird der absolute Fehler ins Verhältnis zum arithmetischen Mittelwert $\bar{x}$ gesetzt. Er kann auch in Prozent angegeben werden und heißt dann **prozentualer Fehler** (engl. percentage error).

	Absoluter Fehler	Relativer Fehler
Bestimmungsgleichung	$\pm\lvert x_{max} - \bar{x}\rvert$	$\frac{\text{absoluter Fehler}}{\bar{x}} = \frac{\pm\lvert x_{max} - \bar{x}\rvert}{\bar{x}}$
Beispiel 1 (siehe oben)	± | 24,45 – 24,37 | mL = **±0,08 mL**	$\pm\frac{0{,}08\,\text{mL}}{24{,}37\,\text{mL}}$ = **±0,0033 = ±0,33 %**
Beispiel 2 (siehe oben)	± | 30,65 – 24,37 | mL = **±6,28 mL**	$\pm\frac{6{,}28\,\text{mL}}{24{,}37\,\text{mL}}$ = **±0,258 = ±25,8 %**

Ein Vergleich der jeweiligen Fehler der Beispielrechnungen 1 und 2 zeigt, dass die Messreihen mit unterschiedlich großen Fehlern behaftet sind. Der größte, vom Mittelwert abweichende Messwert besitzt in der Messreihe 1 einen relativen Fehler von ±0,33 %, in der Messreihe 2 von 25,8 %.

Die verschiedenen Fehlerangaben (absoluter Fehler, relativer Fehler) machen bei Messreihen eine Aussage über die Abweichung des schlechtesten Messwerts von Mittelwert. Sie geben jedoch keinen Hinweis über die Streuung der einzelnen Messwerte.

2.3.3 Standardabweichung

Quantitative Informationen zur Streuung von Einzelmesswerten einer Messreihe liefert die **Standardabweichung *s*** (engl. standard deviation). Sie wird auch Streuung oder mittlerer quadratischer Fehler genannt.

Die Berechnungsformel der Standardabweichung (siehe rechts) leitet sich aus der Wahrscheinlichkeitsrechnung, auch **Statistik** genannt, ab.

Standardabweichung

$$s = \pm\sqrt{\frac{f_1^2 + f_2^2 + \dots + f_n^2}{n-1}}$$

In der Berechnungsformel sind f_1, f_2, … f_n die Abweichungen der Einzelmesswerte vom Mittelwert, z. B. $f_1 = x_1 - \bar{x}$; n ist die Anzahl der Einzelmesswerte.

Beispiel: Berechnung der Standardabweichungen der Messwertreihen aus Beispiel 1 und Beispiel 2 von Seite 41.

Tabelle 1: Standardabweichung von Beispiel 1

Messwerte x_i mL	arithmetischer Mittelwert $\bar{x}$ mL	Abweichung vom Mittelwert $(x_i - \bar{x}) = f_i$ mL	Quadrat der Abweichung $(x_i - \bar{x}) = f_i^2$ mL²
24,35		–0,02	0,0004
24,30		–0,07	0,0049
24,34	24,37	–0,03	0,0009
24,40		–0,03	0,0009
24,45		–0,08	0,0064
	$\bar{x}_1 = 24{,}37$ mL		$\sum f_i^2 = 0{,}0135$ mL²

$$s_1 = \pm\sqrt{\frac{f_1^2 + f_2^2 + f_3^2 + f_4^2 + f_5^2}{n-1}} = \sqrt{\frac{0{,}0135\,\text{mL}^2}{5-1}}$$

$s_1 = \pm 0{,}05809475$ mL $= \pm$**0,06 mL**

Tabelle 2: Standardabweichung von Beispiel 2

Messwerte x_i mL	arithmetischer Mittelwert $\bar{x}$ mL	Abweichung vom Mittelwert $(x_i - \bar{x}) = f_i$ mL	Quadrat der Abweichung $(x_i - \bar{x}) = f_i^2$ mL²
18,46		–5,91	34,928
30,65		6,28	39,438
22,02	24,37	–2,35	5,523
26,13		1,76	3,098
24,60		0,23	0,053
	$\bar{x}_2 = 24{,}37$ mL		$\sum f_i^2 = 83{,}040$ mL²

$$s_2 = \pm\sqrt{\frac{f_1^2 + f_2^2 + f_3^2 + f_4^2 + f_5^2}{n-1}} = \sqrt{\frac{83{,}040\,\text{mL}^2}{5-1}}$$

$s_2 = \pm 4{,}5563$ mL $= \pm$**4,56 mL**

Das Messergebnis von Messwertreihen wird häufig mit dem Mittelwert $\bar{x}$ und der Standardabweichung s angegeben.

Zu Beispiel 1: $y_1 = \bar{x}_1 \pm s_1$ **= 24,37 mL ± 0,06 mL**

Zu Beispiel 2: $y_2 = \bar{x}_2 \pm s_2$ **= 24,37 mL ± 4,56 mL**

Angabe von Messergebnissen mit Mittelwert und Standardabweichung

$$y = \bar{x} \pm s$$

Vergleich der Messergebnisse y_1 und y_2:

Die Messwerte von Beispiel 1 schwanken nur geringfügig um den Mittelwert. Dies kommt in dem kleinen Wert der Standardabweichung $s_1 = \pm\ 0{,}06$ mL zum Ausdruck.

Die Messwerte von Beispiel 2 streuen stark um den Mittelwert. Die Standardabweichung $s_2 = \pm\ 4{,}56$ mL beträgt etwa 19 % des Mittelwertes $\bar{x}_2 = 24{,}27$ mL.

Messreihen mit derart großer Standardabweichung sind für eine praktische Verwendung ungeeignet.

Da die Messreihen aus den Beispielen 1 und 2 (Seite 41) nur jeweils 5 Messwerte enthalten, beträgt der relative Fehler der Standardabweichung 10 %.

Die Messergebnisse mit Standardabweichung geben den Mittelwert der Messwerte an und machen eine Aussage über die Streuung der einzelnen Messwerte um den Mittelwert.

Relative Standardabweichung

Die Streuung einer Messreihe kann auch durch die **relative Standardabweichung s_r** gekennzeichnet werden. Die relative Standardabweichung s_r ist die auf den Mittelwert $\bar{x}$ bezogene Standardabweichung s. Sie wird auch **Variationskoeffizient** genannt und kann als Dezimalzahl oder in Prozent angegeben werden.

Relative Standardabweichung

$$s_r = \frac{s}{\bar{x}} = \frac{s}{\bar{x}} \cdot 100\ \%$$

Beispiel: Welche relative Standardabweichung haben die Messreihen aus Beispiel 1 und Beispiel 2 (Seite 48)?

Lösung: $s_{r1} = \frac{s_1}{\bar{x}_1} = \frac{\pm 0{,}06\,\text{mL}}{24{,}37\,\text{mL}} = \pm 0{,}00246 \approx \pm 0{,}0025 = \mathbf{\pm 0{,}25\ \%}$ ⇒ Messergebnis: $y_1 = 24{,}37\ \text{mL} \pm 0{,}25\ \%$

$s_{r2} = \frac{s_2}{\bar{x}_2} = \frac{\pm 4{,}56\,\text{mL}}{24{,}37\,\text{mL}} = \pm 0{,}1871 \approx \pm 0{,}187 = \mathbf{\pm 18{,}7\ \%}$ ⇒ Messergebnis: $y_2 = 24{,}37\ \text{mL} \pm 18{,}7\ \%$

2.3.4 GAUß'SCHE Normalverteilung

Eine anschauliche Darstellung der Standardabweichung s erhält man durch grafisches Auftragen der Häufigkeit der Messwerte in einem Diagramm **(Bild 1)**. Das Diagramm hat als Abszisse die Messgröße x. In der Mitte der Abszisse liegt der arithmetische Mittelwert $\bar{x}$. Auf der Ordinate sind die Häufigkeiten der Messwerte in Prozent aufgetragen.

Die glockenförmige Kurve erhält man, indem man links und rechts vom Mittelwert $\bar{x}$ die Häufigkeit der um jeweils ein bestimmtes Intervall vom Mittelwert abweichenden Messwerte aufträgt.

Die Glockenkurve wird nach ihrem Erfinder **GAUß'SCHE Normalverteilungskurve**[1] genannt (engl. normal distribution).

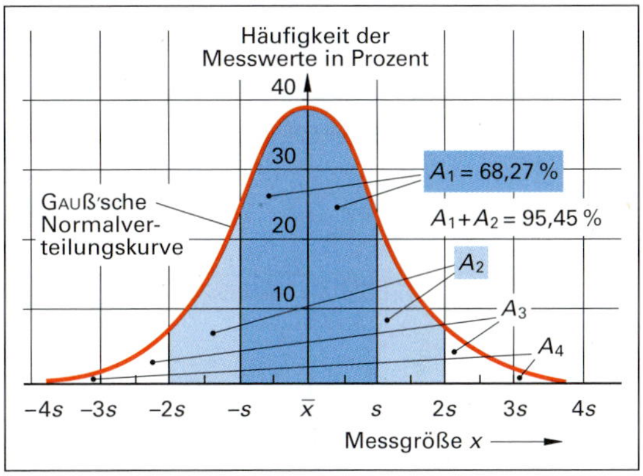

Bild 1: GAUß'SCHE Normalverteilungskurve und Standardabweichung

Der errechnete Wert der Standardabweichung $\pm s$ begrenzt unter der Kurve die Fläche A_1. Diese Fläche A_1 um den Mittelwert $\bar{x}$ nimmt 68,27 % der Gesamtfläche unter der Glockenkurve ein, d. h. 68,27 % der Messwerte liegen innerhalb dieser Fläche und damit innerhalb der einfachen Standardabweichung $\pm s$.

Innerhalb der zweifachen Standardabweichung $\pm 2\ s$ liegen 95,45 % der Messwerte, innerhalb der dreifachen Standardabweichung $\pm 3\ s$ liegen 99,73 % der Messwerte und innerhalb der vierfachen Standardabweichung $\pm 4\ s$ liegen 99,9946 % der Messwerte.

Beispiel: Das Messergebnis von Beispiel 1 auf Seite 42 lautet: $y_1 = \bar{x}_1 \pm s_1 = 24{,}37\ \text{mL} \pm 0{,}06\ \text{mL}$, die Standardabweichung s_1 beträgt $\pm 0{,}06$ mL. Wird die den Messwerten zugrunde liegende Titration unter denselben Bedingungen weitere Male durchgeführt, dann werden sich die Volumenwerte weiterer Titrationen mit 68,3%iger Wahrscheinlichkeit innerhalb der Wertgrenzen $y_1 = \bar{x}_1 \pm s_1 = 24{,}37\ \text{mL} \pm 0{,}06\ \text{mL}$ befinden, d. h. sie werden zwischen $\mathbf{y_1} = 24{,}37\ \text{mL} + 0{,}06\ \text{mL} = \mathbf{24{,}43\ mL}$ und $\mathbf{y_1} = 24{,}37\ \text{mL} - 0{,}06\ \text{mL} = \mathbf{24{,}31\ mL}$ schwanken.

Mit 95,45%iger Wahrscheinlichkeit werden sich die Volumenmesswerte innerhalb der Wertgrenzen $y_1 = \bar{x}_1 \pm 2\ s_1 = 24{,}37\ \text{mL} \pm 2 \cdot 0{,}06\ \text{mL}$ befinden, d. h. sie werden zwischen $\mathbf{y_1} = 24{,}37\ \text{mL} + 2 \cdot 0{,}06\ \text{mL} = \mathbf{24{,}49\ mL}$ und $\mathbf{y_1} = 24{,}37\ \text{ml} - 2 \cdot 0{,}06\ \text{mL} = \mathbf{24{,}25\ mL}$ schwanken.

2.3.5 Auswertung mit dem Taschenrechner und Computer

Da Mittelwerte, Standardabweichungen usw. zur Beurteilung von Messwerten häufig gebraucht werden und ihre Berechnung aufwendig ist, haben viele Taschenrechner entsprechende Funktionstasten: $\bar{x}$, s, $\sum x$, $\sum x^2$ usw. Mit ihr können die gesuchten statistischen Werte direkt abgerufen werden.

Beispiel: Der Mittelwert und die Standardabweichung sollen unter Zuhilfenahme eines Taschenrechners für folgende Messwerte einer Dichtebestimmung berechnet werden: 1,45 g/cm^3, 1,48 g/cm^3, 1,40 g/cm^3, 1,46 g/cm^3, 1,53 g/cm^3, 1,44 g/cm^3, 1,42 g/cm^3, 1,39 g/cm^3

[1] Karl Friedrich GAUß, deutscher Mathematiker und Astronom, 1777 bis 1855

Lösung: Je nach Rechnerfabrikat müssen die statistischen Funktionen vor oder nach den Messwerten aufgerufen werden (siehe Bedienungsanleitung des Taschenrechners).

Eingabe	1,45 [Σ+]	1,48 [Σ+]	1,40 [Σ+]	usw.	[INV] [$\bar{x}$]	[INV] [s]
Anzeige	1.45 1	1.48 2	1.40 3	…	1.44625	0.045336047

Der arithmetische Mittelwert ist $\bar{x}$ ≈ **1,45 g/cm³**, die Standardabweichung s ≈ **± 0,05 g/cm³**.

Das Messergebnis lautet: y **= 1,45 g/cm³ ± 0,05 g/cm³**
oder mit der relativen Standardabweichung s_r ausgedrückt: y **= 1,45 g/cm³ ± 3 %**

Auch mit einem **Tabellenkalkulationsprogramm** lassen sich die statistischen Kennwerte ermitteln. (Hinweise zur Datenauswertung mit Tabellenkalkulationsprogrammen in Kapitel 11.2.

Die Ausführung der Berechnung wird anhand eines Beispiels gezeigt.

Beispiel: Für die Messreihe einer Dichtebestimmung ist mit Hilfe eines Tabellenkalkulationsprogramms der Mittelwert, die Standardabweichung und die relative Standardabweichung zu berechnen.

Dichte-Messwerte in g/cm³: 1,134; 1,137; 1,141; 1,129; 1,140; 1,131; 1,126; 1,133.

Lösung: Man erstellt eine geeignete Eingabemaske, in die die Messwerte eingetragen werden **(Bild 1).** Für die Ermittlung der statistischen Kennwerte werden Zellen mit den statistischen Funktionen belegt (Seite 63; Methode 2, 5. Schritt). Die Zellenbelegung lautet:

E4 ⇒ =MITTELWERT(B3:13); E5: ⇒ =STABW(B3:13); E6 ⇒ =E5/E4; E7 ⇒ =E4; G7 ⇒ =E6

	A	B	C	D	E	F	G	H	I
1	**Dichtewerte einer Prozesslauge**								
2									
3	Messwerte in g/cm³	1,134	1,137	1,141	1,129	1,140	1,131	1,126	1,133
4	Mittelwert $\bar{x}$				1,134 g/cm³				
5	Standardabweichung s				± 0,0052				
6	Relative Standardabweichung s_r				± 0,46%				
7	**Messergebnis**				**1,134 g/cm³**		**± 0,46%**		

Bild 1: Eingabemaske zur statistischen Auswertung einer Dichtebestimmung

Aufgaben zu 2.3 Auswertung von Messwertreihen

(Hinweis: Lösen Sie die folgenden Aufgaben a) mit einem Taschenrechner und seinen statistischen Funktionen, b) mit einem Tabellenkalkulationsprogramm.)

1. Zur Bestimmung der Viskosität einer Flüssigkeit mit dem Kugelfallviskosimeter nach HÖPPLER (Bild 1, Seite 306) wurden folgende Fallzeiten der Kugel gestoppt:

   140,51 s; 141,84 s; 141,63 s; 140,66 s, 141,94 s; 140,91 s und 141,59 s.

   a) Berechnen Sie die mittlere Fallzeit, die Standardabweichung, die relative Standardabweichung.

   b) Geben Sie das vollständige Messergebnis an.

2. Berechnen Sie für die nachstehenden Messreihen den relativen Fehler, den Mittelwert, den Medianwert, die Spannweite, die Standardabweichung und den Variationskoeffizienten.

   Geben Sie jeweils das Messergebnis an.

   a) m in g: 2,6735; 2,6901; 2,7121; 2,6588; 2,6476; 2,6179; 2,7021

   b) U in mV: 176; 159; 182; 166; 163

   c) v in m/s: 0,98; 0,97; 1,03; 1,11; 1,05

   d) ϱ in g/cm³: 1,208; 1,192; 1,199; 1,212; 1,207; 1,202; 1,196

3. Bei einer Neutralisationstitration werden in 5 Bestimmungen folgende Volumina an Salzsäure-Maßlösung verbraucht: 38,36 mL; 38,52 mL; 38,47 mL; 38,42 mL; 38,39 mL.

   a) Berechnen Sie den arithmetischen Mittelwert des Verbrauchs, die Standardabweichung und die relative Standardabweichung.

   b) Geben Sie die Volumen-Messwertgrenzen an, in denen sich die Volumenverbräuche mit 95,45%iger Wahrscheinlichkeit bei weiteren Titrationen dieser Bestimmung befinden werden.

2.4 Darstellung von Messergebnissen

Messergebnisse werden bei der **Auswertung von Hand** zuerst meist in eine Wertetabelle eingetragen und dann in eine grafische Darstellung eingezeichnet. Gegebenenfalls werden die Zusammenhänge der Messgrößen nach einer Auswertung als Gleichung wiedergegeben.

2.4.1 Messwerte in Wertetabellen

Aufstellen einer Wertetabelle

Die einfachste Form, Zusammenhänge zwischen zwei oder mehr verschiedenen Größen darzustellen, ist mit der **Wertetabelle** (engl. value table) möglich **(Bild 1).**

Eine Tabelle besteht aus Zeilen und Spalten. Sie enthält in der Kopfzeile den Titel und eine Zeile darunter die Größen und ihre Einheiten. In der 1. Spalte steht meist die Variable, z. B. die Zeit *t*. In der zweiten Spalte werden die Messwerte eingetragen und, in weiteren Spalten, aus den Messwerten errechnete Größen. Meist ist die Wertetabelle das direkte Protokoll einer Messreihe.

Durchflussvolumen und Volumenstrom in Abhängigkeit von der Zeit		
Zeit t **min**	**Durchfluss-volumen V** **m^3**	**Volumen-strom $\dot{V}$** **m^3/min**
10	1,4	0,14
20	3,0	0,15
30	4,8	0,16
36	5,4	0,15
48	6,7	0,14

Bild 1: Beispiel einer Wertetabelle

Berechnung von Zwischenwerten

Aus einer Wertetabelle können nur gemessene Werte direkt abgelesen werden. Zwischenwerte lassen sich durch Berechnen ermitteln. Man nennt dies **rechnerische Interpolation** (engl. interpolation).

Beispiel 1: Welches Durchflussvolumen ist aus den Werten der obigen Tabelle nach 40 min zu erwarten?

Lösung: Das gesuchte Durchflussvolumen nach $t = 40$ min liegt zwischen den Messwerten für $t = 36$ min und $t = 48$ min. Über eine Differenzbildung zu den Wertepaaren von $t = 36$ min und $t = 48$ min wird die Zunahme des Durchflussvolumens pro Minute bestimmt:

Nach 48 min sind 6,7 m^3 durchgeflossen; nach 36 min sind 5,4 m^3 durchgeflossen

Differenz: $\Delta t = 12$ min; $\Delta V = 1{,}3\ m^3 \Rightarrow$ Durchflussvolumen pro Minute: $\frac{\Delta V}{\Delta t} = \frac{1{,}3\,m^3}{12\,min} = 0{,}108\ \frac{m^3}{min}$

$\Rightarrow$ in 4 min sind $0{,}108\,\frac{m^3}{min} \cdot 4\ min \approx 0{,}43\ m^3$ zusätzlich zugeflossen.

Das Durchflussvolumen bei $t = 40$ min beträgt dann: $\boldsymbol{V}(t = 40\ min) = 5{,}4\ m^3 + 0{,}43\ m^3 \approx \mathbf{5{,}8\ m^3}$

Beispiel 2: 32,0%ige Schwefelsäure hat eine Dichte $\varrho = 1{,}235$ g/cm^3, 35,0%ige Schwefelsäure eine Dichte von $\varrho = 1{,}260$ g/cm^3. Welche Dichte hat eine 33,4%ige Schwefelsäure?

Lösung: 35,0 % Schwefelsäure hat die Dichte 1,260 g/cm^3; 32,0 % Schwefelsäure hat die Dichte 1,235 g/cm^3

$\Delta w_1(H_2SO_4) = 35{,}0\ \% - 32{,}0\ \% = 3{,}0\ \%$ $\quad \Delta\varrho = 1{,}260\ g/cm^3 - 1{,}235\ g/cm^3 = 0{,}025 g/cm^3$

$\Rightarrow \frac{\Delta\varrho}{\Delta w(H_2SO_4)} = \frac{0{,}025\,g/cm^3}{3{,}0\ \%} = 0{,}833\ g/cm^3$

$\Delta w_2(H_2SO_4) = 33{,}4\ \% - 32{,}0\ \% = 1{,}4\ \% = 0{,}014$

32,0 % Säure hat die Dichte 1,235 g/cm^3

33,4 % Säure hat die Dichte $\boldsymbol{\varrho}$**(33,4 %)** $= 1{,}235\ g/cm^3 + 0{,}014 \cdot 0{,}833\ g/cm^3 \approx \mathbf{1{,}247\ g/cm^3}$

Aufgabe zu Messwerten in Wertetabellen

Beim Befüllen eines Reaktionskessels mit Nitrobenzol werden folgende Messwerte erhalten:

Volumen V in L	60	100	200	250	280	300	320	350	390
Zeit t in s	12,0	20,0	39,5	49,0	56,5	60,5	64,5	70,0	79,0
Volumenstrom $\dot{V}$ in L/s									

a) Berechnen Sie den jeweiligen Volumenstrom $\dot{V}$ und tragen Sie ihn in die Tabelle ein.

b) Welches Volumen ist nach 45 s eingeströmt? c) Nach welcher Zeit sind 260 L eingelaufen?

2.4.2 Grafische Darstellung von Messwerten

Grafische Darstellungen, auch Schaubilder oder **Diagramme** genannt (engl. diagram), ermöglichen die anschauliche Wiedergabe von Messwerten.

Meist erfolgt eine grafische Darstellung im **rechtwinkligen Koordinatensystem**. Sie ist in DIN 461 festgelegt.

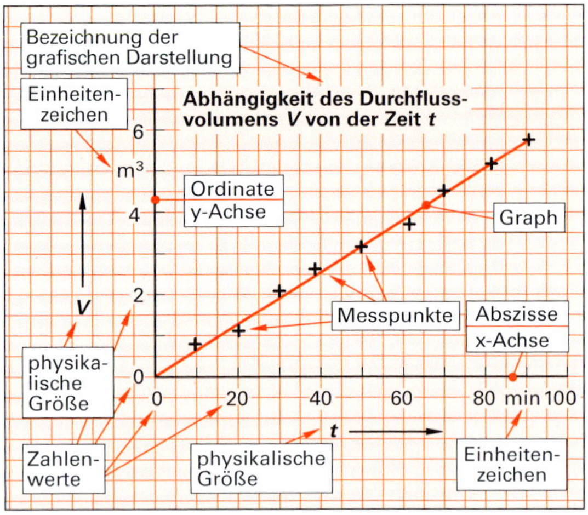

Bild 1: Normgerechte grafische Darstellung

Erstellen eines Diagramms

1. Ein Diagramm **(Bild 1)** enthält:
   - Eine **Abszisse,** auch waagrechte Achse oder *x*-Achse genannt, und eine **Ordinate,** auch senkrechte Achse genannt).
   - Eine Beschriftung der Abszisse und Ordinate mit den physikalische Größen, den Einheitenzeichen und einer Rasterung mit Zahlenwerten
   - Die Bezeichnung der Darstellung
   - Die Messpunkte
   - Den aus den Messpunkten abgeleiteten Kurvenzug, auch **Graph** genannt.

   Die Pfeilspitze unter oder am Ende der **Abszisse** und der **Ordinate** zeigt in Richtung der anwachsenden Werte **(Bild 2).**
2. Die unabhängig veränderliche Variable, z. B. die Zeit *t*, wird immer auf der Abszisse aufgetragen, die abhängige Variable, z. B. das Volumen *V*, immer auf der Ordinate.
3. Zum Zeichnen der Diagramme bevorzugt Bleistift oder Tuschefüller verwenden. Filzstifte oder Kugelschreiber sind weniger geeignet.
4. Durch die Wahl eines geeigneten Maßstabes kann eine blattfüllende grafische Darstellung im Hoch- oder Querformat erreicht werden.

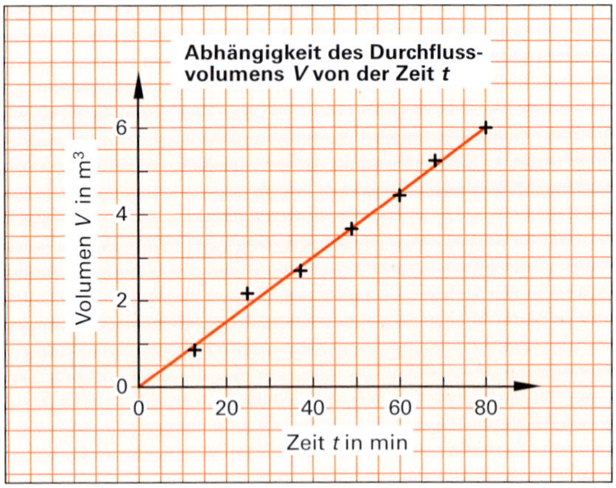

Bild 2: Ebenfalls mögliche Achsenbezeichnungen

Beispiel: Für die grafische Darstellung der Wertepaare aus der Tabelle von Seite 45 oben sind für die Zeitachse 4 cm pro 10 min, für die Volumenachse 2 cm pro 1 m³ geeignet.

5. Für die Maßstabseinteilung der Achsen (auch Rasterung genannt) ist eine Einer-, Zweier-, Fünfer oder Zehner-Teilung zu verwenden **(Bild 3).** Ungeeignet ist eine Dreierteilung, da Zwischenwerte nicht oder nur ungenau abgelesen werden können.
6. Für die Achseneinteilung werden ca. 2 mm lange Striche verwendet. Pro Zentimeter genügt ein Strich. Zugehörige Zahlen werden mittig zum Strich geschrieben.
7. Das Einheitenzeichen der Größe wird meist zwischen die letzten beiden Ziffern der Achse geschrieben. Die Zahlen an der Achse selbst sind einheitenlos (Bild 1). Üblich ist auch das Anhängen des Einheitenzeichens an die Größe, z.B. Zeit *t* in min (Bild 2), Spannung *U* in V usw. Möglich ist auch die Achsenbezeichnung in Bruchform, bei der die Größe durch das Einheitenzeichen geteilt wird, z. B. *I*/A oder *t*/min usw.

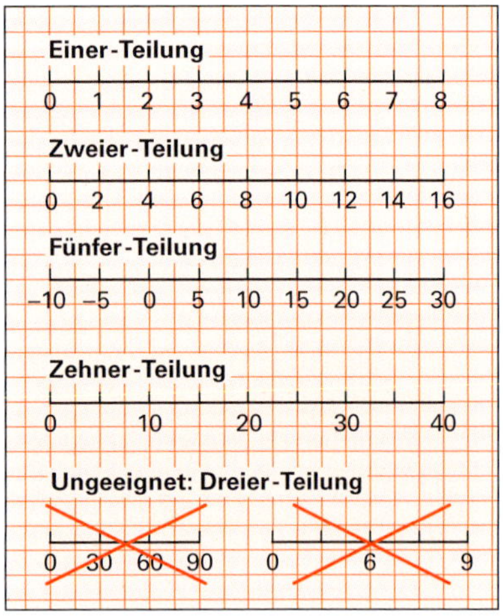

Bild 3: Geeignete Maßstabseinteilung der Achsen

8. Die aus den Messwerten erhaltenen *Messpunkte* werden durch kleine Kreuze in das Diagramm eingetragen. Weitere Zeichen sind z. B. kleine Quadrate, Dreiecke usw. **(Bild 1)**. Sie kennzeichnen andere Messreihen im gleichen Diagramm.
   Auch unterschiedliche Farben und Linienarten, z. B. Strichlinien, sind möglich.

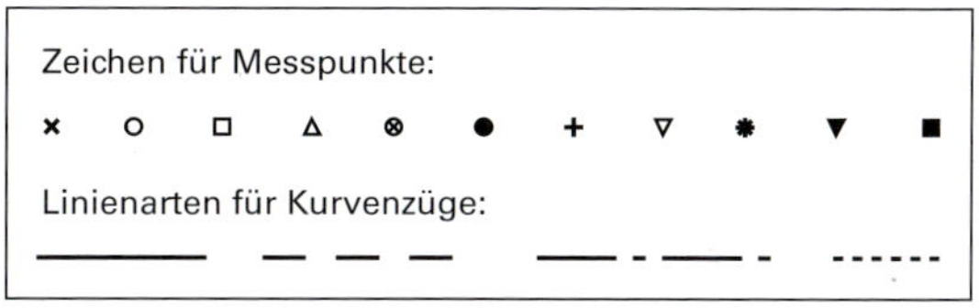

Bild 1: Zeichen und Linien für die Darstellung mehrerer Kurven in einem Diagramm

Zeichnen der Messwertkurven

Messpunkte, die linearen Gesetzmäßigkeiten gehorchen, werden durch eine **Ausgleichsgerade** (Regressionsgerade, engl. line of regression) verbunden **(Bild 2)**. Als Ausgleichsgerade bezeichnet man diejenige Gerade, die durch möglichst viele der Messpunkte verläuft und bei der die Summe der Abstände der nicht auf der Geraden liegenden Messpunkte ein Minimum ist. Stark abseits liegende Punkte, sogenannte Ausreißer, bleiben unberücksichtigt. In der Praxis zeichnet man die Ausgleichsgerade nach Augenmaß und durch Probieren.

Messpunkte, die nichtlinearen Zusammenhängen gehorchen, werden mit einem Kurvenlineal zu einer **Ausgleichskurve** (Regressionskurve, engl. regression curve) verbunden **(Bild 3)**. Der gezeichnete Kurvenzug soll möglichst viele Messpunkte umfassen oder ausgleichend zwischen den Messpunkten verlaufen. Er soll harmonisch aussehen und keine Knicke aufweisen.

Beispiel: Die Abhängigkeit des Volumens einer Gasportion vom Gasdruck wurde gemessen und die Werte in eine Wertetabelle aufgenommen.

***p* in bar**	1,00	0,82	1,10	1,20	1,50	2,00
***V* in m³**	670	600	502	396	346	255

***p* in bar**	2,50	3,00	4,00	5,00	5,25
***V* in m³**	220	163	127	102	95,0

Stellen Sie das Ergebnis in einem *p*-*V*-Diagramm dar.

Lösung: *p*-*V*-Diagramm in **Bild 3**

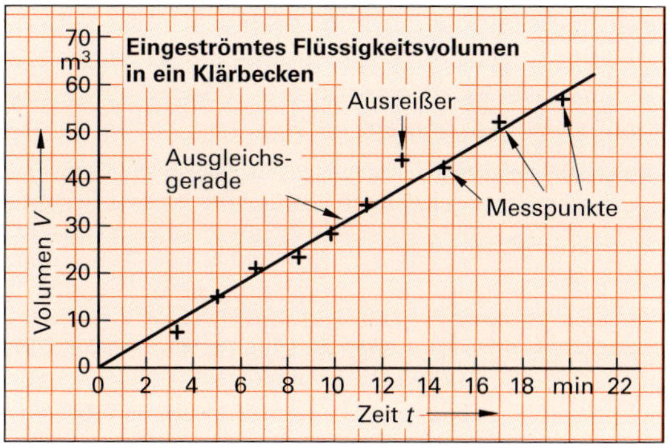

Bild 2: Ausgleichsgerade einer Messreihe

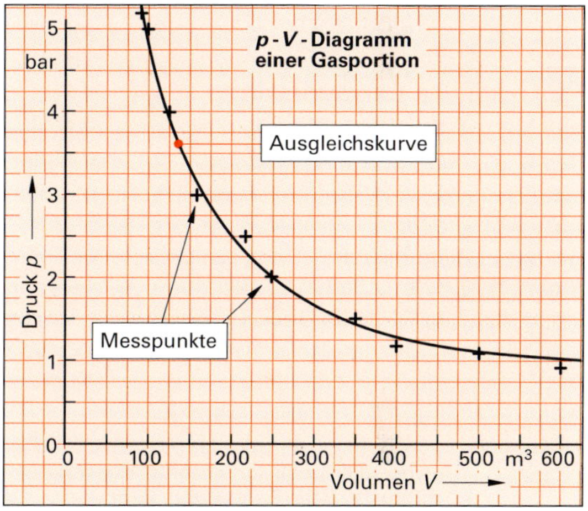

Bild 3: Ausgleichskurve einer Messreihe

Aufgaben zur grafischen Darstellung von Messwerten

1. Die Dichte von Wasser wurde bei verschiedenen Temperaturen gemessen und in eine Wertetabelle übertragen. Erstellen Sie das Dichte-Temperatur-Diagramm, tragen Sie dort die Messwerte ein und zeichnen Sie die Messwertkurve.

Temperatur in °C	0,00	1,00	2,00	3,00	3,50	4,00	4,50	5,00	6,00	7,00	8,00	9,00
Dichte in kg/m³	999,84	999,90	999,94	999,96	999,97	999,97	999,97	999,96	999,94	999,90	999,85	999,78

2. Bei einer chemischen Reaktion nimmt die Anfangskonzentration von 8,50 mol/L alle 12 Sekunden um 1,20 mol/L ab. Erstellen Sie die Wertetabelle und das Konzentrations-Zeit-Diagramm.

3. Nach dem HOOKE'schen Gesetz $F = D \cdot \Delta s$ nimmt die Dehnung Δs einer Schraubenfeder proportional zur dehnenden Kraft *F* zu. Welche Dehnungen sind bei einer Schraubenfeder mit der Federkonstanten *D* = 20 N/mm zu erwarten, wenn die Zugkraft von 0 bis 210 N stetig ansteigt?
   Erstellen Sie eine Wertetabelle und ein Diagramm.

2.4.3 Arbeiten mit Diagrammen in der Chemietechnik

Werden Messwerte in ein Diagramm übertragen, so gibt eine damit gezeichnete Kurve (engl. graph) diese anschaulich wieder.

Grafische Interpolation

Aus einer gezeichneten Kurve lassen sich durch grafische Interpolation (engl. graphical interpolation) beliebige Zwischenwerte unmittelbar ablesen. Die Genauigkeit der abgelesenen Größe ist vom Zeichenmaßstab abhängig.

Beispiel 1: Bei einer Temperaturmessung in einem Reaktionsbehälter wurde mit einem Thermoelement eine Thermospannung von 8,3 mV gemessen. Zur Ermittlung der Temperatur aus der Thermospannung steht die in **Bild 1** gezeigte Kalibrierkurve des Thermoelements zur Verfügung. Welche Temperatur liegt im Reaktionsbehälter vor?

Lösung: Aus Bild 1: zu $U = 8{,}3$ mV $\Rightarrow$ $\boldsymbol{\vartheta = 153°}$ **C**

Beispiel 2: Wie groß ist die Thermospannung U des Thermoelements bei einer Temperatur von 120 °C?

Lösung: Aus Bild 1: zu $\vartheta = 120$ °C $\Rightarrow$ $\boldsymbol{U = 6{,}5}$ **mV**

Grafische Extrapolation

Soll ein Wert bestimmt werden, der außerhalb des durch die Messwerte festgelegten Graphen liegt, kann der gesuchte Wert durch grafisches Extrapolieren (engl. graphical extrapolation) erhalten werden. Die Extrapolation liefert jedoch nur dann brauchbare Ergebnisse, wenn davon ausgegangen werden kann, dass die Funktion über die Messwerte hinaus stetig verläuft. Bei der grafischen Extrapolation wird der Graph entsprechend dem vorherigen Kurvenverlauf verlängert (Strichlinie in **Bild 2**).

Beispiel 3: Die Thermospannung des Thermoelements aus Beispiel 1 beträgt bei einer Messung $U = 11{,}4$ mV. Welche Temperatur liegt vor?

Lösung: Die Kalibrierkurve wird verlängert **(Bild 2)** und der gesuchte Wert zu 11,4 mV abgelesen: Dies entspricht $\boldsymbol{\vartheta = 208}$ **°C.**

Nichtlineare Kalibrierkurven

Auch bei nichtlinearen Kalibrierkurven kann interpoliert und extapoliert werden. Die Genauigkeit der ermittelten Zwischenwerte ist jedoch eingeschränkt.

Beispiel 4: Für die Durchflussmessung ($\dot{V}$) mit einer Messblende steht eine Kalibrierkurve zur Verfügung **(Bild 3)**. Sie gibt den Volumenstrom $\dot{V}$ in Abhängigkeit vom Wirkdruck Δp wieder. Wie groß ist der Volumenstrom $\dot{V}$, wenn der Wirkdruck Δp zu 220 hPa angezeigt wird?

Lösung: Die Kurve wird mit dem Kurvenlineal entsprechend der Kalibrierkurve verlängert (Bild 3) und der gesuchte Wert zu 220 hPa abgelesen: Man erhält: $\boldsymbol{\dot{V} = 7{,}4}$ **m³/h.**

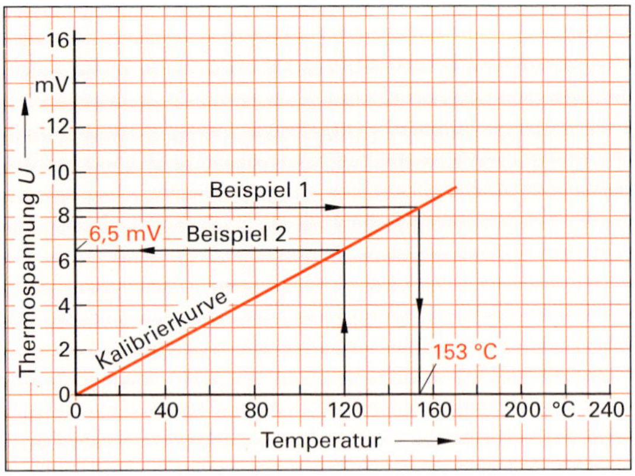

Bild 1: Interpolieren mit der Kalibrierkurve eines Thermoelements

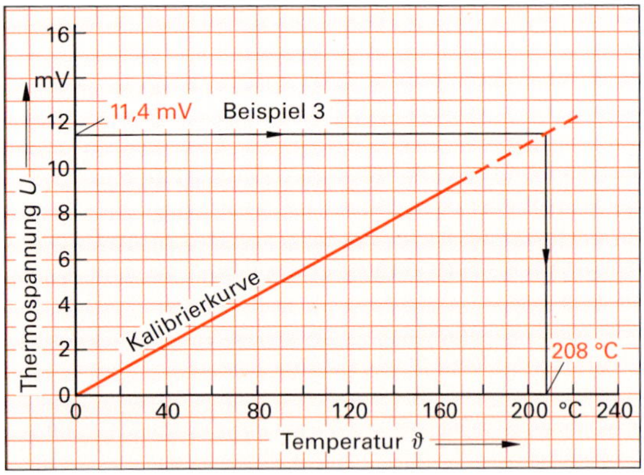

Bild 2: Extrapolieren mit der Kalibrierkurve eines Thermoelements

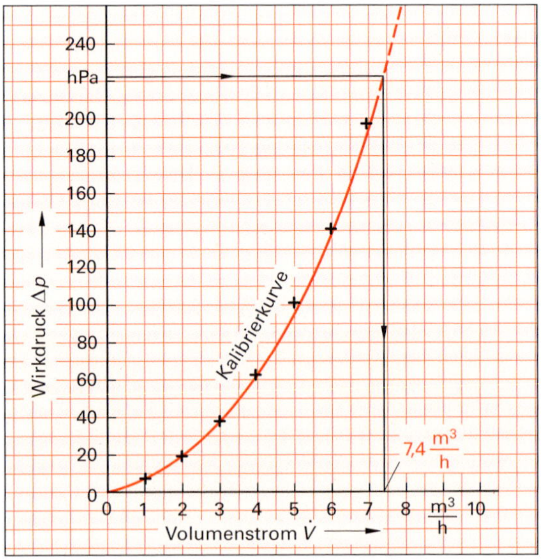

Bild 3: Extrapolieren mit der Kalibrierkurve einer Messblende

Aufgaben zu Arbeiten mit Diagrammen

1. Die Dichte von Natriumhydroxid-Lösungen ist vom Massenanteil an NaOH abhängig. Folgende Werte können aus einem Tabellenbuch entnommen werden:

w(NaOH) in %	26,02	28,80	30,20	32,10	35,01
Dichte ϱ in kg/m³	1285	1315	1330	1350	1380

   a) Zeichnen Sie ein w-ϱ-Diagramm.
   b) Ermitteln Sie grafisch die Dichten zu $w_1 = 27{,}0$ %; $w_2 = 30{,}80$ %; $w_3 = 35{,}50$ %.
   c) Ermitteln Sie grafisch die NaOH-Massenanteile zu $\varrho_1 = 1300$ kg/m³, $\varrho_2 = 1356$ kg/m³.

2. Der Widerstandsbeiwert λ von Rohrleitungen ist von der Reynoldszahl Re abhängig **(Bild 1)**. Zu berücksichtigen sind die Strömungsart (laminar, turbulent) und die Rohroberfläche (rau, glatt).
   Bestimmen Sie aus Bild 1:
   a) den Rohrwiderstandsbeiwert λ für die Reynoldszahl $Re = 1200$
   b) für ein glattes Rohr den Widerstandsbeiwert λ bei $Re = 80\,000$
   c) für ein raues Rohr den Widerstandsbeiwert λ bei $Re = 10\,000$.

3. Kreiselpumpen liefern bei konstanter Drehzahl mit zunehmender Förderhöhe H einen abnehmenden Förderstrom $\dot{V}$ **(Bild 2)**.
   a) Welcher Förderstrom $\dot{V}$ stellt sich bei einer Förderhöhe von 25 m, 35 m und 45 m ein?
   b) Welche Förderhöhe liegt bei einem Förderstrom von 86 m³/h vor?

4. Die Masse des Wasserdampfs, die von Luft maximal aufgenommen werden kann, ist von der Temperatur abhängig **(Bild 3)**.
   Welche Wassermasse kann die Luft pro Kubikmeter jeweils zusätzlich aufnehmen, wenn die Temperatur um je 10 °C erhöht wird und von −5 °C, +5 °C, 15 °C und 25 °C ausgegangen wird?

5. Die Reaktionsgeschwindigkeit r und die Konzentration c einer Reaktion wurden in einer Wertetabelle erfasst **(Tabelle)**.
   a) Zeichnen Sie ein r-c-Diagramm.
   b) Ermitteln Sie die Reaktionsgeschwindigkeit für die Konzentrationen $c_1 = 0{,}5$ mol/L und $c_2 = 1{,}5$ mol/L.

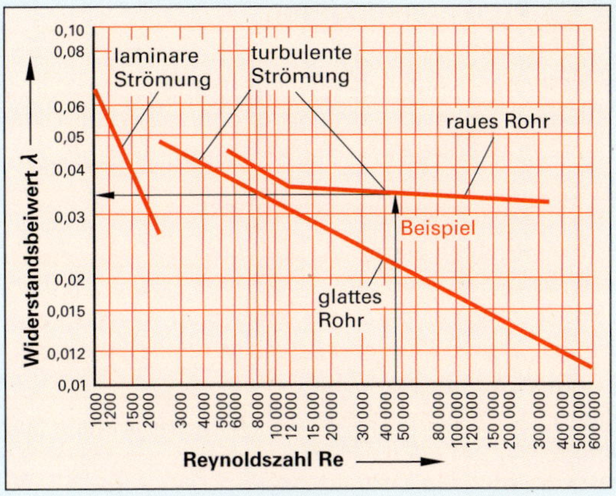

Bild 1: Rohrwiderstandsbeiwerte zur Druckverlustermittlung in Rohrleitungen (Aufgabe 2)

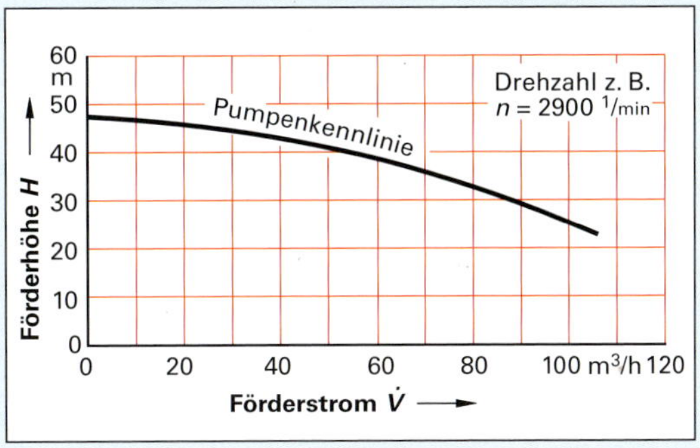

Bild 2: Kennlinie einer Kreiselradpumpe (Aufgabe 3)

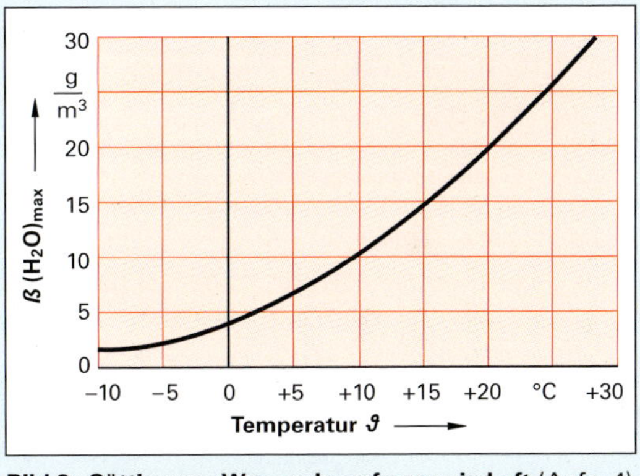

Bild 3: Sättigungs-Wasserdampfmasse in Luft (Aufg. 4)

Tabelle: Messwerte zu Aufgabe 5

r in mol/s	0	0,1	0,2	0,3	0,4	0,5	0,6
c in mol/L	0	0,2	0,4	0,6	0,8	1,0	1,2

6. Der Druckverlust in Rohrleitungen kann mit der Gleichung $\Delta p = \lambda \cdot \frac{l}{d_i} \cdot \frac{\varrho}{2} \cdot \bar{v}^2$ berechnet werden.
   In einer Rohrleitung mit dem Rohrinnendurchmesser $d_i = 800$ mm, der Rohrlänge $l = 140$ m und dem Rohrwiderstandsbeiwert $\lambda = 0{,}036$ strömt eine Flüssigkeit mit der Dichte $\varrho = 880$ kg/m³.
   a) Stellen Sie in einer Wertetabelle für den Bereich von $\bar{v} = 0$ m/s bis $\bar{v} = 2{,}4$ m/s in 0,2-m/s-Abständen den Druckverlust der Strömungsgeschwindigkeit gegenüber.
   b) Zeichnen Sie die Kurve $\Delta p = f(\bar{v})$ und extrapolieren Sie den Druckverlust für $\bar{v} = 2{,}5$ m/s.

2.4.4 Funktionsgraphen

Es gibt eine Vielzahl von Funktionsgraphen. Sie lassen sich grob in lineare Funktionsgraphen (Geraden) und nicht lineare Funktionsgraphen (Kurven) unterteilen.

Lineare Funktionsgraphen

Achsenparallele Geraden: Bleibt der Wert der Funktion bei veränderten Werten der Variablen gleich (konstant), so wird eine waagerechte Gerade, auch Konstante genannt, erhalten. Sie verläuft parallel zur x-Achse (Abszisse) **(Bild 1)**. Sie wird durch die Funktion $y = b$ beschrieben. Die achsenparallele Gerade schneidet die Ordinate z. B. im Punkt b_1.

Achsenparallele Geraden
$y = b$

Ursprungsgeraden: Schneiden sich die beiden Achsen des Koordinatensystems jeweils bei Null, so heißt der Schnittpunkt „Ursprung". Geraden, die durch den Koordinatenursprung gehen, heißen Ursprungsgerade oder Proportionale (Bild 1).

Ursprungsgeraden
$y = a \cdot x$

Sie entsprechen der Funktion $\boldsymbol{y = a \cdot x}$

a ist der Proportionalitätsfaktor. Er gibt die Steigung der Geraden an. Für die Bestimmung der Steigung genügt bei der Ursprungsgeraden die Kenntnis eines x/y-Wertepaares aus der Messreihe oder aus dem Diagramm.

$$a = \frac{y_1}{x_1} = \frac{y_2}{x_2} = \ldots = \frac{y}{x} = \tan\alpha$$

Mit der Steigung a können weitere y-Werte zu vorgegebenen x-Werten oder umgekehrt berechnet werden.

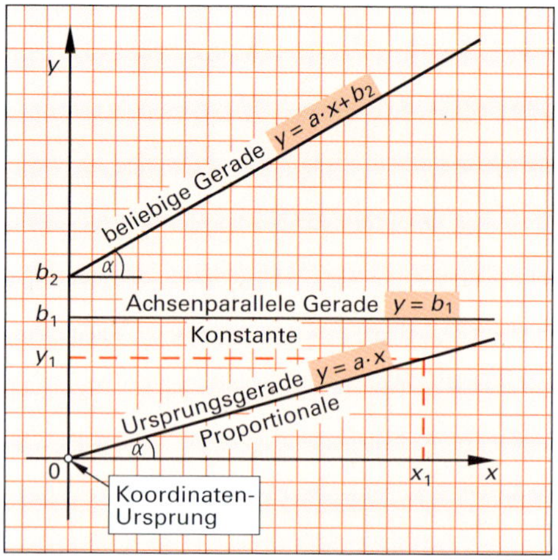

Bild 1: Geraden im Koordinatensystem

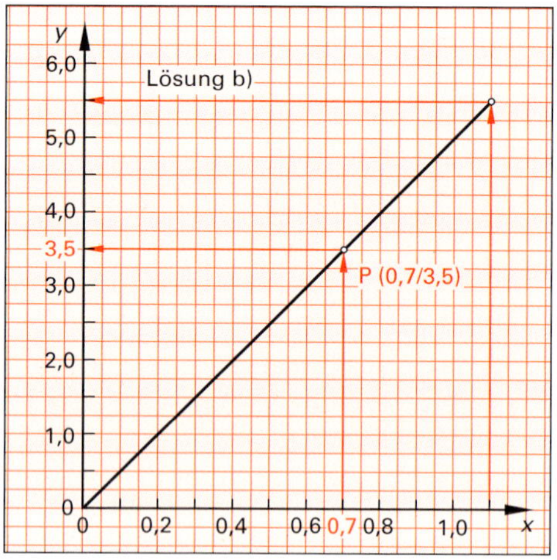

Bild 2: Lösung zu Beispiel 1

Beispiel: (Bild 2) Eine Ursprungsgerade geht durch den Punkt P (0,7/3,5)
a) Zeichnen Sie die Ursprungsgerade in ein passend gewähltes Diagramm.
b) Welcher y-Wert gehört zu $x = 1{,}1$?

Lösung: a) Siehe Bild 2
b) Entweder aus dem Diagramm (Bild 2) ablesen (siehe rote Linien) oder rechnerisch ermitteln:

$$\boldsymbol{a} = \frac{y}{x} = \frac{3{,}5}{0{,}7} = 5; \quad y = a \cdot x = 5 \cdot 1{,}1 = \boldsymbol{5{,}5}$$

Beliebige Geraden: Eine beliebige Gerade wird durch die Funktion $\boldsymbol{y = a \cdot x + b}$ beschrieben (Bild 1). Sie heißt **Normalform der Geradengleichung.** Hierbei ist a der Proportionalitätsfaktor und b der Ordinatenabschnitt. Die lineare Funktion setzt sich aus einer Konstanten und einer Proportionalen zusammen.

Normalform der Geradengleichung
$y = a \cdot x + b$

Jede Gerade ist durch zwei Punkte festgelegt. Die Beziehung zur Bestimmung der Geradengleichung mit den Punkten $P_1(x_1/y_1)$ und $P_2(x_2/y_2)$ lautet wie nebenstehend angegeben.

Man nennt sie **Zwei-Punkt-Form der Geradengleichung.**

Zwei-Punkt-Form der Geradengleichung
$y = \frac{y_2 - y_1}{x_2 - x_1}(x - x_1) + y_1$

Beispiel: Durch die Punkte $P_1(2/3)$ und $P_2(-2/1)$ soll eine Gerade gelegt werden. Wie lautet die Normalform der Geradengleichung?

Lösung: $y = \frac{y_2 - y_1}{x_2 - x_1}(x - x_1) + y_1 = \frac{1-3}{-2-2}(x-2) + 3 = \frac{1}{2} \cdot (x-2) + 3 = \frac{1}{2}x - 1 + 3 \Rightarrow \boldsymbol{y = \frac{1}{2}x + 2}$

Beispiel: Die Kennlinie eines Regelventils ist durch den Volumenstrom 6 L/s bei einem Ventilhub von 2 mm und den Volumenstrom 42 L/s bei 14 mm Ventilhub festgelegt. Zwischen diesen Wertepaaren hat die Kennlinie einen linearen Verlauf.

a) Bestimmen Sie die Geradengleichung der Kennlinie.

b) Berechnen Sie in 2-mm-Schritten des Ventilhubs die Volumenströme.

c) Tragen Sie die berechneten Volumenströme in ein Diagramm ein und zeichnen Sie die Kennlinie.

Lösung:

a) $\dot{V}_1 = 6$ L/s; $h_1 = 2$ mm; $\dot{V}_2 = 42$ L/s; $h_2 = 14$ mm

$$\dot{V} = \frac{\dot{V}_2 - \dot{V}_1}{h_2 - h_1} \cdot (h - h_1) + \dot{V}_1 = \frac{(42-6)\ \text{L/s}}{(14-2)\ \text{mm}} \cdot (h - 2\ \text{mm}) + 6\ \text{L/s}$$

$$= \frac{36}{12} \frac{\text{L}}{\text{s} \cdot \text{mm}} \cdot (h - 2\text{mm}) + 6\ \text{L/s} = 3 \frac{\text{L}}{\text{s} \cdot \text{mm}} \cdot h - 6\ \text{L/s} + 6\ \text{L/s}$$

$$\boldsymbol{\dot{V}} = 3 \cdot \frac{\text{L}}{\text{s} \cdot \text{mm}} \cdot h = \mathbf{3 \cdot \boldsymbol{h} \frac{L}{s \cdot mm}}$$

b)

***h* in mm**	2	4	6	8	10	12	14
$\dot{V}$ in L/s	6	12	18	24	30	36	42

c) Messpunkte und rote Kurve in **Bild 1**

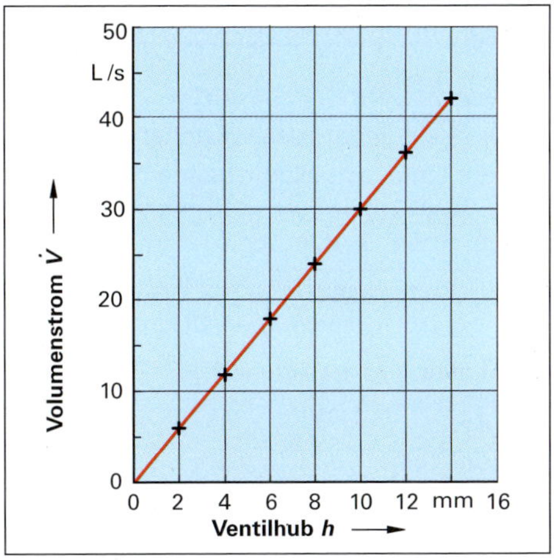

Bild 1: Kennlinie des Regelventils von nebenstehendem Beispiel

Nicht-lineare Funktionsgraphen

Häufig treten Funktionen auf, bei denen sich die beiden Größen nicht proportional zueinander verhalten. Für die Aufstellung dieser Funktionsgleichungen ist neben dem mathematischen Fachwissen viel Erfahrung erforderlich.

In **Bild 2** sind einige typische nicht-lineare Funktionsgraphen dargestellt.

Die Abhängigkeit der Reaktionsgeschwindigkeit von der Konzentration wird z. B. von einer **Parabel** (Funktionstyp $y = x^2$) beschrieben.

Exponentialfunktionen (Funktionstyp $y = e^x$) und **Logarithmusfunktionen** (Funktionstyp $y = \lg x$) beschreiben z. B. die Zeitabhängigkeit der Konzentration bei Bioreaktionen.

Durch Ändern einer oder beider Koordinateneinteilungen ist es oft möglich, nicht-lineare Kurvenzüge in Geraden zu überführen (Seite 52). Damit vereinfacht sich die Deutung der Graphen.

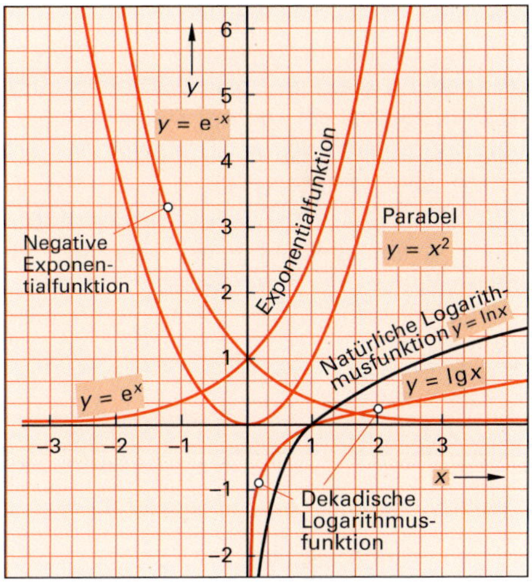

Bild 2: Nicht-lineare Funktionsgraphen

Aufgaben

1. Erstellen Sie ein Schaubild für den Zusammenhang zwischen der Zugkraft *F* und der Verlängerung Δs einer Stahlfeder. Die Federkonstante *D* beträgt 22,0 N/m, die Kraft *F* maximal 4,0 N (HOOKE'sches Gesetz: $F = D \cdot \Delta s$).

2. Die Strömungsgeschwindigkeit *v* eines Fluids in einem Rohr ist bei konstantem Volumenstrom umgekehrt proportional zur Querschnittsfläche *A* des Rohres: $v = \dot{V}/A$. Stellen Sie für $\dot{V} = 10$ L/s die Abhängigkeit der Strömungsgeschwindigkeit von der Fläche und vom Durchmesser in einem Diagramm bis $v_{max} = 2{,}5$ m/s dar.

3. Bestimmen Sie für die Geraden im nebenstehenden Diagramm **(Bild 3)** jeweils die Steigung *a* und den Ordinatenabschnitt *b*. Geben Sie jeweils die Funktionsgleichungen an.

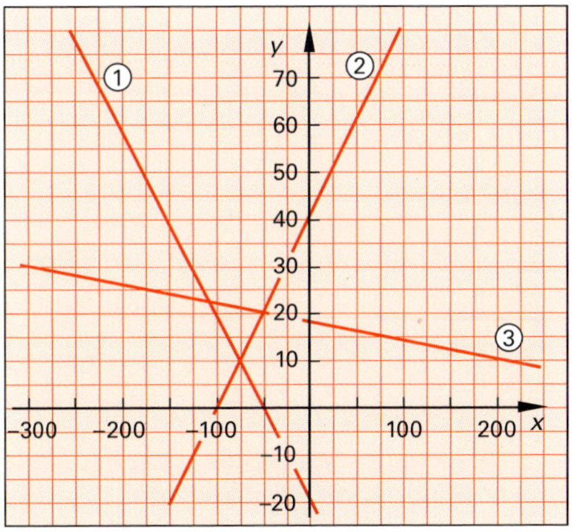

Bild 3: Geraden der Aufgabe 3

2.4.5 Linearisieren einer Kurve

Lineare Zusammenhänge lassen sich relativ einfach durch eine Funktionsgleichung beschreiben (Seite 50). Nicht-linear zusammenhängende Größen ergeben kompliziertere Funktionsgleichungen (Seite 51).

Um die einfachen Möglichkeiten der Erfassung von Zusammenhängen aus Geraden zu nutzen, versucht man, durch geeignete Maßnahmen nicht-lineare Kurvenzüge in Geraden zu überführen. Dies gelingt in einigen Fällen z. B. durch Ändern einer oder beider Koordinatengrößen.

Beispiel: Darstellung der *p*-*V*-Werte einer Gasportion eines idealen Gases a) in einem *p*-*V*-Diagramm und b) in einem 1/*p*-*V*-Diagramm. Bestimmen der Funktionsgleichung zwischen *V* und *p*.

p in mbar	50,0	62,5	80,0	100	150	200	300	400	500	625	800	1000
V in L	100	80,0	62,5	50,0	33,3	25,0	16,7	12,5	10,0	8,00	6,30	5,00
1/p in 1/mbar	0,0200	0,0160	0,0125	0,0100	0,00670	0,00500	0,00330	0,00250	0,00200	0,00160	0,0013	0,00100

Werden die *p*- und *V*-Wertepaare in ein *p*-*V*-Diagramm eingetragen und miteinander verbunden, wird ein nicht-linearer Kurvenzug erhalten **(Bild 1)**. Für den Kurvenzug kann zunächst keine Funktionsgleichung aufgestellt werden.

Werden die *p*-Werte jedoch in 1/*p*-Werte umgerechnet und in einem 1/*p*-*V*-Diagramm aufgetragen **(Bild 2)**, so wird ein linearer Zusammenhang erhalten. Die miteinander verbundenen Wertepaare ergeben eine Ursprungsgerade. Hieraus kann die Proportionalität $1/p \sim V$ abgeleitet werden.

Die Funktionsgleichung der Geraden kann mit einem Punkt (x_1/y_1) der Geraden und der Bestimmungsgleichung für Ursprungsgeraden bestimmt werden:

$$y = a \cdot x = \frac{y_1}{x_1} \cdot x$$

Setzt man für $y \rightarrow V$ und für $x \rightarrow 1/p$, so lautet die Ursprungsgerade im 1/*p*-*V*-Diagramm: $V = \frac{V_1}{1/p_1} \cdot \frac{1}{p}$

Mit dem Geradenpunkt:

$V_1 = 50{,}0$ L und $1/p_1 = 0{,}0100$ 1/mbar folgt durch Einsetzen:

$$V = \frac{50{,}0\ \text{L}}{0{,}0100\ 1/\text{mbar}} \cdot \frac{1}{p} = 5\,000\ \text{L} \cdot \text{mbar} \cdot \frac{1}{p}$$

Es ergibt sich die Geradengleichung:

$$\boldsymbol{V = 5\,000\ \text{L} \cdot \text{mbar} \cdot \frac{1}{p}}$$

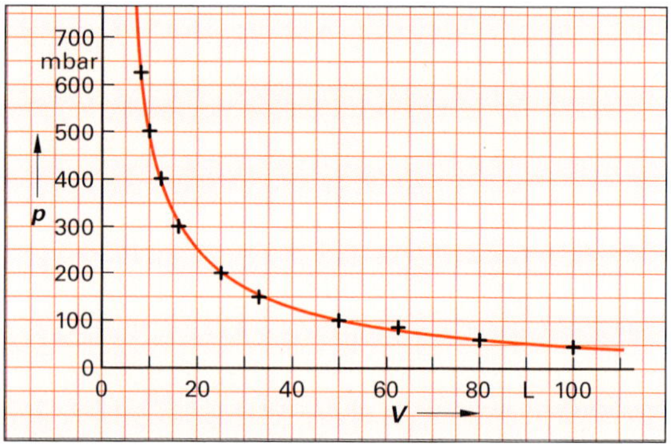

Bild 1: ***p*-*V*-Diagramm einer Gasportion eines idealen Gases** (Beispiel von oben)

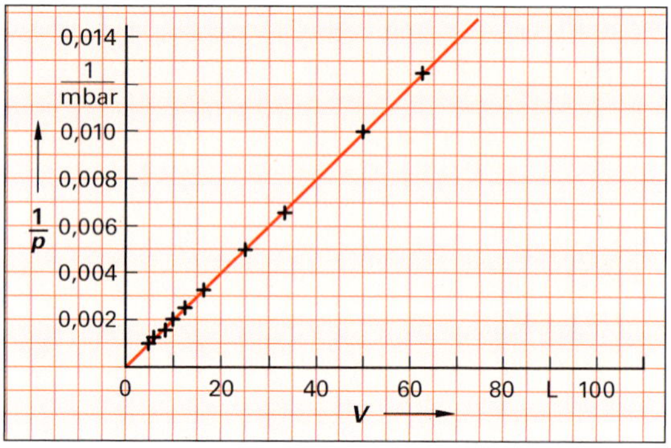

Bild 2: 1/*p*-*V*-Diagramm der Gasportion von Bild 1

Aufgabe

Aus einer Messreihe werden für das Volumen *V* und den Druck *p* die folgenden Wertepaare erhalten:

p in bar	220	200	180	150	120	100	80	65	52	40	25	20	15	10	5
V in L	1,0	1,1	1,2	1,47	1,83	2,2	2,75	3,38	4,23	5,5	8,8	11	14,7	22	44

a) Zeichnen Sie das *p*-*V*-Diagramm.

b) Linearisieren Sie den Graphen, indem die Wertetabelle durch 1/*p*-Werte ergänzt und ein 1/*p*-*V*-Diagramm gezeichnet wird.

c) Welche Volumina können für 7 bar, 30 bar und 1 bar grafisch extrapoliert werden?

2.4.6 Verwendung grafischer Papiere

Für die grafische Darstellung von Prozessdaten werden verschiedene grafische Papiere (engl. graphical papers) eingesetzt. Sie unterscheiden sich durch eine unterschiedliche Teilung (Rasterung) der Achsen.

Das **linear geteilte Papier,** auch **Millimeterpapier** genannt, (engl. millimeter squared paper) hat sowohl eine linear geteilte Abszisse (x-Achse) als auch eine linear geteilte Ordinate (y-Achse) **(Bild 1).** Der Abstand der Linien im Gitternetz ist gleich und beträgt jeweils 1 Millimeter.
Auf linear geteiltem Papier werden die meisten funktionalen Zusammenhänge dargestellt, wie z. B. zeitliche Abläufe von Betriebsgrößen wie Temperatur, Druck, Durchflüsse usw.

Beim **einfach-logarithmischen Papier** (engl. logarithmic paper), auch Exponentialpapier genannt, ist eine Achse (z. B. die x-Achse) linear geteilt und die andere Achse (z. B. die y-Achse) logarithmisch geteilt **(Bild 2).** Einfach-logarithmisches Papier wird z. B. eingesetzt, wenn die Messwerte mehrere Zehnerpotenzen umfassen und dadurch auf einer linear geteilten Achse nur schwer untergebracht werden können.
Darüber hinaus werden auf einfach-logarithmischem Papier bevorzugt Vorgänge dargestellt, die eine logarithmische oder exponentielle Abhängigkeit der Größen aufweisen, wie z. B. der pH-Wert der H_3O^+-Ionen-Konzentration, $pH = \lg c(H_3O^+)$ (Bild 2), oder die Zunahme der Masse m von Mikroorganismen in Bioreaktoren mit der Zeit t, $m = k \cdot e^t$. Man erhält für die Messwerte solcher Zusammenhänge auf einfach-logarithmischem Papier eine Gerade.

Beim **doppelt-logarithmischen Papier** (engl. double logarithmic paper), auch Potenzpapier genannt, sind beide Achsen logarithmisch geteilt **(Bild 3).**
Doppelt logarithmisches Papier wird eingesetzt, wenn zwei Größen einen potenziellen Zusammenhang haben, wie z. B. der Strömungswiderstandsbeiwert λ von der Reynoldszahl Re (Bild 1, Seite 49), die Pumpenförderhöhe H vom Förderstrom $\dot{V}$ oder bei bestimmten chemischen Reaktionen die Reaktionsgeschwindigkeit r von der Edukt-Konzentration c: $r = k \cdot c^2$ (Bild 3). Man erhält bei Auftragung der Messgrößen solcher Funktionen auf das doppelt-logarithmische Papier eine Gerade.

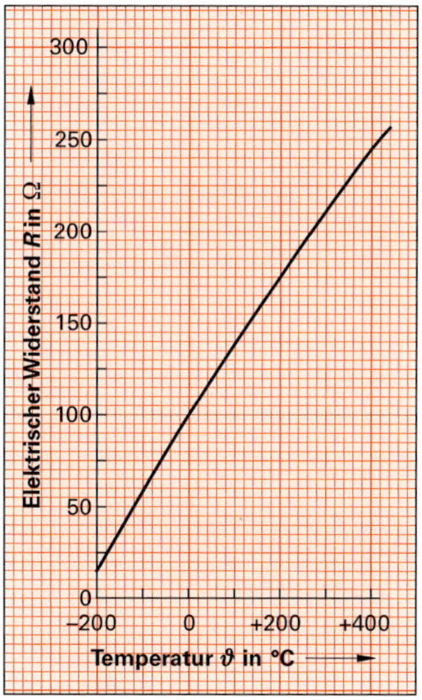

Bild 1: Elektrischer Widerstand von Platin über der Temperatur auf linear geteiltem Millimeterpapier

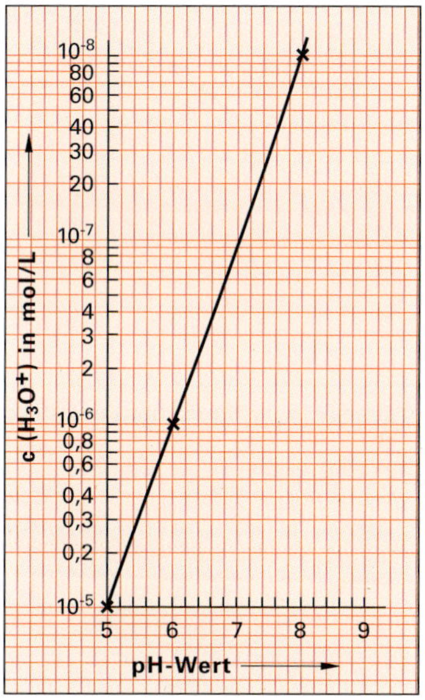

Bild 2: Abhängigkeit der $c(H_3O^+)$-Konzentration vom pH-Wert auf einfach-logarithmischem Papier

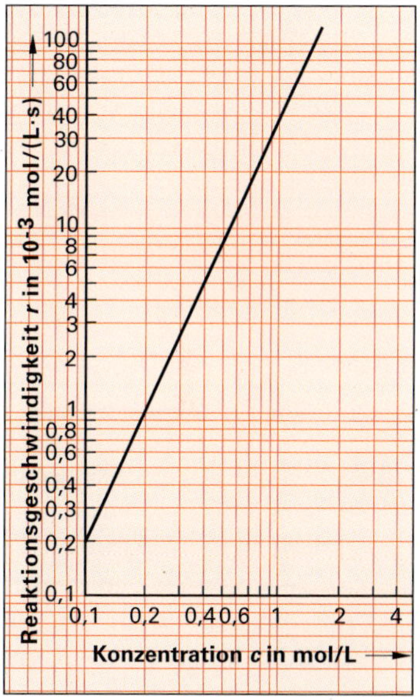

Bild 3: Reaktionsgeschwindigkeit *r* über der Konzentration *c* auf doppelt-logarithmischem Papier

Kopiervorlagen für grafische Papiere befinden sich auf den Seiten 339 bis 343

Neben diesen dreien gibt es weitere grafische Papiere (Netze genannt) für spezielle Anwendungen, wie z. B. das RRSB-Netz zur Auswertung von Siebanalysen (Seite 315) oder das Wahrscheinlichkeitsnetz für die Qualitätssicherung mit Qualitätsregelkarten.
Der funktionale Zusammenhang von Messwerten kann auch mit speziellen Auswerteprogrammen auf dem Computer oder Taschenrechner ermittelt werden.

Das Ablesen und Eintragen von Werten bei grafischen Papieren mit logarithmisch geteilten Achsen erfordert etwas Übung.

Die Zahl 3 liegt hier etwa in der Mitte des Zehnerbereichs (47 %) einer linearen Einteilung und die Zahl 5 bei rund 70 % **(Bild 1).**

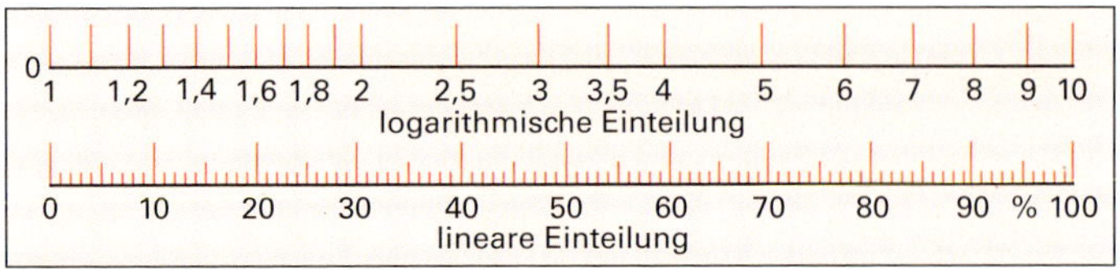

Bild 1: Gegenüberstellung einer logarithmischen und einer linearen Einteilung einer Achse

Beispiel 1: Beschriften Sie eine logarithmische Koordinateneinteilung, die beginnend bei 0,1 über 3 Zehnerpotenzen reicht.

Lösung: siehe **Bild 2**

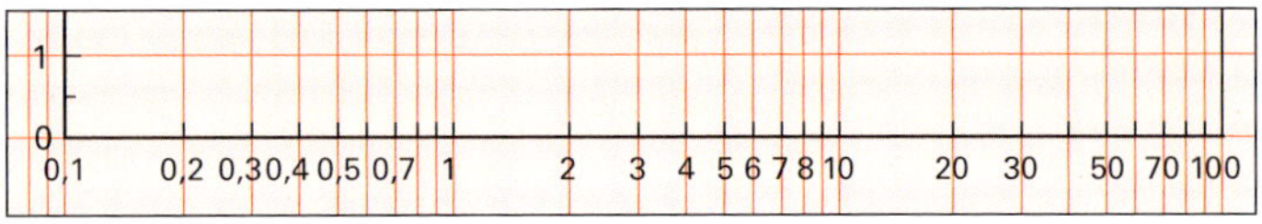

Bild 2: Lösung zu Beispiel 1

Beispiel 2: Die Reaktionsgeschwindigkeit für eine chemische Reaktion wurde zu $r = k \cdot c^2$ bestimmt. Die Konstante k für diese Reaktion beträgt $k = 0{,}85$ L/(mol · s), die Anfagskonzentration $c_0 = 2{,}0$ mol/L.

a) Ermitteln Sie charakteristische Funktionswerte zum Zeichnen eines Funktionsgrafen.

b) Zeichnen sie den Funktionsgraphen in verschiedene grafische Papiere ein mit dem Ziel, eine Gerade zu erzielen.

c) Bestimmen Sie den Wert der Reaktionsgeschwindigkeit für $c = 2{,}5$ mol/L durch Extrapolieren.

Lösung: a) Mit dem Rechner werden die Funktionswerte zur Funktion $r = 0{,}85 \cdot c^2$ für $c \leq 2{,}0$ mol/L ausgerechnet.

b) Die Werte werden in die verschiedenen grafischen Papiere eingezeichnet **(Bild 3).** Der Funktionsgraph ist im linearen und einfach-logarithmischen Papier eine Kurve und im doppelt-logarithmischen Papier eine Gerade.

c) Die Gerade im doppelt-logarithmischen Papier wird verlängert und bei $c = 2{,}5$ mol/L die zugehörige Reaktionsgeschwindigkeit zu $r = 5{,}3$ mol/(L · s) abgelesen.

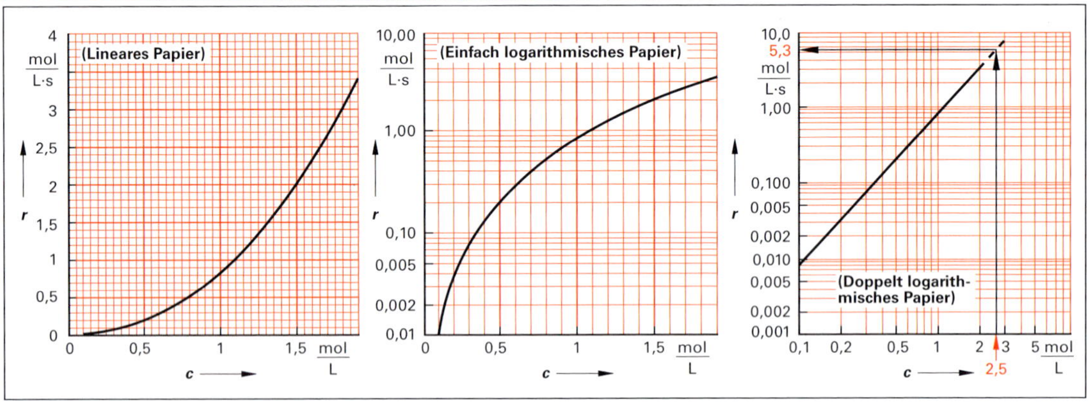

Bild 3: Lösung zu Beispiel 2 auf linearem, einfach logarithmischem und doppelt-logarithmischem Papier

Aufgaben zur Verwendung grafischer Papiere

1. Eine chemische Reaktion verläuft nach der Gleichung $r = 0{,}040$ L/(mol · s) · c^2, die Anfangskonzentration ist $c_0 = 1{,}0$ mol/L.
   a) Zeichnen Sie den Funktionsgraphen.
   b) Linearisieren Sie ihn durch Einzeichnen in das geeignete grafische Papier.
   c) Bestimmen Sie die Konzentration c zu $r = 0{,}010$ mol/(L · s) und $r = 0{,}045$ mol/(L · s).

2. Ein Reaktionskessel mit 100 °C soll an der Umgebungsluft mit 0 °C abgekühlt werden. Für die Abkühlung gilt die Funktionsgleichung $\vartheta = 100 \cdot e^{-t/10}$. Hierin ist die Zeit t in Minuten einzusetzen. Nach welcher Zeit ist der Reaktionskessel a) auf 60 °C, b) auf 40 °C und c) auf 20 °C abgekühlt?

3. Für eine Gleichgewichtsreaktion $A + B \rightleftharpoons C$ wurde die Abhängigkeit des Umsatzes U der Edukte (Ausgangsstoffe) von der Zeit t untersucht. Die Zusammenhänge konnten durch die Gleichung $U = 0{,}8 \cdot (1 - e^{-10 \cdot t})$ beschrieben werden. (In der Gleichung ist t in h einzusetzen.)
   a) Stellen Sie die Abhängigkeit des Umsatzes U von der Zeit t grafisch dar.
   b) Wie viel Prozent der Edukte haben sich im Gleichgewichtszustand umgesetzt?
   c) Nach wie viel Minuten sind 50 % bzw. 75 % der Edukte umgesetzt?

2.5 Versuchs- und Prozessdatenauswertung mit einem Computer

In der Labor- und Produktionstechnik hat sich die Computertechnik zu einem unverzichtbaren Bestandteil bei der Erfassung, Speicherung und Verarbeitung von Versuchs- und Prozessdaten entwickelt.

In automatisierten Produktionsanlagen wird die Prozessdatenerfassung, ihre Auswertung und Dokumentation von computergestützten Prozessleitsystemen übernommen.

In nicht automatisierten Produktionsanlagen, in Technikumsanlagen und bei Laborversuchen bewältigt man diese Aufgaben meist mit Hilfe von handelsüblichen Personalcomputern oder Notebooks.

Analysen- und Messgeräte, wie z.B. Wägeeinrichtungen sowie Anlagenteile, sind häufig mit speziellen Auswertecomputern mit gerätespezifischer Auswertesoftware ausgestattet (Seite 35).

Für Geräte und Anlagen, die keine Auswertecomputer mit einer gerätespezifischen Auswertesoftware besitzen, kann die Datenerfassung, Auswertung, Dokumentation und grafische Präsentation mit dem Tabellenkalkulationsprogramm der üblichen Standardsoftware eines PC erfolgen.

2.5.1 Datenauswertung mit einem Tabellenkalkulationsprogramm

Ein Tabellenkalkulationsprogramm (engl. spreadsheat) bietet umfangreiche Möglichkeiten zur Berechnung und Auswertung von Datenreihen. Die Daten lassen sich in Tabellen erfassen, rechnerisch verknüpfen, speichern und weiterverarbeiten. Darüber hinaus ermöglichen moderne Tabellenkalkulationsprogramme auch die Aufbereitung der Daten zu Präsentationsgrafiken und Diagrammen.

Das am weitesten verbreitete Tabellenkalkulationsprogramm ist Microsoft© Excel. Mit dem Programm Microsoft© Excel 2003 wurden die nachfolgenden Auswertungen durchgeführt.

Ein Tabellenkalkulationsprogramm erzeugt auf dem Bildschirm ein elektronisches Arbeitsblatt.

Das Arbeitsblatt ist in Form eines Rechenblattes aufgebaut, das in **Spalten** und **Zeilen** angeordnet ist **(Bild 1)**. Am oberen Rand der Tabelle ist die Einteilung der Spalten mit fortlaufenden Buchstaben vorgegeben (A, B, C, ...), am seitlichen linken Rand werden die Zeilen in Ziffern gezählt (1, 2, 3, ...).

Jedes Feld des Arbeitsblattes, auch **Zelle** genannt, ist durch einen Spalten-Buchstaben und eine Zeilen-Nummer festgelegt, z.B. heißt das Feld in der linken oberen Ecke des Blattes **A1**.

In jedes Feld können Daten, Text oder Berechnungsformeln geschrieben werden.

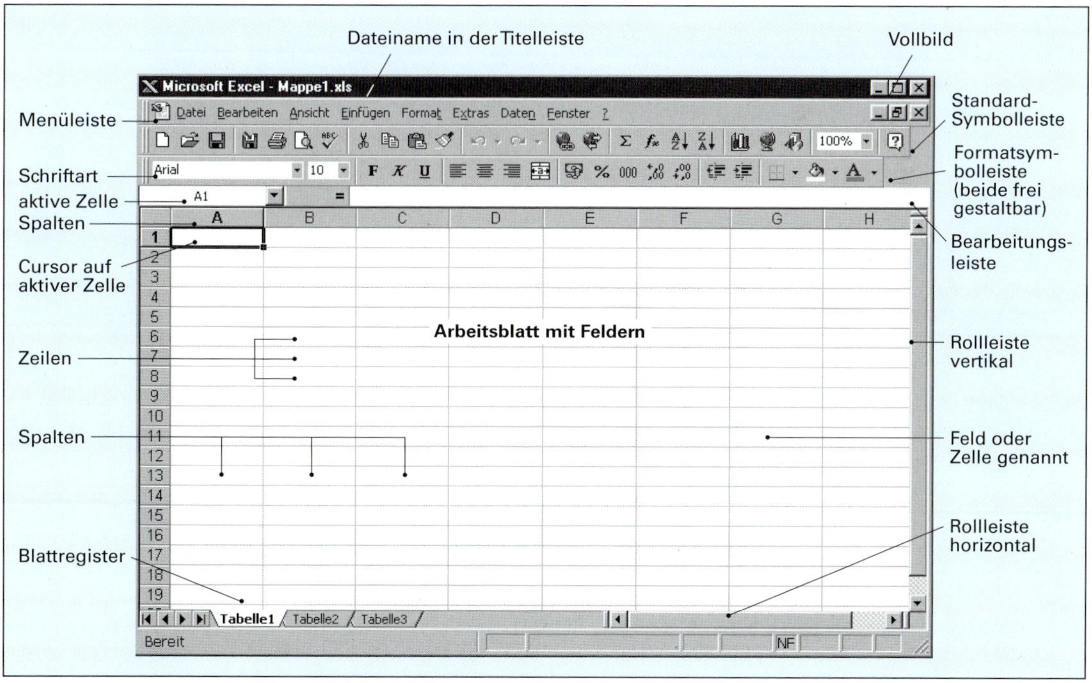

Bild 1: Monitorbild der Tabellenkalkulation Microsoft© Excel

Am Kopf des Bildschirmfensters befinden sich die Titelleiste, die Menüleiste, die Symbolleisten 1 und 2 sowie die Bearbeitungsleiste.

In der **Titelleiste** stehen der Dateiname und rechts drei Schaltflächen für die Bildschirmdarstellung. In der **Menüleiste** erscheinen die verschiedenen Befehlsmenüs, die das Programm anbietet. Diese werden durch Anklicken mit der linken Maustaste aktiviert.

Unter der Menüleiste sind zwei Symbolleisten mit Schaltflächensymbolen angeordnet. Die **Standardsymbolleiste** enthält Symbole für Vorgänge, die besonders häufig anfallen und viele Befehle aus der Menüleiste ersetzen: *Datei öffnen, Datei speichern, Datei drucken, Diagramm einfügen.* Darunter befindet sich die **Formatsymbolleiste**, die Symbole für die *Schrift* und das *Zahlenformat* enthält. Die Symbolleisten sind durch den Benutzer individuell gestaltbar. Es können aus den über 200 verfügbaren Symbolen des Programms aber auch neue Symbolleisten angelegt werden. Beide Vorgänge erfolgen durch die Option *Extras/Anpassen.* Die Symbolleisten sind über *Ansicht/Symbolleisten* ausblendbar oder frei im Bildschirmfenster platzierbar.

In der **Bearbeitungsleiste** steht im ersten Feld die aktive Zelle (in Bild 1, Seite 55 ist es die Zelle **A1**). Im zweiten Feld erfolgt die Eingabe der Daten, der Texte und der Berechnungsformeln.

Die Arbeit mit einem Tabellenkalkulationsprogramm wird am folgenden Beispiel gezeigt.

Beispiel: Auswertung einer Dichtebestimmung mit einem Tabellenkalkulationsprogramm

In einer Versuchsreihe wurde die Dichte von Polymer-Festkörpern aus unterschiedlichen Ansätzen mit einer hydrostatischen Waage (Seite 298) bestimmt. Nebenstehende Messwerte wurden erhalten **(Tabelle 1)**.

Tabelle 1: Messwerte einer Versuchsreihe zur Dichtebestimmung von Polymer Festkörpern

Messreihe	Masse m_K des Körpers in g	Scheinbare Masse m_S des eingetauchten Körpers in g
1	4,876	0,763
2	5,134	0,813
3	4,463	0,677
4	4,967	0,745
5	5,114	0,796
Dichte der Flüssigkeit in g/mL: 0,9982		

Die Messwerte sollen mit einem Tabellenkalkulationsprogramm erfasst werden. Zu diesem Zweck wird eine Eingabemaske nach dem Schema in Bild 1 erstellt.

Dann sollen mit der Auswertegleichung

$\varrho_K = \frac{m_K \cdot \varrho_{Fl}}{m_K - m_S}$ die Einzeldichten berechnet werden.

Aus den Einzeldichten wird dann das Dichteergebnis der Bestimmung erhalten.

Lösung: Das Excel-Programm wird gestartet (Bild 1)

1. Eingabe des Titels Auswertung und der Spaltenüberschriften. Vorgesehene ***Eingabefelder***:

   Die Nummer der Messreihe (A3 bis A7), die Masse der Festkörper (B3 bis B7), die scheinbare Masse der in Flüssigkeit eingetauchten Festkörper (C3 bis C7) und die Dichte der Auftriebsflüssigkeit (C8).

2. ***Ausgabefelder*** für die errechneten Einzeldichten sind die Felder D3 bis D7. Hier ist in jedes Feld jeweils die Berechnungsformel für die Dichte einzutragen. In Feld D9 wird mit der Funktion *Mittelwert* das Endergebnis der Dichtebestimmung errechnet.

	A	B	C	D
1	**Dichtebestimmung von Polymer-Festkörpern**			
2	Mess-reihe	Masse m_K des Körpers in g	Scheinbare Masse m_S des eingetauchten Körpers in g	Dichte in g/cm^3
3	1	4,876	0,763	1,183
4	2	5,134	0,813	1,186
5	3	4,463	0,677	1,177
6	4	4,967	0,745	1,174
7	5	5,114	0,796	1,182
8	Dichte der Flüssigkeit in g/mL:		0,9982	
9			**Dichte der Probe in g/cm^3:**	**1,181**

Bild 1: Excel-Tabelle des Beispiels mit Auswertung

3. *Eingabe der Berechnungsformel* für die Einzeldichte in Feld D3. Anstelle der Größenzeichen stehen in der Berechnungsformel die Zelladressen der jeweiligen Größe. Der Eintrag in **Zelle D3** lautet: **=B3*C8/(B3-C3)**.

   (Hinweis: Das Multiplikationszeichen wird mit dem Zeichen * eingetragen)

4. *Übertragen der Formel* auf die übrigen Ergebnisfelder D4 bis D7. Excel bietet zwei Lösungswege.

   Methode 1: Markieren der Zelle D3 durch linken Mausklick, Ablage des Zellinhalts mit *Bearbeiten/Kopieren* in die Zwischenablage. Nach Mausklick auf das Zielfeld D4 und Überstreichen der Felder bis D7 mit gehaltener Maustaste folgt *Bearbeiten/Einfügen.* Excel ändert dabei automatisch die Zelladressen in der Formel.

   Allerdings ändert Excel dabei auch die Adresse von Feld C8. Die Dichte der Auftriebsflüssigkeit ist aber für alle Berechnungen gleich und darf bei der Übertragung **nicht** verändert werden. Deshalb muss das Feld C8 in der Formel als **absoluter Bezug** formatiert werden. Dies geschieht durch Voranstellen des $-Zeichens vor das Zeilen- und Spaltenkennzeichen von C8. Die Formel in **Zelle D3** lautet dann: **=B3*$C$8/(B3-C3)**

Methode 2:

⇒ Linker Mausklick auf das Feld D3 mit der zu kopierenden Formel.

⇒ Nach Bewegung des Mauszeigers auf die rechte untere Zellenecke erscheint ein Kreuz (siehe Abbildung rechts). Nach linkem Mausklick auf dieses Kreuz und Ziehen mit gehaltener Maustaste nach unten wird die Formel in die darunter liegenden Zellen kopiert. Dieses Prinzip ist auch auf horizontal benachbarte Zellen anwendbar.

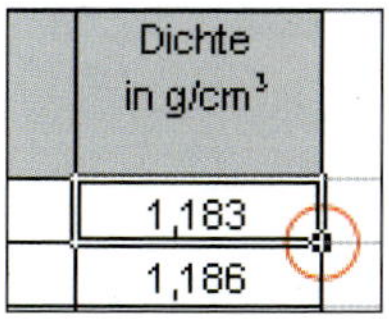

6. *Ausgabe des Ergebnisses der Dichtebestimmung* in Zelle D9: Es ist der Mittelwert der Einzelergebnisse in D3 bis D7. Die Berechnung erfolgt mit Hilfe der Formel: **=Summe(D3:D7)/5**. (Hinweis: Das Zeichen : steht für „bis").

   Für die Mittelwertberechnung bietet Excel aber auch eine entsprechende Funktion unter den statistischen Berechnungen an: Nach Mausklick auf Zelle D3 und *Einfügen/Funktion/Statistik/Mittelwert* wird ein Fenster eingeblendet, das zur Eingabe der Zelladressen für die Mittelwertberechnung auffordert: D3:D7.

   Nach Bestätigung von *Ende* ist der Formeleintrag abgeschlossen. Der Eintrag in **D9** lautet: **=Mittelwert(D3:D7)**

7. Abschließend ist die Zahl der Dezimalstellen in den Ergebnissen festzulegen: Nach Mausklick auf das Ergebnisfeld folgt: *Format/Zellen/Zahlen/Zahl/Dezimalstellen*: 3/*OK*.

   Alternativ: Ein linker Mausklick auf eines der nebenstehenden Symbole in der Formatsymbolleiste fügt in der aktiven Zelle eine Dezimalstelle hinzu (linkes Symbol) oder verringert um eine Dezimalstelle (rechtes Symbol).

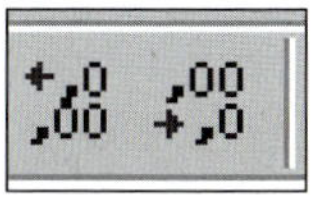

8. In der Tabelle sind weitere Formatierungen[1)] der Eintragungen möglich: Zentrieren der Spalteninhalte, fett gedruckte oder kursive Textteile. Die Tabelle kann mit Linien und Rahmen versehen und anschließend gespeichert oder ausgedruckt werden.

Aufgaben zu Datenauswertung mit einem Tabellenkalkulationsprogramm

1. Erstellen Sie mit einem Tabellenkalkulationsprogramm für die Auswertung der Pyknometer-Dichtebestimmung einer Flüssigkeit (ausführliche Beschreibung Seite 296) eine Eingabemaske und werten Sie die Bestimmung mit den nachfolgenden Messwerten aus.
   Die Dichte von Wasser beträgt $\varrho_W(20\ °C) = 0{,}9982$ g/mL. Die erhaltenen Messwerte sind:

Wägedaten		Messung 1	Messung 2	Messung 3
Pyknometer leer in g	m_A	24,3978	24,3972	24,3975
Pyknometer mit Wasser von 20 °C in g	m_{DW}	49,3875	49,3868	49,3866
Pyknometer mit Flüssigkeitsprobe bei 20°C in g	m_{DP}	54,6511	54,6533	54,6499

   Die Dichte der Flüssigkeitsprobe berechnet sich nach nebenstehender Größengleichung.

$$\varrho(\text{Flü}) = \frac{m_{DP} - m_A}{m_{DW} - m_A} \cdot \varrho_W$$

   In der Auswertung sind die Dichten der Einzelbestimmungen und aus deren Mittelwert das Ergebnis der Dichtebestimmung auszugeben.

2. Bei der Bestimmung der Dichte eines wasserunlöslichen Granulats (ausführliche Beschreibung siehe Seite 297) wurden nachfolgende Messwerte erhalten. Erstellen Sie mit Hilfe eines Tabellenkalkulationsprogramms eine Eingabemaske und werten Sie die Bestimmung aus. Die Auswertung ist so zu gestalten, dass die Bestimmung mit Flüssigkeiten unterschiedlicher Dichte möglich ist.

Wägedaten		Messung 1	Messung 2	Messung 3
Pyknometer leer in g	m_A	24,2561	24,7855	24,3377
Pyknometer mit Probe in g	m_B	36,1981	36,4897	35,4562
Pyknometer mit Flüssigkeit in g	m_C	44,2595	44,8593	44,4697
Pyknometer mit Probe und Flüssigkeit in g	m_D	54,7525	55,1435	54,2387
Dichte der Flüssigkeit in g/cm³	ϱ(Flü)	0,9982		

   Die Berechnung der Dichtebestimmung des Granulats erfolgt mit nebenstehender Größengleichung.

$$\varrho(\text{Probe}) = \frac{m_B - m_A}{m_D - m_A - m_C + m_B} \cdot \varrho(\text{Flü})$$

   Es sind die Dichten der drei Einzelbestimmungen und deren Mittelwert als Ergebnis der Dichtebestimmung des Granulats anzugeben.

1) Auf Seite 322 befindet sich eine tabellarische Übersicht mit weiteren Formatierungsmöglichkeiten.

2.5.2 Grafische Aufbereitung von Versuchs- und Prozessdaten, Diagrammarten

Tabellen mit Datenreihen über die zeitliche Entwicklung von Prozessgrößen (Trends) wie z.B. Volumenströme, Temperaturen, Dichte, Viskositäten u.a. geben keinen raschen Überblick. Ihre Abweichungen vom vorgegebenen Sollwert sind nicht unmittelbar erkennbar.

Die Tabellenkalkulationsprogramme, wie z.B. das Programm *Excel* von Microsoft, haben Programmteile, mit denen Präsentationsgrafiken und Diagramme erstellt werden können. Diese ermöglichen eine schnelle Orientierung der Prozessentwicklung. Datenbasis dieser Diagramme sind die im Tabellenkalkulationsprogramm erfassten Versuchs- und Prozessdaten.

Die Daten können in Diagrammtypen unterschiedlichster Art dargestellt werden. Da die Software meist amerikanischen Ursprungs ist, weichen die Diagramme in der Darstellungsart teilweise von der Diagrammdarstellung nach DIN 462 (Seite 46) ab.

Im Folgenden werden die gebräuchlichsten Diagrammtypen der Computerprogramme vorgestellt.

Säulendiagramm

Mit einem Säulendiagramm (engl. column diagram) werden eine oder mehrere Datenreihen in Form von Säulen dargestellt **(Bild 1)**.

Die waagerechte Achse ist die Rubrikenachse, die senkrechte die Größenachse. Die Rubrikenachse ist häufig die Zeitachse und erlaubt einen direkten Vergleich einer oder mehrerer Größen im Verlauf der Zeit. Die Säulen können nebeneinander oder übereinander angeordnet sein. In einer Vorschau des Tabellenkalkulationsprogramms kann die Ausgestaltung des Säulendiagramms gewählt werden **(Bild 2)**.

Die verschiedenen Säulen-Diagrammarten unterscheiden sich hauptsächlich durch die räumliche Darstellung: Sie können zwei- oder dreidimensional (3D) angeordnet sein. Im Gegensatz zum Balkendiagramm betont beim Säulediagramm die vertikale Anordnung stärker den zeitlichen Aspekt.

Balkendiagramm

Balkendiagramme (engl. bar diagram) sind ähnlich wie Säulendiagramme aufgebaut mit dem Unterschied, dass die Rubrikenachse hier senkrecht und die Größenachse waagerecht angeordnet ist **(Bild 3)**.

Das Balkendiagramm ist weniger zur Veranschaulichung zeitlicher Entwicklungen geeignet. Es wird eingesetzt, wenn die Rubriken *qualitative* Merkmale darstellen, vor allem mit sehr langen Rubrikenbezeichnungen.

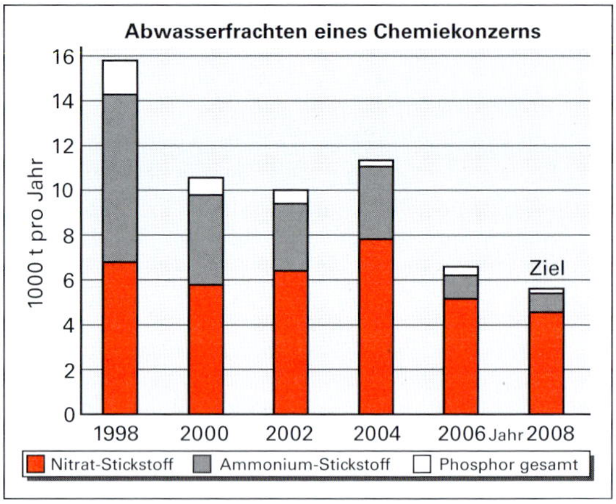

Bild 1: Säulendiagramm der Abwasserfracht eines Chemiekonzerns

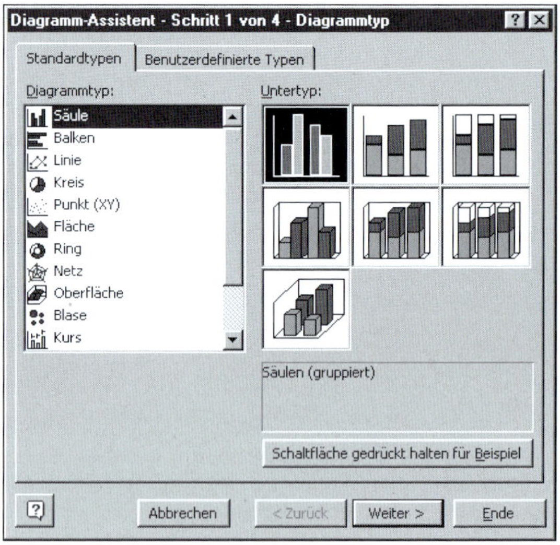

Bild 2: Vorschau der Gestaltungsarten von Säulendiagrammen im Monitorbild

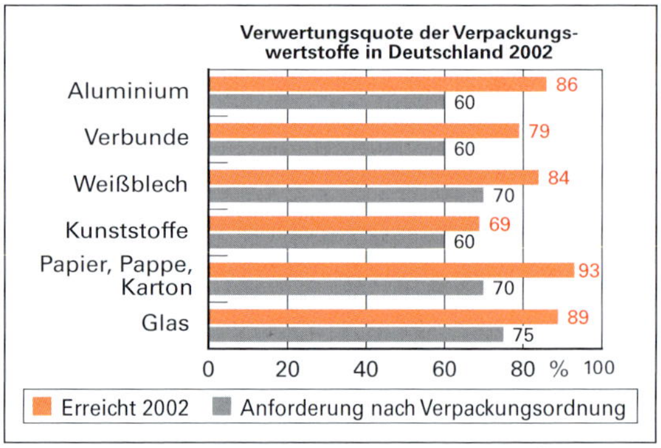

Bild 3: Balkendiagramm der Verwertung von Verpackungswertstoffen

Liniendiagramm

In einem Liniendiagramm (engl. line diagram) sind eine oder mehrere Größen in Abhängigkeit von der Zeit aufgetragen **(Bild 1)**.

Das Liniendiagramm sollte bevorzugt benutzt werden, wenn die waagerechte Achse für einen zeitlichen oder einen anderen größenmäßigen Verlauf einer oder mehrerer Messgrößen steht. Abweichungen vom Standard werden bei Einblendung von Sollwerten oder bei der Überlagerung gespeicherter Standarddiagramme rasch sichtbar.

Das Liniediagramm vermittelt den Eindruck, als ob zwischen den Messwerten weitere (interpolierte) Werte vorhanden seien. So lassen sich sehr gut Trends darstellen.

In einer Vorschau des Programms kann der Typ des gewünschten Liniendiagramms ausgewählt werden **(Bild 2)**.

Die Werte können im Liniendiagramm mit oder ohne Datenpunkte dargestellt werden. Bei ungleichmäßigen Intervallen ist das Punktdiagramm (*x*-*y*-Diagramm) zu verwenden.

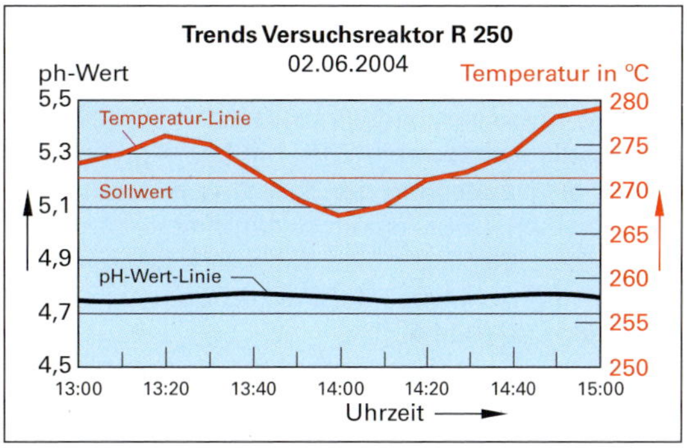

Bild 1: Liniendiagramm der Betriebsgrößen in einem Reaktor

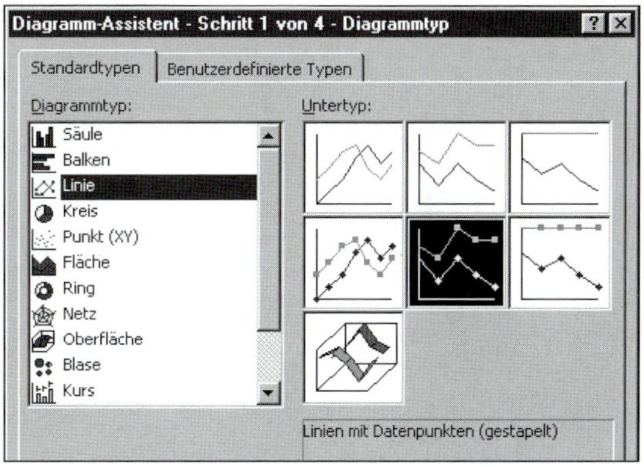

Bild 2: Vorschau der Gestaltungsarten von Liniendiagrammen im Monitorbild

x-*y*-Diagramm

Das *x*-*y*-Diagramm (engl. *x*-*y*-scatter), auch als Punktdiagramm bezeichnet, dient zur Darstellung der Abhängigkeit zwischen Datenreihen. Dabei sind beide Achsen in der Regel mit ansteigenden Zahlenwerten versehen.

Das *x*-*y*-Diagramm ist die typische Diagrammform zur Auswertung einer analytischen Bestimmung, bei der eine Beziehung zwischen der Messgröße und einer Gehaltsgröße eines Stoffes besteht. Typische Anwendungen sind die Fotometrie, die Refraktometrie und die Potentiometrie **(Bild 3)**.

In *x*-*y*-Diagrammen sind, ähnlich wie bei Liniendiagrammen, zur Darstellung der Daten mehrere Optionen möglich **(Bild 2)**:

- Reine Darstellung der Datenpunkte,
- Darstellung der Datenpunkte mit verbindender Kurve auf der Basis interpolierter Zwischenwerte **(Bild 3)**,
- Darstellung der interpolierten Kurve ohne Datenpunkte.

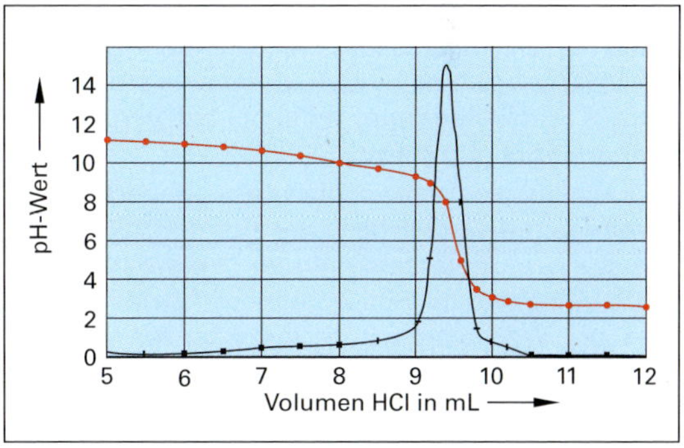

Bild 3: *x*-*y*-Diagramm einer Neutralisationstitration (Potentiometrie) mit pH-Kurve (rot) und Steigungskurve (grau)

Im Diagramm kann die Messkurve mit Hilfe mathematischer Methoden analysiert werden. Bei der Potentiometrie **(Bild 3)** wird der Äquivalenzpunkt im Steigungungsmaximum der Messkurve bzw. im Wendepunkt gefunden.

Weiterhin können im *x*-*y*-Diagramm Messwertreihen durch Hinzufügen einer Ausgleichskurve bzw. Ausgleichsgerade analysiert werden: Die Regressionsanalyse bewertet die Streuung innerhalb der Messwerte (Bild 1, Seite 62) und ist ein wichtiges Instrument der Qualitätsüberwachung, z. B. bei der Validierung von Messgeräten.

Kreisdiagramm

Das Kreisdiagramm (engl. circle diagram), das häufig auch als Tortendiagramm bezeichnet wird, ist das Standarddiagramm für alle Daten, bei denen die Zusammensetzung eines Ganzen in Anteilen dargestellt werden soll. Eine häufige Anwendung ist z. B. die Darstellung der Zusammensetzung von Mischphasen. Dabei ist die Gesamtfläche des Kreises immer 100 %, die Fläche der Kreissektoren ist ein Maß für den Anteil der Teilkomponente an der Gesamtgröße **(Bild 1)**.

Es gibt mehrere Möglichkeiten der Darstellung von Kreisdiagrammen. Der gewünschte Typ kann aus einer Vorschau ausgewählt werden **(Bild 2)**. So kann z. B. das Kreisdiagramm flächig oder dreidimensional, die Kreissektoren können zusammenliegend oder ausgerückt dargestellt werden.

Sind neben größeren Teilsektoren auch zahlreiche kleinere Sektoren darzustellen, so können diese zu einem Block zusammengefasst und die Verteilung innerhalb dieses Blockes in einem separaten Kreis oder Stapel differenziert werden.

Eine erhebliche Bedeutung für die Übersichtlichkeit eines Kreisdiagramms kommt der Beschriftung zu. Die Sektoren können mit den Werten, den Anteilen und den Datenbezeichnungen versehen werden. Allerdings darf die Beschriftung die grafische Darstellung nicht völlig in den Hintergrund drängen. In solchen Fällen bietet sich das Hinzufügen einer Legende oder die Beschriftung mit Textfeldern an.

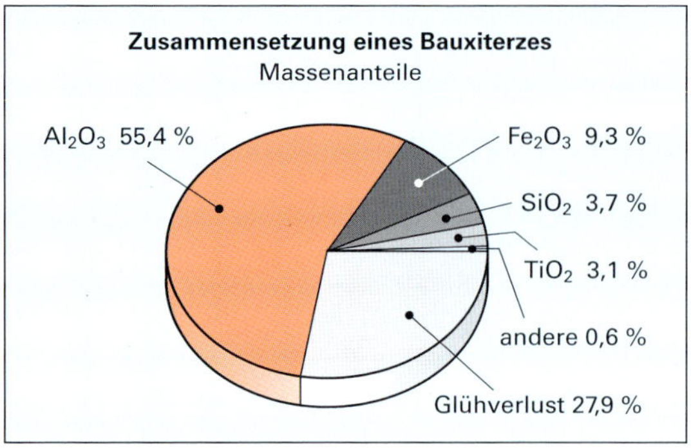

Bild 1: Dreidimensionales Kreisdiagramm einer Erz-Zusammensetzung

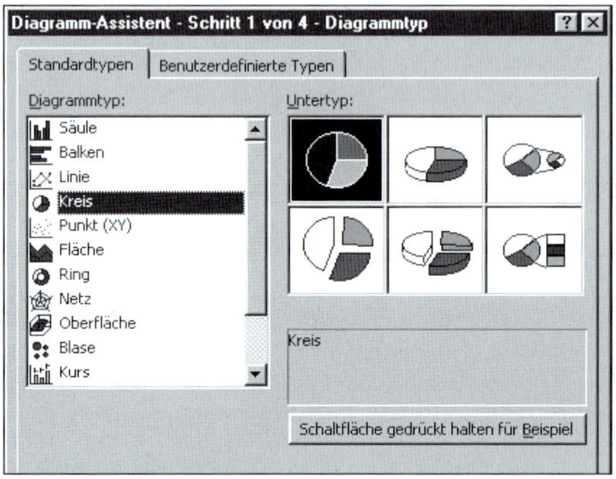

Bild 2: Vorschau der Typen von Kreisdiagrammen im Monitorbild

Netzdiagramm

Bei einem Netzdiagramm (engl. radar diagram) wird, vom Mittelpunkt ausgehend, für jede Rubrik eine eigene Achse sternförmig gezeichnet. Die Werte werden auf den Achsen aufgetragen und durch Linien miteinander verbunden. Auf diese Weise lassen sich mehrere Parameter in einem Diagramm darstellen und miteinander vergleichen oder in Beziehung setzen.

Dadurch lassen sich periodisch sich wiederholende Vorgänge gut vergleichen, wie z. B. der Sauerstoffgehalt eines Gewässers mit den Temperaturen im Laufe eines Jahres **(Bild 3)**. Andere Anwendungen sind die Wachstumsraten von Pflanzen mit der Düngergabe oder der Mischungsgrad im Verlauf eines Mischungsprozesses in einem Rührkessel.

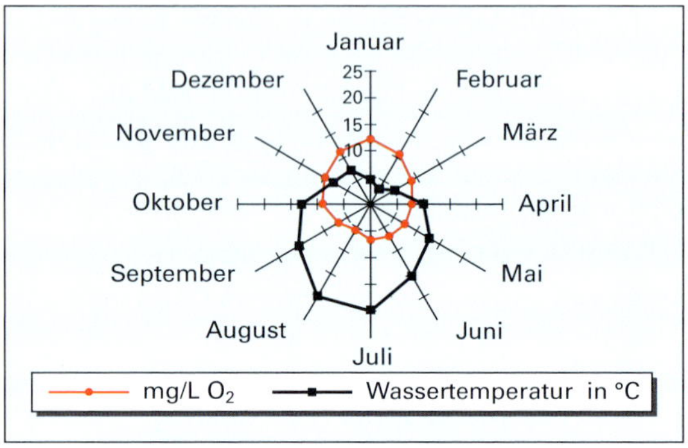

Bild 3: Netzdiagramm des Sauerstoffgehalts und der Wassertemperatur in einem Gewässer

Hinweise zur Erstellung von Diagrammen

- Zunächst ist der zu den Daten passende Diagrammtyp auszuwählen.
- Es dürfen nicht zu viele Datenreihen in ein Diagramm gedrängt werden. In diesen Fällen ist die Verteilung auf mehrere Diagramme gleichen Typs sinnvoll.
- Im Diagramm müssen die Datenwerte durch die Bemaßung zuzuordnen und ablesbar sein.
- Klare und eindeutige Beschriftung: Überfrachtung und eine zu große Vielfalt von Schriftarten und grafischen Elementen ist zu vermeiden.

Beispiel: **Grafische Darstellung der Primärenergieerzeugung in Deutschland 2002**

Die Primärenergieerzeugung in Deutschland teilte sich im Jahr 2002 wie folgt auf die Energieträger auf:

Steinkohle:	785 PJ[1]	Mineralöl:	138 PJ	Wasser- und Windkraft:	132 PJ
Braunkohle:	1653 PJ	Erdgas:	674 PJ	Sonstige:	328 PJ

Stellen Sie die Verteilung der Primärenergieträger in einer geeigneten Diagrammform dar.

Lösung: Nach Start von Excel werden im Tabellenblatt die Daten in eine Tabelle eingetragen **(Tabelle 1)**.

	A	B	C	D	E	F	G	H
1								
2		**Tabelle 1: Primärenergiegewinnung in Deutschland 2002 in Petajoule PJ**						
3		Energieträger	Steinkohle	Braunkohle	Mineralöl	Erdgas	Wasser- und Windkraft	Sonstige
4		Energie in PJ	785 PJ	1653 PJ	138 PJ	674 PJ	132 PJ	328 PJ

Als Diagrammtyp wird ein Kreisdiagramm gewählt.

Der Aufruf erfolgt über *Einfügen/Diagramm* oder durch Linksklick auf das nebenstehende Symbol: 

Es öffnet sich das in **Bild 2** Seite 60 abgebildete Fenster, in dem mit Linksklick der Diagrammtyp *Kreis* und dann das mittlere Kreissymbol in der oberen Reihe angewählt wird.

Nach Linksklick auf die Option *Weiter* öffnet sich die Eingabezeile für den Datenbereich:

Die Daten-Zellen C3 bis H4 werden durch Überstreichen mit gedrückter linker Maustaste festgelegt. Danach wird schon die Rohform des Diagramms in einem Vorschaufenster sichtbar.

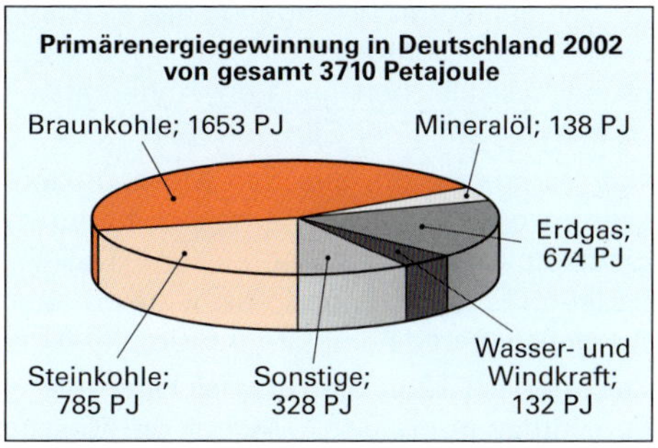

Bild 1: Excel-Kreisdiagramm des Beispiels

Nach Linksklick auf die Option *Weiter* kann unter der Rubrik *Titel* der Diagrammtitel eingegeben werden.

Unter der zweiten Rubrik *Legende* wird die Option *Legende anzeigen* deaktiviert, stattdessen werden in der dritten Rubrik *Datenbeschriftung* die Optionen *Kategoriename, Führungslinien anzeigen* und *Wert* aktiviert. Nach Linksklick auf die Option *Fertigstellen* liegt das Diagramm in seiner Rohfassung vor.

Sollen die Kreissegmente zur besseren Übersichtlichkeit im Uhrzeigersinn gedreht werden, kann dies mit rechtem Mauklick auf die Kreissegmente und *Datenreihen formatieren* unter der Rubrik *Optionen* erfolgen. Hier kann man den *Winkel des ersten Kreissegments* durch Mausklick auf die Pfeilsymbole schrittweise verändern, worauf sich das Diagramm mit Beschriftung dreht.

Die Beschriftungen der Datensegmente und der Diagrammtitel können nach zweifachem linkem Mausklick auf das jeweilige Textfeld verändert werden, das gilt auch für Schriftart, Schriftfarbe und Schriftgröße. Die Textfelder mit Führungslinien können durch gehaltene linke Maustaste in ihrer Position zum Kreis verändert werden. Nach Doppelklick auf ein Segmente kann in einem sich öffnenden Fenster die Segmentfarbe neu zugeordnet werden, ebenso sind Füllmuster und optische Verlaufseffekte definierbar.

Aufgaben zu Grafische Aufbereitung von Versuchs- und Prozessdaten, Diagrammarten

1. **Tabelle 2** zeigt die Aufteilung Mineralöl-Produkte in Deutschland im Jahr 2007. Sie betragen insgesamt 108,8 Mio. Tonnen. Stellen Sie die Daten in einer geeigneten Diagrammform dar.

Tabelle 2: Verkauf der Mineralöl-Produkte in Deutschland 2007 in Millionen Tonnen

Produkt	Diesel	Benzin	Leichtes Heizöl	Rohbenzin	Schweres Heizöl	Kerosin	Sonstiges
Anteil in Mio. t	29,5	21,6	17,4	16,6	6,0	8,8	8,9

2. In **Tabelle 3** ist die Veränderung der Energieträger-Verteilung in Deutschland 2009 gegenüber 1990 aufgeführt. Stellen Sie den Vergleich in einem geeigneten Doppel-Säulen-Diagramm dar.

Tabelle 3: Anteil der Primär-Energieträger in Deutschland 1990 und 2009

Energieträger	Mineralöl	Steinkohle	Braunkohle	Erdgas	Kernenergie	Biomasse	Windkraft	Sonstige
1990, Anteil in %	35,0	15,5	21,5	15,5	11,2	0	0,3	1,0
2009, Anteil in %	34,7	11,0	11,3	21,8	11,0	6,8	1,0	2,4

[1] PJ ist das Einheitenzeichen der Einheit Petajoule (10^{15} J)

2.5.3 Computergestützte Auswertung von Messreihen durch Regression

In vielen Messreihen unterliegen die Messgrößen physikalischen Gesetzmäßigkeiten. So zeigen viele Messgrößen einen linearen Zusammenhang. Er besteht z.B. zwischen dem Gehalt einer Lösung und der Dichte (Dichtebestimmung Seite 295) oder dem Gehalt und dem Brechungsindex (Refraktometrie Seite 232), oder dem Gehalt und der Extinktion (Fotometrie Seite 225).

In einem Diagramm entspricht die lineare Abhängigkeit der Messwerte einer Geraden mit der Funktionsgleichung: $y = a \cdot x + b$.

Bei der quantitativen Bestimmung einer Messgröße werden die Daten der Messreihe experimentell ermittelt und unterliegen somit zufälligen Fehlern. Trägt man die Messwerte in ein Diagramm ein, so liegen sie trotz der theoretisch-physikalischen linearen Abhängigkeit in der Regel nicht exakt auf einer Geraden **(Bild 1)**.

Das Verfahren, um aus den Messpunkten in einem Diagramm eine Gerade zu erhalten, nennt man **lineare Regression** (engl. linear regression). Das Wort Regression bedeutet Ersatz oder Ausgleich, die erhaltene Gerade wird **Ausgleichsgerade** (engl. regression line) genannt.

Zeichnerisch kann die Ausgleichsgerade gewonnen werden, indem man sie so zwischen die Messpunkte legt, dass die Summe der Abweichungen der Messpunkte oberhalb der Geraden so groß ist wie die Summe der Abweichungen unterhalb der Geraden.

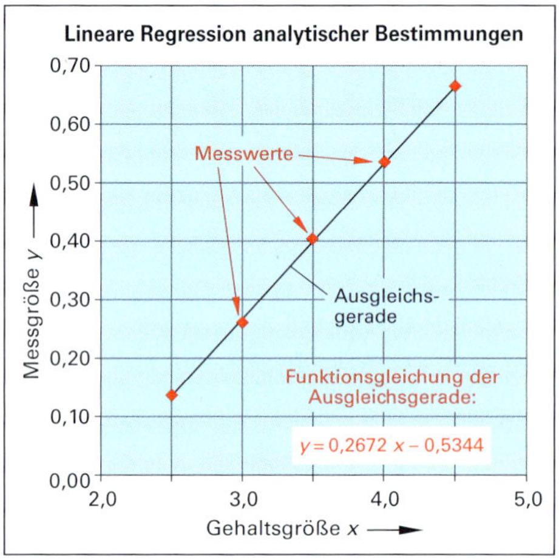

Bild 1: x-y-Diagramm mit Messwertpunkten und Ausgleichsgerade

Mit der Ausgleichsgeraden werden dann den Messgrößenwerten y die Größenwerte x zugeordnet.

Die zeichnerische Ermittlung der Ausgleichsgeraden ist allerdings ungenau, da sie mit dem Lineal nur schätzungsweise durch die Messpunkte gelegt werden kann.

Computergestützte Auswertung durch lineare Regression

Die genaue Bestimmung der linearen Regression mit einem Computer kann mit Hilfe eines Mathematikprogramms oder mit einem Tabellenkalkulationsprogramm erfolgen. Basis der Auswertung sind die gewonnenen Daten der Messwerte, die in einer Eingabemaske erfasst sind.

Beispiel: Erstellung einer Kalibriergeraden durch lineare Regression zur Bestimmung des Ethanol-Volumenanteils von Methanol-Ethanol-Gemischen.

Bild 2 zeigt die Dichte-Messwerte der Gehaltsbestimmung eines Alkoholgemisches in einer Tabellenkalkulationseingabemaske.

In die grau unterlegten Zellen **B5** bis **B10** sind die gemessenen Zahlenwerte der Dichten von Lösungen bekannter Zusammensetzung eingetragen.

Die Zellen **C5** bis **C14** enthalten die durch Regression errechneten zugehörigen Dichtewerte der Ausgleichsgeraden. Der Vergleich der Spalten B und C macht die Abweichung der Messwerte von den errechneten Regressionswerten deutlich.

Die Daten der Ausgleichsgeraden mit der Funktionsgleichung

$$y = a \cdot x + b$$

folgen aus der Regressionsanalyse. So steht in Zelle **C14** der *Steigungsfaktor* ***a***, in Zelle **C12** der *Achsenabschnitt* ***b***.

Damit ergibt die Regressionsanalyse für dieses Beispiel nachstehende Funktionsgleichung der Ausgleichsgeraden:

$$y = 7{,}09 \cdot 10^{-4}\, x + 0{,}710$$

	A	B	C
1–2	**Ethanol - Volumenanteil in einem Methanol-Ethanol-Gemisch**		
3–4	Volumenanteil φ(Ethanol) in %	Dichte in g/mL gemessen	Dichte in g/mL aus Regression
5	0	0,711	0,710
6	20	0,724	0,724
7	40	0,735	0,738
8	60	0,752	0,752
9	80	0,767	0,766
10	100	0,781	0,780
11	**Regression:**		
12	Konstante (y-Abschnitt b)		0,710
13	R^2		0,997
14	x-Koeffizient (Steigung a)		0,000709

Bild 2: Eingabemaske einer Gehaltsbestimmung durch lineare Regression (Beispiel)

Das Einfügen der Funktionen für die Regressionsanalyse erfolgt nach Mausklick auf die Zelle **C12** mit den Optionen:

Einfügen/Funktion /Statistik/Achsenabschnitt.

In die Eingabezeilen von **Bild 1** sind die *y*-Werte (Dichten B5:B10) und die zugehörigen *x*-Werte (Volumenanteile A5:A10) durch Überstreichen der entsprechenden Zellen mit gehaltener linker Maustaste einzufügen.

Ebenso ist mit Zelle **C 14** zu verfahren, hier ist die Option:

Einfügen/Funktion/Statistik/Steigung

anzuwählen. Anschließend sind durch Markierung mittels linker Maustaste entsprechend den Angaben im unteren Fenster von Bild 1 die Zellen B5:B10 und A5:A10 einzutragen.

Bild 2 zeigt die Auswertemaske der Ethanol-Gehaltsbestimmung von Seite 62.

Mit der Option:

Extras/Optionen/Ansicht

sind hier in den Ergebniszellen anstelle der Werte die mathematischen Funktionen eingeblendet. In diesem Fenster sind auch die Gitternetzlinien des Arbeitsblattes ein- und ausblendbar.

Ein Maß für die rechnerische Abweichung der Messwerte von der Ausgleichsgeraden ist die Größe R^2 **(„*R* im Quadrat“),** Bestimmtheitsmaß genannt.

Liegen alle Messwerte **auf** der Ausgleichsgeraden, dann ist $R^2 = 1$.

Ist der Wert $R^2 = 0$, so liegt keine Gerade vor.

Je geringer R^2 von +1 abweicht, desto geringer ist die rechnerische Abweichung der Messwerte von der Ausgleichsgeraden.

In **Bild 3** wurden für 5 Proben von Methanol-Ethanol-Gemischen aus den gemessenen Dichtewerten mit Hilfe der Regressionsdaten aus Bild 2 Seite 62 die Ethanol-Volumenanteile ermittelt.

Unmittelbar nach Eingabe der gemessenen Dichte erscheint in Spalte C der zugehörige Ethanol-Volumenanteil.

Die Volumenanteile σ(Ethanol) in den Zellen C18 bis C22 errechnen sich aus der Funktionsgleichung der Ausgleichsgeraden und sind durch Umstellen der Gleichung nach *x* zu erhalten:

$$y = a \cdot x + b \quad \Rightarrow \quad x = \frac{y - b}{a}$$

Für Probe 1 lautet der Formeleintrag in C18:

=((B18-$C$12)/$C$14)

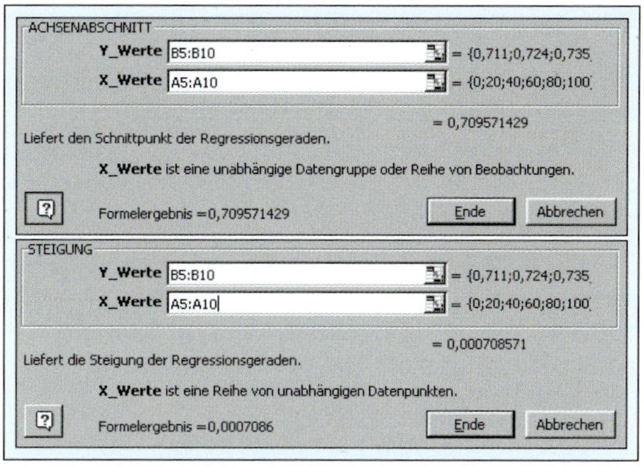

Bild 1: Fenster für die Datenfeldeingabe der Regressionsanalyse

	A	B	C
1/2	**Volumenanteil Ethanol in einem Methanol-Ethanol-Gemisch**		
3/4	Volumenanteil σ(Ethanol) in %	Dichte in g/mL gemessen	Dichte in g/mL aus Regression
5	0	0,711	=($C$14*A5+C12)
6	20	0,724	=($C$14*A6+$C$12)
7	40	0,735	=($C$14*A7+$C$12)
8	60	0,752	=($C$14*A8+$C$12)
9	80	0,767	=($C$14*A9+$C$12)
10	100	0,781	=($C$14*A10+$C$12)
11	**Regression:**		
12	Konstante (*y*-Abschnitt *b*)		=ACHSENABSCHNITT(B5:B10;A5:A10)
13	R^2		
14	*x*-Koeffizient (Steigung *a*)		=STEIGUNG(B5:B10;A5:A10)
16	**Bestimmung des Ethanol-Volumenanteils in Methanol-Ethanol-Gemischen**		
17	**Probe**	Dichte in g/mL	Volumenanteil σ(Ethanol) in %
18	Probe 1	0,737	=((B18-$C$12)/$C$14)
19	Probe 2	0,743	=((B19-$C$12)/$C$14)
20	Probe 3	0,727	=((B20-$C$12)/$C$14)
21	Probe 4	0,719	=((B21-$C$12)/$C$14)
22	Probe 5	0,722	=((B22-$C$12)/$C$14)

Bild 2: Tabelle mit mathematischen Funktionen

	A	B	C
11	**Regression:**		
12	Konstante (*y*-Abschnitt *b*)		0,710
13	R^2		0,997
14	*x*-Koeffizient (Steigung *a*)		0,000709
16	Bestimmung des Ethanol-Volumenanteils in Methanol-Ethanol-Gemischen		
17	**Probe**	Gemessene Dichte in g/mL	Volumenanteil σ(Ethanol) in %
18	Probe 1	0,737	38,7
19	Probe 2	0,743	47,2
20	Probe 3	0,727	24,6
21	Probe 4	0,719	13,3
22	Probe 5	0,722	17,5

Bild 3: Tabelle mit ausgewerteten Messdaten

Grafische Darstellung der Datenauswertung durch Regressionsanalyse

Zur grafischen Darstellung der linearen Regression einer Messreihe wird im Tabellenkalkulationsprogramm Excel mit Hilfe des Diagrammassistenten ein *x*-*y*-Diagramm eingefügt und eine Ausgleichsgerade durch die Messpunkte gelegt.

Das Einfügen des Diagramms zur Messwertreihe „Bestimmung des Ethanol-Volumenanteils in Methanol-Ethanol-Gemischen" (Eingabemaske mit Messwerten Bild 2 Seite 62) erfolgt nach Markierung der Datenreihen **A5:A10** und **B5:B10** mit der Option:

Einfügen/Diagramm/Punkt (xy)/Spalten/Weiter.

Es erscheint das in **Bild 1** abgebildete Fenster des Diagrammassistenten. Hier können links der Diagrammtitel und die Achsen-Beschriftungen eingegeben werden.

Weiterhin werden im Register *Gitternetzlinien* die *Hauptgitternetzlinien* der beiden Achsen aktiviert und im Register *Legende* die Optionen *Legende anzeigen* und *oben* gewählt, abschließend die Option *OK.*

Änderungen der bisher gewählten Optionen sind jederzeit möglich: Nach Rechtsklick auf die Diagrammfläche erscheint nach weiterem Linksklick auf *Diagrammoptionen* das in Bild 1 abgebildete Fenster des Diagrammassistenten von Excel.

Weitere Formatierungsänderungen innerhalb des Diagramms sind nach Mausklick auf das entsprechende Objekt möglich. So kann z.B. nach rechtem Mausklick auf die *x*-Achse mit den Optionen:

Achse formatieren/Skalierung

als Kleinstwert *0*, als Höchstwert *100* und als Hauptintervall *10* eingegeben werden.

In der Rubrik *Schrift* können die Schriftoptionen der Achsenbeschriftung verändert werden, unter der Rubrik *Zahlen* die Anzahl der Dezimalstellen.

Einfügen der Ausgleichsgeraden (sie wird im Programm Excel als *Trendlinie* bezeichnet):

Nach rechtem Mausklick auf einen der Datenpunkte im Diagramm und Klick auf die Option *Trendlinie hinzufügen* öffnet sich in Excel ein Fenster, in dem der *Typ* der Regression *Linear* gewählt wird **(Bild 2)**.

Unter der Rubrik *Optionen* wird unter *benutzerdefiniert* der Name der Trendlinie „Dichte Regression" eingegeben sowie *Gleichung im Diagramm angeben* und *Bestimmtheitsmaß im Diagramm angeben* aktiviert. Mit dieser Festlegung werden die Daten der Regressionsanalyse in das Diagramm eingeblendet.

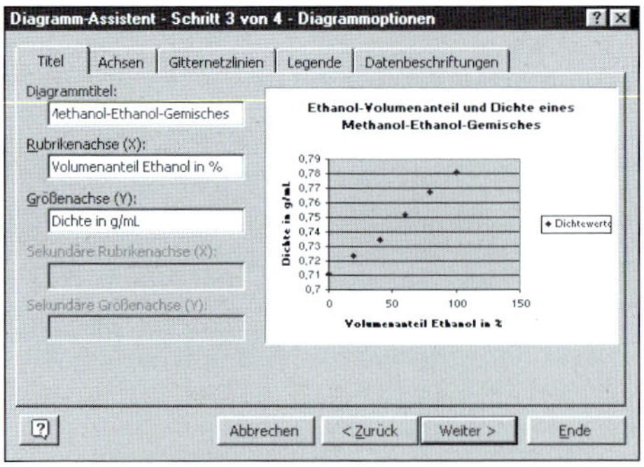

Bild 1: Formatierungen des *x*-*y*-Diagramms im Diagrammassistenten von Excel

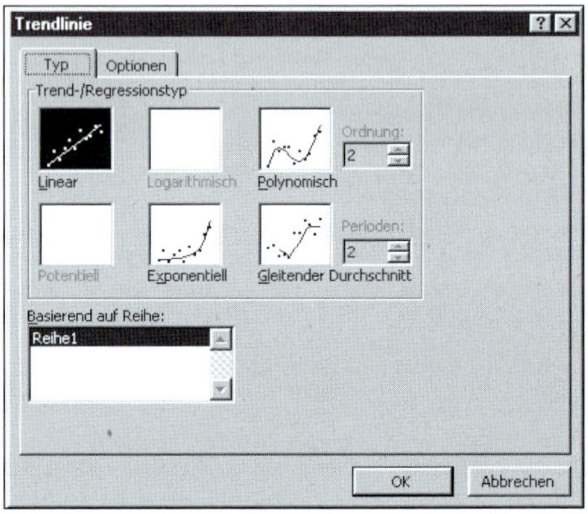

Bild 2: Mögliche Typen der Regression

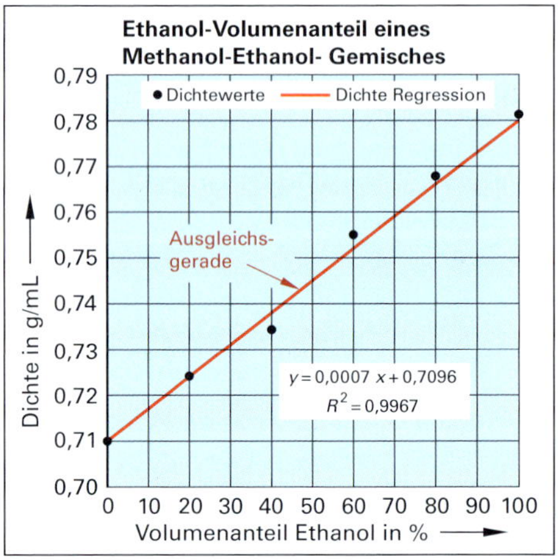

Bild 3: *x*-*y*-Diagramm mit Messpunkten und Ausgleichsgerade

Nach Klick auf *OK* schließt sich das Fenster und im Diagramm erscheinen die Ausgleichsgerade, ihre Funktionsgleichung sowie das Bestimmtheitsmaß R^2, das eine qualitative Aussage über den Grad der Linearität der Messpunkte erlaubt **(Bild 3)**. Abschließend sind nach linkem Doppelklick auf die Trendlinie im erscheinenden Fenster unter der Option *Muster* die *Linienart*, die *Linienfarbe* und die *Linienbreite* der Trendlinie formatierbar.

Beispiel: Bestimmung der Massenkonzentration ß(KCl) von Kaliumchlorid-Lösungen durch Leitfähigkeitsmessung

Die Massenkonzentration von Kaliumchlorid-Probelösungen ist mit Hilfe von KCl-Kalibrierlösungen durch Leitfähigkeitsmessungen und anschließende Regression zu bestimmen. Die Regressionsanalyse ist in einem Diagramm darzustellen.

Zunächst wird eine KCl-Lösung der Konzentration β(KCl) = 1000 mg/L im 1-L-Messkolben angesetzt und durch Verdünnen eine Konzentrationsreihe in 100-mL-Messskolben mit den in folgender Tabelle angegebenen Massenkonzentrationen erstellt. Nach Temperieren auf 20 °C bestimmt man die Leitfähigkeiten der verdünnten Lösungen:

Tabelle 1: Leitfähigkeit von Kaliumchlorid-Lösungen bei 20 °C

β(KCl) in mg/L	100	200	300	400	500	600
$\varkappa$ in µS/cm	180	342	537	682	848	1014

Lösung: In Excel wird eine Eingabemaske für die Auswertung erstellt, und in die grau unterlegten Eingabefelder (Zellen **B4** bis **B9**) werden die gemessenen Leitfähigkeitsmesswerte eingetragen **(Bild 1)**.

Für die rechnerische Auswertung der Gehaltsbestimmung der 5 Proben (grau unterlegte Eingabezellen B17 bis B21 für die Probenleitfähigkeiten) werden die Funktionsdaten der Ausgleichsgeraden benötigt. Zu diesem Zweck erfolgt in Zelle **C11** und **C13** der Aufruf der Funktion für den Achsenabschnitt *b* und den Steigungsfaktor *a*:

C11: *Einfügen/Funktion/Statistik/Achsenabschnitt*

C13: *Einfügen/Funktion/Statistik/Steigungsfaktor*

Damit sind für die Auswertungsfunktion der Ausgleichsgeraden:

$\boldsymbol{y = a \cdot x + b}$ die Komponenten *a* und *b* bekannt. Durch Umformen der Gleichung nach *x* ($\Rightarrow$ β(KCl)) ergibt sich z.B. für den Gehalt von **Probe 1** folgender Eintrag in Zelle **C17**: **=((B17-$C$11)/$C$13)**

Diese Formel aus Zelle C17 wird in die Zellen **C18 bis C21** kopiert.

In den Zellen **C17** bis **C21** erscheinen nach Eingabe der gemessenen Proben-Leitfähigkeiten die Massenkonzentrationen der Proben (rot).

In **Bild 2** sind die Leitfähigkeiten der Kalibrierlösungen im *x*-*y*-Diagramm dargestellt, eingetragen sind die Ausgleichsgerade sowie die Funktionsgleichung der Geraden. Das Bestimmtheitsmaß R^2 = 0,9990 zeigt eine relativ hohe Linearität der Messwerte der Kalibrierlösungen.

	A	B	C
1	**Gehalt von Kaliumchlorid-Lösungen bei 20 °C**		
2/3	β (KCL) in mg/L	Leitfähigkeit in µS/cm bei 20°	
4	100	180	
5	200	342	
6	300	537	
7	400	682	
8	500	848	
9	600	1014	
10	**Regressionsdaten**		
11	Konstante (*y*-Abschnitt *b*) =		17,20
12	R^2 =		0,9990
13	*x*-Koeffizient (Steigung *a*) =		1,667
14	**Probenauswertung**		
15/16	**Probe**	Leitfähigkeit in µS/cm bei 20°	β (KCL) in mg/L
17	Probe 1	178	**96**
18	Probe 2	291	**164**
19	Probe 3	454	**262**
20	Probe 4	342	**195**
21	Probe 5	621	**362**

Bild 1: Eingabemaske und Auswertung der KCl-Gehaltsbestimmung (Beispiel)

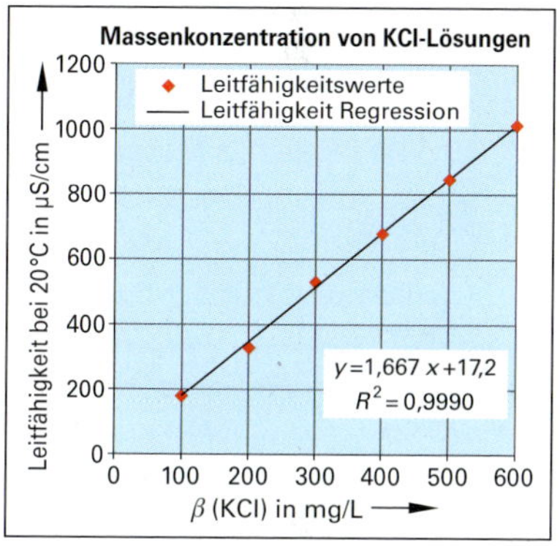

Bild 2: Kalibrierdiagramm (Beispiel)

Computergestützte Datenauswertung mit nichtlinearer Regression

Messreihen können auch auf andere als lineare Funktionsabhängigkeit untersucht werden. So kann z.B. eine quadratische, logarithmische oder exponentielle Abhängigkeit der Messdaten vorliegen. Welche der Funktionen den Verlauf der Messdaten am präzisesten charakterisiert, ist am Wert des Bestimmtheitsmaßes R^2 abzulesen: Es ist die Funktion, bei der R^2 dem Wert 1 am nächsten kommt.

Aufgabe zu Computergestützte Auswertung von Messreihen durch Regression

1. Zur Bestimmung der Konzentration $c(NaNO_3)$ von Proben wurden in einer Verdünnungsreihe 5 $NaNO_3$-Kalibrierlösungen hergestellt. Bei der anschließenden Leitfähigkeitsmessung wurden nach dem Temperieren folgende Messwerte erhalten (**Tabelle 2**).

Tabelle 2: Leitfähigkeit von Natriumnitrat-Lösungen bei 20 °C

Konzentration in mmol/L	0,0	1,0	2,0	3,0	4,0	5,0	Probe 1	Probe 2	Probe 3	Probe 4
Leitfähigkeit in µS/cm	3,2	108	213	305	428	523	256	298	487	178

Ermitteln Sie mit Hilfe der Messdaten und einer Regressionsanalyse nach dem Muster des obigen Beispiels die Stoffmengenkonzentrationen $c(NaNO_3)$ der vier Probelösungen.

Gemischte Aufgaben zu 2 Auswertung von Messwerten und Prozessdaten

1. In **Bild 1** ist das Ziffernblatt eines Rohrfedermanometers während des Messvorganges abgebildet.
   a) Geben Sie die Anzeige, den Messwert, den Skalenteilungswert und die Genauigkeitsklasse des Manometers an.
   b) Mit welcher Unsicherheit ist der Messwert behaftet?

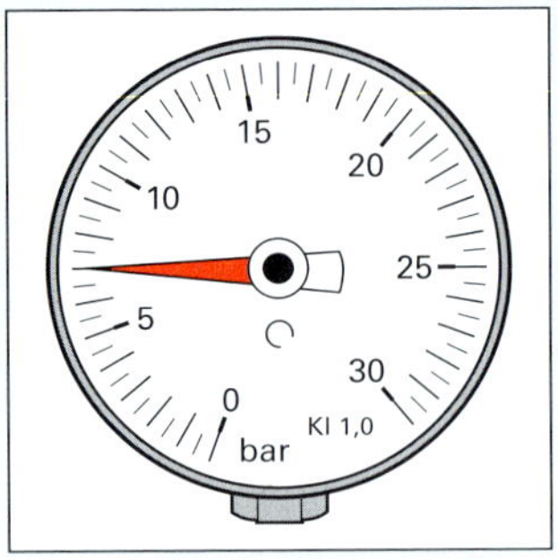

Bild 1: Ziffernblatt eines Rohrfedermanometers während der Messung (Aufgabe 1)

2. Ein Widerstandsthermometer hat einen Messbereich von 0 °C bis 250 °C. Gemessen wurde die Temperatur 142 °C mit einer Messunsicherheit von ± 1,5 °C.
   Zu welcher Genauigkeitsklasse gehört das Messgerät?
3. Der Messbereich eines digital anzeigenden Thermoelements von 0 °C bis 400 °C ist mit einer Unsicherheit von 1 % ±2 Digit angegeben.
   Wie groß ist die Messunsicherheit des Messwertes, wenn eine Temperatur von 312 °C gemessen wurde und der Ziffernschrittwert 1 °C beträgt?
4. Eine Bürette der Klasse AS mit einem Nennvolumen von 10 mL hat die Fehlergrenzen ± 0,02 mL. Es werden bei einer Titration 5,39 mL Maßlösung verbraucht. Wie lautet die Volumenangabe mit Angabe der Messgenauigkeit?
5. Der Messbereich einer älteren Förderbandwaagenanzeige reicht bis 1500 kg/h, der Skalenteilungswert ist 10 kg. Für die Waage liegt keine Angabe zur Genauigkeitsklasse vor.
   a) Welche geschätzte Messunsicherheit haben die Messwerte?
   b) Wie lautet das Messergebnis bei einem Messwert von 1240 kg/h?
6. Ein Reaktionsbehälter hat drei Flanschanschlüsse, durch die mit 3 Pumpen Flüssigkeiten zugeführt werden können. Der Förderstrom der Pumpen ist $\dot{V}_1$ = 1,24 L/s, $\dot{V}_2$ = 0,35 L/s und $\dot{V}_3$ = 0,90 L/s. Die Pumpen 1 und 2 haben eine Fördergenauigkeit von ± 0,01 L/s, die Pumpe 3 eine Genauigkeit von 0,005 L/s.
   a) Welcher Förderstrom fließt pro Sekunde zu, wenn alle drei Zulaufarmaturen geöffnet sind?
   b) Mit welcher Unsicherheit ist der Förderstrom anzugeben?
7. Wandeln Sie die angegebenen Größenwerte in Größenwerte mit den neuen Einheitenzeichen um:
   a) 1230 cm in m   b) 4685 dm^2 in m^2 c) 56 826 mg in g   d) 0,862 L/s in m^3/h
   e) 0,765 g/mL in kg/m^3 f) 1,278300 km^2 in m^2 g) 7,845 kg/dm^3 in g/cm^3
   Geben Sie falls möglich die Ergebnisse gerundet auf zwei Stellen nach dem Komma an.
8. Runden Sie Rechenergebnisse folgender Aufgaben auf die richtige Ziffernzahl:
   a) 12,06 g/mL · 66 mL   b) 1620 kg : 812 kg/m^3 c) 12,4 m · π d) 632 m^2 : π
   e) 960,4 t · 0,35   f) 1,013 bar · 22,41 L/273 °C   g) 2,04 mol^2/L^2 : 0,0036 L/mol
9. Die Dichte einer Natronlauge wurde zu ϱ = 1,188 g/mL gemessen. Geben Sie die Masse von 212 mL der Lauge mit der richtigen Ziffernzahl an.
10. Aus der Messreihe mit den Einzelwerten: 468,2 kg; 465,9 kg; 468,2 kg; 468,8 kg; 469,0 kg soll berechnet werden:
    a) der arithmetische Mittelwert   b) der Medianwert
    c) der absolute und der relative Fehler   d) die Spannweite
    e) die Standardabweichung.   f) der Variationskoeffizient
11. 68,0 °Fahrenheit entsprechen einer Temperatur von 20,0 °Celsius, 310 °F einer Temperatur von 154 °C. Bestimmen Sie durch rechnerische Interpolation den Fahrenheit-Wert von 105 °C.

12. Berechnen Sie für die nachstehenden Messreihen den Mittelwert $\bar{x}$, den Medianwert $\tilde{x}$, die Spannweite *R*, die Standardabweichung *s* und den Variationskoeffizienten s_r:
    a) Impulse pro Minute: 1578, 1602, 1599, 1609, 1648, 1605, 1582, 1555, 1589
    b) Masse in mg: 468,2; 465,9; 469,2; 468,8; 469,0
    c) pH-Wert: 9,35; 9,35; 9,32; 9,45; 9,26; 9,38; 9,89
    d) Volumenstrom in kg/h: 2240, 2270, 2195, 2200, 2265, 2295, 2225
    e) Spannung in mV: 86,0; 82,6; 85,8, 87,0; 86,4; 85,7; 86,1; 85,8; 85,9
    f) Volumen in mL: 25,6; 25,2, 25,7; 25,1; 24,2

13. Eine 17,58 %ige Salpetersäure hat eine Dichte von ϱ = 1,100 g/mL, eine 29,25 %ige Salpetersäure die Dichte ϱ = 1,175g/mL. Welche Dichte hat eine 27,00 %ige Salpetersäure, wenn eine Linearität der Abhängigkeit der Dichte vom Gehalt vorausgesetzt wird?

14. Eine konzentrierte Natriumnitratlösung enthält 7,60 mol/L $NaNO_3$. Die Dichte beträgt ϱ = 1,38 g/cm³. Wie viel mol/L $NaNO_3$ enthält eine Lösung mit der Dichte 1,24 g/cm³?

15. Ethin hat im Normzustand eine Dichte von 1170,9 g/m³, Methan eine Dichte von 716,8 g/m³. Welche Dichte hat ein Methan-Ethin-Gemisch mit einem Volumenanteil von 12,0 % Ethin?

16. Für ein Thermoelement soll im Bereich zwischen 0 °C und 1600 °C eine Kalibrierkurve erstellt werden. Bei 400 °C wurde eine Spannung von 3,2 mV, bei 1600 °C von 16,6 mV gemessen.

    Welche Thermospannung ist bei 0 °C vorhanden, Linearität vorausgesetzt?

17. a) Die Prozessdaten Volumen *V* und Zeit *t* der Aufgabe von Seite 45 unten sollen in ein Diagramm eingezeichnet werden.
    b) Extrapolieren Sie das Volumen zur Zeit *t* = 94 s aus dem erstellten Diagramm.
    c) Liegt eine gleichmäßige Volumenzugabe vor? Begründen Sie.

18. Bei der Rektifikation werden so genannte Gleichgewichtsdiagramme benötigt. Die *x*- und *y*-Werte in diesen Diagrammen liegen zwischen 0 und 1.

    Mit vorgegebenen *x*-Werten lassen sich nach der Formel $y = \frac{\alpha \cdot x}{1 + x(\alpha - 1)}$ die *y*-Werte berechnen.
    a) Stellen Sie mit den nachfolgend genannten Werten für α drei Wertetabellen für y_1 (α = 2), y_2 (α = 5) und y_3 (α = 25) auf.
    b) Tragen Sie die *x*/*y*-Wertepaare in ein *y*-*x*-Diagramm ein und zeichnen Sie die Kurvenzüge. (Verwenden Sie als *x*-*y*-Diagramm die Kopiervorlage von Seite 400.)

19. Die Kalibrierkurve eines NiCr-Ni-Thermoelements ist in **Bild 1** abgebildet.
    a) Welche Messtemperatur kann bei einer Spannung von 6,2 mV und welche bei 15,0 mV abgelesen werden?
    b) Geben Sie die zu 220 °C und 380 °C gehörige Thermospannung an.
    c) Stellen Sie die Funktionsgleichung für die Kalbrierkurve auf.

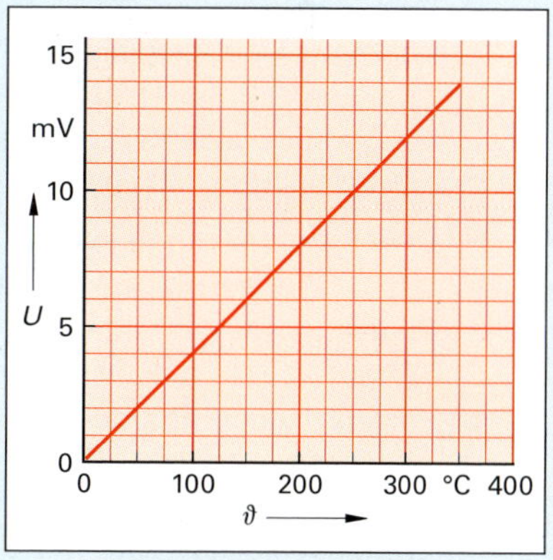

Bild 1: Kalibrierkurve eines NiCr-Ni-Thermoelements (Aufgabe 19)

20. Die Strömungsgeschwindigkeit in einer Rohrleitung folgt der Gleichung $v = \frac{4\,\dot{V}}{\pi \cdot d^2}$. Hierin ist $\dot{V}$ der Volumenstrom in m³/s und *d* der Rohrinnendurchmesser in Meter.
    a) Zeigen Sie in einem Diagramm, wie sich der Volumenstrom $\dot{V}$ mit dem Rohrdurchmesser *d* ändert. Die Strömungsgeschwindigkeit ist konstant *v* = 1,2 m/s.
    b) Zeigen Sie in einem zweiten Diagramm, wie sich die Strömungsgeschwindigkeit *v* mit dem Rohrdurchmesser *d* ändert, wenn der Volumenstrom konstant $\dot{V}$ = 6,00 L/s beträgt.

21. Beim Bayer-Verfahren zur Gewinnung von Aluminiumoxid aus Bauxit mit Hilfe von Natronlauge fallen als Abfall pro Tonne eingesetztem Bauxit zwei Tonnen Rotschlamm an. Bei der Analyse einer Rotschlamm-Probe wurden folgende Massenanteile ermittelt:

Bestandteil	Fe_2O_3	Al_2O_3	SiO_2	TiO_2	Na_2O	Glühverlust	CaO	Andere
***w*(X) in %**	34,3	18,7	13,2	11,6	9,8	7,8	3,5	1,1

a) Welche Diagrammarten sind für die Darstellung dieser Daten geeignet?

b) Stellen Sie die Zusammensetzung des Rotschlamms in zwei geeigneten Diagrammen dar.

22. Die Bruttostromerzeugung in Deutschland ergab 1998 mit 552 TWh (Mrd. kWh) einen Zuwachs von 0,4 % gegenüber dem Vorjahr. Zur Erzeugung trugen folgende Energiequellen bei:

Energiequelle	Kernenergie	Steinkohle	Braunkohle	Gas	Wasser	Wind	Andere
Energie in TWh	161,5	151,5	140,0	51,5	20,5	4,4	22,7

Stellen Sie die Verteilung der Energiequellen in einer geeigneten Diagrammform dar.

23. In der nachfolgenden Tabelle ist die Veränderung der Emissionen einiger wichtiger Schadstoffe in Deutschland aufgeführt.

Jahr	**1990**	**1992**	**1994**	**1996**	**1998**	**2000**	**2002**
SO_2 in kt	5321	3307	2472	1340	835	638	660
NO_x (als NO_2) in kt	2729	2323	2055	1897	1675	1584	1498

Stellen Sie die zeitliche Entwicklung der Emissionen in einer geeigneten Diagrammform dar.

24. Der Massenanteil *w*(Aceton) im Kopfprodukt Aceton/Wasser einer Rektifiziersäule soll durch Messung der **Brechzahl** n_D^{20} [1] (auch **Brechungsindex** genannt) bestimmt werden. Zur Erstellung der Kalibrierkurve wird zunächst die Brechzahl n_D^{20} von Lösungen bekannter Zusammensetzung Aceton/Wasser mit einem ABBÉ-Refraktometer (Seite 233) bestimmt. In **Tabelle 1** sind die Aceton-Massenanteile und die zugehörigen Messwerte der Brechzahl aufgeführt. **Tabelle 2** enthält die Brechzahlen von 5 zu bestimmenden Proben.

a) Erstellen Sie mit einem Tabellenkalkulationsprogramm eine Eingabemaske zur Auswertung der refraktometrischen Gehaltsbestimmung.

b) Führen Sie mit den Messwerten die rechnerische Regressionsanalyse durch.

c) Erstellen Sie mit den Messdaten ein *x*-*y*-Diagramm und ergänzen Sie die Ausgleichsgerade.

d) Ermitteln Sie mit Hilfe der Regressionsdaten die Aceton-Massenanteile der 5 Proben von Tabelle 2.

Tabelle 1: Brechzahlen von Aceton/Wasser-Kalibriermischungen (Aufgabe 24)

***w*(Aceton) in %**	**Brechzahl n_D^{20}**
95,0	1,35758
96,0	1,35779
97,0	1,35810
98,0	1,35831
99,0	1,35862
100,0	1,35884

Tabelle 2: Brechzahlen von Aceton/Wasser-Proben (Aufgabe 24)

Probe-Nr.	**Brechzahl n_D^{20}**
Probe 1	1,35762
Probe 2	1,35794
Probe 3	1,35851
Probe 4	1,35859
Probe 5	1,35861

25. In **Tabelle 3** sind die Dichtewerte von Wasser bei verschiedenen Temperaturen angegeben.

a) Führen Sie mit einem Tabellenkalkulationsprogramm eine Regressionsanalyse durch. Prüfen Sie, ob sich die Dichte von Wasser in diesem Bereich linear zur Temperatur verändert.

b) Finden Sie mit Hilfe des Programms eine Funktion, welche für diesen Temperaturbereich eine optimale Ausgleichskurve der Dichte-Messwerte ergibt.

c) Ermitteln Sie die Dichtewerte für 55 °C, 65 °C und 78 °C.

Tabelle 3: Messwerte zur Dichte von Wasser (Aufgabe 25)

Temperatur	**Dichte in g/cm³**
50 °C	0,98805
60 °C	0,98321
70 °C	0,97779
75 °C	0,97486
80 °C	0,97183
85 °C	0,96862

Hinweis: Weitere Aufgaben zur Nutzung eines Tabellenkalkulationsprogramms finden sich auf den Seiten 163, 211, 231, 234, 246, 316, 319, 320, 321.

1 n_D^{20} bedeutet Brechungsindex bei 20 °C, gemessen mit einer Natriumdampflampe bei der Wellenlänge λ = 589,3 nm (D-Linie)

3 Ausgewählte physikalische Berechnungen

Physikalische Berechnungen haben in der Chemietechnik mehrere Funktionen. Sie dienen
- zur Bestimmung der Eigenschaften von Stoffen, Bauteilen und Produkten,
- der Beschreibung von Vorgängen, Zuständen, Energie- und Stoffströmen,
- zur Bestimmung der Abmessungen von Rohrleitungen, Behältern und Apparaten.

In diesem Kapitel werden der Umgang und das Rechnen mit den im Chemiebetrieb wichtigen physikalischen Größen, Einheiten und Größengleichungen vorgestellt.

3.1 Größen, Zeichen, Einheiten, Umrechnungen

Physikalische Größen (physical quantities)

Eine physikalische Größe beschreibt die Qualität (Beschaffenheit) oder die Quantität (Menge) von Körpern, Vorgängen oder Zuständen (DIN 1313).

Es gibt **sieben Basisgrößen (Tabelle 1).** Sie sind im Jahre 1960 im **Internationalen Einheitensystem SI** festgelegt worden (**SI** von französisch: *Système International d'Unités*). Auf diese Basisgrößen lassen sich alle physikalischen Größen zurückführen.

Die ganz überwiegende Mehrzahl der physikalischen Größen bilden die aus den Basisgrößen **abgeleiteten Größen (Tabelle 2).** Sie sind aus den Basisgrößen durch Definitionsgleichungen festgelegt.

Der **Größenwert** einer physikalischen Größe ist das Produkt aus einem Zahlenwert und einem Einheitenzeichen.

	Größenwert	=	Zahlenwert	·	Einheitenzeichen
Beispiel:	l	=	**5,0**	·	**m**

Tabelle 1: Basisgrößen

Physikalische Größe	Formelzeichen	Einheitenname	Einheitenzeichen
Länge	l	Meter	m
Masse	m	Kilogramm	kg
Stoffmenge	n	Mol	mol
Zeit	t	Sekunde	s
Thermodynamische Temperatur	T	Kelvin	K
Stromstärke	I	Ampere	A
Lichtstärke	I_v	Candela	cd

Tabelle 2: Auswahl abgeleiteter Größen

Physikalische Größe	Definitionsgleichung	SI-Einheitenname	Einheitenzeichen
Fläche	$A = l^2$	Quadratmeter	m^2
Volumen	$V = l^3$	Kubikmeter	m^3
Dichte	$\varrho = \frac{m}{V}$	Kilogramm durch Kubikmeter	kg/m^3
Druck	$p = \frac{F}{A}$	Newton durch Quadratmeter	N/m^2 oder Pa
Geschwindigkeit	$v = \frac{s}{t}$	Meter durch Sekunde	m/s

Formelzeichen (letter symbols)

Zur Kurzschreibweise physikalischer Größen benutzt man **Formelzeichen** (DIN 1304, Teil 1). Es sind lateinische oder griechische Groß- oder Kleinbuchstaben (Tabelle 1 und 2). Zur näheren Bezeichnung der physikalischen Größe werden sie z. B. mit einem Tiefzeichen (Index) wie bei V_{ges}, p_e, ϱ_{Cu} versehen. Formelzeichen sollen keinen Hinweis auf die Einheit enthalten.

Formelzeichen werden *kursiv* (Schrägschrift) gedruckt, wenn es sich um ein Symbol handelt, das aus einem Buchstaben besteht, z. B. I, F, ϱ, η. Besteht das Formelzeichen aus mehreren Buchstaben, so wird es gerade geschrieben z. B. pH, DN, PN, CSB.

Einheiten (units)

Eine Einheit ist eine festgelegte Bezugsgröße. Man unterscheidet:
- SI-Basiseinheiten (Tabelle 1). Sie sind in DIN 1301, Teil 1 aufgelistet und definiert.
- Abgeleitete SI-Einheiten (Tabelle 2). Sie werden durch eine Definitionsgleichung festgelegt und mit dem Zahlenfaktor 1 durch Multiplikation oder Division der Basiseinheiten abgeleitet.

Beispiele: Einheit Quadratmeter: $1\ m^2 = 1\ m \cdot 1\ m$, Einheit Kubikmeter: $1\ m^3 = 1\ m \cdot 1\ m \cdot 1\ m$.

Für einige abgeleitete SI-Einheiten hat man besondere Bezeichnungen eingeführt. Sie tragen den Namen berühmter Physiker.

Beispiele: Einheit Watt: $1\ \mathrm{W} = 1\ \frac{\mathrm{N \cdot m}}{\mathrm{s}}$, Einheit Newton: $1\ \mathrm{N} = 1\ \frac{\mathrm{kg \cdot m}}{\mathrm{s^2}}$, Einheit Pascal: $1\ \mathrm{Pa} = 1\ \frac{\mathrm{N}}{\mathrm{m^2}}$

- Einheiten die nicht mit dem Zahlenfaktor 1 abgeleitet werden, zählen nicht zu den SI-Basiseinheiten.
  Beispiele: 1 min = 60 s, $1\ \mathrm{g} = 10^{-3}\ \mathrm{kg}$, $1\ \mathrm{bar} = 10^5\ \mathrm{Pa}$, 1 d = 24 h, $1\ \mathrm{cm^2} = 10^{-4}\ \mathrm{m^2}$, $1\ \mathrm{L} = 10^{-3}\ \mathrm{m^3}$
- Unterschiedliche Einheiten können nicht addiert, subtrahiert und logarithmiert werden. Sie lassen sich nur multiplizieren und dividieren sowie gegebenenfalls potenzieren und radizieren.

Beispiele: $1\ \mathrm{N} \cdot 1\ \mathrm{m} = 1\ \mathrm{Nm}$, $1\ \frac{\mathrm{kg \cdot m^3}}{\mathrm{m^3}} = 1\ \mathrm{kg}$, $1\ \mathrm{m^2} \cdot 1\ \mathrm{m} = 1\ \mathrm{m^3}$, $\sqrt{1\ \frac{\mathrm{m^2}}{\mathrm{s^2}}} = 1\ \mathrm{m/s}$

Einheitenzeichen (symbols)

Einheitennamen werden durch senkrecht geschriebene Einheitenzeichen abgekürzt. Man schreibt sie mit Großbuchstaben, wenn der Einheitenname von einem Eigennamen stammt, wie z. B. Newton N, Kelvin K. Ansonsten werden mit Ausnahme des Liters (Einheitenzeichen L) als Einheitenzeichen Kleinbuchstaben verwendet wie z. B. m, kg, s.

Einheitenzeichen dürfen nicht mit Indices versehen werden. Indices gehören an das Formelzeichen der physikalischen Größe z. B. $V_{ges} = 2{,}4\ \mathrm{L}$. Es unterscheiden sich also stets die physikalischen Größen und nicht die Einheiten.

Vorsätze (prefixes)

Ist der Zahlenwert einer physikalischen Größe sehr groß oder sehr klein, so sollte er mit vergrößernden oder verkleinernden Vorsatzzeichen oder in Potenzschreibweise geschrieben werden, um vorstellbare Zahlenwerte zu erhalten (DIN 1301, Teil 1 und 2). Zweckmäßigerweise wählt man das Vorsatzzeichen so, dass der Zahlenwert in der Größenordnung zwischen 0,1 und 1000 liegt. Dabei sind Vorsatzzeichen mit ganzzahliger Potenz von Tausend ($10^{\pm 3n}$, n = 1, 2, 3, ...) zu bevorzugen.

Beispiele: $l = 5\,300\,000\ \mathrm{mm}$; besser: $l = 5{,}3 \cdot 10^6\ \mathrm{mm}$; oder: $l = 5300\ \mathrm{m}$; oder: $l = 5{,}3\ \mathrm{km}$.

Beim Umgang mit Vorsätzen sind folgende Regeln zu beachten. Vorsätze werden:

- nur in Verbindung mit Einheitennamen benutzt (also drei Kilogramm Soda und nicht drei Kilo Soda),
- nicht auf die Basiseinheit Kilogramm, sondern auf die Einheit Gramm angewendet (also Mikrogramm und nicht Mikrokilogramm),
- nicht aus mehreren Vorsätzen zusammengesetzt (also Nanometer und nicht Millimikrometer),
- nur auf Einheiten des Dezimalsystems angewandt (also z. B. nicht auf Stunden, Minuten, Grad usw.).

Vorsatzzeichen (prefix symbols)

Vorsätze werden durch entsprechende Vorsatzzeichen abgekürzt **(Tabelle 1)**. Sie bilden mit dem Einheitenzeichen das Zeichen einer neuen Einheit. Demzufolge gilt ein Exponent am Einheitenzeichen auch für das Vorsatzzeichen.

Tabelle 1: Vorsätze und Vorsatzzeichen für dezimale Teile und Vielfache von Einheiten

Vorsatz	Vorsatzzeichen	Faktor	Potenzschreibweise	Beispiele		
Tera	T	1 000 000 000 000	10^{12}	1 Tt	= 1 Teratonne	= 10^{12} Tonnen
Giga	G	1 000 000 000	10^9	1 GW	= 1 Gigawatt	= 10^9 Watt
Mega	M	1 000 000	10^6	1 MN	= 1 Meganewton	= 10^6 Newton
Kilo	k	1000	10^3	1 kg	= 1 Kilogramm	= 10^3 Gramm
Hekto	h	100	10^2	1 hL	= 1 Hektoliter	= 10^2 Liter
Deka	da	10	10^1	1 dam	= 1 Dekameter	= 10^1 Meter
Dezi	d	0,1	10^{-1}	1 dm	= 1 Dezimeter	= 10^{-1} Meter
Zenti	c	0,01	10^{-2}	1 cN	= 1 Zentinewton	= 10^{-2} Newton
Milli	m	0,001	10^{-3}	1 mmol	= 1 Millimol	= 10^{-3} Mol
Mikro	µ	0,000001	10^{-6}	1 µL	= 1 Mikroliter	= 10^{-6} Liter
Nano	n	0,000000001	10^{-9}	1 nm	= 1 Nanometer	= 10^{-9} Meter
Pico	p	0,000000000001	10^{-12}	1 pF	= 1 Picofarad	= 10^{-12} Farad

Umrechnung von Einheiten

Beim Rechnen mit Größengleichungen müssen Einheiten häufig umgerechnet werden. Bei einer Maßumwandlung ändern sich stets der Zahlenwert und die Einheit, wobei der Größenwert der physikalischen Größe erhalten bleibt.

Bei der Umwandlung von Einheiten sind die folgenden Regeln zu beachten:

- Werden Messwerte mit größeren Einheiten in Messwerte mit kleineren Einheiten umgerechnet, so sind die Zahlenwerte durch Multiplizieren zu erweitern.

Beispiele: 0,735 m = 0,735 · 1000 mm = 735 mm, 0,0000530 L = 0,000 053 0 · 10^6 µL = 53,0 µL

- Werden Messwerte mit kleineren Einheiten in Messwerte mit größeren Einheiten umgerechnet, so sind die Zahlenwerte durch Dividieren zu kürzen.

Beispiele: $735\ \text{mm} = 735 \cdot \frac{1}{1000}\ \text{m} = 0{,}735\ \text{m}$, $12\,120\ \text{cm} = 12120 \cdot \frac{1}{100}\ \text{m} = 121{,}20\ \text{m}$

- Der Exponent am Einheitenzeichen gilt auch für das Vorsatzzeichen.

Beispiele: $1\ \text{cm}^3 = (10^{-2}\ \text{m})^3 = 10^{-6}\ \text{m}^3$, $1\ \text{mm}^2 = (10^{-3}\ \text{m})^2 = 10^{-6}\ \text{m}^2$, $\sqrt{1\text{cm}^2} = \sqrt{10^{-2}\text{m}^2} = 0{,}1\ \text{m}$

- Bei einem Einheitenwechsel bleibt die Anzahl der signifikanten Ziffern des Zahlenwertes unverändert.

Beispiele: 10 mm = 1,0 cm, 1,3 g/L = 1,3 kg/m^3, 150 m = 0,150 km, 0,0210 g = 21,0 mg.

Größengleichungen (equations between quantities)

In einer Größengleichung, z. B. $U = R \cdot I$, wird die mathematische Beziehung zwischen physikalischen Größen dargestellt. Diese Art der Größengleichung wird vereinfacht auch als Formel oder Gleichung bezeichnet. Durch Umstellen der Formel und Einsetzen der entsprechenden Größenwerte lässt sich der neue Größenwert einer physikalischen Größe berechnen.

Beispiele: Ohm'sches Gesetz: $U = R \cdot I$ mit $U = 12{,}0$ V und $I = 112$ mA folgt: $\boldsymbol{R} = \frac{U}{I} = \frac{12{,}0\ \text{V}}{112 \cdot 10^{-3}\ \text{A}} \approx \mathbf{107\ \Omega}$

Dichte: $\varrho = \frac{m}{V}$ mit $\varrho = 1{,}25\ \text{g/cm}^3$ und $V = 1710$ L folgt: $\boldsymbol{m} = \varrho \cdot V = 1{,}25\ \text{kg/L} \cdot 1710\ \text{L} \approx \mathbf{2{,}14\ t}$

Volumen eines Würfels: $V = l^3$ mit $V = 270$ L folgt: $l = \sqrt[3]{V} = \sqrt[3]{0{,}270\ \text{m}^3} \approx \mathbf{0{,}646\ m}$

Angabe einer physikalischen Größe

Rechenergebnisse einer physikalischen Größe werden meistens durch eine spezielle Art einer Größengleichung angegeben **(Bild 1)**. Sie enthält das Formelzeichen, den Zahlenwert und das Einheitenzeichen der physikalischen Größe. Dabei werden Zahlenwerte und Einheitenzeichen als selbständige Faktoren behandelt.

Das Multiplikationszeichen zwischen dem Zahlenwert und dem Einheitenzeichen wird meist weggelassen.

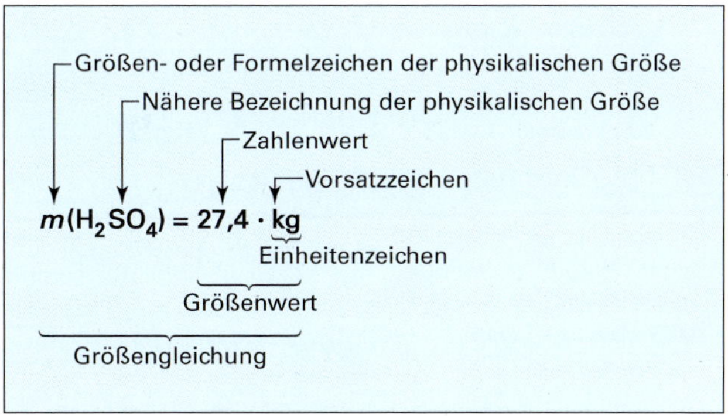

Bild 1: Angabe einer physikalischen Größe

Beim Rechnen mit Größengleichungen muss den Einheiten die gleiche Aufmerksamkeit geschenkt werden wie den Zahlenwerten. Falls sich bei einer Berechnung nicht die richtige Einheit der physikalischen Größe ergibt, ist der Rechengang falsch.

Verwendet man beim Rechnen mit Größengleichungen nur Einheiten des SI-Einheitensystems, so wird das Ergebnis auch eine Einheit des SI-Systems erhalten.

Aufgaben zu Größen, Zeichen, Einheiten, Umrechnungen

1. Bei welchen der nachfolgenden Begriffe handelt es sich um physikalische Größen und bei welchen um Einheitennamen? Newton, Länge, Kubikmeter, Viskosität, Candela, Ampere, Energie, Kelvin, Watt, Bar, Beschleunigung. Geben Sie auch die Formel- bzw. Einheitenzeichen an.

2. Geben Sie die Formelzeichen der folgenden physikalischen Größen an und sortieren Sie die Größen nach intensiven und extensiven Größen: Massenanteil, Stoffmenge, Temperatur, Dichte, Masse, Volumen, Druck, Geschwindigkeit, elektrische Spannung, Volumenkonzentration.

3. Ordnen Sie die Vorsätze nach steigendem Wert und geben Sie ihre Vorsatzzeichen und ihre Potenzschreibweise an: Mega, Dezi, Mikro, Hekto, Deka, Nano, Milli.

4. Formulieren Sie die folgenden Aussagen in Form von Größengleichungen:
   a) Die Schichtdicke des Nitrolacks beträgt 45 Mikrometer.
   b) Ein Liter Aceton hat eine Masse von 791 Gramm.
   c) Die Thermospannung des Thermoelements wurde zu 3,5 Millivolt gemessen.
   d) In einer Sekunde legt die Kühlsole in der Rohrleitung 1,2 Meter zurück.
   e) 7,9 Gramm Stahl haben ein Volumen von einem Kubikzentimeter.
   f) Ein ein Meter langes Aluminiumprofil dehnt sich beim Erwärmen um ein Kelvin um 24 Mikrometer aus.

5. Ergänzen Sie in nachstehender **Tabelle** die gesuchten Zahlen in den Größengleichungen.

Stoffeigenschaft	Größengleichung
a) Längenausdehnungskonstante α von Blei Pb	$\alpha(\text{Pb}) = \frac{29}{1\,000\,000} \cdot \frac{1}{\text{K}} = 29 \cdot 10^{\square} \frac{1}{\text{K}} = \boxed{0,\quad} \cdot \frac{1}{\text{K}}$
b) Teilchenzahl N_A in der Stoffmenge ein Mol	$N_A = 6\,023 \cdot 10^{20} = 6{,}023 \cdot 10^{\square} = 60{,}23 \cdot 10^{\square}$
c) Masse m des Wasserstoffatoms H	$m(\text{H}) = 0{,}000\,000\,000\,000\,000\,000\,000\,001\,674\ \text{g} = 1{,}674 \cdot 10^{\square}\ \text{g}$
d) Durchmesser d des Natriumatoms Na	$d(\text{Na}) = 18{,}6 \cdot 10^{-11}\ \text{m} = \boxed{\quad}\ \text{pm} = \boxed{\quad}\ \text{nm}$
e) Volumenausdehnungskonstante γ von Wasser	$\gamma(H_2O) = 0{,}0002 \cdot \frac{1}{\text{K}} = 2 \cdot 10^{\square} \cdot \frac{1}{\text{K}} = \frac{2}{10^{\square}} \cdot \frac{1}{\text{K}}$
f) Verdampfungswärme r von Wasser	$r(H_2O) = 2\,256 \cdot \frac{\text{J}}{\text{g}} = \boxed{\quad} \frac{\text{kJ}}{\text{kg}} = \boxed{\quad} \frac{\text{kJ}}{\text{g}}$
g) Dichte ϱ der Luft	$\varrho(\text{Luft}) = 1{,}3\ \text{g/L} = \boxed{\quad}\ \text{kg/m}^3 = \boxed{\quad}\ \text{mg/mL}$
h) spezifischer Widerstand ϱ von Kupfer Cu bei 20 °C	$\varrho(\text{Cu}) = 0{,}017 \frac{\Omega \cdot \text{mm}^2}{\text{m}} = \boxed{\quad} \frac{\text{m}\Omega \cdot \text{mm}^2}{\text{m}} = \boxed{\quad} \cdot 10^{-3} \frac{\text{m}\Omega \cdot \text{mm}^2}{\text{mm}}$
i) Heizwert H_u von Wasserstoff H_2	$H_u(H_2) = 10900 \cdot \text{kJ/m}^3 = \boxed{\quad}\ \text{kJ/L} = \boxed{\quad}\ \text{J/L}$
j) mittlerer Temperaturbeiwert α von Platin Pt	$\alpha(\text{Pt}) = 0{,}0039 \cdot \frac{1}{\text{K}} = 3{,}9 \cdot 10^{\square} \frac{1}{\text{K}} = \frac{39}{\boxed{\quad}} \cdot \frac{1}{\text{K}}$
k) Lichtgeschwindigkeit v im Vakuum	$v(\text{Licht}) = 299\,792\,485\ \text{m/s} = \boxed{\quad}\ \text{km/h}$
l) Bindungslänge d der C≡C-Dreifachbindung in Alkinen	$d = 0{,}121\ \text{nm} = \boxed{\quad}\ \text{pm} = 1{,}21\ 10\ \text{m}$

6. Aus einem Messkolben, der mit genau einem Liter Kalilauge-Maßlösung gefüllt ist, werden folgende Volumina entnommen: 12 000 mm^3, 0,60 · 10^2 cm^3, 0,020 dm^3, 1,70 · 10^{-4} m^3, 60 cm^3, 1,2 · 10^4 mm^3, 2,0 · 10^{-2} dm^3, 0,000170 m^3. Wie viel Liter Kalilauge-Maßösung verbleiben im Messkolben?
7. Zur Herstellung von Drahtwiderständen werden von einem 1,000 m langen Konstantandraht folgende Stücke abgeschnitten: 1,2 dm, 60 mm, 0,08 m, 5 cm. Wie lang ist das Reststück?
8. Aus einem 1,00 m^2 großen Filtertuch werden folgende Stücke herausgeschnitten: 3,0 · 10^3 cm^2, 2,0 · 10^5 mm^2, 10 dm^2, 0,070 m^2, 1500 cm^2. Wie groß ist der Filtertuchverbrauch in Prozent?
9. Welche Vorsatzzeichen können sinnvollerweise in den angegebenen Größenwerten verwendet werden?

   a) 0,0041 V, b)12 580 A, c) 340 · 10^6 Hz, d) 0,000 006 7 L, e) 16,0 · 10^{-6} m, f) 13 400 N.
10. Ergänzen Sie bei den folgenden Größenwerten die vergrößernden bzw. verkleinernden Vorsätze und geben Sie den Exponenten in der Potenzschreibweise an.

    a) l = 10 000m = 10 ?m = $10^?$ dm   b) n = 100 mol = 0,1 ?mol = $10^?$ mmol

    c) m = 0,1 kg = 10 ?g = $10^?$ t   d) V = 10 000 cm^3 = 0,1 ?L = $10^?$ m^3

    e) m = 1,3 t = 1300 ?g = 1,3 · $10^?$ mg   f) A = 100 m^2 = 0,0001 ?m^2 = $10^?$ cm^2
11. Ersetzen Sie in den folgenden Größengleichungen das Vorsatzzeichen durch die Potenzschreibweise.

    a) l = 17,7 km   b) R = 1,20 MΩ   c) P = 30 GW   d) n = 1,72 mmol

    e) V = 86 µL   f) d = 327 nm   g) C = 1,73 pF   h) V = 23 cm^3

    i) A = 1,70 mm^2 j) V = 167 mm^3 k) A = 16,4 cm^2 l) V = 27,0 dm^3
12. Durch ungeschickte Wahl der Einheiten wurden die in der nachfolgenden **Tabelle** aufgelisteten Zahlenwerte im Taschenrechnerdisplay erhalten. Runden Sie die Zahlenwerte auf drei signifikante Ziffern und geben Sie die neuen Größenwerte durch geeignete Auswahl entsprechender Vorsatzzeichen so an, dass der neue Größenwert in der Größenordnung zwischen 0,1 und 1000 liegt, so wie es das Beispiel in der ersten Zeile zeigt.

Tabelle: Übungen zur Angabe von Größenwerten in Größengleichungen

Nr.	Physikalische Größe		Größenwert		
	Name	**Größenzeichen**	**Zahlenwert**	**Einheiten-zeichen**	**neuer Größenwert**
a)	Durchmesser	d(Faser)	0,00973479 · 10^{-2}	m	97,3 µm
b)	Höhe	h(Kolonne)	154375123 · 10^{-4}	mm	
c)	Querschnittsfläche	A(Rohr)	0,000554127	m^2	
d)	Volumen	V(Tank)	1500460,3 · 10^3	cm^3	
e)	elektr. Widerstand	R(Leiter)	736548769,2	Ω	
f)	Masse	$m(CaCO_3)$	56635786,45	mg	
g)	Kraft	F(Spiralfeder)	0,000148922	N	
h)	Überdruck	p_e(Behälter)	250786,458	mbar	
i)	Fläche	A(Lager)	9530017,347	cm^2	
j)	Volumen	V(Lösung)	14014,6789 · 10^{-5}	m^3	
k)	Länge	l(Rohrleitung)	1,98457683 · 10^{-3}	km	
l)	Zeit	t(Umlauf)	0,004888944	h	
m)	Stoffmenge	$n(H_2O)$	12768,37653	mol	
n)	elektr. Spannung	U(Netz)	0,00023173 · 10^3	kV	
o)	Stromstärke	I(Leiter)	16227,37656	mA	

3.2 Berechnung von Längen, Flächen, Oberflächen und Volumina

3.2.1 Längenberechnung

Zur Messung der Länge (length) muss die zu messende Länge mit einer bekannten Länge verglichen werden. Vergleichslängen sind das Meter selbst bzw. Vielfache oder Teile des Meters.

Die Länge l ist eine Basisgröße. Ihre Basiseinheit ist das Meter, Einheitenzeichen m.

Das Meter ist nach DIN 1301 Teil 1 wie folgt definiert: Ein Meter ist die Länge der Strecke, die das Licht im Vakuum während der Dauer von 1/299792458 Sekunden durchläuft. Diese Definition ist zwar sehr genau, eignet sich aber nicht zum direkten Messen einer Länge.

In der betrieblichen Praxis verwendet man zum Messen verschiedene Maßstäbe (z. B. Bandmaßstab, Gliedermaßstab) oder Mess-Schieber (Schieblehre).

Durch Multiplikation oder Division der Basiseinheit werden dezimale Vielfache oder dezimale Teile des Meters abgeleitet. Aus dem Einheiten-Vorsatzzeichen geht das Vielfache oder der Teil der Basiseinheit hervor.

Rechnen mit Maßstäben

In technischen Zeichnungen sind Bauteile meist verkleinert dargestellt. Um die verkleinerte Zeichnung des Bauteils auf die gewünschte Größe zu bringen, muss sie vergrößert werden. Dazu muss der Maßstab (scale) der Zeichnung (drawing) bekannt sein. Der Maßstab M ist das Verhältnis von Zeichnungsgröße zu wirklicher Größe.

M = 1 : 10 bedeutet z. B., dass die Zeichnungsgröße 1 mm und die wirkliche Größe 10 · 1 mm = 10 mm = 1 cm beträgt.

Je nach Zeichnungsart sind verschiedene Längenangaben üblich.

- In Rohrleitungs- und Anlagenzeichnungen wird die Zeichnungsgröße in Zentimeter, die wirkliche Größe in Meter angegeben.
- In Bauzeichnungen sind die Maßzahlen Meter-Angaben.
- In Zeichnungen von Maschinenteilen sind die Maßzahlen Millimeterangaben.

$$\textbf{Maßstab} = \frac{\textbf{Zeichnungsgröße}}{\textbf{wirkliche Größe}}$$

Beispiel: M = 1 : 10 (M → Maßstab; 1 → Zeichnungsgröße; 10 → wirkliche Größe)

Beispiel: Die Höhe eines Drehkolbengebläses **(Bild 1)** zur Förderung von Prozessgas in einem Stahlwerk wird in einem Detailplan mit dem Maßstab M = 1 : 10 mit 300 mm angegeben. Wie hoch ist das Drehkolbengebläse in Wirklichkeit?

Lösung: $\text{Maßstab} = \frac{\text{Zeichnungsgröße}}{\text{wirkliche Größe}} \Rightarrow$ **wirkliche Größe** =

$$= \frac{\text{Zeichnungsgröße}}{\text{Maßstab}} = \frac{0{,}300\,\text{m}}{0{,}1} = \mathbf{3{,}00\ m}$$

Bild 1: Drehkolbengebläse

Aufgaben zu Längenberechnung

1. Eine Rohrleitung besteht aus einem Rohrabschnitt mit l = 325 cm, einem Kompensator mit l = 1,70 dm, einem Reduzierstück mit l = 200 mm sowie einem Schieber mit l = 0,25 m. Wie lang muss der zweite Rohrabschnitt sein, wenn die gesamte Länge der Rohrleitung 6,00 Meter betragen soll?
2. Ein Lagerraum für organische Grundchemikalien ist 10,0 m lang und 5,0 m breit. Wie groß ist die Zeichnungsgröße in einem Detailplan mit dem Maßstab M = 1 : 10, in einem Bauausführungsplan M = 1 : 25 und in einem Lageplan M = 1 : 500?

3.2.2 Umfangs- und Flächenberechnung

Die Flächengröße (area) und der Umfang (circumference) von geometrischen Flächen (plane) werden mit den Größengleichungen aus **Tabelle 1** berechnet.

Tabelle 1: Berechnungsformeln geometrischer Flächen

Geradlinig begrenzte Flächen			Bogenförmig begrenzte Flächen	
Quadrat (square)	**Rechteck (rectangle)**	**Dreieck (triangle)**	**Kreis (circle)**	**Kreisring (circular ring)**
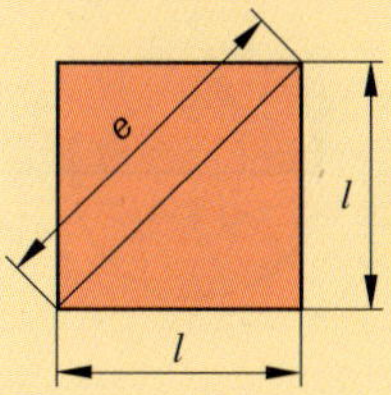	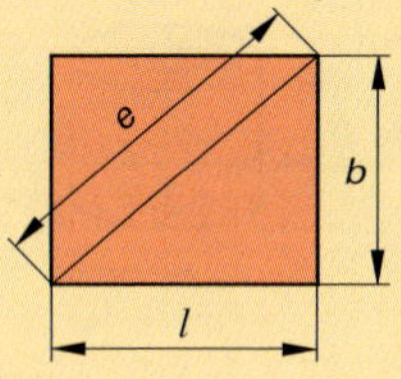	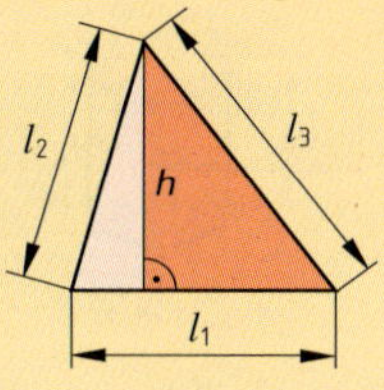	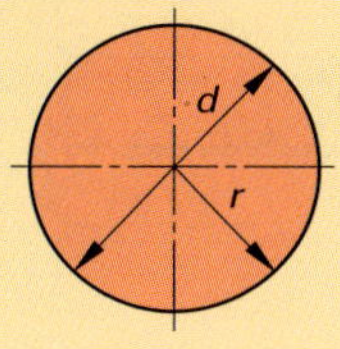	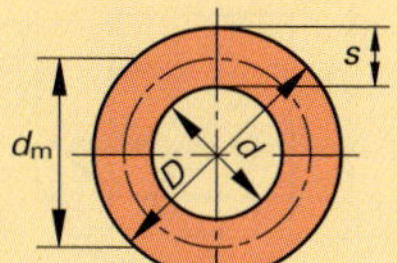
$A = l^2$ $e = \sqrt{2} \cdot l$ $U = 4 \cdot l$	$A = l \cdot b$ $e = \sqrt{l^2 + b^2}$ $U = 2\,(l + b)$	$A = \frac{l_1 \cdot h}{2}$ $U = l_1 + l_2 + l_3$	$A = \frac{\pi \cdot d^2}{4}$ $A = \pi \cdot r^2$ $U = \pi \cdot d$	$A = \frac{\pi}{4}(D^2 - d^2)$ $d_m = \frac{D + d}{2}$ $s = \frac{D - d}{2}$
A Fläche U Umfang l Länge s Dicke	e Diagonale b Breite π Kreiszahl pi h Höhe	d Innendurchmesser D Außendurchmeser d_m mittlerer Durchmesser r Radius		

Beispiel: Wie groß sind Fläche und Umfang eines Granuliertellers zum Aufbaugranulieren von Superphosphat, wenn der Tellerdurchmesser 6,00 m beträgt?

Lösung: $A = \frac{\pi \cdot d^2}{4} = \frac{\pi \cdot (6{,}00\ \text{m})^2}{4} \approx 28{,}3\ \text{m}^2$; $U = \pi \cdot d = \pi \cdot 6{,}00\ \text{m} \approx 18{,}8\ \text{m}$

Aufgaben zu Umfangs- und Flächenberechnung

1. Der Boden einer Kastennutsche von 2,50 m Länge und einer Breite von 1,50 m soll mit einem Filtertuch ausgekleidet werden. Berechnen Sie die Fläche, den Umfang und die Länge der Diagonalen des Filtertuchs.
2. Wie groß sind die Innenfläche und der innere Umfang des Filters der in Bild 1 gezeigten, geöffneten Drucknutsche?
3. Ein Trockenschrank enthält 15 Trockenbleche mit den Maßen $l = b = 800$ mm. Welche Gesamt-Trockenfläche hat der Trockenschrank?
4. Welche Dichtfläche hat eine Flachdichtung aus Polytetrafluorethylen PTFE, wenn ihr Außendurchmesser 50 mm und ihr Innendurchmesser 30 mm beträgt?
5. Welchen Rührkreisdurchmesser hat ein Ankerrührer, wenn sein Rührkreis 4,71 m beträgt?
6. Durch ein Reduzierstück verjüngt sich der Innendurchmesser einer Rohrleitung von $d_i = 22{,}3$ mm auf $d_i = 13{,}6$ mm. Um wie viel Prozent verringern sich der Innendurchmesser und die Querschnittsfläche?

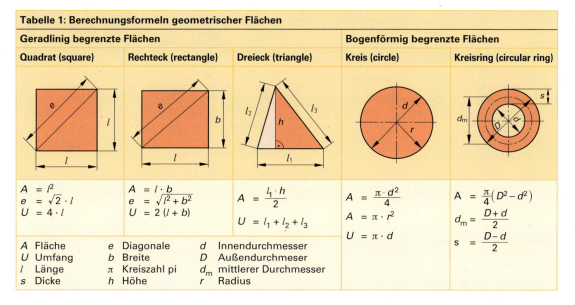

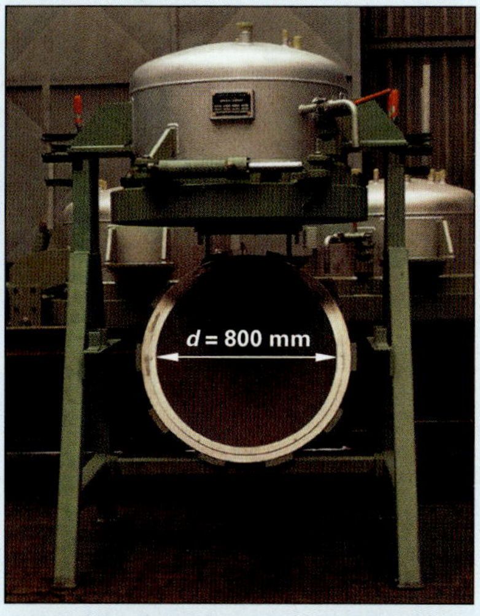

Bild 1: Drucknutsche (Aufgabe 2)

3.2.3 Oberflächen- und Volumenberechnung

Zur Berechnung der Oberflächen (surfaces) und der Volumina (volumes) von geometrischen Körpern dienen die in **Tabelle 1** zusammengestellten Größengleichungen.

Tabelle 1: Berechnungsformeln geometrischer Körper

Würfel (cube)	Quader (cuboid)	Zylinder (cylinder)	Hohlzylinder (hollow cylinder)	Kugel (ball)
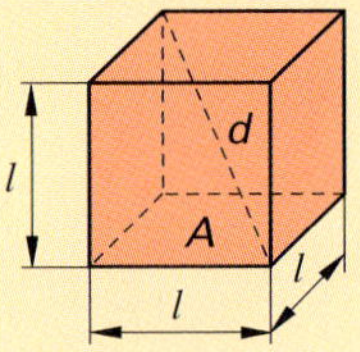	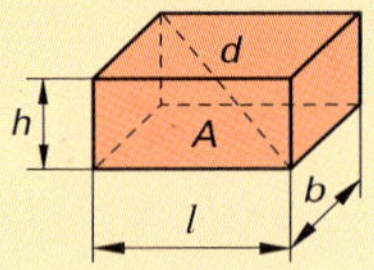	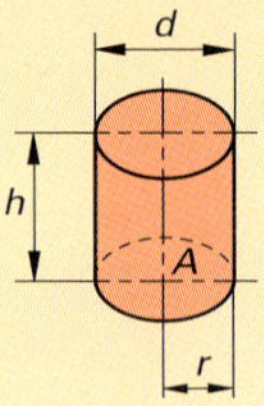	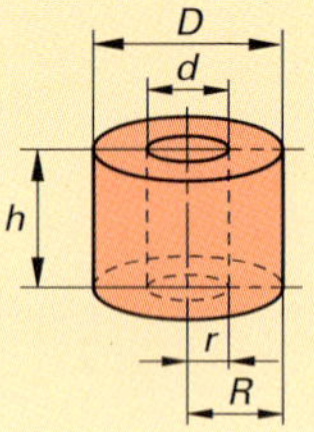	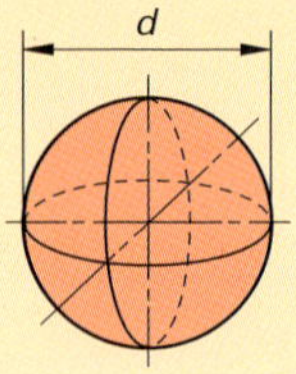
$V = A \cdot l$ $A_O = 6 \cdot l^2$	$V = l \cdot b \cdot h$ $A_O = 2\,(l \cdot b + l \cdot h + b \cdot h)$	$V = A \cdot h$ $V = \frac{\pi}{4} \cdot d^2 \cdot h$ $A_O = \pi\,d \cdot h + \frac{\pi d^2}{2}$	$V = \frac{\pi}{4} \cdot h\,(D^2 - d^2)$	$V = \frac{\pi d^3}{6}$ $V = \frac{4}{3} \cdot \pi \cdot r^3$ $A_O = \pi\,d^2$
V Volumen A Grundfläche	A_O Oberfläche l Länge	b Breite h Höhe	d, D Durchmesser r, R Radius	π Kreiszahl

Beispiel: Ein Rohrbündelwärmetauscher hat 354 Wärmeaustauschrohre mit einem Innendurchmesser von $d = 20{,}00$ mm und einer Länge von $l = 3000$ mm.

a) Wie groß ist die Kühlfläche in Quadratmeter?

b) Um wie viel Prozent vermindert sich die Kühlfläche, wenn sieben Warmeaustauschrohre wegen Undichtigkeit zugeschweißt werden müssen?

Lösung: a) $A(354) = n \cdot d \cdot \pi \cdot l = 354 \cdot 0{,}0200\ \text{m} \cdot \pi \cdot 3{,}000\ \text{m} = 66{,}7\ \text{m}^2$

b) 354 Wärmeaustauschrohre haben eine Kühlfläche von 100 %
7 Wärmeaustauschrohre haben eine Kühlfläche von x

$x = \frac{7 \cdot 100\,\%}{354} \approx$ **2 %**

Aufgaben zu Oberflächen- und Volumenberechnung

1. Ein rechteckiger Industriekanister mit gerundeten Kanten hat die Außenmaße (190 × 145 × 251) mm. Sein Nennvolumen ist 1,9 L geringer als das aus den Außenmaßen berechnete Volumen. Wie groß ist das Nennvolumen des Kanisters?
2. Wie viel Kubikmeter Rohöl lagern in einem zylinderförmigen Schwimmdachtank mit einem Innendurchmesser von $d = 20{,}0$ m, wenn seine Füllhöhe 10,0 m beträgt?
3. Welches Volumen an Methan CH_4 ist in einem Hochdruck-Kugelgasbehälter mit einem Innendurchmesser von $d = 26{,}8$ m enthalten?
4. Welches Volumen an Polyvinylchlorid-Formmasse, $-(CH_2-CHCl)_n-$, ist zum Extrudieren von 2500 m Schlauchleitung mit dem Innendurchmesser $d_I = 40{,}0$ mm und dem Außendurchmesser $d_A = 50{,}0$ mm erforderlich?
5. Welche Trockenfläche hat ein Walzentrockner mit zwei glatten Trockenwalzen, wenn die wirksame Walzenbreite $b = 2000$ mm und der Walzendurchmesser $d = 850$ mm betragen?
6. Welche Oberfläche hat ein kugelförmiges Perlkatalysator-Partikel mit einem mittleren Durchmesser von 2,75 mm?
7. Ein Löschwasser-Rückhaltebecken einer chemischen Produktionsanlage hat die Innenmaße: $l = 12{,}50$ m, $b = 5{,}70$ m, $h = 2{,}70$ m.
   a) Welches Volumen an Löschwasser kann bei einem Störfall zurückgehalten werden, wenn das Becken maximal 20,0 cm bis unter den Beckenrand gefüllt werden darf?
   b) Wie groß ist die gesamte Innenfläche des Rückhaltebeckens?

Aufgaben zu Berechnung von Längen, Flächen, Oberflächen und Volumina

1. Im Klöpperboden des Flüssigkeitstanks befinden sich 150 L Butadien CH_2=CH-CH=CH_2 **(Bild 1)**. Nun wird weiter Butadien in den Tank gepumpt. Bei welchem Gesamtvolumen an Butadien bricht der Grenzwertgeber den Füllvorgang ab?

2 Der Kugeltank einer Raffinerie hat einen Außendurchmesser von 35,0 m. Er soll mit einem witterungsbeständigen Korrosionsschutz beschichtet werden. Wie groß ist die zu beschichtende Fläche?

3. Ein Rundsilo ohne Auslaufkonus hat ein Nennvolumen von 70,0 m^3. Welche Schütthöhe an Kalksteinmehl kann im Silo erreicht werden, wenn der Silo-Innendurchmesser 3,57 m beträgt?

4. In **Bild 2** ist ein Rührwerksbehälter mit Mantelbeheizung nach DIN EN ISO 10628 abgebildet. Berechnen Sie die wirksame Wärmeaustauschfläche.

5. Welches Volumen an Ethylmethylketon CH_3-CO-CH_2CH_3 wird aus einer Rohrleitung mit einem Innendurchmesser von d = 207,3 mm entfernt, wenn die Rohrleitung auf einer Länge von l = 37,6 m gemolcht wird?

6. Wie groß ist das Volumen an Farbstoffsuspension, das sich im Filter des Nutschenfilters **(Bild 3)** befindet?

7. Ein Vakuum-Planzellenfilter zum Waschen von Quarzsand SiO_2 hat einen Tellerdurchmesser von D = 6000 mm und eine Kreisringbreite von s = 1000 mm. Wie groß ist die Filterfläche des Filters?

8. Berechnen Sie die Dichtfläche einer Grafitdichtung, wenn der Außendurchmesser D = 107,0 mm und der Kreisringdurchmesser s = 23,0 mm beträgt.

9. Ein Ablufttrockenschrank fasst fünf Horden (Einschiebebleche) mit den Außenmaßen 565 mm × 550 mm. Wie groß ist die Trockenfläche, wenn die Horden eine umlaufende Bördelung von 15 mm erhalten, wodurch sich die Trockenfläche verringert?

10. Zur Demonstration der Oberflächenvergrößerung beim Zerkleinern dient folgendes Gedankenexperiment: Ein Würfel mit der Kantenlänge 2,0 cm wird so zerkleinert, dass seine Kanten a) halbiert und b) geviertelt werden.

    Wie viele Würfel werden jeweils erhalten und wie groß ist die Gesamtoberfläche der entstandenen Würfel im Vergleich zum Ausgangswürfel?

    Stellen Sie Ihre Ergebnisse in einer Tabelle zusammen.

11. In den technischen Daten einer einfach wirkenden Kolbenpumpe finden Sie folgende Angaben: d(Kolben) = 20,0 mm, h(Kolbenhub) = 55,0 mm. Berechnen Sie das pro Minute geförderte Volumen V bei einer Frequenz von 150 Kolbenhüben pro Minute.

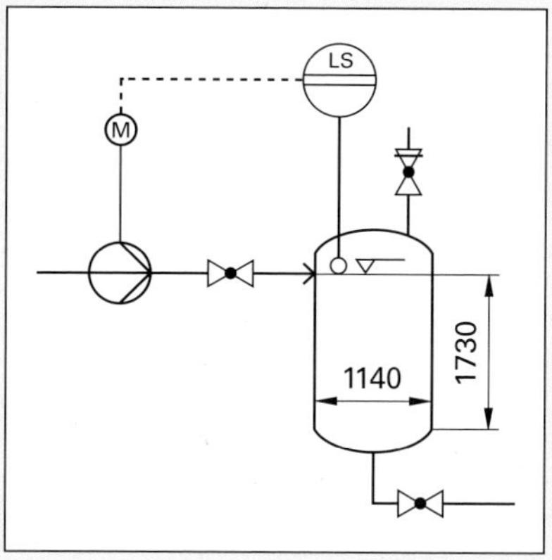

Bild 1: Flüssigkeitstank mit Füllstandsschaltung (Aufgabe 1)

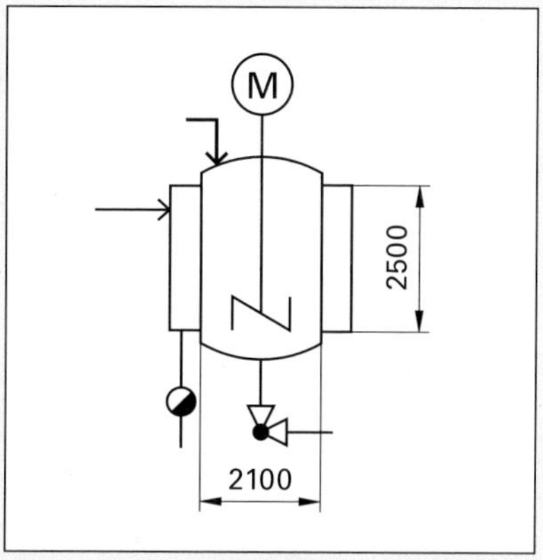

Bild 2: Rührwerksbehälter mit Mantelbeheizung (Aufgabe 4)

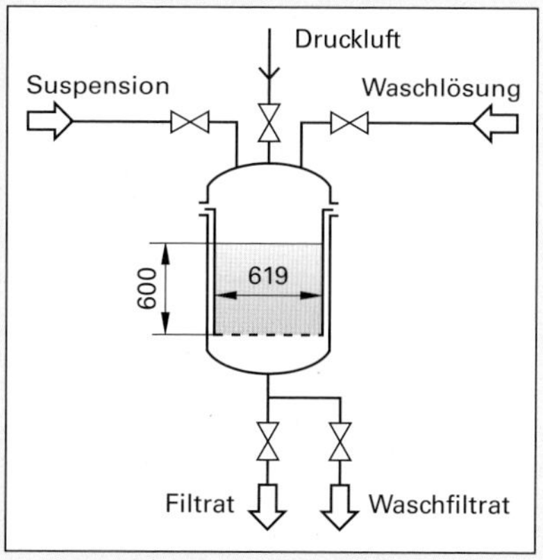

Bild 3: Nutschenfilter (Aufgabe 6)

3.3 Berechnung von Masse, Volumen und Dichte

Beim Umgang mit Stoffen, z. B. beim Herstellen von Lösungen oder bei chemischen Reaktionen, werden die Stoffportionen genau abgemessen. Dies ist erforderlich, um z. B. Lösungen mit bestimmten Konzentrationen zu erhalten oder weil Stoffportionen immer in einem bestimmten Stoffmengen-Verhältnis miteinander reagieren. Die Menge einer Stoffportion bezeichnet man als Quantität.

Die Quantität einer Stoffportion kann durch die Masse oder bei Flüssigkeiten und Gasen durch das Volumen beschrieben werden.

Masse (mass)

Die Masse m ist eine Basisgröße mit der Basiseinheit Kilogramm (Einheitenzeichen kg).

Ein Kilogramm ist definiert als die Masse des Internationalen Kilogrammprototyps (Urkilogramm). Es ist ein Platin-Iridium-Zylinder von 39,00 mm Höhe und 39,00 mm Durchmesser.

Die Masse einer Stoffportion wird durch Massenvergleich (Wägung) bestimmt. Befindet sich die Stoffportion in einer Verpackung, so bezeichnet man die ermittelte Gesamtmasse als Bruttomasse m_B. Dies ist die Gesamtmasse des Gebindes einschließlich der Verpackung. Die Masse der Verpackung wird als Tara m_T, die Masse der Stoffportion in der Verpackung als Nettomasse m_N bezeichnet. Zusammen ergeben sie die Bruttomasse.

Bruttomasse

Bruttomasse = Nettomasse + Tara

$$m_B = m_N + m_T$$

Für Bruttomasse, Nettomasse und Tara werden die üblichen Masseneinheiten verwendet. Die Tara kann auch in Prozent der Bruttomasse angegeben werden.

Beispiel: Ein 10-L-Gebinde mit Aceton hat eine Bruttomasse von 9,34 kg.

a) Wie viel Kilogramm Aceton sind in dem Gebinde enthalten, wenn die Tara 1,43 kg beträgt?

b) Wie groß ist die Tara in Prozent?

Lösung: a) $m_B = m_N + m_T \Rightarrow \boldsymbol{m_N}$**(Aceton)** $= m_B - m_T = 9{,}34\ \text{kg} - 1{,}43\ \text{kg} = \mathbf{7{,}91\ kg}$

b) 9,34 kg entsprechen einer Tara von 100 %
1,43 kg entsprechent einer Tara von x

$$\boldsymbol{x} = \frac{1{,}34\ \text{kg} \cdot 100\ \%}{9{,}34\ \text{kg}} \approx \mathbf{15{,}3\ \%\ Tara}$$

Volumen (volume)

Das Volumen V beschreibt den Rauminhalt eines Körpers oder eines Behälters. Es ist eine abgeleitete Größe mit der SI-Einheit Kubikmeter (Einheitenzeichen m^3). Die Bestimmung des Volumens in einer Stoffportion erfolgt auf verschiedene Weise:

- Bei geometrischen Körpern durch Berechnung (vgl. Seite 76).
- Bei unregelmäßig geformten Feststoffen durch geeignete Verdrängungsmethoden oder durch Berechnung aus Masse und Dichte.
- Bei Flüssigkeiten und Gasen durch Volumenmessgeräte, z. B. Messzylinder (Bild 1, Seite 34), Kolbenprober (Bild 1, Seite 96).

Dichte (density)

Die Masse einer Stoffportion ist um so größer, je größer das Volumen der Stoffportion ist: $m \sim V$. Mit dem Proportionalitätsfaktor ϱ, der Dichte, erhält man die Größengleichung: $m = \varrho \cdot V$.

Umgestellt nach der Dichte erhält man die Definitionsgleichung der Dichte als Quotient aus Masse und Volumen. Dabei wird davon ausgegangen, dass der Stoff keine Hohlräume (Poren) besitzt. Diese Dichte bezeichnet man auch als **stoffspezifische Dichte.** Sie wird in der Regel mit dem Einheitenzeichen kg/m^3 oder g/cm^3 angegeben.

Dichte

$$\text{Dichte} = \frac{\text{Masse}}{\text{Volumen}}, \quad \varrho = \frac{m}{V}$$

Beispiel: Welche Dichte hat 500 mL Methanol, deren Masse in einem Messzylinder zu 396 g bestimmt wurde?

Lösung: $\varrho(\text{Methanol}) = \frac{m}{V} = \frac{396\ \text{g}}{500\ \text{mL}} = 0{,}792\ \text{g/mL} = \mathbf{0{,}792\ g/cm^3}$

Technische Dichten (industrial densities)

Neben der üblicherweise verwendeten stoffspezifischen Dichte ϱ, bei der eine vollständige Raumerfüllung vorausgesetzt wird, unterscheidet man in der Praxis weitere Arten von technischen Dichten.

In der Realität besitzt ein Feststoff z. B. durch kleine Lufteinschlüsse (Poren) in den Feststoffpartikeln eine bestimmte Porosität **(Bild 1)**. Schüttgüter besitzen zusätzlich zwischen den Feststoffpartikeln Hohlräume, die durch die Form und Schichtung der Partikel verursacht werden. Poren und Partikelzwischenräume bewirken eine nur teilweise Raumerfüllung und damit eine geringere wirkliche Dichte als die stoffspezifische Dichte.

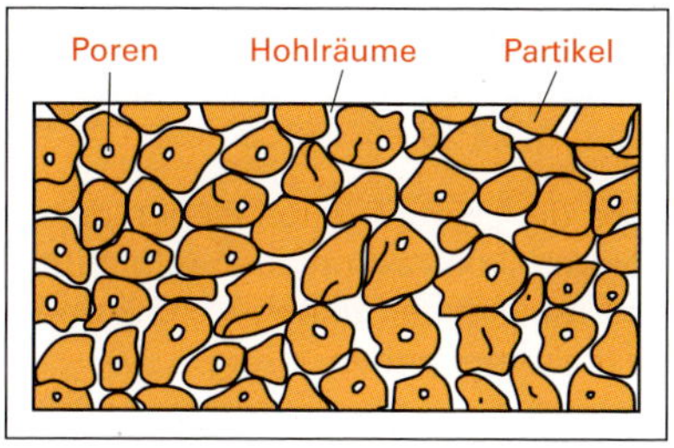

Bild 1: Innerer Aufbau einer Feststoffschüttung

Zur Berechnung der Masse oder des Volumens von Feststoffschüttungen verwendet man deshalb die **Schüttdichte** $\varrho_{\text{Schütt}}$ **(Tabelle 1)**. Die Größengleichung zur Berechnung der Schüttdichte lautet:

Schüttdichte

$$\varrho_{\text{Schütt}} = \frac{m_{\text{Schütt}}}{V_{\text{Schütt}}}$$

Das Volumen einer Feststoffschüttung lässt sich bei konstanter Masse durch genormte, mechanische oder thermische Verfahren weiter verringern (vgl. Seite 305).

Erfolgt die Verdichtung durch Vibration oder Rütteln, so bezeichnet man die auf diese Weise erhaltene Dichte als **Rütteldichte** $\varrho_{\text{Rütt}}$.

Rütteldichte

$$\varrho_{\text{Rütt}} = \frac{m_{\text{Rütt}}}{V_{\text{Rütt}}}$$

Wird eine Verdichtung durch Klopfen erzielt, so erhält man die **Klopfdichte** ϱ_{Klopf}.

Klopfdichte

$$\varrho_{\text{Klopf}} = \frac{m_{\text{Klopf}}}{V_{\text{Klopf}}}$$

Neben der Schütt-, Rüttel- und Klopfdichte kommen weitere technische Dichten zur Anwendung:

Als **Pressdichte** ϱ_{Press} bezeichnet man die Dichte eines Pulvers, das durch Formpressen verdichtet (kompaktiert) wurde.

Pressdichte

$$\varrho_{\text{Press}} = \frac{m_{\text{Press}}}{V_{\text{Press}}}$$

Wird das verdichtete Pulver anschließend einer Wärmebehandlung unterzogen, man spricht vom Sintern, so besitzt das Material (Erzpellets, Katalysatorgranulate) eine **Sinterdichte** ϱ_{Sinter}.

Sinterdichte

$$\varrho_{\text{Sinter}} = \frac{m_{\text{Sinter}}}{V_{\text{Sinter}}}$$

Die nebenstehende Tabelle zeigt die technischen Dichten einiger Schüttgüter.

Beispiel: Eine Sinterglasplatte aus Borosilikatglas in einer Filternutsche hat folgende Maße: d = 4,92 cm, h = 3,80 mm. Die Masse der Platte beträgt 11,3705 g.

a) Wie groß ist die Sinterdichte der Glasplatte?

b) Berechnen Sie das offene Porenvolumen der Sinterglasplatte.

Das Borosilikatglas hat die Dichte ϱ = 2,25 g/cm³

Lösung:

a) $$\varrho_{\text{Sinter}} = \frac{m_{\text{Sinter}}}{V_{\text{Sinter}}} = \frac{m}{\frac{\pi}{4} \cdot d^2 \cdot h} = \frac{4 \cdot m}{\pi \cdot d^2 \cdot h}$$

$$\boldsymbol{\varrho_{\text{Sinter}}} = \frac{4 \cdot 11{,}3705\,\text{g}}{\pi \cdot (4{,}92\,\text{cm})^2 \cdot 0{,}380} \approx \mathbf{1{,}57\,g/cm^3}$$

b) $$V_{\text{Poren}} = V_{\text{Sinter}} - V_{\text{Glas}} = \frac{m}{\varrho_{\text{Sinter}}} - \frac{m}{\varrho_{\text{Glas}}}$$

$$\boldsymbol{V_{\text{Poren}}} = \frac{11{,}3705\,\text{g}}{1{,}574\,\text{g/cm}^3} - \frac{11{,}3705\,\text{g}}{2{,}25\,\text{g/cm}^3} \approx \mathbf{2{,}17\,cm^3}$$

Tabelle 1: Technische Dichten von Schüttgütern

Schüttgut	Dichte t/m³	Schüttdichte t/m³	Rütteldichte t/m³
Quarzsand	2,7	1,5	1,7
Polystyrolgranulat	1,1	0,54	0,58
Thomasphosphat (feinkörnig)	2,2	1,7	2,1
Aluminiumoxid	3,9	0,80	1,1
Zucker	1,6	0,88	0,99
Kalksteinmehl	2,9	1,1	1,3
Bauxit	2,5	1,05	1,35
Zement	3,1	1,24	1,80

Dichte von Stoffgemischen (densitiy of mixtures)

Das Mischen ist eine wichtige verfahrenstechnische Grundoperation. Beim Mischen werden feste, flüssige oder gasförmige Stoffe so miteinander vereinigt, dass Gemische mit möglichst vollständig verteilten Substanzen entstehen. Typische Stoffgemische sind z. B.: Gemenge, Suspensionen, Emulsionen, Lösungen, Schäume, Pasten, Aerosole.

Wird die beim Mischen wegen der unterschiedlichen Teilchengröße der Mischkomponenten auftretende Volumenkontraktion oder -dilatation vernachlässigt, so setzt sich das Volumen des Gemisches V_M aus den Volumina der einzelnen Mischkomponenten V_1, V_2 und V_n zusammen. Der Index n steht für eine beliebige Mischkomponente.

Für das Volumen der Mischung gilt: $V_M = V_1 + V_2 + V_n$

Für die Masse der Mischung gilt analog: $m_M = m_1 + m_2 + m_n$

Durch Einsetzen von $V = m/\varrho$ bzw. $m = \varrho \cdot V$ ergeben sich die nebenstehenden Näherungsgleichungen, mit denen sich Dichten, Massen und Volumina von Stoffgemischen oder Mischkomponenten näherungsweise berechnen lassen.

Dichte von Stoffgemischen

$$\varrho_1 \cdot V_1 + \varrho_2 \cdot V_2 = \varrho_M \cdot V_M$$

$$\frac{m_1}{\varrho_1} + \frac{m_2}{\varrho_2} = \frac{m_M}{\varrho_M}$$

Beispiel: Ein Buntlack Bl enthält 380 g Bindemittel $\varrho(\text{Bm}) = 1{,}13\ \text{g/cm}^3$, 260 g Pigment $\varrho(\text{Pi}) = 3{,}81\ \text{g/cm}^3$ und 360 g Lackbenzin $\varrho(\text{Lb}) = 0{,}771\ \text{g/cm}^3$. Welche mittlere Dichte hat der Buntlack?

Lösung: $\frac{m_{Bm}}{\varrho_{Bm}} + \frac{m_{Pi}}{\varrho_{Pi}} + \frac{m_{Lb}}{\varrho_{Lb}} = \frac{m_{Bl}}{\varrho_{Bl}} \Rightarrow \varrho_{Bl} = \frac{m_{Bl}}{\frac{m_{Bm}}{\varrho_{Bm}} + \frac{m_{Pi}}{\varrho_{Pi}} + \frac{m_{Lb}}{\varrho_{Lb}}}$ mit $m_{Bl} = m_{Bm} + m_{Pi} + m_{Lb}$ folgt.

$$\varrho_{Bl} = \frac{m_{Bm} + m_{Pi} + m_{Lb}}{\frac{m_{Bm}}{\varrho_{Bm}} + \frac{m_{Pi}}{\varrho_{Pi}} + \frac{m_{Lb}}{\varrho_{Lb}}} = \frac{380\,\text{g} + 260\,\text{g} + 360\,\text{g}}{\frac{380\,\text{g}}{1{,}13\,\text{g/cm}^3} + \frac{260\,\text{g}}{3{,}81\,\text{g/cm}^3} + \frac{360\,\text{g}}{0{,}711\,\text{g/cm}^3}} \approx \mathbf{1{,}15\,g/cm^3}$$

Aufgaben zur Berechnung von Masse, Volumen und Dichte

1. Wie viele 25-kg-Säcke **(Bild 1)** werden zum Absacken von 10,0 m³ Kalksteinmehl mit einer Schüttdichte von $\varrho_{Schütt} = 1{,}1\ \text{g/cm}^3$ benötigt?
2. Welche Masse an Chloroform ($\varrho(CHCl_3) = 1{,}489\ \text{g/cm}^3$) kann man in eine 0,50-L-Flasche füllen?
3. Ein Eisenblech soll zum Korrosionsschutz einseitig mit einer Nickelschicht von 10 µm plattiert werden. Welche Masse an Nickel ($\varrho(\text{Ni}) = 8{,}8\ \text{g/cm}^3$) wird pro Quadratmeter benötigt?
4. Wie viele 100-mg-Tabletten können aus 6,50 m³ Arzneimittelgranulat mit einer Schüttdichte von $\varrho_{Schütt} = 0{,}570\ \text{g/cm}^3$ gepresst werden?
5. Ein 200-L-Rollreifenfass **(Bild 1)** mit einer Tara von 42,0 kg ist mit Methanol der Dichte $\varrho(CH_3OH) = 0{,}792\ \text{g/cm}^3$ gefüllt. Wie groß ist die Bruttomasse des Fasses?
6. Die Schüttdichte von Kristallsoda $Na_2CO_3 \cdot 10\ H_2O$ beträgt $\varrho(\text{Soda}) = 0{,}55\ \text{g/cm}^3$.
   a) Wie viele 25-kg-Säcke **(Bild 1)** werden zum Absacken von 2,5 m³ Soda benötigt?'
   b) Wie groß ist die Bruttomasse einer Lieferung, wenn zum Palettieren zwei Paletten mit einer Masse von je 25 g und Säcke mit einer Tara von 250 g verwendet werden?

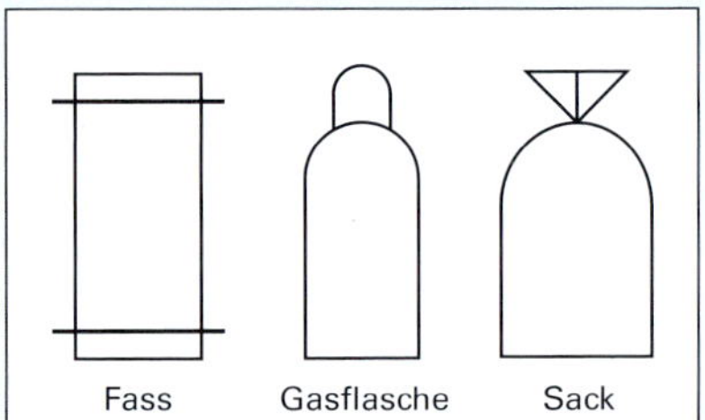

Bild 1: Bildzeichen für Behälter nach DIN EN ISO 10628

7. Welches Volumen füllen 300 kg RASCHIG-Ringe mit der Schüttdichte $\varrho_{Schütt} = 0{,}550\ \text{g/cm}^3$ in einer Füllkörperkolonne aus?
8. 2,50 t Chlorkautschuklack mit der Dichte $\varrho_{RUC} = 1{,}80\ \text{g/cm}^3$ sollen in ¾-Liter-Dosen abgefüllt werden. Wie viele Gebinde sind dafür erforderlich?

9. Eine Dosierpumpe für n-Butylamin (CH_3-$(CH_2)_3$-NH_2) mit der Dichte 0,739 g/cm³ wurde von einem Grenzwertgeber nach einer Durchflussmasse von 250 kg abgeschaltet. Welches Volumen ist gefördert worden?

10. Aus einem Polyethylengranulat mit einer Schüttdichte von 789 kg/m³ sollen 2500 PE-Flaschen mit einer Masse von je 84,5 g extrudiert werden. Wie groß ist das erforderliche Schüttvolumen an Granulat, wenn für den Ausgleich von Verlusten ein Zuschlag von 3,0 % berücksichtigt wird?

11. Eine Vorratsflasche mit Petrolether hat eine Bruttomasse von 1,64 kg bei einer Tara von 48,8 %. Wie viel Liter Petrolether (ϱ(Petrolether) = 0,84 g/cm³) sind in der Flasche enthalten?

12. Die Dichte von Chlorgas beträgt $\varrho(Cl_{2(g)})$ 3,21 g/L. Flüssiges Chlor hingegen hat eine Dichte von $\varrho(Cl_{2(l)})$ = 1,57 kg/L. Welches Volumen nehmen 100 m³ Chlorgas nach der Kondensation ein? Welche prozentuale Volumenverminderung wird durch die Kondensation erreicht?

13. Mit wie viel Liter Kondensat ($\varrho(H_2O_{(l)})$ = 1,00 g/cm³) wird eine wässrige Natriumcarbonat-Lösung $Na_2CO_{3(aq)}$ verdünnt, wenn sie mit 100 m³ Wasserdampf ($\varrho(H_2O_{(g)})$ = 0,60 g/L) direkt aufgeheizt wird? Wie groß ist die Volumenverminderung bei der Kondensation in Prozent?

14. Ergänzen Sie die fehlenden Zahlenwerte:

$$\varrho(\text{Al}) = 2{,}70\,\frac{\text{g}}{\text{cm}^3} = \boxed{}\,\frac{\text{kg}}{\text{L}} = \boxed{}\,\frac{\text{g}}{\text{mL}} = \boxed{}\,\frac{\text{kg}}{\text{dm}^3} = \boxed{}\,\frac{\text{t}}{\text{m}^3}$$

15. Von den fünf angegebenen metallischen Körpern bestehen zwei aus dem gleichen Material.
a) Welche Körper sind das? b) Aus welchem Metall könnten die Körper bestehen?

Körper	**I**	**II**	**III**	**IV**	**V**
Volumen	0,1800 L	62,73 L	2,50 mL	0,00120 m³	2,50 cm³
Masse	489,6 g	850 kg	48 250 mg	9,43 kg	6800 mg
Dichte					
Metall					

16. Zur Beprobung eines Polyurethanschaumstoffes wurde ein rechteckiger Probekörper mit den Maßen (130,0 × 84,5 × 48,0) mm ausgeschnitten und seine Masse zu 17,345 g bestimmt. Welche Dichte hat die untersuchte PU-Probe?

17. Eine 50,0-L-Stickstoff-Gasstahlflasche hat eine Bruttomasse von m_B = 75,9 kg bei einer Tara von m_T = 64,6 kg. Welche Dichte hat das in der Gasstahlflasche zusammengepresste Stickstoffgas?

18. In **Tabelle 1** sind die volumen- und massenbezogenen Rohstoffkosten sowie die Dichten von Fassadenfarben mit unterschiedlichen Rezepturen angegeben. Ergänzen Sie die fehlenden Werte.

Tabelle 1: Kosten und Dichten von Fassadenfarben

Rezeptur-Nr.:	1	2	3
Rohstoffkosten in €/L	1,50		1,43
Rohstoffkosten €/kg		0,97	0,97
Dichte in g/cm³	1,49	1,51	

19. Ein Weißlack (ϱ = 1,25 g/cm³) hat folgende Zusammensetzung:
380 g Bindemittel, ϱ = 1,13 g/cm³
260 g Titandioxid TiO_2, ϱ = 4,10 g/cm³
360 g Lösemittelgemisch.
Berechnen Sie die mittlere Dichte des Lösemittelgemisches.

20. Ein Alkydharzlack soll nach folgender Richtrezeptur gefertigt werden:
w(Bindemittel) = 37,5 %, ϱ = 1,15 g/cm³, *w*(Pigment) = 28,3 %, ϱ = 3,47 g/cm³,
w(Lösemittel) = 32,2 %, ϱ = 0,75 g/cm³, *w*(Additive) = 2,0 %, ϱ = 0,85 g/cm³.
Welche mittlere Dichte hat die Lackfarbe?

21. Welche Füllhöhe hat ein Schwimmdachtank mit einem Innendurchmesser von d = 24,0 m, in dem 4500 t Rohöl (ϱ = 0,81 g/cm³) gelagert werden?

3.4 Bewegungsvorgänge

Geradlinig gleichförmige Bewegung

In der Produktionstechnik müssen Stoffe bewegt werden, z. B. Stück- oder Schüttgüter auf einem Bandförderer oder Flüssigkeiten in einer Rohrleitung. Wird dabei in gleichen Zeitabschnitten Δt immer die gleiche Wegstrecke Δs zurückgelegt **(Bild 1),** so ist die Geschwindigkeit v konstant, und es liegt eine gleichförmige Bewegung (monotonous motion) vor **(Bild 2).**

Je größer die Geschwindigkeit ist,

- desto größer ist die in einem Zeitraum zurückgelegte Wegstrecke ($v \sim s$) und
- desto weniger Zeit wird zum Zurücklegen eines Streckenabschnitts benötigt ($v \sim 1/t$).

Somit gilt für die geradlinig gleichförmige Bewegung:

$$\text{Geschwindigkeit} = \frac{\text{Weg}}{\text{Zeit}}; \quad v = \frac{s}{t}$$

Übliche Einheitenzeichen für die Geschwindigkeit sind m/s und km/h. Zur Umrechnung gilt: 1 m/s = 3,6 km/h.

Beispiel: Die Verweilzeit eines Granulats in der 100 Meter langen Rohrleitung einer Saugluftförderanlage beträgt 5,0 Sekunden. Wie groß ist die mittlere Strömungsgeschwindigkeit $\bar{v}$ in der Rohrleitung in m/s und in km/h?

Lösung: $\bar{v} = \frac{s}{t} = \frac{100\ \text{m}}{5{,}0\ \text{s}} = 20\frac{\text{m}}{\text{s}} = \frac{20 \cdot 0{,}001\ \text{km}}{\frac{1}{3600}\text{h}} = 20 \cdot 3{,}6\frac{\text{km}}{\text{h}} = \mathbf{72\ \frac{km}{h}}$

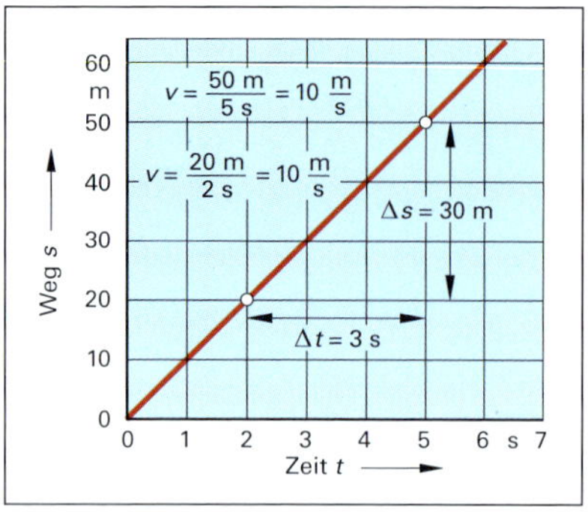

Bild 1: Weg-Zeit-Diagramm einer gleichförmigen Bewegung

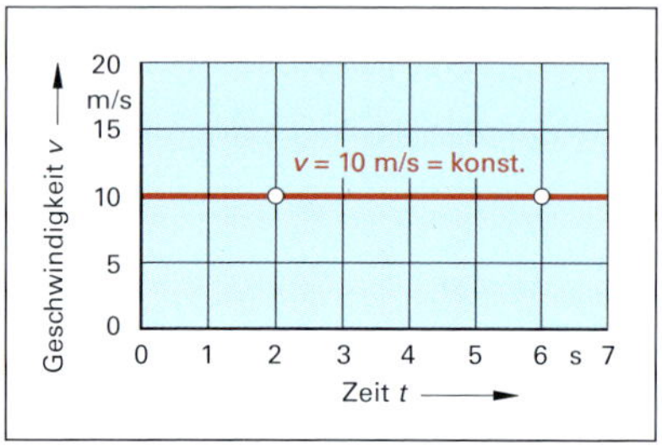

Bild 2: Geschwindigkeit-Zeit-Diagramm einer gleichförmigen Bewegung

Gleichförmige Kreisbewegung
(monotonous circular motion)

Bei vielen Produktionsverfahren bewegen sich Körper auf kreisförmigen Bahnen. Dabei legt ein Punkt des Körpers auf der Kreisbahn den Kreisumfang U zurück.

Mit $U = \pi \cdot d$ beträgt seine Umfangsgeschwindigkeit: $v = \frac{s}{t} = \frac{U}{t} = \pi \cdot \frac{d}{t}$

Bei n Umdrehungen berechnet sich die Umfangsgeschwindigkeit zu: $v = \frac{U \cdot n}{t} = \frac{\pi \cdot d \cdot n}{t}$

Die Anzahl der Umdrehungen n pro Zeit t bezeichnet man als **Umdrehungsfrequenz f.** Sie hat das Einheitenzeichen s^{-1} oder min^{-1}.

Unter Berücksichtigung der Umdrehungsfrequenz beträgt die Umfangsgeschwindigkeit: $v = \pi \cdot d \cdot \frac{n}{t} = \pi \cdot d \cdot f$

Umfangsgeschwindigkeit

$$v = \frac{\pi \cdot d \cdot n}{t} = \pi \cdot d \cdot f$$

Umdrehungsfrequenz

$$\text{Umdrehungsfrequenz} = \frac{\text{Umdrehungen}}{\text{Zeit}} \qquad f = \frac{N}{t}$$

Beispiel: Wie groß ist die Umdrehungsfrequenz der Trommel eines Vakuum-Trommelzellen-Filters **(Bild 3)** zur Kuchenfiltration von Aluminiumhydroxid $Al(OH)_3$, wenn der Filterkuchen durch Schaberabnahme mit einer Geschwindigkeit von 5,0 cm/s abgeschält wird? Der Trommeldurchmesser beträgt 4000 mm.

Lösung: $v = \pi \cdot d \cdot f \Rightarrow f = \frac{v}{\pi \cdot d}$

$f = \frac{0{,}050\,\text{m/s}}{\pi \cdot 4{,}000\,\text{m}} = 0{,}003978\,\text{s}^{-1} \approx 0{,}0040 \cdot 60\,\text{min}^{-1} \approx \mathbf{0{,}24\,min^{-1}}$

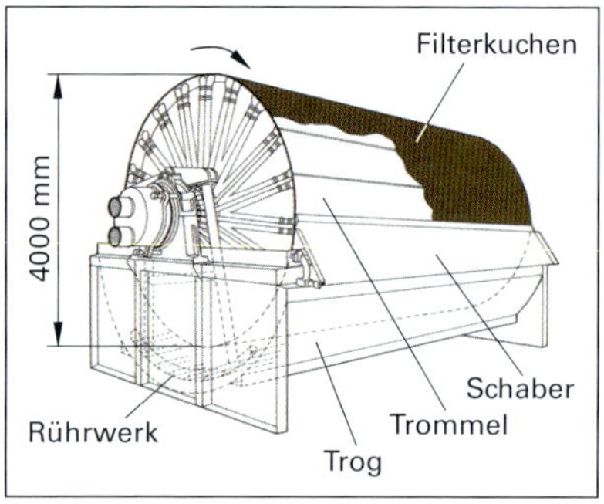

Bild 3: Vakuum-Trommelzellen-Filter

Geradlinig gleichmäßig beschleunigte Bewegung

Nimmt bei einer Bewegung die Geschwindigkeit in gleichen Zeitabschnitten um den gleichen Betrag zu **(Bild 1, Mitte)**, so ist die Beschleunigung a konstant **(Bild 1, unten)**. Es liegt eine gleichmäßig beschleunigte Bewegung vor.

Es werden demzufolge in gleichen Zeitabschnitten immer größere Wegstrecken zurückgelegt und für gleiche Wegstrecken wird immer weniger Zeit benötigt **(Bild 1, oben)**.

Die **Beschleunigung** a (acceleration) ist umso größer,

- je größer die Geschwindigkeitsänderung Δv ist, die in einem Zeitabschnitt erreicht wird: $a \sim \Delta v$,
- je kleiner die Zeitspanne Δt ist, in der die Geschwindigkeitsänderung stattfindet: $a \sim 1/\Delta t$.

Daraus ergibt sich die Definitionsgleichung der Beschleunigung:

$$\text{Beschleunigung} = \frac{\text{Geschwindigkeitsänderung}}{\text{Zeit}} \qquad a = \frac{\Delta v}{\Delta t}$$

Das Einheitenzeichen der Beschleunigung ist m/s^2. Bei einer Beschleunigung von beispielsweise $3\ m/s^2$ wird die Geschwindigkeit in einer Sekunde um drei Meter pro Sekunde größer.

Ist die Beschleunigung a konstant **(Bild 1, unten)**, so liegt eine gleichmäßig beschleunigte Bewegung vor.

Der **freie Fall** ist eine gleichmäßig beschleunigte Bewegung mit der Fallbeschleunigung $\boldsymbol{g = 9{,}81\ m/s^2 = 9{,}81\ N/kg}$.

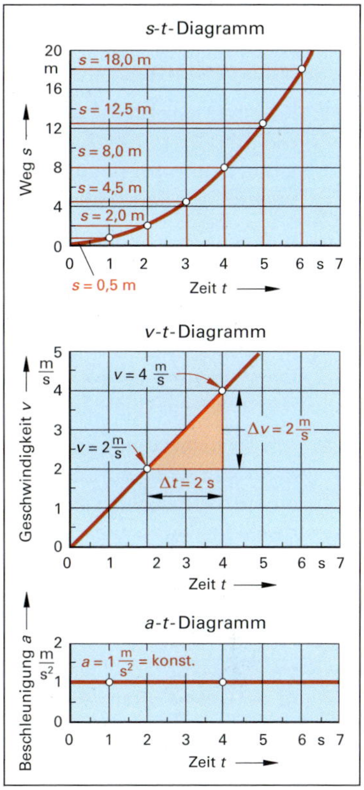

Bild 1: *s-t-*, *v-t-* und *a-t-*Diagramm der geradlinig beschleunigten Bewegung

Bei gleichmäßig beschleunigten Bewegungen aus der Ruhelage stehen zur Berechnung der zurückgelegten Wegstrecke mehrere Größengleichungen zur Verfügung. Mit der mittleren Geschwindigkeit v_m lassen sich eine Reihe von Gesetzmäßigkeiten der geradlinig beschleunigten Bewegung ableiten:

$v_m = \frac{s}{t} \Rightarrow s = v_m \cdot t$ mit $v_m = \frac{v}{2}$ folgt:

wird in $s = \frac{v}{2} \cdot t$ für $v = a \cdot t$ eingesetzt, so ergibt sich:

wird in $s = \frac{v}{2} \cdot t$ für $t = \frac{v}{a}$ eingesetzt, so gilt:

$$s = \frac{v}{2} \cdot t \qquad s = \frac{1}{2} \cdot a \cdot t^2 \qquad s = \frac{1}{2} \cdot \frac{v^2}{a}$$

Zurückgelegter Weg s bei der geradlinig beschleunigten Bewegung

Findet eine gleichmäßig beschleunigte Bewegung bei vorhandener Anfangsgeschwindigkeit v_0 statt, so berechnet sich der zurückgelegte Gesamtweg s aus dem Weg der gleichförmigen Bewegung $s_1 = v_0 \cdot t$ und dem Weg der beschleunigten Bewegung $s_2 = \frac{a}{2} \cdot t^2$.

$$s = v_0 \cdot t + \frac{a}{2} \cdot t^2$$

Zurückgelegter Weg s bei vorhandener Anfangsgeschwindigkeit

Beispiel 1: Beim Durchfluss durch ein Reduzierstück wird eine Kühlsole in 0,1 Sekunden von 0,3 m/s auf 0,9 m/s beschleunigt. Wie groß ist die Beschleunigung? Wie lang ist der konische Teil des Reduzierstücks?

Lösung: $\boldsymbol{a} = \frac{\Delta v}{\Delta t} = \frac{0{,}6\,m/s}{0{,}1\,s} = \boldsymbol{6\ m/s^2}$

$\boldsymbol{s} = v_0 \cdot t + \frac{a}{2} \cdot t^2 = 0{,}3\,m/s \cdot 0{,}1\,s + \frac{6\,m/s^2}{2} \cdot 0{,}1^2 \cdot s^2 = 0{,}03 + 0{,}03\ m = 0{,}06\ m = \boldsymbol{6\ cm}$

Beispiel 2: Bei der Rohrmontage fällt ein Schraubenschlüssel aus einer Höhe von fünf Metern von einer Rohrbrücke herab. Berechnen Sie die Fallzeit. (Für die Fallbeschleunigung g soll näherungsweise $g = 10\ m/s^2$ eingesetzt werden.)

Lösung: $s = \frac{1}{2} \cdot g \cdot t^2 \Rightarrow \boldsymbol{t} = \sqrt{\frac{2 \cdot s}{g}} = \sqrt{\frac{2 \cdot 5\,m}{10\,m/s^2}} = \sqrt{1\,s^2} \approx \boldsymbol{1\ s}$

Aufgaben zu Bewegungsvorgänge

1. Rechnen Sie die in der **Tabelle** zu Aufgabe 1 angegebenen Geschwindigkeitsangaben um.

Tabelle zu Aufgabe 1

km/h	m/min	m/s
18		
	720	
		2,4

2. Kalkstein wird auf einem 25,0 m langen Gurtbandförderer **(Bild 3)** mit einer Geschwindigkeit von 2,00 m/s in einen Drehrohrofen transportiert. Berechnen Sie die Verweilzeit des Kalksteins auf dem Gurtbandförderer.

3. Ein Laufkran hat eine Hubgeschwindigkeit von 7,8 m/min. Wie viele Sekunden benötigt er, um eine Welle 3,8 m hochzuheben?

4. Der große Zeiger einer Uhr in einer Prozessleitwarte ist von der Drehachse bis zur Spitze 18,0 cm lang. Wie groß ist die Geschwindigkeit an der Spitze des Zeigers in mm/min?

5. Mit welcher Anfangsgeschwindigkeit wird der Filterkuchen aus einer horizontalen Schälzentrifuge **(Bild 1)** mit einem Trommel-Innendurchmesser von 800 mm herausgeschält, wenn die Filterkuchendicke 120 mm und die Umdrehungsfrequenz 1350 min^{-1} betragen?

6. Ein Laufkran bewegt ein Pumpengehäuse mit einer Geschwindigkeit von 20,0 m/min in waagerechter Richtung. Die Hubgeschwindigkeit beträgt 5,0 m/min.
   a) Mit welcher resultierenden Geschwindigkeit bewegt sich die Last?
   b) Welche Wegstrecke legt die Last in 10 s zurück?

7. Mit welcher Geschwindigkeit schlägt ein Eisenerzbrocken auf die 3,0 cm entfernte Prallplatte einer Hammermühle **(Bild 2)**, wenn die am Rotor angebrachten Hämmer das Erz in 0,10 ms auf eine Geschwindigkeit von 40 m/s beschleunigen?

8. Bei der Montage einer Kolonne zur Fraktionierung von Erdöl fällt eine Schraube vom Kolonnenkopf herab und schlägt nach drei Sekunden auf dem Erdboden auf.
   a) Welche Fallstrecke hat die Schraube in der dritten Sekunde zurückgelegt?
   b) Wie hoch ist die Kolonne bis zum Kolonnenkopf?

9. Im Laufrad einer Kreiselradpumpe wird Isobutanol in 10 ms von 12,0 m/s auf 25,0 m/s beschleunigt. Berechnen Sie die Beschleunigung und die Beschleunigungsstrecke.

10. Welche Umlauffrequenz haben die Tragrollen (d = 50,0 mm) eines Gurtbandförderers **(Bild 3)**, wenn sich das Förderband mit einer Geschwindigkeit von 1,50 m/s bewegt?

11. Stückgüter werden über eine leicht geneigte 80 m lange Rollenbahn von einer Verpackungsanlage zum Versandlager transportiert. Die Beschleunigung aus der Ruhelage beträgt 0,10 m/s.
   a) Welche Endgeschwindigkeit erreichen die Stückgüter?
   b) Wie lange dauert der Transport der Stückgüter auf der Rollenbahn?

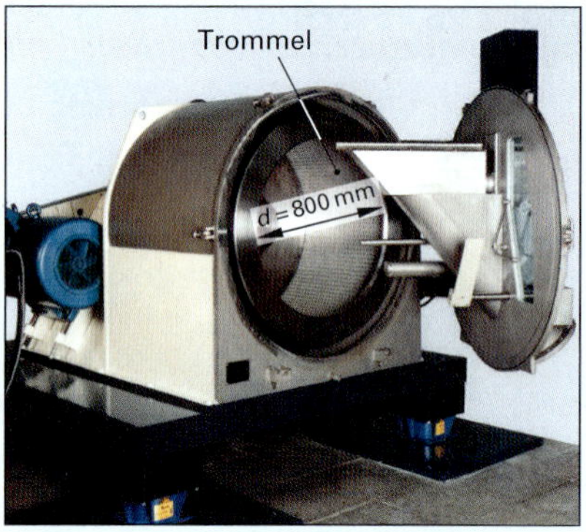

Bild 1: Horizontale Schälzentrifuge geöffnet (Aufgabe 5)

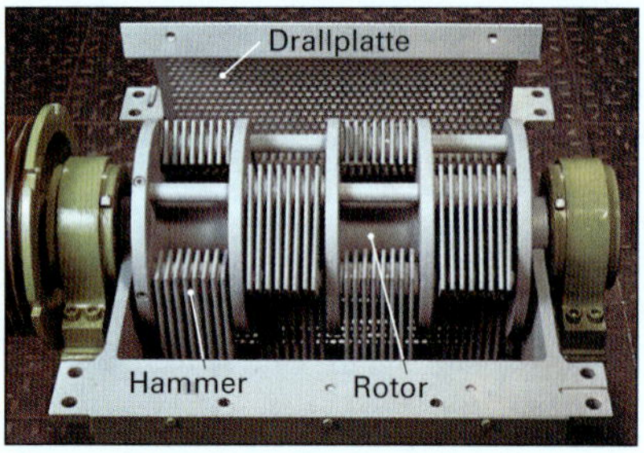

Bild 2: Hammermühle geöffnet, in Ruhelage (Aufgabe 7)

Bild 3: Gurtbandförderer (Aufgabe 2 und 10)

3.5 Strömende Medien in Rohrleitungen

Anlagen und Anlagenteile sind im Prozessfeld durch Rohrleitungen miteinander verbunden. Sie dienen zum kontinuierlichen Transport von Stoff- und Energieströmen.

Volumenstrom, Massenstrom (volume flow, mass flow)

Das pro Zeit t durch eine Rohrleitung strömende Fluidvolumen V nennt man Volumenstrom $\dot{V}$. Der Massenstrom $\dot{m}$ ist somit die pro Zeit t durch eine Rohrleitung strömende Fluidmasse m.

Stoff- und Energieströme sind in der Technik generell mit einem Punkt oberhalb des Formelzeichens gekennzeichnet.

Volumenstrom	Massenstrom
$\dot{V} = \frac{V}{t}$	$\dot{m} = \frac{m}{t}$

Beispiel: 542 kg Nitrobenzol $C_6H_5NO_2$ fließen in 36,0 s durch eine Produktleitung. Berechnen Sie den Massenstrom.

Lösung: $\dot{\boldsymbol{m}} = \frac{m}{t} = \frac{542\,\text{kg}}{36{,}0\,\text{s}} = \frac{542\,\text{kg}}{36{,}0 \cdot 1/3600\,\text{h}} \approx 54{,}2 \cdot 10^3\ \text{kg/h} = \mathbf{54{,}2\ t/h}$

Durchflussmasse, Durchflussvolumen (mass rate, volume rate)

Die Durchflussmasse m eines strömenden Mediums in einer Rohrleitung **(Bild 1)** steigt mit

- der Dichte ϱ des strömenden Mediums: $m \sim \varrho$,
- dem Querschnitt A der durchflossenen Rohrleitung: $m \sim A$,
- der Strömungsgeschwindigkeit v des Fluids: $m \sim v$,
- der Strömungszeit t des strömenden Mediums: $m \sim t$.

Somit beträgt die Durchflussmasse m: $m = \varrho \cdot A \cdot v \cdot t$.

Durch Einsetzen von $m = \varrho \cdot V$ erhält man: $\varrho \cdot V = \varrho \cdot A \cdot v \cdot t$.

Nach dem Kürzen der Dichte ϱ ergibt sich das Durchflussvolumen V zu: $V = A \cdot v \cdot t$.

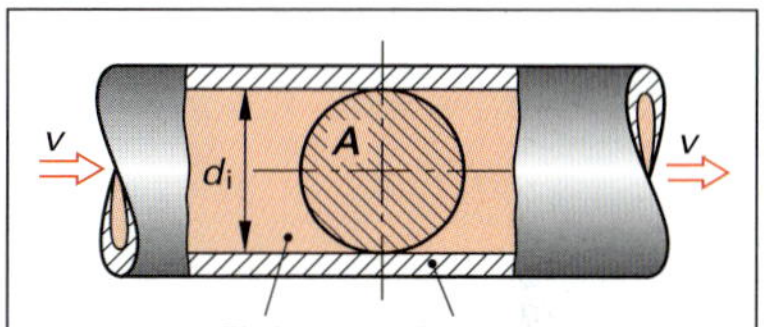

Bild 1: Fluidströmung durch eine Rohrleitung

Durchflussmasse
$m = \varrho \cdot A \cdot v \cdot t$

Durchflussvolumen
$V = A \cdot v \cdot t$

Beispiel: In einer Rohrleitung (DN 50, PN 6) mit einem Innendurchmesser von 54,5 mm fließt eine Alkydharz-Lösung der Dichte $\varrho = 0{,}958\ \text{g/cm}^3$ mit einer Strömungsgeschwindigkeit von 1,30 m/s. Wie groß ist die Durchflussmasse an Alkydharz-Lösung nach 60,0 s?

Lösung: $m = \varrho \cdot A \cdot v \cdot t$ mit $A = \frac{\pi}{4} \cdot d_i^2$ folgt: $m = \varrho \cdot \frac{\pi}{4} \cdot d_i^2 \cdot v \cdot t$

$\boldsymbol{m} = 958\ \text{kg/m}^3 \cdot \frac{\pi}{4} \cdot (54{,}5 \cdot 10^{-3}\ \text{m})^2 \cdot 1{,}30\ \text{m/s} \cdot 60{,}0\ \text{s} = 174{,}31\ \text{kg} \approx \mathbf{174\ kg}$

Mittlere Strömungsgeschwindigkeit in Rohrleitungen

Werden beide Seiten der Größengleichung zur Berechnung des Durchflussvolumens durch die Zeit t geteilt, so erhält man durch Kürzen: $V/t = \dot{V} = A \cdot v$. Durch Umstellen nach der Größe v ergibt sich die nebenstehende Definition für die mittlere Strömungsgeschwindigkeit $\bar{v}$ (velocity of flow).

Mittlere Strömungsgeschwindigkeit
$\bar{v} = \frac{\dot{V}}{A}$

Beispiel: In einem Schlangenkühler fließen pro Minute 335 L Kühlwasser. Der Innendurchmesser des Kühlrohrs beträgt 5,45 mm. Wie groß ist die Strömungsgeschwindigkeit im Kühlrohr?

Lösung: $\bar{v} = \frac{\dot{V}}{A}$ mit $A = \frac{\pi}{4} \cdot d_i^2$ folgt: $\bar{\boldsymbol{v}} = \frac{4 \cdot \dot{V}}{\pi \cdot d_i^2} = \frac{4 \cdot 0{,}335\,\text{m}^3}{\pi \cdot 60{,}0\,\text{s} \cdot \left(54{,}5 \cdot 10^{-3}\,\text{m}\right)^2} = 2{,}393\ \text{m/s} \approx \mathbf{2{,}39\ m/s}$

Strömung in Rohrleitungen mit geändertem Rohrquerschnitt

Strömt eine Flüssigkeit durch eine Rohrleitung, in der sich der Rohrquerschnitt verkleinert **(Bild 1)**, so steigt dort die Strömungsgeschwindigkeit an. Dies hat folgende Ursache: Da Flüssigkeiten nicht komprimierbar sind, ist der Volumenstrom in jedem Rohrquerschnitt konstant. $V_1 = V_2 = V_3$ = konstant. Mit $V_1 = A_1 \cdot v_1$ und $V_2 = A_2 \cdot v_2$ folgt nach dem Gleichsetzen der Volumenströme $v_1 = v_2$ die Gleichung: $A_1 \cdot v_1 = A_2 \cdot v_2$. Sie wird **Kontinuitätsgleichung** (continuity equation) genannt.

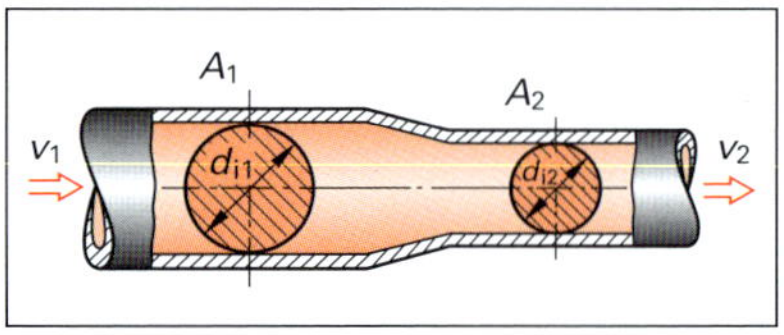

Bild 1: Strömung in einer Rohrleitung mit Rohrquerschnittsänderung

Beispiel: Beim Verdoppeln der Querschnittsfläche sinkt die Strömungsgeschwindigkeit um die Hälfte.

In Tabellenwerken werden nicht die Rohrquerschnittsflächen A, sondern die Nennweiten DN angegeben. Aus diesem Grund wird die Kontinuitätsgleichung häufig auch mit dem Rohrinnendurchmesser d_i formuliert. Nach dem Einsetzen von $A = \frac{\pi}{4} \cdot d_i^2$ und Kürzen von $\pi/4$ erhält man die nebenstehende Formel.

Kontinuitätsgleichung
$A_1 \cdot v_1 = A_2 \cdot v_2$
$d_{i1}^2 \cdot v_1 = d_{i2}^2 \cdot v_2$

Beispiel: In einem Reduzierstück (Bild 1) wird der Rohrinnendurchmesser von DN 40 (d_i = 43,1 mm) auf DN 25 (d_i = 28,5 mm) reduziert. Welche Strömungsgeschwindigkeit herrscht im Rohr mit der Nennweite DN 40, wenn sie in der Rohrleitung mit DN 25 1,50 m/s beträgt?

Lösung: $d_{i1}^2 \cdot v_1 = d_{i2}^2 \cdot v_2 \Rightarrow \mathbf{v_2} = \frac{d_{i1}^2}{d_{i2}^2} \cdot v_1 = \left(\frac{28{,}5 \text{ mm}}{43{,}1 \text{ mm}}\right)^2 \cdot 1{,}50 \text{ m/s} = 0{,}6558 \text{ m/s} \approx \mathbf{0{,}656 \text{ m/s}}$

Aufgaben zu Strömende Medien in Rohrleitungen

1. Ein BigBag soll mit 3,500 t Kalkstickstoffdünger gefüllt werden. In der Wägestation wird ein Massenstrom von 480 kg/min angezeigt. Wie lange dauert der Füllvorgang?
2. 100 L Prozesswasser fließen in 57,0 s durch eine Rohrleitung. Mit einem Coriolis-Massendurchflussmesser wird ein Volumenstrom von 6,31 m^3/h gemessen. Zeigt der Durchflussmesser einen im Rahmen der Messunsicherheit plausiblen Messwert an?
3. Ein Lagerbehälter soll mit 3,500 m^3 1,2-Dichlorbenzol gefüllt werden. In der Prozessleitwarte wird ein Volumenstrom von 120 L/min angezeigt. Wie lange dauert der Füllvorgang?
4. In einen Vorratstank wird über einen Zeitraum von 30,0 min Ethylbenzol CH_3-CH_2-C_6H_5 mit einer Strömungsgeschwindigkeit von 1,42 m/s gepumpt. Der Innendurchmesser der Rohrleitung beträgt 54,5 mm. Welches Durchflussvolumen an Ethylbenzol strömt in den Tank?
5. Welche Masse an Polyethylengranulat mit der Schüttdichte $\varrho_{Schütt}$ = 789,4 kg/m^3 kann in einer Absackanlage pro Stunde abgefüllt werden, wenn das Granulat über eine Rohrleitung mit einem Innendurchmesser von d_i = 50 mm und der mittleren Strömungsgeschwindigkeit $\overline{v}$ = 0,20 m/s der Anlage zugeführt wird?
6. Ein magnetisch-induktiver Durchflussmesser MID zeigt einen Volumenstrom an Natriumnitrat-Lösung $NaNO_{3(aq)}$ von $\dot{V}$ = 160 L/h. Welche Strömungsgeschwindigkeit hat die Lösung, wenn der Innendurchmesser der Rohrleitung 22,3 mm beträgt?
7. In einer horizontalen Produktleitung mit einem Innendurchmesser von 70,3 mm fließt eine Kühlsole mit der Strömungsgeschwindigkeit v = 0,70 m/s. Der Rohrinnendurchmesser verjüngt sich nach einem Reduzierstück auf 54,5 mm. Wie ändert sich die Strömungsgeschwindigkeit?
8. Die Ein- und Auslaufslutzen eines T-Stücks **(Bild 2)** haben die gleiche Nennweite. Die Innendurchmesser betragen d_i = 41,3 mm. Berechnen Sie die gesuchten Größen.

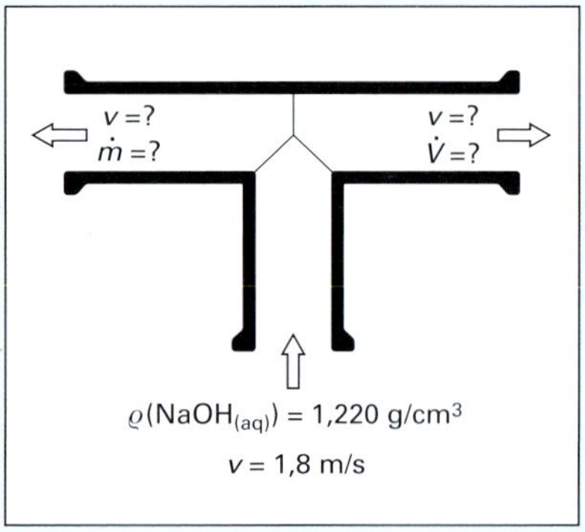

Bild 2: T-Stück (Aufgabe 8)

3.6 Kräfte

Beschleunigungskraft (acceleratior force)

Um den Bewegungszustand eines Körpers zu ändern, ist eine Kraft F (force) erforderlich **(Bild 1)**. Die aufzuwendende Beschleunigungskraft F (auch Geschwindigkeitsänderungskraft genannt) ist umso größer,

- je größer die Masse m des Körpers ist: $F \sim m$
- je größer die Beschleunigung a ist, die der Körper durch die Krafteinwirkung erfährt: $F \sim a$

Daraus folgt die **Grundgleichung der Mechanik:** $F = m \cdot a$

Die abgeleitete Einheit für die Kraft ist das Newton, Einheitenzeichen N. 1 N = 1 kg · m/s²

Beispiel: Ein Portalhubwagen hat eine Gesamtmasse von 25,0 t. Er wird durch eine Kraft von 12,5 kN beschleunigt. Wie groß ist die dabei auftretende Beschleunigung?

Lösung: $F = m \cdot a \Rightarrow \boldsymbol{a} = \frac{F}{m} = \frac{12{,}5 \cdot 10^3\,\text{kg} \cdot \text{m/s}^2}{25{,}0 \cdot 10^3\,\text{kg}} = \mathbf{0{,}500\ m/s^2}$

Wird in die Grundgleichung der Mechanik für die Beschleunigung a die Größengleichung $a = \Delta v / \Delta t$ eingesetzt, so lässt sich die Kraft berechnen, die zur Geschwindigkeitsänderung (Beschleunigung oder Verzögerung) eines Körpers erforderlich ist.

Beispiel: Welche Kraft muss auf einen Körper mit der Masse 1 kg einwirken, damit er seine Geschwindigkeit innerhalb von einer Sekunde um 1 m/s ändert?

Lösung: $\boldsymbol{F} = \frac{m \cdot \Delta v}{\Delta t} = \frac{1\,\text{kg} \cdot 1\,\text{m/s}}{1\text{s}} = 1\,\frac{\text{kg} \cdot \text{m}}{\text{s}^2} = \mathbf{1\ N}$

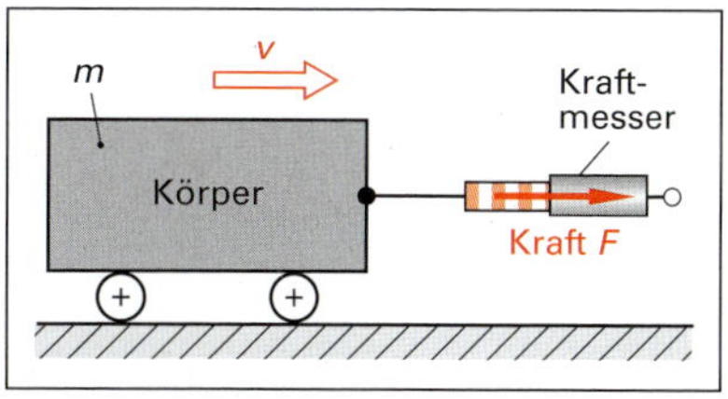

Bild 1: Beschleunigungskraft

Grundgleichung der Mechanik
$F = m \cdot a$

Geschwindigkeitsänderungskraft
$F = \frac{m \cdot \Delta v}{\Delta t}$

Gewichtskraft (weight-force)

Setzt man in die Grundgleichung der Mechanik $F = m \cdot a$ für die Beschleunigung a die auf der Erde auf alle Körper wirkende Fallbeschleunigung $g = 9{,}81$ m/s² ein, so lässt sich die Gewichtskraft F_G eines Körpers berechnen.

Beispiel: Welche Kraft ist erforderlich, um einen Körper mit einer Masse von 100 g am Herabfallen zu hindern?

Lösung: $\boldsymbol{F} = m \cdot g = 0{,}100\,\text{kg} \cdot 9{,}81\,\frac{\text{m}}{\text{s}^2} = 0{,}981\,\frac{\text{kg} \cdot \text{m}}{\text{s}^2} = \mathbf{0{,}981\ N}$

Gewichtskraft
$F_G = m \cdot g$
mit $g = 9{,}81$ m/s² = 9,81 N/kg

Formänderungskraft (force of deformation)

Die zur Verformung eines Körpers, z. B. einer Schraubenfeder, erforderliche Kraft ist umso größer, je größer der Widerstand der Schraubenfeder gegen ihre Formänderung ist ($F \sim D$) und je weiter die Feder gedehnt wird ($F \sim s$). Die Größengleichung für die Formänderungskraft heißt HOOKE'sches Gesetz. Der Widerstand einer Feder gegen ihre Formänderung wird auch als Federhärte bezeichnet und durch die Federkonstante D charakterisiert,

Beispiel: Zur Auslenkung der Rohrfeder in einem Rohrfedermanometer **(Bild 2)** ist eine Kraft von 1,5 N erforderlich. Wie groß ist die Federkonstante, wenn die Auslenkung 3,0 mm beträgt?

Lösung: $F = D \cdot s \Rightarrow \boldsymbol{D} = \frac{F}{s} = \frac{1{,}5\ \text{N}}{3{,}0\ \text{mm}} = \mathbf{0{,}50\ N/mm}$

HOOKE'sches Gesetz
$F = D \cdot s$

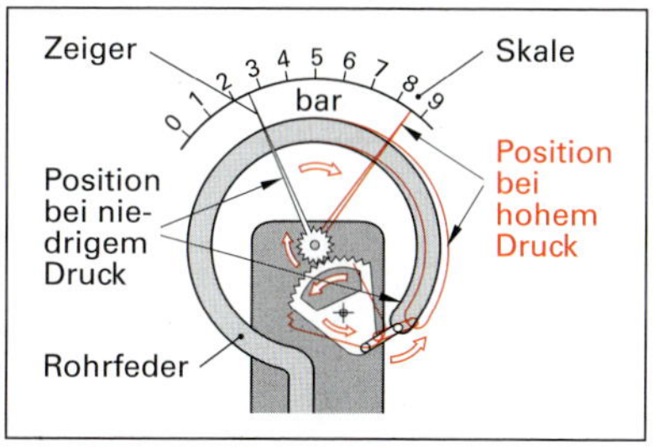

Bild 2: Rohrfedermanometer

Reibungskraft (frictional force)

Ist ein Körper durch eine Zugkraft F_Z beschleunigt worden, so bewegt er sich auf einer Unterlage nicht immer weiter mit konstanter Geschwindigkeit fort, wie man es eigentlich aufgrund seiner Trägheit erwarten könnte. Er wird durch eine Reibungskraft F_R gebremst (**Bild 1**).

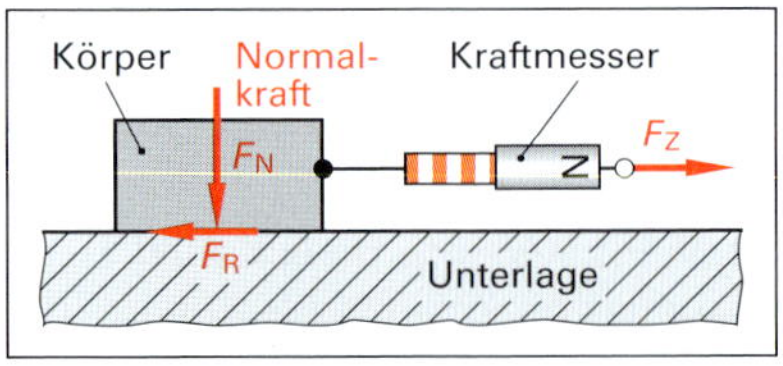

Bild 1: Experimentelle Bestimmung der Reibungskraft

Die Reibungskraft ist umso größer,

- je größer die Normalkraft F_N des Körpers ist: $F_R \sim F_N$
- je größer die Reibungszahl μ zwischen Körper und Unterlage ist: $F_R \sim \mu$

Daraus ergibt sich eine Gleichung für die Reibungskraft F_R. Diese Beziehung wird auch **Reibungsgesetz** genannt.

Reibungsgesetz
$F_R = \mu \cdot F_N$

Die Größe der aufeinander reibenden Flächen hat **keinen** Einfluss auf die Reibungskraft.

Die Normalkraft F_N ist die senkrecht auf die Unterlage wirkende Anpresskraft des Körpers. Bei einem unbelasteten, waagerecht auf einer Unterlage gleitenden Körper ist die Normalkraft F_N gleich der Gewichtskraft F_G des Körpers (Bild 1).

Die Größe der Reibungszahl μ wird experimentell bestimmt und ist von der Reibungsart (Haften, Gleiten, Rollen), von der Werkstoffpaarung und von der Oberflächenbeschaffenheit (rau, glatt) abhängig.

Je nachdem, ob die Bauteile aneinander haften, aufeinander gleiten oder abrollen, unterscheidet man Haftreibungszahl μ_H, die Gleitreibungszahl μ_G und die Rollreibungszahl μ_R. Es gilt: $\mu_H > \mu_G > \mu_R$

Beispiel: Wie groß ist die Reibungskraft an einer Welle eines Turboverdichters mit Wälzlagerung (μ_R = 0,003), wenn die auf das Lager wirkende Normalkraft 1 kN beträgt?

Lösung: $\mathbf{F_R} = \mu_R \cdot F_N = 0{,}003 \cdot 10^3\ \text{N} = \mathbf{3\ N}$

Zentrifugalkraft (centrifugal force)

Das Zentrifugieren ist eine wichtige verfahrenstechnische Grundoperation. Dabei wird eine Suspension oder Emulsion durch Fliehkraftsedimentation getrennt. Da die Fliehkraftsedimentation wesentlich schneller abläuft als die Schwerkraftsedimentation, kann durch Zentrifugieren eine disperse Phase mit geringem Dichteunterschied zum umgebenden Medium abgetrennt werden.

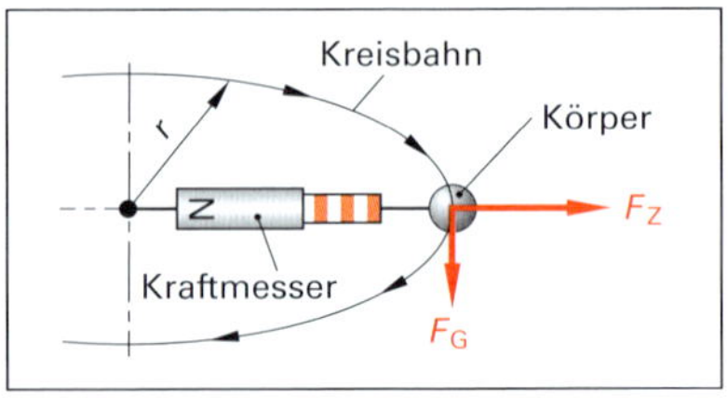

Bild 2: Messung der Zentrifugalkraft

Die bei einem rotierenden Körper **(Bild 2)** aufgrund seiner Massenträgheit auftretende Kraft wird als Flieh- oder Zentrifugalkraft bezeichnet.

Die Zentrifugalkraft F_Z nimmt mit dem Rotationsradius *r*, der Masse *m* und dem Quadrat der Umdrehungsfrequenz *f* des rotierenden Körpers zu. Mit dem Proportionalitätsfaktor $4 \cdot \pi^2$ berechnet sich die Zentrifugalkraft nach der nebenstehenden Größengleichung.

Zentrifugalkraft
$F_Z = 4 \cdot \pi^2 \cdot m \cdot r \cdot f^2$

Beispiel: Welche Zentrifugalkraft wirkt auf ein annähernd kugelförmiges Titandioxid-Partikel der Dichte $\varrho(TiO_2)$ = 4,2 g/cm³ und dem mittleren Durchmesser $d(TiO_2)$ = 10 µm, wenn der Rotationsradius des Partikels *r* = 485 mm und die Umdrehungsfrequenz der im **Bild 3** dargestellten Vollmantelschneckenzentrifuge 2700 min⁻¹ beträgt?

Lösung: $F_Z = 4 \cdot \pi^2 \cdot m \cdot r \cdot f^2$ mit $m = \varrho \cdot V$ und $V = \pi/6 \cdot d^3$

folgt: $F_Z = 4 \cdot \pi^2 \cdot \varrho \cdot \pi/6 \cdot d^3 \cdot r \cdot f^2$

$\mathbf{F_Z} = 4 \cdot \pi^2 \cdot 4{,}2 \cdot 10^3\ \text{kg/m}^3 \cdot \pi/6 \cdot 10^3 \cdot 10^{-18}\text{m}^3 \cdot 0{,}4895\ \text{m} \cdot 2\,700^2 \cdot 60^{-2} \cdot \text{s}^{-2} \approx 86 \cdot 10^{-9}\ \text{N} \approx \mathbf{86\ nN}$

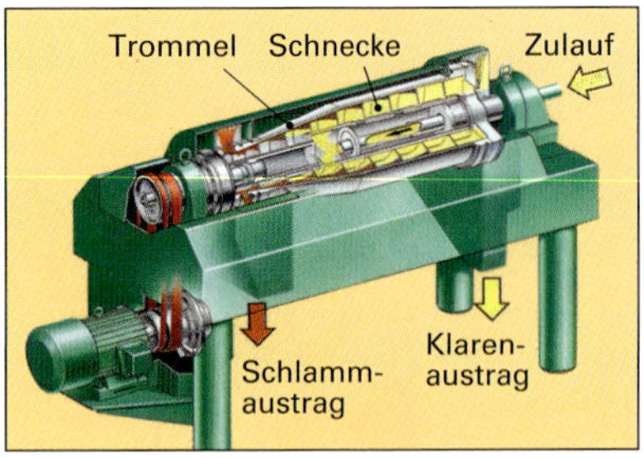

Bild 3: Vollmantelschneckenzentrifuge

Aufgaben zu Kräfte

1. An einem Kessel muss der Rührerantrieb ausgetauscht werden. Der Antrieb aus Elektromotor und Planetengetriebe hat die Masse 750 kg. Lässt sich die Demontage mit einer Hebeeinrichtung realisieren, die eine Tragkraft von 10 kN hat?
2. Berechnen Sie die Gewichtskraft eines mit Aceton gefüllten Fasses anhand folgender Angaben: Tara = 10,5 kg, d = 60,0 cm, h = 90,0 cm, ϱ(Aceton) = 0,791 g/cm³.
3. Ein archimedischer Vollzylinder aus Edelstahl der Dichte ϱ = 7,9 g/cm³ hat folgende Abmessungen: h = 70,0 mm, d = 40,0 mm. Wie groß ist die Gewichtskraft des Zylinders?
4. Welche Federkonstante muss die Schraubenfeder in einem Federkraftmesser **(Bild 1)** haben, wenn der Messbereich 10,0 N und die zur Verfügung stehende Skalenlänge 10,0 cm betragen?
5. Die Schraubenfeder in einem Federkraftmesser **(Bild 1)** wird mit einem Probekörper der Masse m = 500 g belastet. Wie groß ist die Auslenkung der Feder, wenn die Federkonstante D = 1,0 N/cm beträgt?
6. Welche Kraft ist erforderlich, um einen mit schwerem Heizöl beladenen Kesselwagen mit der Gesamtmasse von m_{ges} = 50 t auf einer waagerechten Schienenstrecke in gleichförmiger Bewegung zu halten? Die Fahrwiderstandszahl beträgt $\mu_F = 5{,}0 \cdot 10^{-3}$ N.

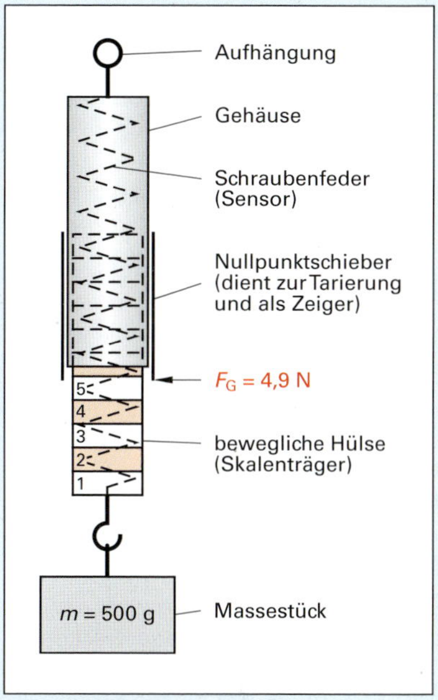

Bild 1: Federkraftmesser
(Aufgabe 4 und 5)

7. Zur experimentellen Bestimmung der Gleitreibungszahl wurde für einen Körper mit der Masse m = 3,1 kg eine Gleitreibungskraft von F_R = 2,9 N gemessen. Berechnen Sie die Gleitreibungszahl.
8. Welche Beschleunigungskraft muss man aufbringen, um einen Druckgasflaschen-Trasportwagen mit einer Masse von 84 kg in 1,2 Sekunden auf eine Geschwindigkeit von 1,4 m/s zu beschleunigen?
9. Am Ende einer leicht geneigten Rollenbahn werden Stückgüter mit einer Masse von 8,7 kg aus einer Geschwindigkeit von 0,35 m/s in 0,75 s bis zur Ruhelage abgebremst. Welche Kraft ist für die Verzögerung erforderlich?
10. Auf ein mit Glycol gefülltes Rollreifenfass mit einer Gesamtmasse von m = 260 kg wirkt eine Beschleunigungskraft von 130 N. Welche Beschleunigung erfährt das Fass?
11. Klärschlamm wird in einer Vollmantelschneckenzentrifuge **(Bild 2)** kontinuierlich entwässert. Dabei werden die elektrische Motorleistung und die Motordrehzahl gemessen und in der Prozessleitwarte angezeigt. Die Motordrehzahl wird ferner mit einem Frequenzumrichter geregelt. Die Realisierung der EMSR-Aufgaben erfolgt in beiden Fällen auf allgemeine Art und Weise.

    Welche Zentrifugalkraft wirkt auf ein Klärschlammpartikel mit einer Masse von 52 ng, wenn der Rotationsradius des Partikels 400 mm und die Umdrehungsfrequenz der Zentrifuge 2500 min⁻¹ beträgt?
12. Wie ändert sich die Zentrifugalkraft in einer Tellerzentrifuge, wenn unter ansonsten konstanten Bedingungen die Umdrehungsfrequenz von 1200 min⁻¹ auf 1800 min⁻¹ erhöht wird?

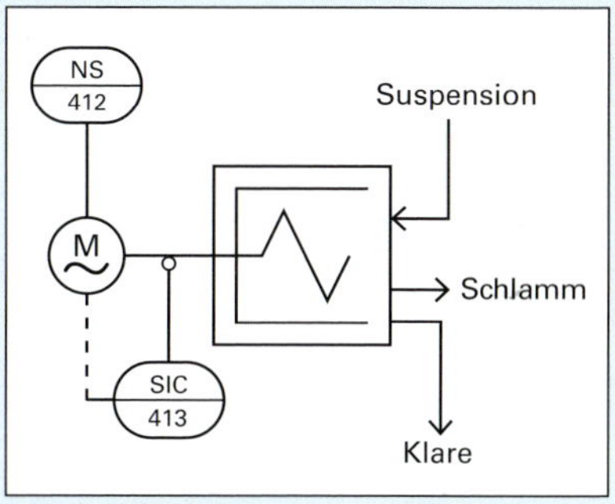

Bild 2: Vollmantelschneckenzentrifuge
(Aufgabe 11)

3.7 Arbeit

Beim Umgang mit Stoffen, z. B. beim Heben einer Last, wird mechanische Arbeit verrichtet. Die Arbeit W steigt mit der aufgebrachten Kraft F ($W \sim F$) und mit dem in Kraftrichtung zurückgelegten Weg s ($W \sim s$). Daraus erhält man die Gleichung $W = F \cdot s$.

Die abgeleitete SI-Einheit der Arbeit ist das Joule, Einheitenzeichen J, oder die Wattsekunde, Einheitenzeichen Ws. Große Arbeitsbeträge gibt man in Kilowattstunden (kWh) an.

Mechanische Arbeit
$W = F \cdot s$

$[W] = [F] \cdot [s] = 1\ \text{N} \cdot 1\ \text{m} = 1\ \text{N} \cdot \text{m} = 1\ \text{J}$

1 J = 1 Ws; 1 kWh = $3{,}6 \cdot 10^6$ J

Beispiel: Es wird eine Arbeit von einem Joule verrichtet, wenn der Angriffspunkt der Kraft von einem Newton in Kraftrichtung um einen Meter verschoben wird.

Im **Arbeitsdiagramm** (Kraft-Weg-Diagramm) stellt die Fläche, die von der Kraft und dem Weg gebildet wird, ein Maß für die verrichtete Arbeit dar **(Bild 1)**. Bei konstanter Kraft ergibt sich ein Rechteck mit der Fläche $W = F \cdot s$.

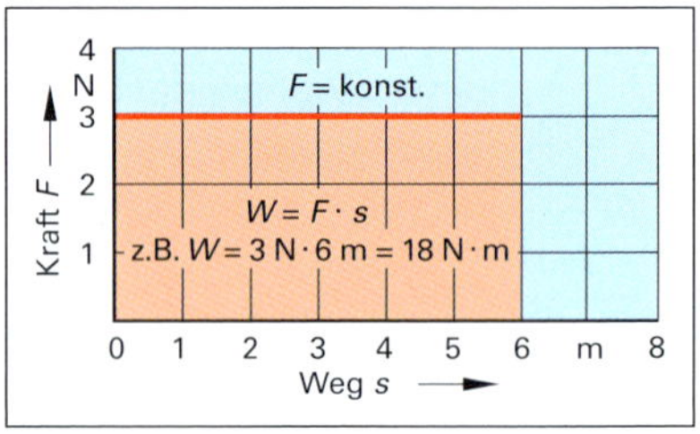

Bild 1: Arbeitsdiagramm

Hubarbeit (lifting work)

Zum Heben eines Körpers mit der Masse m muss die Gewichtskraft F_G während der Hebestrecke s (Höhe) aufgebracht werden. Setzt man in die Gleichung $W = F \cdot s$ für die Kraft F die Gewichtskraft $F_G = m \cdot g$ und für die Strecke s die Höhe h, erhält man die Hubarbeit W_H zum Heben einer Last.

Hubarbeit
$W_H = F_G \cdot h = m \cdot g \cdot h$

Beispiel: Wie groß ist die aufzuwendende Hubarbeit, wenn eine Last mit einer Masse von 100 kg einen Meter hochgehoben wird?

Lösung: $\mathbf{W_H} = m \cdot g \cdot h = 100\ \text{kg} \cdot 9{,}81\ \text{N/kg} \cdot 1\ \text{m} \approx 1\ \text{N} \cdot \text{m} = \mathbf{1\ J}$

Beschleunigungsarbeit (accelerator work)

Wird in die Gleichung $W = F \cdot s$ die Beschleunigungskraft $F = m \cdot a$ und der bei der beschleunigten Bewegung zurückgelegte Weg $s = \frac{1}{2} \cdot a \cdot t^2$ eingesetzt, so erhält man:
$W = m \cdot a \cdot \frac{1}{2} \cdot a \cdot t^2 = \frac{1}{2} \cdot m \cdot a^2 \cdot t^2$.

Beschleunigungsarbeit
$W_B = \frac{1}{2} \cdot m \cdot v^2$

Mit $a = v/t$ folgt nach dem Kürzen eine Größengleichung zur Berechnung der Beschleunigungsarbeit W_B bei Beschleunigungsvorgängen aus der Ruhelage.

Beispiel: Welche Beschleunigungsarbeit wird in einer horizontalen Rohrleitung beim Anfahren einer Kanalradpumpe verrichtet, wenn 150 kg Klärschlamm in der Rohrleitung auf 1,6 m/s beschleunigt werden?

Lösung: $\mathbf{W_B} = \frac{1}{2} \cdot m \cdot v^2 = \frac{1}{2} \cdot 150\,\text{kg} \cdot \left(1{,}6\,\text{m/s}^2\right)^2 = 192 \frac{\text{kg} \cdot \text{m}^2}{\text{s}^2} = \frac{192\,\text{kg} \cdot \text{m} \cdot \text{m}}{\text{s}^2} = 192\,\text{N} \cdot \text{m} = 192\,\text{J} \approx \mathbf{0{,}19\ kJ}$

Reibungsarbeit (frictional work)

Zu einer Größengleichung zur Berechnung der Reibungsarbeit W_R gelangt man, wenn in $W = F \cdot s$ für die Kraft F die Reibungskraft $F_R = \mu \cdot F_N$ eingesetzt wird.

Reibungsarbeit
$W_R = \mu \cdot F_N \cdot s$

Beispiel: Beim Verschieben einer mobilen Kreiselpumpenanlage beträgt die Reibungszahl $\mu = 0{,}02$.
Welche Reibungsarbeit ist zu verrichten, wenn die Pumpenanlage ($m = 155$ kg) 12 m waagerecht verschoben werden soll?

Lösung: $\mathbf{W_R} = \mu \cdot F_N \cdot \mathbf{s} = \mu \cdot F_G \cdot s = \mu \cdot m \cdot g \cdot s = 0{,}02 \cdot 155\ \text{kg} \cdot 10\ \text{N/kg} \cdot 12\ \text{m} = 372\ \text{N} \cdot \text{m} \approx \mathbf{0{,}4\ kJ}$

Spannarbeit (clamping work)

Beim Spannen einer Schraubenfeder wird Spannarbeit geleistet. Die Spannkraft wächst mit dem Weg linear an. Die erforderliche Spannarbeit W_{Sp} wird im Arbeitsdiagramm **(Bild 1)** durch die Dreiecksfläche unter der Ursprungsgeraden mit dem Flächeninhalt $W_{Sp} = \frac{1}{2} \cdot F \cdot s$ beschrieben.

Mit der Formänderungskraft $F = D \cdot s$ ergibt sich eine Größengleichung zur Berechnung der Spannarbeit.

$$W_{Sp} = \frac{1}{2} \cdot F \cdot s = \frac{1}{2} \cdot D \cdot s \cdot s = \frac{1}{2} \cdot D \cdot s^2$$

Beispiel: Welche Spannarbeit wird an der Schraubenfeder eines Federkraftmessers gemäß Bild 1 S. 89, verrichtet, wenn die Feder beim Skalenendwert von 5,0 N um 100 mm ausgelenkt wird?

Lösung: $W_{Sp} = \frac{1}{2} \cdot D \cdot s^2 = \frac{1}{2} \cdot \frac{F}{s} \cdot s^2 = \frac{1}{2} \cdot F \cdot s$

$\boldsymbol{W_{Sp}} = 0{,}5 \cdot 5{,}0\ \text{N} \cdot 0{,}100\ \text{m} = 0{,}25\ \text{N} \cdot \text{m} = \mathbf{0{,}25\ J}$

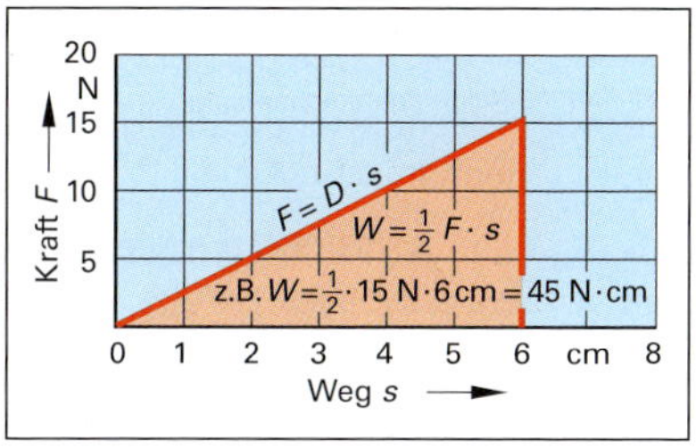

Bild 1: Spannarbeit

Spannarbeit
$W_{Sp} = \frac{1}{2} \cdot D \cdot s^2$

Aufgaben zu Arbeit

1. Welche Masse an Abwasser kann eine Schneckentrogpumpe **(Bild 2)** über eine Höhendifferenz von 10,0 m im Einlaufhebewerk einer Kläranlage transportieren, wenn sie eine Hubarbeit von einer Kilowattstunde verrichtet?
2. Beim Beschicken eines Stetigförderers wird eine Beschleunigungsarbeit von 40,5 J pro Stückgut verrrichtet, um es auf eine Geschwindigkeit von $v = 1{,}8$ m/s zu beschleunigen. Wie groß ist die Masse des Stückgutes?
3. Eine Dickstoffpumpe fördert 2,0 m³ Schlamm ($\varrho = 2{,}8$ g/cm³) mit einer Strömungsgeschwindigkeit von 1,0 m/s in einen Absetzkasten. Welche Beschleunigungsarbeit muss die Pumpe leisten?
4. Über einen Winkelhebel wird an einer Rückholfeder eine Spannarbeit von 25 J verrichtet. Wie stark wird die Feder ausgelenkt, wenn die Federkonstante $D = 10$ N/mm beträgt?
5. Welchen Messwert zeigt ein Federkraftmesser, wenn an der Schraubenfeder bei einer Auslenkung von 50 mm eine Spannarbeit von 25 mJ verrichtet wurde?
6. Zur Bestimmung der Gleitreibungszahl wurde ein Probekörper aus Holz 80,0 cm über eine kunststoffbeschichtete Tischplatte gezogen. Die mittlere Gleitreibungskraft konnte mit einem Federkraftmesser zu $F_R = 0{,}75$ N bestimmt werden. Wie groß war die verrichtete Reibungsarbeit?
7. Der Elektromotor eines Gurtbecherwerks **(Bild 3)** verrichtet eine Hubarbeit von 1,2 kWh. Welche Masse an Aluminiumoxid Al_2O_3 kann damit über eine Höhendifferenz von 6,0 m transportiert werden, wenn die Reibungsverluste unberücksichtigt bleiben?
8. Die Bremsen eines mit Kalkstickstoff beladenen Güterwaggons (m = 45 t) verrichten eine Reibungsarbeit von W = 0,90 MJ, um ihn auf einer waagerechten Strecke zum Stehen zu bringen. Wie lang ist die Bremsstrecke, wenn die Fahrwiderstandszahl $\mu_F = 5{,}0 \cdot 10^{-3}$ beträgt?

Bild 2: Schneckentrogpumpe (Aufgabe 1)

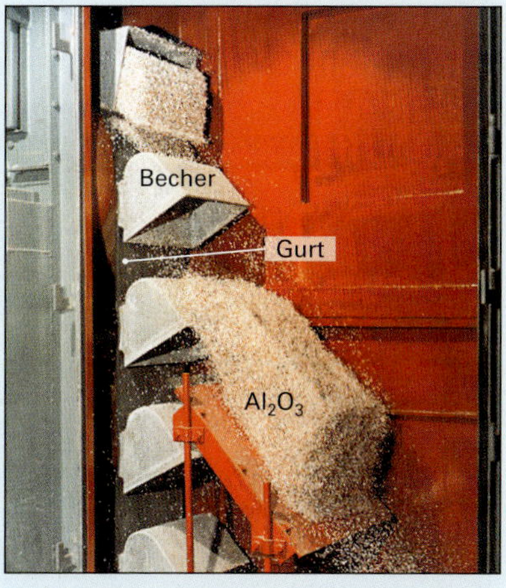

Bild 3: Gurtbecherwerk beim Auswurf (Aufgabe 7)

3.8 Leistung

Unter der mechanischen Leistung P wird die pro Zeiteinheit t verrichtete mechanische Arbeit W verstanden.

Die abgeleitete SI-Einheit der **Leistung** (power) ist das Watt, Einheitenzeichen W: $[P] = [W]/[t] = 1\ \text{N} \cdot \text{m/s} = 1\ \text{J/s} = 1\ \text{W}$

Analog zu den verschiedenen Arten der Arbeit (Seite 90) gibt es mehrere Leistungsarten.

Mechanische Leistung
$\text{Leistung} = \dfrac{\text{Arbeit}}{\text{Zeit}};\quad P = \dfrac{W}{t}$

Die **Hubleistung P_H** erhält man durch Einsetzen der Hubarbeit W_H in die Definitionsgleichung der Leistung:

$$P_H = \frac{W_H}{t} = \frac{F_G \cdot h}{t} = \frac{m \cdot g \cdot h}{t} = m \cdot g \cdot v = F_G \cdot v$$

Hubleistung
$P_H = F_G \cdot v$

Die **Beschleunigungsleistung P_B** kann man ebenso ableiten:

$$P_B = \frac{W_B}{t} = \frac{F_B \cdot h}{t} = \frac{m \cdot a \cdot h}{t} = m \cdot a \cdot v = F_B \cdot v$$

Beschleunigungsleistung
$P_B = F_B \cdot v$

Beispiel 1: Wie groß ist die Hubleistung einer Schneckentrogpumpe im Einlaufhebewerk einer Kläranlage, die pro Minute 120 m³ Abwasser ($\varrho = 1{,}0$ kg/L) 10 m hoch pumpt ($g \approx 10$ N/kg)

Lösung: $P_H = \dfrac{m \cdot g \cdot h}{t}$ mit $m = \varrho \cdot V$ folgt: $P_H = \dfrac{\varrho \cdot V \cdot g \cdot h}{t} = \dfrac{1{,}0 \cdot 10^3\,\text{kg} \cdot 120\ \text{m}^3 \cdot 10\,\text{N} \cdot 10\ \text{m}}{\text{m}^3 \cdot 60\,\text{s} \cdot \text{kg}}$

$\boldsymbol{P_H} = 2{,}0 \cdot 10^5 \dfrac{\text{N} \cdot \text{m}}{\text{s}} = 2{,}0 \cdot 10^5 \dfrac{\text{J}}{\text{s}} = 2{,}0 \cdot 10^5\ \text{W} = \mathbf{0{,}20\ MW}$

Beispiel 2: Ein Gabelstapler mit einer Eigenmasse von 1,2 t beschleunigt beim Transport einer Palette mit Kalkstickstoff ($m = 600$ kg) mit einer mittleren Beschleunigung von $a = 1{,}2$ m/s². Welche Beschleunigungsleistung ist zum Erreichen einer Geschwindigkeit von 10 km/h erforderlich?

Lösung: $\boldsymbol{P_B} = m \cdot a \cdot v = 1800\ \text{kg} \cdot 1{,}2 \dfrac{\text{m}}{\text{s}^2} \cdot \dfrac{10 \cdot 10^3\ \text{m}}{3600\ \text{s}} = 6{,}0 \cdot 10^3 \dfrac{\text{N} \cdot \text{m}}{\text{s}} = 6{,}0 \cdot 10^3 \dfrac{\text{J}}{\text{s}} = 6{,}0 \cdot 10^3\ \text{W} = \mathbf{6{,}0\ kW}$

Aufgaben zu Leistung

1. Wie groß ist die Hubleistung einer Axial-Kreiselradpumpe, die pro Stunde ein Volumen von $28 \cdot 10^3$ m³ Kühlwasser mit der Dichte $\varrho = 1{,}0$ kg/L in 18 m Höhe in einen Naturzug-Kühlturm einspeist?
2. Ein Elektromotor eines Drehschieberverdichters hat eine Wirkleistung von $P_W = 0{,}25$ kW. Welche Arbeit verrichtet der Motor, wenn er 4,0 h in Betrieb ist?
3. Eine Zahnradpumpe P1 mit einer Förderleistung von 4,2 kW soll Thermoöl ($\varrho = 0{,}84$ g/cm³) mit einer Geschwindigkeit von $v = 1{,}0$ m/s in einen Wärmeaustauscher W1 einspeisen **(Bild 1).** Wie groß ist das geförderte Volumen?
4. Zur Produktion von 2740 t Eisen pro Tag müssen einem 30 m hohen Hochofen 5480 t Eisenerz, 2750 t Kokskohle und 1360 t Kalkstein über einen Schrägaufzug zugeführt werden. Welche Hubleistung ist dafür insgesamt erforderlich?
5. Ein Portalkran in einer Fertigungshalle für Turboverdichter hat eine Gesamtmasse von $m = 3{,}6$ t. Welche Strecke benötigt er, um in 3,0 s auf $a = 0{,}20$ m/s² zu beschleunigen, wenn seine Beschleunigungsleistung 1,2 kW beträgt?

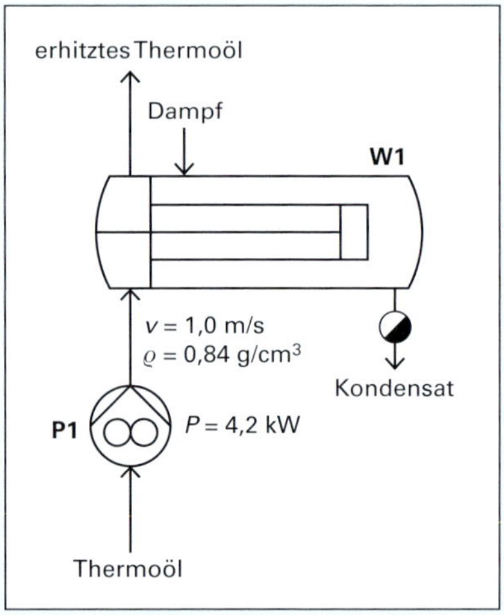

Bild 1: Förderung von Thermoöl mit einer Zahnradpumpe (Aufgabe 3)

3.9 Energie

Arbeit kann gespeichert werden. Die gespeicherte Arbeit wird als Arbeitsvermögen oder Energie bezeichnet. Im Gegensatz zur Arbeit, die einen Vorgang darstellt, beschreibt die Energie einen Zustand. Für die Energie werden die gleichen Einheitenzeichen verwendet wie für die Arbeit, also J, Ws oder kWh.

Potenzielle Energie (potential energy)

Eine Last, die durch Hubarbeit gehoben wurde, besitzt gegenüber dem Zustand in der ursprünglichen Höhe potenzielle Energie (Lageenergie). Die potenzielle Energie W_{pot} ist so groß, wie die an der Last verrichtete Hubarbeit $W_H = m \cdot g \cdot h$.

Potenzielle Energie
$W_{pot} = m \cdot g \cdot h$

Beispiel: Um einen Aerozyklon zur Montage um 10 Meter zu heben, verrichtet ein Kran eine Hubarbeit von 25 kJ.
Wie groß ist:
a) die Lageenergie des gehobenen Zyklons gegenüber der Ausgangslage,
b) die Masse des Zyklons?

Lösung: a) $W_H = \mathbf{W_{pot}} = \mathbf{25\ kJ}$

b) $W_{pot} = m \cdot g \cdot h \Rightarrow \mathbf{m} = \frac{W_{pot}}{g \cdot h} = \frac{25 \cdot 10^3 \mathrm{N \cdot m}}{10 \mathrm{N/kg} \cdot 10 \mathrm{m}} = 250\ \mathrm{kg} \approx \mathbf{0{,}25\ t}$

Kinetische Energie (kinetic energy)

Ein Körper, der sich mit der Geschwindigkeit v bewegt, besitzt kinetische Energie (Bewegungsenergie).
Die kinetische Energie W_{kin} ist so groß wie die am Körper verrichtete Beschleunigungsarbeit $W_B = \frac{1}{2} \cdot m \cdot v^2$.

Kinetische Energie
$W_{kin} = \frac{1}{2} \cdot m \cdot v^2$

Beispiel: Welche kinetische Energie hat eine Chrom-Nickel-Stahlkugel (d = 15,446 mm, ϱ = 8,0866 g/cm³) in einem Kugelfallviskosimeter (Bild 1, Seite 308), wenn die Fallgeschwindigkeit 1,47 mm/s beträgt?

Lösung: $W_{kin} = \frac{1}{2} \cdot m \cdot v^2$; mit $m = \varrho \cdot V$ und $V = \frac{\pi}{6} \cdot d^3$ folgt: $W_{kin} = \frac{1}{2} \cdot \varrho \cdot \frac{\pi}{6} \cdot d^3 \cdot v^2 = \frac{\pi}{12} \cdot \varrho \cdot d^3 \cdot v^2$

$$\mathbf{W_{kin}} = \frac{\pi \cdot 8{,}0866 \mathrm{kg} \cdot 1{,}5446^3 \mathrm{cm}^3 \cdot \left(1{,}47 \cdot 10^{-3}\right)^2 \mathrm{m}^2}{12 \cdot 10^3 \cdot \mathrm{cm}^3 \cdot \mathrm{s}^2} \approx 16{,}9 \cdot 10^{-9} \frac{\mathrm{kg \cdot m^2}}{\mathrm{s}^2} = 16{,}9 \cdot 10^{-9} \mathrm{N \cdot m} = \mathbf{16{,}9\ pJ}$$

Spannenergie (clamping energy)

Beim Spannen einer Feder im elastischen Bereich speichert die Feder die zum Spannen erforderliche Arbeit $W_{Sp} = \frac{1}{2} \cdot D \cdot s^2$ in Form von Spannenergie. Die Spannenergie W_{Sp} wird auch als potenzielle Energie der Feder bezeichnet und mit der gleichen Formel berechnet wie die Spannarbeit.

Spannenergie
$W_{Sp} = \frac{1}{2} \cdot D \cdot s^2$

Beispiel: Wie groß ist die Spannenergie einer Schraubenfeder (D = 1,0 N/mm) aus warmgewalztem Federstahl (60 SiCr 7) in einem Federkraftmesser (Bild 1, Seite 89), wenn die Zugfeder um 8,0 cm gespannt wird?

Lösung: $\mathbf{W_{Sp}} = \frac{1}{2} \cdot D \cdot s^2 = \frac{1}{2} \cdot 1{,}0 \mathrm{N/mm} \cdot (80 \mathrm{mm})^2 \approx 3{,}2 \cdot 10^3 \mathrm{N \cdot mm} = 3{,}2 \mathrm{N \cdot m} = \mathbf{3{,}2\ J}$

Wärmeenergie (heat energy)

Beim Abbremsen eines Körpers wird die in ihm gespeicherte kinetische Energie in der Bremse in Wärmeenergie Q umgewandelt.
Die Wärmeenergie Q berechnet sich aus der Masse des erwärmten Körpers m, seiner Temperaturerhöhung $\Delta\vartheta$ und einem materialspezifischen Kennwert, der spezifischen Wärmekapazität c.

Wärmeenergie
$Q = c \cdot m \cdot \Delta\vartheta$

Beispiel: Beim Abbremsen eines Kraftfahrzeugs erwärmen sich die Bremsen um 43,0 K.
Es ist: m_{Br} = 8,50 kg, c_{Br} = 0,460 kJ/(kg · K). Wie groß ist die freigesetzte Wärmeenergie?

Lösung: $\mathbf{Q} = c \cdot m \cdot \Delta\vartheta = 0{,}460 \frac{\mathrm{kJ}}{\mathrm{kg \cdot K}} \cdot 8{,}50\ \mathrm{kg} \cdot 43{,}0\ \mathrm{K} = 168{,}13\ \mathrm{kJ} \approx \mathbf{168\ kJ}$

Aufgaben zu 3.9 Energie

1. Wie viel Wasser muss in einem Pumpspeicher-Kraftwerk pro Stunde in das 300 m höher gelegene Speicherbecken gepumpt werden, damit eine potenzielle Energie von 1,2 TJ zur Stromerzeugung zur Verfügung steht?
2. Eine Kreiselradpumpe speist 650 L Waschwasser in 24,0 m Höhe in eine Waschkolonne. Um welchen Betrag steigt dabei die potenzielle Energie der Waschflüssigkeit?
3. Ein Gurtbandförderer (Bild 3, Seite 84) transportiert pro Stunde 12,5 m^3 Kalkstein ($\varrho(CaCO_3)$ = 2,7 g/cm^3) in einen Drehrohrofen. Die dabei verrichtete Hubarbeit beträgt 2,7 MJ.
   a) Wie groß ist die Förderhöhe? b) Wie groß ist der Zuwachs an potenzieller Energie?
4. Welche Energie müssen die Bremsen eines mit Kerosin beladenen Kesselwagens mit einer Gesamtmasse von 50 t aufnehmen, wenn er aus einer Geschwindigkeit von 30 km/h, 60 km/h oder 90 km/h jeweils bis zum Stillstand abgebremst wird? Vergleichen Sie die berechneten Geschwindigkeiten mit den dazugehörenden Energien.
5. Ein mit Braunkohlenstaub beladener Eisenbahnwaggon mit einer Gesamtmasse von 40 t fährt mit einer Restgeschwindigkeit von 0,90 km/h gegen einen Prellbock. Um welche Strecke werden die Pufferfedern mit einer Federkonstante von D = 10 kN/cm zusammengedrückt?
6. Bei der unsachgemäßen Demontage eines Sicherheitsventils schießt eine Kugel mit einer Masse von 5,0 g durch eine um 2,0 cm vorgespannte Schraubenfeder (D = 4,0 kN/m) senkrecht in die Höhe.
   a) Welche Energie wird auf die Kugel übertragen? b) Wie hoch steigt die Kugel?
7. Durch eine Druckkraft von 1,6 kN wird eine Druckfeder in einem Reduzierventil um 1,5 cm zusammengedrückt. Wie groß ist die Spannenergie der verformten Feder?
8. Um wie viel Grad erwärmen sich die Bremsen des von 90 km/h abgebremsten Kesselwagens von Aufgabe 4, wenn ihre Masse 920 kg und ihre spezifische Wärmekapazität 0,48 kJ/(kg · K) betragen?

3.10 Wirkungsgrad

Bei der Energieumwandlung entstehen Energieverluste. Das Verhältnis von abgegebener Energie oder Leistung (W_{ab}, P_{ab}) zur zugeführten Energie oder Leistung (W_{zu}, P_{zu}) bezeichnet man als Wirkungsgrad η (efficiency). Er ist eine dimensionslose Dezimalzahl, die auch in Prozent angegeben werden kann. Der Wirkungsgrad ist stets kleiner als 1 bzw. kleiner als 100 %.

Wirkungsgrad

$$\eta = \frac{W_{ab}}{W_{zu}} = \frac{P_{ab}}{P_{zu}}$$

Sind mehrere Maschinen an der Energieumwandlung beteiligt, so errechnet sich der Gesamtwirkungsgrad η_{ges} durch Multiplikation der einzelnen Wirkungsgrade.

Gesamtwirkungsgrad

$$\eta_{ges} = \eta_1 \cdot \eta_2 \cdot \eta_3$$

Beispiel 1: Bei einer Kreiselrad-Pumpenanlage, die durch einen Elektromotor angetrieben wird, entstehen Verluste an verschiedenen Stellen **(Bild 1)**:

- im E-Motor durch OHM'sche Verluste, Ummagnetisierungs-, Lüfterantriebs- und Lagerreibungsverluste: η_E = 0,85;
- in der Kreiselradpumpe durch innere Reibung in der geförderten Flüssigkeit sowie durch Reibungsverluste in den Lagern und Dichtungen: η_P = 0,70.

Der Gesamtwirkungsgrad der Pumpenanlage beträgt dann:
$\eta_{ges} = \eta_E \cdot \eta_P = 0{,}85 \cdot 0{,}70 \approx$ **0,60**

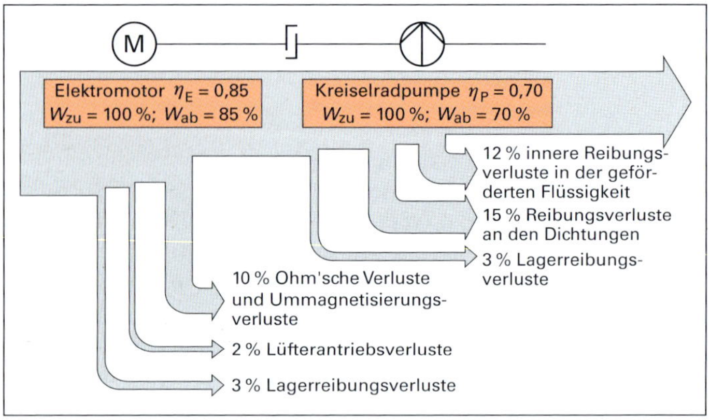

Bild 1: Energieverluste in einer Pumpenanlage

Beispiel 2: Welche elektrische Leistung nimmt ein Rührwerksmotor bei einem Wirkungsgrad von 85 % auf, wenn er an das angekuppelte Planetengetriebe eine mechanische Leistung von 6,8 kW abgibt?

Lösung: $\eta = \frac{P_{ab}}{P_{zu}} \Rightarrow \mathbf{P_{zu}} = \frac{P_{ab}}{\eta} = \frac{6{,}8\,\text{kW}}{0{,}85} = \mathbf{8{,}0\ kW}$

Aufgaben zum Wirkungsgrad

1. **Bild 1** zeigt das Fließbild einer Zahnradpumpenanlage, die über einen Drehstrommotor und ein Getriebe angetrieben wird. Wie groß ist der Wirkungsgrad des Getriebes, wenn der Gesamtwirkungsgrad der Pumpenanlage η = 0,61 beträgt und durch die Scheibenkupplungen praktisch keine Leistungsverluste auftreten?

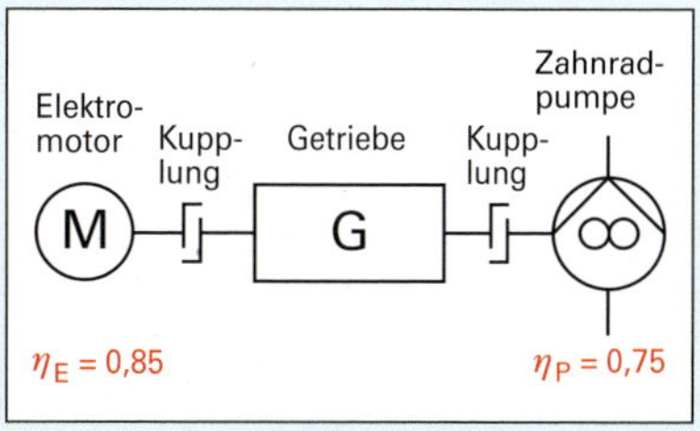

Bild 1: Zahnradpumpenanlage (Aufgabe 1)

2. An einer motorgetriebenen Spindelpresse werden folgende Leistungsdaten ermittelt:

   Vom Motor aufgenommene Leistung: P_{zu} = 10,5 kW.

   Vom Motor an das Getriebe abgegebene Leistung: P_{ab} = 8,4 kW.

   Vom Getriebe an die Spindel abgegebene Leistung: P_{ab} = 5,9 kW.

   Von der Spindel an den Stempel abgegebene Leistung: P_{ab} = 1,8 kW.

   Berechnen Sie die Einzelwirkungsgrade der Maschinenteile sowie den Gesamtwirkungsgrad der Spindelpresse.

3. Eine Kreiselradpumpe fördert pro Minute 2,5 m^3 VE-Wasser in einen 3,0 m hoch gelegenen Verdampfer. Welchen Wirkungsgrad hat die Pumpe, wenn die vom Drehstrommotor abgegebene Leistung 1,6 kW beträgt?

4. Ein Gurtbandförderer transportiert pro Stunde 100 t Bauxit über eine Höhe von 7,2 m in eine Mahlanlage. Berechnen Sie die Förderleistung und den Wirkungsgrad des Stetigförderers, wenn der Antriebsmotor eine Leistung von 8,0 kW abgibt.

5. Bei einer hydraulischen Presse **(Bild 2)** zur Herstellung von Presslingen bringt der Hydraulikkolben eine mittlere Kraft von 80 kN bei einer mittleren Kolbengeschwindigkeit von 3,0 m/min auf. Wie groß ist:

   a) Die abgegebene Leistung der Stempelpresse?

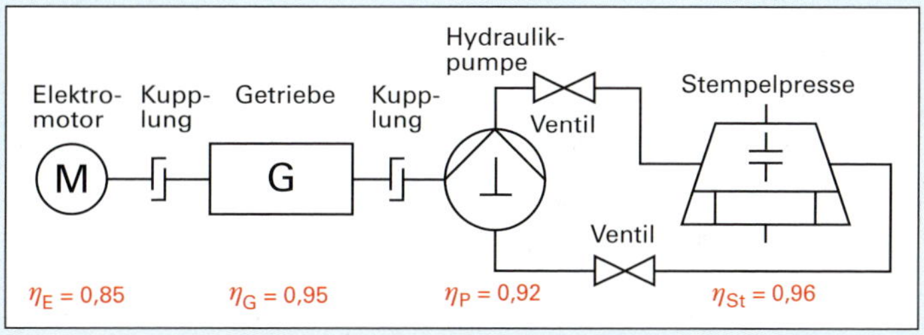

Bild 2: Hydraulische Presse (Aufgabe 5)

   b) Die aufgenommene Leistung von Motor, Getriebe, Hydraulikpumpe und Stempelpresse?

   c) Der Gesamtwirkungsgrad der Anlage?

6. Eine Spaltrohrmotorpumpe nimmt eine elektrische Energie von 3,2 kWh aus dem Netz auf. Ihr Wirkungsgrad beträgt 70 %.

   a) Welche Hubarbeit kann die Pumpe verrichten?

   b) Wie viel Kubikmeter Kalilauge (ϱ(KOH) = 1,20 g/cm^3) können damit über eine Höhendifferenz von 2,4 m gefördert werden?

7. Eine Kreiselpumpe soll pro Stunde 150 m^3 Waschfiltrat (ϱ = 1,1 g/cm^3) fördern. Die Kreiselpumpe hat eine Leistungsaufnahme von 3,8 kW bei einem Wirkungsgrad von η = 0,60.

   Welche Förderhöhe kann theoretisch erreicht werden?

8. Ein Zahnradgetriebe nimmt eine mechanische Leistung von 1,16 kW auf und gibt 1,10 kW an einen Backenbrecher ab.

   a) Wie groß ist die Verlustleistung?

   b) Berechnen Sie den Wirkungsgrad des Zahnradgetriebes.

3.11 Druck und Druckarten

Zur Kompression eines Gases ist eine Kraft erforderlich. Drückt man z. B. auf den Kolben eines Kolbenprobers, so bewirkt die Kraft *F* einen Druck *p* in der Gasportion **(Bild 1)**.

Der erzeugte Druck *p* (pressure) ist umso größer, je größer die wirkende Kraft *F* ($p \sim F$) und je kleiner die wirksame Kolbenfläche *A* ist ($p \sim 1/A$), Somit lautet die Definitionsgleichung des Druckes $p = F/A$. Da die Kraft die Einheit Newton (N) und die Fläche die Einheit Quadratmeter (m^2) hat, ergibt sich für den Druck das Einheitenzeichen N/m^2. Für größere Drücke wird das Hektopascal (hPa) oder das Bar (bar), für kleinere Drücke das Millibar (mbar) verwendet. Es gelten die nebenstehenden Umrechnungen.

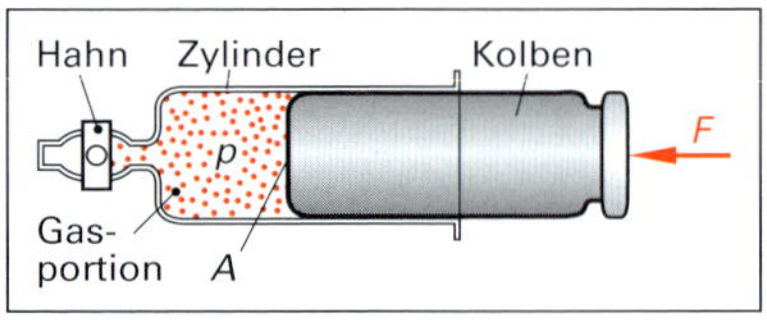

Bild 1: Druckerzeugung in einem Kolbenprober

Druckdefinition
$\text{Druck} = \dfrac{\text{Kraft}}{\text{Fläche}}; \quad p = \dfrac{F}{A}$

Umrechnung von Druckeinheiten
$1\ N/m^2 = 1\ Pa$ (Pascal)
$100\,000\ Pa = 1\ bar = 10\ N/cm^2$
$1\ hPa = 100\ Pa = 1\ mbar$

Beispiel: Welcher Öldruck herrscht in einer hydraulischen Presse bei einer Presskraft von $F = 39$ kN, wenn der wirksame Stempeldurchmesser $d = 100$ mm beträgt?

Lösung: $p = \frac{F}{A}$, mit $A = \frac{\pi}{4} \cdot d^2$ folgt: $p = \frac{F \cdot 4}{\pi \cdot d^2}$

$$\boldsymbol{p} = \frac{39\,\text{kN} \cdot 4}{\pi \cdot (10{,}0\,\text{cm})^2} = 495\,\frac{\text{N}}{\text{cm}^2} \approx \mathbf{50\,bar}$$

Druckarten (modes of pressure)

Der **absolute Druck p_{abs}** ist der Druck gegenüber dem Druck null im luftleeren Raum (abs von lat. absolutus: losgelöst, unabhängig). Er kann jeden beliebigen Wert annehmen, der gleich oder größer als null ist **(Bild 2)**.

Der **Atmosphärendruck p_{amb}** (amb von lat. ambiens: umgebend) ist der zur Zeit der Messung am Messort herrschende Luftdruck. Er ist nicht konstant. Sein mittlerer Wert beträgt auf Meereshöhe 1013 mbar, sein Schwankungsbereich ist ca. 50 mbar **(Bild 2)**.

Die Differenz zwischen dem absoluten Druck p_{abs} und dem jeweils herrschenden Atmosphärendruck p_{amb} wird als **Überdruck p_e** bezeichnet (e von lat. excedens: überschreitend).

Der Überdruck p_e hat einen positiven Wert, wenn der Absolutdruck p_{abs} größer ist als der Atmosphärendruck p_{amb}. Er ist negativ, wenn der Absolutdruck p_{abs} kleiner ist als der Atmosphärendruck p_{amb}.

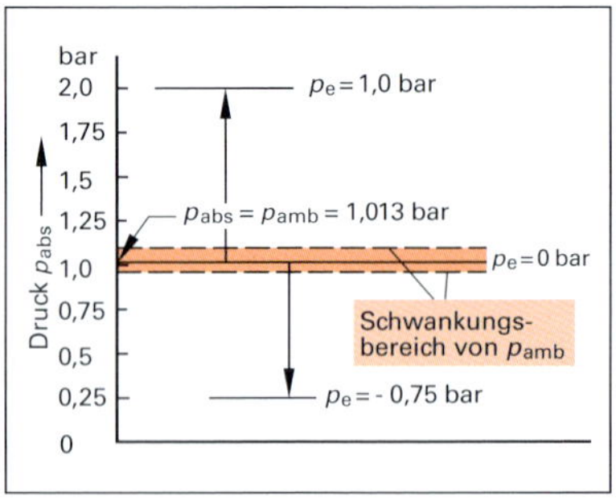

Bild 2: Druckarten

Überdruck
$p_e = p_{abs} - p_{amb}$

Beispiel: Wie groß sind in einem offenen Behälter der Überdruck p_e und der Absolutdruck p_{abs}, wenn der Umgebungsdruck $p_{amb} = 1008$ mbar beträgt?

Lösung: $\boldsymbol{p_e}$ **= 0 bar,** da offener Behälter; $\boldsymbol{p_{abs}} = p_e + p_{amb} = 0\ \text{bar} + 1008\ \text{mbar}$ **= 1008 mbar**

Aufgaben zu Druck und Druckarten

1. Der Überdruck in einer mit Wasserstoff gefüllten Gasstahlflasche beträgt $p_e = 150$ bar. Berechnen Sie den absoluten Druck bei einem Umgebungsdruck von $p_{amb} = 10\ N/cm^2$.
2. Wie groß ist der Druck im Saugrohr eines Turboverdichters, wenn der Luftdruck 1000 mbar und der absolute Druck 0,60 bar beträgt?
3. Wie groß ist der Druck in Pascal, wenn eine Kraft von 15 mN auf eine Fläche von $A = 5{,}0\ mm^2$ wirkt?
4. Mit welcher Kraft wird die Metallmembran in einem Plattenfedermanometer am Skalenendwert $p_e = 10{,}0$ bar belastet, wenn der wirksame Plattendurchmesser 100 mm beträgt?

3.12 Druck in Flüssigkeiten

In einer ruhenden Flüssigkeit in einem Behälter setzt sich der **Gesamtdruck p_{ges}** aus dem statischen Systemdruck p_{System} und dem hydrostatischen Druck p_h zusammen (siehe Formeln rechts).
Den **statischen Systemdruck p_{System}** berechnet man aus der Presskraft F, die auf die Pressfläche A wirkt **(Bild 1)**.
Der **hydrostatische Druck p_h** wird durch die Gewichtskraft der Flüssigkeit hervorgerufen, die über dem Messort steht.
Den hydrostatischen Druck berechnet man aus der Dichte ϱ, der Erdbeschleunigung g und der Füllhöhe der Flüssigkeit h. Der hydrostatische Druck p_h ist unabhängig vom Durchmesser des Behälters. Er wirkt in gleicher Größe in alle Raumrichtungen (Bild 1).

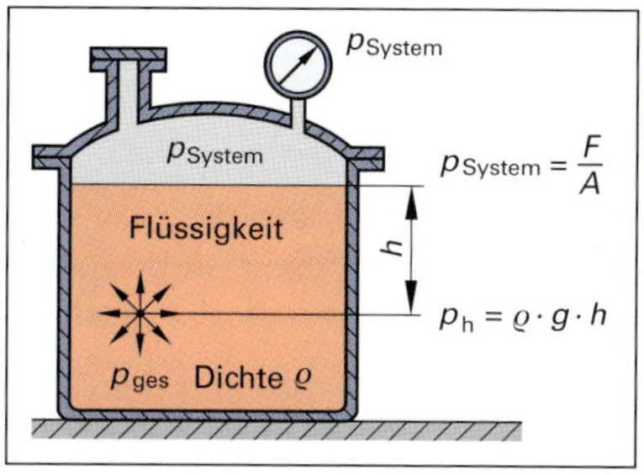

Bild 1: Druckarten in einer ruhenden Flüssigkeit in einem Behälter

Gesamtdruck

$$p_{ges} = p_{System} + p_h$$

Statischer Druck im System

$$p_{System} = \frac{F}{A}$$

Hydrostatischer Druck

$$p_h = \varrho \cdot g \cdot h$$

Beispiel: Ein Schwimmdachtank hat einen Innendurchmesser von 30,0 Meter. Er ist 10,0 Meter hoch mit Rohöl der Dichte ϱ = 870 kg/m³ gefüllt. Das Schwimmdach mit einer Masse von 10,0 Tonnen lastet auf der Ölfüllung (g = 9,81 N/kg).

a) Wie groß ist der statische Systemdruck, der durch das Schwimmdach hervorgerufen wird?

b) Wie groß ist der hydrostatische Druck am Tankboden?

c) Wie groß ist der Gesamtdruck am Tankboden?

Lösung: a) $p_{System} = \frac{F}{A}$; mit $F = m \cdot g$ und $A = \frac{\pi}{4} \cdot d^2$ folgt:

$$\mathbf{p_{System}} = \frac{m \cdot g \cdot 4}{\pi \cdot d^2} = \frac{10{,}0 \cdot 10^3\,\text{kg} \cdot 9{,}81\,\text{N} \cdot \text{kg} \cdot 4}{\pi \cdot 30{,}0^2 \cdot \text{m}^2 \cdot \text{kg}} \approx \mathbf{139\,\frac{N}{m^2}}$$

b) $$\mathbf{p_h} = \varrho \cdot g \cdot h = \frac{870\,\text{kg} \cdot 9{,}81\,\text{N} \cdot 10{,}0\,\text{m}}{\text{m}^3 \cdot \text{kg}} = 85\,347\ \text{N/m}^2 \approx \mathbf{0{,}853\ bar}$$

c) $\mathbf{p_{ges}} = p_{System} + p_h \approx 139\ \text{N/m}^2 + 85\,347\ \text{N/m}^2 \approx \mathbf{85\,486\ N/m^2}$

Hydraulische Presse (hydraulic press)

Eine hydraulische Presse dient zur Minderung oder Vergrößerung von Kräften. Der Druck in der Hydraulikflüssigkeit wirkt dabei in alle Richtungen gleichmäßig **(Bild 2)**. Da der statische Druck p_1 am Kraftkolben genauso groß ist wie der Druck p_2 am Lastkolben, gilt: $p_1 = p_2 = p =$ konst.

Mit $p_1 = \frac{F_1}{A_1}$ und $p_2 = \frac{F_2}{A_2}$ folgt: $\frac{F_1}{A_1} = \frac{F_2}{A_2}$ und damit: $F_2 = \frac{A_2}{A_1} \cdot F_1$

Die Kraftvergrößerung entspricht dem Verhältnis der Flächen $\frac{A_2}{A_1}$.

Das vom Kraftkolben verdrängte Volumen an Hydraulikflüssigkeit beträgt $V_1 = A_1 \cdot s_1$. Da Flüssigkeiten nicht komprimierbar sind, muss dieses Volumen auch im Lastkolben verdrängt werden: $V_1 = V_2 = A_2 \cdot s_2$.

Somit gilt: $A_1 \cdot s_1 = A_2 \cdot s_2$ und damit: $s_2 = \frac{A_1 \cdot s_1}{A_2}$

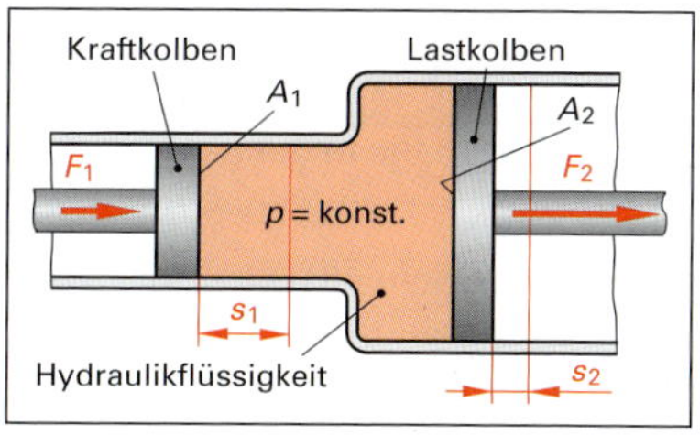

Bild 2: Prinzip der hydraulischen Presse

Hydraulische Presse

$$\frac{F_1}{A_1} = \frac{F_2}{A_2}; \quad A_1 \cdot s_1 = A_2 \cdot s_2$$

Beispiel: Eine hydraulische Hebe- und Kippvorrichtung für Fässer hat einen Kraftkolbendurchmesser von d_K = 2,00 cm. Die Fläche des Lastkolbens beträgt A_L = 30,0 cm². Ein Fass mit der Masse m_L = 250 kg soll um h_L = 1,20 m angehoben werden. Berechnen Sie:

a) Die notwendige Kraft F_K am Kraftkolben.

b) Den Weg s_K am Kraftkolben.

c) Den Druck in der Hydraulikflüssigkeit.

Lösung: a) $\frac{F_1}{A_1} = \frac{F_2}{A_2} \Rightarrow \frac{F_K}{A_K} = \frac{F_L}{A_L} \Rightarrow F_K = \frac{F_L \cdot A_K}{A_L}$ mit $F_L = m_L \cdot g$ und $A_K = \frac{\pi}{4} \cdot d_K^2$ folgt:

$$\mathbf{F_K} = \frac{m_L \cdot g \cdot \pi \cdot d_K^2}{A_L \cdot 4} = \frac{250\ \text{kg} \cdot 9{,}81\ \text{N} \cdot \pi \cdot 4{,}00\ \text{cm}^2}{30{,}0\ \text{cm}^2 \cdot \text{kg} \cdot 4} = \frac{250 \cdot 9{,}81 \cdot \pi \cdot 4{,}00}{30{,}0 \cdot 4} \cdot \frac{\text{kg} \cdot \text{N} \cdot \text{cm}^2}{\text{cm}^2 \cdot \text{kg}} \approx \mathbf{257\ N}$$

b) $A_1 \cdot s_1 = A_2 \cdot s_2 \Rightarrow A_K \cdot s_K = A_L \cdot s_L \Rightarrow s_K = \frac{A_L \cdot s_L}{A_K}$, mit $A_K = \frac{\pi}{4} \cdot d_K^2$ folgt:

$$\boldsymbol{s_K} = \frac{A_L \cdot s_L \cdot 4}{\pi \cdot d_K^2} = \frac{30{,}0\ \text{cm}^2 \cdot 120\ \text{cm} \cdot 4}{\pi \cdot 4{,}00\ \text{cm}^2} = 1146\ \text{cm} \approx \mathbf{11{,}5\ m}$$

c) $\boldsymbol{p} = \frac{F_L}{A_L}$, mit $F_L = m_L \cdot g$ folgt: $p = \frac{m_L \cdot g}{A_L} = \frac{250\ \text{kg} \cdot 9{,}81\ \text{N}}{30{,}0\ \text{cm}^2 \cdot \text{kg}} = 81{,}75\ \text{N/cm}^2 \approx \mathbf{8{,}81\ bar}$

Druckwandler (pressure converter)

Ein Druckwandler dient zur Vergrößerung oder Verminderung des Drucks in zwei voneinander getrennten Leitungssystemen.

Er wird z.B. zur Erhöhung des Drucks in hydraulischen Anlagen eingesetzt, ohne dass dafür separate Pumpen erforderlich sind.

Der Druckwandler besteht aus zwei Druckzylindern, die durch einen doppelseitigen Kolben mit zwei unterschiedlichen Durchmessern verbunden sind **(Bild 1)**.

Im Gleichgewicht wirken auf die beiden Kolbenflächen A_1 und A_2 gleich große Kräfte $F_1 = F_2$.

Mit $F_1 = p_1 \cdot A_1$ und $F_2 = p_2 \cdot A_2$ folgt die Größengleichung für den Druckwandler: $p_1 \cdot A_1 = p_2 \cdot A_2$

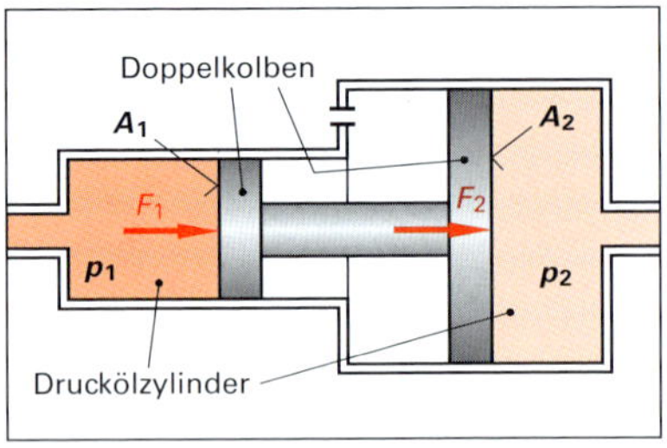

Bild 1: Druckwandler (schematisch)

Druckwandler
$p_1 \cdot A_1 = p_2 \cdot A_2$

Beispiel: Die beiden wirksamen Flächen des Kolbens eines Druckwandlers in einer Membranfilterpresse haben einen Durchmesser von $d_1 = 50{,}0$ mm und $d_2 = 20{,}0$ mm. Welcher Druck p_2 wird erzeugt, wenn in dem großen Zylinder der Druck $p_1 = 2{,}00$ bar beträgt?

Lösung: $p_1 \cdot A_1 = p_2 \cdot A_2 \Rightarrow p_2 = p_1 \cdot \frac{A_1}{A_2}$; mit $A_1 = \frac{\pi}{4} \cdot d_1^2$ und $A_2 = \frac{\pi}{4} \cdot d_2^2$ folgt: $p_2 = p_1 \cdot \frac{\frac{\pi}{4} \cdot d_1^2}{\frac{\pi}{4} \cdot d_2^2}$

$$\boldsymbol{p_2} = p_1 \cdot \frac{d_1^2}{d_2^2} = 2{,}00\ \text{bar} \cdot \frac{(50{,}0\ \text{mm})^2}{(20{,}0\ \text{mm})^2} = 2{,}00\ \text{bar} \cdot \frac{2500\ \text{mm}^2}{400\ \text{mm}^2} \approx \mathbf{12{,}5\ bar}$$

Aufgaben zu Druck in Flüssigkeiten

1. Ergänzen Sie in der nebenstehenden **Tabelle 1** die fehlenden Druckangaben (gegebenenfalls in Potenzschreibweise).

2. Welche Schließkraft muss an einem federbelasteten Sicherheitseckventil mit einer wirksamen Ventilkegelfläche von 125 mm² eingestellt werden, wenn das Ventil bei 20,0 bar öffnen soll?

3. Ein zylindrischer Flüssigkeitstank hat einen Durchmesser von $d = 2{,}50$ m. Er enthält 10,0 m³ Aceton mit einer Dichte von $\varrho(CH_3COCH_3) = 0{,}791$ g/cm³. Wie groß ist der Bodendruck im Behälter in bar, wenn in ihm ein Überdruck von $p_e = 0{,}233$ N/mm² herrscht?

4. In der Gasphase eines mit Dichlormethan gefüllten Behälters beträgt der Druck $p_e = 453$ mbar **(Bild 2)**. Zur Messung der Standhöhe durch Einperlen von Stickstoff ist ein Druck von $p_e = 0{,}80$ bar erforderlich. Wie viel Meter taucht das Einperlrohr in das Lösemittel ein, wenn die Dichte des Dichlormethans $\varrho(CH_2Cl_2) = 1{,}325$ g/cm³ beträgt?

5. Eine Flüssigkeit übt auf eine Kolbenfläche von 5,0 mm² eine Kraft von 15 mN aus. Welcher Druck in Pascal herrscht in der Flüssigkeit?

Tabelle 1 zu Aufgabe 1

N/m²	bar	Pa	mbar	N/cm²	hPa
					10^{-2}
				10,13	
			1		
		10^7			
	0,1				
10					

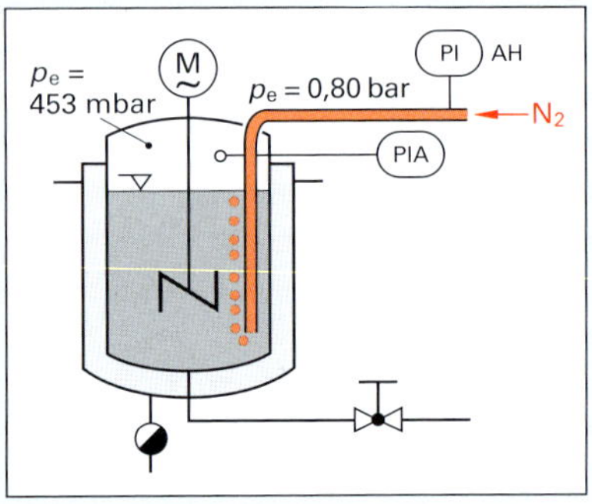

Bild 2: Einperlmethode (Aufgabe 4)

6. Zur Demonstration des hydrostatischen Paradoxons dient der abgebildete Bodendruckapparat **(Bild 1)**.
   a) Welche Kraft wird gemessen, wenn der untere Rohrinnendurchmesser 26,0 mm und die Füllhöhe an Wasser in den Gefäßaufsätzen 24,0 cm beträgt?
   b) Wie groß ist der Bodendruck in Millibar?
   c) Warum ist der Bodendruck von der Form der Gefäßaufsätze unabhängig?
   d) Wie viel Kubikzentimeter Wasser befinden sich im Gefäßaufsatz Nr. 1?

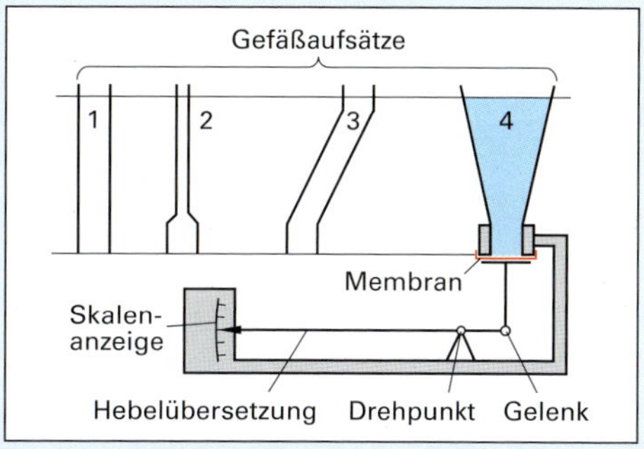

Bild 1: Bodendruckapparat

7. In einem Schwerkraftabscheider soll eine wässrige Phase (ϱ = 1,12 g/cm^3) von einer organischen Phase (ϱ = 0,81 g/cm^3) getrennt werden. Das Gemisch steht 3,8 m über dem Ablaufventil. Die Trenngrenze liegt 2,0 m unterhalb der Oberfläche. Wie groß ist der Bodendruck, der durch das Flüssigkeitsgemisch hervorgerufen wird?
8. Ein Druckwandler arbeitet im Niederdruckraum mit Druckwasser von 6,5 bar. Welcher Druck wird auf der Hochdruckseite erzeugt, wenn die Kolbendurchmesser d_1 = 60 mm, d_2 = 600 mm und die Reibungsverluste 10 % betragen?
9. Ein Druckminderer reduziert einen Druck von p_1 = 5,0 bar auf p_2 = 20 N/cm^2. Wie groß ist das bei einer Kolbenbewegung hochdruckseitig verdrängte Flüssigkeitsvolumen, wenn niederdruckseitig 10 cm^3 verdrängt werden?
10. Das Verhältnis der Kolbendurchmesser an einer hydraulischen Presse beträgt $d_1 : d_2 = 1 : 4$. Welche Kraft muss am Kraftkolben wirken, wenn eine Presskraft von 160 kN erzeugt werden soll?
11. Um wie viel Millimeter wird der Lastkolben (d = 20,0 cm) an einer hydraulischen Presse bei einem Kolbenhub von 10,0 cm herausgedrückt, wenn die Querschnittsfläche des Pumpenkolbens 20,0 cm^2 beträgt?

3.13 Auftriebskraft

Die Auftriebskraft F_A (lift force), die ein Körper mit der Gewichtskraft F_G in einer Flüssigkeit erfährt, ist so groß wie die Gewichtskraft F_{Fl} der von ihm verdrängten Flüssigkeit: $F_A = F_{Fl}$ **(Bild 2)**.

Mit $F_{Fl} = m_{Fl} \cdot g$ und $m_{Fl} = \varrho_{Fl} \cdot V$ folgt für die Auftriebskraft das nebenstehende **archimedische Gesetz:**

Archimedisches Gesetz
$F_A = \varrho_{Fl} \cdot V \cdot g$

Die Größe V ist das Volumen V_K des eingetauchten Körpers. Es ist mit dem Volumen V_{Fl} der verdrängten Flüssigkeit identisch.

Die Restgewichtskraft F_R ist die Differenz aus der Gewichtskraft F_G des Körpers und der Auftriebskraft:

$F_R = F_G - F_A$.

Beispiel: In einem HÖPPLER-Kugelfall-Viskosimeter (Bild 1, Seite 308) wird die dynamische Viskosität von Glycerin (Propantriol, ϱ = 1,220 g/cm^3) bei 20,0 °C bestimmt. Welche Auftriebskraft erfährt die Edelstahlkugel (d = 11,10 mm) im Fallrohr (g = 9,81 N/kg)?

Lösung: $F_A = \varrho_{Fl} \cdot V \cdot g = \varrho_{Fl} \cdot \frac{\pi}{6} \cdot d^3 \cdot r^3 \cdot g$

$$F_A = \frac{1220\ \text{kg} \cdot \pi\left(11{,}10 \cdot 10^{-3}\right)^3 \text{m}^3 \cdot 9{,}81\ \text{N}}{\text{m}^3 \cdot 6 \cdot \text{kg}}$$

$\boldsymbol{F_A}$ = 8,5703 · 10^{-3} N ≈ **8,57 mN**

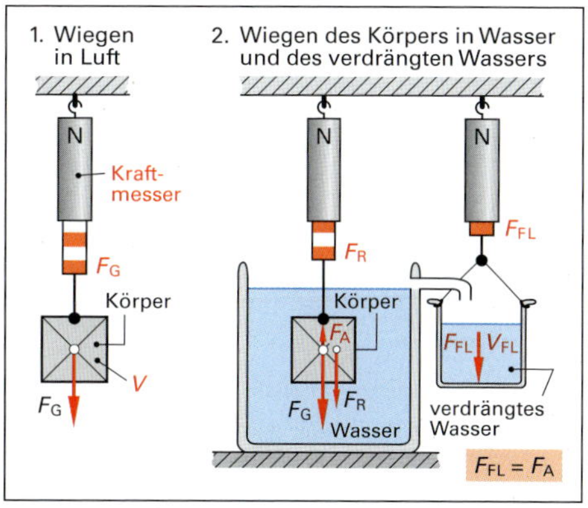

Bild 2: Bestimmung des Auftriebs

Eintauchtiefe eines Schwimmkörpers (depth of immersion)

Ein Schwimmkörper **(Bild 1)** taucht umso tiefer in eine Flüssigkeit ein, je größer die Dichte ϱ_K des Körpers ($h_E \sim \varrho_K$) und je kleiner die Dichte ϱ_{Fl} der Flüssigkeit ($h_E \sim 1/\varrho_{Fl}$) ist. Dies gilt auch für Hohlkörper aus Werkstoffen mit einer größeren Dichte als die Dichte der Flüssigkeit, in der sie schwimmen. Ursache hierfür ist der luftgefüllte Hohlraum im Körper. Er verdrängt ebenfalls Flüssigkeit und trägt somit zum Auftrieb bei, ohne die Gewichtskraft des Körpers zu vergrößern.

In der Messtechnik wird die Eintauchtiefe eines Aräometers (Bild 1, Seite 302) genutzt, um auf einer kalibrierten Strichskale die Dichte oder die Gehaltsgröße einer Flüssigkeit abzulesen.

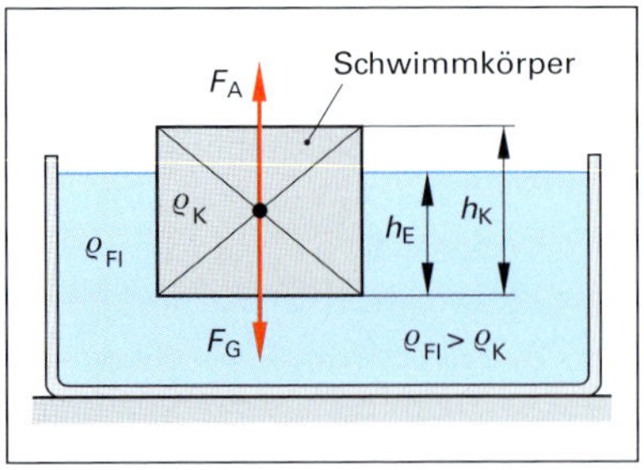

Bild 1: Kräfte am Schwimmkörper

Berechnung der Eintauchtiefe

Ein Körper schwimmt, wenn seine Gewichtskraft genau so groß ist wie die Auftriebskraft, die er in der Flüssigkeit erfährt: $F_G = F_A$ (Bild 1). Mit $F_A = V_E \cdot \varrho_{Fl} \cdot g$ und $F_G = m_K \cdot g = V_K \cdot \varrho_K \cdot g$ erhält man nach dem Gleichsetzen der Kraft und Kürzen der Erdbeschleunigung g: $V_E \cdot \varrho_{Fl} = V_K \cdot \varrho_K$.

In dieser Gleichung ist V_E das Eintauchvolumen und V_K das Volumen des gesamten Körpers. Mit $V_E = A \cdot h_E$ und $V_K = A \cdot h_K$ ergibt sich nach dem Einsetzen, Kürzen der Grundfläche A und nach Umstellen eine Größengleichung für die Eintauchtiefe h_E eines Schwimmkörpers.

Eintauchtiefe eines Körpers

$$h_E = h_K \cdot \frac{\varrho_K}{\varrho_{Fl}}$$

Beispiel: Wie tief taucht ein Aräometer (Bild 1, Seite 302) mit einer Masse von 16,53 g, einem Volumen von 19,05 cm³ und einer Bauhöhe von 18,35 cm bei 20,0 °C in Wasser der Dichte ϱ = 0,9982 g/cm³ ein?

Lösung: $h_E = h_K \cdot \frac{\varrho_K}{\varrho_{Fl}}$ mit $\varrho_K = \frac{m_K}{V_K}$ folgt: $\mathbf{h_E} = \frac{h_K \cdot m_K}{\varrho_{Fl} \cdot V_K} = \frac{18{,}35\ \text{cm} \cdot 16{,}53\ \text{g}}{0{,}9982\ \text{g/cm}^3 \cdot 19{,}05\ \text{cm}^3} \approx$ **15,95 cm**

Aufgaben zu Auftriebskraft

1. Welche Auftriebskraft erfährt eine Hohlkugel aus Edelstahl in einem Schwimmerkondensatableiter **(Bild 2)** mit einem Durchmesser von 100 mm, wenn sie zur Hälfte in Kondensat der Dichte 0,996 g/cm³ eintaucht?
2. Welche Restgewichtskraft hat der Senkkörper an der WESTPHAL'schen Waage (Bild 1, Seite 300) in Testbenzin der Dichte ϱ = 0,770 g/cm³, wenn seine Masse 15,01 g und sein Volumen 4,990 cm³ beträgt?
3. Wie groß ist das Eintauchvolumen eines Aräometers (Bild 1, Seite 302) in Schwefelsäure der Dichte $\varrho(H_2SO_4)$ = 1,140 g/cm³, wenn die Auftriebskraft 165 mN beträgt?

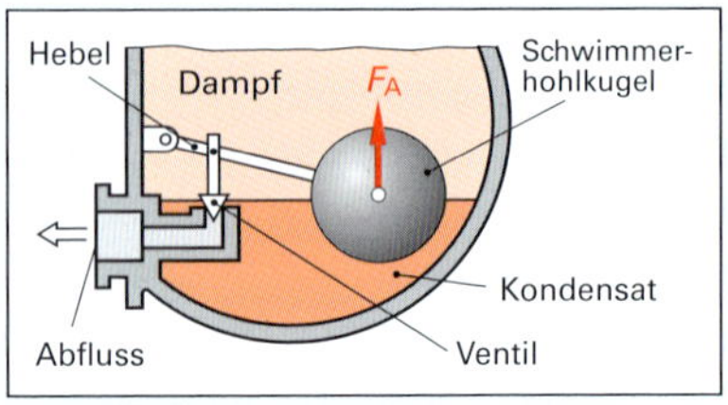

Bild 2: Schwimmerkugel in einem Kondensatableiter (Aufgabe 1)

4. Ein Rührkern hat an der Luft eine Gewichtskraft von 68,9 mN. Beim vollständigen Eintauchen in Wasser wird eine Restgewichtskraft von 52,6 mN gemessen. Wie groß ist die Dichte des Rührkerns?
5. Wie tief taucht ein Eisenwürfel mit 10,0 mm Kantenlänge und einer Masse von 7,86 g in Quecksilber der Dichte ϱ(Hg) = 13,55 g/cm³ ein?
6. Um wie viel Millimeter steigt der Wasserspiegel in einem Becherglas mit einem Innendurchmesser von 8,4 cm, wenn ein Holzwürfel (ϱ = 0,76 g/cm³) mit einer Kantenlänge von 3,4 cm hineingegeben wird?
7. Eine Eisenkugel mit einem Volumen von 1,00 cm³ und eine Aluminiumkugel befinden sich an einer gleicharmigen Balkenwaage im Kräftegleichgewicht. Zu welcher Seite und mit welcher Kraft wird der Waagebalken aus dem Gleichgewicht gebracht, wenn beide an den Armen des Waagebalkens hängenden Metallkugeln vollständig in Wasser eintauchen (ϱ(Fe) = 7,86 g/cm³, ϱ(Al) = 2,70 g/cm³)?

3.14 Druck in Gasen

Im Gegensatz zu Flüssigkeiten und Feststoffen sind Gase komprimierbar. Der Zustand einer Gasportion wird durch die Zustandsgrößen Druck p, Volumen V und thermodynamische Temperatur T beschrieben.

Beim Rechnen mit den Gasgesetzen ist generell die thermodynamische Temperatur T zu verwenden. Temperaturen in Grad Celsius (ϑ) müssen mit der nebenstehenden, auf Einheiten zugeschnittenen Größengleichung in Kelvin (K) umgerechnet werden. Ein Rechenbeispiel dazu befindet sich auf Seite 273.

Thermodynamische Temperatur

$$\frac{T}{K} = \frac{\vartheta}{°C} + 273,15$$

Bei konstanter Stoffmenge n einer Gasportion unterscheidet man die folgenden Zustandsänderungen (change of state):

1. Isotherme Zustandsänderung (T = konst.)

Wird das Volumen einer Gasportion verringert, so steht den Teilchen des Gases ein kleinerer Raum zur Verfügung. Sie prallen häufiger und heftiger gegen die Gefäßinnenwand. Bei konstanter Temperatur steigt der Druck im gleichen Verhältnis: $p = 1/V$.

Das Produkt aus zusammengehörenden Druck- und Volumenwertepaaren wird als Druckenergie W bezeichnet und ist immer gleich: $W = p \cdot V$ = konst. Dieser Zusammenhang wird als **Gesetz von Boyle-Mariotte** bezeichnet.

Boyle-Mariotte-Gesetz

$$p_1 \cdot V_1 = p_2 \cdot V_2 = \text{konst.}$$

Beispiel: Wird das Volumen einer Gasportion bei konstanter Temperatur T um die Hälfte verringert, so steigt der Druck auf das Doppelte **(Bild 1)**.

$$p_1 \cdot V_1 = p_2 \cdot V_2$$

Druck-Verdoppelung

$$2\ \text{bar} \cdot 10\ \text{L} = 4\ \text{bar} \cdot 5\ \text{L}$$

Volumen-Halbierung

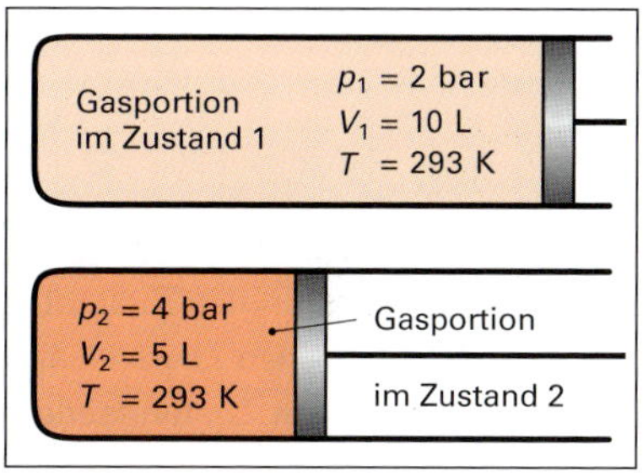

Bild 1: Beispiel zum Gesetz von Boyle-Mariotte

2. Isobare Zustandsänderung (p = konst.)

Mit steigender Temperatur wird die Geschwindigkeit der Teilchen immer größer. Sie prallen mit höherer Energie gegen die Gefäßinnenwand. Kann sich das Behältnis ausdehnen, so erboxen sich die Teilchen bei konstantem Druck ein größeres Volumen: $V \sim T$.

Der Quotient aus zusammengehörenden Volumen- und Temperaturwertepaaren ist immer gleich groß: V/T = konst. Dies ist das **Gesetz von Gay-Lussac.**

Gay-Lussac-Gesetz

$$\frac{V_1}{T_1} = \frac{V_2}{T_2} = \text{konst.}$$

Beispiel: Wird die thermodynamische Temperatur T einer Gasportion bei konstantem Druck verdoppelt, so verdoppelt sich auch das Volumen **(Bild 2)**.

Volumen-Verdoppelung

$$\frac{V_1}{T_1} = \frac{V_2}{T_2} \quad = \quad \frac{10\,\text{L}}{300\,\text{K}} = \frac{20\,\text{L}}{600\,\text{K}}$$

Temperatur-Verdoppelung

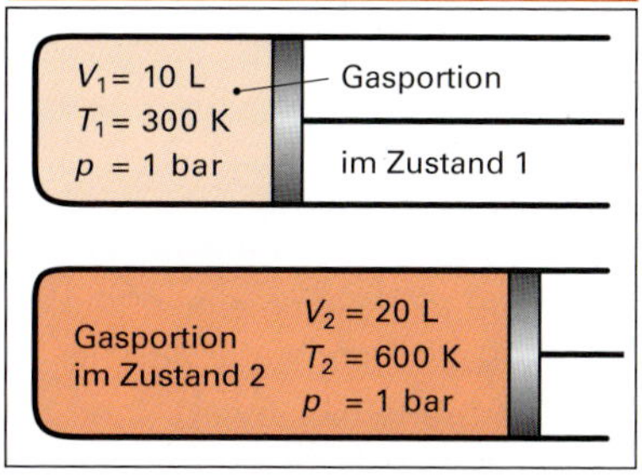

Bild 2: Beispiel zum Gesetz von Gay-Lussac

3. Isochore Zustandsänderung (V = konst.)

Bei dieser Zustandsänderung steht den Teilchen mit steigender Temperatur nur ein konstantes Volumen zu Verfügung. Die höhere Teilchengeschwindigkeit bewirkt beim Aufprall der Teilchen eine größere Kraft F auf die Gefäßinnenwand A ($p = F/A$). Dadurch steigt der Druck der Gasportion: $p \sim T$.

Amontons-Gesetz

$$\frac{p_1}{T_1} = \frac{p_2}{T_2} = \text{konst.}$$

Auch hier ist der Quotient aus zusammengehörenden Druck- und Temperaturwertepaaren immer gleich groß: p/T = konst. Dies ist das Gesetz von AMONTONS:

Beispiel: Wird die thermodynamischeTemperatur T einer Gasportion bei konstantem Volumen verdoppelt, so verdoppelt sich auch der Druck **(Bild 1)**.

Druck-Verdoppelung

$$\frac{p_1}{T_1} = \frac{p_2}{T_2} \quad = \quad \frac{2\,\text{bar}}{300\,\text{K}} = \frac{4\,\text{bar}}{600\,\text{K}}$$

Temperatur-Verdoppelung

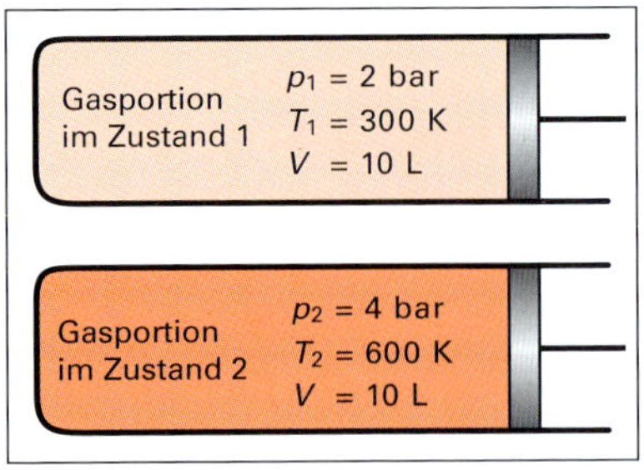

Bild 1: Beispiel zum Gesetz von AMONTONS

4. Allgemeine Zustandsänderung (general change of state)

Die drei bislang genannten Gasgesetze lassen sich zu einer **allgemeinen Zustandsgleichung der Gase** zusammenfassen. Sie beschreibt jede Zustandsänderung einer beliebigen Gasportion eines idealen Gases.

Allgemeine Zustandsgleichung der Gase

$$\frac{p_1 \cdot V_1}{T_1} = \frac{p_2 \cdot V_2}{T_2} = \text{konst.}$$

Beispiel: Eine unter Sperrflüssigkeit stehende Ethen-Gasportion hat folgende Zustandsgrößen: V = 76 mL, p = 1078 mbar, ϑ = 25,6 °C. Welches Volumen hat die Ethen-Gasportion bei einem Druck von 1003 mbar und der Temperatur 20,0 °C?

Lösung: $\frac{p_1 \cdot V_1}{T_1} = \frac{p_2 \cdot V_2}{T_2} \Rightarrow \boldsymbol{V_2} = \frac{p_1 \cdot V_1 \cdot T_2}{p_2 \cdot T_1} = \frac{1078\,\text{mbar} \cdot 76\,\text{mL} \cdot 293{,}15\,\text{K}}{1003\,\text{bar} \cdot 298{,}15\,\text{K}} \approx$ **80 mL**

Neben den letztgenannten Zustandsänderungen unterscheidet man in der Technik zwei weitere:

- Bei der **adiabatischen** Zustandsänderung erfolgt kein Wärmeaustausch Q mit der Umgebung: Q = konst.
- Bei der **polytropen** Zustandsänderung erfolgt die Änderung des Gaszustandes im Gegensatz zur isothermen und adiabatischen Zustandsänderung unter realen Bedingungen mit Temperaturänderung und Wärmeaustausch.

5. Volumenänderungsarbeit (volumetric work)

Das Produkt aus Druck p und Volumenänderung ΔV wird als Volumenänderungsarbeit W bezeichnet. Es ist die Arbeit, die eine Gasportion verrichten muss, um z. B. gegenüber dem äußeren Luftdruck ein bestimmtes Volumen zu erreichen.

Volumenänderungsarbeit

$$W = p \cdot \Delta V$$

Beispiel: Welche Volumenänderungsarbeit wird verrichtet, wenn bei der katalytischen Zersetzung einer Wasserstoffperoxid-Lösung bei einem Druck von 1030,2 mbar 29,3 mL Sauerstoff entstehen?

Lösung: $\boldsymbol{W} = p \cdot \Delta V = 1{,}0302 \cdot 10^5\,\text{Pa} \cdot 29{,}3 \cdot 10^{-6}\,\text{m}^3 = 3{,}0185\,\frac{\text{N} \cdot \text{m}^3}{\text{m}^2} \approx 3{,}02\,\text{Nm} \approx$ **3,02 J**

Aufgaben zu Druck in Gasen

1. Beim Inertisieren eines Rührkessels (V_1 = 5,00 m³) mit Stickstoff bei 20,0 °C und p_{amb} = 1,020 bar wird die Temperatur anschließend auf 80,0 °C erhöht. Welcher Druck stellt sich im Kessel ein?
2. Ein Drehschieberverdichter komprimiert isotherm 25,0 m³ Luft von p_{abs} = 1,01 bar auf p_{abs} = 3,0 bar.
   a) Wie groß ist das Luftvolumen nach der Kompression?
   b) Welche Volumenarbeit wird vom Drehschieberverdichter verrichtet?
3. Wie viel Kubikmeter Sauerstoff können bei konstanter Temperatur aus einer 50-L-Gasstahlflasche entnommen werden? Der Gasdruck in der Flasche wurde zu p_{abs} = 150 bar gemessen. Der Umgebungsdruck beträgt 1,01 bar.
4. Zum Abpressen eines Rührkessels von 1000 L Inhalt wird eine 50-L-Gasstahlflasche angeschlossen, in der sich Stickstoff unter einem Druck von p_{abs} = 150 bar befindet. Welcher Druck wird im Rührkessel erreicht? Der Umgebungsdruck beträgt p_{amb} = 1,0 bar.

3.15 Sättigungsdampfdruck, Partialdruck

Sättigungsdampfdruck (saturation vapor pressure)

Beim Verdampfen oder Verdunsten gehen Flüssigkeitsmoleküle ständig von der flüssigen Phase in die Gasphase über und umgekehrt, bis sich ein dynamischer Gleichgewichtszustand einstellt **(Bild 1).** Dann steigen gleich viele Moleküle aus der Flüssigkeit auf, wie von der Dampfphase in die Flüssigkeit zurückgelangen.

Der Druck, der im Gleichgewicht in der Dampfphase herrscht, wird als **Sättigungsdampfdruck** p_s bezeichnet. Er ist neben der Stoffart von der Temperatur abhängig **(Bild 2).** Der Sättigungsdampfdruck von Wasser beträgt bei 100 °C: p_s = 1013 mbar (Normdruck).

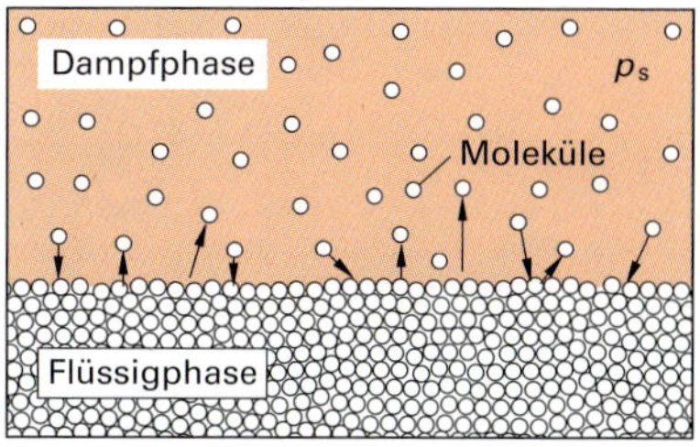

Bild 1: Flüssigkeit und Dampfphase im dynamischen Gleichgewicht (schematische Darstellung)

Partialdruck (partial pressure)

In der betrieblichen Praxis kommen häufig Gasmischungen zum Einsatz, z. B. die zur Synthese eingesetzten Gasgemische $H_2 + Cl_2$, $CO + H_2$ oder $N_2 + 3\,H_2$.

Die Zusammensetzung eines Gasgemisches lässt sich durch den Stoffmengenanteil χ (χ: griechischer Großbuchstabe Chi) der einzelnen Komponenten beschreiben, z. B. χ (X) (Seite 150).

Die Zusammensetzung ist abhängig vom Teildruck, mit dem die einzelnen Komponenten des Gasgemisches zum Gesamtdruck p_{ges} beitragen. In einem Gasgemisch erzeugt jede Komponente einen Teildruck, auch Partialdruck genannt, z. B. p(X).

Der Partialdruck entspricht dem Dampfdruck, den das Gas erzeugen würde, wenn es allein in der Gasphase vorläge und allein das gesamte Volumen V_{ges} erfüllen würde, den das gesamte Gas einnimmt. Jedes Gas in der Mischung verhält sich so, als wären die anderen Komponenten nicht vorhanden.

Der Gesamtdruck p_{ges} eines Gasgemisches ist demzufolge gleich der Summe der Partialdrücke p (X), p (Y), ... der Komponenten (X), (Y), ... Dieser Zusammenhang wird als **DALTON'sches[1] Partialdruckgesetz** bezeichnet.

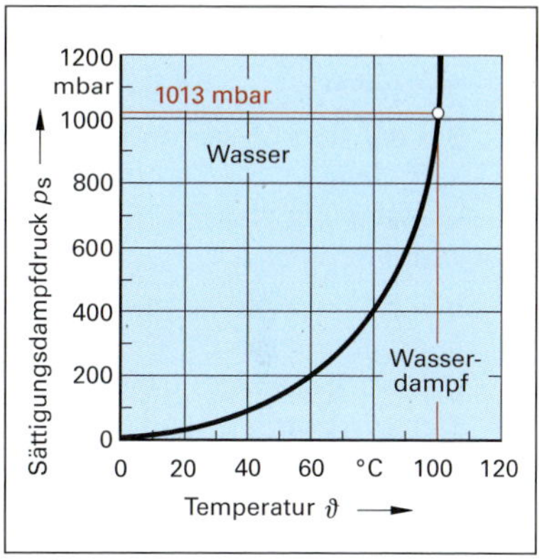

Bild 2: Sättigungsdampfdruckkurve von Wasser

DALTON'sches Partialdruckgesetz
$p_{ges} = p\,(X) + p\,(Y) + \ldots$

Beispiel: In der Atmosphäre hat Sauerstoff den Partialdruck $p(O_2)$ = 0,2 bar und Stickstoff den Partialdruck $p(N_2)$ = 0,8 bar. Wie groß ist der Gesamtdruck?

Lösung: $\mathbf{p_{ges}} = p_{amb} = p(O_2) + p(N_2)$ = 0,2 bar + 0,8 bar **= 1,0 bar**

Stoffmengenanteil einer Gaskomponente

Der Stoffmengenanteil einer Gaskomponente χ(X) eines Gasgemisches berechnet sich mit den nebenstehenden Formeln.

Da gleich große Gas-Stoffmengen bei gleicher Temperatur gleich große Volumina und gleich große Drücke besitzen, verhält sich die Teil-Stoffmenge n (X) zur gesamten Stoffmenge n_{ges} der Gasmischung wie der Partialdruck p (X) zum Gesamtdruck p_{ges} oder wie das Partialvolumen V(X) zum Gesamtvolumen V_{ges}.

Ein Mol aller Gase hat bei Normbedingungen praktisch das gleiche Volumen. Aus diesem Grund ist der Stoffmengenanteil χ(X) einer Gaskomponente X gleich dem Volumenanteil φ(X) (φ: griechischer Buchstabe phi).

Stoffmengenanteil einer Gaskomponente in einem Gasgemisch

$$\chi(X) = \frac{n(X)}{n_{ges}}$$

$$\chi(X) = \frac{p(X)}{p_{ges}}$$

$$\chi(X) = \frac{V(X)}{V_{ges}} = \varphi(X)$$

[1] JOHN DALTON (1766–1844), englischer Physiker

Beispiel: Bei der thermischen Zersetzung von Quecksilberoxid wurden 30,0 mL Sauerstoff über Wasser als Sperrflüssigkeit bei p_{amb} = 1030,2 mbar und ϑ = 20,5 °C aufgefangen **(Bild 1)**. Der Sättigungsdampfdruck des Wassers beträgt bei dieser Temperatur $p_s(H_2O)$ = 24,2 mbar. Wie viel Milliliter trockener Sauerstoff sind im Standzylinder enthalten?

Lösung: $\chi(O_2) = \frac{p(O_2)}{p_{ges}} = \frac{V(O_2)}{V_{ges}} \Rightarrow V(O_2) = \frac{p(O_2) \cdot V_{ges}}{p_{ges}}$

mit $p(O_2) = p_{ges} - p_{H_2O}$ folgt: $V(O_2) = \frac{(p_{ges} - p_{H_2O}) \cdot V_{ges}}{p_{ges}}$

$V(O_2) = \frac{(1030{,}2\,\text{mbar} - 24{,}2\,\text{mbar}) \cdot 30{,}0\,\text{mL}}{1030{,}2\,\text{mbar}} \approx \mathbf{29{,}3\ mL}$

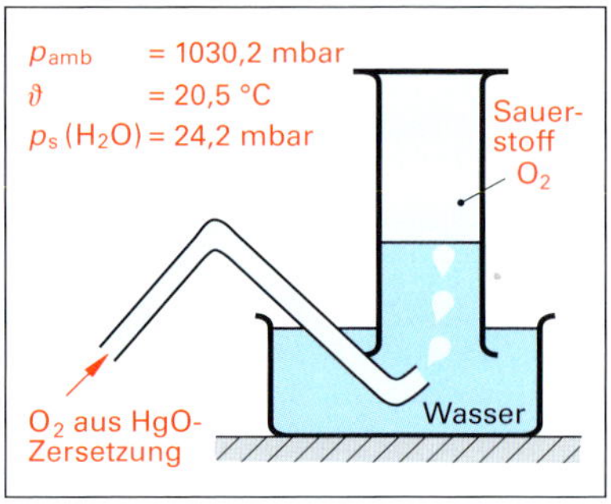

Bild 1: Auffangen einer Gasportion

Aufgaben zu Sättigungsdampfdruck, Partialdruck

1. Das bei der Ammoniaksynthese eingesetzte Gasgemisch hat folgende Volumenanteile: $\varphi(H_2)$ = 75 %, $\varphi(N_2)$ = 25 %. Berechnen Sie die Partialdrücke der beiden Komponenten bei einem Gesamtdruck von p_{ges} = 325 bar.
2. Bei der Hydrolyse von Aluminiumcarbid wurden 530 mL Methan über Wasser als Sperrflüssigkeit aufgefangen. Die Temperatur des Wassers betrug $\vartheta(H_2O)$ = 20,0 °C. Der Sättigungsdampfdruck des Wassers bei dieser Temperatur ist p_s = 23,4 mbar. Der Druck in der Gasmischung war gleich dem Umgebungsdruck p_{amb} = 1005,3 mbar. Welche Masse an Methan wurde freigesetzt?
3. Bei der Elektrolyse einer Natriumchlorid-Sole in Membran-Elektrolysezellen entstehen bei einer Temperatur von 90 °C pro Stunde 2300 m^3 feuchter Wasserstoff. Wie groß ist das Volumen an trockenem Wasserstoff, wenn der Sättigungsdampfdruck des Wassers mit 700 mbar und der Druck im Elektrolyseur mit 1013 mbar angenommen wird?
4. Zur Aufrechterhaltung des Vakuums an einem Vakuum-Bandfilter fördert eine Wasserringpumpe pro Stunde 1130 m^3 Luft von ϑ(Luft) = 35 °C gegen einen Luftdruck von p_{amb} = 1040 mbar. Welcher Wasserverlust in Kilogramm ist saugseitig zu ergänzen, um den Wasserring in der Pumpe zu erhalten? Der Sättigungsdampfdruck des Wassers beträgt $p_s(H_2O$, 35 °C) = 56,2 mbar.
5. In einem Scheibengasbehälter steht Erdgas unter einem Druck von p_{abs} = 1050 mbar. Durch Analyse des Erdgases wurden folgende Volumenanteile ermittelt: $\varphi(CH_4)$ = 84 %, $\varphi(C_2H_6)$ = 7 %, $\varphi(N_2)$ = 8 %, $\varphi(O_2)$ = 1 %. Berechnen Sie den Partialdruck der Mischungspartner.

3.16 Luftfeuchtigkeit

In der Luft der Atmosphäre ist durch das Verdunsten von Wasser ein Wassergehalt vorhanden **(Bild 2)**. Er wird Luftfeuchte (humidity) genannt. Die Größe der Luftfeuchte ist von der Temperatur und vom Gleichgewichtszustand abhängig. Es gibt mehrere Kennwerte, um den Wassergehalt der Luft zu beschreiben.

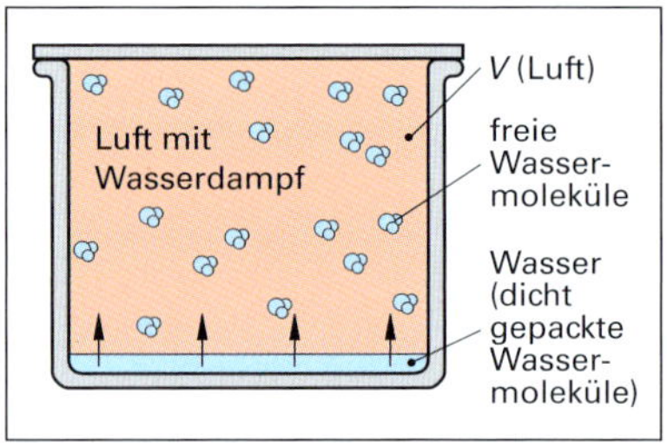

Bild 2: Luftfeuchtigkeit

Maximale Luftfeuchte

Maximale Luftfeuchte $\beta(H_2O)_{max}$ oder Sättigungs-Massenkonzentration heißt die Masse an Wasserdampf, die ein Kubikmeter Luft bei einer bestimmten Temperatur maximal aufnehmen kann. Sie wird in Gramm durch Kubikmeter angegeben **(Bild 3)**.

Bei gegebenem Sättigungsdampfdruck p_s lässt sich die maximale Luftfeuchte $\beta(H_2O)_{max}$ auch mit Hilfe der allgemeinen Gasgleichung (vgl. Seite 118) berechnen:

$$p \cdot V = \frac{m}{M} \cdot R \cdot T \Rightarrow \frac{m(H_2O)_{max}}{V(\text{Luft})} = \frac{p_s(H_2O) \cdot M(H_2O)}{R \cdot T} = \beta(H_2O)_{max}$$

Maximale Feuchte

$$\beta(H_2O)_{max} = \frac{m(H_2O)_{max}}{V(Luft)}$$

$$\beta(H_2O)_{max} = \frac{p_s(H_2O) \cdot M(H_2O)}{R \cdot T}$$

Beispiel: Wie groß ist die maximale Luftfeuchte, wenn der Sättigungsdampfdruck des Wassers bei 20 °C $p_s(H_2O)$ = 23,4 mbar beträgt?

(Molare Masse des Wassers $M(H_2O)$ = 18,02 g/mol), R = 0,08314 bar · L/(K · mol)

Lösung: $\beta(\mathbf{H_2O})_{max} = \frac{p_s(H_2O) \cdot M(H_2O)}{R \cdot T} = \frac{0{,}0234\,\text{bar} \cdot 18{,}02\,\text{g} \cdot \text{mol} \cdot \text{K}}{0{,}08314\,\text{bar} \cdot \text{L} \cdot \text{mol} \cdot 293\,\text{K}} = 0{,}0173098\,\text{g/L} \approx \mathbf{17{,}3\,g/m^3}$

Absolute Luftfeuchte

Als absolute Luftfeuchte $\beta(H_2O)_{abs}$ bezeichnet man die Massenkonzentration an Wasserdampf, wenn Luft bei einer bestimmten Temperatur unvollständig mit Wasserdampf gesättigt ist.

Wird feuchte Luft abgekühlt, so kann sie immer weniger Wasserdampf halten. Beim Taupunkt überschreitet die absolute Luftfeuchte die maximale Luftfeuchte, und der überschüssige Wasserdampf wird in Form von Nebel oder Eiskristallen ausgeschieden.

Absolute Luftfeuchte

$$\beta(H_2O)_{abs} = \frac{m(H_2O)_{abs}}{V(\text{Luft})}$$

Relative Luftfeuchte

Relative Luftfeuchte φ_r wird das Verhältnis der absoluten Luftfeuchte zur maximalen Luftfeuchte bei einer bestimmten Lufttemperatur genannt. Man erhält die relative Luftfeuchte φ_r auch aus dem Verhältnis von absoluter Masse ($m(H_2O)_{abs}$) zu maximaler Masse ($m(H_2O)_{max}$) an Wasserdampf in der Luftportion.

Falls die Sättigungsdampfdrücke des Wassers beim Taupunkt $p_s(H_2O)_T$ und bei Raumtemperatur $p_s(H_2O)_{RT}$ bekannt sind, errechnet sich die relative Luftfeuchte durch Division dieser Sättigungsdampfdrücke.

Die relative Luftfeuchte φ_r wird als Dezimalzahl oder in Prozent angegeben. Sie steigt bei Abkühlung einer Luftportion an, da die Sättigungsmenge kleiner wird.

Relative Luftfeuchte

$$\varphi_r = \frac{\beta(H_2O)_{abs}}{\beta(H_2O)_{max}}$$

$$\varphi_r = \frac{m(H_2O)_{abs}}{m(H_2O)_{max}}$$

$$\varphi_r = \frac{p_s(H_2O)_T}{p_s(H_2O)_{RT}}$$

Beispiel: Die relative Luftfeuchte in einem Betriebs-Labor mit einem Volumen von V(Luft) = 70,0 m³ beträgt bei ϑ = 22 °C φ_r = 45,0 %. Der Sättigungsdampfdruck des Wassers beträgt bei dieser Temperatur $p_s(H_2O)$ = 26,43 mbar. Wie viel Wasser befindet sich in der Raumluft des Labors?

Lösung: $\varphi_r = \frac{m(H_2O)_{abs}}{m(H_2O)_{max}} \Rightarrow m(H_2O)_{abs} = \varphi \cdot m(H_2O)_{max}$; mit $m(H_2O)_{max} \cdot V(\text{Luft})$ und

$\beta(H_2O)_{max} = \frac{p_s(H_2O) \cdot M(H_2O)}{R \cdot T}$ folgt: $m(H_2O)_{abs} = \varphi_r \cdot \frac{p_s(H_2O) \cdot M(H_2O)}{R \cdot T} \cdot V(\text{Luft})$

$\mathbf{m(H_2O)_{abs}} = \frac{0{,}450 \cdot 0{,}02643\,\text{bar} \cdot 18{,}02\,\text{g} \cdot 70{,}0 \cdot 10^3\,\text{L} \cdot \text{mol} \cdot \text{K}}{0{,}08314\,\text{bar} \cdot \text{L} \cdot \text{mol} \cdot 295\,\text{K}} = 611{,}689\,\text{g} \approx \mathbf{612\,g}$

Aufgaben zu Luftfeuchtigkeit

1. Wie groß ist die relative Luftfeuchte in einem Wirbelschichttrockner mit einer Innentemperatur von 80 °C, wenn der Taupunkt bei 70 °C liegt? Die Sättigungsdampfdrücke betragen: p_s(H_2O, 70 °C) = 311,6 mbar, p_s(H_2O, 80 °C) = 473,6 mbar.
2. Wie groß ist die maximale Luftfeuchte in einem Hochregallager bei 20 °C, wenn der Sättigungsdampfdruck bei dieser Temperatur p_s(H_2O, 20 °C) = 23,4 mbar beträgt?
3. Wie viel Gramm Wasser kondensieren bei der Inbetriebnahme eines Kälteschranks mit einem Volumen von 280 L, wenn die Innentemperatur von 20 °C bei einer relativen Luftfeuchte von 85 % auf 7 °C absinkt? p_s(H_2O, 20 °C) = 23,4 mbar, p_s(H_2O, 7 °C) = 10,0 mbar.
4. Wie groß ist die maximale Luftfeuchte in Gramm pro Kubikmeter in einem Exsikkator (Bild 1, Seite 199) über Calciumchlorid $CaCl_2$ als Trockenmittel bei 25 °C, wenn der Sättigungsdampfdruck des Wassers bei dieser Temperatur $p_s(H_2O)$ = 0,30 mbar beträgt?

Gemischte Aufgaben zu 3 Ausgewählte physikalische Berechnungen

1. Das Gehäuseoberteil eines Schraubenverdichters **(Bild 1)** aus einer Anlage zur Abluftreinigung soll zu Revisionszwecken mit Hilfe eines Brückenkrans abgehoben werden. Im technischen Datenblatt ist die Masse des Gehäuseoberteils mit 5,550 t angegeben. Für welche Kraft muss der Kran mindestens ausgelegt sein, wenn mit fünffacher Sicherheit gerechnet wird?

2. Wie groß muss der Kolbenhub einer Hubkolbenpumpe sein, wenn sie pro Kolbenhub 20 dm^3 Cyclohexan C_6H_{12} in eine Pulsationskolonne pumpen soll? Der Kolbendurchmesser beträgt 400 mm.

3. Welche Masse an PVC-Granulat mit der Dichte ϱ(PVC) = 1,40 g/cm^3 wird benötigt, um 50,0 m PVC-Schlauch mit einem Innendurchmesser von 16,0 mm und einer Wandstärke von 2,50 mm zu extrudieren?

4. Aus einem stehenden zylindrischen Tank mit den Innenmaßen h = 3,50 m und d = 1,50 m werden 500 L Natronlauge abgefüllt. Wie hoch ist der Flüssigkeitsstand nach der Entnahme, wenn der Tank vorher zu 70 % gefüllt war?

5. Ein Lamellenklärer **(Bild 2)** zur Klärung einer Zellstoffsuspension hat 100 Lamellen von 2500 mm Länge und 1000 mm Breite. Berechnen Sie die Absetzfläche.

6. Wie groß ist die mittlere Absetzzeit von Feststoffpartikeln in einem Rundeindicker von 4,0 m Tiefe, wenn die Absetzgeschwindigkeit 0,50 m/h beträgt und die zu trennende Suspension 0,50 m unterhalb der Flüssigkeitsoberfläche in die Sedimentationsgrenze des Eindickers eingespeist wird?

7. Ein Kesselwagen hat eine Eigengewichtskraft von 100 kN. Er ist mit 55 m^3 Flüssigschwefel (ϱ = 1 ,785 g/cm^3) beladen. Zur waagerechten Verschiebung des Kesselwagens ist eine Kraft von 5,5 kN erforderlich. Wie groß ist die Rollreibungszahl?

8. Eine Membranpumpe verrichtet beim Fördern einer Kühlsole eine Hubarbeit von W_H = 1,5 kWh. Wie viel Kubikmeter Sole (ϱ = 1,2 g/cm^3) können damit in einen 3,0 m hoch gelegenen Behälter gepumpt werden?

9. Eine Kreiselradpumpe **(Bild 3)** nimmt eine Leistung von P = 500 W auf. Ihr Wirkungsgrad ist 69 %. Sie fördert 800 L Ethanol (ϱ = 0,80 g/cm^3) über eine Höhendifferenz von 8,7 m in eine Bandfilteranlage. Welche Zeit ist dafür erforderlich?

10. Welcher Druck p_e kann mit einer Wasserringpumpe bei einer Wassertemperatur von $\vartheta(H_2O)$ = 35,0 °C höchstens erreicht werden, wenn der Sättigungsdampfdruck des Wassers bei dieser Temperatur $p_s(H_2O)$ = 56,2 mbar und der Umgebungsdruck p_{amb} = 1020 mbar beträgt?

11. Welche Hubkraft muss ein Hubstapler aufwenden, um eine Palette mit PVC-Granulat mit einer Masse von 250 kg in 4,0 s auf eine Hubgeschwindigkeit von 0,50 m/s zu bringen?

Bild 1: Schraubenverdichter (Aufgabe 1)

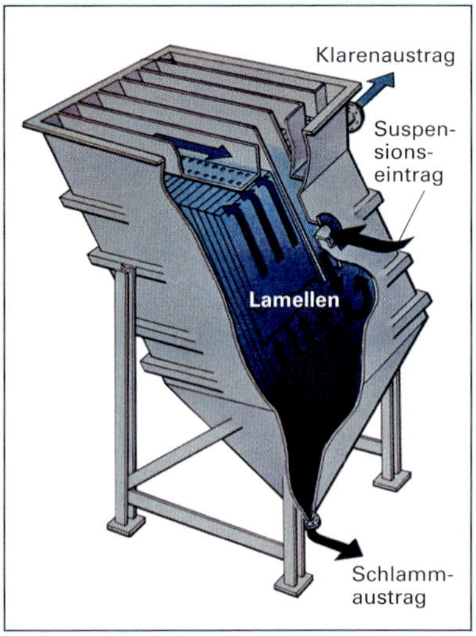

Bild 2: Lamellenklärer (Aufgabe 5)

Bild 3: Kreiselpumpe (Aufgabe 9)

12. Wie groß ist die Umfangsgeschwindigkeit der Brechwalze eines Walzenbrechers **(Bild 1)** zur Zerkleinerung von Steinsalz, wenn die Umdrehungsfrequenz 60 min^{-1} und der Walzendurchmesser 60 cm betragen?

13. In einem stehenden zylindrischen Tank mit Natronlauge (w(NaOH) = 20,1 %, $\varrho(NaOH_{(aq)})$ = 1,220 g/cm³) wird mit einem Bodendruckmanometer ein hydrostatischer Druck von 350 mbar gemessen. Wie groß ist der Füllstand im Behälter, wenn der Drucksensor 350 mm über dem Klöpperboden angeflanscht ist?

14. Ein zylindrischer Tank wird zur Überprüfung der Dichtigkeit mit einem Überdruck von 7,5 bar abgepresst. Der Tank hat einen Innendurchmesser von 2,0 m und ist an beiden Seiten durch Klöpperböden verschlossen **(Bild 2)**. Mit welcher Kraft werden die je 0,50 cm breiten Schweißnähte belastet?

15. Welcher Druck wird durch eine 75-MN-Titanschwammpresse erzeugt, wenn ein zylindrischer Pressling mit einem Durchmesser von 40,0 cm Durchmesser gepresst wird?

16. Eine Stahlkugel in einem federbelasteten Sicherheitseckventil **(Bild 3)** hat einen Durchmesser von 10,0 mm. Die Druckfeder ist 5,0 mm vorgespannt und hat eine Federkonstante von D = 78 N/mm. Bei welchem Druck öffnet das Ventil, wenn die Stahlkugel mit einem Drittel ihrer Oberfläche gegen das unter Druck stehende Medium abdichtet?

17. An einer Schraubenfeder wurden durch Belastung mit unterschiedlichen Massen die in **Tabelle 1** wiedergegebenen Auslenkungen gemessen.
    a) Stellen Sie die Messwerte in einem Kraft-Auslenkungsdiagramm grafisch dar.
    b) Extrapolieren Sie die Auslenkung bei einer Gewichtskraft von 3,3 N.
    c) Interpolieren Sie die Masse bei einer Auslenkung von 4,8 cm.
    d) Bestimmen Sie aus der Steigung des Graphen die Federkonstante D.
    e) Tragen Sie den Graphen einer härteren und einer weicheren Feder qualitativ ins Diagramm ein.

18. Bei der katalytischen Zersetzung einer Wasserstoffperoxidlösung $H_2O_{2(aq)}$ mit Mangandioxid MnO_2 wurden 250 mL Sauerstoff bei ϑ = 20 °C und p_{amb} = 1010 mbar über Wasser als Sperrflüssigkeit entwickelt. Welche Masse und welches Volumen hat der Sauerstoff im feuchten Gas, wenn der Sättigungsdampfdruck des Wassers $p_s(H_2O)$ = 23,4 mbar beträgt?

19. Ein Rührkessel mit einer Behälterfüllung von 10,00 m³ wird 3,00 m hoch mit voll entsalztem Wasser gefüllt **(Bild 4)**. Kreiselradpumpen können das Wasser
    a) über ein Steigrohr von oben einströmen lassen,
    b) durch ein am Boden einmündendes Rohr in den Kessel drücken.

    Welche Arbeit ist in den beiden genannten Fällen zu verrichten?

Bild 1: Walzenbrecher (Aufgabe 12)

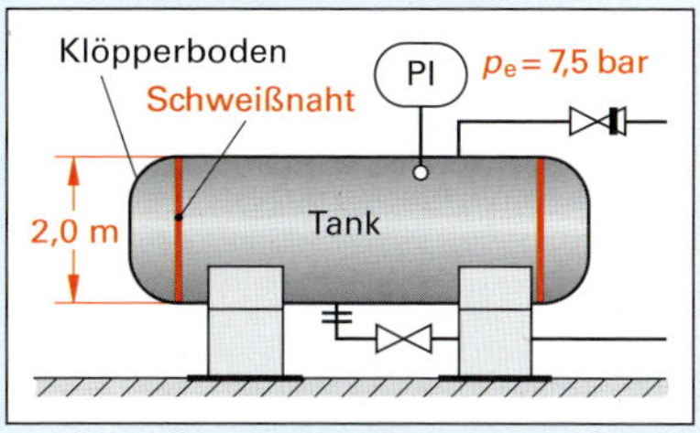

Bild 2: Zylindrischer Tank (Aufgabe 14)

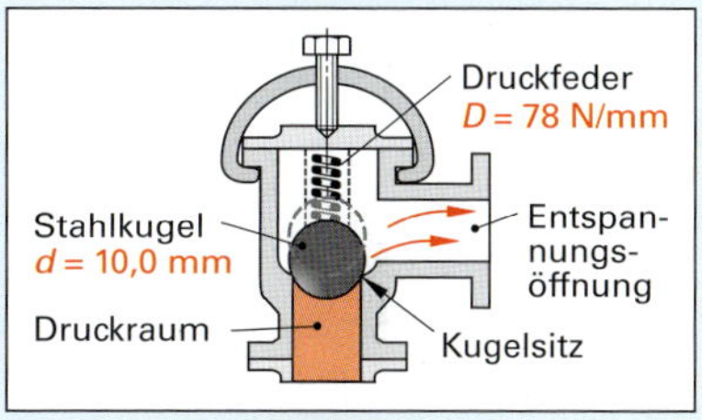

Bild 3: Sicherheitseckventil (Aufgabe 16)

Tabelle 1: Aufgabe 17

Masse in Gramm	Auslenkung in Zentimeter
50	2,7
100	4,3
150	5,6
200	8,6
250	11,3

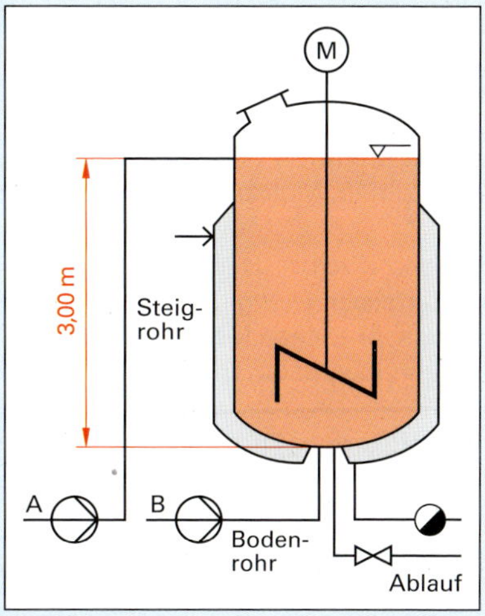

Bild 4: Rührkessel (Aufgabe 19)

4 Stöchiometrische Berechnungen

Stöchiometrische Berechnungen befassen sich mit den **Stoffportionen** von Elementen und chemischen Verbindungen in chemischen Reaktionen. Eine Stoffportion ist ein abgegrenzter Materiebereich, der aus einem oder mehreren Stoffen bestehen kann.

Zur Kennzeichnung einer Stoffportion sind Angaben über ihre *Qualität* und über ihre *Quantität* notwendig. Zur qualitativen und quantitativen Beschreibung von Verbindungen verwendet man chemische Formeln. Sie beschreiben die Elemente einer Verbindung durch einfache Zahlenverhältnisse.

Eine Stoffportion kann beschrieben werden:

- **qualitativ,** d. h., *woraus* die Stoffportion besteht, durch die Bezeichnung der Stoffart,
- **quantitativ,** d. h. um die Menge der Stoffportion, durch geeignete physikalische Größen wie die Masse m, das Volumen V, die Teilchenzahl N oder die Stoffmenge n. Man nennt diese Größen auch Quantitäten einer Stoffportion.

4.1 Grundgesetze der Chemie

Basis aller stöchiometrischen Berechnungen sind die **Grundgesetze der Chemie**:

- Das **Gesetz von der Erhaltung der Masse:** Bei chemischen Reaktionen ist die Gesamtmasse der Ausgangsstoffe (Edukte) gleich der Gesamtmasse der Endstoffe (Produkte).

Beispiel: 5,6 g Eisen Fe reagieren mit 3,2 g Schwefel S zu 5,6 g + 3,2 g = 8,8 g Eisensulfid FeS.

- Das **Gesetz der konstanten und multiplen Proportionen:** In chemischen Verbindungen liegen die gebundenen Elemente in festgelegten Massenverhältnissen vor; die Anzahl der gebundenen Atome ist dabei stets ganzzahlig.

Beispiel 1: Die Elemente Wasserstoff H und Chlor Cl verbinden sich zu Chlorwasserstoff stets im Massenverhältnis 1 g H : 35,4 g Cl.

In der Verbindung Chlorwasserstoff ist das Verbindungsverhältnis der Atome stets
1 Atom H : 1 Atom Cl, Formel der Verbindung: HCl

Beispiel 2: Die Elemente Aluminium Al und Sauerstoff O verbinden sich zu Aluminiumoxid stets im Massenverhältnis 53,96 g Al : 48,00 g O.

In der Verbindung Aluminiumoxid ist das Verbindungsverhältnis der Atome stets
2 Atome Al : 3 Atome O, Formel der Verbindung: Al_2O_3

4.2 Aufbau der chemischen Elemente

Atome, Elementarteilchen

Eine Stoffportion besteht aus einer unvorstellbar großen Anzahl von Atomen, Molekülen oder Formeleinheiten.

Die Atome selbst (engl. atoms) bestehen aus Atombausteinen, **Elementarteilchen** (engl. fundamental particles) genannt. Sie sind in einem sehr kleinen Massezentrum (Atomkern) und einem den Kern umgebenden Raum (Atomhülle) angeordnet **(Bild 1).**

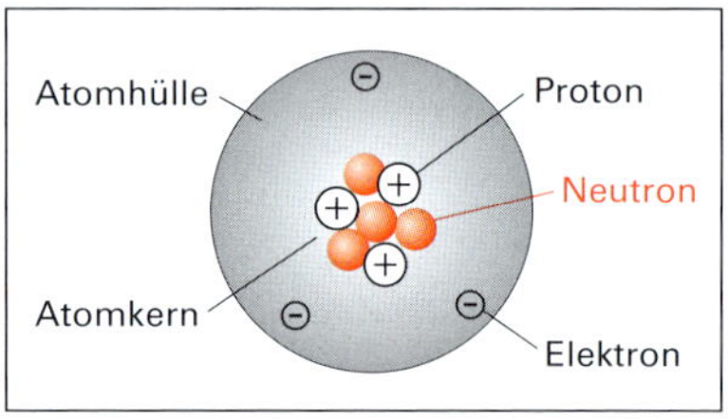

Bild 1: Aufbau eines Lithiumatoms

Im Atomkern befinden sich die Nukleonen: positiv geladene Protonen und ungeladene Neutronen. Die Atomhülle wird von den Elektronen gebildet, die den Kern umkreisen (Bild 1).

In **Tabelle 1** sind wichtige Eigenschaften der Elementarteilchen dargestellt.

Tabelle 1: Eigenschaften von Elementarteilchen

Elementar-teilchen	Symbol	Ladung	Masse in g	relative Atommasse in u
Proton	p	+1	$1{,}6725 \cdot 10^{-24}$	1,007276
Neutron	n	0	$1{,}6792 \cdot 10^{-24}$	1,008665
Elektron	e	−1	$0{,}000592 \cdot 10^{-24}$	0,000592

Isotopenschreibweise eines Elements

Die *Protonenzahl* $Z = 3$ legt die Stellung des Elements im Periodensystem fest, sie wird auch als *Kernladungszahl* oder *Ordnungszahl* bezeichnet. In der Isotopenschreibweise steht sie als Tiefzeichen links vor dem Elementsymbol, bei Lithium z. B. $_{3}Li$.

Aus der Summe der Protonenzahl Z und der Neutronenzahl N ergibt sich die *Nukleonenzahl* A (auch als *Massenzahl* bezeichnet): $A = Z + N$. Sie wird als Hochzeichen links vom Elementsymbol angegeben, bei Lithium z. B. ^{7}Li.

Beispiel: Lithiumatom von Bild 1, Seite 108

Vollständige Isotopenschreibweise eines Lithiumatoms:

↓ Nukleonenzahl (Massenzahl)

$^{7}_{3}Li$ ← Elementsymbol

↑ Protonenzahl (Ordnungszahl)

Atome, die durch ihre Symbole exakt im Aufbau des Kerns beschrieben sind, wie z. B. $^{1}_{1}H$, $^{12}_{6}C$, $^{16}_{8}O$ und $^{235}_{92}U$, werden als **Nuklide** bezeichnet. Ist keine Ladung angegeben, so stimmen Protonenzahl und Elektronenzahl überein, es liegen neutrale **Atome** vor.

Beispiel 1: Aus welchen und wie vielen Elementarteilchen ist das Nuklid $^{23}_{11}Na$ aufgebaut?

Lösung: Protonenzahl $\mathbf{Z = 11}$
Da ein neutrales Atom vorliegt, ist die Protonenzahl = Elektronenzahl: **11 Elektronen**
Neutronenzahl = Nukleonenzahl – Protonenzahl => $\mathbf{N} = A - Z = 23 - 11 =$ **12 Neutronen**

Beispiel 2: Ein neutrales Nuklid mit 19 Protonen und 21 Neutronen ist in der Isotopenschreibweise darzustellen.

Lösung: Nukleonenzahl = Protonenzahl + Neutronenzahl => $\mathbf{A} = Z + N = 19 + 21$ => **40**; => Elementsymbol: $\mathbf{^{40}_{19}K}$

Ionen

Bei unterschiedlicher Anzahl von Protonen und Elektronen liegen „geladene Atome" vor, sie werden als **Ionen** bezeichnet. **Kationen** nennt man positiv geladene Ionen, sie entstehen aus Atomen durch Abgabe von Elektronen. Als **Anionen** werden negativ geladene Ionen bezeichnet; sie entstehen aus Atomen durch Aufnahme von Elektronen.

Beispiel 1: Aus einem Kupferatom Cu mit 34 Neutronen werden 2 Elektronen abgespalten. Wie sind dieser Vorgang und das entstehende Ion in der Isotopenschreibweise darzustellen?

Lösung: $^{63}_{29}Cu - 2e \longrightarrow \mathbf{^{63}_{29}Cu^{2+}}$

Beispiel 2: Aus welchen und wie vielen Elementarteilchen ist das Nuklid $^{56}_{26}Fe^{2+}$ aufgebaut?

Lösung: Protonenzahl $Z =$ **26**
Da ein zweifach positiv geladenes Kation vorliegt, ist die Elektronenzahl $Z - 2 = 26 - 2 =$ **24**
Neutronenzahl $N = A - Z = 56 - 26 =$ **30**

Isotope

20 der derzeit bekannten 118 Elemente sind **Reinelemente,** sie bestehen aus nur einer Nuklidart (Atomsorte). Beispiele für Reinelemente sind $^{23}_{11}Na$ Natrium, $^{19}_{9}F$ Fluor, $^{27}_{13}Al$ Aluminium und $^{127}_{53}I$ Iod.

Alle übrigen Elemente sind Mischelemente, d. h. Isotopengemische, wie z. B. Wasserstoff **(Tabelle 1).** Bei ihnen liegen mehrere Nuklide mit gleicher Protonenzahl, aber unterschiedlicher Neutronenzahl vor. Damit unterscheiden sie sich in der Masse.

In den chemischen Eigenschaften unterscheiden sich die Isotope eines Elements nicht.

Isotope sind die Nuklide des gleichen Elements. Sie haben eine unterschiedliche Neutronenzahl.

Tabelle 1: Isotope des Elements Wasserstoff $_{1}H$

Isotop	$\mathbf{^{1}_{1}H}$	$\mathbf{^{2}_{1}H}$	$\mathbf{^{3}_{1}H}$
Bezeichnung	leichter Wasserstoff	schwerer Wasserstoff oder Deuterium	überschwerer Wasserstoff oder Tritium (radioaktiv)
Elementarteilchen	1 Proton, 1 Elektron, 0 Neutronen	1 Proton, 1 Elektron, 1 Neutron	1 Proton, 1 Elektron, 2 Neutronen
Natürliche Häufigkeit im Wasserstoff	99,9844 %	0,0156 %	~ 10^{-16} %

Aufgaben zum Aufbau der chemischen Elemente

1. Kohlenstoff hat die stabilen Isotope ${}^{12}_{6}C$, ${}^{13}_{6}C$ und ${}^{14}_{6}C$. Aus welchen und wie vielen Elementarteilchen sind jeweils die drei Kohlenstoff-Isotope aufgebaut?

2. Eisen hat die Kernladungszahl $Z = 26$, seine natürlichen Isotope besitzen 28, 30, 31 und 32 Neutronen. Geben Sie die Isotope des Eisens in der Isotopenschreibweise an.

3. Geben Sie den Aufbau der folgenden Atome an:

   a) ${}^{35}_{17}Cl$ b) ${}^{238}_{92}U$ c) ${}^{37}_{17}Cl$ d) ${}^{63}_{29}Cu$ e) ${}^{17}_{8}O$ f) ${}^{27}_{13}Al$

4. Welche der folgenden Nuklide sind Isotope eines Elements? Ersetzen Sie die Variable X durch das entsprechende Elementsymbol.

   a) ${}^{40}_{20}X$ ${}^{40}_{18}X$ ${}^{40}_{19}X$ ${}^{36}_{18}X$ ${}^{36}_{16}X$ ${}^{42}_{20}X$ ${}^{41}_{19}X$ b) ${}^{50}_{23}X$ ${}^{50}_{24}X$ ${}^{112}_{50}X$ ${}^{115}_{50}X$ ${}^{50}_{22}X$ ${}^{51}_{23}X$ ${}^{52}_{24}X$

5. Von den folgenden Nukliden werden jeweils Elektronen abgespalten oder aufgenommen. Geben Sie die entstehenden Nuklide in der Isotopenschreibweise an:

   a) ${}^{23}_{11}Na - 1\,e \longrightarrow$ b) ${}^{64}_{30}Zn - 2\,e \longrightarrow$ c) ${}^{16}_{8}O^{2-} - 2\,e \longrightarrow$

   d) ${}^{32}_{16}S + 2\,e \longrightarrow$ e) ${}^{56}_{26}Fe^{2+} - 1\,e \longrightarrow$ f) ${}^{208}_{82}Pb^{4+} + 2\,e \longrightarrow$

6. Aus welchen Elementarteilchen sind die folgenden Ionen aufgebaut?

   a) ${}^{35}_{17}Cl^{1-}$ b) ${}^{17}_{8}O^{2-}$ c) ${}^{37}_{17}Cl^{1-}$ d) ${}^{63}_{29}Cu^{2+}$ e) ${}^{208}_{82}Pb^{4+}$ f) ${}^{27}_{13}Al^{3+}$

4.3 Symbole und Ziffern in chemischen Formeln

Die Bezeichnung der Atome chemischer Elemente erfolgt durch Kurzschreibweise (nach DIN 32640) mit festgelegten **Symbolen** (engl. symbols) aus einem oder maximal zwei Buchstaben.

Chemische Verbindungen bestehen aus zwei oder mehr Teilchen, die infolge chemischer Reaktion neue Einheiten gebildet haben. Die chemische **Formel** (engl. formula) einer Verbindung setzt sich nach DIN 32641 aus den Symbolen der beteiligten Elemente zusammen (siehe Beispiel).

Die Anzahl der Teilchen wird durch einen Koeffizienten (coefficient) angegeben, der als arabische Ziffer vor dem Teilchensymbol steht.

Der Koeffizient 1 wird in der Regel nicht geschrieben.

Der stöchiometrische **Index** (engl. index) gibt die Anzahl der Atome oder Atomgruppen an, denen der Index nachgestellt ist. Indices werden durch arabische Ziffern angegeben, die unten rechts am Atomsymbol stehen. Bei Atomgruppen stehen sie rechts unten an einer Klammer, welche die Symbole einer Atomgruppe einschließt. Der Index gilt für alle Atome in der Klammer.

Beispiel: 2 Moleküle Schwefelsäure

Der **Koeffizient** gibt die Anzahl der Atome, Moleküle oder Formeleinheiten an.

$$2\ H_2SO_4$$

Der **Index** gibt die Anzahl der Atome in einem Molekül oder einer Formeleinheit an.

Bild 1: Bedeutung von Index und Koeffizient in chemischen Formeln

Beispiele:

4 Na : 4 Atome **Natrium**

2 HCl : 2 Moleküle **Hydrogenchlorid** aus je 1 Atom H und 1 Atom Cl

$Ca(OH)_2$: Eine Formeleinheit **Calciumhydroxid** aus 1 Calcium-Ion und 2 Hydroxidgruppen mit je 1 Atom H und O.

2 O_3 : 2 Moleküle **Ozon** aus je 3 Atomen O

$CaCO_3$: 1 Formeleinheit **Calciumcarbonat** aus formal 1 Atom Ca, 1 Atom C und 3 Atomen O

2 $(NH_4)_2SO_4$: 2 Formeleinheiten **Ammoniumsulfat** aus zwei Ammoniumgruppen mit je 1 Atom N und 4 Atomen H sowie einer Sulfatgruppe mit 1 Atom S und 4 Atomen O.

Verbindungen mit Solvathülle

Einen Sonderfall stellen Verbindungen dar, die Kristallwassermoleküle (engl. water of crystallization) oder ähnliche Solvatmoleküle gebunden haben. Zwischen das Symbol der solvatfreien Verbindung und die Ziffer für die Anzahl der Solvatmoleküle wird ein Punkt auf halber Höhe der Schreibzeile gesetzt.

Beispiele: $Na_2SO_4 \cdot 10\ H_2O$: Natriumsulfat-Decahydrat (Natriumsulfat-10-hydrat)
$CaCl_2 \cdot 8\ NH_3$: Calciumchlorid-Octaammin (Calciumchlorid-8-ammin)

Ladungszahl von Ionen

Die **Ladungszahl *z*** (engl. ionic valence) eines Ions ist am Elementsymbol als Hochzeichen rechts vom Grundzeichen in arabischen Ziffern anzugeben. Bei einfach geladenen Ionen entfällt die Angabe der Ziffer 1. Ionen, die aus einer Gruppe von Atomen bestehen, können zur Verdeutlichung durch eine runde oder eckige Klammer eingeschlossen werden. Das Zeichen für die Ionenladung steht dann rechts oben außerhalb der Klammer.

Beispiele: Na^+ Natrium-Ion, Fe^{3+} Eisen(III)-Ion, SO_4^{2-} Sulfat-Ion, $[MnO_4]^-$ Permanganat-Ion

Aufgaben zu Symbolen und Ziffern in chemischen Formeln

1. Welche Bedeutung haben die folgenden Symbole und Formeln?
$2\ Br_2$, $4\ Hg$, CH_4, $BaSO_4$, $2NH_4^+$, $2\ Zn$, $2\ Fe^{2+}$, CO, $3\ Co$, $2\ AlCl_3$, NO_3^-, HCO_3^-, $NaOH$, $2\ HNO_2$, $2\ CN^-$, $3\ O_2$, $2\ N_2$, $2\ Ar$, $Na_2CO_3 \cdot 10\ H_2O$.
2. Durch welche Symbole oder Formeln werden die folgenden Teilchen beschrieben?
a) zwei Moleküle Chlor
b) eine Formeleinheit Kaliumhydroxid
c) ein Molekül Kohlenstoffdioxid
d eine Formeleinheit Aluminiumoxid
e) zwei Atome Zink
f) drei Moleküle Kohlenstoffmonoxid
g) eine Formeleinheit Aluminiumchlorid
h) zwei Formeleinheiten Calciumoxid
i) eine Formeleinheit Aluminiumhydroxid
j) ein Molekül Schwefel(IV)-oxid
3. Beschreiben Sie die Zusammensetzung folgender Formeleinheiten bzw. Moleküle und Ionen:
$KMnO_4$, P_4, $Na_2S_2O_3$, $Ba(OH)_2$, SiO_2, S_8, $Pb(NO_3)_2$, $Ca(HCO_3)_2$, $(NH_4)H_2PO_4$, HS^-, $CHCl_3$, PO_4^{3-}, $Al_2(SO_4)_3$, C_2H_5OH, HPO_4^{2-}, $FeSO_4 \cdot 7\ H_2O$, $[Cu(NH_3)_4]^{2+}$, H_2O_2.

4.4 Quantitäten von Stoffportionen

Für einen abgegrenzten Stoffbereich, der aus einem oder mehreren Stoffen oder aus einem definierten Bestandteil eines Stoffes bestehen kann, wurde die Bezeichnung **Stoffportion** (engl. portion of substance) eingeführt (DIN 32 629). Die Quantität einer Stoffportion kann durch die Größen Masse *m*, Volumen *V*, Stoffmenge *n* oder Teilchenzahl *N* angegeben werden. Masse und Volumen einer Stoffportion sind durch die Dichte verknüpft: $m = \varrho \cdot V$. Zweckmäßigerweise beschreibt man die Quantität einer Stoffportion durch eine Größengleichung, wie die nachfolgenden Beispiele zeigen:

Beispiele für die Angabe von Stoffportionen:
- 2,0 kg Natriumchlorid bzw. eine Natriumchlorid-Portion mit $m(\text{NaCl}) = 2{,}0$ kg
- 0,5 kg Salzsäure der Stoffmengenkonzentration 0,1 mol/L bei 20 °C bzw. eine Salzsäure-Portion mit $m(\text{HCl}) = 0{,}5$ kg und $c(\text{HCl, 20 °C}) = 0{,}1$ mol/L
- 2 m^3 Chlorgas bei 20 °C und 1 bar bzw. eine Chlor-Portion mit $V(\text{Cl}_2\text{, 20 °C, 1 bar}) = 2\ m^3$

Stoffmenge

Mit der Basisgröße **Stoffmenge** (engl. amount of substance) wird die Quantität einer Stoffportion oder der Portion eines ihrer Bestandteile auf der Grundlage der Anzahl der darin enthaltenen Teilchen angegeben. Die SI-Basiseinheit der Stoffmenge ist das **Mol,** Einheitenzeichen **mol.**

Das Mol ist die Stoffmenge eines Systems, das aus ebenso vielen Einzelteilchen besteht, wie Atome in 12 g des Kohlenstoffnuklids ^{12}C enthalten sind (DIN 1301).
1 Mol eines Stoffes enthält $6{,}022 \cdot 10^{23}$ Teilchen. Die pro Mol eines Stoffes enthaltene Teilchenzahl $\boldsymbol{N_A = 6{,}022 \cdot 10^{23}\ mol^{-1}}$ wird als **AVOGADRO-Konstante** bezeichnet.

Bei Stoffmengen muss die Art der Teilchen der Stoffportion präzise genannt werden. Dies können Atome, Moleküle, Ionen, Elektronen, Protonen sowie andere Teilchen oder auch Atomgruppen sein.

Beispiele für Stoffmengenangaben:

Stoffportion 1:	n (C)	= 1 mol	enthält	$6{,}022 \cdot 10^{23}$ Kohlenstoffatome
Stoffportion 2:	n (H_2O)	= 1 kmol	enthält 10^3	$\cdot\ 6{,}022 \cdot 10^{23} = 6{,}022 \cdot 10^{26}$ Wassermoleküle
Stoffportion 3:	n (Ca^{2+})	= 1 mmol	enthält 10^{-3}	$\cdot\ 6{,}022 \cdot 10^{23} = 6{,}022 \cdot 10^{20}$ Calcium-Ionen
Stoffportion 4:	n (NO_3^-)	= 1 mol	enthält	$6{,}022 \cdot 10^{23}$ Nitrat-Ionen

Die in einer beliebigen Stoffmenge des Stoffes X enthaltene Anzahl Stoffteilchen N(X) lässt sich mit Hilfe der AVOGADRO-Konstante berechnen: Teilchenzahl = Stoffmenge · AVOGADRO-Konstante

Teilchenzahl

$$N(\mathrm{X}) = n(\mathrm{X}) \cdot N_A$$

Beispiel: Wie viele Moleküle sind in 2 mol Wasser H_2O enthalten?

Lösung: $N(H_2O) = n(H_2O) \cdot N_A = 2\ \mathrm{mol} \cdot 6{,}022 \cdot 10^{23}\ \mathrm{mol}^{-1} = 1{,}2044 \cdot 10^{24}$ Moleküle.

Das sind 1 204 400 000 000 000 000 000 000 Wassermoleküle.

Molare Masse

Die Stoffmenge n ist als Teilchenzahl definiert. Aus der darin enthaltenen, unvorstellbar großen Anzahl von Teilchen wird deutlich, dass Stoffmengen praktisch nicht durch Zählen ermittelt werden können, sondern durch Wiegen oder bei Gasen durch Volumenmessung bestimmt werden müssen.

Da jedes Teilchen eine stoffspezifische Masse besitzt, kann man eine Beziehung zwischen der Masse m(X) eines Teilchens und der Stoffmenge n(X) herstellen. Der Quotient aus beiden Größen wird als **molare Masse *M*(X)** bezeichnet (engl. molar mass) und ergibt die nebenstehende Grundgleichung für stöchiometrische Berechnungen.

Die molare Masse M(X) ist die Masse von 1 Mol des Stoffes X.

Die SI-Einheit der molaren Masse ist kg/mol, in der Praxis wird meist das Einheitenzeichen g/mol bzw. g · mol^{-1} verwendet.

Grundgleichung für stöchiometrische Berechnungen

$$\text{Molare Masse} = \frac{\text{Masse}}{\text{Stoffmenge}}$$

$$M(\mathrm{X}) = \frac{m(\mathrm{X})}{n(\mathrm{X})}$$

Zur experimentellen Bestimmung der molaren Masse einer Substanz gibt es mehrere Verfahren (Seite 120). Sehr genaue Werte werden durch die Massenspektroskopie erhalten. Allerdings ist die Genauigkeit für die einzelnen Elemente sehr unterschiedlich.

In **Tabelle 1** ist die molare Masse häufig vorkommender Elemente aufgeführt.

Die molare Masse von Verbindungen oder Atomgruppen ergibt sich rechnerisch aus der Summe der molaren Massen der in der Verbindung enthaltenen Teilchen. Für die meisten praktischen Berechnungen ist eine Rechengenauigkeit mit auf zwei Dezimalstellen gerundeten Werten hinreichend genau.

Beispiel 1: Welche molare Masse hat Calciumcarbonat $CaCO_3$?

Lösung:

$M(CaCO_3)$	=	$M(Ca) + M(C) + 3 \cdot M(O)$	
M(Ca)	=	40,078	g/mol
+ M(C)	=	12,01115	g/mol
+ 3 · M(O)	=	3 · 15,9994	g/mol
$M(CaCO_3)$	=	100,08735	g/mol ≈ **100,087 g/mol**

Tabelle 1: Molare Massen

Element	Symbol	*M*(X) in g/mol
Wasserstoff	H	1,00794
Kohlenstoff	C	12,01115
Stickstoff	N	14,00674
Sauerstoff	O	15,9994
Natrium	Na	22,989768
Magnesium	Mg	24,3050
Aluminium	Al	26,981539
Schwefel	S	32,066
Chlor	Cl	35,4527
Kalium	K	39,0983
Calcium	Ca	40,078
Kupfer	Cu	63,546
Blei	Pb	207,2

Die molare Masse von Ionen wird bei praktischen Berechnungen den entsprechenden Massen der Atome oder Gruppen, aus denen sie entstanden sind, gleichgesetzt.

Beispiel 2: Welche molare Masse hat das Sulfat-Ion SO_4^{2-}?

Lösung:

$M(SO_4^{2-})$	=	$M(S) + 4 \cdot M(O) + 2 \cdot M(e^-)$	
M(S)	=	32,066	g/mol
+ 4 · M(O)	=	4 · 15,9994	g/mol
+ 2 · $M(e^-)$	=	2 · 0,0005486	g/mol
$M(SO_4^{2-})$	=	96,0646972	g/mol ≈ **96,065 g/mol**

Aus dem Vergleich der molaren Massen der Elemente und der Elektronen wird deutlich, dass die extrem geringe Elektronenmasse für praktische Berechnungen vernachlässigt werden kann.

Beispiel 3: Welche Masse hat die Stoffmenge 0,400 mol Calciumoxid CaO?

Lösung: mit $M(\text{CaO}) = 56{,}08$ g/mol

$$M(\text{CaO}) = \frac{m(\text{CaO})}{n(\text{CaO})} \Rightarrow \boldsymbol{m(\text{CaO})} = M(\text{CaO}) \cdot n(\text{CaO}) = 56{,}08 \frac{\text{g}}{\text{mol}} \cdot 0{,}400 \text{ mol} = 22{,}432 \text{ g} \approx \mathbf{22{,}4\ g}$$

Beispiel 4: Welche Stoffmenge $n(H_2SO_4)$ ist in 250 g reiner Schwefelsäure enthalten?

Lösung: mit $M(H_2SO_4) = 98{,}08$ g/mol

$$M(H_2SO_4) = \frac{m(H_2SO_4)}{n(H_2SO_4)} \Rightarrow \boldsymbol{n(H_2SO_4)} = \frac{m(H_2SO_4)}{M(H_2SO_4)} = \frac{250\,\text{g}}{98{,}08\,\text{g/mol}} = 2{,}5489 \text{ mol} \approx \mathbf{2{,}55\ mol}$$

Atomare Masseneinheit

Die absolute Masse m eines Teilchens des Stoffes X erhält man durch Division der molaren Masse M(X) durch die darin enthaltene Teilchenzahl N_A.

Masse eines Teilchens (Atom, Molekül)

$$m(\text{X}) = \frac{M(\text{X})}{N_A}$$

Beispiel 1: Welche Masse hat ein Wasserstoffatom?

Lösung: $$\boldsymbol{m(\text{H})} = \frac{M(\text{H})}{N_A} = \frac{1{,}00794 \text{ g/mol}}{6{,}022 \cdot 10^{23} \text{ 1/mol}} \approx \mathbf{1{,}674 \cdot 10^{-24}\ g}$$

Die Masse $m(\text{H}) \approx 1{,}674 \cdot 10^{-24}$ g ist eine unvorstellbar kleine Masse.

Um nicht mit derart kleinen Zahlen rechnen zu müssen, wurde die **atomare Masseneinheit u** (engl. atomic mass unit) eingeführt:

> 1 u ist der zwölfte Teil der Masse eines ^{12}C-Nuklids, $1\ \text{u} = \frac{1}{12} \cdot m(^{12}\text{C})$

Die absolute Masse für 1 u wird erhalten aus: $$\mathbf{1\ u} = \frac{M(\text{X})}{12 \cdot N_A} = \frac{12{,}00 \text{ g/mol}}{12 \cdot 6{,}022 \cdot 10^{23} \text{ 1/mol}} = \mathbf{1{,}661 \cdot 10^{-24}\ g}$$

Die Masse m(X) eines Teilchens des Stoffes X in der atomaren Masseneinheit u hat den gleichen Zahlenwert wie die molare Masse M(X) dieses Teilchens:

$m(\text{H}) = 1{,}00794$ u,
$M(\text{H}) = 1{,}00794$ g/mol

Für das praktische Rechnen hat die atomare Masseneinheit u keine Bedeutung.

Aufgaben zu Quantitäten von Stoffportionen

1. Berechnen Sie die molaren Massen der Verbindungen unter Berücksichtigung der Rundungsregeln:
   a) $NiCl_2$ Nickelchlorid
   b) Al_2O_3 Aluminiumoxid
   c) $Ca(OH)_2$ Calciumhydroxid
   d) NO_3^- Nitrat-Ion
   e) $Al_2(SO_4)_3$ Aluminiumsulfat
   f) $Na_2CO_3 \cdot 10\ H_2O$ Natriumcarbonat-Decahydrat (Kristallsoda)
2. Berechnen Sie die Stoffmengen folgender Stoffportionen:
   a) 35 g Aluminium Al
   b) 2,55 mg Silber Ag
   c) 2,500 g Gold Au
   d) 50 mg Calcium-Ionen Ca^{2+}
   e) 2,20 t Chlorgas Cl_2
   f) 150 µg Kohlenstoff C
   g) 20,0 g Wasser H_2O
   h) 500 kg Benzol C_6H_6
   i) 5,20 kg Kaliumnitrat KNO_3
   j) 150 g Schwefelsäure H_2SO_4
   k) 2,50 mg Sulfat-Ionen SO_4^{2-}
   l) 200 kg Nitrobenzol $C_6H_5NO_2$
3. Berechnen Sie die Masse folgender Stoffportionen:
   a) 2,50 mol Natrium Na
   b) 1,30 mmol Ca^{2+}-Ionen
   c) 3,0 kmol Cyclohexan C_6H_{12}
   d) 5,20 mol Chlor Cl_2
   e) 5,5 kmol Kupfer Cu
   f) 2,0 mmol Nitrat-IonenNO_3^-
   g) 5,5 mol Kaliumcarbonat K_2CO_3
   h) 0,25 mol Calciumhydroxid $Ca(OH)_2$
   i) 2,00 mol Salpetersäure HNO_3
   j) 2,5 mmol Kupfersulfat-Pentahydrat
   k) 2,00 kmol Trichlormethan $CHCl_3$
   l) 2,50 mol Glycerin $C_3H_8O_3$
4. Wie viele Atome sind in 1,0 kg Eisen enthalten?
5. Wie viele Moleküle enthalten 200 mg reine Schwefelsäure H_2SO_4?
6. Wie viele Wassermoleküle enthalten 2,0 Liter Wasser von 20 °C (Dichte $\varrho = 0{,}9982$ g/cm^3)?

4.5 Zusammensetzung von Verbindungen und Elementen

In chemischen Verbindungen und natürlichen Isotopengemischen liegen die Bestandteile mit bestimmten Massenanteilen vor. In Verbindungen wird die stöchiometrische Zusammensetzung durch die Formel der Verbindung festgelegt.

Massenanteile von Bestandteilen in Verbindungen

Aus der molaren Masse einer chemischen Verbindung M (Verb) und den bekannten molaren Massen der beteiligten Elemente M(X) kann der Massenanteil w(X) eines Elements X oder einer Atomgruppe berechnet werden (siehe rechts).

Dabei steht der Faktor a(X) für die Anzahl der in der Verbindung vorhandenen Elementatome oder Atomgruppen.

Massenanteile von Bestandteilen in Verbindungen

$$w(\text{X}) = \frac{a(\text{X}) \cdot M(\text{X})}{M(\text{Verb})}$$

Der Massenanteil w (X) ist ein Quotient zweier gleicher Größen und hat deshalb keine Einheit. Er wird üblicherweise als Bruchteil von 1 (z. B. 0,75 g/g = 0,75) oder in Prozent (z. B. 75 g/100 g = 75 %) angegeben.

Beispiel 1: Welche Massenanteile w(Al) und w(O) hat Aluminiumoxid Al_2O_3?

Lösung: M(Al) = 26,98 g/mol, M(O) = 16,00 g/mol, $M(Al_2O_3)$ = 101,96 g/mol

$$\mathbf{w(Al)} = \frac{a(\text{Al}) \cdot M(\text{Al})}{M(\text{Al}_2\text{O}_3)} = \frac{2 \cdot 26{,}98\,\text{g/mol}}{101{,}96\,\text{g/mol}} = 0{,}52922 \approx \mathbf{52{,}92\ \%}$$

$$\mathbf{w(O)} = \frac{a(\text{O}) \cdot M(\text{O})}{M(\text{Al}_2\text{O}_3)} = \frac{3 \cdot 16{,}00\,\text{g/mol}}{101{,}96\,\text{g/mol}} = 0{,}47077 \approx \mathbf{47{,}08\ \%}$$

Kontrolle: w(Al) + w(O) = 52,92 % + 47,08 % = 100 %

Beispiel 2: Welcher Massenanteil Kristallwasser $w(H_2O)$ ist in Eisensulfat-Heptahydrat $FeSO_4 \cdot 7\ H_2O$ gebunden?

Lösung: M(Fe) = 55,85 g/mol, M(O) = 16,00 g/mol, M(S) = 32,07 g/mol, $M(H_2O)$ = 18,02 g/mol, $a(H_2O)$ = 7, $M(FeSO_4 \cdot 7\ H_2O)$ = 278,02 g/mol

$$\mathbf{w(H_2O)} = \frac{a(\text{H}_2\text{O}) \cdot M(\text{H}_2\text{O})}{M(\text{FeSO}_4 \cdot 7\text{H}_2\text{O})} = \frac{7 \cdot 18{,}02\,\text{g/mol}}{278{,}02\,\text{g/mol}} = 0{,}45371 \approx \mathbf{45{,}37\ \%}$$

Lösungsweg mit Schlussrechnung:

In 278,02 g $FeSO_4 \cdot 7\ H_2O$ sind 7 · 18,02 g H_2O chemisch gebunden.

In 100 g $FeSO_4 \cdot 7\ H_2O$ sind x H_2O chemisch gebunden.

$$x = m(\text{H}_2\text{O}) = \frac{7 \cdot 18{,}02\,\text{g} \cdot 100\,\text{g}}{278{,}02\,\text{g}} = 45{,}3708\ \text{g}$$

45,3708 g von 100 g sind ≈ 45,37 % ⇒ $\mathbf{w(H_2O) = 45{,}37\ \%}$

Masse der Bestandteile in Portionen von Verbindungen

So wie man aus den molaren Massen einer Verbindung die Massenanteile w(X) der Elemente oder von Atomgruppen berechnen kann, so ist es auch möglich, die Massenzusammensetzung einer Portion einer Verbindung m(X) zu ermitteln. Dazu multipliziert man den Massenanteil w(X) mit der Masse der Verbindung m(Verb) und erhält die nebenstehende Gleichung.

Masse der Bestandteile in Portionen von Verbindungen

$$m(\text{X}) = \frac{a(\text{X}) \cdot M(\text{X})}{M(\text{Verb})} \cdot m(\text{Verb})$$

Beispiel 1: Welche Masse an Stickstoff N ist in 1000 kg des Düngers Ammoniumnitrat NH_4NO_3 chemisch gebunden?

Lösung: M(N) = 14,01 g/mol, M(O) = 16,00 g/mol, M(H) = 1,008 g/mol, a(N) = 2, $M(NH_4NO_3)$ = 80,04 g/mol, $m(NH_4NO_3)$ = 1000 kg

$$\mathbf{m(N)} = \frac{a(\text{N}) \cdot M(\text{N})}{M(\text{NH}_4\text{NO}_3)} \cdot m(\text{NH}_4\text{NO}_3) = \frac{2 \cdot 14{,}01\,\text{g/mol}}{80{,}04\,\text{g/mol}} \cdot 1000\,\text{kg} = 350{,}075\ \text{kg} \approx \mathbf{350{,}1\ kg}$$

Beispiel 2: Welche Masse an Natriumnitrat $NaNO_3$ ist erforderlich, um 1,50 t Nitrat NO_3^- zu erhalten?

Lösung: $M(NaNO_3) = 85{,}00$ g/mol, $M(NO_3^-) = 62{,}00$ g/mol, $a(NO_3^-) = 1$

$$m(NO_3^-) = \frac{a(NO_3^-) \cdot M(NO_3)}{M(NaNO_3)} \cdot m(NaNO_3) \Rightarrow m(NaNO_3) = \frac{m(NO_3^-) \cdot M(NaNO_3)}{M(NO_3^-) \cdot a(NO_3^-)}$$

$$m(NO_3^-) = \frac{1500\,\text{kg} \cdot 85{,}00\,\text{g/mol}}{62{,}00\,\text{g/mol} \cdot 1} = 2056{,}4516\text{ kg} \approx \mathbf{2{,}06\ t}$$

Alternative Lösung mit Schlussrechnung:

62,00 g NO_3^- sind in 85,00 g $NaNO_3$ chemisch gebunden

1,50 t NO_3^- sind in x $NaNO_3$ chemisch gebunden

$$x = \boldsymbol{m(NaNO_3)} = \frac{85{,}00\text{ g} \cdot 1{,}50\text{ t}}{62{,}00\text{ g}} \approx \mathbf{2{,}06\ t}$$

Beispiel 3: Wie viel Tonnen Kupferkies mit einem Massenanteil $w(CuFeS_2) = 5{,}00$ % müssen zur Herstellung von 500 kg Kupfer verarbeitet werden?

Lösung: $M(CuFeS_2) = 183{,}54$ g/mol, $a(Cu) = 1$

$$m(Cu) = \frac{a(Cu) \cdot M(Cu)}{M(CuFeS_2)} \cdot m(CuFeS_2) \Rightarrow m(CuFeS_2) = \frac{m(Cu) \cdot M(CuFeS_2)}{M(Cu) \cdot a(Cu)}$$

$$m(CuFeS_2) = \frac{500\,\text{kg} \cdot 183{,}54\,\text{g/mol}}{62{,}00\,\text{g/mol} \cdot 1} = 1444\text{ kg}$$

5,00 g $CuFeS_2$ sind in 100 g Kupferkies enthalten

1444 kg $CuFeS_2$ sind in x Kupferkies enthalten

$$\boldsymbol{m}\textbf{(Kupferkies)} = \frac{100\text{ g} \cdot 1444\text{ kg}}{5{,}00\text{ g}} = 28880\text{ kg} \approx \mathbf{28{,}9\ t}$$

Zusammensetzung von Isotopengemischen

Die Mehrzahl der in der Natur vorkommenden Elemente sind Gemische mehrerer Isotope des Elements (engl. isotopic mixtures). Die in Tabellenbüchern angegebenen Atommassen dieser Elemente sind demnach durchschnittliche Atommassen, berechnet aus den Atommassen der Isotope und ihrem in der Natur vorkommenden Anteil.

Diese durchschnittlichen Atommassen können bei Kenntnis von Anteil und exakter Masse jedes Isotops mit Hilfe der **Mischungsgleichung** (engl. mixture equation) errechnet werden (siehe rechts). Die Massenanteile sind als Teile von 1 oder in Prozent einzusetzen.

Durchschnittliche Atommasse eines Isotopengemischs aus *n* Isotopen
$m(X) = m_1 \cdot w_1 + m_2 \cdot w_2 + \ldots + m_n \cdot w_n$

Beispiel: Welche Atommasse und welche molare Masse hat das Element Stickstoff $_7N$? Natürlich vorkommender Stickstoff besteht aus den Nukliden $^{14}_{7}N$ (m = 14,003074 u, w = 99,634 %) und $^{15}_{7}N$ (m = 15,000109 u, w = 0,366 %).

Lösung: $m(N) = m(^{14}_{7}N) \cdot w(^{14}_{7}N) + m(^{15}_{7}N) \cdot w(^{15}_{7}N)$

$\boldsymbol{m(N)} = 14{,}003074\text{ u} \cdot 0{,}99634 + 15{,}000109\text{ u} \cdot 0{,}00366 \approx \mathbf{14{,}0\ u}$, $\boldsymbol{M(N)} \approx \mathbf{14{,}0\ g/mol}$

Aufgaben zur Zusammensetzung von Verbindungen und Elementen

1. Berechnen Sie die Massenanteile der Elemente in den Verbindungen:
   a) Schwefelsäure H_2SO_4
   b) Bariumhydroxid $Ba(OH)_2$
   c) Aluminiumsulfat $Al_2(SO_4)_3$
   d) Ethanol C_2H_5OH
   e) Ammoniumdichromat $(NH_4)_2Cr_2O_7$
   f) Gips $CaSO_4 \cdot ½\ H_2O$
2. Welchen Massenanteil an Kristallwasser haben die Verbindungen?
   a) Natriumcarbonat-Decahydrat $Na_2CO_3 \cdot 10\ H_2O$
   b) Eisensulfat-Heptahydrat $FeSO_4 \cdot 7\ H_2O$
   c) Calciumsulfat-Dihydrat $CaSO_4 \cdot 2\ H_2O$
   d) Alaun $KAl(SO_4)_2 \cdot 12\ H_2O$

3. Welchen Nitrat-Massenanteil hat Calciumnitrat $Ca(NO_3)_2$?
4. Welche Masse an Carbonat-Ionen CO_3^{2-} ist in 2,50 t Kalkstein mit dem Massenanteil $w(CaCO_3)$ = 83,54 % enthalten?
5 Welche Masse an Chlor kann theoretisch aus 250 t Steinsalz mit dem Massenanteil w(NaCl) = 97,5 % gewonnen werden?
6. Welche Masse an Chlor ist in 750 L Trichlormethan $CHCl_3$ (Chloroform) der Dichte 1,489 g/cm^3 chemisch gebunden?
7. Die Analyse eines Bauxits ergab einen Massenanteil w(AlO(OH)) = 63,5 %.
   a) Welchen Massenanteil w(Al) hat der Bauxit?
   b) Wie viel Aluminium kann aus 700 kt Bauxit gewonnen werden?
8. Wie viel technischer Harnstoff mit dem Massenanteil $w(CO(NH_2)_2)$ = 98,55 % muss verfügbar sein, wenn darin 1,25 kg chemisch gebundener Stickstoff N enthalten sein soll?
9. Wie groß ist der Stickstoff-Massenanteil w(N) in einem technischen Ammoniumnitrat mit dem Massenanteil $w(NH_4NO_3)$ = 92,5 %?
10. Wie viel chemisch gebundenen Phosphor enthalten 775 t Calciumphosphat $Ca_3(PO_4)_2$?
11. Welche Masse an Schwefel ist in 500 L Schwefelsäure-Lösung der Dichte ϱ = 1,30 g/cm^3 mit dem Massenanteil $w(H_2SO_4)$ = 40,0 % chemisch gebunden?
12. 5,00 t Mischdünger enthalten 3,25 t Calciumnitrat $Ca(NO_3)_2$, 750 kg Harnstoff $CO(NH_2)_2$ und 1,00 t Ammoniumnitrat NH_4NO_3. Welche Masse an Stickstoff N wird im Boden freigesetzt?
13. Die Zusammensetzung eines durch Flotation angereicherten Erzes beträgt: w(PbS) = 83,72 %, w(ZnS) = 14,97 %, w(Ag) = 1,30 % und w(Au) = 0,025 %. Welche Massen an Pb, Zn, Ag und Au können aus 7,50 t Erz theoretisch hergestellt werden?

4.6 Berechnungen mit Gasportionen

Gase nehmen im Gegensatz zu festen und flüssigen Stoffen jeden ihnen zur Verfügung stehenden Raum ein. Die Stoffteilchen haben verhältnismäßig große Abstände, bewegen sich regellos und stoßen unaufhörlich aneinander und gegen die Gefäßinnenwand. Mit steigender Temperatur nimmt die Bewegung zu. Wenn das Gas sich in einem Gefäß befindet und deshalb das Volumen konstant bleibt, steigt der Druck, da die Gasteilchen heftiger gegen die Gefäßinnenwand prallen.

Der erzeugte Druck ist von der Stoffart des Gases unabhängig, weil sich Gasteilchen mit geringer Masse, wie z. B. Wasserstoff H_2, sehr schnell und Gasteilchen mit größerer Masse, wie z. B. Chlor Cl_2, entsprechend langsamer bewegen. Da die kinetische Energie der Gasteilchen bei gleicher Temperatur gleich ist, „erboxen" sie sich folglich das gleiche Volumen.

Diese Gesetzmäßigkeit ist auch als das **Gesetz von Avogadro** bekannt. Es besagt:

Gleiche Gasvolumina enthalten bei gleicher Temperatur und gleichem Druck die gleiche Anzahl von Teilchen, unabhängig von der Stoffart des Gases.

4.6.1 Gase bei Normbedingungen

Das **molare Volumen V_m** (engl. molar volume) ist das Volumen, das 1 mol eines Gases einnimmt. Es ist ein stoffmengenbezogenes Volumen mit dem Einheitenzeichen L/mol bzw. L · mol^{-1}.

Dieses Volumen ist nach Avogadro unabhängig von der Stoffart. Es ist nur von den herrschenden Zuständen Druck p und Temperatur T abhängig.

Molares Normvolumen idealer Gase

Die **Normbedingungen NB** (engl. standard conditions), auch als Normzustand NZ bezeichnet, sind gekennzeichnet durch den **Normdruck** (engl. normal pressure) $p_n = 1{,}01325$ bar, gerundet 1,013 bar, und die **Normtemperatur** (engl. standard temperature) T_n = 273,15 K, gerundet 273 K (ϑ_n = 0 °C). Die Normbedingungen sind in DIN 1343 genormt.

Das Volumen einer Gasportion im Normzustand wird **Normvolumen** (engl. standard volume) V_n genannt.

Das stoffmengenbezogene (molare) Normvolumen $V_{m,n}$ ist gleich dem Quotienten aus dem Volumen bei Normbedingungen V_n und der Stoffmenge *n*. Sein Einheitenzeichen ist L/mol bzw. mol · L^{-1}.

Das Größenzeichen des **molaren Normvolumens** für ideale Gase ist $\boldsymbol{V_{m,0}}$, es beträgt $V_{m,0}$ = 22,41410 L/mol, gerundet 22,41 L/mol.

Normbedingungen		
p_n	≈	1,013 bar
T_n	≈	273 K
ϑ_n	=	0 °C
$V_{m,0}$	≈	22,41 L/mol

Molares Normvolumen

$$V_{m,n}(X) = \frac{V_n(X)}{n(X)}$$

Ein Mol eines idealen Gases nimmt bei Normbedingungen ein Volumen von $V_{m,0}$ = 22,41 L ein.

Das molare Normvolumen $V_{m,0}$ von 22,41 L/mol gilt exakt nur für ideale Gase. Die ein- und zweiatomigen Gase, wie z. B. die Edelgase, Wasserstoff, Stickstoff, Sauerstoff, verhalten sich näherungsweise wie ideale Gase. Ferner gilt es annähernd auch für andere weitgehend unpolare Gase wie CH_4, CO, NO u. a. bei hohen Temperaturen und niedrigen Drücken **(Bild 1)**. Diese Erkenntnis wurde von dem Physiker **Avogadro** entwickelt und ist nach ihm benannt.

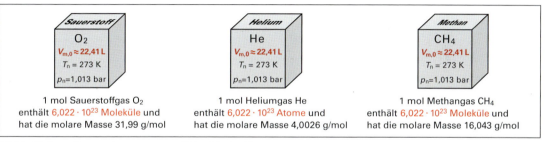

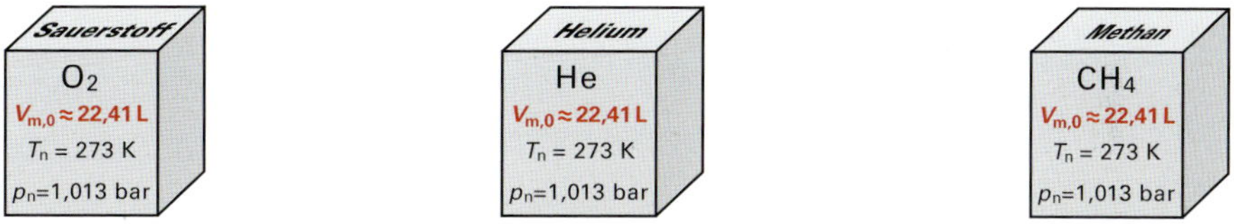

1 mol Sauerstoffgas O_2 enthält $6{,}022 \cdot 10^{23}$ Moleküle und hat die molare Masse 31,99 g/mol

1 mol Heliumgas He enthält $6{,}022 \cdot 10^{23}$ Atome und hat die molare Masse 4,0026 g/mol

1 mol Methangas CH_4 enthält $6{,}022 \cdot 10^{23}$ Moleküle und hat die molare Masse 16,043 g/mol

Bild 1: Molares Normvolumen ausgewählter idealer Gase

Beispiel 1: Welches Volumen nehmen 3,5 mol Wasserstoff H_2 bei Normbedingungen ein?

Lösung: $V_{m,0}(H_2) = \frac{V_n(H_2)}{n(H_2)} \Rightarrow \boldsymbol{V_n(H_2)} = V_{m,0} \cdot n(H_2)$ = 22,41 L/mol · 3,5 mol = 78,435 L ≈ **78 L**

Ideale und reale Gase

Bei **idealen** Gasen (engl. ideal gases) wird von der Modellvorstellung ausgegangen, dass zwischen den Gasteilchen keine Anziehungskräfte wirken und dass die Gasteilchen kein Eigenvolumen besitzen. Für alle in der Natur vorkommenden Gase trifft diese Idealvorstellung nicht zu, sie sind demnach reale Gase (engl. real gases). Das molare Volumen realer Gase weicht vom exakten Wert idealer Gase $V_{m,0}$ = 22,41410 L/mol mehr oder weniger stark ab.

Die Werte betragen beispielsweise für Sauerstoff $V_{m,n}(O_2)$ = 22,394 L/mol und für Chlor $V_{m,n}(Cl_2)$ = 22,064 L/mol. In der Regel ist für praktische Berechnungen der gerundete Wert $V_{m,0}$ = 22,41 L/mol hinreichend genau.

In der beruflichen Praxis müssen Massen und Volumina von Gasportionen häufig umgerechnet werden. Dazu dient die nebenstehende Größengleichung. Sie lässt sich aus der Definition des molaren Volumens durch Einsetzen von *n*(X) = *m*(X)/*M*(X) und anschließendes Umstellen nach V_n(X) herleiten.

Molares Normvolumen einer Gasportion

$$V_n(X) = \frac{V_{m,n} \cdot m(X)}{M(X)}$$

Beispiel 1: Berechnen Sie das Volumen von 0,800 kg Sauerstoffgas bei Normbedingungen.

Lösung: $\boldsymbol{V_n(O_2)} = \frac{V_{m,0} \cdot m(O_2)}{M(O_2)} = \frac{22{,}41 \text{ L/mol} \cdot 800 \text{ g}}{31{,}99 \text{ g/mol}}$ = 560,425 L ≈ **560 L**

Beispiel 2: Welche Dichte hat Ethin (Acetylen) C_2H_2 bei Normbedingungen?

Lösung: $M(C_2H_2) = 26{,}38$ g/mol, $V_{m,0} = 22{,}41$ L/mol; aus $\varrho = \frac{m}{V}$ und $V_{m,0} = \frac{V_n \cdot m}{M}$ folgt durch Einsetzen:

$$\varrho(\mathbf{C_2H_2}) = \frac{M(C_2H_2)}{V_{m,0}} = \frac{26{,}038\,\text{g/mol}}{22{,}41\,\text{L/mol}} = 1{,}1619\text{ g/L} \approx \mathbf{1{,}162\text{ g/L}}$$

Aufgaben zu Gasen bei Normbedingungen

1. Berechnen Sie das Volumen folgender Gasportionen bei Normbedingungen.
   a) 2,50 mol Ammoniak NH_3 b) 76,5 g Methan CH_4 c) 2,0 mmol Chlor Cl_2
   d) 250 mg Ammoniak NH_3 e) 5,5 kmol Schwefeldioxid SO_2 f) 12,5 kg Chlorwasserstoff HCl
2. Welche Stoffmengen und welche Massen haben folgende Gasportionen bei Normbedingungen?
   a) 800 L Stickstoff N_2 b) 250 m^3 Ethen C_2H_4 c) 2,80 m^3 Ethin C_2H_2
   d) 420 mL Hydrogensulfid H_2S e) 225 L Chlormethan CH_3Cl f) 1200 L Sauerstoff O_2
   g) $2{,}5 \cdot 10^3$ m^3 Helium He h) 50 L Argon Ar i) 250 mL Wasserstoff H_2
3. Eine Gasstahlflasche enthält 550 g Chlor im verflüssigten Zustand. Welches Volumen an Gas kann bei Normbedingungen entnommen werden, wenn das Flaschenvolumen 5,00 L beträgt?
4. Welche Masse an Wasserstoff verbleibt in einer 50-L-Stahlflasche, wenn sie bei Normbedingungen „entleert" wird? Wie viele Wasserstoff-Moleküle sind dann noch in der Flasche vorhanden?
5. Berechnen Sie die Dichten folgender Gasportionen bei Normbedingungen.
   a) Kohlenstoffmonoxid CO b) Propan C_3H_8 c) Chlorwasserstoff HCl d) Argon Ar

4.6.2 Gase bei beliebigen Drücken und Temperaturen

Liegen Gase nicht bei Normbedingungen vor, dann muss der Einfluss von Temperatur und Druck auf das Volumen rechnerisch berücksichtigt werden. Die Umrechnung der Gaszustände kann mit Hilfe der **allgemeinen Zustandsgleichung der Gase** erfolgen (Seite 102). Sie beschreibt quantitativ den Zusammenhang zwischen Volumen, Druck und Temperatur bei idealen Gasen.

In der Gleichung beschreibt der Index 1 den Gaszustand 1, der Index 2 den Gaszustand 2.

Mit dem Index n wird der Zustand des Gases bei **Normbedingungen** (1,01325 bar, 273,15 K) gekennzeichnet.

Zustandsgleichungen idealer Gase
$\frac{p_1 \cdot V_1}{T_1} = \frac{p_2 \cdot V_2}{T_2} = \frac{p_n \cdot V_n}{T_n}$

Da ein Mol jeder Gasart bei Normbedingungen praktisch das gleiche Volumen von $V_{m,0} = 22{,}41410$ L/mol hat, ergibt der folgende Quotient:

$$\frac{p_n \cdot V_n}{T_n} = \frac{1{,}01325\,\text{bar} \cdot 22{,}41410\,\text{L}}{273{,}15\,\text{K} \cdot \text{mol}} = 0{,}08314\,\frac{\text{bar} \cdot \text{L}}{\text{K} \cdot \text{mol}}$$

Man erhält für alle idealen Gase eine konstante Größe. Sie wird als **allgemeine Gaskonstante *R*** (engl. universal gas constant) bezeichnet.

Allgemeine Gaskonstante *R*
$R = 0{,}08314\,\frac{\text{bar} \cdot \text{L}}{\text{K} \cdot \text{mol}} = 83{,}14\,\frac{\text{mbar} \cdot \text{L}}{\text{K} \cdot \text{mol}}$

Aus $\frac{p \cdot V}{T} = R$ folgt für ein Mol Gas: $p \cdot V = R \cdot T$

Für eine beliebige Stoffmenge *n* eines Gases gilt: $p \cdot V = n \cdot R \cdot T$

Mit $n = m/M$ folgt durch Einsetzen die nebenstehende **allgemeine Gasgleichung** (engl. ideal gas equation).

Allgemeine Gasgleichung
$p \cdot V = \frac{m \cdot R \cdot T}{M}$

Die allgemeine Gasgleichung ermöglicht Berechnungen der Massen, Volumina, molaren Massen und Dichten von Gasen für beliebige Zustandsgrößen. Sie wird auch zur Auswertung der Bestimmung der molaren Masse von Gasen oder leicht verdampfbaren Flüssigkeiten nach dem Prinzip von VICTOR MEYER genutzt (Seite 120).

Beispiel: Welches Volumen nehmen 120 g Chlorgas bei 25 °C und 980 mbar ein?

Lösung: $p \cdot V(X) = \frac{m(X) \cdot R \cdot T}{M(X)} \Rightarrow \mathbf{V(Cl_2)} = \frac{m(Cl_2) \cdot R \cdot T}{M(Cl_2) \cdot p} = \frac{120\,g \cdot 83{,}14 \frac{mbar \cdot L}{K \cdot mol} \cdot 298\,K}{70{,}91\,g/mol \cdot 980\,mbar} \approx \mathbf{42{,}8\,L}$

Aufgaben zu Gasen bei beliebigen Drücken und Temperaturen

1. Berechnen Sie die Volumina der Gasportionen.
   a) 2,13 kg Chlor Cl_2 bei 75 °C und 1,85 bar
   b) 25 mg Propen C_3H_6 bei 120 °C und 2,0 bar
   c) 1,65 t Ethan C_2H_6 bei 52 °C und 55 N/cm^2
   d) 250 kg Ammoniak NH_3 bei 450 °C und 250 bar
2. Berechnen Sie die Massen der Gasportionen.
   a) 50 m^3 Stickstoff N_2 bei 150 bar und 55 °C
   b) 250 m^3 Ethin C_2H_2 bei 200 bar und 285 °C
   c) 500 mL Ethen C_2H_4 bei 800 mbar und 15 °C
   d) 225 L n-Hexan C_6H_{14} bei 80 bar und 75 °C
3. Welche Masse Wasser wurde verdampft, wenn der Dampf bei 110 °C und 1020 mbar ein Volumen von 2,5 m^3 einnimmt?
4. Durch Luftverflüssigung und anschließende Trennung in einer Rektifiziersäule entstehen 500 kg Sauerstoff (**Bild 1**). Wie viele Gasstahlflaschen von 20 L Inhalt können bei 20 °C mit einem Nenndruck von 200 bar damit gefüllt werden?
5. 100 m^3 Stickstoff stehen bei –45 °C unter 3,0 bar Druck. Welches Volumen an flüssigem Stickstoff mit der Dichte ϱ = 0,812 g/cm^3 wird aus dieser Gasportion erhalten?
6. Ein zylindrischer Behälter von 2,5 m Durchmesser und 6,4 m Höhe ist mit Propengas C_3H_6 von 32 °C unter einem Druck von 25 bar gefüllt. Welche Masse an Propen enthält der Behälter?
7. Eine Gasstahlflasche von 20 L Inhalt enthält bei 28 °C 225 kg Sauerstoff. Welchen Druck zeigt das Flaschenmanometer an?
8. Ein Schrauben-Kompressor saugt Luft unter 1,005 bar und mit 23 °C an (**Bild 2**). Er kann pro Stunde 10 000 m^3 Luft verdichten. Welches Volumen an verdichteter Luft gibt der Kompressor pro Stunde ab, wenn sie auf 50,0 bar verdichtet wird und sich dabei auf 47 °C erwärmt?
9. 1500 m^3 Chlorgas aus Membranzellen mit den Betriebszustandsgrößen 75 °C und 995 mbar werden verflüssigt.
   a) Welches Volumen an flüssigem Chlor der Dichte ϱ = 1,5705 g/cm^3 entsteht aus der Gasportion?
   b) Welche Volumenabnahme in Prozent tritt bei der Verflüssigung ein?
10. Synthesegas wird bei der Ammoniak-Synthese von 1,0 bar und 15 °C auf 350 bar komprimiert und dabei auf 450 °C erwärmt. Um wie viel Prozent ändert sich das Volumen gegenüber dem Ausgangsvolumen?
11. Einer 50-Liter-Gasstahlflasche mit Wasserstoff unter 180 bar werden bei 1025 mbar Umgebungsdruck bei konstanter Temperatur 2,25 m^3 Gas entnommen. Welchen Druck zeigt das Flaschenmanometer nach der Entnahme?

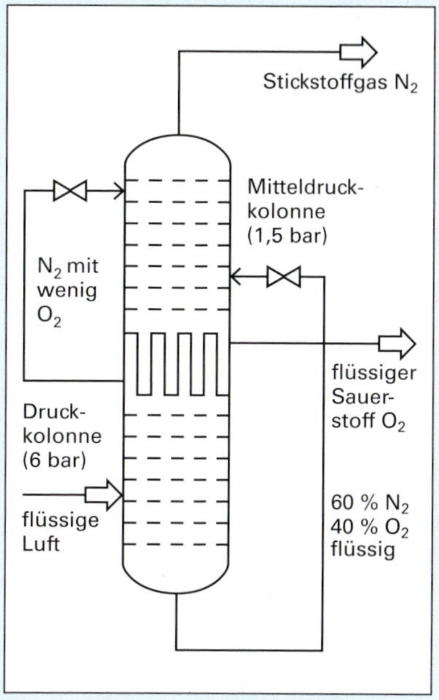

Bild 1: Tieftemperatur-Rektifikation verflüssigter Luft in einer Zweidruck-Rektifiziersäule (Aufgabe 4)

Bild 2: Geöffneter Schrauben-Kompressor (Aufgabe 8)

4.6.3 Bestimmung der molaren Masse aus der allgemeinen Gasgleichung

Die molare Masse ist eine wichtige physikalische Größe. Ihre Kenntnis ist z. B. bei der Bestimmung der Formel unbekannter Verbindungen oder der Berechnung der Masse von Gasportionen von entscheidender Bedeutung. Zur Bestimmung der molaren Masse stehen unterschiedliche Methoden zur Verfügung. Die klassischen Methoden beruhen bei Gasen oder leicht verdampfbaren Flüssigkeiten auf den Gesetzmäßigkeiten der idealen Gase (Seite 118).

Bestimmung der molaren Masse von Gasen

Das Gas, dessen molare Masse bestimmt werden soll, wird in ein evakuiertes Glasgefäß mit bekanntem Volumen gefüllt und der Gasdruck auf den Umgebungsdruck eingestellt. Man verwendet einen als **Gasmaus** bezeichneten, zylinderförmigen, dickwandigen Glasbehälter **(Bild 1)**.

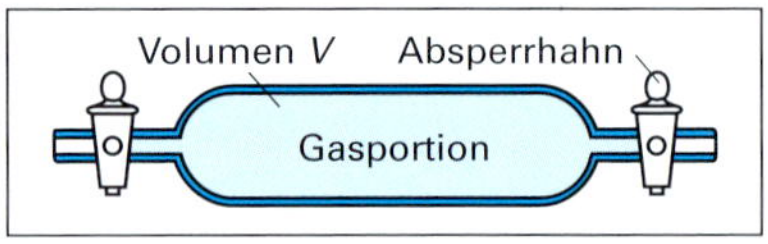

Bild 1: Gasmaus nach DIN 12473-1

Dann wiegt man zuerst die evakuierte Gasmaus (m_1), dann die mit dem Probegas gefüllte Gasmaus (m_2) und bestimmt aus der Differenz der Wägungen die Masse m der Gasportion.

Ist das Volumen V der Gasmaus bekannt, somit das Volumen der Gasportion, kann die molare Masse aus der umgestellten allgemeinen Gasgleichung berechnet werden (siehe rechts).

Molare Masse aus der allgemeinen Gasgleichung

$$M(\text{X}) = \frac{m(\text{X}) \cdot R \cdot T}{p \cdot V(\text{X})}$$

Beispiel: Zur Bestimmung der molaren Masse eines Gases wird eine evakuierte Gasmaus von 500 mL Volumen zu 48,726 g ausgewogen. Gefüllt mit dem Probegas unter 1,013 bar und 22,9 °C (295,9 K) beträgt die Masse der Gasmaus 149,302 g. Wie groß ist die molare Masse des Gases?

Lösung: $m(\text{Gas}) = m_1 - m_2 = 149{,}302 \text{ g} - 148{,}726 \text{ g} = 0{,}576 \text{ g}$

$$\boldsymbol{M}(\textbf{Gas}) = \frac{m(\text{Gas}) \cdot R \cdot T}{p \cdot V(\text{Gas})} = \frac{0{,}576 \text{ g} \cdot 0{,}08314 \frac{\text{bar} \cdot \text{L}}{\text{K} \cdot \text{mol}} \cdot 295{,}9 \text{ K}}{1{,}013 \text{ bar} \cdot 0{,}500 \text{ L}} = 27{,}9768 \text{ g/mol} \approx \mathbf{28{,}0 \text{ g/mol}}$$

Bestimmung der molaren Masse leicht verdampfbarer Flüssigkeiten

Die molare Masse leicht verdampfbarer Flüssigkeiten kann in einer Apparatur nach **VIKTOR MEYER** bestimmt werden **(Bild 2)**.

Die Substanzprobe ist in einer dünnwandigen Glasampulle eingeschmolzen. Sie wird von oben in die Apparatur eingebracht und von einem Glasstab gehalten.

Nach dem Temperieren des Verdampferkolbens auf eine Temperatur, die oberhalb der Verdampfungstemperatur der Probe liegt, wird der Glasstab teilweise herausgezogen. Dadurch fällt die Substanzampulle in den Verdampferkolben, wo sie zerbricht. Die Probe wird freigesetzt und verdampft.

Das entstehende Proben-Gasvolumen verdrängt ein gleich großes Luftvolumen V aus dem Verdampferkolben in das Eudiometer. Dort kann das auf Badtemperatur abgekühlte Volumen abgelesen werden. Das Gas ist wasserdampfgesättigt.

Mit den Bedingungen Umgebungsdruck p und Badtemperatur T sowie den Messwerten m und V kann mit der umgestellten allgemeinen Gasgleichung die molare Masse berechnet werden.

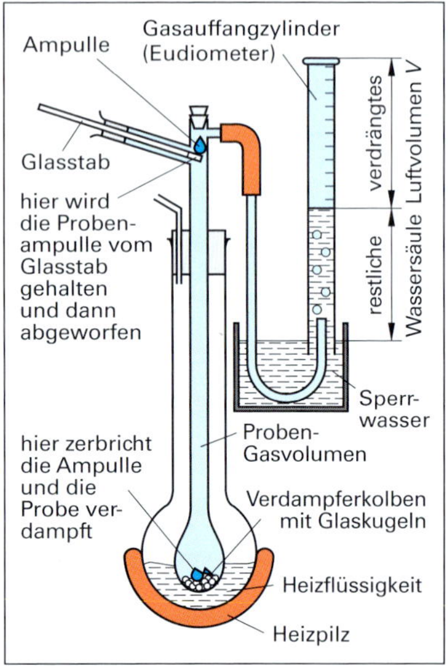

Bild 2: Apparatur zur Bestimmung der molaren Masse nach VICTOR MEYER

Beispiel: In einer Apparatur zur Molmassebestimmung nach VIKTOR MEYER werden 0,1254 g einer Flüssigkeit verdampft. Das gemessene Luftvolumen im Eudiometer beträgt 37,29 mL. Die Umgebungstemperatur ist 22,0 °C (295,0 K), der Luftdruck 1015,0 mbar. Wie groß ist die molare Masse der Flüssigkeit?

Lösung:
$$\boldsymbol{M}(\textbf{Probe}) = \frac{m(\text{Probe}) \cdot R \cdot T}{p \cdot V(\text{Probe})} = \frac{01254 \text{ g} \cdot 0{,}08314 \frac{\text{bar} \cdot \text{L}}{\text{K} \cdot \text{mol}} \cdot 295{,}0 \text{ K}}{1{,}015 \text{ bar} \cdot 0{,}03729 \text{ L}} \approx \mathbf{81{,}26 \text{ g/mol}}$$

Aufgaben zur Bestimmung der molaren Masse aus der allgemeinen Gasgleichung

1. Eine Gasmaus mit einem Volumen von 0,5281 L wiegt evakuiert 143,7820 g und mit Gas gefüllt 144,4813 g. Der Luftdruck beträgt 1012 mbar, die Umgebungstemperatur 21,0 °C.
   a) Welche molare Masse hat das Gas? b) Um welches Gas könnte es sich handeln?
2. 0,4411 g eines Kohlenwasserstoffes nehmen im Gaszustand bei 980 mbar und 38 °C ein Volumen von 264 mL ein. Wie groß ist die molare Masse der Probe?
3. 236 mg eines Gases nehmen bei 1127 mbar und 31,0 °C ein Volumen von 304 mL ein. Welche molare Masse hat das Gas?
4. In einer Apparatur nach VICTOR MEYER wurden 0,283 g einer organischen Verbindung verdampft. Bei einer Temperatur von 18 °C und einem Druck von 1025 hPa entstand 95,4 mL Volumen. Welcher der folgenden Stoffe wurde untersucht: Pentan C_5H_{12}; Penten C_5H_{10}; Pentin C_5H_8?

4.6.4 Dichte einer Gasportion

Das Volumen der Gase ist stark druck- und temperaturabhängig. Da die Dichte ϱ der Quotient von Masse durch Volumen ist, hat eine Gasportion nach dem Komprimieren wegen des geringeren Volumens und einer größeren Zahl von Gasteilchen pro Volumeneinheit eine höhere Dichte.

Dichte einer Gasportion bei Normbedingungen

Bei Normbedingungen hat ein Mol idealer Gase das Normvolumen $V_{m,0} = 22{,}41$ L/mol. Mit der molaren Masse M des Gases und dem molaren Normvolumen ergibt sich durch Einsetzen:

$$\varrho(\text{X,NB}) = \frac{m(\text{X})}{V(\text{X})} = \frac{M(\text{X})}{V_{m,0}} = \frac{M(\text{X})}{22{,}41\,\text{L/mol}}$$

Dichte einer Gasportion bei Normbedingungen

$$\varrho(\text{X,NB}) = \frac{M(\text{X})}{V_{m,0}}$$

Die Dichte von Gasen wird üblicherweise in der Einheit g/L oder kg/m^3 angegeben. Für genaue Berechnungen ist anstelle des Normvolumens idealer Gase $V_{m,0} = 22{,}41$ L/mol das reale Normvolumen $V_{m,n}$ einzusetzen, das Tabellenwerken zu entnehmen ist.

Beispiel: Welche Dichte hat Ammoniak NH_3 bei Normbedingungen?

Lösung: Mit $M(NH_3) = 17{,}03$ g/mol und dem realen Normvolumen $V_{m,n} = 22{,}078$ L/mol folgt:

$$\boldsymbol{\varrho(NH_3,\,NB)} = \frac{M(NH_3)}{V_{m,n}} = \frac{17{,}03\,\text{g/mol}}{22{,}078\,\text{L/mol}} = 0{,}771356\,\text{g/L} \approx \mathbf{0{,}7714\,g/L}$$

Dichte einer Gasportion bei Betriebsbedingungen

Für beliebige Betriebstemperaturen und Betriebsdrücke kann der Bezug zwischen den Betriebszustandsgrößen und der Dichte einer Gasportion aus der allgemeinen Gasgleichung hergestellt werden:

Aus $p \cdot V = n \cdot R \cdot T$ folgt mit $n = m/M$ durch Einsetzen: $\quad p \cdot V = \frac{m(\text{X})}{M(\text{X})} \cdot R \cdot T$

Mit $\varrho = m/V$ ergibt sich durch Einsetzen und Umformen nach der Dichte die nebenstehende Größengleichung zur Berechnung der Dichte einer Gasportion bei beliebigen Betriebsbedingungen.

Dichte einer Gasportion bei beliebigen Betriebsbedingungen

$$\varrho(\text{X}, \vartheta, p) = \frac{M(\text{X}) \cdot p}{R \cdot T}$$

Beispiel: Welche Dichte hat Kohlenstoffdioxid CO_2 bei 22,0 °C und 985 mbar?

Lösung: $$\boldsymbol{\varrho(CO_2\,,\,22{,}0\,°C,\,985\,bar)} = \frac{M(CO_2) \cdot p}{R \cdot T} = \frac{44{,}01\,\text{g/mol} \cdot 0{,}985\,\text{bar}}{0{,}08314\,\frac{\text{L} \cdot \text{bar}}{\text{K} \cdot \text{mol}} \cdot 295{,}15\,\text{K}} = 1{,}76659\,\text{g/L} \approx \mathbf{1{,}77\,g/L}$$

Aufgaben zur Dichte einer Gasportion

1. Berechnen Sie die Dichten folgender Gase bei Normbedingungen.
   a) Wasserstoff H_2 b) Methan CH_4, ($V_{m,n} = 22{,}381$ L/mol) c) Ethen C_2H_4 ($V_{m,n} = 22{,}258$ L/mol)
2. Welche Dichte haben folgende Gasportionen?
   a) Wasserstoff H_2 unter 200 bar und 25 °C b) Schwefeldioxid SO_2 bei 180 °C und 985 mbar

4.7 Rechnen mit Reaktionsgleichungen

4.7.1 Aufbau von Reaktionsgleichungen

Chemische Reaktionen werden nach DIN 32642 symbolisch durch Reaktionsgleichungen beschrieben. Sie stellen das quantitative Reaktionsgeschehen kurz und übersichtlich, einheitlich und eindeutig in Form von Formeln und Symbolen dar **(Bild 1)**.

$$\underbrace{A + B}_{\text{Edukte}} \xrightarrow[\text{Temperatur}]{\text{Druck}} \underbrace{C + D}_{\text{Produkte}}$$

Bild 1: Grundform einer chemischen Reaktionsgleichung

Die Reaktionsgleichung (reaction equation) ist keine Gleichung im mathematischen Sinn. Sie beschreibt vielmehr eine chemische Reaktion unter Angabe der Stoffart und der Zahlenverhältnisse der an der Reaktion beteiligten Reaktionspartner.

In Reaktionsgleichungen erscheinen auf beiden Seiten die gleichen Atome in gleicher Anzahl, aber in unterschiedlicher Gruppierung.

Die Reaktionsgleichung enthält auf der linken Seite die Ausgangsstoffe (Edukte) und auf der rechten Seite die Endstoffe (Produkte). Sind mehrere Reaktionspartner beteiligt, werden sie durch ein Pluszeichen voneinander getrennt. Es hat in der Bedeutung „und" einen aufzählenden Charakter und ist nicht mit der Grundrechnungsart Addition zu verwechseln.

Der Reaktionspfeil gibt die Richtung der Reaktion an. Er bedeutet soviel wie: „reagiert/reagieren zu" oder „reagiert/reagieren unter Bildung von".

Es gibt verschiedene Arten von Reaktionspfeilen mit unterschiedlicher Bedeutung: Bei Gleichgewichtsreaktionen (vgl. Seite 180) verwendet man zwei entgegengesetzte Halbspitzen (Gleichgewichtspfeile), um den Reaktionsfortschritt anzugeben **(Bild 2)**. Es sind meist Reaktionen in wässriger Lösung oder in der Gasphase, die in Abhängigkeit von den Reaktionsbedingungen sowohl von links nach rechts als auch von rechts nach links verlaufen können. Bei Gleichgewichtsreaktionen liegen die Produkte und die nicht umgesetzten Edukte nebeneinander vor.

Sind Edukte und Produkte im Gleichgewichtszustand in etwa gleicher Konzentration vorhanden, ist die Länge der Pfeile für die Hin- und Rückreaktion gleich. Diese Darstellung wird auch dann verwendet, wenn die Lage des Gleichgewichts unbekannt ist.

$$N_2 + 3\,H_2 \xrightleftharpoons[400\,°C,\ 300\,bar]{Fe} 2\,NH_3 \quad |\ \Delta_r H = -92\,kJ$$

Eisenkatalysierte Gleichgewichtsreaktion, die bei einer Temperatur von 400 °C und einem Druck von 300 bar abläuft. Pro Formelsatz, d.h. bezogen auf die Bildung von 2 mol NH_3, werden 92 kJ Wärmeenergie freigesetzt.

$$NH_3 + H_2O \rightleftharpoons NH_4^+ + OH^-$$

Das Gleichgewicht der Reaktion liegt auf der Seite der Edukte (links).

$$HCl + H_2O \rightleftharpoons H_3O^+ + Cl^-$$

Das Gleichgewicht der Reaktion liegt auf der Seite der Produkte (rechts).

$$S + O_2 \longrightarrow SO_2 \quad |\ \text{exotherm}, -\Delta_r H$$

Die Verbrennung von Schwefel verläuft unter Abgabe von Wärmeenergie.

$$NH_4NO_3 \longrightarrow N_2O + 2\,H_2O \quad |\ \text{endotherm}, +\Delta_r H$$

Ammoniumnitrat wird durch Zufuhr von Wärmeenergie thermisch zersetzt.

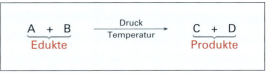

Mesomere Grenzstrukturen des Schwefeldioxids.

$$CaCO_3 + 2\,NaCl \not\longrightarrow Na_2CO_3 + CaCl_2$$

Es erfolgt keine Reaktion im Sinne der Reaktionsgleichung.

Bild 2: Bedeutung von Reaktionspfeilen in Reaktionsgleichungen

Unterschiedlich lange Reaktionspfeile kennzeichnen die Lage des Gleichgewichts, wobei die Reaktion in Richtung des längeren Pfeils verstärkt abläuft.

Über bzw. unter dem Reaktionspfeil können die zur Durchführung der Reaktion erforderlichen Reaktionsbedingungen (Druck, Temperatur, Lösemittel, Katalysator) angegeben werden. Hinter der Reaktionsgleichung können, durch einen senkrechten Strich abgetrennt, Angaben zur Energieänderung erfolgen **(Bild 2)**. Soll die Energieänderung nur qualitativ angegeben werden, so ist der Reaktionsgleichung die Aussage „exotherm" oder „endotherm" anzufügen.

Mesomere Grenzformeln werden durch einen Mesomeriepfeil $\longleftrightarrow$ miteinander verbunden. Läuft eine Reaktion nicht im Sinne der Reaktionsgleichung ab, streicht man den Reaktionspfeil durch.

In der Chemie laufen chemische Reaktionen häufig in wässriger Lösung ab. Bei diesen Ionenreaktionen werden die Teilchen, die in Wasser als Ionen vorliegen, in Ionenform geschrieben. Überwiegend undissoziierte Teilchen, z. B. schwer lösliche Salze, werden nicht in Ionenform geschrieben **(Bild 1)**.

$$Na_2CO_3 \xrightarrow{H_2O} 2\,Na^+ + CO_3^{2-}$$

$$H_2SO_4 + H_2O \longrightarrow H_3O^+ + HSO_4^-$$

$$Ba^{2+} + 2\,Cl^- + 2\,Na^+ + SO_4^{2-} \longrightarrow BaSO_4 + 2\,Na^+ + 2Cl^-$$

Bild 1: Reaktionsgleichungen in Ionenschreibweise

Beispiele:

Na_2CO_3 bedeutet eine Formeleinheit Natriumcarbonat (Soda), bestehend aus zwei Natriumlonen Na^+ und einem Carbonat-Ion CO_3^{2-}.

$CaCl_2$ bedeutet eine Formeleinheit Calciumchlorid, bestehend aus einem Calcium-Ion Ca^{2+} und zwei Chlorid-Ionen Cl^-.

Um den Aggregatzustand der reagierenden Stoffe in Reaktionsgleichungen eindeutig zu kennzeichnen, werden Kurzzeichen als Index in Klammern hinter die Formel gesetzt **(Bild 2)**. Als Abkürzung dienen die Anfangsbuchstaben der entsprechenden englischen Worte:

(s) fest (solid)
(l) flüssig (liquid)
(g) gasig (gaseous)

$$CaCl_{2(s)} \xrightarrow{H_2O} Ca^{2+}_{(aq)} + 2\,Cl^-_{(aq)}$$

$$NH_{3(g)} + HCl_{(g)} \longrightarrow NH_4Cl_{(s)}$$

$$Ba^{2+}_{(aq)} + SO^{2-}_{4\,(aq)} \longrightarrow BaSO_{4(s)}$$

$$2\,HgO_{(s)} \longrightarrow 2\,Hg_{(l)} + O_{2(g)}$$

$$HCl_{(g)} + H_2O_{(l)} \longrightarrow H_3O^+_{(aq)} + Cl^-_{(aq)}$$

Bild 2: Reaktionsgleichungen mit Angabe von Aggregatzuständen und Hydrationsvorgängen

Soll in der Reaktionsgleichung zum Ausdruck kommen, dass die Ionen hydratisiert sind, so wird der Index (aq) (von lateinisch: aqua = Wasser) verwendet.

Aufgaben zu Reaktionsgleichungen

1. Formulieren Sie zu den folgenden Reaktionen die Reaktionsgleichungen. Berücksichtigen Sie dabei die Aggregat- bzw. Lösungszustände und gegebenenfalls die Energieänderung der Reaktionen.
   a) Beim Versetzen einer Calciumchlorid-Lösung mit einer Schwefelsäure-Lösung fällt Calciumsulfat aus.
   b) Aluminiumspäne reagieren mit Brom unter starker Wärmeentwicklung im Stoffmengenverhältnis 2 : 3 unter Bildung von zwei Formeleinheiten Aluminiumbromid.
   c) Magnesium verbrennt an der Luft unter Bildung von Magnesiumoxid und Magnesiumnitrid.
   d) Das Carbonat-Ion steht in wässriger Lösung mit dem Hydrogencarbonat-Ion im Gleichgewicht.
   e) Beim Versetzen einer Bariumchlorid-Lösung mit einer Natriumsulfat-Lösung fällt Bariumsulfat aus.
   f) Zwei Formeleinheiten Kaliumhydroxid reagieren in wässriger Lösung mit einem Molekül Kohlenstoffdioxid unter Bildung von Kaliumcarbonat und Wasser.
   g) Beim Brennen von Kalkstein (Calciumcarbonat) entstehen gebrannter Kalk (Calciumoxid) und Kohlenstoffdioxid.
   h) Natronlauge wird von Salzsäure unter Bildung von Natriumchlorid und Wasser neutralisiert.
   i) Zwei Atome Natrium reagieren mit zwei Molekülen Wasser unter Bildung von zwei Formeleinheiten Natriumhydroxid und einem Molekül Wasserstoff.
   j) Beim Glühen von zwei Formeleinheiten Natriumhydrogencarbonat entstehen eine Formeleinheit Natriumcarbonat, ein Molekül Wasser und ein Molekül Kohlenstoffdioxid.

4.7.2 Aufstellen von Reaktionsgleichungen

Dem Aufstellen von Reaktionsgleichungen liegen die folgenden Regeln zugrunde:

- Das Prinzip von der Erhaltung der Elemente. Es besagt: Die auf der linken Seite der Reaktionsgleichung genannten Elemente müssen auch auf der rechten Seite erscheinen.

  $Fe + S \longrightarrow FeS$

- Das Prinzip von der Erhaltung der Anzahl der Atome. Es lautet: Die Anzahl der Atome der einzelnen an der Reaktion beteiligten Stoffe muss auf der linken und rechten Seite der Reaktionsgleichung gleich groß sein.

  $4\,NH_3 + 5\,O_2 \longrightarrow 4\,NO + 6\,H_2O$

  Stoffbilanz links: 4 N,12 H,10 O — Stoffbilanz rechts: 4 N,12 H,10 O

- Das Prinzip von der Erhaltung der Ladung: Die Summe der Ladungen muss vor und nach der Reaktion gleich groß sein.

  $CO_3^{2-} + H_2O \rightleftharpoons HCO_3^- + OH^-$

  Ladungsbilanz links: zwei negative Ladungen — Ladungsbilanz rechts: zwei negative Ladungen

- Das Prinzip von der Erhaltung der Redox-Äquivalente: Die Zahl der abgegebenen und aufgenommenen Elektronen muss gleich sein.

  $Cu^{2+} + Fe \longrightarrow Fe^{2+} + Cu$

  Das Kupfer-Ion nimmt zwei Elektronen vom Eisenatom auf.

- In Reaktionsgleichungen werden bevorzugt die kleinstmöglichen ganzzahligen Beträge stöchiometrischer Koeffizienten verwendet.

  $2\,C_6H_6 + 15\,O_2 \longrightarrow 12\,CO_2 + 6\,H_2O$

Das Aufstellen einer Reaktionsgleichung erfolgt in mehreren Einzelschritten:

1. Zum Aufstellen von Reaktionsgleichungen ist die Kenntnis der richtigen Symbole und Formeln der Ausgangsstoffe sowie der Reaktionsprodukte erforderlich. Aus diesem Grund wird im ersten Schritt eine Reaktionsgleichung ohne stöchiometrische Koeffizienten aufgestellt.
2. In einem zweiten Schritt muss die Reaktionsgleichung durch Einfügen der stöchiometrischen Koeffizienten rechnerisch ausgeglichen (bilanziert) werden. Der Koeffizient 1 wird nicht geschrieben.

   In den meisten Fällen, insbesondere bei einfachen Redoxreaktionen und doppelten Umsetzungen, kann man die Koeffizienten durch einfache Überlegungen und unter Beachtung der oben angegebenen Regeln finden. Es hat sich als zweckmäßig erwiesen, beim Ausgleichen mit dem Element zu beginnen, das in den einzelnen Formeln und auf jeder Seite der Reaktionsgleichung nur einmal vertreten ist und in der geringsten Anzahl vorkommt. Es dient als Leitelement. Ausgehend vom Leitelement werden die anderen Elemente oder Atomgruppen nacheinander bilanziert.

   Zum Schluss wird in einer Probe die Anzahl der einzelnen Atomsorten auf der linken und rechten Seite der Reaktionsgleichung verglichen. Bei Reaktionen mit molekularen Gasen (O_2, N_2, Cl_2 usw.), bei denen die kleinste Einheit das Molekül ist, ist es mitunter sinnvoll, diese Moleküle in der noch nicht ausgeglichenen Reaktionsgleichung in atomarer Form zu schreiben. Durch Verdoppeln aller Koeffizienten am Ende der Bilanzierung erhält man die endgültige Reaktionsgleichung mit molekularen Gasen.

Die folgenden Beispiele zeigen den Gedankengang auf, der zum Auffinden der richtigen stöchiometrischen Koeffizienten verfolgt werden muss.

Beispiel 1: Formulierung der Reaktionsgleichung zur vollständigen Verbrennung von Methan.

Lösung:

1. Schritt: Methan CH_4 verbrennt mit Sauerstoff O_2 zu Kohlenstoffdioxid CO_2 und Wasser H_2O.
   Unbilanzierte Reaktionsgleichung: $CH_4 + O_2 \longrightarrow CO_2 + H_2O$

2. Schritt: Als Leitelement für die Bilanzierung wird Kohlenstoff gewählt.
   - Aus einem Molekül CH_4 entsteht ein Molekül CO_2. ⇒ Koeffizienten bei CH_4 und CO_2: 1
   - Kohlenstoff ist im Methan-Molekül mit 4 Wasserstoffatomen verbunden und verbrennt demzufolge zu zwei Wassermolekülen. ⇒ Koeffizient bei H_2O: 2
   - Da die Produkte insgesamt vier chemisch gebundene Sauerstoffatome enthalten, erfordert die Verbrennung zwei Moleküle Sauerstoff. ⇒ Koeffizient bei O_2: 2

   Ergebnis: $\mathbf{CH_4 + 2\,O_2 \longrightarrow CO_2 + 2\,H_2O}$

3. Probe: Stoffbilanz links: 1 C, 4 H, 4 O, Stoffbilanz rechts: 1 C, 4 H, 4 O

Beispiel 2: Formulierung der Reaktionsgleichung zur Reaktion von Aluminiumhydroxid mit Salzsäure.

Lösung: 1. Schritt: Aluminiumhydroxid $Al(OH)_3$ reagiert mit Salzsäure HCl unter Bildung von Aluminiumchlorid $AlCl_3$ und Wasser H_2O. Die unbilanzierte Reaktionsgleichung lautet:

$Al(OH)_3 + HCl \longrightarrow AlCl_3 + H_2O.$

2. Schritt: Als Leitelement für die Bilanzierung wird Aluminium gewählt.

- Zur Bildung einer Formeleinheit $AlCl_3$ sind 3 HCl-Moleküle erforderlich.
  ⇒ Koeffizient bei HCl: 3.
- 3 Sauerstoffatome in den Hydroxid-Gruppen erfordern 3 Wassermoleküle.
  ⇒ Koeffizient bei H_2O: 3. (Alternativ: 3 H-Atome im $Al(OH)_3$ und 3 H-Atome im HCl erfordern 3 H_2O-Moleküle. ⇒ Koeffizient bei H_2O: 3).

Ergebnis: $\mathbf{Al(OH)_3 + 3\,HCl \longrightarrow AlCl_3 + 3\,H_2O}$

3. Probe: Stoffbilanz links: 1 Al, 3 O, 6 H, 3 Cl; Stoffbilanz rechts: 1 Al, 3 O, 6 H, 3 Cl.

Beispiel 3: Pyrit FeS_2, Bestandteil eines sulfidischen Eisenerzes, reagiert beim Rösten unter Sauerstoffzufuhr O_2 zu Eisen(III)-oxid Fe_2O_3 und Schwefeldioxid SO_2. Die Reaktionsgleichung ist zu formulieren.

Lösung: 1. Schritt: Die unbilanzierte Reaktionsgleichung lautet: $FeS_2 + O \longrightarrow Fe_2O_3 + SO_2$

2. Schritt: Als Leitelement für die Bilanzierung wird Eisen gewählt.

- 2 Fe im Fe_2O_3 erfordern 2 FeS_2. ⇒ Koeffizient bei FeS_2: 2
- 4 S aus 2 FeS_2 ergeben 4 SO_2. ⇒ Koeffizient bei SO_2: 4
- 3 O im Fe_2O_3 und 8 O aus 4 SO_2 erfordern 11 O. ⇒ Koeffizient bei O_2: $5\frac{1}{2}$
  Zwischenergebnis: $2\,FeS_2 + 5\frac{1}{2}\,O_2 \longrightarrow Fe_2O_3 + 4\,SO_2$.
- Durch Verdoppeln aller Koeffizienten ergibt sich eine ganze Zahl als Koeffizient für molekularen Sauerstoff.

Ergebnis: $\mathbf{4\,FeS_2 + 11\,O_2 \longrightarrow 2\,Fe_2O_3 + 8\,SO_2}$.

3. Probe: Stoffbilanz links: 4 Fe, 8 S, 22 O; Stoffbilanz rechts: 4 Fe, 8 S, 22 O.

Beispiel 4: Aluminium Al reagiert mit Hydronium-Ionen H_3O^+ unter Bildung von Aluminium-Ionen Al^{3+}, Wasser H_2O und Wasserstoff H_2. Es ist die Reaktionsgleichung mit Angabe der Aggregat- bzw. Hydratationszustände zu formulieren.

Lösung: 1. Schritt: Die unbilanzierte Reaktionsgleichung lautet: $Al + H_3O^+ \longrightarrow Al^{3+} + H_2O + H$.

2. Schritt: Als Leitelement für die Bilanzierung wird Aluminium gewählt:

- Ein dreifach positiv geladenes Aluminium-Ion erfordert 3 einfach positiv geladene Hydronium-Ionen. ⇒ Koeffizient bei H_3O^+: 3.
- Drei Hydronium-Ionen reagieren zu 3 Wassermolekülen und 3 Wasserstoffatomen. ⇒ Koeffizienten bei H_2O und H: jeweils 3.
  Zwischenergebnis: $Al + 3\,H_3O^+ \longrightarrow Al^{3+} + 3\,H_2O + 3\,H$
- Durch Verdoppeln aller Koeffizienten ergibt sich die korrekte Reaktionsgleichung mit molekularem Wasserstoff.

Ergebnis: $\mathbf{2\,Al_{(s)} + 6\,H_3O^+_{(aq)} \longrightarrow 2\,Al^{3+}_{(aq)} + 6\,H_2O_{(l)} + 3\,H_{2(g)}}$.

3. Probe: Stoffbilanz links: 2 Al, 18 H, 6 O; Stoffbilanz rechts: 2 Al, 18 H, 6 O.
Ladungsbilanz links: 6^+; Ladungsbilanz rechts: 6^+.

Beispiel 5: Formulierung der Reaktionsgleichung zur Reaktion von Calciumphosphat $Ca_3(PO_4)_2$ mit Schwefelsäure H_2SO_4.

Lösung: 1. Schritt: Die unbilanzierte Reaktionsgleichung lautet: $Ca_3(PO_4)_2 + H_2SO_4 \longrightarrow CaSO_4 + H_3PO_4$.

Schritt 2: Als Leitelement für die Bilanzierung wird Calcium gewählt.

- 3 Calcium-Ionen im $Ca_3(PO_4)_2$ ergeben 3 Formeleinheiten $CaSO_4$. ⇒ Koeffizient bei $CaSO_4$: 3
- 2 Posphat-Ionen im $Ca_3(PO_4)_2$ erfordern 2 Moleküle H_3PO_4. ⇒ Koeffizient bei H_3PO_4: 2
- 3 Sulfat-Ionen im $CaSO_4$ erfordern 3 Moleküle H_2SO_4. ⇒ Koeffizient bei H_2SO_4: 3

Ergebnis: $\mathbf{Ca_3(PO_4)_2 + 3\,H_2SO_4 \longrightarrow 3\,CaSO_4 + 2\,H_3PO_4}$.

3. Probe: Stoffbilanz links: 3 Ca, 2 P, 20 O, 6 H, 3 S; Stoffbilanz rechts: 3 Ca, 2 P, 20 O, 6 H, 3 S.

Aufgaben zum Aufstellen von Reaktionsgleichungen

1. Erstellen Sie die Reaktionsgleichungen zur Bildung folgender Verbindungen aus den Elementen:
   a) Schwefeldioxid SO_2 b) Phosphor(V)-oxid P_2O_5 c) Eisen(III)-oxid Fe_2O_3
   d) Aluminiumbromid $AlBr_3$ e) Ammoniak NH_3 f) Phosphortrichlorid PCl_3
   g) Calciumoxid CaO h) Wasser H_2O i) Calciumnitrid Ca_3N_2
   j) Kohlenstoffmonoxid CO k) Schwefelwasserstoff H_2S l) Hydrogenchlorid HCl
   m) Schwefelhexafluorid SF_6 n) Natriumperoxid Na_2O_2 o) Kaliumsulfid K_2S

2. Die Kohlenwasserstoffe: a) Propan C_3H_8, b) Butan C_4H_{10}, c) Oktan C_8H_{18}, d) Ethin C_2H_2, e) Benzol C_6H_6 sowie die Alkohole: f) Methanol CH_3OH und g) Ethanol C_2H_5OH verbrennen mit Sauerstoff O_2 zu Kohlenstoffdioxid CO_2 und Wasser H_2O.
   Formulieren Sie die Reaktionsgleichungen.

3. Die Basen: a) Kaliumhydroxid KOH, b) Calciumhydroxid $Ca(OH)_2$ und c) Aluminiumhydroxid $Al(OH)_3$ werden jeweils mit Salpetersäure HNO_3, Schwefelsäure H_2SO_4 und Phosphorsäure H_3PO_4 neutralisiert. Formulieren Sie die Reaktionsgleichungen als Stoff- und Ionengleichungen.

4. Ergänzen Sie in den Reaktionsgleichungen die stöchiometrischen Koeffizienten:
   a) $Na_2CO_3 \cdot 10\,H_2O + HCl \longrightarrow NaCl + H_2O + CO_2$
   b) $Fe_2O_3 + H_2SO \longrightarrow Fe_2(SO_4)_3 + H_2O$
   c) $Ca_3N_2 + H_2O \longrightarrow Ca(OH)_2 + NH_3$
   d) $Ca_3(PO_4)_2 + SiO_2 \longrightarrow CaSiO_3 + P_2O_5$
   e) $P_4 + Br_2 \longrightarrow PBr_3$
   f) $CH_4 + Cl_2 \longrightarrow CHCl_3 + HCl$
   g) $Ca + H_2O \longrightarrow Ca(OH)_2 + H_2$
   h) $Mg + H_3O^+ \longrightarrow Mg^{2+} + H_2 + H_2O$
   i) $PCl_5 + P_2O_5 \longrightarrow POCl_3$
   j) $Ca_3(PO_4)_2 + H_3PO_4 \longrightarrow Ca(H_2PO_4)_2$

5. Die Herstellung von Salpetersäure HNO_3 nach dem OSTWALD-Verfahren verläuft in drei Schritten:
   a) Zuerst wird Ammoniak NH_3 mit Luftsauerstoff an Platinnetzen katalytisch zu Wasserdampf und Stickstoffmonoxid NO verbrannt.
   b) Das Stickstoffmonoxid setzt sich weiter mit Luftsauerstoff zu Stickstoffdioxid NO_2 um.
   c) Anschließende Absorption mit Wasser liefert Salpetersäure und Stickstoffmonoxid, was im Kreislauf wieder der Aufoxidation zugeführt wird.

   Formulieren Sie die Reaktionsgleichungen.

6. Formulieren Sie die Stoff- und Ionengleichungen zu den folgenden Nachweisreaktionen:
   a) Nachweis der Sulfat-Ionen im Kaliumsulfat K_2SO_4 durch eine Bariumchlorid-Lösung $BaCl_2$.
   b) Nachweis der Carbonat-Ionen im Natriumcarbonat Na_2CO_3 durch eine CalciumhydroxidLösung $Ca(OH)_2$.
   c) Nachweis der Chlorid-Ionen im Magnesiumchlorid $MgCl_2$ durch eine Silbernitrat-Lösung $AgNO_3$.

7. Phosphorsäure H_3PO_4 kann durch Nassaufschluss von Apatit $Ca_5(PO_4)_3F$ mit Salpetersäure HNO_3 nach dem Odda-Verfahren erhalten werden. Als Nebenprodukte entstehen Calciumnitrat $Ca(NO_3)_2$ und Fluorwasserstoff HF. Letzterer reagiert mit dem im Apatit enthaltenen Siliciumdioxid SiO_2 in einer Nebenreaktion zu Hexafluorokieselsäure H_2SiF_6 und Wasser. Formulieren Sie die Reaktionsgleichungen.

4.7.3 Oxidationszahlen

Bei einfachen Redox-Reaktionen zwischen Atomen und Ionen, z. B. $Fe + Cu^{2+} \longrightarrow Cu + Fe^{2+}$, ist anhand der Ionenladung der Elektronenübergang vom Eisenatom zum Kupfer–Ion leicht erkennbar.

Wenn aber an einer Redox-Reaktion Moleküle oder geladene Atomgruppen, wie z. B. SO_3^{2-}, MnO_4^-, beteiligt sind, lassen sich aus dem Reaktionsverlauf und aus der Reaktionsgleichung die Elektronenübergänge nur schwer erkennen.

Hilfreich ist dann die **Oxidationszahl** (oxidation number). Mit Hilfe der Oxidationszahl lassen sich Redox-Vorgänge und komplizierte Redox-Gleichungen leichter verfolgen bzw. formulieren (Seite 129).

> Die Oxidationszahl eines Elementes in einer chemischen Einheit (Formel) gibt nach DIN 32640 die Ladung an, die ein Atom des Elementes haben würde, wenn die Elektronen jeder Bindung an diesem Atom dem jeweils elektronegativeren Atom zugeordnet werden.

Ein Maß für die Fähigkeit eines Atoms, Bindungselektronen anzuziehen, ist die **Elektronegativität.** Die Elektronegativitätswerte der wichtigsten Hauptgruppenelemente sind in **Tabelle 1** wiedergegeben.

Die Oxidationszahlen werden, um sie besser von der Ionenladung unterscheiden zu können, in römischen Ziffern mit vorangestelltem Plus- oder Minuszeichen über das Elementsymbol in der Formel geschrieben.

Gibt man den Namen der Verbindung an, so ist die Oxidationszahl (ohne Plus- oder Minuszeichen) Bestandteil des Namens.

Tabelle 1: Elektronegativitätswerte nach Pauling

1	**H** 2,2	II	III	IV	V	VI	VII
2	**Li** 0,98	**Be** 1,57	**B** 2,04	**C** 2,55	**N** 3,04	**O** 3,44	**F** 3,98
3	**Na** 0,93	**Mg** 1,31	**Al** 1,61	**Si** 1,9	**P** 2,19	**S** 2,58	**Cl** 3,16
4	**K** 0,82	**Ca** 1	**Ga** 1,81	**Ge** 2,01	**As** 2,18	**Se** 2,55	**Br** 2,96
5	**Rb** 0,82	**Sr** 0,95	**In** 1,78	**Sn** 1,96	**Sb** 2,05	**Te** 2,1	**I** 2,66

Beispiele: $H\overset{+V}{N}O_3$ Stickstoff(V)-säure, $\overset{+V}{P}Cl_5$ Phosphor(V)-chlorid, $\overset{+II}{C}O$ Kohlenstoff(II)-oxid

Beim Umgang mit Oxidationszahlen sind die nachfolgenden Regeln zu beachten. Eine weiter oben stehende Regel hat dabei Vorrang gegenüber einer weiter unten stehenden.

1. Elemente haben immer die Oxidationszahl Null. Besteht ein Element aus Molekülen, so erhält jedes Atom die Oxidationszahl Null.

   $\overset{0}{Na}$, $\overset{0}{Ca}$, $\overset{0}{Si}$, $\overset{0}{N}_2$, $\overset{0}{P}_4$, $\overset{0}{S}_8$, $\overset{0}{F}_2$

2. Fluor hat immer die Oxidationszahl –I.

   $Na\overset{-I}{F}$, $C_2\overset{-I}{F}_4$, $H\overset{-I}{F}$, $O\overset{-I}{F}_2$, $NO_2\overset{-I}{F}$, $S\overset{-I}{F}_6$

3. Metalle sowie Bor und Silicium haben immer positive Oxidationszahlen. In den ersten drei Hauptgruppen des Periodensystems der Elemente stimmen die Oxidationszahlen mit der Hauptgruppennummer überein.

   $\overset{+I}{Cs}F$, $\overset{+II}{Mg}O$, $\overset{+III}{B}_2O_3$, $\overset{+IV}{Si}O_2$, $\overset{+III}{Fe}_2O_3$, $\overset{+IV}{Pb}O_2$

4. Wasserstoff hat immer die Oxidationszahl +I, außer, wenn er mit Metallen zu Metallhydriden verbunden ist. Dann beträgt die Oxidationszahl –I.

   $\overset{+I}{H}_2SO_3$, $\overset{+I}{H}_2S$, $N\overset{+I}{H}_3$, $C\overset{+I}{H}_4$, $Na\overset{-I}{H}$, $LiAl\overset{-I}{H}_4$, $Ca\overset{-I}{H}_2$

5. Sauerstoff hat in der Regel die Oxidationszahl –II, außer in Peroxiden, wo sie –I beträgt.

   $HN\overset{-II}{O}_3$, $C\overset{-II}{O}_2$, $Fe_2\overset{-II}{O}_3$, $Ba\overset{-I}{O}_2$, $H_2\overset{-I}{O}_2$, $Na_2\overset{-I}{O}_2$

6. Halogene haben in Halogeniden immer die Oxidationszahl –I.

   $Li\overset{-I}{F}$, $Al\overset{-I}{Br}_3$, $K\overset{-I}{I}$, $Ca\overset{-I}{Cl}_2$

7. Bei einatomigen Ionen ist die Oxidationszahl gleich der elektrischen Ladung der Ionen.

   $\overset{-II}{O}{}^{-2}$, $\overset{-I}{I}{}^-$, $\overset{+II}{Zn}{}^{2+}$, $\overset{+I}{Cu}{}^+$, $\overset{+III}{Al}{}^{3+}$, $\overset{+II}{Mg}{}^{2+}$, $\overset{+I}{K}{}^+$

8. Die Summe der Oxidationszahlen aller Atome in einer Stoffart entspricht der Ladung des Teilchens. Bei neutralen Teilchen ist sie gleich Null, bei Ionen gleich der Ionenladung.

   $\overset{+I}{H}_2\overset{-II}{S}$: $2 \cdot (+1) - 2 = 2 - 2 = 0$

   $\overset{+I}{H}_2\overset{+V}{P}\overset{-II}{O}{}_4^-$: $2 \cdot (+1) + 5 - 8 = 2 + 5 - 8 = -1$

Zur **Bestimmung der Oxidationszahl** (abgekürzt: OZ) in Molekülen oder Ionen mit kovalenten Bindungen wird jede Bindung vollständig dem elektronegativeren Atom zugeordnet.

In dem nebenstehenden Beispiel H_2SO_4 ergibt sich die OZ des Schwefels aus der Summe der Oxidationszahlen des Wasserstoffs und des Sauerstoffs.

Wenn zwei Atome mit gleicher Elektronegativität miteinander verbunden sind, wie z. B. beim H_2O_2, dann wird das Elektronenpaar zur Berechnung der OZ zwischen den beiden Atomen geteilt. Dies gilt insbesondere in der organischen Chemie für C-C-Bindungen in Kohlenwasserstoffen und deren Derivate.

Im nebenstehenden Beispiel (Ethen) berechnet sich die OZ des Kohlenstoffs, indem man die Summe der Oxidationszahlen des Wasserstoffs durch zwei teilt. Die OZ des Kohlenstoffs ist negativ, da er das elektronegativere Element ist.

Im Beispiel Ethanol haben die H-Atome die OZ +I, das O-Atom die OZ –II. Somit ergibt sich für das C-Atom der Methylgruppe die OZ –III und für das C-Atom der Methylengruppe die OZ –I.

Schwefelsäure

+I +VI –II
H_2 S O_4

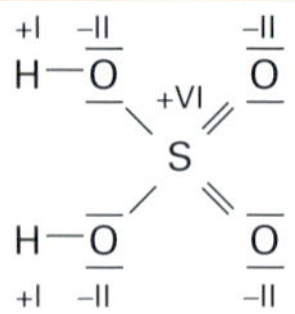

Wasserstoffperoxid

+I –I
H_2 O_2

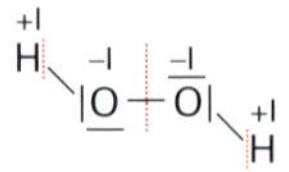

Ethen

–II +I
C_2 H_4

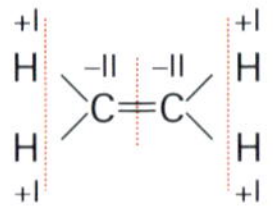

Ethanol

–III +I –I +I –II +I
C H_3C H_2 O H

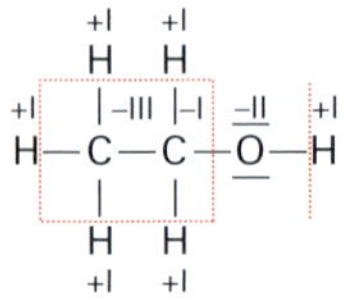

Aufgaben zu Oxidationszahlen

1. Ermitteln Sie die fehlenden Oxidationszahlen der Atome zu den in den Regeln 2 bis 6 angegebenen Beispielen von Seite 127.

2. Bestimmen Sie die Oxidationszahlen aller Atome außer Wasserstoff in den folgenden Molekülen:

a) HNO_2	b) H_2PO_3	c) P_4O_{10}	d) C_6H_6	e) $HClO_4$
f) CO_2	g) HBr	h) ClO_2	i) NF_3	j) NO_2Cl
k) SO_3	l) N_2O_3	m) $POCl_3$	n) N_2O	o) Br_2
p) N_2O_5	q) SO_2Cl_2	r) C_2H_6	s) F_2	t) SCl_2

3. Ermitteln Sie die Oxidationszahlen aller Atome in den folgenden Salzen:

a) Ca_3P_2	b) $Ca(HS)_2$	c) $Ca_3(PO_4)_2$	d) $Fe(NH_4)(SO_4)_2$	e) CaH_2
f) $KMnO_4$	g) $K_2Cr_2O_7$	h) $Fe_2(SO_4)_3$	i) $Na_2S_2O_3$	j) $Ca(OCl)_2$
k) $CaSiO_3$	l) Cr_2O_3	m) $Fe_3(PO_4)_2$	n) $Cu(NO_3)_2$	o) KNO_2
p) KHS	q) Mg_3N_2	r) NH_4Cl	s) Na_2SO_3	t) Na_2CO_3

4. Bestimmen Sie mit Hilfe der Oxidationszahlen die Ionenladung folgender Ionen:

a) H_2PO_4	b) ClO_4	c) HCO_3	d) S	e) NH_4
f) CN	g) HPO_4	h) HS	i) NO_3	j) H_3O
k) CO_3	l) $Al(H_2O)_6$	m) PO_4	n) $Al(OH)_4$	o) NH_3OH
p) O	q) $Cu(NH_3)_4$	r) OH	s) HSO_4	t) SO_4

5. Bestimmen Sie die Oxidationszahlen aller Atome außer Wasserstoff in den folgenden organischen Verbindungen. Geben Sie gegebenenfalls die Ionenladung an.

a) C_6H_{12}	b) $CH_3{-}CH_3$	c) $CH_3{-}\overline{N}H_2$	d) $CH_3{-}\overline{O}H$
e) $CH_3{-}CH{=}CH_2$	f) $CH_3{-}CH_2{-}CH_3$	g) $CH_3{-}CH_2{-}NH_3$	h) CH_3Cl
i) $HC{\equiv}CH$	j) $CH_3{-}\overline{O}{-}CH_2{-}CH_3$	k) $(CH_3)_2C{=}\overline{O}$	l) $CH_3{-}CH_2{-}C({=}\overline{O}){-}\overline{O}{-}H$
m) $CH_3{-}CH_2{-}C({=}\overline{O}){-}H$	n) $CH_3{-}C({=}\overline{O}){-}\overline{O}\vert$	o) $CH_3{-}C({=}\overline{O}){-}\overline{O}{-}H$	p) $CH_3{-}SO_2{-}Cl$

4.7.4 Aufstellen von Redox-Gleichungen

Redox-Reaktionen sind chemische Reaktionen mit Elektronenübertragung. Sie beinhalten eine **Reduktion** und eine **Oxidation,** woraus sich der Name **Redox-Reaktion** herleitet **(Bild 1).**

Bei der **Oxidation** werden von einem Stoff Elektronen abgegeben, er wird oxidiert. Da Elektronen negativ geladen sind, wird die Oxidationszahl dadurch größer. Der Stoff, der die Elektronen aufnimmt, wird als Oxidationsmittel bezeichnet,

Bei der **Reduktion** werden von einem Stoff Elektronen aufgenommen; er wird reduziert. Dabei wird die Oxidationszahl kleiner. Der Stoff, der die Elektronen abgibt, wird als Reduktionsmittel bezeichnet.

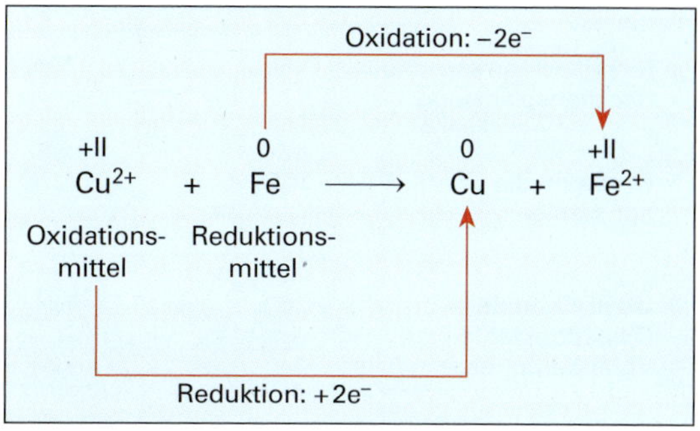

Bild 1: Redox-Reaktion

In Redox-Reaktionen können die gesuchten stöchiometrischen Koeffizienten oftmals leichter über die Elektronenbilanz als über die Stoffbilanz bestimmt werden. Dabei ist es mit Hilfe der Oxidationszahlen (Seite 127) möglich, auch schwierige Redox-Gleichungen aufzustellen.

An Beispielen wird gezeigt, wie man zweckmäßigerweise vorgeht.

Beispiel 1: Bei der Herstellung von Salpetersäure nach dem OSTWALD-Verfahren verbrennt im ersten Verfahrensschritt Ammoniak NH_3 mit Luftsauerstoff O_2 am Platin-Rhodiumkatalysator zu Stickstoffmonoxid NO und Wasserdampf H_2O. Wie lautet die Reaktionsgleichung?

Lösung:

1. Zuerst wird die nicht stöchiometrische Reaktionsgleichung mit den Formeln der Edukte und Produkte formuliert.

$$NH_3 + O_2 \longrightarrow NO + H_2O$$

2. Anschließend werden die Oxidationszahlen der in den Edukten und den Produkten enthaltenen Atome ermittelt.

$$\overset{-III\,+I}{NH_3} + \overset{0}{O_2} \longrightarrow \overset{+II\,-II}{NO} + \overset{+I\,-II}{H_2O}$$

3. An Veränderungen der Oxidationszahlen wird überprüft, welches Element oxidiert (Oxidationszahl wird positiver) und welches Element reduziert wird (Oxidationszahl wird negativer).

Oxidation: −5 e⁻ (N: −III → +II)

$$\overset{-III}{NH_3} + \overset{0}{O_2} \longrightarrow \overset{+II\,-II}{NO} + \overset{+I\,-II}{H_2O}$$

Reduktion: +2 e⁻ (in NO); +2 e = +4 e⁻ (in H_2O)

4. Ausgleich der Elektronenbilanz durch Erweitern der Teilvorgänge mit dem kleinsten gemeinsamen Vielfachen (kgV). Das kgV beträgt hier: 5 · 4 = 20. Es werden 20 Elektronen übertragen. Demzufolge wird der Oxidationsvorgang mit dem Faktor 4, der Reduktionsvorgang mit dem Faktor 5 erweitert.

Oxidation: $\overset{-III}{NH_3} \xrightarrow{-5\,e^-} \overset{+II}{NO}$ | · 4

Reduktion: $\overset{0}{O_2} \xrightarrow{+4\,e^-} 2\,\overset{-II}{O}$ | · 5

(Erweiterungsfaktoren)

$$\mathbf{4\,NH_3 + 5\,O_2 \longrightarrow NO + H_2O}$$

5. Zum Schluss werden die restlichen Atome bilanziert (vgl. Seite 124)

4 Stickstoffatome erfordern 4 NH_3 und ergeben 4 NO.
5 Moleküle O_2 ergeben auf der rechten Seite insgesamt 10 O.
4 NO enthalten 4 Atome O, Rest 10 − 4 = 6 O, ergeben 6 H_2O.
Letzter Lösungsschritt alternativ:
4 NH_3 enthalten 12 Atome H, ergibt 12 : 2 = 6 Moleküle H_2O

6. Die Reaktionsgleichung lautet somit:

$$\mathbf{4\,NH_3 + 5\,O_2 \longrightarrow 4\,NO + 6\,H_2O}$$

7. Am Ende wird die Anzahl der Atome auf der Edukt- und Produktseite überprüft.

Stoffbilanz links: 4 N, 12 H, 10 O

Stoffbilanz rechts: 4 N, 12 H, 10 O

Beispiel 2: Stickstoffdioxid NO₂ in Abgasen, z. B. aus Kohlekraftwerken, kann nach dem DeNOx-Verfahren in einem Festbettreaktor nach Zugabe von Ammoniak NH₃ katalytisch zu Stickstoff N₂ und Wasserdampf H₂O umgesetzt werden. Formulieren Sie die Reaktionsgleichung zu dieser Gasreaktion.

1. Nichtstöchiometrische Reaktionsgleichung:

   NO₂ + NH₃ ⟶ N₂ + H₂O

2. Eintragen der Oxidationszahlen:

   $\overset{+IV}{N}\overset{-II}{O_2}$ + $\overset{-III}{N}\overset{+I}{H_3}$ ⟶ $\overset{0}{N_2}$ + $\overset{+I}{H_2}\overset{-II}{O}$

   Oxidation: −3 e⁻

3. Überprüfen der Oxidationszahlen auf Veränderungen:

   $\overset{+IV}{NO_2}$ + $\overset{-III}{NH_3}$ ⟶ $\overset{0}{N_2}$ + H₂O

   Reduktion: +4 e⁻

4. Teilvorgänge mit Elektronenbilanz:

   Oxidation: $2\,\overset{-III}{NH_3}$ $\xrightarrow{-6\,e^-}$ $\overset{0}{N_2}$ | · 8   2 Moleküle NH₃ wegen der N₂-Bildung

   Reduktion: $2\,\overset{+IV}{NO_2}$ $\xrightarrow{+8\,e^-}$ $\overset{0}{N_2}$ | · 6   2 Moleküle NO₂ wegen der N₂-Bildung

   kgV = 6 · 8 = 48, Erweiterungsfaktoren Oxidation × 8, Reduktion × 6

   6 NO₂ + **8 NH₃** ⟶ N₂ + H₂O

5. Atombilanz:

   6 Moleküle NO₂ ergeben 3 Moleküle N₂
   8 Moleküle NH₃ ergeben 4 Moleküle N₂
   Insgesamt entstehen 4 + 3 = 7 Moleküle Stickstoff N₂
   8 Moleküle NH₃ enthalten 24 Atome H und ergeben somit 12 Moleküle H₂O

6. Reaktionsgleichung: **6 NO₂** + **8 NH₃** ⟶ **7 N₂** + **12 H₂O**

7. Probe: Stoffbilanz links   Stoffbilanz rechts
            14 N, 12 O, 24 H   14 N, 12 O, 24 H

Beispiel 3: Stickstoffmonoxid NO in Abgasen, z. B. beim OSTWALD-Verfahren, kann nach dem EnviNOx-Verfahren in einem Festbettreaktor nach Zugabe von Ammoniak NH₃ zu Stickstoff N₂ und Wasserdampf H₂O katalytisch umgesetzt werden:

1. Nichtstöchiometrische Reaktionsgleichung:

   NO + NH₃ + O₂ ⟶ N₂ + H₂O

2. Eintragen der Oxidationszahlen:

   $\overset{+II}{N}\overset{-II}{O}$ + $\overset{-III}{N}\overset{+I}{H_3}$ + $\overset{0}{O_2}$ ⟶ $\overset{0}{N_2}$ + $\overset{+I}{H_2}\overset{-II}{O}$

   Oxidation: −3 e⁻

3. Überprüfen der Oxidationszahlen auf Veränderungen:

   $\overset{+II}{NO}$ + $\overset{-III}{NH_3}$ + $\overset{0}{O_2}$ ⟶ $\overset{0}{N_2}$ + $\overset{-II}{H_2O}$

   Reduktion: + 2 e⁻   + 2 e = + 4 e⁻

4. Teilvorgänge mit Elektronenbilanz:

   Oxidation: $\overset{-III}{NH_3}$ $\xrightarrow{-3\,e^-}$ $\overset{0}{N_2}$ | · 4   Reduktion: $\overset{0}{O_2}$ $\xrightarrow{+4\,e^-}$ $2\,\overset{-II}{O}$ | · 1

   kgV = 3 · 4 = 12   Reduktion: $\overset{+II}{NO}$ $\xrightarrow{+2\,e^-}$ $\overset{0}{N_2}$ | · 4

   4 NO + **4 NH₃** + **1 O₂** ⟶ N₂ + H₂O

5. Atombilanz:

   4 Moleküle NO und 4 Moleküle NH₃ ergeben 4 Moleküle N₂,
   4 Moleküle NH₃ enthalten 12 Atome H und ergeben 12 : 2 = 6 Moleküle H₂O,

6. Reaktionsgleichung: **4 NO** + **4 NH₃** + O₂ ⟶ **4 N₂** + **6 H₂O**

7. Probe: Stoffbilanz links   Stoffbilanz rechts
            8 N, 6 O, 12 H   8 N, 6 O, 12 H

Aufgaben zum Aufstellen von Redox-Gleichungen

1. Formulieren Sie zu den folgenden Redox-Vorgängen die Reaktionsgleichungen:
   a) Kalium, Calcium und Aluminium reagieren jeweils mit den Halogenen Fluor, Chlor und Brom unter Bildung der entsprechenden Halogenide.
   b) Magnesium verbrennt jeweils mit den Oxidationsmitteln Sauerstoff, Stickstoff, Wasserdampf und Kohlenstoffdioxid.
   c) Kupfer reagiert mit heißer konzentrierter Schwefelsäure unter Bildung von Kupfer(II)-sulfat, Schwefeldioxid und Wasser.
   d) Bei der Elektrolyse von verdünnter Schwefelsäure werden an der Katode Wassermoleküle zu Wasserstoff reduziert und an der Anode Wassermoleküle zu Sauerstoff oxidiert.
   e) Aluminium reagiert mit verdünnter Natronlauge zu Natriumaluminat $Na[Al(OH)_4]$ und Wasserstoff.
   f) Methanal wird durch Kupfer(II)-oxid zu Methansäure oxidiert. Letztere bildet bei der erneuten Oxidation mit Kupfer(II)-oxid Kohlenstoffdioxid und Wasser.
   g) 2-Propanol wird mit Kupfer(II)-oxid zu Propanon oxidiert.
   h) Beim Verbrennen von Lithium, Natrium oder Kalium an der Luft werden Lithiumoxid, Natriumperoxid Na_2O_2 oder Kaliumhyperoxid (Kaliumdioxid) KO_2 gebildet.
   i) Silber reagiert mit konzentrierter Salpetersäure unter Bildung von Silbernitrat, Stickstoff(IV)-oxid und Wasser.
   j) Beim Laden eines Bleiakkumulators bildet sich aus dem Blei(II)-sulfat an den Elektroden Blei und Blei(IV)-oxid, wobei die Konzentration an Schwefelsäure zunimmt.
   k) Bei der Reaktion einer heißen verdünnten Methansäure HCOOH mit einer schwefelsauren Kaliumpermanganat-Lösung ($KMnO_4$) werden unter CO_2-Entwicklung und Entfärbung Mn^{2+}-Ionen gebildet.
   l) Chrom(III)-oxid reagiert mit Kaliumnitrat und Soda Na_2CO_3 in der Schmelze unter Bildung von Natriumchromat Na_2CrO_4, Kaliumnitrit und Kohlenstoffdioxid.
   m) Eisen(II)-sulfat wird in schwefelsaurer Kaliumpermanganat-Lösung zu Eisen(III)-sulfat oxidiert, wobei die Permanganat-Lösung unter Bildung von Mangan(II)-sulfat entfärbt wird.
   n) Salpetrige Säure zerfällt in Salpetersäure, Stickstoff(II)-oxid und Wasser.
   o) Bei der thermischen Zersetzung von Hydroxylamin NH_2OH wird Distickstoffoxid, Ammoniak und Wasser gebildet.
   p) Ammonium- und Nitrit-Ionen reagieren zu Stickstoff und Wasser.
   q) Methanol lässt sich durch katalytische Hydrierung (Anlagerung von Wasserstoff) von Kohlenstoffmonoxid synthetisieren.

2. Ergänzen Sie in den Reaktionsgleichungen die Reaktionskoeffizienten. Bei welchen Reaktionen handelt es sich um Redoxreaktionen?
   a) $OH^- + SO_3 \longrightarrow SO_4^{2-} + H_2O$ b) $H_2S + H_2O_2 \longrightarrow H_2SO_4 + H_2O$
   c) $Al_4C_3 + H_2O \longrightarrow Al(OH)_3 + CH_4$ d) $P_4 + H_2O \longrightarrow PH_3 + H_3PO_2$

3. Ergänzen Sie die Reaktionskoeffizienten in den folgenden Redox-Gleichungen:
   a) $KMnO_4 + H_2O_2 + H_2SO_4 \longrightarrow MnSO_4 + K_2SO_4 + H_2O + O_2$
   b) $Cr^{3+} + H_2O_2 + OH^- \longrightarrow CrO_4^{2-} + H_2O$
   c) $Cr_2O_7^{2-} + SO_3^{2-} + H_3O^+ \longrightarrow Cr^{3+} + SO_4^{2-} + H_2O$
   d) $BrO_3^- + Fe^{2+} + H_3O^+ \longrightarrow Br^- + Fe^{3+} + H_2O$
   e) $Ca_3(PO_4)_2 + C + SiO_2 \longrightarrow CaSiO_3 + CO + P_4$

Gemischte Aufgaben zum Rechnen mit Reaktionsgleichungen

1. Die Herstellung von Aluminium nach dem BAYER-Verfahren verläuft in vier Reaktionsschritten:
   a) Zuerst wird das im Bauxit als Hauptbestandteil enthaltene Aluminiumhydroxid $Al(OH)_3$ mit Natronlauge unter Druck und bei bis zu 270 °C herausgelöst (extrahiert). Hierbei entsteht Natriumaluminat $Na[(Al(OH)]_4$. Die ebenfalls im Bauxit enthaltenen Fremdoxide wie Fe_2O_3, SiO_2 und TiO_2 bleiben ungelöst und ergeben nach der Filtration den Rotschlamm.
   b) Durch Abkühlen und Impfen der Natriumaluminat-Lösung kristallisiert reines Aluminiumhydroxid aus.
   c) Das Aluminiumhydroxid wird filtriert und durch Calcinieren in einem Wirbelschichtofen bei 1100 °C zu Aluminiumoxid Al_2O_3 und Wasser umgesetzt.
   d) Zum Schluss wird das Aluminiumoxid mittels Schmelzfluss-Elektrolyse an Grafit-Elektroden zu elementarem Aluminium reduziert. Dabei entsteht Kohlenstoffmonoxid CO und Kohlenstoffdioxid CO_2.

   Formulieren Sie die Reaktionsgleichungen zu den einzelnen Teilschritten.

2. Die Herstellung von Hydrazin nach dem RASCHIG-Verfahren verläuft in drei Teilschritten:
   a) Zuerst werden Natronlauge NaOH und Chlor Cl_2 zu Natriumhypochlorit NaOCl umgesetzt. Als Nebenprodukte entstehen Natriumchlorid NaCl und Wasser.
   b) In einem zweiten Reaktionsschritt reagiert Ammoniak NH_3 mit dem entstandenen Natriumhypochlorit zu Chloramin NH_2Cl unter Rückbildung von Natronlauge.
   c) Die alkalische Chloramin-Lösung wird anschließend mit Ammoniak unter Bildung von Hydrazin N_2H_4 und Chlorwasserstoff umgesetzt.

   Formulieren Sie die Reaktionsgleichungen zu den einzelnen Teilschritten.

3. Zur Laborsynthese von Chlorgas wird in einem Gasentwickler konzentrierte Salzsäure HCl auf festes Kaliumpermanganat getropft. Als Nebenprodukte werden Manganchlorid $MnCl_2$, Kaliumchlorid KCl und Wasser gebildet. Wie lautet die Reaktionsgleichung?

4. Bei der Soda-Herstellung nach dem SOLVAY-Verfahren laufen die nachfolgend aufgeführten Verfahrensschritte ab. Dazu sind die einzelnen Reaktionsgleichungen zu formulieren.
   a) In eine Natriumchlorid-Lösung wird zuerst Ammoniak NH_3 und anschließend Kohlenstoff(IV)-oxid CO_2 eingeleitet, wobei Natriumhydrogencarbonat $NaHCO_3$ und Ammoniumchlorid NH_4Cl entstehen.
   b) Das Natriumhydrogencarbonat wird abfiltriert und calciniert. wobei es sich bei 180 °C in Soda Na_2CO_3 umwandelt.
   c) Das Kohlenstoffdioxid aus der Calcinierung wird wieder in den Prozess zurückgeführt. Die Hauptmasse des zur Reaktion benötigten Kohlenstoffdioxids entsteht jedoch beim Brennen von Kalkstein $CaCO_3$ und der damit verbundenen Verbrennung von Kohle.
   d) Der beim Kalkbrennen entstandene Kalk CaO ergibt mit Wasser Kalkmilch $Ca(OH)_2$.
   e) Kalkmilch setzt aus der Ammoniumchlorid-Lösung wieder Ammoniak frei.

5. Stellen Sie die Reaktionsgleichung für den explosionsartigen Zerfall von Nitroglycerin $C_3H_5N_3O_9$ auf. Bei der Explosion entstehen als gasförmige Reaktionsprodukte: Sauerstoff O_2, Stickstoff N_2, Kohlenstoffdioxid CO_2 und Wasserdampf H_2O.

6. In einem Abgaskatalysator wird Stickstoff- und Kohlenstoffmonoxid zu Stickstoff und Kohlenstoffdioxid umgesetzt. Wie lautet die Reaktionsgleichung?

7. Zur Laborsynthese von Anilin $C_6H_5–NH_2$ wird Nitrobenzol $C_6H_5–NO_2$ mit Zink in verdünnter Salzsäure HCl umgesetzt. Stellen Sie die Reaktionsgleichung auf. Das Zink liegt nach der Reaktion als Chlorid $ZnCl_2$, das Anilin als Hydrochlorid $C_6H_5–NH_3Cl$ vor.

8. Wie lautet die allgemeine Reaktionsgleichung zur vollständigen Verbrennung eines Alkans mit der allgemeinen Summenformel C_nH_{2n+2}?

4.8 Umsatzberechnung bei chemischen Reaktionen

4.8.1 Umsatzberechnung bei Einsatz reiner Stoffe

Die in einer Reaktionsgleichung verwendeten Symbole und Formeln haben neben einer qualitativen auch eine quantitative Bedeutung.

Beispiel: Aus der Reaktionsgleichung zur Synthese des Wassers aus den Elementen lassen sich folgende Aussagen ableiten:

2	H_2	+	O_2		$\longrightarrow$	2	H_2O
	Wasserstoff	und	Sauerstoff		reagieren zu		Wasser
2 Moleküle	Wasserstoff	und	1 Molekül	Sauerstoff	reagieren zu	2 Molekülen	Wasser
2 Mol	Wasserstoff	und	1 Mol	Sauerstoff	reagieren zu	2 Mol	Wasser
2 Liter	Wasserstoff	und	1 Liter	Sauerstoff	reagieren zu	2 Liter	Wasserdampf
4 Gramm	Wasserstoff	und	32 Gramm	Sauerstoff	reagieren zu	36 Gramm	Wasser

Die letzte Aussage ist auch als Gesetz von der Erhaltung der Masse bekannt (Seite 108). Es ist die Basis zur Berechnung des Stoffumsatzes (turnover). Zunächst wird bei der Umsatzberechnung davon ausgegangen, dass die Reaktion mit vollständig reinen Stoffen durchgeführt wird sowie vollständig (quantitativ) und ohne Nebenreaktionen abläuft.

Beispiel: Welche Masse an Phosphor(V)-oxid P_4O_{10} entsteht bei der Verbrennung von 20 g weißem Phosphor?

Lösung:
1. Aufstellen der Reaktionsgleichung, gegebene und gesuchte Größen unterstreichen: $\underline{P_4} + 5\,O_2 \longrightarrow \underline{P_4O_{10}}$
2. Umgesetzte Stoffmengen: $n(P_4) = 1\text{ mol}$, $n(P_4O_{10}) = 1\text{ mol}$
3. Angabe der molaren Massen: $M(P_4) = 123{,}90\text{ g/mol}$, $M(P_4O_{10}) = 283{,}89\text{ g/mol}$
4. Berechnung durch Schlussrechnung:

   123,90 g P_4 reagieren zu 283,89 g P_4O_{10}

   20 g P_4 reagieren zu x P_4O_{10}

$$\Rightarrow x = \boldsymbol{m(P_4O_{10})} = \frac{20\text{ g}\cdot 283{,}89\text{ g}}{123{,}90\text{ g}} \approx \mathbf{46\ g}$$

Stoffumsätze bei chemischen Reaktionen lassen sich auch mit einer Größengleichung berechnen. Sie wird nachfolgend abgeleitet. Dazu erinnert man sich folgender Erkenntnisse:

- Das Verhältnis der Reaktionskoeffizienten ν der entprechenden Stoffe in der Reaktionsgleichung ist gleich dem Verhältnis der umgesetzten Stoffmengen n: $\nu_1/\nu_2 = n_1/n_2$.
- Ferner sind die Massenverhältnisse zweier sich zu einer Verbindung vereinigenden Stoffe konstant: $m(X_1)/m(X_2)$ = konst. (Gesetz der konstanten Proportionen, Seite 108).

  Mit der Grundgleichung der Stöchiometrie von Seite 112 $m(X) = n(X) \cdot M(X)$ folgt die nebenstehende Gleichung für den Stoffumsatz.

Stoffumsatzgleichung

$$\frac{m(X_1)}{n(X_1)\cdot M(X_1)} = \frac{m(X_2)}{n(X_2)\cdot M(X_2)}$$

Mit der Stoffumsatzgleichung lässt sich z. B. die Masse $m(X_1)$ des Stoffes X_1 bei gegebener Masse $m(X_2)$ des Stoffes X_2 berechnen, wenn die molaren Massen $M(X_1)$ und $M(X_2)$ der Stoffe X_1 und X_2 bekannt sind. Das Stoffmengenverhältnis $n(X_1)/n(X_2)$ lässt sich direkt aus der Reaktionsgleichung ablesen. Es entspricht dem Verhältnis der Reaktionskoeffizienten.

Beispiel: Ermittlung des Stoffumsatzes anhand des oben angegebenen Beispiels mit der Stoffumsatzgleichung.

Lösung:

$$\frac{m(P_4)}{n(P_4)\cdot M(P_4)} = \frac{m(P_4O_{10})}{n(P_4O_{10})\cdot M(P_4O_{10})}$$

$$\Rightarrow \boldsymbol{m(P_4O_{10})} = \frac{m(P_4)\cdot n(P_4O_{10})\cdot M(P_4O_{10})}{n(P_4)\cdot M(P_4)} = \frac{20\text{ g}\cdot 1\text{ mol}\cdot 283{,}89\text{ g/mol}}{1\text{ mol}\cdot 123{,}90\text{ g/mol}} \approx \mathbf{46\ g}$$

Aufgaben zur Umsatzberechnung bei Einsatz reiner Stoffe

1. Eisenpulver reagiert mit Schwefelblüte beim Erhitzen unter Bildung von Eisensulfid. Welche Masse an Eisensulfid kann aus 5,0 g Eisenpulver hergestellt werden?

   $Fe + S \longrightarrow FeS$

2. Wie viel Gramm Ouecksilber entstehen bei der thermischen Zersetzung von 1,25 g Quecksilberoxid?

   $2\,HgO \longrightarrow 2\,Hg + O_2$

3. Welche Masse an Kupfer kann durch Reduktion von 1,376 g Kupfer(II)-oxid mit Wasserstoff gewonnen werden?

   $CuO + H_2 \longrightarrow Cu + H_2O$

4. Wie viel Tonnen Schwefelwasserstoff müssen verbrannt werden, um 100 t Schwefel herzustellen?

   $2\,H_2S + O_2 \longrightarrow 2\,H_2O + 2\,S$

5. Welche Masse an Soda entsteht beim Calcinieren von 1000 kg Natriumhydrogencarbonat?

   $2\,NaHCO_3 \longrightarrow Na_2CO_3 + CO_2 + H_2O$

6. 25 kg gebrannter Kalk werden „gelöscht". Wie viel Kilogramm Löschkalk entstehen dabei?

   $CaO + H_2O \longrightarrow Ca(OH)_2$

7. Eine Ammoniak-Syntheseanlage produziert pro Stunde 60 t Ammoniak. Wie viel Tonnen Stickstoff und Wasserstoff werden dazu benötigt?

   $N_2 + 3\,H_2 \longrightarrow 2\,NH_3$

8. Welche Masse an Chlorwasserstoff entsteht bei der Reaktion von 10 g Natriumchlorid mit Schwefelsäure?

   $2\,NaCl + H_2SO_4 \longrightarrow Na_2SO_4 + 2\,HCl$

9. Phosphor(V)-oxidchlorid wird in der chemischen Technik durch Oxidation von Phosphortrichlorid mit reinem Sauerstoff in praktisch quantitativer Ausbeute hergestellt. Welche Masse an Phosphortrichlorid wird täglich umgesetzt, wenn 40 t Phosphoroxidchlorid pro Tag zu produzieren sind?

   $2\,PCl_3 + O_2 \longrightarrow 2\,POCl_3$

10. Aluminium wird durch Schmelzflusselektrolyse von Aluminiumoxid hergestellt, das in einer Kryolithschmelze gelöst ist. Als Elektrodenmaterial dient Kohlenstoff. Wie groß ist der Elektrodenverbrauch pro Kilogramm Aluminium?

    $Al_2O_3 + 2\,C \longrightarrow 2\,Al + CO_2 + CO$

11. Wie viel Gramm Kesselstein $CaCO_3$ entstehen, wenn 1000 L Wasser mit einer temporären Härte von $c(Ca(HCO_3)_2)$ = 2,3 mmol/L zum Sieden erhitzt wird?

    $Ca(HCO_3)_2 \longrightarrow CaCO_3 + CO_2 + H_2O$

12. Anilin wird durch katalytische Gasphasenhydrierung von Nitrobenzol in praktisch quantitativer Ausbeute hergestellt. Wie viel Kubikmeter Nitrobenzol mit der Dichte ϱ = 1,20 g/cm³ müssen umgesetzt werden, wenn pro Stunde 15,0 t Anilin produziert werden sollen?

    $C_6H_5NO_2 + 3\,H_2 \longrightarrow C_6H_5NH_2 + 2\,H_2O$

13. Welche Masse an Benzolsulfonsäure entsteht bei der Sulfonierung von 100 t Benzol mit Oleum?

    $C_6H_6 + SO_3 \longrightarrow C_6H_5SO_3H$

14. 12 g Aluminium werden mit Brom zu Aluminiumbromid oxidiert. Wie groß ist die Massenzunahme in Gramm?

    $2\,Al + 3\,Br_2 \longrightarrow 2\,AlBr_3$

4.8.2 Umsatzberechnung bei Einsatz verunreinigter oder gelöster Stoffe

Chemische Reaktionen werden bevorzugt in Lösung oder in der Gasphase durchgeführt. Der Reaktionsablauf wird dadurch begünstigt, da die gelösten Teilchen wegen der größeren Beweglichkeit häufiger und heftiger zusammenstoßen können.

In der chemischen Technik kommen ferner technische Produkte zum Einsatz, die mit anderen Substanzen verunreinigt sind. Dies muss bei der Umsatzberechnung durch eine Gehaltsberechnung berücksichtigt werden (Seite 145).

An Beispielen wird der Rechengang aufgezeigt:

Beispiel 1: Welche Masse an Fluorwasserstoff entsteht bei der Reaktion von 20 g Flussspat mit einem Massenanteil an Calciumfluorid von $w(CaF_2) = 96\ \%$ mit Schwefelsäure?

Lösung:
1. Aufstellen der Reaktionsgleichung: $CaF_2 + H_2SO_4 \longrightarrow CaSO_4 + 2\ HF$
2. Umgesetzte Stoffmengen: $n(CaF_2) = 1$ mol, $n(HF) = 2$ mol
3. Angabe der molaren Massen: $M(CaF_2) = 78{,}08$ g/mol, $M(HF) = 20{,}01$ g/mol

Lösung durch Schlussrechnung:

4. Berechnung der Masse an Calciumfluorid, CaF_2, im Flussspat:

100 g Flussspat enthalten 96 g CaF_2
20 g Flussspat enthalten x CaF_2

$$\Rightarrow\ x = m(CaF_2) = \frac{20\,g \cdot 96\,g}{100\,g} = 19{,}2\ g$$

5. Umsatzberechnung:

78,08 g CaF_2 reagieren zu 2 · 20,01 g HF
19,2 g CaF_2 reagieren zu y HF

$$\Rightarrow\ y = \boldsymbol{m}\mathbf{(HF)} = \frac{19{,}2\,g \cdot 2 \cdot 20{,}01\,g}{78{,}08\,g} \approx \mathbf{9{,}8\ g}$$

Lösung mit Hilfe der Stoffumsatzgleichung:

$$\frac{m(CaF_2)}{n(CaF_2) \cdot M(CaF_2)} = \frac{m(HF)}{n(HF) \cdot M(HF)} \quad \text{mit} \quad m(CaF_2) = w(CaF_2) \cdot m(\text{Flussspat}) \quad \text{folgt:}$$

$$\frac{w(CaF_2) \cdot m(\text{Flussspat})}{n(CaF_2) \cdot M(CaF_2)} = \frac{m(HF)}{n(HF) \cdot M(HF)} \Rightarrow m(HF) = \frac{w(CaF_2) \cdot M(\text{Flussspat}) \cdot n(HF) \cdot M(HF)}{n(CaF_2) \cdot M(CaF_2)}$$

$$\boldsymbol{m}\mathbf{(HF)} = \frac{0{,}96 \cdot 20\,g \cdot 2\,mol \cdot 20{,}01\,g/mol}{1\,mol \cdot 78{,}98\,g/mol} = 9{,}841\,g \approx \mathbf{9{,}8\ g}$$

Beispiel 2: Wie viel Gramm Salzsäure mit einem Massenanteil von $w(HCl) = 30\ \%$ sind erforderlich, um 2,5 g Calciumcarbonat aufzulösen?

Lösung:
1. Reaktionsgleichung: $CaCO_3 + 2\ HCl \longrightarrow CaCl_2 + CO_2 + H_2O$
2. Stoffmengenumsatz: $n(CaCO_3) = 1$ mol, $n(HCl) = 2$ mol
3. Molare Massen: $M(CaCO_3) = 100{,}09$ g/mol, $M(HCl) = 36{,}46$ g/mol

Lösung durch Schlussrechnung:

4. Umsatzberechnung:

100,09 g $CaCO_3$ werden von 2 · 36,46 g HCl gelöst
2,5 g $CaCO_3$ werden von x HCl gelöst

$$\Rightarrow\ x = m(HCl) = \frac{2{,}5\,g \cdot 2 \cdot 36{,}46\,g}{100{,}09\,g} = 1{,}82\ g$$

5. Berechnung der erforderlichen Masse an Salzsäure:

30 g HCl sind in100 g HCl-Lsg. gelöst
1,82 g HCl sind in$y$ HCl-Lsg. gelöst

$$\Rightarrow\ y = \boldsymbol{m}\mathbf{(HCl\text{-}Lsg.)} = \frac{1{,}82\,g \cdot 100\,g}{30\,g} \approx \mathbf{6{,}1\ g}$$

Lösung mit Hilfe der Stoffumsatzgleichung:

$$\frac{m(CaCO_3)}{n(CaCO_3) \cdot M(CaCO_3)} = \frac{m(HCl)}{n(HCl) \cdot M(HCl)} \quad \text{mit} \quad m(HCl) = w(HCl) \cdot m(\text{HCl-Lsg.}) \quad \text{folgt:}$$

$$\frac{m(CaCO_3)}{n(CaCO_3) \cdot M(CaCO_3)} = \frac{w(HCl) \cdot m(\text{HCl-Lsg.})}{n(HCl) \cdot M(HCl)} \Rightarrow m(\text{HCl-Lsg.}) \quad \frac{m(CaCO_3) \cdot n(HCl) \cdot M(HCl)}{w(HCl) \cdot n(CaCO_3) \cdot M(CaCO_3)}$$

$$\boldsymbol{m}\mathbf{(HCl\text{-}Lsg.)} = \frac{2{,}5\,g \cdot 2\,mol \cdot 36{,}46\,g/mol}{0{,}30 \cdot 1\,mol \cdot 100{,}09\,g/mol} \approx \mathbf{6{,}1\,g}$$

Beispiel 3: Welche Masse an Wasser ist erforderlich, wenn aus 15 g Phosphor(V)-oxid eine Phosphorsäure mit einem Massenanteil von $w(H_3PO_4)$ = 30 % hergestellt werden soll?

Lösung: 1. Reaktionsgleichung: $P_4O_{10} + 6\,H_2O \longrightarrow 4\,H_3PO_4$

Stoffmengenumsatz: $n(P_4O_{10})$ = 1 mol. $n(H_3PO_4)$ = 4 mol

Molare Massen: $M(P_4O_{10})$ = 283,89 g/mol, $M(H_3PO_4)$ = 98,00 g/mol

Lösung durch Schlussrechnung:

4. Umsatzberechnung:

283,89 g P_4O_{10} reagieren zu 4 · 98,00 g H_3PO_4
15 g P_4O_{10} reagieren zu x H_3PO_4

$$\Rightarrow x = m(H_3PO_4) = \frac{15\,g \cdot 4 \cdot 98{,}00\,g}{283{,}89\,g} = 20{,}71\,g$$

5. Gehaltsberechnung:

30 g H_3PO_4 sind in 100 g H_3PO_4-Lsg gelöst
20,71 g H_3PO_4 sind in y H_3PO_4-Lsg gelöst

$$\Rightarrow y = m(H_3PO_4\text{-Lsg.}) = \frac{20{,}71\,g \cdot 100{,}00\,g}{30\,g} = 69{,}03\,g$$

6. Berechnung der Masse an Wasser in der Phosphorsäure-Lösung:

$\boldsymbol{m(H_2O)} = m(H_3PO_4\text{-Lsg}) - m(P_4O_{10}) = 69{,}03\,g - 15\,g = 54{,}03\,g \approx \mathbf{54\,g}$

Lösung mit Hilfe der Stoffumsatzgleichung:

$$\frac{m(P_4O_{10})}{n(P_4O_{10}) \cdot M(P_4O_{10})} = \frac{m(H_3PO_4)}{n(H_3PO_4) \cdot M(H_3PO_4)} \quad \text{mit} \quad m(H_3PO_4) = w(H_3PO_4) \cdot m(H_3PO_4\text{-Lsg.}) \quad \text{folgt:}$$

$$\frac{m(P_4O_{10})}{n(P_4O_{10}) \cdot M(P_4O_{10})} = \frac{w(H_3PO_4) \cdot m(H_3PO_4\text{-Lsg.})}{n(H_3PO_4) \cdot M(H_3PO_4)}$$

$$\Rightarrow m(H_3PO_4\text{-Lsg.}) = \frac{m(P_4O_{10}) \cdot n(H_3PO_4) \cdot M(H_3PO_4)}{w(H_3PO_4) \cdot n(H_3PO_4) \cdot M(P_4O_{10})}$$

$$m(H_3PO_4\text{-Lsg.}) = \frac{15\,g \cdot 4\,mol \cdot 98{,}00\,g/mol}{0{,}30 \cdot 1\,mol \cdot 283{,}89\,g/mol} \approx 69{,}04\,g$$

$\boldsymbol{m(H_2O)} = m(H_3PO_4\text{-Lsg}) - m(P_4O_{10}) = 69{,}04\,g - 15\,g = 54{,}04\,g \approx \mathbf{54\,g}$

Beispiel 4: Welcher Masseverlust ist beim Calcinieren von 1000 kg Natriumhydrogencarbonat $NaHCO_3$ mit einem Feuchtigkeitsmassenanteil von 1,75 % zu Soda Na_2CO_3 zu erwarten?

Lösung: 1. Reaktionsgleichung: $2\,NaHCO_{3(s)} \xrightarrow{180\,°C} Na_2CO_{3(s)} + CO_{2(g)} + H_2O_{(g)}$

2. Stoffmengenumsatz: $n(NaHCO_3)$ = 2 mol, $n(Na_2CO_3)$ = 1 mol

3. Molare Massen: $M(NaHCO_3)$ = 84,01 g/mol, $M(Na_2CO_3)$ = 105,99 g/mol

4. Gehaltsberechnung:

100 kg $NaHCO_3$ enthalten 1,75 kg H_2O
1000 kg $NaHCO_3$ enthalten x H_2O

$$\Rightarrow x = m(H_2O) = \frac{1000\,kg \cdot 1{,}75\,kg}{100\,kg} = 17{,}5\,kg$$

5. Umsatzberechnung:

Umgesetzt werden:

	1000 kg	feuchtes $NaHCO_3$
	– 17,5 kg	Wasser
	= 982,5 kg	trockenes $NaHCO_3$

2 · 84,01 kg $NaHCO_3$ bilden 105,99 kg Na_2CO_3
982,5 kg $NaHCO_3$ bilden y Na_2CO_3

$$\Rightarrow y = m(Na_2CO_3) = \frac{982{,}5\,kg \cdot 105{,}99\,kg}{2 \cdot 84{,}01\,kg} = 619{,}8\,kg$$

6. Berechnung des Masseverlustes:

Vor dem Aufheizen	1000 kg	feuchtes $NaHCO_3$
nach dem Aufheizen	– 619,8 kg	trockenes Na_2CO_3
Masseverlust	= 380,2 kg	flüchtige Bestandteile

Der Masseverlust beträgt 380,2 kg. Das sind 38,0 % der Ausgangsmasse.

Aufgaben zur Umsatzberechnung bei Einsatz verunreinigter und gelöster Stoffe

1. Wie viel Gramm Methansäure mit einem Massenanteil von w (HCOOH) = 30 % werden zur Neutralisation von 30 g Natriumcarbonat benötigt?
   $Na_2CO_3 + 2\ HCOOH \longrightarrow 2\ NaHCOO + CO_2 + H_2O$

2. Welche Masse gebrannter Kalk (Calciumoxid, CaO) kann theoretisch aus 2,0 t Kalkstein mit dem Massenanteil $w(CaCO_3)$ = 84,5 % gewonnen werden?
   $CaCO_3 \xrightarrow{\vartheta} CaO + CO_2$

3. Wie viel Tonnen Schwefeldioxid SO_2 entstehen beim Abrösten von 250 t Eisenkies mit dem Massenanteil $w(FeS_2)$ = 21,5 % in einem Etagenröstofen **(Bild 1)**?
   $4\ FeS_2 + 11\ O_2 \xrightarrow{\vartheta} 2\ Fe_2O_3 + 8\ SO_2$

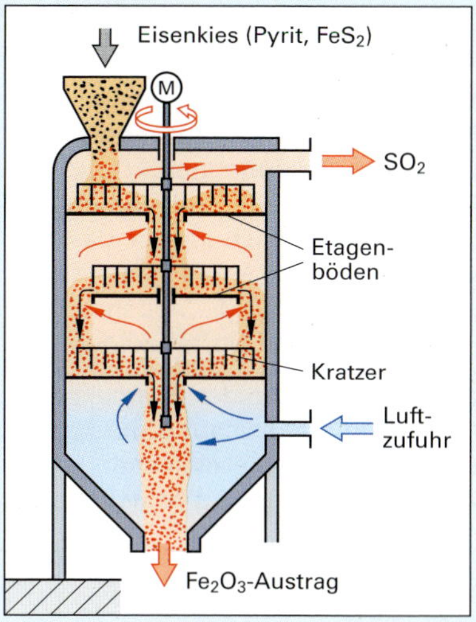

Bild 1: Etagenröstofen (Aufgabe 3)

4. Bei der Aluminiumgewinnung nach dem BAYER-Verfahren wird in einem Zwischenschritt Aluminiumhydroxid $Al(OH)_3$ durch Calcinieren bei 1100 °C zu Aluminiumoxid umgewandelt.
   $2\ Al(OH)_3 \xrightarrow{\vartheta} Al_2O_3 + 3\ H_2O$
   Welche Masse an Aluminiumoxid kann theoretisch nach dem Glühen von 1000 kg Aluminiumhydroxid mit einem Feuchtigkeitsanteil von 2,55 % erhalten werden?

5. Zur Rauchgasentschwefelung in einem 750-MW-Kohlekraftwerk werden pro Stunde 170 t Kalkmilch mit einem Massenanteil von $w(Ca(OH)_2)$ = 5,0 % benötigt. Welche Masse gebrannter Kalk mit dem Massenanteil w (CaO) = 90 % muss dazu stündlich gelöscht werden?
   $CaO + H_2O \longrightarrow Ca(OH)_2$

6. Der Massenanteil an Calciumcyanamid $CaCN_2$ in einem technischen Kalkstickstoffdünger beträgt 90 %. Welche Masse an Ammoniak wird aus 25 kg Kalkstickstoffdünger durch Reaktion mit Wasser im Erdboden freigesetzt?
   $CaCN_2 + 3\ H_2O \longrightarrow CaCO_3 + 2\ NH_3$

7. Bei der Alkali-Chlorid-Elektrolyse **(Bild 2)** beträgt der Volumenstrom an Reinsole pro Elektrolysezelle 3,5 m^3/h. Die Massenkonzentration an Natriumchlorid in der Sole wird im Verlauf der Elektrolyse von 280 g/L auf 235 g/L gesenkt. Welche Masse an Chlor wird täglich aus 156 in Reihe geschalteten Elektrolysezellen produziert?
   $2\ NaCl + 2\ H_2O \longrightarrow 2\ NaOH + H_2 + Cl_2$

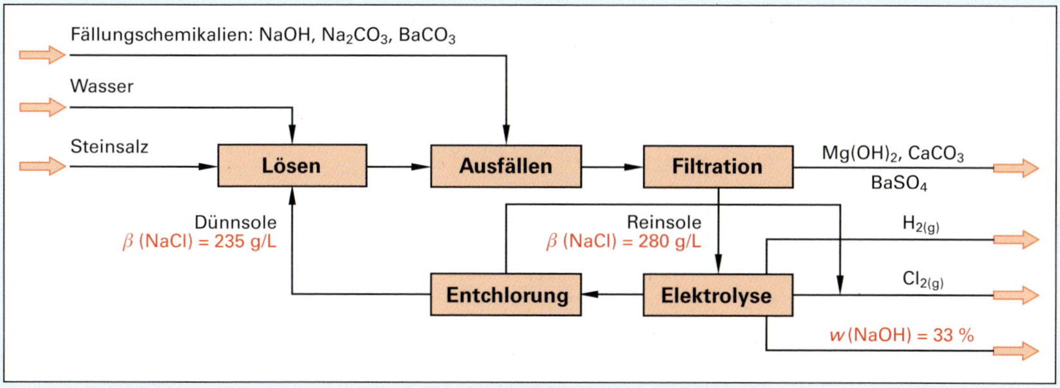

Bild 2: Vereinfachtes Grundfließbild zur Alkali-Chlorid-Elektrolyse (Aufgabe 7)

4.8.3 Umsatzberechnung bei Gasreaktionen

Gasreaktionen sind chemische Reaktionen, die in der Gasphase ablaufen, oder Reaktionen, an denen Gase beteiligt sind.

Als Grundlage für die quantitative Erfassung des Stoffumsatzes dient auch hier die Reaktionsgleichung. Die Umrechnung der Massen *m*, Stoffmengen *n* und Volumina *V* erfolgt durch die Grundgleichung der Stöchiometrie $M(X) = m(X)/n(X)$ sowie durch die Definitionsgleichung für das stoffmengenbezogene (molare) Normvolumen $V_{m,n} = V_n(X)/n(X)$. Mit diesen beiden Grundgleichungen lässt sich die nebenstehende Stoffumsatzgleichung für Gasreaktionen bei Normbedingungen ableiten.

Wenn nur Gase an der Gasreaktion beteiligt sind, dann lässt sich die Stoffumsatzgleichung durch Kürzen des molaren Normvolumens $V_{m,n}$ weiter vereinfachen, da das molare Normvolumen von der Gasart unabhängig ist (vgl. Seite 117).

Das molare Normvolumen $V_{m,n}$ beträgt nach DIN 1343 bei Normbedingungen (T_n = 273,15 K, p_n = 1,013 bar) für ideale Gase $V_{m,0}$ = 22,41 L/mol.

Weicht der Gaszustand von den Normbedingungen ab, so muss dies mit Hilfe der Zustandsgleichung der Gase oder mittels der allgemeinen Gasgleichung berücksichtigt werden.

Stoffumsatzgleichung für Gasreaktionen bei Normbedingungen

$$\frac{m(X_1)}{n(X_1) \cdot M(X_1)} = \frac{V_n(X_2)}{n(X_2) \cdot V_{m,0}}$$

$$\frac{V_n(X_1)}{n(X_1)} = \frac{V_n(X_2)}{n(X_2)}$$

Zustandsgleichung der Gase

$$\frac{p_n \cdot V_n}{T_n} = \frac{p_1 \cdot V_1}{T_1}$$

Allgemeine Gasgleichung

$$p \cdot V = \frac{m \cdot R \cdot T}{M}$$

Beispiel 1: Phosgen $COCl_2$ wird durch kontinuierliche Chlorierung von Kohlenstoffmonoxid am Aktivkohle-Festbettkontakt bei 80 °C und einem Druck von *p* = 3,0 bar in der Gasphase in praktisch quantitativer Ausbeute hergestellt.

a) Welcher Volumenstrom an Kohlenstoffmonoxid im Normzustand ist zur Synthese von 5,0 t/h Phosgen erforderlich, wenn mit einen Überschuss von Kohlenstoffmonoxid von 5,0 % gearbeitet wird?

b) Wie groß ist das Volumen an Kohlenstoffmonoxid unter Reaktionsbedingungen?

Lösung:

1. Reaktionsgleichung: $CO_{(g)} + Cl_{2(g)} \longrightarrow COCl_{2(g)}$
2. Stoffmengenumsatz: $n(CO)$ = 1 mol, $n(COCl_2)$ = 1 mol
3. Molares Volumen/molare Masse: $V_{m,0}(CO)$ = 22,41 L/mol, $M(COCl_2)$ = 98,92 g/mol

Lösung durch Schlussrechnung:

4. Umsatzberechnung:

1 · 98,92 g/h	$COCl_2$ entstehen aus	1 · 22,41	L/h	CO
1 · 98,92 kg/h	$COCl_2$ entstehen aus	1 · 22,41	m³/h	CO
1 · 98,92 t/h	$COCl_2$ entstehen aus	1 · 22,41 · 10³	m³/h	CO
5,0 t/h	$COCl_2$ entstehen aus	*x*		CO

$$x = V_n(CO) = \frac{5{,}0\ \text{t/h} \cdot 22{,}41 \cdot 10^3\ \text{m}^3/\text{h}}{98{,}92\ \text{t/h}}$$

$$\dot V_n(CO) = 1{,}133 \cdot 10^3\ \text{m}^3/\text{h}$$

Unter Berücksichtigung eines Überschusses an Kohlenstoffmonoxid von 5,0 % beträgt der Volumenstrom an Kohlenstoffmonoxid: $\dot{\boldsymbol{V}}_{\mathbf{n}}\mathbf{(CO)}$ = 1,133 · 10³ m³/h · 1,050 = 1,189 · 10³ m³/h ≈ **1,2 · 10³ m³/h.**

5. Berechnung des Volumenstroms an Kohlenstoffmonoxid bei Reaktionsbedingungen:

$$\frac{p_n \cdot \dot V_n}{T_n} = \frac{p_{CO} \cdot \dot V_{CO}}{T_{CO}} \Rightarrow \dot V_{CO} = \frac{p_n \cdot \dot V_{n,CO} \cdot T_{CO}}{T_n \cdot p_{CO}} = \frac{1{,}13\,\text{bar} \cdot 1{,}189 \cdot 10^3\,\frac{\text{m}^3}{\text{h}} \cdot 353{,}15\,\text{K}}{273{,}15\,\text{K} \cdot 3{,}0\,\text{bar}} \approx \mathbf{0{,}519 \cdot 10^3\ \frac{m^3}{h}}$$

Beispiel 2: Schwefelhexafluorid SF_6 wird als Schutz- und Isoliergas verwendet. Es entsteht bei der Fluorierung von elementarem Schwefel im Fluorgasstrom in einer stark exothermen Reaktion. Welches Normvolumen an Fluor ist mindestens erforderlich, um ein Normvolumen von 100 L Schwefelhexafluorid herzustellen?

Lösung:

1. Reaktionsgleichung: $S_{(s)} + 3\,F_{2(g)} \longrightarrow SF_{6(g)}$ | $\Delta_r H = -1220$ kJ/mol
2. Stoffmengenumsatz: $n(F_2)$ = 3 mol, $n(SF_6)$ = 1 mol
3. Molares Volumen: $V_{m,0}(F_2)$ = 22,41 L/mol, $V_{m,0}(SF_6)$ = 22,41 L/mol

Lösung durch Schlussrechnung:

4. Umsatzberechnung:

22,41 L SF_6 erfordern 3 · 22,41 L F_2
100 L SF_6 erfordern x F_2

$$\Rightarrow \quad x = V_n(F_2) = \frac{100\ \text{L} \cdot 3 \cdot 22{,}41\ \text{L}}{22{,}41\ \text{L}} = \mathbf{300\ L}$$

Lösung mit Hilfe der Stoffumsatzgleichung:

$$\frac{V_n(F_2)}{n(F_2)} = \frac{V_n(SF_6)}{n(SF_6)} \quad \Rightarrow \quad V_n(F_2) = \frac{n(F_2) \cdot V_n(SF_6)}{n(SF_6)} = \frac{3\ \text{mol} \cdot 100\ \text{L}}{1\ \text{mol}} = \mathbf{300\ L}$$

Aufgaben zur Umsatzberechnung bei Gasreaktionen

1. Ein Membranzellen-Elektrolyseur produziert pro Stunde umgerechnet auf Normbedingungen 700 m^3 Chlorgas. Welche Masse an Natriumchlorid ist dazu erforderlich?

   $2\ NaCl + 2\ H_2O \xrightarrow{\text{elektrische Energie}} 2\ NaOH + H_2 + Cl_2$

2. In einer SO_2-Anlage mit einem Durchsatz an Schwefeldioxid von 400 t/d wird stündlich ein Normvolumen von 6,0 · 10^3 m^3 Schwefeldioxid erzeugt. Welche Masse an Schwefel wird dazu benötigt?

   $S + O_2 \longrightarrow SO_2$

3. Welches Normvolumen an Wasserstoff muss pro Stunde mit einem Normvolumen von 24,5 · 10^3 m^3 Kohlenstoffmonoxid bei der Oxo-Synthese von Methanol zur Reaktion gebracht werden?

   $CO + 2\ H_2 \longrightarrow H_3C\text{-}OH$

4. Die Synthese von Phosphortrichlorid erfolgt kontinuierlich durch Chlorierung von weißem Phosphor.

   $P_4 + 6\ Cl_2 \longrightarrow 4\ PCl_3$

   Welches Normvolumen an Chlorgas ist zur Herstellung von 100 t Phosphortrichlorid pro Tag erforderlich?

5. Eine Salpetersäureanlage synthetisiert täglich 2000 Tonnen Salpetersäure mit $w(HNO_3)$ = 70 %.

   a) Welches Volumen an Ammoniak ist dazu im Normzustand erforderlich?

   b) Welches Volumen an Luft im Normzustand wird benötigt, wenn die Luft einen Volumenanteil an Sauerstoff $\varphi(O_2)$ = 20 % hat?

   Gesamtreaktion: $NH_3 + 2\ O_2 \longrightarrow HNO_3 + H_2O$

6. Bei der Verbrennung von Heizöl mit einer Dichte von ϱ = 0,83 g/cm^3 entstehen pro Kubikmeter Heizöl 5,0 Kubikmeter Schwefeldioxid. Das Volumen der Gasportion wurde bei einer Temperatur von 213 °C und einem Druck von 1052 bar gemessen. Wie groß ist der Massenanteil an Schwefel im Heizöl?

   $S + O_2 \longrightarrow SO_2$

7. Eine Salzsäure-Elektrolyseanlage produziert aus 240 in Reihe geschalteten Diaphragma-Elektrolysezellen täglich umgerechnet auf Normbedingungen 25 · 10^3 m^3 Chlorgas. Die Ausbeute ist qualitativ. Der Massenanteil an Hydrogenchlorid wird beim Elektrolysieren der Salzsäure von 22 % auf 18 % verringert.

   $2\ HCl \xrightarrow{\text{elektrische Energie}} H_2 + Cl_2$

   a) Wie viel Tonnen Salzsäure mit einem Massenanteil von w(HCl) = 22 % müssen täglich durch die Elektrolysezellen geleitet werden?

   b) Welches Volumen flüssiges Chlor wird täglich produziert (ϱ (Cl_2) = 1,57 g/cm^3)?

4.8.4 Umsatzberechnung unter Berücksichtigung der Ausbeute

Eine Vielzahl von chemischen Stoffen setzt sich nicht quantitativ (vollständig) zu den Reaktionsprodukten um, die aufgrund stöchiometrischer Berechnungen erwartet werden.

Die Ursachen für diese Umsatzverluste sind:

- unerwünschte Nebenreaktionen,
- unvermeidbare Verluste bei der Aufarbeitung der Reaktionsprodukte,
- unvollständiger Reaktionsablauf z. B. bei Gleichgewichtsreaktionen,
- ein nichtstöchiometrisches Stoffmengenverhältnis der Ausgangsstoffe, z. B. durch Verunreinigungen.

Maßnahmen zur Vermeidung dieser Umsatzverluste sind:

1. Vermeidung von Nebenreaktionen durch Optimierung der Reaktionsbedingungen. Einsatz von selektiven Katalysatoren, die im Wesentlichen nur die Reaktionsgeschwindigkeit der Hauptreaktion beschleunigen.
2. Vollständige Aufarbeitung der Reaktionsprodukte durch geeignete verfahrenstechnische Grundoperationen.
3. Verschiebung des Gleichgewichts (vgl. Seite 183) auf die Seite der Produkte durch:
   - Variation von Druck und/oder Temperatur bei Gasreaktionen,
   - Entfernung von Produkten aus dem Reaktionsgeschehen,
   - Erhöhung der Eduktkonzentration.
4. Einsatz einer entsprechend größeren Stoffportion, falls der Reinstoffgehalt einer Lösung oder der Gehalt an Verunreinigungen in einem Rohstoff bekannt ist.

Ausbeute (yield)

Der Begriff Ausbeute wird im zweifachen Sinn verwandt. Allgemein bezeichnet man mit Ausbeute die bei einer chemischen Reaktion tatsächlich entstehende Masse $m_0(X)$ an Produkt X.

Im erweiterten Sinn ist die Ausbeute η der Wirkungsgrad einer chemischen Reaktion. Man berechnet die Ausbeute η als Quotient aus der tatsächlich entstandenen Produktmasse $m_0(X)$ und der theoretisch durch stöchiometrische Überlegungen berechneten Produktmasse $m_{calc}(X)$.

Ausbeute (Wirkungsgrad)

$$\eta(X) = \frac{m_0(X)}{m_{calc}(X)} = \frac{n_0(X)}{n_{calc}(X)} = \frac{V_0(X)}{V_{calc}(X)}$$

Die Ausbeute η wird als Dezimalzahl oder in Prozent angegeben. Bezugsgrößen können neben der Masse m auch die Stoffmenge n oder das Volumen V sein. Bei kontinuierlich ablaufenden Prozessen lassen sich die Ausbeuten auch auf Stoffströme ($\dot{m}, \dot{n}, \dot{V}$) beziehen.

Beispiel 1: Bei der Methanolsynthese **(Bild 1, Seite 143)** wird die Ausbeute bei einmaligem Durchgang des aus Kohlenstoffmonoxid und Wasserstoff bestehenden Synthesegases durch den Reaktor absichtlich beschränkt. Sonst werden unerwünschte Nebenreaktionen durch zu starken Temperaturanstieg begünstigt.

Wie groß ist die Ausbeute bei einmaligem Durchgang des Synthesegases durch den Reaktor, wenn dem Kreislauf pro Stunde 12,0 t Methanol durch Kondensation entzogen werden und die bei vollständigem Umsatz entstehende Methanolmasse pro Stunde 80,0 t beträgt?

Lösung: $\eta = \frac{m_0(CH_3OH)}{m_{calc}(CH_3OH)} = \frac{12{,}0\,t}{80{,}0\,t} = 0{,}150 = \mathbf{15{,}0\,\%}$

Beispiel 2: Monochlormethan wird durch Gasphasenchlorierung von Methan bei 400 °C bis 450 °C hergestellt, wobei auch höherchlorierte Chlormethane entstehen.

Welche Ausbeute an Monochlormethan wird erreicht, wenn pro Stunde aus 20,0 t Methan 23,0 t Monochlormethan hergestellt werden?

Lösung: 1. Aufstellen der Reaktionsgleichung: $CH_4 \quad + \quad Cl_2 \quad \longrightarrow \quad CH_3Cl \quad + \quad HCl$

2. Umgesetzte Stoffmengen: $\quad n(CH_4) = 1 \text{ mol} \qquad n(CH_3Cl) = 1 \text{ mol}$

3. Angabe der molaren Massen: $\quad M(CH_4) = 16{,}043 \text{ g/mol} \qquad M(CH_3Cl) = 50{,}448 \text{ g/mol}$

Lösung durch Schlussrechnung:

1. Umsatzberechnung: $\quad 16{,}043 \text{ g } CH_4 \text{ bilden } 50{,}488 \text{ g } CH_3Cl \quad x = m(CHCl_3) = \dfrac{20{,}0 \text{ t} \cdot 50{,}488 \text{ g}}{16{,}043 \text{ g}} = 62{,}94 \text{ t}$

   $\qquad\qquad\qquad\qquad 20{,}0 \quad \text{t } CH_4 \text{ bilden} \quad x \quad CH_3Cl$

2. Ausbeuteberechnung: $62{,}94$ g CH_3Cl sind $\quad 100 \%$ Ausbeute

   $\qquad\qquad\qquad 23{,}0 \quad$ t CH_3Cl sind $\qquad$ y $\qquad$ Ausbeute $\qquad \boldsymbol{y = \eta \, (CH_3Cl)} = \dfrac{23{,}0 \text{ t} \cdot 100}{62{,}94 \text{ g}} \approx \mathbf{36{,}5 \, \%}$

Lösung mit Hilfe der Stoffumsatzgleichung:

$$\frac{m(CH_4)}{n(CH_4) \cdot M(CH_4)} = \frac{m(CH_3Cl)}{n(CH_3Cl) \cdot M(CH_3Cl)} \quad \text{mit} \quad n(CH_4) = n(CH_3Cl) \quad \text{und} \quad m_{calc}(CH_3Cl) = \frac{m_0(CH_3Cl)}{\eta(CH_3Cl)}$$

folgt: $\quad \dfrac{m(CH_4)}{M(CH_4)} = \dfrac{m_0(CH_3Cl)}{\eta(CH_3Cl) \cdot M(CH_3Cl)} \quad \Rightarrow \quad \eta(CH_3Cl) = \dfrac{m_0(CH_3Cl) \cdot M(CH_4)}{m(CH_4) \cdot M(CH_3Cl)}$

$$\boldsymbol{\eta(CH_3Cl)} = \frac{23{,}0 \text{ t} \cdot 16{,}043 \text{ g/mol}}{20{,}0 \text{ t} \cdot 50{,}488 \text{ g/mol}} \approx 0{,}365 = \mathbf{36{,}5 \, \%}$$

Beispiel 3: Welche Masse an Essigsäureethylester wird bei der Veresterung von Essigsäure mit 530 g Ethanol synthetisiert, wenn die Ausbeute 60 % beträgt?

Lösung: 1. Reaktionsgleichung:

$$CH_3-C\!\!\begin{array}{c}{}^{\displaystyle O}\\[-2pt]{}_{\displaystyle OH}\end{array} \quad + \quad CH_3-CH_2-OH \quad \longrightarrow \quad CH_3-C\!\!\begin{array}{c}{}^{\displaystyle O}\\[-2pt]{}_{\displaystyle O-CH_2-CH_3}\end{array} \quad + \quad H_2O$$

2. Stoffmengenumsatz: $\quad n(\text{Eth.}) \quad = \quad 1 \text{ mol}, \qquad n(\text{Ester}) = 1 \text{ mol}$

3. Molare Masse: $\qquad M(\text{Eth.}) \quad = \quad 46{,}07 \text{ g/mol}, \qquad M(\text{Ester}) = 88{,}11 \text{ g/mol}$

4. Berechnung der stöchiometrisch entstehenden Masse an Essigsäureethylester:

$$\frac{m(\text{Eth.})}{n(\text{Eth.}) \cdot M(\text{Eth.})} = \frac{m(\text{Ester})}{n(\text{Ester}) \cdot M(\text{Ester})} \quad \text{mit} \quad n(\text{Eth.}) = n(\text{Ester}) \quad \text{folgt:}$$

$$\frac{m(\text{Eth.})}{M(\text{Eth.})} = \frac{m(\text{Ester})}{M(\text{Ester})} \quad \Rightarrow \quad m(\text{Ester}) = \frac{m(\text{Eth.}) \cdot M(\text{Ester})}{M(\text{Eth.})} = \frac{530 \text{ g} \cdot 88{,}11 \text{ g/mol}}{46{,}07 \text{ g/mol}} \approx 1014 \text{ g}$$

5. Berechnung der Masse an Essigsäureethylester unter Berücksichtigung der Ausbeute:

$$\eta(\text{Ester}) = \frac{m_0(\text{Ester})}{m_{calc}(\text{Ester})} \quad \longrightarrow \quad \boldsymbol{m_0(\text{Ester})} = \eta(\text{Ester}) \cdot m_{calc}(\text{Ester}) = 0{,}60 \cdot 1014 \text{ g} = 608{,}4 \text{ g} \approx \mathbf{0{,}61 \text{ kg}}$$

▪ Gesamtausbeute (total yield)

Zur Berechnung der Gesamtausbeute η_{ges} bei mehrstufigen Synthesen werden die Einzelausbeuten multipliziert. Die Gesamtausbeute einer chemischen Reaktion ist stets kleiner als die kleinste Einzelausbeute.

Gesamtausbeute
$\eta_{ges} = \eta_1 \cdot \eta_2 \cdot \eta_3 \cdots$

Beispiel 1: Wie groß ist die Gesamtausbeute beim Doppelkontaktverfahren zur Herstellung von Schwefelsäure, wenn bei der Schwefelverbrennung eine Ausbeute von 99,7 %, bei der Aufoxidation des Schwefeldioxids zu Schwefeltrioxid eine Ausbeute von 97,0 % und bei der anschließenden Absorption des Schwefeltrioxids in Oleum eine Ausbeute von 99,6 % erreicht wird?

Lösung: $\quad \boldsymbol{\eta_{ges}} = \eta_1 \cdot \eta_2 \cdot \eta_3 = 0{,}997 \cdot 0{,}970 \cdot 0{,}996 \approx 0{,}963 = \mathbf{96{,}3 \, \%}$

Aufgaben zur Umsatzberechnung unter Berücksichtigung der Ausbeute

1. Beim Verbrennen von 20,0 t Schwefel entstehen 39,8 t Schwefeldioxid. Berechnen Sie die Ausbeute in Prozent.

   $S + O_2 \longrightarrow SO_2$

2. Chrom wird durch Reduktion von Chrom(III)-oxid mit Aluminium hergestellt, wobei Aluminiumoxid entsteht. Wie viel Kilogramm Chrom werden pro Tonne Chrom(III)-oxid erhalten, wenn die Ausbeute 87,0 % beträgt?

   $Cr_2O_3 + 2\,Al \longrightarrow Al_2O_3 + 2\,Cr$

3. Chlorbenzol wird mit 65 %iger Ausbeute zu para-Nitrochlorbenzol umgesetzt. Welche Masse an Chlorbenzol muss eingesetzt werden, wenn täglich 50 t para-Nitrochlorbenzol produziert werden sollen?

   $C_6H_5Cl + HNO_3 \longrightarrow Cl\text{–}C_6H_4\text{–}NO_2 + H_2O$

4. Zur Herstellung von Styrol wird Ethylbenzol in Rohrbündelreaktoren katalytisch dehydriert. Wie viel Tonnen Ethylbenzol müssen eingesetzt werden, wenn pro Stunde 10 t Styrol hergestellt werden sollen? Die Ausbeute beträgt 90 %.

   $C_6H_5\text{–}CH_2\text{–}CH_3 \longrightarrow C_6H_5\text{–}CH{=}CH_2 + H_2$

5. Weißer Phosphor wird elektrochemisch durch Reduktion mit Kohlenstoff hergestellt. Welche Masse an Apatit mit einem Massenanteil an Calciumfluorophosphat von $w(Ca_5(PO_4)_3F) = 82\,\%$ ist pro Tonne Elementarphosphor erforderlich, wenn die Ausbeute 92 % beträgt?

   $2\,Ca_5(PO_4)_3F + 15\,C + 8\,SiO_2 \longrightarrow 6\,P + 15\,CO + 6\,CaSiO_3 + Ca_4Si_2O_7F_2$

6. Bei der Thermolyse von 0,6863 g Ammoniumhydrogencarbonat (Backpulver) werden nach dem Trocknen, umgerechnet auf Normbedingungen, 350 mL Gasgemisch erhalten. Berechnen Sie die Ausbeute.

   $NH_4HCO_{3(s)} \xrightarrow{60^\circ} NH_{3(g)} + CO_{2(g)} + H_2O_{(l)}$

7. Welche Masse an Kaliumnitrat muss thermisch zersetzt werden, wenn bei nur 96%iger Ausbeute 0,50 L Sauerstoff unter Normbedingungen hergestellt werden sollen?

   $2\,KNO_3 \xrightarrow{400^\circ} 2\,KNO_2 + O_2$

8. Ein Gasgemisch aus 3,0 L Wasserstoff und 1,0 L Stickstoff im Normzustand wird in einem Autoklaven zur Reaktion gebracht. Die Ausbeute an Ammoniak beträgt 10 %. Wie groß ist das Volumen der Gasmischung nach der Reaktion, wenn wieder Normbedingungen vorliegen?

   $N_{2(g)} + 3\,H_{2(g)} \longrightarrow 2\,NH_{3(g)}$

9. Bei der Reaktion von 1,2 g technischem Aluminiumcarbid ($w(Al_4C_3) = 94\,\%$) mit Wasser entstanden 490 mL Methan. Das Volumen der getrockneten Gasportion wurde bei 22 °C und 1020 mbar bestimmt. Wie groß ist die Ausbeute an Methan in Prozent?

   $Al_4C_3 + 12\,H_2O \longrightarrow 4\,Al(OH)_3 + 3\,CH_4$

10. Die Synthese von Benzolsulfonamid wird nach dem nebenstehenden Reaktionsschema durchgeführt **(Bild 1)**. Wie groß ist die Gesamtausbeute der Synthese, wenn die einzelnen Reaktionsschritte folgende Wirkungsgrade haben: Sulfonierung $\eta = 95\,\%$, Chlorierung $\eta = 85\,\%$, Aminierung $\eta = 80\,\%$?

11. Die Gesamtausbeute eines Farbstoffzwischenprodukts beträgt 50 %. Zur Synthese sind drei Reaktionsschritle erforderlich. Im ersten und dritten Reaktionsschritt wurde eine Ausbeute von 70 % bzw. 75 % erzielt. Wie groß war die Ausbeute im zweiten Reaktionsschritt?

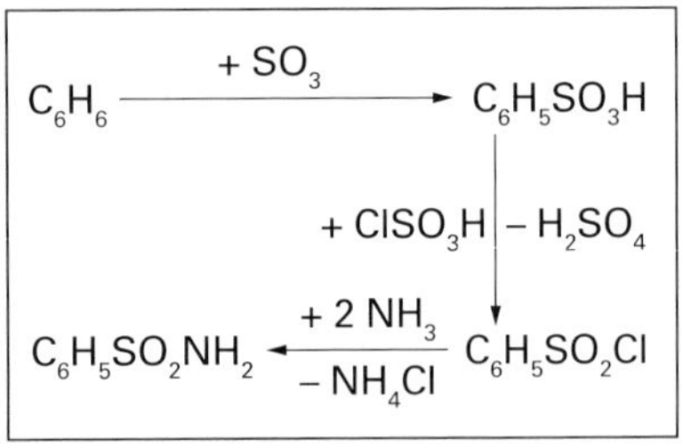

Bild 1: Synthese von Benzolsulfonamid

Gemischte Aufgaben zur Umsatzberechnung

1. Welches Volumen an Ammoniaklösung ($w(NH_3)$ = 27,3 %, ϱ (NH_4OH) = 0,900 g/cm³) ist zur Ammonolyse von 21,5 g Chloressigsäureethylester erforderlich, wenn mit einem 3,3-fachen Überschuss an Ammoniak-Lösung gearbeitet wird?

$$Cl-CH_2-C\underset{O-CH_2-CH_3}{\overset{O}{\diagup\!\!\!\diagdown}} + NH_3 \longrightarrow Cl-CH_2-C\underset{NH_2}{\overset{O}{\diagup\!\!\!\diagdown}} + CH_3-CH_2-OH$$

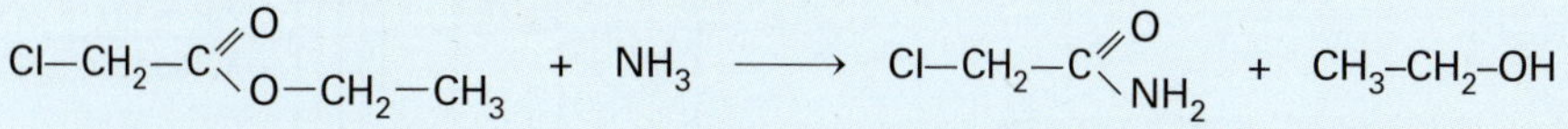

2. Ein 750-MW-Kraftwerk hat einen Kohlebedarf von 245 t/h. Bei der Kohleverbrennung entstehen 11,0 m³ Rauchgase pro Kilogramm Kohle. Die Entfernung des Schwefeldioxids aus dem Rauchgas erfolgt durch Gegenstromabsorption in Absorptionskolonnen (Bild 1, Seite 163) mittels einer Kalksteinsuspension. Dabei wird Calciumsulfit gebildet. Anschließend wird das Calciumsulfit mit Luftsauerstoff in wässriger Lösung zum Calciumsulfat oxidiert.

$CaCO_3 + SO_2 \longrightarrow CaSO_3 + CO_2$, $2\ CaSO_3 + O_2 \longrightarrow CaSO_4$

   a) Das Rauchgas soll von 3,10 g/m³ auf den zulässigen Grenzwert von 400 mg/m³ entschwefelt werden. Wie viel Tonnen Kalkstein mit einem Massenanteil von $w(CaCO_3)$ = 90,0 % sind dazu täglich erforderlich?

   b) Welche Masse an Gips ($CaSO_4 \cdot 2\ H_2O$) fällt täglich an?

3. Bei der Herstellung von Methanol **(Bild 1)** setzt sich das aus Kohlenstoff(II)-oxid und Wasserstoff bestehende Synthesegas praktisch quantitativ um.

   $CO + 2\ H_2 \longrightarrow CH_3OH$

   Welche Masse an Kohlenstoffmonoxid ist erforderlich, wenn pro Stunde 35,4 t Methanol synthetisiert werden sollen?

4. Formaldehyd HCHO wird katalytisch durch Oxidation von Methanol in der Gasphase hergestellt. Die Ausbeute beträgt 94 %.

   $2\ CH_3OH + O_2 \longrightarrow 2\ HCHO + 2\ H_2O$

   Welches Volumen an Methanol mit der Dichte $\varrho(CH_3OH)$ = 0,792 t/m³ muss pro Stunde oxidiert werden, um 50 t/h Formaldehydlösung mit dem Massenanteil $w(HCHO)$ = 0,37 herzustellen?

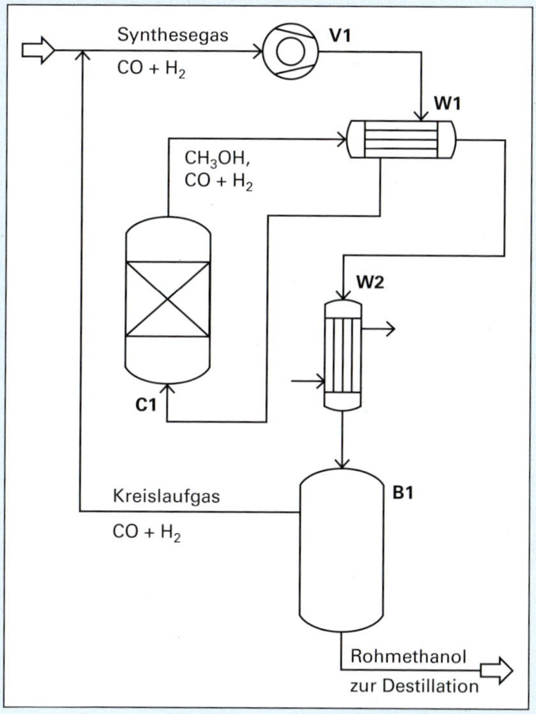

Bild 1: Verfahrensfließbild der Methanolsynthese
(Aufgabe 3)

5. Eine Salpetersäurefabrik produziert am Tag 1500 t Salpetersäure mit dem Massenanteil $w(HNO_3)$ = 100 %.

   a) Wie viel Tonnen Ammoniak sind dafür erforderlich, wenn die Gesamtreaktion praktisch quantitativ nach folgender Gesamtgleichung verläuft?

   $NH_3 + 2\ O_2 \longrightarrow HNO_3 + H_2O$

   b) Bei der Oxidation dienen Platinnetze als Katalysatoren. Durch Verdampfung und mechanischen Abrieb werden pro Tonne Salpetersäure 200 mg Platin verbraucht, wovon 80,0 % durch Absorption zurückgewonnen werden. Berechnen Sie den Platinverlust in Euro, wenn ein Kilogramm Platin 10.000,00 € kostet.

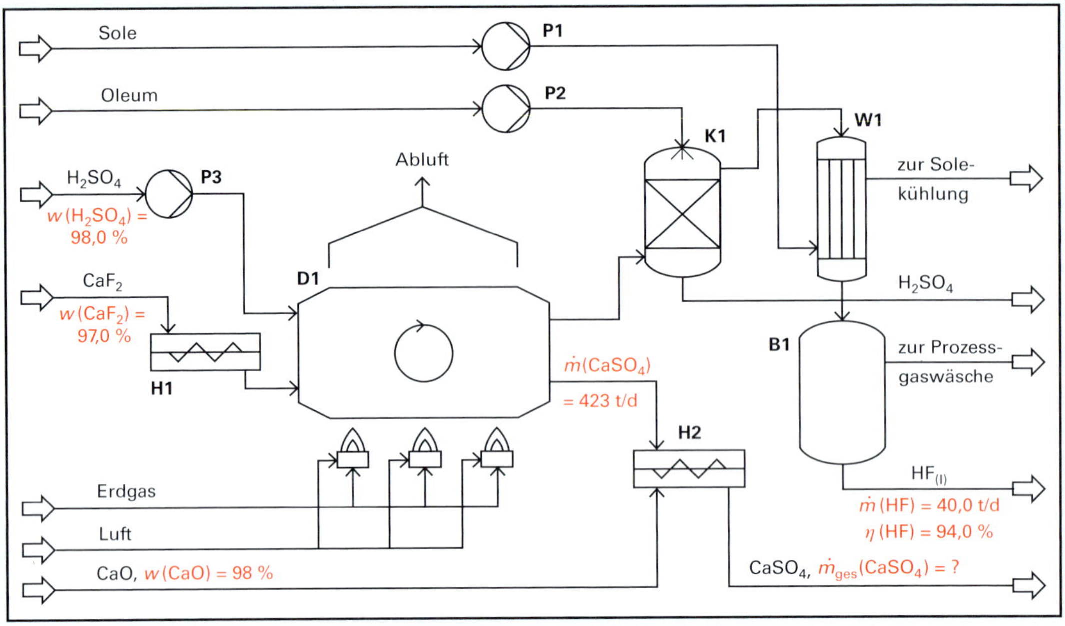

Bild 1: Vereinfachtes Verfahrensfließbild zur Produktion von Fluorwasserstoff HF

6. Florwasserstoff wird in Drehrohröfen aus Säurespat durch Reaktion mit Schwefelsäure in 94,0 %iger Ausbeute hergestellt **(Bild 1)**.

   $CaF_2 + H_2SO_4 \longrightarrow 2\,HF + CaSO_4$

   a) Wie viel Tonnen Säurespat mit einem Massenanteil an Calciumfluorid von $w(CaF_2) = 97{,}0$ % sind erforderlich, wenn pro Drehrohrofen täglich 40,0 t Fluorwasserstoff hergestellt werden sollen?

   b) Welche Masse an Roherz mit $w(CaF_2) = 45{,}0$ % muss täglich durch Flotation aufbereitet werden, um den Säurespat herzustellen?

   c) Wie viel Tonnen Schwefelsäure ($w(H_2SO_4) = 98{,}0$ %) werden zum Aufschluss des Säurespats benötigt, wenn mit einem Schwefelsäureüberschuss von 5,00 % gearbeitet wird?

7. Bei der Flusssäureproduktion fallen täglich 432 Tonnen Anhydrit an. Er enthält verfahrenstechnisch bedingt einen Massenanteil an Schwefelsäure von $w(H_2SO_4) = 1{,}5$ %. Um die Restschwefelsäure zu neutralisieren, wird dem Anhydrit sofort nach Verlassen des Drehrohrofens in einer Mischschnecke Calciumoxid zudosiert **(Bild 1)**.

   $CaO + H_2SO_4 \longrightarrow CaSO_4 + H_2O$

   a) Welche Masse gebrannter Kalk mit $w(CaO) = 98$ % wird täglich benötigt?

   b) Wie viel Tonnen Anhydrit werden insgesamt täglich produziert?

8. Bei der Reinigung eines schwefelwasserstoffhaltigen Abgases werden aus 50 m^3 Abgas im Normzustand 5,0 kg Schwefel gewonnen.

   $2\,H_2S + O_2 \longrightarrow 2\,S + 2\,H_2O$

   Wie groß ist der Volumenanteil $\varphi(H_2S)$ in Prozent, wenn die Schwefelausbeute 90 % beträgt?

9. Welches Volumen an Wasserstoff ($\vartheta = 19{,}8$ °C, $p_e = 85$ mbar) ist in einem Gasometer vorzulegen, wenn 1,0 g Styrol selektiv zu Ethylbenzol hydriert werden und mit einem Wasserstoffüberschuss von 10 % gearbeitet werden soll?

   $C_6H_5{-}CH{=}CH_2 + H_2 \xrightarrow{Ni} C_6H_5{-}CH_2{-}CH_3$

5 Rechnen mit Gehaltsgrößen von Mischungen

Phasen sind feste, flüssige oder gasförmige Stoffportionen aus einem oder mehreren Stoffen. Enthält eine Phase mehrere Stoffe, wird sie **Mischung** (engl. mixed phase) genannt. Während bei **homogenen** Mischungen wie z. B. Lösungen die verschiedenen Bestandteile optisch nicht auszumachen sind, sind sie in **heterogenen** Mischungen wie z. B. Suspensionen nebeneinander erkennbar.

In der Chemie spielen Gasgemische und flüssige Mischungen, vor allem die Lösungen, eine besonders wichtige Rolle. In den Chemieanlagen werden die chemischen Reaktionen wegen der hohen Teilchenbeweglichkeit bevorzugt in diesen beiden Phasen durchgeführt.

5.1 Gehaltsgrößen von Mischungen

Der Ausdruck **Gehalt** dient heute nur noch als Oberbegriff für die **qualitative** Beschreibung der Zusammensetzung einer Mischung, so sagt man beispielsweise: Der Säuregehalt wurde durch Abdampfen erhöht.

Die **Begriffe** zur **quantitativen** Beschreibung des Gehalts von Mischungen sind nach DIN 1310 festgelegt. Man unterscheidet:

Anteile **Konzentrationen** **Verhältnisse**

Dabei werden die in der Mischung enthaltenen Komponenten mit Hilfe der Größen
Masse *m*, Volumen *V* *und* Stoffmenge *n* zueinander in Beziehung gesetzt.

Anteile	Konzentrationen	Verhältnisse
sind Quotienten aus der Masse *m* oder dem Volumen *V* oder der Stoffmenge *n* und der Summe der gleichen Größe aller Komponenten der Mischung	sind Quotienten aus der Masse *m* oder dem Volumen *V* oder der Stoffmenge *n* und dem Volumen der Mischung (z. B. einer Lösung)	sind Quotienten aus der Masse *m* oder dem Volumen *V* oder der Stoffmenge *n* und der gleichen Größe einer anderen Komponente der Mischung (z. B. des Lösemittels)

In der folgenden Übersicht sind die Definitionen der Gehaltsgrößen – *Anteile, Konzentrationen, Verhältnisse* – zusammengestellt **(Tabelle 1)**.

Es werden folgende Abkürzungen verwendet: (X) = gelöster Stoff, (Lsg) = Mischung, (Lm) = Lösemittel.

Griechische Buchstaben: β = Beta, ζ = Zeta, φ = Phi, σ = Sigma, ψ = Psi, χ = Chi.

Tabelle 1: Definitionen der Gehaltsgrößen nach DIN 1310, in Klammern ihre englischen Bezeichnungen

Anteilsangaben	Konzentrationsangaben	Verhältnisangaben
Massenanteil *w* (mass fraction) $w(X) = \frac{m(X)}{m(Lsg)}$	**Massenkonzentration β** (mass concentration) $\beta(X) = \frac{m(X)}{V(Lsg)}$	**Massenverhältnis ζ** (mass ratio) $\zeta(X) = \frac{m(X)}{m(Lm)}$
Volumenanteil φ (volume fraction) $\varphi(X) = \frac{V(X)}{V(X) + V(Lm)}$	**Volumenkonzentration σ** (volume concentration) $\sigma(X) = \frac{V(X)}{V(Lsg)}$	**Volumenverhältnis ψ** (proportion by volume) $\psi(X) = \frac{V(X)}{V(Lm)}$
Stoffmengenanteil χ (molar fraction) $\chi(X) = \frac{n(X)}{n(X) + n(Lm)}$	**Stoffmengenkonzentration *c*** (molar concentration) $c(X) = \frac{n(X)}{V(Lsg)}$	**Stoffmengenverhältnis *r*** (mole ratio of a solute substance) $r(X) = \frac{n(X)}{n(Lm)}$

Beispiel: Für eine wässrige Ethanol-Lösung aus 800 L Ethanol C_2H_sOH der Dichte 0,789 kg/L und 1000 L Wasser H_2O der Dichte 0,998 kg/L sollen die verschiedenen Gehaltsangaben berechnet werden.

Es wurden folgende Daten gemessen bzw. berechnet:

Bekannte Größen:

Masse *m:*
Volumen *V:*
Molare Masse *M:*
Stoffmenge *n:*

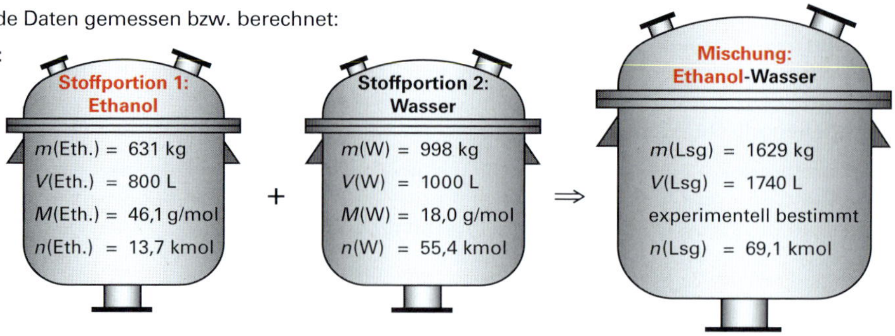

Mit diesen Werten werden in der nachfolgenden **Tabelle 1** die verschiedenen Anteile, Konzentrationen und Verhältnisse der Ethanol-Lösung berechnet.

Tabelle 1: Gehaltsberechnungen der Ethanol-Lösung von obigem Beispiel

Anteilsangaben	Konzentrationsangaben	Verhältnisangaben
Massenanteil w $w(C_2H_5OH) = \frac{m(C_2H_5OH)}{m(Lsg)}$ $= \frac{631\,kg}{1629\,kg} \approx \mathbf{0{,}387 = 38{,}7\ \%}$	**Massenkonzentration** β $\beta(C_2H_5OH) = \frac{m(C_2H_5OH)}{V(Lsg)}$ $= \frac{631\,kg}{1740\,L} \approx \mathbf{363\ g/L}$	**Massenverhältnis** ζ $\zeta(C_2H_5OH) = \frac{m(C_2H_5OH)}{m(H_2O)}$ $= \frac{631\,kg}{998\,kg} \approx \mathbf{0{,}632}$
Volumenanteil φ $\varphi(C_2H_5OH) = \frac{V(C_2H_5OH)}{V(C_2H_5OH) - V(H_2O)}$ $= \frac{800\,L}{1800\,L} \approx \mathbf{0{,}444 = 44{,}4\ \%}$	**Volumenkonzentration** σ $\sigma(C_2H_5OH) = \frac{V(C_2H_5OH)}{V(Lsg)}$ $= \frac{800\,L}{1740\,L} \approx \mathbf{0{,}460\ L/L}$	**Volumenverhältnis** ψ $\psi(C_2H_5OH) = \frac{V(C_2H_5OH)}{V(H_2O)}$ $= \frac{800\,L}{1000\,L} \approx \mathbf{0{,}800}$
Stoffmengenanteil χ $\chi(C_2H_5OH) = \frac{n(C_2H_5OH)}{n(C_2H_5OH) + n(H_2O)}$ $= \frac{13{,}7\,kmol}{69{,}1\,kmol} \approx \mathbf{0{,}198 = 19{,}8\ \%}$	**Stoffmengenkonzentration** c $c(C_2H_5OH) = \frac{n(C_2H_5OH)}{V(Lsg)}$ $= \frac{13{,}7\,kmol}{1740\,L} \approx \mathbf{7{,}87\ mol/L}$	**Stoffmengenverhältnis** r $r(C_2H_5OH) = \frac{n(C_2H_5OH)}{n(H_2O)}$ $= \frac{13{,}7\,kmol}{55{,}4\,kmol} \approx \mathbf{0{,}247}$

Die nachfolgenden Berechnungen befassen sich mit den in der chemischen Laborpraxis und Produktion am häufigsten verwendeten Gehaltsgrößen:

- **Massenanteil** w
- **Volumenanteil** φ
- **Stoffmengenanteil** χ
- **Massenkonzentration** β
- **Volumenkonzentration** σ
- **Stoffmengenkonzentration** c

Neben den Gehaltsgrößen aus **Tabelle 1,** Seite 145, kommen zwei weitere Größen zur Anwendung:

- Die **Löslichkeit** $L^*(X, \vartheta) = \frac{m(X)}{m(Lm)}$ (siehe auch Seite 158). Die Löslichkeit L^* ist ein Massenverhältnis.
- Die **Molalität** $b(X) = \frac{n(X)}{m(Lm)}$ (siehe auch Seite 282)

Teilweise werden in der Praxis noch veraltete Bezeichnungen der Gehaltsgrößen verwendet (z. B. Massenprozent, Volumenprozent, Vol-%, Molverhältnis u. a.). In diesem Buch werden konsequent die in der DIN 1310 festgelegten Gehaltsgrößen verwendet.

5.1.1 Massenanteil *w*

Der **Massenanteil $w(X)$** (engl. mass fraction) einer Komponente X ist der Quotient aus der Masse $m(X)$ dieser Komponente und der Masse der Lösung $m(Lsg)$.

Massenanteil
$w(X) = \dfrac{m(X)}{m(Lsg)}$

Ein Massenanteil kann mit verschiedenen Einheiten angegeben werden:

- Mit gleichen Einheitenzeichen für die Zähler- und Nennergröße (z. B. g/g, kg/kg)
- Mit ungleichen Einheitenzeichen für die Zähler- und Nennergröße (z. B. mg/g, g/kg, mg/kg, µg/kg)
- Als Bruchteil der Zahl 1 (z. B. 0,75)
- Als Bruchteil der Stoffportion 100 g (in Prozent %) oder der Stoffportion 1000 g (in Promille ‰).

Beispiel 1: Eine Natronlauge wird aus einer Elektrolysezelle mit dem Massenanteil $w(NaOH) = 0,351$ abgezogen. Wie groß ist der Massenanteil in Prozent? Was bedeutet diese Angabe?

Lösung: $w(\text{NaOH}) = 0,351 = 0,351 \cdot 100\,\% = \mathbf{35,1\,\%}$

Die Angabe bedeutet: In 100 g Natronlauge sind 35,1 g Natriumhydroxid NaOH gelöst.

Beispiel 2: In 2000 kg Wasser werden 500 kg NaCl gelöst. Welchen Massenanteil $w(NaCl)$ hat die entstehende Natriumchlorid-Lösung **(Bild 1)?**

Lösung: $m(\text{Lsg}) = m(\text{Lm}) + m(\text{naCl})$

$m(\text{Lsg}) = 2000\text{ kg} + 500\text{ kg} = 2500\text{ kg}$

$$w(\text{NaCl}) = \frac{m(\text{NaCl})}{m(\text{Lsg})} = \frac{500\,\text{kg}}{2500\,\text{kg}} = 0,2000 \approx \mathbf{20,0\,\%}$$

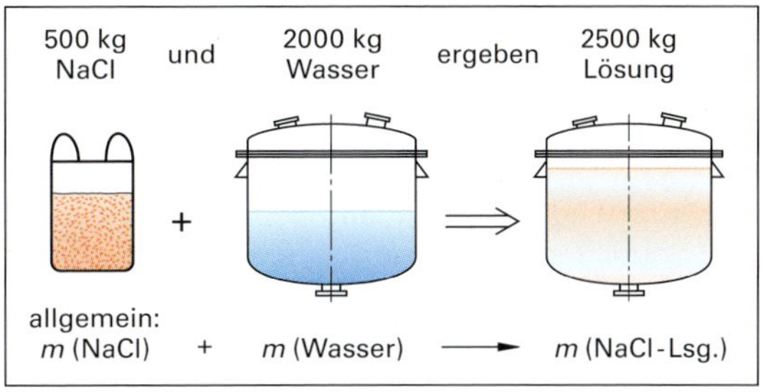

Bild 1: Größen zur Bestimmung des Massenanteils *w* einer Lösung (Beispiel 2)

Insbesondere für kleine und kleinste Massenanteile gibt es spezielle Angabemöglichkeiten **(Tabelle 1).**

Tabelle 1: Angabemöglichkeiten für Massenanteile

in % Prozent ⇒ Teile pro 100 Teile	in ‰ Promille ⇒ Teile pro 10^3 Teile	in ppm parts per million ⇒ Teile pro 10^6 Teile	in ppb* parts per billion ⇒ Teile pro 10^9 Teile	in ppt** parts per trillion ⇒ Teile pro 10^{12} Teile	in ppq*** parts per quadrillion ⇒ Teile pro 10^{15} Teile
Beispiel: Der Massenanteil *w* (Zucker) in Wasser (1 L ≙ 1 kg) beträgt nach Lösen **eines Zuckerwürfels** (m = 2,7 g) in:					
0,27 L ≙ 2 Tassen	2,7 L ≙ 2,7 Flaschen	2.700 L ≙ Tankwagen	2,7 Mio. L ≙ eine Tankerladung	2,7 Milliarden L ≙ Stauseefüllung	2,7 Billionen L ≙ Starnberger See
		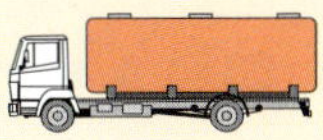	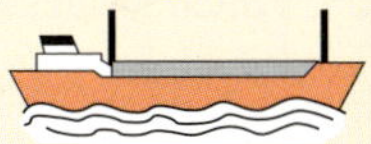	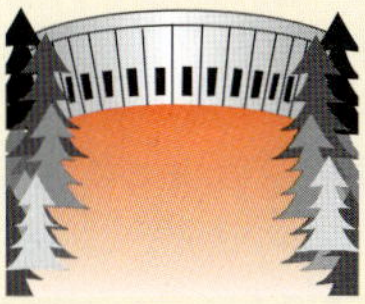	
w = 1 % = 1 g/100 g	*w* = 1 ‰ = 1 g/1.000 g = 1 g/1 kg	*w* = 1 ppm = 1 mg/1 kg = 1 g/1.000 kg	*w* = 1 ppb = 1 µg/1 kg = 1 mg/1.000 kg	*w* = 1 ppt = 1 ng/1 kg = 1 µg/1.000 kg	*w* = 1 ppq = 1 pg/1 kg = 1 µg/1.000 t

* *parts per billion ppb:* b steht für *billion,* die amerikanische Bezeichnung für *Milliarde.*

** *parts per trillion ppt:* t steht für *trillion,* die amerikanische Bezeichnung für *Billion.*

*** *parts per quadrillion:* q steht für *quadrillion,* die amerikanische Bezeichnung für *Billiarde.*

Enthält der zu lösende Stoff gebundenes Wasser, so muss dieses Kristallwasser bei der Berechnung der zu lösenden Stoffportion herausgerechnet werden.

Beispiel 3: Wie viel Eisensulfat-Heptahydrat $FeSO_4 \cdot 7\,H_2O$ muss eingewogen werden, wenn 750 g Eisensulfat-Lösung mit einem Massenanteil $w(FeSO_4) = 12{,}5\,\%$ angesetzt werden sollen?

Lösung mit Schlussrechnung: $M(FeSO_4) = 151{,}91$ g/mol, $M(FeSO_4 \cdot 7\,H_2O) = 278{,}02$ g/mol

Berechnung der in der Lösung enthaltenen Masse an Eisensulfat $FeSO_4$:

In 100 g Lösung sind 12,5 g Eisensulfat enthalten

In 705 g Lösung sind x Eisensulfat enthalten

$$\Rightarrow \quad x = m(FeSO_4) = \frac{12{,}5\,g \cdot 750\,g}{100\,g} = 93{,}75\,g$$

Berechnung der einzuwiegenden Masse an Eisensulfat-Heptahydrat mit den molaren Massen:

151,91 g $FeSO_4$ sind in 278,02 g $FeSO_4 \cdot 7\,H_2O$ enthalten

93,75 g $FeSO_4$ sind in y $FeSO_4 \cdot 7\,H_2O$ enthalten

$$\Rightarrow \quad y = \mathbf{m(FeSO_4 \cdot 7\,H_2O)} = \frac{93{,}75\,g \cdot 278{,}02\,g}{151{,}91\,g} \approx \mathbf{172\,g}$$

Lösung mit Größengleichung:

$$w(FeSO_4) = \frac{m(FeSO_4)}{m(Lsg)} \quad \Rightarrow \quad m(FeSO_4) = w(FeSO_4) \cdot m(Lsg) = 0{,}125 \cdot 750\,g = 93{,}75\,g$$

$$\mathbf{m(FeSO_4 \cdot 7\,H_2O)} = \frac{m(FeSO_4) \cdot M(FeSO_4 \cdot 7H_2O)}{M(FeSO_4)} = \frac{93{,}75\,g \cdot 278{,}02\,g/mol}{151{,}91\,g/mol} = 171{,}58\,g \approx \mathbf{172\,g}$$

Aufgaben zum Massenanteil *w*

1. In 250 kg Salzsäure sind 80,5 kg Hydrogenchlorid HCl gelöst. Wie groß ist der Massenanteil der Salzsäure?
2. In 550 kg Wasser werden 200 kg Natriumsulfat Na_2SO_4 gelöst. Welchen Massenanteil $w(Na_2SO_4)$ hat die Lösung in Prozent?
3. Aus 30 g Kaliumhydroxid soll eine Kalilauge mit dem Massenanteil $w(KOH) = 4{,}1\,\%$ angesetzt werden. Welche Masse an Lösung wird erhalten?
4. Welche Massen an Wasser und an Natriumchlorid werden zur Herstellung von 2,30 t einer NaCl-Sole mit dem Massenanteil $w(NaCl) = 26{,}1\,\%$ zur Elektrolyse in Membranzellen benötigt?
5. Für einen Reaktor soll aus 550 kg Calciumchlorid und Wasser eine Calciumchlorid-Lösung, Massenanteil $w(CaCl_2) = 30\,\%$, hergestellt werden. Welche Masse an Lösung wird erhalten?
6. Eine Ammoniak-Lösung der Dichte $\varrho = 0{,}940$ kg/dm^3 enthält in 250 L Lösung 34,97 kg Ammoniak. Welchen Massenanteil $w(NH_3)$ hat die Lösung?
7. Welche Masse an Salpetersäure HNO_3 ist in 370 mL Salpetersäure-Lösung der Dichte 1,0427 g/cm^3 mit dem Massenanteil $w(HNO_3) = 8{,}0\,\%$ enthalten?
8. Aus 250 g technischem Natriumsulfat mit $w(Na_2SO_4) = 97{,}6\,\%$ soll mit Wasser eine Lösung mit $w(Na_2SO_4) = 2{,}50\,\%$ hergestellt werden. Welche Masse an Wasser ist vorzulegen?
9. 5,5 kg Calciumchlorid-Hexahydrat $CaCl_2 \cdot 6\,H_2O$ werden in 80 kg Wasser gelöst. Berechnen Sie den Massenanteil $w(CaCl_2)$ in der Lösung.
10. In 250 kg Eisensulfat-Lösung sind 550 g Eisensulfat-Heptahydrat mit einem Massenanteil von $w(FeSO_4 \cdot 7\,H_2O) = 98{,}9\,\%$ gelöst. Wie groß ist der Massenanteil $w(FeSO_4)$ der Lösung?
11. Wie viel Soda (Natriumcarbonat-Decahydrat) $Na_2CO_3 \cdot 10\,H_2O$ ist einzuwiegen, wenn 50,0 kg Soda-Lösung mit einem Massenanteil $w(Na_2CO_3) = 2{,}50\,\%$ entstehen sollen?
12. Die NaCl-Sole zur Elektrolyse in Membranzellen darf maximal 2,0 ppb Calcium-Ionen enthalten. Welche Masse an Calcium-Ionen Ca^{2+} dürfen 2,50 t einer aufbereiteten Sole maximal enthalten?

5.1.2 Volumenanteil φ

Der **Volumenanteil φ(X)** (engl. volume fraction) einer Komponente X ist der Quotient aus dem Volumen V(X) der Komponente und der Summe der Volumina an Lösemittel V(Lm) und der Komponente V(X).

Die Gleichung ist auf mehrere Mischungskomponenten erweiterbar.

Volumenanteil

$$\varphi(\text{X}) = \frac{V(\text{X})}{V(\text{Lm}) + V(\text{X})}$$

Der Volumenanteil φ kann, vergleichbar dem Massenanteil w, mit gleichen Einheitenzeichen (L/L, mL/mL usw.) oder ungleichen Einheitenzeichen (mL/L, mL/m^3 usw.) für die Zähler- und Nennergröße angegeben werden.

Entsprechend kann der Volumenanteil φ auch als Bruchteil von 1, in Prozent %, in Promille ‰ (≙ mL/L), in ppm (≙ mL/m^3), ppb, ppt und ppq angegeben werden (**Tabelle 1,** Seite 147).

Beispiel 1: 500 mL Benzol werden mit 200 mL Toluol gemischt (**Bild 1).**

Welchen Volumenanteil an Benzol hat die entstehende Aromaten-Lösung?

Lösung: $\varphi\,(\text{Benzol}) = \dfrac{V(\text{Benzol})}{V(\text{Benzol}) + V(\text{Toluol})}$

$\boldsymbol{\varphi}$ **(Benzol) =** $\dfrac{500\,\text{mL}}{700\,\text{mL}} = 0{,}71429 \approx \mathbf{71{,}4\ \%}$

Anmerkung: Da es beim Mischen von Flüssigkeiten häufig zu Volumenänderungen kommt, sollte der Volumenanteil nur für Flüssigkeitsgemische ohne Volumenkontraktion (Volumenverringerung) bzw. Volumendilatation (Volumenvergrößerung) und für Gasgemische verwendet werden. Eine geeignetere, volumenbeogene Gehaltsangabe für Flüssigkeitsgemische ist die Volumenkonzentration σ. (siehe Seite 154)

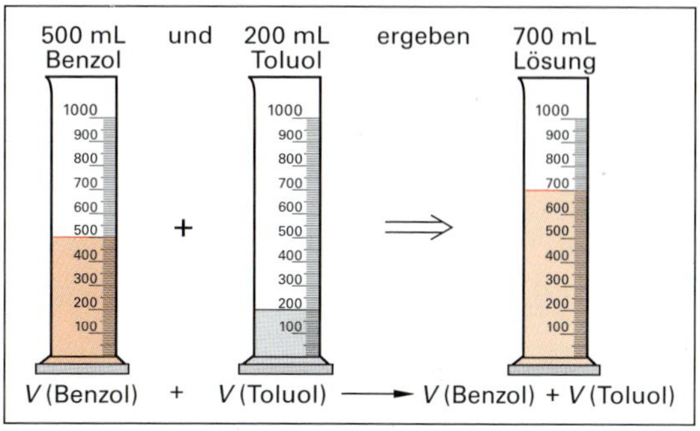

Bild 1: Größenangaben zum Beispiel 1

Beispiel 2: Welche Masse an n-Hexan darf maximal verdunsten, bis in einem Arbeitsraum von 480 m^3 Raumvolumen der Arbeitsplatzgrenzwert (AGW) φ(Hexan) = 100 ppm bei 20 °C und 1013 mbar erreicht ist?

Der Hexandampf ist rechnerisch als ideales Gas zu betrachten; d. h., das Luftvolumen V(Luft) = 480 m^3 ändert sich durch das Vorhandensein des Hexandampfes nicht: V(Luft) = V(Luft) + V(Hexan)

Lösung: $V_{\text{m,n}} = 22{,}41\,\dfrac{\text{L}}{\text{mol}}$; $M(\text{C}_6\text{H}_{14}) = 86{,}18\,\dfrac{\text{g}}{\text{mol}}$; $R = 0{,}08314\,\dfrac{\text{L}\cdot\text{bar}}{\text{K}\cdot\text{mol}}$; $\varphi(\text{Hexan}) = 100\ \text{ppm} = 100\,\dfrac{\text{mL}}{\text{m}^3}$

$\varphi(\text{Hexan}) = \dfrac{V(\text{Hexan})}{V(\text{Luft})} \Rightarrow V(\text{Hexan}) = \varphi(\text{Hexan}) \cdot V(\text{Luft}) = 100\ \text{mL/m}^3 \cdot 480\ \text{m}^3 = 48{,}00\ \text{L}$

$\boldsymbol{m}\textbf{(Hexan)} = \dfrac{V(\text{X}) \cdot p \cdot M(\text{X})}{R \cdot T} = \dfrac{48{,}00\,\text{L} \cdot 1{,}013\,\text{bar} \cdot 86{,}18\,\text{g/mol}}{0{,}08314\,\dfrac{\text{L}\cdot\text{bar}}{\text{K}\cdot\text{mol}} \cdot 293\,\text{K}} = 172{,}02\ \text{g} \approx \mathbf{172\ g}$

Aufgaben zum Volumenanteil φ

1. In 1,0 m^3 Luft sind 0,30 L Kohlenstoffdioxid CO_2. Welchen Volumenanteil $\varphi(CO_2)$ in ppm hat Luft?
2. Aus 500 m^3 eines Gasgemisches wurde das Kohlenstoffdioxid ausgewaschen. Nach der Gaswäsche verblieben noch 475 m^3 Restgas. Welchen Volumenanteil $\varphi(CO_2)$ hatte das Gasgemisch?
3. Welches Erdölvolumen mit einem Volumenanteil φ(Benzin) = 21,3 % muss eine Raffinerie stündlich durchsetzen, wenn in diesem Zeitraum 25,0 m^3 Benzin produziert werden sollen?
4. Der AGW-Wert für Xylol C_8H_{10} beträgt bei 20 °C und 1013 mbar 200 cm^3/m^3. Welche Masse Xylol darf in einem Raum von 80,0 m^3 höchstens verdunsten, damit die zulässige AGW-Grenze nicht überschritten wird? Der Dampf ist als ideales Gas anzusehen. $M(C_8H_{10})$ = 106,167 g/mol
5. Die Explosionsgrenzen für n-Butylacetat betragen bei 20 °C und 1,013 bar φ_{min} = 1,2 % und φ_{max} = 7,5 %. Welches Volumen an n-Butylacetat muss in einem Reaktionskessel mit 12,5 m^3 Luft/n-Butylacetat-Gemisch unterschritten sein und welches Volumen muss überschritten sein, damit **kein** zündfähiges Gemisch vorliegt?

5.1.3 Stoffmengenanteil χ

Der **Stoffmengenanteil** χ (engl. molar fraction) einer Komponente X ist der Quotient aus der Stoffmenge $n(X)$ der Komponente und der Summe der Stoffmenge des Lösemittels $n(Lm)$ und der Komponente $n(X)$.

Die Größengleichung zur Berechnung des Stoffmengenanteils kann auf mehrere Mischungskomponenten erweitert werden.

Stoffmengenanteil

$$\chi(X) = \frac{n(X)}{n(Lm) + n(X)}$$

Der Stoffmengenanteil χ kann wie beim Massen- und Volumenanteil mit gleichen Einheitenzeichen (mol/mol) oder ungleichen Einheitenzeichen (mmoL/mol) für die Zähler- und Nennergröße angegeben werden.

Zur Anwendung kommen auch die Angaben Prozent %, Promille ‰ sowie ppm, ppb, ppt und ppq.

Beispiel 1: Eine Reaktionsgemisch enthält 780 kg Benzol C_6H_6 und 230 kg Toluol (Methylbenzol) C_7H_8 **(Bild 1)**. Wie groß sind die Stoffmengenanteile der beiden Komponenten?

Lösung: $M(C_6H_6) = 78{,}11\ g/mol$, $M(C_7H_8) = 92{,}14\ g/mol$

Mit $n(X) = \frac{m(X)}{M(X)}$ folgt:

$$n(C_6H_6) = \frac{780\,kg}{78{,}11\,g/mol} = 9{,}986\ kmol,$$

$$n(C_7H_8) = \frac{230\,kg}{92{,}14\ g/mol} = 2{,}496\ kmol$$

$$\chi(C_6H_6) = \frac{n(C_6H_6)}{n(C_6H_6) + n(C_7H_8)} = \frac{9{,}986\,kmol}{9{,}986\,kmol + 2{,}496\,kmol} = \frac{9{,}986\,kmol}{12{,}482\,kmol} = 0{,}8000 \approx \mathbf{80{,}0\ \%}$$

$$\chi(C_7H_8) = 100\ \% - \chi(C_6H_6) = 100\ \% - 80{,}0\ \% = \mathbf{20{,}0\ \%}$$

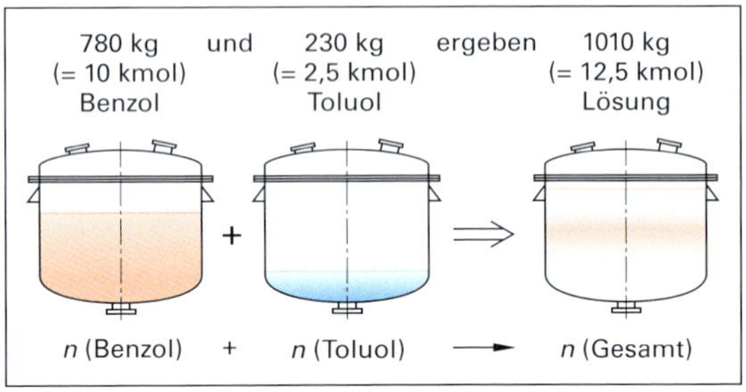

Bild 1: Größenangaben zu Beispiel 1

Beispiel 2: 800 L eines Gasgemisches bei Normbedingungen enthalten 550 L Propen C_3H_6, 150 L Chlorgas Cl_2 und 100 L Chlorwasserstoff (Hydrogenchlorid) HCl. Welchen Stoffmengenanteilen entspricht das?

Lösung: Bei Normbedingungen beträgt das molare Volumen idealer Gase $V_{m,n} = 22{,}41\ L/mol$

$$V_{m,n} = \frac{V(X)}{n(X)} \Rightarrow n(X) = \frac{V(X)}{V_{m,n}}$$

$$n(C_3H_6) = \frac{550\,L}{22{,}41\,L/mol} \approx 24{,}543\ mol$$

$$n(Cl_2) = \frac{150\,L}{22{,}41\,L/mol} \approx 6{,}693\ mol$$

$$n(HCl) = \frac{100\,L}{22{,}41\,L/mol} \approx 4{,}462\ mol$$

$$\chi(C_3H_6) = \frac{24{,}543\ mol}{24{,}543\ mol + 6{,}693\ mol + 4{,}462\ mol} = \frac{24{,}543\ mol}{35{,}698\ mol} = 0{,}68751 \approx \mathbf{68{,}8\ \%}$$

$$\chi(Cl_2) = \frac{6{,}693\ mol}{35{,}698\ mol} = 0{,}187488 \approx \mathbf{18{,}7\ \%}$$

$$\chi(HCl) = \frac{4{,}462\ mol}{35{,}698\ mol} = 0{,}12499 \approx \mathbf{12{,}5\ \%}.$$

Kontrollrechnung: $\chi(C_3H_6) + \chi(Cl_2) + \chi(HCl) = 68{,}85\ \% + 18{,}7\ \% + 12{,}5\ \% = 100\ \%$

Aufgaben zum Stoffmengenanteil χ

1. Ein Gasgemisch besteht im Normzustand aus 0,500 L Kohlenstoffmonoxid CO, 2,50 L Sauerstoff O_2 und 8,00 L Stickstoff N_2. Berechnen Sie die Stoffmengenanteile des Gasgemisches.
2. Ein Lösemittelgemisch enthält folgende Aromaten: 550 kg Benzol C_6H_6, 350 kg Toluol C_7H_8 und 80,0 kg m-Xylol C_8H_{10}. Welche Stoffmengenanteile hat das Lösemittelgemisch?
3. 12,5 g Essigsäure CH_3COOH werden in 100 g Wasser gelöst. Welchen Stoffmengenanteil χ (Säure) hat die Essigsäure-Lösung?
4. 250 mL Ethanol der Dichte 0,7895 g/cm³ und 300 mL Methanol der Dichte 0,7915 g/cm³ werden gemischt. Welche Stoffmengenanteile an Alkoholen hat die Mischung?

5.1.4 Umrechnen der verschiedenen Anteile

In der chemischen Praxis tritt häufig der Fall auf, dass der Gehalt einer Mischung, z. B. einer Lösung, nur in **einer** Anteil-Gehaltsgröße bekannt ist. Zur weiteren Berechnung benötigt man jedoch die Gehaltsgröße in einer **anderen** Anteil-Gehaltsgröße.

Beispiel: Von einem Flüssigkeitsgemisch sind die Massenanteile w der Gemischkomponenten bekannt. Für die Berechnung der Gemisch-Trennung durch Rektifikation werden die Stoffmengenanteile χ benötigt.

Zur Umrechnung ermittelt man für die Bezugs-Stoffportionen (z. B. 100 g, 1 L oder 1 mol) die benötigten Quantitäten (m, M, n. ϱ, V, ...) und berechnet die Anteile[1)] mit den Definitionsgleichungen.

Beispiel 1: Von einem Xylol/Toluol-Gemisch ist der Massenanteil des Xylols bekannt: $w(\text{Xylol}) = 0{,}140$. Es sollen die Stoffmengenanteile des Flüssigkeitsgemisches berechnet werden.

Lösung: $w(\text{Xylol}) = 0{,}140 = 14{,}05\ \%$ $\Rightarrow$ $w(\text{Toluol}) = 100\ \% - 14{,}0\ \% = 86{,}0\ \%$

$M(\text{Xylol}) = 106{,}2$ g/mol, $M(\text{Toluol}) = 92{,}14$ g/mol

100 g Gemisch enthalten 14,0 g Xylol und 86,0 g Toluol. Darin sind folgende Stoffmengen gelöst:

$$n(\text{Xylol}) = \frac{m(\text{Xylol})}{M(\text{Xylol})} = 0{,}1318 \text{ mol}; \qquad n(\text{Toluol}) = \frac{m(\text{Toluol})}{M(\text{Toluol})} = \frac{86{,}0 \text{ g}}{92{,}14 \text{ g/mol}} = 0{,}9333 \text{ mol}$$

Mit der Definitionsgleichung des Stoffmengenanteil $\chi(\text{X}) = \frac{n(\text{X})}{n(\text{X}) + n(\text{Lm})}$ folgt:

$$\boldsymbol{\chi(\text{Xylol})} = \frac{n(\text{Xylol})}{n(\text{Xylol}) + n(\text{Toluol})} = \frac{0{,}1318 \text{ mol}}{0{,}1318 \text{ mol} + 0{,}9333 \text{ mol}} = 0{,}1237 \approx \mathbf{12{,}4\ \%}$$

$$\boldsymbol{\chi(\text{Toluol})} = \frac{n(\text{Toluol})}{n(\text{Xylol}) + n(\text{Toluol})} = \frac{0{,}9333 \text{ mol}}{0{,}1318 \text{ mol} + 0{,}9333 \text{ mol}} = 0{,}8762 \approx \mathbf{87{,}6\ \%}.$$

Für die Umrechnung eines Massenanteils oder eines Stoffmengenanteils in einen Volumenanteil (oder umgekehrt) müssen die Dichten der gesuchten Gemisch-Komponenten bzw. die Dichte der Mischphase bekannt sein.

Beispiel 2: Ein Methan/Ethan-Gasgemisch hat einen Methan-Volumenanteil $\varphi(CH_4) = 95{,}6\ \%$. Wie groß ist der Massenanteil $w(\text{Methan})$? Dichten bei Normbedingungen: $\varrho(CH_4) = 0{,}7168$ g/L, $\varrho(C_2H_6) = 1{,}2605$ g/L

Lösung: Molare Massen: $M(\text{Methan}) = 16{,}04$ g/mol, $M(\text{Ethan}) = 28{,}054$ g/mol

Vorüberlegung: 100 L Gasgemisch enthalten 95,6 L Methan und 100 L – 95,6 L = 4,4 L Ethan

$$\varrho = \frac{m}{V} \quad \Rightarrow \quad m(CH_4) = \varrho(CH_4) \cdot V(CH_4) = 0{,}7168 \text{ g/L} \cdot 95{,}6 \text{ L} = 68{,}311 \text{ g}$$

$$m(C_2H_6) = \varrho(C_2H_6) \cdot V(C_2H_6) = 1{,}2605 \text{ g/L} \cdot 4{,}4 \text{ L} = 5{,}5462 \text{ g}$$

$$\boldsymbol{w(CH_4)} = \frac{m(CH_4)}{m(CH_4) + m(C_2H_6)} = \frac{68{,}311 \text{ g}}{68{,}311 \text{ g} + 5{,}5462 \text{ g}} = 0{,}924906 \approx \mathbf{92{,}5\ \%}$$

Beispiel 3: In einem Ethanol/Glycerin-Gemisch beträgt der Volumenanteil $\varrho(\text{Ethanol}) = 48{,}4\ \%$. Wie groß ist der Stoffmengenanteil $\chi(\text{Ethanol})$? Dichtewerte: $\varrho(C_2H_5OH) = 0{,}789$ g/cm³, $\varrho(C_3H_5(OH)_3) = 1{,}260$ g/cm³

Lösung: Molare Massen: $M(\text{Ethanol}) = 46{,}07$ g/mol, $M(\text{Glycerin}) = 92{,}09$ g/mol

Vorüberlegung: In 100 mL Mischung sind 48,4 mL Ethanol und 100 mL – 48,4 mL = 51,6 mL Glycerin enthalten.

$\varrho = \frac{m}{V} \quad \Rightarrow \quad m(\text{Eth.}) = \varrho(\text{Eth.}) \cdot V(\text{Eth.});$ mit $n(\text{Eth.}) = \frac{m(\text{Eth.})}{M(\text{Eth.})}$ folgt durch Einsetzen:

$$n(\text{Eth.}) = \frac{\varrho(\text{Eth.}) \cdot V(\text{Eth.})}{m(\text{Eth.})} = \frac{0{,}789 \text{ g/cm}^3 \cdot 48{,}4 \text{ mL}}{46{,}07 \text{ g/mol}} = 0{,}8310 \text{ mol}$$

$$n(\text{Glyc.}) = \frac{\varrho(\text{Glyc.}) \cdot V(\text{Glyc.})}{M(\text{Glyc.})} = \frac{1{,}260 \text{ g/cm}^3 \cdot 51{,}6 \text{ mL}}{92{,}09 \text{ g/mol}} = 0{,}7060 \text{ mol}$$

$$\boldsymbol{\chi(\text{Ethanol})} = \frac{n(\text{Eth.})}{n(\text{Eth.}) + n(\text{Glyc.})} = \frac{0{,}8310 \text{ mol}}{0{,}8310 \text{ mol} + 0{,}7060 \text{ mol}} = 0{,}54066 \approx \mathbf{54{,}1\ \%}.$$

1) Auf Seite 164 befindet sich eine Tabelle mit den Umrechnungsformeln der wichtigsten Gehaltsgrößen.

Aufgaben zu Umrechnungen der verschiedenen Anteile

1. Ein Gasgemisch enthält die Stoffmengenanteile $\chi(CO_2)$ = 70,0 % und $\chi(SO_2)$ = 30,0 %. Wie groß ist der Massenanteil $w(CO_2)$ im Gemisch?
2. In einer Waschkolonne fallen täglich 7,50 t Harnstoff-Lösung mit einem Massenanteil von $w(NH_2\text{-}CO\text{-}NH_2)$ = 6,50 % an. Welchen Stoffmengenanteil χ(Harnstoff) enthält die Lösung?
3. Das bei 109 °C siedende Azeotrop der Salzsäure hat den Massenanteil $w(HCl)$ = 20,2 %. Wie groß ist der Stoffmengenanteil $\chi(HCl)$ des Azeotrops?
4. In einer Anlage zur Rückgewinnung von Methanoldämpfen aus einem Abgas **(Bild 1)** fällt in der Absorptionskolonne K1 eine wässrige Methanol-Lösung mit dem Massenanteil $w(CH_3OH)$ = 7,5 % an. Die Lösung wird anschließend in einer Rektifikationskolonne getrennt, das regenerierte Waschwasser wieder in die Absorptionskolonne aufgegeben.

   Welchen Methanol-Volumenanteil hat die Lösung? Dichten bei 20 °C: $\varrho(H_2O)$ = 0,9982 g/cm³, $\varrho(CH_3OH)$ = 0,7917 g/cm³, ϱ(Lsg) = 0,9790 g/cm³.
5. Eine wässrige Lösung von 2-Propanol mit der Dichte 0,945 g/cm³ hat den Volumenanteil φ(2-Propanol) = 40,0 %. Wie groß ist der Propanol-Massenanteil, wenn die Dichte des reinen Alkohols zu 0,784 g/cm³ ermittelt wurde?
6. Ein Gasgemisch hat bei Normbedingungen die Volumenanteile $\varphi(CO_2)$ = 40,0 % und $\varphi(N_2)$ = 60,0 %. Wie groß ist der Massenanteil $w(CO_2)$? Dichten bei NB: $\varrho(CO_2)$ = 1,977 g/L, ϱ(Gemisch) = 1,541 g/L.

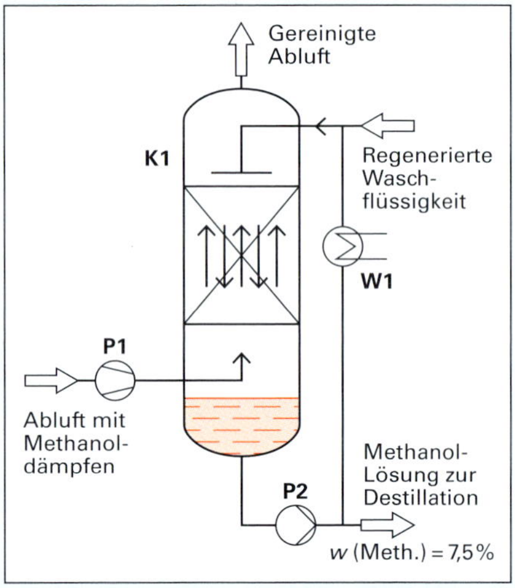

Bild 1: Rückgewinnung von Methanol aus Abluft durch Absorption (Aufgabe 4)

7. Ein Gemisch Ethanol/Glycerin hat den Volumenanteil φ(Ethanol) = 48,4 %. Welcher Stoffmengenanteil χ(Ethanol) liegt vor? $\varrho(C_2H_5OH)$ = 0,789 g/cm³, $\varrho(C_3H_8(OH)_3)$ = 1,260 g/cm³.

Gemischte Aufgaben zum Rechnen mit Anteilen

1. In 58,0 g wässriger Schwefelsäure-Lösung sind 280 mg Schwefelsäure gelöst. Berechnen Sie den Massenanteil w(Säure) der Lösung.
2. Eine Calciumchlorid-Lösung hat den Massenanteil $w(CaCl_2)$ = 8,00 %. Welche Masse an Salz ist in 280 g dieser Lösung enthalten?
3. Welche Massen an Wasser und an Natriumsulfat mit 2,50 % Feuchtigkeit benötigt man zur Herstellung von 1250 kg Natriumsulfat-Lösung mit dem Massenanteil $w(Na_2SO_4)$ = 18,2 %?
4. In 560 g Soda-Lösung sind 81,0 g Natriumcarbonat-Decahydrat $Na_2CO_3 \cdot 10\ H_2O$ enthalten. Wie groß ist der Massenanteil $w(Na_2CO_3)$?
5. Es sollen 2,84 m³ Waschlösung, Massenanteil $w(KOH)$ = 10,5 %, Dichte 1,095 g/cm³, hergestellt werden. Welche Masse an KOH mit 3,50 % Feuchtigkeit ist einzuwiegen?
6. Das Synthesegas einer Ammoniakanlage enthält 2,60 m³ N_2, 7,80 m³ H_2 und 0,58 m³ NH_3. Berechnen Sie die Volumenanteile der drei Gemisch-Bestandteile.
7. Ein Lösemittel-Gemisch enthält 75,0 L Methanol CH_3OH der Dichte 0,791 g/cm³ und 450 L Butanol C_4H_9OH der Dichte 0,810 g/cm³. Berechnen Sie den Stoffmengenanteil $\chi(CH_3OH)$.
8. In einem entleerten Lösemitteltank mit einem Volumen von 12,5 m³ liegen 384 L Methanol im Gasgemisch Luft/Methanol vor. Untersuchen Sie, ob dieses Gasgemisch zündfähig ist. Die Explosionsgrenzen von Methanol betragen φ_{min}(Methanol) = 6,0 % und φ_{max}(Methanol) = 36,5 %.
9. In der Absorptionskolonne einer Chlorverfüssigungsanlage fällt Schwefelsäure-Lösung mit dem Massenanteil $w(H_2SO_4)$ = 76,5 % an. Welchen Volumenanteil $\varphi(H_2SO_4)$ hat die Säure-Lösung? Dichten bei 20 °C: $\varrho(H_2SO_4\text{-Lsg.})$ = 1,675 g/cm³, $\varrho(H_2SO_4)$ = 1,831 g/cm³

5.1.5 Massenkonzentration β

Zur Erinnerung: Konzentrationen sind die Quotienten aus einer der Größen Masse *m*, Volumen *V* oder Stoffmenge *n* einer Komponente und dem **Volumen** der Lösung.

Die **Massenkonzentration β(X)** (engl. mass concentration) einer Komponente X ist der Quotient aus der Masse *m*(X) dieser Komponente und dem Volumen der Lösung *V*(Lsg).

Einheitenzeichen der Massenkonzentration sind z. B.: kg/m^3, g/L, mg/L.

Massenkonzentration

$$\beta(X) = \frac{m(X)}{V(Lsg)}$$

Beispiel 1: 15,0 g Eisen(II)-sulfat werden in einen Messkolben eingewogen und mit demineralisiertem Wasser zu 500 mL Lösung aufgefüllt **(Bild 1).**

Wie groß ist die Massenkonzentration $\beta(FeSO_4)$ der hergestellten Lösung?

Lösung: $\beta(FeSO_4) = \frac{m(FeSO_4)}{V(Lsg)} = \frac{15{,}0\ g}{500\ mL}$

$\boldsymbol{\beta(FeSO_4)} = 0{,}0300\ g/mL = \mathbf{30{,}0 g/L}$

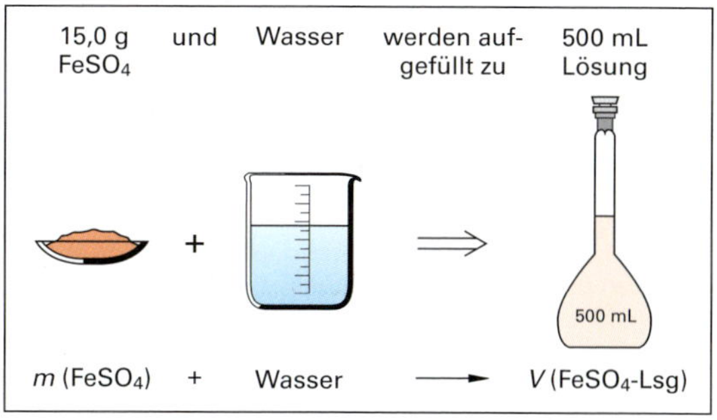

Bild 1: Größenangaben zu Beispiel 1

Beispiel 2: 150 mg Natriumnitrat $NaNO_3$ werden im Messkolben mit Wasser gelöst und zu 2000 mL Lösung aufgefüllt. Welche Massenkonzentration an Nitrat-Ionen $\beta(NO_3^-)$ weist die Lösung auf?

$M(NaNO_3) = 84{,}99\ g/mol$, $M(NO_3^-) = 62{,}00\ g/mol$

Lösung $m(NO_3^-) = \frac{M(NO_3^-) \cdot m(NaNO_3)}{M(NaNO_3)} = \frac{62{,}00\ g/mol \cdot 150\ mg}{84{,}99\ g/mol} = 109{,}42\ mg$

$\boldsymbol{\beta(NO_3^-)} = \frac{m(NO_3^-)}{V(Lsg)} = \frac{109{,}42\ mg}{2000\ mL} = 0{,}054712\ mg/mL \approx \mathbf{54{,}7\ mg/L}$

Beispiel 3: Welches Volumen an Salzsäure mit *w*(HCl) = 13,5 % und der Dichte ϱ = 1,065 g/mL wird zur Herstellung von 5,0 L Salzsäure-Lösung mit der Massenkonzentration β(HCl)= 45,5 mg/mL benötigt?

Lösung: $\beta(HCl) = \frac{m(HCl)}{V(Lsg)} \Rightarrow m(HCl) = \beta/(HCl) \cdot V(Lsg) = 45{,}5\ mg/mL \cdot 5000\ mL = 227{,}5\ g$

$w(HCl) = \frac{m(HCl)}{m(Lsg)} \Rightarrow m(Lsg) = \frac{m(HCl)}{w(HCl)} = \frac{227{,}5\ g}{0{,}135} = 1685{,}185\ g$

$\varrho(Lsg) = \frac{m(Lsg)}{V(Lsg)} \Rightarrow \boldsymbol{V(HCl\text{-}Lsg)} = \frac{m(Lsg)}{\varrho(Lsg)} = \frac{1685{,}185\ g}{1{,}065\ g/mL} = 1582{,}33\ mL \approx \mathbf{1{,}6\ L}$

Aufgaben zur Massenkonzentration β

1. In 500 mL wässriger Fructose-Lösung sind 125 mg Fructose gelöst. Berechnen Sie die Massenkonzentration β(Fructose).
2. Die Massenkonzentration an Chlorgas in einer Abluft beträgt $\beta(Cl_2)$ = 0,25 mg/L. Welche Masse an Chlorgas ist in 50,0 m^3 der Abluft enthalten?
3. Berechnen Sie die Massenkonzentration $\beta(Cu^{2+})$ einer Lösung, die durch Lösen von 12,5 g Kupfersulfat $CuSO_4$ im Messkolben und anschließendes Auffüllen auf 2000 mL erhalten wird.
4. Aus Eisen(III)-chlorid $FeCl_3$ sollen 850 L einer Flockungslösung mit der Massenkonzentration $\beta(Fe^{3+})$ = 6,9 g/L hergestellt werden. Welche Masse an Eisen(III)-chlorid mit 2,5 % Feuchtigkeit ist einzuwiegen?
5. Welche Massenkonzentration β(KOH) hat eine Kalilauge, wenn 25,5 kg Kaliumhydroxid mit 3,7 % Feuchtigkeit in 250 L Wasser gelöst werden?

5.1.6 Volumenkonzentration σ

Volumenkonzentration

$$\sigma(X) = \frac{V(X)}{V(Lsg)}$$

Die **Volumenkonzentration σ(X)** (engl. volume concentration) einer Komponente X ist der Quotient aus dem Volumen V(X) dieser Komponente und dem Volumen der Lösung V(Lsg).

Die Volumenkonzentration kann mit folgenden Einheitenzeichen angegeben werden: L/L; L/100 L = mL/100 mL = Prozent %

mL/L = 10^{-3} = Promille ‰; mL/m^3 = mL/1000 L = 10^{-3} L = 10^{-6} = ppm

Beispiel 1: 480 mL Ethanol werden mit demineralisiertem Wasser im Messzylinder zu 500 mL aufgefüllt **(Bild 1)**. Welche Volumenkonzentration σ(Ethanol) hat die Lösung?

Lösung: $\sigma(\text{Ethanol}) = \frac{V(\text{Ethanol})}{V(\text{Lsg})} = \frac{480\,\text{mL}}{500\,\text{mL}}$

$\boldsymbol{\sigma}$**(Ethanol)** = 0,9600 ≈ **96,0 %**

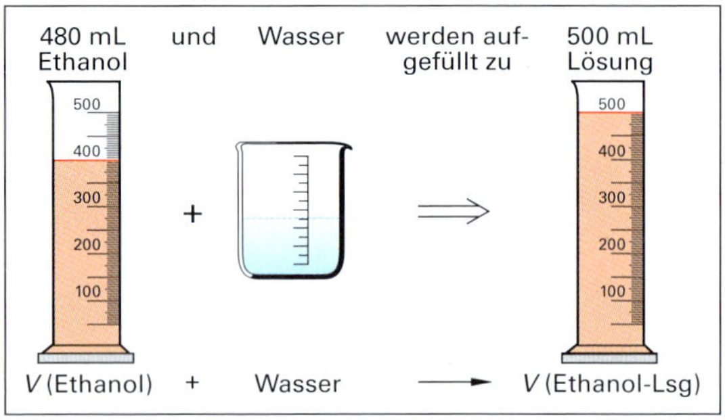

Bild 1: Größenangaben zu Beispiel 1

Anmerkung: Beim Mischen von Ethanol und Wasser ist das rechnerische Gesamtvolumen der beiden Einzelflüssigkeiten größer als das tatsächlich erhaltene Gesamtvolumen: Es tritt beim Mischen eine Volumenverminderung (Volumenkontraktion) ein, welche durch die starken zwischenmolekularen Kräfte der Moleküle zu erklären ist (Wasserstoffbrückenbindungen).

Um Verwechslungen mit dem Massenanteil w und dem Volumenanteil φ zu vermeiden, sind Volumenkonzentrationen stets eindeutig mit dem Größenzeichen σ anzugeben.

Anmerkung: Beim ebenfalls verwendeten Volumenanteil φ(X) wird als Gesamtvolumen der Lösung die Summe der Volumina der Einzelkomponenten V(X) + V(Lm) herangezogen. Bei der Volumenkonzentration σ(X) hingegen wird mit dem *tatsächlichen* Gesamtvolumen der Flüssigkeit gerechnet, d. h., es wird eine beim Mischen von Flüssigkeiten häufig auftretende Volumenkontraktion (= Volumenverminderung) bzw. die seltener auftretende Volumendilatation (= Volumenvergrößerung) berücksichtigt. Bei Lösungen sollte deshalb bevorzugt die Volumenkonzentration σ(X) als Gehaltsgröße verwendet werden. Da beim Mischen von Gasen keine Volumenänderung eintritt, kann zur Gehaltsangabe eines Gasgemisches wahlweise der Volumenanteil φ oder die Volumenkonzentration σ herangezogen werden.

Beispiel 2: Welche Volumina an Methanol (ϱ = 0,7958 g/mL) und an Wasser (ϱ = 0,9991 g/mL) werden zur Herstellung von 800 L Lösung (ϱ = 0,9389 g/mL) der Volumenkonzentration ϱ(Meth.)= 46,0 % benötigt?

Lösung: $\varrho = m/V \;\Rightarrow\; m(\text{Lsg}) = \varrho(\text{Lsg}) \cdot V(\text{Lsg}) = 0{,}9389\ \text{kg/L} \cdot 800\ \text{L} = 751{,}12\ \text{kg}$

$\sigma(\text{Methanol} = \frac{V(\text{Methanol})}{V(\text{Lsg})} \;\Rightarrow\; \boldsymbol{V}\textbf{(Methanol)} = \sigma(\text{Methanol}) \cdot V(\text{Lsg}) = 0{,}460 \cdot 800\ \text{L} \mathbf{= 368\ L}$

$\varrho(\text{Meth.}) = \frac{m(\text{Meth.})}{V(\text{Meth.})} \;\Rightarrow\; m(\text{Methanol}) = \varrho(\text{Meth.}) \cdot V(\text{Meth.}) = 0{,}7958\ \text{kg/L} \cdot 368\ \text{L} = 292{,}85\ \text{kg}$

$m(\text{Wasser}) = m(\text{Lsg}) - m(\text{Methanol}) = 751{,}12\ \text{kg} - 292{,}85\ \text{kg} = 458{,}27\ \text{kg}$

$\varrho(\text{Wasser}) = \frac{m(\text{Wasser})}{V(\text{Wasser})} \;\Rightarrow\; \boldsymbol{V}\textbf{(Wasser)} = \frac{m(\text{Wasser})}{\varrho(\text{Wasser})} = \frac{458{,}27\ \text{kg}}{0{,}9991\ \text{kg/L}} = 458{,}68\ \text{L} \mathbf{= 459\ L}$

Aufgaben zur Volumenkonzentration σ

1. In 2,50 m^3 wässriger Propanol-Lösung sind 200 L Propanol enthalten. Wie groß ist σ(Propanol)?
2. 350 L Ameisensäure-Lösung haben die Volumenkonzentration σ(HCOOH) = 24,3 %. Welches Volumen an Ameisensäure HCOOH enthält die Lösung?
3. Eine Lösung von 1-Butanol in Ethanol hat die Volumenkonzentration σ(Butanol) = 25,2 %, die Lösung enthält 240 L Butanol. Berechnen Sie das Gesamtvolumen der Lösung.
4. Aus 212 L eines Aceton/Ester-Gemisches werden 110 L Aceton abdestilliert. Der Sumpf weist die Volumenkonzentration σ(Aceton) = 6,4 % auf. Wie groß war σ(Aceton) im Ausgangsgemisch?
5. 500 L einer Lösung von Ethanol in Wasser enthalten 125 L Ethanol. Berechnen Sie die Volumenkonzentration σ(Ethanol) sowie das Volumen des Lösemittels Wasser.
   Dichten bei 20 °C: ϱ(Lsg) = 0,9670 g/mL, ϱ(Ethanol) = 0,7892 g/mL, ϱ(Wasser) = 0,9982 g/mL

5.1.7 Stoffmengenkonzentration *c*, Äquivalentkonzentration *c*(1/z*X)

Stoffmengenkonzentration

$$c(X) = \frac{n(X)}{V(Lsg)}$$

Die **Stoffmengenkonzentration *c*(X)** (engl. molar concentration) einer Komponente X ist der Quotient aus der Stoffmenge *n*(X) dieser Komponente und dem Volumen der Lösung *V*(Lsg).

Im Zusammenhang mit dem Größenzeichen ***c*** ist auch die vereinfachte Bezeichnung **Konzentration** zulässig.

Als Einheitenzeichen der Stoffmengenkonzentration *c* werden verwendet: mol/m^3, mol/L, mmol/L u. a.

Beispiel 1: 20,0 g Natriumhydroxid NaOH p.a. werden im Messkolben mit demin. Wasser zu 500 mL Natronlauge aufgefüllt **(Bild 1)**. Wie groß ist die Stoffmengenkonzentration *c*(NaOH) der Lauge?

Lösung: $n(NaOH) = \frac{m(NaOH)}{M(NaOH)} = \frac{20{,}0\ g}{40{,}00\ g/mol}$

$n(NaOH) = 0{,}500\ mol$

$c(NaOH) = \frac{n(NaOH)}{V(Lsg)} = \frac{0{,}500\ mol}{500\ mL}$

$c(NaOH) = 1{,}00\ mol/L$

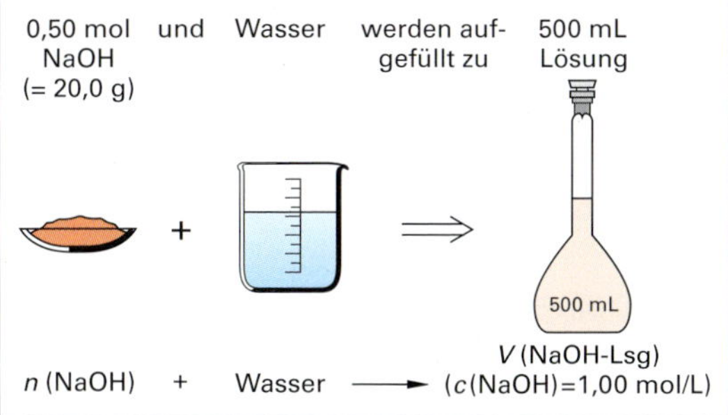

Bild 1: Größenangaben zu Beispiel 1

Beispiel 2: Es sollen 5,0 L Silbernitrat-Lösung der Stoffmengenkonzentration $c(AgNO_3) = 0{,}10\ mol/L$ hergestellt werden. Wie viel Silbernitrat $AgNO_3$ ist einzuwiegen und mit Wasser aufzufüllen?

Lösung: $c(AgNO_3) = \frac{n(AgNO_3)}{V(Lsg)} \Rightarrow n(AgNO_3) = c(AgNO_3) \cdot V(Lsg)$; mit $n(X) = \frac{m(X)}{M(X)}$ folgt durch Einsetzen:

$m(AgNO_3) = c(AgNO_3) \cdot V(Lsg) \cdot M(AgNO_3)$; mit $M(AgNO_3) = 169{,}873\ g/mol$ folgt:

$m(AgNO_3)$ $= 0{,}10\ mol/L \cdot 5{,}0\ L \cdot 169{,}873\ g/mol = 84{,}9365\ g \approx$ **85 g**

Äquivalentkonzentration

Äquivalentkonzentration

$$c\left(\frac{1}{z^*}X\right) = \frac{n\left(\frac{1}{z^*}X\right)}{V(Lsg)}$$

Legt man bei der Berechnung der Stoffmenge das **Äquivalentteilchen** zugrunde, erhält man die **Äquivalentkonzentration *c*(1/*z**X)** (engl. equivalent concentration).

Das Äquivalentteilchen ist der *z**-te Bruchteil des Teilchens (Atom, Ion, Molekül, Atomgruppe), wobei *z* eine ganze Zahl ist und die stöchiometrische Wertigkeit bzw. die Veränderung der Oxidationszahl bei Redoxreaktionen darstellt.

Für die symbolische Darstellung von Äquivalentteilchen wird der Bruch $\frac{1}{z^*}$ dem Symbol des Teilchens X vorangestellt, z. B. bei Schwefelsäure $c(\frac{1}{2}H_2SO_4)$. Die Stoffmengenangabe bezieht sich dann auf die vorhandenen wirksamen Teilchen der Lösung (z. B. H^+-Ionen, OH^--Ionen, Elektronen und andere).

Bei der Berechnung der Äquivalentkonzentration von Schwefelsäure z.B. sind die Äquivalentteilchen die H^+-Ionen: Ein Mol Schwefelsäure enthält zwei Mol H^+-Ionen.

Zwischen der Stoffmengenkonzentration *c*(X) und der Äquivalentkonzentration *c*(1/*z**X) bestehen nebenstehende Zusammenhänge. Dies soll an einigen **Beispielen** erläutert werden.

Umrechnung Äquivalentkonzentration – Stoffmengenkonzentration

$$n\left(\frac{1}{z^*}X\right) = z^* \cdot n(X)$$

$$c(X) = \frac{1}{z^*} \cdot c\left(\frac{1}{z^*}X\right)$$

$$c\left(\frac{1}{z^*}X\right) = z^* \cdot c(X)$$

Äquivalentkonzentration $c(\frac{1}{z^*}X)$		**Stoffmengenkonzentration *c*(X)**	
a) $c(\frac{1}{1}HCl)$	= 0,1 mol/L bedeutet **$c(H^+) = 0{,}1\ mol/L$**	entspricht *c*(HCl)	$= \frac{1}{1} \cdot 0{,}1\ mol/L =$ **0,1 mol/L**
b) $c(\frac{1}{2}H_2SO_4$	= 0,1 mol/L bedeutet **$c(H^+) = 0{,}1 mol/L$**	entspricht $c(H_2SO_4)$	$= \frac{1}{2} \cdot 0{,}1\ mol/L =$ **0,05 mol/L**
c) $c(\frac{1}{2}Ca(OH)_2$	= 0,1 mol/L bedeutet **$c(OH^-) = 0{,}1\ mol/L$**	entspricht $c(Ca(OH)_2)$	$= \frac{1}{2} \cdot 0{,}1\ mol/L =$ **0,05 mol/L**
d) $c(\frac{1}{5}KMnO_4)$	= 0,1 mol/L bedeutet **$c(e^-) = 0{,}1\ mol/L$**	entspricht $c(KMnO_4)$	$= \frac{1}{5} \cdot 0{,}1\ mol/L =$ **0,02 mol/L**

Beispiel 3: Wie groß ist die Äquivalentkonzentration $c(\frac{1}{2}H_2SO_4)$ einer Schwefelsäure-Lösung mit dem Massenanteil $w(H_2SO_4) = 20{,}73\ \%$ und der Dichte $\varrho = 1{,}145\ g/cm^3$? $M(H_2SO_4) = 98{,}079\ g/mol$.

Lösung: Ausgehend von 1 L Lösung: $\varrho = m/V \Rightarrow m(Lsg) = V(Lsg) \cdot \varrho(Lsg) = 1000\ mL \cdot 1{,}145\ g/cm^3 = 1145\ g$

$$w(X) = \frac{m(X)}{m(Lsg)} \Rightarrow m(H_2SO_4) = w(H_2SO_4) \cdot m(Lsg) = 0{,}2073 \cdot 1145\ g = 237{,}3585\ g$$

$$c(\tfrac{1}{2}H_2SO_4) = \frac{n(\frac{1}{2}H_2SO_4)}{V(Lsg)};\quad n(\tfrac{1}{2}H_2SO_4) = z^* \cdot n(H_2SO_4);\quad \text{mit}\quad z^* = 2 \quad \text{und} \quad n = \frac{m}{M} \text{ folgt:}$$

$$\mathbf{c(\tfrac{1}{2}H_2SO_4)} = \frac{2 \cdot m(H_2SO_4)}{M(H_2SO_4) \cdot V(Lsg)} = \frac{2 \cdot 237{,}3585\ g}{98{,}079\ g/mol \cdot 1{,}000\ L} = 4{,}8401\ mol/L \approx \mathbf{4{,}84\ mol/L}$$

Aufgaben zu Stoffmengenkonzentration *c*, Äquivalentkonzentration $c(1/z^*)$

1. Welche Stoffmengenkonzentration $c(NaCl)$ hat eine Natriumchlorid-Lösung, die durch Lösen von 15,00 g NaCl und anschließendes Auffüllen im Messkolben auf 500 mL erhalten wird?
2. 250 mL Salzsäure mit $w(HCl) = 32{,}14\ \%$ und der Dichte $\varrho(20\ °C) = 1{,}160\ g/cm^3$ werden im Messkolben auf 5,00 L aufgefüllt. Welche Stoffmengenkonzentration $c(HCl)$ hat die Lösung?
3. Es sind 800 mL Natriumcarbonat-Lösung der Konzentration $c(Na_2CO_3) = 0{,}20\ mol/L$ herzustellen. Welche Einwaage an Natriumcarbonat-Decahydrat $Na_2CO_3 \cdot 10\ H_2O$ ist erforderlich?
4. Es sollen 5,0 L Schwefelsäure, $c(\frac{1}{2}H_2SO_4) = 0{,}20\ mol/L$, hergestellt werden. Zur Verfügung steht eine Schwefelsäure mit $w(H_2SO_4) = 96{,}0\ \%$. Welche Masse dieser Säure ist einzuwiegen?
5. 6,2040 g Kaliumbromat $KBrO_3$ werden in Wasser gelöst und zu 250 mL Lösung aufgefüllt. Wie groß ist die Äquivalentkonzentration $c(\frac{1}{6}KBrO_3)$?
6. Wie viel Kaliumpermanganat wird zur Herstellung von 2000 mL Maßlösung mit der Äquivalentkonzentration $c(\frac{1}{5}KMnO_4) = 0{,}1\ mol/L$ benötigt?

5.1.8 Umrechnen der verschiedenen Konzentrationen

Das Umrechnen der unterschiedlichen Konzentrationsangaben kann beispielsweise bei der Auswertung maßanalytischer Bestimmungen oder bei Stoffumsetzungen, beispielsweise Fällungsreaktionen, erforderlich sein.

Beispiel 1: Welche Stoffmengenkonzentration $c(NaOH)$ hat eine Natronlauge mit der Massenkonzentration $\beta(NaOH) = 22{,}5\ g/L$?

Lösung: Mit $M(NaOH) = 40{,}00\ g/mol$ und mit $n(X) = \frac{m(X)}{M(X)}$ folgt durch Einsetzen:

$$\mathbf{c(NaOH)} = \frac{n(NaOH)}{V(Lsg)} = \frac{m(NaOH)}{M(NaOH) \cdot V(Lsg)} = \frac{22{,}5\ g}{40{,}00\ g/mol \cdot 1\ L} \approx \mathbf{0{,}563\ mol/L}$$

Beispiel 2: Eine wässrige Methanol-Lösung hat die Volumenkonzentration $\sigma(CH_3OH) = 22{,}5\ \%$. Wie groß ist die Stoffmengenkonzentration $c(CH_3OH)$ der Methanol-Lösung?

Die Dichte des reinen Methanol beträgt $0{,}7915\ g/cm^3$, die molare Masse $M(CH_3OH) = 32{,}042\ g/mol$.

Lösung: Vorüberlegung: In 100 mL Lösung sind 32,5 mL Methanol und 100 mL – 22,5 mL = 77,5 mL Wasser enthalten. Die Masse von 32,5 mL Methanol beträgt:

$$\varrho = m/V \Rightarrow m(Methanol) = V(Methanol) \cdot \varrho(Methanol) = 22{,}5\ mL \cdot 0{,}7915\ g/cm^3 = 17{,}80875\ g$$

$$c(Methanol) = \frac{n(Methanol)}{V(Lsg)};$$

mit $n = \frac{m}{M}$ folgt für das Volumen von 100 mL = 0,100 L wässrige Lösung durch Einsetzen:

$$\mathbf{c(Methanol)} = \frac{m(Methanol)}{M(Methanol) \cdot V(Lsg)} = \frac{17{,}80875\ g}{32{,}042\ g/mol \cdot 0{,}100\ L} = 5{,}5579\ mol/L \approx \mathbf{5{,}56\ mol/L}$$

Aufgaben zur Umrechnungen der verschiedenen Konzentrationen

1. Berechnen Sie die Massenkonzentration einer Natriumthiosulfat-Lösung der Stoffmengenkonzentration $c(Na_2S_2O_3)$ = 0,20 mol/L.
2. Welche Stoffmengenkonzentration c(NaCl) hat eine Kochsalzlösung der Massenkonzentration β(NaCl) = 0,25 g/L?
3. Welche Massenkonzentration hat eine Salzsäure der Konzentration c(HCl) = 0,50 mol/L?
4. Eine Kalilauge hat die Massenkonzentration $\beta(\frac{1}{1}\text{KOH})$ = 30,2 g/L. Berechnen Sie die Äquivalentkonzentration c(KOH) der Lauge.
5. Eine Wasserprobe hat eine Stoffmengenkonzentration $c(Ca^{2+})$ = 1,01 mmol/L. Berechnen Sie die Massenkonzentration $\beta(Ca^{2+})$.
6. Wie groß ist die Stoffmengenkonzentration einer wässrigen Acetonlösung mit der Volumenkonzentration $\sigma(CH_3\text{-}CO\text{-}CH_3)$ = 30,4 %? ϱ(Aceton) = 0,786 g/mL, M(Aceton) = 58,1 g/mol.

Gemischte Aufgaben zum Rechnen mit Konzentrationen

1. 7,00 L Salzlösung enthalten 616,5 g KCl. Berechnen Sie die Massenkonzentration β(KCl).
2. Die Massenkonzentration von Schwefeldioxidgas in Luft beträgt $\beta(SO_2)$ = 5,0 µg/L. Welche Masse an Schwefeldioxidgas ist in $1{,}05 \cdot 10^5$ m^3 Luft enthalten?
3. In 480 L Calciumchlorid-Lösung sind 32,5 kg Calciumchlorid $CaCl_2$ gelöst. Wie groß sind die Massenkonzentrationen $\beta(CaCl_2)$ und $\beta(Cl^-)$?
4. 350 kg Natronlauge der Dichte ϱ = 1,370 g/cm³ enthalten 119 kg Natriumhydroxid. Wie groß sind die Massenkonzentration β(NaOH) und die Stoffmengenkonzentration $c(OH^-)$?
5. Das Rauchgas eines Kraftwerks darf nach Großfeuerungsanlagenverordnung (GFAVO) 400 mg/m³ Schwefeldioxid nicht überschreiten. Welche Masse an Schwefeldioxid SO_2 wird maximal pro Stunde emittiert, wenn bei der Verfeuerung von Steinkohle $2{,}5 \cdot 10^6$ m³/h Rauchgas erzeugt werden?
6. In 250 m³ Abgas sind 7,0 L Kohlenstoffmonoxid CO enthalten. Berechnen Sie, ob der für CO geltende Arbeitsplatzgrenzwert von 30 ppm überschritten wird.
7. Benzin darf maximal eine Volumenkonzentration σ(Benzol) = 5,0 % (ϱ = 0,879 g/cm³) enthalten. Welche Masse des klopffesten, cancerogenen C_6H_6 ist maximal in 50 L Tankfüllung enthalten?
8. Welches Volumen eines Benzol/Toluol-Gemisches mit einer Benzol-Massenkonzentration $\beta(C_6H_6)$ = 250 g/L kann man aus 500 L Benzol der Dichte ϱ = 0,879 g/cm³ herstellen?
9. Ein Aceton/Wasser-Gemisch hat die Massenkonzentration β(Aceton) = 385 g/L. Wie groß sind die Volumenkonzentration σ(Aceton) und die Konzentration c(Aceton)? ϱ(Aceton) = 0,791 g/cm³.
10. Ein Alkoholgemisch der Dichte ϱ = 0,791 g/cm³ hat eine Volumenkonzentration $\sigma(C_2H_2OH)$ = 400 mL/L. Welches Volumen an Ethanol ist in 175 kg dieses Gemisches enthalten?
11. 27,5 L wässrige Ethanol-Lösung enthalten 691 g Ethanol. Welcher Ethanol-Stoffmengenkonzentration $c(C_2H_5OH)$ entspricht das?
12. 350 kg Natronlauge der Dichte ϱ = 1,370 g/cm³ enthalten 11,2 kg gelöstes Natriumhydroxid. Wie groß sind die Stoffmengenkonzentration c(NaOH) und die Äquivalentkonzentration $c(OH^-)$?
13. In einer Wasserprobe wird eine Gesamthärte von 2,34 mmol/L Calcium-Ionen Ca^{2+} ermittelt. Welcher Massenkonzentration $\beta(Ca^{2+})$ entspricht das? Welche Masse an gelösten Calcium-Ionen liegt in 2,50 m³ des untersuchten Wassers vor?
14. 180 L Calciumchlorid-Lösung enthalten 126 g Calciumchlorid. Welche Konzentrationen $c(CaCl_2)$ und $c(Ca^{2+})$ enthält die Lösung? Welcher Gesamthärte in mmol/L Ca^{2+}/L entspricht das?
15. Eine Phosphorsäure-Lösung hat die Massenkonzentration $\beta(H_3PO_4)$ = 29,25 g/L. Welche Stoffmengenkonzentration $c(H_3PO_4)$ und welche Äquivalentkonzentration $c(\frac{1}{3}H_3PO_4)$ liegt vor?

16 Eine Kaliumpermanganat-Maßlösung ist auf dem Flaschenetikett mit $c(\frac{1}{5}KMnO_4)$ = 0,1 mol/L gekennzeichnet. Wie groß ist die Stoffmengenkonzentration $c(KMnO_4)$ dieser Lösung?

5.1.9 Löslichkeit L^*

Die **Löslichkeit L^* (X, ϑ)** (engl. solubility) eines Stoffes gibt an, wie viel Gramm des reinen, wasserfreien Stoffes X maximal bei der angegebenen Temperatur ϑ im Lösemittel Lm gelöst werden kann.

Löslichkeit

$$L^*(\text{X}, \vartheta) = \frac{m_{max}(\text{X})}{m(\text{Lm})}$$

Die Löslichkeit ist ein **Massenverhältnis** (mass ratio), sie wird in der Regel auf 100 g Lösemittel bezogen und in der **Einheit g/100 g Lm** angegeben (**Tabelle 1,** Seite 146).

Hinweis: Es ist besonders der Unterschied zwischen der **Löslichkeit L^* (X)** (= Masse maximal lösbarer Substanz in 100 g **Lösemittel**) und dem **Massenanteil w(X)** (= Masse gelöste Substanz in 100 g **Lösung**) zu beachten.

Die Temperaturabhängigkeit der Löslichkeit L^* von Stoffen wird in Löslichkeits-Temperatur-Diagrammen dargestellt **(Bild 1).**

Die **Sättigungs-Lösekurve** gibt die Löslichkeit L^* (X, ϑ) des Stoffes bei den entsprechenden Temperaturen an: Hier ist die Lösung gesättigt. Oberhalb bzw. unterhalb der Sättigungs-Lösekurve sind die Bereiche der übersättigten und der ungesättigten Lösung.

Im Bereich der **übersättigten** Lösung kommt es zur spontanen Kristallbildung, d. h. zur Bildung eines Bodenkörpers.

Der Bereich unmittelbar oberhalb der Sättigungs-Lösekurve wird als **metastabiler Bereich** bezeichnet. In diesem Bereich erfolgt keine spontane Kristallbildung. Erst nach Zusatz von Impfkristallen oder durch Kratzen an der Gefäßinnenwand bilden sich dort bei langsamer Kristallisationsgeschwindigkeit relativ große Kristalle. Sie können leicht von der übrigen Mutterlauge abgetrennt werden.

Im übersättigten Bereich (oberhalb des metastabilen Bereichs) bilden sich spontan Kristallisationskeime, die zu rascher Kristallbildung mit kleinen Kristallen führen.

Bild 2 zeigt in Abhängigkeit vom Grad der Übersättigung:

- die *Keimbildungsgeschwindigkeit* (-·-·-·-·)
- die *Wachstumsgeschwindigkeit der Kristalle* (——)
- die entstehende *Kristallgröße* (——)

Die Abhängigkeit der Löslichkeit L^* von Salzen mit der Temperatur ist sehr unterschiedlich **(Bild 3).**

Beispiel:

Bei Ammoniumsulfat $(NH_4)_2SO_4$ und Kaliumchlorid KCl sowie vor allem bei Kaliumnitrat KNO_3 nimmt die Löslichkeit mit zunehmender Temperatur sehr stark zu. Diese Salze können aus einer heißgesättigten Lösung durch **Abkühlung** und dadurch bedingte Auskristallisation mit hoher Ausbeute gewonnen werden **(Kühl-Kristallisation,** Pfeil ⇐ in **Bild 3).**

Bei Natriumchlorid NaCl ändert sich die Löslichkeit kaum mit veränderter Temperatur. Aus einer gesättigten Lösung kann NaCl praktisch nicht durch Kühlkristallisation, sondern nur durch Abdampfen des Lösemittels gewonnen werden **(Verdampfungs-Kristallisation;** Pfeil ⇑ in **Bild 3).**

Bei Natriumsulfit Na_2SO_3 nimmt die Löslichkeit mit steigender Temperatur ab: Es ist durch Erhitzen zur Kristallisation zu bringen **(Erhitzungs-Kristallisation,** Pfeil ⇒ in **Bild 3).**

Exakte Werte für die Löslichkeit von Salzen werden aus Tabellenwerken entnommen (**Tabelle 1,** Seite 159).

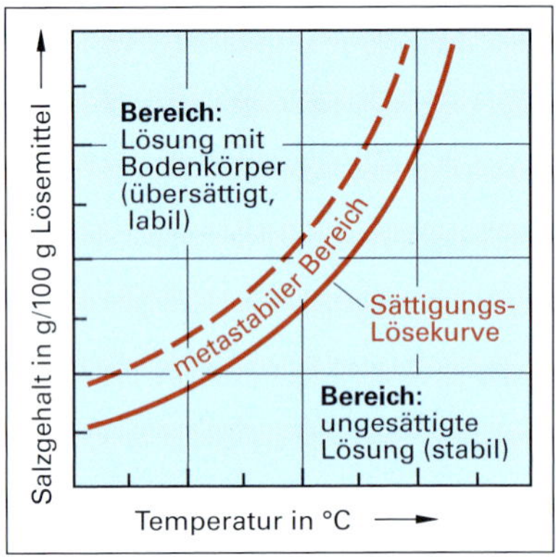

Bild 1: Löslichkeits-Temperatur-Diagramm

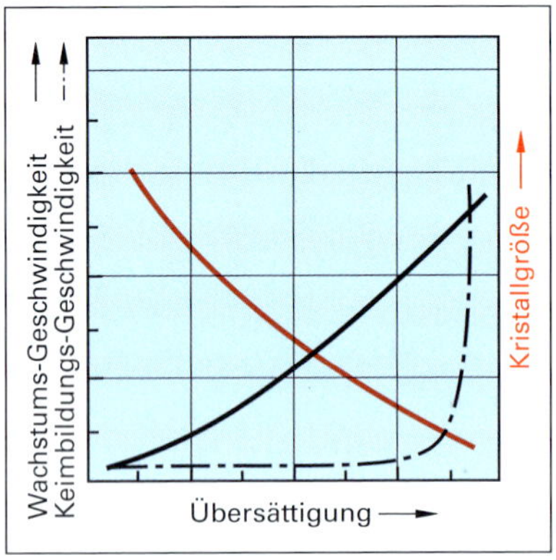

Bild 2: Kristallbildung und Kristallgröße

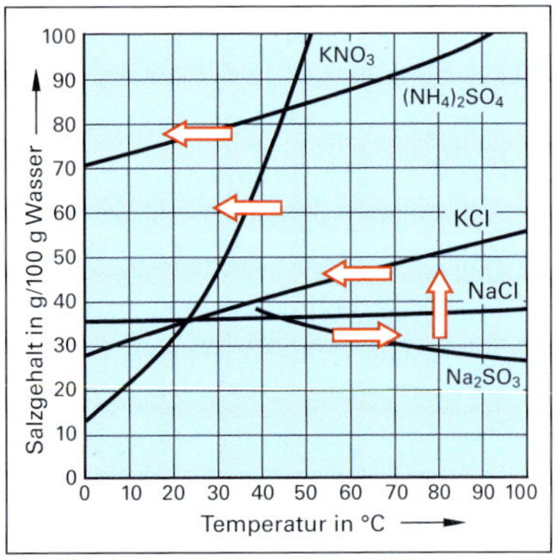

Bild 3: Sättigungs-Lösekurven von Salzen und Möglichkeiten zur Kristallisation

Beispiel 1: Die Löslichkeit von Natriumchlorid NaCl beträgt L^* (NaCl, 20 °C) = 35,8 g/100 g Wasser. Wie viel Kilogramm Natriumchlorid sind in 2,00 t Wasser von 20 °C löslich?

Lösung: $L^*\,(\text{NaCl, 20 °C}) = \dfrac{m(\text{NaCl})}{m(\text{Lm})} \Rightarrow \boldsymbol{m(\text{NaCl})} = L^*\,(\text{NaCl}) \cdot m(\text{Lm}) = \dfrac{35{,}8\,\text{g} \cdot 2000\,\text{kg}}{100\,\text{g}}$ **= 716 kg**

Beispiel 2: 500 kg einer bei 80 °C gesättigten Lösung von Calciumchlorid $CaCl_2$ werden auf 20 °C abgekühlt. Wie viel Kilogramm $CaCl_2$ kristallisieren als Bodenkörper aus?

Löslichkeiten gemäß **Tabelle 1:** $L^*(CaCl_2$, 80 °C) = 149,4 g/100 g, $L^*(CaCl_2$, 20 °C) = 73,9 g/100 g

Lösung: Bei 80 °C sind 149,4 kg $CaCl_2$ in 100 kg Wasser gelöst, das entspricht 249,4 kg Lösung

Bei 20 °C sind 73,9 kg $CaCl_2$ in 100 kg Wasser gelöst, das entspricht 173,9 kg Lösung

Die Masse an Lösemittel (100 kg) bleibt beim Abkühlen unverändert:

Aus 249,4 kg Lösung kristallisieren 149,4 kg – 73,9 kg = 75,5 kg $CaCl_2$ aus. ⇒ *Schlussrechnung:*

aus 249,4 kg Lsg krist. 75,5 kg $CaCl_2$ aus

aus 500 kg Lsg krist. x $CaCl_2$ aus

$\boldsymbol{x = m(CaCl_2)} = \dfrac{500\,\text{kg} \cdot 75{,}5\,\text{kg}}{249{,}4\,\text{kg}} = 151{,}363\,\text{kg} \approx$ **151 kg**

Beispiel 3: Eine bei 20 °C gesättigte Lösung von Kaliumchlorat $KClO_3$ hat einen Massenanteil $w(KClO_3)$ = 6,8 %. Berechnen Sie die Löslichkeit von $KClO_3$ bei dieser Temperatur

Lösung: Bei einem Massenanteil von 6,8 % enthalten 100 g Lösung 6,8 g $KClO_3$ und 93,2 g Wasser.

93,2 g Wasser enthalten 6,8 g $KClO_3$

100 g Wasser enthalten x $KClO_3$

$\boldsymbol{x = L^*(KClO_3, 20\,°C)} = \dfrac{6{,}8\,\text{g} \cdot 100\,\text{g}}{93{,}2\,\text{g}} \approx$ **7,3 g/100 g H_2O**

Tabelle 1: Löslichkeit einiger Salze in Wasser (Gramm reine Substanz in 100 g Wasser)

ϑ in °C	10	20	30	40	50	60	80	100
Gelöster Stoff X	**L^* (X) in g/100 g Wasser**							
$AgNO_3$	159,4	219,2	281,7	334,8	400	471,1	651,9	1023,6
$BaCl_2$	33,3	35,1	38,2	40,8	43,6	46,2	52	58,7
$Ba(OH)_2$	2,56	3,48	6,05	8,58	13,2	21,2	115	171
$CaCl_2$	65,3	73,9	102	127,2	135	138,1	149,4	157,7
$Ca(OH)_2$	0,125	0,118	0,109	0,100	0,092	0,083	0,066	0,052
$CuSO_4 \cdot 5H_2O$	17,6	20,8	20,4	29,0	33,3	39,1	56	73,6
$FeSO_4 \cdot 7H_2O$	20,5	26,6	33,0	40,3	47,6	55,0	43,8	31,6
KCl	31,2	34,2	37,3	40,3	43,1	45,6	51,0	56,2
KNO_3	21,5	31,6	45,6	64,0	85,7	110	169	245,2
NaCl	35,7	35,8	36,1	36,4	36,7	37,0	38,0	39,2
Na_2CO_3	12,4	21,8	39,7	48,8	47,4	46,0	44,1	44,1
$NaHCO_3$	8,11	9,41	11,1	12,6	14,4	15,9	19,7	23,7
NH_4Cl	33,3	37,2	41,4	45,8	50,4	55,3	65,6	77,3

Aufgaben zur Löslichkeit L^*

1. Welche Massen an Reinsubstanz können in folgenden Wasserportionen von 20 °C gerade gelöst werden, ohne dass ein Bodenkörper auskristallisiert?
   a) Na_2CO_3 in 200 g Wasser b) NH_4Cl in 5,00 kg Wasser c) $Ca(OH)_2$ in 5,50 t Wasser
2. Welche Massen an gelöster Substanz enthalten folgende gesättigte Lösungen?
   a) 800 g $Ca(OH)_2$-Lösung bei 40 °C b) 2,00 kg KCl-Lösung bei 60 °C
   c) 5,00 t $NaHCO_3$-Lösung bei 80 °C d) 200 g $AgNO_3$-Lösung bei 20 °C
3. 200 kg einer bei 20 °C über dem Bodenkörper stehenden Natriumchlorid-Lösung werden auf 60 °C erwärmt. Welche Masse an NaCl geht zusätzlich in Lösung?
4. In 500 kg Wasser von 50 °C werden 600 kg Kaliumnitrat KNO_3 eingetragen. Berechnen Sie, wie viel KNO_3 nicht gelöst wird.
5. 2,00 t einer bei 100 °C gesättigten Lösung von Natriumcarbonat Na_2CO_3 werden auf 10 °C abgekühlt. Wie viel Na_2CO_3 kristallisiert aus?

5.2 Umrechnen von Anteilen in Konzentrationen und Löslichkeiten

Genauso wie es möglich ist, die verschiedenen Anteile oder Konzentrationen ineinander umzurechnen, kann man auch Anteile in Konzentrationen und umgekehrt oder die Löslichkeit in Anteile und Konzentrationen umrechnen.

Eine Umrechnungstabelle der verschiedenen Gehaltsgrößen befindet sich auf Seite 164.

5.2.1 Umrechnung von Massenanteil $w(X)$ und Stoffmengenkonzentration $c(X)$

Voraussetzung für Umrechnungen zwischen Anteilen und Konzentrationen ist die Kenntnis der Dichte der Lösungen. Am zweckmäßigsten ist es, von einem Lösungsvolumen von 1 L auszugehen. Mit Hilfe der bekannten molaren Masse $M(X)$ der gelösten Substanz kann die gelöste Stoffportion berechnet werden.

Beispiel 1: Berechnen Sie die Stoffmengenkonzentration $c(H_2SO_4)$ einer Schwefelsäure mit dem Massenanteil $w(H_2SO_4) = 10{,}56\ \%$ und der Dichte $\varrho(20\ °C) = 1{,}070\ g/cm^3$. $M(H_2SO_4) = 98{,}079\ g/mol$

Lösung: Die Masse von 1 L Lösung beträgt $\varrho = m/V \Rightarrow m(Lsg) = \varrho \cdot V = 1{,}070\ g/cm^3 \cdot 1000\ cm^3 = 1070\ g$

In 1 L Lösung vorhandene Masse Schwefelsäure:

$$w(H_2SO_4) = \frac{m(H_2SO_4)}{m(Lsg)} \Rightarrow m(H_2SO_4) = w(H_2SO_4) \cdot m(Lsg) = 0{,}1056 \cdot 1070\ g = 112{,}992\ g$$

$$c(H_2SO_4) = \frac{n(H_2SO_4)}{V(Lsg)};$$ ausgehend von einem Liter Lösung folgt mit $n = \frac{m}{M}$ durch Einsetzen:

$$\mathbf{c(H_2SO_4)} = \frac{m(H_2SO_4)}{M(H_2SO_4) \cdot V(Lsg)} = \frac{112{,}992\ g}{98{,}079\ g/mol \cdot 1{,}000\ L} = 1{,}15205\ mol/L \approx \mathbf{1{,}152\ mol/L}$$

Beispiel 2: Welchen Massenanteil $w(HNO_3)$ hat eine Salpetersäure der Stoffmengenkonzentration $c(HNO_3) = 0{,}945\ mol/L$ und der Dichte $\varrho = 1{,}030\ g/cm^3$? $M(HNO_3) = 63{,}01\ g/mol$

Lösung: Masse von 1 L Lösung: $m(Lsg) = \varrho \cdot V = 1{,}030\ g/cm^3 \cdot 1\ L = 1{,}030\ g/cm^3 \cdot 1000\ cm^3 = 1030\ g$

$$w(HNO_3) = \frac{m(HNO_3)}{m(Lsg)};$$ aus $c(HNO_3) = \frac{n(HNO_3)}{V(Lsg)}$ und $n(HNO_3) = \frac{m(HNO_3)}{M(HNO_3)}$ folgt durch Einsetzen:

$$c(HNO_3) = \frac{m(HNO_3)}{V(Lsg) \cdot M(HNO_3)} \Rightarrow m(HNO_3) = c(HNO_3) \cdot V(Lsg) \cdot M(HNO_3);$$ durch Einsetzen folgt:

$$\mathbf{w(HNO_3)} = \frac{c(HNO_3) \cdot V(Lsg) \cdot M(HNO_3)}{m(Lsg)} = \frac{0{,}945\ mol/L \cdot 1{,}000\ L \cdot 63{,}01\ g/mol}{1030\ g} = 0{,}057810 \approx \mathbf{5{,}78\ \%}$$

Aufgaben zur Umrechnung von Massenanteil $w(X)$ und Stoffmengenkonzentration $c(X)$

1. Berechnen Sie die Stoffmengenkonzentration einer Kalilauge mit dem Massenanteil $w(KOH) = 12{,}08\ \%$ und der Dichte $\varrho\ (20\ °C) = 1{,}110\ g/cm^3$.
2. Welchen Massenanteil in Prozent hat Salzsäure der Stoffmengenkonzentration $c(HCl) = 3{,}03\ mol/L$ mit der Dichte $\varrho\ (20\ °C) = 1{,}050\ g/cm^3$?
3. Welche Stoffmengenkonzentration $c(K_2SO_4)$ hat eine Kaliumsulfat-Lösung mit dem Massenanteil $w(K_2SO_4) = 10{,}0\ \%$ und der Dichte $\varrho\ (20\ °C) = 1{,}0807\ g/cm^3$?
4. Eine Ammoniak-Lösung mit der Dichte $\varrho\ (20\ °C) = 0{,}965\ g/cm^3$ hat die Stoffmengenkonzentration $c(NH_3) = 4{,}55\ mol/L$. Ermitteln Sie den Massenanteil $w(NH_3)$ der Lösung.
5. Welchen Massenanteil $w(H_2SO_4)$ hat eine Schwefelsäure mit der Äquivalentkonzentration $c(\frac{1}{2}H_2SO_4) = 2{,}0\ mol/L$ und der Dichte $\varrho = 1{,}062\ g/mL$?
6. Für eine Neutralisation werden 180,5 kg Natriumcarbonat Na_2CO_3 benötigt. In welchem Volumen an Soda-Lösung der Konzentration $c(Na_2CO_3) = 0{,}60\ mol/L$ und der Dichte $\varrho = 1{,}061\ g/cm^3$ ist diese Stoffportion enthalten? Wie groß sind die Konzentration $c(CO_3^{2-})$, die Äquivalentkonzentration $c(\frac{1}{2}Na_2CO_3)$ sowie der Massenanteil $w(Na_2CO_3)$?

5.2.2 Umrechnung von Massenanteil w(X) und Massenkonzentration β(X)

Für die Umrechnung eines Massenanteils w(X) in eine Massenkonzentration β(X) ist die Kenntnis der Dichte der Lösung notwendige Voraussetzung.
Es ist zweckmäßig, die Quantitäten für 1 kg bzw. 1 L Lösung umzurechnen.

Beispiel 1: Wie groß ist die Massenkonzentration $\beta(H_2SO_4)$ einer Schwefelsäure mit dem Massenanteil $w(H_2SO_4)$ = 20,08 % und der Dichte ϱ(20 °C) = 1,140 g/cm³?

Lösung: Volumen von 1 kg Lösung:

$$\varrho(\text{Lsg}) = \frac{m(\text{Lsg})}{V(\text{Lsg})} \Rightarrow V(\text{Lsg}) = \frac{m(\text{Lsg})}{\varrho(\text{Lsg})} = \frac{1000\,\text{g}}{1{,}140\,\text{g/cm}^3} = 877{,}2\,\text{cm}^3 = 0{,}8772\,\text{L}$$

100 g Säure enthalten 20,08 g H_2SO_4; 1000 g Säure enthalten 200,8 g H_2SO_4

$$\boldsymbol{\beta(H_2SO_4)} = \frac{m(H_2SO_4)}{V(\text{Lsg})} = \frac{200{,}8\,\text{g}}{0{,}8772\,\text{L}} = 228{,}91\,\text{g/L} \approx \mathbf{228{,}9\,g/L}$$

Beispiel 2: Welchen Massenanteil w(KOH) in Prozent hat eine Kalilauge der Dichte ϱ(20 °C) = 1,095 g/cm³ mit der Massenkonzentration β(KOH) = 115 g/L?

Lösung: Masse von 1 L Lösung:

$$\varrho(\text{Lsg}) = \frac{m(\text{Lsg})}{V(\text{Lsg})} \Rightarrow m(\text{Lsg}) = \varrho(\text{Lsg}) \cdot V(\text{Lsg}) = 1{,}095\,\text{g/cm}^3 \cdot 1000\,\text{cm}^3 = 1095\,\text{g}$$

$$\boldsymbol{w(\text{KOH})} = \frac{m(\text{KOH})}{m(\text{Lsg})} = \frac{115\,\text{g}}{1095\,\text{g}} = 0{,}1050 \approx \mathbf{10{,}5\,\%}$$

Aufgaben zur Umrechnung von Massenanteil w(X) und Massenkonzentration β(X)

1. Ermitteln Sie die Massenkonzentration β(X) folgender Lösungen:
   a) w(NaCl) = 6,0 %, ϱ(20°C) = 1,041 g/cm³ b) $w(KNO_3)$ = 10,0 %, ϱ(20°C) = 1,063 g/cm³
   c) w(KBr) = 12,0 %, ϱ(20°C) = 1,090 g/cm³ d) w(NaOH) = 13,73 %, ϱ(20°C) = 1,150 g/cm³
2. Welchen Massenanteil w(X) in Prozent haben die folgenden Lösungen?
   a) $\beta(HNO_3)$ = 800 g/L, ϱ(20 °C) = 1,360g/cm³ b) $\beta(NH_3)$ = 145,1 g/L, ϱ(20 °C) = 0,938 g/cm³
   c) β(HCl) = 55,5 g/L, ϱ(20 °C) = 1,025 g/cm³ d) $\beta(NH_4Cl)$ = 200 g/L, ϱ(20 °C) = 1,053 g/cm³
3. Eine Lösung der Dichte ϱ(20 °C) = 1,054 g/cm³ hat einen Massenanteil $w(Ca(OH)_2)$ = 8,80 %. Wie groß ist die Massenkonzentration $\beta(OH^-)$ dieser Lösung?
4. Zur Herstellung von Natronlauge (β(NaOH) = 180 g/L, ϱ(20 °C) = 1,171 g/cm³) stehen 2,25 kg Natriumhydroxid mit einem Massenanteil von w(NaOH) = 98,7 % zur Verfügung.
   a) Wie viel Liter Lauge können damit angesetzt werden?
   b) Welche Masse hat die hergestellte Lösung?

5.2.3 Umrechnung von Massenanteil w(X) und Volumenkonzentration σ(X)

Für die Umrechnung eines Massenanteils w(X) in eine Volumenkonzentration σ(X) müssen die Dichten des gelösten Stoffes und der Lösung bekannt sein.
Zu beachten ist die häufig auftretende **Volumenkontraktion**. Die Summe der Einzelvolumina V(Lm) + V(X) entspricht dann nicht dem tatsächlichen Gesamtvolumen der Lösung V(Lsg).

Beispiel 1: Welche Volumenkonzentration σ(Methanol) hat eine wässrige Lösung von Methanol mit einem Massenanteil w(Methanol) = 50,0 %?

Dichten bei 20 °C: ϱ(Methanol, 100 %) = 0,792 g/cm³, ϱ(Lösung) = 0,915 g/cm³

Lösung: 100 g Lösung enthalten 50,0 g Methanol

Volumen von 100 g Lösung:

$$V(\text{Lsg}) = \frac{m(\text{Lsg})}{\varrho(\text{Lsg})} = \frac{100\,\text{g}}{0{,}915\,\text{g/cm}^3} = 109{,}2896\,\text{cm}^3$$

Volumen von 50,0 g Methanol:

$$V(\text{M.}) = \frac{m(\text{M.})}{\varrho(\text{M.})} = \frac{50{,}0\,\text{g}}{0{,}792\,\text{g/cm}^3} = 63{,}1313\,\text{cm}^3$$

$$\boldsymbol{\sigma(\text{Methanol})} = \frac{V(\text{Methanol})}{V(\text{Lsg})} = \frac{63{,}1313\,\text{cm}^3}{109{,}2896\,\text{cm}^3} = 0{,}57765 \approx \mathbf{57{,}8\,\%}$$

Beispiel 2: Berechnen Sie den Massenanteil *w*(HCOOH) einer Lösung von Ameisensäure (Methansäure) HCOOH in Wasser mit einer Volumenkonzentration σ(HCOOH) = 12,00 %.

Dichten bei 20 °C: ϱ(HCOOH, 100 %) = 1,2213 g/cm³, ϱ(Lösung) = 1,0297 g/cm³

Lösung: 100 mL Lösung enthalten 12,00 mL Ameisensäure

Masse von 100 mL Lösung: $m(\text{Lsg}) = \varrho(\text{Lsg}) \cdot V(\text{Lsg}) = 1{,}0297\ \text{g/cm}^3 \cdot 100\ \text{mL} = 102{,}97\ \text{g}$

Masse von 12,00 mL Säure: $m(\text{Säure}) = \varrho(\text{Säure}) \cdot V(\text{Säure}) = 1{,}2213\ \text{g/cm}^3 \cdot 12{,}00\ \text{mL} = 14{,}6556\ \text{g}$

$$\boldsymbol{w(\text{Ameisensäure})} = \frac{m(\text{Säure})}{m(\text{Lsg})} = \frac{14{,}6556\ \text{g}}{102{,}97\ \text{g}} = 0{,}14233 \approx \mathbf{14{,}23\ \%}$$

Aufgaben zur Umrechnung von Massenanteil *w*(X) und Volumenkonzentration σ(X)

1. Welche Volumenkonzentration σ(Ameisensäure) hat eine wässrige Ameisensäure mit einem Massenanteil *w*(Säure) = 30,0 %? (Dichten bei 20 °C: ϱ(Ameisensäure) = 1,221 g/cm³, ϱ(Lösung) = 1,073 g/cm³)
2. Berechnen Sie den Massenanteil *w*(Ethanol) einer wässrigen Ethanol-Lösung mit einer Volumenkonzentration σ(Ethanol) = 94,0 %. (Dichten bei 20 °C: ϱ(Ethanol) = 0,792 g/cm³, ϱ(Lösung) = 0,809 g/cm³)
3. Eine Schwefelsäure-Lösung hat die Volumenkonzentration $\sigma(H_2SO_4)$ = 31,2 % (ϱ = 1,335 g/mL). Wie groß ist der Massenanteil $w(H_2SO_4)$, wenn die reine Säure eine Dichte von 1,850 g/mL aufweist?
4. Wie groß ist die Volumenkonzentration einer Essigsäure-Lösung der Dichte 1,056 g/mL, wenn das Gebinde mit dem Massenanteil *w*(Essigsäure) = 48,0 % beschriftet ist? Die Dichte der konzentrierten Essigsäure wurde zu 1,050 g/mL bestimmt.

5.2.4 Umrechnung von Massenanteil *w*(X) und Löslichkeit *L**(X)

Der Massenanteil $w(X) = \dfrac{m(X)}{m(\text{Lsg})}$ und auch die Löslichkeit $L^*(X) = \dfrac{m_{max}(X)}{m(\text{Lm})}$ sind Massenverhältnisse.

Der Massenanteil ***w*** gibt die Masse des **gelösten Stoffes in 100 g *Lösung*** an.
Die Löslichkeit ***L**** nennt die **maximal lösbare Masse des Stoffes in 100 g *Lösemittel*.**

Beispiel 1: Welchen Massenanteil $w(K_2CO_3)$ in Prozent hat eine bei 20 °C gesättigte Kaliumcarbonat-Lösung?

$L^*(K_2CO_3$, 20 °C) = 110,5 g/100 g Wasser.

Lösung: Masse Lösung: $m(\text{Lsg}) = m(\text{Lm}) + m(K_2CO_3)$ = 100 g Wasser + 110,5 g K_2CO_3 = 210,5 g

$$\boldsymbol{w(K_2CO_3)} = \frac{m(K_2CO_3)}{m(\text{Lsg})} = \frac{110{,}5\ \text{g}}{210{,}5\ \text{g}} = 0{,}52494 \approx \mathbf{52{,}49\ \%}$$

Beispiel 2: Welche Löslichkeit hat Kaliumnitrat KNO_3 in Wasser von 50 °C, wenn der Massenanteil einer gesättigten Lösung $w(KNO_3)$ = 46,15 % beträgt?

Lösung: 100 g Lösung enthalten 46,15 g KNO_3 und 100 g – 46,15 g = 53,85 g Wasser

$$\boldsymbol{L^*(KNO_3,\ 50\ °C)} = \frac{m(KNO_3) \cdot 100\ \text{g}}{m(\text{Lm})} = \frac{46{,}15\ \text{g} \cdot 100\ \text{g}}{53{,}85\ \text{g}} \approx \mathbf{87{,}70\ g/100\ g\ Wasser}$$

Aufgaben zur Umrechnung von Massenanteil *w*(X) und Löslichkeit *L**(X)

1. Welchen Massenanteil *w*(X) in Prozent haben folgende bei 40 °C gesättigte Lösungen? (Löslichkeiten siehe Tabelle 1, Seite 159)
   a) $AgNO_3$ b) $Ba(OH)_2$ c) NaCl d) KCl e) $NaHCO_3$ f) $CuSO_4$
2. Ermitteln Sie die Löslichkeit $L^*(X, \vartheta)$ in g/100 g Wasser der gesättigten Lösungen mit den folgenden Massenanteilen:
   a) *w*(NaCl) = 27,0 %, ϑ = 50 °C b) $w(NaHCO_3)$ = 8,60 %, ϑ = 20 °C
   c) $w(NaHCO_3)$ = 13,80 % ϑ = 60 °C d) $w(KNO_3)$ = 39,3 % ϑ = 40 °C
3. Um eine bei 20 °C gesättigte Lösung von Kaliumchlorat herzustellen, müssen 7,3 g $KClO_3$ in 100 g Wasser gelöst werden. Die Dichte der Lösung bei dieser Temperatur beträgt 1,042 g/cm ³. Welchen Massenanteil $w(KClO_3)$ und welche Stoffmengenkonzentration $c(KClO_3)$ hat diese Lösung?

Gemischte Aufgaben zum Umrechnen von Anteilen, Konzentrationen und Löslichkeit

1. Wie viel technisches Kaliumhydroxid mit dem Massenanteil $w(KOH) = 95,4\ \%$ ist einzuwiegen, wenn 800 kg Kalilauge mit $w(KOH) = 20,0\ \%$ ($\varrho = 1,188\ g/cm^3$) entstehen sollen? Wie groß sind die Konzentrationen $c(KOH)$ und $\beta(KOH)$?

2. Für die Rauchgasentschwefelung nach dem WELLMANN-LORD-(WL)-Verfahren werden zur Absorption des SO_2 75,0 m^3 gesättigte Natriumsulfit-Lösung, $w(Na_2SO_3) = 21,2\ \%$ (Dichte $\varrho = 1,20\ g/cm^3$), benötigt **(Bild 1)**. Wie viel technisches Natriumsulfit, $w(Na_2SO_3 \cdot 7\ H_2O) = 85,2\ \%$, muss gelöst werden?

3. Wie groß ist der Volumenanteil $\varphi(CO_2)$ in der Luft in Prozent, wenn bei Normbedingungen in 75,0 L Luft 2,88 g CO_2 nachgewiesen werden? $\varrho(CO_2) = 1,977\ g/L$.

4. In 500 L Salzsäure ($\varrho = 1,125\ g/cm^3$) sind 142,0 kg Chlorwasserstoff HCl gelöst. Berechnen Sie den Massenanteil $w(HCl)$ und die Konzentrationen $\beta(HCl)$ und $c(HCl)$ der Lösung.

5. Welche Massen an technischem Natriumchlorid, $w(NaCl) = 96,5\ \%$, und an Wasser sind erforderlich, um 50 L Kühlsole des Massenanteils $w(NaCl) = 26,0\ \%$ ($\varrho = 1,197\ g/cm^3$) herzustellen? Welche Massenkonzentration $\beta(Cl^-)$ hat die Sole?

6. Welchen Volumenanteil φ(Benzol) und welche Konzentration $c(C_6H_6)$ hat ein Aromatengemisch, das in 1500 L Gemisch 600 dm^3 Benzol C_6H_6, $\varrho = 0,879\ g/cm^3$, enthält?

7. Ein Synthesegas für die Oxosynthese hat die Massenanteile $w(H_2) = 63,5\ \%$ und $w(CO) = 36,5\ \%$. Welcher Volumenanteil $\varphi(CO)$ liegt im Ausgangsgasgemisch vor?
$\varrho(CO) = 1,250\ g/L$, $\varrho(H_2) = 0,0899\ g/L$ bei Normbedingungen.

8. Eine Ammoniak-Lösung der Dichte 0,908 g/cm^3 weist eine Konzentration $c(NH_3) = 13,67\ mol/L$ auf. Wie groß sind der Massenanteil $w(NH_3)$ und die Massenkonzentration $\beta(NH_3)$?

9. 7,50 m^3 HCl-Gas wurden aus einem Abgasstrom bei 1,20 bar und 15 °C in einer Absorptionskolonne in 540 kg Wasser absorbiert **(Bild 2)**. Welchen Massenanteil $w(HCl)$ und welche Konzentrationen $\beta(HCl)$ und $c(HCl)$ hat die entstehende Salzsäure der Dichte $\varrho = 1,011\ g/cm^3$?

10. Welche Äquivalentkonzentration $c(\frac{1}{2}H_2SO_4)$ hat eine Maßlösung, die man durch Vorlegen von 38,0 g Schwefelsäure mit $w(H_2SO_4) = 65,0\ \%$ und Auffüllen zu 250 mL erhält?

11. Beim Solvay-Verfahren wird durch Einleiten von CO_2 in eine NaCl-Sole Natriumhydrogencarbonat $NaHCO_3$ ausgefällt. Wie viel $NaHCO_3$ bleibt nach der Fällung und Filtration in 1000 kg Lösung von 20 °C noch gelöst? Wie groß ist der Massenanteil $w(NaHCO_3)$ der Lösung?

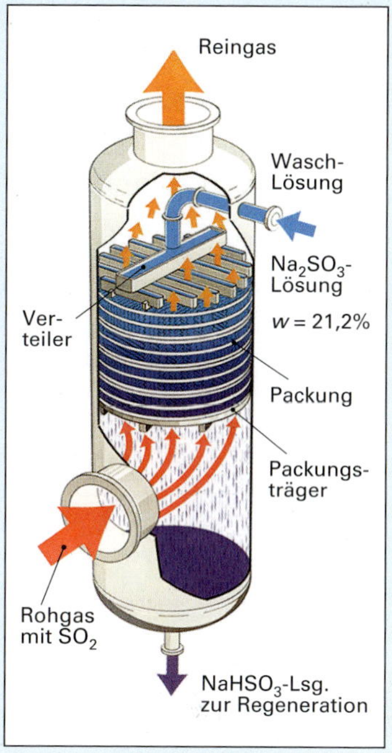

Bild 1: Absorptionskolonne zur Rauchgasentschwefelung (Aufgabe 2)

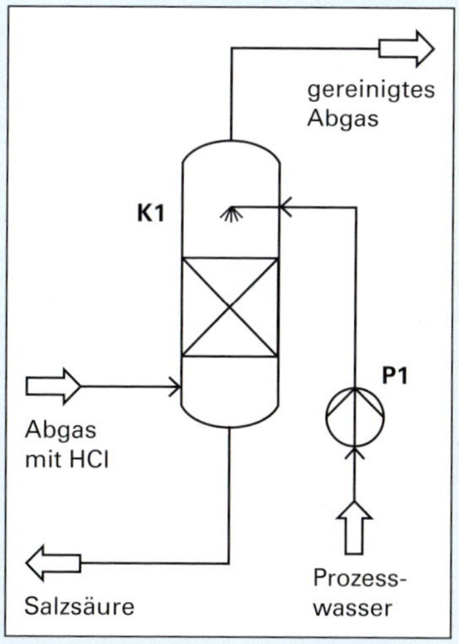

Bild 2: Absorption von HCl-Gas (Aufgabe 9)

12. Eine bei 20 °C gesättigte $KHCO_3$-Lösung hat den Massenanteil $w(KHCO_3) = 24,9\ \%$, $\varrho = 1,180\ g/cm^3$. Wie groß sind: a) die Löslichkeit $L^*(KHCO_3)$, b) die Massenkonzentration $\beta(KHCO_3)$ und das Löslichkeitsprodukt $K_L(KHCO_3)$ und c) die Masse an Salz in 500 L gesättigter Lösung?

13. Berechnen Sie nach dem Muster von **Tabelle 1,** Seite 146 die neun Gehaltsgrößen für eine wässrige Essigsäure-Lösung, die man nach Lösen von 10,0 g Säure in 90,0 g Wasser von 20 °C erhält. Dichten: $\varrho(\text{Lösung}) = 1,0195\ g/cm^3$, $\varrho(\text{Wasser}) = 0,9982\ g/cm^3$, $\varrho(\text{Säure}) = 1,0497\ g/cm^3$

Tabelle: Umrechnungsformeln für Gehaltsgrößen

zu → / von ↓	**Massenanteil** **w(X)** $w(\text{X}) = \frac{m(\text{X})}{m(\text{Lsg})}$	**Massenkonzentration** **β(X)** $\beta(\text{X}) = \frac{m(\text{X})}{V(\text{Lsg})}$	**Stoffmengenanteil** **χ(X)** $\chi(\text{X}) = \frac{n(\text{X})}{n(\text{X}) + n(\text{Lm})}$	**Stoffmengenkonzentration** **c(X)** $c(\text{X}) = \frac{n(\text{X})}{V(\text{Lsg})}$	**Volumenkonzentration** **σ(X)** $\sigma(\text{X}) = \frac{V(\text{X})}{V(\text{Lsg})}$
Massenanteil **w(X)** z. B. g/100 g Lsg = % g/1000 g Lsg = ‰		$\beta(\text{X}) = \frac{m(\text{X}) \cdot \varrho(\text{Lsg})}{m(\text{Lsg})}$ $\beta(\text{X}) = w(\text{X}) \cdot \varrho(\text{Lsg})$ ϱ = Dichte in g/L	$\chi(\text{X}) = \frac{w(\text{X})}{M(\text{X}) \cdot \frac{1}{M(\text{Lsg})}}$ $\frac{1}{M(\text{Lsg})} = \frac{w(\text{X})}{M(\text{X})} + \frac{w(\text{Lm})}{M(\text{Lm})}$	$c(\text{X}) = \frac{m(\text{X}) \cdot \varrho(\text{Lsg})}{M(\text{X}) \cdot m(\text{Lsg})}$ $c(\text{X}) = \frac{w(\text{X}) \cdot \varrho(\text{Lsg})}{M(\text{X})}$ M = molare Masse in g/mol	$\sigma(\text{X}) = \frac{m(\text{X}) \cdot \varrho(\text{Lsg})}{m(\text{Lsg}) \cdot \varrho(\text{X})}$ $\sigma(\text{X}) = \frac{w(\text{X}) \cdot \varrho(\text{Lsg})}{\varrho(\text{X})}$
Massenkonzentration **β(X)** z. B. in g/L, mg/m³	$w(\text{X}) = \frac{\beta(\text{X})}{\varrho(\text{Lsg})}$		$\chi(\text{X}) = \frac{\beta(\text{X}) \cdot M(\text{Lsg})}{M(\text{X}) \cdot \varrho(\text{Lsg})}$ $M(\text{Lsg}) = \frac{m(\text{X}) + m(\text{Lm})}{\frac{m(\text{X})}{M(\text{X})} + \frac{m(\text{Lm})}{M(\text{Lm})}}$	$c(\text{X}) = \frac{\beta(\text{X})}{M(\text{X})}$	$\sigma(\text{X}) = \frac{\beta(\text{X})}{\varrho(\text{X})}$
Stoffmengenanteil **χ(X)** z. B. in mol/mol mol/100 mol Lsg = %	$w(\text{X}) = \frac{\chi(\text{X}) \cdot M(\text{X})}{M(\text{Lsg})}$ $M(\text{Lsg}) = \chi(\text{X}) \cdot M(\text{X}) + \chi(\text{Lm}) \cdot M(\text{Lm})$	$\beta(\text{X}) = \frac{\chi(\text{X}) \cdot M(\text{X}) \cdot \varrho(\text{Lsg})}{M(\text{Lsg})}$		$c(\text{X}) = \frac{\chi(\text{X}) \cdot \varrho(\text{Lsg})}{M(\text{Lsg})}$	$\sigma(\text{X}) = \frac{\chi(\text{X}) \cdot M(\text{X}) \cdot \varrho(\text{Lsg})}{M(\text{Lsg}) \cdot \varrho(\text{X})}$
Stoffmengenkonzentration **c(X)** z. B. in mol/L, mmol/L	$w(\text{X}) = \frac{c(\text{X}) \cdot M(\text{X})}{\varrho(\text{Lsg})}$	$\beta(\text{X}) = c(\text{X}) \cdot M(\text{X})$	$\chi(\text{X}) = \frac{c(\text{X}) \cdot M(\text{Lsg})}{\varrho(\text{Lsg})}$ $M(\text{Lsg}) = \frac{M(\text{X}) + m(\text{Lm})}{n(\text{X}) + n(\text{Lm})}$		$\sigma(\text{X}) = \frac{c(\text{X}) \cdot M(\text{X})}{\varrho(\text{X})}$
Volumenkonzentration **σ(X)** z. B. in L/L, L/100 L Lsg = %, ppm	$w(\text{X}) = \frac{V(\text{X}) \cdot \varrho(\text{X})}{V(\text{Lsg}) \cdot \varrho(\text{Lsg})}$ $w(\text{X}) = \frac{\sigma(\text{X}) \cdot \varrho(\text{X})}{\varrho(\text{Lsg})}$	$\beta(\text{X}) = \sigma(\text{X}) \cdot \varrho(\text{X})$	$\chi(\text{X}) = \frac{\sigma(\text{X}) \cdot \varrho(\text{X}) \cdot M(\text{Lsg})}{M(\text{X}) \cdot \varrho(\text{Lsg})}$ $M(Lsg) = \frac{V(\text{X}) \cdot \varrho(\text{X}) + V(\text{Lm}) + \varrho(\text{Lm})}{\frac{V(\text{X}) \cdot \varrho(\text{X})}{M(\text{X})} + \frac{V(\text{Lm}) + \varrho(\text{Lm})}{M(\text{Lm})}}$	$c(\text{X}) = \frac{\sigma(\text{X}) \cdot \varrho(\text{X})}{M(\text{X})}$	

5.3 Gehaltsgrößen beim Mischen, Verdünnen und Konzentrieren von Lösungen

Sowohl in der Produktion als auch im Labor werden häufig Lösungen benötigt, die mit dem geforderten Gehalt nicht zur Verfügung stehen und deshalb hergestellt werden müssen.

Der Gehalt vorhandener Lösungen lässt sich auf verschiedene Weise verändern:

Verdünnen der Lösung durch: (engl. to dilute)
- Zusatz gleichartiger Lösung mit geringerem Gehalt (Mischen)
- Zusatz von reinem Lösemittel (Verdünnen)

Konzentrieren der Lösung durch: (engl. to concentrate)
- Zusatz gleichartiger Lösung mit höherem Gehalt (Mischen)
- Zusatz von Reinsubstanz (Konzentrieren)
- Abdampfen von reinem Lösemittel (Konzentrieren)

Im Folgenden wird die Berechnung der verschiedenen Verfahren behandelt.

5.3.1 Mischen von Lösungen

Das Mischen kann sowohl zum Verdünnen als auch zum Konzentrieren einer Lösung durchgeführt werden.

Beispiel: Die Lösungen 1 und 2 enthalten beide die Komponente X mit unterschiedlichem Gehalt und werden gemischt **(Bild 1).** Es sind m_1 und m_2 die Massen der Lösungen 1 und 2, m_M die Masse der Mischung, w_1 und w_2 die Massenanteile der Komponente X in Lösung 1 und 2, w_M der Massenanteil der Komponente X in der Mischung.

Nach dem Mischen von Einzel-Lösungen ist die Gesamtmasse der Mischung m_M gleich der Summe der Einzelmassen $m_M = m_1 + m_2$.

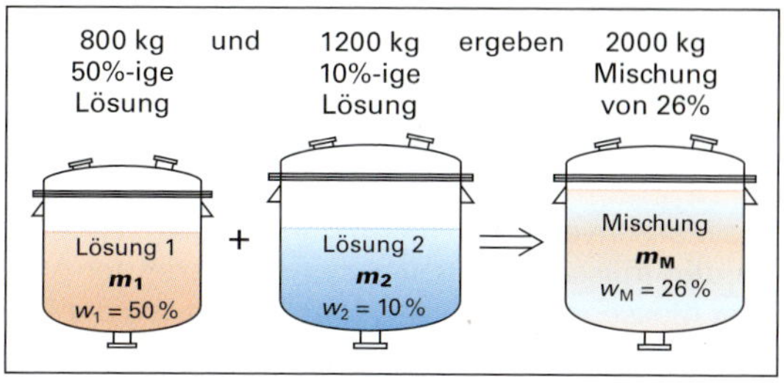

Bild 1: Mischen von zwei Lösungen (Beispiel)

Die Masse an gelöster Substanz X in der Mischung ist gleich der Summe der Einzelmassen an gelöster Substanz in den Ausgangslösungen:

$$m(X)_M = m(X)_1 + m(X)_2.$$

Alle mit dem Verdünnen und Konzentrieren von Lösungen zusammenhängenden Ansätze lassen sich durch Schlussrechnung oder mit der **Mischungsgleichung** (engl. equation of mixtures) lösen.

Grundlage der Mischungsgleichung ist die Definitionsgleichung für den Massenanteil $w(X)$:

$$w(X) = \frac{m(X)}{m(M)} \quad \Rightarrow \quad m(X) = w(X) \cdot m(M)$$

Die Massen der Komponenten X in den Lösungen 1 und 2 sowie in der Mischung berechnen sich

in Lösung 1: $m(X)_1 = m_1 \cdot w_1$

in Lösung 2: $m(X)_2 = m_2 \cdot w_2$

in der Mischung $m(X)_M = m_M \cdot w_M$

Aus $m(X)_M = m(X)_1 + m(X)_2$ ergibt sich die **Mischungsgleichung** für zwei Lösungen.

Sollen n Komponenten gemischt werden, wird die Mischungsgleichung entsprechend erweitert.

Mischungsgleichung für 2 Lösungen
$m_1 \cdot w_1 + m_2 \cdot w_2 = m_M \cdot w_M$

Mischungsgleichung für *n* Lösungen
$m_1 \cdot w_1 + m_2 \cdot w_2 + \ldots + m_n \cdot w_n = m_M \cdot w_M$

Beispiel: 800 kg Natronlauge, $w(NaOH) = 50\%$, und 1200 kg Natronlauge, $w(NaOH) = 10\%$, werden gemischt **(Bild 1).**

a) Welche Masse an Mischung entsteht? b) Welchen Massenanteil $w(NaOH)$ hat die Mischung?

Lösung: $m_1 = 800$ kg, $w_1 = 50\,\% = 0{,}50$, $m_2 = 1200$ kg, $w_2 = 10\,\% = 0{,}10$

a) $\boldsymbol{m_M} = m_1 + m_2 = 800\text{ kg} + 1200\text{ kg} = 2000\text{ kg} \approx \mathbf{2{,}00\ t}$

b) Lösung mit der Mischungsgleichung: $m_1 \cdot w_1 + m_2 \cdot w_2 = m_M \cdot w_M$

$$800\text{ kg} \cdot 0{,}50 + 1200\text{ kg} \cdot 0{,}10 = 2000\text{ kg} \cdot w_M \quad \Rightarrow \quad \boldsymbol{w_M} = \frac{800\text{kg} \cdot 0{,}50 + 1200\text{kg} \cdot 0{,}10}{2000\text{kg}} = 0{,}260 \approx \mathbf{26\ \%}$$

Lösung durch Schlussrechnung:

Lauge 1: 100 g Lauge enthalten 50 g NaOH
80 g Lauge enthalten 40 g NaOH

Lauge 2: 100 g Lauge enthalten 10 g NaOH
120 g Lauge enthalten 12 g NaOH

Lauge 1:	80 g Lauge enthalten 40 g NaOH
+ Lauge 2:	120 g Lauge enthalten 12 g NaOH
Mischung:	200 g Lauge enthalten 52 g NaOH
Gehalt:	100 g Lauge enthalten 26 g NaOH

$\Rightarrow$ ***w*(NaOH)** = 0,26 ≈ **26 %**

Mischungskreuz (distributive law)

In der Praxis sind meistens jeweils nur zwei Lösungen zu mischen. Sind deren Massenanteile w_1 und w_2 und der Massenanteil w_M der Mischung bekannt, können die Massen der zu mischenden Teillösungen m_1 und m_2 mit dem **Mischungskreuz** berechnet werden.

Das Mischungskreuz ist eine aus der Mischungsgleichung (Seite 165) abgeleitete Rechenhilfe. Dazu formt man die Mischungsgleichung nach dem Massenverhältnis m_1/m_2 um:

$$m_1 \cdot w_1 + m_2 \cdot w_2 = (m_1 + m_2) \cdot w_M = m_1 \cdot w_M + m_2 \cdot w_M$$

$$m_1 \cdot w_1 - m_1 \cdot w_M = m_2 \cdot w_M - m_2 \cdot w_2$$

$$m_1 \cdot (w_1 - w_M) = m_2 \cdot (w_M - w_2)$$

Man erhält: $$\frac{m_1}{m_2} = \frac{w_M - w_2}{w_1 - w_M}$$

Das Massenverhältnis $m_1 : m_2$, in welchem zwei Lösungen 1 und 2 gemischt werden müssen, ist gleich dem umgekehrten Verhältnis aus der Differenz ihrer Massenanteile zu den Massenanteilen der Mischung. Die daraus abgeleitete grafische Schreibweise (siehe rechts) wird als **Mischungskreuz** bezeichnet. Es wird auch Andreaskreuz oder Mischungsregel genannt:

Mischungskreuz

w_1 ↘		↗ $w_M - w_2 \Rightarrow m_1$
	w_M	
w_2 ↗		↘ $w_1 - w_M \Rightarrow m_2$
Summe:		$m_1 + m_2 \Rightarrow m_M$

Beispiel: Es sollen 150 kg Salpetersäure mit einem Massenanteil $w(HNO_3)$ = 15,0 % hergestellt werden. Zur Verfügung stehen eine 10,0%ige und eine 65,0%ige Salpetersäure. Welche Massen der Ausgangslösungen sind zu mischen?

Lösung:

Mischungskreuz

w_1 ↘		↗ m_1
	w_M	
w_2 ↗		↘ m_2
Summe:		m_M

1) Einsetzen der gegebenen Größen:
w_1 = 65,0 %; w_2 = 10,0 %
w_M = 15,0 %

65,0 % ↘		↗ **5,0 (kg) ≙ *m*₁**
	15,0 %	
10,0 % ↗		↘ **50,0 (kg) ≙ *m*₂**
Summe:		**55,0 (kg) ≙ 150 kg**

2) Ermitteln der zu mischenden Verhältnismassen m_1 und m_2 durch Differenzbildung der Zahlen im Mischungskreuz:

65,0 – 15,0 = 50,0 $\Rightarrow m_2$ = **50,0 kg**

15,0 – 10,0 = 5,0 $\Rightarrow m_1$ = **5,0 kg**

Es müssen 5,0 kg der 65,0%igen und 50,0 kg der 10,0%igen HNO_3 gemischt werden, um 55,0 kg der 15,0 % Säure zu erhalten.

3) Berechnen der erforderlichen Massen durch Schlussrechnung:

Zur Herstellung von 150 kg 15,0%iger Salpetersäure ergeben sich folgende Ansätze:

55,0 kg 15,0%ige HNO_3 erfordern 5,0 kg 65,0 % Säure
150 kg 15,0%ige HNO_3 erfordern x 65,0 % Säure

$$x = \frac{5{,}0\,\text{kg} \cdot 150\,\text{kg}}{55{,}0\,\text{kg}} \approx \textbf{13,6 kg 65\%ige Säure}$$

55,0 kg 15,0%ige HNO_3 erfordern 50,0 kg 10,0 % Säure
150 kg 15,0%ige HNO_3 erfordern y 10,0 % Säure

$$y = \frac{50{,}0\,\text{kg} \cdot 150\,\text{kg}}{55{,}0\,\text{kg}} \approx \textbf{136,4 kg 10\%ige Säure}$$

Speziell für Aufgabenstellungen, bei denen die Massen von zwei zu mischenden Lösungen berechnet werden sollen, ist das Mischungskreuz eine einfache Rechenhilfe. Es kann nicht zur Anwendung kommen, wenn die Massenanteile der Mischung oder der zu mischenden Lösungen zu ermitteln sind.

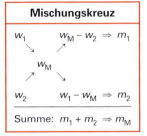

5.3.2 Verdünnen von Lösungen

Wird eine Lösung mit reinem Lösemittel, z. B. Wasser, gemischt (verdünnt), dann ist der Massenanteil der Komponente X für das Lösemittel $w(X) = 0$.

In der Mischungsgleichung

$m_1 \cdot w_1 + m_2 \cdot w_2 = m_M \cdot w_M$

wird der Term $m_2 \cdot w_2 = 0$, da $w_2 = 0$.

Damit vereinfacht sich die Mischungsgleichung zu der nebenstehend gezeigten Form.

Mischungsgleichung zum Verdünnen

$$m_1 \cdot w_1 = m_M \cdot w_M = (m_1 + m_2) \cdot w_M$$

Beispiel 1: 400 kg Kalilauge mit einem Massenanteil $w(KOH) = 35{,}0\ \%$ werden mit 160 kg Wasser verdünnt **(Bild 1)**. Wie groß ist der Massenanteil $w(KOH)$ der entstehenden Kalilauge?

Lösung: $m_1 \cdot w_1 = m_M \cdot w_M \quad \Rightarrow \quad w_M = \dfrac{m_1 \cdot w_1}{m_M}$

$$w_M = \frac{400\,\text{kg} \cdot 0{,}350}{560\,\text{kg}} = 0{,}250 = \mathbf{25{,}0\ \%}$$

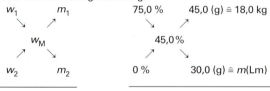

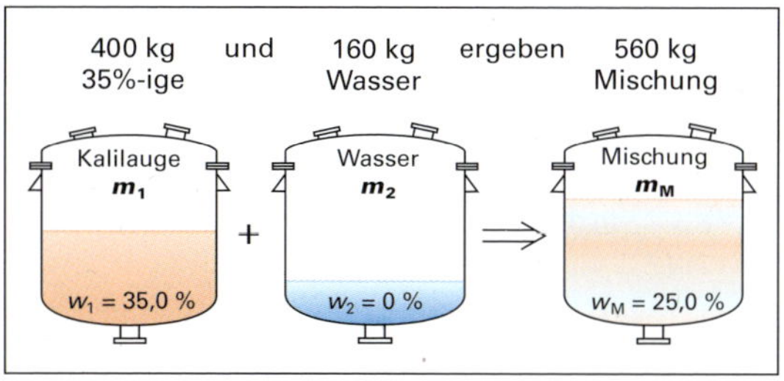

Bild 1: Verdünnen einer Lösung (Beispiel 1)

Beispiel 2: 18,0 kg Alkydharz-Lösung in Xylol mit $w(\text{Alkydharz}) = 75{,}0\ \%$ sollen mit Xylol auf einen Alkydharz-Massenanteil von 45,0 % verdünnt werden. Welche Masse an Lösemittel (Lm) ist zuzusetzen, wie viel verdünnte Alkydharz-Lösung wird erhalten?

Lösung: Aus dem Mischungskreuz folgt

w_1 ↘		↗ m_1	75,0 % ↘	↗ 45,0 (g) ≙ 18,0 kg
	w_M		45,0 %	
w_2 ↗		↘ m_2	0 % ↗	↘ 30,0 (g) ≙ m(Lm)
Summe:		m_M	Summe:	75,0 (g) ≙ m_M

Mit Schlussrechnung folgt:

$$\boldsymbol{m}(\textbf{Lm}) = \frac{18{,}0\,\text{kg} \cdot 30{,}0\,\text{g}}{45{,}0\,\text{g}} = \mathbf{12{,}0\ kg}$$

$$\boldsymbol{m_M} = \frac{18{,}0\,\text{kg} \cdot 75{,}0\,\text{g}}{45{,}0\,\text{g}} = \mathbf{30{,}0\ kg}$$

Aufgaben zum Mischen und Verdünnen von Lösungen

1. 1,4 t Lacklösung mit einem Massenanteil $w(\text{Lack}) = 70{,}0\ \%$ und 325 kg einer Lacklösung mit $w(\text{Lack}) = 16{,}5\ \%$ werden gemischt. Welchen Massenanteil $w(\text{Lack})$ hat die Mischung?
2. Es sind 580 kg einer Salzlösung mit einem Salz-Massenanteil von 28,7 % herzustellen. Zur Verfügung stehen Lösungen mit den Massenanteilen $w(\text{Salz}) = 14{,}5\ \%$ und $w(\text{Salz}) = 32{,}3\ \%$. Welche Massen der Salzlösungen sind zu mischen?
3. Welche Masse an Salzsäure mit dem Massenanteil $w(HCl) = 30{,}0\ \%$ lässt sich durch Mischen von 800 kg Säure mit $w(HCl) = 7{,}50\ \%$ und einer zweiten Säure mit $w(HCl) = 36{,}0\ \%$ herstellen?
4. 185,5 kg Schwefelsäure ($w(H_2SO_4) = 80{,}0\ \%$) werden mit 150 kg einer zweiten Schwefelsäure-Lösung gemischt. Die entstehende Lösung hat einen Massenanteil $w(H_2SO_4) = 62{,}5\ \%$. Wie groß war der Massenanteil $w(H_2SO_4)$ der zweiten Säure?
5. 85,0 kg Salpetersäure-Lösung ($w(HNO_3) = 50{,}8\ \%$) werden mit zwei weiteren Salpetersäure-Lösungen aus Produktionsrückständen gemischt: Zugefügt werden 250 kg mit $w(HNO_3) = 12{,}5\ \%$ und 110 kg mit $w(HNO_3) = 22{,}5\ \%$. Welchen Massenanteil $w(HNO_3)$ hat die Mischung?
6. 2,50 t Natronlauge ($w(NaOH) = 35{,}0\ \%$) sollen aus einer 50,0 %igen Natronlauge und Wasser hergestellt werden. Welche Massen der Ausgangsstoffe müssen gemischt werden?
7. 250 kg Salzlösung ($w(KCl) = 32{,}5\ \%$) werden mit Wasser zu 650 kg Kaliumchlorid-Lösung verdünnt. Welchen Massenanteil $w(KCl)$ hat die Mischung?
8. Wie viel Phosphorsäure ($w(H_3PO_4) = 55{,}0\ \%$) ist mit Wasser zu verdünnen, damit 3,05 t Säure mit einem Massenanteil von $w(H_3PO_4) = 12{,}5\ \%$ entstehen?
9. Welche Masse an Wasser muss 450 L Kalilauge ($w(KOH) = 45{,}2\ \%$, $\varrho = 1{,}455\ \text{g/cm}^3$) zugesetzt werden, damit eine Lauge mit dem Massenanteil $w(KOH) = 32{,}5\ \%$ entsteht?

5.3.3 Mischen von Lösungs-Volumina

Mit der Mischungsgleichung und dem Mischungskreuz können nur die zu mischenden **Massen** der beteiligten Lösungen berechnet werden. Die zugehörigen **Volumina** sind in einem weiteren Rechenschritt über die bekannten Dichtewerte der Lösungen mit der Gleichung $V = m/\varrho$ zu bestimmen. Dabei ist die häufig auftretende Volumenkontraktion (Volumenverminderung) beim Mischen zu berücksichtigen (Seite 154).

Beispiel: Es sollen 150 L Salpetersäure ($w(HNO_3) = 15{,}0\ \%$, $\varrho = 1{,}084\ g/cm^3$) hergestellt werden. Als Ausgangslösungen stehen Säuren mit $w(HNO_3) = 68{,}0\ \%$, $\varrho = 1{,}405\ g/cm^3$, und $w(HNO_3) = 10{,}0\ \%$, $\varrho = 1{,}054/cm^3$, zur Verfügung. Welche Volumina der beiden Säuren sind zu mischen?

Lösung: $w_1 = 68{,}0\ \%$, $\varrho_1 = 1{,}405\ g/cm^3$, $w_2 = 10{,}0\ \%$, $\varrho_2 = 1{,}054\ g/cm^3$, $V_M = 150\ L$, $w_M = \mathbf{15{,}0\ \%}$,
$\varrho_M = 1{,}084\ g/cm^3 = 1{,}084\ kg/L$, $V_1 = ?$, $V_2 = ?$

*Lösung mit der **Mischungsgleichung:*** Hier ist es zweckmäßig, zunächst die Massen der Lösungen zu berechnen.

$m_M = V_M \cdot \varrho_M = 150\ L \cdot 1{,}084\ kg/L = 162{,}6\ kg$

In der Mischungsgleichung wird die Masse m_1 ersetzt durch: $m_1 = m_M - m_2$

$$(m_M - m_2) \cdot w_1 + m_2 \cdot w_2 = m_M \cdot w_M$$
$$(162{,}6\ kg - m_2) \cdot 0{,}68 + m_2 \cdot 0{,}10 = 162{,}6\ kg \cdot 0{,}15$$
$$110{,}568\ kg - m_2 \cdot 0{,}68 + m_2 \cdot 0{,}10 = 24\,390\ g$$
$$0{,}58 \cdot m_2 = 86{,}178\ kg$$
$$m_2 = 148{,}583\ kg\ \text{10\%ige Säure}$$

$$V_2 = \frac{m_2}{\varrho_2} = \frac{148{,}583\ kg}{1{,}054\ kg/L} = 140{,}970\ L \approx \mathbf{141\ L\ 10\%ige\ Säure}$$

$$m_1 = m_M - m_2 = 162{,}6\ kg - 148{,}583\ kg = 14{,}017\ kg\ \text{68\%ige Säure}$$

$$V_1 = \frac{m_1}{\varrho_1} = \frac{14{,}017\ kg}{1{,}405\ kg/L} = 9{,}977\ L \approx \mathbf{9{,}98\ L\ 68\%ige\ Säure}$$

*Lösung mit dem **Mischungskreuz:***

	$m \Rightarrow$	m_n : ϱ_n = V_n
68,0 %	5,0 (g)	5,0 g : 1,405 g/cm³ = 3,559 mL ⇒ V_1
↘	↗	
15,0 %		
↗	↘	
58,0 (g)	53,0 g	53,0 g : 1,054 g/cm³ = 50,285 mL ⇒ V_2
Summe:	m_M	58,0 g : 1,084 g/cm³ = 53,506 mL ⇒ V_M

Es müssen 3,559 mL 68%ige Säure mit 50,285 mL 10%iger Säure gemischt werden, damit 53,506 mL 15%ige Säure entstehen (Summe der Einzelvolumina: 3,559 mL + 50,285 mL = 53,844 mL).

Mit $V_M = 150\ L$ ergibt sich:

53,506 mL	Mischung erfordern	3,559 mL	68%ige Säure
150 L	Mischung erfordern	x	68%ige Säure
53,506 mL	Mischung erfordern	50,285 mL	10%ige Säure
150 L	Mischung erfordern	y	10%ige Säure

$$x = \frac{3{,}559\,mL \cdot 150\,L}{53{,}506\,mL} \approx \mathbf{9{,}98\ L\ 68\%ige\ Säure}$$

$$y = \frac{50{,}258\,mL \cdot 150\,L}{53{,}506\,mL} \approx \mathbf{141\ L\ 10\%ige\ Säure}$$

Aufgaben zum Mischen von Lösungs-Volumina

1. 250 mL Schwefelsäure-Lösung mit dem Massenanteil $w(H_2SO_4) = 22{,}0\ \%$ ($\varrho = 1{,}155\ g/mL$) sind anzusetzen. Welche Volumina der Ausgangslösungen mit den Massenanteilen $w(H_2SO_4) = 60{,}6\ \%$ ($\varrho = 1{,}505\ g/mL$) und $w(H_2SO_4) = 14{,}0\ \%$ ($\varrho = 1{,}095\ g/mL$) sind erforderlich?
2. 500 mL Salpetersäure-Lösung mit dem Massenanteil $w(HNO_3) = 59{,}7\ \%$ (Dichte $\varrho = 1{,}365\ g/mL$) werden mit Wasser zu einer Lösung mit $w(HNO_3) = 50{,}0\ \%$ der Dichte $\varrho = 1{,}310\ g/mL$ verdünnt. Welches Volumen der neuen Lösung entsteht, welches Volumen an Wasser ist einzusetzen?
3. Aus einer Natronlauge mit $w(NaOH) = 50{,}0\ \%$ der Dichte $\varrho = 1{,}526\ g/mL$ sollen durch Verdünnen mit Wasser $5{,}00\ m^3$ Natronlauge mit $w(NaOH) = 35{,}0\ \%$ und $\varrho = 1{,}380\ g/mL$ hergestellt werden. Welche Volumina der Ausgangslösung und an Wasser sind erforderlich?

5.3.4 Konzentrieren von Lösungen

Konzentrieren durch Zugabe von Feststoff

Beim Erhöhen des Massenanteils durch Zusatz von Reinstoff in festem, flüssigem oder gasförmigem Zustand gilt für diese Komponente $w(X) = 100\ \% = 1$. Beim Zusatz von verunreinigten oder kristallwasserhaltigen Stoffen ist der definierte Massenanteil an Reinsubstanz einzusetzen.

Beispiel 1: In 300 kg KCl-Lösung mit dem Massenanteil $w(KCl) = 15{,}0\ \%$ werden 20,0 kg Kaliumchlorid gelöst **(Bild 1)**. Welchen Massenanteil $w(KCl)$ hat die neue Lösung?

Lösung: Mit der Mischungsgleichung:

$m_1 \cdot w_1 + m_2 \cdot w_2 = m_M \cdot w_M$ folgt:

$$w_M = \frac{m_1 \cdot w_1 + m_2 \cdot w_2}{m_M}$$

$$\mathbf{w_M} = \frac{300\,\text{kg} \cdot 0{,}150 + 20{,}0\,\text{kg} \cdot 1}{320\,\text{kg}} \approx \mathbf{20{,}3\ \%}$$

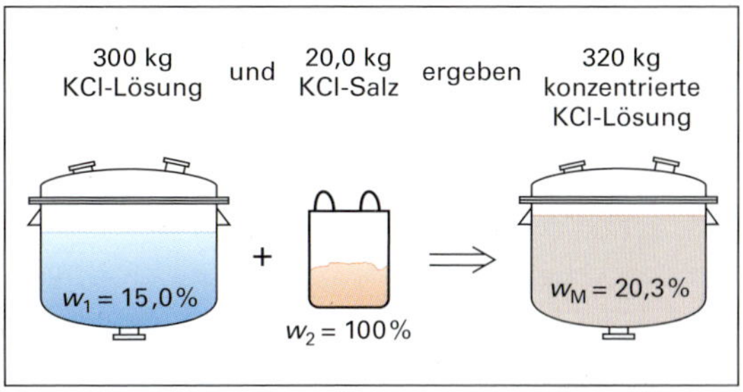

Bild 1: Konzentrieren durch Reinstoffzusatz (Beispiel 1)

Konzentrieren durch Abdampfen von Lösemittel

In der chemischen Produktion wird das Abdampfen von Lösemittel (Einengen der Lösung) zum Erhöhen des Massenanteils z. B. in Röhren- oder Plattenverdampfern durchgeführt **(Bild 2)**.

Die Masse der verbleibenden konzentrierten Lösung ist: $m_M = m_1 - m_{Lm}$. Der Massenanteil $w(X)$ im abgedampften, reinen Lösemittel ist 0.

In der Mischungsgleichung ist somit der Term $m_{Lm} \cdot w_{Lm} = 0$. Damit vereinfachen sich die Mischungsgleichung und das Mischungskreuz (siehe rechts).

Mischungsgleichung	$m_1 \cdot w_1 = m_M \cdot w_M$ $= (m_1 - m_{Lm}) \cdot w_M$
Mischungskreuz zum **Konzentrieren durch Abdampfen**	w_1 ↘ w_M ↗ w_M ⇒ m_1 0 ↗ w_M ↘ $w_M - w_1$ ⇒ m_{Lm} Differenz: $m_1 - m_{Lm}$ ⇒ m_M

Beispiel 2: Aus 540 kg einer wässrigen Farbstoff-Lösung mit $w(\text{Farbstoff}) = 8{,}50\ \%$ werden in einem Röhrenverdampfer mit mechanischer Brüdenkompression 460 kg Lösemittel abgedampft **(Bild 2)**. Wie groß ist der Massenanteil $w(\text{Farbstoff})$ im Konzentrat?

Lösung: $m_M = m_1 - m_{Lm} = 540\ \text{kg} - 460\ \text{g} = 80\ \text{kg}$

Aus der Mischungsgleichung folgt:

$$\mathbf{w_M} = \frac{m_1 \cdot w_1}{m_M} = \frac{540\,\text{kg} \cdot 0{,}0850}{80\,\text{kg}} \approx \mathbf{57\ kg}$$

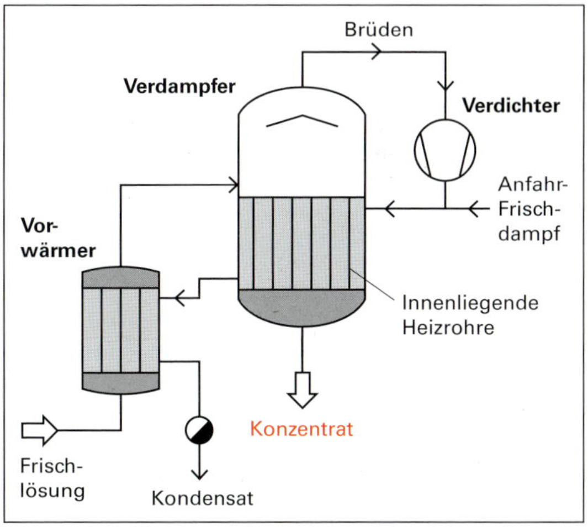

Bild 2: Konzentrieren durch Abdampfen von Lösemittel im Verdampfer mit Brüdenkompression

Beispiel 3: Ein Bandtrockner wurde mit 450 kg Farbstoffpaste mit dem Feuchteanteil $w(H_2O) = 18{,}5\ \%$ befüllt. Welche Masse an Wasser muss der Paste entzogen werden, wenn im Farbstoff ein Restfeuchte-Massenanteil von $w(H_2O) = 2{,}80\ \%$ verbleiben soll?

Lösung:

81,5 % ↘ 97,2 % ↗ 97,2 (g) ⇒ 450 kg

0 % ↗ 97,2 % ↘ 15,7 (g) ⇒ m_{Lm}

Differenz: 85,5 (g) ⇒ m_M

Aus 97,2 kg Paste sind 15,7 kg Wasser abzudampfen, mit $m_1 = 450$ kg folgt:

$$\mathbf{m_{Lm}} = \frac{450\,\text{kg} \cdot 15{,}7\,\text{kg}}{97{,}2\,\text{kg}} \approx \mathbf{72{,}7\ kg}$$

Aufgaben zum Konzentrieren von Lösungen

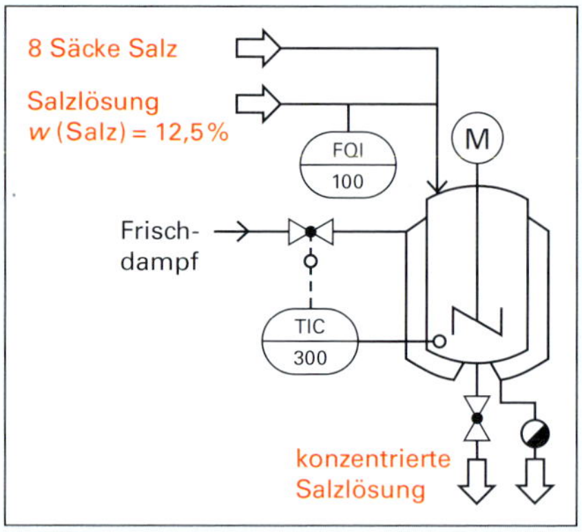

Bild 1: Konzentrieren durch Salzzugabe (Aufgabe 1)

1. In einen Rührbehälter mit 2000 kg Salzlösung (w(Salz) = 12,5 %) werden über einen Förderer noch 8 Säcke zu je 25,0 kg Salz eingetragen und unter Erwärmen gelöst **(Bild 1)**. Welchen Massenanteil w(Salz) hat die entstehende Lösung?
2. In 500 kg Ammoniakwasser werden 136 kg Ammoniakgas NH_3 gelöst, der Massenanteil $w(NH_3)$ steigt dabei auf 25,0 %. Welchen Massenanteil $w(NH_3)$ hatte die Ausgangslösung?
3. Welche Masse an Chlorwasserstoffgas HCl muss in 800 kg Salzsäure mit dem Massenanteil w(HCl) = 10,5 % absorbiert werden, wenn der Massenanteil auf w(HCl) = 36,5 % steigen soll?
4. In 250 mL Kalilauge mit dem Massenanteil w(KOH) = 10,5 % (ϱ = 1,095 g/cm^3) werden 40,0 g festes Kaliumhydroxid (w(KOH) = 98,0 %) gelöst. Welchen Massenanteil w(KOH) hat die neue Lösung?
5. 550 kg Soda-Lösung ($w(Na_2CO_3)$ = 6,90 %) sollen durch Zusatz von Soda $Na_2CO_3 \cdot 10\ H_2O$ auf den Massenanteil $w(Na_2CO_3)$ = 12,0 % konzentriert werden. Wie viel Lösung entsteht?
6. Bei der Alkalichlorid-Elektrolyse verlässt Dünnsole die Membranzellen mit dem Massenanteil w(NaCl) = 19,5%. In welcher Masse an Dünnsole müssen 150 kg Steinsalz (w(NaCl) = 98,2 %) gelöst werden, um sie auf den Anteil w(NaCl) = 26,5 % zu konzentrieren? Wie viel Sole entsteht?
7. Aus 650 kg Farbpaste mit einem Feuchtegehalt von $w(H_2O)$ = 22,5 % werden in einem Vakuumtrockner 145 kg Wasser abgedampft. Welche Restfeuchte hat der Farbstoff nach dem Trocknen?
8. Welche Masse an Lösemittel muss aus 25,0 kg Farbstoff-Lösung mit w(Farbstoff) = 8,50 % abgedampft werden, damit eine Paste mit einem Massenanteil w(Lösemittel) = 15,0 % entsteht?
9. Eine pastenartiges Zwischenprodukt mit dem Massenanteil w(Feststoff) = 75,5 % soll auf einen Massenanteil von 92,0 % konzentriert werden. Welche Masse an Wasser muss aus 365 kg Paste abgedampft werden? Wie viel Produkt entsteht?
10. 5.500 kg Lauge aus Membran-Elektrolyse-Zellen mit einem Massenanteil w(NaOH) = 32,2 % sollen durch Abdampfen von Wasser in einem Mehrkörperverdampfer nach dem Gleichstromprinzip auf den Massenanteil w(NaOH) = 50,0 % konzentriert werden **(Bild 2)**. Wie viel Wasser ist abzudampfen? Welches Volumen an Lauge der Dichte ϱ = 1,525 g/cm^3 entsteht?
11. 150 m^3 Dünnsäure mit dem Massenanteil $w_1(H_2SO_4)$ = 12,5 % (ϱ = 1,080 g/cm^3) sollen durch mehrstufiges Eindampfen zu einer Säure mit $w_2(H_2SO_4)$ = 80,0 % (ϱ = 1,727 g/cm^3) recycelt werden. Welche Masse an Wasser ist insgesamt abzudampfen?

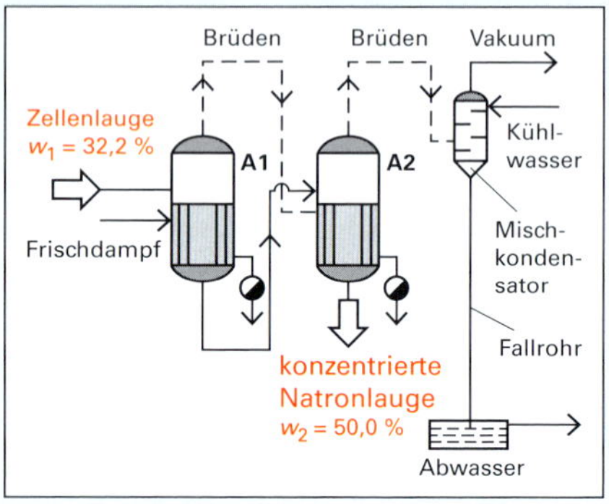

Bild 2: Konzentrieren durch Abdampfen (Aufgabe 10)

Gemischte Aufgaben zum Rechnen mit Gehaltsgrößen von Mischungen

1. Aus 750 kg Soda $Na_2CO_3 \cdot 10\ H_2O$ ist eine Soda-Lösung mit dem Massenanteil $w(Na_2CO_3)$ = 12,5 % anzusetzen. Welche Masse an Wasser ist vorzulegen, wie viel Produkt entsteht?
2. Welche Masse technisches Natriumhydroxid mit dem Massenanteil w(NaOH) = 92,5 % muss in 1,25 t Wasser gelöst werden, damit eine Natronlauge mit w(NaOH) = 32,5 % entsteht?
3. Durch Lösen von Eisen(II)-sulfat-Heptahydrat in Wasser sind 500 L Lösung mit einem Massenanteil von $w(FeSO_4)$ = 2,0 % und der Dichte ϱ = 1,018 g/cm^3 herzustellen. Welche Massen an Wasser und Salz sind einzuwiegen?

4. Salpetersäure kann nach der Erzeugung im OSTWALD-Verfahren durch Extraktiv-Rektifikation mit konzentrierter Schwefelsäure als Hilfsstoff konzentriert werden **(Bild 1)**. Welche Masse an konzentrierter Schwefelsäure muss bei der rektifikativen Aufkonzentrierung von 25,5 t Salpetersäure in den Kopf der Rektifikationskolonne aufgegeben werden?

5. 400 kg Salpetersäure-Lösung (ϱ = 1,234 g/cm^3) enthalten 152 kg Salpetersäure HNO_3. Wie groß ist die Massenkonzentration $\beta(HNO_3)$?

6. Berechnen Sie den Massenanteil w(HCl) und die Konzentration c(HCl) einer Salzsäure-Lösung mit der Massenkonzentration β(HCl) = 248 g/L und der Dichte ϱ = 1,110 g/cm^3.

7. Welchen Massenanteil w(KOH) und welche Massenkonzentration β(KOH) hat Kaliauge der Stoffmengenkonzentration c(KOH) = 4,20 mol/L mit der Dichte ϱ = 1,185 g/cm^3?

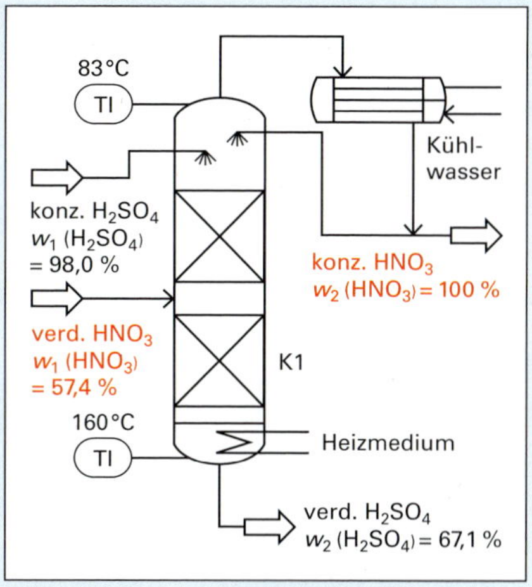

Bild 1: Konzentrierte Salpetersäure durch Extraktiv-Rektifikation (Aufgabe 4)

8. 750 L Farbstoff-Suspension werden durch Abdampfen von Wasser auf ein Volumen von 400 L eingeengt. Die entstehende Suspension enthält 70,3 g Farbstoff je Liter. Welche Massenkonzentration β(Farbstoff) lag in der Ausgangs-Suspension vor?

9. Welche Volumenkonzentration σ(Glycerin) hat eine wässrige Lösung von Glycerin mit einem Massenanteil w(Glycerin) = 28,0 % und der Dichte ϱ = 1,120 g/cm^3? ϱ(Glycerin) = 1,260 g/cm^3

10. 800 kg einer bei 10 °C gesättigten Kaliumchlorid-Lösung mit Bodenkörper werden auf 50 °C erwärmt. Welche Masse an KCl geht zusätzlich in Lösung?

11. Die gesättigte Lösung von Kaliumbromat in Wasser von 40 °C hat die Stoffmengenkonzentration $c(KBrO_3)$ = 0,75 mol/L (Dichte ϱ = 1,083 g/cm^3). Berechnen Sie die Löslichkeit $L^*(KBrO_3)$.

12. 10,5 m^3 Ammoniak-Lösung mit dem Massenanteil $w(NH_3)$ = 24,0 % (ϱ = 0,910 g/cm^3) werden mit 6,50 m^3 Wasser versetzt. Welchen Massenanteil $w(NH_3)$ hat die Mischung?

13. Welches Volumen an Kalilauge mit dem Massenanteil w(KOH) = 36,0 % (ϱ = 1,355 g/mL) wird durch Mischen von 510 mL Lauge mit dem Massenanteil w(KOH) = 50,0 %, (ϱ = 1,511 g/mL) und Kalilauge mit dem Massenanteil w(KOH) = 14,5 %, (ϱ = 1,133 g/mL) erhalten?

14. 12,5 t Essigsäure, Massenanteil w(Säure) = 4,0 %, sollen durch Zusatz reiner Essigsäure auf den Massenanteil w(Säure) = 6,0 % aufkonzentriert werden. Wie viel reine Säure muss zugesetzt werden?

15. Ein pastenartiges Zwischenprodukt mit dem Massenanteil w(Feststoff) = 75,5 % soll auf einen Massenanteil von 93,5 % konzentriert werden. Welche Masse an Wasser muss aus 465 kg Paste abgedampft werden? Wie viel Produkt entsteht?

16. Wie viel Wasser ist aus zwei in Reihe geschalteten Vakuum-Eindampfstufen aus 2,50 t Dünnsäure abzudampfen, um sie auf den erforderlichen Massenanteil für den Aufschluss von Ilmenit, einem titanhaltigen Erz zur Herstellung von Titandioxid, aufzukonzentrieren **(Bild 2)**?

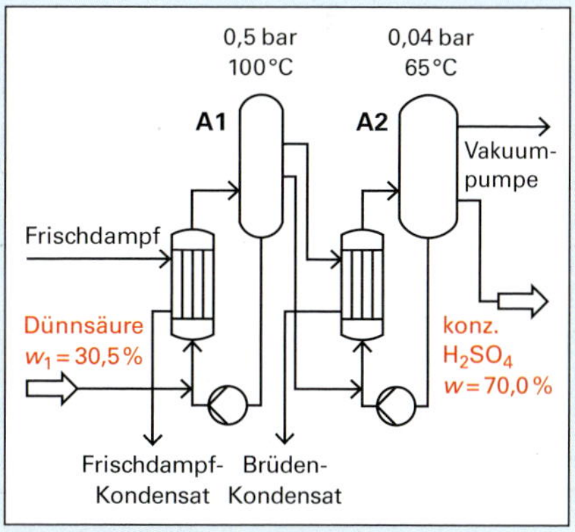

Bild 2: Vakuum-Eindampfung von Dünnsäure (Prinzip, Aufgabe 16)

17. Berechnen Sie die neun Gehaltsgrößen (Tabelle 1, Seite 146) folgender wässriger Lösungen:
    a) 21,951 g H_2SO_4 (ϱ = 1,8305 g/cm^3) in 100 g H_2O (ϱ = 0,9982 g/cm^3), ϱ(Lsg) = 1,1243 g/cm^3
    b) 66,67 Methanol (ϱ = 0,7917 g/cm^3) in 100 g H_2O (ϱ = 0,9982 g/cm^3), ϱ(Lsg) = 0,9345 g/cm^3.

6 Berechnungen zum Verlauf chemischer Reaktionen

Bei chemischen Reaktionen sind neben dem stofflichen Umsatz (Stöchiometrie, Seite 122) und dem energetischen Umsatz (Thermodynamik, Seite 288) zusätzlich zwei Fragen von Bedeutung:

1. Mit welcher Geschwindigkeit läuft eine Reaktionen ab?
2. Verläuft die Reaktion vollständig gemäß der stöchiometrischen Reaktionsgleichung oder kommt sie bei einem teilweisen Umsatz zum Stillstand?

Mit diesen Aspekten bei chemischen Reaktionen befasst sich die Reaktionskinetik.

6.1 Reaktionsgeschwindigkeit

Chemische Reaktionen verlaufen je nach der Art der Reaktionspartner und den Reaktionsbedingungen mit unterschiedlicher Geschwindigkeit ab **(Bild 1)**:

- Die natürliche Bildung von Kohle und Erdöl aus organischer Substanz benötigte viele Millionen Jahre, verläuft also mit äußerst geringer Geschwindigkeit.
- Das Verrotten organischer Stoffe wie Holz oder Fäkalien dauert Monate bis Jahre.
- Das Rosten von Eisen (Korrosion) verläuft mäßig schnell und im Zeitraum von Tagen bis Jahren.
- Die Neutralisation von Säuren und Basen oder die Fällung von Salzen aus Lösungen erfolgt in Sekundenbruchteilen.

Bei den genannten Beispielen ist die Umwandlung der Ausgangsstoffe (Edukte) in die Endstoffe (Produkte), also die Konzentrationsänderung Δc, im gleichen Zeitintervall Δt sehr unterschiedlich. Sie wird als **Reaktionsgeschwindigkeit *r*** bezeichnet (engl. reaction rate).

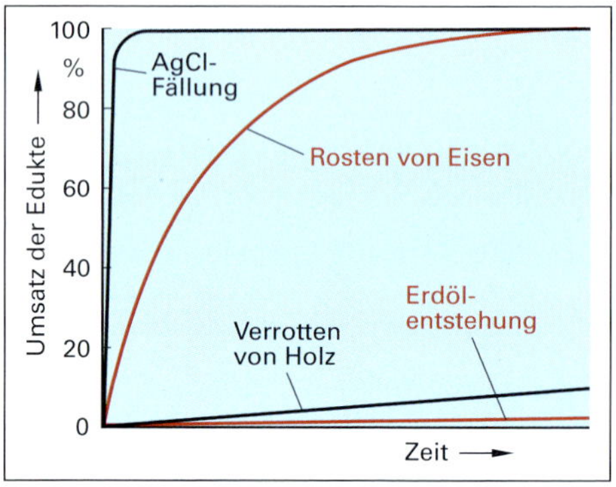

Bild 1: Reaktionsverlauf unterschiedlicher chemischer Reaktionen

Die Reaktionsgeschwindigkeit r ist definiert als Änderung der Konzentration Δc eines Reaktionsteilnehmers pro Zeiteinheit Δt.

Reaktionsgeschwindigkeit

$$r(\text{Produkt}) = \frac{\Delta c(\text{Produkt})}{\Delta t}$$

$$r(\text{Edukt}) = \frac{\Delta c(\text{Edukt})}{\Delta t}$$

Mit Konzentrationsänderung ist im Folgenden die Änderung der Stoffmengenkonzentration c gemeint.

Zur grafischen **Bestimmung der Reaktionsgeschwindigkeit** werden die Konzentrationen der Reaktionspartner in einem Diagramm gegen die Reaktionszeit aufgetragen **(Bild 2)**. Aus dem Steigungsdreieck $\Delta c / \Delta t$ im Konzentrations-Zeit-Diagramm ist die durchschnittliche Reaktionsgeschwindigkeit r im Zeitraum Δt zu ermitteln.

Am leichtesten ist die Reaktionsgeschwindigkeit mäßig schnell ablaufender Reaktionen zu messen, bei denen Gase entstehen. Dies soll am Beispiel der Reaktion zwischen Magnesium und Salzsäure untersucht werden, bei der das entstehende Wasserstoffvolumen im Kolbenprober in Zeitintervallen ermittelt und mit den Gasgesetzen auf die Stoffmenge umgerechnet wird:

$$Mg_{(s)} + 2H^+_{(aq)} \longrightarrow Mg^{2+}_{(aq)} + H_{2(g)}$$

Die Geschwindigkeit dieser Reaktion ist gekennzeichnet:

a) durch die **Konzentrationsabnahme** von Magnesiumatomen und Wasserstoff-Ionen (fallende Kurve in **Bild 2**)

b) die **Konzentrationszunahme** von Magnesium-Ionen und Wasserstoffmolekülen (steigende Kurve in Bild 2).

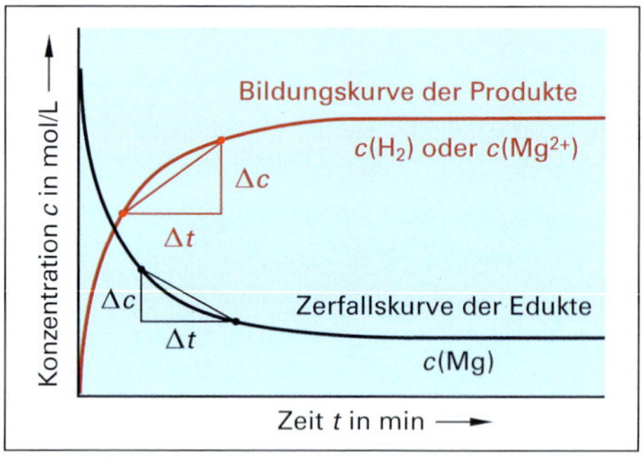

Bild 2: Konzentrationsänderung in Abhängigkeit von der Zeit

Berechnung der Reaktionsgeschwindigkeiten:

a) Die Konzentrationen $c(Mg^{2+})$ und $c(H_2)$ nehmen zu, die Konzentrationsänderung Δc ist positiv, die Kurve hat eine positive Steigung. Man spricht bei den Produkten von der **Bildungsgeschwindigkeit**.

Pro 1 Mol Magnesium-Ionen entsteht 1 Mol Wasserstoff. Daraus folgt die nebenstehende Beziehung zwischen den beiden Reaktionsgeschwindigkeiten:

$$r(Mg^{2+}) = r(H_2) = \frac{\Delta c(Mg^{2+})}{\Delta t} = \frac{\Delta c(H_2)}{\Delta t}$$

b) Die Konzentrationen an Magnesium $c(Mg)$ und an Wasserstoff-Ionen $c(H^+)$ aus der Salzsäure nehmen ab, Δc ist negativ, die Kurve hat eine negative Steigung. Man spricht bei den Edukten von der **Zerfallsgeschwindigkeit** und versieht den Term $\Delta c/\Delta t$ mit einem Minuszeichen, da die Reaktionsgeschwindigkeit keine negativen Werte annehmen kann.

Es werden pro ein Mol Magnesium 2 Mol Wasserstoff-Ionen umgesetzt, deshalb erfolgt die Abnahme der Wasserstoff-Ionen mit doppelt so großer Geschwindigkeit wie die Abnahme des Magnesiums.

Aus diesem Grund gilt: $r(H^+) = 2 \cdot r(Mg)$, oder: $\frac{1}{2} r(H^+) = r(Mg) = -\frac{\Delta c(Mg)}{\Delta t} = -\frac{1}{2}\frac{\Delta c(H^+)}{\Delta t}$

Ist die Konzentrationsänderung eines Produkts oder eines Edukts bekannt, kann die Reaktionsgeschwindigkeit mit Hilfe der Koeffizienten aus der Reaktionsgleichung auf die übrigen Reaktionsteilnehmer umgerechnet werden.

Für die Reaktion Magnesium mit Salzsäure gilt: $r = \frac{\Delta c(Mg^{2+})}{\Delta t} = \frac{\Delta c(H_2)}{\Delta t} = -\frac{\Delta c(Mg)}{\Delta t} = -\frac{1}{2}\frac{\Delta c(H^+)}{\Delta t}$

Durchschnittsgeschwindigkeit

Die Reaktionsgeschwindigkeit ändert sich fortlaufend, da sich die Konzentration der Reaktionspartner ändert. Bei den für ein bestimmtes Zeitintervall Δt betrachteten Reaktionsgeschwindigkeiten handelt es sich demnach um **Durchschnitts-Reaktionsgeschwindigkeiten r_D** (engl. average velocity).

Zeichnerisch ergibt sich die Durchschnittsgeschwindigkeit aus dem c-t-Diagramm als Steigung einer Sekante **(Bild 1)**. Je größer die Steigung der Sekante ist, umso größer ist die Reaktionsgeschwindigkeit. Die Werte für den Quotienten $\Delta c/\Delta t$ sind aus dem Steigungsdreieck im Diagramm abzulesen.

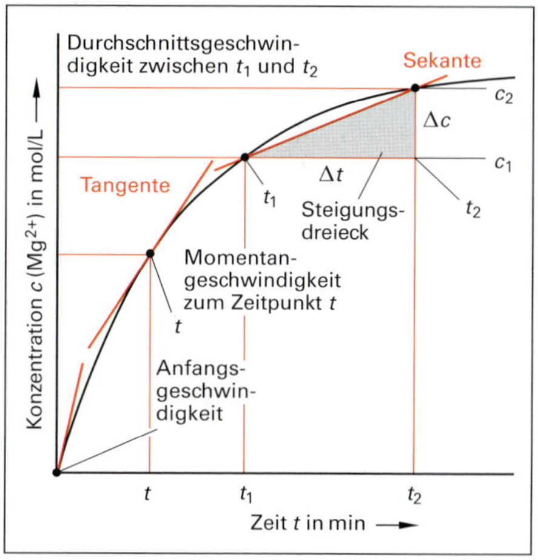

Bild 1: Reaktionsgeschwindigkeit

Momentangeschwindigkeit

Wählt man die Zeitintervalle immer kleiner, so wird aus der Sekante eine Tangente. Die Steigung der Tangente entspricht der **Momentan-Reaktionsgeschwindigkeit r_M** der Reaktion zur Zeit t (engl. instantaneous velocity). Die **Anfangs-Reaktionsgeschwindigkeit** (engl. initial reaction rate) **r_0** ist die Momentangeschwindigkeit zum Zeitpunkt $t = 0$.

Kapillarrohrmethode

Eine einfache und recht genaue Methode zur Ermittlung der Momentangeschwindigkeit aus einer Konzentrationskurve ist die Kapillarrohrmethode **(Bild 2)**.

Ein Kapillarrohr wird auf die Kurve gelegt (a). Nur wenn das Rohr die Kurve in der gewünschten Position senkrecht schneidet, verläuft diese ohne Brechung durch die Kapillare. In dieser Position werden an seinen beiden Enden mittige Markierungspunkte eingezeichnet (b) und miteinander verbunden

Rechtwinklig zu dieser Geraden wird eine Tangente erhalten (c). Ihre Steigung entspricht der Momentangeschwindigkeit im Kurvenschnittpunkt. Die Werte für Δc und Δt ergeben sich aus einem beliebig eingezeichneten Steigungsdreieck an der Tangente (d).

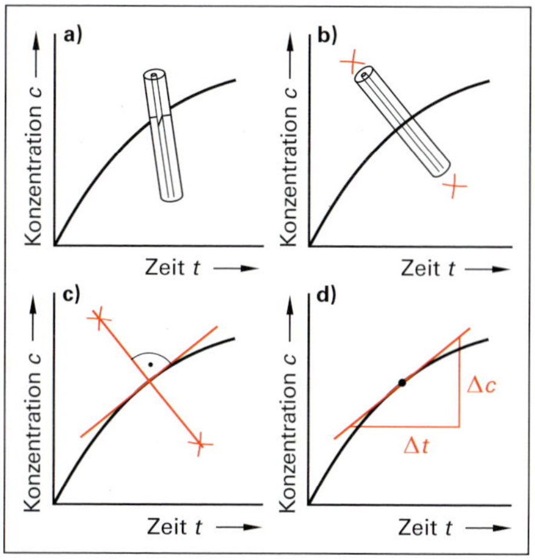

Bild 2: Ermittlung der Momentangeschwindigkeit (Kapillarmethode)

Beispiel: Zink setzt sich mit Salzsäure unter Bildung von Wasserstoff um: $Zn_s + 2HCl_{aq} \longrightarrow ZnCl_{2(aq)} + H_{2(g)}$

Die angegebenen Messwerte der Wasserstoffvolumina $V(H_2)$ in Tabelle 1 wurden mit 5,0 mL Salzsäure der Konzentration $c(HCl)$ = 1,0 mol/L und überschüssigen Zinkgranalien erhalten.

Tabelle 1: Reaktionsverlauf von Zink und Salzsäure (bei 22,0 °C und 1,023 bar)

gegebene Messwerte	*t* in min	1	2	3	4	6	8	10	12	15
	$V(H_2)$ in ML	15,0	21,5	26,5	30,5	35,8	39,2	41,5	42,9	43,5
berechnete Lösungswerte	$n(H_2)$ in mmol	0,626	0,897	1,105	1,272	1,493	1,635	1,731	1,789	1,814
	$c(H^+)$ in mol/L	0,750	0,641	0,558	0,491	0,404	0,346	0,308	0,284	0,274
	$c(Zn^{2+})$ mol/L	0,125	0,179	0,221	0,254	0,299	0,327	0,346	0,357	0,362

a) Berechnen Sie aus den Wasserstoffvolumina $V(H_2)$ die Stoffmengenkonzentrationen $c(H^+)$ und $c(Zn^{2+})$ und tragen Sie diese jeweils in einem Diagramm in Abhängigkeit von der Zeit auf.

b) Ermitteln Sie in den Diagrammen die Durchschnittsgeschwindigkeit $r_D(H^+)$ für den Zeitraum 5 bis 9 Minuten und die Momentangeschwindigkeit $r_M(Zn^{2+})$ nach 5 Minuten Reaktionszeit.

Lösung: a) Berechnung der **Stoffmengen:** Aus den gemessenen Wasserstoffvolumina können die Stoffmengen $n(H_2)$ mit Hilfe der allgemeinen Gasgleichung (Seite 118) ermittelt werden:

$$p \cdot V = n \cdot R \cdot T \quad \Rightarrow \quad n(H_2) = \frac{p \cdot V(H_2)}{R \cdot T}$$

$$\text{Für } t = 1 \text{ min.: } n(H_2) = \frac{1{,}023 \text{ bar} \cdot 15{,}0 \text{ mL}}{83{,}14 \frac{\text{mL} \cdot \text{mbar}}{\text{K} \cdot \text{mmol}} \cdot 295 \text{K}} = 0{,}626 \text{ mmol}$$

Bilanz für die **Stoffmengenkonzentration $c(H^+)$:**

Das Stoffmengenverhältnis $n(H^+)/n(H_2)$ beträgt:

$$\frac{n(H^+)}{n(H_2)} = \frac{2 \text{mol}}{1 \text{mol}} \quad \Rightarrow \quad n(H^+) = 2 \cdot n(H_2)$$

Das heißt: 1 mol gebildetes H_2 verbraucht 2 mol H^+-Ionen. Umgesetzte Stoffmenge $n(H^+)$ zum Zeitpunkt t = 1 min:

$n(H^+) = 2 \cdot n(H_2) = 2 \cdot 0{,}626$ mmol = 1,252 mmol.

Mit der Anfangskonzentration $c_0(H^+)$ = 1,0 mol/L und $n_0(H^+) = c(HCl) \cdot V(HCl)$ = 1,0 mol/L · 5,0 mL = 5,0 mmol folgt für die zum Zeitpunkt t = 1 min noch verbliebene Stoffmenge $n(H^+)$:

$n(H^+)$ = 5,0 mmol – 1,252 mmol = 3,748 mmol.

Mit $c(H^+) = n(H^+)/V(HCl)$ folgt zum Zeitpunkt t = 1min:

$c(H^+)$ = 3,748 mmol/5,0 mL ≈ **0,750 mol/L**

Bilanz für die **Stoffmengenkonzentration $c(Zn^{2+})$:** Pro 1 mol H_2 entsteht 1 mol Zn^{2+}.

Für den Zeitpunkt (t = 1 min gilt: $n(Zn^{2+}) = n(H_2)$ = 0,626 mmol, mit $c(Zn^{2+}) = n(Zn^{2+})/V(HCl)$ folgt:

$c(Zn^{2+})$ = 0,626 mmol/5,0 mL ≈ **0,125 mol/L (Bild 1)**

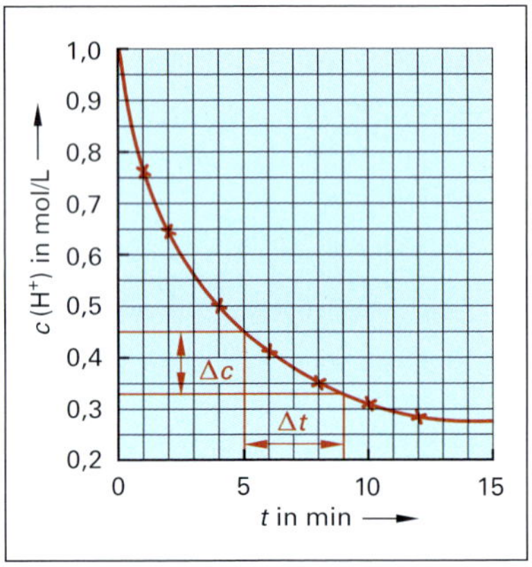

Bild 1: Reaktionsgeschwindigkeit $r(H^+)$

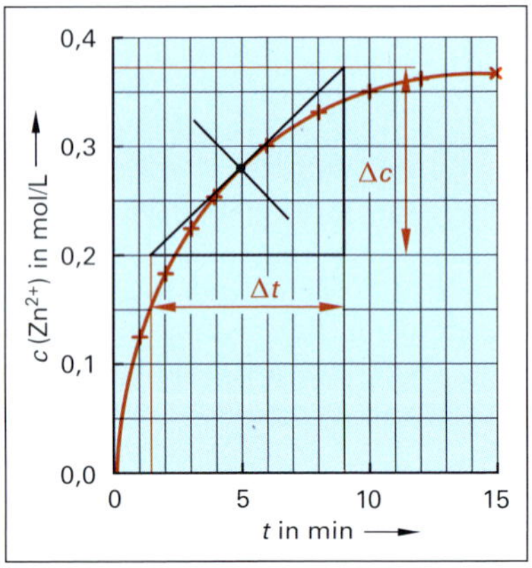

Bild 2: Reaktionsgeschwindigkeit $r(Zn^{2+})$

Auf diese Weise werden für die weiteren genannten Zeiten die $c(H^+)$-Werte und $c(Zn^{2+})$-Werte berechnet und im Diagramm aufgetragen **(Bild 1 und Bild 2).**

b) Für die **Durchschnittsgeschwindigkeit $r_D(H^+)$** werden aus dem Steigungsdreieck der Sekante im Diagramm **(Bild 1)** die Stoffmengen für die Zeitpunkte 5 min und 9 min abgelesen und eingesetzt:

$$r_D(H^+) = -\frac{\Delta c}{\Delta t} = \frac{c_2 - c_1}{t_2 - t_2} = \frac{0{,}325 \text{ mol/L} - 0{,}450 \text{ mol/L}}{9 \text{min} - 5 \text{min}} = \frac{-0{,}125 \text{ mol/L}}{4 \text{min}} \approx \mathbf{31 \text{ mmol/L} \cdot \text{min}^{-1}}$$

Die **Momentangeschwindigkeit $r_M(Zn^{2+})$** für den Zeitpunkt 5 min wird aus dem Steigungsdreieck erhalten, nachdem mit Hilfe der Kapillarrohrmethode eine Tangente an den Graphen gelegt wurde **(Bild 2):**

$$r_M(Zn^{2+}) = \frac{\Delta c}{\Delta t} = \frac{c_2 - c_1}{t_2 - t_2} = \frac{0{,}37 \text{ mol/L} - 0{,}20 \text{ mol/L}}{9 \text{min} - 1{,}6 \text{ min}} \approx \mathbf{23 \text{ mmol/L} \cdot \text{min}^{-1}}$$

Aufgaben zur Reaktionsgeschwindigkeit

1. Ameisensäure (Methansäure) wird durch Brom nach folgender Reaktionsgleichung zu Kohlenstoffdioxid oxidiert: $HCOOH_{(aq)} + Br_{2(aq)} \longrightarrow CO_{2(g)} + 2\,HBr_{(aq)}$
Die Anfangskonzentration an Brom beträgt 20,0 mmol/L. Nach Zugeben einer Ameisensäure-Lösung beträgt sie nach 30 s Reaktionszeit 8,0 mmol/L, nach 60 s 2,0 mmol/L. Berechnen Sie die Durchschnittsgeschwindigkeiten $r_D(Br_{2(g)})$ und $r_D(H^+_{(aq)})$ für den Zeitraum 30 s bis 60 s.
2. Im Überschuss vorliegende Marmorbruchstücke werden mit 50 mL Salzsäure der Konzentration $c(HCl) = 2{,}0$ mol/L zur Reaktion gebracht. Das Calciumcarbonat aus dem Marmor setzt sich mit der Säure zu Kohlenstoffdioxid und Calciumchlorid um:
$CaCO_{3(s)} + 2\,HCl_{(aq)} \longrightarrow CaCl_{2(aq)} + CO_{2(g)} + H_2O_{(l)}$
Tabelle 1 zeigt den Massenverlust durch das entweichende CO_2 in Abhängigkeit von der Zeit.

Tabelle 1: Reaktionsverlauf zwischen Marmor und Salzsäure

t in s	20	40	60	80	100	120	140	160	180	200	240	280	320	360	400	500
$m(CO_2)$ in g	0,23	0,42	0,58	0,70	0,79	0,86	0,93	0,97	1,01	1,03	1,06	1,09	1,12	1,13	1,14	1,15

a) Berechnen Sie aus den Massen des Kohlenstoffdioxids die entsprechende Stoffmenge an CO_2 sowie die Stoffmengenkonzentration der gebildeten Calcium-Ionen. Tragen Sie in einem Diagramm jeweils die Stoffmenge $n(CO_2)$ und die Konzentration $c(Ca^{2+})$ gegen die Zeit auf.
b) Berechnen Sie mit Hilfe der Werte aus Tabelle 1 die Durchschnittsgeschwindigkeit $r(CO_2)$ für den Zeitraum 80 s bis 100 s.
c) Ermitteln Sie aus dem Diagramm die durchschnittlichen Reaktionsgeschwindigkeiten $r(CO^{2+})$ und $r(CO_2)$ im Zeitraum 90 s bis 150 s.
d) Bestimmen Sie mit Hilfe der Kapillarmethode die Momentangeschwindigkeit $r_M(Ca^{2+})$ nach 200 s sowie die Anfangsgeschwindigkeit $r_0(H^+)$.

6.2 Beeinflussung der Reaktionsgeschwindigkeit

Die Reaktionsgeschwindigkeit wird in erster Linie durch die Reaktivität der an der Reaktion beteiligten Stoffe bestimmt. So verlaufen beispielsweise Ionenreaktionen wie die Neutralisationsreaktion mit sehr hoher Reaktionsgeschwindigkeit, organisch-chemische Reaktionen wie die Veresterung dagegen sehr viel langsamer ab.

Zu den Faktoren, mit denen man die Reaktionsgeschwindigkeit beeinflussen kann, zählen neben dem Zerteilungsgrad der Ausgangsstoffe vor allem die Konzentration, die Temperatur und der Einsatz von Katalysatoren bzw. Inhibitoren.

6.2.1 Einfluss der Konzentration

Führt man die Reaktion zwischen Marmor (Calciumcarbonat) und Salzsäure aus Aufgabe 2 oben bei sonst gleichen Bedingungen mit mehreren Salzsäure-Lösungen unterschiedlicher Konzentrationen durch **(Bild 1)**, so stellt man fest: Höhere Ausgangskonzentrationen der Säure führen in gleicher Zeit auch zu größeren Volumina an gebildetem Kohlenstoffdioxid. Eine Verdopplung der Ausgangs-Säurekonzentration ergibt beispielsweise im gleichen Zeitraum das doppelte Volumen an Kohlenstoffdioxid (vergleiche Kurve 1 und 2). Die Bestimmung der Reaktionsgeschwindigkeit $r = \Delta c / \Delta t$ mit der Dreieckmethode ergibt ebenso bei doppelt so großer Ausgangs-Säurekonzentration eine doppelt so große Reaktionsgeschwindigkeit.
Daraus folgt: Die Reaktionsgeschwindigkeit r ist proportional zur Ausgangs-Konzentration an Salzsäure $c_0(HCl)$: $r \sim c_0(HCl)$.

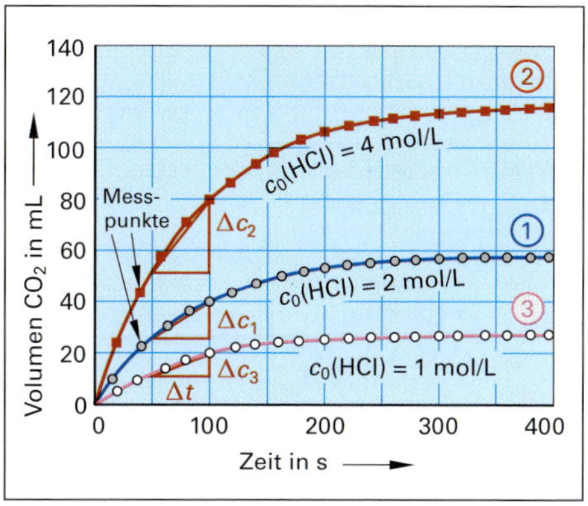

Bild 1: CO_2-Bildung bei der Reaktion von Marmor mit Salzsäure bei unterschiedlichen Ausgangskonzentrationen c_0

Der gesamte Ablauf der Reaktion zwischen Salzsäure und Marmor lässt die Abhängigkeit zwischen der Konzentration und der Reaktionsgeschwindigkeit erkennen: Da die Salzsäure-Konzentration im Verlauf der Reaktion abnimmt, wird die Momentan-Reaktionsgeschwindigkeit, die jeweils an der Steigung der Kurve ablesbar ist, immer geringer (**Bild 1,** Seite 175).
Die Abhängigkeit der Momentan-Reaktionsgeschwindigkeit r von der momentanen Stoffmengenkonzentration c der Reaktionspartner kann mit der Stoßtheorie erklärt werden.

Stoßtheorie

Die Zusammenstöße der reagierenden Stoffteilchen erfolgen zufällig. Die Stoßtheorie (engl. collision theory) geht davon aus, dass die Reaktionspartner „wirksam" aufeinandertreffen müssen, damit es zu einer Reaktion kommt. Ein Zusammenstoß ist nur dann wirksam, wenn die Teilchen:

- mit einer genügend großen kinetischen Energie, der *Aktivierungsenergie*, aufeinandertreffen,
- mit der *richtigen räumlichen Orientierung*, d.h. mit ihren funktionellen Gruppen, aufeinandertreffen.

Wenn beide Voraussetzungen bei einem Teilchenzusammenstoß erfüllt sind, kommt es zur Bildung eines Produktteilchens. Ist eine der beiden Bedingungen nicht erfüllt, trennen sich die Teilchen nach dem Zusammenstoß wieder, ohne zu reagieren – wie bei einem elastischen Stoß.
Die Abhängigkeit der Reaktionsgeschwindigkeit von der Teilchenkonzentration kann man mit einem **Gedankenexperiment** erkennen **(Bild 1)**.

Beispiel: Zwei Stoffe A und B reagieren zu einem Produkt C: $A + B \longrightarrow C$

Die Anzahl z der möglichen wirksamen Zusammenstöße, Stoßzahl z genannt, beträgt bei jeweils einem Teilchen A und B (Bild 1a): $z = 1 \cdot 1 = 1$

Die Verdoppelung der Konzentration der Teilchen A (Bild 1b) bewirkt, dass sich die Reaktionsgeschwindigkeit ebenfalls um den Faktor zwei erhöht: $z = 2 \cdot 1 = 2$

Daraus folgt: $r \sim c(A)$
Eine Verdoppelung der Teilchenkonzentration B ergibt das gleiche Resultat **(Bild 1c)**. Die Stoßzahl wird verdoppelt: $z = 1 \cdot 2 = 2$. Daraus folgt: $r \sim c(B)$

Bei einer Erhöhung beider Teilchenkonzentrationen auf das Zweifache des ursprünglichen Wertes **(Bild 1d)** steigt die Stoßzahl auf das Vierfache und damit auch die Reaktionsgeschwindigkeit auf das Vierfache des Ausgangswertes: $z = 2 \cdot 2 = 4$

Allgemein gilt: Die Reaktionsgeschwindigkeit ist dem Produkt der beiden Teilchenkonzentrationen proportional: $r \sim c(A) \cdot c(B)$

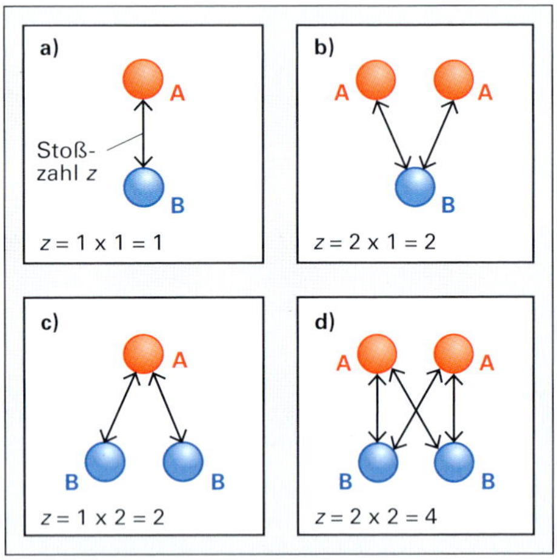

Bild 1: Teilchenzahl und Stoßzahl

Reaktionsordnung

Durch Einführung eines vom Stoffsystem abhängigen Proportionalitätsfaktors k, einer für jede Reaktion experimentell zu bestimmenden Geschwindigkeitskonstante, ergeben sich folgende Reaktionsgeschwindigkeitsgesetze:

		Geschwindigkeitsgesetze
Für eine Reaktion der Form:	$A \rightarrow C + D$	$\boldsymbol{r = k \cdot c(A)}$
Für eine Reaktion der Form:	$A + B \rightarrow C$	$\boldsymbol{r = k \cdot c(A) \cdot c(B)}$
Für die Reaktionsgleichung der allgemeinen Form:	$nA + mB \rightarrow C$	$\boldsymbol{r = k \cdot c^n(A) \cdot c^m(B)}$

Die Summe der Exponenten im Geschwindigkeitsgesetz wird als **Ordnung einer Reaktion** oder **Reaktionsordnung** bezeichnet.

Beispiel: Schwefeltrioxid wird großtechnisch nach dem Doppelkontaktverfahren in einer katalysierten Gleichgewichtsreaktion nach folgender Synthesegleichung hergestellt: $2\,SO_2 + O_2 \rightleftharpoons 2\,SO_3$
Das Geschwindigkeitsgesetz entspricht der Anzahl der Stoffteilchen der Ausgangsstoffe (Edukte).
a) Wie lautet das Geschwindigkeitsgesetz für diese Reaktion? b) Welche Reaktionsordnung liegt vor?
c) Wie wirken sich jeweils eine Verdoppelung der Ausgangskonzentration an Sauerstoff und an Schwefeldioxid auf die Reaktionsgeschwindigkeit aus?

Lösung: a) $r = k \cdot c^2(SO_2) \cdot c(O_2)$ b) Reaktionsordnung: $2 + 1 = 3$
c) $r_1 = k \cdot c^2(SO_2) \cdot 2c(O_2) = 2r \Rightarrow$ Die Verdoppelung der Konzentration $c(O_2)$ bewirkt wegen des Koeffizienten 1 beim Sauerstoff auch eine Verdoppelung der Reaktionsgeschwindigkeit.
$r_2 = k \cdot (2c^2(SO_2) \cdot c(O_2) = 4r \Rightarrow$ Die Verdoppelung der Konzentration $c(SO_2)$ mit dem Koeffizienten 2 beim Schwefeldioxid bewirkt eine Vervierfachung der Reaktionsgeschwindigkeit.

Aufgaben zum Einfluss der Konzentration auf die Reaktionsgeschwindigkeit

1. Zwei Ausgangsstoffe A und B reagieren zu den Produkten C und D:

   $A + B \longrightarrow C + D$

   a) Wie groß ist die Stoßzahl *z* (Anzahl möglicher wirksamer Zusammenstöße), wenn im Reaktionsraum 3 Teilchen A und 4 Teilchen B vorliegen?

   b) Wie verändert sich die Stoßzahl, wenn die Konzentration von A auf 6 Teilchen erhöht wird?

2. Geben Sie das Geschwindigkeitsgesetz für die Verbrennung von Wasserstoff in Chloratmosphäre an: $H_2 + Cl_2 \longrightarrow 2\,HCl$

3. Eine Reaktion $A + B \longrightarrow C$ wird unter gleichen Reaktionsbedingungen (Druck und Temperatur), aber mit zwei verschiedenen Konzentrationsansätzen durchgeführt:

   Ansatz I: $c(A) = 2$ mol/L, $c(B) = 4$ mol/L, **Ansatz II:** $c(A) = 0{,}1$ mol/L, $c(B) = 10$ mol/L

   Untersuchen Sie, welcher der beiden Ansätze mit der höheren Reaktionsgeschwindigkeit abläuft.

6.2.2 Einfluss der Temperatur

Die Temperatur ist neben der Konzentration eine weitere wichtige Einflussgröße auf die Reaktionsgeschwindigkeit. Im Allgemeinen nimmt die Geschwindigkeit einer Reaktion mit steigender Temperatur zu, weil die Teilchen häufiger und heftiger aufeinanderprallen. Dies gilt sowohl für endotherme als auch für exotherme Reaktionen. Aus diesem Grund werden viele chemische Synthesen bei erhöhter Temperatur durchgeführt. Leicht verderbliche Stoffe wie Lebensmittel und Pharmazeutika, bei denen eine Reaktion vermieden werden soll, werden dagegen kühl gelagert.

Reaktionsgeschwindigkeits-Temperatur-Regel

Als **Faustregel** gilt für zahlreiche chemische Reaktionen: Die Reaktionsgeschwindigkeit nimmt bei einer Temperaturerhöhung um 10 °C etwa um den Faktor 2 zu.

Diese Gesetzmäßigkeit wird als **R**eaktions**g**eschwindigkeits-**T**emperatur-Regel, kurz **RGT-Regel** bezeichnet. Im Englischen nennt man sie VAN'T HOFF'S law.

Um eine Gleichung für die RGT-Regel zu erhalten, definiert man mit der Temperaturerhöhung $\vartheta_2 - \vartheta_1$ den Faktor *n*.

$$n = \frac{\vartheta_2 - \vartheta_1}{10\ °C}$$

Er gibt das Vielfache der 10 °C-Temperaturerhöhung an.

Damit berechnet sich die Reaktionsgeschwindigkeit r_2 nach einer Temperaturerhöhung um $\vartheta_2 - \vartheta_1$ aus der Reaktionsgeschwindigkeit r_1 (bei ϑ_1) gemäß der nebenstehenden Gleichung.

Auch für die verkürzte Reaktionszeit t_2, bei einer von ϑ_1 auf ϑ_2 erhöhten Temperatur, erhält man eine Gleichung (siehe rechts).

RGT-Regel: Eine Temperaturerhöhung um 10 °C hat bei vielen Reaktionen annähernd eine Verdoppelung der Reaktionsgeschwindigkeit zur Folge.

Temperaturabhängigkeit der Reaktionsgeschwindigkeit nach der RGT-Regel

$$\boldsymbol{r_2 \approx 2^n \cdot r_1} \quad \text{mit } n = \frac{\vartheta_2 - \vartheta_1}{10\ °C}$$

Temperaturabhängigkeit der Reaktionszeit nach der RGT-Regel

$$\boldsymbol{t_2 \approx \frac{t_1}{2^n}} \quad \text{mit } n = \frac{\vartheta_2 - \vartheta_1}{10\ °C}$$

Beispiel 1: Eine Reaktion verläuft bei 20 °C mit einer Reaktionsgeschwindigkeit von $0{,}25\ \frac{mmol}{L \cdot s}$. Wie groß ist die Reaktionsgeschwindigkeit bei 60 °C mit den gleichen Ausgangskonzentrationen?

Lösung: $n \approx \frac{\vartheta_2 - \vartheta_1}{10\ °C} \approx \frac{60\ °C - 20\ °C}{10\ °C} \approx \frac{40\ °C}{10\ °C} \approx 4$; $\quad r_2 \approx 2^n \cdot r_1 \approx 2^4 \cdot 0{,}25\ \frac{mmol}{L \cdot s} \approx \mathbf{4\ \frac{mmol}{L \cdot s}}$

Beispiel 2: Eine Reaktion dauert bei 80 °C 5,0 min. Welche Zeit benötigt die gleiche Reaktion bei 15 °C?

Lösung: $n \approx \frac{\vartheta_2 - \vartheta_1}{10\ °C} \approx \frac{15\ °C - 80\ °C}{10\ °C} \approx \frac{-65\ °C}{10\ °C} \approx -6{,}5$; $\quad t_2 \approx \frac{t_1}{2^n} \approx \frac{5{,}0\,min}{2^{-6,5}} = 5{,}0\ min \cdot 2^{6,5} \approx 453\ min \approx \mathbf{7{,}5\ h}$

Um die Auswirkung der Temperatur auf die Reaktionsgeschwindigkeit zu ermitteln, wird eine Reaktion bei unterschiedlichen Temperaturen durchgeführt. Es wird die Zeit gemessen, die kurz nach Reaktionsbeginn bis zum Erreichen einer bestimmten Farbe, eines bestimmten Trübungsgrades oder bis zum Farbumschlag eines Indikators benötigt wird. Die Kehrwerte $1/t_R$ (= t_R^{-1}) der gemessenen Reaktionszeiten sind ein Maß für die mittlere Reaktionsgeschwindigkeit r in diesem Zeitraum.
In einem Diagramm werden dann die ermittelten Reaktionsgeschwindigkeiten (als Kehrwerte der Reaktionszeiten t_R^{-1}) gegen die Temperatur aufgetragen **(Bild 1)**. Daraus kann durch Interpolation die Auswirkung einer Temperaturerhöhung von 10 K auf die Reaktionsgeschwindigkeit für beliebige Intervalle ermittelt werden.

Beispiel: In einer Versuchsreihe soll überprüft werden, ob die RGT-Regel auf die Reaktion zwischen Iodid-Ionen $I^-_{(aq)}$ und Peroxidisulfat-Ionen $S_2O^{2-}_{8(aq)}$ zutrifft. Folgende Messwerte wurden erhalten:

Tabelle 1: Temperatur und Reaktionsgeschwindigkeit

ϑ in °C	1	9	20	25	36	47
t_R in s	260	120	53	37	18	9

a) Bestimmen Sie den Kehrwert $1/t_R$.

b) Tragen Sie in einem Diagramm die Kehrwerte der Reaktionszeit t_R^{-1} gegen die Reaktionstemperatur ϑ auf.

c) Überprüfen Sie im Diagramm anhand einiger Intervalle von 10 K, ob die Temperaturerhöhung die Reaktionsgeschwindigkeit verdoppelt.

Lösung: a)

ϑ in °C	1	9	20	25	36	47
$1/t_R$ in s^{-1}	0,0038	0,0083	0,0189	0,0270	0,0556	0,111

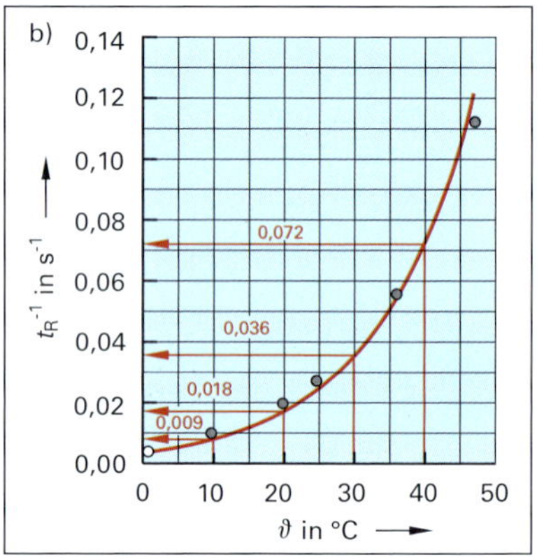

Bild 1: Überprüfung der Gültigkeit der RGT-Regel

c) t_R^{-1} bei 10 °C: 0,009 s^{-1}; bei 20 °C: 0,018 s^{-1}: bei 30 °C: 0,036 s^{-1}; bei 40 °C: 0,072 s^{-1}; Ergebnis: t_R^{-1} und damit r nimmt jeweils bei Temperaturerhöhung um 10 K um den Faktor 2 zu.
⇒ Die RGT-Regel ist bei dieser Reaktion erfüllt.

BOLTZMANN-Energieverteilung

Bei gleicher Temperatur haben nicht alle Teilchen eines Stoffes die gleiche Bewegungsenergie. Ihre Geschwindigkeit und damit ihre kinetische Energie zeigen eine typische Verteilung der Häufigkeit.
Der Physiker BOLTZMANN[1] hat die Energieverteilung von Gasteilchen für verschiedene Temperaturen berechnet. Trägt man die kinetische Energie E_{kin} der Teilchen einer Gasportion für unterschiedliche Temperaturen T_1 und T_2 gegen die Anzahl der Teilchen N mit diesem Energieinhalt in einem Diagramm auf, so erhält man die **Energieverteilungskurve** für die jeweilige Temperatur **(Bild 2)**.
Die Energieverteilungskurve ist für die höhere Temperatur T_2 im Diagramm gegenüber T_1 nach rechts verschoben. Demzufolge hat bei T_2 ein größerer Anteil der Teilchen eine Energie, die die Aktivierungsenergie E_a überschreitet.

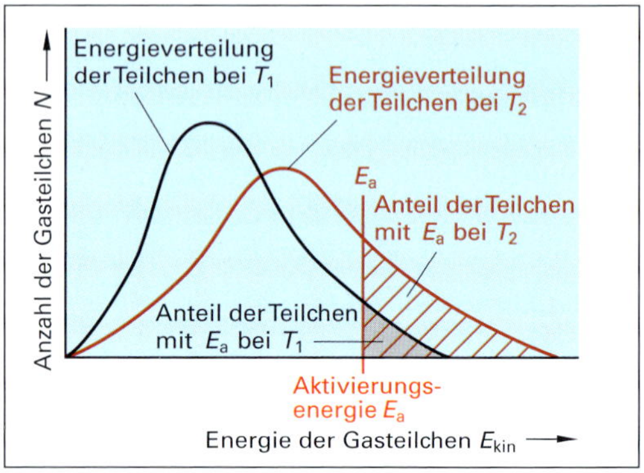

Bild 2: Energieverteilung (nach BOLTZMANN) von Gasteilchen für zwei Temperaturen

Aktivierungsenergie

Bei vielen chemischen Reaktionen reagieren die Teilchen nur dann miteinander, wenn sie:

a) mit der richtigen räumlichen Orientierung, d. h. mit ihren funktionellen Gruppen, zusammenstoßen
b) und wenn der Zusammenstoß mit einer reaktionstypischen Mindestenergie, der **Aktivierungsenergie E_a**, erfolgt (engl. activation energy).

Die Aktivierungsenergie ist die Mindestenergie, welche die Teilchen eines Stoffes aufweisen müssen, um an einer chemischen Reaktion teilzunehmen.

[1] LUDWIG BOLTZMANN (1844 bis 1906), österreichischer Physiker

Nur die Teilchen einer Stoffportion, deren Energiegehalt die Aktivierungsenergie übersteigt, können an einer chemischen Reaktion teilnehmen. Aus **Bild 2,** Seite 178, ist ersichtlich, dass bei der Temperatur T_1 nur wenige Teilchen diese Mindestenergie für einen wirksamen Zusammenstoß aufweisen (grau unterlegte Fläche). Bei der höheren Temperatur T_2 haben dagegen erheblich mehr Teilchen diese Mindestenergie (rot schraffierte Fläche). Dies führt zu einer starken Zunahme der Reaktionsgeschwindigkeit und erklärt den großen Einfluss der Temperatur auf die Reaktionsgeschwindigkeit und damit die RGT-Regel.

Aufgaben zum Einfluss der Temperatur auf die Reaktionsgeschwindigkeit

1. Die Umsetzung von Ammoniumperoxodisulfat mit Kaliumiodid verläuft nach folgender Brutto-Ionengleichung: $S_2O^{2-}_{8(aq)} + 2\,I^-_{(aq)} \longrightarrow I_{2(aq)} + 2\,SO^{2-}_{4(aq)}$
   Die Reaktion ist bei 19,5 °C nach 53 s beendet. Welche Reaktionszeit ist mit den gleichen Ausgangskonzentrationen bei einer Temperatur von 75 °C ungefähr zu erwarten?
2. Die Verseifung von Iodmethan mit Natronlauge $CH_3I_{(aq)} + OH^-_{(aq)} \longrightarrow CH_3OH_{(aq)} + I^-_{(aq)}$ verläuft bei 60 °C mit einer Reaktionsgeschwindigkeit von 8,0 mmol/min. Wie groß ist die Reaktionsgeschwindigkeit bei 22 °C?
3. Bei der Zersetzung von Thiosulfat-Ionen durch Wasserstoff-Ionen disproportioniert das Thiosulfat-Ion in Schwefel und Schwefeldioxid: $S_2O^{2-}_{3(aq)} + 2\,H^+_{(aq)} \longrightarrow H_2O_{(l)} + SO_{2(g)} + S_{(s)}$

Tabelle 1: Zersetzung von Natriumthiosulfat-Lösung durch Salzsäure

ϑ in °C	14,5	19,5	25,0	31,5	50,5
t_R in s	90	63	47	29	10

Prüfen Sie mit Hilfe eines geeigneten Diagramms, ob die Reaktion nach der RGT-Regel verläuft.

6.2.3 Einfluss von Katalysatoren

Katalysatoren (engl. catalyst) sind besondere Substanzen: Sie senken die Aktivierungsenergie einer Reaktion. Dadurch weisen viel mehr Teilchen die erforderliche Mindestenergie für einen wirksamen Zusammenstoß auf (**Bild 1**, rot schraffierte Fläche gegenüber der grau unterlegten Fläche ohne Katalysator).

Zahlreiche großtechnische Synthesen sind ohne den Einsatz von Katalysatoren nicht wirtschaftlich durchführbar z. B. die Ammoniaksynthese, das Doppelkontaktverfahren, die Methanol-Synthese oder die Rauchgas-Entstickung von Kohlekraftwerken. Sie laufen erst unter Katalysatoreinfluss mit technisch akzeptabler Geschwindigkeit ab.

Bild 2 zeigt den Ablauf einer katalysierten Reaktion im Enthalpiediagramm einer exothermen Reaktion. Hier ist der Enthalpieinhalt der Produkte niedriger als der Enthalpieinhalt der Edukte. Die Differenz beider Größen ist die Reaktionsenthalpie $\Delta_r H$ (vgl. Seite 288).

Durch den Einsatz des Katalysators wird die Energieschwelle der Eduktteilchen für einen wirksamen Zusammenstoß, die Aktivierungsenergie E_a, deutlich herabgesetzt. Als Folge verläuft eine katalysierte Reaktion im Vergleich zur Reaktion ohne Katalysator schon bei einer deutlich geringeren Temperatur.

Aufgabe zum Einfluss von Katalysatoren

1. Zeichnen Sie ein Enthalpiediagramm für eine endotherme Reaktion mit den Angaben wie in **Bild 2.**

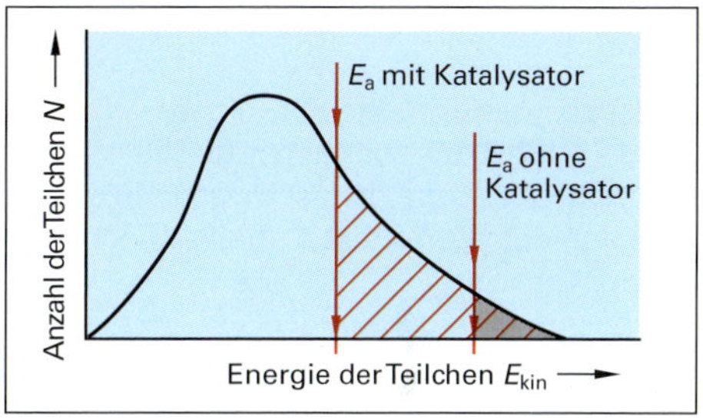

Bild 1: Aktivierungsenergie mit und ohne Katalysator

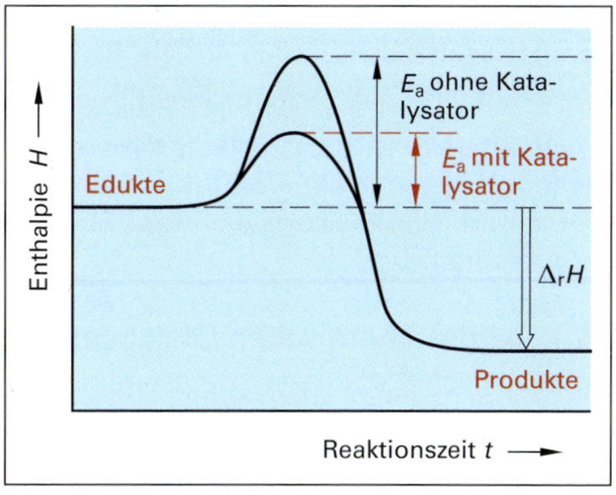

Bild 2: Enthalpiediagramm einer exothermen Reaktion mit und ohne Katalysator

6.3 Chemisches Gleichgewicht

Zahlreiche chemische Reaktionen erreichen in einem abgeschlossenen Reaktionssystem, bei dem weder Energie- noch Stoffaustausch mit der Umgebung erfolgt, nach einer bestimmten Zeit einen nach außen stabil wirkenden Endzustand. Ab diesem Zeitpunkt ist im Reaktionsraum keine stoffliche Veränderung mehr festzustellen: Ausgangs- und Endstoffe liegen in konstantem Verhältnis nebeneinander vor.

Ursache der scheinbaren Stabilität des Systems ist das Erreichen eines **Gleichgewichtszustandes**, in dem pro Zeiteinheit genauso viele Produktteilchen gebildet werden wie Produktteilchen zerfallen.

Dynamisches Gleichgewicht

Erwärmt man beispielsweise Wasserstoff und Iod **(Bild 1a)** auf 450 °C, so verursacht zunächst das sublimierende elementare Iod eine stark violette Färbung des Reaktionsgemisches. Nach einiger Zeit bei dieser Temperatur nimmt die Farbintensität des Reaktionsgemisches ab. Ursache für die Aufhellung ist die Umsetzung des elementaren Iods mit dem Wasserstoff zu farblosem Wasserstoffiodid HI (Bild 1b) nach folgender Bildungs-Reaktionsgleichung:

$$H_{2(g)} + I_{2(g)} \longrightarrow 2\,HI_{(g)}$$

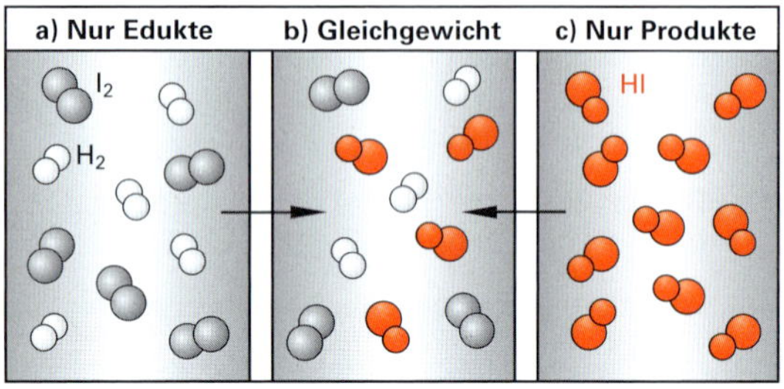

Bild 1: Einstellung eines dynamischen Gleichgewichts von der Eduktseite und der Produktseite

Überprüft man in bestimmten Zeitabständen die Konzentration an Iod, so stellt man ab dem Zeitpunkt t_G keine Konzentrationsänderung mehr fest **(Bild 2a)**. Die Konzentration $c(I_2)$ und damit auch die Konzentrationen $c(H_2)$ und $c(HI)$ bleiben konstant.

Erwärmt man dagegen farbloses Wasserstoffiodid HI **(Bild 1c)** ebenfalls auf 450 °C, so färbt sich das Gas allmählich schwach violett und erreicht ab dem Zeitpunkt t_G die Farbintensität des ersten Ansatzes.

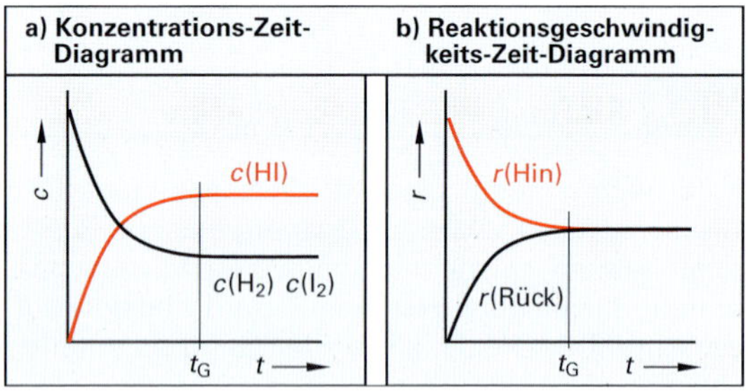

Bild 2: Zeitlicher Verlauf der Gleichgewichtseinstellung

Auch in diesem Reaktionsgemisch finden sich nun neben Wasserstoffiodid HI molekulares Iod und Wasserstoff mit konstanten Konzentrationen **(Bild 1b)**. Wasserstoffiodid zerfällt nach folgender Zerfalls-Reaktionsgleichung: $2\,HI_{(g)} \longrightarrow H_{2(g)} + I_{2(g)}$

Ausgehend zum einen von $H_{2(g)}$ und $I_{2(g)}$ und zum anderen von $HI_{(g)}$ hat sich in beiden Reaktionsräumen ein Gleichgewicht eingestellt, in dem die *Bildungsgeschwindigkeit* r(Hin) und die *Zerfallsgeschwindigkeit* r(Rück) gleich groß sind **(Bild 2b)**. Die Reaktion kommt scheinbar zum Stillstand, da sich die Konzentrationen der Stoffe sichtbar nicht mehr ändern. Tatsächlich findet aber im atomaren Bereich ständig Bildung und Zerfall des Iodwasserstoffs statt.

Dieser Zustand wird deshalb als **dynamisches Gleichgewicht** bezeichnet (engl. dynamic equilibrium). In der Gleichgewichts-Reaktionsgleichung wird der Gleichgewichtszustand durch einen Doppelpfeil gekennzeichnet.

Gleichgewichtsreaktion
$H_{2(g)} + I_{2(g)} \rightleftharpoons 2\,HI_{(g)}$

Lage des chemischen Gleichgewichts

Aus der Lage eines chemischen Gleichgewichts (engl. equilibrium position) ist zu erkennen, mit welcher Ausbeute die Ausgangsstoffe zu Produkten umgesetzt werden. In der Reaktionsgleichung wird die Gleichgewichtslage durch unterschiedliche Längen der Reaktionspfeile für die Hin- und Rückreaktion verdeutlicht (Seite 181). Sie kann durch Änderung der Reaktionsbedingungen wie z.B. Konzentrationen, Temperatur sowie bei zahlreichen Gasreaktionen durch den Druck verändert werden (Seite 183).

6.4 Massenwirkungsgesetz

Der Gleichgewichtszustand einer chemischen Reaktion ist gekennzeichnet durch konstante Konzentrationen der an der Reaktion beteiligten Stoffe.

Die Naturwissenschaftler GULDBERG[1] und WAAGE fanden, dass sich die Gleichgewichtszusammensetzung einer Reaktion durch ein Gesetz mit einer Gleichgewichtskonstanten K_c beschreiben lässt. Ihre Ergebnisse fassten sie in dem so genannten **Massenwirkungsgesetz**, kurz **MWG** (engl. law of mass action) zusammen.

Für eine Reaktion der allgemeinen Form: $A + B \rightleftharpoons C + D$ ergibt sich:

mit der Geschwindigkeitskonstante k(Hin) die Reaktionsgeschwindigkeit für die Hinreaktion:

$$r(\text{Hin}) = k(\text{Hin}) \cdot c(A) \cdot c(B)$$

mit der Geschwindigkeitskonstanten k(Rück) die Reaktionsgeschwindigkeit für die Rückreaktion:

$$r(\text{Rück}) = k(\text{Rück}) \cdot c(C) \cdot c(D)$$

Im Gleichgewichtszustand sind zum Zeitpunkt t_G beide Reaktionsgeschwindigkeiten gleich und man erhält durch Gleichsetzen: $r(\text{Hin}) = r(\text{Rück}) \Rightarrow k(\text{Hin}) \cdot c(A) \cdot c(B) = k(\text{Rück}) \cdot c(C) \cdot c(D)$.

Durch Umformung ergibt sich daraus: $\frac{k(\text{Hin})}{k(\text{Rück})} = \frac{c(C) \cdot c(D)}{c(A) \cdot c(B)}$

Der Quotient aus den beiden Geschwindigkeitskonstanten k(Hin) und k(Rück) wird zu einer neuen Konstanten, der Gleichgewichtskonstanten $K_c = \frac{k(\text{Hin})}{k(\text{Rück})}$ zusammengefasst werden. Damit **erhält man** die nebenstehende Gleichung.

$$K_c = \frac{c(C) \cdot c(D)}{c(A) \cdot c(B)}$$

Dies ist das **Massenwirkungsgesetz** für die chemische Reaktion: $A + B \rightleftharpoons C + D$.

Die Gleichgewichtskonstante K_c ist eine temperaturabhängige Größe.
Der Index c weist darauf hin, dass die Konzentrationen der Reaktionspartner in Mol durch Liter ($mol \cdot L^{-1}$) angegeben werden.

Für eine chemische Reaktion der allgemeinen Form

$$a\,A + b\,B \rightleftharpoons c\,C + d\,D$$

mit den stöchiometrischen Faktoren a, b, c und d sowie den Konzentrationen $c(A)$, $c(B)$, $c(C)$ und $c(D)$ der Reaktanden im Gleichgewichtszustand analog zur obigen Gleichung die nebenstehende allgemeine Form des **Massenwirkungsgesetzes**.

Massenwirkungsgesetz

$$K_c = \frac{c^c(C) \cdot c^d(D)}{c^a(A) \cdot c^b(B)}$$

Beispiel 1: Bei der Reaktion $H_{2(g)} + I_{2(g)} \rightleftharpoons 2\,HI_{(g)}$ liegen im Gleichgewicht bei 450 °C folgende Stoffmengenkonzentrationen vor: $c(H_2) = 1{,}68$ mol/L, $c(I_2) = 0{,}021$ mol/L, $c(HI) = 1{,}33$ mol/L.

Berechnen Sie die Gleichgewichtskonstante K_c des Massenwirkungsgesetzes für diese Temperatur.

Lösung: $$\mathbf{K_c} = \frac{c^2(HI)}{c(H_2) \cdot c(I_2)} = \frac{(1{,}33\,\text{mol/L})^2}{1{,}68\,\text{mol/L} \cdot 0{,}021\,\text{mol/L}} = 50{,}1389 \approx \mathbf{50}$$

Beispiel 2: Das Reaktionsgleichgewicht zur Ammoniaksynthese nach dem HABER-BOSCH-Verfahren mit der Reaktionsgleichung: $N_{2(g)} + 3\,H_{2(g)} \rightleftharpoons 2\,NH_{3(g)}$

hat bei 400 °C die Gleichgewichtskonstante $K_c = 2{,}04\ L^2 \cdot mol^{-2}$. Im Gleichgewichtsgemisch wurden 0,30 mol/L Stickstoff und 0,20 mol/L Wasserstoff gefunden.

Welche Ammoniak-Konzentration $c(NH_3)$ liegt im Gleichgewicht vor?

Lösung: $$K_c = \frac{c^2(NH_3)}{c^3(H_2) \cdot c(N_2)} \Rightarrow c(NH_3) = \sqrt{K_c \cdot c^3(H_2) \cdot c(N_2)}$$

$$\mathbf{c(NH_3)} = \sqrt{2{,}04\ L^2/mol^2 \cdot (0{,}20\ mol/L)^3 \cdot 0{,}30\ mol/L} = \sqrt{4{,}896 \cdot 10^{-3}\ mol^2/L^2} \approx \mathbf{70\ mmol/L}$$

---

[1] CATO MAXIMILIAN GULDBERG (1836–1902) und PETER WAAGE (1833–1900), norwegische Naturforscher

Lage des Gleichgewichts: Bei gleicher Gesamtanzahl der Eduktteilchen und Produktteilchen ist die Lage eines chemischen Gleichgewichts an der Gleichgewichtskonstanten K_c erkennbar:

- $K_c > 1 \Rightarrow$ Das Gleichgewicht liegt auf der Produktseite (rechts), Reaktions-Doppelpfeil: $\rightleftharpoons$
- $K_c < 1 \Rightarrow$ Das Gleichgewicht liegt auf der Eduktseite (links), Reaktions-Doppelpfeil: $\rightleftharpoons$
- $K_c = 1 \Rightarrow$ Produkte und Edukte liegen in gleicher Konzentration vor, Reaktions-Doppelpfeil: $\rightleftharpoons$

Beispiel 1: Das Ausgangsgemisch der Ammoniak-Synthese wird aus Erdgas und Wasserdampf gewonnen. Im Prozess anfallendes Kohlenstoffmonoxid CO (Katalysatorgift im Ammoniak-Reaktor) wird durch Konvertierung zu Kohlenstoffdioxid CO_2 oxidiert und kann in dieser Form ausgewaschen werden.
Bei 720 °C hat die Konvertierungs-Reaktion: $H_2O_{(g)} + CO_{(g)} \rightleftharpoons H_{2(g)} + CO_{2(g)}$ die Gleichgewichtskonstante $K_c = 0{,}625$. Die Analyse des Reaktionsgemisches bei dieser Temperatur ergibt folgende Stoffmengenkonzentrationen: $c(H_2) = 0{,}51$ mol/L, $c(CO_2) = 1{,}05$ mol/L, $c(H_2O) = 1{,}5$ mol/L und $c(CO) = 2{,}05$ mol/L.

a) Berechnen Sie den Massenwirkungskoeffizienten Q und prüfen Sie durch Vergleich mit K_c ob das System im Gleichgewicht ist.

b) Falls nicht, in welche Richtung muss die Reaktion noch verstärkt ablaufen, damit sich ein Gleichgewicht einstellt?

Lösung: a) $\boldsymbol{Q} = \frac{c(H_2) \cdot c(CO_2)}{c(H_2O) \cdot c(CO)} = \frac{0{,}51 \text{ mol/L} \cdot 1{,}05 \text{ mol/L}}{1{,}5 \text{ mol/L} \cdot 2{,}05 \text{ mol/L}} \approx \mathbf{0{,}17}$. Der Quotient Q ist ungleich K_c, **das Gleichgewicht hat sich noch nicht eingestellt**.

b) Da $0{,}17 < 0{,}625$ folgt: Der Wert des Quotienten ist zu **klein** $\Rightarrow$ die Produktkonzentration ist zu klein. Damit Gleichgewichtszustand erreicht wird, muss die Reaktion noch weiter nach **rechts** ablaufen.

Formulierung des Massenwirkungsgesetzes MWG für reine Gasreaktionen

Sind an einer Gleichgewichtsreaktion nur Gase beteiligt, so können in das Massenwirkungsgesetz MWG anstelle der Stoffmengenkonzentrationen auch die Partialdrücke der einzelnen Komponenten eingesetzt werden. Dies erklärt sich aus der Tatsache, dass eine Volumenportion zur darin enthaltenen Stoffmenge und zum herrschenden Druck der Gasportion proportional ist. Man erhält die Gleichgewichtskonstante K_p.

Die Zahlenwerte von K_p weichen von den Zahlenwerten für K_c ab. Die Einheit für K_p ist von den Reaktionskoeffizienten der Reaktanden und von der Einheit der Partialdrücke abhängig.

Für eine Reaktion der allgemeinen Form: $a\,A_{(g)} + b\,B_{(g)} \rightleftharpoons c\,C_{(g)} + d\,D_{(g)}$

gilt für ein Gasreaktions-Gleichgewicht nebenstehendes MWG.

Die Gleichgewichtskonstanten K_p und K_c beschreiben die Zusammensetzung von Gasreaktions-Gleichgewichten. Den Zusammenhang zwischen beiden Gleichgewichtskonstanten stellt die nebenstehende Gleichung her. Darin ist der Exponent Δn die Differenz der Reaktionskoeffizienten in der Reaktionsgleichung.

Ist $\Delta n = 0$, so verläuft die Reaktion ohne Änderung der Reaktionskoeffizienten. Für diesen Fall gilt: $K_p = K_c$

Die Gleichgewichtskonstanten K_c und K_p sind temperaturabhängig.

Massenwirkungsgesetz für Gasreaktionen mit Partialdrücken

$$K_p = \frac{p^c(C) \cdot p^d(D)}{p^a(A) \cdot p^b(B)}$$

Beziehung der Gleichgewichtskonstanten von Gasreaktionen

$$K_p = K_c \cdot (R \cdot T)^{\Delta n}$$

$$\Delta n = (c + d) - (a + b)$$

Beispiel 1: Bei der Bildung von Schwefeltrioxid im Doppelkontakt-Verfahren mit der Gleichgewichtsreaktion:

$2\,SO_{2(g)} + O_{2(g)} \rightleftharpoons 2\,SO_{3(g)}$ wurden bei 600 °C folgende Partialdrücke festgestellt:

$p(SO_2) = 10{,}0$ mbar, $p(O_2) = 900$ mbar, $p(SO_3) = 95{,}0$ mbar.

Berechnen Sie die Gleichgewichtskonstanten K_p und K_c.

Lösung: Das Massenwirkungsgesetz lautet: $\boldsymbol{K_p} = \frac{p^2(SO_3)}{p^2(SO_2) \cdot p(O_2)} = \frac{(95{,}0 \text{ mbar})^2}{(10 \text{ mbar})^2 \cdot 900 \text{ mbar}} \approx \mathbf{100\ bar^{-1}}$

$\Delta n = (c + d) - (a + b) = (2) - (2 + 1) = 2 - 3 = -1$

$K_p = K_c \cdot (R \cdot T)^{\Delta n} \Rightarrow \quad \boldsymbol{K_c} = \frac{K_p}{(R \cdot T)^{\Delta n}} = \frac{100 \text{ bar}^{-1}}{\left(0{,}08314 \frac{\text{L} \cdot \text{bar}}{\text{K} \cdot \text{mol}} \cdot 873\,K\right)^{-1}} \approx \mathbf{7{,}26\ \frac{m^3}{mol}}$

Aufgaben zum Massenwirkungsgesetz

1. Welche Gleichgewichtskonstante K_c hat das Gleichgewicht $N_{2(g)} + O_{2(g)} \rightleftharpoons 2\ NO_{(g)}$, wenn folgende Gleichgewichtskonzentrationen vorliegen:
   $c(N_2) = 0{,}52$ mol/L, $c(O_2) = 0{,}52$ mol/L und $c(NO) = 0{,}052$ mol/L?
2. Methanol CH_3OH wird großtechnisch in einer katalysierten Gleichgewichtsreaktion aus Synthesegas, einem Gemisch aus Kohlenstoffmonoxid CO und Wasserstoff H_2 hergestellt (**Bild 1,** Seite 143).
   a) Geben Sie die Reaktionsgleichung für das Synthesegleichgewicht an.
   b) Wie groß ist die Gleichgewichtskonstante K_c, wenn in einem Gemisch 0,86 mol/L CO, 0,72 mol/L H_2 und 0,26 mol/L CH_3OH gaschromatografisch festgestellt wurden?
3. In einem Versuchsreaktor von 5,0 L liegt das Gleichgewicht $2\ SO_{2(g)} + O_{2(g)} \rightleftharpoons 2\ SO_{3(g)}$ vor. Das Reaktionsgemisch enthält 3,5 mol SO_3 und 0,84 mol O_2. Die Gleichgewichtskonstante beträgt für die vorliegende Temperatur $K_c = 32\ L \cdot mol^{-1}$. Welche Stoffmengenkonzentration $c(SO_2)$ liegt im Reaktor vor?
4. Für das Veresterungs-Gleichgewicht: $CH_3COOH + C_2H_5OH \rightleftharpoons CH_3COOC_2H_5 + H_2O$ beträgt bei 40 °C die Gleichgewichtskonstante $K_c = 4{,}0$. Hat die Reaktion den Gleichgewichtszustand erreicht, wenn der Inhalt eines Ansatzes folgende Zusammensetzung hat:
   c(Säure) = 1,2 mol/L, c(Alkohol) = 2,2 mol/L, c(Ester) = 0,50 mol/L und c(Wasser) = 5,1 mol/L?
   In welche Richtung muss die Reaktion gegebenenfalls bis zum Gleichgewicht ablaufen?
5. Bei einer bestimmten Temperatur und einem Gesamtdruck von 1,0 bar liegt ein Gleichgewichtsgemisch aus farblosem Distickstofftetroxid N_2O_4 und braunem Stickstoffdioxid NO_2 vor:
   $N_2O_{4(g)} \rightleftharpoons 2\ NO_{2(g)}$. Wie groß sind die Gleichgewichtskonstanten K_p und K_c dieser Reaktion, wenn die Partialdrücke $p(N_2O_4) = 600$ mbar und $p(NO_2) = 400$ mbar betragen?

6.5 Verschiebung der Gleichgewichtslage

Die Lage eines chemischen Gleichgewichts und somit der Stoffumsatz kann durch Änderung der Reaktionsbedingungen beeinflusst werden: Veränderung von **Konzentrationen** und der **Temperatur** führen zu einer Verschiebung der Gleichgewichtslage, bis sich ein neuer Gleichgewichtszustand eingestellt hat. Im neuen Gleichgewicht hat das Reaktionsgemisch eine andere Zusammensetzung.

Gasreaktions-Gleichgewichte können zusätzlich durch **Druckänderung** beeinflusst werden.

Für alle von außen herbeigeführten Änderungen der Gleichgewichtslage gilt das **Prinzip von Le Châtelier**[1)] (engl. principle of Le Chatelier). Es wird auch **Prinzip des kleinsten Zwanges** genannt und lautet:

Wird auf ein im chemischen Gleichgewicht befindliches System von außen ein Zwang durch Veränderung der Reaktionsbedingungen ausgeübt, so verändert sich das Gleichgewicht derart, dass der äußere Zwang durch Gleichgewichtsverschiebung gemindert wird.

Verschiebung der Gleichgewichtslage durch Konzentrationsänderung

Die Veränderung der Gleichgewichtslage durch Konzentrationsänderung (engl. change of concentration) mit dem Ziel einer größeren Produktausbeute kann prinzipiell durch zwei Maßnahmen erfolgen:

- Einer der Ausgangsstoffe (Edukte) wird im Überschuss zugesetzt.
- Ein Produkt wird aus dem Gleichgewichtsgemisch abgezogen.

Für die Verschiebung der Gleichgewichtslage bei Änderung der Konzentration gilt:

Durch **Erhöhen** der Konzentration eines Reaktanden verschiebt sich ein Gleichgewicht von der Zugabeseite weg. Das **Entfernen** eines Reaktanden führt zu einer Gleichgewichtsverschiebung zur Entnahmeseite hin. In beiden Fällen ändert sich die Gleichgewichtskonstante K_c nicht.

---

1) Henry Louis Le Châtelier (1850–1936), französischer Chemiker

Beispiel: Essigsäure setzt sich mit Ethanol in einer Gleichgewichtsreaktion zu Essigsäureethylester (Ethylacetat) und Wasser um:

$$CH_3COOH + CH_3CH_2OH \rightleftharpoons CH_3COOCH_2CH_3 + H_2O$$

Die Gleichgewichtskonstante beträgt $K_c = 4{,}0$ bei 40 °C. Bei Einsatz von je 1 mol/L an Ethanol und Ethansäure wird eine Ester-Ausbeute von 67 % erzielt.

Wie verändert sich diese Ausbeute bezogen auf Essigsäure, wenn statt 1 mol der Edukte 10 mol Ethanol und 1 mol Essigsäure eingesetzt werden?

Lösung: a)

Gleichgewichtsreaktion:	CH_3COOH	+	CH_3CH_2OH	$\rightleftharpoons$	$CH_3COOCH_2CH_3$	+	H_2O
Bei Reaktionsbeginn:	1,0 mol/L		10 mol/L		0 mol/L		0 mol/L
Im Gleichgewicht:	$(1{,}0 - x)$ mol/L		$(10 - x)$ mol/L		x mol/L		x mol/L

Überlegung: Die unbekannte Stoffmenge an Ester und Wasser im Gleichgewicht ist wegen des Koeffizienten 1 gleich groß, sie wird als Variable x eingesetzt. Da sich pro 1 mol gebildeter Ester 1 mol Essigsäure umsetzen muss, beträgt die Gleichgewichts-Konzentration c(Säure) = $(1{,}0 - x)$ mol/L.

Pro 1 mol gebildetem Ester muss 1 mol Ethanol umgesetzt werden, daher ist die Gleichgewichts-Konzentration c(Ethanol) = $(10 - x)$ mol/L. Diese Konzentrationswerte werden in den Massenwirkungsquotienten eingesetzt:

$$K_c = \frac{c(\text{Ester}) \cdot c(\text{Wasser})}{c(\text{Säure}) \cdot c(\text{Alkohol})} = \frac{x\,\text{mol/L} \cdot x\,\text{mol/L}}{(1{,}0 - x)\,\text{mol/L} \cdot (10 - x)\,\text{mol/L}} = 4{,}0$$

Nach Ausmultiplizieren und Umformen in die Normalform der quadratischen Gleichung wird als Lösung erhalten: $x = c$(Wasser) = c(Ester) **= 0,973 mol/L.**

Bezogen auf 1 mol eingesetzte Essigsäure entspricht 0,973 mol Ester einer Ausbeute von **97,3 %**.

Nach dem Prinzip von LE CHÂTELIER führt die Erhöhung einer Produktkonzentration zu einer höheren Ausbeute an Produkt (die Lage des Gleichgewichts verschiebt sich nach rechts).

Die Aussage wird durch die Rechnung bestätigt:

Der Einsatz von 10 mol Ethanol erhöht die Ester-Ausbeute von 67 % auf 97 %.

Veränderung der Gleichgewichtslage durch Druckänderung

Sind an Gleichgewichtsreaktionen Gase beteiligt, kann die Lage des Gleichgewicht durch Änderung des Drucks (engl. pressure variation) beeinflusst werden. Dies ist allerdings nur der Fall, wenn sich die Summe der Reaktionskoeffizienten der gasförmigen Komponenten auf der Produkt- und Eduktseite ändert.

So verringern sich z. B. bei der Ammoniaksynthese $3\,H_{2(g)} + N_{2(g)} \rightleftharpoons 2\,NH_{3(g)}$

die Stoffmengen bei vollständigem Umsatz wie folgt: Aus 3 mol H_2 + 1 mol N_2 bilden sich 2 mol NH_3.

Da bei gleichem Druck und gleicher Temperatur gleiche Stoffmengen von Gasen das gleiche Volumen haben, nimmt das gebildete Ammoniak ein geringeres Volumen ein als die Ausgangsgase. Für den Normzustand gilt: Ein Mol eines idealen Gases hat ein Volumen von 22,41 L/mol.

Demzufolge werden z. B. aus 4 L Synthesegasgemisch, das aus 3 L Wasserstoff und 1 L Stickstoff besteht, bei vollständigem Stoffumsatz 2 L Ammoniak gebildet.

Bei einer Druckerhöhung von außen wird sich daher das Ammoniak-Gleichgewicht in Richtung der geringeren Stoffmenge verschieben, in diesem Fall auf die Seite des Produkts Ammoniak. Dieser Vorgang ist schematisch in **Bild 1,** Seite 185, dargestellt.

Allgemein gilt für den Einfluss des Druckes auf die Lage von Gleichgewichten bei Gasreaktionen:

Erhöht man bei einer Gasreaktion den Druck, so verschiebt sich das Gleichgewicht auf die Seite der Stoffe, die das **kleinere** Volumen einnehmen, d.h. auf die Seite mit der kleineren Stoffmenge.

Verminderung des Drucks verschiebt bei Gasreaktionen das Gleichgewicht auf die Seite der Stoffe, die das **größere** Volumen einnehmen, d. h. auf die Seite mit der größeren Stoffmenge.

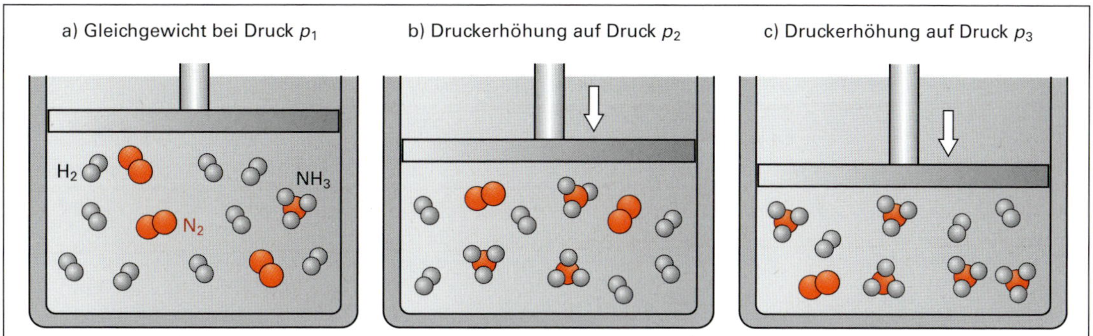

12 Moleküle H_2 und N_2 stehen bei einem Druck p_1 im Gleichgewicht mit 1 Molekül NH_3: 13 Teilchen ⇒ 13 Volumeneinheiten

8 Moleküle H_2 und N_2 stehen bei einem Druck p_2 im Gleichgewicht mit 3 Molekülen NH_3: 11 Teilchen ⇒ 11 Volumeneinheiten

4 Moleküle H_2 und N_2 stehen bei einem Druck p_3 im Gleichgewicht mit 5 Molekülen NH_3: 9 Teilchen ⇒ 9 Volumeneinheiten

Bild 1: Verschiebung der Gleichgewichtslage bei der Ammoniaksynthese durch Druckerhöhung

Der äußere Zwang (höherer Druck) wird durch eine Volumenverkleinerung der Reaktanden gemindert.

Beispiel: Wie verändert sich die Lage des Gleichgewichts der nachstehenden Reaktionen bei Erhöhung des Drucks? Was ist die Ursache?

a) Synthesegaserzeugung: $CH_{4(g)} + H_2O_{(g)} \rightleftharpoons CO_{(g)} + 3\,H_{2(g)}$

Lösung: Summe der Stoffmengen der Gaskomponenten auf der Eduktseite: 1 mol + 1 mol = 2 mol

Summe der Stoffmengen der Gaskomponenten auf der Produktseite: 1 mol + 3 mol = 4 mol

Die Reaktion verläuft mit Volumen**zunahme**. Das Gleichgewicht wird nach **links** verschoben.

b) Schwefeltrioxid-Synthese: $2\,SO_{2(g)} + O_{2(g)} \rightleftharpoons 2\,SO_{3(g)}$

Lösung: Bilanz der Stoffmengen: Aus 3 mol Edukten im Gaszustand entstehen 2 mol Schwefeltrioxid. Die Reaktion verläuft mit **geringer** Volumen**abnahme**. Das Gleichgewicht wird nur **wenig** nach **rechts** verschoben, großtechnisch wird die Synthese bei atmosphärischem Druck durchgeführt.

c) Wasserstoffiodid-Synthese: $H_{2(g)} + I_{2(g)} \rightleftharpoons 2\,HI_{(g)}$

Lösung: Bilanz der Stoffmengen: Aus 2 mol Edukten im Gaszustand entstehen 2 mol Wasserstoffiodid.

Es ist eine Reaktion **ohne** Volumenänderung. Die Lage des Gleichgewichts verändert sich **nicht**.

d) Boudouard-Gleichgewicht: $C_{(s)} + CO_{2(g)} \rightleftharpoons 2\,CO_{(g)}$

Lösung: Bilanz der Stoffmengen: Aus 1 mol Edukt im Gaszustand entstehen 2 mol gasförmiges Produkt. Der Kohlenstoff liegt als Feststoff vor und beeinflusst das Reaktionsvolumen nicht.

Es ist eine Reaktion mit Volumen**zunahme**. Das Gleichgewicht wird nach **links** verschoben.

Verschiebung der Gleichgewichtslage durch Temperaturänderung

Eine wichtige Maßnahme zur Verschiebung der Lage eines Gleichgewichts ist die Änderung der Temperatur (engl. temperature range). Im Gegensatz zur Änderung von Konzentration und Druck hat eine Temperaturänderung andere Gleichgewichtskonstanten K_c bzw. K_p zur Folge, da diese temperaturabhängig sind. Bei exothermen Reaktionen wird K_c bzw. K_p mit steigender Temperatur kleiner, bei abnehmender Temperatur größer (Tabelle 1, Seite 186).

Unter energetischem Aspekt lassen sich **exotherme** (wärmeliefernde) und **endotherme** (wärmeverbrauchende) Reaktionen unterscheiden (Seite 288). In der Reaktionsgleichung kann die Enthalpieänderung einer Reaktion durch die Angabe der Reaktionsenthalpie $\Delta_r H$ auf der Produktseite der Gleichung kenntlich gemacht werden.

Bei einer exothermen Reaktion hat $\Delta_r H$ ein negatives Vorzeichen ($\Delta_r H < 0$), bei einer endothermen Reaktion ein positives Vorzeichen ($\Delta_r H > 0$).

Die Bildung von Ammoniak aus den Elementen beispielsweise verläuft exotherm; bei der Bildung von zwei Mol Ammoniak werden 92 kJ freigesetzt. Die Reaktionsgleichung mit Enthalpieänderung lautet:

$$3\,H_{2(g)} + N_{2(g)} \underset{\text{endotherm}}{\overset{\text{exotherm}}{\rightleftharpoons}} 2\,NH_{3(g)} \quad | \quad \Delta_r H = -92\ \text{kJ}$$

Die Enthalpieangabe $\Delta_r H$ bezieht sich auf die Hinreaktion, die Bildung von Ammoniak. Entsprechend ist die Rückreaktion, also der Zerfall des Ammoniaks in die Elemente, eine endotherme Reaktion. Beim Zerfall von zwei Mol Ammoniak in die Elemente werden demnach 92 kJ verbraucht.

Nach dem Prinzip von LE CHÂTELIER wird durch **Temperaturerhöhung** die Wärme verbrauchende, endotherme Teilreaktion begünstigt. Im Fall der Ammoniaksynthese wird die Rückreaktion, der Zerfall des Ammoniaks, durch Temperaturerhöhung begünstigt.

Tabelle 1: Temperaturabhängigkeit der Gleichgewichtskonstanten für das Ammoniak-Gleichgewicht

ϑ in °C	K_c in $(mol/L)^{-2}$
25	$4{,}1 \cdot 10^{5}$
200	$6{,}6 \cdot 10^{-1}$
300	$7{,}0 \cdot 10^{-2}$
400	$1{,}6 \cdot 10^{-2}$
500	$4{,}0 \cdot 10^{-3}$
600	$1{,}5 \cdot 10^{-3}$
700	$6{,}9 \cdot 10^{-4}$
800	$3{,}6 \cdot 10^{-4}$

Durch **Temperatursenkung** wird die Wärme liefernde, exotherme Teilreaktion begünstigt. Im Fall der Ammoniaksynthese ist dies die Hinreaktion, die Bildung des Ammoniaks. Allgemein gilt für den Temperatureinfluss auf chemische Gleichgewichte:

Erhöht man bei einer Gleichgewichtsreaktion die Temperatur, so verschiebt sich die Lage des Gleichgewichts in Richtung der endothermen Teilreaktion. Durch Senkung der Temperatur verschiebt sich die Lage des Gleichgewichts in Richtung der exothermen Teilreaktion.

Beispiel: Wie verändert sich die Lage des Dissoziationsgleichgewichts von Distickstofftetroxid bei Temperaturerhöhung? Was ist die Ursache? $N_2O_{4(g)} \rightleftharpoons 2\,NO_{2(g)} \quad | \ \Delta_r H = 57$ kJ/mol

Lösung: Die Reaktionsenthalpie hat ein positives Vorzeichen, die Hinreaktion (der Zerfall von N_2O_4) verläuft somit endotherm (Wärme verbrauchend). Durch Temperaturerhöhung wird diese Reaktion begünstigt:

Die Lage des Gleichgewichts verschiebt sich nach **rechts**.

Aufgaben zur Verschiebung der Gleichgewichtslage

1. Essigsäure setzt sich mit Ethanol in einer Gleichgewichtsreaktion zu Essigsäureethylester (Ethylacetat) und Wasser um:

$$CH_3COOH + CH_3CH_2OH \rightleftharpoons CH_3COOCH_2CH_3 + H_2O$$

Die Gleichgewichtskonstante beträgt bei 40 °C $K_c = 4{,}0$. Bei Einsatz von je 1 mol/L an Ethanol und Ethansäure wird eine Ester-Ausbeute von 67 % erzielt. Wie verändert sich diese Ausbeute bezogen auf Essigsäure, wenn statt 1 mol der Edukte 5 mol Ethanol und 1 mol Essigsäure eingesetzt werden?

2. Die Ammoniaksynthese nach der Reaktion:

$$3\,H_{2(g)} + N_{2(g)} \rightleftharpoons 2\,NH_{3(g)} \ | \ \Delta_r H = -92\ \text{kJ}$$

verläuft bei veränderten Reaktionsbedingungen mit sehr unterschiedlicher Ausbeute an Ammoniak ab.

a) Erläutern Sie die Temperatur-Abhängigkeit der Ammoniakausbeute anhand des Diagramms in **Bild 1**.

b) Erläutern Sie mit Hilfe von **Bild 1** die Abhängigkeit der Ammoniakausbeute vom Druck.

3. Durch welche zwei verfahrenstechnischen Maßnahmen können Flüssigkeiten wie beispielsweise Kesselspeisewasser entgast werden? Begründen Sie mit Angabe des Gleichgewichts am Beispiel von gelöstem O_2 und dem Prinzip von LE CHÂTELIER.

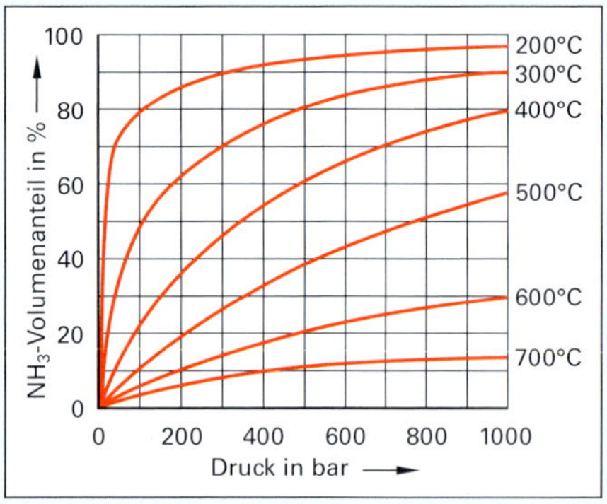

Bild 1: Druck- und Temperaturabhängigkeit des Ammoniak-Gleichgewichts (Aufgabe 2)

4. Schwefeldioxid wird beim Doppelkontaktverfahren in einem Hordenreaktor in nachfolgender katalysierter Gleichgewichtsreaktion mit Luftsauerstoff zu Schwefeltrioxid umgesetzt **(Bild 1)**.

$$2\,SO_{2(g)} + O_{2(g)} \xrightleftharpoons{V_2O_5} 2\,SO_{3(g)} \mid \Delta_r H = -197\text{ kJ}$$

   a) Welche Bedeutung haben die Zwischenkühler W1 und W2 nach den beiden ersten Horden für den Prozess?

   b) Was bewirkt die Zwischenabsorption des Reaktionsgemisches nach Verlassen der dritten Horde?

   Begründen Sie beide Maßnahmen mit dem Prinzip von LE CHÂTELIER.

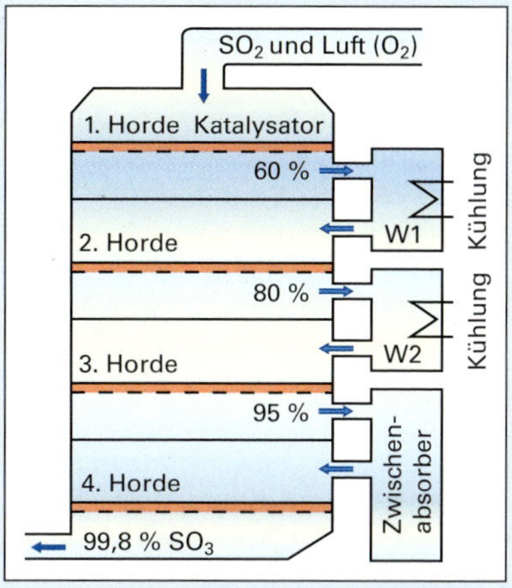

Bild 1: Hordenofen im Doppelkontaktverfahren (Aufgabe 4)

5. Das Diagramm in **Bild 2** zeigt den Verlauf der Gleichgewichts-Reaktion des Doppelkontaktverfahrens bei unterschiedlichen Reaktionsbedingungen unter einem Druck von 1 bar. Wie wirken sich:

   a) der Einsatz eines Katalysators und

   b) die Reaktionstemperatur auf das Gleichgewicht aus?

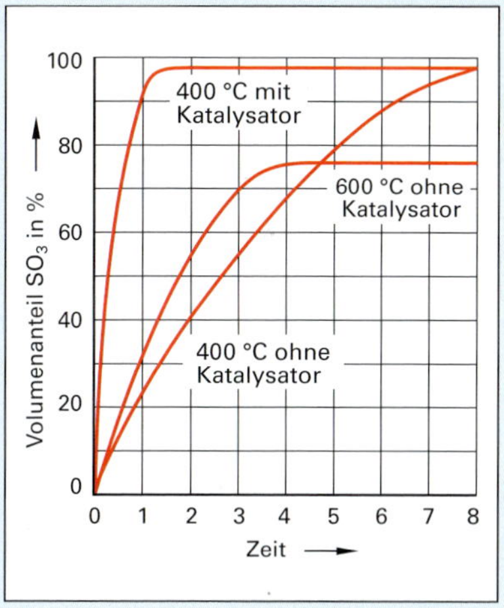

Bild 2: Gleichgewichtseinstellung beim Doppelkontaktverfahren (Aufgabe 5)

6. Durch welche zwei Maßnahmen können Gase verflüssigt werden? Begründen Sie mit Angabe des Gleichgewichts am Beispiel der Chlor-Verflüssigung Cl_2 und dem Prinzip von LE CHÂTELIER.

7. Wie verschiebt sich die Lage des Gleichgewichts der nachfolgenden Reaktionen bei:

   A) Erhöhen der Temperatur B) Erhöhen des Druckes?

   a) $Ca(OH)_{2(s)} \rightleftharpoons CaO_{(s)} + H_2O_{(g)} \mid \Delta_r H = 109\text{ kJ}$

   b) $CO_{(g)} + 2\,H_{2(g)} \rightleftharpoons CH_3OH_{(g)} \mid \Delta_r H = -92\text{ kJ}$

   c) $CO_{2(g)} + H_{2(g)} \rightleftharpoons CO_{(g)} + H_2O_{(g)} \mid \Delta_r H = 41\text{ kJ}$

   d) $N_2O_{4(g)} \rightleftharpoons 2\,NO_{2(g)} \mid \Delta_r H = 59\text{ kJ}$

8. Wie verschiebt sich die Lage des Gleichgewichts der nachfolgenden Reaktionen jeweils bei den genannten Veränderungen der Zusammensetzung bzw. der Reaktionsbedingungen?

   a) $2\,SO_{2(g)} + O_{2(g)} \rightleftharpoons 2\,SO_{3(g)}$ Erhöhung der Konzentration O_2

   b) $CO_{(g)} + 2\,H_{2(g)} \rightleftharpoons CH_3OH_{(g)}$ Entfernung von CH_3OH durch Kondensation

   c) $CO_{(g)} + Cl_{2(g)} \rightleftharpoons COCl_{2(g)}$ Erhöhung des Druckes

   d) $PCl_{5(g)} \rightleftharpoons PCl_{3(g)} + Cl_{2(g)}$ Senkung des Druckes

6.6 Protolysegleichgewichte

Säuren und Basen reagieren durch Wasserstoff-Ionen-Austausch (Protonenaustausch) miteinander. Dieses Reaktionsprinzip wird als **Protolysereaktion** (protolysis) bezeichnet. Dabei entsteht aus einer Säure durch **Protonenabgabe** die *korrespondierende* (zugehörige) *Base*, aus einer Base durch **Protonenaufnahme** die *korrespondierende Säure* **(Bild 1)**.

Viele Säure-Base-Reaktionen finden in wässrigen Lösungen statt. Es stellen sich **Protolysegleichgewichte** (engl. protolysis equilibrium) ein, deren Lage je nach Stärke der Säuren oder Basen sehr unterschiedlich sein kann.

$$HA + H_2O \rightleftharpoons H_3O^+ + A^-$$

Säure 1 *Base 2* — *korrespondierende:* *Säure 2* *Base 1*

$$B + H_2O \rightleftharpoons BH^+ + OH^-$$

Base 1 *Säure 2* — *korrespondierende:* *Säure 1* *Base 2*

Bild 1: Protolyse einer Säure in Wasser und einer Base in Wasser

6.6.1 Protolysegleichgewicht des Wassers

Aus den beiden Beispielen in **Bild 1,** Seite 187, ist ersichtlich, dass Wasser, je nach Reaktionspartner, als Säure oder als Base reagieren kann. Stoffe, die wie Wasser, diese Eigenschaften besitzen, bezeichnet man als **Ampholyte**.

In Wasser und in allen wässrigen Lösungen liegt zwischen den Wassermolekülen ein **Eigenprotolyse-Gleichgewicht** vor **(Bild 1a),** auch **Autoprotolyse** (engl. auto-protolysis) genannt.

Das Eigenprotolyse-Gleichgewicht des Wassers liegt wegen der geringen Säure- bzw. Basenstärke des Wassers sehr stark auf der Seite der Wassermoleküle:

a) Protolyse-Gleichgewicht von Wasser:

$$H_2O + H_2O \rightleftharpoons H_3O^+ + OH^-$$

Säure, Base, Hydronium Ion, Hydroxid Ion

b) Eigenprotolyse von Wasser als Dissoziationsgleichgewicht:

$$H_2O \rightleftharpoons H^+ + OH^-$$

Bild 1: Eigenprotolyse des Wassers

Von 555 000 000 H_2O-Molekülen protolysiert nur ein Molekül. In 10^7 Liter Wasser von 22 °C sind z. B. nur je 1 mol H_3O^+-Ionen und OH^--Ionen enthalten.

Vereinfacht ist dieses Gleichgewicht auch als **Dissoziationsgleichgewicht** darstellbar **(Bild 1b),** allerdings kommen Wasserstoff-Ionen H^+ in wässrigen Lösungen nicht frei vor, sondern immer an ein Wassermolekül gebunden als Hydronium-Ionen H_3O^+.

Das Massenwirkungsgesetz (Seite 181) lautet für das Protolysegleichgewicht des Wassers:

$$K_c = \frac{c(H_3O^+) \cdot c(OH^-)}{c^2(H_2O)}$$

Die Konzentration der nicht protolysierten Wassermoleküle wird gegenüber den extrem geringen Ionen-Konzentrationen $c(H_3O^+)$ und $c(OH^-)$ als praktisch konstant angesehen und kann mit der Gleichgewichtskonstanten K_c rechnerisch zu einer neuen Konstanten K_W zusammengefasst werden.

$$K_c \cdot c^2(H_2O) = K_W = c(H_3O^+) \cdot c(OH^-)$$

Ionenprodukt des Wassers

$$K_W = c(H_3O^+) \cdot c(OH^-)$$

K_W wird als **Ionenprodukt des Wassers** bezeichnet (engl. ionic product of water).

Die Konzentrationen der Hydronium-Ionen und der Hydroxid-Ionen in reinem Wasser sind stets ausgeglichen, z. B. bei 22 °C: $c(H_3O^+) = c(OH^-) = 10^{-7}$ mol/L.

Mit diesen Konzentrationen ergibt sich für 22 °C das Ionenprodukt des Wassers zu $K_W = c(H_3O^+) \cdot c(OH^-)$

$K_W = 10^{-7}$ mol/L $\cdot$ 10^{-7} mol/L $= 10^{-14}$ (mol/L)^2.

Ionenprodukt des Wassers bei 22 °C

$$K_W = 10^{-14}\ (\text{mol/L})^2$$

Temperaturabhängigkeit des Ionenprodukts des Wassers

Das Ionenprodukt des Wassers ist temperaturabhängig. Bei höheren Temperaturen verschiebt sich die Gleichgewichtslage zur Seite der Ionen, da die Bindungen der Wassermoleküle wegen der größeren Bewegungsenergie schneller gelöst werden: K_W wird größer als 10^{-14} (mol/L)^2 **(Tabelle 1)**. Bei tieferen Temperaturen verschiebt sich die Gleichgewichtslage zur Seite der undissoziierten Wassermoleküle: K_W wird kleiner als 10^{-14} (mol/L)^2.

Tabelle 1: Ionenprodukt des Wassers in Abhängigkeit von der Temperatur

ϑ in °C	K_W in (mol/L)^2
0	$0{,}114 \cdot 10^{-14}$
10	$0{,}292 \cdot 10^{-14}$
22	$1{,}000 \cdot 10^{-14}$
30	$1{,}469 \cdot 10^{-14}$
40	$2{,}919 \cdot 10^{-14}$
60	$9{,}614 \cdot 10^{-14}$
100	$7{,}4 \cdot 10^{-13}$

Das Protolysegleichgewicht des Wassers reagiert auch auf Zugabe von **Säure** oder **Base**. Wird **Säure** zugesetzt, z. B. HCl oder HNO_3, erhöht sich die Konzentration $c(H_3O^+)$; die Konzentration $c(OH^-)$ muss dann so stark abnehmen, bis das Produkt beider Konzentrationen, z. B. bei 22 °C, wieder den Wert 10^{-14} (mol/L)^2 annimmt.

Wird eine **Base** zugesetzt, z. B. NaOH oder NH_3, erhöht sich die Konzentration $c(OH^-)$; die Konzentration $c(H_3O^+)$ muss so stark abnehmen, dass das Produkt beider Ionensorten, z. B. bei 22 °C, den Wert 10^{-14} (mol/L)^2 annimmt. In beiden Fällen bleibt das Ionenprodukt des Wassers also erhalten.

Beispiel 1: Welche Konzentration $c(OH^-)$ hat eine Lösung der Konzentration $c(H_3O^+) = 10^{-4}$ mol/L bei 22 °C?

Lösung: $K_W = c(H_3O^+) \cdot c(OH^-) = 10^{-14}\ (mol/L)^2$, $\Rightarrow$ $\boldsymbol{c(OH^-)} = \frac{K_W}{c(H_3O^+)} = \frac{10^{-14} (mol/L)^2}{10^{-4}\ mol/L} = \mathbf{10^{-11}\ mol/L}$

Beispiel 2: Wie groß ist das Ionenprodukt von Wasser bei 80 °C, wenn die Hydronium-Ionenkonzentration mit $5{,}0 \cdot 10^{-7}$ mol/L ermittelt wurde?

Lösung: $K_W = c(H_3O^+) \cdot c(OH^-)$, mit $c(H_3O^+) = c(OH^-) = 5{,}0 \cdot 10^{-7}$ mol/L folgt durch Einsetzen:
$\boldsymbol{K_W} = c(H_3O^+)^2 = (5{,}0 \cdot 10^{-7}\ mol/L)^2 = \mathbf{2{,}5 \cdot 10^{-13}\ (mol/L)^2}$

Aufgaben zum Protolysegleichgewicht des Wassers

1. Berechnen Sie die Konzentrationen $c(H_3O^+)$ wässriger Lösung mit folgenden Konzentrationen:
   a) $c(OH^-) = 2{,}5 \cdot 10^{-4}$ mol/L bei 22 °C
   b) $c(OH^-) = 10^{-11}$ mol/L bei 10 °C
   c) $c(OH^-) = 1{,}8 \cdot 10^{-8}$ mol/L bei 30 °C
   d) $c(OH^-) = 5 \cdot 10^{-2}$ mol/L bei 60 °C
2. Wie groß sind die Konzentrationen $c(OH^-)$ folgender wässriger Lösung:
   a) $c(H_3O^+) = 1{,}5 \cdot 10^{-4}$ mol/L bei 40 °C
   b) $c(H_3O^+) = 10^{-1}$ mol/L bei 22 °C
   c) $c(H_3O^+) = 1{,}8 \cdot 10^{-14}$ mol/L bei 60 °C
   d) $c(H_3O^+) = 7{,}44 \cdot 10^{-2}$ mol/L bei 10 °C
3. Berechnen Sie das Ionenprodukt von Wasser bei 5 °C. Bei dieser Temperatur wurde eine Hydronium-Ionenkonzentration von $c(H_3O^+) = 4{,}30 \cdot 10^{-8}$ mol/L ermittelt.

6.6.2 Der pH-Wert

Der pH-Wert[1] (engl. pH-value) ist ein Maß für die Hydronium-Ionenkonzentration $c(H_3O^+)$ einer Lösung. Er kennzeichnet den sauren, alkalischen (basischen) oder neutralen Charakter einer Lösung.

Der **pH-Wert** ist definiert als negativer dekadischer Logarithmus des Zahlenwertes[2] der in mol/L angegebenen Hydronium-Ionenkonzentration $c(H_3O^+)$, vereinfacht $c(H^+)$.

Bei bekanntem pH-Wert wird durch Potenzieren des negativen pH-Wertes zur Basis 10 die Konzentration der Hydronium-Ionen in mol/L erhalten (vergl. Seite 22).

Der negative dekadische Logarithmus des Zahlenwertes der Hydroxid-Ionenkonzentration ist der **pOH-Wert**. Bei bekanntem pOH-Wert einer Lösung wird durch Potenzieren des negativen Zahlenwertes des pOH-Wertes zur Basis 10 die Hydroxid-Ionenkonzentration in mol/L erhalten.

Da für verdünnte wässrige Lösungen das Ionenprodukt des Wassers mit $K_W = 10^{-14}\ (mol/L)^2$ gilt, ergibt sich durch Logarithmieren beider Seiten der Gleichung nebenstehender gesetzmäßiger Zusammenhang zwischen dem pH-Wert und dem pOH-Wert.

pH-Wert
$pH = -\lg c(H_3O^+)$
$c(H_3O^+) = 10^{-pH}$ mol/L

pOH-Wert
$pOH = -\lg c(OH^-)$
$c(OH^-) = 10^{-pOH}$ mol/L

Ionenprodukt des Wassers bei 22 °C
$c(H_3O^+) \cdot c(OH^-) = 10^{-14}\ (mol/L)^2$
pH + pOH = 14

Bei seiner Anwendung ist die Temperaturabhängigkeit des Ionenprodukts zu beachten.

Die **pH-Skale** (**Bild 1,** Seite 190) ist keine lineare, sondern eine logarithmische Skale: Pro pH-Einheit ändern sich die Konzentrationen $c(H_3O^+)$ und $c(OH^-)$ um den Faktor 10. Saurer Regen beispielsweise mit pH = 3,6 ist um den Faktor 100 saurer, als unbelastetes Regenwasser mit pH = 5,6. Die Konzentration an Hydronium-Ionen $c(H_3O^+)$ dieser Lösung ist um den Faktor 100 höher, die Konzentration an Hydroxid-Ionen $c(OH^-)$ um den Faktor 100 niedriger. Die pH-Skale Bild 1, Seite 190, verdeutlicht dies.

[1] pH = lateinisch **p**otentia **h**ydrogenii = Kraft des Wasserstoffs oder **p**ondus **h**ydrogenii = Gewicht des Wasserstoffs

[2] Das Logarithmieren einer Konzentration ist nicht möglich. Die exakte Schreibweise müsste lauten:
$pH = -\lg |c(H_3O^+)|$. Die Schreibweise $|c(H_3O^+)|$ bedeutet: Zahlenwert der $c(H_3O^+)$ oder Betrag der $c(H_3O^+)$.

Konzentrationen bei 22 °C — ← **zunehmend sauer** — **neutral** — **zunehmend alkalisch/basisch** →

pH-Wert	0	1	2	3	4	5	6	7	8	9	10	11	12	13	14	
$c(H_3O^+)$:	10^0	10^{-1}	10^{-2}	10^{-3}	10^{-4}	10^{-5}	10^{-6}	10^{-7}	10^{-8}	10^{-9}	10^{-10}	10^{-11}	10^{-12}	10^{-13}	10^{-14}	mol/L
$c(OH^-)$:	10^{-14}	10^{-13}	10^{-12}	10^{-11}	10^{-10}	10^{-9}	10^{-8}	10^{-7}	10^{-6}	10^{-5}	10^{-4}	10^{-3}	10^{-2}	10^{-1}	10^0	mol/L
pOH-Wert	14	13	12	11	10	9	8	7	6	5	4	3	2	1	0	

Bild 1: pH-Skale bei 22 °C

Der pH-Wert oder der pOH-Wert ist ein Maß für die Stoffmengenkonzentrationen an Hydronium-Ionen oder Hydroxid-Ionen. Sie sind jedoch kein Maß für die Stärke einer Säure oder einer Base.

Das Ionenprodukt in der oben angegebenen Form ist nur in stark verdünnten wässrigen Lösungen exakt konstant. Die pH-Skale sollte daher nur für Lösungen mit Konzentrationen bis 1 mol/L angewendet werden, d. h. im Bereich von pH = 0 bis pH = 14.

Beispiel 1: Welchen pH-Wert hat Wasser von 22 °C? Welchen chemischen Charakter hat das Wasser?

Lösung: $c(H_3O^+) = 10^{-7}$ mol/L, $pH = -\lg c(H_3O^+) = -\lg 10^{-7} = -(-7) = 7$ Wasser hat **pH = 7**

Da $c(H_3O^+) = c(OH^-)$, ist Wasser **chemisch neutral.**

Beispiel 2: Welchen pH-Wert hat eine Lösung mit der Hydronium-Ionenkonzentration $c(H_3O^+) = 0{,}055$ mol/L? Wie groß sind der pOH-Wert und die Konzentration $c(OH^-)$?

Lösung: $\mathbf{pH} = -\lg c(H_3O^+) = -\lg 0{,}055 = -(-1{,}2596) \approx \mathbf{1{,}3}$

$\mathbf{pOH} = 14 - pH = 14 - 1{,}3 = \mathbf{12{,}7} \quad \Rightarrow \quad \mathbf{c(OH^-)} = 10^{-pOH}\ \text{mol/L} = 10^{-12{,}7}\ \text{mol/L} \approx \mathbf{2{,}0 \cdot 10^{-13}\ mol/L}$

Aufgaben zum pH-Wert

1. Welchen pH-Wert hat ein Abwasser mit der Hydroxid-Ionenkonzentration $2{,}5 \cdot 10^{-5}$ mol/L?
2. Berechnen Sie die Konzentrationen $c(H_3O^+)$ und $c(OH^-)$ eines Waschfiltrats mit pH = 4,5.
3. Bei welchem pH-Wert ist Wasser von 60 °C chemisch neutral?
4. In einem Puffertank befinden sich 10 m^3 Abwasser von pH = 2,4. Welche Stoffmenge $n(H_3O^+)$ ist in diesem Abwasser zu neutralisieren? In welchem Volumen an Natronlauge der Konzentration $c(NaOH) = 2{,}0$ mol/L ist die zur Neutralisation erforderliche Stoffmenge $n(OH^-)$ enthalten?

6.6.3 pH-Wert starker Säuren und Basen

Starke Säuren und Basen liegen in wässriger Lösung mit Konzentrationen $c \leq 1$ mol/L praktisch vollständig dissoziiert (protolysiert) vor. Deshalb besitzen alle starken einprotonigen Säuren wie HCl und HNO_3 bzw. Basen wie NaOH und KOH bei gleicher Stoffmengenkonzentration gleiche pH-Werte.

Für verdünnte wässrige Lösungen starker Säuren HA kann die Konzentration $c(H_3O^+)$ mit der Ausgangskonzentration an Säure $c_0(HA)$ gleichgesetzt werden, es gilt: $c(H_3O^+) = c_0(HA)$.

Bei wässrigen Lösungen starker Basen entspricht die Konzentration $c(OH^-)$ der Ausgangskonzentration an Base $c_0(B)$, es gilt: $c(OH^-) = c_0(B)$

Für den pH-Wert starker Säuren und Basen gelten somit nebenstehende Größengleichungen. Dabei ist zu berücksichtigen, dass diese Annahmen nur für verdünnte Lösungen mit Säure- bzw. Basenkonzentrationen kleiner als 1 mol/L Gültigkeit haben.

pH-Wert einer starken Säure

$pH = -\lg c_0(HA)$

pOH-Wert einer starken Base

$pOH = -\lg c_0(B)$

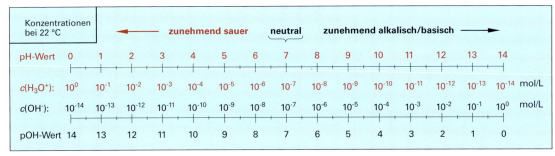

Beispiel 1: Welchen pH-Wert hat eine Salzsäure der Stoffmengenkonzentration $c(\text{HCl}) = 0{,}020$ mol/L?

Lösung: Salzsäure ist eine sehr starke Säure, bei der vollständige Protolyse angenommen werden kann, somit gilt: $c(H_3O^+) = c(\text{HA}) = 0{,}020$ mol/L

pH $= -\lg c(H_3O^+) = -\lg 0{,}020 = -(-1{,}690) \approx$ **1,7**

Beispiel 2: Berechnen Sie den pH-Wert von Natronlauge der Konzentration $c(\text{NaOH}) = 0{,}500$ mol/L.

Lösung: Da eine starke Base vorliegt, kann von vollständiger Protolyse ausgegangen werden, somit gilt: $c(OH^-) = c(\text{B}) = 0{,}500$ mol/L; daraus wird der pOH-Wert berechnet:

pOH $= -\lg c(OH^-) = -\lg 0{,}500 = -(-0{,}301) = 0{,}301 \Rightarrow$ **pH** $= 14 - \text{pOH} = 14 - 0{,}301 = 13{,}699 \approx$ **13,7**

Aufgaben zum pH-Wert starker Säuren und Basen

1. Berechnen Sie die pH-Werte folgender starker einprotoniger Säuren und Basen:
   a) Salzsäure, $c(\text{HCl}) = 0{,}025$ mol/L
   b) Salpetersäure, $c(HNO_3) = 2{,}8 \cdot 10^{-4}$ mol/L
   c) Kalilauge, $c(\text{KOH}) = 1{,}2 \cdot 10^{-3}$ mol/L
   d) Natronlauge, $c(\text{NaOH}) = 0{,}0045$ mol/L
2. Welche Konzentration $c(\text{HCl})$ hat eine Salzsäure, deren pH-Wert mit 5,62 gemessen wurde?
3. Welche Masse an Natriumhydroxid NaOH ist in 2000 mL Natronlauge mit pH = 10,5 enthalten?
4. Berechnen Sie den pH-Wert einer Kalilauge mit der Massenkonzentration $\beta(\text{KOH}) = 0{,}540$ g/L.
5. Welchen pH-Wert hat Natronlauge mit dem Massenanteil $w(\text{NaOH}) = 1{,}49$ % ($\varrho = 1{,}015$ g/mL)?

6.6.4 pH-Wert schwacher Säuren und Basen

Bei den bisher betrachteten Protolysereaktionen wurde ein vollständiger Reaktionsablauf angenommen, bei dem das Gleichgewicht vollständig auf der Seite der Ionen liegt. Bei vielen Reaktionen verläuft die Protolyse aber nur unvollständig. Dann liegen protolysierte (dissoziierte) Ionen und nicht protolysierte (undissoziierte) Teilchen im Gleichgewicht nebeneinander vor. Unvollständig protolysierende Säuren und Basen bezeichnet man als **schwache** Säuren und Basen.

Berechnung des pH-Werts aus dem Protolysegrad α

Die Stärke eines Elektrolyten lässt sich mit dem **Protolysegrad** α (engl. degree of protolysis) ausdrücken, dem Verhältnis der Konzentration $c(A^-)$ protolysierter Teilchen zur Ausgangskonzentration $c_0(\text{HA})$.

$$\text{Protolysegrad} = \frac{\text{Stoffmengenkonzentration protolysierte Ionen}}{\text{Stoffmengenkonzentration des Ausgangsstoffes}}$$

Protolysegrad α einer Säure
$\alpha = \dfrac{c(\text{protolysierte Ionen})}{c_0(\text{HA})}$

Der Protolysegrad α, bei Salzen *Dissoziationsgrad* genannt, kann Werte zwischen 0 und 1 bzw. 0 und 100 % annehmen.

Der Protolysegrad α ist ein Maß für die Stärke einer Säure: Für $\alpha = 0 = 0$ % liegt ein Stoff völlig unprotolysiert vor, $\alpha = 1 = 100$ % bedeutet vollständige Protolyse der Ausgangsverbindung, wie z.B. bei HCl. Der Protolysegrad α ist auch auf die Protolyse von Basen anwendbar.

Bei der *starken* Säure Chlorwasserstoff HCl kann von einer *vollständigen* Protolyse ausgegangen werden (siehe **Bild 1**). Die Konzentration der Hydronium-Ionen ist praktisch gleich der Konzentration der Säure HCl: $c(H_3O^+) \approx c_0(\text{HCl})$.

Der pH-Wert der *schwachen* Säure Essigsäure ist dagegen höher als bei Salzsäure gleicher Konzentration. Zwischen Essigsäure und Wasser findet offensichtlich nur eine *teilweise* Protolyse statt. Das Gleichgewicht liegt weit auf der Seite der *nicht protolysierten* Säuremoleküle.

Protolyse von Chlorwasserstoff in Wasser: pH = 1

$$\text{HCl} + H_2O \rightleftharpoons H_3O^+ + Cl^-$$

$c_0(\text{HCl}) = 0{,}1$ mol/L — $c(H_3O^+) \approx 0{,}1$ mol/L

Protolyse von Essigsäure in Wasser: pH = 2,9

$$CH_3COOH + H_2O \rightleftharpoons H_3O^+ + CH_3COO^-$$

$c_0(CH_3COOH) = 0{,}1$ mol/L, zu 98,7 % undissoziiert — Acetat-Ion, 1,3 % dissoziiert

Bild 1: Protolyse von Chlorwasserstoff und Essigsäure mit jeweils $c_0(\text{HA}) = 0{,}1$ mol/L in Wasser

Der Protolysegrad ist vom Grad der Verdünnung der Säure bzw. Base abhängig. Bei Essigsäure z. B. der Konzentration c(Säure) = 0,1 mol/L = 10^{-1} mol/L beträgt α = 0,0131 ≈ 1,3 %. Bei der Konzentration c(Säure) = 10^{-5} mol/L dagegen beträgt α = 0,7099 ≈ 71 %.

Mit zunehmender Verdünnung nimmt der Protolysegrad α einer schwachen Säure (Base) zu.

Die Konzentration $c(H_3O^+)$ einer schwachen Säure kann aus dem Protolysegrad α und der Ausgangskonzentration der Säure c_0(HA) errechnet werden. Entsprechend erhält man die Konzentration $c(OH^-)$ der wässrigen Lösung einer schwachen Base aus der Ausgangskonzentration c_0(Base).

Protolyse schwacher Säuren
$c(H_3O^+) = \alpha \cdot c_0(HA)$

Beispiel 1: Welchen pH-Wert hat eine Essigsäure-Lösung der Konzentration $c(CH_3COOH)$ = 0,025 mol/L, wenn der Protolysegrad α = 0,026 beträgt?

Lösung: $c(H_3O^+) = \alpha \cdot c_0(CH_3COOH) = 0{,}026 \cdot 0{,}025$ mol/L = 0,00065 mol/L

pH = $-\lg c(H_3O^+) = -\lg 0{,}00065 = -(-3{,}187) \approx$ **3,2**

Beispiel 2: Welchen pH-Wert hat Ammoniak-Lösung der Konzentration $c(NH_3)$ = 2,50 mol/L (α = 0,265 %)?

Lösung: $c(OH^-) = \alpha \cdot c_0(NH_3) = 0{,}00265 \cdot 2{,}50$ mol/L = $6{,}625 \cdot 10^{-3}$ mol/L

pOH = $-\lg c(OH^-) = -\lg (6{,}625 \cdot 10^{-3}) = 2{,}1788$ ⇒ **pH** = 14 – pOH = 14 – 2,1788 ≈ **11,8**

Berechnung des pH-Werts aus der Säure- und Basenkonstante

Eine weitere Möglichkeit zur Beurteilung der Lage von Protolysegleichgewichten ist neben dem Protolysegrad α die Anwendung des Massenwirkungsgesetzes. Dies soll am Beispiel des Protolysegleichgewichts einer Säure HA und einer Base B erläutert werden.

Gleichgewicht einer Säure HA in Wasser:				Gleichgewicht einer Base B in Wasser:			
HA	+ H_2O ⇌	H_3O^+	+ A^-	B	+ H_2O ⇌	BH^+	+ OH^-
Säure 1	Base 2	Säure 2	Base 1	Base 1	Säure 2	Säure 1	Base 2

Wird auf die beiden Protolysegleichgewichte das Massenwirkungsgesetz angewendet, so ergeben sich mit den Gleichgewichtskonzentrationen die nachfolgenden Gesetzmäßigkeiten.

Für die Säure gilt: $K_c = \frac{c(H_3O^+) \cdot c(A^-)}{c(HA) \cdot c(H_2O)}$ Für die Base gilt: $K_c = \frac{c(OH^-) \cdot c(BH^+)}{c(B) \cdot c(H_2O)}$

In beiden Gleichgewichten ist die Konzentration des Lösemittels Wasser $c(H_2O)$ gegenüber den Ionen-Konzentrationen sehr groß. Sie kann, wie beim Ionenprodukt des Wassers K_W, auch nach Zugabe von Säure oder Base, als konstant angenommen werden. Die Konzentration des Wassers wird mit der Konstanten K_c zu einer jeweils neuen Konstanten, der **Säurekonstanten K_S** (engl. acidity constant) bzw. der **Basenkonstanten K_B** (engl. basicity constant) zusammengefasst.

Mit $K_S = c(H_2O) \cdot K_c$ gilt für die Säurekonstante: $K_S = \frac{c(H_3O^+) \cdot c(A^-)}{c(HA)}$

Mit $K_B = c(H_2O) \cdot K_c$ gilt für die Basenkonstante: $K_B = \frac{c(OH^-) \cdot c(BH^+)}{c(B)}$

Eine Säure oder eine Base ist umso stärker, je größer die Zahlenwerte von K_S bzw. K_B sind.

Werden die beiden Seiten der Massenwirkungsquotienten logarithmiert, so erhält man den pK_S- und pK_B-Wert der Säure und Base. Sie werden als **Säure**- bzw. **Basenexponent** bezeichnet.

Säureexponent	Basenexponent
$pK_S = -\lg K_S$ $K_S = 10^{-pK_S}$	$pK_B = -\lg K_B$ $K_B = 10^{-pK_B}$

Für die Säureexponenten und Basenexponenten gilt: Je kleiner der pK_S-Wert oder der pK_B-Wert, umso größer die Stärke der Säure und der Base **(Tabelle 1, Seite 193)**.

Für ein korrespondierendes Säure-Base-Paar gilt für den pK_S-Wert und pK_B-Wert die nebenstehende Beziehung.

Korrespondierende Säure- und Basenkonstante bei 22 °C
$pK_S + pK_B = 14$

Setzt man im Massenwirkungsquotienten die im Gleichgewicht vorliegende Konzentration c(HA) bzw. c(B) näherungsweise gleich der Ausgangskonzentration c_0(HA) bzw. c_0(B), so erhält man die nebenstehenden Näherungsgleichungen zur Berechnung des pH-Wertes schwacher Säuren bzw. des pOH-Wertes schwacher Basen.

Die pH-Berechnungen mit den pK_S- und pK_B-Werten sind im Gegensatz zu den pH-Berechnungen mit dem Protolysegrad α unabhängig vom Grad der Verdünnung einer Säure- bzw. Baselösung.

Diese Gleichungen können mit hinreichender Genauigkeit für schwache Säuren bzw. schwache Basen mit pK_S- und pK_B-Werten > 3 angewendet werden.

Beispiel 1: Welchen pH-Wert hat eine Essigsäure-Lösung der Konzentration $c(CH_3COOH)$ = 0,050 mol/L?

Lösung: Mit pK_S = 4,76 (aus **Tabelle 1**) folgt:

$$\textbf{pH} = \frac{pK_S - \lg c_0(\text{Säure})}{2} = \frac{4{,}76 - \lg 0{,}050}{2} \approx \textbf{3,0}$$

Beispiel 2: Berechnen Sie den pH-Wert einer Ammoniak-Lösung der Konzentration $c(NH_3)$ = 0,025 mol/L.

Lösung: Ammoniak ist eine schwache Base, mit pK_B = 4,75 (aus **Tabelle 1**) folgt:

$$\text{pOH} = \frac{pK_B - \lg c_0(\text{Base})}{2} = \frac{4{,}75 - \lg 0{,}025}{2} = 3{,}1760$$

$$\textbf{pH} = 14 - \text{pOH} = 14 - 3{,}1760 \approx \textbf{10,8}$$

Für schwache Säuren und Basen lässt sich bei bekannten pK_S- und pK_B-Werten außer den pH-Werten auch der Protolysegrad α der gelösten Säure oder Base mit nebenstehender Größengleichung näherungsweise berechnen.

pH-Wert schwacher Säuren

$$\text{pH} = \frac{pK_S - \lg c_0(\text{Säure})}{2}$$

pOH-Wert schwacher Basen

$$\text{pOH} = \frac{pK_B - \lg c_0(\text{Base})}{2}$$

Tabelle 1: pK_S-/pK_B-Werte einprotoniger Säuren/Basen (22°C)

Säure	Formel	pK_S
Salpetrige Säure	HNO_2	3,34
Ameisensäure	HCOOH	3,74
Essigsäure	CH_3COOH	4,76
Propansäure	C_2H_5COOH	4,87
Kohlensäure	H_2CO_3	6,52
Hydrogensulfid	H_2S	6,95
Base	**Formel**	**pK_B**
Phosphat-Ion	PO_4^{3-}	1,68
Carbonat-Ion	CO_3^{2-}	3,6
Ammoniak	NH_3	4,75
Acetat-Ion	CH_3COO^-	9,24

Protolysegrad schwacher

Säuren	Basen
$\alpha = \sqrt{\dfrac{K_S}{c_0(\text{Säure})}}$	$\alpha = \sqrt{\dfrac{K_B}{c_0(\text{Base})}}$

Aufgaben zum pH-Wert schwacher Säuren und Basen

1. Berechnen Sie die pH-Werte folgender wässriger Lösungen:
   a) Ameisensäure-Lösung der Konzentration c(HCOOH) = 0,25 mol/L, α = 0,0270
   b) Ammoniak-Lösung der Konzentration $c(NH_3)$ = 0,50 mol/L, α = 0,0059
   c) Salpetrige Säure der Konzentration $c(HNO_2)$ = 0,12 mol/L, α = 6,12 %
2. Eine wässrige Essigsäure-Lösung mit $c(CH_3COOH)$ = 0,050 mol/L hat den pH-Wert pH = 3,03. Wie groß ist der Protolysegrad der Essigsäure?
3. Welchen pH-Wert und welchen Protolysegrad hat eine Milchsäure-Lösung der Konzentration c(Milchsäure) = 0,10 mol/L? pK_S(Milchsäure) = 3,9
4. Berechnen Sie aus den pK_S-Werten den pH-Wert folgender wässriger Lösungen:
   a) Salpetrige Säure, $c(HNO_2)$ = 0,20 mol/L c) Ammoniakwasser, $c(NH_3)$ = 0,50 mol/L
   b) Essigsäure, $c(CH_3COOH)$ = 0,015 mol/L d) Natriumacetat, $c(CH_3COONa)$ = 0,15 mol/L
5. 12,30 g Natriumacetat CH_3COONa werden im Messkolben mit demin. Wasser zu 1000 mL aufgefüllt. Welchen pH-Wert hat die Lösung?
6. Berechnen Sie den Protolysegrad einer Propansäure-Lösung, $c(C_2H_5COOH) = 2{,}5 \cdot 10^{-4}$ mol/L.
7. Wie groß sind a) der pK_B-Wert des Propionat-Ions $C_2H_5COO^-$, der korrespondierenden Base der Propansäure sowie b) der pK_S-Wert des Ammonium-Ions NH_4^+?

6.7 pH-Wert von Pufferlösungen

Als **Pufferlösungen** (engl. buffer system) werden Lösungen bezeichnet, deren pH-Wert sich trotz Zugabe von Säuren oder Basen kaum verändert. Puffer dienen somit zur Stabilisierung des pH-Wertes und bestehen in der Regel aus einer Säure und ihrer korrespondierenden Base. Die Wirkungsweise soll am Beispiel eines Essigsäure-Acetat-Puffers erläutert werden. Dort liegt folgendes Gleichgewicht vor:

$CH_3COOH_{(aq)}$	+	$H_2O_{(l)}$	$\rightleftharpoons$	$CH_3COO^-_{(aq)}$	+	$H_3O^+_{(aq)}$
Säure 1		*Base 2*		***Base 1***		*Säure 2*
$pK_S = 4{,}76$		$pK_B = 15{,}74$		$pK_B = 9{,}24$		$pK_S = -1{,}74$

Wird der Puffer mit einer starken *Säure* versetzt, so werden die damit zugefügten Hydronium-Ionen durch die Acetat-Ionen (= stärkste Base) unter Bildung von Essigsäure abgefangen. Bei Zugabe einer starken *Base* dagegen werden die zugefügten Hydroxid-Ionen durch die Hydronium-Ionen (= stärkste Säure) unter Bildung von Acetat-Ionen neutralisiert. Somit bleibt in beiden Fällen die Änderung der Hydronium-Ionenkonzentration $c(H_3O^+)$, und damit die pH-Wert-Änderung gering; das gilt allerdings nur, wenn die Portionen an zugesetzter Säure oder Base nicht zu groß sind.

Der pH-Wert einer Pufferlösung ergibt sich aus dem Term der Säurekonstante K_S der Puffer-Säure HA und anschließende Umformung.

$$K_S = c(H_3O^+) \cdot \frac{c(\text{Salz})}{c(\text{Säure})} \Rightarrow c(H_3O^+) = K_S \cdot \frac{c(\text{Säure})}{c(\text{Salz})}$$

Durch Logarithmieren beider Seiten der Gleichung erhält man die als **Puffergleichung** bezeichnete HENDERSON-HASSELBALCH-Gleichung für einen Puffer aus einer schwachen Säure und deren Salz.

Puffergleichung für schwache Säuren

$$\text{pH} = pK_S + \lg\frac{c(\text{Salz})}{c(\text{Säure})}$$

Analog dazu lässt sich die Größengleichung für ein Puffersystem aus einer schwachen Base und ihrer korrespondierenden Säure ableiten.

Puffergleichung für schwache Basen

$$\text{pOH} = pK_B + \lg\frac{c(\text{Salz})}{c(\text{Base})}$$

Gute Pufferwirkung wird bei einem Konzentrationsverhältnis Säure : Base zwischen 1 : 10 und 10 : 1 erreicht. Das Pufferoptimum ergibt sich, wenn $c(\text{Säure}) = c(\text{Base})$ und $\text{pH} = pK_S$. Die *Pufferkapazität* steigt mit zunehmender Konzentration der Lösung.

Beispiel 1: Welchen pH-Wert hat eine Pufferlösung aus Essigsäure mit $c(CH_3COOH) = 0{,}100$ mol/L, in der 0,09634 mol wasserfreies Natriumacetat CH_3COONa gelöst sind?

Lösung: $\textbf{pH} = pK_S + \lg\frac{c(\text{Salz})}{c(\text{Säure})} = 4{,}76 + \lg\frac{0{,}09634 \text{ mol/L}}{0{,}100 \text{ mol/L}} = 4{,}76 - 0{,}0162 \approx \textbf{4,74}$

Beispiel 2: Wie ändert sich der pH-Wert der Pufferlösung aus Beispiel 1, wenn 990 mL Pufferlösung mit 10 mL Salzsäure der Konzentration $c(HCl) = 1{,}0$ mol/L versetzt werden?

Lösung: Zugesetzte Stoffmenge an HCl: $n(HCl) = c(HCl) \cdot V(\text{Lsg}) = 1{,}0 \text{ mol/L} \cdot 0{,}010 \text{ L} = 0{,}010$ mol

Puffer-Gleichgewicht:	HCl	+	CH_3COO^-	$\rightleftharpoons$	CH_3COOH	+	Cl^-
vor der GG-Einstellung:	0,010 mol/L		0,09634 mol/L		0,100 mol/L		0 mol/L
nach der GG-Einstellung:	0 mol/L		0,08634 mol/L		0,110 mol/L		0,010 mol/L

$\textbf{pH} = pK_S + \lg\frac{c(\text{Salz})}{c(\text{Säure})} = 4{,}76 + \lg\frac{0{,}08634}{0{,}110} = 4{,}76 - 0{,}1052 \approx \textbf{4,65}$

Aufgaben zum pH-Wert von Pufferlösungen

1. Berechnen Sie den pH-Wert
   a) eines Puffers aus 0,32 mol/L Essigsäure und 0,12 mol/L Natriumacetat.
   b) eines Phosphatpuffers aus 0,55 mol/L Natriumdihydrogenphosphat ($pK_S(NaH_2PO_4) = 7{,}21$) und 0,155 mol/L Dinatriumhydrogenphosphat Na_2HPO_4.
2. Zu jeweils 1000 mL eines Puffers aus 0,20 mol/L CH_3COOH und 0,25 mol/L CH_3COONa werden a) 0,55 g NaOH und b) 2,55 g H_2SO_4 gegeben. Wie ändert sich jeweils der pH-Wert des Puffers?

6.8 Löslichkeitsgleichgewichte

Feste Stoffe lösen sich nicht unbegrenzt in Flüssigkeiten. Wird bei Zugabe des zu lösenden Stoffes eine bestimmte Sättigungsgrenze überschritten, bildet sich ein Bodenkörper aus ungelöster Substanz. In der **gesättigten Lösung** bleibt bei weiterer Zugabe die Konzentration der dissoziierten Ionen konstant. Zwischen Bodenkörper und den gelösten Teilchen findet ein stetiger Stoffaustausch statt, es liegt ein von der Menge des Bodenkörpers unabhängiges **Löslichkeitsgleichgewicht** (engl. solubility equilibrium) vor **(Bild 1)**.

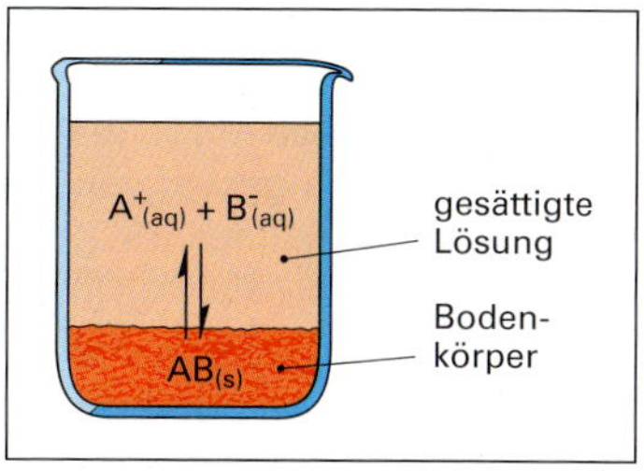

Bild 1: Löslichkeitsgleichgewicht eines Salzes

Für ein Salz der allgemeinen Zusammensetzung A_nB_m lautet das Löslichkeitsgleichgewicht:

$$\underset{\text{fester Bodenkörper}}{A^{n+}_m B^{m-}_{n(s)}} \rightleftharpoons \underset{\text{gelöste (dissoziierte) Ionen}}{m\,A^{n+}_{(aq)} + n\,B^{m-}_{(aq)}}$$

Das Produkt der gelösten Ionen-Konzentrationen ergibt für die gesättigte Lösung eines Salzes eine temperaturabhängige Gleichgewichtskonstante. Sie wird als **Löslichkeitsprodukt** K_L (engl. solubility product) bezeichnet.

Je *größer* der Wert des Löslichkeitsprodukts K_L, desto *besser* ist die Löslichkeit eines Salzes.

Löslichkeitsprodukt
Für ein Salz AB: $K_L(AB) = c(A^+) \cdot c(B^-)$
Für ein Salz A_mB_n: $K_L(A_mB_n) = c^m(A^{n+}) \cdot c^n(B^{m-})$

In **Tabelle 1** sind die Löslichkeitsprodukte ausgewählter Salze aufgeführt. Wird dieser Wert in einer Lösung durch Zugabe gelöster Ionen der einen oder anderen oder beider Sorten überschritten, so fällt so lange unlösliches Salz aus, bis das Produkt der Konzentrationen gelöster Ionen wieder den angegebenen Wert erreicht.

Diese Technologie wird bei Fällungsreaktionen angewendet, beispielsweise der Reinigung von NaCl-Sole: Die unerwünschten Calcium-Ionen bilden nach Zugabe von Soda-Lösung mit den CO_3^{2-}-Ionen schwer lösliches Calciumcarbonat $CaCO_3$, das bis auf eine geringe Restkonzentration an Ca^{2+} ausfällt. Diese kann mit Hilfe des Löslichkeitsprodukts berechnet werden.

Tabelle 1: K_L-Werte schwer löslicher Salze bei 25 °C

Salz	K_L in $(mol/L)^{m+n}$
AgCl	$1{,}6 \cdot 10^{-10}$
$BaSO_4$	$1{,}0 \cdot 10^{-10}$
$CaCO_3$	$8{,}7 \cdot 10^{-9}$
$Ca(OH)_2$	$4{,}3 \cdot 10^{-6}$
$CaSO_4$	$6{,}1 \cdot 10^{-5}$
$Fe(OH)_3$	$3{,}8 \cdot 10^{-38}$
$Mg(OH)_2$	$2{,}6 \cdot 10^{-12}$
$PbSO_4$	$1{,}5 \cdot 10^{-8}$

Beispiel 1: Die Löslichkeit von Silberchlorid AgCl in Wasser von 25 °C beträgt $1{,}26 \cdot 10^{-5}$ mol/L. Berechnen Sie daraus das Löslichkeitsprodukt $K_L(AgCl)$ bei 25 °C.

Lösung: Löslichkeitsgleichgewicht: $AgCl_{(s)} \rightleftharpoons Ag^+_{(aq)} + Cl^-_{(aq)}$

Eine Formeleinheit AgCl dissoziiert in ein Ag^+-Ion und ein Cl^--Ion $\Rightarrow c(Ag^+) = c(Cl^-) = c(AgCl)$

Das Löslichkeitsprodukt lautet: $K_L(AgCl) = c(Ag^+) \cdot c(Cl^-) = c^2(Ag^+)$

Durch Einsetzen folgt: $\mathbf{K_L(AgCl)} = (1{,}26 \cdot 10^{-5}\ mol/L)^2 \approx 1{,}5876 \cdot 10^{-5}\ (mol/L)^2 \approx \mathbf{1{,}60 \cdot 10^{-10}\ (mol/L)^2}$

Beispiel 2: Berechnen Sie aus dem Löslichkeitsprodukt, welche Masse an Calciumcarbonat $CaCO_3$ maximal in einem Liter Wasser von 25 °C löslich ist. $K_L(CaCO_3) = 8{,}7 \cdot 10^{-9}\ (mol/L)^2$ **(Tabelle 1)**

Lösung: Löslichkeitsgleichgewicht: $CaCO_{3(s)} \rightleftharpoons Ca^{2+}_{(aq)} + CO^{2-}_{3(aq)}$; darin gilt: $c(Ca^{2+}) = c(CO_3^{2-})$

Das Löslichkeitsprodukt lautet: $K_L(CaCO_3) = c(Ca^{2+}) \cdot c(CO_3^{2-})$

Durch Einsetzen von $c(Ca^{2+}) = c(CO_3^{2-})$ wird erhalten: $K_L = c(Ca^{2+}) \cdot c(CO_3^{2-}) = c^2(Ca^{2+})$

Mit $K_L = 8{,}7 \cdot 10^{-9}\ (mol/L)^2$ folgt nach Umformen: $c(Ca^{2+}) = \sqrt{8{,}7 \cdot 10^{-9}\ (mol/L)^2} = 9{,}327 \cdot 10^{-5}\ mol/L$

Da sich pro 1 mol Ca^{2+}-Ionen 1 mol $CaCO_3$ löst, gilt: $c(CaCO_3) = c(Ca^{2+}) = 9{,}327 \cdot 10^{-5}\ mol/L$

Mit $c = n/V$ und $n = m/M$ folgt durch Einsetzen: $\mathbf{m(CaCO_3)} = c(CaCO_3) \cdot M(CaCO_3) \cdot V(Lsg)$

$\mathbf{m(CaCO_3)} = 9{,}372 \cdot 10^{-5}\ mol/L \cdot 100{,}087\ g/mol \cdot 1{,}00\ L = 0{,}009380\ g \approx \mathbf{9{,}4\ mg}$

Aufgaben zu Löslichkeitsgleichgewichten

1. Berechnen Sie für die bei 25 °C gesättigten Lösungen der Salze ihre Löslichkeitsprodukte.
   a) Kupfercarbonat, $c(CuCO_3) = 1{,}18 \cdot 10^{-5}$ mol/L
   b) Cadmiumsulfid, $c(CdS) = 3{,}16 \cdot 10^{-12}$ mmol/L
   c) Blei(II)-fluorid, $\beta(PbF_2) = 296$ mg/L
   d) 107 mg $MgCO_3$ in 250 mL Wasser
2. Berechnen Sie mit Hilfe der Löslichkeitsprodukte aus **Tabelle 1,** Seite 195, die Stoffmengenkonzentrationen der gesättigten Lösungen nachfolgender Salze bei 25 °C.
   a) Calciumsulfat, $CaSO_4$ b) Bariumsulfat, $BaSO_4$ c) Calciumhydroxid, $Ca(OH)_2$
   d) Eisenhydroxid, $Fe(OH)_3$
3. Bildet sich ein Niederschlag, wenn bei 25 °C je 1000 mL Natriumsulfat-Lösung, $c(Na_2SO_4) = 10^{-3}$ mol/L und Calciumchlorid-Lösung, $c(CaCl_2) = 10^{-3}$ mol/L, zusammengegeben werden?
4. Welche Masse an Eisencarbonat $FeCO_3$ ist in 5,0 m^3 Wasser von 25 °C löslich?
   $K_L(FeCO_3) = 2{,}5 \cdot 10^{-11}\ (mol/L)^2$

Gemischte Aufgaben zu Berechnungen zum Verlauf chemischer Reaktionen

1. Bei der Zersetzung von Natriumthiosulfat-Ionen durch Salzsäure:
   $S_2O^{2-}_{3(aq)} + 2\,H^+_{(aq)} \longrightarrow S_{(s)} + SO_{2(g)} + H_2O_{(l)}$
   ist bei 44 °C die Reaktion nach 6,5 s beendet. Welche Reaktionsdauer ist mit den gleichen Konzentrationen bei einer Reaktionstemperatur von 15 °C zu erwarten?
2. Das Gleichgewichtsgemisch eines Ammoniak-Reaktors: $N_{2(g)} + 3\,N_{2(g)} \rightleftharpoons 2\,NH_{3(g)}$ enthält bei 500 °C folgende Konzentrationen: $c(NH_3) = 3{,}6$ mol/L, $c(H_2) = 1{,}8$ mol/L, $c(N_2) = 2{,}5$ mol/L. Berechnen Sie die Gleichgewichtskonstanten K_c und K_p.
3. Synthesegas, ein Gemisch aus Kohlenstoffmonoxid und Wasserstoff, entsteht durch Reaktion von Wasserdampf, der über glühenden Koks geleitet wird:
   $C_{(s)} + H_2O_{(g)} \rightleftharpoons CO_{(g)} + H_{2(g)} \quad | \, \Delta_r H = 130$ kJ/mol
   Wie wirken sich a) eine Temperaturerhöhung und b) eine Druckerhöhung auf die Lage eines im Gleichgewicht befindlichen Systems aus? Erläutern Sie mit dem Prinzip von LE CHÂTELIER.
4. Der pH-Wert von Abwasser beträgt 3,7. Wie groß sind die Konzentrationen $c(H_3O^+)$ und $c(OH^-)$?
5. Ein Waschfiltrat enthält $6{,}7 \cdot 10^{-3}$ mol/L Hydroxid-Ionen. Wie groß ist der pH-Wert des Filtrats?
6. Berechnen Sie den pH-Wert folgender Säuren und Basen (vollständige Protolyse angenommen):
   a) Salzsäure, $c(HCl) = 0{,}015$ mol/L
   b) Natronlauge, $c(NaOH) = 0{,}17$ mol/L
   c) Salpetersäure, $c(HNO_3) = 0{,}55$ mol/L
   d) Kalilauge, $c(KOH) = 2{,}5 \cdot 10^{-3}$ mol/L
7. Welche Masse an Essigsäure ist in 5,0 m^3 Essigsäure-Lösung mit pH 3,39 enthalten, deren Protolysegrad 0,0173 beträgt?
8. Berechnen Sie den pH-Wert a) einer Ammoniak-Lösung mit $c(NH_3) = 0{,}058$ mol/L, b) einer Essigsäure-Lösung mit $c(CH_3COOH) = 0{,}125$ mol/L c) einer Natriumcarbonat-Lösung mit $c(Na_2CO_3) = 0{,}25$ mol/L d) einer Propansäure-Lösung mit $c(C_2H_5COOH) = 0{,}55$ mol/L.
9. Eine wässrige Lösung enthält 0,812 mol/L Natriumacetat und 0,634 mol/L Essigsäure. Wie groß ist der pH-Wert dieser Pufferlösung?
10. Welche Masse an Ammoniumchlorid NH_4Cl muss in 2000 mL einer wässrigen Ammoniak-Lösung mit $c(NH_3) = 0{,}120$ mol/L gelöst werden, damit eine Pufferlösung mit pH = 9,40 entsteht?
11. Wie verändert sich der pH-Wert in 5,0 m^3 Abwasser von pH 7,0, wenn 250 L verunreinigte Natronlauge mit $w(NaOH) = 25{,}1$ % und der Dichte 1,275 g/cm^3 zugepumpt werden?
12. In einer gesättigten Bleisulfat-Lösung wurde eine Massenkonzentration $\beta(PbSO_4) = 4{,}3 \cdot 10^{-2}$ g/L ermittelt. Berechnen Sie das Löslichkeitsprodukt $K_L(PbSO_4)$ bei dieser Temperatur.
13. Eine gesättigte Lösung von Zinksulfat mit dem Massenanteil $w(ZnSO_4) = 35{,}3$ % hat bei 20 °C eine Dichte von $\varrho = 1{,}47$ g/cm^3. Wie groß ist das Löslichkeitsprodukt $K_L(ZnSO_4)$ bei 20 °C?
14. Welche Masse an Manganhydroxid $Mn(OH)_2$ ist in 850 L Wasser von 25 °C löslich?
    $K_L(Mn(OH)_2) = 4{,}0 \cdot 10^{-14}\ (mol/L)^3$
15. Eine Magnesiumchlorid-Lösung der Konzentration $c(MgCl_2) = 1{,}25 \cdot 10^{-3}$ mol/L wird auf pH = 9,2 eingestellt. Berechnen Sie, ob sich dabei ein Niederschlag bildet.

7 Analytische Bestimmungen

Das Ziel **quantitativer Analysen** (engl. quantitative analysis) ist die Ermittlung der Mengen an Bestandteilen in einer Substanz. Dies können Elemente, Ionen, Verbindungen, Radikale oder funktionelle Gruppen sein. Die Bestimmungen werden vor allem durchgeführt zur Auswahl und Überwachung industrieller Rohstoffe sowie zur Beurteilung der Qualität von Zwischenprodukten, Fertigerzeugnissen und Abfallstoffen.

Ferner dienen sie zur Kontrolle von Luftverunreinigungen, von Abwasser, von Arbeitsplatz-Grenzwerten in Arbeitsräumen sowie zur Untersuchung von Böden, Lebensmitteln und Trinkwasser auf unzulässigerweise eingesetzte Chemikalien.

Ein weiteres breites Anwendungsgebiet sind biochemische und medizinische Untersuchungen in der Diagnostik und Forschung.

Übersicht analytischer Bestimmungsmethoden

Die Art, Beschaffenheit und Menge des zu untersuchenden Stoffes bestimmen in erster Linie die Wahl der Analysenmethode. Dabei kommen chemische, biochemische, physikalisch-chemische oder rein physikalische Methoden zum Einsatz.

Die nachfolgende Übersicht zeigt die wichtigsten analytischen Verfahren **(Tabelle 1)**.

Tabelle 1: Übersicht analytischer Bestimmungsmethoden

Analytische Methode	Untersuchtes Phänomen	Name des analytischen Verfahrens
Gravimetrie	Bestimmung der Masseänderung durch Wägung 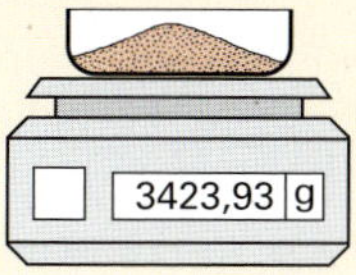	Feuchtigkeitsgehaltsbestimmung Trockengehaltsbestimmung Glührückstandsbestimmung Fällungsanalyse
Volumetrie/ Maßanalyse	Bestimmung des Äquivalenzpunktes über die Farbänderung von Indikatoren 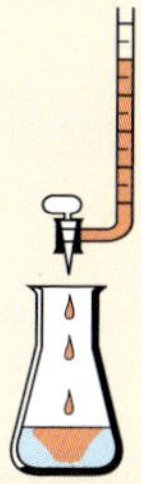	Neutralisationstitration Redoxtitration Fällungstitration Komplexbildungstitration
Maßanalysen mit elektrochemischen Methoden	Messung der – Potentialänderung oder – Leitfähigkeitsänderung	Potentiometrie Konduktometrie
Optische Methoden	Brechung von Strahlung 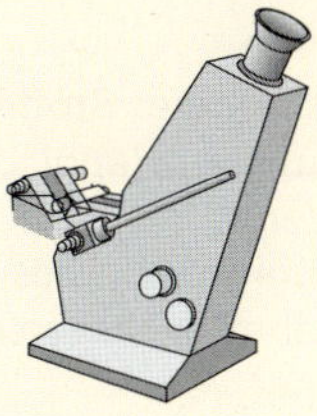	Refraktometrie
	Drehung der Schwingungsebene	Polarimetrie
	Absorption von Strahlung	Fotometrie UV/VIS-Spektroskopie
Chromatografische Verfahren	Verteilungsgleichgewicht Adsorptionsgleichgewichte 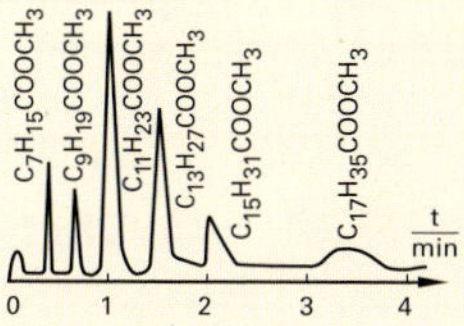	Papierchromatografie PC Dünnschichtchromatografie DC Säulenchromatografie SC Gaschromatografie GC Hochdruckflüssigkeitschromatografie HPLC

7.1 Gravimetrische Analysen

Die **Gravimetrie** (engl. gravimetric analysis) ist ein quantitatives Analyseverfahren. Sie beruht auf bekannten stöchiometrischen Reaktionen chemisch reiner Stoffe. Dabei wird die Masse der Ausgangsstoffe und der entstehenden Stoffportionen durch Wägen bestimmt.

Es werden folgende Einzelverfahren vorgestellt:

- **Feuchtigkeits - und Trockengehaltsbestimmungen**
- **Glührückstandsbestimmungen**

7.1.1 Feuchtigkeits- und Trockengehaltsbestimmungen von Feststoffen

Bestandteil vieler chemisch-technischer Untersuchungen von Rohstoffen und Produkten ist die Prüfung von Substanzen auf ihren **Feuchtigkeitsgehalt** (engl. moisture content) bzw. ihren **Trockengehalt** (engl. dry solids content).

Bei der Bestimmung des Feuchtigkeits- und Trockengehalts von Feststoff-Analysenproben wird zunächst die feuchte Probe eingewogen. Die Feuchtigkeit der Stoffportion wird anschließend im Trockenschrank bei 105 °C durch Trocknen bis zur Massenkonstanz entfernt **(Bild 1)**.

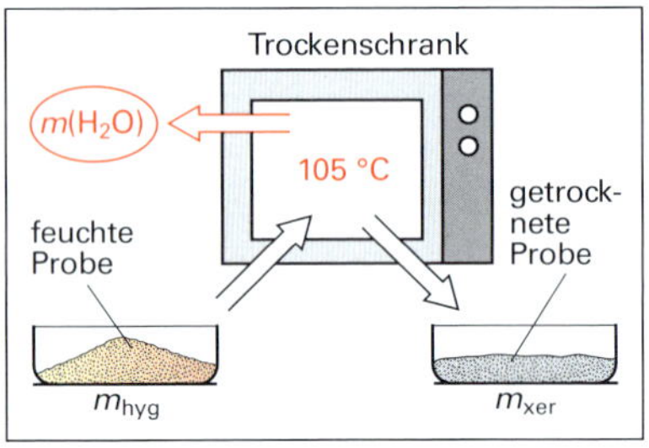

Bild 1: Feuchtigkeitsgehalts- und Trockengehaltsbestimmung

Aus der Differenz der Masse feuchter Probe m_{hyg}[1)] und der Masse trockener Substanz m_{xer} wird die Masse an Feuchtigkeit $m(H_2O)$ der Probe erhalten: $m(H_2O) = m_{hyg} - m_{xer}$

Der Feuchtigkeitsgehalt $w(H_2O)$ und der Trockengehalt w_{xer} einer Substanz errechnen sich aus dem Verhältnis der entsprechenden Wasser-Masse $m(H_2O)$ zur feuchten Probenmasse m_{hyg} gemäß der nebenstehenden Gleichung.

Der Feuchtigkeitsgehalt $w(H_2O)$ und der Trockengehalt w_{xer} sind Massenanteile.

Feuchtigkeitsgehalt

$$w(H_2O) = \frac{m(H_2O)}{m_{hyg}(\text{Probe})}$$

Trockengehalt

$$w_{xer} = \frac{m_{xer}}{m_{hyg}(\text{Probe})}$$

Beispiel 1: 10,824 g Koksprobe werden bei 105 °C im Trockenschrank bis zur Massenkonstanz getrocknet. Für die getrocknete Probe wird eine Wägedifferenz von 0,682 g ermittelt. Wie groß ist der Trockengehalt des Kokses?

Lösung: $w_{xer} = \frac{m_{xer}}{m_{hyg}(\text{Probe})} = \frac{10{,}824\text{ g} - 0{,}682\text{ g}}{10{,}824\text{ g}} = 0{,}98688$

$\boldsymbol{w_{xer} \approx 98{,}69\ \%}$

Quantitative Untersuchungsergebnisse vieler Stoffe sind nur vergleichbar, wenn sie auf die **Trockensubstanz** (engl. dry matter) bezogen werden. Man erhält somit Werte, die vom Feuchtigkeitsgehalt einer Analysenprobe unabhängig sind. Dies ist besonders bei schwankenden Feuchtigkeitsgehalten während der Lagerung, z.B. in einem Freilager, von Bedeutung.

Trockengehalt in der Trockensubstanz

$$w_{xer} = \frac{m_{xer}}{m_{xer}(\text{Probe})}$$

Beispiel 2: Wie groß ist der Calciumoxid-Massenanteil $w_{xer}(CaO)$ in der Trockensubstanz eines Kalksteins, wenn bei der analytischen Untersuchung von 120,15 g Probe nach dem Trocknen 7,75 g Feuchtigkeit und nach dem Glühen 58,42 g Calciumoxid CaO ermittelt wurden?

Lösung: Masse an Trockensubstanz: $m_{xer}(\text{Probe}) = m_{hyg} - m(H_2O) = 120{,}15\text{ g} - 7{,}75\text{ g} = 112{,}40\text{ g}$

$\boldsymbol{w_{xer}(CaO)} = \frac{m(CaO)}{m_{xer}(\text{Probe})} = \frac{58{,}42\text{ g}}{112{,}40\text{ g}} = 0{,}51975 \approx \mathbf{52{,}0\ \%}$

1) **hyg** Abkürzung für feucht, hygroskopisch; **xer** Abkürzung für xeros, trocken

Aufgaben zu Feuchtigkeits- und Trockengehaltsbestimmungen von Feststoffen

1. 8,374 g Farbstoffpaste werden bei 105 °C bis zur Massenkonstanz getrocknet. Die Auswaage beträgt 1,523 g. Wie groß ist der Massenanteil an Trockensubstanz in der Paste?
2. Eine Kohleprobe hat einen Feuchtigkeits-Massenanteil von 7,35 %. 8,254 g Kohle werden bei 105 °C bis zur Massenkonstanz getrocknet. Wie viel trockener Rückstand verbleibt?
3. 5,4563 g eines temperaturempfindlichen feuchten Pigments werden im Exsikkator über Calciumchlorid getrocknet **(Bild 1)**. Wie groß ist der Feuchtigkeitsanteil der Probe, wenn 5,4123 g Trockensubstanz ausgewogen werden?
4. Zur Bestimmung der flüchtigen Anteile eines anorganischen Pigments werden 4,308 g bei 250 °C bis zur Massenkonstanz erhitzt. Nach dem Abkühlen verbleibt ein Rückstand von 2,835 g. Wie groß ist der Massenanteil *w*(flüchtige Anteile) des Pigments?
5. 10,4561 g Farbstoffteig ergeben beim Trocknen 1,7542 g Rückstand. Welcher Trockensubstanz-Massenanteil liegt vor?

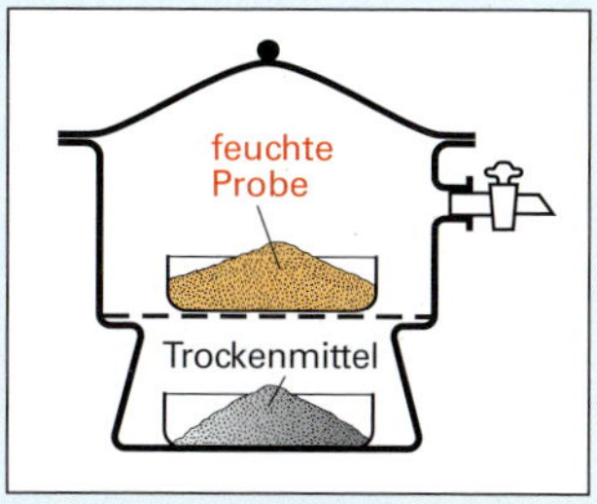

Bild 1: Trocknen im Exsikkator (Aufgabe 3)

6. Welchen Massenanteil $w(MnO_2)$, bezogen auf die Trockensubstanz, hat Braunstein, dessen Analyse folgende Massenanteile ergab: $w(H_2O) = 0{,}33\ \%$, $w(MnO_2) = 54{,}72\ \%$?
7. Bei der Bestimmung des Feuchtigkeitsgehalts einer Paste wurden folgende Massen ermittelt:

Masse des Trockenbleches:	2,15 kg
Masse Trockenblech mit Feuchtgut:	9,95 kg
Masse Trockenblech mit Trockengut:	7,12 kg

Welchen Feuchtigkeitsgehalt hat die untersuchte Probe?

7.1.2 Glührückstandsbestimmungen

Bei der Glührückstandsbestimmung wird die in einem Porzellantiegel eingewogene Analysenprobe im Muffelofen bei Temperaturen zwischen 600 °C und 1100 °C geglüht **(Bild 1)**.

Die Probesubstanz zerfällt in **flüchtige Bestandteile** (engl. volatiles) und einen **Glührückstand** (engl. ignition residue), auch Aschegehalt (engl. ash content) genannt.

Bei anorganischen Verbindungen z.B. besteht der Glührückstand aus Metalloxiden. Die flüchtigen Bestandteile bestehen bei organischen Stoffen aus Kohlenstoffdioxid, Wasser und anderen kleinmolekularen Bestandteilen. Sie werden insgesamt als **Glühverlust** (ignition loss) bezeichnet.

Der Glühverlust m_v ist die Differenz aus der Masse an Probe m(Probe) und dem Glührückstand m_{rsd}[1]:

$$m_v = m(\text{Probe}) - m_{rsd}$$

Der Glührückstand-Massenanteil w_{rsd} ist das Verhältnis des Glührückstands zur Probenmasse, der Glühverlust-Massenanteil w_v ist das Verhältnis des Glühverlusts zur Probenmasse.

Beispiel: Beim Glühen von 0,2500 g Kalkstein wird ein Rückstand von 0,1708 g erhalten. Wie groß ist der Glührückstand in Prozent?

Lösung: $\mathbf{w_{rsd}} = \frac{m_{rsd}}{m(\text{Probe})} = \frac{0{,}1708\ \text{g}}{0{,}2500\ \text{g}} = 0{,}6832 \approx \mathbf{68{,}3\ \%}$

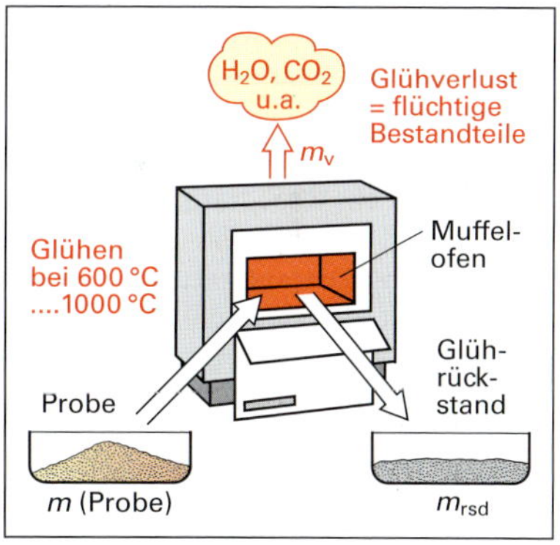

Bild 2: Glührückstandsbestimmung

Glührückstand

$$w_{rsd} = \frac{m_{rsd}}{m(\text{Probe})}$$

Glühverlust

$$w_v = \frac{m_v}{m(\text{Probe})}$$

[1] **rsd**, Abkürzung für residuns, Rest

Beispiel: Die Glührückstandsbestimmung einer Elastomerprobe ergab folgende Wäge-Messwerte:
m(Tiegel leer) = 27,183 g, *m*(Tiegel mit Probe) = 30,751 g, *m*(Tiegel mit Glührückstand) = 28,432 g
Wie groß ist der Glühverlust der Probe in Prozent?

Lösung: *m*(Probe) = *m*(Tiegel mit Probe) – *m*(Tiegel leer) = 30,751 g – 27,183 g = 3,568 g
m_v = *m*(Tiegel mit Probe) – *m*(Tiegel mit Glührückstand) = 30,751 g - 28,432 g = 2,319 g

$$\boldsymbol{w_v} = \frac{m_v}{m(\text{Probe})} = \frac{2{,}319\text{ g}}{3{,}568\text{ g}} = 0{,}64994 \approx \mathbf{64{,}99\ \%}$$

Aufgaben zu Glührückstandsbestimmungen

1. 2,000 g einer Kohleprobe werden langsam erhitzt und bei 900 °C geglüht. Der Rückstand wird zu 0,140 g ausgewogen. Wie groß ist der Aschegehalt der Probe in Prozent?
2. 4,825 g Braunkohleprobe ergeben nach dem Glühen einen Ascherückstand von 0,315 g.
   a) Berechnen Sie den Asche-Massenanteil der Braunkohle.
   b) Welche Masse an Asche entsteht bei der Verfeuerung von $250 \cdot 10^3$ t der untersuchten Kohle?
3. Bei der Veraschung einer Gummiprobe wurden folgende Wägeergebnisse ermittelt:
   m(Tiegel, leer) = 32,18 g, *m*(Tiegel + Probe) = 36,75 g, *m*(Tiegel + Glührückstand) = 33,42 g.
   Wie groß ist der Glühverlust der Probe?
4. 1,523 g einer Bauxit-Probe wurden geglüht und ein Rückstand von 1,283 g erhalten.
   a) Wie groß ist der Glühverlust?
   b) Welche Massenabnahme wäre bei einem Glühverlust von 17,1 % festgestellt worden?

7.1.3 Bestimmung des Wassergehalts in Mineralölen

Die Bestimmung des Wassergehalts in Rohöl und Mineralölerzeugnissen (engl. Dean and Stark test method) erfolgt mit einem Destillationsverfahren nach DIN ISO 3733 **(Bild 1)**.

Die eingewogene Probe wird mit Xylol oder einem anderen geeigneten Lösemittel versetzt und zum Sieden erhitzt. Das in der Probe enthaltene Wasser der Probe verdampft zusammen mit dem Lösemittel (z.B. Xylol). Das Xylol-Wasserdampf-Gemisch kondensiert im Kühler und tropft in das Messrohr. Dort trennt es sich aufgrund der unterschiedlichen Dichten in zwei Phasen. Das Volumen des kondensierten Wassers (untere Phase) kann auf der Graduierung des Messrohrs abgelesen werden.

Der Wassergehalt der Probe wird als Wasser-Massenanteil $w(H_2O)$ oder als Wasser-Volumenanteil $\varphi(H_2O)$ angegeben.

Wassergehalt des Mineralöls
$w(H_2O) = \dfrac{m(H_2O)}{m(\text{Probe})}$

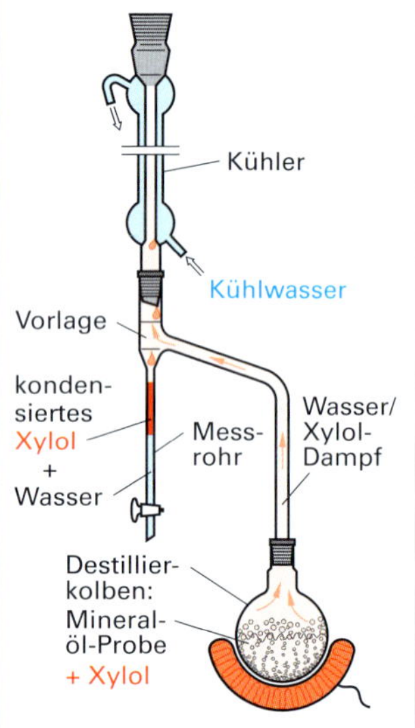

Bild 1: Wassergehaltsbestimmung von Mineralölen nach DIN ISO 3733

Beispiel: 50,62 g Verdichteröl werden gemäß DIN ISO 3733 auf ihren Wassergehalt untersucht **(Bild 1)**. Am Messrohr werden 0,28 mL Wasser abgelesen. Welchen Wasser-Massenanteil hat die Probe?

Lösung: $$\boldsymbol{w(H_2O)} = \frac{m(H_2O)}{m_{hyg}} = \frac{0{,}28\text{ g}}{50{,}62\text{ g}} = 0{,}005531 \approx \mathbf{0{,}55\ \%}$$

Aufgaben zur Bestimmung des Wassergehalts in Mineralölen

1. 120,2 g Schmieröl werden mit Xylol versetzt und destilliert. In der Vorlage werden 0,203 mL Wasser aufgefangen. Welchen Wasser-Massenanteil hat das Schmieröl?
2. Bei der Bestimmung des Wassergehalts in einem Heizöl wurden mit Xylol aus 27,25 g Probe 0,10 mL Wasser überdestilliert. Wie groß ist der Wasser-Massenanteil des Heizöls?

Gemischte Aufgaben zu Gravimetrischen Analysen

1. Wie groß ist der Feuchtigkeitsanteil einer Kohleprobe in Prozent, wenn die Masse beim Trocknen von 2,1187 g Probe bei 105°C um 0,4563 g abnimmt?

2. 2,3415 g Kiesabbrand werden bei 105 °C bis zur Massenkonstanz getrocknet. Es verbleiben 2,2584 g trockene Substanz.

   a) Wie groß ist der Trockengehalt der Probe in Prozent?

   b) Welchen Feuchtigkeitsanteil hat die Probe?

3. 1,7650 g Bauxit werden bei 105 °C getrocknet, der Feuchtigkeitsanteil beträgt 7,45 %. Welche Auswaage ist nach dem Trocknen zu erwarten?

4. 10,6532 g Farbstoff-Teig ergeben beim Trocknen einen Trocken-Rückstand von 1,8432 g. Wie viel Prozent Feuchte enthält die Probe?

5. 20,543 g technisches Ammoniumsulfat ergeben getrocknet eine Auswaage von 20,241 g.

   a) Wie groß ist der Feuchtigkeitsanteil in Prozent?

   b) Welche Masse an Wasser muss noch aus 5,0 t Ammoniumsulfat verdunsten, damit der zulässige Wasseranteil von 1,0 % erreicht wird?

6. 8,857 g Rohkohle werden nach dem Trocknen mit 5,896 g ausgewogen.

   a) Wie groß ist der Feuchtigkeitsanteil der Rohkohle in Prozent?

   b) Welche Masse an Wasser ist in einer Lieferung von 758 t Rohkohle enthalten?

7. In einer Probe von feuchtem, gebranntem Kalk wurden folgende Massenanteile analysiert: 6,1 % Feuchtigkeit, 82,1 % Calciumoxid CaO, 3,9 % Siliciumdioxid SiO_2 und andere Verunreinigungen. Rechnen Sie die Anteile auf die Trockensubstanz um.

8. 5,812 g eines feuchten Kalksteins $CaCO_3$ werden bei 1000 °C bis zur Massenkonstanz geglüht. Anschließend wurde ein Glührückstand von 2,834 g Calciumoxid CaO ausgewogen. Welchen Feuchte-Massenanteil $w(H_2O)$ hat der eingesetzte Kalkstein?

9. Beim Verbrennen von 8,267 g eines wasserhaltigen Fettes mit $w(H_2O)$ = 19,3 % wird ein Ascherückstand von 0,163 g ermittelt. Wie groß ist der Massenanteil *w*(Asche) in Prozent, bezogen auf das trockene Fett?

10. Aluminiumhydroxid wird auf einem Planzellenfilter von der Aluminatlauge abgetrennt. Das feuchte Hydroxid soll nach Spezifikation einen maximalen Feuchteanteil von 7,00 % haben. 5,5342 g des feuchten Hydroxids werden bei 105 °C bis zur Massenkonstanz getrocknet. Welche Auswaage muss erhalten werden, damit das Produkt die Qualitätsanforderungen gerade noch erfüllt?

11. 3,2056 g Elektrodenkoks werden bei 800 °C verascht. Die Auswaage ergibt 0,0234 g Asche. Welchen Aschegehalt in Promille hat der Koks?

12. 30,534 g Quarzsand ergeben nach dem Glühen und Abkühlen eine Auswaage von 28,439 g. Wie groß ist der Glühverlust in Prozent?

13. 1,461 g einer Torfprobe werden geglüht. Es verbleiben 32,5 mg Asche. Berechnen Sie den Glührückstand der Probe in Prozent.

14. Bei der Aschegehaltsbestimmung von Steinkohle werden folgende Wägeergebnisse erhalten: *m*(Tiegel leer) = 28,285 g, *m*(Tiegel + Probe) = 42,739 g, *m*(Tiegel + Rückstand) = 28,901 g. Welchen Massenanteil an Schlacke enthält die Kohle?

15. Retorten-Grafit enthält 91,25% Kohlenstoff C. Die Bestimmung des Aschegehalts ergibt *w*(Asche) = 3,12 %. Welchen Massenanteil *w*(C) hat der aschefreie Grafit?

16. Der zulässige Wassergehalt in Dieselkraftstoff darf 0,3 % nicht überschreiten. Bei der Wassergehaltsbestimmung nach der Xylol-Methode ergeben 20,00 g Dieselkraftstoff ein überdestilliertes Wasservolumen von 0,050 mL (ϱ = 0,9982 g/cm^3). Erfüllt die untersuchte Probe die Anforderungen?

7.2 Volumetrische Bestimmungen (Maßanalyse)

Volumetrischen Bestimmungen, auch maßanalytische Bestimmungen oder kurz Maßanalysen genannt, liegen chemische Umsetzungen zugrunde. Damit eine **Maßanalyse** (engl. titrimetry) verwertbare Ergebnisse liefert, müssen die ablaufenden Reaktionen ausreichend rasch, quantitativ (ohne Ausbeuteverluste) und stöchiometrisch (in konstanten Stoffmengenverhältnissen) ablaufen.

7.2.1 Durchführung einer Maßanalyse

Bei einer maßanalytischen Bestimmung **(Bild 1)** wird eine Portion der zu untersuchenden Substanz genau eingemessen (pipettiert) oder eingewogen, gelöst und ein geeigneter **Indikator** (engl. indicator) zugesetzt.

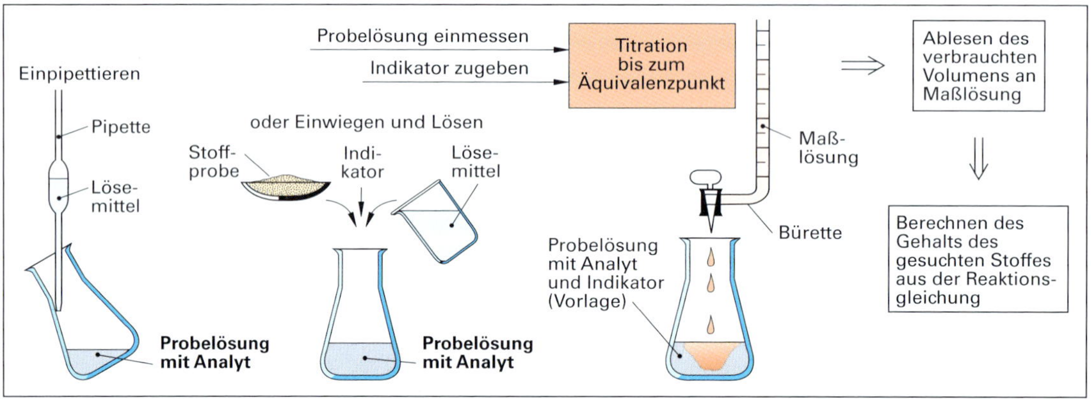

Bild 1: Durchführung einer maßanalytischen Bestimmung

Anschließend wird die **Maßlösung** (engl. standard solution), es ist eine Lösung mit genau definiertem Gehalt, mit einer kalibrierten Handbürette oder einer Motorkolbenbürette tropfenweise zudosiert (Näheres zu Maßlösungen auf Seite 203 ff).

Der Vorgang der tropfenweisen Zugabe wird als **Titration** (engl. titration) bezeichnet.

Der Endpunkt der Reaktion zeigt sich durch einen Farbumschlag des Indikators. Er wird **Äquivalenzpunkt** (equivalent point) genannt. Das Ende der Reaktion kann auch durch Eigenverfärbung oder geeignete physikalische Messmethoden (vgl. Seite 220) angezeigt werden.

Die verbrauchte Maßlösung wird an der Bürette abgelesen und dann mit Hilfe der Reaktionsgleichung die Quantität (Masse) des gesuchten Bestandteils der Probe (**Analyt**) ermittelt.

Bei der Titration können unterschiedliche Reaktionen ablaufen. Daher unterscheidet man:

- **Neutralisationstitrationen** (engl. neutralizing titration)
- **Redoxtitrationen** (engl. oxidimetry/redox titration)
- **Fällungstitrationen** (engl. precipitation titration)
- **Komplexbildungstitrationen** (engl. compleximetric titration)

7.2.2 Maßanalyse mit aliquoten Teilen

Häufig werden bei maßanalytischen Bestimmungen die zu untersuchenden Substanzen (Feststoffe oder Lösungen) zunächst in einem Messkolben mit demineralisiertem Wasser zu einer Stammlösung V(Stamm) verdünnt (**Bild 1,** Seite 203). Von dieser **Stammlösung** (engl. stock solution) werden gleiche Volumenportionen abpipettiert, diese werden **aliquote Teile** V (engl. aliquot) (aliquots) genannt. Nach Verdünnen mit demineralisiertem Wasser wird mit der Maßlösung titriert.

Bei der Auswertung der Titration ist zu berücksichtigen, dass sich das Ergebnis zunächst nur auf einen *Teil,* den abpipettierten *aliquoten Teil,* der Stammlösung bezieht. Das Ergebnis der Titration ist anschließend mit dem Verdünnungsfaktor f_a (aliquoter Faktor) zu multiplizieren.

Verdünnungsfaktor

$$f_a = \frac{V(\text{Stamm})}{V(\text{aliquot})}$$

Beispiel: Wie groß ist der Verdünnungsfaktor der aliquotierten Probe in Bild 1?

Lösung: $f_a = \frac{V(\text{Stamm})}{V(\text{aliquot})} = \frac{500\,\text{mL}}{25\,\text{mL}} = \mathbf{20}$

Die Vorteile der Methode mit aliquoten Teilen sind unter anderem:

- Kontrollfunktion durch *mehrere* Titrationen gleicher Volumenportionen der Stammlösung (in der Regel mindestens 3 Titrationen).
- Geringere Fehlerquote durch Maßlösungen mit *kleinerer* Stoffmengenkonzentration.
- Verringerung von Wägefehlern und Pipettierfehlern, da für die Herstellung der Stammlösung *größere* Stoffportionen gelöst werden können.

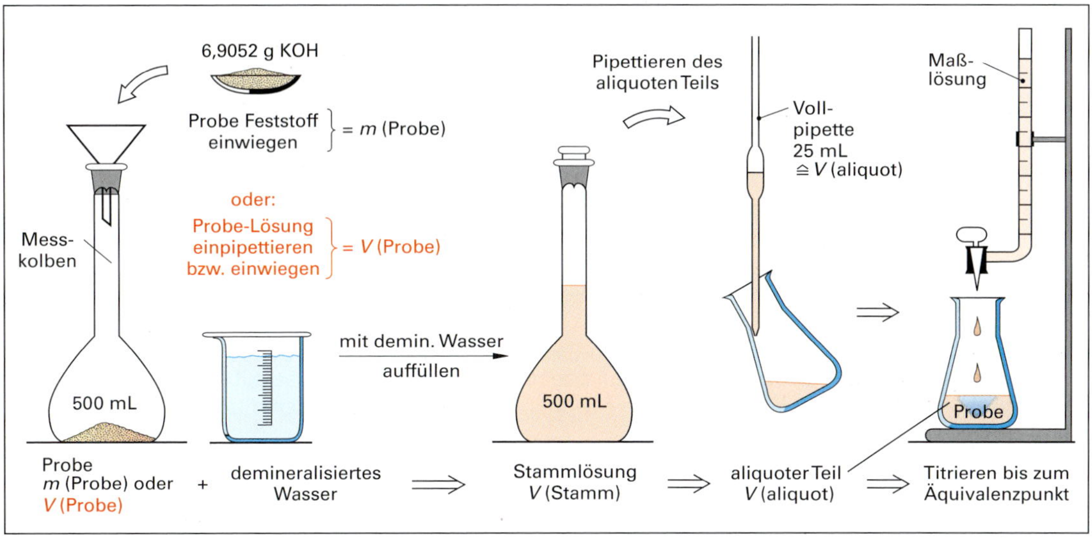

Bild 1: Herstellen einer Stammlösung der zu untersuchenden Substanz (Analyt), Aliquotieren und Titrieren

7.2.3 Gehaltsangaben von Maßlösungen

Als **Maßlösungen** (engl. standard solutions) werden die bei der Maßanalyse verwendeten Lösungen mit bekanntem Gehalt bezeichnet. Die Herstellung, Verwendung und Überwachung des exakten Gehalts von Maßlösungen zählt zu den routinemäßigen Labortätigkeiten.

Grundlage der Auswertung einer Maßanalyse sind die gemäß Reaktionsgleichung umgesetzten Stoffmengen der reagierenden Teilchen der Maßlösung (Titrator genannt) und der gesuchten Komponente in der Probelösung (Titrand oder Analyt genannt). Daher wird der Gehalt von Maßlösungen durch die **Stoffmengenkonzentration *c*(X)** (molar concentration) angegeben, z.B. $c(NaOH) = 0{,}1$ mol/L oder $c(H_2SO_4) = 0{,}1$ mol/L.

In der Praxis ist auch die **Äquivalentkonzentration *c*(1/z* X)**, allgemeine Angabe *c*(eq-X), gebräuchlich (engl. equivalent concentration, siehe Seite 155). Sie gibt die Stoffmengenkonzentration *c*(X) dividiert durch die Äquivalentzahl z^* an.

Umrechnung Stoffmengenkonzentration ⇒ Äquivalentkonzentration

$$c(X) = \frac{1}{z^*} \cdot c(\frac{1}{z^*}\,X)$$

$$c(\frac{1}{z^*}\,X) = z^* \cdot c(X)$$

Beispiele:

$c(HCl) = 0{,}1\text{ mol/L} \Rightarrow c(\frac{1}{1}HCl) = 1 \cdot 0{,}1\text{ mol/L} = 0{,}1\text{ mol/L}$

$c(\frac{1}{1}NaOH) = 0{,}1\text{ mol/L} \Rightarrow c(NaOH) = 0{,}1\text{ mol/L}/1 = 0{,}1\text{ mol/L}$

$c(H_2SO_4) = 0{,}05\text{ mol/L} \Rightarrow c(\frac{1}{2}H_2SO_4) = 2 \cdot 0{,}05\text{ mol/L} = 0{,}1\text{ mol/L}$

$c(\frac{1}{5}KMnO_4) = 0{,}1\text{ mol/L} \Rightarrow c(KMnO_4) = 0{,}1\text{ mol/L}/5 = 0{,}02\text{ mol/L}$

Die Verwendung der Äquivalentkonzentration hat den Vorteil, dass die gelöste Äquivalent-Stoffmenge des wirksamen Bestandteils der Maßlösung gleichwertig (äquivalent) mit der Äquivalent-Stoffmenge des Analyten ist, wie folgende Beispiele zeigen.

Eine Natronlauge-Portion von 10 mL wird durch folgende Säure-Portionen neutralisiert:

- 10 mL Natronlauge, $c(\frac{1}{1}\ NaOH) = 0{,}1$ mol/L von 10 mL Salzsäure, $c(\frac{1}{1}\ HCl) = 0{,}1$ mol/L
- 10 mL Natronlauge, $c(\frac{1}{1}\ NaOH) = 0{,}1$ mol/L von 10 mL Schwefelsäure, $c(\frac{1}{2}\ H_2SO_4) = 0{,}1$ mol/L
- 10 mL Natronlauge, $c(\frac{1}{1}\ NaOH) = 0{,}1$ mol/L von 10 mL Phosphorsäure, $c(\frac{1}{3}\ H_3PO_4) = 0{,}1$ mol/L

Wie der Vergleich zeigt, ist in den genannten Natronlauge- und Säureportionen die Stoffmenge an Hydronium-Ionen H_3O^+ und Hydroxid-Ionen OH^- gleich groß (äquivalent). Dies erklärt das gleiche Volumen an Säure, das zur vollständigen Neutralisation der Natronlauge-Portion von 10 mL erforderlich ist.

Man unterscheidet je nach ablaufender Reaktion folgende Arten von Äquivalenten:

- **Neutralisations-Äquivalente**: Die Äquivalentzahl z^* entspricht der Anzahl Protonen H^+, die bei einer Säure-Base-Reaktion pro Säure-Teilchen abgegeben oder pro Base-Teilchen aufgenommen werden.
- **Redox-Äquivalente**: Die Äquivalentzahl z^* entspricht der Anzahl der bei einer Oxidation pro Teilchen abgegebenen oder bei einer Reduktion pro Teilchen aufgenommenen Elektronenzahl.
- **Ionen-Äquivalente**: Die Äquivalentzahl z^* ist gleich dem Betrag der Ladungszahl des Ions.

7.2.4 Titer von Maßlösungen

Maßlösungen mit genauen Konzentrationen sind gebrauchsfertig im Handel erhältlich, sie können aber auch durch Verdünnen konzentrierter Lösungen oder durch Einwiegen von Reinsubstanzen und anschließendes Auffüllen im Messkolben mit demineralisiertem, CO_2-freiem Wasser erhalten werden.

Selbst angesetzte Maßlösungen entsprechen in der Regel nicht dem exakten, angestrebten Gehalt. Außerdem kann sich der exakte Gehalt einiger Maßlösungen nach längerem Stehen durch äußere Einflüsse verändern. Die genaue Konzentration einer Maßlösung kann man durch eine maßanalytische Gehaltsbestimmung, **Titerbestimmung** genannt, ermitteln.

Der **Titer *t*** (engl. titer) einer Maßlösung ist ein Korrekturfaktor, der die Abweichung der tatsächlichen Stoffmen-genkonzentration $c(X)$ oder der Äquivalentkonzentration $c(eq)$ vom gewünschten, genauen Wert, z. B. $c(X) = 0{,}1$ mol/L, einer Maßlösung angibt.

Titer von Maßlösungen

$$\text{Titer} = \frac{\text{Tatsächliche Stoffmengenkonzentration}}{\text{angestrebte Stoffmengenkonzentration}}; \quad t = \frac{c(X)}{\tilde{c}(X)}$$

Der Titer t ist der Quotient aus der *tatsächlichen* Stoffmengenkonzentration $c(X)$ und der *angestrebten* Stoffmengenkonzentration $\tilde{c}(X)$ der Maßlösung.

Im Laboralltag wird der Titer von Maßlösungen täglich, teilweise auch mehrfach überprüft.

Beispiel: Eine Salzsäure-Maßlösung hat die angestrebte Stoffmengenkonzentration = 1 mol/L, der Titer beträgt $t = 0{,}998$. Wie groß ist die tatsächliche Stoffmengenkonzentration $c(HCl)$?

Lösung: $\mathbf{c(HCl)} = \tilde{c}(HCL) \cdot t = 1\ \text{mol/L} \cdot 0{,}998 = \mathbf{0{,}998\ mol/L}$

Da der Titer < 1 ist, ist die *tatsächliche* Stoffmengenkonzentration **kleiner** als die *angestrebte*.

Bei Titrationen steht die Stoffmengenkonzentration der verwendeten Maßlösung in direktem Zusammenhang mit ihrem verbrauchten Volumen im Äquivalenzpunkt.

Daher kann das Verbrauchs-Volumen $\tilde{V}(ML)$ der Maßlösung *angestrebter* Konzentration mit Hilfe des Titers t in das Verbrauchs-Volumen $V(ML)$ der Maßlösung *tatsächlicher* Konzentration mit nebenstehender Größengleichung umgerechnet werden.

Korrigierter Verbrauchswert

$$V(ML) = \tilde{V}(ML) \cdot t$$

Beispiel: Bei einer Titration wurden bis zum Äquivalenzpunkt 28,5 mL Natronlauge-Maßlösung der angestrebten Stoffmengenkonzentration $\tilde{c}$(NaOH) = 0,1 mol/L (t = 1,0154) verbraucht. Welchem Volumen an Maßlösung der tatsächlichen Konzentration c(NaOH) = 0,1 mol/L entspricht das?

Lösung: V**(ML)** = $\tilde{V}$(ML) · t = 28,5 mL · 1,0154 = 28,939 mL ≈ **28,9 mL**

Aufgaben zum Titer von Maßlösungen

1. Welche tatsächliche Stoffmengenkonzentration c(NaOH) hat eine Natronlauge-Maßlösung mit der angestrebten Stoffmengenkonzentration $\tilde{c}$(NaOH) = 0,5 mol/L (t = 1,017)?
2. Berechnen Sie die Äquivalentkonzentration $\tilde{c}(\frac{1}{5}KMnO_4)$ einer Kaliumpermanganat-Maßlösung der Konzentration $\tilde{c}(KMnO_4)$ = 0,02 mol/L (t = 0,988).
3. Bei einer Titration wurden bis zum Äquivalenzpunkt 24,7 mL Salzsäure-Maßlösung der angestrebten Stoffmengenkonzentration $\tilde{c}$(HCl) = 0,1 mol/L (t = 0,975) verbraucht. Welchem Volumen an Maßlösung der tatsächlichen Konzentration c(HCl) = 0,1 mol/L entspricht das?

7.2.5 Berechnung von Maßanalysen am Beispiel von Neutralisationstitrationen

Die Berechnung von Maßanalysen wird am Beispiel der Neutralisationstitration erläutert.

Bei **Neutralisationstitrationen** (engl. acidimetric titration) reagieren Säuren und Basen unter Bildung von Salzen und Wasser. Die allgemeine **Neutralisationsgleichung** lautet

$$\text{Säure} + \text{Base} \longrightarrow \text{Salz} + \text{Wasser}$$

$$H^+A^-_{(aq)} + B^+OH^-_{(aq)} \longrightarrow B^+A^-_{(aq)} + H_2O_{(l)}$$

Die Bestimmung von Säuren mit Base-Maßlösungen bezeichnet man als **Alkalimetrie** (alkalimetry), die von Basen mit Säure-Maßlösungen als **Acidimetrie** (engl. acidimetry). Der Endpunkt der Titration, der Äquivalenzpunkt, wird durch den Farbumschlag eines zugesetzten Indikators oder mit Hilfe elektrochemischer Messmethoden (pH-Wert, Leitfähigkeit, Potenzialdifferenz) oder thermometrisch festgestellt.

7.2.5.1 Berechnung von Direkttitrationen

Bei **Direkttitrationen** (engl. direct acidimetric titration) wird der Gehalt der gesuchten Stoffportion X *unmittelbar* durch Titration bestimmt und aus dem Verbrauchsvolumen V(ML) der Maßlösung errechnet. Dies kann die Masse m(X) des gesuchten Analyten X sein, es können aber auch der Massenanteil w(X), die Massenkonzentration β(X), die Stoffmenge n(X), die Stoffmengenkonzentration c(X), die Äquivalentkonzentration c(eq-X) oder andere Größen wie technische Kennzahlen eines Produkts sein.

Die Auswertung einer Direkttitration ist auf der Basis der stöchiometrischen Bilanz in der Reaktionsgleichung mit Schlussrechnung oder aber auch mit Größengleichungen möglich.

Der Auswertung einer maßanalytischen Bestimmung liegen folgende Daten zugrunde:

- die Einwaage m(X) oder das Probevolumen V(X) des zu bestimmenden Analyten X,
- der Verdünnungsfaktor f_a bei Verdünnung und Aliquotierung der Probe,
- die molare Masse M(X) des Analyten,
- die Äquivalentzahl z^*(X) des Analyten,
- die Äquivalentkonzentration $c(1/z^*\ ML)$ der Maßlösung ML, vereinfacht c(eq-ML) oder
- die Stoffmengenkonzentration c(ML) der Maßlösung mit dem Titer t.

Für die umgesetzten Stoffmengen bei einer Maßanalyse

gilt: $n(\text{eq-X}) = n(\text{eq-ML})$

Mit $n(\text{eq-X}) = n(X) \cdot z^*(X)$

und $n(\text{eq-ML}) = c(\text{eq-ML}) \cdot V(ML)$

und $c(\text{eq-ML}) = \tilde{c}(\text{eq-ML}) \cdot t$ sowie $n(X) = m(X)/M(X)$

folgt durch Gleichsetzen und Umformen die nebenstehende Grundgleichung maßanalytischer Bestimmungen:

Grundgleichung maßanalytischer Bestimmungen

$$m(X) = \frac{M(X) \cdot \tilde{c}(\text{eq}-\text{ML}) \cdot t \cdot V(\text{ML})}{z^*(X)}$$

Da die verwendeten Maßlösungen stets in stöchiometrischen Massenverhältnissen mit den gesuchten Analyten reagieren, sind für viele Bestimmungen **maßanalytische Äquivalentmassen *Ä*(X)** (engl. titrimetric equivalent mass) in Tabellen zusammengestellt worden (**Tabelle 1** unten und **Tabelle 1,** Seite 207).

Die maßanalytische Äquivalentmasse *Ä*(X) gibt an, wie viel Milligramm des gesuchten Analyten X einem Milliliter der verwendeten Maßlösung äquivalent ist.
Die Einheit von *Ä*(X) ist g/L oder mg/mL.

Maßanalytische Äquivalentmasse

$$Ä(X) = \frac{c(eq-ML) \cdot M(X)}{z^*(X)}$$

Mit der maßanalytischen Äquivalentmasse *Ä*(X) vereinfacht sich die Auswertung maßanalytischer Bestimmungen unter Berücksichtigung des Verdünnungsfaktors f_a zu nebenstehender Größengleichung.

Auswertung mit Äquivalentmasse

$$m(X) = Ä(X) \cdot V(ML) \cdot t \cdot f_a$$

Bei mehrstufigen Titrationen (z.B. mit zweiprotonigen Säuren oder Basen) ist zu beachten, dass bei der Auswertung die maßanalytische Äquivalentmasse dem verwendeten Indikator entspricht.

Beispiel 1: Eine Salzsäure-Probe wird vorgelegt und mit Kalilauge-Maßlösung, *c*(KOH) = 0,5 mol/L, titriert.

Welche maßanalytische Äquivalentmasse *Ä*(HCl) ist für die Auswertung einer Bestimmung mit Maßlösung, *c*(KOH) = 0,5 mol/L, einzusetzen?

Lösung: Die Neutralisationsgleichung lautet:

$$HCl_{(aq)} + KOH_{(aq)} \longrightarrow KCl_{(aq)} + H_2O_{(l)}$$

Die molare Masse beträgt *M*(HCl) = 36,461 g/mol

1 mol KOH reagiert mit 1 mol HCl, das sind 36,461 g HCl

0,5 mmol KOH reagiert mit 0,5 mmol HCl, das sind 36,461 mg · 0,5 = 18,2305 mg HCl

1 mL KOH-Maßlösung der Konzentration 0,5 mol/L enthält 0,5 mmol KOH

1 mL KOH-Maßlsg., *c*(KOH) = 0,5 mol/L, reagiert mit 18,2305 mg HCl

Die maßanalytische Äquivalentmasse beträgt:

***Ä*(HCl) = 18,2305 mg/mL**

Tabelle 1: Äquivalentmassen bei Neutralisationstitrationen mit Base-Maßlösungen

Maßlösung: *c*(NaOH) = 0,1 mol/L oder *c*(KOH) = 0,1 mol/L

Zu bestimmen	*Ä* in mg/mL
HCl	3,6461
HF	2,0006
HCOOH	4.6026
CH_3COOH	6,0053
$(COOH)_2$	4,5018
$(COOH)_2 \cdot 2H_2O$	6,3033
HNO_3	6,3013
H_3PO_4*	4,8998
H_2SO_3	4,1040
H_2SO_4	4,9040

* gilt für die 2. Dissoziationsstufe mit dem Indikator Thymolphthalein

Beispiel 2: 25,0 mL Salzsäure-Probe verbrauchen bei der maßanalytischen Bestimmung 20,05 mL Natronlauge-Maßlösung der Konzentration $\tilde{c}$(NaOH) = 0,1 mol/L (*t* = 0,995). Welche Massenkonzentration *β*(NaOH) hat die Lauge?

Lösung: Molare Masse *M*(HCl) = 36,461 g/mol, *z** = 1 (da HCl eine einprotonige Säure ist)

$$m(HCl) = \frac{M(HCl) \cdot \tilde{c}(NaOH) \cdot t \cdot V(NaOH)}{z^*(HCl)} = \frac{36{,}461\,\frac{g}{mol} \cdot 0{,}1\,\frac{mol}{L} \cdot 0{,}995 \cdot 20{,}05\,mL}{1} = 72{,}739\,mg$$

$$\beta(\mathbf{HCl}) = \frac{m(HCl)}{V(Lsg)} = \frac{72{,}739\,mg}{25{,}0\,mL} \approx \mathbf{2{,}91\,g/L}$$

Lösung mit maßanalytischer Äquivalentmasse:

Mit *Ä*(HCl) = 3,6461 mg/mL **(Tabelle 1)** folgt: *m*(HCl) = *Ä*(HCl) · *V*(ML) · *t*

m(HCl) = 3,6461 mg/mL · 20,05 mL · 0,995 ≈ 72,739 mg

$$\beta(\mathbf{HCl}) = \frac{m(HCl)}{V(Lsg)} = \frac{72{,}739\,mg}{25{,}0\,mL} \approx \mathbf{2{,}91\,g/L}$$

Beispiel 3: 3,2025 g technisches Kaliumhydroxid werden gelöst und mit demin. Wasser auf 500 mL aufgefüllt. 25,0 mL dieser Lösung (= aliquoter Teil) werden abpipettiert und verbrauchen 28,15 mL Salzsäure, $\tilde{c}$(HCl) = 0,1 mol/L (t = 0,994). Welchen Massenanteil w(KOH) hat das Hydroxid?

Lösung: M(KOH) = 56,106 g/mol; die Neutralisation verläuft nach:

$$HCl_{(aq)} + KOH_{(aq)} \longrightarrow KCl_{(aq)} + H_2O_{(l)}$$

Lösung durch Schlussrechnung:

Tatsächlicher Verbrauch: V(HCl) = 28,15 mL · 0,994 = 27,9811 mL
1 mol HCl reagiert mit 1 mol KOH, das sind 56,106 g KOH
0,1 mmol HCl reagiert mit 0,1 mmol KOH, das sind 5,6106 mg KOH
1 mL HCl-Maßlsg. der Konzentration 0,1 mol/L enthält 0,1 mmol HCl
1 mL HCl-Maßlsg. 0,1 mol/L reagiert mit 5,6106 mg KOH
27,9811 mL HCl-Maßlsg. 0,1 mol/L reagiert mit x KOH

$$x = m_1(\text{KOH}) = \frac{5{,}6106\ \text{mg} \cdot 27{,}9811\ 1\text{mL}}{1\text{mL}} = 156{,}991\ \text{mg}$$

Berücksichtigung der Verdünnung:
In 25,0 mL Verdünnung sind 156,991 mg KOH enthalten
In 500 mL Verdünnung sind y KOH enthalten

$$y = m_2(\text{KOH}) = \frac{156{,}991\ \text{mg} \cdot 500\ \text{mL}}{25{,}0\ \text{mL}} = 3139{,}82\ \text{mg} = 3{,}13982\ \text{g}$$

Berechnung des Massenanteils:
In 3,2025 g Probe sind 3,13982 g KOH enthalten
In 100 g Probe sind z KOH enthalten

$$z = \frac{3{,}13982\ \text{g} \cdot 100\ \text{g}}{3{,}2025\ \text{g}} = 98{,}0428\ \text{g} \Rightarrow \mathbf{w(KOH) = 98{,}0\ \%}$$

Lösung mit maßanalytischer Äquivalentmasse:
Mit $\ddot{A}$(KOH) = 5,6106 mg/mL **(Tabelle 1)** folgt:

$$m(\text{KOH}) = \ddot{A}(\text{KOH}) \cdot V(\text{ML}) \cdot t \cdot \frac{V(\text{Stamm})}{V(\text{aliquot})} = 5{,}6106\ \text{mg/mL} \cdot 28{,}15\ \text{mL} \cdot 0{,}994 \cdot \frac{500\ \text{mL}}{25{,}0\ \text{mL}} = 3139{,}82\ \text{mg}$$

Massenanteil aus Größengleichung: $\mathbf{w(KOH)} = \frac{m(\text{KOH})}{m(\text{Probe})} = \frac{3{,}13982\ \text{g}}{3{,}2025\ \text{g}} = 0{,}980426 \approx \mathbf{98{,}0\ \%}$

Tabelle 1: Äquivalentmassen bei Neutralisationstitrationen mit Säure-Maßlösungen

Maßlösung: c(HCl) = 0,1 mol/L oder $c(H_2SO_4)$ = 0,05 mol/L oder $c(\frac{1}{2}H_2SO_4)$ = 0,1 mol/L

Zu bestimmen (Titrand)	Äquivalentmasse $\ddot{A}$ in mg/mL
$CaCO_3$	5,0045
CaO	2,8033
$Ca(OH)_2$	3,7047
K_2CO_3*	6,9103
$KHCO_3$	10,0115
KOH	5,6106
MgO	2,0152
NH_3	1,7031
Na_2CO_3*	5,29945
$NaHCO_3$	8,4007
NaOH	3,9997

* mit Indikator Methylrot

Aufgaben zur Berechnung von Direkttitrationen

1. 25,0 mL Natronlauge-Probe verbrauchen zur Neutralisation 30,7 mL Schwefelsäure-Maßlösung, $\tilde{c}(H_2SO_4)$ = 0,05 mol/L (t = 1,012). Wie groß ist die Massenkonzentration der Natronlauge?
2. 0,2659 g Natronlauge werden mit demin. Wasser verdünnt und mit 20,2 mL Salzsäure-Maßlösung, c(HCl) = 0,1 mol/L, titriert. Berechnen Sie den Massenanteil w(NaOH) der Lauge.
3. 1,973 g technisches Kaliumhydroxid werden gelöst und zu 500 mL verdünnt. 50,0 mL der Verdünnung verbrauchen bei 3 Bestimmungen 16,45 mL, 16,50 mL und 16,35 mL Schwefelsäure-Maßlösung, $\tilde{c}(\frac{1}{2}H_2SO_4)$ = 0,1 mol/L (t = 1,021). Berechnen Sie den Massenanteil w(KOH).
4. Die Massenkonzentration $\beta(H_3PO_4)$ einer technischen Phosphorsäure ist zu bestimmen. 25,0 mL der Säure werden auf 1000 mL verdünnt. 50,0 mL der Verdünnung verbrauchen gegen Thymolphthalein als Indikator 29,10 mL Natronlauge, $\tilde{c}$(NaOH) = 0,5 mol/L (t = 1,025).
5. Dünnsäure wird durch Destillation aufkonzentriert. 7,894 g des Konzentrats werden auf 500 mL verdünnt. 50,0 mL der Verdünnung verbrauchen 16,80 mL Natronlauge-Maßlösung der Konzentration $\tilde{c}$(NaOH) = 0,5 mol/L (t = 1,012). Welchen Massenanteil $w(H_2SO_4)$ hat die konzentrierte Säure?
6. 50,0 mL Abfall-Salzsäure verbrauchen zur Neutralisation 16,80 mL Natronlauge-Maßlösung, $\tilde{c}$(NaOH) = 0,1 mol/L (t = 1,0374). Welche Masse an HCl ist in 650 m^3 Abfallsäure gelöst?
7. 13,752 g Soda-Lösung verbrauchen zur Neutralisation 27,5 mL Schwefelsäure-Maßlösung, $\tilde{c}(\frac{1}{2}H_2SO_4)$ = 0,1 mol/L (t = 1,043). Wie groß ist der Massenanteil $w(Na_2CO_3)$ der Lösung?

7.2.5.2 Bestimmung des Titers von Maßlösungen

Die **Bestimmung des Titers *t*** einer Maßlösung mit der angestrebten Konzentration $\tilde{c}$(eq) kann durch Titration mit einer anderen titerbekannten Maßlösung oder mit Urtitersubstanzen (analysenreine, chemisch beständige Substanzen) erfolgen.

Die Bestimmung wird auch **Titerstellung** (engl. determination of titer) genannt.

Die Titerbestimmung gegen eine Bezugsmaßlösung ist rascher durchzuführen, da das Einpipettieren einer genau bemessenen Volumenportion an Bezugsmaßlösung weniger zeitaufwendig ist als das genaue Einwägen der Urtitersubstanz. Im Folgenden wird nur die Titerstellung gegen eine Bezugsmaßlösung beschrieben.

Basis für die Berechnung ist das Stoffmengenverhältnis, in dem die Bestandteile der zu bestimmenden Maßlösung (Index ML) mit den Bestandteilen der Bezugsmaßlösung (Index 0) reagieren. Für die Umsetzung der Bestandteile gilt:

$$n(\mathrm{eq}_0) = n(\mathrm{eq\text{-}ML})$$

Mit $n(\mathrm{eq}_0) = c(\mathrm{eq}_0) \cdot V_0$ und $n(\mathrm{eq\text{-}ML}) = c(\mathrm{eq\text{-}ML}) \cdot V(\mathrm{ML})$

sowie $c(\mathrm{eq}_0) = \tilde{c}(\mathrm{eq}_0) \cdot t_0$ und $c(\mathrm{eq\text{-}ML}) = \tilde{c}(\mathrm{eq\text{-}ML}) \cdot t(\mathrm{ML})$

gilt nach dem Gleichsetzen der Stoffmengen *n*, Einsetzen der Stoffmengenkonzentration *c* und Umstellen nach dem Titer der Maßlösung *t*(ML) die nebenstehende Größengleichung zur Berechnung der Titerstellung gegen eine Bezugsmaßlösung.

Titerbestimmung gegen Bezugsmaßlösung

$$t(\mathrm{ML}) = \frac{\tilde{c}(\mathrm{eq}_0) \cdot V_0 \cdot t_0}{\tilde{c}(\mathrm{eq-ML}) \cdot V(\mathrm{ML})}$$

Beispiel: 25,00 mL Salzsäure der Konzentration $\tilde{c}$(HCl) = 0,1 mol/L (*t* = 0,968) verbrauchen bei der Titerbestimmung 24,30 mL einer Natronlauge der Konzentration $\tilde{c}$(NaHO) = 0,1 mol/L.

Welchen Titer hat die Natronlauge-Maßlösung, welche Angabe ist auf dem Etikett der Vorratsflasche zu notieren?

Lösung: $t(\mathrm{NaOH}) = \frac{\tilde{c}(\mathrm{HCl}) \cdot V(\mathrm{HCl}) \cdot t(\mathrm{HCl})}{\tilde{c}(\mathrm{NaOH}) \cdot V(\mathrm{NaOH})}$

$\mathbf{t(NaOH)} = \frac{0{,}1\,\mathrm{mol/L} \cdot 25{,}00\,\mathrm{mL} \cdot 0{,}968}{0{,}1\,\mathrm{mol/L} \cdot 24{,}30\,\mathrm{mL}} \approx \mathbf{0{,}996}$

Die Maßlösung ist etwas **schwächer** konzentriert als angegeben.

Die Beschriftung des Flaschenetiketts ist in **Bild 1** wiedergegeben.

Betriebslabor I
Natronlauge-Maßlösung $\tilde{c}$(NaHO) = 0,1 mol/L *t* = 0,996 Datum: 15.04.10 Unterschrift:

Bild 1: Etikettierung einer Maßlösung

Aufgaben zur Bestimmung des Titers von Maßlösungen

1. Welchen Titer hat eine Natronlauge-Maßlösung, $\tilde{c}$(NaOH) = 0,1 mol/L, wenn zur Neutralisation von 25,0 mL Salzsäure der Stoffmengenkonzentration *c*(HCl) = 0,1 mol/L von der Natronlauge 25,25 mL verbraucht werden?
2. 50,0 mL Salzsäure der Konzentration $\tilde{c}$(HCl) = 1 mol/L (*t* = 0,972) verbrauchen bei einer Titration 48,1 mL Natronlauge-Maßlösung der Konzentration $\tilde{c}$(NaOH) = 1 mol/L. Welchen Titer hat die Natronlauge-Maßlösung?
3. 25,0 mL Natronlauge-Maßlösung, $\tilde{c}$(NaOH) = 0,1 mol/L (*t* = 0,992), werden zur Titerbestimmung einer Schwefelsäure-Maßlösung, $\tilde{c}(\frac{1}{2}H_2SO_4)$ = 0,1 mol/L, einpipettiert und verdünnt. Es werden 24,35 mL der Schwefelsäure verbraucht. Welchen Titer hat die Schwefelsäure?
4. Berechnen Sie den Titer einer Soda-Lösung, $\tilde{c}(\frac{1}{2}Na_2CO_3)$ = 0,05 mol/L, von der 50,00 mL bei der Titration 25,75 mL Salzsäure-Maßlösung mit $\tilde{c}$(HCl) = 0,1 mol/L (*t* = 1,013) verbrauchen.
5. 25,0 mL Schwefelsäure der Konzentration $\tilde{c}(\frac{1}{2}H_2SO_4)$ = 0,5 mol/L (*t* = 1,024) neutralisieren 50,0 mL einer Kalilauge. Wie groß ist die Äquivalentkonzentration $c(\frac{1}{1}\mathrm{KOH})$ der Kalilauge in mol/L?

7.2.5.3 Rücktitrationen

Rücktitrationen (engl. back titrations) werden angewendet, wenn eine direkte Titration der gesuchten Substanz nicht möglich ist, z. B. wegen schlechter Löslichkeit in Wasser.

Bei der Rücktitration wird der Probe ein *Überschuss* an Maßlösung zugesetzt. Ein äquivalenter Teil hiervon reagiert mit dem zu bestimmenden Stoff.

Die *nicht umgesetzte, freie* Maßlösung wird durch Titration mit einer anderen Maßlösung bestimmt.

Im folgenden Beispiel und im **Bild 1** sind die Vorgänge bei einer Neutralisations-Rücktitration beschrieben.

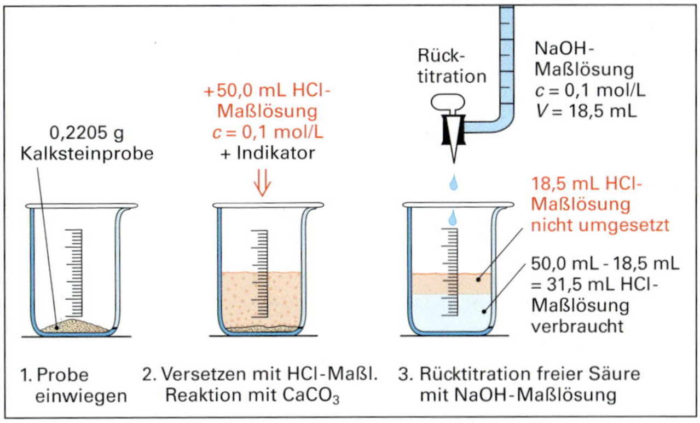

Bild 1: Gehaltsbestimmung des Calciumcarbonats in Kalkstein durch Rücktitration (Beispiel)

Beispiel: 0,2205 g Kalksteinprobe werden zur Bestimmung des Calciumcarbonat-Gehalts mit 50,0 mL Salzsäure-Maßlösung, $c(HCl) = 0{,}1$ mol/L, versetzt **(Bild 1)**. Das entstehende Kohlenstoffdioxid wird nach Beendigung der Reaktion durch Aufkochen (eine Minute) ausgetrieben.

Dann wird das überschüssige **(= nicht verbrauchte)** Säurevolumen mit 18,5 mL NaOH-Maßlösung, $c(NaOH) = 0{,}1$ mol/L, zurücktitriert.

Welchen Massenanteil $w(CaCO_3)$ hat der untersuchte Kalkstein?

Lösung: Reaktionen:

$$CaCO_{3(s)} + 2\,HCl_{(aq)} \longrightarrow CaCl_{2(aq)} + CO_{2(g)} + H_2O_{(l)}$$
$$HCl_{(aq)} + NaOH_{(aq)} \longrightarrow NaCl_{(aq)} + H_2O_{(l)}$$

Die Kalksteinprobe benötigt zur vollständigen Umsetzung des Calciumcarbonats:

V(HCl) = 50,0 mL – 18,5 mL **= 31,5 mL Salzsäure** (= **verbrauchtes** Volumen an Säure)

Lösung mit Äquivalentmasse und Größengleichung:

Mit der maßanalytischen Äquivalentmasse $\ddot{A}(CaCO_3) = 5{,}0045$ mg/mL (**Tabelle 1**, Seite 207) folgt:

$m(CaCO_3) = \ddot{A}(CaCO_3) \cdot V(HCl) \cdot t = 5{,}0045\ \text{mg/mL} \cdot 31{,}5\ \text{mL} \cdot 1 = 157{,}642\ \text{mg}$

$$\mathbf{w(CaCO_3)} = \frac{m(CaCO_3)}{m(\text{Kalkstein})} = \frac{0{,}157642\ \text{g}}{0{,}2205\ \text{g}} = 0{,}71493 \approx \mathbf{71{,}5\ \%}$$

Lösung mit Stoffmengenbilanz und Schlussrechnung:

Reaktionen:

$$CaCO_{3(s)} + 2\,HCl_{(aq)} \longrightarrow CaCl_{2(aq)} + CO_{2(g)} + H_2O_{(l)}$$
$$HCl_{(aq)} + NaOH_{(aq)} \longrightarrow NaCl_{(aq)} + H_2O_{(l)}$$

2 mol Hydrogenchlorid HCl reagieren mit 1 mol $CaCO_3$, das sind 100,089 g $CaCO_3$
0,1 mol Hydrogenchlorid HCl reagieren mit 0,05 mol $CaCO_3$, das sind 5,0045 g $CaCO_3$

1 mL Salzsäure, $c(HCl) = 0{,}1$ mol/L, reagiert mit 5,0045 mg $CaCO_3$
31,5 mL Salzsäure, $c(HCl) = 0{,}1$ mol/L, reagiert mit x $CaCO_3$

$$x = m_1(CaCO_3) = \frac{5{,}0045\ \text{mg} \cdot 31{,}5\ \text{mL}}{1\text{mL}} = 157{,}642\ \text{mg}$$

Berechnung des Massenanteils:

In 0,2205 g Kalkstein sind 0,157642 g $CaCO_3$ enthalten
In 100 g Kalkstein sind y $CaCO_3$ enthalten

$$y = m_2(CaCO_3) = \frac{0{,}157642\ \text{g} \cdot 100\ \text{g}}{0{,}2205\ \text{g}} = 71{,}4929\ \text{g} \Rightarrow \mathbf{w(CaCO_3) \approx 71{,}5\ \%}$$

Aufgaben zu Rücktitrationen

1. 0,5485 g technische Soda werden in 50,0 mL Salzsäure der Konzentration $c(HCl) = 0{,}5$ mol/L eingetragen, das freigesetzte Kohlenstoffdioxid durch Aufkochen ausgetrieben. Nach Abkühlung wird der Säureüberschuss mit 30,3 mL Natronlauge-Maßlösung, $c(NaOH) = 0{,}5$ mol/L, zurücktitriert. Welchen Massenanteil $w(Na_2CO_3)$ hat die technische Soda?
2. 598 mg technisches Kaliumcarbonat (Pottasche) werden gelöst und mit 100 mL Schwefelsäure-Maßlösung der Konzentration $c(\frac{1}{2} H_2SO_4) = 0{,}1$ mol/L versetzt. Nach Aufkochen und Abkühlung wird der Säureüberschuss mit 16,36 mL Natronlauge-Maßlösung der Konzentration $\tilde{c}(NaOH) = 0{,}1$ mol/L ($t = 1{,}015$), zurücktitriert. Welchen Massenanteil $w(K_2CO_3)$ hat die Probe?
3. 183,6 mg mit NaCl verunreinigte Soda werden mit 50,0 mL Salzsäure-Lösung, $c(HCl) = 0{,}1$ mol/L, versetzt. Überschüssige Salzsäure verbraucht bei der Rücktitration 15,9 mL NaOH-Maßlösung, $\tilde{c}(NaOH) = 0{,}1$ mol/L ($t = 1{,}015$). Wie groß ist der Massenanteil $w(Na_2CO_3)$ der Probe?

7.2.5.4 Oleum-Bestimmungen

Oleum entsteht, z. B. beim Doppelkontaktverfahren, durch Absorption von Schwefel(VI)-oxid (Schwefeltrioxid) SO_3 in reiner Schwefelsäure. Der Massenanteil an freiem SO_3 kann über 60 % betragen.

Beispiel: 100 g Oleum mit dem Massenanteil $w(SO_3) = 30$ % enthalten 30 g SO_3 und 70 g H_2SO_4

Zur Bestimmung des freien Schwefel(VI)-oxids wird eine abgemessene Portion Oleum mit Wasser vorsichtig zur Reaktion gebracht. Das freie SO_3 setzt sich dabei mit Wasser zu Schwefelsäure um.

Reaktion: $SO_{3(g)} + H_2O_{(l)} \longrightarrow H_2SO_{4(aq)}$

Durch anschließende Titration mit Lauge-Maßlösung wird der Gesamtgehalt an Schwefelsäure erfasst, der aus folgenden Teilen besteht:

- Anteil der im Oleum schon vorliegenden Schwefelsäure,
- Anteil der durch die Reaktion zwischen SO_3 und H_2O gebildeten Schwefelsäure.

Somit gilt:

$$m_{ges}(H_2SO_4) = m(H_2SO_4)\text{ aus Oleum} + m(H_2SO_4)\text{ aus } SO_3$$

$$m_{ges}(H_2SO_4) = \underbrace{m(H_2SO_4)\text{ aus Oleum} + m(SO_3)}_{} + m(H_2O)$$

$$m_{ges}(H_2SO_4) = m(\text{Oleum}) + m(H_2O)$$

$$m_{ges}(H_2SO_4) - m(\text{Oleum}) = m(H_2O)$$

Die Differenz aus der Gesamtmasse an H_2SO_4 und der Einwaage an Oleum ergibt die Masse an gebundenem Wasser. Daraus kann auf das anfangs vorliegende freie SO_3 geschlossen werden.

Beispiel: 1,288 g Oleum werden vorsichtig in Wasser gelöst und dann mit 28,55 mL Natronlauge-Maßlösung, $\tilde{c}(NaOH) = 1$ mol/L ($t = 0{,}992$), neutralisiert. Berechnen Sie den Massenanteil $w(SO_3)$.

Lösung: a) *Berechnung der Gesamtmasse an Schwefelsäure*: Mit $\ddot{A}(H_2SO_4) = 49{,}040$ mg/mL folgt:

$$m(H_2SO_4) = \ddot{A}(H_2SO_4) \cdot V(NaOH) \cdot t = 49{,}040 \text{ mg/mL} \cdot 28{,}55 \text{ mL} \cdot 0{,}992 = 1388{,}89 \text{ mg}$$

In der Lösung wurden insgesamt 1,38889 g Schwefelsäure H_2SO_4 neutralisiert.

b) *Berechnung der Masse des an SO_3 gebundenen Wassers*:

$$m(H_2O) = m(H_2SO_4) - m(\text{Oleum}) = 1{,}38889 \text{ g} - 1{,}288 \text{ g} = 0{,}10089 \text{ g}$$

c) *Berechnung der Masse an anfangs freiem SO_3*: Da 1 mol SO_3 1 mol H_2O bindet, gilt die Proportion:

$$\frac{m(SO_3)}{M(SO_3)} = \frac{m(H_2O)}{M(H_2O)} \Rightarrow m(SO_3) = \frac{m(H_2O) \cdot M(SO_3)}{M(H_2O)} = \frac{0{,}10089 \text{ g} \cdot 80{,}064 \text{ g/mol}}{18{,}015 \text{ g/mol}} = 0{,}44839 \text{ g}$$

d) *Berechnung des Massenanteils an freiem SO_3*:

$$\boldsymbol{w(SO_3)} = \frac{m(SO_3)}{m(\text{Oleum})} = \frac{0{,}44839 \text{ g}}{1{,}288 \text{ g}} = 0{,}34813 \approx \mathbf{34{,}8\ \%}$$

Aufgaben zu Oleum-Bestimmungen

1. 985 mg Oleum verbrauchen bei der Titration 21,85 mL Natronlauge-Maßlösung der Konzentration $c(NaOH) = 1$ mol/L. Wie groß ist der Massenanteil an freiem SO_3?
2. 1,615 g Oleum werden mit demin. Wasser zu 500 mL Stammlösung aufgefüllt. Bei einer Dreifachbestimmung werden für je 50,0 mL Probe 32,5 mL, 32,35 mL und 32,4 mL Natronlauge der Konzentration $\tilde{c}(NaOH) = 0,1$ mol/L ($t = 1,013$) verbraucht. Berechnen Sie den Massenanteil $w(SO_3)$.
3. 3,350 g Oleum werden mit Wasser auf 500 mL verdünnt. 25,0 mL der verdünnten Lösung verbrauchen zur vollständigen Neutralisation 35,8 mL Natronlauge-Maßlösung der Konzentration $\tilde{c}(NaOH) = 0,1$ mol/L ($t = 0,998$). Wie groß ist der Massenanteil $w(SO_3)$?
4. Zur Neutralisation von 540 mg Oleum werden 24,5 mL Kalilauge-Maßlösung der Konzentration $\tilde{c}(KOH) = 0,5$ mol/L ($t = 1,024$) verbraucht. In wie viel Eiswasser müssen 25,5 kg des Oleums eingetragen werden, wenn eine Schwefelsäure-Lösung mit $w(H_2SO_4) = 92,0$ % entstehen soll?
5. Entwickeln Sie mit Hilfe eines Tabellenkalkulationsprogramms eine Auswertungsmaske für die Oleum-Bestimmungen.

7.2.6 Bestimmung von Abwasserkennwerten

Die Belastung natürlicher Gewässer erfolgt durch häusliche, industrielle und landwirtschaftliche Abwässer. Häusliche Abwässer enthalten im Wesentlichen Stoffe, die nach einer gewissen Zeit durch Mikroorganismen unter Verbrauch von Sauerstoff (aerob) weitgehend abbaubar sind. Abwässer aus Gewerbe, Industrie und Landwirtschaft dagegen enthalten Verschmutzungen, die teilweise nicht oder nur in beschränktem Umfang durch Mikroorganismen abbaubar sind. Zudem enthalten sie häufig Stoffe, welche die biologischen Aktivitäten in einem Gewässer schädigen oder gar langfristig vernichten können.
Wichtige Kriterien zur Beurteilung des Verschmutzungsgrades eines Abwassers sind der biochemische Sauerstoffbedarf BSB und der chemische Sauerstoffbedarf CSB.

7.2.6.1 Biochemischer Sauerstoffbedarf BSB

Der **biochemische (biologische) Sauerstoffbedarf BSB** (engl. biochemical oxygen demand BOD) ist ein Parameter zur Kennzeichnung der Abwasserbelastung sowie der Gewässergüte hinsichtlich aerob leicht abbaubarer Stoffe.
Der BSB erfasst damit die Auswirkungen der Wasserinhaltsstoffe auf den Sauerstoff-Haushalt eines Gewässers: Der beim Abbau dieser Stoffe durch die Mikroorganismen verbrauchte Sauerstoff steht den anderen Lebewesen nicht mehr zur Verfügung und kann zum Umkippen eines Gewässers führen.
Der BSB-Wert ist ein *Summenparameter*, d. h., er beinhaltet keine Einzelstoffe, sondern die durch Mikroorganismen oxidierbaren Stoffe. Da beim CSB-Wert alle oxidierbaren Stoffe erfasst werden, sind die BSB-Werte eines Abwassers stets niedriger als die entsprechenden CSB-Werte.
Die biologisch gut abbaubaren Substanzen im Wasser sind nach 5 Tagen zu etwa 70 % abgebaut, ein vollständiger aerober Abbau erfolgt erst nach ca. 20 Tagen. Daher ermittelt man den BSB meist nach 5 Tagen und bezeichnet ihn dann als BSB_5.

Der BSB ist definiert als die Menge an gelöstem Sauerstoff in mg/L, die von Mikroorganismen beim aeroben Abbau der in einem Abwasser enthaltenen organischen Inhaltsstoffe bei 20 °C unter Lichtabschluss benötigt wird.
Der Sauerstoffverbrauch, der innerhalb von 5 Tagen benötigt wird, wird als BSB_5 bezeichnet.

Der BSB ist im Wasserhaushaltsgesetz als Qualitätsparameter für das Einleiten von Abwasser in Gewässer festgeschrieben. Daneben wird er in vielen Fällen als Maß für die Belastung der Kläranlage in kommunalen Abwassersatzungen herangezogen.
Der Sauerstoffgehalt in einer Wasserprobe zur Bestimmung des BSB kann durch chemische Methoden oder elektrochemisch mittels Sauerstoffelektrode bestimmt werden. Voraussetzung für die Bestimmung ist, dass während der gesamten Messdauer in der Probe eine Sauerstoff-Massenkonzentration von $\beta(O_2) \geq 2$ mg/L verbleibt.

Deshalb werden Wasserproben mit hohen Verschmutzungsgraden im Probegefäß durch Einleiten von Luft mit Sauerstoff gesättigt bzw. zuvor verdünnt.

Zur Bestimmung des BSB_5 einer Wasserprobe wird der Sauerstoffgehalt $\beta_1(O_2)$ einer Probe 1 unmittelbar nach Probennahme bestimmt. Zwei weitere Proben 2 und 3 werden 5 Tage bei 20 °C im Dunkeln aufbewahrt und dann die Sauerstoff-Konzentrationen $\beta_2(O_2)$ und $\beta_3(O_2)$ in gleicher Weise bestimmt. Die Differenz der O_2-Massenkonzentrationen ergibt den BSB_5.

Biochemischer Sauerstoffbedarf

$$BSB_5 = \beta_1(O_2) - \frac{\beta_2(O_2) + \beta_3(O_2)}{2}$$

Bei der **Sauerstoffbestimmung nach WINKLER** oxidiert im Wasser gelöster Sauerstoff zugefügte Mn^{2+}-Ionen in basischer Lösung zu Mangan(III)-hydroxid (a). Beim Ansäuern entstehen freie Mn^{3+}-Ionen (b), die bei Zugabe von überschüssigem Kaliumiodid eine äquivalente Menge an Iod freisetzen (c). Das ausgeschiedene Iod wird durch Titration mit Natriumthiosulfat-Maßlösung quantitativ bestimmt (d).

Die Reaktion dieser iodometrischen Titration verläuft als Redox-Reaktion, d. h. durch Elektronenaustausch der reagierenden Stoffe. Bei der Titrationsreaktion (d) wird das Iod I_2 durch die Thiosulfat-Ionen $S_2O_3^{2-}$ zu Iodid-Ionen I^- reduziert.

Folgende Einzelreaktionen laufen bei der Sauerstoffbestimmung nach WINKLER ab:

a) $4\,Mn^{2+}_{(aq)} + 8\,OH^-_{(aq)} + 2\,H_2O_{(l)} + O_{2(aq)} \longrightarrow 4\,Mn(OH)_{3(s)}$

b) $4\,Mn(OH)_{3(s)} + 12\,H^+_{(aq)} \longrightarrow 4\,Mn^{3+}_{(aq)} + 12\,H_2O_{(l)}$

c) $4\,Mn^{3+}_{(aq)} + 4\,I^-_{(aq)} \longrightarrow 4\,Mn^{2+}_{(aq)} + 2\,I_{2(aq)}$

d) $4\,S_2O^{2-}_{3(aq)} + 2\,I_{2(aq)} \longrightarrow 2\,S_4O^{2-}_{6(aq)} + 4\,I^-_{(aq)}$

Die Stoffmengenbilanz lautet: 4 mol $S_2O_3^{2-}$ $\Leftrightarrow$ 2 mol I_2 $\Leftrightarrow$ 1 mol O_2 $\Rightarrow$ **1 mol $S_2O_3^{2-}$ $\Leftrightarrow$ 0,25 mol O_2**

Aus den Verbrauchswerten an Thiosulfat-Maßlösung V_1(ML) unmittelbar nach Probenahme sowie V_2(ML) und V_3(ML) nach 5 Tagen unter den festgelegten Bedingungen lässt sich der BSB_5-Wert mit dem Verdünnungsfaktor f_a nach nebenstehender Größengleichung berechnen.

Für eine Thiosulfat-Maßlösung der Konzentration $c(S_2O_3^{2-})$ = 10 mmol/L vereinfacht sich mit $M(O_2)$ und $z^*(O_2)$ die Größengleichung wie folgt:

Biochemischer Sauerstoffbedarf

$$BSB_5 = \beta(O_2) = \frac{\Delta V(S_2O_3^{2-}) \cdot c(S_2O_3^{2-}) \cdot M(O_2) \cdot f_a}{z^*(O_2) \cdot V(\text{Probe})}$$

$$\text{Mit } \Delta V(\text{ML}) = V_1(\text{ML}) - \frac{V_2(\text{ML}) + V_3(\text{ML})}{2}$$

$$BSB_5 = \beta(O_2) = \frac{\Delta V(S_2O_3^{2-}) \cdot 80{,}00\,\text{mg} \cdot f_a}{V(\text{Probe}) \cdot \text{L}}$$

Beispiel: Zur Bestimmung des Sauerstoffgehalts nach WINKLER eines biologisch geklärten Abwassers wird die Probe um den Faktor 2 verdünnt. Dann werden drei Probeflaschen nach WINKLER mit F_1, F_2 und F_3 gekennzeichnet und luftblasenfrei mit der verdünnten Wasserprobe randvoll, Flasche F_1 nahezu randvoll gefüllt. Die Flaschen F_2 und F_3 werden sofort mit einem unten abgeschrägten Glasstopfen verschlossen und bei 20 °C im Dunkeln 5 Tage aufbewahrt.

Probe 1 wird mit 0,5 mL Mangan(II)-sulfat-Lösung und 0,5 mL Kaliumiodid-haltiger Natronlauge versetzt. Nach Aufsetzen des unten abgeschrägten Stopfens wird luftfrei verschlossen und kräftig geschüttelt. Nach Absetzen des Niederschlags lässt man aus einer in die Flasche eingetauchten Pipette 0,5 mL konz. Schwefelsäure einfließen und schüttelt nach dem Verschließen kräftig durch.

Von der Probe F_1 werden 25,0 mL abpipettiert und nach Zugabe von 3 Tropfen Stärkelösung mit V_1 = 10,55 mL Natriumthiosulfat-Maßlösung, $c(Na_2S_2O_3)$ = 0,01 mol/L = 10 mmol/L, bis zum ersten Verschwinden der blauen Farbe titriert.

Nach 5 Tagen werden die Proben 2 und 3 in gleicher Weise behandelt und titriert, die Verbrauchswerte betragen V_2 = 8,85 mL und V_3 = 8,75 mL der Thiosulfat-Maßlösung.

Wie groß ist der BSB_5 des Abwassers?

Lösung: $\Delta V(BSB_5) = V_1 - (V_2 + V_3)/2$ = 10,55 mL – (8,85 mL + 8,75 mL)/2 = 1,75 mL

$$\mathbf{BSB_5} = \beta(O_2) = \frac{\Delta V(S_2O_3^{2-}) \cdot 80{,}00\,\text{mg} \cdot f_a}{V(\text{Probe}) \cdot \text{L}} = \frac{1{,}75\,\text{mL} \cdot 80{,}00\,\text{mg} \cdot 2}{25{,}0\,\text{mL} \cdot \text{L}} = \mathbf{11{,}2\ mg/L}$$

7.2.6.2 Chemischer Sauerstoffbedarf CSB

Der **C**hemische **S**auerstoff-**B**edarf **CSB** (engl. chemical oxygen demand COD) ist eine Kenngröße für den Gehalt organischer Verschmutzungen wie Mineralöle oder Halogenkohlenwasserstoffe in Gewässern oder Abwässern, die in der Regel von Bakterien nicht abbaubar sind.

Im Folgenden soll beispielhaft der Abbau des Kohlenwasserstoffes Cyclohexan betrachtet werden. Der „Chemische Sauerstoffbedarf" zur Verbrennung von 1 mol Cyclohexan ist verbunden mit einem Verbrauch von neun Mol Sauerstoff. Dabei werden insgesamt 36 Elektronen übertragen:

Reduktion: + 18 · 2 = + 36 e⁻

a) $\overset{-II}{C}_6H_{12} + 9\,\overset{\pm 0}{O}_2 \longrightarrow 6\,\overset{+IV-II}{CO_2} + 6\,H_2\overset{-II}{O}$

Oxidation: −6 · 6 = −36 e⁻

Bei der genormten Bestimmung des Chemischen Sauerstoffbedarfs nach DIN 38 409-41 wird das starke Oxidationsvermögen von Dichromat-Ionen $Cr_2O_7^{2-}$ in saurem Medium genutzt, um Cyclohexan zu oxidieren:

Reduktion: + 12 · 3 = + 36 e⁻

b) $\overset{-II}{C}_6H_{12} + 6\,\overset{+VI}{Cr}_2O_7^{2-} + 48\,H^+ \longrightarrow 6\,\overset{+IV}{C}O_2 + 12\,\overset{+III}{Cr}^{3+} + 30\,H_2O$

Oxidation: −6 · 6 = −36 e⁻

Der Vergleich der Gleichungen a und b zeigt, dass bei der Oxidation mit Sauerstoff und mit Dichromat-Ionen gleich viele Elektronen übertragen werden. Daher sind die Redox-Äquivalente von Sauerstoff und Dichromat-Ionen gleich: **6 mol $Cr_2O_7^{2-}$ ⇔ 9 mol O_2** oder: **1 mol $K_2Cr_2O_7$ ⇔ 1,5 mol O_2**

Die Definition des CSB-Wertes lautet somit:

> Unter dem Chemischen Sauerstoffbedarf CSB eines Wassers versteht man die Massenkonzentration an Sauerstoff $\beta(O_2)$, die erforderlich ist, um alle organischen Inhaltsstoffe chemisch zu oxidieren. Der CSB-Wert wird in mg/L oder g/L angegeben.

Bei der CSB-Bestimmung wird die zur Oxidation eingesetzte Kaliumdichromat-Lösung im Überschuss zugegeben und mit einer äquivalenten Eisen(II)-sulfat-Maßlösung [wegen besserer Haltbarkeit als Ammoniumeisen(II)-sulfat $(NH_4)_2Fe(SO_4)_2$] gegen Ferroin als Indikator zurücktitriert (⇒ Verbrauch V_p). Mit der gleichen Dichromat-Portion erfolgt eine Blindwertbestimmung (⇒ Verbrauch V_b):

$$\overset{+VI}{Cr}_2O_7^{2-} + 14\,H^+ + 6\,\overset{+II}{Fe}^{2+} \longrightarrow 2\,\overset{+III}{Cr}^{3+} + 6\,\overset{+III}{Fe}^{3+} + 7\,H_2O$$

Folgende Stoffmengen sind äquivalent: **6 mol Fe^{2+} ⇔ 1 $Cr_2O_7^{2-}$ ⇔ 1,5 mol O_2**

Aus dem Volumen der verbrauchten Kaliumdichromat-Maßlösung (Differenz $V_b - V_p$) lässt sich die dazu äquivalente Massenkonzentration an Sauerstoff $\beta(O_2)$ errechnen.

Der CSB-Wert ist ein wichtiger Parameter eines Abwassers, da er nach dem Abwasserabgabengesetz die Kosten für einen Einleiter, z. B. ein Chemiewerk, entscheidend bestimmt.

Chemischer Sauerstoffbedarf

$$CSB = \beta(O_2) = \frac{V(K_2Cr_2O_7) \cdot c(\tfrac{1}{6}K_2Cr_2O_7) \cdot M(O_2)}{z^*(O_2) \cdot V(\text{Probe})}$$

$$CSB = \beta(O_2) = \frac{(V_b - V_p) \cdot c(\tfrac{1}{1}Fe^{2+}) \cdot t \cdot M(O_2)}{z^*(O_2) \cdot V(\text{Probe})}$$

Beispiel: In 20,0 mL Abwasser werden 10,0 mL Kaliumdichromat-Lösung pipettiert. Nach der Umsetzung verbraucht das nicht reduzierte Dichromat V_p = 10,5 mL Maßlösung, $c(Fe^{2+})$ = 0,1 mol/L. Bei der Blindwertbestimmung verbrauchen 10,0 mL der $K_2Cr_2O_7$-Lösung V_b = 16,3 mL der Ammoniumeisen(II)-sulfat-Maßlösung. Welchen CSB-Wert hat das Abwasser? $M(O_2)$ = 32,00 g/mol und $z^*(O_2) = 4$

Lösung: $\mathbf{CSB} = \beta(\mathbf{O_2}) = \frac{(V_b - V_p) \cdot c(Fe^{2+}) \cdot M(O_2)}{z^*(O_2) \cdot V(\text{Probe})} = \frac{(16{,}3\text{ mL} - 10{,}5\text{ mL}) \cdot 0{,}1\text{ mol/L} \cdot 32{,}00\text{ g/mol}}{4 \cdot 20{,}0\text{ mL}} \approx \mathbf{232\,\frac{mg}{L}}$

Aufgaben zur Bestimmung von Abwasserkennwerten

1. Flusswasser wird zur Bestimmung des BSB_5 um den Faktor 5 verdünnt. 25,0 mL der verdünnten Probe verbrauchen unmittelbar nach Probenentnahme 15,2 mL Natriumthiosulfat-Maßlösung, $c(Na_2S_2O_3)$ = 10,0 mmol/L. Zwei weitere Proben verbrauchen nach 5 Tagen Aufbewahrung bei 20 °C im Dunkeln 9,25 mL und 9,40 mL Maßlösung. Wie groß ist der BSB_5 des Flusswassers?
2. 50,0 mL einer mit Propantriol verunreinigten Abwasserprobe verbrauchen zur quantitativen Oxidation 22,4 mL Maßlösung, $\tilde{c}(\frac{1}{6}K_2Cr_2O_7)$ = 0,1 mol/L (t = 1,024). Berechnen Sie den CSB.
3. 50,0 mL Abwasserprobe werden mit 20,0 mL Kaliumdichromat-Lösung versetzt. Nicht reduziertes Dichromat verbraucht bei der anschließenden Titration 12,5 mL Ammoniumeisen(II)-sulfat-Maßlösung, $\tilde{c}(\frac{1}{1}(NH_4)_2Fe(SO_4)_2)$ = 0,1 mol/L (t = 1,008). Bei der Blindwertbestimmung wurden 19,2 mL der Maßlösung verbraucht. Welchen CSB-Wert hat das Abwasser?

7.2.7 Bestimmung der Wasserhärte (Komplexometrie)

Definition und Berechnung der Wasserhärte

In der Chemieanlage werden natürliche Wässer (Brunnenwasser, Flusswasser u.a.) für unterschiedliche Zwecke eingesetzt: In aufbereiteter Form als Kühlwasser, als Prozesswasser oder als Kesselspeisewasser. Natürliche Wässer enthalten gelöste Inhaltsstoffe, die mit dem Begriff der **Wasserhärte** (engl. water hardness) umschrieben werden. Besonders störend beim Einsatz natürlicher Wässer in der Chemieanlage sind die Erdalkali-Ionen des Calciums und des Magnesiums, vor allem im Zusammenwirken mit vorhandenen Hydrogencarbonat-Ionen (HCO_3^-).

Die Härte eines Wassers (Wasserhärte) ist nach DIN 38409-6 definiert als Summe der Stoffmengenkonzentrationen der gelösten Calcium-Ionen Ca^{2+} und Magnesium-Ionen Mg^{2+}. Ihre Einheit ist mmol/L.

Beispiel einer Wasserhärteangabe: $c(Ca^{2+} + Mg^{2+})$ = 2,1 mmol/L

In der DIN-Norm ist für die Wasserhärte kein Formelzeichen angegeben, ebenso werden keine Härtearten unterschieden.

In der betrieblichen Praxis jedoch ist die Einteilung in folgende Teil-Wasserhärtearten üblich:

- **Gesamthärte GH**: Sie entspricht der Konzentration $c(Ca^{2+} + Mg^{2+})$
- **Carbonathärte CH**: Sie erfasst nur den Anteil an Ca^{2+} und Mg^{2+}, der durch die $c(HCO_3^-)$ ausgeglichen wird (dazu äquivalent ist). Er wird in der DIN-Norm als **Härtehydrogencarbonat** bezeichnet
- **Nichtcarbonathärte NCH:** Das ist der über die CH hinausgehende Anteil der Konzentration $c(Ca^{2+} + Mg^{2+})$: NCH = GH – CH

Härte des Wassers (Gesamthärte)

$$GH = c(Ca^{2+}) + c(Mg^{2+}) = c(Ca^{2+} + Mg^{2+})$$

Härtehydrogencarbonat (Carbonathärte)

$$CH = \frac{c(HCO_3^-)}{2}$$

Nichtcarbonathärte

$$NCH = GH - CH$$

Der zur Carbonathärte gehörende Anteil an Ca^{2+}- und Mg^{2+}-Ionen fällt mit den HCO_3^--Ionen beim Erhitzen über 60 °C als schwerlösliche Carbonate aus und bildet fest anhaftende Ablagerungen auf den Anlagenteilen. Man nennt die Carbonathärte daher auch vorübergehende oder temporäre Härte.

Da zwei HCO_3^--Ionen die Ladung von einem Ca^{2+}-Ion bzw. Mg^{2+}-Ion ausgleichen, wird für die Berechnung der Carbonathärte die Konzentration $c(HCO_3^-)$ durch zwei dividiert.

Der darüber hinaus vorliegende Rest-Anteil an Ca^{2+}- und Mg^{2+}-Ionen bleibt beim Erhitzen gelöst, er bildet die Nichtcarbonathärte und wird auch bleibende oder permanente Härte genannt.

Beispiel: Eine Kühlwasserprobe enthält 3,5 mmol/L Ca^{2+}-Ionen, 0,30 mmol/L Mg^{2+}-Ionen, 4,0 mmol/L HCO_3^--Ionen. Wie groß sind die Gesamthärte GH, die Carbonathärte CH und die Nichtcarbonathärte NCH?

Lösung: **GH = $c(Ca^{2+} + Mg^{2+})$** = 3,5 mmol/L + 0,30 mmol/L = **3,8 mmol/L**

CH = 2,0 mmol/L; NCH = GH – CH = (3,8 – 2,0) mmol/L = **1,8 mmol/L**

Das Trinkwasser wird nach dem deutschen Wasch- und Reinigungsmittelgesetz von 2007[1], wie international üblich, vereinfacht in drei Härtebereiche eingeteilt: weich, mittel, hart (**Tabelle 1**).

Diese Einteilung in drei Härtebereiche erleichtert den Anwendern die Dosierung von Wasch- und Reinigungsmitteln sowie von Regeneriersalz in Wasch- und Spülmaschinen. Die empfohlene Dosierungsmenge der Reinigungsmittel für die drei Härtebereiche wird von den Herstellern auf den Gebinden angegeben.

Bis zum Jahr 2007 war die Einteilung in 4 Härtebereiche gültig. Sie ist noch häufig anzutreffen. Hierbei war der jetzt gültige Härtebereich 3 in die Härtebereiche 3 (hart) und 4 (sehr hart) unterteilt.

Tabelle 1: Härtebereiche von Trinkwasser (gültig ab 2007)

Härtebereich	Härte in mmol/L	Beurteilung
1	< 1,5	weich
2	1,5 bis 2,5	mittel
3	> 2,5	hart

Beispiel: Die Analyse eines Trinkwassers (z. B. aus Stade-Haddorf) ergab 2010 folgende gelöste Inhaltsstoffe:
Kationen: $\beta(Ca^{2+}) = 104{,}2$ mg/L, $\beta(Mg^{2+}) = 5{,}1$ mg/L, $\beta(Na^+) = 14{,}9$ mg/L, $\beta(K^+) = 2{,}2$ mg/L
Anionen : $\beta(Cl^-) = 30{,}4$ mg/L, $\beta(SO_4^{2-}) = 85{,}1$ mg/L, $\beta(HCO_3^-) = 222{,}8$ mg/L, $\beta(NO_3^-) = 1{,}4$ mg/L

Berechnen Sie die Wasserhärte GH, die Carbonathärte (Härtehydrogencarbonat) CH und die Nichtcarbonathärte NCH. Ordnen Sie das Wasser einem der Härtebereiche nach **Tabelle 1** zu.

Lösung: Mit $c(X) = n(X)/V(Lsg)$, $n(X) = m(X)/M(X)$ und $\beta(X) = m(X)/V(Lsg)$ folgt durch Einsetzen:

mit $M(Ca) = 40{,}08$ g/mol: $c(Ca^{2+}) = \dfrac{\beta(Ca^{2+})}{M(Ca^{2+})} = \dfrac{104{,}2\ \text{mg/L}}{40{,}08\ \text{mg/mmol}} = 2{,}5998\ \text{mmol/L}$;

mit $M(Mg) = 24{,}305$ g/mol: $c(Mg^{2+}) = \dfrac{\beta(Mg^{2+})}{M(Mg^{2+})} = \dfrac{5{,}1\ \text{mg/L}}{24{,}305\ \text{mg/mmol}} = 0{,}2098\ \text{mmol/L}$

GH = $\mathbf{c(Ca^{2+} + Mg^{2+}) = c(CaCO_3)}$ = 2,5998 mmol/L + 0,2098 mmol/L = 2,8096 mmol/L ≈ **2,8 mmol/L**

$$\mathbf{CH} = \frac{m(HCO_3^-)}{2 \cdot M(HCO_3^-)} = \frac{222{,}8\ \text{mg/L}}{2 \cdot 61{,}02\ \text{mg/mmol}} = 1{,}8256\ \text{mmol/L} \approx \mathbf{1{,}8\ mmol/L}$$

NCH = GH – CH = 2,8096 mmol/L – 1,8256 mmol/L = 0,984 mmol/L ≈ **0,98 mmol/L**

Das Wasser zählt mit einer Gesamthärte von GH = 2,8 mmol/L zum **Härtebereich 3, hart**

Die veraltete Angabe der Wasserhärte in Grad deutscher Härte (°dH) ist nach DIN-Norm nicht mehr zulässig und sollte vermieden werden. Alte Härteangaben in °dH können in die international einheitliche Härteangabe mmol/L umgerechnet werden: **1 °dH = 0,179 mmol/L Erdalkali-Ionen.**

Bestimmung der Wasserhärte durch komplexometrische Titration

In der **Komplexometrie** (engl. compleximetry) werden die zu bestimmenden Metallionen mit einem meist organischen Komplexbildner in einen stabilen Komplex überführt.

Komplexverbindungen bestehen aus einem Zentralteilchen, meist ein Metallatom oder -ion, um das die so genannten Liganden gruppiert sind, die mit ihren Bindungen das Zentralteilchen fixieren **(Bild 1)**.

Nach DIN 38406-3 wird bei komplexometrischen Titrationen das Dinatriumsalz der Ethylendiamintetraethansäure (auch genannt Ethylendinitrilotetraessigsäure), abgekürzt **EDTA**, in Form seines Dihydrats als Komplexbildner eingesetzt. Das EDTA umgibt das Calcium-Ion scherenförmig mit seinen 6 aktiven O- und N-Atomen. EDTA wird wegen seiner 6 Bindungen zum Metall-Ion als sechszähniger Ligand bezeichnet.

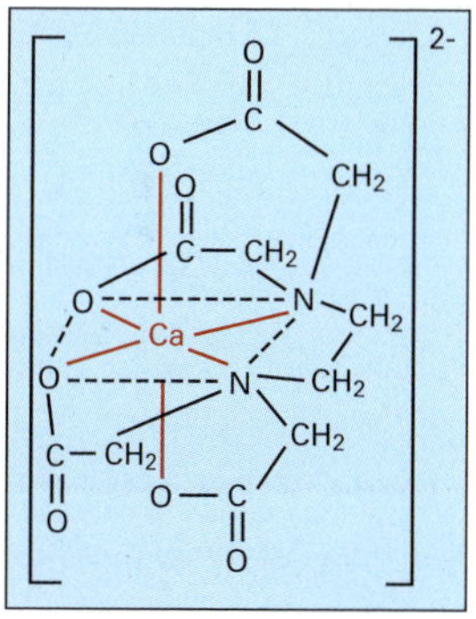

Bild 1: Ca(II)-Komplex mit EDTA

Zusammensetzung und Struktur von Dinatrium-**e**thylen-**d**iamin-**t**etra-**a**cetat-Dihydrat:

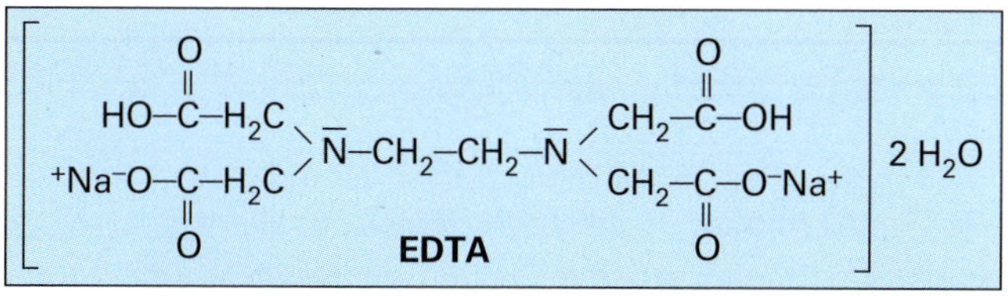

Summenformel von Na-EDTA-dihydrat:

$C_{10}H_{14}N_2Na_2O_8 \cdot 2\,H_2O$

Kurzschreibweise von Na-EDTA-dihydrat:

$Na_2[H_2Y] \cdot 2\,H_2O$

(Y steht für den organischen Teil)

[1] Hier wird die Wasserhärte in der (aus chemischer Sicht unsinnigen) Angabe mmol $CaCO_3$ je Liter definiert.

In wässriger Lösung dissoziiert EDTA: $Na_2[H_2Y] \cdot 2\,H_2O \rightleftharpoons 2\,Na^+ + [H_2Y]^{2-} + 2\,H_2O$

EDTA bindet Metall-Kationen stets im Stoffmengenverhältnis 1 : 1, unabhängig von deren Ionenladung. Zur Bestimmung des Endpunktes einer komplexometrischen Titration werden spezielle Indikatoren eingesetzt. Werden Ca^{2+}- und Mg^{2+}-Ionen nebeneinander bestimmt, kommt der Indikator Eriochromschwarz T zum Einsatz. Der Indikator bildet mit den Ca^{2+}- und Mg^{2+}-Ionen einen rotvioletten Komplex. Während der Titration mit EDTA-Maßlösung reagieren zunächst die freien Ca^{2+}- und Mg^{2+}-Ionen zum stabilen EDTA-Komplex, anschließend die an den Indikator gebundenen. Dabei schlägt die Farbe des Indikators von rotviolett in die blaue Farbe des freien Indikators (Ind) um:

$$\underbrace{Ca^{2+} \cdot Ind}_{\text{rotvioletter Komplex}} + \underbrace{H_2Y^{2-}}_{\text{EDTA}} \longrightarrow [Ca^{2+} \cdot Y]^{2-} + \underbrace{Ind}_{\text{blau}} + 2\,H^+$$

Die Stabilität der Metallionen-Indikator-Komplexe nimmt mit sinkendem pH-Wert ab. Da bei der Titration zwei H^+-Ionen abgespalten werden, würde der pH-Wert sinken. Daher wird vor der komplexometrischen Härtebestimmung neben einer Indikator-Puffertablette etwas Ammoniak-Lösung zugesetzt. So findet die gesamte Bestimmung im gepufferten, alkalischen Milieu bei pH 10 statt.

Beispiel 1: Zur Bestimmung der Härte einer Wasserprobe durch direkte Titration werden 50,0 mL Wasser einpipettiert und mit 16,3 mL EDTA-Maßlösung, $\tilde{c}(\text{EDTA}) = 0{,}01$ mol/L ($t = 1{,}057$) gegen Eriochromschwarz T als Indikator bis zum Farbumschlag von rotviolett nach blau titriert.

Berechnen Sie die Gesamthärte der Wasserprobe.

Lösung: Mit $n(\text{EDTA}) = n(\text{Metall-Ion})$ und $c(Ca^{2+} + Mg^{2+}) = n(Ca^{2+} + Mg^{2+}) / V(\text{Probe})$ folgt:

$$GH = c(Ca^{2+} + Mg^{2+}) = \tilde{c}(\text{EDTA}) \cdot V(\text{EDTA}) \cdot t \cdot \frac{1}{V(\text{Probe})} = 0{,}01\ \text{mol/L} \cdot 16{,}3\ \text{mL} \cdot 1{,}057 \cdot \frac{1}{50{,}0\ \text{mL}}$$

GH ≈ 3,45 mmol/L

In der Praxis ist bei der Bestimmung der Wasserhärte die Konzentration der EDTA-Maßlösung häufig auf $c(\text{EDTA}) = 0{,}01$ mol/L eingestellt, so dass bei Vorlage von 100 mL Wasserprobe 1 mL der Maßlösung einer gefundenen Stoffmengenkonzentration von $c(Ca^{2+} + Mg^{2+}) = 0{,}1$ mmol/L entspricht.

Beispiel 2: Zur Bestimmung des Gesamthärte einer Trinkwasserprobe werden 100 mL Wasser einpipettiert, eine Indikator-Puffertablette zugefügt und nach deren Auflösen 1 mL konz. Ammoniak-Lösung zugesetzt. Mit 15,9 mL Maßlösung, $\tilde{c}(\text{EDTA}) = 0{,}01$ mol/L ($t = 0{,}992$) bis zum Farbumschlag von rot nach grün titriert. Zu welchem Härtebereich zählt das Wasser?

Lösung: Tatsächlicher Verbrauch: $V(\text{EDTA}) = \tilde{V}(\text{EDTA}) \cdot t = 15{,}9\ \text{mL} \cdot 0{,}992 = 15{,}773\ \text{mL}$

1 mL EDTA-Maßlösung, $c(\text{EDTA}) = 0{,}01$ mol/L zeigt eine Härte von 0,1 mmol/L an

15,773 mL EDTA-Maßlösung, $c(\text{EDTA}) = 0{,}01$ mol/L zeigt eine Härte von x mmol/L an

$$\boldsymbol{x = GH} = c(Ca^{2+} + Mg^{2+}) = c(CaCO_3) = \frac{0{,}1\ \text{mmol/L} \cdot 15{,}773\ \text{mL}}{1\ \text{mL}} = 1{,}5773\ \text{mmol/L} \approx \mathbf{1{,}58\ mmol/L}$$

Das Trinkwasser ist in den **Härtebereich 2 (mittel)** einzustufen.

Aufgaben zur Bestimmung der Wasserhärte

1. Die Analyse eines Grundwassers ergab folgende gelöste Inhaltsstoffe:

   Kationen:
   $c(Ca^{2+}) = 0{,}454$ mmol/L, $c(Mg^{2+}) = 0{,}152$ mmol/L, $c(Na^+) = 0{,}463$ mmol/L, $c(K^+) = 0{,}063$ mmol/L
   Anionen: $c(Cl^-) = 0{,}150$ mmol/L, $c(SO_4^{2-}) = 0{,}233$ mmol/L, $c(HCO_3^-) = 0{,}749$ mmol/L

   Berechnen Sie die Wasserhärte GH und das Härtehydrogencarbonat CH.

2. Die Analyse von Brauchwasser enthält neben Stoffen im Spurenbereich folgende Angaben über die ermittelten Massenkonzentrationen:
   Kationen: $\beta(Ca^{2+}) = 100$ mg/L, $\beta(Mg^{2+}) = 12{,}0$ mg/L, $\beta(Na^+) = 8{,}0$ mg/L, $\beta(K^+) = 2{,}0$ mg/L
   Anionen : $\beta(Cl^-) = 16{,}0$ mg/L, $\beta(SO_4^{2-}) = 60{,}2$ mg/L, $\beta(HCO_3^-) = 280$ mg/L, $\beta(NO_3^-) = 6{,}0$ mg/L

   Wie groß sind die Wasserhärte GH, das Härtehydrogencarbonat CH und die Nichtcarbonathärte NCH?

3. Bei der Analyse von Oberflächenwasser wurden folgende gelöste Inhaltsstoffe gefunden:
   Kationen: $\beta(Ca^{2+})$ = 8,05 mg/L, $\beta(Mg^{2+})$ = 1,05 mg/L, $\beta(Na^{+})$ = 27,4 mg/L, $\beta(K^{+})$ = 10,4 mg/L
   Anionen : $\beta(Cl^{-})$ = 21,3 mg/L, $\beta(SO_4^{2-})$ = 22,0 mg/L, $\beta(HCO_3^{-})$ = 54,2 mg/L
   Berechnen Sie die Wasserhärten GH, CH und NCH.
4. Zur Bestimmung des Härte einer Wasserprobe werden 50,0 mL Wasser einpipettiert und mit 22,3 mL EDTA-Maßlösung, $\tilde{c}$(EDTA) = 0,1 mol/L (t = 1,017) bis zum Farbumschlag von rot-violett nach blau titriert. Berechnen Sie die Gesamthärte der Wasserprobe.
5. Zur Bestimmung der Härte von Leitungswasser werden 100 mL Probe eingemessen. Der Verbrauch an EDTA-Maßlösung, $\tilde{c}$(EDTA) = 0,01 mol/L (t = 1,004), beträgt 10,2 mL. Welche Gesamthärte hat die Wasserprobe? Zu welchem der drei Härtebereiche gehört das Wasser?

7.2.8 Bestimmung maßanalytischer Kennzahlen

Die maßanalytischen Kennzahlen dienen zur Beschreibung der Qualität, der Zusammensetzung und der Struktur der Bestandteile von Stoffen oder Stoffgemischen wie beispielsweise Fette und fette Öle, Fettsäuren, Ester, Lösemittel, Bindemittel, Natur- und Kunstharze.

7.2.8.1 Säurezahl SZ

Die **Säurezahl SZ** (engl. acid value) dient zur Bestimmung des Gehalts an freien organischen Säuren und Säureanhydriden in Fetten, fetten Ölen sowie in Lösemitteln, Bindemitteln (Harze) oder Weichmachern. Die ähnlich definierte **Neutralisationszahl NZ** (engl. neutralisation value) wird zur Charakterisierung von Mineralfetten und -ölen verwendet. Sie erfasst nicht nur die organischen Säuren, sondern den Gesamtsäuregehalt.

Die Säurezahl SZ gibt an, wie viel Milligramm Kaliumhydroxid KOH zur Neutralisation der freien organischen Säuren in einem Gramm der untersuchten Substanz verbraucht wird.

Die Säurezahl wird in Milligramm KOH pro Gramm Probe angegeben.

Säurezahl
$SZ = \frac{m(KOH)}{m(Probe)}$

Die Säurezahl SZ ist eine wichtige Kennzahl für die Frische bzw. den Alterszustand von Fetten und Fettölen. Tierische und pflanzliche Fette und Fettöle enthalten im frischen Zustand in der Regel keine freien, unveresterten Säuren. Ältere Fette sind durch Feuchtigkeit unter Einwirkung von Licht und Mikroorganismen teilweise gespalten. Dabei werden Fettsäuren freigesetzt, die Fette werden ranzig. Diese Reaktion bezeichnet man als Verseifung oder Hydrolyse.

Verseifung:
(teilweise Verseifung durch Alterung)

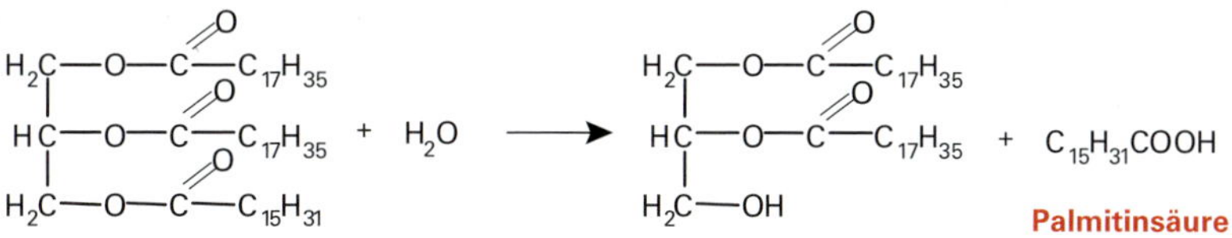

Fett (Triglycerid)

Palmitinsäure = freie Fettsäure

Zur Bestimmung der Säurezahl wird die eingewogene Fettprobe in Ethanol, bei schwer löslichen Substanzen unter Zugabe von Toluol bzw. Aceton, gelöst. Die freien Fettsäuren (und Säureanhydride) werden bei der Titration mit ethanolischer Kalilauge-Maßlösung der Konzentration c(KOH) = 0,1 mol/L oder c(KOH) = 0,5 mol/L neutralisiert. Der Endpunkt ist am Farbumschlag von Phenolphthalein bzw. am Potenzialsprung, der mit einer pH-Elektrode gemessen werden kann, erkennbar.

Neutralisation: $C_{15}H_{31}COOH + KOH \longrightarrow C_{15}H_{31}COOK + H_2O$

Palmitinsäure + Kalilauge ⟶ Kaliumpalmitat + Wasser

Beispiel: 6,157 g Olivenöl werden in 100 g neutralisiertem Ethanol gelöst und mit 18,25 mL ethanolischer Kalilauge, $\tilde{c}$(KOH) = 0,1 mol/L (t = 1,011), gegen Phenolphthalein titriert. Welche Säurezahl hat das Öl?

Lösung: Mit der maßanalytischen Äquivalentmasse $\ddot{A}$(KOH) = 5,61056 mg/mL (Tabelle 1, Seite 207) folgt:

$$SZ = \frac{m(KOH)}{m(Probe)} = \frac{\ddot{A}(KOH) \cdot \tilde{V}(KOH) \cdot t}{m(Probe)} = \frac{18{,}25\text{ mL} \cdot 1{,}011 \cdot 5{,}61056\text{ mg/mL}}{6{,}157\text{ g}} \approx \mathbf{16{,}8\,\frac{mg\,KOH}{g\,Öl}}$$

Aufgaben zur Säurezahl SZ

1. 4,859 g Palmkernöl werden in Ethanol gelöst und mit 3,45 mL ethanolischer Kalilauge-Maßlösung, $c(KOH) = 0,1$ mol/L, gegen Phenolphthalein titriert. Wie groß ist die Säurezahl des Öls?

2. 8,177 g Elaidin (Fett der trans-Ölsäure) verbrauchen zur Neutralisation 4,90 mL ethanolische Kalilauge-Maßlösung, $\tilde{c}(KOH) = 0,5$ mol/L ($t = 1,035$). Ermitteln Sie die maßanalytische Äquivalentmasse $Ä(KOH)$ für diese Maßlösung und berechnen Sie die Säurezahl des Elaidins.

3. 6,805 g einer Fett-Probe werden in Ethanol gelöst und mit 4,25 mL ethanolischer Kalilauge-Maßlösung, $\tilde{c}(KOH) = 0,5$ mol/L ($t = 1,017$), neutralisiert. Welche Säurezahl hat das Fett?

7.2.8.2 Verseifungszahl VZ

Die **Verseifungszahl VZ** (engl. saponification value) ist ein Maß für die veresterten, freien oder als Anhydrid vorliegenden Fettsäuren einer Substanz. Sie gibt die Masse Kaliumhydroxid KOH an, die zur vollständigen Verseifung der Ester bzw. Hydrolyse der Anhydride und zur Neutralisation freier Fettsäuren in ein Gramm Probesubstanz erforderlich ist.

Verseifungszahl

$$VZ = \frac{m(KOH)}{m(Probe)}$$

Die Verseifungszahl wird in Milligramm KOH pro Gramm Probe angegeben.

Zur Bestimmung der Verseifungszahl wird die zu untersuchende Probe mit einem Überschuss an ethanolischer Kalilauge unter Rückfluss sieden gelassen **(Bild 1)**.

Dabei werden alle Esterbindungen im Fett gespalten, d.h. verseift (Reaktion 1) und neutralisiert (Reaktion 2).

Die *nicht* verbrauchte Kalilauge wird mit Salzsäure-Maßlösung zurücktitriert (Reaktion 3). Die Probe muss dabei frei von anderen Stoffen sein, die Kalilauge verbrauchen könnten, z.B. Pigmente.

1. *Hydrolyse* (vollständige Verseifung)

   Fett (Triglycerid) + 3 KOH (Kalilauge, Überschuss) → Glycerin + 3 $C_{17}H_{35}COOK$ (Kaliumstearat, Seife)

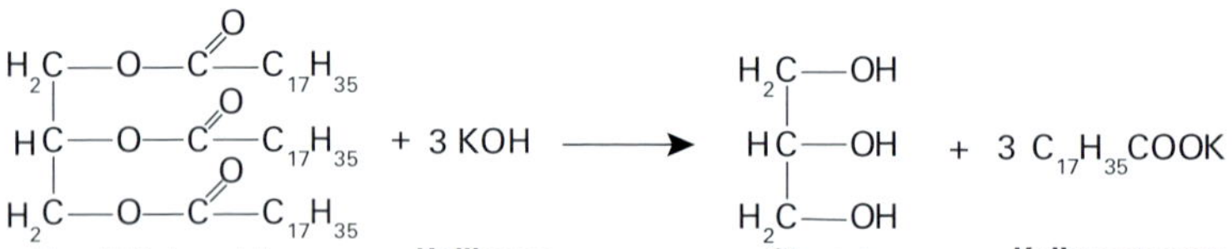

2. *Neutralisation freier Säuren*:

   $C_{17}H_{33}COOH + KOH \longrightarrow C_{17}H_{33}COOK + H_2O$

   freie Ölsäure — Kaliumoleat

3. *Rücktitration überschüssiger Kalilauge mit Salzsäure-Maßlösung*:

   $KOH + HCl \longrightarrow KCl + H_2O$

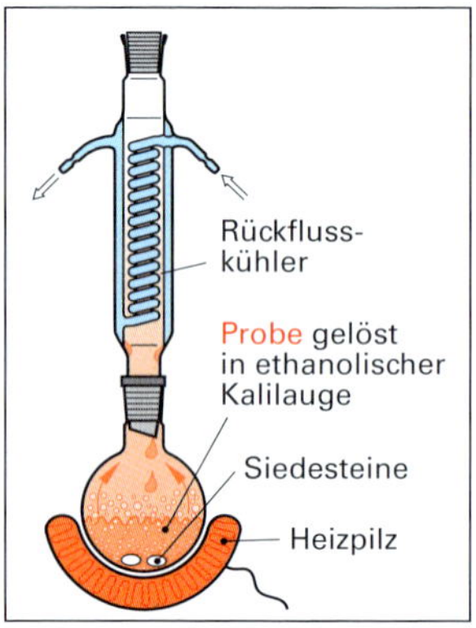

Bild 1: Verseifungsapparatur

Da pro Mol Esterbindung ein Mol KOH benötigt wird (Reaktion 1), lässt die Verseifungszahl Rückschlüsse auf die Struktur der in der Probesubstanz veresterten Fettsäuren zu:

Eine *geringe* Kettenlänge der Fettsäuren in einem Fett bedeutet wegen der größeren Zahl der Fett-Moleküle und dadurch zahlreichen Esterbindungen eine *hohe* Verseifungszahl **(Bild 2, Kolben A)**.

Fette mit Fettsäuren *großer* Kettenlängen in der *gleichen* Probeportion bewirken wegen der geringeren Anzahl der Fett-Moleküle und dadurch geringeren Anzahl an Esterbindungen eine *kleinere* Verseifungszahl **(Bild 2, Kolben B)**.

Die Verseifungszahl ist somit ein Maß für die *mittlere molare Masse* der in der Probe vorhandenen, gebundenen Fettsäuren. Der Gehalt *freier* Fettsäuren ist in frischen Fetten unbedeutend.

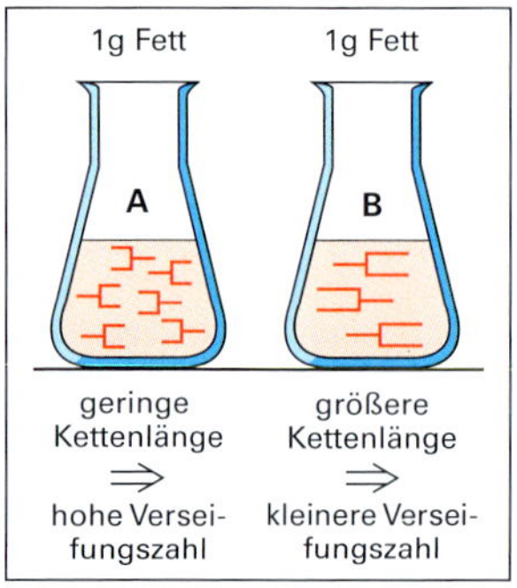

Bild 2: Fette mit Fettsäuren unterschiedlicher Kettenlänge (schematisch dargestellt)

Zur genauen Ermittlung der Verseifungszahl muss eine *Blindwert*-Bestimmung ohne Substanz durchgeführt werden. Der Blindwert gibt das erforderliche Volumen V_b an Salzsäure-Maßlösung an, um die zur Verseifung eingesetzte Gesamtportion an ethanolischer Kalilauge vollständig zu neutralisieren.

Der Endpunkt der Titration ist am Farbumschlag von Phenolphthalein oder potentiometrisch erkennbar. Die Differenz aus dem Verbrauch V_b bei der Blindwertbestimmung und aus dem Verbrauch V_p für die überschüssige Kalilauge ergibt das zur *Verseifung* verbrauchte Volumen an Kalilauge.

Beispiel: 2,205 g Olivenöl werden mit 30,0 mL ethanolischer Kalilauge, $c(KOH)$ = 0,5 mol/L, versetzt und verseift. Die überschüssige Kalilauge wird mit 14,5 mL Salzsäure-Maßlösung, $\tilde{c}(HCl)$ = 0,5 mol/L (t = 1,025), zurücktitriert. Wie groß ist die Verseifungszahl des Olivenöls?

Lösung: Mit $\ddot{A}(KOH) = 5 \cdot 5{,}61056$ mg/mL = 28,053 mg/mL (aus **Tabelle 1**, Seite 207) folgt:

$$\mathbf{VZ} = \frac{\left(V_b - V_p \cdot t(HCl)\right) \cdot \ddot{A}(KOH)}{m(\text{Probe})} = \frac{(30{,}0\ \text{mL} - 14{,}5\ \text{mL} \cdot 1{,}025) \cdot 28{,}053\ \text{mg/mL}}{2{,}205\ \text{g}} \approx \mathbf{193\ \frac{mg\ KOH}{g\ Probe}}$$

Aufgaben zur Verseifungszahl VZ

1. 1,8759 g einer Leinöl-Probe werden mit 20,0 mL ethanolischer Kalilauge, $c(KOH)$ = 0,5 mol/L, verseift. Überschüssige Kalilauge wird mit 8,55 mL Salzsäure-Maßlösung, $c(HCl)$ = 0,5 mol/L, zurücktitriert. Berechnen Sie die Verseifungszahl des Leinöls.

2. 2,163 g Kokosfett werden mit 40,0 mL ethanolischer Kalilauge, $c(KOH)$ = 0,5 mol/L, verseift. Die überschüssige Kalilauge wird mit 20,05 mL Salzsäure-Maßlösung, $\tilde{c}(HCl)$ = 0,5 mol/L (t = 0,981), gegen Phenolphthalein zurücktitriert. Welche Verseifungszahl hat das Kokosfett?

3. 1,317 g Rapsöl werden mit 50,0 mL ethanolischer Kalilauge, $c(KOH)$ = 0,1 mol/L, verseift. Überschüssige Kalilauge wird mit 28,5 mL Schwefelsäure-Maßlösung, $\tilde{c}(\frac{1}{2}H_2SO_4)$ = 0,1 mol/L (t= 1,012) zurücktitriert. Berechnen Sie die Verseifungszahl des Rapsöls.

7.2.8.3 Esterzahl EZ

Die Differenz aus Verseifungszahl VZ und Säurezahl SZ einer Probe ergibt die **Esterzahl EZ** (engl. ester value).

Die Esterzahl wird in Milligramm KOH pro Gramm Substanz angegeben.

Esterzahl
EZ = VZ – SZ

Die Esterzahl ist ein Maß für die *mittlere molare Masse* der vorhandenen Fettsäuren. Bei einer hohen Esterzahl ist die Anzahl der zu veresternden Carboxylgruppen in der Probe hoch, die Fettmoleküle enthalten Fettsäuren mit kürzerer Kettenlänge und somit geringerer molarer Masse.

Beispiel: Die in den Beispielen der Kapitel Säurezahl und Kapitel Verseifungszahl untersuchte Olivenölprobe ergab folgende Kennzahlen: SZ = 16,8 mg KOH/g Olivenöl, VZ = 193 mg KOH/g Olivenöl. Wie groß ist die Esterzahl EZ des Olivenöls?

Lösung: **EZ** = VZ – SZ = 193 mg KOH/g – 16,8 mg KOH/g ≈ **176 mg KOH/g Olivenöl**

Aufgaben zur Esterzahl EZ

1. Die Bestimmung der Esterzahl einer Probe ergab folgende Titrationsergebnisse: 4,013 g Probe verbrauchten zur vollständigen Neutralisation der freien Säuren 21,5 mL Kalilauge-Maßlösung, $c(KOH)$ = 0,5 mol/L. Weitere 2,104 g der Probe wurden mit 50,0 mL der gleichen Kalilauge verseift und der Laugeüberschuss mit 31,1 mL Salzsäure-Maßlösung, $\tilde{c}(HCl)$ = 0,5 mol/L (t= 1,018), zurücktitriert. Welche Esterzahl EZ hat die Probe?

2. 5,257 g Leinöl verbrauchen zur Neutralisation 11,5 mL Kalilauge-Maßlösung, $c(KOH)$ = 0,1 mol/L. Weitere 1,018 g des Leinöls werden mit 50,0 mL alkoholischer Kalilauge, $c(KOH)$ = 0,1 mol/L verseift. Der Kalilauge-Überschuss verbraucht zur Neutralisation 14,1 mL Salzsäure-Maßlösung, $\tilde{c}(HCl)$ = 0,5 mol/L (t = 0,986). Berechnen Sie die Verseifungszahl VZ, die Säurezahl SZ und die Esterzahl EZ der Leinölprobe.

7.3 Maßanalytische Bestimmungen mit elektrochemischen Methoden

Der Endpunkt einer Titration, der Äquivalenzpunkt, kann durch den Farbumschlag von Indikatoren oder durch Messung geeigneter elektrischer Größen ermittelt werden. Dies können unter anderem die Änderung der Potenzialdifferenz zwischen zwei Halbelementen (Potentiometrie) oder die Änderung der elektrischen Leitfähigkeit (Konduktometrie) sein. Diese Methoden werden eingesetzt, wenn der Farbumschlag von Indikatoren nicht erkennbar oder die Äquivalenzpunkterkennung erschwert ist.

Da bei der Potentiometrie und der Konduktometrie kontinuierliche Messwerte des Titrationsverlaufes anfallen, sind beide Methoden insbesondere zur Automatisierung von Titrationsverfahren und dadurch für den Einsatz zur Überwachung und Steuerung chemischer Prozesse geeignet.

7.3.1 Potentiometrische Neutralisationstitrationen

Die potentiometrische Neutralisationstitration, kurz **Potentiometrie** (engl. potentiometry) genannt, wird häufig in der Analytik angewandt; vor allem für die Messung des pH-Wertes.

Bei der Potentiometrie wird in der Messelektrode eine von der Konzentration $c(H_3O^+)$ abhängige Potentialdifferenz gemessen.

Die pH-Wert-Messungen werden in der Regel mit Einstab-Elektroden durchgeführt, in der Messelektrode und Bezugselektrode vereinigt sind **(Bild 1)**. Pro eine pH-Einheit wird in der Messelektrode eine Spannung von 59 mV erzeugt, die im Anzeigegerät in einen pH-Wert umgewandelt wird.

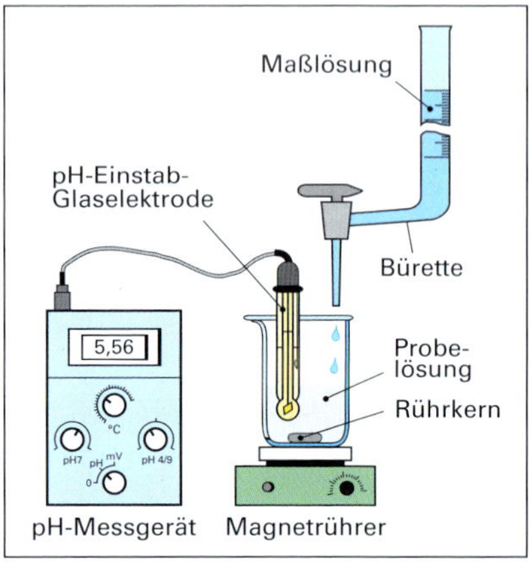

Bild 1: pH-Messung bei der Neutralisationstitration

Titration starker und schwacher Säuren und Basen

Wird bei einer Säure-Base-Titration der Verbrauch an Maßlösung gegen den pH-Wert der Probe in ein Koordinatensystem eingetragen, so erhält man eine Titrationskurve. Der **Äquivalenzpunkt** (engl. equivalent point) liegt im Wendepunkt der Titrationskurve, dem Punkt maximaler Steigung. Den Verbrauchswert an Maßlösung erhält man durch Fällen des Lots im Äquivalenzpunkt auf die Verbrauchsachse.

Beispiel 1: Titration einer starken Säure mit einer starken Base

10 mL Salzsäure der Konzentration, $c(HCl)$ = 0,1 mol/L werden mit Natronlauge-Maßlösung, $c(NaOH)$ = 0,1 mol/L, titriert. Man erhält die nabenstehende Titrationskurve **(Bild 2)**.

Reaktion: $HCl_{(aq)} + NaOH_{(aq)} \longrightarrow NaCl_{(aq)} + H_2O_{(l)}$

Die Kurve beginnt im stark sauren Bereich, da Salzsäure als starke Säure vollständig dissoziiert vorliegt. Der pH-Wert steigt zunächst nur sehr geringfügig, ab pH 3 stärker und in der Nähe des Äquivalenzpunktes sprunghaft an. Nach dem Äquivalenzpunkt ist der pH-Anstieg wieder gering, um schließlich einem Grenzwert entgegenzustreben. Bei der Titration starker einprotoniger Säuren wie HCl und HNO_3 mit starken Basen wie NaOH und KOH hat die Lösung im Äquivalenzpunkt den Wert pH = 7, er wird deshalb auch *Neutralpunkt* genannt.

Die geringe Anfangssteigung der Titrationskurve erklärt sich aus der logarithmischen Skala des pH-Wertes: Die Konzentration $c(H_3O^+)$ muss auf 1/10 der Anfangskonzentration verringert werden, damit der pH-Wert vom Anfangswert pH 1 auf pH 2 steigt.

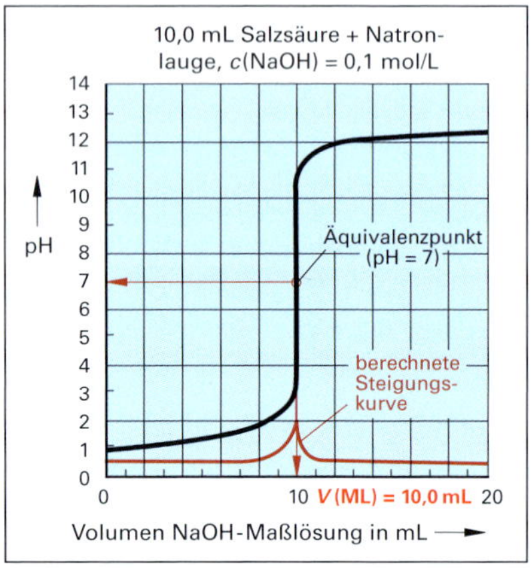

Bild 2: Titrationskurve für eine starke Säure und eine starke Base

Dazu ist ein Zusatz von 9 mL Maßlösung erforderlich (90 % der H_3O^+-Ionen sind neutralisiert). Für einen Anstieg auf pH 3 muss die Konzentration $c(H_3O^+)$ wiederum auf 1/10 verringert werden: das bewirkt eine Zugabe von 0,9 mL Maßlösung (99 % der H_3O^+-Ionen sind neutralisiert). Bis pH 4 sind mit weiteren 0,09 mL 99,9 % der H_3O^+-Ionen neutralisiert. Bei pH 7 liegen nur noch die H_3O^+-Ionen aus der Eigenprotolyse des Wassers vor. Bis pH 7 verringert sich das Volumen an Maßlösung für den Anstieg einer pH-Einheit jeweils um den Faktor 1/10. Deshalb bewirkt nahe am Äquivalenzpunkt schon der Zusatz von wenig Maßlösung eine starke pH-Änderung. Der Verbrauch im Äquivalenzpunkt beträgt $V(ML)$ = 10,0 mL.

Ermittlung des Äquivalenzpunktes

Der Äquivalenzpunkt befindet sich im Steigungsmaximum der Titrationskurve. **Bild 1** zeigt die zeichnerische Lösung für die Ermittlung. Dazu werden zwei parallele Tangenten an den Kurvenradius gelegt. Der Äquivalenzpunkt ist im Schnittpunkt der zugehörigen Mittelparallelen mit der Kurve.

Beispiel 2: Titration einer schwachen Säure mit starker Base

10,0 mL Essigsäure, $c(CH_3COOH) = 0{,}1$ mol/L, werden mit Natronlauge-Maßlösung, $c(NaOH) = 0{,}1$ mol/L, titriert (Bild 1).

Reaktion: $CH_3COOH_{(aq)} + NaOH_{(aq)} \longrightarrow CH_3COONa_{(aq)} + H_2O_{(l)}$

Die Titrationskurve der Essigsäure beginnt im Vergleich zur Kurve der Salzsäure bei einem höheren pH-Wert: Essigsäure ist als schwache Säure nur teilweise protolysiert, die Anfangskonzentration $c(H_3O^+)$ ist geringer. Der pH-Wert steigt auch hier zunächst nur relativ langsam, im Bereich des Äquivalenzpunktes dagegen sprunghaft an. Im Äquivalenzpunkt sind alle abdissoziierten Protonen der Essigsäuremoleküle durch Hydroxid-Ionen der Natronlauge neutralisiert.

Der Äquivalenzpunkt ist, wie bei allen Titrationen *schwacher Säuren* mit *starken Basen*, in den *basischen* Bereich verschoben. Ursache ist der basische Charakter der Acetat-Ionen CH_3COO^- ($pK_B = 9{,}24$). Der Verbrauch beträgt $V(ML) = 10{,}0$ mL.

Ein geeigneter Indikator muss seinen Umschlagbereich zwischen pH 7,5 und pH 10 haben, hier hat die Kurve ihren Potenzialsprung. Im Bereich nach dem Äquivalenzpunkt ist der Kurvenverlauf deckungsgleich mit der HCl-Bestimmung, da die gleiche Maßlösung verwendet wurde.

Aus der Titrationskurve einer schwachen Säure (Base) kann im Halbäquivalenzpunkt (dem halbierten Verbrauchswert vom Äquivalenzpunkt) der pK_S-Wert (pK_B-Wert) der Säure (Base) abgelesen werden.

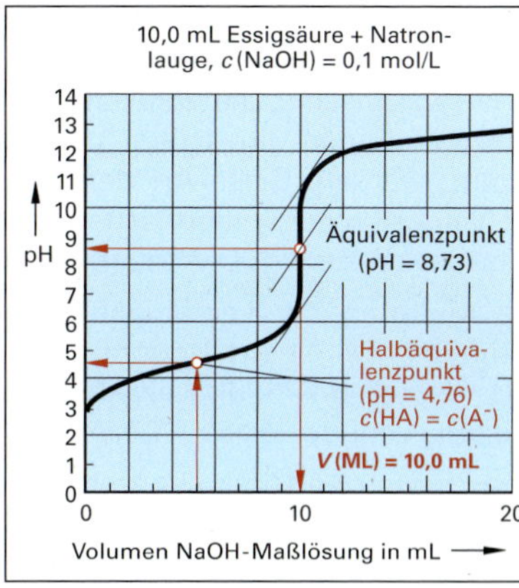

Bild 1: Titrationskurve einer schwachen Säure mit starker Base

Aufgaben zu Potentiometrischen Neutralisationstitrationen

1. **Bild 2** zeigt den Verlauf der potentiometrischen Bestimmung von 10,0 mL Ammoniak-Lösung mit Salzsäure-Maßlösung, $c(HCl) = 0{,}1$ mol/L.
   a) Beschreiben Sie den Titrationsverlauf, begründen Sie den Unterschied zu den Kurven in Bild 1, Seite 220, und Bild 1 Seite 221. Begründen Sie den pH-Wert im Äquivalenzpunkt, geben Sie einen geeigneten Indikator an.
   b) Formulieren Sie die Reaktionsgleichung der Titration und berechnen Sie die Massenkonzentration $\beta(NH_3)$.
   c) Ermitteln Sie aus der Titrationskurve den pK_S-Wert des Ammonium-Ions NH_4^+.

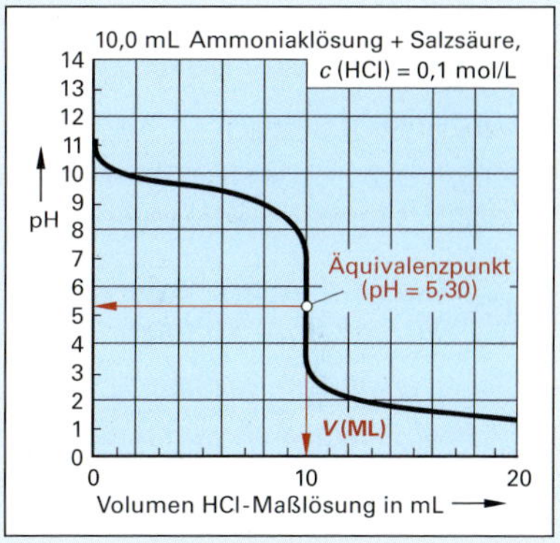

Bild 2: Titrationskurve einer schwachen Base mit starker Säure

2. 10,0 mL Propansäure C_2H_5COOH wurden mit Natronlauge-Maßlösung, $c(NaOH) = 0{,}1$ mol/L, titriert. Dabei wurden folgende Messwerte erhalten:

mL NaOH	0	1	2	3	4	5	6	7	8	9	10	11	12	13	14	15	16	17
pH-Wert	2,9	3,8	4,2	4,4	4,6	4,7	4,9	5,0	5,2	5,3	5,6	5,9	8,8	11,6	11,9	12,1	12,2	12,3

   a) Zeichnen Sie eine Titrationskurve und bestimmen Sie den Äquivalenzpunkt.
   b) Geben Sie die Reaktionsgleichung an, ermitteln Sie die Massenkonzentration $\beta(C_2H_5COOH)$.
   c) Bestimmen Sie den pK_S-Wert der Propansäure. Vergleichen Sie diesen mit dem Tabellenwert.

3. 10,0 mL Soda-Lösung Na_2CO_3 werden mit Salzsäure-Maßlösung, $c(HCl) = 0{,}1$ mol/L, titriert, die aufgenommenen Messwerte zeigt die Tabelle. Werten Sie die Bestimmung wie in Aufgabe 2 aus.

mL NaOH	0	1	2	3	4	5	6	7	8	9	10	11	12	13
pH-Wert	11,68	11,26	10,97	10,75	10,56	10,39	10,21	10,02	9,79	9,44	8,45	7,46	7,12	6,88
mL NaOH	14	15	16	17	18	19	20	21	22	23	24	25	26	27
pH-Wert	6,69	6,51	6,34	6,15	5,91	5,56	3,99	2,49	2,20	2,04	1,92	1,84	1,77	1,72

7.3.2 Leitfähigkeitstitrationen (Konduktometrie)

Die Messung der elektrischen Leitfähigkeit von Elektrolytlösungen beruht auf der Messung der Stromstärke I zwischen zwei Elektroden in einer Elektrolytlösung **(Bild 1)**.

Für Elektrolyte besteht ein charakteristischer Zusammenhang zwischen spezifischer Leitfähigkeit und Konzentration. Somit können Konzentrationen direkt über die elektrolytische Leitfähigkeit bestimmt werden. Diese Art der Messung wird vor allem zur Betriebsüberwachung chemischer Anlagen angewandt, z. B. für vollentsalztes Wasser (VE-Wasser) und Kesselspeisewasser.

Die Messung der Leitfähigkeit ist aber auch zur Endpunktbestimmung bei Neutralisations- und Fällungstitrationen geeignet. Das Verfahren wird als **Leitfähigkeitstitration** oder **Konduktometrie** (engl. conductimetry) bezeichnet.

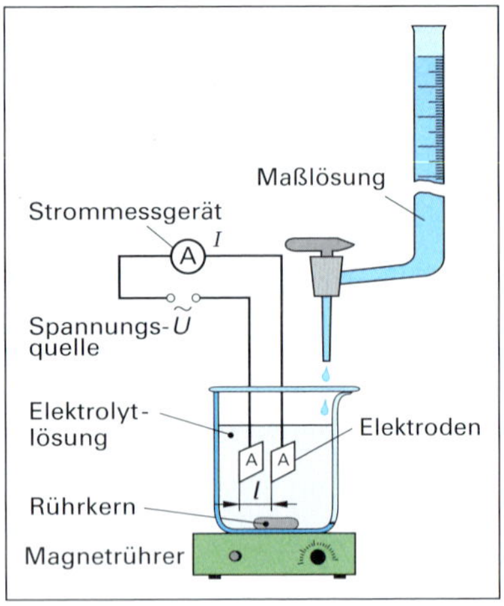

Bild 1: Aufbau zur Durchführung der Konduktometrie

Das Prinzip der Konduktometrie beruht darauf, dass die Elektrolytleitfähigkeit im Verlauf der Titration sinkt, weil durch Fällungsreaktion vorhandene Ionen in der Probelösung durch trägere Ionen der Maßlösung ersetzt werden oder weil infolge Fällung die Konzentration der Ionen in der Probelösung abnimmt. Zur Auswertung einer Konduktometrie wird die Änderung der spezifischen elektrischen Leitfähigkeit (oder der Stromstärke) in einem Diagramm gegen das zugefügte Volumen der Maßlösung aufgetragen (Bild 2). Der Titrationsendpunkt (Äquivalenzpunkt) liegt im Leitfähigkeitsminimum.

Beispiel: Leitfähigkeitstitration einer Natriumchlorid-Lösung mit Silbernitrat-Maßlösung **(Bild 1)**

10,0 mL Natriumchlorid-Lösung der Konzentration $\tilde{c}(NaCl)$ = 0,1 mol/L werden mit Silbernitrat-Maßlösung, $c(AgNO_3)$ = 0,1 mol/L, titriert. Wie groß ist die Massenkonzentration $\beta(Cl^-)$ der untersuchten Probe in g/L?

Reaktionsgleichung der Fällungsreaktion in Ionenform:

$$Na^+_{(aq)} + Cl^-_{(aq)} + Ag^+_{(aq)} + NO^-_{3(aq)} \longrightarrow AgCl_{(s)} + Na^+_{(aq)} + NO^-_{3(aq)}$$

Lösung: Der Verbrauch an Silbernitrat-Maßlösung beträgt 10,0 mL

Mit der maßanalytischen Äquivalentmasse $\ddot{A}(Cl^-)$ = 3,5453 mg/mL folgt:

$$\beta(\mathbf{Cl^-}) = \frac{m(Cl^-)}{V(Lsg)} = \frac{\ddot{A}(Cl^-) \cdot V(AgNO_3)}{V(Probe)} = \frac{3{,}5453\ \frac{mg}{mL} \cdot 10{,}0\ mL}{10{,}0\ mL} \approx \mathbf{3{,}55\ \frac{g}{L}}$$

Erklärung des Titrationsverlaufes:

Die Anfangsleitfähigkeit wird durch dissoziierte Na^+- und Cl^--Ionen verursacht. Die Ag^+-Ionen der zugefügten Maßlösung bilden mit den Cl^--Ionen der Probe-Lösung einen Silberchlorid-Niederschlag, der die Ionenbeweglichkeit behindert. Die Cl^--Ionen werden durch die trägeren NO_3^--Ionen der Maßlösung ersetzt. Als Folge sinkt die Leitfähigkeit.

Im Äquivalenzpunkt liegt ein Leitfähigkeitsminimum vor, da alle Cl^--Ionen durch Ag^+-Ionen gebunden sind. Die Konzentration freier Ionen ändert sich bis hier nicht. Wird weiter Maßlösung zugegeben, bleiben die Ag^+-Ionen und NO_3^--Ionen der Maßlösung dissoziiert: Die Leitfähigkeit steigt, da die Konzentration freier Ionen zunimmt.

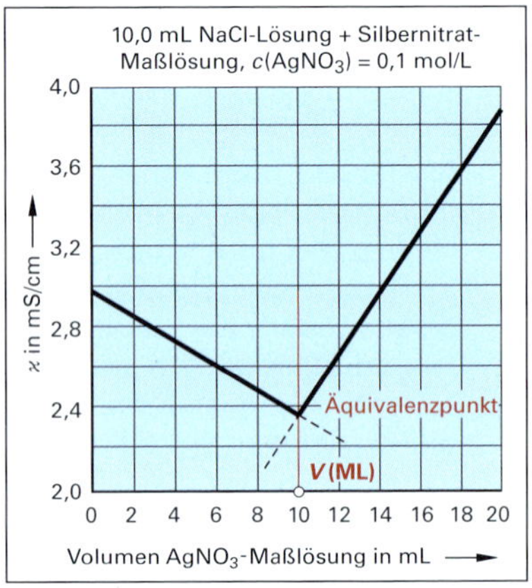

Bild 2: Leitfähigkeitstitration bei einer Fällungstitration

Aufgabe zu Leitfähigkeitstitrationen (Konduktometrie)

1. 10,0 mL Natriumsulfat-Lösung, $\tilde{c}(Na_2SO_4) \approx$ 0,1 mol/L, werden verdünnt und mit Bariumchlorid-Maßlösung, $c(BaCl_2)$ = 0,10 mol/L, titriert, es fällt schwerlösliches Bariumsulfat aus. Messwerte:

mL Maßlsg.	0	1	2	3	4	5	6	7	8	9	10	11	12	13	14	15	16	17
Leitfähigkeit in mS/cm	5,77	5,47	5,40	5,29	5,20	5,13	5,06	5,00	4,94	4,88	4,83	5,07	5,36	5,64	5,89	6,19	6,43	6,70

Geben Sie die Reaktionsgleichung in Ionenschreibweise an. Zeichnen Sie das Titrationsdiagramm und ermitteln Sie den Äquivalenzpunkt. Berechnen Sie die Konzentration $\beta(SO_4^{2-})$.

Gemischte Aufgaben zu Maßanalytische Bestimmunge (7.2 und 7.3)

1. 25,0 mL Salzsäure der Konzentration $c(HCl) = 0{,}1$ mol/L, verbrauchen bei einer Dreifach-Titerbestimmung 24,8 mL, 24,75 mL und 24,75 mL Natronlauge-Maßlösung, $\tilde{c}(NaOH) = 0{,}1$ mol/L. Welchen Titer hat die Natronlauge?

2. 20,0 mL Natronlauge der Konzentration $c(NaOH) = 0{,}5$ mol/L verbrauchen bei einer Dreifach-Titerbestimmung 20,8 mL, 20,65 mL und 20,70 mL Salzsäure-Maßlösung der Stoffmengen-Konzentration $\tilde{c}(HCl) = 0{,}5$ mol/L. Wie groß ist der Titer der Salzsäure?

3. 25,0 mL einer Schwefelsäure-Maßlösung, $\tilde{c}(\frac{1}{2}H_2SO_4) = 0{,}1$ mol/L ($t = 1{,}015$), werden zur Titerbestimmung mit 24,8 mL Natronlauge-Maßlösung der Konzentration $\tilde{c}(NaOH) = 0{,}1$ mol/L neutralisiert. Welchen Titer hat die Natronlauge?

4. Es ist das Volumen einer Natronlauge-Maßlösung der Konzentration $c(NaOH) = 0{,}1$ mol/L zu berechnen, das 20,38 mL einer Natronlauge-Maßlösung der Konzentration $\tilde{c}(NaOH) = 0{,}1$ mol/L ($t = 1{,}052$) entspricht.

5. Bei einer Titration wurden 27,15 mL einer Salzsäure-Maßlösung der Stoffmengen-Konzentration $c(HCl) = 0{,}2$ mol/L verbraucht. Zu berechnen ist das entsprechende Volumen einer Salzsäure-Maßlösung der Konzentration $\tilde{c}(HCl) = 0{,}1$ mol/L ($t = 1{,}008$).

6. Ein Rührkessel wird zur Bestimmung des Fassungsvermögens mit Wasser gefüllt und darin 15,00 kg reines $Na_2CO_3 \cdot 10\,H_2O$ gelöst. 50,0 mL dieser Sodalösung verbrauchen zur Neutralisation 29,5 mL Salzsäure-Maßlösung, $\tilde{c}(HCl) = 0{,}1$ mol/L ($t = 1{,}008$). Welches Fassungsvermögen hat der Kessel?

7. 25,0 m^3 saures Abwasser sollen vor dem Eintreten in ein Klärbecken neutralisiert werden. Wie viel Löschkalk mit $w(CaOH)_2) = 88{,}5$ % ist zur Neutralisation erforderlich, wenn 100 mL Abwasser 25,7 mL Natronlauge-Maßlösung mit $\tilde{c}(NaOH) = 0{,}1$ mol/L ($t = 1{,}105$) verbrauchen?

8. 1,725 g technisches Kaliumcarbonat werden mit 20,35 mL Schwefelsäure-Maßlösung der Konzentration $\tilde{c}(H_2SO_4) = 0{,}05$ mol/L ($t = 0{,}998$) neutralisiert. Welchen Massenanteil $w(K_2CO_3)$ hat die Probe?

9. 241,5 mg einer verunreinigten Natriumhydrogencarbonat-Probe verbrauchen bei der Titration gegen Methylorange als Indikator 27,15 mL Salzsäure-Maßlösung, $c(HCl) = 0{,}1$ mol/L. Berechnen Sie den Massenanteil $w(NaHCO_3)$ im untersuchten Salz.

10. 4,753 g technisches Kaliumhydroxid werden gelöst und auf 500 mL verdünnt. 50 mL davon verbrauchen bei einer Dreifachbestimmung 16,35 mL, 16,40 mL und 16,40 mL Schwefelsäure-Maßlösung, $\tilde{c}(H_2SO_4) = 0{,}25$ mol/L ($t = 1{,}021$). Welchen Massenanteil $w(KOH)$ hat die Probe?

11. Von einer Dünnsäure soll vor Eintritt in die Eindampfanlage durch Titration der Gehalt an Schwefelsäure bestimmt werden. Dabei verbrauchen 0,4213 g Probe 24,35 mL einer Natronlauge-Maßlösung, $\tilde{c}(NaOH) = 0{,}1$ mol/L ($t = 1{,}014$). Berechnen Sie den Massenanteil der Schwefelsäure.

12. Die Massenkonzentration $\beta(CH_3COOH)$ einer angelieferten Essigsäure soll zur Eingangskontrolle volumetrisch geprüft werden. Die Massenkonzentration soll mindestens $\beta(CH_3COOH) = 140$ g/L betragen. 50,0 mL der gezogenen Probe werden im Messkolben zu 250 mL verdünnt, davon jeweils 25,0 mL abpipettiert und mit Natronlauge-Maßlösung, $\tilde{c}(NaOH) = 0{,}5$ mol/L ($t = 1{,}009$), titriert. Die Verbrauchswerte betragen $V_1 = 24{,}45$ mL, $V_2 = 24{,}54$ mL und $V_3 = 24{,}77$ mL. Entspricht die angelieferte Essigsäure der Spezifikation?

13. 0,9132 g Kalksteinprobe werden mit 50,0 mL Salzsäure-Maßlösung, $c(HCl) = 0{,}5$ mol/L, versetzt. Das entstehende CO_2 entweicht beim anschließenden Aufkochen. Die nicht verbrauchte Säureportion wird mit 18,9 mL Natronlauge-Maßlösung, $\tilde{c}(NaOH) = 0{,}5$ mol/L ($t = 0{,}9985$) zurücktitriert. Welchen Massenanteil $w(CaCO_3)$ hat der untersuchte Kalkstein?

14. 3,428 g Oleum werden mit Wasser auf 100 mL verdünnt. 25,0 mL der verdünnten Lösung verbrauchen zur vollständigen Neutralisation im Mittel 18,8 mL Natronlauge-Maßlösung der Konzentration $\tilde{c}(NaOH) = 0{,}1$ mol/L ($t = 0{,}998$). Wie groß ist der Oleum-Massenanteil $w(SO_3)$?

15. Die Reinheit einer Benzoesäure wird durch eine Titration mit Natronlauge-Maßlösung überprüft:
$C_6H_5COOH + NaOH \longrightarrow C_6H_5COONa + H_2O$
Zur Bestimmung werden 2,918 g der Säure (molare Masse 112,12 g/mol) eingewogen und im Messkolben zu 250 mL mit demin. Wasser aufgefüllt.
Je 25,0 mL der Verdünnung verbrauchen 22,50 mL, 22,55 mL und 22,38 mL Natronlauge-Maßlösung der Konzentration $\tilde{c}(NaOH) = 0{,}1$ mol/L ($t = 1{,}011$).
Welchen Massenanteil $w(C_6H_5COOH)$ hat die untersuchte Benzoesäure?

16. Flusswasser wird zur Bestimmung des BSB_5 um den Faktor 5 verdünnt. 25,0 mL der verdünnten Probe verbrauchen bei der Bestimmung unmittelbar nach Probenentnahme 16,5 mL Natriumthiosulfat-Maßlösung, $c(Na_2S_2O_3) = 0{,}01$ mol/L. Zwei weitere der verdünnten Proben verbrauchen nach 5 Tagen Aufbewahrung bei 20 °C im Dunkeln 10,25 mL und 10,40 mL der Maßlösung. Wie groß ist der BSB_5 des Flusswassers?

17. 50,0 mL Abwasserprobe werden mit 20,0 mL Kaliumdichromat-Lösung versetzt. Nicht reduziertes Dichromat verbraucht bei der anschließenden Titration 17,5 mL Ammoniumeisen(II)-sulfat-Maßlösung, $\tilde{c}(\frac{1}{1}(NH_4)_2Fe(SO_4)_2) = 0{,}1$ mol/L ($t = 0{,}989$). Bei der Blindwertbestimmung wurden 19,6 mL der Maßlösung verbraucht. Welchen CSB-Wert hat das Abwasser?

18. Zur Bestimmung der Gesamthärte von Leitungswasser werden 100 mL Probe eingemessen. Der Verbrauch an EDTA-Maßlösung, $\tilde{c}(EDTA) = 0{,}01$ mol/L ($t = 0{,}986$), beträgt 24,25 mL. Zu welchem der drei Härtebereiche gehört das Wasser?

19. Bei der Analyse von Oberflächenwasser wurden folgende gelöste Inhaltsstoffe gefunden:
Kationen: 9,05 mg/L Ca^{2+}, 2,05 mg/L Mg^{2+}, 49,4 mg/L Na^+, 13,4 mg/L K^+
Anionen: 21,3 mg/L Cl^-, 22,0 mg/L SO_4^{2-}, 34,2 mg/L HCO_3^-
Berechnen Sie die Gesamthärte $c(Ca^{2+} + Mg^{2+})$, die Carbonathärte CH und die Nichtcarbonathärte NCH des Wassers.

20. 6,508 g Fett werden in Ethanol gelöst und mit 4,25 mL ethanolischer Kalilauge-Maßlösung der Konzentration $\tilde{c}(KOH) = 0{,}5$ mol/L ($t = 0{,}978$) neutralisiert. Wie groß ist die Säurezahl des Fettes?

21. 5,134 g Leinöl verbrauchen zur Neutralisation 2,45 mL Kalilauge-Maßlösung, $c(KOH) = 0{,}5$ mol/L. 1,620 g des Leinöls werden mit 25,0 mL ethanolischer Kalilauge-Maßlösung der gleichen Konzentration verseift. Überschüssige Lauge wird mit 12,9 mL Salzsäure-Maßlösung, $c(HCl) = 0{,}5$ mol/L, zurücktitriert. Bei der Blindwert-Bestimmung verbrauchen 25,0 mL Kalilauge 24,2 mL der Salzsäure-Maßlösung. Welche Säure-, Verseifungs- und Esterzahl hat das Leinöl?

22. 10,0 mL Phosphorsäure-Lösung H_3PO_4 werden mit Natronlauge-Maßlösung $c(NaOH) = 0{,}1$ mol/L titriert. Aufgenommene Messwerte:

mL NaOH	0	1	2	3	4	5	6	7	8	9	10	11	12	13
pH-Wert	1,55	1,67	1,79	1,90	2,03	2,16	2,30	2,48	2,70	3,07	5,32	6,32	6,65	6,87
mL NaOH	14	15	16	17	18	19	20	21	22	23	24	25	26	27
pH-Wert	7,06	7,24	7,42	7,62	7,87	8,29	10,5	11,2	11,5	11,7	11,8	11,9	12,0	12,0

a) Formulieren Sie die Reaktionsgleichungen für die drei Neutralisationsstufen.
b) Zeichnen Sie ein Titrationsdiagramm und ermitteln Sie die Massenkonzentration $\beta(H_3PO_4)$.
c) Geben Sie mit Hilfe eines Tabellenbuches einen geeigneten Indikator für die Bestimmung an.

23. 2,734 g Bariumhydroxid-Lösung $Ba(OH)_2$ werden verdünnt und mit Schwefelsäure-Maßlösung, $c(\frac{1}{2}H_2SO_4) = 0{,}1$ mol/L, titriert, wobei schwerlösliches Bariumsulfat ausfällt. Messwerte:

mL Maßlsg.	0	1	2	3	4	5	6	7	8	9	10	11	12	13	14	15	16	17
Leitfähigkeit in mS/cm	2,75	2,47	2,06	1,70	1,40	1,08	0,76	0,48	0,17	0,21	0,58	0,99	1,40	1,78	2,16	2,46	2,80	3,11

a) Formulieren Sie die Reaktionsgleichung in Ionenschreibweise.
b) Tragen Sie die Messwertpaare in ein Koordinatensystem ein.
c) Ermitteln Sie den Äquivalenzpunkt und berechnen Sie den Massenanteil $w(Ba(OH)_2)$.

7.4 Optische Analyseverfahren

Die optischen Analyseverfahren beruhen auf den physikalischen Eigenschaften des Lichts, die sich zur Identifizierung oder zur Gehaltsbestimmung von Substanzen (Analyten) eignen.

Dazu sendet man Licht einer bestimmten Wellenlänge (elektromagnetische Strahlung) *durch* oder *auf* eine Substanz oder eine Lösung der Substanz (Analytlösung) und misst die Veränderungen, die das Licht bei der Wechselwirkung mit der Substanz erfährt.

Wichtige optische Analyseverfahren sind die **Fotometrie** und die **Spektroskopie** sowie die **Refraktometrie** und die **Polarimetrie.**

Bild 1 zeigt das Wirkungsschema des jeweiligen optischen Analyseverfahrens.

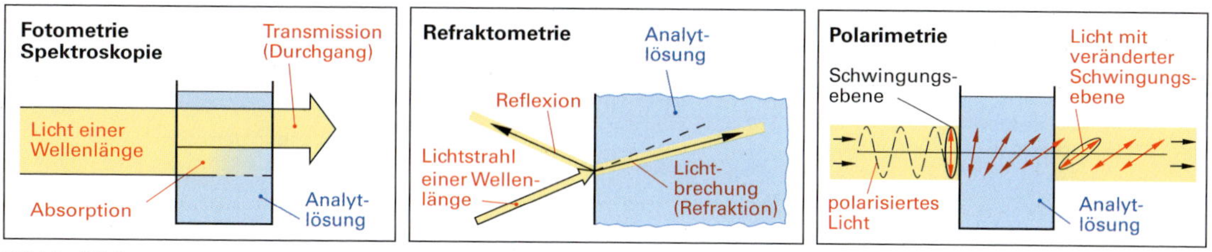

Bild 1: Wirkungsschemata der optischen Analyseverfahren

7.4.1 Fotometrie, Spektroskopie

7.4.1.1 Physikalische Grundlagen

Licht ist elektromagnetische Strahlung, die sich wellenförmig mit Lichtgeschwindigkeit ausbreitet **(Bild 2)**. Die **Lichtgeschwindigkeit *c*** (engl. velocity of light) beträgt 299.792 km/s oder $2{,}99792 \cdot 10^8$ m/s.

Als **Wellenlänge λ** (engl. wavelength, λ griechischer Kleinbuchstabe Lambda) des Lichts bezeichnet man den Abstand zwischen zwei Wellenbergen der sinusförmigen Strahlungswelle. Die Wellenlänge wird meist in mm (10^{-3} m), in µm (10^{-6} m) oder in nm (10^{-9} m) angegeben.

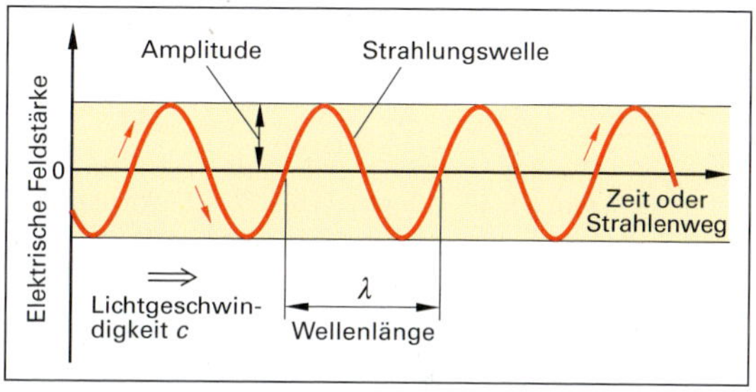

Bild 2: Licht als elektromagnetische Welle

Die Anzahl der Schwingungen einer Welle pro Sekunde bezeichnet man als **Frequenz *f*** (engl. frequency). Die Einheit der Frequenz ist 1/s, auch **Hertz** genannt, mit dem Einheitenzeichen Hz.

Die Frequenz *f* und die Wellenlänge λ einer elektromagnetischen Welle sind über die Grundgleichung der Wellen mit der Ausbreitungsgeschwindigkeit *c* der Welle verknüpft: $c = f \cdot \lambda$.

Eine weitere Größe zur Beschreibung einer elektromagnetischen Strahlung ist die **Wellenzahl $\tilde{\nu}$** (engl. wave number, ν griechischer Kleinbuchstabe Ny). Sie gibt die Anzahl der Wellenzyklen (ein Wellenberg und ein Wellental) pro Zentimeter an. Das Einheitenzeichen der Wellenzahl ν ist cm^{-1}. Die Wellenzahl ν ist der Kehrwert der in Zentimeter angegebenen Wellenlänge λ.

Grundgleichung elektromagnetischer Wellen
$f = \frac{c}{\lambda}$

Wellenzahl
$\tilde{\nu} = \frac{1}{\lambda}$

Beispiel: Wie groß sind die Frequenz und die Wellenzahl einer elektromagnetischen Strahlung, deren Wellenlänge 650 nm beträgt? Als Ausbreitungsgeschwindigkeit soll $c \approx 3{,}00 \cdot 10^8$ m/s verwendet werden.

Lösung:

$$\boldsymbol{f} = \frac{c}{\lambda} = \frac{3{,}00 \cdot 10^8\,\text{m/s}}{650 \cdot 10^{-9}\,\text{m}} = 0{,}00461538 \cdot 10^{17}\,1/\text{s} \approx 4{,}62 \cdot 10^{14}\,\text{Hz} \approx \mathbf{4{,}62 \cdot 10^6\,GHz}$$

$$\boldsymbol{\tilde{\nu}} = \frac{1}{\lambda} = \frac{1}{640 \cdot 10^{-9}\,\text{m}} \approx 1{,}53846 \cdot 10^6\,1/\text{m} \approx \mathbf{1{,}54 \cdot 10^6\,cm^{-1}}$$

Elektromagnetische Wellen schwingen mit einem Ausschlag, **Amplitude** genannt, um die Null-Achse (Bild 2). Die Größe dieser Amplitude ist ein Maß für die Intensität (Stärke) der Strahlung.

Das sichtbare Licht, die sogenannte **VIS-Strahlung** (von englisch **vis**ible = sichtbar), ist nur eine von vielen elektromagnetischen Stahlungsarten. **Bild 1** zeigt das Spektrum der elektromagnetischen Strahlung; insbesondere die von der Fotometrie und der Spektroskopie genutzten Wellenlängenbereiche.

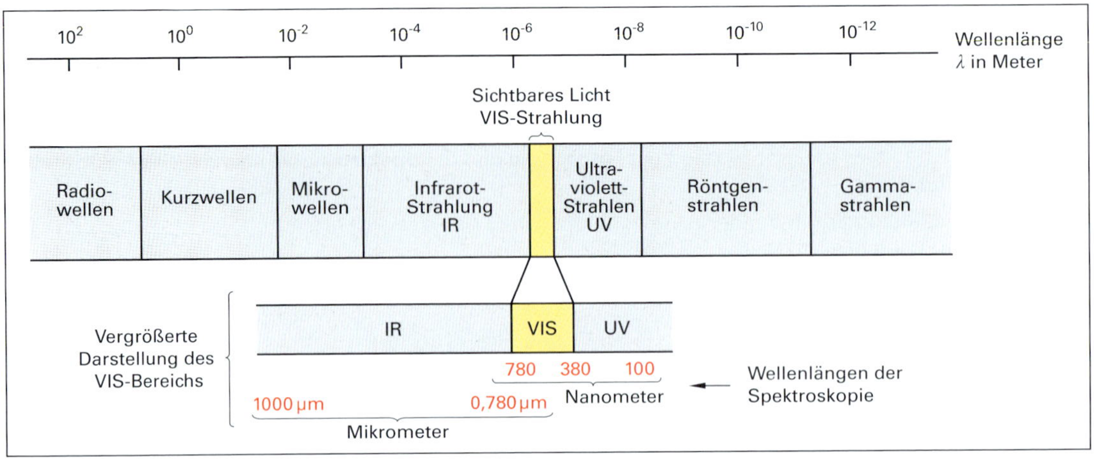

Bild 1: Elektromagnetisches Spektrum und Wellenlängenbereiche des sichtbaren Lichts

Der Energieinhalt W und die Frequenz f einer elektromagnetischen Strahlung sind direkt proportional: $W \sim f$ **(Bild 1)**. Eine hochfrequente Strahlung hat somit auch einen großen Energieinhalt W.

Als Proportionalitätsfaktor dient das PLANCK'sche Wirkungsquantum h. Es beträgt $h = 6{,}6256 \cdot 10^{-34}$ J · s.

Damit erhält man die nebenstehende Gleichung.

Energie elektromagnetischer Strahlung
$W = h \cdot f = h \cdot \frac{c}{\lambda}$

Beispiel: Welche Energie ist erforderlich, um das π-Elektronensystem im Acrolein $CH_3{=}CH{-}CH{=}O$ bei einer Wellenzahl $\tilde{\nu} = 49 \cdot 10^3\ cm^{-1}$ zu einem Elektronenübergang anzuregen?

Lösung: $\boldsymbol{W} = h \cdot c/\lambda = h \cdot c \cdot \tilde{\nu} = 6{,}6256 \cdot 10^{-34}\ J \cdot s \cdot 3{,}00 \cdot 10^{6}\ cm/s \cdot 49 \cdot 10^{3}\ cm^{-1} \approx \mathbf{9{,}74 \cdot 10^{-23}\ J}$

Die **Energie** einer elektromagnetischen Strahlung, die eine bestimmte Fläche pro Zeit erreicht, bezeichnet man als **Strahlungsleistung** $\boldsymbol{\Phi}$ (Φ griechischer Großbuchstabe Phi). Sie hat den Einheitennamen Watt mit dem Einheitenzeichen W.

Beim Durchstrahlen einer Analytlösung mit Licht einer bestimmten Wellenlänge **(Bild 2)** wird ein Teil der Lichtstrahlung in der Lösung absorbiert, der Rest durchdringt sie. Die Strahlungsleistung sinkt von Φ_e auf Φ_a.

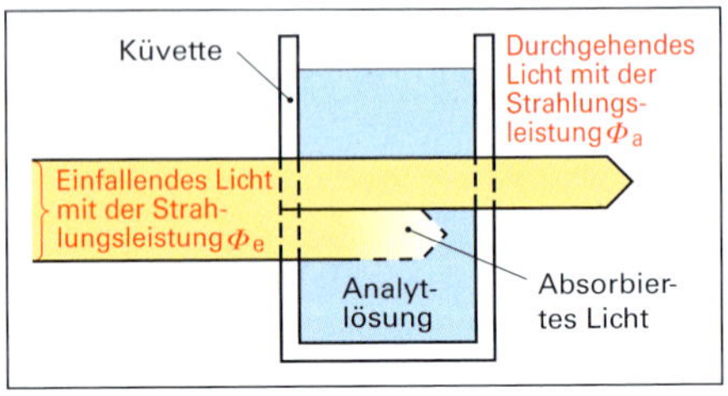

Bild 2: Absorption in einer Analytlösung

7.4.1.2 Optische Größen der Fotometrie/Spektroskopie

Der **spektrale Reintransmissionsgrad** $\boldsymbol{\tau_i}$ (engl. spectral internal transmittance, τ griech. Kleinbuchstabe tau) ist das Verhältnis der aus der Lösung austretenden Strahlungsleistung Φ_a zur eingefallenen Strahlungsleistung Φ_e.

Als **spektraler Reinabsorptionsgrad** $\boldsymbol{\alpha_i}$ (engl. spectral internal absorbance) wird das Verhältnis der in der Lösung absorbierten Strahlungsleistung $\Phi_e - \Phi_a$ zur eingedrungenen Strahlungsleistung Φ_e bezeichnet.

Die Summe aus den beiden Größen τ_i und α_i ergibt 100 % bzw. 1: $\tau_i + \alpha_i = 100\ \% = 1$.

Spektraler Reintransmissionsgrad	**Spektraler Reinabsorptionsgrad**
$\tau_i = \frac{\Phi_a}{\Phi_e}$	$\alpha_i = \frac{\Phi_e - \Phi_a}{\Phi_e} = 1 - \tau_i$

Extinktion
$E = \lg \frac{1}{\tau_i} = -\lg \tau_i = \lg \frac{\Phi_e}{\Phi_a}$

Trägt man den spektralen Reintransmissionsgrad τ_i gegen die Konzentration c(X) oder β(X) der untersuchten Lösung auf, so wird in einem Diagramm eine exponentiell abnehmende Funktion erhalten (e-Funktion, schwarze Kurve in **Bild 1**). In logarithmischer Darstellung wird aus einer e-Funktion eine lineare Funktion (vgl. Seite 53).

Als **Extinktion *E*** (engl. extinction) wird der Logarithmus des Kehrwertes des spektralen Reintransmissionsgrads τ_i bezeichnet.

Extinktion

$$E = \lg \frac{1}{\tau_i} = -\lg \tau_i$$

Im Diagramm gegen die Konzentration c(X) oder β(X) aufgetragen, ergibt die Extinktion eine Ursprungsgerade (rote Gerade in Bild 1). Sie vereinfacht die Auswertung spektroskopischer Bestimmungen erheblich.

Beispiel: Der spektrale Reinabsorptionsgrad α_i einer Analytlösung wird zu 0,32 ermittelt. Wie groß ist die Extinktion?

Lösung: $\tau_i + \alpha_i = 1 \quad \Rightarrow \quad \tau_i = 1 - \alpha_i = 1 - 032 = 0{,}68$

$E = -\lg \tau_i = -\lg 0{,}68 = -(-0{,}1675) \approx$ **0,17**

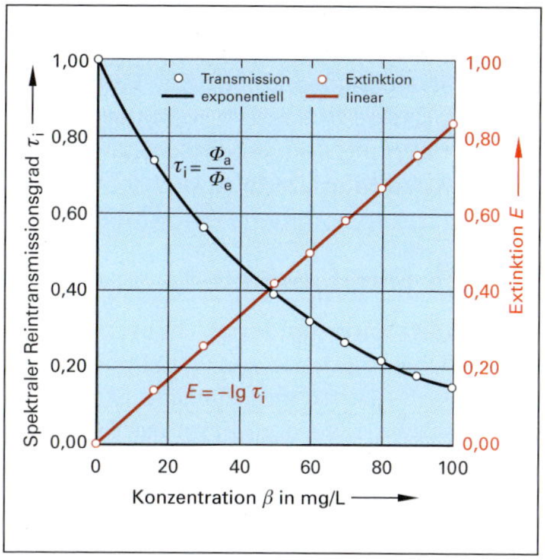

Bild 1: Spektraler Reintransmissionsgrad τ_i und Extinktion *E* in Abhängigkeit von der Analytkonzentration β

7.4.1.3 Gesetz von Bouguer, Lambert und Beer

Die Extinktion *E* ist ein Maß für die Absorption des Lichtstrahls. Sie ist proportional der Schichtdicke *d* der durchstrahlten Analytlösung (≙ Küvettenbreite) und der Konzentration des gelösten Analyten: $E \sim d \cdot c(X)$. Mit dem stoffspezifischen Proportionalitätsfaktor ε erhält man das nebenstehende Gesetz von Bouguer, Lambert und Beer.

Gesetz von Bouguer, Lambert und Beer

$$E = \varepsilon \cdot d \cdot c(X); \quad E = \varepsilon' \cdot d \cdot \beta(X)$$

Der Proportionalitätsfaktor wird als **molarer Extinktionskoeffizient ε** bezeichnet, wenn die Stoffmengenkonzentration c(X) eingesetzt wird. Seine Einheit ist $L \cdot mol^{-1} \cdot cm^{-1}$.

Bei Verwendung der Massenkonzentration β(X) heißt der Koeffizient **spezifischer Extinktionskoeffizient** mit dem Formelzeichen **ε'** und der Einheit $cm^2 \cdot mg^{-1}$.

Gehaltsberechnung aus der Extinktion

$$c(X) = \frac{E}{\varepsilon \cdot d}; \quad \beta(X) = \frac{E}{\varepsilon' \cdot d}$$

Durch Umstellen nach der Stoffmengenkonzentration c(X) bzw. der Massenkonzentration β(X) kann aus der gemessenen Extinktion *E* der Gehalt des Analyten X berechnet werden.

Der molare und der spezifische Extinktionskoeffizient sind abhängig von dem Stoffpaar aus gelöstem Analyt X und dem Lösemittel sowie von eventuellen Zusatzreagenzien. Sie werden zusammen Matrix genannt.

Die beiden Extinktionskoeffizienten werden bei der Wellenlänge λ_{max} mit maximaler Extinktion ermittelt und sind ein Maß für das Absorptionsvermögen der Analytlösung. Bei dieser Wellenlänge λ_{max} wird auch die fotometrische Analyse durchgeführt.

Ist der molare oder der spezifische Extinktionskoeffizient ε bzw. ε' bekannt, kann aus der gemessenen Extinktion der Probe durch Umstellen des Gesetzes von Bouguer, Lambert und Beer die Analytkonzentration c(X) oder β(X) berechnet werden.

Beispiel: Welche Butadien-Konzentration hat eine 1,3-Butadien/Hexan-Lösung, deren Extinktion bei 217 nm zu 0,870 gemessen wurde? d = 1,00 cm, molarer Extinktionskoeffizient ε = 20 900 L/(mol · cm)

Lösung: $\mathbf{c(Butadien)} = \frac{E}{\varepsilon \cdot d} = \frac{0{,}870 \text{ mol} \cdot \text{cm}}{20900 \text{L} \cdot 1{,}00 \text{ cm}} = 4{,}1627 \cdot 10^{-5} \approx \mathbf{4{,}16 \cdot 10^{-3}\ mmol/L}$

Sind weder der molare noch der spezifische Extinktionskoeffizient ε bzw. ε' bekannt, so kann aus der gemessenen Extinktion von Kalibrierlösungen bekannter Konzentration bei der Wellenlänge λ_{max} der molare oder der spezifische Extinktionskoeffizient ε oder ε' errechnet werden.

Es gibt eine Vielfalt von spektroskopischen Analysemethoden und Geräten. Sie unterscheiden sich in

- der **Strahlungsquelle,** d. h. der Art der verwendeten Strahlung (Wellenlängenbereiche: UV, VIS, IR).
- den **Strahlungszerlegern**: Bei Filterfotometern sind es Filter, die nur den gewünschten Teil des Spektrums passieren lassen. Bei Spektralfotometern benutzt man Monochromatoren, die durch Brechung oder Beugung den gewünschten Wellenlängenbereich der Strahlung erzeugen.
- dem **Küvettenmaterial** sowie dem **Strahlungsempfänger** (Detektor).

Am häufigsten kommen Filterfotometer und Spektralfotometer zum Einsatz.

7.4.1.4 Filterfotometrie

Die **Filterfotometrie** (engl. filter photometry) ist eine Analysemethode zur Gehaltsbestimmung gelöster Stoffe (Analyten). Farbige Stoffe können direkt gemessen werden. Farblose Substanzen werden zunächst durch Umsetzung mit geeigneten Reagenzien in eine farbige Verbindung mit spezifischer Lichtabsorption überführt.

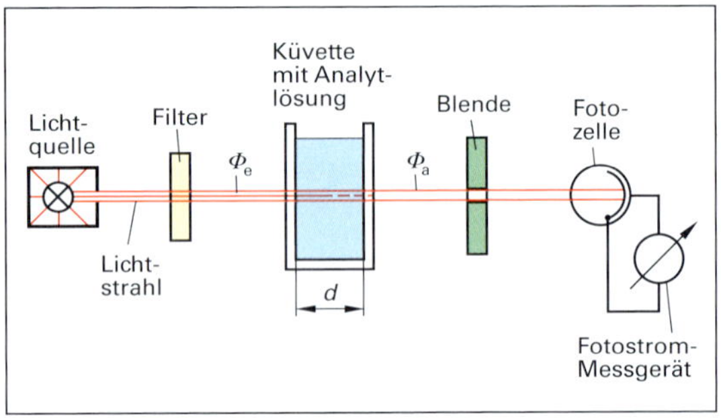

Bild 1: Messprinzip eines Filterfotometers

Messprinzip

Im Filterfotometer wird die Analytlösung in einer Küvette mit Licht einer Wellenlänge durchstrahlt, die in der gefärbten Lösung maximale Absorption erfährt **(Bild 1)**. Es ist die komplementäre Farbe zum Farbkomplex der Analytlösung. Dabei wird ein Teil der Lichtstrahlung in der Lösung absorbiert, der Rest durchdringt sie **(Bild 2)**.

Die Strahlungsleistung nimmt von Φ_e vor der Küvette auf Φ_a nach der Küvette ab.

Bei der Durchführung der Messung wird bei Einkanalgeräten zuerst eine Küvette mit reinem Lösemittel in den Strahlengang gebracht und das Fotostrom-Messgerät auf 100 % Lichtdurchgang (Transmission) abgeglichen. Nach Einsetzen einer gleichartigen Küvette mit der Analytlösung in die Messanordnung wird dann die abgeschwächte Strahlungsleistung gemessen.

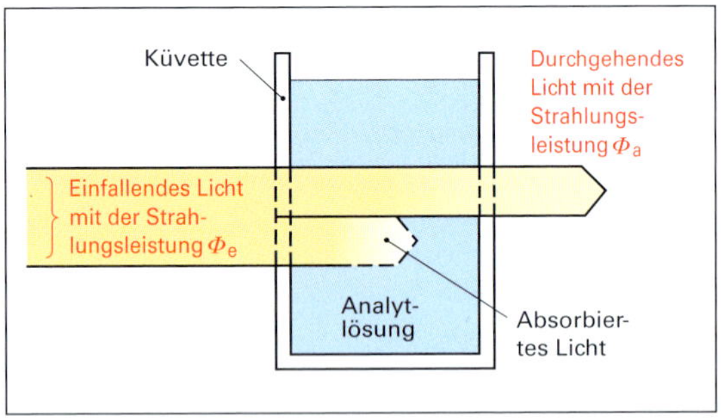

Bild 2: Lichtabschwächung im Filterfotometer durch eine Analytlösung

Rechnerische Auswertung mit 1 - Punkt-Kalibrierung

Bei fotometrischen Bestimmungen wird die Wellenlänge entweder am Gerät eingestellt oder bei Filterfotometern durch Auswahl eines geeigneten Filters vorgegeben.

Die anschließenden Messungen werden danach mit gleicher Wellenlänge (ε_{max} = konst.) und zudem mit identischen Küvetten (d = konst.) durchgeführt. Dadurch vereinfacht sich die Gleichung für die Gehaltsberechnung (Seite 227, Mitte). Die Konzentrationen der Probelösungen verhalten sich proportional zur gemessenen Extinktion: $c \sim E$.

Nach einer Vergleichsmessung **(1-Punkt - Kalibrierung)** einer Lösung bekannter Konzentration (c_0 (X), E_0) kann die Konzentration c_1(X) einer Probe mit nebenstehender Größengleichung berechnet werden.

Beziehung zwischen Konzentration und Extinktion bei Licht mit konstanter Wellenlänge und konstanter Küvettenbreite

$$\frac{E_1}{E_0} = \frac{c_1(X)}{c_0(X)} \quad ; \quad c_1(X) = \frac{c_0(X) \cdot E_1}{E_0}$$

Beispiel: Mit einem Filterfotometer wird mit Licht der Wellenlänge 520 nm die Extinktion einer Cobaltnitrat-Lösung der Konzentration c = 0,200 mol/L zu E_0 = 0,521 ermittelt. Eine Cobaltnitrat-Lösung unbekannter Konzentration hat bei gleichem Fotometerlicht die Extinktion E_1 = 0,657.

Welche Konzentration $c(Co^{2+})$ hat die untersuchte Lösung?

Lösung: Da sich die Extinktion proportional zur Konzentration ändert, folgt:

$$c_1(Co^{2+}) = \frac{E_1 \cdot c_0(Co^{2+})}{E_0} = \frac{0{,}657 \cdot 0{,}200 \text{ mol/L}}{0{,}521} \approx \mathbf{0{,}252\ mol/L}$$

Die 1-Punkt-Kalibrierung kann nur durchgeführt werden, wenn sichergestellt ist, dass im Arbeitsbereich lineare Abhängigkeit zwischen Extinktion und Analytkonzentration besteht und dass es keinen Blindwert (Leerwert) gibt. Die Extinktionsgerade verläuft dann durch den Nullpunkt des Konzentrations-Extinktions-Diagramms (als Ursprungsgerade, Bild 1, Seite 227)

2-Punkt-Kalibrierung: Um die Messgenauigkeit der Methode zu verbessern, kann man die Extinktionen E_{01} und E_{02} von zwei Kalibrierlösungen verschiedener Konzentration $\beta_{01}(X)$ und $\beta_{02}(X)$ bei der Wellenlänge λ_{max} ermittelt und anschließend bei gleichen Bedingungen die Extinktionen der Probelösungen messen.

Auswertung durch Mehrpunktkalibrierung

Fotometrische Bestimmungen können auch mit Hilfe einer Mehrpunktkalibrierung mit etwa 5 Kalibrierlösungen ausgewertet werden. Die Konzentrationsunterschiede der Kalibrierlösungen sollten etwa gleich groß sein, damit die Punkte auf der Kalibriergeraden einen möglichst gleichen Abstand haben.

Das Diagramm kann grafisch auf Millimeterpapier von Hand oder mit Hilfe eines Tabellenkalkulationsprogramms angefertigt und mit der Analysenfunktion ausgewertet werden. Dies wird an nachfolgendem Beispiel erläutert.

Beispiel: Ein Brüdenkondensat soll fotometrisch auf seine Eignung als Waschwasser untersucht werden. Die maximal zulässige Konzentration an Eisen(III)-Ionen beträgt 5,5 mg/L. Die Kalibrierlösungen für die Bestimmung werden aus einer Standardlösung der Konzentration $\beta(Fe^{3+})$ = 100 mg/L angesetzt.

Die Kalibrierstandards werden hergestellt, indem man in 25-mL-Messkolben jeweils 5 mL einer KSCN-Lösung und 2 mL Schwefelsäure vorlegt, dann 0,10 mL, 0,30 mL, 0,50 mL, 0,80 mL und 1,00 mL der Eisen(III)-Stammlösung zufügt und anschließend jeweils mit demin. Wasser zu 25 mL auffüllt.

10 mL der Probe werden in einem 25-mL-Messkolben ebenfalls mit 5 mL KSCN-Lösung und 2 mL Schwefelsäure versetzt und dann mit demin. Wasser aufgefüllt. Dann erfolgt die Analyse der Lösungen mit einem Filterfotometer bei λ = 470 nm in 1,0-cm-Küvetten. Die Bestimmung ergab folgende Extinktionen:

Tabelle 1: Fotometrische Bestimmung von Eisen(III)-Ionen in einem Brüdenkondensat

Kalibrierlösung	Kal1	Kal2	Kal3	Kal4	Kal5	Probe
Volumen an Stammlösung in mL	0,10	0,30	0,50	0,80	1,00	10
Massenkonzentration $\beta(Fe^{3+})$in mg/L	0,40	1,20	2,00	3,20	4,00	–
Extinktion E bei λ = 470 nm	0,067	0,198	0,355	0,551	0,702	0,412

Lösung: Berechnung der Massenkonzentrationen $\beta(Fe^{3+})$ der Kalibrierlösungen (Ergebnisse in Zeile 4, **Tabelle 1**):

Kal1: 1000 mL Stammlsg. enthalten 100 mg Fe
0,10 mL Stammlsg. enthalten x mg Fe $\quad x = m_1(Fe^{3+})$ = 100 mg · 0,10 mL/1000 mL = 0,010 mg

Massenkonzentration in Kal1: $\beta(Fe^{3+}) = m_1(Fe^{3+})/V(\text{Lsg})$ = 0,010 mg/25 mL = 0,40 mg/L

Entsprechend berechnet man die Konzentrationen der anderen 4 Kalibrierlösungen. Sie werden in ein Kalibrierdiagramm eingetragen **(Bild 1)**.

Aus dem Kalibrierdiagramm kann die Eisen(III)-Ionen-Konzentration zeichnerisch ermittelt werden:

$E(\text{Probe}) = 0{,}412 \quad \Rightarrow \quad \beta_{Probe}(Fe^{3+}) \approx 2{,}4$ mg/L

Eine genaue Auswertung wird erhalten über die Analysenfunktion der Kalibriergeraden:

$y = 0{,}1762\,x - 0{,}006$

$\Rightarrow E = 0{,}1762 \frac{\text{L}}{\text{mg}} \cdot \beta(Fe^{3+}) - 0{,}006$

Umformung der Gleichung, Einsetzen der Extinktion:

$$\beta_{Pr}(Fe^{3+}) = \frac{E+b}{m} = \frac{0{,}412 + 0{,}006}{0{,}1762\ \text{L} \cdot \text{mg}^{-1}} = 2{,}372\ \text{mg/L}$$

Berechnung der Ausgangskonzentration:

10 mL des Brüdenkondensats wurden zu 25 mL verdünnt: ⇒ Verdünnungsfaktor 2,5. Daraus folgt:

$\beta(Fe^{3+})$ = 2,372 mg/L · 2,5 = 5,931 mg/L ≈ **5,9 mg/L**

Gefordert war eine zulässige Konzentration von weniger als 5,5 mg/L.
⇒ Das Brüdenkondensat ist nicht geeignet.

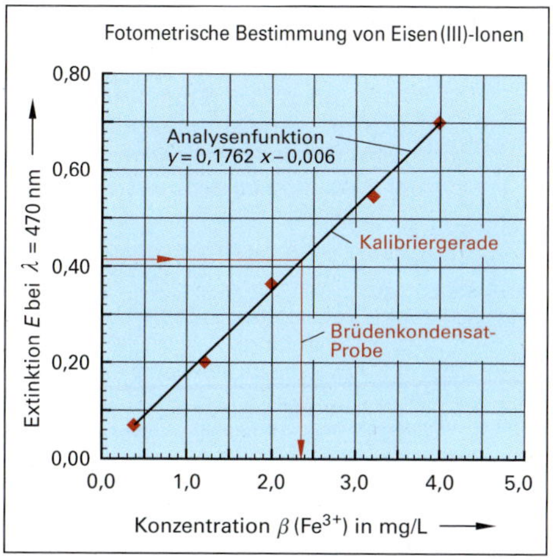

Bild 1: Kalibrierdiagramm zur fotometrischen Bestimmung von Eisen(III)-Ionen

7.4.1.5 UV-VIS-Spektroskopie

Die **UV-VIS-Spektroskopie** (Abkürzung von engl. **ultra**violet und **vis**ible spectroscopy), auch **UV-VIS-Spektralfotometrie** genannt, beruht wie die Filterfotometrie (Seite 228) auf der Absorption des Lichts beim Durchgang durch eine Lösung des Analyten.

Im Unterschied zur Filterfotometrie wird hierbei mit einem Spektral-Monochromator schrittweise Licht unterschiedlicher Wellenlängen erzeugt und dessen jeweilige Extinktion in der zu analysierenden Lösung gemessen **(Bild 1)**.

Aus den dabei gewonnenen Daten erhält man auf dem Monitor eines Auswerte-Computers ein Spektrum der Extinktion E über der Wellenlänge λ.

Dieses Extinktionsspektrum ist charakteristisch für jedes Stoffpaar aus einem gelösten Stoff und seinem Lösemittel und wird zur qualitativen oder quantitativen Bestimmung des Analyten herangezogen.

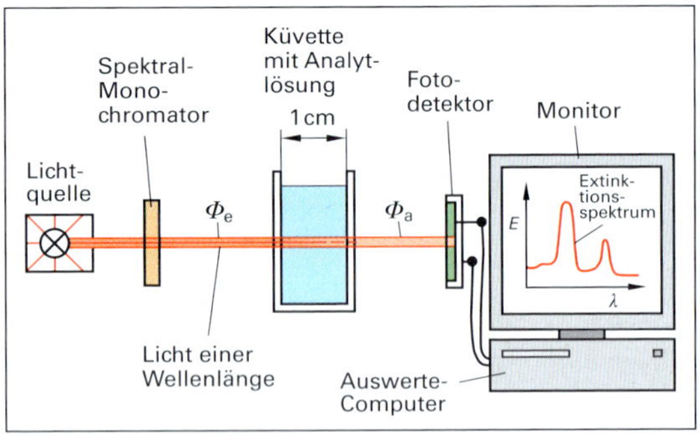

Bild 1: Messprinzip des UV-VIS–Spektrometers

1. **Bestimmung des Analyten:**
   Der Vergleich des gemessenen Spektrums einer unbekannten Analytlösung mit den Spektren bekannter Lösungen ermöglicht die Identifizierung des unbekannten Analyten.

2. **Bestimmung der Konzentration des Analyten:**
   a) Aus dem Extinktionsspektrum einer Kalibrierlösung mit bekannter Konzentration wird zuerst der maximale molare Extinktionskoeffizient ε bestimmt.
   b) Der Gehalt von Probelösungen wird dann durch Messung der maximalen Extinktion E_{max}(Probe-Lsg.) und Berechnung mit dem umgestellten Gesetz von BOUGUER, LAMBERT und BEER ermittelt (siehe rechts).

Gehaltsbestimmung

$$\varepsilon = \frac{E_{max}(\text{Kal.Lsg.})}{c(\text{Kal.Lsg.}) \cdot d}$$

$$c(\text{Pr.Lsg.}) = \frac{E_{max}(\text{Pr.Lsg})}{\varepsilon \cdot d}$$

Ist der molare oder spezifische Extinktionskoeffizient ε bzw. ε' bekannt, kann aus der gemessenen Extinktion der Probe E_{max}(Pr.Lsg.) mit dem umgestellten Gesetz von BOUGUER, LAMBERT und BEER die Analytkonzentration c(X) oder β(X) berechnet werden.

Beispiel 1: Welche Butadien-Konzentration hat eine 1,3-Butadien/Hexan-Lösung, deren Extinktion bei λ = 217 nm zu 0,870 gemessen wurde? d = 1,00 cm, molarer Extinktionskoeffizient ε = 20 900 L/(mol · cm)

Lösung: $\mathbf{c(Butadien)} = \frac{E}{\varepsilon \cdot d} = \frac{0{,}870 \text{ mol} \cdot \text{cm}}{20\,900 \text{ L} \cdot 1{,}00 \text{ cm}} = 4{,}1627 \cdot 10^{-5}$ mol/L ≈ **4,16 · 10^{-3} mmol/L**

Sind weder der molare noch der spezifische Extinktionskoeffizient ε bzw. ε' bekannt, so kann aus der gemessenen Extinktion von Kalibrierlösungen bekannter Konzentration bei der Wellenlänge λ_{max} der molare oder der spezifische Extinktionskoeffizient ε oder ε' errechnet werden.

Beispiel 2: Bei der Kalibriermessung einer wässrigen Vitamin-B12-Lösung der Stoffmengenkonzentration c_0(B12) = 36,9 · 10^{-3} mmol/L wurde mit einer Küvette mit d = 1,0 cm nebenstehendes Extinktionsspektrum gemessen **(Bild 1)**.

a) Wie groß ist der molare Extinktionskoeffizient ε der Lösung?

b) Welche Stoffmengenkonzentration c(B12) hat eine Probelösung mit der Extinktion 0,73?

Lösung: a) Die maximale Extinktion E_{max} = 0,93 liegt bei der Wellenlänge λ_{max} = 360 nm. Berechnung des molaren Extinktionskoeffizienten ε:

$$\varepsilon = \frac{E_0}{c_0 \cdot d} = \frac{0{,}093}{36{,}9 \cdot 10^{-3} \text{ mol/L} \cdot 1{,}00 \text{ cm}}$$

$\varepsilon = 2{,}514 \cdot 10^4$ L/(mol · cm) ≈ **2,5 · 10^4 L/(mol · cm)**

b) Berechnung der Konzentration c(B12) der Probe:

$$\mathbf{c(B12)} = \frac{E_1}{\varepsilon \cdot d} = \frac{0{,}73}{2{,}514 \cdot 10^4 \text{ L/(mol} \cdot \text{cm)} \cdot 1{,}0 \text{ cm}}$$

= 2,904 · 10^{-5} mol/L ≈ **0,029 mmol/L**

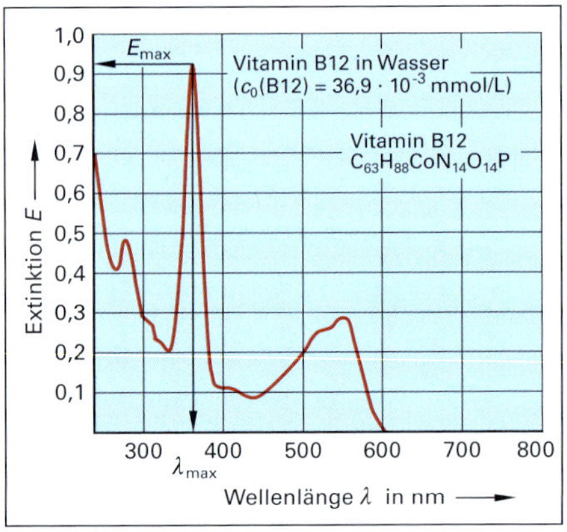

Bild 2: Extinktionsspektrum einer Vitamin-B12-Lösung

Aufgaben zur Fotometrie, Spektroskopie

1. Welche Wellenzahl hat eine VIS-Strahlung mit einer Frequenz von $6{,}6 \cdot 10^{14}$ Hz?

2. Carbonylverbindungen zeigen im IR-Spektrum eine starke Absorptionsbande bei der Wellenzahl 1800 cm^{-1}. Bei welcher Wellenlänge wird die Carbonylgruppe zum Schwingen angeregt?

3. Ein Spektrometer zur Strukturaufklärung chemischer Verbindungen verwendet als Schwingungsgeber einen supraleitenden Magneten mit einer Frequenz von 300 MHz. Mit welcher Wellenlänge schwingt der Magnet?

4. Bei einer Kalibriermessung mit einem Filterfotometer beträgt der spektrale Reintransmissionsgrad der VIS-Strahlung durch eine Kalibrierprobe 93 %. Welcher spektrale Reinabsorptionsgrad und welche Extinktion liegen dann vor?

5. Kupfer(II)-Ionen bilden mit Ammoniak einen blauen Tetraammin-Komplex. Bei der fotometrischen Bestimmung der Konzentration $c\,(Cu^{2+})$ wird mit Licht der Wellenlänge 580 nm die Extinktion von zwei Probelösungen zu $E_1 = 0{,}020$ und $E_2 = 0{,}035$, die Extinktion einer Vergleichslösung mit $c\,(Cu^{2+}) = 0{,}80$ mmol/L zu $E = 0{,}030$ bestimmt. Welche Konzentration $c(Cu^{2+})$ haben die untersuchten Probelösungen?

6. Bei der fotometrischen Konzentrationsbestimmung einer Eiweißlösung mit UV-Strahlung der Wellenlänge 320 nm erhält man den spektralen Reintransmissionsgrad $\tau_i = 0{,}394$. Die Küvette hat die Durchstrahlungslänge 2,00 cm, der Extinktionskoeffizient des Eiweißes beträgt $\varepsilon_{max} = 182$ L/(mol · cm). Welche Stoffmengenkonzentration c(Eiweiß) hat die Lösung?

7. Mit einem Filterfotometer soll der Gehalt einer Lösung von Hexadien $CH_2{=}CH{-}CH_2{-}CH_2{-}CH{=}CH_2$ in Ethanol bestimmt werden. Der molare Extinktionskoeffizient beträgt $\varepsilon_{max} = 20 \cdot 10^3$ L/(mol · cm), die Extinktion der Probelösung ist 3,27, die Küvette hat eine Messstrecke von $d = 1{,}00$ cm.
   a) Wie groß ist die Stoffmengenkonzentration c(Hexadien) der Lösung?
   b) Welche Massenkonzentration β(Hexadien) hat die Lösung?

8. Bei der fotometrischen Bestimmung eines Proteins wurden bei 625 nm die Extinktionen von zwei Protein-Kalibrierlösungen und einer Probelösung in 1,00-cm-Küvetten gemessen (Zweipunktkalibrierung): 1) 10 µg in 20 mL, $E_{Kal1} = 0{,}191$ 2) 50 µg in 20 mL, $E_{Kal2} = 0{,}431$ 3) Probe: $E_3 = 0{,}352$

   Berechnen Sie den Blindwert (Leerwert) und die Massenkonzentration β(Protein) in mg/L.

9. Bei der fotometrischen Bestimmung von Nitrit-Ionen wurden bei $\lambda = 520$ nm die Extinktionen von 5 Kalibrierlösungen und von zwei Probelösungen unbekannter Nitrit-Konzentration gemessen.

Tabelle 1: Extinktionen nitrithaltiger Lösungen (als Azofarbstoff)

Konzentration in µg/100 mL	10	20	30	40	50	Probe 1	Probe 2
Extinktion E (bei $\lambda = 520$ nm)	0,102	0,171	0,248	0,336	0,417	0,215	0,318

   a) Erstellen Sie mit Hilfe der Messwertpaare aus **Tabelle 1** ein Kalibrierdiagramm und bestimmen Sie zeichnerisch die Massenkonzentration $\beta(NO_2^-)$ der untersuchten Proben.
   b) Alternativ: Nutzen Sie zur Auswertung ein Tabellenkalkulationsprogramm.

10. Prozesswasser wird fotometrisch auf seinen Gehalt an Eisen-Ionen überprüft (Grenzwert für die Prozessqualität $\beta(Fe^{3+}) < 2{,}0$ mg/L). Als Standard dient eine Lösung mit $\beta(Fe^{3+}) = 100$ mg/L. Zur Herstellung der Kalibrierlösungen gibt man in 25 mL-Messkolben jeweils 0,1 mL, 0,3 mL, 0,5 mL, 0,8 mL und 1,0 mL der Eisen(III)-Stammlösung. Dann werden jeweils 2 mL KSCN-Lösung (200 g/L) und 2 mL Schwefelsäure (5,0 mol/L) zugefügt und die Kolben mit demin. Wasser aufgefüllt. 10,0 mL der Probe werden ebenfalls mit den Reagenzien versetzt und aufgefüllt.

    Die Extinktionen der Kalibrierlösungen und der Probe wurden bei 470 nm mit 1,00-cm-Küvetten ermittelt zu: $E_1 = 0{,}067$, $E_2 = 0{,}198$, $E_3 = 0{,}329$, $E_4 = 0{,}551$, $E_5 = 0{,}702$; $E_{Probe} = 0{,}224$

    Berechnen Sie die Massenkonzentration β(Fe) der Kalibrierlösungen. Ermitteln Sie aus den Kalibrierdaten die Massenkonzentration β (Fe), beurteilen Sie die Eignung des Wassers.

7.4.2 Refraktometrie

Die **Refraktometrie** (engl. refractometry) dient zur Messung der Brechzahl von durchscheinenden Flüssigkeiten und Feststoffen. Damit kann man Stoffe identifizieren und die Gehalte von Lösungen und Flüssigkeitsgemischen bestimmen.

Optische Grundlagen der Lichtbrechung

Lichtstrahlen verändern beim Übertritt von einem durchsichtigen Stoff (Medium 1) in einen anderen durchsichtigen Stoff (Medium 2) ihre Richtung; man sagt, sie werden gebrochen **(Bild 1)**. Der Fachausdruck für Lichtbrechung ist **Refraktion** (engl. refraction), die Messung der Lichtbrechung heißt **Refraktometrie,** die Messgeräte **Refraktometer** (engl. refractometer).

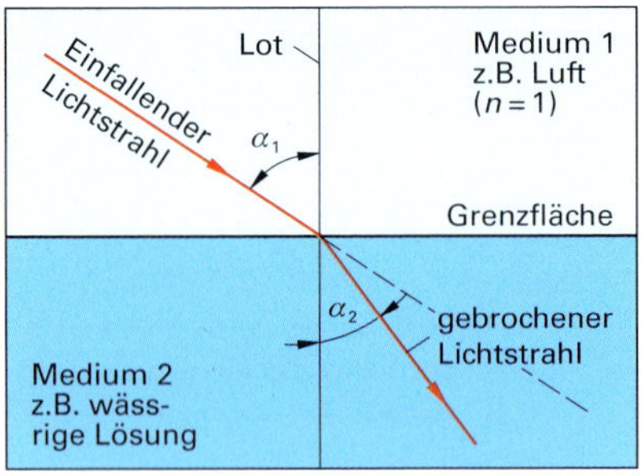

Bild 1: Brechung eines Lichtstrahls

Die Lichtbrechung wird mit dem **nebenstehenden Brechungsgesetz von Snellius** beschrieben.

Im Brechungsgesetz sind n_1 und n_2 die Brechzahlen (engl. refraction index) von Medium 1 und Medium 2 gegenüber dem Vakuum.

In der betrieblichen Praxis werden die Messungen nicht im Vakuum, sondern mit Lichteinfall aus dem Medium Luft durchgeführt (Brechzahl ungefähr 1). Auch die Brechzahlen in Tabellen sind meist gegen Luft gemessen.

Dadurch vereinfacht sich das Gesetz von Snellius, wie rechts stehend. Dabei ist n die Brechzahl eines Mediums gegen Luft.

Brechungsgesetz von Snellius	Vereinfachtes Brechungsgesetz
$\frac{\sin\alpha_1}{\sin\alpha_2} = \frac{n_2}{n_1}$	$n = \frac{\sin\alpha_1}{\sin\alpha_2}$

Beispiel: Ein Lichtstrahl fällt unter einem Winkel von 55,0° zum Lot aus Luft auf Wasser und läuft nach der Brechung im Wasser unter 37,9° weiter. Wie groß ist die Brechzahl von Wasser?

Lösung: $\mathbf{n} = \frac{\sin\alpha_1}{\sin\alpha_2} = \frac{\sin 55{,}0°}{\sin 37{,}9°} = \frac{0{,}8192}{0{,}6143} \approx \mathbf{1{,}33}$

Die Lichtbrechung ist nicht konstant, sondern stark abhängig

- von der Wellenlänge des verwendeten Lichts sowie
- von der Temperatur des Stoffs bei der Messung.

Für genaue Messungen, wie bei der Refraktometrie, müssen die Wellenlänge des Lichts und die Temperatur angegeben werden.

Man verwendet häufig das Licht der Natrium-D-Linie einer Natriumdampflampe mit der Wellenlänge $\lambda = 589$ nm. Die Messtemperatur ist meist 20 °C.

Die Angabe einer Brechzahl erfolgt unter Nennung der Messbedingungen. Eine sachgemäße Brechzahl-Angabe z.B. von Chloroform, gemessen mit Na-D-Licht bei 20 °C, lautet:

n_D^{20}(Chloroform) = 1,4486 oder n_{589}^{20}(Chloroform) = 1,4486

Fehlt die Temperaturangabe, so gilt der Wert bei 20 °C.

Die Brechzahlen der gebräuchlichen, durchscheinenden Substanzen wurden gemessen und können Tabellen entnommen werden **(Tabelle 1)**.

Tabelle 1: Brechzahlen verschiedener Stoffe
Lichtquelle: Na-D-Licht (λ = 589 nm)
Messtemperatur ϑ = 20 °C

Substanz	n_D^{20}
Wasser	1,33300
Ethanol	1,36048
Methanol	1,33057
Toluol	1,49985
Benzol	1,50100
Nitrobenzol	1,62546
Quarzglas	1,54422
Fensterglas	1,51
Kalkspat	1,65835
Diamant	2,4173

Beispiel: Licht der Na-D-Linie einer Natriumdampflampe fällt unter einem Winkel von 39,6° zum Lot auf eine Nitrobenzol-Oberfläche. Welchen Winkel zum Lot hat der gebrochene Lichtstrahl im Nitrobenzol?

Lösung: Brechzahl von Nitrobenzol aus **Tabelle 1:** $n_D^{20} = 1{,}62546$

$\frac{\sin\alpha_1}{\sin\alpha_2} = n_D^{20} \Rightarrow \sin\alpha_1 = \frac{\sin\alpha_1}{n_D^{20}} = \frac{\sin 39{,}6°}{1{,}62546} = 0{,}3921 \Rightarrow \alpha_2 \approx \mathbf{23{,}1°}$

Totalreflexion

In Refraktometern (engl. refractometer) wird die Brechzahl von Flüssigkeiten durch Messung des **Grenzwinkels der Totalreflexion** (angle of total reflection) bestimmt.

Unter Totalreflexion versteht man die vollständige Reflexion eines Lichtstrahls an einer Grenzfläche zwischen einem optisch dichteren Medium (z.B. Glas) und einem optisch dünneren Medium (z.B. einer Flüssigkeit oder einer Lösung).

Tritt umgekehrt Licht aus dem optisch dünneren Medium (z.B. einer Flüssigkeit) in ein optisch dichteres Medium (z.B. Glas), so kann kein Licht in den Bereich eines Winkels gelangen, der **kleiner als der Grenzwinkel der Totalreflexion** $\alpha_{2,T}$ ist (engl. angle of total reflection). Dies ist der dunkle Bereich über ④ in **Bild 1**.

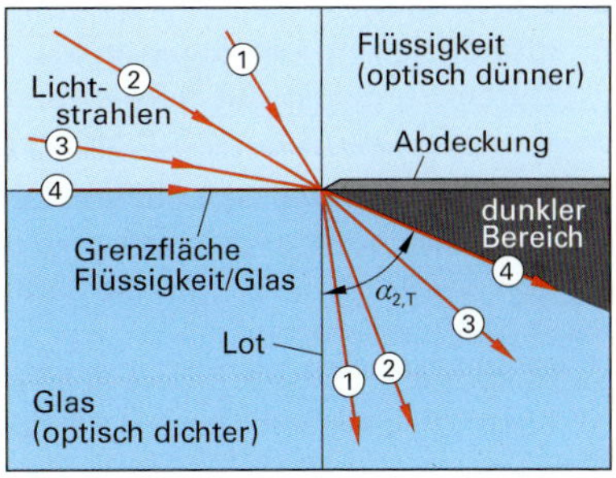

Bild 1: Abgedunkelter Bereich durch Totalreflexion

Die Brechzahl n beim Grenzwinkel ergibt sich aus dem vereinfachten Brechungsgesetz mit $\sin \alpha_1 = \sin 90° = 1$ zu nebenstehender Größengleichung.

Brechzahl beim Grenzwinkel der Totalreflexion

$$n = \frac{1}{\sin \alpha_{2,T}}$$

Beispiel: Für einen Lichtstrahl, der von Luft in Acrylglas fällt, wird ein Grenzwinkel der Totalreflexion von 42,2° gemessen. Welche Brechzahl hat Acrylglas?

Lösung: $\boldsymbol{n} = \frac{1}{\sin \alpha_{2,T}} = \frac{1}{\sin 42{,}2°} \approx \mathbf{1{,}49}$

Refraktometer

Das **Abbé-Refraktometer** (engl. Abbé refractometer) enthält als optisches Hauptbauteil ein aufklappbares Prismenpaar mit einem dazwischen liegenden Spalt für die zu messende Flüssigkeit **(Bild 2)**. Das Licht fällt von oben durch das Beleuchtungsprisma in die dünne Messflüssigkeitsschicht und von dort in das Messprisma. Es ist zur Hälfte mit einer schwarzen Abdeckschicht belegt. Das Licht kann, unterhalb der Abdeckung, nur bis zu einem Einfallwinkel des Lichts von $\alpha_{2,T}$ in das Messprisma eintreten. Im Bereich größerer Einfallswinkel ist das Bildfeld dunkel. Der Drehspiegel wird so gedreht, dass beim Beobachten durch das Okular im Sehfeld die Grenzlinie zwischen hellem und dunklem Bereich in einem Fadenkreuz liegt.

Die Brechzahl n der Messflüssigkeit kann dann auf einer eingeblendeten Skale abgelesen werden. In Bild 2 beträgt die Brechzahl z.B. $n = 1{,}390$

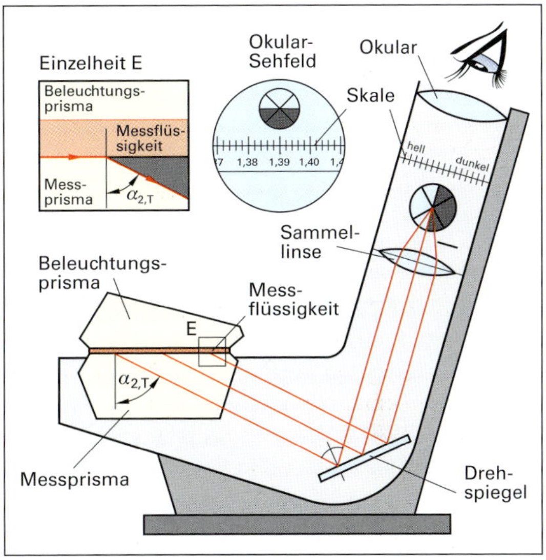

Bild 2: Messprinzip des Abbé-Refraktometers

Die technische Ausführung eines Abbé-Refraktometers zeigt **Bild 3,** linker Bildteil. In der Darstellung ist das Beleuchtungsprisma zum Aufgeben der Messflüssigkeit aufgeklappt dargestellt.

Der Messbereich des Abbé-Refraktometers reicht von $n = 1{,}300$ bis 1,700. Die Ablesegenauigkeit beträgt $n = \pm\, 0{,}0002$, entsprechend ± 0,2% Massenanteile.

Automatische **Digitalrefraktometer** (engl. digital refractometer) beruhen auf dem gleichen Messprinzip (Bild 3, rechter Bildteil). Die Messsignalerfassung erfolgt optoelektronisch, die Brechzahl wird geräteintern errechnet und digital angezeigt. Die Messgenauigkeit beträgt $n = \pm\, 0{,}00001$ bzw. ± 0,01% Massenanteile.

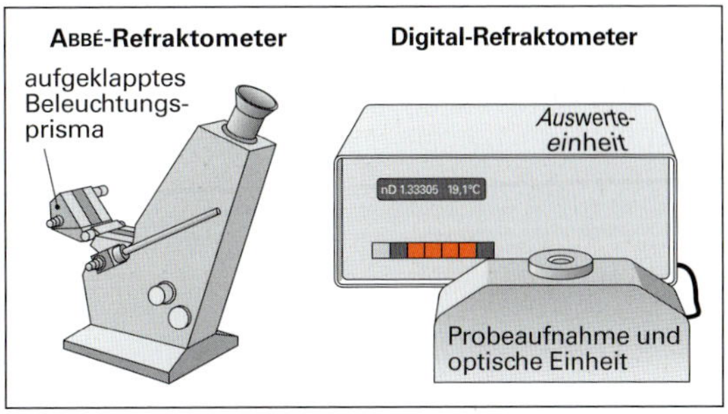

Bild 3: Labor-Refraktometer

Analytische Anwendungen der Refraktometrie

1. Identifizierung von Substanzen

Durch Vergleich der gemessenen Brechzahl einer unbekannten Substanz mit Tabellenwerten der Brechzahl vermuteter Substanzen.

2. Bestimmung des Gehalts von Lösungen

Hierzu muss eine Kalibrierkurve der Lösung erstellt werden, die den Gehalt der Lösung in Abhängigkeit von der Brechzahl zeigt. Der gemessenen Brechzahl kann anhand der Kalibrierkurve ein Lösungsgehalt zugeordnet werden.

In speziellen Refraktometern ist auf der Skale anstatt der Brechzahl direkt der Gehalt der untersuchten Lösung abzulesen, wie z. B. der Zuckergehalt im Traubensaft in Oechsle-Graden.

3. Bestimmung der Zusammensetzung von flüssigen Zweistoffgemischen

Hierzu benötigt man entweder eine Kalibrierkurve (wie unter 2. beschrieben), oder der Massenanteil w_1 einer Komponente kann mit nebenstehender Bestimmungsgleichung berechnet werden.

Es sind: ϱ = Dichte ; n = Brechzahl

Indices: 1 und 2 ⇒ Komponenten, M ⇒ Mischung

Refraktometrische Bestimmung des Massenanteils von Zweistoffgemischen

$$w_1 = \frac{\dfrac{n_M - 1}{\varrho_M} - \dfrac{n_2 - 1}{\varrho_2}}{\dfrac{n_1 - 1}{\varrho_1} - \dfrac{n_2 - 1}{\varrho_2}}$$

Beispiel: Ein Ethanol-Wasser-Gemisch hat eine Brechzahl von n_D^{20} = 1,34685 und eine Dichte von ϱ(M) = 0,969 g/cm³. Welchen Massenanteil w(Ethanol) hat das Gemisch?

Stoffdaten: ϱ(Ethanoll = 0,789 g/cm³, n_D^{20}(Ethanol) = 1,36048; ϱ (Wasser) = 0,998 g/cm³, n_D^{20}(Wasser) = 1,33300

Lösung:

$$w_1 = \frac{\dfrac{n_M - 1}{\varrho_M} - \dfrac{n_2 - 1}{\varrho_2}}{\dfrac{n_1 - 1}{\varrho_1} - \dfrac{n_2 - 1}{\varrho_2}} = \frac{\dfrac{1,34685 - 1}{0,969\,\text{g/cm}^3} - \dfrac{1,33300 - 1}{0,998\,\text{g/cm}^3}}{\dfrac{1,36048 - 1}{0,789\,\text{g/cm}^3} - \dfrac{1,33300 - 1}{0,998\,\text{g/cm}^3}} = \frac{0,35795 - 0,33367}{0,45688 - 0,33367} = 0,19706 \approx \mathbf{19,7\,\%}$$

Aufgaben zur Refraktometrie

1. Ein Lichtstrahl trifft unter einem Winkel von 60° zum Lot auf eine Wasseroberfläche. Wie groß ist der Winkel des gebrochenen Lichtstrahls im Wasser?
2. Für eine Flüssigkeit wird aus einem Tabellenwerk ein Grenzwinkel der Totalreflexion von 48,725° abgelesen. Um welche Flüssigkeit in Tabelle 1, Seite 232, könnte es sich handeln?
3. In drei Gefäßen mit unleserlichem Etikett befinden sich die Flüssigkeiten Methanol, Ethanol und Toluol. Durch refraktometrische Messung erhält man folgende Brechzahlen für die drei Flüssigkeiten: n_D^{20}(1) = 1,36047, n_D^{20}(2) = 1,49985, n_D^{20}(3) = 1,33057

   Welche Flüssigkeit befindet sich in welchem der drei Gefäße?
4. In einem Labor zur Qualitätskontrolle wird der Gehalt einer Lösung mit einem ABBÉ-Refraktometer bestimmt (Bild 2, Seite 233). Eine Kalibriermessreihe von Lösungen unterschiedlicher Konzentration ergab folgende Messwertepaare:

Massenanteil w in %	10	20	30	40	50	Probe 1	Probe 2	Probe 3
Brechzahl n_D^{20}	1,33960	1,34685	1,35347	1,35797	1,36120	1,34550	1,35285	1,36170

   a) Zeichnen Sie die Kalibrierkurve.

   b) Bestimmen Sie die Massenanteile der 3 Proben.

   c) Alternativ: Lösen Sie die Aufgabe mit einem Tabellenkalkulationsprogramm (vergleiche Seite 55).
5. Von einem Ethanol-Methanol-Destillat sollen die Massenanteile w(Methanol) und w(Ethanol) berechnet werden. Die Brechzahl des Probe-Gemisches wurde zu n_D^{20} = 1,33416 und die Dichte zu ϱ = 0,7918 g/cm³ gemessen. Die Stoffdaten der reinen Substanzen sind:

   ϱ (Eth.) = 0,7893 g/cm³; n_D^{20}(Eth.) = 1,36048; ϱ(Meth.) = 0,7923 g/cm³; n_D^{20}(Meth.) = 1,33057

7.4.3 Polarimetrie

Unter Polarimetrie (engl. polarimetry) versteht man die Messung des Drehwinkels der Schwingungsrichtung von polarisiertem Licht beim Passieren durch eine optisch aktive Substanz oder eine Lösung.

Optische Grundlagen

Licht ist eine elektromagnetische Querwelle (Bild 1, Seite 225). Charakteristische Merkmale sind die Wellenlänge und die Schwingungsrichtung. In natürlichem Licht kommen verschiedene Wellenlängen (Farben) und alle Schwingungsrichtungen vor **(Bild 1)**. Durch einen Monochromator (Farbfilter) kann Licht einer Wellenlänge erzeugt werden, es heißt **monochromatisches** Licht. Durch einen **Polarisator** ist es möglich, nur die Lichtwellen durchtreten zu lassen, die in einer Richtung schwingen. Dieses Licht nennt man **linear polarisiertes Licht.**

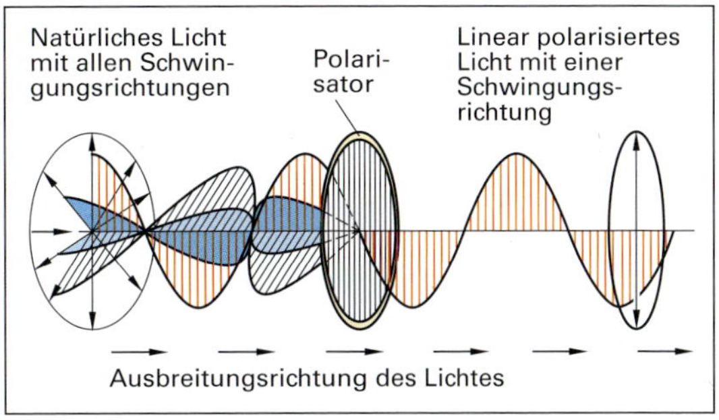

Bild 1: Erzeugung von polarisiertem Licht

Beim Durchgang von linear polarisiertem Licht durch bestimmte durchscheinende Stoffe oder Lösungen wird die Schwingungsrichtung des Lichts um einen Drehwinkel α gedreht **(Bild 2)**. Diese Stoffe nennt man **optisch aktive Medien.**

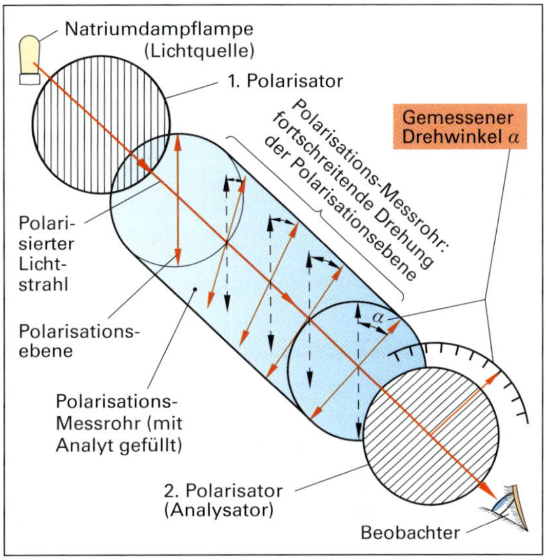

Bild 2: Drehung der Polarisationsrichtung im Polarisations-Messrohr

Es gibt rechtsdrehende (+) und linksdrehende (–) Substanzen. Der Drehwinkel α ist abhängig:

- von der gelösten optisch aktiven Substanz,
- von der Konzentration β der gelösten Substanz,
- von der Durchstrahlungslänge l der Substanz.

Diese Abhängigkeiten des Drehwinkels α sind im **BIOT'schen Gesetz** zusammengefasst.

BIOT'sches Gesetz

$$\alpha = [\alpha]_{\lambda}^{\vartheta} \cdot l \cdot \beta$$

Der Faktor $[\alpha]_{\lambda}^{\vartheta}$ ist die **spezifische Drehung** (engl. specific rotation) einer Substanz. Das ist der Drehwinkel in Grad, den 1 g der Substanz pro 1 mL Lösung auf einer Durchstrahlungstrecke von 1 dm bewirkt.

Da die spezifische Drehung zudem von der Temperatur, von der Wellenlänge des Lichts, vom Lösemittel und der Konzentration abhängig ist, müssen diese Bedingungen angegeben werden.

Meistens beträgt die Messtemperatur 20 °C und als Licht wird Natrium-D-Licht mit einer Wellenlänge von $\lambda = 589$ nm verwendet. Die spezifische Drehung wird dann durch das Zeichen $[\alpha]_{\mathrm{D}}^{20}$ angegeben.

Bezeichnungsbeispiel:

$[\alpha]_{\mathrm{D}}^{20}$(D-Glucose, 5 bis 25 g/L) = 52,5 $\frac{\text{grad}}{\text{dm} \cdot \text{g/mL}}$

Die spezifische Drehung $[\alpha]_{\mathrm{D}}^{20}$ der gebräuchlichsten, optisch aktivenSubstanzen wurde bestimmt.

Tabelle 1 zeigt eine Auswahl.

Daneben wird auch die **molare Drehung** α_{m} verwendet. Sie kann mit der molaren Masse M aus $[\alpha]_{\mathrm{D}}^{20}$ berechnet werden.

Molare Drehung

$$\alpha_{\mathrm{m}} = [\alpha]_{\mathrm{D}}^{20} \cdot M$$

Tabelle 1: Spezifische Drehung $[\alpha]_{\mathrm{D}}^{20}$ in $\frac{\text{grad}}{\text{dm} \cdot \text{g/mL}}$

(Na-D-Licht, λ = 589 nm, Messtemperatur ϑ = 20 °C

Optisch aktive Substanzen	Lösemittel	$[\alpha]_{\mathrm{D}}^{20}$
L-Axcorbinsäure	Wasser	24,0
D(-)-Fructose		–89,1
D-Glucose		52,5
Rohrzucker		66,45
D-Galactose		79,7
Xylose		17,6

Beispiel 1: Bei einer wässrigen Lösung von Rohrzucker wurde im Polarimeter mit einer Küvette von d = 20,0 cm, Messlänge bei 20 °C mit einer Natrium-D-Lampe (λ = 589 nm) ein Drehwinkel von α = 17,2 ° gemessen. Welche Massenkonzentration β(Rohrzucker) hat die untersuchte Lösung?

Lösung: Mit $[\alpha]_D^{20}(\text{Rohrzucker}) = 66{,}45\ \frac{\text{grad}}{\text{dm} \cdot \text{g/mL}}$ aus Tabelle 1, Seite 235, folgt:

$$\alpha = [\alpha]_D^{20} \cdot l \cdot \beta \quad \Rightarrow \quad \boldsymbol{\beta}\textbf{(Rohrzucker)} = \frac{\alpha}{[\alpha]_D^{20} \cdot l} = \frac{17{,}2°}{66{,}45\ \frac{\text{grad}}{\text{dm} \cdot \text{g/mL}} \cdot 2{,}00\,dm} \approx \mathbf{0{,}129\ g/mL}$$

Beispiel 2: Welche molare Drehung α_m hat Xylose $C_5H_{10}O_5$?

Lösung: Mit $[\alpha]_D^{20}(\text{Xylose}) = 17{,}6\ \frac{\text{grad}}{\text{dm} \cdot \text{g/mL}}$ aus Tabelle 1, Seite 235, und M(Xylose) = 150,13 g/mol folgt:

$$\alpha_m = [\alpha]_D^{20} \cdot M(\text{Xylose}) = 17{,}6\ \frac{\text{grad}}{\text{dm} \cdot \text{g/mL}} \cdot 150{,}13\ \text{g/mol} = 2642{,}28\ \frac{\text{grad} \cdot \text{mL}}{\text{dm} \cdot \text{mol}} \approx \mathbf{2{,}64\ \frac{grad}{dm \cdot mol/L}}$$

Polarimeter

Im Polarimeter (engl. polarimeter) befindet sich die Probelösung in einem Polarisationsrohr **(Bild 1)**. Dieses wird von monochromatischem, linear polarisiertem Licht durchstrahlt. Ein zweiter Polarisator (Analysator) ist in Abgleichstellung um 90° gegen den 1. Polarisator verdreht. In dieser Stellung fällt kein Licht auf den Detektor, da der Analysator das polarisierte Licht absorbiert. Wird die Probelösung in den Strahlengang gebracht, so wird die Polarisationsebene des Lichts gedreht. Der Detektor empfängt Licht. Er steuert einen Servomotor, der den Analysator so lange dreht, bis kein Licht mehr auf den Detektor fällt. Der Drehwinkel des Analysators entspricht dem von der Probelösung hervorgerufenen Drehwinkel.

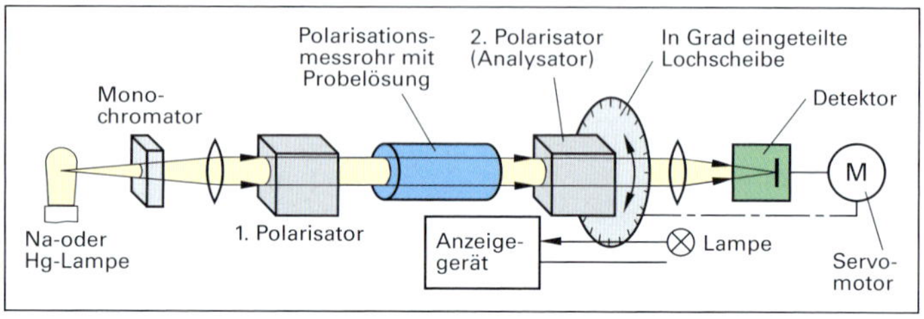

Bild 1: Messprinzip eines Polarimeters

Analytische Anwendungen der Polarimetrie

1. Konzentrationsbestimmungen optisch aktiver Substanzen, z.B. des Zuckergehalts in wässrigen Lösungen (Lebensmittelindustrie) oder des Restzuckergehalts im Urin (Medizintechnik).
2. Reinheitsprüfung optisch aktiver Substanzen, z. B. in der pharmazeutischen Industrie.
3. Strukturbestimmung zur Untersuchung des sterischen Aufbaus von asymmetrischen Molekülen. Hierzu muss das optische Rotationsdispersions-Spektrum (ORD-Spektrum) gemessen werden. Dies ist ein Diagramm, das die Änderung des Drehwinkels einer Substanz in Abhängigkeit von der Wellenlänge

Aufgaben zur Polarimetrie

1. Die Messung des Drehwinkels in einem Polarimeter mit 10,0 cm Messlänge ergab bei einer Rohrzuckerlösung einen Drehwinkel von 16,810°. Verwendetes Licht: Natrium-D-Licht; ϑ = 20 °C. Welche Massenkonzentration hat die Rohrzuckerlösung?
2. Der Glucosegehalt im Urin kann polarimetrisch bestimmt werden. (Vor der Messung werden die störenden Anteile aus dem Urin abgetrennt.) Wie groß ist die Massenkonzentration in einer Urinprobe, wenn ein Drehwinkel von 0,722° gemessen wurde? (Natrium-D-Licht, ϑ = 20 °C)
3. Ein Polarimeter soll für die Serienmessung von Rohrzuckerlösungen so ausgestattet werden, dass eine Zuckerkonzentratikon von 10,000 g/L gerade einen Drehwinkel von 1,000° bewirkt.
   a) Welche Messlänge muss das Polarisations-Messrohr besitzen? (λ = 589 nm; ϑ = 20 °C)
   b) Welche Konzentration hat eine Rohrzuckerlösung, deren Drehwinkel in diesem Polarisations-Messrohr zu 3,726° gemessen wird?
4. Berechnen Sie aus der spezifischen Drehung $[\alpha]_D^{20}$ (Tabelle 1, Seite 235) die molare Drehung α_m:
   a) von Ascorbinsäure $C_6H_8O_6$ b) von Fructose $C_6H_{12}O_6$ c) von Rohrzucker $C_{12}H_{24}O_{12}$

7.5 Chromatografie

Die Chromatografie (engl. chromatography) ist eines der am häufigsten eingesetzten Analyseverfahren in der modernen Labortechnik. Hierbei wird eine Gemischprobe (z. B. aus den Komponenten A und B) in einer mobilen Phase (Gas oder Flüssigkeit) gelöst und über eine stationäre Phase bewegt, die sich entweder in einer Säule oder auf einem Flachbett befindet **(Bild 1)**. Durch die unterschiedlich starke Wechselwirkung der Komponenten A und B mit der stationären Phase kommt es nach hinreichend langer Laufzeit zu einer Trennung der Komponenten.

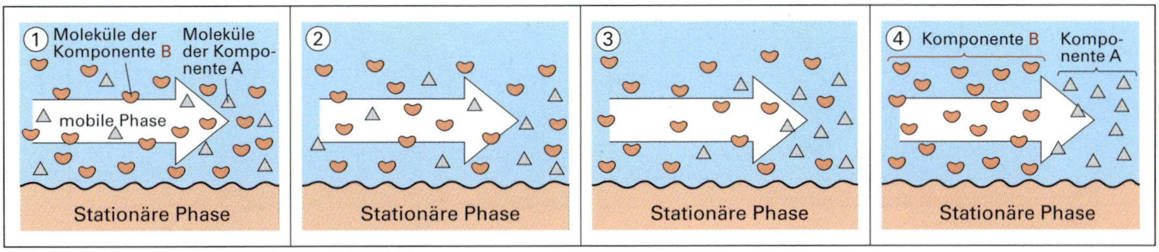

Bild 1: Wirkungsprinzip der Chromatografie

Die Ursache der Trennung können unterschiedlich starke Adsorptionskräfte, Ionenaustauschgeschwindigkeiten oder Verteilungsgleichgewichte der Komponenten A bzw. B zur stationären Phase sein. Sie führen dazu, dass z. B. die Komponente A von der mobilen Phase schneller entlang der stationären Phase mitgeführt wird als die Komponente B. Dadurch trennt sich der Gemischstrom in einer bestimmten Zeit in zwei hintereinander strömende Komponenten auf.

7.5.1 Dünnschicht- und Papierchromatografie

Bei der **Dünnschichtchromatografie,** kurz **DC** (engl. thin-layer chromatography, kurz TLC) ist die stationäre Phase eine dünne, poröse, kreideartige Schicht (Dicke ca. 0,25 mm) aus feinkörnigem Kieselgel oder Aluminiumoxid, die auf Glasplatten, Aluminium- oder Kunststoff-Dickfolien als Träger aufgebracht sind **(Bild 2)**.

Auf der Platte wird auf einer Startlinie mit einer Dosier-Mikropipette ein Tropfen (z. B. 0,2 µL) der zu analysierenden Mischsubstanz aufgegeben. Daneben wird je ein Tropfen der reinen, in der Substanz vermuteten Stoffe aufgetropft. Die getrocknete DC-Platte wird in einer Trennkammer in ein Laufmittel (mobile Phase) gestellt. Durch die Kapillarwirkung steigt das Laufmittel in der zuvor getrockneten, porösen Dünnschicht langsam nach oben. Es nimmt auf seinem Steigweg die einzelnen Bestandteile des Gemisches unterschiedlich schnell mit. Erreicht das Laufmittel eine zuvor markierte Endlinie, wird die Platte aus der Trennkammer genommen und im Trockenschrank getrocknet.

Nach Sichtbarmachen der Flecken (z.B. mit UV-Licht oder einem Farbstoff) wird das erhaltene Chromatogramm ausgewertet.

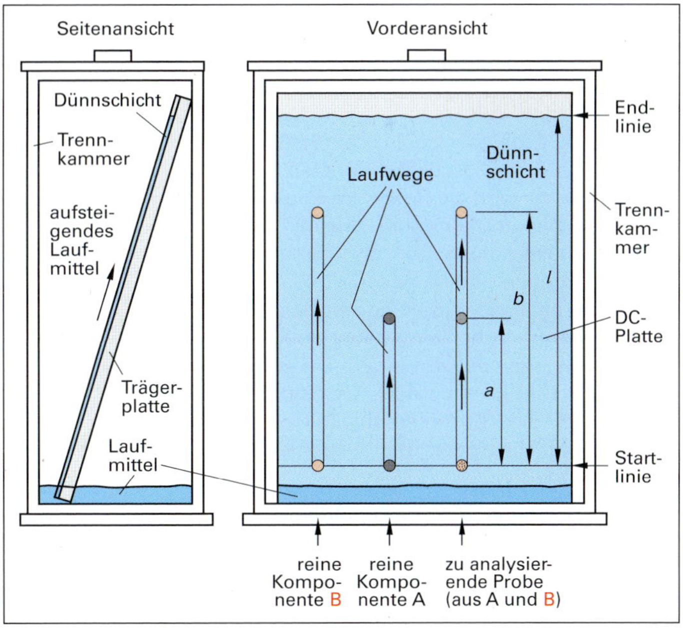

Bild 2: Dünnschicht-Chromatografie

Ein ähnliches Verfahren, die **Papierchromatografie** (kurz PC), wird analog wie die DC-Chromatografie durchgeführt. Hierbei dient ein saugfähiges, steifes Papierblatt als stationäre Phase.

1. **Qualitative Auswertung:** Durch Abgleich mit den Flecken der Reinsubstanzen können die Flecken der Probesubstanz den einzelnen Substanzen zugeordnet werden.
   Als Kenngröße der einzelnen Substanzflecken dient der Retentionsfaktor, kurz **R_f - Wert** genannt.

Retentionsfaktor

$$R_f = \frac{\text{Flecken-Laufstrecke}}{\text{Laufmittel-Laufstrecke}} = \frac{a}{l}$$

2. **Quantitative Auswertung:** Sie erfolgt z. B. durch fotometrische Bestimmung der Substanzmengen in den jeweiligen Flecken (Seite 228) und Abgleich mit den Flecken von Kalibriersubstanzen. Die Genauigkeit beträgt rund 10 %.

Beispiel: Die Dünnschichtchromatografie eines Lebensmittel-Farbstoffs liefert nebenstehendes Chromatogramm **(Bild 1).** Es sind die R_f - Werte der drei Komponenten des Farbstoffes zu bestimmen.

(Hinweis: Die Probe (Farbstoff) wird dreimal aufgegeben, um Unregelmäßigkeiten in der Laufschicht auszugleichen.)

Lösung: Die Laufstrecken werden aus dem Chromatogramm abgelesen und daraus die R_f-Werte berechnet.

$R_{f1} = a_1 : l$ = 2,25 : 4,3 ≈ **0,52**
$R_{f2} = a_2 : l$ = 1,55 : 4,3 ≈ **0,36**
$R_{f3} = a_3 : l$ = 3,95 : 4,3 ≈ **0,92**

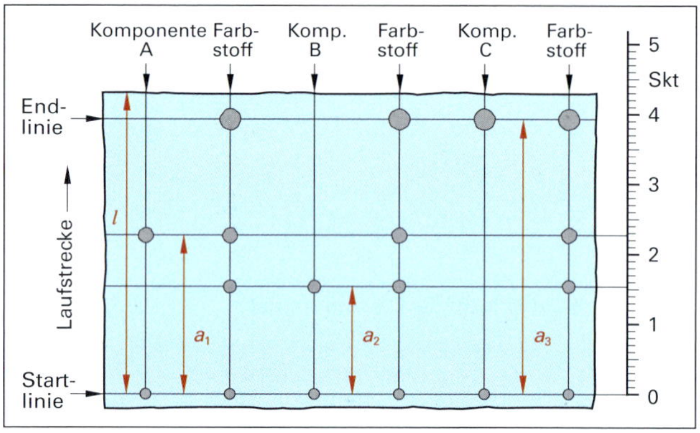

Bild 1: DC-Chromatogramm eines Farbstoffs

7.5.2 Säulenchromatografie

Darunter versteht man die chromatografischen Verfahren, die in einer Trennsäule (Rohr) ablaufen. Es sind die chromatografischen Verfahren mit der breitesten Anwendung. Je nach Aggregatzustand der mobilen Phase unterscheidet man die **Gas-Chromatografie** (kurz **GC**) oder die **Hochleistungs-Flüssig-Chromatografie** (kurz HPLC).

Als stationäre Säulenfüllungen werden körnige Schüttungen von normalem und oberflächenmodifiziertem Kieselgel sowie Aluminiumoxid und derivatisierte Agarose eingesetzt.

Wirkungsprizip

Die übliche Arbeitsweise in der Säulenchromatografie (SC) ist die Elutionstechnik **(Bild 2).** Hierbei wird die Probe am Säulenanfang in den fortlaufenden Strom der mobilen Phase aufgegeben und dann so lange mit mobiler Phase gespült (eluiert), bis die zu analysierenden Komponenten getrennt am Ende der Säule ausgetragen sind. Dort werden sie von einem Detektor mit einem Signal registriert. Detektoren messen z.B. die Wärmeleitfähigkeit oder die UV-Licht-Absorption der verschiedenen Komponenten.

Die Aufzeichnung des Detektorsignals über der Zeit ergibt das **Chromatogramm** (Bild 2, unten). Es hat eine Basislinie, von der aus sich die Peaks (von engl. peak, Gipfel) erheben. Jeder Peak steht für eine der Gemisch-Komponenten. Das Chromatogramm ist die Grundlage für die Auswertung chromatografischer Analysen.

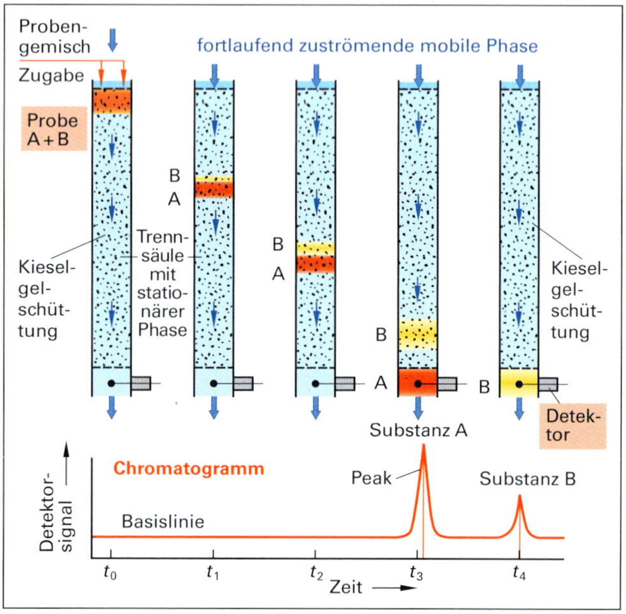

Bild 2: Entstehung eines Chromatogramms bei der Säulenchromatografie (Vorgang in 5 Stufen dargestellt)

Gaschromatografie GC

Bei der Gaschromatografie (engl. **g**as-**c**hromatography) ist die mobile Phase gasförmig. Die stationäre Phase in der Trennsäule ist meist fest, sie kann aber auch flüssig sein (Gas-Flüssig-Chromatografie GLC).

Die GC wird für die Analytik von Gasgemischen und Flüssigkeitsgemischen eingesetzt.

Bild 1 zeigt den schematischen Aufbau eines Gaschromatografen. Aus einer Trägergas-Druckflasche wird ein kontinuierlicher Trägergasstrom (z. B. Stickstoff, Helium, Wasserstoff u. a.) in die Trennsäule gespeist. Das Trägergas durchströmt mit konstanter Strömungsgeschwindigkeit die Trennsäule im beheizten Ofenraum des Gaschromatografen. Die Probe wird über den Einspritzblock in die Trennsäule gespritzt. Flüssige Proben werden im beheizten Einspritzblock verdampft.

Die mobile Phase transportiert die Probe durch die beheizte Trennsäule.

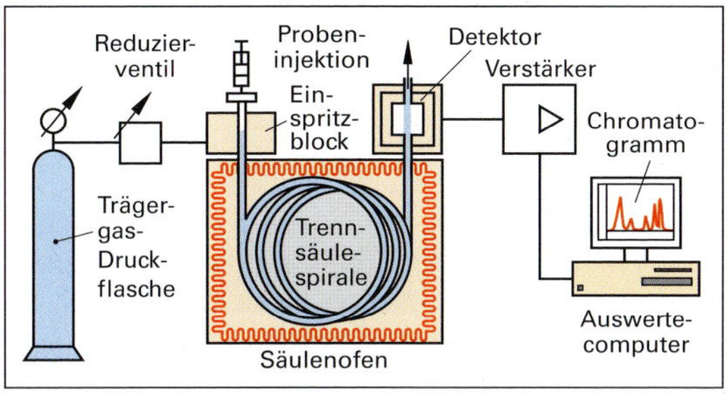

Bild 1: Prinzip eines Gaschromatografen

In der Trennsäule (gepackte Säulen oder heute überwiegend Kapillarsäulen) wandern die Probenkomponenten in der mobilen Phase aufgrund ihrer Wechselwirkungen (polar/unpolar) mit der stationären Phase unterschiedlich schnell: Sie erreichen getrennt nacheinander den Detektor. Er erzeugt von jeder Komponente ein elektrisches Signal, das proportional zur jeweiligen Substanzmenge ist.

Das Detektorsignal wird nach Verstärkung einem Auswertecomputer zugeführt. Als Ergebnis wird das Chromatogramm erhalten. Als Detektor kommen bei der Gaschromatografie z. B. Wärmeleitfähigkeits-Detektoren (**WLD**) oder Flammenionisations-Detektoren (**FID**) zum Einsatz[1].

Hochleistungs-Flüssigkeits-Chromatografie HPLC

Die HPLC (von engl. **h**igh-**p**erformance **l**iquid **c**hromatography) ist ein heute weit verbreitetes Chromatografie-Verfahren. Die Abkürzung HPLC leitet sich von der englischen Bezeichnung ab und bedeutet **Hochleistungs-Flüssigkeits-Chromatografie**. Ursprünglich wurde sie auch als Hochdruckflüssigkeits-Chromatografie (von engl. **h**igh-**p**ressure **l**iquid **c**hromatography) bezeichnet.

Bei der HPLC wird ein Elutionsmittel mit hohem Druck (bis 350 bar) durch eine Trennsäule mit sehr feinkörniger Säulenfüllung (Korngröße ca. 10 µm) und dichter Packung gepresst **(Bild 2)**. Die Probe wird eingespritzt und trennt sich in der Trennsäule. Der Detektor erzeugt von den Komponenten das Chromatogramm. Die einzelnen Fraktionen der Probe können in einem Sammler getrennt aufgefangen werden.

Die HPLC ist gekennzeichnet durch:

- Hohe Auflösung für Vielstoffgemische
- Geringe Analysendauer von wenigen Minuten
- Hohe Nachweisempfindlichkeit bis zu kleinsten Stoffportionen von 10^{-10} g.

Die HPLC eignet sich deshalb zur schnellen Analyse von Gemischen bei hoher Nachweisempfindlichkeit (auch Spurenanalyse) und erforderlicher guter Reproduzierbarkeit verbunden mit automatisierbarer Probenaufgabe. Sie wird in der chemischen, pharmazeutischen, medizinischen und Umwelt-Analytik eingesetzt.

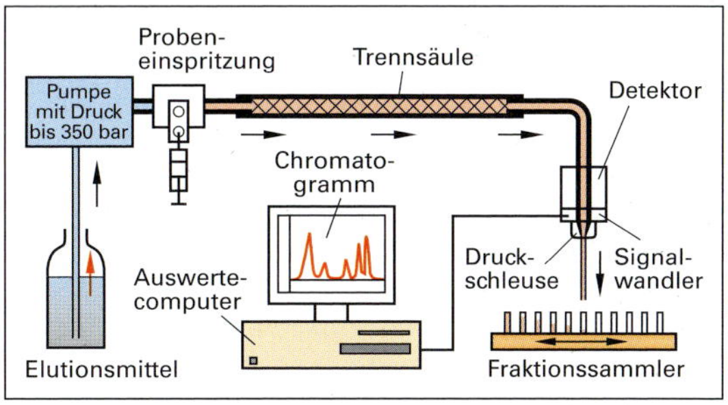

Bild 2: Prinzip eines HPLC-Chromatografen

Als Detektoren kommen bei der HPLC unter anderem UV-VIS-Detektoren, Brechungsindex-Detektoren (RI), Leitfähigkeits-Detektoren und Fluoreszenz-Detektoren zum Einsatz.

Eine Weiterentwicklung der HPLC ist die **UHPLC** (von engl. **u**ltra-**h**igh-**p**erformance **l**iquid **c**hromatography), die mit noch feinkörnigeren Säulenfüllungen und noch höheren Arbeitsdrücken bis zu 750 bar eine noch höhere Empfindlichkeit aufweist und die Analysenzeit weiter verkürzt.

[1] Ausführliche Informationen zu Aufbau, Funktion und Einsatzmöglichkeiten von Detektoren finden sich unter *www.chemgapedia.de*

7.5.3 Kenngrößen der Chromatografie

Wird das Detektorsignal einer GC- bzw. HPLC-Analyse von einem Schreiber oder Computer über der Zeit aufgetragen, so erhält man ein Diagramm aus einer Basislinie mit einer Reihe von Peaks (von engl. peak, Gipfel): das **Chromatogramm (Bild 1).**

Ein Chromatogramm liefert **qualitative** und **quantitative** Informationen über die im Chromatografen getrennten Komponenten eines Gemisches.

Die Position eines Peaks auf der Zeitachse, als Retentionszeit t_R bezeichnet, kann dazu dienen, die Substanz aufgrund von Vergleichsmessungen mit Reinsubstanzen zu identifizieren.

Zur Quantifizierung können sowohl die Peakflächen A_i als auch im begrenzten Gehaltsbereich die Peakhöhen h_i herangezogen werden. Beide Parameter sind proportional zur Konzentration der Analyten in der Probe. Wegen der größeren Unempfindlichkeit gegen schwankende Analysenbedingungen wird in der Praxis die Peakflächenauswertung bevorzugt.

Die wichtigen Kenngrößen eines Chromatogramms sind in der Norm DIN 51405 definiert. Sie sind in Bild 1 und 2 grafisch dargestellt und werden im Folgenden erläutert:

- Die **Totzeit t_M** ist die **Durchflusszeit,** die das Elutionsmittel zum Durchfließen der Säule benötigt. Da die mobile Phase in der Regel kein Detektorsignal erzeugt, wird zur Bestimmung der Totzeit t_M eine inerte Substanz als Totzeitmarker injiziert. Mit ihrem Peak kann mittels der Säulenlänge L und der Totzeit t_M die **mittlere Lineargeschwindigkeit** $\bar{u}$ der mobilen Phase berechnet werden: $\bar{u} = L/t_M$
- Die **Retentionszeit t_R** ist charakteristisch für jeden einzelnen Analyten und kennzeichnet die Zeit, die der Analyt von der Injektion bis zum Peakmaximum benötigt. Wird von der Retentionszeit t_R die Totzeit t_M subtrahiert, wird die **Nettoretentionszeit** erhalten: $t'_R = t_R - t_M$

  Sie wird auch **reduzierte Retentionszeit** genannt und ist ein Maß für die Wechselwirkung Analyt/stationäre Phase.
- Die **Basisbreite w_b** eines Peaks **(Bild 2)** ist die Strecke auf der Basislinie, die zwischen den Schnittpunkten der beiden Wendepunkttangenten der Peakkurve liegt.
- Die **Peakbreite w_h in halber Peakhöhe.**
- Die **Peakhöhe h** ist die Strecke zwischen der Basislinie und dem Scheitelpunkt des Peaks. In erster Näherung ist die Peakhöhe h dem Gehalt einer Gemisch-Komponente proportional: $h \sim c(\text{Analyt})$
- Die **Peakfläche A** ist die Fläche, die zwischen der Peakkurve und der Basislinie eingeschlossen wird. Die Peakfläche kann angeben werden in Peakflächeneinheiten, so genannten *counts,* mit dem Zeichen C. Die Peakfläche ist dem Gehalt einer Gemisch-Komponente proportional: $A \sim c(\text{Analyt})$

  Bei manueller Auswertung eines Chromatogramms erhält man die Peakfläche durch Multiplikation der Peakhöhe h mit der Peakbreite in halber Höhe w_h: $A = h \cdot w_h$

  Moderne Chromatografen besitzen einen Auswertecomputer mit spezieller Integratoren-Software, die die Peakflächen präzise bestimmt.

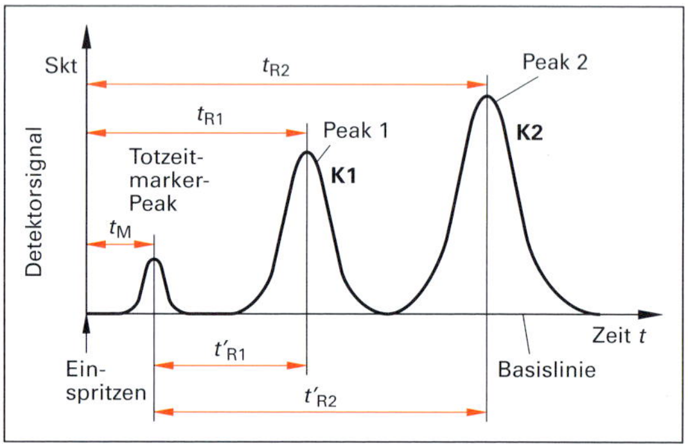

Bild 1: Kenngrößen eines Chromatogramms

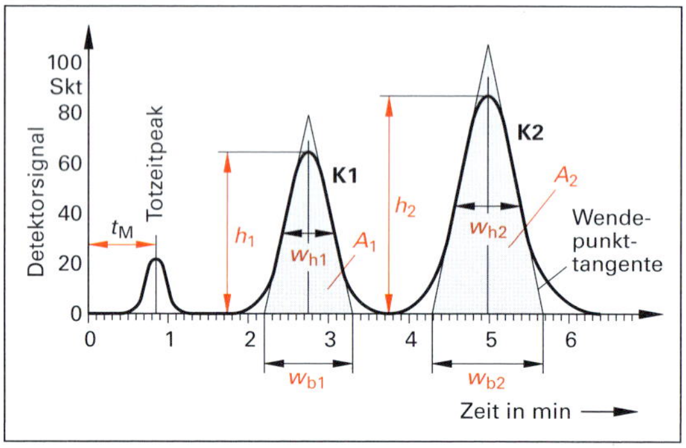

Bild 2: Bestimmung der Peakhöhen und Peakflächen eines Chromatogramms

Kenngrößen	
Mittlere Lineargeschwindigkeit:	$\bar{u} = \frac{L}{t_M}$
Nettorententionszeit:	$t'_R = t_R - t_M$
Peakfläche:	$A = h \cdot w_h$

Damit Chromatogramme reproduzierbar sind, müssen die chromatografischen Bedingungen bei den Messungen gleich sein. Im Messergebnis sind anzugeben: die Säulenabmessungen, die Art der mobilen Phase, die Fließgeschwindigkeit bzw. der Volumenstrom, die Art der stationären Phase, der Druck, die Temperatur, der Detektor u. a.

Die Bedingungen bei der Chromatografie müssen zudem so gewählt sein, dass sich ein Chromatogramm mit eindeutig ermittelbaren Retentionszeiten, Peakflächen usw. ergibt.

Aus den abgelesenen Chromatogrammdaten kann eine zusätzliche Kenngröße gebildet werden: Der **Retentionsfaktor *k***, auch als Kapazitätsfaktor k' bezeichnet. Er ist der Quotient aus der Nettoretentionszeit t'_R und der Totzeit t_M und gibt an, um wie viel länger sich die Analytmoleküle an oder in der stationären Phase aufhalten als in der mobilen Phase. Der Retentionsfaktor k ist abhängig von der Säulenlänge und der Fließgeschwindigkeit der mobilen Phase.

Retentionsfaktor (Kapazitätsfaktor)

$$k = \frac{t_R - t_M}{t_M} = \frac{t'_R}{t_M}$$

Beispiel 1: Bestimmen Sie die Kenngrößen für die Komponente K2 aus dem Chromatogramm Bild 2, Seite 240.

Lösung: $\mathbf{t_M} \approx 0{,}85$ min; $t_{R2} \approx 5{,}0$ min; $t'_{R2} = t_{R2} - t_M \approx (5{,}0 - 0{,}85)$ min $\approx 4{,}2$ min; $h_2 \approx 25$ mm $\approx$ **87 Skt**

$\mathbf{w_{b2}} \approx 12{,}5$ mm; $w_{h2} \approx 7{,}5$ mm; $A_2 = h_2 \cdot w_{h2} = 25$ mm $\cdot$ 7,5 mm $\approx$ **188 mm²**

Beispiel 2: Ermitteln Sie aus dem Chromatogramm Bild 2, Seite 240 die Retentionsfaktoren k.

Lösung: $\mathbf{k_1} = \frac{t_{R1} - t_M}{t_M} = \frac{(2{,}75 - 0{,}85)\ \text{min}}{0{,}85\ \text{min}} \approx \mathbf{2{,}2}$; $\mathbf{k_2} = \frac{t_{R2} - t_M}{t_M} = \frac{(5{,}0 - 0{,}85)\ \text{min}}{0{,}85\ \text{min}} \approx \mathbf{4{,}9}$

Beispiel 3: Das Chromatogramm Bild 2, Seite 240 wurde mit einer 30 m langen GC-Säule aufgenommen. Wie groß ist die mittlere, lineare Strömungsgeschwindigkeit $\overline{u}$ in cm/s?

Lösung: $\mathbf{\overline{u}} = \frac{L}{t_M} = \frac{30\ \text{m}}{0{,}85\ \text{min}} = \frac{30 \cdot 10^2\ \text{cm}}{0{,}85 \cdot 60\ \text{s}} = 58{,}8\ \text{cm/s} \approx \mathbf{59\ cm/s}$

7.5.4 Trennwirkung einer chromatografischen Säule

Eine besonders wichtige Eigenschaft einer GC- bzw. HPLC-Säule ist ihre Fähigkeit, ein Analytgemisch effektiv aufzutrennen, d. h. ein eindeutig auswertbares Chromatogramm zu liefern. Man nennt dies die **Trennwirkung** einer Säule.

Als Maß für die Effizienz einer Trennsäule gibt es mehrere Kenngrößen: den Trennfaktor α, die Auflösung R_s, die Bodenhöhe H, die Bodenzahl N.

Der **Trennfaktor *α*** ist der Quotient der Retentionsfaktoren zweier benachbarter Peaks. Definitionsgemäß wird die stärker retardierte Komponente mit dem Index 2 versehen: Damit ist α größer oder gleich 1. Bei $\alpha = 1$ überlagern sich die Peaks zweier Analyten.

Die **Auflösung R_S** berechnet man für zwei benachbarte Analyten 1 und 2 aus dem Abstand der Peakmaxima $t_{R1} - t_{R2}$ sowie dem Mittelwert der Peakbreiten $(w_{b2} + w_{b1})/2$ nach nebenstehender Größengleichung.

Alternativ kann die Auflösung R_S auch aus den Peakbreiten auf halber Peakhöhe w_h berechnet werden.

Für viele Anwendungen genügt eine Auflösung von $R_S = 1$. Aber erst mit der Auflösung 1,5 sind zwei Peaks basisliniengetrennt (Bild 1, Seite 240).

Trennfaktor (Selektivitätsfaktor)

$$\alpha = \frac{k_2}{k_1} = \frac{t'_{R2}}{t'_{R1}} = \frac{t_{R2} - t_M}{t_{R1} - t_M}$$

Auflösung

$$R_S = 2 \cdot \frac{(t_{R2} - t_{R1})}{w_{b2} + w_{b1}}$$

$$R_S = 1{,}177 \cdot \frac{(t_{R2} - t_{R1})}{w_{h2} + w_{h1}}$$

Beispiel 1: Ermitteln Sie aus dem Chromatogramm in Bild 2, Seite 240 die Auflösung R_s der beiden Peaks und den Trennfaktor α.

Lösung: $\mathbf{R_S} = \frac{2 \cdot (t_{R2} - t_{R1})}{w_{b2} + w_{b1}} = \frac{2 \cdot (5{,}0 - 2{,}75)\ \text{min}}{(1{,}35 + 1{,}1)\ \text{min}} \approx \mathbf{1{,}8}$; $\boldsymbol{\alpha} = \frac{k_2}{k_1} = \frac{4{,}88}{2{,}24} \approx \mathbf{2{,}2}$

Die **Bodenhöhe *H*** einer chromatografischen Trennsäule, auch **HETP** genannt (von englisch: **h**eight **e**quivalent to a **t**heoretical **p**late), bezeichnet die Höhe einer Trennsäulenfüllung, die einem theoretischen Boden entspricht. Die Berechnung mit Böden geht von der theoretischen Annahme aus, als sei eine chromatografische Säule aus vielen eng aneinander liegenden schmalen Schichten aufgebaut, die man theoretische Böden nennt.

Auf diesen Böden finden, vergleichbar den Böden einer Rektifikationskolonne, ständig Austauschvorgänge der Probe zwischen der stationären und der mobilen Phase statt, die zu einem „Gleichgewichtszustand" führen. Ein tatsächliches Gleichgewicht kann sich allerdings wegen der ständigen Fließbewegung der mobilen Phase und der Analyten nicht einstellen.

Die **Bodenzahl *N*** (auch Trennstufenzahl genannt) gibt die Anzahl der theoretischen Böden einer Chromatografiesäule an. Sie kann mit einer empirischen Gleichung aus den Retentionszeiten t_R und den Peakbreiten w_b bzw. den Retentionszeiten t_R und den Peakbreiten auf halber Höhe w_h mit den nebenstehenden Gleichungen ermittelt werden.

Die **Bodenhöhe *H*** und die **Bodenzahl *N*** sind über die Länge der Säule L nach nebenstehender Gleichung miteinander verknüpft.

Bodenzahl (Trennstufenzahl)

$$N = 16 \cdot \left(\frac{t_R}{w_b}\right)^2$$

$$N = 5{,}545 \cdot \left(\frac{t_R}{w_h}\right)^2$$

Bodenhöhe

$$H = \text{HETP} = \frac{L}{N}$$

Die Effizienz (Trennwirkung) einer Säule nimmt mit steigender Bodenzahl N und abnehmender Bodenhöhe H zu: Je größer die Zahl der theoretischen Böden, desto mehr Gleichgewichtseinstellungen sind während der Wanderung entlang der Trennstrecke möglich und desto größer ist die Trennleistung.

GC-Säulen von 1 m bis 3 m Länge haben 500 bis 2000 Trennstufen (Böden). Ihre Bodenhöhe HETP beträgt 1 bis 6 mm. Kapillarsäulen von 0,1 mm Innendurchmesser und 25 m Länge haben 30 000 bis 100 000 Böden. Die Bodenhöhe HETP beträgt 0,2 bis 0,6 mm.

HPLC-Säulen übertreffen in ihrer Leistungsfähigkeit die GC-Säulen deutlich: Eine HPLC-Kieselgel-Säule mit 10 µm-Partikeln und 25 cm Länge hat eine Bodenzahl von 2500 bis 5000. Die Bodenhöhe HETP beträgt ca. 0,05 bis 0,1 mm.

Beispiel: Das Gaschromatogramm eines Zweistoffgemisches (**Bild 1**) wurde mit einer GC-Säule von 25 m Länge und einem Totzeitmarker aufgenommen. Wie groß sind folgende Kenngrößen:

a) die mittlere Strömungsgeschwindigkeit des Trägergases;
b) die Auflösung zwischen den beiden Komponentenpeaks;
c) der Trennfaktor zwischen den beiden Analyten;
d) die Trennstufenzahl, bezogen auf den Peak von Komponente B;
e) die Bodenhöhe bezogen auf den Peak der Komponente B?

Lösung: Mit $t_M = 1{,}8$ min und $L = 25$ m folgt:

a) $\bar{\boldsymbol{u}} = \frac{L}{t_M} = \frac{25\,\text{m}}{1{,}8\,\text{min}} = \frac{25 \cdot 10^2\,\text{cm}}{1{,}8 \cdot 60\,\text{s}} \approx \mathbf{23\ cm/s}$

b) $\boldsymbol{R_S} = \frac{2 \cdot (t_{RB} - t_{RA})}{w_{bB} + w_{bA}} = \frac{2 \cdot (4{,}3 - 3{,}4) \cdot 60\,\text{s}}{(7{,}91 + 4{,}82)\,\text{s}} \approx \mathbf{8{,}5}$

c) $\boldsymbol{\alpha} = \frac{t_{RB} - t_M}{t_{RA} - t_M} = \frac{(4{,}3 - 1{,}8)\,\text{min}}{(3{,}4 - 1{,}8)\,\text{min}} \approx \mathbf{1{,}6}$

d) $\boldsymbol{N} = 16 \cdot \left(\frac{t_{RB}}{w_{bB}}\right)^2 = 16 \cdot \left(\frac{4{,}3 \cdot 60\,\text{s}}{7{,}92\,\text{s}}\right)^2 = 16978{,}8 \approx \mathbf{17 \cdot 10^3}$

e) $\boldsymbol{H} = \frac{L}{N} = \frac{25\,\text{m}}{16978{,}8} \approx \mathbf{0{,}15\ cm}$

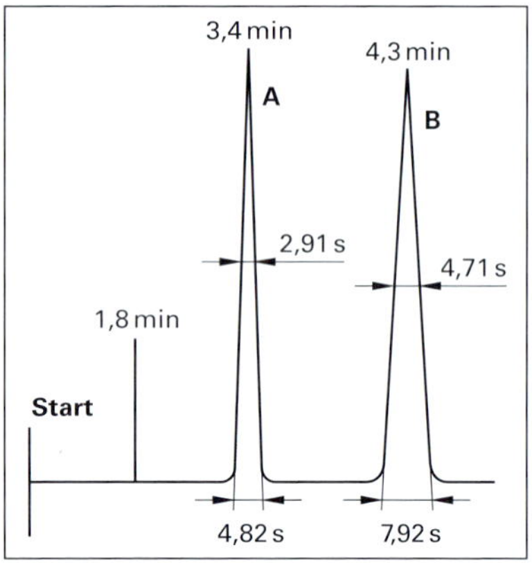

Bild 1: Chromatogramm (Beispiel)

7.5.5 Auswertung säulenchromatografischer Analysen

Chromatografische Analysegeräte liefern ein elektrisches Signal, das mit dem Analytgehalt verknüpft ist. Den exakten Zusammenhang zwischen beiden Größen liefert die **Kalibrierung**.

Je nach Anforderungen an die Richtigkeit, die Präzision und die Effektivität chromatografischer Messungen sind zur **quantitativen** Auswertung von Chromatogrammen mehrere Kalibriermethoden gebräuchlich.

Im Folgenden werden die 100% - Methode und die Methode des externen Standards beschrieben.

7.5.5.1 Auswertung eines Chromatogramms mit der 100% - Methode

Sind bei einer chromatografischen Analyse alle Komponenten einer injizierten Probe erfasst, so kann der Anteil einer Komponenten-Peakfläche an der Gesamtfläche aller Peaks mit dem Anteil dieser Komponente in der Probe gleichgesetzt und mit nebenstehender Größengleichung berechnet werden.

Analyt-Massenanteil ähnlicher Substanzen nach der 100% - Methode

$$w(X) = \frac{A(X)}{A_{ges}} = \frac{A(X)}{A(X) + A(Y) + ...}$$

Voraussetzung dafür ist, dass die Detektorempfindlichkeit aller Komponenten gleich ist. Dies ist beispielsweise der Fall bei Mischungen von Isomeren oder Kohlenwasserstoffen (z. B. Pentan und Hexan) und der Verwendung eines Flammenionisationsdetektors FID.

Beispiel: In einem Gemisch aus Stickstoff und Kohlenstoffmonoxid soll der Massenanteil w(CO) durch eine gaschromatografische Analyse bestimmt werden. Im Chromatogramm wurden folgende Peakflächen ermittelt: Stickstoff: 251 459 counts, Kohlenstoffmonoxid: 16 486 counts.

Berechnen Sie die Massenanteile der beiden Proben-Komponenten nach der 100% - Methode.

Lösung: Gesamtfläche: $A_{ges} = A(N_2) + A(CO) = 251\,459\text{ C} + 16\,486\text{ C} = 267\,945\text{ C} = 100\ \%$

$$\boldsymbol{w(N_2)} = \frac{A(N_2)}{A_{ges}} = \frac{251\,459\text{ C}}{267\,945\text{ C}} = 0{,}9385 \approx \mathbf{93{,}8\ \%}; \quad \boldsymbol{w(CO)} = \frac{A(CO)}{A_{ges}} = \frac{16\,486\text{ C}}{267\,945\text{ C}} = 0{,}0615 \approx \mathbf{6{,}2\ \%}$$

Für quantitative chromatografische Analysen chemisch sehr unterschiedlicher Analyten sind in der Regel Kalibrierfaktoren, auch **Responsefaktoren *f*** genannt, zu verwenden. Sie berücksichtigen die unterschiedliche Empfindlichkeit des Detektors auf die Analyten. Auf ihre Berechnung wird hier nicht eingegangen.

7.5.5.2 Auswertung eines Chromatogramms mit externem Standard

Bei der Methode des externen Standards werden durch Einwiegen der Analyt-Reinsubstanz und Auffüllen im Messkolben Standardlösungen (Kalibrierlösungen) unterschiedlicher Massenkonzentration β(Analyt) oder Massenanteile w(Analyt) angesetzt. Diese Kalibrierlösungen sollten möglichst alle Begleitsubstanzen des Analyten enthalten, die in der Probelösung zu erwarten sind. Diese Begleitkomponenten, als *Probenmatrix* bezeichnet, können das Analysenergebnis beeinflussen.

Dann werden die Kalibrierlösungen **(Bild 1a)** und die Probelösung **(Bild 1b)** bei konstanten Analysenbedingungen chromatografiert. Im Chromatogramm können im Gegensatz zur 100% - Methode zusätzliche Peaks auftreten (Bild 1b), ohne das Ergebnis zu beeinflussen.

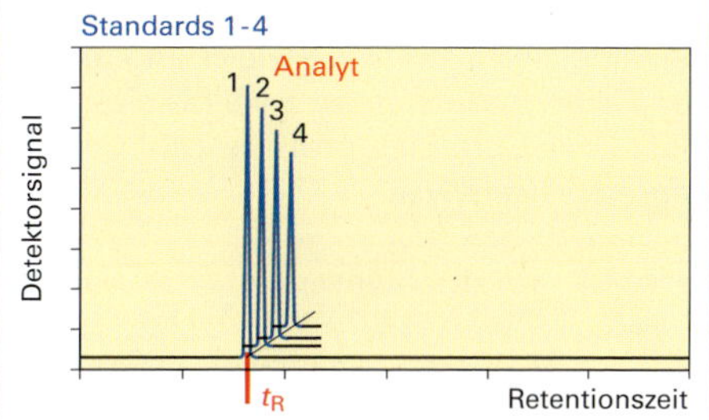

a) Kalibrier-Chromatogramme (4 Analytkonzentrationen) als Einpunkt- oder Mehrpunktkalibrierung

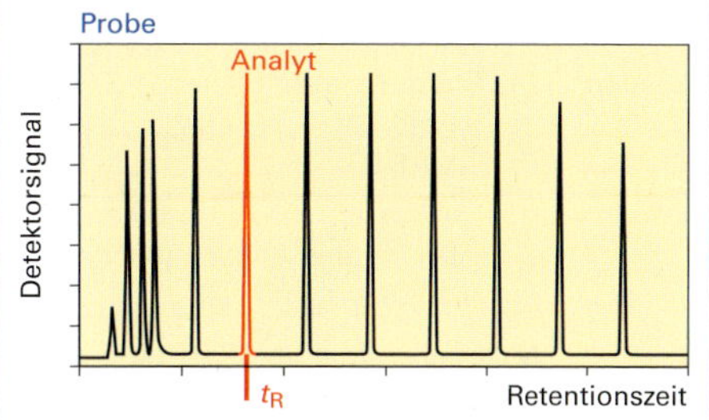

b) Probe-Chromatogramm mit Analytpeak

Bild 1: Prinzip der Auswertung eines Chromatogramms mit externem Standard

Methode der Einpunktkalibrierung

Wenn lineare Abhängigkeit von Peakfläche bzw. Peakhöhe und Massenanteil bzw. Massenkonzentration durch Kalibrierung *gesichert ist* und die Kalibriergerade durch den Ursprung verläuft, ergibt sich der Analyt-Gehalt durch **Einpunktkalibrierung** mit dem Analyt-Standard STD.

Für den Standard STD und den Analyten X gilt:

$\beta(STD) \sim A(STD), \quad \beta(X) \sim A(X).$

Werden beide Proportionen gleichgesetzt:

$$\frac{\beta(X)}{A(X)} = \frac{\beta(STD)}{A(STD)} \left(\text{entsprechend gilt: } \frac{\beta(X)}{h(X)} = \frac{\beta(STD)}{h(STD)}\right)$$

erhält man nebenstehende Größengleichung zur Berechnung der Analytkonzentration aus der Einpunktkalibrierung mit externem Standard.

Massenkonzentration aus Peakflächen/ Peakhöhen (Ursprungs-Kalibriergerade)

$$\beta(X) = \frac{A(X) \cdot \beta(STD)}{A(STD)}; \quad \beta(X) = \frac{h(X) \cdot \beta(STD)}{h(STD)}$$

Trägt man im *x*-*y*-Diagramm die Peakflächen des Kalibrierlaufs gegen die Massenkonzentration des Analyten auf, so lautet die allgemeine Funktionsgleichung für die Kalibriergerade: $y = m \cdot x$
Mit der Peakfläche *A*(STD) bzw. *h*(STD) und der Konzentration β(STD) erhält man: $A(\text{STD}) = m \cdot \beta(\text{STD})$.
Aus der ermittelten Analyt-Peakfläche *A*(X) des Analysenlaufs kann mit Hilfe der Kalibriergeradengleichung der Analytgehalt β(X) der Probe grafisch oder rechnerisch ermittelt werden.

Beispiel: Zur gaschromatografischen Bestimmung eines Amins wurden nacheinander 5,0 µL Probe und 5,0 µL Kalibrierlösung der Konzentration β(Amin) = 7,50 µg/mL injiziert. Es wurden gemessen:

Proben-Peakfläche *A*(X) = 2300 counts, Kalibrier-Peakfläche *A*(STD) = 2850 counts.

Welche Massenkonzentration β(Amin) hat die Probe?

Lösung: a) Berechnung mit der Größengleichung:

$$\boldsymbol{\beta(X)} = \frac{A(X) \cdot \beta(\text{STD})}{A(\text{STD})} = \frac{2300\,\text{C} \cdot 7{,}50\,\mu\text{g/mL}}{2850\,\text{C}} \approx \mathbf{6{,}05\,\frac{\mu g}{mL}}$$

b) Berechnung mit der Funktionsgleichung $y = m \cdot x$:

$$y = m \cdot x \;\Rightarrow\; A = m \cdot \beta \;\Rightarrow\; m = \frac{A}{\beta}$$

Steigung *m* aus dem Kalibrierlauf:

$$m = \frac{A(\text{STD})}{\beta(\text{STD})} = \frac{2850\,\text{C}}{7{,}50\,\mu\text{g/mL}} = 380\,\frac{\text{C}}{\mu\text{g/mL}}$$

Analytgehalt aus der Analyt-Peakfläche und der Steigung:

$$\boldsymbol{\beta(\text{Amin})} = \frac{A(\text{Amin})}{m} = \frac{2300\,\text{C} \cdot \mu\text{g/mL}}{380\,\text{C}} \approx \mathbf{6{,}05\,\mu g/mL}$$

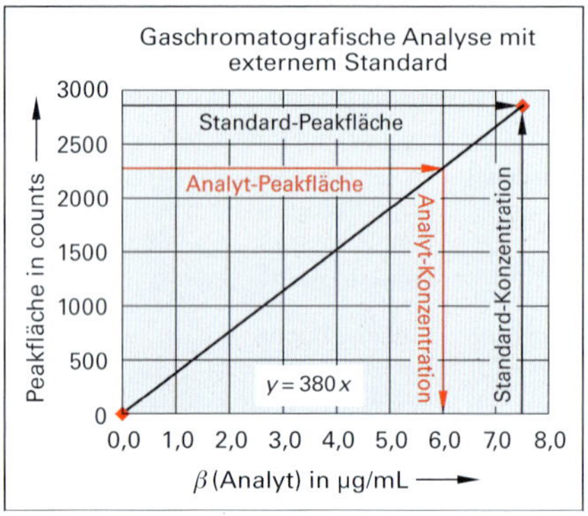

Bild 1: Kalibrierdiagramm einer Einpunktkalibrierung (Beispiel)

Methode der Mehrpunktkalibrierung

Wenn bei einer chromatografischen Analyse von Linearität zwischen Peakfläche und Massenanteil bzw. Massenkonzentration auszugehen ist, die Kalibriergerade aber nicht als Ursprungsgerade verläuft, so erfolgt die Auswertung über die allgemeine Geradengleichung $y = m \cdot x + b$. Mit den entsprechenden Größen eingesetzt, lautet die Gleichung für den Analyt X: $A(X) = m \cdot \beta(X) + b$
Zur Kalibrierung werden zwei bis sieben unterschiedliche Kalibrierlösungen angesetzt und gleiche Volumina analysiert. Eine größere Zahl von Kalibrierpunkten bietet ein höheres Maß an Genauigkeit bei der Regressionsanalyse.

Beispiel: Zur gaschromatografischen Bestimmung einer Probe wurde zwei Kalibrierlösungen Kal1 und Kal2 hergestellt und analysiert. Mit zwei exakt gleichen Einspritzvolumina erhielt man folgende Daten:

- Analyt-Konzentration β_{K1} = 1,75 mg/100 mL, Peakfläche A_{K1} = 22 486 counts
- Analyt-Konzentration β_{K2} = 6,50 mg/100 mL, Peakfläche A_{K2} = 47 932 counts

Von der zu analysierenden Substanz wurden 150 mg gelöst, zu 1000 mL aufgefüllt und bei gleichen Bedingungen das gleiche Volumen dieser Lösung wie beim Kalibrierlauf injiziert. Die erhaltene Peakfläche beträgt 37 105 counts. Welchen Massenanteil *w*(Analyt) hat die Probe?

Lösung: Die Steigung *m* folgt aus: $A(\text{STD}) = m \cdot \beta(\text{STD}) + b$

$$m = \frac{\Delta A(\text{STD})}{\Delta \beta(\text{STD})} = \frac{(47\,932 - 22\,486)\,\text{C}}{(6{,}50 - 1{,}75)\,\frac{\text{mg}}{100\,\text{mL}}} = 5357{,}1\,\frac{\text{C} \cdot 100\,\text{mL}}{\text{mg}}$$

Berechnung des Achsenabschnitts *b* aus:
$b = A(\text{STD}) - m \cdot \beta(\text{STD})$

Mit den Werten von Kal2 eingesetzt folgt:
$b = 47\,932\,\text{C} - 5357{,}1\,\text{C} \cdot 100\,\text{mL/mg} \cdot 6{,}50\,\text{mg}/100\,\text{mL} = 13\,111\,\text{C}$

Berechnung der Masse an Analyt X:

$$\beta(X) = \frac{A(X) - b}{m} = \frac{(37105 - 13111)\,\text{C}}{5357{,}1\,\text{C} \cdot 100\,\text{mL/mg}}$$

$= 4{,}479$ mg/100 mL

Probenmasse (Einwaage):
150 mg/1000 mL ≙ 15,0 mg/100 mL

$$\boldsymbol{w(\text{Analyt})} = \frac{m(\text{Analyt})}{m(\text{Probe})} = \frac{4{,}479\,\text{mg}}{15{,}0\,\text{mg}} \approx \mathbf{29{,}9\,\%}$$

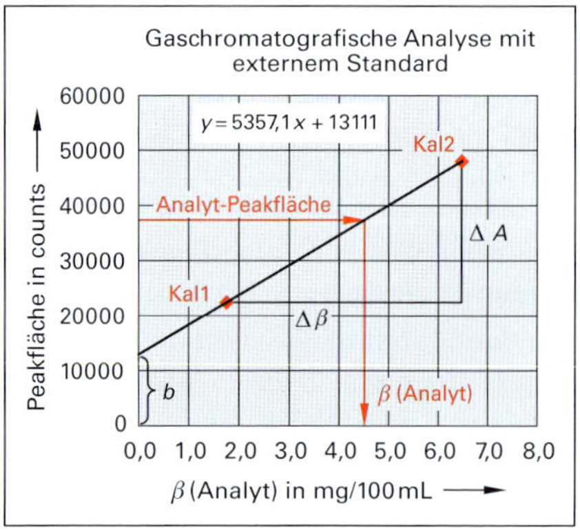

Bild 2: Kalibrierdiagramm einer Zweipunktkalibrierung (Beispiel)

Bei mehr als zwei Kalibriermessungen kann eine chromatografische Bestimmung grafisch durch ein Kalibrierdiagramm oder mit Hilfe der Ausgleichsgeraden ausgewertet werden. Die rechnerische Auswertung erfolgt über die Regressionsanalyse und die Funktionsgleichung der Ausgleichsgeraden.

Die Lösung ist analog wie beim Beispiel zur fotometrischen Eisenbestimmung auf Seite 229.

Aufgaben zur Chromatografie

1. Ein Reaktionsgemisch aus 2 Edukten A und B wird nach Reaktionsende mittels Dünnschichtchromatografie DC auf die Zusammensetzung untersucht. Die Substanzaufgabe der reinen Edukte A/B sowie des Gemischs am Reaktionsende erfolgte zweifach.

   Es wurde nebenstehendes Chromatogramm erhalten **(Bild 1)**.

   a) Wie ist das Gemisch nach Reaktionsende zusammengesetzt? Aus wie vielen Komponenten besteht das Produkt?

   b) Bestimmen Sie die Retentionsfaktoren der Stoffe.

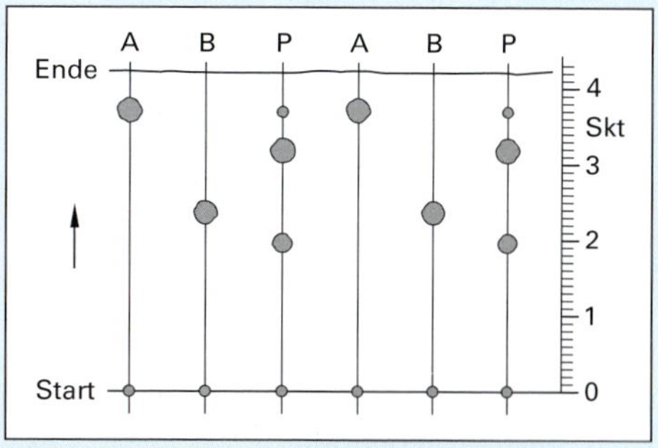

Bild 1: DC-Chromatogramm zu Aufgabe 1

2. In einer 30,0 cm langen HPLC-Säule ergaben sich für zwei Lebensmittelfarbstoffe A und B die Retentionszeiten 16,40 min und 17,63 min. Eine nicht retardierte Substanz durchströmte die Säule in 1,30 min. Die Basispeakbreiten der Analyten betrugen w_{bA} = 1,11 min und w_{bB} = 1,21 min. Berechnen Sie: a) die Auflösung der Säule, b) die durchschnittliche Bodenzahl c) die Bodenhöhe.

3. Das Chromatogramm eines Zweikomponentengemisches in **Bild 2** wurde mit einer HPLC-Säule von 14,5 cm Länge aufgenommen.

   Die Zuleitung vom Injektor zur Säule beträgt 32 mm, die Ableitung von der Säule zum Detektor 27 mm. Der Probe aus zwei Analyten A und B wurde ein Totzeitmarker zugemischt. Wie groß sind:

   a) die Nettoretentionszeit der Komponente 1 (A);

   b) der Retentionsfaktor für Komponente 2 (B);

   c) die Auflösung zwischen den Peaks 2 und 3;

   d) der Trennfaktor (Selektivitätskoeffizient α) zwischen den Peaks 2 und 3;

   e) die Trennstufenzahl bezogen auf Komponente B;

   f) die Bodenhöhe bezogen auf die Komponente B;

   g) die mittlere lineare Strömungsgeschwindigkeit der mobilen Phase;

   h) die Peakflächen der Komponenten A und B?

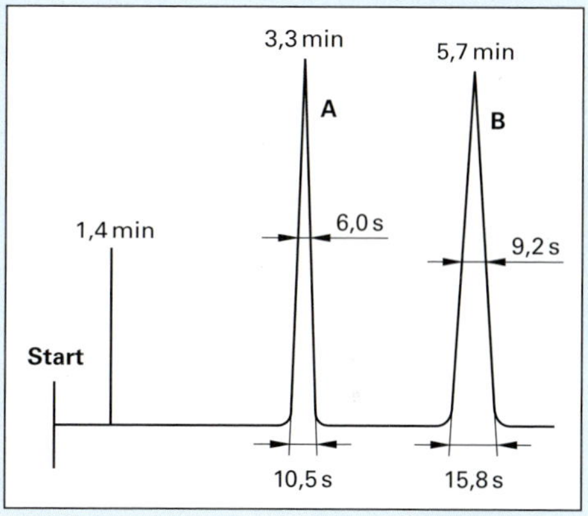

Bild 2: HPLC-Chromatogramm zu Aufgabe 3

4. In einem Gemisch aus Sauerstoff und Kohlenstoffdioxid soll der Massenanteil $w(CO_2)$ durch eine gaschromatografische Analyse bestimmt werden. Im Chromatogramm wurden folgende Peakflächen ermittelt: Sauerstoff: 363 489 counts, Kohlenstoffdioxid: 22 598 counts.

   Berechnen Sie die Massenanteile der beiden Proben-Komponenten nach der 100%-Methode.

5. Zur gaschromatografischen Bestimmung von Thiophenol in einer Probe wurden zwei Kalibrierlösungen Kal1 und Kal2 hergestellt und unter definierten, konstanten Bedingungen analysiert. Zwei exakt gleich große Einspritzvolumina lieferten folgende Daten:

   - Analyt-Konzentration β_{Kal1} = 1,25 mg/100 mL, Peakfläche A_{Kal1} = 12 487 counts
   - Analyt-Konzentration β_{Kal2} = 5,05 mg/100 mL, Peakfläche A_{Kal2} = 37 334 counts

   100 mg der Probesubstanz wurden gelöst und zu 1000 mL aufgefüllt. Von dieser Probelösung wurde bei gleichen Bedingungen das gleiche Volumen wie beim Kalibrierlauf injiziert. Die erhaltene Peakfläche beträgt 27 153 counts. Wie groß ist der Massenanteil w(Thiophenol) in der Probe?

6. Zur gaschromatografischen Bestimmung von Xylol in einem Lösemittelgemisch wurden nacheinander 5,00 µL Probe und 5,00 µL Kalibrierlösung der Konzentration β(Xylol) = 4,50 µg/mL in den Gaschromatografen injiziert. Linearität der Werte im Arbeitsbereich kann vorausgesetzt werden. Für die Probe wurde eine Peakfläche von 3540 counts, für die Kalibrierlösung eine Peakfläche von 3870 counts ermittelt. Welche Massenkonzentration β(Xylol) hat die untersuchte Probe?
7. In **Bild 1** ist das Gaschromatogramm eines Kohlenwasserstoff-Gemisches aus Propan, n-Butan, n-Pentan und n-Hexan dargestellt.
   a) Bestimmen Sie die Retentionszeiten für die 4 Komponenten und ordnen Sie die Peaks den Komponenten zu.
   b) Bestimmen Sie manuell die Peakflächen der 4 Analyten.
   c) Ermitteln Sie die Massenanteile der 4 Analyten nach der 100%-Methode.
   d) Berechnen Sie den Trennfaktor α für die beiden ersten Peaks und die beiden letzten Peaks.

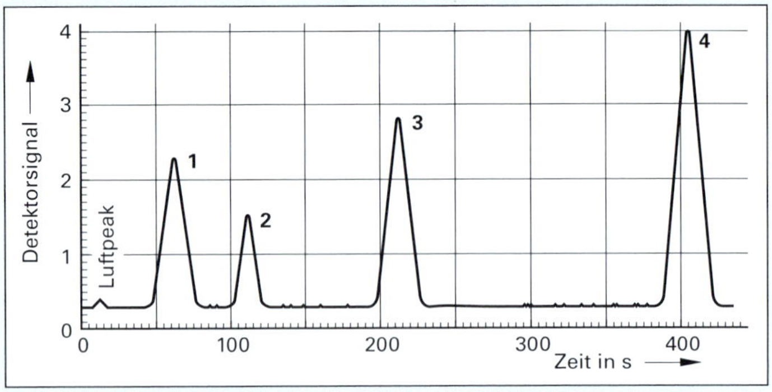

Bild 1: Gaschromatografische Analyse von 4 Alkanen (Aufgabe 7)

8. Die gaschromatografische Untersuchung eines Obstbranntweins mit einem Volumenanteil an Nichtwasser-Komponenten von φ = 42,00 % ergibt nebenstehendes Chromatogramm **(Bild 2)**. Es liegt eine Komponententafel mit Kalibrierdaten vor **(Tabelle 1)**.

Tabelle 1: Komponententafel mit Kalibrierdaten für den Obstbranntwein von Bild 2

t_R min	h_K Skt	φ_K mL/L	Komponente	Nr.
2,2	4,73	0,841	Acetaldehyd	1
3,2	0,82	1,274	Isobutyraldehyd	2
4,0	5,20	0,692	Ethylacetat	3
4,3	3,86	2,018	Methanol	4
5,2			Ethanol	5
8,1	3,27	1,347	2-Butanol	6
8,8	4,69	1,513	n-Propanol	7

   a) Bezeichnen Sie die Peaks mit den entsprechenden Substanznamen.
   b) Ermitteln Sie die Komponenten-Volumenanteile.

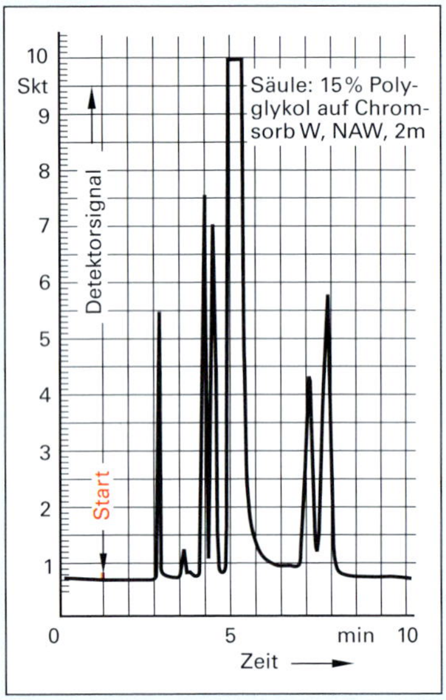

Bild 2: Chromatogramm eines Obstbranntweins (Aufgabe 8)

9. Zur quantitativen gaschromatografischen Bestimmung von Glyoxal (Ethandial) nach der Methode des externen Standards wurden 5 Kalibrierlösungen (K1 bis K5) unterschiedlicher Analyt-Konzentration hergestellt. Die Kalibrierlösungen lieferten in den Kalibrierläufen folgende Peakflächen:

Massenanteil	**Peakfläche**	**Massenanteil**	**Peakfläche**
w_{K1} = 0,10	A_{K1} = 25 315 counts	w_{K4} = 0,25	A_{K4} = 63 139 counts
w_{K2} = 0,15	A_{K2} = 37 823 counts	w_{K5} = 0,30	A_{K5} = 75 027 counts
w_{K3} = 0,20	A_{K3} = 51 034 counts		

Die Probelösung ergab bei gleichen Analysebedingungen eine Peakfläche von 58 432 counts. Erstellen Sie ein Kalibrierdiagramm und werten Sie die Bestimmung aus. Alternativ: Verwenden Sie ein Tabellenkalkulationsprogramm. Berechnen Sie den Massenanteil w(Glyoxal) der Probe.

8 Berechnungen zur Elektrotechnik

8.1 Grundbegriffe der Elektrotechnik

Elektrische Ladung (charge)

Als Ladung bezeichnet man eine Anzahl von positiven oder negativen Elementarladungen. Die kleinste elektrische Ladung, die so genannte Elementarladung, beträgt $1{,}602 \cdot 10^{-19}$ C.

Das Formelzeichen der Ladung ist Q, ihre SI-Einheit ist ein Coulomb (1 C). Die Ladung von einem Coulomb[1)] entspricht der Ladungsmenge von $6{,}242 \cdot 10^{18}$ Elementarladungen. Weitere Einheiten der Ladung sind die Amperestunde A · h sowie die Amperesekunde A · s.

Elektrische Ladung
$6{,}242 \cdot 10^{18} \cdot 1{,}602 \cdot 10^{-19}\,\text{C} = 1\,\text{C}$
Einheitenzeichen der Ladung $1\,\text{C} = 1\,\text{A} \cdot \text{s} = 2{,}7 \cdot 10^{-4}\,\text{A} \cdot \text{h}$

Elektrische Spannung (voltage)

Zur Spannungserzeugung müssen Ladungen getrennt werden. Dazu stehen folgende Möglichkeiten zur Verfügung:

- Induktion (Generator),
- Druck (Piezoelement),
- Licht (Fotoelement),
- Reibung (Bandgenerator),
- Wärme (Thermoelement),
- chemische Wirkung (Akkumulator)

Bei allen Arten der Spannungserzeugung wird Trennarbeit W ($W = F \cdot s$) gegen die Anziehungskräfte zwischen den positiven und negativen Ladungen verrichtet **(Bild 1)**.

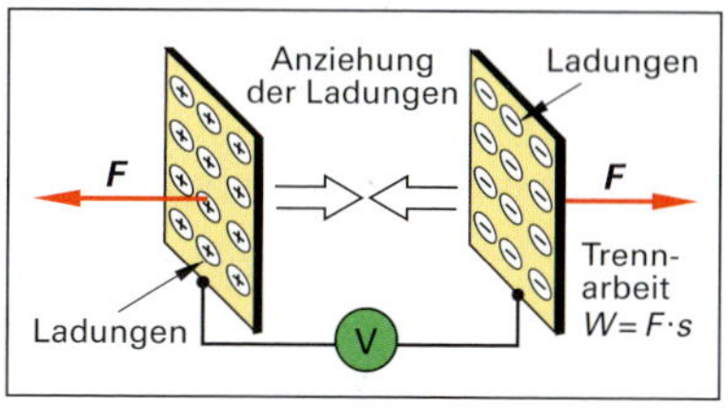

Bild 1: Spannungserzeugung

Je weiter die Ladungen voneinander getrennt werden, desto größer ist ihr Ausgleichsbestreben. Demzufolge steigt mit zunehmender Entfernung der Ladungsträger die Spannung.

Spannung
$\text{Spannung} = \dfrac{\text{Arbeit}}{\text{Ladung}}; \quad U = \dfrac{W}{Q}$

Die pro Ladungsmenge Q aufgebrachte Trennarbeit W heißt Spannung U. Die daraus abgeleitete SI-Einheit der Spannung ist Joule durch Coulomb, Einheitenzeichen J/C.

In der Elektrotechnik verwendet man üblicherweise die abgeleitete SI-Einheit der Spannung, das Volt[2)] (Einheitenzeichen V).

Beispiel: In einem elektrischen Feld wird eine Kugel mit der Ladung zwei Coulomb um 20 cm verschoben **(Bild 2)**. Hierzu ist eine Kraft von zwei Newton erforderlich. Wie groß ist die dadurch erzeugte Spannung?

Lösung: $U = \dfrac{W}{Q} = \dfrac{F \cdot s}{Q} = \dfrac{2\,\text{N} \cdot 0{,}20\,\text{m}}{2\,\text{C}} = 0{,}2\,\dfrac{\text{N} \cdot \text{m}}{\text{C}}$

mit $1\dfrac{\text{J}}{\text{C}} = 1\dfrac{\text{N} \cdot \text{m}}{\text{C}} = 1\,\text{V}$ folgt: $\mathbf{U = 0{,}2\,V}$

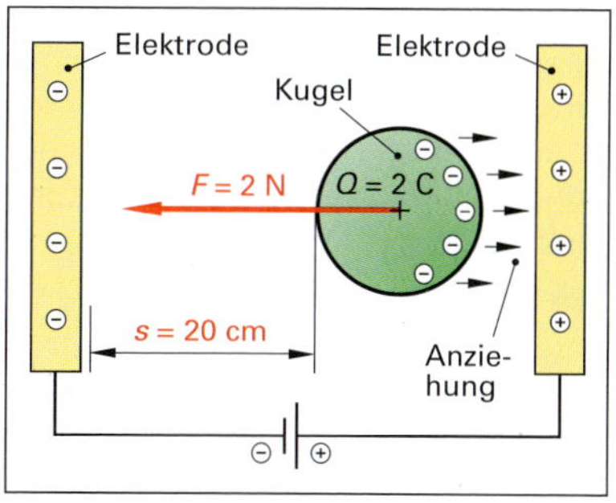

Bild 2: Ladungsverschiebung

Elektrischer Strom (current)

Unter elektrischem Strom wird die gerichtete Bewegung von Ladungen verstanden **(Bild 3)**. Die Ladungsträger können sowohl Elektronen (e) als auch Ionen (Kationen ⊕ oder Anionen ⊖) sein. Man unterscheidet daher einen Elektronenstrom (Leiter 1. Ordnung) sowie einen Ionenstrom (Leiter 2. Ordnung).

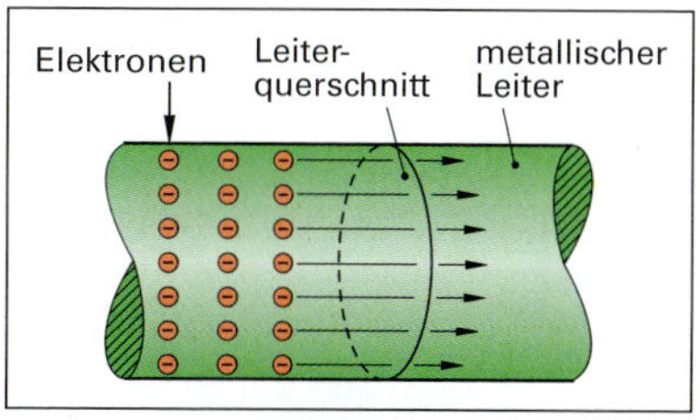

Bild 3: Elektronenstrom in einem metallischen Leiter

---

1) Charles Augustin de Coulomb, franz. Physiker, 1736 bis 1806
2) Alessandro Volta, ital. Physiker, 1745 bis 1827

Fließen Elektronen in einem metallischen Leiter, z. B. aus Aluminium oder Kupfer, so liegt ein Elektronenstrom vor (Bild 3, Seite 247). Durch den Ladungstransport tritt keine stoffliche Veränderung des Leiterwerkstoffes ein.

Der Ionenstrom in einem Elektrolyten, z. B. einer Salzlösung, besteht in der gerichteten Bewegung der Ionen in der leitenden Flüssigkeit **(Bild 1)**. Hierbei ist der Ladungstransport an einen Stofftransport gebunden. Der Elektrolyt verändert dabei seine Zusammensetzung.

In Nichtleitern (z. B. Glas, Keramik, Kunststoffe) kann kein Strom fließen, da keine frei beweglichen Elektronen vorhanden sind. Nichtleiter werden auch als Isolatoren verwendet, z. B. zur Ummantelung elektrischer Leiter.

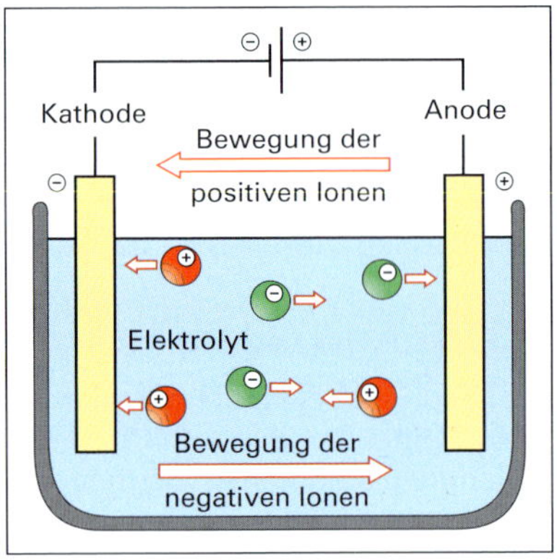

Bild 1: Ionenstrom in einem Elektrolyten

Stromstärke (amperage)

Die Stromstärke I ist ein Maß für die Größe eines Stroms. Sie ist eine Basisgröße, ihre SI-Einheit ist Ampere (A).

Die Stromstärke I gibt an, welche Ladungsmenge Q pro Zeiteinheit t durch einen Leiterquerschnitt fließt (Bild 3, Seite 247).

Bei einer Stromstärke von einem Ampere fließt durch den Leiterquerschnitt pro Sekunde eine Ladungsmenge von 1 C, das sind $6{,}242 \cdot 10^{18}$ Elektronen.

Stromstärke

$$\text{Stromstärke} = \frac{\text{Ladungsmenge}}{\text{Zeiteinheit}}$$

$$I = \frac{Q}{t}$$

Beispiel: Bei der Alkali-Chlorid-Elektrolyse nach dem Membranverfahren (Bild 3, Seite 251) beträgt die Stromstärke in den Kupferzuleitungen 20 kA. Welche Ladungsmenge fließt pro Minute?

Lösung: $I = \frac{Q}{t} \Rightarrow Q = I \cdot t = 20\ \text{kA} \cdot 1\ \text{min} = 20 \cdot 10^3\ \text{A} \cdot 60\ \text{s}$

$\boldsymbol{Q} \approx 1{,}2 \cdot 10^6\ \text{A} \cdot \text{s} = \mathbf{1{,}2 \cdot 10^6\ C}$

Elektrischer Stromkreis (circuit)

Ein elektrischer Strom kann nur in einem geschlossenen Stromkreis fließen. Ein einfacher elektrischer Stromkreis besteht aus der Spannungsquelle, dem Verbraucher, sowie der Hin- und Rückleitung **(Bild 2)**. Der Elektronenstrom fließt vom Minuspol der Spannungsquelle über den Verbraucher zum Pluspol. In der Spannungsquelle transportiert eine Elektronen bewegende Kraft die Elektronen wieder zum Minuspol.

Die technische Stromrichtung verläuft aus historischen Gründen entgegengesetzt zur Elektronenstromrichtung.

In einem metallischen Leiter erfolgt die gerichtete Bewegung der freien Elektronen (Elektronengas) nur mit ca. einem Millimeter in der Sekunde. Da sich die Elektronen jedoch im gesamten Stromkreis fast gleichzeitig in Bewegung setzen, pflanzt sich ihr Impuls praktisch mit Lichtgeschwindigkeit fort.

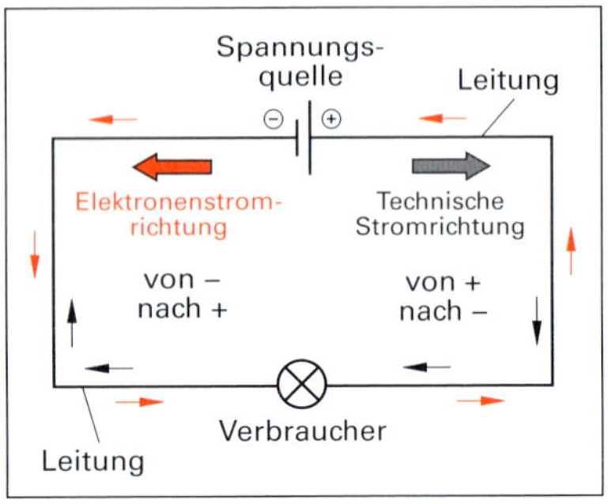

Bild 2: Elektrischer Stromkreis

Im Stromkreis fließt ein Gleichstrom (DC von **d**irect **c**urrent, Zeichen: –), wenn sich pro Sekunde die gleiche Anzahl von Elektronen in gleicher Richtung bewegen **(Bild 3)**. Fließen die Elektronen hingegen pro Sekunde mit unterschiedlicher Stärke gleich weit hin und zurück, so bezeichnet man diesen Strom als Wechselstrom (AC von **al**ternating **c**urrent, Zeichen: ~).

Im 230-V- und 400-V-Wechselstromkreis beträgt die Frequenz 50 Hertz. Die Elektronen wechseln demzufolge in einer Sekunde 50-mal ihre Fließrichtung.

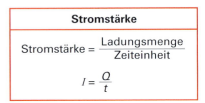

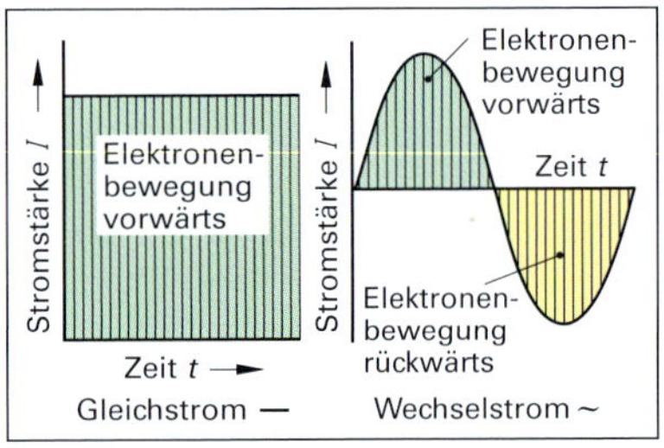

Bild 3: Stromarten

Aufgaben zu Grundbegriffen der Elektrotechnik

1. Beim Füllen eines Rührkessels mit Toluol **(Bild 1)** werden, zur Vermeidung der elektrostatischen Aufladung, über das Erdungskabel $3{,}5 \cdot 10^{13}$ Elektronen pro Minute abgeleitet. Wie groß ist die Stromstärke?
2. Durch eine Kontroll-Lampe am Steuerpult einer Zentrifuge fließt während des fünfzehn Minuten dauernden Zentrifugierens ein Strom von 0,20 A. Welche Ladungsmenge wird in dieser Zeit in der Kontroll-Lampe transportiert?
3. Wie viele Elektronen treffen pro Sekunde den Bildschirm eines Monitors in einer Prozessleitwarte, wenn die Stromstärke des Elektronenstrahls 3,0 mA beträgt?
4. Dem Blei-Akkumulator eines Gabelstaplers soll bei einem mittleren Ladestrom von 1,85 A eine elektrische Ladung von 88 Ah zugeführt werden. Wie lange dauert der Ladevorgang?
5. Zur Herstellung von Elektrolyt-Kupfer **(Bild 2)** wird über Stromschienen eine Ladungsmenge von $2{,}7 \cdot 10^6$ C pro Quadratmeter Elektrodenfläche in 2,5 Stunden einer Elektrolysezelle zugeführt. Wie groß ist die Stromstärke?
6. Bei der Schmelzflusselektrolyse von Magnesiumchlorid beträgt die Stromstärke 350 A. Nach welcher Zeit ist die Elektrizitätsmenge von 12 kC durch die Kupferzuleitungen geflossen?
7. In einem Kunststoff verarbeitenden Betrieb läuft eine Polyethylen-Folie von einem Meter Breite mit einer Geschwindigkeit von 360 m/min durch eine Maschine. Die Folie lädt sich dabei pro Quadratzentimeter um 10^{-7} C auf. Welcher Strom muss durch Sprühentladung abgenommen werden, um die Folie ladungsfrei zu machen?

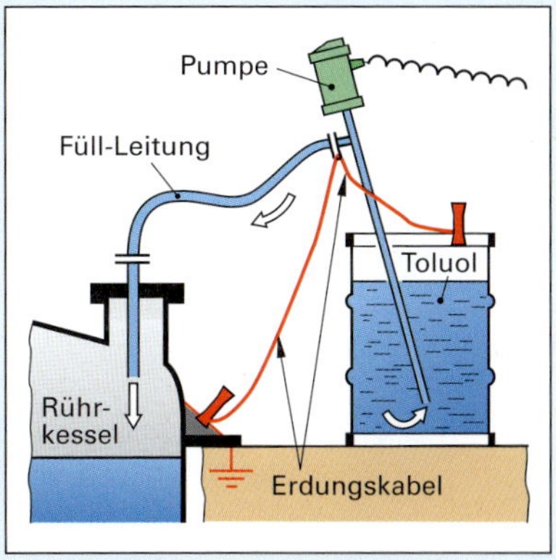

Bild 1: Erdung beim Umfüllen einer Flüssigkeit (Aufgabe 1)

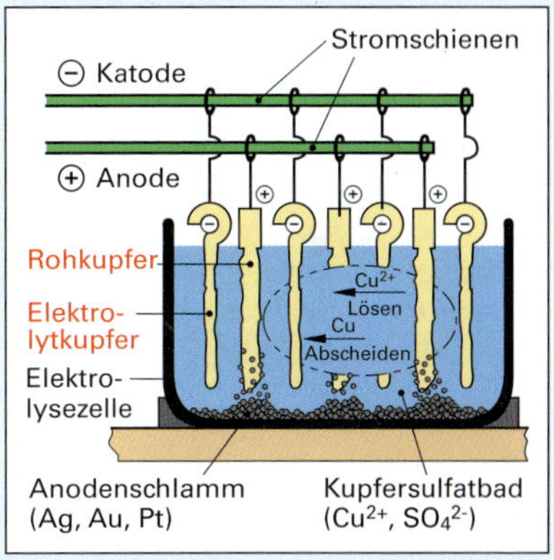

Bild 2: Herstellung von Elektrolytkupfer (Aufgabe 5)

8.2 Elektrischer Widerstand und Leitwert eines Leiters

Die gerichtete Bewegung der Elektronen in einem Leiter wird durch die ständigen Zusammenstöße der Elektronen mit den Atomrümpfen des Leiterwerkstoffs gehemmt **(Bild 3)**.

Jeder Leiter setzt dem elektrischen Strom demzufolge einen **Widerstand *R*** (resistance) entgegen. Er muss durch eine angelegte Spannung überwunden werden. Der elektrische Widerstand hat den Einheitennamen Ohm mit dem Einheitenzeichen Ω.

Der elektrische Widerstand R eines elektrischen Leiters ist umso größer,

- je größer die Leiterlänge l ist: $R \sim l$,
- je kleiner der Leiterquerschnitt A ist: $R \sim 1/A$,
- je größer der spezifische elektrische Widerstand ϱ des Leiterwerkstoffs ist: $R \sim \varrho$

Diese Abhängigkeiten lassen sich in der nebenstehenden Größengleichung für den **elektrischen Widerstand *R*** eines Leiterstücks zusammenfassen.

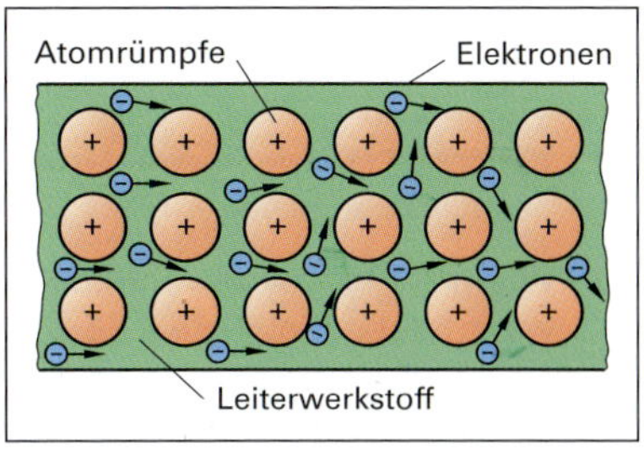

Bild 3: Verdeutlichung des Widerstands eines Leiters

Widerstand eines Leiters
$R = \dfrac{\varrho \cdot l}{A}$

Der Kennwert für den elektrischen Widerstand eines Werkstoffs ist der **spezifische elektrische Widerstand** ϱ. Sein Einheitenzeichen ist $(\Omega \cdot mm^2)/m$. Der spezifische Widerstand gibt an, welchen Widerstand (in Ohm) ein ein Meter langer Leiter mit einer Querschnittsfläche von einem Quadratmillimeter dem Strom entgegensetzt.

Silber, Kupfer und Aluminium sind gute elektrische Leiter. Stähle haben einen deutlich größeren elektrischen Widerstand **(Tabelle 1)**.

Tabelle 1: Spezifischer Widerstand ϱ (in $\frac{\Omega \cdot mm^2}{m}$) bei 20 °C

Leiterwerkstoff	ϱ	Leiterwerkstoff	ϱ
Silber	0,016	Platin	0,108
Kupfer	0,0178	Eisen	0,13
Aluminium	0,0278	Quecksilber	0,95
Wolfram	0,055	Konstantan	0,49

Beispiel: In einem Platin-Widerstandsthermometer (Pt 100) dient eine in Glas eingeschmolzene Platin-Wicklung als Messfühler (Bild 2, Seite 259). Der Platindraht des Messwiderstands ist 7,27 cm lang und hat einen Durchmesser von 0,01 mm. Wie groß ist der elektrische Widerstanq des Platindrahtes?

Lösung: $R = \frac{\varrho \cdot l}{A}$ mit $A = \frac{\pi}{4} \cdot d^2$ folgt:

$$\boldsymbol{R} = \frac{\varrho \cdot l \cdot 4}{\pi \cdot d^2} = \frac{0{,}108 \frac{\Omega \cdot mm^2}{m} \cdot 0{,}0727\,m \cdot 4}{\pi \cdot 0{,}0001\,mm^2} = 99{,}97\,\Omega \approx \mathbf{0{,}1\,k\Omega}$$

Leitwert (conductivity)

Der Widerstand eines Leiters ist ein Maß dafür, wie stark ein elektrischer Strom in seinem Fluss gehemmt wird. Ein Leiter mit einem kleinen Widerstand leitet den elektrischen Strom gut, er hat somit einen großen Leitwert. Ein großer Widerstand hat demzufolge einen kleinen Leitwert **(Bild 1)**.

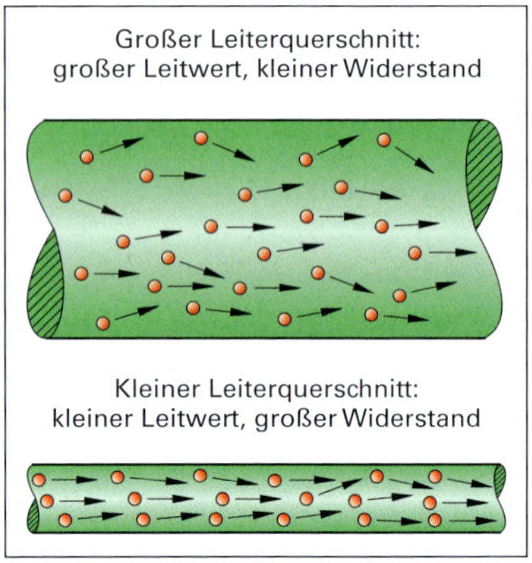
Großer Leiterquerschnitt:
großer Leitwert, kleiner Widerstand
Kleiner Leiterquerschnitt:
kleiner Leitwert, großer Widerstand

Bild 1: Zusammenhang zwischen Leiterquerschnitt sowie Widerstand und Leitwert

Der **Leitwert *G*** ist der Kehrwert des elektrischen Widerstands. Er ist ein Maß, wie gut der elektrische Strom geleitet wird. Der Einheitenname für den Leitwert ist das SIEMENS[1], Einheitenzeichen S.

Leitwert eines Leiters

$$G = \frac{1}{R} = \frac{A}{\varrho \cdot l}$$

$$[G] = \frac{1}{[R]} = \frac{1}{\Omega} = 1\,S$$

Beispiel: Wie groß ist der Leitwert eines Datenbusses in einer Prozessleitwarte, dessen Widerstand 550 mΩ beträgt?

Lösung: $\boldsymbol{G} = \frac{1}{R} = \frac{1}{550\,m\Omega} = \frac{1}{0{,}550\,\Omega} \approx \mathbf{1{,}82\,S}$

Aufgaben zum elektrischen Widerstand und zum Leitwert eines Leiters

1. Welchen Widerstand hat ein auf eine Rolle gewickelter 100 m langer Konstantandraht mit dem Drahtdurchmesser $d = 0{,}35$ mm im abgewickelten Zustand?
2. Welchen Leiterquerschnitt muss ein Sicherheits-Experimentierkabel mit Kupferleiter aufweisen, das bei einer Länge von 100 cm einen Widerstand von 7,12 mΩ haben darf?
3. Wie groß ist der Durchmesser eines 20 cm langen Platindrahtes in einem Kontaktthermometer, wenn sein Widerstand 2,75 Ω beträgt?
4. Eine bei der Alkalichlorid-Elektrolyse verwendete Stromsammelschiene aus Kupfer ist 14,0 m lang, 20,0 cm breit und 20,0 mm dick. Berechnen Sie den elektrischen Widerstand und den Leitwert der Stromsammelschiene.
5. Eine Aluminiumleitung mit einem Durchmesser von 2,0 mm soll durch eine Kupferleitung gleicher Länge ersetzt werden. Wie groß muss der Durchmesser der Kupferleitung sein, wenn der Widerstand konstant bleiben soll?

[1] WERNER VON SIEMENS, deutscher Ingenieur, 1816 bis 1892

8.3 OHM'sches Gesetz

Wird an einen Widerstand in einem geschlossenen Stromkreis eine Spannung angelegt, so fließt durch den Widerstand ein Strom **(Bild 1)**. Variiert man den elektrischen Widerstand R und die angelegte Spannung U, so erhält man Abhängigkeiten.

Die Stromstärke I ist umso größer,

- je größer die Spannung U ist: $I \sim U$,
- je kleiner der Widerstand R ist: $I \sim 1/R$.

Diese Abhängigkeiten ergeben das **OHM'sche Gesetz**[1] (OHM's law):

> In einem Stromkreis ist bei konstanter Temperatur die Stromstärke der Spannung direkt und zum Widerstand umgekehrt proportional.

Das OHM'sche Gesetz besagt: Die Spannung ein Volt treibt durch den Widerstand von einem Ohm den Strom von einem Ampere.

Umgeformt nach dem Widerstand R liefert es eine Definition für die Einheit des elektrischen Widerstands. Die abgeleitete SI-Einheit des elektrischen Widerstands ist Ohm. Einheitenzeichen Ω.

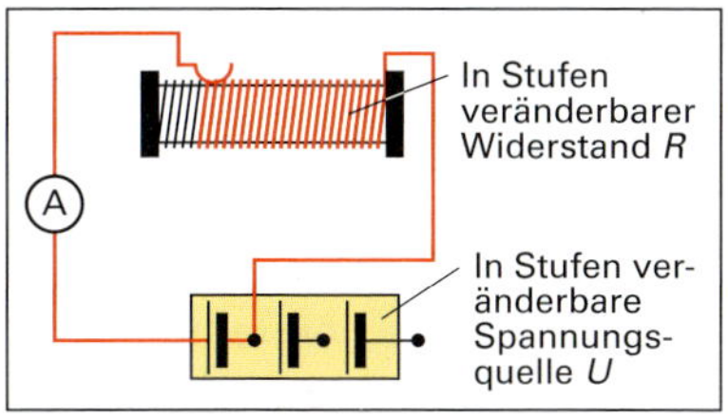

Bild 1: Versuchsanordnung

OHM'sches Gesetz

$$\text{Stromstärke} = \frac{\text{Spannung}}{\text{Widerstand}}; \quad I = \frac{U}{R}$$

$$[R] = \frac{[U]}{[I]} = \frac{V}{A} = \Omega$$

Beispiel: Wie groß muss die Hilfsspannung an einem Widerstandsthermometer Pt 100 sein, wenn der Messwiderstand 100 Ω beträgt und ein Strom von 3,0 mA fließt **(Bild 2)**?

Lösung: $U = R \cdot I = 100\,\Omega \cdot 3{,}0 \cdot 10^{-3}\,\text{A} = 100\,\frac{\text{V}}{\text{A}} \cdot 3{,}0 \cdot 10^{-3}\,\text{A} = \mathbf{0{,}30\,V}$

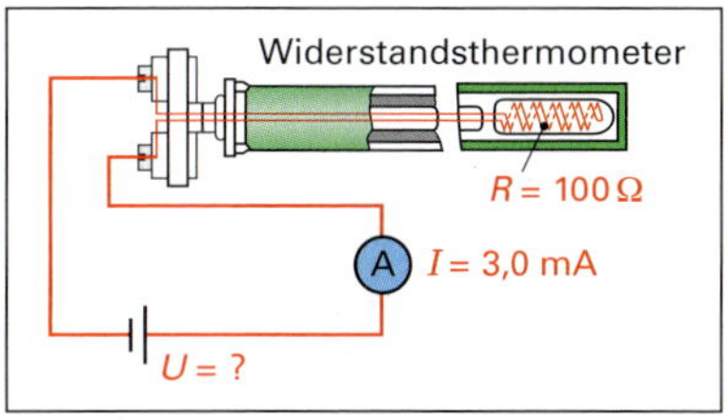

Bild 2: Widerstandsthermometer, Pt 100

Aufgaben zum OHM'schen Gesetz

1. Wie groß ist der Widerstand einer Alkalichlorid-Elektrolysezelle **(Bild 3)**, wenn bei einer Spannung von 3,3 V ein Strom von 11,7 kA fließt?
2. Ein Lastwiderstand von 200 Ω wird an eine Spannung von 230 V angeschlossen. Wie groß ist der im Stromkreis fließende Strom?
3. Der Messwiderstand eines Widerstandsthermometers vergrößert sich beim Erwärmen um 50 °C um 19 Ω. Wie ändert sich die Spannung, wenn ein konstanter Messstrom von 3,0 mA fließt?
4. Wie groß ist die Betriebsstromstärke einer Rohrbegleitheizung, wenn sie bei einer Spannung von 400 V einen Widerstand von 8,0 Ω hat?
5. Die Betriebsstromstärke einer Beleuchtungsanlage in einer Lagerhalle für organische Zwischenprodukte beträgt 8,0 A. An welche Betriebsspannung muss sie angeschlossen werden, wenn ihr Gesamtwiderstand 28 Ω beträgt?
6. Wie groß ist der Widerstand eines Trockenschranks **(Bild 4)** bei einer Betriebsstromstärke von 6,0 A und einer Betriebsspannung von 230 V?

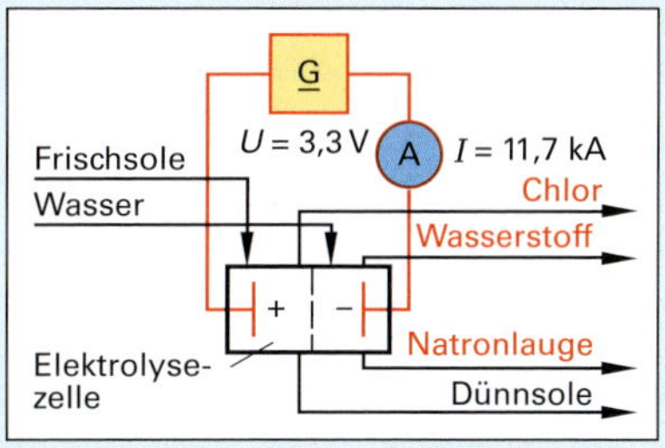

Bild 3: Membranzelle (Aufgabe 1)

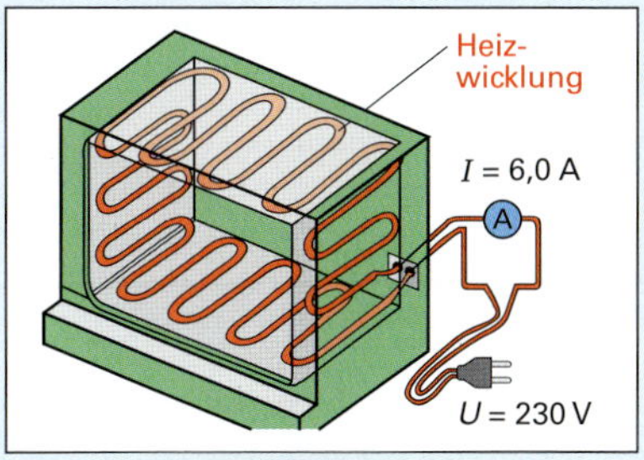

Bild 4: Trockenschrank (Aufgabe 6)

[1] GEORG SIMON OHM (1778–1854), deutscher Physiker und Mathematiklehrer

8.4 Reihenschaltung von Widerständen

Eine Reihenschaltung (series connection) von Widerständen liegt vor, wenn der Strom die einzelnen Widerstände nacheinander durchströmt **(Bild 1)**. Durch die parallel geschalteten Spannungsmesser in Bild 1 fließt wegen ihrer hohen Innenwiderstände nur ein geringer Strom, der vernachlässigt werden kann.

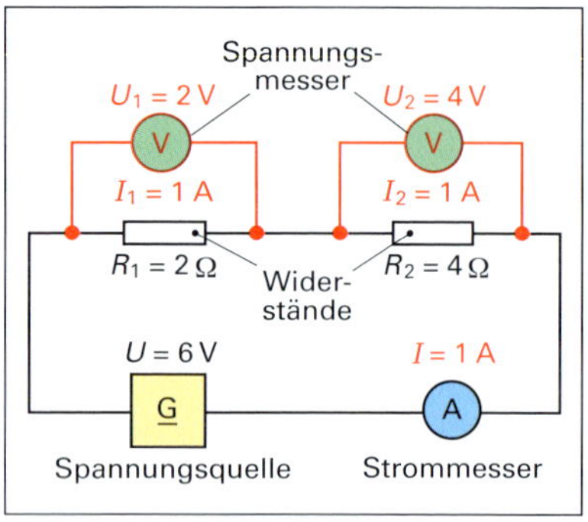

Bild 1: Reihenschaltung von Widerständen

Stromstärke bei Reihenschaltung

Da die Elektronen an keiner Stelle aus dem Stromkreis entweichen können und sich der Stromkeis nicht verzweigt, ist die Stromstärke in allen Widerständen und an jeder Stelle in den Leitern gleich (I = konst.). Dies gilt analog auch für galvanische Elemente, die zur Spannungserhöhung in Reihe geschaltet sind.

Beispiel: Bei einer Alkalichlorid-Elektrolyse sind in einem Stromkreis 156 Zellen in Reihe geschaltet. Die Stromstärke beträgt insgesamt 120 kA. Wie groß ist die Stromstärke zwischen den Zellen 86 und 87?

Lösung: $I_{ges} = I =$ **120 kA**
Die Stromstärke ist im gesamten Stromkreis 120 kA.

Stromstärke

$$I_{ges} = I_1 = I_2 = I_3 = \ldots = \text{konst.}$$

Gesamtwiderstand bei Reihenschaltung

Der Widerstand eines Drahtes ist von seiner Länge abhängig (Seite 249). Ein längeres Drahtstück kann man sich aus mehreren kurzen Drahtstücken zusammengesetzt denken. Jedes Teilstück hat einen Teilwiderstand, der seiner Teillänge entspricht. Der Gesamtwiderstand R_{ges} des ganzen Drahtes – er wird auch als Ersatzwiderstand bezeichnet – setzt sich aus der Summe dieser Teilwiderstände zusammen.

Diese Überlegungen gelten auch für n gleiche Widerstände, die in Reihe in einem Stromkreis angeordnet sind.

Gesamtwiderstand

$$R_{ges} = R_1 + R_2 + R_3 + \ldots$$

Für *n* gleiche Widerstände gilt:

$$R_{ges} = n \cdot R$$

Beispiel: Wie groß ist der Widerstand von 156 reihengeschalteten Alkalichlorid-Elektrolysezellen, wenn der Widerstand einer Zelle 50 µΩ beträgt?

Lösung: $R_{ges} = n \cdot R = 156 \cdot 50 \cdot 10^{-6}\,\Omega = 7800 \cdot 10^{-6}\,\Omega \approx \mathbf{7{,}8 \cdot 10^{-3}\,m\Omega}$

Gesamtspannung bei Reihenschaltung

Misst man die Teilspannungen an den einzelnen Widerständen (Bild 1), so stellt man fest, dass die Summe der Teilspannungen so groß ist, wie die Gesamtspannung U_{ges} der Spannungsquelle. Diese Gesetzmäßigkeit wird auch als **2. Kirchhoff'sche**[1] **Regel** bezeichnet.

Eine strömende Flüssigkeit erfährt an Hindernissen in einem Rohrnetz, insbesondere an Armaturen, einen Druckabfall. Analog hierzu wird der Spannungsverlust eines elektrischen Stroms an einem Widerstand auch als Spannungsabfall bezeichnet.

Gesamtspannung
2. Kirchhoff'sche Regel

$$U_{ges} = U_1 + U_2 + U_3 + \ldots$$

Für *n* gleich große Spannungsabfälle gilt:

$$U_{ges} = n \cdot U$$

Beispiel: Welche Gesamtspannung muss an 156 in Reihe geschalteten Alkalichlorid-Elektrolysezellen (Bild 3, Seite 251) mindestens anliegen, wenn der Spannungsabfall pro Zelle 4 V beträgt?

Lösung: $U_{ges} = n \cdot U = 156 \cdot 4\text{ V} = 624\text{ V} \approx$ **0,6 kV**

[1] Robert Gustav Kirchhoff (1824–1888), deutscher Physiker

Teilspannungen und Teilwiderstände bei Reihenschaltung von zwei Widerständen

Der Strom ist bei der Reihenschaltung von zwei Widerständen in den beiden Widerständen gleich groß: $I_1 = I_2$. Für die Ströme gilt nach dem OHM'schen Gesetz:

$I_1 = \frac{U_1}{R_1}$ und $I_2 = \frac{U_2}{R_2}$. Somit ist $\frac{U_1}{R_1} = \frac{U_2}{R_2}$

Die nach Umformen erhaltene Gleichung besagt: Bei der Reihenschaltung von zwei Widerständen verhalten sich die Teilspannungen wie die dazugehörigen Teilwiderstände.

Spannungsteilerregel

$$\frac{U_1}{U_2} = \frac{R_1}{R_2}$$

Beispiel: Zwei Widerstände, $R_1 = 5{,}0\ \Omega$ und $R_2 = 8{,}0\ \Omega$, sind in Reihe geschaltet **(Bild 1)**.

a) Wie groß ist der Spannungsabfall am Widerstand R_1, wenn er am Widerstand R_2 1,2 V beträgt?

b) Welchen Größenwert hat der Ersatzwiderstand?

c) Welche Stromstärke wird gemessen?

d) Wie groß ist die Gesamtspannung?

Lösung: a) $\frac{U_1}{U_2} = \frac{R_1}{R_2} \Rightarrow \boldsymbol{U_1} = \frac{R_1 \cdot U_1}{R_2} = \frac{5{,}0\ \Omega \cdot 1{,}2\ \text{V}}{8{,}0\ \Omega} = \mathbf{0{,}75\ V}$

b) $\boldsymbol{R_{ges}} = R_1 + R_2 = 5{,}0\ \Omega + 8{,}0\ \Omega = \mathbf{13{,}0\ \Omega}$

c) $\boldsymbol{I_1} = \frac{U_1}{R_1} = \frac{0{,}75\ \text{V}}{5{,}0\ \Omega} = \mathbf{0{,}15\ A}$; $I_1 = I_{ges} = 0{,}15$ A

d) $\boldsymbol{U_{ges}} = U_1 + U_2 = 1{,}2\ \text{V} + 0{,}75\ \text{V} = 1{,}95\ \text{V} \approx \mathbf{2{,}0\ V}$

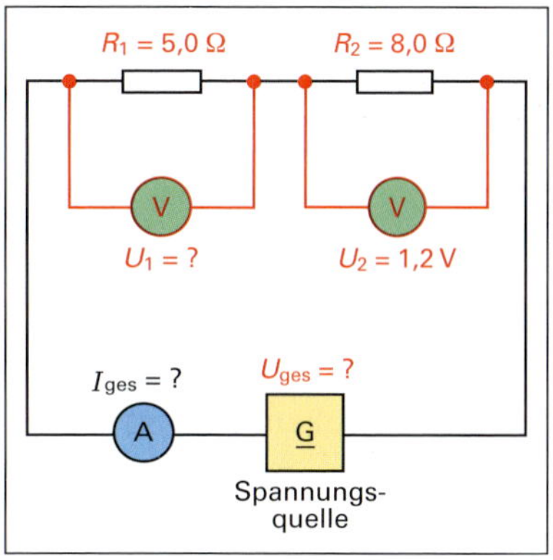

Bild 1: Beispiel einer Reihenschaltung

Aufgaben zur Reihenschaltung von Widerständen

1. Drei Widerstände liegen an 230 V und werden von einem Strom von 5,0 mA durchflossen **(Bild 2)**. Wie groß ist der Widerstand R_1, wenn die Widerstände R_2 = 2 kΩ und R_3 = 4 kΩ betragen?

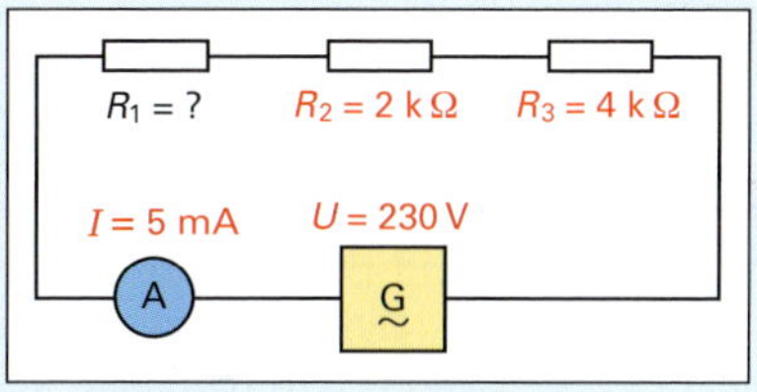

Bild 2: Schaltskizze zu Aufgabe 1

2. Eine Rohrbegleitheizung (I = 40 A) ist mit einem 10 m langen, zweiadrigen Kupferkabel mit 6,0 mm² Querschnitt an 230 V angeschlossen. Berechnen Sie den Spannungsfall in der Leitung in Volt und in Prozent der Netzspannung. Wie groß sind die Klemmenspannung am Verbraucher und der Gesamtwiderstand?

3. Drei Widerstände R_1 = 30 Ω, R_2 = 125 Ω und R_3 = 80 Ω sind in Reihe geschaltet **(Bild 3)**. Am Widerstand R_2 wird eine Spannung von 120 V gemessen. Berechnen Sie den Ersatzwiderstand, die Stromstärke, die Klemmenspannung sowie die Teilspannungen an den Widerständen R_1 und R_3.

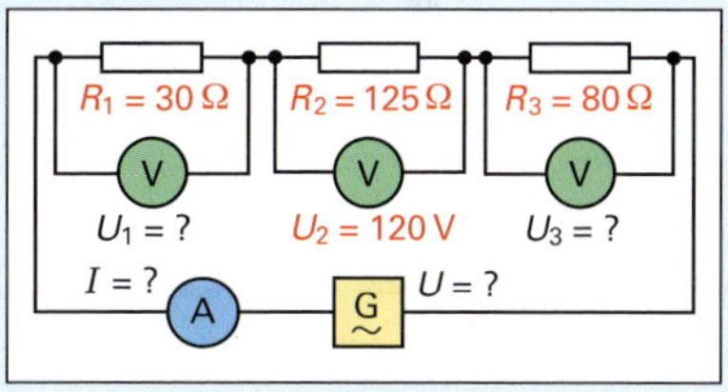

Bild 3: Schaltskizze zu Aufgabe 3

4. Drei in Reihe geschaltete Widerstände liegen bei einer Stromstärke von 1,6 A an 230 V. Der Widerstand R_3 beträgt 40 Ω. Am Widerstand R_2 wird ein Spannungsabfall von 70 V gemessen. Berechnen Sie:

   a) den Gesamtwiderstand,

   b) den Spannungsabfall von R_1 und R_3 und

   c) die Widerstände R_1 und R_2.

5. Welcher Vorwiderstand ist erforderlich, um eine 12-V-Halogenlampe mit einem Nennstrom von 8,1 A versuchsweise an die Netzspannung 230 V anzuschließen **(Bild 4)**?

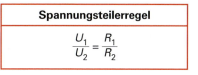

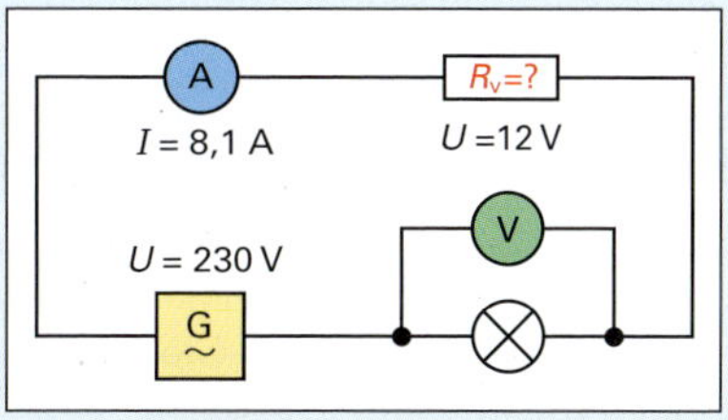

Bild 4: Schaltskizze zu Aufgabe 5

8.5 Parallelschaltung von Widerständen

Eine Parallelschaltung (parallel connection) von Widerständen liegt vor, wenn sich der Strom in Teilströme aufteilt und an jedem Widerstand die gleiche Spannung anliegt **(Bild 1)**. Alle Stromeintrittsklemmen und alle Stromaustrittsklemmen sind mit jeweils einem Pol der Spannungsquelle verbunden. Wie sich hier die Spannungen, Stromstärken und Widerstände verhalten, lässt sich durch die nachfolgenden Überlegungen erkennen.

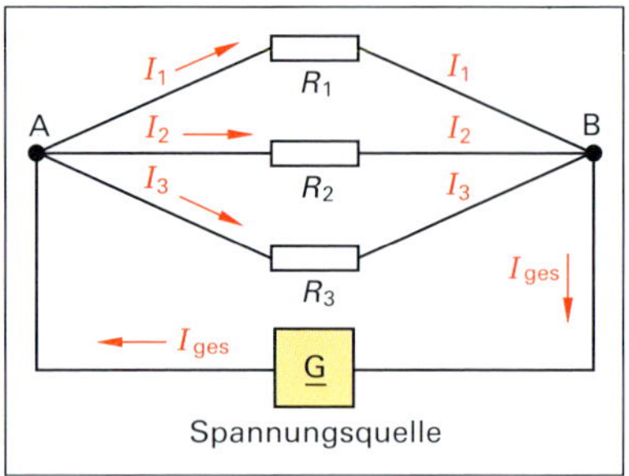

Bild 1: Parallelschaltung von Widerständen

Spannungen bei Parallelschaltung

Alle drei Teilwiderstände sind über die Stromverzweigungspunkte A und B gleichzeitig mit der Spannungsquelle verbunden. Aus diesem Grund liegt an allen Widerständen die gleiche Gesamtspannung (Ausgangsspannung) an. Es gilt:

$U_{ges} = U_1 = U_2 = U_3 = \ldots$

Spannungen
$U_{ges} = U_1 = U_2 = U_3 = \ldots$

Stromstärken bei Parallelschaltung

Der Elektronenstrom teilt sich im Stromverzweigungspunkt A in Teilströme auf. Der Gesamtstrom I_{ges} ist gleich der Summe der Teilströme in den parallelen Widerständen.

Dies wird als **1. Kirchhoff'sche Regel** bezeichnet.

Die Aufteilung der Teilströme erfolgt dabei so, dass im größten Widerstand der kleinste Strom und im kleinsten Widerstand der größte Strom fließt.

Stromstärken 1. Kirchhoff'sche Regel
$I_{ges} = I_1 + I_2 + I_3 + \ldots$

Gesamtwiderstand bei Parallelschaltung

Bei der Parallelschaltung hat der Strom Durchflussmöglichkeiten durch mehrere Widerstände **(Bild 1)**. Der Gesamtwiderstand der Schaltung, auch Ersatzwiderstand genannt, ist deshalb kleiner als der kleinste Einzelwiderstand. Die Größe des Ersatzwiderstands lässt sich durch Anwendung des Ohm'schen Gesetzes aus der Spannung U und der Gesamtstromstärke I_{ges} berechnen.

Für den Gesamtstrom gilt $I_{ges} = I_1 + I_2 + I_3 + \ldots$

Setzt man für $I_{ges} = \frac{U}{R_{ges}}$; $I_1 = \frac{U}{R_1}$; $I_2 = \frac{U}{R_2}$ usw. ein,

so erhält man $\frac{U}{R_{ges}} = \frac{U}{R_1} + \frac{U}{R_2} + \frac{U}{R_3} + \ldots$

Durch Division mit der gemeinsamen Spannung U folgt eine Größengleichung für den Kehrwert des **Ersatzwiderstands R_{ges}** mehrerer paralleler Widerstände.

Bei zwei parallelen Widerständen gilt: $\frac{1}{R_{ges}} = \frac{1}{R_1} + \frac{1}{R_2}$

Daraus wird mit dem gemeinsamen Hauptnenner $R_1 \cdot R_2$: $\frac{1}{R_{ges}} = \frac{R_1 + R_2}{R_1 \cdot R_2}$

Ersatzwiderstand
$\frac{1}{R_{ges}} = \frac{1}{R_1} + \frac{1}{R_2} + \frac{1}{R_3} + \ldots$

Ersatzwiderstand von zwei parallelen Widerständen
$R_{ges} = \frac{R_1 \cdot R_2}{R_1 + R_2}$

Teilströme bei zwei parallelen Widerständen

Die Spannung ist bei der Parallelschaltung an allen Widerständen gleich groß ($U_1 = U_2$). Nach dem Ohm'schen Gesetz gilt: $U_1 = R_1 \cdot I_1$ und $U_2 = R_2 \cdot I_2$. Die nach Gleichsetzen ($U_1 = U_2$) und Umformen erhaltene Gleichung besagt:

Die Teilströme verhalten sich umgekehrt wie die Widerstände.

Stromteilerregel
$\frac{I_1}{I_2} = \frac{R_2}{R_1}$

Beispiel: Folgende Verbraucher sind in einem Stromkreis mit 230-V-Netzanschluss parallel geschaltet **(Bild 1)**:

- ein Rührmotor, Stromaufnahme $I_R = 2{,}0$ A,
- eine Pilzheizhaube, Stromaufnahme $I_P = 4{,}0$ A und
- eine Arbeitsplatzleuchte, Widerstand $R_A = 484\ \Omega$.

Wie groß sind:

a) die Widerstände des Rührmotors R_R und der Pilzheizhaube R_P

b) die Stromstärke I_A der Arbeitsplatzleuchte,

c) der Ersatzwiderstand R_{ges} und die Gesamtstromstärke I_{ges},

d) die Spannungen U_R, U_P und U_A an den einzelnen Geräten?

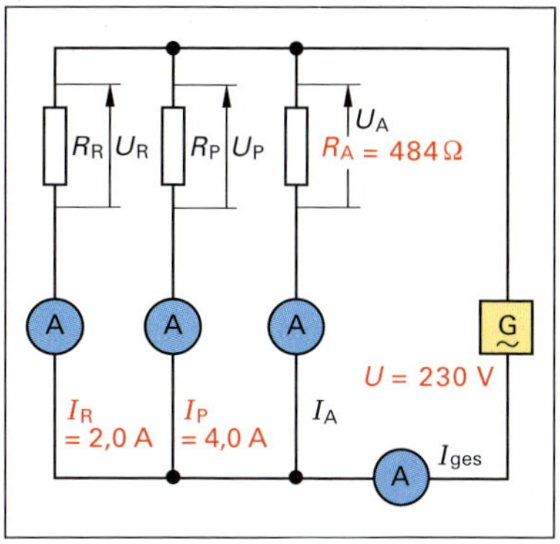

Bild 1: Schaltskizze zum Beispiel

Lösung: a) $\boldsymbol{R_R} = \frac{U}{I_R} = \frac{230\text{ V}}{2{,}0\text{ A}} = \mathbf{115\ \Omega}$, $\boldsymbol{R_P} = \frac{U}{I_P} = \frac{230\text{ V}}{4{,}0\text{ A}} = \mathbf{58\ \Omega}$

b) $\boldsymbol{I_A} = \frac{U}{R_A} = \frac{230\text{ V}}{484\ \Omega} = 0{,}4752\text{ A} \approx \mathbf{0{,}475\ A}$

c) $\frac{1}{R_{ges}} = \frac{1}{R_R} + \frac{1}{R_P} + \frac{1}{R_A} = \frac{1}{115\ \Omega} + \frac{1}{57{,}5\ \Omega} + \frac{1}{484\ \Omega} = 0{,}0282\frac{1}{\Omega} \Rightarrow \boldsymbol{R_{ges}} = \frac{1}{0{,}0282}\ \Omega \approx \mathbf{35{,}5\ \Omega}$

$\boldsymbol{I_{ges}} = I_R + I_P + I_A = 2{,}0\text{ A} + 4{,}0\text{ A} + 0{,}475\text{ A} = 6{,}475\text{ A} \approx \mathbf{6{,}5\ A}$

d) $\boldsymbol{U_{ges}} = U_R = U_P = U_A = \mathbf{230\ V}$

Aufgaben zur Parallelschaltung von Widerständen

1. Drei Widerstände, $R_1 = 10\ \Omega$, $R_2 = 17\ \Omega$ und $R_3 = 24\ \Omega$, sind parallel geschaltet **(Bild 2)**. Die Gesamtstromstärke beträgt 12 A. Berechnen Sie den Gesamtwiderstand, die Klemmenspannung und die Einzelstromstärken.

2. Zwei Kontroll-Lampen am Steuerpult einer Rührwerksdrucknutsche liegen parallel an 12 V. Die Stromstärken in den Kontroll-Lampen betragen 0,3 A und 0,5 A. Berechnen Sie den Gesamtwiderstand und die Einzelwiderstände.

3. Zwei Heizwiderstände, $R_1 = 97\ \Omega$, $R_2 = 146\ \Omega$, sind parallel geschaltet. Wie groß ist der Ersatzwiderstand?

4. Ist der Schalter der Versuchsschaltung **(Bild 3)** geöffnet, so wird zwischen den Klemmen 1 und 2 ein Widerstand von 5,0 Ω gemessen. Bei geschlossenem Schalter beträgt der Widerstand 2,0 Ω. Wie groß ist der Widerstand R_2?

5. Zwei Widerstände, $R_1 = 20\ \Omega$ und $R_2 = 30\ \Omega$, liegen einmal in Reihe und einmal parallel an 110 V. Berechnen Sie jeweils den Gesamtstrom und den Gesamtwiderstand.

6. In einem Thermostaten sind zwei Heizwiderstände, $R_1 = 95\ \Omega$ und $R_2 = 45\ \Omega$, parallel geschaltet. Im Widerstand R_2 fließt ein Strom von 5,0 A. Wie groß ist die Stromstärke im Heizwiderstand R_1?

7. Drei parallel geschaltete Elektromotoren liegen an 440 V und treiben die Kreiselradpumpen in einer Mehrkörper-Verdampferanlage an **(Bild 4)**. Ihre Widerstände betragen: $R_2 = 19\ \Omega$ und $R_3 = 24\ \Omega$. Der Gesamtstrom wurde zu $I_{ges} = 80$ A bestimmt.

   Berechnen Sie den Widerstand R_1 und die Teilströme.

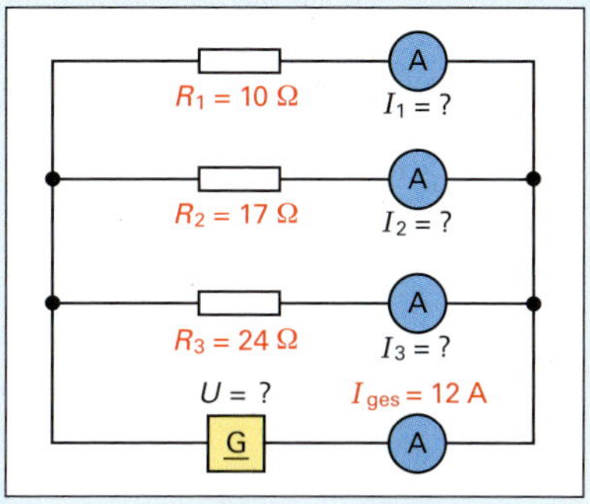

Bild 2: Schaltskizze zu Aufgabe 1

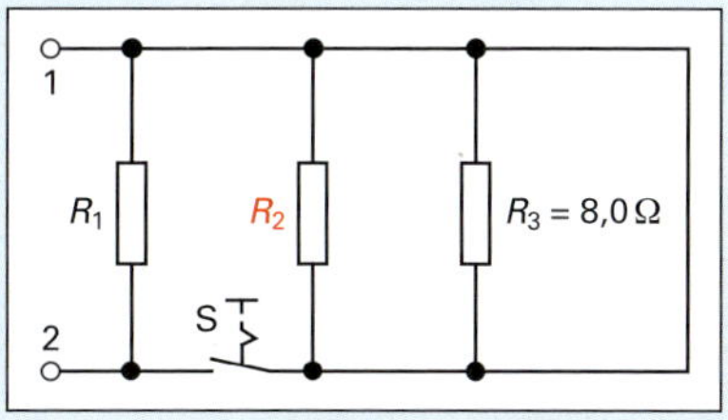

Bild 3: Schaltskizze zu Aufgabe 4

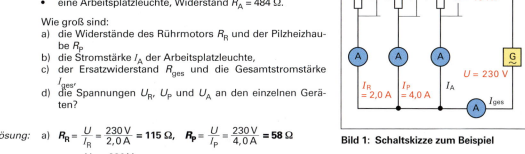

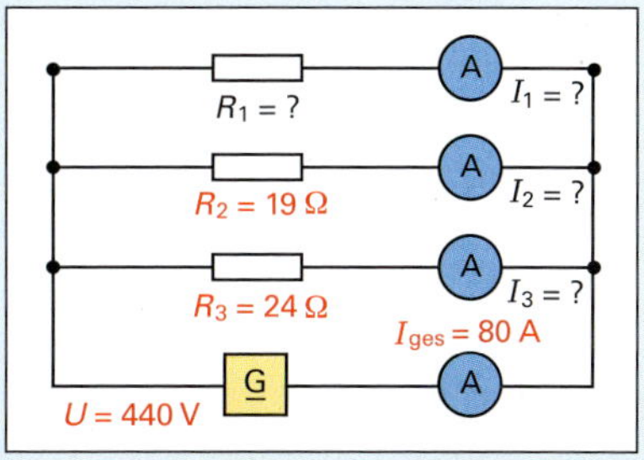

Bild 4: Schaltskizze zu Aufgabe 7

8.6 Gruppenschaltungen, Netzwerke

In der Elektrotechnik und Elektronik sind die unterschiedlichsten Bauteile sowohl in Reihe als auch parallel zueinander geschaltet **(Bild 1)**. Man bezeichnet solche Schaltungen als gemischte Schaltungen oder als Gruppenschaltungen.

Gruppenschaltungen werden in erweiterte Reihen- und Parallelschaltungen sowie Netzwerke unterteilt.

Die Berechnung des Gesamtwiderstands (Ersatzwiderstand) einer gemischten Schaltung verläuft schrittweise über Ersatzschaltungen, wie im Folgenden gezeigt wird. Dabei wird die Gruppenschaltung unter Beachtung der nachfolgenden Regeln schrittweise auf die beiden Grundschaltungen (Reihen- und Parallelschaltung) zurückgeführt.

Bild 1: Gruppenschaltung elektronischer Bauteile

Erweiterte Reihenschaltung

Enthält eine Reihenschaltung eine eingefügte Parallelschaltung **(Bild 2)**, so wird zuerst die Parallelschaltung berechnet.

Beispiel: Berechnen Sie den Ersatzwiderstand der in **Bild 2** angegebenen Schaltung.

Lösung: 1. Berechnung des Ersatzwiderstands $R_{2,3}$ der parallel geschalteten Widerstände R_2 und R_3:

$$R_{2,3} = \frac{R_2 \cdot R_3}{R_2 + R_3} = \frac{4{,}0\,\Omega \cdot 6{,}0\,\Omega}{4{,}0\,\Omega + 6{,}0\,\Omega} = \frac{24\,\Omega}{10{,}0\,\Omega} = 2{,}4\,\Omega$$

Die resultierende Ersatzschaltung ist in **Bild 3** wiedergegeben.

2. Berechnung der in Reihe geschalteten Widerstände R_1 und $R_{2,3}$ zum Ersatzwiderstand $R_{ers} = R_{1,2,3}$:

$$\boldsymbol{R_{ers}} = R_1 + R_{2,3} = 5{,}0\,\Omega + 2{,}4\,\Omega \mathbf{= 7{,}4\,\Omega}$$

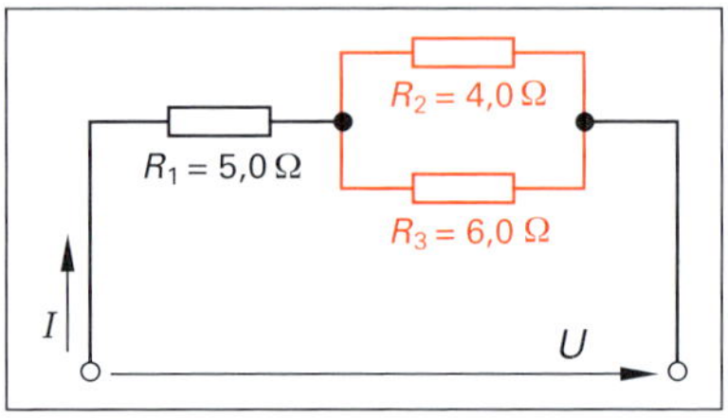

Bild 2: Erweiterte Reihenschaltung (Beispiel)

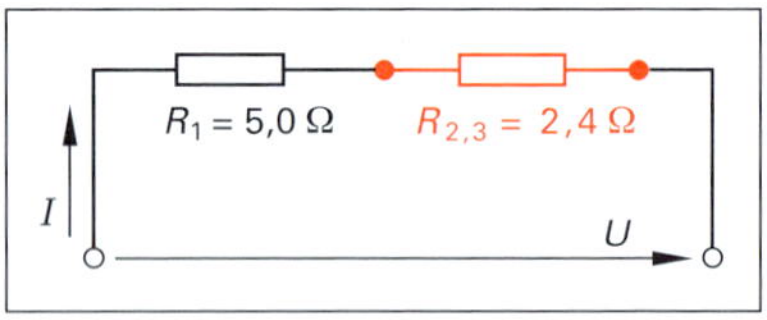

Bild 3: Ersatzschaltung einer erweiterten Reihenschaltung

Erweiterte Parallelschaltung

Enthält eine Parallelschaltung eine eingefügte Reihenschaltung **(Bild 4)**, so wird zuerst die Reihenschaltung berechnet.

Beispiel: Berechnen Sie den Ersatzwiderstand der in **Bild 4** wiedergegebenen Schaltung.

Lösung: 1. Berechnung des Ersatzwiderstands $R_{1,2}$ der in Reihe geschalteten Widerstände R_1 und R_2:

$$R_{1,2} = R_1 + R_2 = 2{,}0\,\Omega + 6{,}0\,\Omega = 8{,}0\,\Omega$$

Die resultierende Ersatzschattung ist in **Bild 5** wiedergegeben.

2. Berechnung der parallel geschalteten Widerstände $R_{1,2}$ und R_3 zum Ersatzwiderstand $R_{ers} = R_{1,2,3}$:

$$\boldsymbol{R_{ers}} = \frac{R_{1,2} \cdot R_3}{R_{1,2} + R_3} = \frac{8{,}0\,\Omega \cdot 12\,\Omega}{80,\Omega + 12\,\Omega} = \frac{96\,\Omega}{20\,\Omega} \mathbf{= 4{,}8\,\Omega}$$

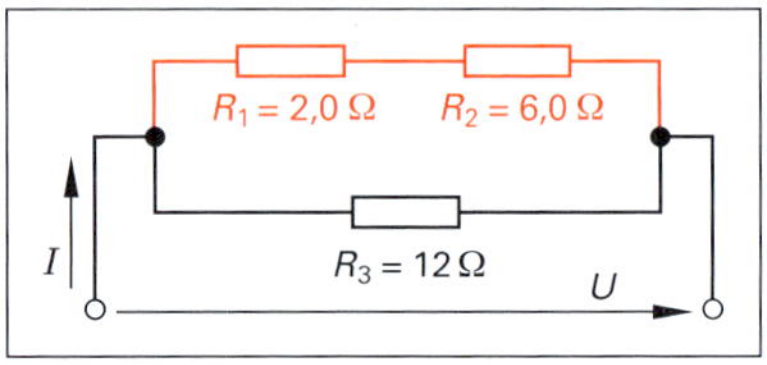

Bild 4: Erweiterte Parallelschaltung (Beispiel)

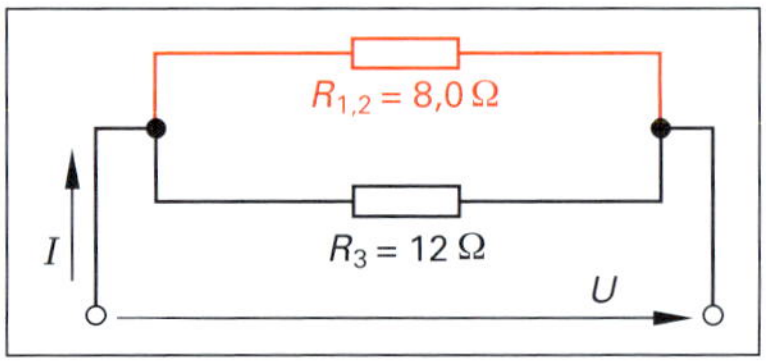

Bild 5: Ersatzschaltung einer erweiterten Parallelschaltung

Netzwerke (networks)

Ein Netzwerk ist ein verzweigter elektrischer Stromkreis, der aus mehreren Gruppenschaltungen besteht. Die Widerstandsberechnung eines Netzwerks erfolgt, wie im nachfolgenden Beispiel gezeigt wird, schrittweise durch Rückführung auf die Reihen- oder Parallelschaltung.

Beispiel: Wie groß ist, der Ersatzwiderstand des in **Bild 1a** dargestellten Netzwerks?

Lösung: Zuerst wird der Teil der Schaltung gesucht, der auf eine Grundschaltung zurückzuführen ist. Dies ist die Reihenschaltung der Widerstände R_2, R_3 und R_4. Ihr Gesamtwiderstand berechnet sich zu:

$$R_{2,3,4} = R_1 + R_3 + R_4 = 9\,\Omega + 7\,\Omega + 4\,\Omega = 20\,\Omega.$$

Der Gesamtwiderstand $R_{2,3,4}$ wird für die Widerstände R_2, R_3, R_4 eingesetzt. Die Schaltung lässt sich hiermit, wie in **Bild 1b** dargestellt, vereinfachen.

Die Widerstände $R_{2,3,4}$ und R_5 sind parallel geschaltet. Ihr Gesamtwiderstand berechnet sich zu:

$$R_{2,3,4,5} = \frac{R_{2,3,4} \cdot R_5}{R_{2,3,4} + R_5} = \frac{20\,\Omega \cdot 5\,\Omega}{20\,\Omega + 5\,\Omega} = \frac{100\,\Omega}{25\,\Omega} = 4\,\Omega$$

Der hieraus resultierende Ersatzschaltplan ist in **Bild 1c** dargestellt. Es ist eine Reihenschaltung.

Der Ersatzwiderstand des Netzwerks berechnet sich somit zu:

$$R_{1,2,3,4,5,6} = R_1 + R_{2,3,4,5} + R_6 = 4\,\Omega + 4\,\Omega + 2\,\Omega$$

$$\mathbf{R_{1,2,3,4,5,6} = R_{ers} = 10\,\Omega}$$

Der Ersatzwiderstand ist in **Bild 1d** dargestellt.

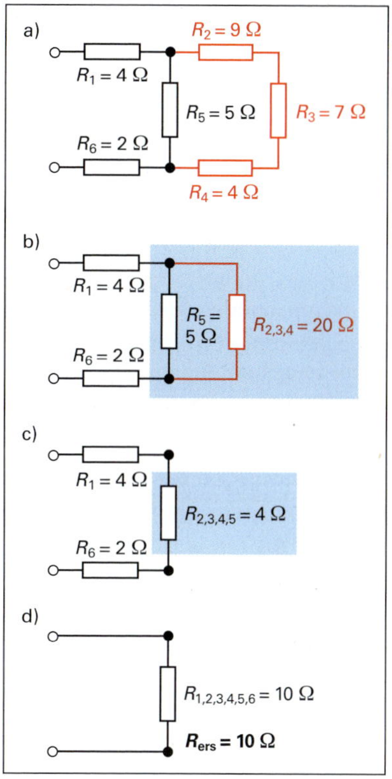

Bild 1: Schrittweise Vereinfachung eines Netzwerks (Beispiel)

Aufgaben zu Gruppenschaltungen, Netzwerken

1. Berechnen Sie die Ersatzwiderstände der in den Abbildungen 2, Seite 256, und 4, Seite 256, dargestellten Gruppenschaltungen, wenn alle Widerstände gleich sind und 10 Ω betragen.
2. Berechnen Sie den Ersatzwiderstand der in **Bild 2a–d** dargestellten Netzwerke.

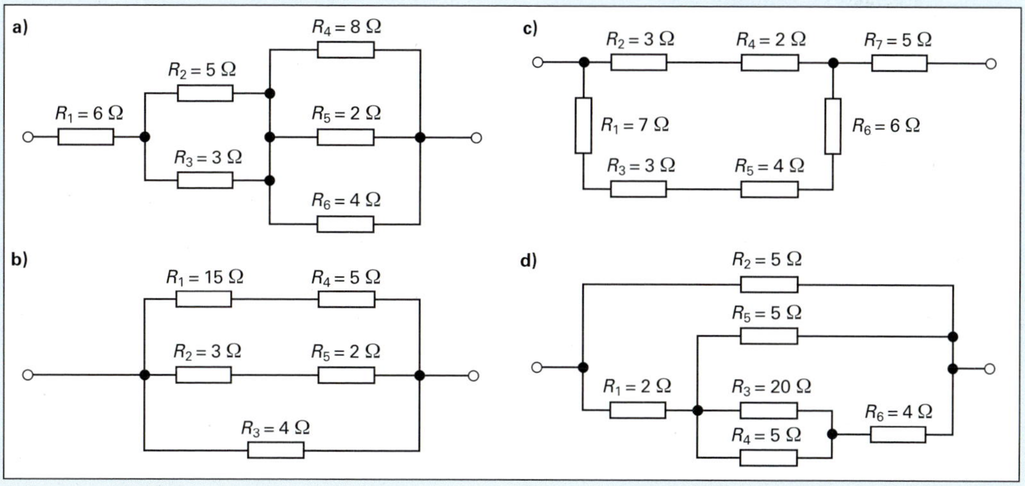

Bild 2: Netzwerke (Aufgabe 2)

8.7 WHEATSTONE'sche Brückenschaltung

WHEATSTONE'sche Brückenschaltungen[1] (WHEATSTONE bridge) werden z. B. im Wärmeleitfähigkeitsdetektor (WLD) von Gaschromatografen, zur Messung der Elektrolytleitfähigkeit sowie zur exakten Messung von Widerständen benutzt.

In **Bild 1** ist die Prinzipschaltung der WHEATSTONE'schen Brückenschaltung wiedergegeben. Sie weist zwar Kennzeichen einer Gruppenschaltung auf, lässt sich aber wegen der Strombrücke C–D zwischen den Widerständen R_1, R_2 und R_3, R_4 nicht auf eine der Grundschaltungen (Reihen- und Parallelschaltung) zurückführen.

Ein elektrischer Strom fließt über die Strombrücke C–D nur dann, wenn zwischen den Punkten C und D eine elektrische Spannung herrscht. Liegt zwischen den Punkten C–D keine Spannung an, so fließt kein Strom und die Brücke ist abgeglichen.

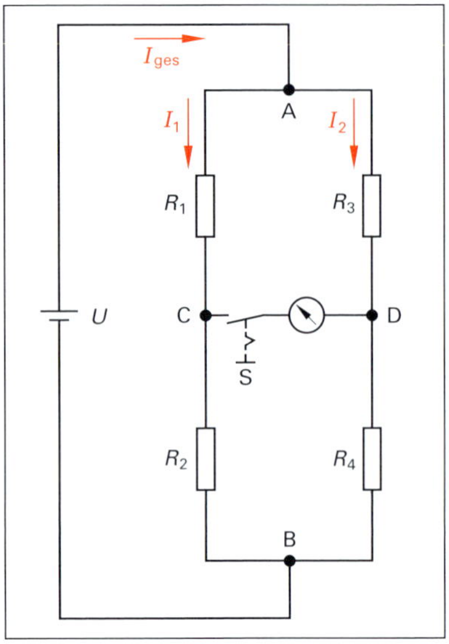

Bild 1: WHEATSTONE'sche Brückenschaltung

Bedingung für den Brückenabgleich

$$\frac{R_1}{R_2} = \frac{l_1}{l_2} = \frac{R_3}{R_4}$$

Bedingungen für den Brückenabgleich

Für den Spannungsabfall an den vier Widerständen gilt:

$U_{AC} = I_1 \cdot R_1$; $U_{AD} = I_2 \cdot R_3$; $U_{CB} = I_1 \cdot R_2$; $U_{DB} = I_2 \cdot R_4$.

Die Brückenschaltung ist abgeglichen, wenn die Spannung U_{CD} = 0 V beträgt. Dies ist dann erreicht, wenn $U_{AC} = U_{AD}$ und $U_{CB} = U_{DB}$ ist.

Durch Gleichsetzen der Spannungsabfälle und Umstellen nach I_1 erhält man die folgenden Größengleichungen:

$$I_1 \cdot R_1 = I_2 \cdot R_3 \Rightarrow I_1 = \frac{I_2 \cdot R_3}{R_1} \quad \text{und} \quad I_1 \cdot R_2 = I_2 \cdot R_4 \Rightarrow I_1 = \frac{I_2 \cdot R_4}{R_2}$$

Nach dem Gleichsetzen in I_1 und Kürzen von I_2 erhält man die Bedingung für den Brückenabgleich:

$$\frac{I_2 \cdot R_3}{R_1} = \frac{I_2 \cdot R_4}{R_2} \quad \Rightarrow \quad \frac{R_2}{R_1} = \frac{R_4}{R_3}$$

Das Widerstandsverhältnis R_1/R_2 ist bei Schleifdrahtwiderständen mit dem Schleifdrahtlängenverhältnis l_1/l_2 identisch.

Beispiel: Welchen Widerstand hat der Sensor des Widerstandsthermometers **(Bild 2)**, wenn die Widerstände R_1 = 90 Ω, R_2 = 110 Ω und R_4 = 43 Ω betragen?

Lösung: $\frac{R_1}{R_2} = \frac{R_3}{R_4} \Rightarrow \boldsymbol{R_3} = \frac{R_1 \cdot R_4}{R_2} = \frac{90\,\Omega \cdot 43\,\Omega}{110\,\Omega} \approx \mathbf{35\,\Omega}$

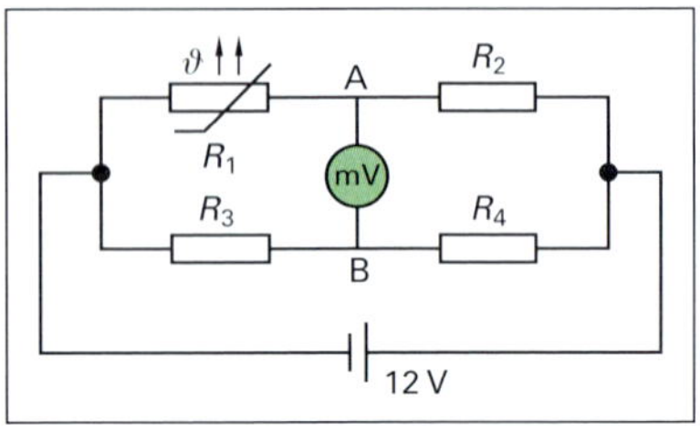

Bild 2: Widerstandsthermometer in Brückenschaltung

Aufgaben zur WHEATSTONE'schen Brückenschaltung

1. Wie groß ist in **Bild 1** der Widerstand R_4, wenn die Widerstände R_1 = 1,2 kΩ, R_2 = 1,5 kΩ und R_3 = 6,4 kΩ betragen?

2. Im Wärmeleitfähigkeitsdetektor (WLD) eines Gaschromatografen bilden vier Widerstände eine WHEATSTONE'sche Brückenschaltung. Der Heizdraht im Referenzkanal hat einen Widerstand von R_2 = 82,5 Ω. Wie groß ist der Widerstand R_1 des Heizdrahts im Probenkanal, wenn die Widerstände R_3 = 127,5 Ω und R_4 = 123,6 Ω betragen?

3. Wie groß muss der Widerstand R_4 einer WHEATSTONE'schen Brückenschaltung sein, damit ein Spiegelgalvanometer keinen Brückenstrom anzeigt? Die anderen Widerstände betragen: R_1 = 86,6 Ω, R_2 = 82,6 Ω, R_3 = 84,3 Ω.

[1] CHARLES WHEATSTONE (1802–1875), englischer Physiker

8.8 Thermische Widerstandsänderung, Widerstandsthermometer

Die Atomrümpfe schwingen in einem Leiter mit steigender Temperatur stärker um ihre Ruhelage und behindern dadurch die fließenden Elektronen (Bild 3, Seite 249).

Der elektrische Widerstand im warmen Zustand R_w ist somit in metallischen Leitern um die Widerstandsänderung ΔR größer als im kalten Zustand R_k: $R_w = R_k + \Delta R$.

Die Größe der Widerstandsänderung pro Grad wird Temperaturbeiwert α genannt und in 1/K angegeben. Der Temperaturbeiwert α ist eine werkstoffspezifische Größe **(Tabelle 1)**.

Die Widerstandsänderung ΔR vergrößert sich beim Erwärmen metallischer Leiter mit

- dem Kaltwiderstand R_k: $\Delta R \sim R_k$,
- dem Temperaturbeiwert α: $\Delta R \sim \alpha$,
- der Temperaturänderung $\Delta\vartheta$: $\Delta R \sim \Delta\vartheta$.

Setzt man in die Gleichung zur Berechnung des Warmwiderstands $R_w = R_k + \Delta R$ die Gleichung $\Delta R = R_k \cdot \alpha \cdot \Delta\vartheta$ ein, so ergibt sich nach dem Ausklammern für den Warmwiderstand: $R_w = R_k \cdot (1 + \alpha \cdot \Delta\vartheta)$.

Tabelle 1: Mittlere Temperaturbeiwerte α (in K^{-1}) zwischen 0 °C und 100 °C

Leiterwerkstoff	α	Leiterwerkstoff	α
Silber	0,0041	Platin	0,00385
Kupfer	0,0043	Eisen	0,0066
Aluminium	0,0047	Quecksilber	0,00092
Wolfram	0,0048	Konstantan	0,00003

Thermische Widerstandsänderung

$$\Delta R = R_k \cdot \alpha \cdot \Delta\vartheta$$

Warmwiderstand

$$R_w = R_k \cdot (1 + \alpha \cdot \Delta\vartheta)$$

Widerstandsthermometer (resistance thermometer)

Eine technische Anwendung der thermischen Widerstandsänderung ist das Platin-Widerstandsthermometer.

Beim Platin steigt der Widerstand R_w reproduzierbar über einen weiten Temperaturbereich von −200 °C bis 850 °C fast linear mit der Temperatur an **(Bild 1)**. Aus diesem Grund werden Platin-Widerstandsthermometer in diesem Messbereich auch als internationale Temperaturstandards verwendet.

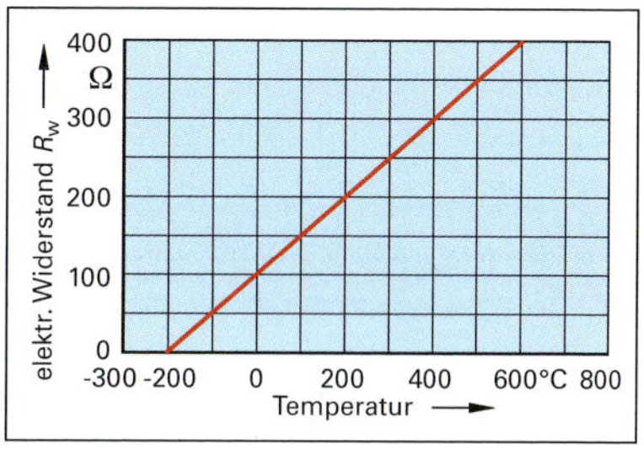

Bild 1: Kennlinie eines Platin-Widerstandsthermometers (Pt 100)

In der industriellen Temperaturmesstechnik ist das Platin-Widerstandsthermometer Pt 100 **(Bild 2)** am weitesten verbreitet. Es dient nicht nur als Feldmessgerät in der Prozessleittechnik, sondern auch zur Realisierung anspruchsvoller Mess- und Regelaufgaben.

Das Pt 100 hat nach DIN EN 60751 bei der Temperatur 0,0 °C einen Nennwiderstand von 100,00 Ω. Als Faustregel beträgt die Empfindlichkeit des Pt 100 knapp 4 Ω pro ca. 10 °C Temperaturänderung. Aus der Widerstandsänderung ΔR kann somit die Temperaturänderung $\Delta\vartheta$ berechnet werden.

Beispiel: Im Ablaufflansch eines Durchflussverdampfers beträgt der Warmwiderstand des Sensors eines Pt 100 R_w = 150 Ω. Wie hoch ist die Temperatur an der Messstelle ϑ_M?

Lösung: $\Delta R = R_k \cdot \alpha \cdot \Delta\vartheta \Rightarrow \Delta\vartheta = \frac{\Delta R}{R_k \cdot \alpha} = \frac{R_w - R_k}{R_k \cdot \alpha}$

Mit α(Pt) = 0,00385 K^{-1}, R_k = 100 Ω, R_w = 150 Ω und ϑ_k = 0 °C folgt:

$$\Delta\vartheta = \frac{150\,\Omega - 100\,\Omega}{100\,\Omega \cdot 0{,}00385\,K^{-1}} = \frac{1}{2 \cdot 0{,}00385\,K^{-1}} \approx 130\,K = 130\,°C$$

$$\vartheta_M = \Delta\vartheta - \vartheta_k = 130\,°C - 0\,°C = \mathbf{130\,°C}$$

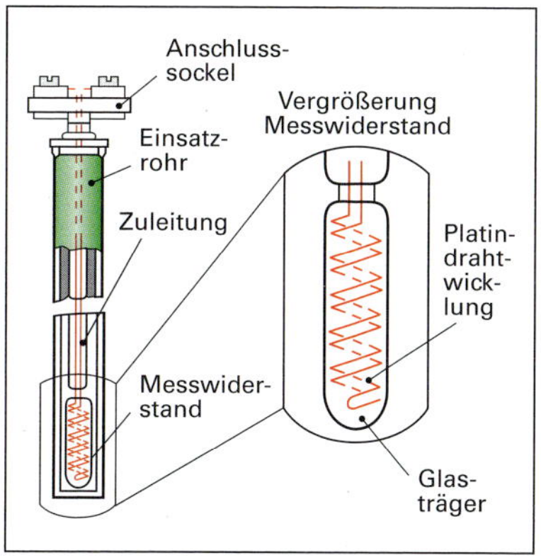

Bild 2: Widerstandsthermometer, Pt 100

Nach DIN EN 60751 werden Platin-Widerstandtshermometer nach ihren Grenzabweichungen in die nebenstehenden Toleranzklassen A und B eingeteilt:

Beispiel: Die Temperatur einer Kühlsole mit einem Massenanteil an Calciumchlorid $CaCl_2$ von 30 % wurde in einem Spiralwärmetauscher **(Bild 1)** mit einem Platin-Widerstandsthermometer Pt 100 der Toleranzklasse A zu $\vartheta = -28{,}0$ °C gemessen. Geben Sie den Messwert mit Grenzabweichung an.

Lösung: $\Delta\vartheta = \pm\,(0{,}15\ °C + 0{,}002 \cdot |\vartheta|)$

$= \pm\,(0{,}15\ °C + 0{,}002 \cdot |-28{,}0\ °C|)$

$= \pm\,(0{,}15\ °C + 0{,}002 \cdot 28{,}0\ °C) = 0{,}206\ °C$

$\Rightarrow \boldsymbol{\vartheta = -28{,}0\ °C \pm 0{,}2\ °C}$

Bei Platin und anderen unlegierten Metallen steigt der Widerstand mit wachsender Temperatur an. Diese so genannten Kaltleiter nennt man auch PTC-Widerstände (positive temperature coefficient).

Toleranzklassen von Platin-Widerstandsthermometern
A: $\Delta\vartheta = \pm\,(0{,}15\ °C + 0{,}002 \cdot |\vartheta|)$
B: $\Delta\vartheta = \pm\,(0{,}30\ °C + 0{,}002 \cdot |\vartheta|)$

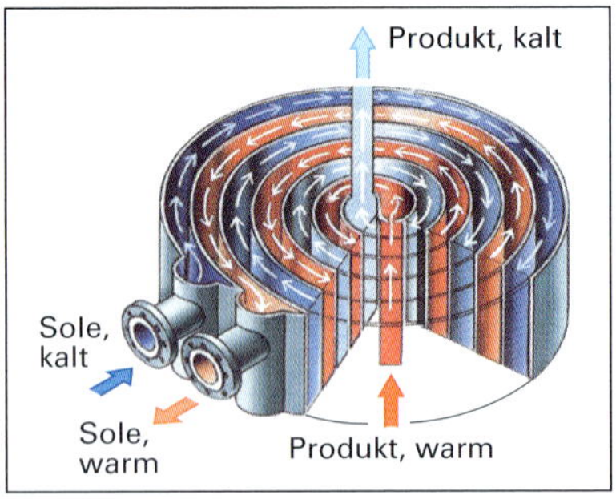

Bild 1: Spiralwärmetauscher

Aufgaben zur Thermischen Widerstandsänderung und zum Widerstandsthermometer

1. Der Wolframdraht einer 60-Watt-Glühlampe erhitzt sich nach dem Einschalten auf eine Temperatur von ca. 2500 °C. Wie groß ist der Betriebswiderstand der Lampe, wenn ihr Kaltwiderstand bei 20 °C 65 Ω beträgt?
2. Die Messwicklung eines Widerstandsthermometers Pt 100 der Toleranzklasse B hat einen Widerstand von 186 Ω. Geben Sie die Temperatur an der Messstelle mit Messabweichung an.
3. Der Warmwiderstand eines Elektromotors mit Kupferwicklung beträgt nach mehrstündigem Betrieb 1,85 Ω bei 40 °C. Wie groß ist der Kaltwiderstand bei 25 °C?
4. Ein Draht wird in einem Wasserbad von 20 °C auf 100 °C erhitzt. Dabei nimmt sein Widerstand um 37,6 % zu. Um welchen Leiterwerkstoff handelt es sich?

8.9 Thermospannung, Thermoelement

Thermoelektrischer Effekt (thermoelectric effect)

In einem metallischen Leiter sind die Valenzelektronen dann gleichmäßig verteilt, wenn an jeder Stelle des Leiters die gleiche Temperatur herrscht **(Bild 2a)**.

Beim örtlichen Erhitzen eines elektrischen Leiters verteilt sich das Elektronengas so, dass es in der heißen Zone zu einer Verarmung, in der kalten Zone zu einer Anreicherung von Elektronen kommt **(Bild 2b)**. Eine Potenzialdifferenz ist jedoch in dieser Versuchsanordnung wegen der gleichmäßigen Elektronenverteilung nicht messbar.

Beim Berühren zweier unterschiedlicher Metalle, z. B. Kupfer und Eisen **(Bild 2c)**, diffundieren im Gleichgewichtszustand pro Zeitabschnitt mehr Elektronen durch die Grenzfläche vom Eisen zum Kupfer als in umgekehrter Richtung vom Kupfer zum Eisen. Demzufolge lädt sich Kupfer negativ, das Eisen hingegen positiv auf.

Der beschriebene Vorgang wird als thermoelektrischer Effekt oder als SEEBECK-Effekt bezeichnet. Die auftretende Potenzialdifferenz heißt Thermospannung. Sie ist von den unterschiedlichen Dichten des Elektronengases und von den verschiedenen Ablöseenergien der Elektronen in den verschiedenen Metallen abhängig.

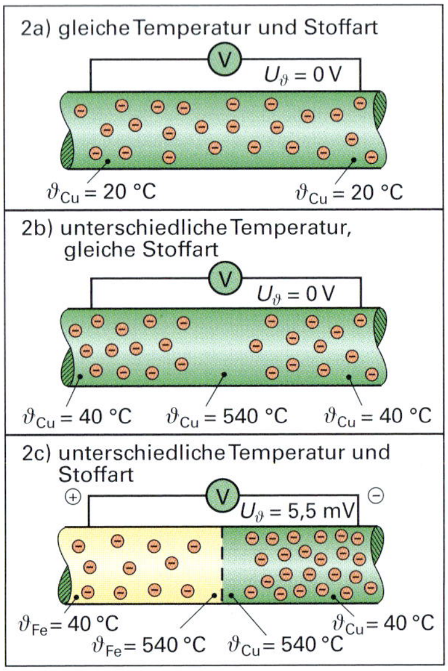

Bild 2: Thermoelektrischer Effekt

Thermoelement (thermocouple)

Lötet man zwei Drähte aus unterschiedlichen Metallen, z. B. Kupfer und Eisen, an den Enden zusammen und schaltet zwischen die Enden der Thermoschenkel ein hochohmiges Spannungsmessgerät **(Bild 1)**, so lässt sich bei einer Temperaturdifferenz zwischen der Mess- und Vergleichsstelle eine kleine Spannung messen. Diese Spannung wird als Thermospannung U_ϑ bezeichnet. Die Anordnung heißt Thermoelement.

Die gemessene Thermospannung ist von der Metallpaarung sowie von der Temperaturdifferenz zwischen der Mess- und Vergleichsstelle abhängig. In **Bild 2** ist die Temperaturabhängigkeit messtechnisch interessanter Thermopaare dargestellt.

Der Vorteil der Thermoelemente liegt in der Einfachheit des Aufbaus **(Bild 3)** und der Herstellung. Sie haben kurze Ansprechzeiten. Ihre aktiven Sensoren lassen sich fein ausführen. Thermoelemente sind für die Messung hoher Temperaturen sowie zur Messung von Temperaturdifferenzen besonders gut geeignet. Ihr Nachteil liegt im Vergleich zu Widerstandsthermometern (vgl. Seite 259) in einer größeren Messunsicherheit und in der Tatsache begründet, für die Vergleichsstelle eine konstante Bezugstemperatur zu liefern.

Die Thermospannung berechnet sich mit der nebenstehenden Größengleichung. Der als **Thermokraft** (thermovoltage) bezeichnete Proportionalitätsfaktor κ (griechischer Kleinbuchstabe kappa) ist eine von den miteinander kombinierten Metallen abhängige Größe **(Tabelle 1)**.

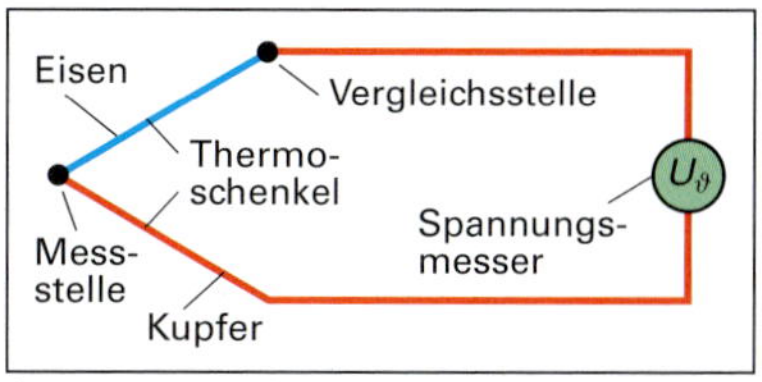

Bild 1: Thermoelement (Aufbau)

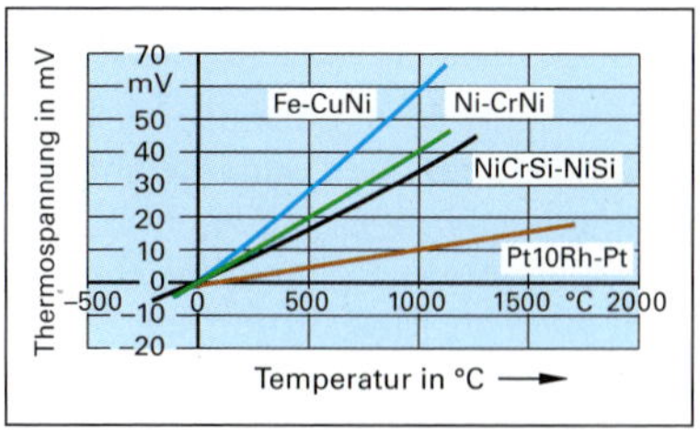

Bild 2: Temperaturabhängigkeit der Thermospannung

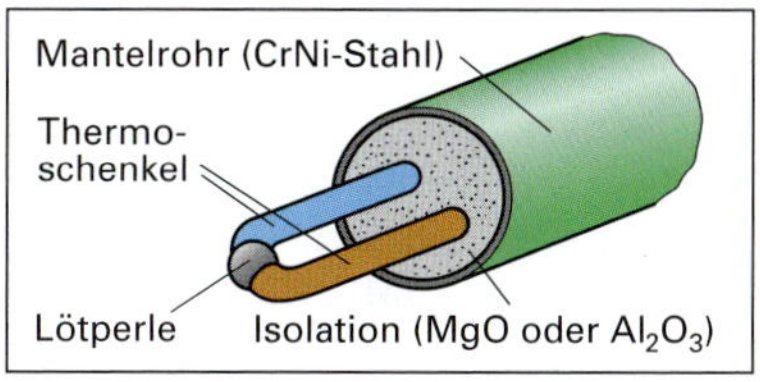

Bild 3: Thermoelementsensor

Thermospannung

$$U_\vartheta = \kappa \cdot (T_{mes} - T_{ver})$$

Beispiel: Wie groß ist die Eintrittstemperatur der Abgase eines Erdgasbrenners zur Erzeugung von Wasserdampf in einem Haarnadel-Wärmeaustauscher, wenn die gemessene Thermospannung 49,0 mV beträgt?

Die Vergleichsstellentemperatur im Thermoelement (Typ K) ist 20,0 °C. Die Thermokraft im Messbereich des Thermoelements beträgt $\kappa = 57{,}6\ \mu V/K$.

Lösung: $U_\vartheta = \kappa \cdot (T_{mes} - T_{ver}) \Rightarrow T_{mes} = \frac{U_\vartheta}{\kappa} + T_{ver} = \frac{49{,}0\ mV}{57{,}6\ \mu V/K} + 293\ K$

$T_{mes} = 1144\ K \Rightarrow \frac{\vartheta_{mes}}{°C} = \frac{T_{mes}}{K} - 273 = 1144 - 273 = 871$

$\Rightarrow$ $\boldsymbol{\vartheta_{mes} = 871\ °C}$

Tabelle 1: Thermokräfte κ ausgewählter Thermopaare bei 100 °C ($\vartheta_{ver} = 0$ °C) nach DIN EN 60584-1

Typ	Thermopaar	κ in µV/K
J	Fe - CuNi	52,69
N	NiCrSi - NiSi	27,74
K	NiCr - Ni	40,96
S	PtRh - Pt	6,46

Aufgaben zur Thermospannung, Thermoelement

1. Welche Thermospannung liefert ein Eisen-Kupfer/Nickel-Thermoelement des Typs J bei einer Fixpunkt-Temperatur von 100 °C, wenn als Vergleichstemperatur die Fixpunkttemperatur 0 °C herangezogen wird?
2. Der Sensor eines Thermoelements (Typ J) in einem Siloschneckenmischer liefert eine Thermospannung von 0,155 mV bei einer Vergleichsstellentemperatur von 20,0 °C. Welche Temperatur hat das Schüttgut, wenn die Thermokraft des Thermoelements 51,7 µV/K beträgt?
3. Beim Aufheizen von Naphthalin in einem Rohrreaktor wird am Kompaktregler als Führungsgröße *w* die Solltemperatur 180 °C eingestellt. Die Regelgröße *x* (Istwert) beträgt 120 °C. Zur Messung der Betriebszustandsgröße dient ein Mantelthermoelement Typ J. Berechnen Sie die Regelabweichung *e* in Grad Celsius und in Millivolt, wenn die Thermokraft $\kappa = 55{,}15\ \mu V/K$ und die Vergleichsstellentemperatur im Thermoelement 20,0 °C betragen.

8.10 Widerstandsänderung eines Leiters durch Dehnung

Bei der Dehnung eines metallischen Leiters durch eine Kraft F wird die Länge l des Leiters vergrößert **(Bild 1)**. Da das Volumen V des Leiters konstant bleibt, verringert sich somit seine Querschnittsfläche A.

Die bei der Dehnung eines Leiters gleichzeitig auftretende Verringerung der Querschnittsfläche A hat eine Vergrößerung des elektrischen Widerstands R des Leiters zur Folge. Die Widerstandsänderung ΔR ist ein Maß für die wirkende Kraft F.

Dieser Effekt wird messtechnisch im **Dehnungsmessstreifen DMS** (strain gauge) zur Druck-, Dehnungs-, Kraft-, Drehmomentmessung sowie in der Wägetechnik vielfältig genutzt. Dabei wirkt der Dehnungsmessstreifen **(Bild 2)** nicht nur als passiver Sensor, sondern auch als Messumformer.

Der Dehnungsmessstreifen ist mit der Bauteiloberfläche fest verklebt. Die im Bauteil durch die Kraftwirkungen auftretenden Verformungen werden auch dem Dehnungsmessstreifen aufgezwungen. Er verändert seine Querschnittsfläche und damit seinen elektrischen Widerstand.

Da die Widerstandsänderung des Leiters durch mechanische Verformung gering ist, gestaltet man den Leiter mäanderförmig **(Bild 2)**. So lässt sich auf einer kleinen Fläche ein ausreichend großer Widerstand und bei Verformung eine entsprechend hohe Widerstandsänderung erzielen.

Die relative Widerstandsänderung $\Delta R/R_0$, die ein Dehnungsmessstreifen durch Krafteinwirkung erfährt, lässt sich mit der nebenstehenden Bestimmungsgleichung berechnen. R_0 ist der Ausgangswiderstand, $\Delta l/l_0$ die Dehnung ε.

Die Dehnungsempfindlichkeit (gauge factor) des Materials wird durch den k-Faktor berücksichtigt **(Tabelle 1)**. Ein k-Faktor von z. B. zwei bedeutet: Die relative Widerstandsänderung ist doppelt so groß wie die relative Längenänderung ($\Delta R/R_0 = 2 \cdot \Delta l/l_0$).

Beispiel: Wie groß ist die Widerstandsänderung eines Folien-DMS **(Bild 1)** aus Karma (Legierung aus Cr, Ni, Fe, Al) mit einem Nennwiderstand von 120 Ω, wenn die relative Längenänderung des DMS-Messgitters 1,5 mm/m beträgt?

Lösung: $\boldsymbol{\Delta R} = R_0 \cdot k \cdot \varepsilon = 120\ \Omega \cdot 2{,}1 \cdot 1{,}5\ \text{mm/m} = 378\ \text{m}\Omega \approx \mathbf{0{,}38\ \Omega}$

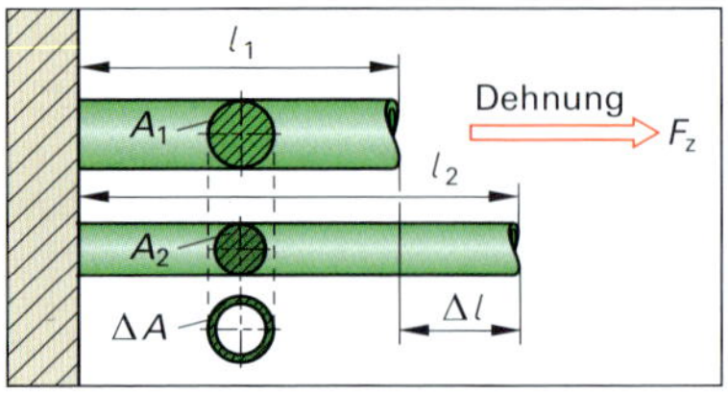

Bild 1: Dehnung eines Leiters

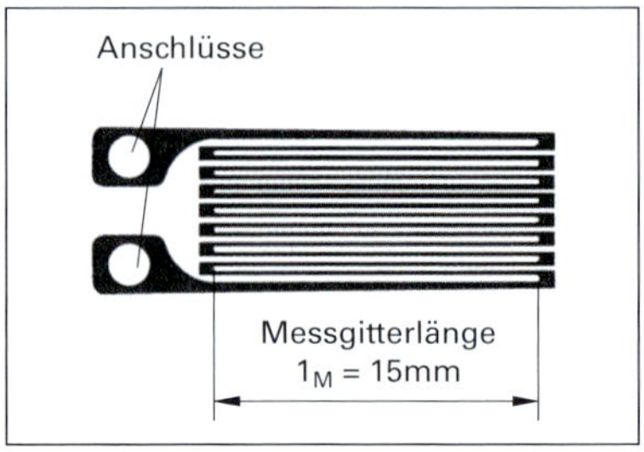

Bild 2: Aufbau eines Dehnungsmessstreifens DMS

Widerstandsänderung eines DMS

$$\Delta R = R_0 \cdot k \cdot \varepsilon = R_0 \cdot k \frac{\Delta l}{l_0}$$

Tabelle 1: Mittlere *k*-Faktoren von Metall-Dehnungsmessstreifen

Name der Legierung	Legierungs-bestandteile	*k*-Faktor
Konstantan	Cu, Ni	2,05
Karma	Ni, Cr, Fe, Al	2,1
Nichrome V	Ni, Cr	2,2
Platin-Wolfram	Pt, W	4,0

Aufgaben zur Widerstandsänderung durch Dehnung

1. Welche Widerstandsänderung erfährt der Platin-Wolfram-Dehnungsmessstreifen zur mechanischen Spannungsmessung am Rotorblatt eines Verdichters, wenn sein Nennwiderstand 175 Ω und die Längenänderung des DMS-Messgitters unter Volllast 1,4 mm/m betragen?

2. Zur Drehmomentmessung an der Antriebswelle eines axialen Turboverdichters wurde auf der Antriebswelle ein Dehnungsmessstreifen aus Nichrom V in Brückenschaltung verklebt. Der Gesamtwiderstand der Brückenschaltung beträgt R_{ges} = 300 Ω. Bei Volllast beträgt die Widerstandsänderung der Brückenschaltung ΔR = 41,2 mΩ. Wie groß ist die Torsion der Antriebswelle?

3. Ein federelastischer Messkörper für auf Biegung belastete DMS-Wägezellen soll unter Volllast bei einer Dehnung von 20 µm/m eine relative Widerstandsänderung von 80 µΩ/Ω liefern. Mit welchen in **Tabelle 1** genannten Leiterwerkstoffen wird dies am besten erreicht?

8.11 Elektrische Arbeit, Leistung, Wirkungsgrad

Elektrische Arbeit (electrical work)

Stellt man die Definitionsgleichungen für die elektrische Spannung (Seite 247) $U = W/Q$ und für die Stromstärke $I = Q/t$ (Seite 248) jeweils nach Q um und setzt sie gleich: $W/U = I \cdot t$, erhält man die nebenstehende Größengleichung für die **elektrische Arbeit *W*.** Wird in diese Größengleichung das OHM'sche Gesetz $U = I \cdot R$ eingeführt, werden zwei weitere Gesetzmäßigkeiten zur Berechnung der elektrischen Arbeit erhalten. Sie sind zur Bestimmung der elektrischen Arbeit in Widerständen besonders geeignet.

Elektrische Arbeit
$W = U \cdot I \cdot t$
$W = I^2 \cdot R \cdot t$
$W = \frac{U^2 \cdot t}{R}$

Die SI-Einheit der elektrischen Arbeit ist die **Wattsekunde Ws.** Eine Wattsekunde ist gleich der mechanischen Arbeit von 1 N · m oder 1 J. Als größere Arbeitseinheiten sind eine Wattstunde Wh und eine Kilowattstunde kWh festgelegt.

Die Größengleichungen zur Berechnung der elektrischen Arbeit haben nur für Gleichstrom Gültigkeit. Annähernd können sie auch für elektrische Heizgeräte verwendet werden, die mit Wechselstrom betrieben werden.

Umrechnungen
1 Ws = 1 V · A · s = 1 N · m = 1 J
1 Wh = 3600 Ws
1 kWh = $3{,}6 \cdot 10^6$ Ws

Die **Arbeitskosten** werden auf der Basis der umgewandelten elektrischen Arbeit berechnet. Dazu multipliziert man die umgewandelte elektrische Arbeit mit dem Stromtarif (siehe rechts).

$$\text{Arbeitskosten} = \text{elektrische Arbeit} \cdot \text{Stromtarif}$$

Beispiel 1: Ein elektrischer Glühofen hat einen Widerstand von 40 Ω. Er wird mit 230 V betrieben. Nach welcher Zeit hat er die elektrische Energie von 1,0 kWh in Wärmeenergie umgewandelt?

Lösung: $W = \frac{U^2 \cdot t}{R} \Rightarrow t = \frac{W \cdot R}{U^2} = \frac{1{,}0 \cdot 10^3\,\text{Wh} \cdot 40\,\Omega}{(230\,\text{V})^2} = \frac{1{,}0 \cdot 10^3 \cdot 40}{230^2} \cdot \frac{\text{Wh} \cdot \Omega}{\text{V}^2} = 0{,}7561\,\frac{\text{W} \cdot \Omega}{\text{V}^2}$

mit $W = V \cdot A$ und $\Omega = \frac{V}{A}$ folgt $\boldsymbol{t} = 0{,}7561\,\frac{\text{V} \cdot \text{A} \cdot \text{h} \cdot \text{V}}{\text{V}^2 \cdot \text{A}} = 0{,}7561\,\text{h} = 45{,}37\,\text{min} \approx \mathbf{45\,min}$

Beispiel 2: Die Zuleitung eines Rührwerkmotors hat einen Widerstand von 0,10 Ω und wird 8,0 h lang von einem Strom der Stärke 15 A durchflossen.

a) Wie groß ist der Verlust an elektrischer Arbeit in der Zuleitung?

b) Wie groß sind die Arbeitskosten für diesen Verlust, wenn 1 kWh 0,15 € kostet?

Lösung: a) $\boldsymbol{W} = I^2 \cdot R \cdot t = (15\,\text{A})^2 \cdot 0{,}10\,\Omega \cdot 8{,}0\,\text{h} = \mathbf{0{,}18\,kWh}$

b) **Arbeitskosten** = W · Stromtarif = 0,18 kWh · 0,15 €/kWh = 0,027 € ≈ **0,03 €**

Elektrische Leistung (electrical power)

Die innerhalb einer bestimmten Zeit t verrichtete elektrische Arbeit W wird als **elektrische Leistung *P*** bezeichnet.

Wird in der Gleichung $P = W/t$ die Arbeit W durch $U \cdot I \cdot t$ ersetzt, so ergibt sich eine weitere Beziehung für die Leistung: $P = U \cdot I$

Durch Einführen des OHM'schen Gesetzes ($U = R \cdot I$ oder $I = U/R$) in die Größengleichung $P = U \cdot I$ ergeben sich weitere Formeln für die elektrische Leistung. Sie eignen sich insbesondere für die Leistungsberechnung von Widerständen.

Die SI-Einheit der elektrischen Leistung ist das **Watt W.**

Elektrische Leistung	
$P = \frac{W}{t}$	$P = U \cdot I$
$P = R \cdot I^2$	$P = \frac{U^2}{R}$

Beispiel: Eine 60-W-Glühlampe ist an eine Netzspannung von 230 V angeschlossen.

a) Wie groß ist die Stromstärke?

b) Bei einem Kurzschluss in der Lampe beträgt der Leitungswiderstand für den gesamten Stromkreis 0,75 Ω. Auf welchen Wert würde die Stromstärke bei einem Kurzschluss ansteigen, wenn der Stromkreis nicht durch eine Sicherung geschützt ist?

Lösung: a) $P = U \cdot I \Rightarrow \boldsymbol{I} = \frac{P}{U} = \frac{60\,\text{V} \cdot \text{A}}{230\,\text{V}} = 0{,}2608\,\text{A} \approx \mathbf{0{,}26\,A}$ b) $\boldsymbol{I} = \frac{U}{R} = \frac{230\,\text{V}}{0{,}75\,\Omega} = 306\,\text{A} \approx \mathbf{0{,}31\,kA}$

Wirkungsgrad (efficieny)

Bei der Energieumwandlung entstehen Energieverluste W_V, z. B. durch die Reibung in den Motorlagern, durch den Antrieb der Motorlüftung, durch Erwärmung der Motorwicklungen usw. Somit geht ein Teil der zugeführten elektrischen Energie W_{zu} als Verlustenergie W_V verloren. Dadurch verringert sich die von der Maschine abgegebene Energie W_{ab}.

Analoge Betrachtungen gelten auch für die elektrische Leistung.

Das Verhältnis von abgegebener Energie oder Leistung (W_{ab}, P_{ab}) zur zugeführten Energie oder Leistung (W_{zu}, P_{zu}) bezeichnet man als **Wirkungsgrad** η (eta). Er ist eine dimensionslose Dezimalzahl, die auch in Prozent angegeben werden kann. Der Wirkungsgrad ist stets kleiner als 1 bzw. kleiner als 100 %.

Sind in einer Anlage mehrere Maschinen hintereinander geschaltet an der Energieumwandlung beteiligt, so errechnet sich der Gesamtwirkungsgrad η_{ges} der Anlage durch Multiplikation der Einzelwirkungsgrade.

Energieverluste	Leistungsverluste
$W_V = W_{zu} - W_{ab}$	$P_V = P_{zu} - P_{ab}$

Wirkungsgrad

$$\eta = \frac{W_{ab}}{W_{zu}}; \qquad \eta = \frac{P_{ab}}{P_{zu}}$$

Gesamtwirkungsgrad

$$\eta_{ges} = \eta_1 \cdot \eta_2 \cdot \eta_3 \cdot \ldots$$

Beispiel: Der Starter eines Hubstaplers nimmt bei einer Klemmenspannung von 10,2 V einen Strom von 30 A auf. Wie groß ist sein Wirkungsgrad, wenn er in 3,0 s eine Arbeit von 400 Ws verrichtet?

Lösung: $W_{zu} = U \cdot I \cdot t = 10{,}2\ \text{V} \cdot 30\ \text{A} \cdot 3{,}0\ \text{s} = 918\ \text{Ws}$; $\eta = \frac{W_{ab}}{W_{zu}} = \frac{400\ \text{Ws}}{918\ \text{Ws}} = 0{,}4357 \approx \mathbf{44\,\%}$

Aufgaben zur elektrischen Arbeit, Leistung, Wirkungsgrad

1. Der Drehstrommotor einer Kolbenpumpe gibt eine Leistung von 2,5 kW ab. Welche Hubarbeit verrichtet die Pumpe, wenn sie 2,0 h und 45 min in Betrieb ist und ihr Wirkungsgrad 0,90 beträgt?
2. Wie groß ist der Heizwiderstand in einem Glühofen zur Emaillierung von Ventilkegeln, wenn er pro Stunde 4,0 kWh elektrische Energie bei einer Stromstärke von 10,5 A in Wärmeenergie umwandelt?
3. Ein Muffelofen **(Bild 1)** nimmt bei einer Spannung von 230 V einen Strom von 9,1 A auf und ist 5,0 h in Betrieb.
   a) Welche elektrische Energie wurde umgewandelt?
   b) Welche Stromkosten entstehen, wenn eine Kilowattstunde 0,12 € kostet?
4. Wie groß ist die Stromstärke in der Heizwendel eines 2,0-kW-Thermostaten für 230 V Netzspannung? Das Gerät ist mit einer 16-A-Sicherung abgesichert. Spricht die Sicherung an, wenn in diesem Stromkreis noch ein Magnetrührer mit einer Heizleistung von 1000 W parallel angeschlossen wird?
5. Ein Trockenschrank (Bild 4, Seite 251) mit einer Heizleistung von 2000 W ist an eine Netzspannung von 230 V angeschlossen. Wie groß ist die Stromstärke und welche Wärmemenge wird pro Stunde abgegeben?
6. Bei einer Kanalradpumpe in Blockbauweise **(Bild 2)** mit einem Gesamtwirkungsgrad von 62 % sind ein Einphasenwechselstrommotor und eine Kanalradpumpe ($\eta = 0{,}69$) hintereinander geschaltet. Wie groß ist der Wirkungsgrad des Elektromotors?

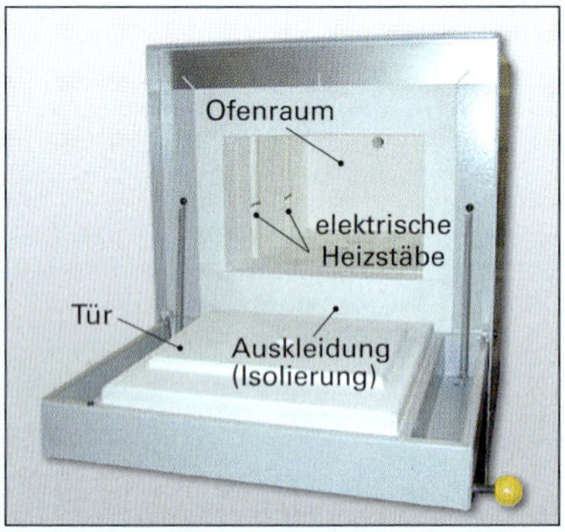

Bild 1: Aufklappbarer Muffelofen (geöffnet) (Aufgabe 3)

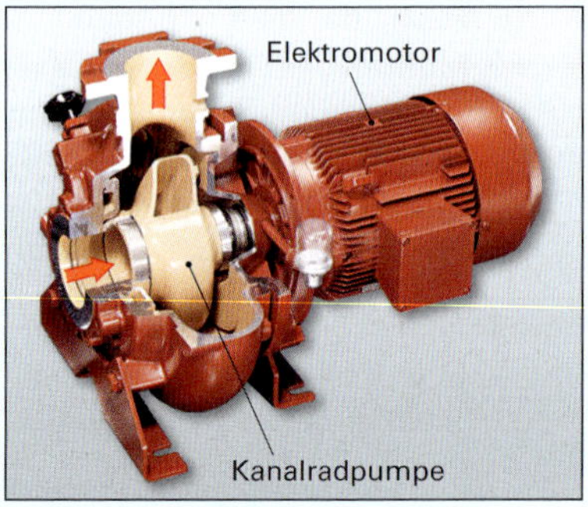

Bild 2: Kanalradpumpe in Blockbauweise (Aufgabe 6)

8.12 Berechnungen zum Drehstromkreis

Drehstrom (three-phase current)

Die Generatoren in den Kraftwerken der Energieversorgungsunternehmen (EVU) erzeugen nicht nur einen, sondern drei Wechselströme, weil sich der Elektromagnet des Generators bei jeder vollen Umdrehung an drei Spulen vorbeidreht **(Bild 1)**. Da die drei Spulen um 120° versetzt angeordnet werden, sind die Phasen der drei im Generator erzeugten Wechselströme auch um 120° gegeneinander verschoben. Dieser dreiphasige Wechselstrom wird auch Drehstrom genannt. Er ist mit dem Zeichen 3 ~ gekennzeichnet und hat eine Frequenz von 50 Hz.

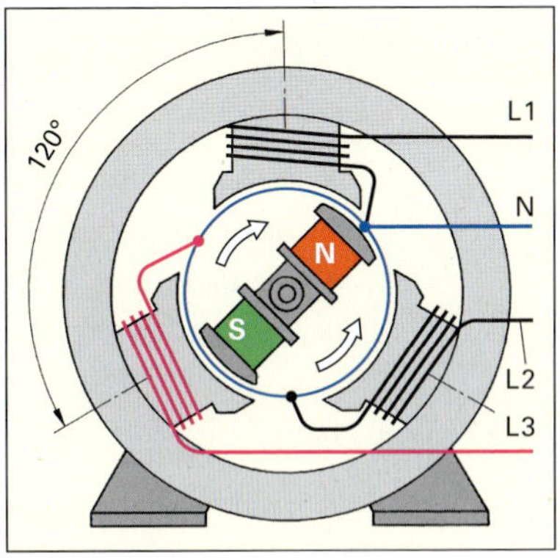

Bild 1: Drehstromgenerator

Drehstromnetz (three-phase system)

Von den Energieversorgungsunternehmen wird ein Drehstromnetz mit vier Leitern zur Verfügung gestellt **(Bild 2)**.

- Außenleiter (L1, L2, L3) in den Farben schwarz oder braun verbinden die Stromquelle mit dem Verbraucher.
- Der Neutralleiter (N), auch Nullleiter genannt, dient den drei Außenleitern als gemeinsamer Rückleiter des elektrischen Stroms. Er besitzt eine hellblaue Isolation.

Der Schutzleiter (PE) in der Farbe gelbgrün dient zur Erdung der Gehäuse von elektrischen Maschinen. Er verhindert somit das Auftreten einer gefährlichen Berührungsspannung.

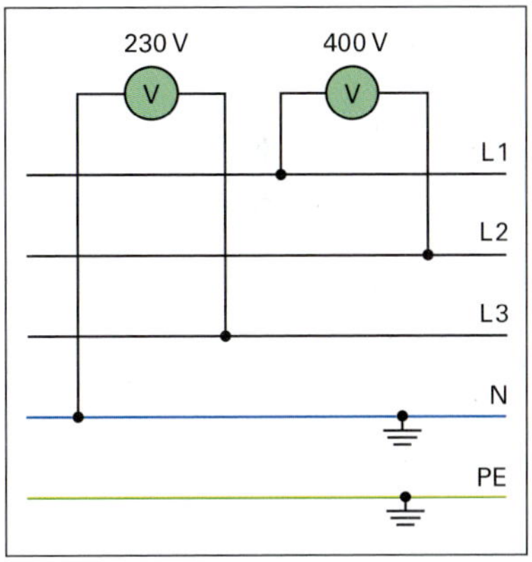

Bild 2: Drehstromnetz

Zwischen zwei Außenleitem liegt eine Spannung von 400 V an. Die Spannung zwischen einem Außenleiter und dem Neutralleiter beträgt 230 V. Somit liefert das Drehstromnetz zwei unterschiedlich große Spannungen, die Ein- und Dreiphasenwechselspannung. Dies ermöglicht den Betrieb von Kleinverbrauchern wie Lampen und Kleingeräten an einer Netzspannung von 230 V.

Leistungsstarke Großverbraucher wie Elektromotoren und Elektroöfen werden hingegen an eine Spannung von 400 V angeschlossen. Jeder Großverbraucher ist dabei so aufgebaut, dass er über drei getrennte Teilverbraucher verfügt, beispielsweise über drei Heizspiralen bei einem Elektroofen oder drei Feldspulen bei einem Drehstrommotor. Bei deren Anschluss an das Drehstromnetz unterscheidet man zwei Schaltungsmöglichkeiten: die Sternschaltung und die Dreieckschaltung.

8.12.1 Stern- und Dreieckschaltung

Sternschaltung (star circuit)

Bei der Sternschaltung (Zeichen Y) werden die Eingangsklemmen der drei Teilverbraucherstränge an die drei Außenleiter L1, L2 und L3 angeschlossen (verkettet) und die Ausgangsklemmen der Teilverbraucherstränge miteinander in einem Sternpunkt verbunden **(Bild 3)**.

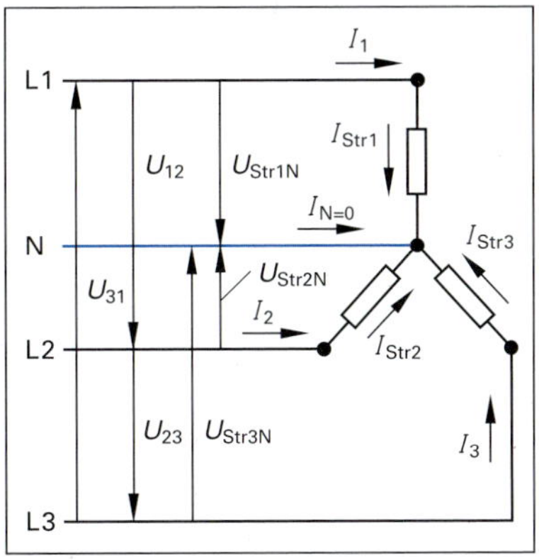

Bild 3: Sternschaltung

Bei der Sternschaltung, die einer Reihenschaltung ähnelt, ist der Strangstrom $I_{Str} = I_{Str1} = I_{Str2} = I_{Str3}$ genau so groß wie der Leiterstrom $I = I_1 = I_2 = I_3$, wenn die Widerstände der einzelnen Teilverbraucherstränge gleich sind.

Die Leiterspannung $U = U_{12} = U_{23} = U_{31}$ ist hingegen um den Faktor $1{,}73 = \sqrt{3}$ größer als die Strangspannung $U_{Str} = U_{Str1N} = U_{Str2N} = U_{Str3N}$.

Sternschaltung
$I = I_{Str}$; $U = \sqrt{3} \cdot U_{Str}$

Der Faktor $\sqrt{3}$ wird auch als Verkettungsfaktor bezeichnet.

Wenn die Widerstände der drei Teilverbraucherstränge gleich sind, führt der Nullleiter keinen Strom ($I_N = 0$). Die Stromstärken in jedem Strang sind allerdings nicht gleich Null. Lediglich die Addition der Stromstärken in den einzelnen Strängen ergibt unter Berücksichtigung der Stromrichtung den Wert Null.

Beispiel: Drei Heizwiderstände eines Induktionsofens mit einem Widerstand von je 50 Ω sind in Sternschaltung an das 400-V-Drehstromnetz angeschlossen **(Bild 1)**. Berechnen Sie:

a) die Strangspannung U_{Str},

b) den Strangstrom I_{Str} und

c) den Leiterstrom I.

Lösung: a) $U = \sqrt{3} \cdot U_{Str} \quad \Rightarrow \quad \boldsymbol{U_{Str}} = \frac{U}{\sqrt{3}} = \frac{400\,\text{V}}{\sqrt{3}} = 230{,}94\,\text{V} \approx \mathbf{231\,V}$

b) $\boldsymbol{I_{Str}} = \frac{U_{Str}}{I_{Str}} = \frac{231\,\text{V}}{50\,\Omega} = \frac{231\,\text{V}}{50\,\text{V} \cdot \text{A}^{-1}} \approx \mathbf{4{,}6\,A}$ c) $\boldsymbol{I} = \boldsymbol{I_{Str}} = \mathbf{4{,}6\,A}$

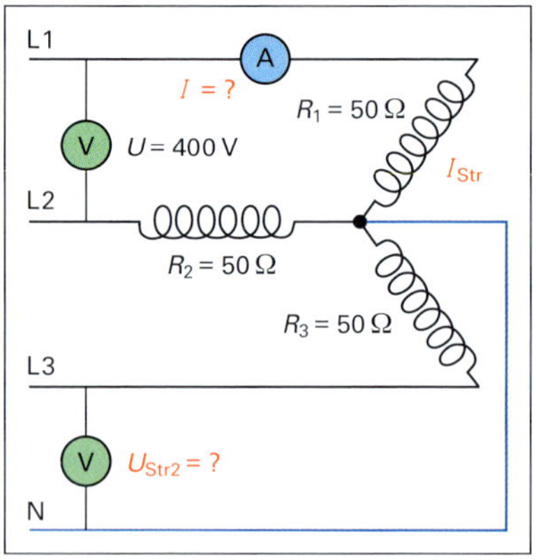

Bild 1: Heizwiderstände in Sternschaltung

Dreieckschaltung (delta connection)

Bei der Dreieckschaltung (Zeichen Δ) wird das Ende des ersten Strangs mit dem Anfang des zweiten Strangs verbunden. Verbindet man anschließend das Ende des zweiten Strangs mit dem Anfang des dritten Strangs und das Ende des dritten Strangs mit dem Anfang des ersten Strangs, so entsteht ein geschlossener Stromkreis **(Bild 2).** An den Verbindungsstellen der Stränge werden die drei Außenleiter L1, L2 und L3 angeschlossen.

Bei der Dreieckschaltung, die einer Parallelschaltung ähnelt, tritt nur eine Spannung auf, da die Leiterspannung $U = U_{12} = U_{23} = U_{31}$ mit der Strangspannung $U_{Str} = U_{Str12} = U_{Str23} = U_{Str31}$ identisch ist. Der Leiterstrom $I = I_1 = I_2 = I_3$ ist jedoch um den Verkettungsfaktor $\sqrt{3}$ größer als der Strangstrom $I_{Str} = I_{Str12} = I_{Str23} = I_{Str31}$.

Auch bei der Dreieckschaltung ist die Summe der Leiterströme unter Berücksichtig der Stromrichtung stets Null, wenn die Widerstände der einzelnen Teilverbraucherstränge gleich sind. Demzufolge ist kein ausgleichender Nullleiter notwendig. Einer der drei Leiter übernimmt immer die Rückleitung für die Ströme der beiden anderen Leiter.

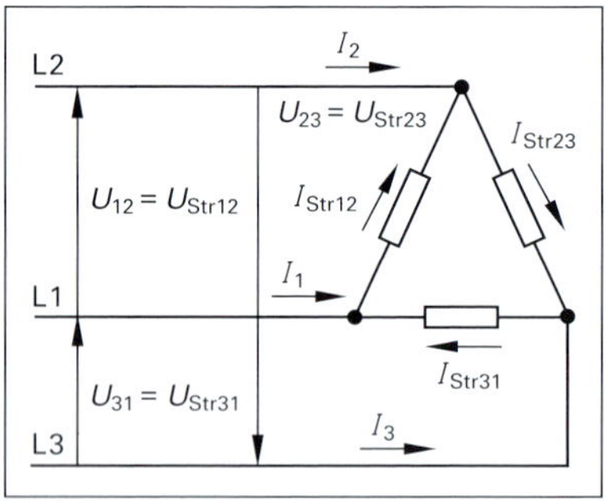

Bild 2: Dreieckschaltung

Dreieckschaltung
$U = U_{Str}$; $I = \sqrt{3} \cdot I_{Str}$

Beispiel: Ein Dreileiter-Drehstromnetz versorgt die drei Heizspiralen eines Glühofens mit einer Dreiphasenwechselspannung von 400 V **(Bild 3)**. Die drei Chrom-Nickel-Heizwiderstände werden mit je 18,4 Ω in einer Dreieckschaltung belastet. Berechnen Sie:

a) die Strangspannung U_{Str},

b) den Strangstrom I_{Str} und

c) den Leiterstrom I.

Lösung: a) $\boldsymbol{U_{Str}} = U = \mathbf{400\,V}$

b) $\boldsymbol{I_{Str}} = \frac{U_{Str}}{R_{Str}} = \frac{400\,\text{V}}{18{,}4\,\Omega} = \frac{400\,\text{V}}{18{,}4\,\text{V} \cdot \text{A}^{-1}} \approx \mathbf{21{,}7\,A}$

c) $\boldsymbol{I} = \cdot I_{Str} = \sqrt{3} \cdot 21{,}7\,\text{A} = 37{,}65\,\text{A} \approx \mathbf{37{,}7\,A}$

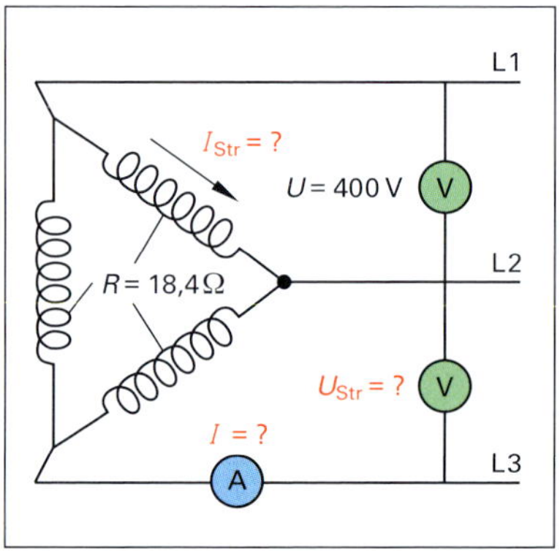

Bild 3: Heizspiralen in Dreieckschaltung

8.12.2 Leistungsschilder (rating plates)

Leistungsschilder enthalten die wichtigsten Daten des elektrischen Geräts: Betriebsspannung, höchstzulässige Stromstärke, elektrische Leistung usw.

Bei elektrischen Geräten (z. B. Heizkorb, Thermostat) ist auf dem Leistungsschild die **aufgenommene Nennleistung** in Watt W oder Kilowatt kW angegeben **(Bild 1).**

Bei Elektromotoren hingegen wird die **abgegebene mechanische Leistung** auf dem Leistungsschild genannt **(Bild 2).**

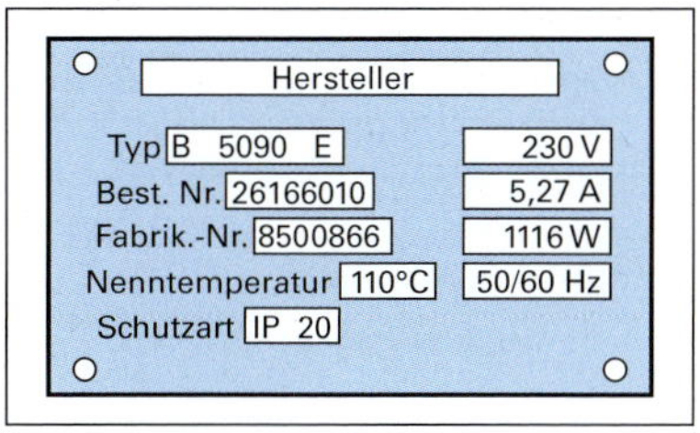

Bild 1: Leistungsschild eines Trockenschranks

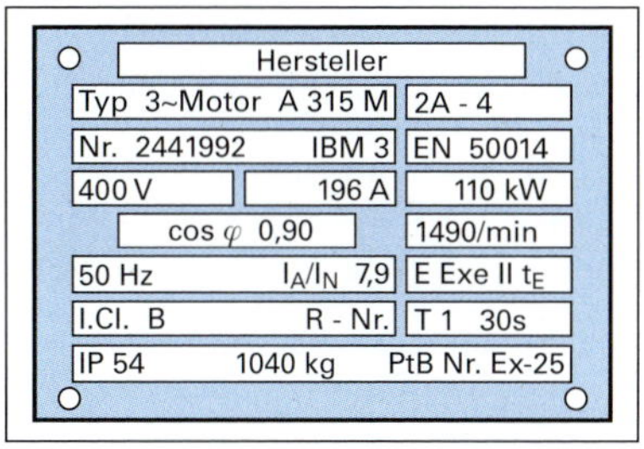

Bild 2: Leistungsschild eines Dreiphasenwechselstrommotors

Beispiel: Welche Leistungen können aus den Leistungsschildern in Bild 1 und 2 abgelesen werden?

Lösung: Bild 1: Aus dem Netz aufgenommene Nennleistung: **1116 W.**

Bild 2: An die angetriebene Maschine abgegebene mechanische Nennleistung: **110 kW.**

8.12.3 Elektrische Leistung bei verschiedenen Stromarten

Die Größengleichungen zur Berechnung der elektrischen Leistung von Seite 263 gelten insbesondere für Geräte, die mit Gleichstrom betrieben werden (z. B. Elektrolysezellen).

Bei Wechselstrom haben sie nur für Geräte mit annähernd reinem OHM'schem Widerstand Gültigkeit: z. B. bei Glühlampen, Heizöfen und anderen Wärmegeräten.

Leistung bei Gleichstrom

$$P = U \cdot I$$

Leistungsfaktor φ (power factor)

Es gibt Verbraucher, bei denen der Wechselstrom eine starke magnetische Wirkung hervorruft. Dies ist z. B. in Wechselstrommotoren und Induktionsöfen der Fall. In diesen Maschinen kann die elektrische Leistung gemäß der Beziehung $P = U \cdot I$ nicht vollständig genutzt werden.

Für Geräte, die mit **Einphasenwechselstrom** betrieben werden, errechnet sich die nutzbare Leistung, sie wird auch Wirkleistung P_w genannt, wenn die Leistung P mit dem **Leistungsfaktor cos φ** (gesprochen: cosinus phi) multipliziert wird.
Der Leistungsfaktor cos φ kann Werte zwischen 0 und 1 annehmen.

Wirkleistung bei Einphasenwechselstrom

$$P_W = U \cdot I \cdot \cos\varphi$$

Bei Drehstrom (Dreiphasenwechselstrom) fließt in jedem der Leiter ein Einphasenwechselstrom. Die **Gesamtwirkleistung** $P_{W,\,ges}$ einer an Dreiphasenwechselstrom angeschlossenen Maschine ergibt sich durch Multipikation der Einzelwirkleistung P_W mit dem Verkettungsfaktor $\sqrt{3}$.

Gesamtwirkleistung bei Dreiphasenwechselstrom

$$P_W = \sqrt{3} \cdot U \cdot I \cdot \cos\varphi$$

Beispiel 1: Ein Einphasen-Wechselstrommotor einer Schlauchpumpe nimmt bei 230 V und einer Stromstärke von 1,4 A eine Leistung von 240 W auf. Welchen Leistungsfaktor hat der Motor?

Lösung: $P = U \cdot I \cdot \cos\varphi \;\Rightarrow\; \mathbf{\cos\varphi} = \frac{P}{U \cdot I} = \frac{240\,\text{V} \cdot \text{A}}{230\,\text{V} \cdot 1{,}4\,\text{A}} = 0{,}7453 \approx \mathbf{0{,}75}$

Beispiel 2: Die Heizung eines induktiv beheizten Hochdruckautoklaven hat eine Heizleistung von 78 kW an 400-V-Dreiphasenwechselstrom. Der Leistungsfaktor beträgt 0,80.

Wie groß ist die Stromstärke in der Induktionsspule?

Lösung: $P = \sqrt{3} \cdot U \cdot I \cdot \cos\varphi \;\Rightarrow\; \mathbf{I} = \frac{P}{\sqrt{3} \cdot U \cdot \cos\varphi} = \frac{78 \cdot 10^3\,\text{V} \cdot \text{A}}{\sqrt{3} \cdot 400\,\text{V} \cdot 0{,}8} = 140{,}72\,\text{A} \approx \mathbf{141\,A}$

Aufgaben zu Berechnungen zum Drehstromkreis

1. Die Außenleiterstromstärke eines Drehstromnetzes wurde zu 9,80 A gemessen. Das Netz ist mit drei gleich großen Widerständen von je 13,5 Ω in Sternschaltung belastet. Wie groß ist:
   a) die Strangspannung U_{Str} und
   b) die Leiterspannung U?
2. Wie groß sind die Widerstände der in **Bild 1** dargestellten Sternschaltung, wenn der Strangstrom 15,4 A beträgt?
3. In einem 400-V-Drehstromnetz sind drei Widerstände von je 35,1 Ω in Dreieck geschaltet. Berechnen Sie:
   a) die Strangspannung U_{Str},
   b) den Strangstrom I_{Str} und
   c) den Leiterstrom I.
4. Ein 500-V-Drehstromnetz ist mit einem Drehstrommotor in Dreieckschaltung belastet. Die Stromstärke im Außenleiter beträgt 29,5 A. Wie groß ist:
   a) die Strangspannung U_{Str},
   b) der Strangstrom I_{Str} und
   c) der Strangwiderstand R_{Str}?
5. Ein 5,0-kW-Drehstrommotor einer Tellerzentrifuge **(Bild 2)** ist an 400 V angeschlossen. Der Leistungsfaktor des Motors ist $\cos\varphi$ = 0,80, sein Wirkungsgrad beträgt η = 0,85. Wie groß ist der vom Motor aufgenommene Strom?
6. Berechnen Sie den Wirkungsgrad des Drehstrommotors, dessen Leistungsschild in Bild 2, Seite 267, wiedergegeben ist.
7. Ein an das 400-V-Drehstromnetz angeschlossener Induktionsofen ($\cos\varphi$ = 1) hat je Wicklungsstrang einen Widerstand von R = 60 Ω. Berechnen Sie die Strom- und Leistungsaufnahme, wenn der Ofen in:
   a) Sternschaltung b) Dreieckschaltung
   betrieben wird.
8. In der in **Bild 3** dargestellten Regeleinrichtung nimmt der Einphasenwechselstrommotor eines elektrischen Stellantriebs eine Leistung 40 W an 230 V auf. Welcher Strom fließt im Stellmotor, wenn sein Leistungsfaktor $\cos\varphi$ = 0,70 beträgt?
9. Dem Leistungsschild eines Motors zum Antrieb eines Gurtbandförderers wurden folgende technische Daten entnommen: U = 400 V, I = 30,5 A, P = 15 kW, $\cos\varphi$ = 0,85. Wie hoch ist der Wirkungsgrad des Motors?

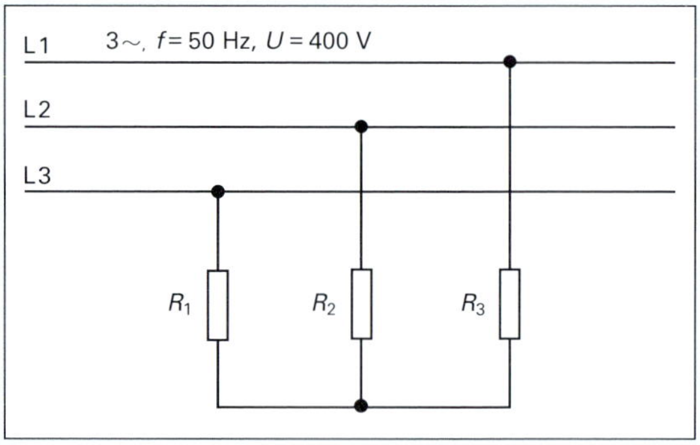

Bild 1: Widerstände in Sternschaltung (Aufgabe 2)

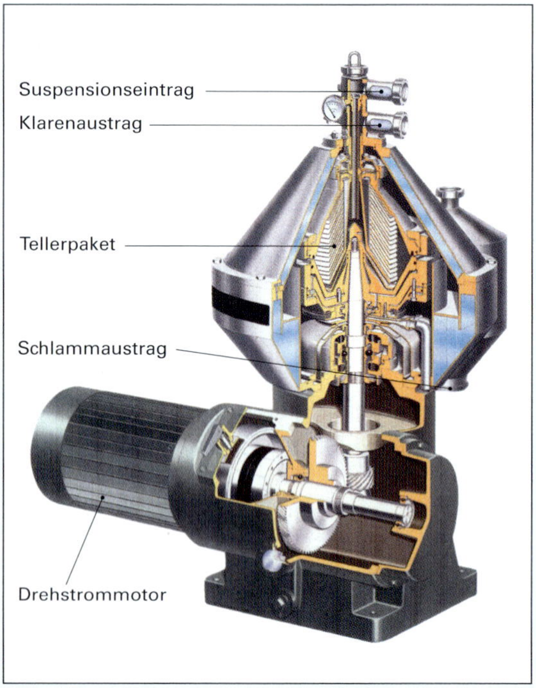

Bild 2: Tellerzentrifuge mit Drehstrommotor (Aufgabe 5)

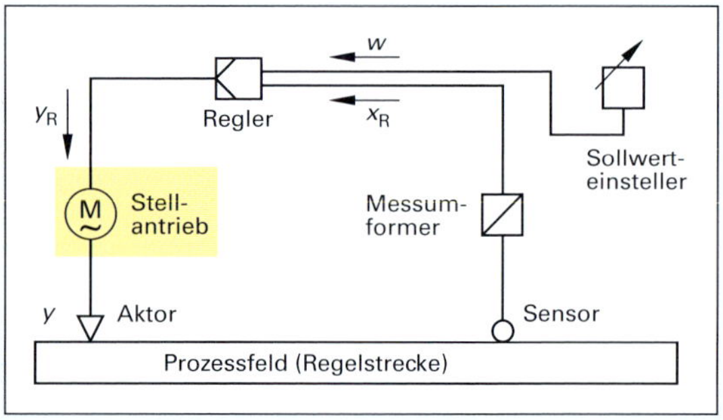

Bild 3: Stellantrieb in einer Regeleinrichtung (Aufgabe 8)

8.13 Elektrolytische Stoffabscheidung

Fließt ein Gleichstrom durch einen Elektrolyten, z.B. eine Kupfer(II)-chlorid-Lösung, so werden Kupfer-Ionen an der Kathode reduziert und Chlorid-Ionen an der Anode oxidiert **(Bild 1).**

Kathodenvorgang (Reduktion): $\mathbf{Cu^{2+} + 2\,e^- \longrightarrow Cu}$

Anodenvorgang (Oxidation): $\mathbf{2\,Cl^- \longrightarrow Cl_2 + 2\,e^-}$

Die Vorgänge zeigen:

Zwei Elektronen (2 e^-) führen zur Abscheidung von einem Kupfer-Atom Cu und einem Chlor-Molekül Cl_2.

Ein Elektron mit der Elementarladung $e^- = 1{,}6022\ 10^{-19}$ A · s kann ein einwertiges Ion abscheiden. Die Ladungsmenge für ein Mol dieser Ionen, das sind $6{,}02204 \cdot 10^{23}$ Teilchen, beträgt:

$$F = N_A \cdot e^- = 6{,}02204 \cdot 10^{23} \frac{1}{\text{mol}} \cdot 1{,}6022 \cdot 10^{-19}\ \text{A} \cdot \text{s}$$

$$F = 96485\ \frac{\text{A} \cdot \text{s}}{\text{mol}} = 96485\ \text{C/mol}.$$

Diese Elektrizitätsmenge Q wird **Faraday-Konstante**[1] ***F*** genannt. Ionen mit der Wertigkeit z erfordern $z \cdot F$ Elektronen pro Mol elektrolytisch abgeschiedener Ionen.

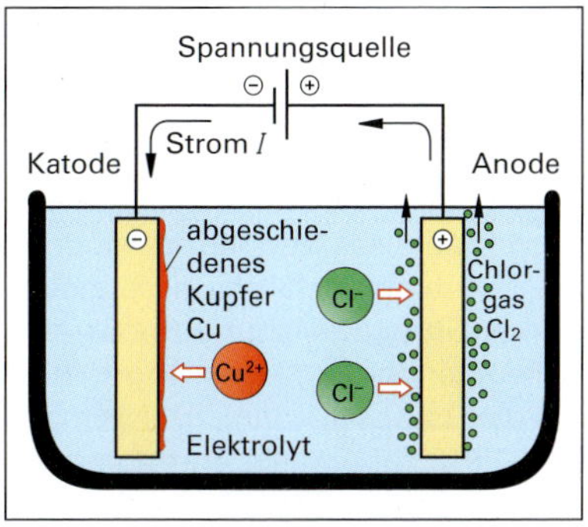

Bild 1: Elektrolyse einer Kupfer(II)-chlorid-Lösung

Faraday-Konstante
$F = 96485\ \frac{\text{A} \cdot \text{s}}{\text{mol}} \approx 26{,}8\ \frac{\text{A} \cdot \text{h}}{\text{mol}}$

8.13.1 Elektrolytisch abgeschiedene Stoffmasse

Für die Abscheidung von einem Mol des Ions X mit der Ladungszahl z wird die Ladungsmenge $Q = n(\text{X}) \cdot z(\text{X}) \cdot F$ benötigt.

Mit $n(\text{X}) = m(\text{X})/M(\text{X})$ und $Q = I \cdot t$ (vgl. Seite 248) folgt durch Einsetzen und Umstellen die nebenstehende Größengleichung zur Berechnung der Masse m eines elektrolytisch abgeschiedenen Stoffes X mit der Wertigkeit z.

Sie wird als **Faraday'sches Gesetz** bezeichnet.

Abgeschiedene Stoffmasse
$m(\text{X}) = \frac{M(\text{X}) \cdot I \cdot t}{z(\text{X}) \cdot F} \cdot \eta$

Der Wirkungsgrad η berücksichtigt die Stromausbeute, d.h. die bei Elektrolysen stets auftretenden Verluste an zugeführter elektrischer Energie, die durch den Elektroytwiderstand oder durch Streuströme verursacht werden.

Teilt man die molare Masse M des abgeschiedenen Stoffes durch die pro ein Mol erforderliche Ladungsmenge Q, so ergibt sich die **elektrochemische Äquivalentmasse** $\boldsymbol{m_ä}$ des Stoffes. Sie gibt an, welche Masse eines Stoffes bei einer Stromstärke von einem Ampere in einer Sekunde abgeschieden wird. Damit vereinfachen sich die Berechnungen der elektrolytischen Stoffabscheidung zu nebenstehender Größengleichung.

Elektrochemische Äquivalentmasse
$m_ä(\text{X}) = \frac{M(\text{X})}{z(\text{X}) \cdot F}$

Beispiel: Welche Masse an Elektrolytkupfer wird abgeschieden, wenn in einer Elektrolysezelle 30 min mit der Stromstärke $I = 2{,}5$ A und einem Wirkungsgrad von 92,5 % elektrolysiert wird (Bild 1)?

Lösung: $m(\text{Cu}) = I \cdot t \cdot m_ä(\text{Cu}) \cdot \eta = I \cdot t \cdot \frac{M(\text{Cu})}{z(\text{X}) \cdot F} \cdot \eta$

$$\mathbf{m(Cu)} = 2{,}5\ \text{A} \cdot 30 \cdot 60\ \text{s} \cdot \frac{63{,}55\ \text{g/mol}}{2 \cdot 96485\ \text{As/mol}} \cdot 0{,}925 \approx \mathbf{1{,}4\ g}$$

Stoffabscheidung mit elektrochemischer Äquivalentmasse
$m(\text{X}) = Q \cdot m_ä(\text{X}) \cdot \eta$
$m(\text{X}) = I \cdot t \cdot m_ä(\text{X}) \cdot \eta$

[1] Michael Faraday, englischer Physiker (1791–1867)

8.13.2 Elektrolytische Abscheidung von Gasen

Bei der Elektrolyse werden häufig an den Elektroden Gase abgeschieden (Bild 1, Seite 269). Ihre Masse $m(X)$ lässt sich mit Hilfe der auf Seite 269 abgeleiteten Formel berechnen.

$$m(X) = \frac{M(X) \cdot I \cdot t}{z(X) \cdot F} \cdot \eta$$

Aus der allgemeinen Gasgleichung $p \cdot V(X) = n(X) \cdot R \cdot T$ (vgl. Seite 118) folgt durch Einsetzen von $n(X) = m(X)/M(X)$:

$$p \cdot V(X) = \frac{m(X) \cdot R \cdot T}{M(X)}$$

Durch Umformen nach der Masse $m(X)$ wird daraus erhalten:

$$m(X) = \frac{M(X) \cdot p \cdot V(X)}{R \cdot T}$$

Setzt man diese Beziehung mit der Gleichung zur elektrolytischen Abscheidung der Stoffmasse gleich, so erhält man die nebenstehende Größengleichung zur Berechnung des Volumens einer bei beliebigen Bedingungen abgeschiedenen Gasportion.

Für die Gasabscheidung bei Normbedingungen sind der Normdruck $p_n = 1{,}013$ bar und die Normtemperatur $T_n = 273$ K einzusetzen.

Abgeschiedenes Gasvolumen

$$V(X) = \frac{I \cdot t \cdot R \cdot T}{z(X) \cdot F \cdot p} \cdot \eta$$

Beispiel: Ein HOFFMANN'scher Wasserzersetzer wird über einen Zeitraum von 15,0 Minuten mit einem Strom der Stärke 800 mA betrieben. Wie groß ist das gebildete trockene Volumen an Sauerstoff und Wasserstoff bei 1025 mbar und 22 °C, wenn mit einer Stromausbeute von 97,0 % gerechnet wird?

Lösung: Die Reaktionsgleichung lautet: $2\,H_2O_{(l)} \longrightarrow 2\,H_{2(g)} + O_{2(g)}$

Die Oxidationszahl des Sauerstoffs im Wassermolekül ändert sich von –II nach ±0. Demzufolge werden $2 \cdot 2 = 4$ Elektronen übertragen $\Rightarrow z(O_2) = 4$

$$\boldsymbol{V(O_2)} = \frac{I \cdot t \cdot R \cdot T}{z(O_2) \cdot F \cdot p} \cdot \eta = \frac{0{,}800\ \text{A} \cdot 15{,}0 \cdot 60\ \text{s} \cdot 0{,}08314\ \frac{\text{bar} \cdot \text{L}}{\text{K} \cdot \text{mol}} \cdot 295\ \text{K}}{4 \cdot 96485\ \text{A} \cdot \text{s} \cdot \text{mol}^{-1} \cdot 1{,}025\ \text{bar}} \cdot 0{,}970 = 0{,}04330\ \text{L} \approx \mathbf{43\ mL}$$

Wie die Reaktionsgleichung zeigt, werden pro Raumteil Sauerstoff (O_2) zwei Raumteile Wasserstoff (H_2) gebildet. Damit beträgt das abgeschiedene Wasserstoffvolumen:

$\boldsymbol{V(H_2)} = 2 \cdot V(O_2) = 2 \cdot 43{,}3\ \text{mL} = 86{,}6\ \text{mL} \approx \mathbf{87\ mL}$

Aufgaben zur elektrolytischen Stoffabscheidung

1. Welche Masse an Chlor wird bei der Alkalichlorid-Elektrolyse nach dem Membranverfahren (Bild 3, Seite 251) bei einer Stromstärke von 11,7 kA pro Tag abgeschieden, wenn die Stromausbeute 0,960 beträgt und in einem Elektrolyseur 160 Zellen hintereinander geschaltet sind?

2. Durch Schmelzflusselektrolyse von Aluminiumoxid werden bei einer durchschnittlichen Stromstärke von 33 kA aus 196 hintereinander geschalteten Zellen täglich 50 Tonnen Aluminium gewonnen. Wie hoch ist die Stromausbeute?

3. Anilin wird technisch durch elektrolytische Reduktion von Nitrobenzol gewonnen:

   $C_6H_5NO_2 + 6\,H^+ + 6\,e^- \longrightarrow C_6H_5NH_2 + 2\,H_2O$

   Wie viel Kilogramm Nitrobenzol können eingesetzt werden, wenn bei einer Zellenspannung von 1,6 V und einer Stromausbeute von 92 % 20 kWh elektrische Energie aufgewendet werden?

4. Magnesium gewinnt man durch Schmelzflusselektrolyse von Magnesiumchlorid. Welche elektrische Energie ist zur Gewinnung von 100 Tonnen Magnesium erforderlich, wenn die Zellenspannung 5,5 V und die Stromausbeute 92 % betragen?

5. Verdünnte Schwefelsäure wird 25 min mit einer Stromstärke von 12 A und einer Stromausbeute von 87,5 % elektrolysiert. Welches Volumen hat der abgeschiedene trockene Wasserstoff bei Normbedingungen?

6. Bei der Elektrolyse einer wässrigen Natriumchlorid-Lösung wird Chlor bei einer Badspannung von 7,35 V durch 5,20 kWh mit einer Stromausbeute von 88,2 % abgeschieden. Welches Volumen nimmt das trockene Gas bei 23 °C und 1045 mbar ein?

7. In einem Knallgas-Coulometer scheiden sich 24,3 mL feuchtes Knallgas unter 20,0 °C und 1020 mbar ab. Wie groß ist die Stromstärke I, wenn die Abscheidezeit 196 s beträgt? (Sättigungsdampfdruck $p(H_2O) = 23{,}4$ mbar bei 20,0 °C)

Gemischte Aufgaben zu Berechnungen zur Elektrotechnik

1. In einer Alkalichlorid-Elektrolysezelle fließt ein Strom der Stärke $I = 100$ kA. Wie groß ist die pro Minute aufgenommene Ladung?

2. Einem Kondensator wird in 4,0 s eine Ladung von Q = 5,0 mA · s zugeführt. Wie groß ist der Ladestrom?

3. In einem Lufterhitzer sind zwei Heizwiderstände $R_1 = 97\ \Omega$ und $R_2 = 47\ \Omega$ parallel geschaltet. Durch den Widerstand R_1 fließt ein Strom von 2,3 A. Wie groß ist die Stromstärke im Heizwiderstand R_2?

4. Welche Spannung fällt in der Kupferzuleitung eines Widerstandsthermometers (Pt 100) ab, wenn die Stromstärke 3,0 mA und die Entfernung zwischen Messort und Anzeige in der Prozessleitwarte 250 m beträgt? Der Leitungsquerschnitt ist A = 0,75 mm^2.

5. Der Heizwiderstand in einem Thermostaten mit einer Netzspannung von 230 V beträgt $R = 56\ \Omega$. Welche elektrische Energie wird pro Minute in Wärmeenergie umgewandelt?

6. Der Einphasen-Wechselstrommotor eines Siloschneckenmischers **(Bild 1)** nimmt bei einer Netzspannung von 230 V und einer Stromstärke von 5,3 A eine Leistung von 950 W auf. Welchen Leistungsfaktor hat der Motor?

7. Ein Vakuum-Trockenschrank $R_V = 24\ \Omega$ und ein Heizkorb $R_H = 97\ \Omega$ sind parallel geschaltet. Wie groß sind der Ersatzwiderstand und der Ersatzleitwert?

8. Der 5,5-kW-Motor einer ständig angetriebenen Dickstoffpumpe an einem Rundeindicker hat einen Wirkungsgrad von 80 %. Welche Stromkosten entstehen monatlich, wenn eine Kilowattstunde 0,12 € kostet?

9. Ein 400-V-Drehstrommotor einer Stiftmühle **(Bild 2)** verrichtet eine elektrische Arbeit von $W = 22$ kWh. Der Wirkungsgrad des in Dreieck geschalteten Motors beträgt $\eta = 90\,\%$, sein Leistungsfaktor $\cos\varphi$ ist 0,85.

   a) Wie lange dauert der Mahlvorgang bei einer Stromstärke von 25 A?

   b) Welche Leistung gibt der Motor ab?

10. Die Messwicklung eines Widerstandsthermometers Pt 100 der Toleranzklasse A hat einen Widerstand von 156 Ω. Geben Sie die Temperatur an der Messstelle mit Messabweichung an.

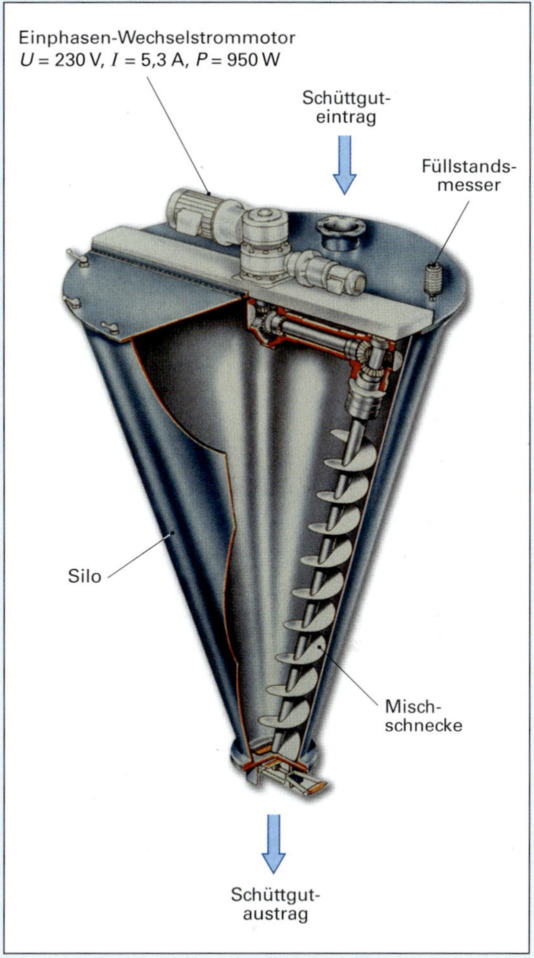

Bild 1: Blick in einen Siloschneckenmischer (Aufgabe 6)

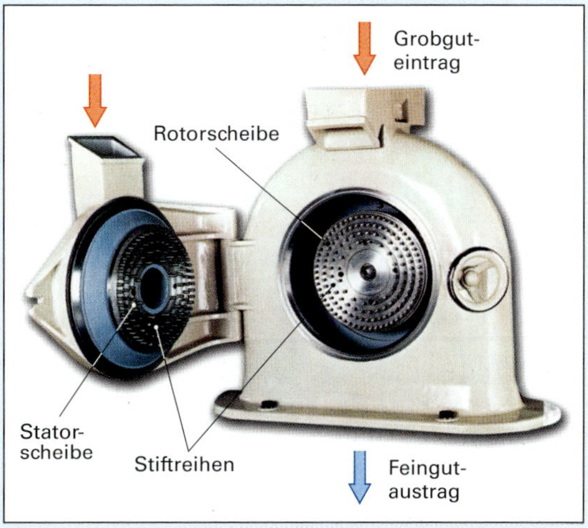

Bild 2: Stiftmühle im geöffneten Zustand (Aufgabe 9)

11. Eine Kreiselpumpe mit einem Wirkungsgrad von η_P = 78% speist pro Stunde 30 m^3 Rohbenzin mit einer Dichte von ϱ = 0,80 g/cm^3 in 18 m Höhe in eine Siebbodenkolonne ein **(Bild 1)**. Wie groß ist:
    a) die von der Pumpe und vom Motor abgegebene Leistung,
    b) die vom Motor aufgenommene Leistung bei einem Wirkungsgrad von η_M = 0,90,
    c) der Gesamtwirkungsgrad der Kreiselradpumpe und des Elektromotors?
12. Ein zweiadriges Signalkabel mit Kupferleitern (d = 0,50 mm) hat einen Kurzschluss. Bei einer Spannung von 6,0 V wird ein Strom von 2,0 A gemessen. Wie weit ist die Kurzschlussstelle von der Messstelle entfernt?
13. Wie groß sind die einzelnen Heizleistungen eines Thermostaten mit den Heizwiderständen R_1 = 54 Ω und R_2 = 146 Ω? Der Thermostat wird mit folgenden Schaltstufen an der Netzspannung 230 V betriebene
    a) beide Heizwiderstände in Reihe,
    b) Heizwiderstand R_1 allein und
    c) beide Heizwiderstände parallel.
14. Die Kupferwicklung einer Statorspule in einem Drehstrom-Kurzschlussläufermotor hat bei 20 °C einen Widerstand von 13,5 Ω. Wie groß ist die Widerstandszunahme, wenn die Temperatur der Wicklung beim Betrieb 60 °C beträgt?
15. Vier Schichtwiderstände sind in einer Versuchsschaltung auf einer Leiterplatte parallel geschaltet **(Bild 2)**. Ihre Widerstände betragen:
    R_1 = 1,8 kΩ, R_2 = 2,2 kΩ,
    R_3 = 5,7 kΩ, R_4 = 4,5 kΩ.
    Durch den Widerstand R_4 fließt ein Strom von 2,0 mA. Berechnen Sie:
    a) die Gesamtspannung,
    b) die restlichen Teilströme,
    c) den Gesamtstrom,
    d) den Ersatzwiderstand.
16. Der Rotor einer Exzenterschneckenpumpe **(Bild 3)** hat eine Oberfläche von 1320 cm^2. Er soll einen Chromüberzug mit einer Schichtdicke von d = 10 µm erhalten. Als Elektrolyt dient Chrom(VI)-oxid in schwach schwefelsaurer Lösung. Die Stromstärke beträgt 9,0 A, die Stromausbeute η = 18%.
    a) Wie viel Chrom (ϱ_{Cr} = 7,0 g/cm^3) wird benötigt?
    b) Wie lange dauert die Verchromung?

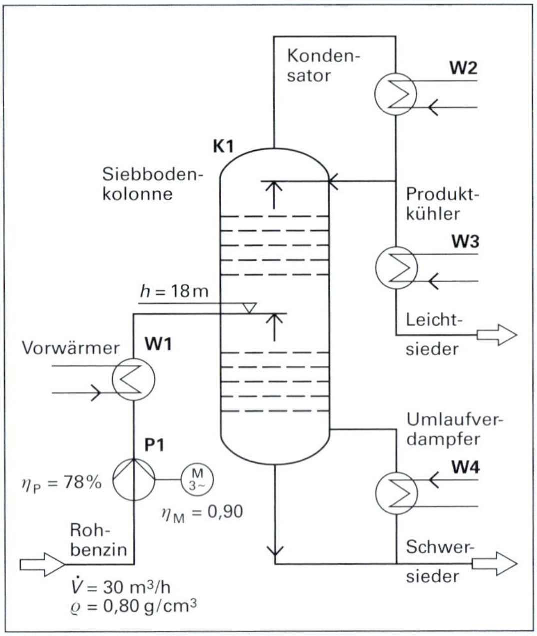

Bild 1: Verfahrensfließbild der Rektifikation von Rohbenzin (Aufgabe 1)

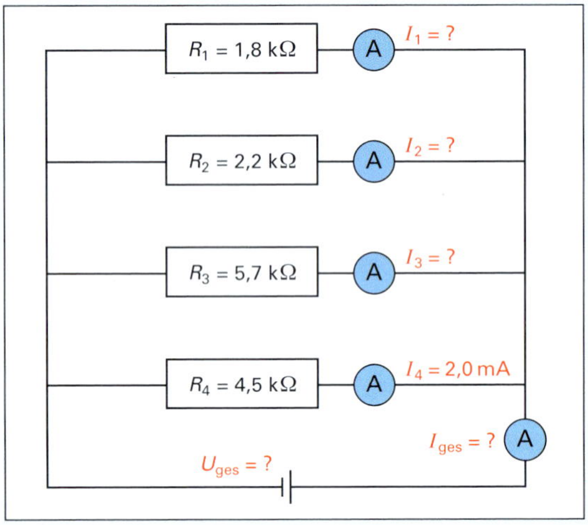

Bild 2: Parallelschaltung von Widerständen (Aufgabe 15)

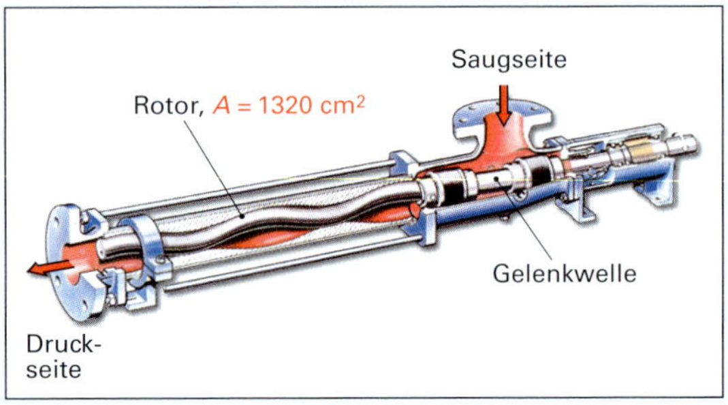

Bild 3: Blick in eine Exzenterschneckenpumpe

9 Berechnungen zur Wärmelehre

9.1 Temperaturskalen

Die grundlegende Ursache für die Temperatur ist die atomistische Teilchenbewegung. Je schneller sich die Teilchen eines Stoffes bewegen, desto höher ist die Temperatur.

Es gibt verschiedene Temperaturskalen (temperature scale). Die in Deutschland gebräuchlichsten sind die Kelvin- und die Celsius-Skale **(Bild 1)**.

Die **thermodynamische Temperatur** ist eine SI-Basisgröße und wird mit dem Großbuchstaben T abgekürzt. Ihr Einheitenname ist das Kelvin, Einheitenzeichen K. Die Kelvin-Skale beginnt beim absoluten Nullpunkt mit null Kelvin.

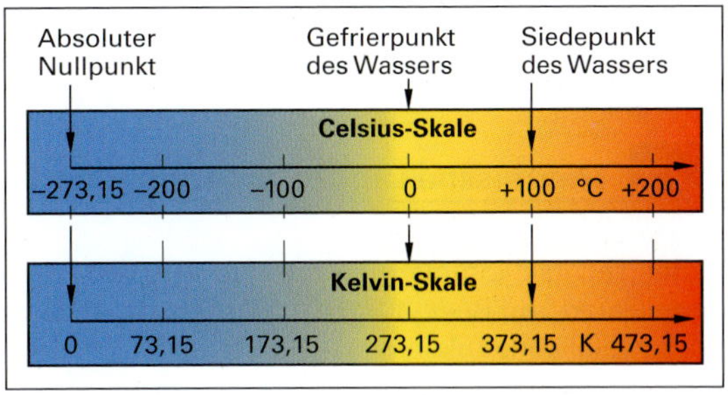

Bild 1: Temperaturskalen

Bei der Celsius-Skale dienen die Schmelz- und die Siedetemperatur des Wassers mit 0 °C und 100 °C als Fixpunkte der Temperatur-Skale **(Bild 1)**. Die Schmelz- und die Siedetemperatur des Wassers liegen somit bei 273,15 K und 375,15 K. Das Größenzeichen der Celsius-Temperatur ist der griechische Kleinbuchstabe ϑ (theta). Ihr Einheitenname ist Grad Celsius, das Einheitenzeichen °C.

Der Abstand zwischen den Fixpunkten des Wassers wird bei der Kelvin- und der Celsius-Temperaturskale in 100 gleiche Teile aufgeteilt und heißt ein Kelvin (1 K) bzw. ein Grad Celsius (1 °C). Temperaturdifferenzen in Kelvin und in Grad Celsius haben deshalb den gleichen Zahlenwert.

Zur Umrechnung von Kelvin-Temperaturen in Celsius-Temperaturen dient die nebenstehende auf Einheiten zugeschnittene Größengleichung. In technischen Berechnungen wird für den Zahlenwert 273,15 meist der Näherungswert 273 verwendet.

Umrechnung: Kelvin-Temperaturen in Grad-Celsius-Temperaturen

$$\frac{T}{\text{K}} = \frac{\vartheta}{°\text{C}} + 273{,}15$$

Beispiel: In einer Anlage zur Lösemittelrückgewinnung wird Ethylmethylketon $CH_3CH_2{-}CO{-}CH_3$ von $\vartheta = 80$ °C auf $T = 293$ K abgekühlt.

a) Wie hoch ist die Temperatur des Ketons nach dem Abkühlen in Grad Celsius?

b) Wie groß sind die Temperaturdifferenzen in Grad Celsius und Kelvin?

Lösung: a) $\frac{T}{\text{K}} = \frac{\vartheta}{°\text{C}} + 273 \Rightarrow \frac{\vartheta}{°\text{C}} = \frac{T}{\text{K}} - 273 = \frac{293\,\text{K}}{\text{K}} - 273 = 20 \Rightarrow \boldsymbol{\vartheta = 20\ °C}$

b) $\Delta\vartheta = 80\ °\text{C} - 20\ °\text{C} = \mathbf{60\ °C}$ $\Delta T = 353\ \text{K} - 293\ \text{K} = \mathbf{60\ K}$

Aufgaben zu Temperaturskalen

1. Bei der Ammoniaksynthese wird die Temperatur des aus Stickstoff und Wasserstoff bestehenden Synthesegases von $T = 293$ K auf das 2,5-fache erhöht. Wie groß ist dann die Temperatur in Grad Celsius?
2. Eine Kühlsole wird beim Durchgang durch einen Wärmeaustauscher von $\vartheta_1 = -35$ °C auf $T_2 = 268$ K erwärmt. Berechnen Sie die Temperaturen T_1, ϑ_2 und die Temperaturdifferenzen $\Delta\vartheta$ und ΔT.
3. Beim Mischen von Eis mit Calciumchlorid $CaCl_2$ fiel die Temperatur von $\vartheta_1 = -3$ °C um $\Delta T = 40$ K. Berechnen Sie die Temperaturen T_1, ϑ_2, T_2 und die Temperaturdifferenz $\Delta\vartheta$.
4. Bei einem Umgebungsdruck von $P_{amb} = 1013$ mbar siedet Stickstoff bei 77 K, Sauerstoff hingegen bei –183 °C. Welche Flüssigkeit hat die höhere Siedetemperatur?
5. Mit welcher Kältemischung kann die größere Temperaturdifferenz erreicht werden?
   a) Wasser/Kaliumchlorid: Absinken der Temperatur von 10 °C auf 261 K.
   b) Wasser/Ammoniumchlorid: Absinken der Temperatur von 283 K auf –15 °C.

9.2 Verhalten der Stoffe bei Erwärmung

Wird einem Körper Wärmeenergie zugeführt, bewirkt dies eine Temperaturerhöhung oder eine Aggregatzustandsänderung. Mit steigender Temperatur nimmt die atomistische Bewegungsenergie der Stoffteilchen zu. In Feststoffen schwingen die Teilchen (Moleküle, Ionen, Atome) stärker um ihre Gitterplätze. In Flüssigkeiten und Gasen bewegen sich die Teilchen frei, wobei ihre Geschwindigkeit mit der Temperatur zunimmt. In allen Aggregatzuständen ist die Zunahme an Bewegungsenergie in der Regel mit einer Volumenvergrößerung verbunden. Falls dies nicht möglich ist, steigt der Druck.

9.2.1 Thermische Längenänderung von Feststoffen

In der Technik kommen Bauteile zum Einsatz, deren Längenabmessung von Bedeutung ist. Dies ist z. B. bei Rohrleitungen oder Metallkonstruktionen der Fall. Beim Erwärmen dehnen sich die Stoffe aus, beim Abkühlen schrumpfen sie **(Bild 1)**. Die Längenänderung Δl (longitudinal deformation), die Feststoffe beim Erwärmen erfahren, steigt mit:

- der Ausgangslänge l_0: $\Delta l \sim l_0$
- dem Längenausdehnungskoeffizienten α: $\Delta l \sim \alpha$
- der Temperaturänderung $\Delta\vartheta$: $\Delta l \sim \Delta\vartheta$

Daraus folgen die nebenstehenden Größengleichungen.

Die Endlänge l_ϑ berechnet sich durch Addieren der Längenänderung Δl zur Ausgangslänge l_0. Die Temperaturänderung $\Delta\vartheta$ ist die Differenz zwischen der Endtemperatur ϑ_2 und der Anfangstemperatur ϑ_1.

Der thermische **Längenausdehnungskoeffizient** α ist von der Stoffart und der Temperatur abhängig. Er hat das Einheitenzeichen 1/K oder K^{-1}.

In **Tabelle 1** sind die Längenausdehnungskoeffizienten einiger Stoffe angegeben. Aluminium hat z. B. den Längenausdehnungskoeffizienten $\alpha(Al) = 24 \cdot 10^{-6}$ 1/K.

Dies bedeutet: Ein ein Meter langer Aluminiumstab dehnt sich beim Erwärmen um ein Grad um $24 \cdot 10^{-6}$ m = 24 µm aus.

Beispiel: Das Rohr eines Rippenrohrwärmetauschers aus Stahl erwärmt sich von 15 °C auf 65 °C. Um wie viel Millimeter verlängert sich ein 2,0 m langes Teilstück des Rohres bei dieser Temperaturschwankung?

Lösung: $\Delta l = l_0 \cdot \alpha \cdot \Delta\alpha = 2{,}0\ \text{m} \cdot 12 \cdot 10^{-6} \cdot 1/\text{K} \cdot 50\ \text{K}$

$\mathbf{\Delta l = 12 \cdot 10^{-4}\ m = 1{,}2\ mm}$

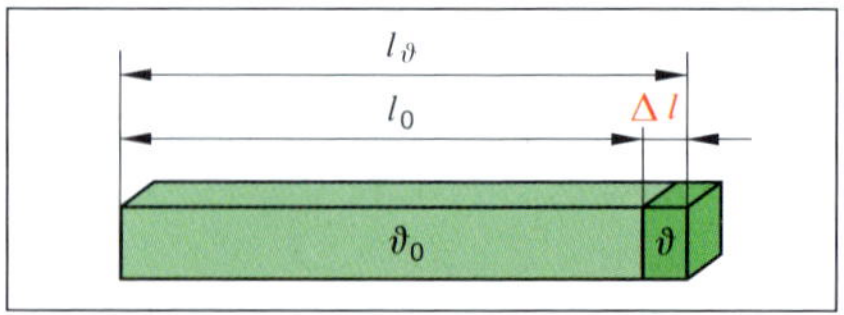

Bild 1: Thermische Längenausdehnung

Thermische Längenänderung	$\Delta l = l_0 \cdot \alpha \cdot \Delta\vartheta$
Länge bei der Temperatur ϑ	$l_\vartheta = l_0 + \Delta l$ $l_\vartheta = l_0(1 + \alpha \cdot \Delta\vartheta)$
Temperaturänderung	$\Delta\vartheta = \vartheta_2 - \vartheta_1$

Tabelle 1: Längenausdehnungskoeffizient α in $10^{-6} \cdot \frac{1}{K}$ bei 20 °C

Werkstoffe	Längenausdehnungskoeffizient
Aluminium	24
Kupfer	17
Messing	18
Platin	9
Unlegierter Stahl	12
Nicht rostender Stahl X5 CrNi 18-10	16
Invar-Stahl	2
Quarz	0,5
Jenaer Glas	8,1
Polyethylen (PE)	200

Aufgaben zur thermischen Längenänderung von Feststoffen

1. Ein bei 20 °C 6,000 m langes Kupferrohr in einem Rohrbündel-Wärmeaustauscher wird von einer Kühlsole ($\vartheta = -15$ °C) durchflossen. Wie groß ist die Längenänderung?
2. Ein 600 mm langes Glasrohr wird in einem Dilatometer von 20,18 °C auf 45,86 °C erwärmt. Dabei dehnt es sich um 125 µm aus. Welchen thermischen Längenausdehnungskoeffizienten hat das untersuchte Glas?
3. Welcher Temperaturschwankung darf eine 80,0 Meter lange Hochdruck-Dampfleitung aus nicht rostendem Stahl (X5 CrNi 18-10) ausgesetzt sein, wenn der eingebaute Dehnungsbogen einen Rohrdehnungsausgleich von 15,0 cm zulässt?

4. Um wie viel Grad Celsius muss ein 14,3 cm langes Messingrohr in einem Bolzensprengapparat erhitzt werden, damit ein eingespannter gusseiserner Bolzen bei einer Längenänderung des Messingrohres von 2,0 mm aufgrund der auftretenden Wärmespannung zerbricht?
5. Ein Rohrstrang aus nicht rostendem Stahl hat bei 22,0 °C eine Länge von 380,0 m. Welche Längenänderung müssen die Dehnungsbögen aufnehmen, wenn im Betrieb Heißdampf von 185,0 °C die Rohrleitung durchströmt?

9.2.2 Thermische Volumenänderung von Feststoffen

Alle festen Körper dehnen sich beim Erwärmen gleichmäßig in Länge, Breite und Höhe aus **(Bild 1).**

Hohlkörper dehnen sich genauso aus wie Vollkörper gleichen Materials und gleicher Größe.

Wenn sich die Kantenlänge eines Würfels von der Anfangslänge l_0 auf die Endlänge l_ϑ ändert, wächst sein Volumen vom Anfangsvolumen V_0 auf das Endvolumen V_ϑ.

Es ergeben sich die folgenden Größengleichungen:

Volumenänderung	$\Delta V \approx V_0 \cdot \gamma \cdot \Delta\vartheta$	$\gamma \approx 3 \cdot \alpha$
Volumen bei der Temperatur ϑ	$V_\vartheta \approx V_0 + \Delta V$ $V_\vartheta \approx V_0 \cdot (1 + \gamma \cdot \Delta\vartheta)$	
Temperaturänderung	$\Delta\vartheta = \vartheta_2 - \vartheta_1$	

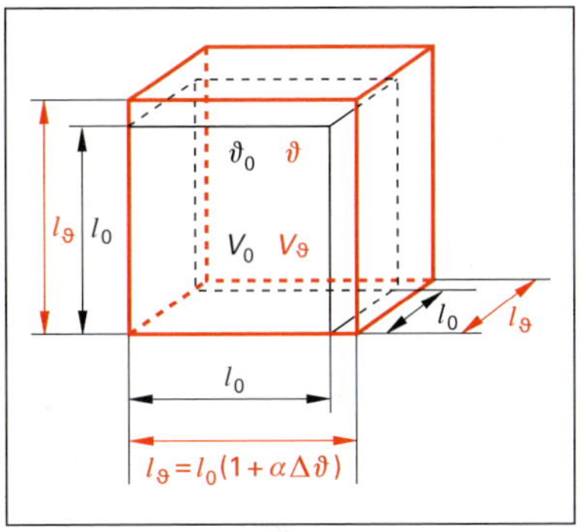

Bild 1: Volumenausdehnung eines Würfels beim Erwärmen

Der **Volumenausdehnungskoeffizient** γ beträgt bei Feststoffen näherungsweise das Dreifache des Längenausdehnungskoeffizienten α ($\gamma \approx 3 \cdot \alpha$).

Beispiel: Eine Hohlkugel aus Edelstahl in einem Schwimmer-Kondensatableiter (Bild 2, Seite 100) hat einen Außendurchmesser von d = 10,0 cm. Um wie viel Prozent vergrößert sich das Volumen der Schwimmerkugel, wenn sie einer Temperaturschwankung von $\Delta\vartheta$ = 160 °C ausgesetzt ist?

Lösung: $V_\vartheta \approx V_0(1 + \gamma \cdot \Delta\vartheta)$ mit $V_0 = \frac{4}{3}\pi \cdot r^3$ und $\gamma \approx 3 \cdot \alpha$ folgt: $V_\vartheta \approx \frac{4}{3}\pi \cdot r^3(1 + 3 \cdot \alpha \cdot \Delta\vartheta)$

$V_\vartheta \approx \frac{4}{3}\pi(5{,}0\ \text{cm})^3 \cdot (1 + 3 \cdot 16 \cdot 10^{-6}\frac{1}{\text{K}} \cdot 160\ \text{K}) \approx 523{,}6\ \text{cm}^3 \cdot 1{,}00768 \approx 527{,}6\ \text{cm}^3$

$\Delta V = V_\vartheta - V_0 = 527{,}6\ \text{cm}^3 - 523{,}6\ \text{cm}^3 = 4{,}0\ \text{cm}^3$

523,6 cm³ entsprechen einem Volumen von 100 %
4,0 cm³ entsprechen einem Volumen von x

$x = \Delta V = \frac{4{,}0\ \text{cm}^3 \cdot 100\,\%}{523{,}6\ \text{cm}^3} = 0{,}764\,\% \approx \mathbf{0{,}76\,\%}$

Aufgaben zur thermischen Volumenänderung von Feststoffen

1. Wie ändert sich das Volumen eines 200-L-Rollreifenfasses (Bild 1, Seite 80) aus nicht rostendem Stahl, wenn es einer Temperaturschwankung von 10 °C ausgesetzt ist?
2. Ein Hochdruck-Kugelgasbehälter für Erdgas hat einen Außendurchmesser von 26,86 m. Wie groß ist die Volumenänderung des Behälters aus Feinkornbaustahl ($\alpha = 11{,}5 \cdot 10^{-6} \cdot 1/\text{K}$), wenn als höchste Sommertemperatur bei Sonneneinstrahlung 45 °C und als tiefste Wintertemperatur –30 °C angenommen wird?
3. Welcher Temperaturänderung darf eine 100-mL-Vollpipette (Bild 1, Seite 204) aus Jenaer Glas ausgesetzt sein, wenn sich ihr Rauminhalt um 10 µL ändert?
4. Ein Kraftstoffbehälter aus Stahlblech fasst bei 20 °C genau 60 Liter. Um welches Volumen nimmt sein Fassungsvermögen bei einer Temperatur von 40 °C zu?
5. Eine massive Messingkugel hat bei 0,03 °C einen Durchmesser von 33,15 mm und bei 100,05 °C den Durchmesser d = 33,21 mm. Wie groß ist die Volumenausdehnungskonstante des untersuchten Messingkörpers?

9.2.3 Thermische Volumenänderung von Flüssigkeiten

Bei gleicher Temperaturerhöhung dehnen sich Flüssigkeiten wegen der geringeren Kohäsionskräfte zwischen den Teilchen viel stärker aus als Feststoffe. Ein Vergleich der Volumenausdehnungskoeffizienten γ_{Fl} für Flüssigkeiten **(Tabelle 1)** mit denen von Feststoffen ($\gamma \approx 3 \cdot \alpha$, Tabelle 1, Seite 274) zeigt, dass die Koeffizienten für Flüssigkeiten in der Regel um den Faktor 10 größer sind. Die Volumenausdehnungskoeffizienten γ_{Fl} sind von der Stoffart und von der Temperatur abhängig.

Die Eigenschaft der Volumenvergrößerung mit steigender Temperatur zeigen fast alle Flüssigkeiten. Eine Ausnahme bildet das Wasser: Es dehnt sich bei 4 °C sowohl beim Abkühlen als auch beim Erwärmen aus. Dieses Verhalten mit einem Dichtemaximum bei 4 °C wird als **Anomalie des Wassers** bezeichnet.

In Analogie zur Längen- und Volumenänderung (change of volume) von Feststoffen berechnet sich die Volumenänderung ΔV von Flüssigkeiten mit den folgenden Größengleichungen.

Volumenänderung	$\Delta V = V_0 \cdot \gamma_{Fl} \cdot \Delta\vartheta$
Volumen bei der Temperatur ϑ	$V_\vartheta = V_0 + \Delta V$
	$V_\vartheta = V_0 \cdot (1 + \gamma_{Fl} \cdot \Delta\vartheta)$
Temperaturänderung	$\Delta\vartheta = \vartheta_2 - \vartheta_1$

Tabelle 1: Volumenausdehnungskoeffizienten γ von Flüssigkeiten in $10^{-3} \cdot K^{-1}$ bei 20 °C

Flüssigkeit	Volumenausdehnungskoeffizient
Aceton	1,43
Benzin	1,00
Diethylether	1,62
Ethanol	1,10
Glycerin	0,59
Maschinenöl	0,26
Methanol	1,19
Nitrobenzol	0,83
Petroleum	0,96
Quecksilber Hg	0,181
Salpetersäure	1,24
Salzsäure	0,30
Schwefelsäure	0,55
Toluol	1,08
Wasser bei 20 °C	0,20
Wasser bei 30 °C	0,30
Wasser bei 70 °C	0,60

Beispiel: Eine Acetonportion (V = 100 mL, ϑ = 40,0 °C) wird auf 20,0 °C abgekühlt. Welches Volumen hat das Aceton dann?

Lösung: $V_\vartheta = V_0 \cdot (1 + \gamma \cdot \Delta\vartheta)$

$V_\vartheta = 100\ \text{mL} \cdot (1 + 1{,}43 \cdot 10^{-3}\ \text{K}^{-1} (20{,}0\ °\text{C} - 40{,}0\ °\text{C})$

$\boldsymbol{V_\vartheta} = 100\text{mL} \cdot (1 - 0{,}02861) = 100\ \text{mL} \cdot 0{,}9714 \approx \mathbf{97{,}1\ mL}$

Relative Volumenänderung von Flüssigkeiten in Behältern

Flüssigkeiten werden in der Regel in Gefäßen und Behältern aufbewahrt. Da sich die Behälter beim Erwärmen der Flüssigkeit mit erwärmen und damit auch ausdehnen, muss dies bei genauen Berechnungen berücksichtigt werden. Zur Berechnung der **relativen Volumenänderung ΔV_{rel}** von Flüssigkeiten unter Berücksichtigung der Gefäßausdehnung gelten die nebenstehenden Größengleichungen.

Relative Volumenänderung

$\Delta V_{rel} = \Delta V_{Fl} - \Delta V_B$

$\Delta V_{rel} = V_0 \cdot (\gamma_{Fl} - \gamma_B) \cdot \Delta\vartheta$

$V_\vartheta = V_0 + \Delta V_{rel}$

$V_\vartheta = V_0 \cdot [1 + (\gamma_{Fl} - \gamma_B) \cdot \Delta\vartheta]$

$\Delta\vartheta = \vartheta_2 - \vartheta_1$

Beispiel: Ein Pyknometer (Bild 1, Seite 296) fasst bei 20,0 °C exakt ein Volumen von 24,87 cm^3 Petroleum. Wie viel Kubikzentimeter Petroleum fließen über, wenn sich das Pyknometer auf 25,0 °C erwärmt?

Lösung: $\Delta V_{rel} = V_0 \cdot [\gamma(\text{Petroleum}) - \gamma(\text{Glas})] \cdot \Delta\vartheta$; mit $\gamma(\text{Glas}) \approx 3 \cdot \alpha(\text{Glas})$ folgt:

$\Delta V_{rel} = V_0 \cdot [\gamma\ (\text{Petroleum}) - 3 \cdot \alpha(\text{Glas})] \cdot \Delta\vartheta$

$\boldsymbol{\Delta V_{rel}} = 24{,}87\ \text{cm}^3 \cdot (960 \cdot 10^{-6} \frac{1}{\text{K}} - 3 \cdot 8{,}1 \cdot 10^{-6} \frac{1}{\text{K}}) \cdot 5{,}0\ \text{K} \approx \mathbf{0{,}12\ cm^3}$

Aufgaben zur thermischen Volumenänderung von Flüssigkeiten

1. Im Vorratstank eines Lösemittellagers befinden sich bei 9,5 °C 1250 L Methanol CH_3OH. Welches Volumen hat das Methanol bei 28,0 °C?
2. Die Dichte des Wassers beträgt bei 20,0 °C $\varrho_1 = 0{,}99821\ g/cm^3$ und bei 100,0 °C $\varrho_2 = 0{,}95835\ g/cm^3$. Wie groß ist der mittlere Volumenausdehnungskoeffizient des Wassers?

3. Der Messfühler eines Flüssigkeits-Federthermometers besteht aus Messing. Er enthält 1,70 cm^3 Dehnflüssigkeit ($\gamma = 1{,}25 \cdot 10^{-3} \cdot 1/K$). Wie groß ist die relative Volumenänderung der Dehnflüssigkeit, wenn die Temperaturänderung 150 °C beträgt?
4. Ein Festdachtank für Nitrobenzol $C_6H_5NO_2$ hat ein Nennvolumen von $20 \cdot 10^3\ m^3$. Welche Volumenänderung hätte das zur Folge, wenn das Nitrobenzol durch natürliche Bewitterung einer Temperaturschwankung von 25 °C ausgesetzt ist?
5. Wie viel Petroleum fließt aus einem Pyknometer (Bild 1, Seite 296) aus Jenaer Glas mit einem Volumen von 48,7586 cm^3 bei 20,0 °C, wenn es auf 30,0 °C erwärmt wird?
6. Ein Vorratstank wurde bei 15,2 °C mit 6.000 kg Glycerin der Dichte $\varrho = 1{,}261\ kg/dm^3$ gefüllt. Welches Volumen nimmt die Tankfüllung nach Erwärmung auf 62,5 °C ein?
7. Wie groß ist die Dichte von Toluol bei 80 °C, wenn es bei 20 °C eine Dichte von 0,867 g/cm^3 hat?
8. Wie groß ist die Volumenverminderung des Acetons in Prozent, wenn es in einem Produktkühler von Siedetemperatur (56 °C) auf 15 °C gekühlt wird?
9. Auf welche Temperatur kann Glycerin von 20 °C höchstens erwärmt werden, wenn die Volumenänderung 1,0 % betragen darf?

9.2.4 Thermische Volumenänderung von Gasen

Wegen der großen Beweglichkeit der Teilchen füllen Gase im Gegensatz zu Flüssigkeiten jeden ihnen zur Verfügung stehenden Raum aus. Beim Erwärmen einer Gasportion steigt die durchschnittliche Teilchengeschwindigkeit an. Die Teilchen prallen häufiger und heftiger gegen die Gefäßwand, wodurch der Druck steigt. Soll der Druck konstant bleiben (isobare Zustandsänderung), muss sich das Volumen vergrößern.

In einem Gasgemisch haben Gasteilchen geringer Masse eine große und Gasteilchen großer Masse eine geringe Durchschnittsgeschwindigkeit. Beide Teilchensorten leisten bei Temperaturerhöhung den gleichen Beitrag zur Volumenvergrößerung. Aus diesem Grund haben alle Gase einen näherungsweise gleich großen Volumenausdehnungskoeffizienten. Er beträgt 1/273 des Volumens, welches das Gas bei einer Temperatur von 0 °C besitzt. Es gilt das **isobare Gasgesetz.**

Volumenänderung von Gasen bei Erwärmung (p = konstant)
(Isobares Gasgesetz)

$$\Delta V = V_0 \cdot \frac{1}{273\,K} \cdot \Delta\vartheta$$
$$V_\vartheta = V_0 + \Delta V$$
$$V_\vartheta = V_0 \cdot \left(1 + \frac{1}{273\,K}\,\Delta\vartheta\right)$$
$$\Delta\vartheta = \vartheta_2 - \vartheta_1$$

Beispiel: Auf wie viel Grad Celsius muss die Temperatur einer Gasportion von ϑ = 0 °C erhöht werden, damit sich ihr Volumen verdoppelt?

Lösung: $\Delta V = V_0 \cdot \frac{1}{273\,K} \cdot \Delta\vartheta \Rightarrow \Delta\vartheta = \frac{\Delta V \cdot 273\,K}{V_0}$

mit $\Delta V = V_0$ folgt: $\Delta\vartheta = 273\,K \mathrel{\hat=} 273\,°C \Rightarrow$ $\boldsymbol{\vartheta = 273\,°C}$

Aufgaben zur thermischen Volumenänderung von Gasen

1. Ein Glockengasbehälter enthält 2.000 m^3 Erdgas bei 0 °C. Um wie viel Kubikmeter vergrößert sich das Volumen der Erdgasportion, wenn die Temperatur auf 20 °C ansteigt?
2. Eine 250-mL-Gasmaus (Bild 1, Seite 120) wird von 0 °C auf 25 °C erwärmt. Wie viel Kubikzentimeter Luft strömen nach dem Öffnen eines Kükenhahns aus?
3. Luft hat bei 0 °C und p_{amb} = 1013 mbar eine Dichte von 1,2929 g/dm^3. Wie groß ist die Dichte der Luft bei 20 °C, wenn der Druck konstant bleibt?
4. Ein Scheibengasbehälter hat bei einem Inhalt von $150 \cdot 10^3\ m^3$ zwischen den Endlagen der Scheibe einen Gesamthub von 67 m. Um wie viel Meter wird die Scheibe abgesenkt, wenn die Gastemperatur bei 50%iger Füllung von 10 °C auf 0 °C sinkt?

Hinweis: Weitere Aufgaben zur Volumenänderung von Gasen befinden sich auf der Seite 118 ff.

9.3 Wärmeinhalt von Stoffportionen

Die Temperatur ϑ einer Stoffportion kann durch Zufuhr von Wärmeenergie erhöht werden. Die zugeführte Wärmemenge *Q* wird in der Stoffportion als Wärmeinhalt gespeichert.

Der Wärmeinhalt *Q* (heat capacity) einer Stoffportion ist der Masse *m*, der stoffspezifischen Wärmekapazität *c* und der Temperaturänderung $\Delta\vartheta$ direkt proportional. Zur Berechnung der Wärmemenge *Q* gilt die nebenstehende Größengleichung.

Die Wärmemenge *Q* hat die Einheit Joule. Sie kann auch in Wattsekunden (Ws) oder Kilowattstunden (kWh) angegeben werden.

Das Wärmeaufnahmevermögen eines Stoffes wird durch die **spezifische Wärmekapazität *c*** charakterisiert. Sie hat das Einheitenzeichen kJ/(kg · K) und ist von der Stoffart, der Temperatur und bei Gasen vom Druck abhängig **(Tabelle 1)**.

Wasser hat z.B. eine spezifische Wärmekapazität von $c(H_2O_{(l)})$ = 4,187 kJ/(kg · K), d.h., um ein Kilogramm Wasser um ein Grad zu erwärmen, ist eine Wärmemenge von 4,187 kJ erforderlich. Wasser hat von allen Flüssigkeiten die größte spezifische Wärmekapazität. Ihr Zahlenwert wird meistens zu 4,19 gerundet.

Beispiel: Das Wasserbad eines Rotationsverdampfers soll von 25 °C auf 55 °C erhitzt werden. Welche Wärmeenergie ist dem Wasser durch Umwandlung von elektrischer Energie zuzuführen, wenn die Masse des Wassers 500 g beträgt?

Lösung: $Q = c \cdot m \cdot \Delta\vartheta$

$= 4{,}19 \text{ kJ/(kg} \cdot \text{K)} \cdot 0{,}500 \text{ kg} \cdot 30 \text{ K} = 62{,}85 \text{ kJ} \approx$ **63 kJ**

Wärmeinhalt einer Stoffportion

$$Q = c \cdot m \cdot \Delta\vartheta$$

Umrechnung von Energieeinheiten

$$1 \text{ J} = 1 \text{ Ws} = 2{,}78 \cdot 10^{-7} \text{ kWh}$$

Tabelle 1: Spezifische Wärmekapazität *c* (ϑ = 20 °C, *p* = 1013 mbar)

Stoffe	*c* kJ/(kg · K)
Chloroform	0,9424
Eis (0 °C)	2,1
Glas (Jena 16 III)	0,78
Holz	2,4
Kupfer	0,38
Nicht rostender Stahl X 5 CrNi 18-10	0,482
Ethanol	2,42
Quecksilber	0,14
Toluol	1,72
Wasser	4,187
Luft	1,01
Wasserdampf (100 °C)	1,94

Aufgaben zum Wärmeinhalt von Stoffportionen

1. In einer Absorptionskälteanlage werden pro Stunde 7,5 Tonnen Calciumchlorid-Lösung ($w(CaCl_2)$ = 30 %) von 5 °C auf –35 °C gekühlt. Welche Wärmemenge muss der $CaCl_2$-Lösung entzogen werden, wenn ihre spezifische Wärmekapazität 2,74 kJ/(kg · K) beträgt?
2. Zum Erhitzen von einem Liter Wasser von 20,6 °C bis zur Siedetemperatur gibt ein Tauchsieder eine Wärmemenge von 0,10 kWh ab. Wie groß sind die Wärmeverluste?
3. Beim Hochofenprozess sind pro Tonne reduziertes Eisen durchschnittlich 4200 m³ Verbrennungsluft („Wind") mit einer Temperatur von 750 °C erforderlich. Welche Wärmemenge muss im Winderhitzer im Gegenstrom mit Gichtgas ausgetauscht werden, wenn die Verbrennungsluft mit einer Temperatur von 20 °C angesaugt wird (ϱ(Luft) = 1,29 g/L)?
4. Welche Wärmemenge muss ein Spiralwärmetauscher (Bild 1, Seite 260) abführen, um 2,5 m³ Ethanol $CH_3{-}CH_2{-}OH$ mit einer Dichte von 0,79 g/cm³ von Siedetemperatur (ϑ_b = 78 °C) auf 18 °C zu kühlen?
5. Beim Öffnen einer Dampfleitung verlängert sich ein 10,0 m langes Rohr aus nicht rostendem Stahl X5 CrNi 18-10 mit einer Masse von 82,4 kg um 16,0 mm.
   a) Um wie viel Grad Celsius hat sich die Dampfleitung erwärmt?
   b) Welche Wärmemenge hat die Rohrleitung aufgenommen?
6. Bei der Rückgewinnung von Ethylmethylketon $CH_3{-}CH_2{-}CO{-}CH_3$ durch Destillation werden zur Kühlung 1,50 t Wasser mit einer Anfangstemperatur von 17,5 °C eingesetzt. Mit welcher Temperatur tritt das Wasser aus dem Kühler, wenn eine Wärmemenge von 167 MJ abgeführt wird?
7. 200 L Toluol $C_6H_5CH_3$ (ϱ = 0,867 g/cm³) von 28,7 °C geben durch Wärmeübergang eine Wärmemenge von 3,00 MJ ab. Welche Endtemperatur wird erreicht?
8. In einem Rührkessel befinden sich 1250 L Benzol ($\varrho(C_6H_6)$ = 0,879 g/cm_3) von 13,0 °C. Mit einer Kühlsole soll das Benzol auf 7,0 °C heruntergekühlt werden. Welche Wärmemenge ist abzuführen, wenn die spezifische Wärmekapazität des Benzols *c* = 1,70 kJ/(kg · K) beträgt?
9. Ein Messingring (*m* = 10,0 g, *d* = 18,0 mm, *c* = 0,39 kJ/(kg · K) soll mit 0,10 mm Spiel auf eine Pumpenwelle aufgezogen werden. Welche Wärmemenge ist dem Messingring zuzuführen?

9.4 Aggregatzustandsänderungen

Stoffe können in den drei Aggregatzuständen fest, flüssig und gasig (gasförmig) vorliegen. Die Aggregatzustände unterscheiden sich unter anderem in der Stärke der Wärmebewegung der Teilchen, und damit in ihrem Energieinhalt, sowie in der Größe der Kohäsionskräfte zwischen den Teilchen.

In **Bild 1** sind die drei Aggregatzustände nach steigendem Energieinhalt angeordnet und die Aggregatzustandsänderungen (change of state) benannt. Die jeweilige Zustandsänderung findet bei jedem Stoff bei einer konstanten, stoffspezifischen Temperatur statt.

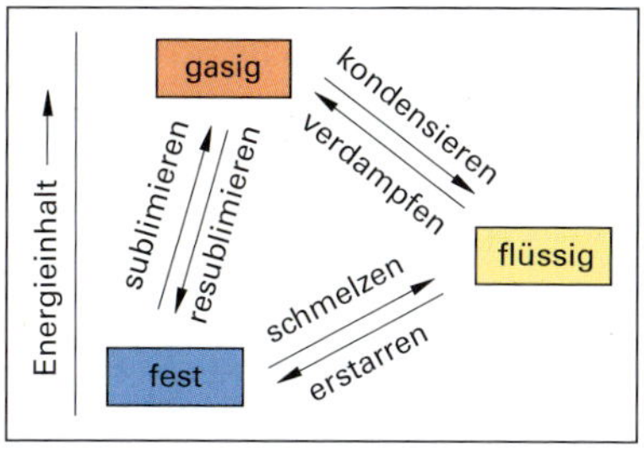

Bild 1: Aggregatzustände und Zustandsänderungen

9.4.1 Schmelzen, Erstarren

Zum Schmelzen eines Feststoffes müssen große Kohäsionskräfte überwunden werden, die den Zusammenhalt der Teilchen im Feststoffgitter bewirken. Hierzu muss der Stoffportion die Schmelzwärme Q_s zugeführt werden.

Die **Schmelzwärme Q_s** (melting heat) ist von der Masse und der Stoffart des zu schmelzenden Stoffes abhängig. Zur Berechnung dient die nebenstehende Größengleichung.

Schmelzwärme, Erstarrungswärme

$$Q_s = Q_e = q \cdot m$$

Die spezifische **Schmelzwärme *q*** gibt an, welche Wärmemenge erforderlich ist, um ein Kilogramm eines Stoffes von Schmelztemperatur zu schmelzen. Sie hat das Einheitenzeichen kJ/kg **(Tabelle 1).**

Tabelle 1: Spezifische Schmelzwärmen *q* und Schmelztemperaturen ϑ_m (p = 1013 mbar)

Stoffe	q in kJ/kg	ϑ_m in °C
Kupfer	213	1083
Blei	23	327,3
Eisen	270	1535
Quecksilber	11,8	– 38,87
Schwefel	50	112,8
Naphthalin	150	80,1
Benzol	126	5,53
Glycerin	200	18
Eis	335	0

Beim Erstarren einer Flüssigkeit von Schmelztemperatur muss die **Erstarrungswärme Q_e** (heat of solidification) entzogen werden. Sie ist genauso groß wie die zum Schmelzen derselben Stoffportion notwendige Schmelzwärme Q_s.

Um eine Stoffportion zu schmelzen, muss sie zuvor auf die Schmelztemperatur ϑ_m erwärmt werden (Index m für melting). Hierzu ist die Wärmemenge $Q = m \cdot c \cdot \Delta\vartheta$ erforderlich (siehe Bild 1, Seite 280). Die Gesamtwärmemenge zum Erwärmen und Schmelzen einer Stoffportion berechnet sich mit nebenstehender Größengleichung.

Erwärmen und Schmelzen eines Feststoffes

$$Q_{ges} = m \cdot c \cdot \Delta\vartheta + q \cdot m$$

Beispiel 1: Welche Wärmemenge ist erforderlich, um 5,0 kg Eis von 0 °C in Wasser von 0 °C zu überführen?

Lösung: Mit q(Eis) = 335 kJ/kg aus Tabelle 1 folgt:

$\boldsymbol{Q_s} = q \cdot m$ = 335 kJ/kg · 5,0 kg = 1675 kJ ≈ **1,7 MJ**

Beispiel 2: Welche Wärmemenge muss 430 g Naphthalin von 20,0 °C zugeführt werden, um es vollständig zu schmelzen? c(Naphthalin) = 1,26 kJ/(kg · K)

Lösung: q(Naphthalin) = 150 kJ/kg; ϑ_m = 80,1 °C (Tabelle 1)

$Q_{ges} = m \cdot c \cdot \Delta\vartheta + q \cdot m$ = 0,430 kg · 1,26 kJ/(kg · K) · (80,1 °C – 20,0 °C) + 150 kJ/kg · 0,430 kg

$\boldsymbol{Q_{ges}}$ = 32,562 kJ + 64,5 kJ = 97,062 kJ ≈ **97,1 kJ**

Aufgaben zum Schmelzen, Erstarren

1. 250 g einer Blei-Schmelze erstarren vollständig. Welche Erstarrungswärme Q_e ist abzuführen?
2. Welche spezifische Schmelzwärme hat eine unbekannte organische Substanz, wenn 30,0 g Feststoff von Schmelztemperatur durch eine Wärmemenge von 4,64 kJ verflüssigt werden?
3. Welche spezifische Schmelzwärme hat Phenol, wenn die molare Schmelzwärme 11,26 kJ/mol beträgt?
4. Welche Wärmemenge wird frei, wenn 750 mL Eisessig (Essigsäure) erstarren?
   Daten von Essigsäure (CH_3COOH): ϑ_m = 16,6 °C, ϱ = 1,05 g/cm³, q = 192,2 kJ/kg.
5. Welche Masse an Eis bildet sich, wenn 1,0 kg unterkühltes Wasser von ϑ = −8,0 °C durch Erschütterung plötzlich gefriert?
6. Ein Eisbereiter produziert pro Stunde 12,0 kg Eis von −3,0 °C aus Wasser von 17,0 °C. Welche Gesamtwärmemenge muss dem Wasser entzogen werden?
7. Welche Masse an Eis von Schmelztemperatur kann durch Zufuhr der Wärmemenge 445 kJ geschmolzen und in Wasser von 45,0 °C überführt werden?
8. 3,5 kg Wasser von 25,0 °C wird die Wärmemenge 600 kJ entzogen. Welche Masse an Eis entsteht?

9.4.2 Verdampfen, Kondensieren

Beim Verdampfen (evaporate) einer Flüssigkeit werden die Kohäsionskräfte, die den Zusammenhalt der Teilchen untereinander bewirken, durch Zufuhr der Verdampfungswänne Q_v im Gegensatz zum Schmelzen praktisch völlig überwunden. Deshalb ist die Verdampfungswärme Q_v stets größer als die Schmelzwärme Q_s des gleichen Stoffes.

Ist eine Flüssigkeitsportion in einem Gebinde eingeschlossen (V = konst.), so kommt es beim Verdampfen zu einem starken Druckanstieg in der dann vorliegenden Gasphase.

Wird einer Flüssigkeit Wärmeenergie zugeführt, so hat dies nicht zwangsläufig einen Temperaturanstieg zur Folge, weil bei einer Aggregatzustandsänderung die Temperatur konstant bleibt. Die zugeführte Wärmeenergie dient bei siedenden Flüssigkeiten nur zur Überwindung der Anziehungskräfte zwischen den Teilchen, nicht zur Erhöhung der Teilchengeschwindigkeit.

Im Temperatur-Wärmeenergie-Diagramm **(Bild 1)** ist die erforderliche Gesamtenergie für die Überführung einer Eisportion mit der Masse m = 1000 g und der Temperatur ϑ = −10 °C in überhitzten Dampf mit ϑ = 110 °C abzulesen. Die Gesamtwärmemenge besteht aus folgenden Teilwärmemengen:

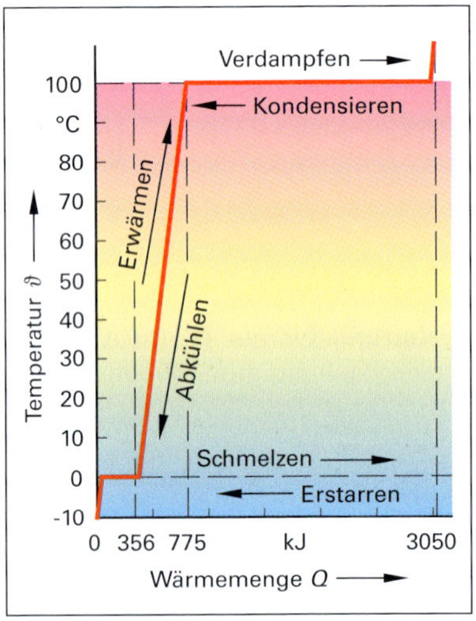

Bild 1: Temperatur-Wärmeenergie-Diagramm des Wassers (m = 1000 g)

- der Wärmemenge Q_1 = 21 kJ zur Erwärmung des Eises von −10 °C auf die Schmelztemperatur 0 °C,
- der Schmelzwärme Q_s = 335 kJ zur Umwandlung des Eises von 0 °C in Wasser von 0 °C,
- der Wärmemenge Q_2 = 419 kJ zur Erwärmung des Wasser von 0 °C auf die Siedetemperatur 100 °C,
- der Verdampfungswärme Q_v = 2256 kJ zur Umwandlung des Wassers von 100 °C in Dampf von 100 °C,
- der Überhitzungswärme Q_3 = 19 kJ zur Erwärmung des Dampfes von 100 °C auf 110 °C.

Die **Verdampfungswärme Q_v** (heat of evaporation) ist von der Masse und der Stoffart des zu verdampfenden Stoffes abhängig. Die Verdampfungswärme berechnet sich nach nebenstehender Größengleichung.

Verdampfungswärme, Kondensationswärme
$Q_v = Q_k = r \cdot m$

Beim Kondensieren eines Gases von Siedetemperatur muss die **Kondensationswärme Q_k** (heat of condensation) entzogen werden. Sie ist genauso groß wie die zum Verdampfen derselben Stoffportion notwendige Verdampfungswärme Q_v.

Die **spezifische Verdampfungswärme *r*** gibt an, welche Wärmemenge erforderlich ist, um ein Kilogramm eines Stoffes von Siedetemperatur zu verdampfen. Sie hat das Einheitenzeichen kJ/kg **(Tabelle 1)**.

Um eine Stoffportion zu verdampfen, muss sie zuvor auf die Siedetemperatur ϑ_b erwärmt werden (Index b für engl. boiling). Hierzu ist die Wärmemenge $Q = m \cdot c \cdot \Delta\vartheta$ erforderlich. Die Gesamtwärmemenge zum Erwärmen und Verdampfen einer Stoffportion berechnet sich mit nebenstehender Formel.

Erwärmen und Verdampfen einer Flüssigkeit

$$Q_{ges} = m \cdot c \cdot \Delta\vartheta + r \cdot m$$

Beispiel 1: Für eine Wasserdampfdestillation werden 28 kg Wasserdampf von 100 °C benötigt. Welche Wärmemenge ist zur Erzeugung dieser Dampfportion erforderlich?

Lösung: Mit *r*(Wasser) = 2256 kJ/kg aus Tabelle 1 folgt:

$$Q_v = r \cdot m = 2256 \text{ kJ/kg} \cdot 28 \text{ kg} = 63160 \text{ kJ} \approx \mathbf{63\ MJ}$$

Beispiel 2: In einer Sorptionsanlage werden stündlich 6,8 kg Brom durch Desorption aus Aktivkohle zurückgewonnen. Welche Wärmemenge ist abzuführen, um das Brom zu kondensieren und anschließend auf 20,0 °C abzukühlen? *c*(Brom) = 0,46 kJ/(kg · K)

Lösung: *r*(Brom) = 183 kJ/kg; $\vartheta_b = 58{,}7$ °C (Tabelle 1)

$$Q_{ges} = m \cdot c \cdot \Delta\vartheta + r \cdot m$$

$$Q_{ges} = 6{,}8 \text{ kg} \cdot 0{,}46 \text{ kJ/(kg} \cdot \text{K)} \cdot (58{,}7 \text{ °C} - 20{,}0 \text{ °C}) + 183 \text{ kJ/kg} \cdot 6{,}8 \text{ kg}$$

$$Q_{ges} = 121{,}05 \text{ kJ} + 1244{,}4 \text{ kJ} = 1365{,}45 \approx \mathbf{1{,}4\ MJ}$$

Tabelle 1: Spezifische Verdampfungswärmen *r* und Siedetemperaturen ϑ_b (p = 1013 mbar)

Stoffe	*r* in kJ/kg	ϑ_b in °C
Aceton	525	56,2
Benzol	394	80,1
Brom	183	58,7
Chloroform	279	61,1
Diethylether	360	34,6
Ethanol	840	78,4
Quecksilber	285	356,6
Toluol	364	110,7
Wasser	2256	100,0

Aufgaben zum Verdampfen, Kondensieren

1. Welche Wärmemenge kann 75 kg Benzol C_6H_6 von Siedetemperatur vollständig verdampfen?
2. Aus einem abgepressten feuchten Filterkuchen ist zum Abdampfen des anhaftenden Lösemittels Ethanol CH_3CH_2OH die Wärmemenge 179 kJ erforderlich. Wie viel Lösemittel wurde abgedampft?
3. Welche spezifische Verdampfungswärme hat Methanol CH_3OH, wenn zum Verdampfen von 250 g Methanol bei Siedetemperatur die Wärmemenge 257 kJ erforderlich ist?
4. 150 g Aceton CH_3COCH_3 von 22,5 °C sollen vollständig verdampft werden. Welche Wärmemenge ist dazu erforderlich? (*c*(Aceton) = 2,16 kJ/(kg · K))
5. In einer Anlage zur Rückgewinnung von Lösemittel **(Bild 1)** werden pro Stunde 2,5 m³ Toluol $C_6H_5CH_3$ der Dichte ϱ = 0,867 g/cm³ kondensiert und anschließend in einem Produktkühler auf 15,7 °C gekühlt. Welche Wärmemenge ist abzuführen?
6. 180 g Chloroformdampf $CHCl_3$ von Siedetemperatur wird die Wärmemenge 50 kJ entzogen. Auf welche Temperatur kühlt sich das entstehende Kondensat ab?

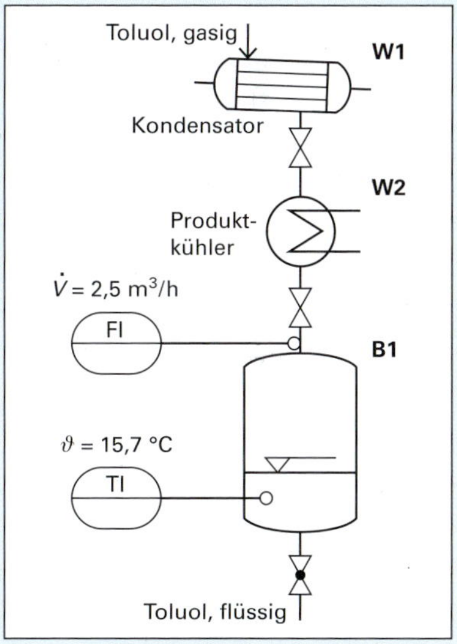

Bild 1: Anlage zur Lösemittelrückgewinnung (Aufgabe 5)

9.5 Siedepunkterhöhung

Der Siedepunkt eines Lösemittels ist die Temperatur, bei welcher der Dampfdruck des Lösemittels die Höhe des umgebenden Druckes erreicht **(Bild 1a)**. Während der Siedepunkt eines Lösemittels nur von der Stoffart und dem Umgebungsdruck abhängt, wird der Siedepunkt einer Lösung darüber hinaus von der Anzahl der in der Lösung gelösten Teilchen bestimmt. Dies hat folgende Ursachen:

Durch Lösen eines Stoffes in einem Lösemittel wird der Gehalt an Lösemittelmolekülen verringert, da die Masse der Lösung zunimmt **(Bild 1 b)**. Ferner werden beim Lösen eines nichtflüchtigen Stoffes die Teilchen des gelösten Stoffes von den Lösemittelmolekülen umhüllt (solvatisiert). Da die Lösemittelmoleküle in der Solvathülle gebunden sind, verringert sich demzufolge die durchschnittliche Teilchenbewegung der Lösemittelmoleküle.

Beide Faktoren haben in der Lösung einen geringeren Gehalt an freien Lösemittelmolekülen mit einer schwächeren durchschnittlichen Teilchenbewegung zur Folge. Aus diesem Grund kann das Sieden nur bei einer höheren Temperatur erfolgen, um in der Lösung den zum Sieden erforderlichen Dampfdruck zu erreichen.

Der Siedepunkt einer Lösung liegt um die Temperaturdifferenz $\Delta\vartheta_b$ höher als der Siedepunkt des reinen Lösemittels.

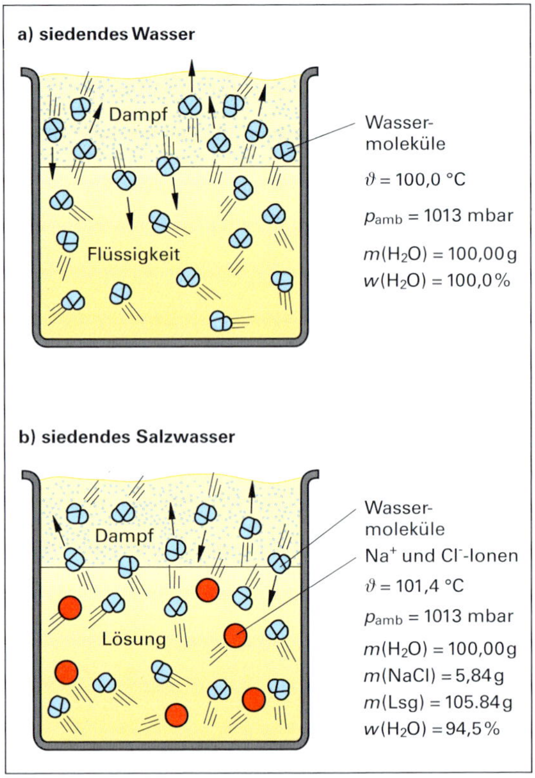

Bild 1: Siedepunkterhöhung des Wassers

Die Größe der **Siedepunkterhöhung** (boiling point increasement) ist nicht von der Art des gelösten Stoffes X abhängig, sondern nur von der Anzahl der gelösten Stoffteilchen. Dieses als **kolligative Eigenschaft** (colligative property) bezeichnete Phänomen kommt nur durch das gemeinsame Zusammenwirken der Gesamtzahl an gelösten Teilchen zustande, unabhängig davon, um welche Art von Teilchen es sich handelt.

Beispiel: Ein Mol Natriumchlorid mit der Masse $m(NaCl) = 58{,}4$ g verursacht in einem Kilogramm Wasser die gleiche Siedepunkterhöhung von 1,4 °C wie zwei Mol Zucker mit einer Masse von $m(C_6H_{12}O_6) = 360{,}3$ g. Ursache ist die doppelte Anzahl an Teilchen in der Natriumchlorid-Lösung, die infolge der Dissoziation des Natriumchlorids in Natrium-Ionen und Chlorid-Ionen in der Lösung vorliegen.

$$C_6H_{12}O_{6(s)} \xrightarrow{H_2O} C_6H_{12}O_{6(aq)}$$

$$NaCl_{(s)} \xrightarrow{H_2O} Na^+_{(aq)} + Cl^-_{(aq)}$$

Der Betrag der Siedepunkterhöhung $\Delta\vartheta_b$ einer Lösung steigt bei Stoffen, die nicht dissoziieren, mit der Stoffmenge des gelösten Stoffes $n(X)$ pro Masse Lösemittel an: $\Delta\vartheta_b = n(X)/m(Lm)$.

Der Quotient aus der Stoffmenge $n(X)$ und der Masse an Lösemittel $m(Lm)$ wird **Molalität *b*** genannt.

Molalität

$$b(X) = \frac{n(X)}{m(Lm)}$$

Aus der Proportionalität $\Delta\vartheta_b \sim b(X)$ erhält man mit der **ebullioskopischen Konstanten K_b(Lm)** (ebullioscopic constant) des Lösemittels als Proportionalitätsfaktor die nebenstehende Bestimmungsgleichung für die Siedepunkterhöhung $\Delta\vartheta_b$.

Siedepunkterhöhung

$$\Delta\vartheta_b = K_b(Lm) \cdot b(X) \cdot \nu$$

Die ebullioskopische Konstante K_b(Lm) (vgl. Tabelle 1, Seite 285) berücksichtigt die Art des Lösemittels. Sie entspricht der Siedepunkterhöhung, die in einem Kilogramm Lösemittel durch ein Mol gelöster Stoffe hervorgerufen wird. Man nennt sie deshalb auch **molale Siedepunkterhöhung**.

Das Größenzeichen ν (griechischer Kleinbuchstabe ny) gibt die Anzahl der bei der Dissoziation einer Formeleinheit entstehenden Ionen an.

Mit der Molalität $b(X) = n(X)/m(\text{Lm})$ und der Stoffmenge an gelöstem Stoff $n(X) = m(X)/M(X)$ lässt sich durch Einsetzen in $\Delta\vartheta_b = K_b(\text{Lm}) \cdot b(X) \cdot \nu$ die Größengleichung zur Berechnung der Siedepunkterhöhung ableiten.

Siedepunkterhöhung

$$\Delta\vartheta_b = \frac{K_b(\text{Lm}) \cdot m(X) \cdot \nu}{M(X) \cdot m(\text{Lm})}$$

Beispiel: Beim Anfahren einer Membranzelle (Bild 3, Seite 251) wurde eine nahezu chloridfreie Zellenlauge mit einem Massenanteil an Natriumhydroxid von $w(\text{NaOH}) = 20\,\%$ erhalten. Sie soll in einer Mehrkörperverdampferanlage **(Bild 1)** auf einen Massenanteil von 50% aufkonzentriert werden. Welche Siedetemperatur hat die Zellenlauge im ersten Verdampfer unter Normdruck? Die molare Masse des Natriumhydroxids beträgt: $M(\text{NaOH}) = 40$ g/mol.

Lösung: Vorüberlegungen:

1. Bei der elektrolytischen Dissoziation einer Formeleinheit Natriumhydroxid in Wasser werden zwei Ionen gebildet:

$$NaOH_{(s)} \xrightarrow{H_2O} Na^+_{(aq)} + OH^-_{(aq)} \quad \Rightarrow \quad \nu = 2.$$

2. 100 g Natronlauge mit dem Massenanteil $w(\text{NaOH}) = 20\,\%$ enthalten 20 g Natriumhydroxid und 80 g Wasser.

$$\Delta\vartheta_b = \frac{K_b(H_2O) \cdot m(\text{NaOH}) \cdot \nu}{M(\text{NaOH}) \cdot m(H_2O)} = \frac{0{,}521\,\text{K} \cdot 10^3\,\text{g} \cdot \text{mol}^{-1} \cdot 20\,\text{g} \cdot 2}{40\,\text{g} \cdot \text{mol}^{-1} \cdot 80\,\text{g}}$$

$\Delta\vartheta_b = 6{,}51\,\text{K} \approx$ **6,5 °C**

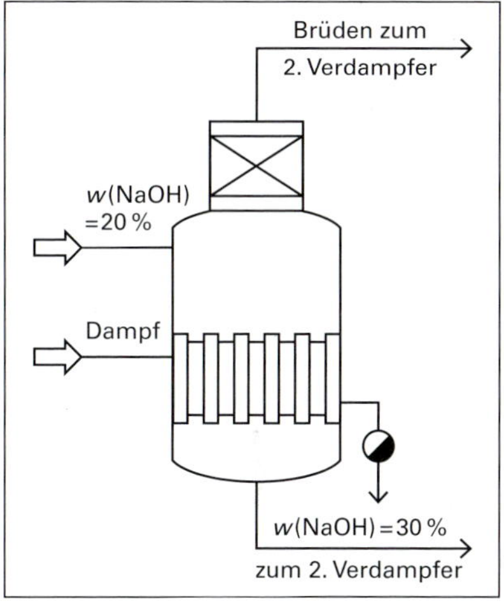

Bild 1: Aufkonzentrieren von Natronlauge

Aufgaben zur Siedepunkterhöhung

1. Eine nach dem SOLVAY-Verfahren als Nebenprodukt entstandene Calciumchlorid-Lösung mit einem Massenanteil an Calciumchlorid von $w(CaCl_2) = 20\,\%$ soll in einem Umlaufverdampfer aufkonzentriert werden. Bei welcher Temperatur siedet die Calciumchlorid-Lösung unter Normdruck?

2. Welche Siedepunkterhöhung ist zu erwarten, wenn 890 mg des kondensierten Aromaten Naphthalin $C_{10}H_8$ in 50,0 g des cyclischen Ethers 1,4-Dioxan gelöst werden **(Bild 2)**?

3. 1,188 g Schwefel werden in 50,5 g Schwefelkohlenstoff (Kohlenstoffdisulfid, CS_2) gelöst. Die Lösung siedet bei einer Temperatur von 46,66 °C. Welche molare Masse haben die Schwefelmoleküle? Aus wie vielen Schwefelatomen besteht ein Schwefelmolekül?

4. Um 100 kg Ethanol aus steuerlichen Gründen als Genussmittel unbrauchbar zu machen, werden ihm für pharmazeutische Zwecke zum Denaturieren beispielsweise 100 g des bicyclischen Ketons Campher ($C_{10}H_{16}O$) **(Bild 2)** zugesetzt. Wird dadurch die Siedetemperatur des Ethanols nennenswert beeinflusst?

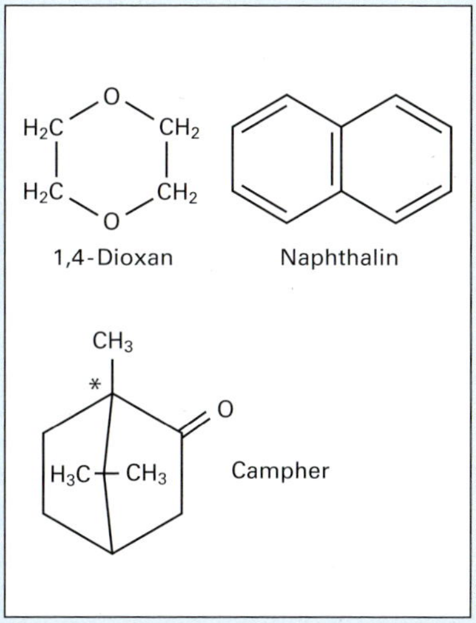

Bild 2: Strukturformeln organischer Verbindungen

9.6 Gefrierpunkterniedrigung

Der Gefrierpunkt ist die Temperatur, bei der sowohl der feste als auch der flüssige Aggregatzustand eines Stoffes miteinander in einem dynamischen Gleichgewicht stehen **(Bild 1a).**

Während der Gefrierpunkt eines Lösemittels im Wesentlichen nur von der Stoffart abhängt, wird der Gefrierpunkt einer Lösung zusätzlich von der Anzahl der in der Lösung gelösten Teilchen bestimmt. Dies hat folgende Ursachen:

Durch Lösen eines Stoffes in einem Lösemittel wird der Gehalt an Lösemittelmolekülen verringert, da die Masse der Lösung zunimmt **(Bild 1b).** Demzufolge ist auch die Anzahl der Lösemittelteilchen geringer, die in den Kristallverband eingebaut werden können.

Ferner werden beim Lösen die Teilchen des gelösten Stoffes von den Lösemittelmolekülen umhüllt (solvatisiert). Da die Lösemittelmoleküle nun in der Solvathülle gebunden sind, stehen sie somit nicht mehr zur Bildung des Kristallverbands zur Verfügung. Darüber hinaus stören die Teilchen des gelösten Stoffes die Bildung des festen Aggregatzustands.

Die genannten Faktoren haben in der Lösung einen geringeren Gehalt an freien Lösemittelmolekülen mit einer gestörten Teilchenbewegung zu Folge. Aus diesem Grund kann das Gefrieren nur bei einer tieferen Temperatur erfolgen, um in der Lösung die zum Erstarren erforderliche geringere Teilchenbewegung zu erreichen.

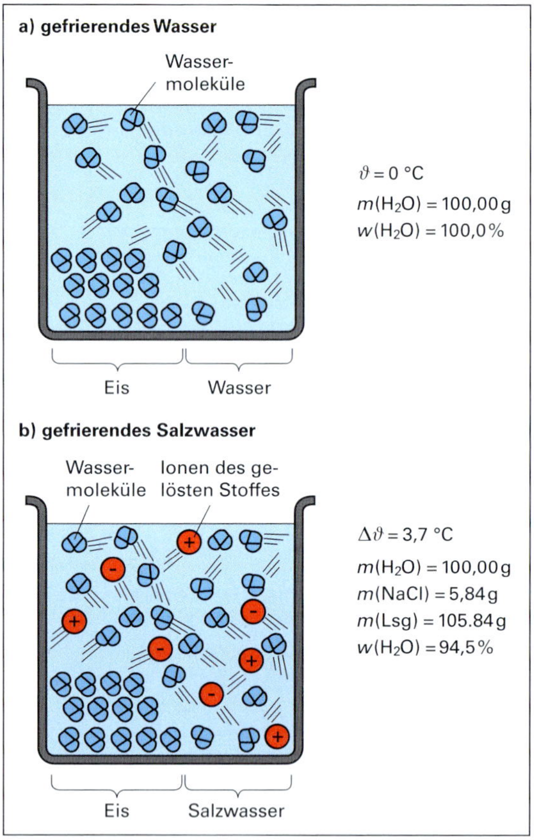

Bild 1: Gefrierpunkterniedrigung des Wassers

> Der Gefrierpunkt einer Lösung liegt um die Temperaturdifferenz $\Delta\vartheta_m$ niedriger als der Gefrierpunkt des reinen Lösemittels.

Die Größe der **Gefrierpunkterniedrigung** (freezing point depression) ist wie bei der Siedepunkterhöhung unter anderem nur von der Anzahl der gelösten Stoffteilchen abhängig. Die Stoffart des gelösten Stoffes hat auf die Gefrierpunkterniedrigung keinen Einfluss (kolligative Eigenschaft, vgl. Seite 282).

Für die Gefrierpunkterniedrigung $\Delta\vartheta_m$ einer Lösung gibt es, ähnlich wie bei der Siedepunkterhöhung, eine proportionale Abhängigkeit von der Molalität b. Mit der lösemittelspezifischen **kryoskopischen Konstante K_m(Lm)** (cryoscopic constant), der Anzahl ν der bei der Dissoziation einer Formeleinheit entstehenden Ionen und den Gleichungen zur Berechnung der Molalität $b(X) = n(X)/m(Lm)$ und der Stoffmenge $n(X) = m(X)/M(X)$ lässt sich durch Einsetzen in die Beziehung $\Delta\vartheta_m = K_m(Lm) \cdot b(X) \cdot \nu$ die unten angegebene Formel zur Berechnung der Gefrierpunkterniedrigung ableiten.

Die kryoskopische Konstante K_m(Lm) und die ebullioskopische Konstante K_b(Lm) sind für die gängigen Lösemittel bestimmt worden und können Tabellen entnommen werden (**Tabelle 1,** folgende Seite).

Gefrierpunkterniedrigung
$\Delta\vartheta_m = K_m(Lm) \cdot b \cdot \nu = \frac{K_m(Lm) \cdot m(X) \cdot \nu}{M(X) \cdot m(Lm)}$

Beispiel: Zur Chemisorption von Abluft in einem Waschturm wird kalte Natronlauge mit einem Massenanteil von $w(NaOH)$ = 25 % und einer Temperatur von ϑ = 0 °C benötigt. Die Lauge soll in einem mit Methanolsole betriebenen Wärmeaustauscher gekühlt werden. Welche Masse an Methanol ist mit 500 kg Wasser zu mischen, wenn die Sole eine Gefrierpunkterniedrigung von 10 °C haben soll?

Lösung: $$\Delta\vartheta_m = \frac{K_m(H_2O) \cdot m(CH_3OH) \cdot \nu}{M(CH_3OH) \cdot m(H_2O)} \Rightarrow$$

$$\boldsymbol{m(CH_3OH)} = \frac{\Delta\vartheta_m \cdot M(CH_3OH) \cdot m(H_2O)}{K_m(H_2O) \cdot \nu}$$

$$= \frac{10\ K \cdot 32{,}04\ g \cdot mol^{-1} \cdot 500\ kg}{1{,}858\ K \cdot kg \cdot mol^{-1} \cdot 1} \approx \mathbf{86\ kg}$$

Tabelle 1: Schmelztemperatur ϑ_m und Siedetemperatur ϑ_b sowie kryoskopische Konstante K_m und ebullioskopische Konstante K_b von Lösemitteln

Lösemittel	ϑ_m in °C	K_m in $\frac{K \cdot kg}{mol}$	ϑ_b in °C	K_b in $\frac{K \cdot kg}{mol}$
Anilin	−5,96	5,87	184,3	3,69
Benzol	5,495	5,065	80,15	2,64
Campher	179,5	40,0	204	6,09
1,4-Dioxan	11,3	4,70	100,8	3,13
Essigsäure	16,60	3,90	118,5	3,08
Ethanol	−114,6	1,99	78,3	1,20
Nitrobenzol	5,668	6,89	210,9	5,27
Wasser	0	1,858	100	0,521

Aufgaben zur Gefrierpunkterniedrigung

1. 100 kg einer Wasserportion wurden zur Gefrierpunkterniedrigung 11,1 kg des Frostschutzmittels Diethylenglycol $HO{-}CH_2{-}CH_2{-}OH$ zugesetzt. Welchen Gefrierpunkt hat die Lösung, wenn die molare Masse des Diethylenglycols 62,1 g/mol beträgt?
2. Die Kühlsole einer Kälteanlage enthält in 100 kg Wasser 17,2 kg Calciumchlorid $CaCl_2$. Welche Gefrierpunkterniedrigung wird dadurch erzielt, wenn von einer vollständigen Dissoziation des Salzes ausgegangen wird? ($M(CaCl_2)$ = 111,0 g/mol)
3. Bei welcher Temperatur erstarrt eine wässrige Ammoniumchlorid-Lösung mit dem Massenanteil $w(NH_4Cl)$ = 10,0 %, wenn die molare Masse des Salzes $M(NH_4Cl)$ = 53,5 g/mol beträgt und eine vollständige Dissoziation angenommen wird?
4. Zur Bestimmung der molaren Masse eines organischen Feststoffes werden 1,034 g der Substanz in 53,458 g Campher (Bild 2, Seite 283) gelöst. Der Erstarrungspunkt der Lösung liegt um 4,23 K niedriger als der Erstarrungspunkt des reinen Camphers. Welche molare Masse hat die untersuchte Substanz?

9.7 Temperaturänderung beim Mischen von Flüssigkeiten

Beim Mischen von Flüssigkeitsportionen mit unterschiedlichen Massen m, Wärmekapazitäten c und Temperaturen ϑ erfolgt im Laufe der Zeit ein Temperaturausgleich, bis die Stoffe eine gemeinsame **Mischungstemperatur** ϑ_M (mixing temperature) erreicht haben **(Bild 1)**.

Beim Mischen von Flüssigkeiten wird die Mischungstemperatur schon nach kurzer Zeit erreicht.

Der wärmere Stoff gibt so lange Wärmeenergie ab, bis seine Anfangstemperatur auf die Mischungstemperatur gefallen ist.

Der kältere Stoff nimmt die abgegebene Wärmemenge auf und erwärmt sich dabei auf die Mischungstemperatur.

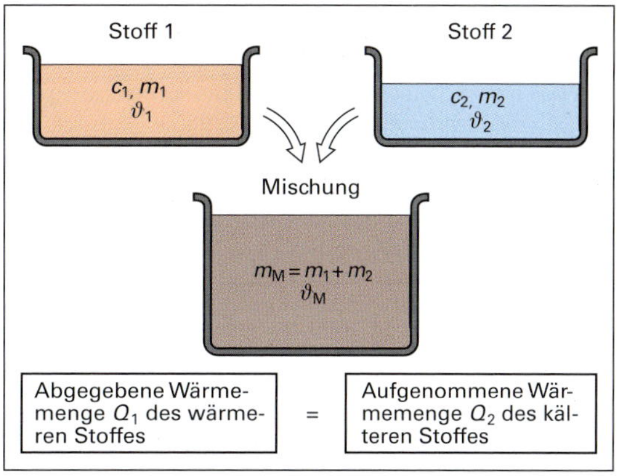

Bild 1: Temperaturen beim Mischen von Flüssigkeiten

Temperaturänderung ohne Wärmeverluste

Wenn bei einem Mischvorgang durch vollständige Isolation keine Wärmeverluste auftreten, sind die zwischen den Stoffen ausgetauschten Wärmemengen gleich groß: $Q_1 = Q_2$.

Mit $Q = c \cdot m \cdot \Delta\vartheta$ wird nach dem Gleichsetzen eine Größengleichung erhalten, aus der sich die **Mischungstemperatur ϑ_M** nach dem Ausmultiplizieren und Umstellen berechnen lässt.

Diese so genannte Mischungsgleichung gilt für Mischungen aus Flüssigkeiten sowie Flüssigkeiten und Feststoffen, wenn keine Änderung des Aggregatzustands und keine Lösungswärme beim Mischen auftritt.

Wärmemischungsgleichung

$$Q_1 = Q_2$$

$$c_1 \cdot m_1 \cdot (\vartheta_1 - \vartheta_M) = c_2 \cdot m_2 \cdot (\vartheta_M - \vartheta_2)$$

Wärme abgebender Stoff: Index 1 — Wärme aufnehmender Stoff: Index 2

Mischungstemperatur ohne Wärmeverluste

$$\vartheta_M = \frac{c_1 \cdot m_1 \cdot \vartheta_1 + c_2 \cdot m_2 \cdot \vartheta_2}{c_1 \cdot m_1 + c_2 \cdot m_2}$$

Beispiel 1: Welche Mischungstemperatur ergibt sich, wenn 40,0 kg Ethanol CH_3CH_2OH von 20 °C mit 60,0 kg Wasser von 10 °C gemischt und Wärmeverluste vernachlässigt werden?

Lösung:

$$\vartheta_M = \frac{c_1 \cdot m_1 \cdot \vartheta_1 + c_2 \cdot m_2 \cdot \vartheta_2}{c_1 \cdot m_1 + c_2 \cdot m_2} = \frac{2{,}42\,\text{kJ}\,(\text{kg} \cdot \text{K}) \cdot 40{,}0\,\text{kg} \cdot 20\,°\text{C} + 4{,}19\,\text{kJ}\,(\text{kg} \cdot \text{K}) \cdot 60{,}0\,\text{kg} \cdot 10\,°\text{C}}{2{,}42\,\text{kJ}\,(\text{kg} \cdot \text{K}) \cdot 40{,}0\,\text{kg} + 4{,}19\,\text{kJ}\,(\text{kg} \cdot \text{K}) \cdot 60{,}0\,\text{kg}}$$

$$\boldsymbol{\vartheta_M} = \frac{2{,}42 \cdot 40{,}0 \cdot 20\,°\text{C} + 4{,}19 \cdot 60{,}0 \cdot 10\,°\text{C}}{2{,}42 \cdot 40{,}0 + 4{,}19 \cdot 60{,}0} = \frac{1936\,°\text{C} + 2514\,°\text{C}}{96{,}8 + 251{,}4} = 12{,}78\,°\text{C} \approx \mathbf{13\,°C}$$

Beispiel 2: Welche Masse an Wasser von 45 °C muss mit 5,0 kg Wasser von 15 °C gemischt werden, damit eine Mischungstemperatur von 40 °C erreicht wird?

Lösung: Da Stoffe mit gleicher spezifischer Wärmekapazität $c = c_1 = c_2$ gemischt werden, vereinfacht sich die Wärmemischungsgleichung nach dem Ausklammern und Kürzen der spezifischen Wärmekapazitäten c

zu: $m_1 \cdot (\vartheta_1 - \vartheta_M) = m_2 \cdot (\vartheta_M - \vartheta_2) \Rightarrow \boldsymbol{m_1} = \frac{m_2 \cdot (\vartheta_M - \vartheta_2)}{\vartheta_1 - \vartheta_M} = \frac{5{,}0\,\text{kg} \cdot (40\,°\text{C} - 15\,°\text{C})}{45\,°\text{C} - 40\,°\text{C}} = \mathbf{25\,kg}$

Temperaturänderung mit Wärmeverlusten

In der betrieblichen Praxis geht während des Mischungsvorgangs Wärme an die Umgebung verloren. Diese Verlustwärme Q_{Verl} senkt die **Mischungstemperatur ϑ_{MV}** gegenüber der Mischungstemperatur ϑ_M ohne Wärmeverlust ab.

Die bei einem Mischvorgang an die Umgebung abgegebene **Verlustwärme Q_{Verl}** lässt sich durch Messen der Ausgangs- und der Mischungstemperatur für einen bestimmten Mischvorgang aus der Differenz der Wärmemengen der Mischungskomponenten berechnen.

Mischungstemperatur bei Wärmeverlust

$$\vartheta_{MV} = \frac{c_1 \cdot m_1 \cdot \vartheta_1 + c_2 \cdot m_2 \cdot \vartheta_2 - Q_{Verl}}{c_1 \cdot m_1 + c_2 \cdot m_2}$$

Verlustwärme

$$Q_{Verl} = c_1 \cdot m_1(\vartheta_1 - \vartheta_M) - c_2 \cdot m_2(\vartheta_M - \vartheta_2)$$

Beispiel: 150 g Wasser von 75 °C werden in einem Becherglas mit 220 g Wasser von 13 °C gemischt. Die Mischungstemperatur beträgt 35 °C. Wie groß sind die Wärmeverluste während des Mischvorgangs?

Lösung: $Q_{Verl} = c_1 \cdot m_1(\vartheta_1 - \vartheta_M) - c_2 \cdot m_2(\vartheta_M - \vartheta_2)$

$\boldsymbol{Q_{Verl}} = 4{,}19\,\text{kJ/(kg} \cdot \text{K)} \cdot 150\,\text{g} \cdot (75\,°\text{C} - 35\,°\text{C}) - 4{,}19\,\text{kJ/(kg} \cdot \text{K)} \cdot 220\,\text{g} \cdot (35\,°\text{C} - 13\,°\text{C}) \approx \mathbf{4{,}9\,kJ}$

9.8 Temperaturänderung beim direkten Heizen und Kühlen

Direkte Dampfbeheizung (direct steam-heating)

Beim direkten Aufheizen einer Flüssigkeit durch Einleiten von Wasserdampf in die Flüssigkeit **(direkte Dampfbeheizung)** kondensiert der Wasserdampf. Er gibt seine Kondensationswärme Q_K an die Flüssigkeit ab, wodurch die Temperatur der Flüssigkeit ansteigt. Das entstehende Kondensat mischt sich mit der Flüssigkeit. Es kühlt sich dabei von der Siedetemperatur ϑ_b = 100 °C auf die Mischungstemperatur ϑ_{MK} ab, wodurch die Temperatur der Flüssigkeit weiter ansteigt.

Wärmemenge, die der Dampf durch Kondensieren abgibt Q_K	+	Wärmemenge, die das Kondensat durch Abkühlen abgibt Q_1	=	Wärmemenge, die die Flüssigkeit durch Erwärmen aufnimmt Q_2
$r \cdot m_1$	+	$c_1 \cdot m_1 \cdot (\vartheta_b - \vartheta_{MK})$	=	$c_2 \cdot m_2 \cdot (\vartheta_{MK} - \vartheta_2)$

Die **Mischungstemperatur ϑ_{MK}** lässt sich aus der Bilanz der abgegebenen und aufgenommenen Wärmemengen in der Flüssigkeit berechnen (siehe rechts).

Mischungstemperatur beim Kondensieren einer Mischphase

$$\vartheta_{MK} = \frac{m_1 (c_1 \cdot \vartheta_b + r) + c_2 \cdot m_2 \cdot \vartheta_2}{c_1 \cdot m_1 + c_2 \cdot m_2}$$

Da die Kondensationswärme von Wasserdampf ($r(H_2O)$ = 2256 kJ/kg) sehr groß ist, lässt sich mit kleinen Dampfmengen eine große Erwärmung erzielen.

Beispiel: Wie viel Kilogramm Sattdampf von 1013 mbar werden zur direkten Dampfbeheizung benötigt, um 840 kg Calciumchlorid-Lösung von 12,0 °C auf 74,0 °C zu erwärmen? $c(CaCl_2\text{-Lsg})$ = 3,165 kJ/(kg · K)

Lösung: $r \cdot m_1 + c_1 \cdot m_1 \cdot (\vartheta_b - \vartheta_{MK}) = c_2 \cdot m_2 \cdot (\vartheta_{MK} - \vartheta_2)$ nach dem Ausklammern und Umstellen folgt für m_1:

$$\boldsymbol{m_1} = \frac{c_2 \cdot m_2 \cdot (\vartheta_{MK} - \vartheta_2)}{c_1 \cdot (\vartheta_b - \vartheta_{MK}) + r} = \frac{3{,}165\,\text{kJ/(kg}\cdot\text{K)} \cdot 840\,\text{kg} \cdot (74{,}0\,°\text{C} - 12{,}0\,°\text{C})}{4{,}19\,\text{kJ (kg}\cdot\text{K)} \cdot (100\,°\text{C} - 74{,}0\,°\text{C}) + 2256\,\text{kJ/kg}} = \frac{164\,833{,}2\,\text{kJ}}{2364{,}94\,\text{kJ/kg}} \approx \mathbf{69{,}7\,kg}$$

Direkte Eiskühlung (direct ice-cooling)

Beim **direkten Kühlen** einer Flüssigkeit durch Zugabe von Eis in die Flüssigkeit **(direkte Eiskühlung)** schmilzt das Eis. Es nimmt Schmelzwärme Q_m aus der Flüssigkeit auf, wodurch die Temperatur der Flüssigkeit absinkt. Das entstehende Schmelzwasser mischt sich mit der Flüssigkeit. Es erwärmt sich dabei von der Schmelztemperatur ϑ_m = 0 °C auf die Mischungstemperatur ϑ_{ME}, wodurch die Temperatur der Flüssigkeit weiter abfällt.

Wärmemenge, die das Eis durch Schmelzen aufnimmt Q_m	+	Wärmemenge, die das Schmelzwasser durch Erwärmen aufnimmt Q_1	=	Wärmemenge, die die Flüssigkeit durch Abkühlen abgibt Q_2
$q \cdot m_1$	+	$c_1 \cdot m_1 \cdot (\vartheta_{ME} - \vartheta_m)$	=	$c_2 \cdot m_2 \cdot (\vartheta_2 - \vartheta_{ME})$

Die **Mischungstemperatur ϑ_{ME}** bei Eiskühlung lässt sich aus der Bilanz der aufgenommenen und abgegebenen Wärmemengen in der Flüssigkeit berechnen (siehe nebenstehende Gleichung).

Mischungstemperatur beim Schmelzen einer Mischphase

$$\vartheta_{ME} = \frac{m_1 (c_1 \cdot \vartheta_m - q) + c_2 \cdot m_2 \cdot \vartheta_2}{c_1 \cdot m_1 + c_2 \cdot m_2}$$

Da die Schmelzwärme des Eises mit $q(H_2O)$ = 335 kJ/kg groß ist, lässt sich mit relativ kleinen Eismengen eine gute Abkühlung erzielen.

Beispiel: Welche Masse an Eis von Schmelztemperatur wird zur direkten Eiskühlung benötigt, um 840 kg Calciumchlorid-Lösung von 74 °C auf 12 °C abzukühlen? $c(CaCl_2\text{-Lsg.})$ = 3,165 kJ/(kg · K)

Lösung: $q_1 \cdot m_1 + c_1 \cdot m_1 \cdot (\vartheta_{ME} - \vartheta_m) = c_2 \cdot m_2 \cdot (\vartheta_2 - \vartheta_{ME})$ Nach dem Ausklammern und Umstellen folgt für m_1:

$$\boldsymbol{m_1} = \frac{c_2 \cdot m_2 \cdot (\vartheta_2 - \vartheta_{ME})}{c_1 \cdot (\vartheta_{ME} - \vartheta_m) + q} = \frac{3{,}165\,\text{kJ/(kg}\cdot\text{K)} \cdot 840\,\text{kg} \cdot (74\,°\text{C} - 12\,°\text{C})}{4{,}19\,\text{kJ/(kg}\cdot\text{K)} \cdot (12\,°\text{C} - 0\,°\text{C}) + 335\,\text{kJ/kg}} = \frac{164\,833{,}2\,\text{kJ}}{385{,}28\,\text{kJ/kg}} = 428\,\text{kg} \approx \mathbf{0{,}43\,t}$$

Aufgaben zu Temperaturänderung beim Mischen sowie direkten Heizen und Kühlen

1. Welche Mischungstemperatur stellt sich ein, wenn 85,0 g Wasser von 22,5 °C mit 45,5 g Wasser von 97,5 °C gemischt werden? Wärmeverluste bleiben unberücksichtigt.

2. 250 kg Wasser von 86 °C sollen durch Mantelkühlung in einem Doppelrohr-Wärmeaustauscher **(Bild 1)** auf 27 °C abgekühlt werden. Welche Masse an Kühlwasser von ϑ = 12,5 °C ist einzuleiten, wenn es mit 22,5 °C den Kühler verlässt?

3. In einem Strömungsmischer **(Bild 2)** wird der Vor- und Rücklauf einer Heizungsanlage gemischt. Berechnen Sie die Mischungstemperatur des Wassers.

   Vorlauf: $\dot{V}_V = 6{,}2\ m^3/h$, $\vartheta_V = 55\ °C$

   Rücklauf: $\dot{V}_R = 4{,}6\ m^3/h$, $\vartheta_R = 45\ °C$.

4. In einem Lösemittelbehälter mit 7,2 t Chloroform $CHCl_3$ von 17 °C (c = 0,875 kJ/(kg · K)) werden 6,5 t Chloroform von ϑ = 30 °C (c = 0,950 kJ/(kg · K)) gepumpt. Wie groß ist die Mischungstemperatur, wenn die Verlustwärme genauso groß ist wie die ausgetauschte Wärmemenge?

5. Mit welchem Frischluft-Volumenstrom muss ein Abluft-Volumenstrom gemischt werden, um einen Mischluft-Volumenstrom von Raumtemperatur (20 °C) zu erhalten? Verwenden Sie zur Lösung der Aufgabe die in **Tabelle 1** angegebenen Daten. Die spezifische Wärmekapazität der Luft kann in dem angegebenen Temperaturbereich als konstant angesehen werden.

6. a) Mit wie viel Liter Wasser von 15 °C müssen 60 L Wasser von 50 °C gemischt werden, damit Wasser mit einer Mischungstemperatur von 40 °C entsteht?

   b) Wie groß sind die Wärmeverluste, wenn die gemessene Wassertemperatur 3,0 °C unterhalb der berechneten Mischungstemperatur liegt?

7. In einem Spiralwärmetauscher (Bild 1, Seite 260) einer Produktionsanlage für Acetonitril $H_3C-C\equiv NI$ werden pro Schicht 12,0 t Kühlwasser von 12,5 °C eingespeist. Welche Masse an Acetronitril kann damit von Siedetemperatur ϑ_b = 81,6 °C auf 20,0 °C heruntergekühlt werden, wenn die Kühlwasseraustrittstemperatur 35,0 °C beträgt? (c(Acetonitril) = 2,23 kJ/(kg · K))

8. 3,00 kg Eis von ϑ = –5,0 °C werden mit 1,80 L Wasser von 65,0 °C gemischt. Welche Massen an Eis und Wasser liegen vor, wenn der Wärmeaustausch vollzogen ist?

9. In einem Rührkessel **(Bild 3)** aus nicht rostendem Stahl mit einer Masse von 152 kg befinden sich 212 kg Sodalösung mit der spezifischen Wärmekapazität c = 3,62 kJ/(kg · K). Kessel und Inhalt haben eine Temperatur von 23 °C. Welche Masse an Sattdampf ist einzuleiten, damit die Temperatur des Systems auf 63 °C ansteigt? (Wärmeverluste an die Umgebung sollen unberücksichtigt bleiben).

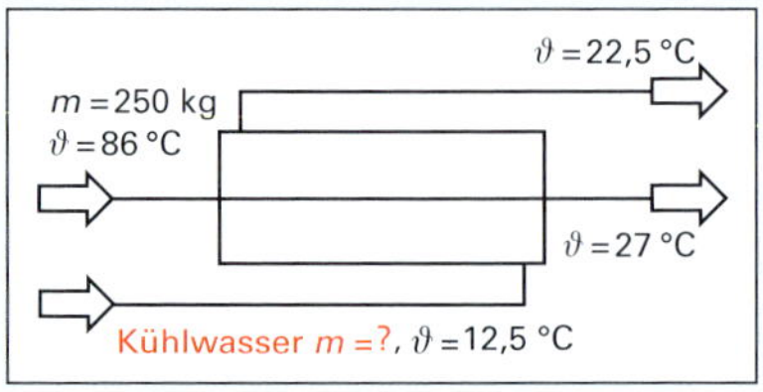

Bild 1: Doppelrohrwärmeaustauscher (Aufgabe 2)

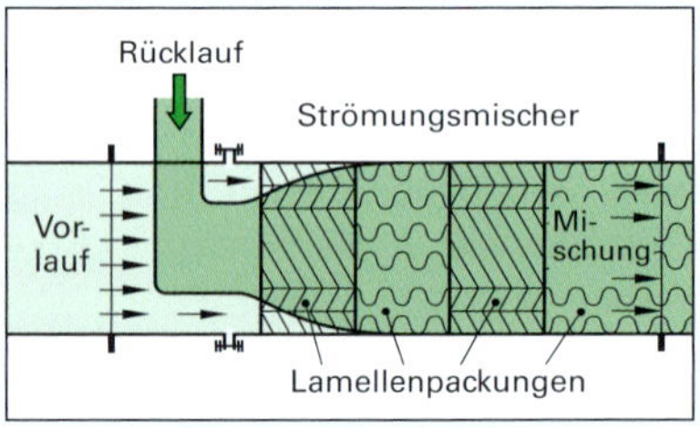

Bild 2: Strömungsmischer (Aufgabe 3)

Tabelle 1: Daten zu Aufgabe 10

Physikalische Größe	Frischluft	Abluft	Mischluft
Temperatur ϑ in °C	8,0	40,0	20,0
Volumenstrom $\dot{V}$ in m^3/h	?	1250	?
Dichte ϱ in g/L	1,256	1,128	1,205

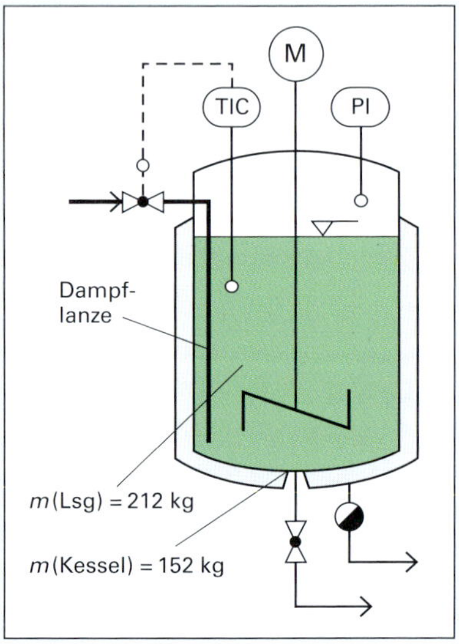

Bild 3: Direkte Dampfbeheizung (Aufgabe 9)

9.9 Reaktionswärmen bei chemischen Reaktionen

Bei einer chemischen Reaktion wird neben der Stoffumbildung auch eine Energieumwandlung beobachtet. Die chemische Energie kann dabei in Wärme-, Licht-, elektrische oder mechanische Energie (Arbeit) umgewandelt werden **(Bild 1)**. Dabei wird die innere Energie U (internal energy) des reagierenden Systems geändert.

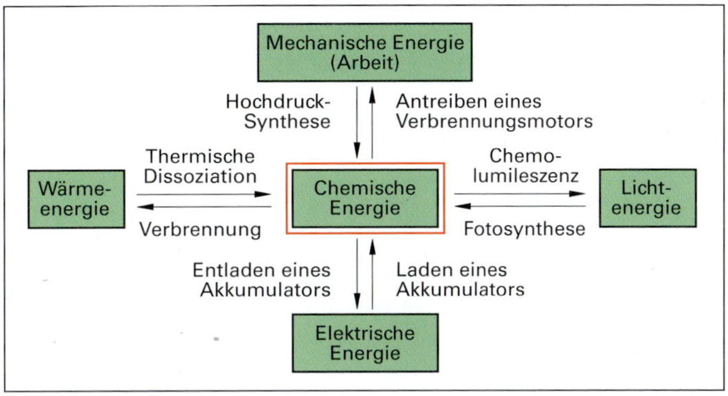

Bild 1: Umwandlungsmöglichkeiten von chemischer Energie in andere Energieformen

Die innere Energie U gibt den Gesamtenergieinhalt des reagierenden Systems an. Die Änderung der inneren Energie ΔU ist gleich der Summe der dem reagierenden System zu- oder abgeführten Energien. Sie wird berechnet, indem man von der inneren Energie der Endprodukte U_E die innere Energie der Ausgangsstoffe U_A der chemischen Reaktion abzieht.

Änderung der inneren Engergie

$$\Delta U = U_E - U_A$$

Reaktionsenergie, Reaktionsenthalpie

Die Änderung der inneren Energie ΔU bei einer chemischen Reaktion wird auch als Reaktionswärme bei konstantem Volumen oder als **Reaktionsenergie ΔU** (reaction energy) bezeichnet.

Die Reaktionswärme, die bei einer chemischen Reaktion unter konstantem Druck frei wird oder zugeführt werden muss, bezeichnet man als **Reaktionsenthalpie $\Delta_r H$** (reaction enthalpy).

Da die meisten chemischen Reaktionen bei konstantem Druck ablaufen, hat die Reaktionsenthalpie $\Delta_r H$ eine große Bedeutung.

Reaktionswärme bei konstantem Volumen	=	Reaktionsenergie ΔU
Reaktionswärme bei konstantem Druck	=	Reaktionsenthalpie $\Delta_r H$

Die Reaktionsenthalpie $\Delta_r H$ unterscheidet sich von der Reaktionsenergie ΔU durch die Volumenarbeit $p \cdot \Delta V$. Diese muss bei Gasreaktionen verrichtet werden, um gegen den Umgebungsdruck Raum für die freigesetzte Gasportion zu schaffen. Der Wert $p \cdot \Delta V$ hängt von der Änderung der Stoffmenge Δn der Gase während der Reaktion ab. Mit der allgemeinen Gasgleichung $p \cdot \Delta V = n \cdot R \cdot T$ folgt bei konstanter Temperatur: $p \cdot \Delta V = \Delta n \cdot R \cdot T$

Reaktionsenthalpie bei Gasreaktionen

$$\Delta_r H = \Delta U + p \cdot \Delta V$$

$$\Delta_r H = \Delta U + R \cdot T \cdot \Delta n$$

Standard-Reaktionsenthalpien $\Delta_r H^o$ gelten für Reaktionen bei Standard-Bedingungen (T_n = 298 K ≙ 25 °C, p_n = 1013 hPa). Sie werden auf die in der Reaktionsgleichung umgesetzten Stoffmengen n(X) der Edukte und der Produkte bezogen und in Kilojoule kJ angegeben (siehe Beispiele unten).

Hat die Reaktionsenthalpie ein **negatives** Vorzeichen, liegt eine **exotherme** Reaktion vor, d.h., es wird Wärmeenergie an die Umgebung abgegeben.	Hat die Reaktionsenthalpie ein **positives** Vorzeichen, liegt eine **endotherme** Reaktion vor, d.h., das Reaktionssystem nimmt Wärmeenergie aus der Umgebung auf.
Beispiel für eine exotherme Reaktion:	**Beispiel** für eine endotherme Reaktion:
$2\,H_2O_{2(l)} \longrightarrow 2\,H_2O_{(l)} + O_{2(g)} \quad \vert \quad \Delta_r H^o = -196\ kJ$	$CO_{2(g)} + H_{2(g)} \longrightarrow CO_{(g)} + H_2O_{(g)} \quad \vert \quad \Delta_r H^o = 41{,}2\ kJ$

Die Reaktionsenthalpie $\Delta_r H^o$ einer chemischen Reaktion bei Standardbedingungen wird berechnet, indem von der Summe der Standard-Bildungsenthalpien $\Delta_f H^o$ der Endprodukte E die Summe der Standard-Bildungsenthalpien $\Delta_f H^o$ der Ausgangsstoffe A abgezogen wird (f für engl. formation = Bildung).

Die Standard-Bildungsenthalpie $\Delta_f H^o$ ist die Energie, die bei der Bildung von einem Mol einer Verbindung frei wird (negatives Vorzeichen) oder zur Bildung aufgewendet werden muss (positives Vorzeichen).

Berechnung der Reaktionsenthalpie $\Delta_r H^o$ aus den Standard-Bildungsenthalpien $\Delta_f H^o$

$$\Delta_r H^o = \sum_E n \cdot \Delta_f H^o - \sum_A n \cdot \Delta_f H^o$$

In **Tabelle 1** sind die Standard-Bildungsenthalpien (Index: ^{o}) einiger Stoffe angegeben. Sie sind auf den Standard-Zustand $T = 298$ K ($\vartheta = 25$ °C) und $p = 1013$ mbar bezogen. Die Standard-Bildungsenthalpien von Elementen sind definitionsgemäß gleich null, z. B. $\Delta_f H^o(O_2) = 0$ kJ/mol.

Die Größe der Standard-Bildungsenthalpie eines Stoffes ist ein Maß für seine Stabilität. Verbindungen mit großen negativen Standard-Bildungsenthalpien sind am stabilsten.

Nach dem Gesetz von der Erhaltung der Energie ist die Bildungsenthalpie eines Stoffes gleich dessen Zersetzungsenthalpie mit umgekehrtem Vorzeichen.

Tabelle 1: Standard-Bildungsenthalpien $\Delta_f H^o$

Stoffart	$\Delta_f H^o$ kJ/mol
$SO_{2(g)}$	−296,9
$NH_{3(g)}$	−46,2
$HCl_{(g)}$	−92,3
$CO_{(g)}$	−110,5
$CO_{2(g)}$	−393,5
$H_2O_{(g)}$	−241,8
$H_2O_{(l)}$	−285,9
$CH_{4(g)}$	−74,9
$CH_3OH_{(l)}$	−238,6
$CH_3OH_{(g)}$	−201,3
$CH_3COOH_{(l)}$	−487,0
$C_2H_5OH_{(l)}$	−277,6
$NH_4Cl_{(s)}$	−315,4
$NaCl_{(s)}$	−411,0
$CaCl_{2(s)}$	−794,8
$OH^-_{(aq)}$	−230,0
$H^+_{(aq)}$	0
$Na^+_{(aq)}$	−239,7
$Ca^{2+}_{(aq)}$	−542,9
$Cl^-_{(aq)}$	−167,4
$NH^+_{4(aq)}$	−132,8

Beispiel 1: Für die Oxidation von Schwefeldioxid betrug die Änderung der inneren Energie im Bombenkalorimeter (p = konst.) bei ϑ = 25 °C zu $\Delta U = -194{,}1$ kJ. Wie groß ist die Reaktionsenthalpie?

Lösung: Die Reaktionsgleichung lautet: $2\,SO_2 + O_2 \longrightarrow 2\,SO_3$

mit $\Delta n = n(SO_3) - (n(SO_2) + n(O_2)) = n(SO_3) - n(SO_2) - n(O_2)$

$\Delta n = 2$ mol − 2 mol − 1 mol = −1 mol und

$R = 8{,}314$ J/(mol · K) sowie $T = 298$ K

folgt mit $\Delta_r H = \Delta U + R \cdot T \cdot \Delta n$

$\boldsymbol{\Delta_r H^o} = -194{,}1\text{ kJ} + 8{,}314\text{ J/(mol·K)} \cdot 298\text{ K} \cdot (-1\text{ mol}) \approx \mathbf{-197\text{ kJ}}$

Beispiel 2: Berechnung der Reaktionsenthalpie bei der vollständigen Verbrennung von Methan.

Lösung: Reaktionsgleichung: $CH_4 + 2\,O_2 \longrightarrow CO_2 + 2\,H_2O_{(l)}$

$$\Delta_r H^o = \sum_E n \cdot \Delta_f H^o - \sum_A n \cdot \Delta_f H^o$$

$$\Delta_r H^o = n(CO_2) \cdot \Delta_r H^o(CO_2) + n(H_2O_{(l)}) \cdot \Delta_r H^o(H_2O_{(l)}) - [n(CH_4) \cdot \Delta_r H^o(CH_4) + n(O_2) \cdot \Delta_r H^o(O_2)]$$

$$\Delta_r H^o = 1\text{ mol} \cdot \left(-393{,}5\frac{\text{kJ}}{\text{mol}}\right) + 2\text{ mol} \cdot \left(-285{,}9\frac{\text{kJ}}{\text{mol}}\right) - \left[1\text{ mol} \cdot \left(-74{,}9\frac{\text{kJ}}{\text{mol}}\right) + 2\text{ mol} \cdot \left(0\frac{\text{kJ}}{\text{mol}}\right)\right]$$

$$\boldsymbol{\Delta_r H^o} = -393{,}5\text{ kJ} - 571{,}8\text{ kJ} + 74{,}9\text{ kJ} + 0\text{ kJ} = \mathbf{-890{,}4\text{ kJ}}$$

Beispiel 3: Berechnen Sie mit Hilfe der in Tabelle 1 angegebenen Standard-Bildungsenthalpien $\Delta_f H^o$ die Neutralisationsenthalpie von Salpetersäure mit Kalilauge.

Lösung: Reaktionsgleichung als Ionengleichung: $K^+ + OH^- + H_3O^+ + NO_3^- \longrightarrow K^+ + NO_3^- + 2\,H_2O$

Wie die Reaktionsgleichung zeigt, beteiligen sich die Anionen starker Säuren und die Kationen starker Basen nicht an der Neutralisation. Aus diesem Grund ist die Neutralisationsenthalpie bei der Neutralisation von starken Säuren mit starken Basen, unabhängig von der Stoffart, immer gleich. Sie ist mit der Bildungsenthalpie des Wassers aus seinen Ionen identisch: $H_3O^+ + OH^- \longrightarrow 2\,H_2O$.

$$\Delta_r H^o = \sum_E n \cdot \Delta_f H^o - \sum_A n \cdot \Delta_f H^o$$

$$\Delta_r H^o = n(H_2O) \cdot \Delta_f H^o(H_2O) - [n(H_3O^+) \cdot \Delta_f H^o(H_3O^+) + n(OH^-) \cdot \Delta_f H^o(OH^-)]$$

$$\boldsymbol{\Delta_r H^o} = 2\text{ mol} \cdot (-285{,}9\text{ kJ/mol}) - [1\text{ mol} \cdot (-285{,}9\text{ kJ/mol}) + 1\text{ mol} \cdot (-230{,}0\text{ kJ/mol})] = \mathbf{-55{,}9\text{ kJ}}$$

Beispiel 4: Berechnen Sie mit Hilfe der in Tabelle 1, Seite 289, angegebenen Standard-Bildungsenthalpien $\Delta_f H^o$, ob beim Lösen von Ammoniumchlorid NH_4Cl in Wasser eine Abkühlung oder Erwärmung eintritt.

Lösung: Reaktionsgleichung: $NH_4Cl_{(s)} \xrightarrow{H_2O} NH^+_{4(aq)} + Cl^-_{(aq)}$

$$\Delta_r H^o = \sum_E n \cdot \Delta_f H^o - \sum_A n \cdot \Delta_f H^o$$

$$\Delta_r H^o = n(NH^+_{4(aq)}) \cdot \Delta_f H^o(NH^+_{4(aq)}) + n(Cl^-_{(aq)}) \cdot \Delta_f H^o(Cl^-_{(aq)}) - n(NH_4Cl_{(s)}) \cdot \Delta_f H^o(NH_4Cl_{(s)})$$

$$\mathbf{\Delta_r H^o} = 1\ \text{mol} \cdot (-132{,}8\ \text{kJ/mol}) + 1\ \text{mol} \cdot (-167{,}4\ \text{kJ/mol}) - 1\ \text{mol} \cdot (-315{,}4\ \text{kJ/mol}) = \mathbf{15{,}2\ kJ}$$

Da die Lösungsenthalpie **positiv** ist, erfolgt beim Lösen von Ammoniumchlorid in Wasser eine **Abkühlung** (endotherm).

Aufgaben zur Reaktionsenergie, Reaktionsenthalpie

1. In einer SO_2-Anlage werden stündlich 8,5 t Schwefel verbrannt. Welche Wärmemenge steht im Abhitzekessel zur Dampferzeugung zur Verfügung, wenn 90 % der Verbrennungswärme genutzt werden können? $S_{(l)} + O_{2(g)} \longrightarrow SO_{2(g)} \mid \Delta_r H^o = -296{,}9$ kJ/mol

2. Essigsäure wird großtechnisch durch CoI_2-katalysierte Flüssigphasen-Hochdruck-Carbonylierung von Methanol hergestellt. Berechnen Sie die Reaktionsenthalpie der Reaktion aus den Standard-Bildungsenthalpien. $CH_3OH_{(l)} + CO_{(g)} \xrightarrow[CoI_2]{250\,°C,\,680\,bar} CH_3COOH_{(l)}$

3. Berechnen Sie mit Hilfe der in Tabelle 1, Seite 290, angegebenen Werte:
   a) Die Verdampfungsenthalpie des Wassers in kJ/mol und kJ/kg.
   b) Die Verbrennungsenthalpie der vollständigen Verbrennung von Ethanol:
   $C_2H_5OH_{(l)} + 3\ O_{2(g)} \longrightarrow 2\ CO_{2(g)} + 3\ H_2O_{(l)}$.

4. Bei der Reaktion von 0,2256 g Zink mit Salzsäure wurden bei einem Druck von 1025 mbar 80,0 mL trockener Wasserstoff entwickelt. Berechnen Sie die Änderung der Reaktionsenergie der Reaktion. $Zn_{(s)} + 2\ HCl_{(aq)} \longrightarrow ZnCl_{2(aq)} + H_{2(g)} \mid \Delta_r H^o = -152{,}53$ kJ/mol

5. In einem Primärreformer werden pro Sekunde 2,4 m^3 Methan mit Wasserdampf umgesetzt: $CH_{4(g)} + H_2O_{(g)} \longrightarrow CO_{(g)} + 3\ H_{2(g)} \mid \Delta_r H^o = 206{,}2$ kJ/mol

   Welche Verbrennungswärme muss dem Primärreformer zugeführt werden?

6. Berechnen Sie mit Hilfe der in Tabelle 1, Seite 290, angegebenen Standard-Bildungsenthalpien $\Delta_f H^o$ die Neutralisationsenthalpie von Salzsäure mit Natronlauge.

7. Die Neutralisationswärme der Reaktion von Ammoniak-Lösung mit Salzsäure beträgt: $\Delta_r H^o = -51{,}4$ kJ/mol. Mit welcher Temperaturänderung ist bei der Neutralisation ungefähr zu rechnen, wenn jeweils 100 mL der Lösungen mit Stoffmengenkonzentrationen von $c = 200$ mmol/L neutralisiert werden?

8. Berechnen Sie die Lösungsenthalpien folgender Salze in Wasser:
   a) Natriumnitrat $NaNO_3$; $\Delta_f H^o(NaNO_{3(s)}) = -467$ kJ/mol, $\Delta_f H^o(NO^-_{3(aq)}) = -207$ kJ/mol
   b) Calciumchlorid $CaCl_2$; $\Delta_f H^o(CaCl_{2(s)}) = -795$ kJ/mol, $\Delta_f H^o(Ca^{2+}_{(aq)}) = -543$ kJ/mol

9. Zur Herstellung einer Natriumnitrat-Lösung mit dem Massenanteil $w(NaNO_3) = 16{,}0\,\%$ werden 160 g Natriumnitrat in 840 g Wasser gelöst. Um wie viel Grad kühlt sich die Lösung ab?

   $\Delta_r H^o(NaNO_{3(aq)}) = 20{,}8$ kJ/mol, $c(NaNO_3\text{-Lsg}) = 3{,}64$ kJ/(kg · K), $M(NaNO_3) = 84{,}995$ g/mol

10. In einem Polystyrolbecher mit 150 mL Wasser werden 3,0 g Natriumhydroxid NaOH gelöst. Die Temperatur steigt dabei von 18,0 °C auf 23,0 °C an. Wie groß ist die Lösungsenthalpie des Natriumhydroxids?

9.10 Heizwert und Brennwert von Brennstoffen

Das wesentliche Merkmal für die Qualität eines Brennstoffes ist die bei seiner Verbrennung maximal nutzbare Verbrennungswärme. Je nachdem, ob das in den Verbrennungsabgasen enthaltene Reaktionswasser als Wasserdampf oder flüssig als Kondensat vorliegt, werden zwei Kennwerte unterschieden.

Der **spezifische Heizwert H_u** (net caloric value) gibt die pro Kilogramm bzw. Kubikmeter maximal nutzbare Wärmeenergie eines Brennstoffs an, wenn entstandenes Reaktionswasser mit den Verbrennungsabgasen als Wasserdampf entweicht **(Tabelle 1).**

Der **spezifische Brennwert H_o** (gross caloric value) ist die pro Kilogramm bzw. Kubikmeter maximal nutzbare Wärmeenergie, wenn entstandenes Reaktionswasser in den auf 25 °C abgekühlten Verbrennungsgasen als Kondenswasser niedergeschlagen wird. Der spezifische Brennwert H_o setzt sich aus dem spezifischen Heizwert H_u und der Kondensationswärme des Reaktionswassers zusammen.

Die spezifischen Heiz- und Brennwerte sind bei festen und flüssigen Brennstoffen auf 1 kg und bei gasförmigen Brennstoffen auf 1 m³ bei jeweils 25 °C bezogen (Tabelle 1).

Der spezifische Brennwert H_o ist nach DIN 5499 der Quotient aus der negativen Reaktionsenthalpie $\Delta_r H$ und der Masse des Brennstoffes. Sein Einheitenzeichen ist kJ/kg oder kWh/kg.

Der auf das Normvolumen bezogene spezifische Brennwert $H_{o,n}$ ist nach DIN 5499 der Quotient aus der negativen Reaktionsenthalpie $\Delta_r H$ und dem Normvolumen V_n des Brennstoffes. Sein Einheitenzeichen ist kJ/m³ oder kWh/m³.

Heiz- und Brennwerte können auch auf die Stoffmenge n des Brennstoffes bezogen werden. Sie werden dann als molarer Heizwert $H_{u,m}$ bzw. molarer Brennwert $H_{o,m}$ bezeichnet.

Die **Wärmemenge Q,** die technisch beim Verbrennen einer Brennstoffportion in einer Feuerungsanlage gewonnen werden kann, berechnet sich durch Multiplikation des spezifischen Heizwertes bzw. des spezifischen Brennwertes mit der Masse m der Brennstoffportion und dem Wirkungsgrad η der Anlage. Entsprechend ist bei Einsatz gasförmiger Brennstoffe mit dem Volumen V_n der Brennstoffportion zu multiplizieren.

Tabelle 1: Spezifische Heizwerte H_u und spezifische Brennwerte H_o verschiedener Brennstoffe (Bezugstemperatur 25 °C)

Feste und flüssige Brennstoffe	**H_u MJ/kg**	**H_o MJ/kg**
Holz	15	
Braunkohle	20	
Koks	29,3	
Steinkohle	31,8	
Anthrazit	33,5	
Heizöl EL	42,7	45,4
Benzin	42,5	46,7
Ethanol	26,8	29,9
Petroleum	40,8	42,9
Gasförmige Brennstoffe	**$H_{u,n}$ MJ/m³**	**$H_{o,n}$ MJ/m³**
Erdgas Typ H	37,3	41,3
Methan	35,8	39,9
Propan	92,9	100,9

Spezifischer Brennwert

$$H_o = \frac{\Delta_r H}{m}; \quad H_{o,n} = \frac{\Delta_r H}{V_n}$$

Technisch nutzbare Wärmemenge fester und flüssiger Brennstoffe

$$Q = m \cdot H_o \cdot \eta$$

Beispiel 1: Die molare Reaktionsenthalpie bei der Verbrennung von Ethan C_2H_6 beträgt $\Delta_r H^o = -1427{,}4$ kJ. Welchen Heizwert $H_{u,n}$ hat Ethan?

Lösung: $\mathbf{H_{u,n}} = \frac{\Delta_r H^o}{V_{m,n}} = \frac{-1427{,}4\,\text{kJ/mol}}{22{,}41\,\text{L/mol}} = -63{,}6947\,\text{kJ/L} \approx \mathbf{-63{,}69\,MJ/m^3}$

Beispiel 2: In einem 770 MW-Steinkohlekraftwerk werden pro Stunde 160 t Anthrazitkohle verbrannt. Welche Wärmemenge steht im Kesselhaus zur Dampferzeugung zur Verfügung, wenn der thermische Wirkungsgrad des Steinkohlekraftwerks 90 % beträgt?

Lösung: $\mathbf{Q} = m \cdot H_u \cdot \eta = 160 \cdot 10^3\,\text{kg} \cdot 33{,}5\,\text{MJ/kg} \cdot 0{,}90 = 4824 \cdot 10^3\,\text{MJ} \approx \mathbf{4{,}8\,GJ}$

Aufgaben zum Heizwert und Brennwert von Brennstoffen

1. Acetylen (Ethin C_2H_2) verbrennt mit der Reaktionsenthalpie $\Delta_r H^0 = -1300$ kJ/mol. Welcher auf das Normvolumen bezogene Brennwert $H_{o,n}$ ergibt sich aus dieser Angabe?
2. Bei der Verbrennung von 50 mL Heizöl der Dichte 0,845 g/cm³ wurde die Wärmemenge 1,81 MJ erzeugt. Wie groß ist der spezifische Heizwert H_u des Heizöls?
3. Welche Masse an Heizöl mit dem spezifischen Heizwert $H_u = 40{,}2$ MJ/kg ist zu verbrennen, wenn bei einem Wirkungsgrad von 87% 250 kg Wasser von 15,5 °C auf eine Brauchwassertemperatur von 65 °C erwärmt werden sollen?
4. 1,50 g Kohlestaub werden verbrannt. Die Verbrennungswärme erwärmt 280 g Wasser von 18,3 °C auf 45,5 °C (Wirkungsgrad 94,5%). Wie groß ist der spezifische Heizwert der Kohle?
5. 15 kg Braunkohle mit dem spezifischen Heizwert $H_u = 23{,}5$ MJ/kg werden vollständig verbrannt. Welche Masse an Wasser von 21 °C kann die freigesetzte Wärmemenge zum Sieden erhitzen und bei 1013 bar Umgebungsdruck verdampfen, wenn der Wirkungsgrad 81% beträgt?
6. 180 m³ Trocknungsluft (Dichte $\varrho = 1{,}25$ kg/m³) soll durch Verbrennen von Erdgas H mit dem Heizwert $H_{u,n} = 37{,}3$ MJ/m³ erzeugt werden. Welches Volumen an Erdgas ist einzusetzen, wenn der Wirkungsgrad der Anlage 84% beträgt und die Luft von 20 °C auf 60 °C erhitzt werden soll?

Gemischte Aufgaben zu Berechnungen zur Wärmelehre

1. Rechnen Sie um: a) 367,4 K in °C b) −72 °C in K c) 788,5 °C in K d) 182,5 K in °C
2. Ein Stahlreifen mit einem Innendurchmesser von $d = 49{,}9$ mm und einer Temperatur von $\vartheta_1 = 20$ °C soll auf eine Welle aufgeschrumpft werden. Welchen Durchmesser hat die Welle, wenn der Stahlreifen bei $\vartheta_2 = 200$ °C gerade über die Welle passt?
3. Im Stabausdehnungsthermometer **(Bild 1)** wird die unterschiedliche Längenänderung von zwei verschiedenen Stoffen zur Temperaturmessung oder Temperaturregelung genutzt. Um wie viel Mikrometer wird der Stab durch die größere Längenänderung des Außenrohrs nach unten gezogen, wenn die aktive Länge 55,000 mm und die Temperaturänderung 60,0 °C betragen?
4. Bei der experimentellen Bestimmung des Längenausdehnungskoeffizienten wurden in einem Dilatometer an einem 600 mm langem Aluminiumrohr die Messwerte von **Tabelle 1** erhalten.
   a) Stellen Sie die Messwerte grafisch dar: $\Delta l = f(\Delta\vartheta)$
   b) Bestimmen Sie aus der Steigung des Grafen den Längenausdehnungskoeffizienten α(Al).
   c) Zeichnen Sie den Graf für den Längenausdehnungskoeffizienten von Polyethylen und Invarstahl in das Diagramm ein.
5. Ein Messkolben aus Jenaer Glas fasst bei 20 °C exakt ein Volumen von 1000 mL. Er wird zur Bereitung einer Schwefelsäure-Maßlösung mit voll entsalztem Wasser bis zur Marke aufgefüllt. Wie groß ist der Messfehler in Milliliter, wenn die Temperatur der Säurelösung aufgrund der entstandenen Lösungswärme um 6,5 °C von der angegebenen Temperatur abweicht?

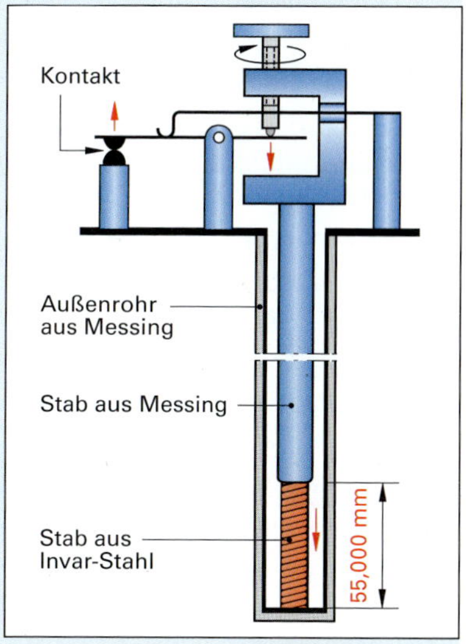

Bild 1: Stabausdehnungsthermometer (Aufgabe 3)

Tabelle 1: Längenänderung von Aluminium

$\Delta\vartheta$ °C	10,0	20,0	30,0	40,0	50,0
Δl mm	0,14	0,29	0,43	0,58	0,72

6. Zur Demonstration der Volumenausdehnung von Metallen beim Erwärmen dient folgender Versuch: Eine Kugel aus nicht rostendem Stahl, die bei 20 °C mit einem allseitigen Spiel von 10 µm durch eine Bohrung von 25,00 mm passt, bleibt nach dem Erhitzen in der Bohrung stecken **(Bild 1).**
   a) Ab welcher Temperatur passt die Kugel nicht mehr durch die Bohrung?
   b) Welche Wärmemenge ist der Kugel dann zugeführt worden? (ϱ(Stahl) = 7,9 g/cm³)

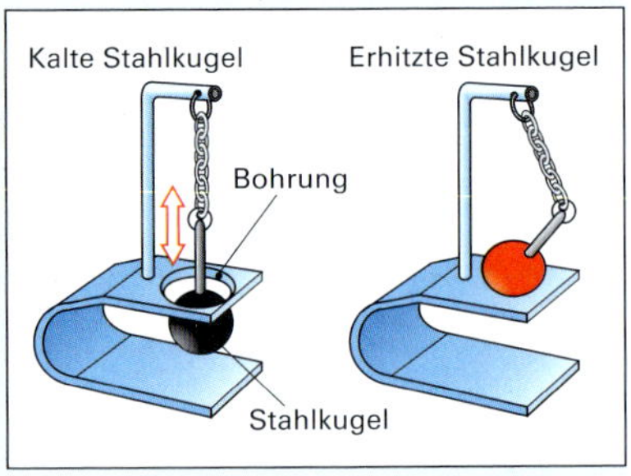

Bild 1: Demonstrationsversuch (Aufgabe 6)

7. In einer Luftverflüssigungsanlage werden stündlich 75 m³ Luft komprimiert, wobei die Temperatur der Luft von 20 °C auf 417 °C ansteigt. In einem Doppelrohr-Wärmeaustauscher wird die Luft anschließend mit Wasser auf 18 °C abgekühlt.
   a) Welche Wärmemenge gibt die Luft an das Kühlwasser ab, wenn bei 20 °C die Dichte der Luft ϱ = 1,2047 g/L beträgt?
   b) Wie viel Kühlwasser von 10 °C ist erforderlich, wenn die Kühlwasser-Austrittstemperatur 16 °C beträgt?

8. In einem Spiralwärmetauscher (Bild 1, Seite 260) werden pro Stunde 10,5 m³ Essigsäuremethylester (ϱ = 0,933 g/mL, c = 2,14 kJ/(kg · K)) von der Kondensationstemperatur 57 °C im Gegenstrom auf 25 °C abgekühlt. Wie viel Kubikmeter Kühlwasser von 25 °C sind erforderlich, wenn es sich um 9 °C erwärmt?

9. 1,00 L tertiäres Butanol $(H_3C)_3C{-}OH$ mit einer Temperatur von 20,0 °C soll in einem Wasserbad verflüssigt werden. Welche Wärmemenge ist dazu erforderlich? Die Stoffdaten des tertiären Butanols betragen: ϑ_m = 25,4 °C, ϱ = 0,79 g/cm³, q = 91,61 kJ/kg, c = 3,01 kJ/(kg · K).

10. Zum indirekten Aufheizen eines mit einer Ammoniumchlorid-Lösung gefüllten Rührwerksbehälters wird eine Wärmemenge von 1800 MJ benötigt. Wie viel Kilogramm Sattdampf (r = 2200 kJ/kg) sind zu kondensieren, um diese Wärmemenge bereitzustellen?

11. Welche Masse an Wasserdampf von 100 °C unter 1013 bar lässt sich in Wasser von 35 °C umwandeln, wenn dem Dampf in einem Rohrschlangen-Wärmeaustauscher die Wärmemenge 1,5 MJ entzogen wird?

12. Eine Eisportion (m = 1,00 kg, ϑ = 0 °C) soll bei p_{amb} = 1013 mbar in eine Wasserdampfportion gleicher Masse überführt werden. Stellen Sie die dafür benötigten Wärmemengen in einem Kreisdiagramm dar.

13. Ein Rohrbündelwärmetauscher kondensiert pro Stunde 1,8 m³ Aceton ($\varrho(CH_3COCH_3)$ = 0,791 g/cm³) im Gegenstrom mit 17,8 m³ Kühlwasser von 14 °C. Mit welcher Temperatur fließt das Kühlwasser ab?

14. Wie groß ist die Mischungstemperatur, wenn eine Wasserportion von 15 °C mit der gleichen Masse an Wasser von 45 °C gemischt wird?

15. Bei der Reaktion von 0,2256 g Zink mit Salzsäure wurden bei einem Druck von 1025 mbar 80,0 mL trockener Wasserstoff entwickelt. Berechnen Sie die Änderung der Reaktionsenergie der Reaktion.

    $Zn_{(s)} + 2\,HCl_{(aq)} \longrightarrow ZnCl_{2(aq)} + H_{2(g)} \quad | \quad \Delta_r H = -152{,}53$ kJ/mol

16. Berechnen Sie mit Hilfe der Werte in Tabelle 1, Seite 290, die Reaktionsenthalpie der Reaktion von Ammoniak mit Hydrogenchlorid: $NH_{3(g)} + HCl_{(g)} \longrightarrow NH_4Cl_{(s)}$

17. Berechnen Sie den spezifischen Heizwert sowie den spezifischen Brennwert von Propan bei 25 °C und p_{amb} = 1013 mbar mittels folgender Angaben:

    $C_3H_{8(g)} + 5\,O_{2(g)} \longrightarrow 3\,CO_{2(g)} + 4\,H_2O_{(l)} \quad | \quad \Delta_r H = -2221{,}2$ kJ/mol

    $V_m(CH_3{-}CH_2{-}CH_3)$ = 22,0 L/mol, $r(H_2O, 25\,°C)$ = 44,17 kJ/mol

10 Bestimmung von Produkteigenschaften

Die in der betrieblichen Praxis verwendeten Stoffe und Stoffgemische sind in ihrer Zusammensetzung häufig nicht bekannt. Neue Produkte, veränderte Rezepturen oder nachfolgende Chargen haben andere bzw. veränderte Stoffeigenschaften wie z.B. Dichte, Viskosität, Oberflächenspannung oder eine andere Partikelgrößenverteilung zur Folge.

Da von diesen Stoffeigenschaften die Art der Verwendung und Weiterverarbeitung entscheidend abhängt, ist überall dort, wo Stoffe produziert werden, eine laufende Überwachung der Produkteigenschaften zur Einhaltung einer konstanten Produktqualität auf hohem Qualitätsniveau erforderlich.

Im Folgenden werden die physikalischen Bestimmungen vorgestellt, die zur Ermittlung dieser Stoffeigenschaften dienen. Ferner werden die zur Prozessdatenauswertung erforderlichen Größengleichungen abgeleitet.

10.1 Bestimmung der Dichte

Die Dichte ϱ einer Stoffportion ist der Quotient aus der Masse m und dem Volumen V: $\varrho = m/V$. Sie ist eine temperaturabhängige Stoffeigenschaft, die zur Berechnung der Masse oder des Volumens von Stoffportionen erforderlich ist. In einfachen Fällen dient die Dichte zur Identifizierung von Reinstoffen. Auch zur Gehaltsbestimmung und Qualitätskontrolle kann die Dichte herangezogen werden, da sich beim Lösen eines Stoffes die Dichte der Lösung im Vergleich zum reinen Lösemittel ändert.

Eine Übersicht der Methoden zur Dichtebestimmung von Feststoffen, Flüssigkeiten und Gasen ist in **Bild 1** zusammengestellt.

Dichtebestimmungsmethode	**Pyknometerverfahren (pycnometer method)**		**Hydrostatische Waage (hydrostatic balance)**	**Tauchkörper-Verfahren (immersed body method)**	**Aräometer-Verfahren (hydrometer method)**
Messprinzip				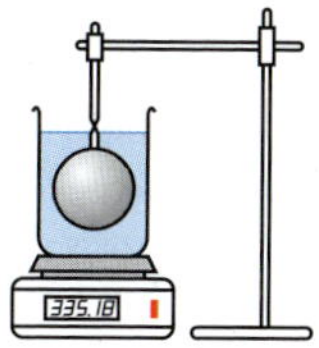	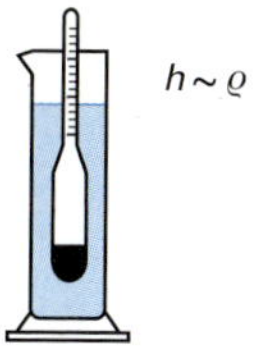
Anwendung	Flüssigkeiten	Feststoffe	Flüssigkeiten, Feststoffe	Flüssigkeiten	Flüssigkeiten
Norm	DIN ISO 3507	DIN EN ISO 787-10	DIN 51757	DIN EN ISO 2811-2	DIN 12790

Dichtebestimmungsmethode	**WESTPHAL'sche Waage (WESTPHAL balance)**	**Schwingungsmethode (oscillation method)**	**Schüttdichte (bulk density, loose)**	**Rütteldichte (bulk density, tapped)**	**Pressdichte (green density)**
Messprinzip	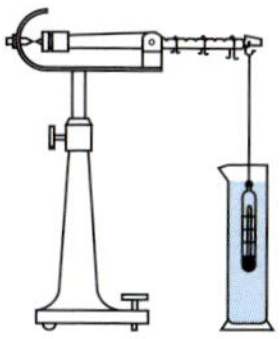	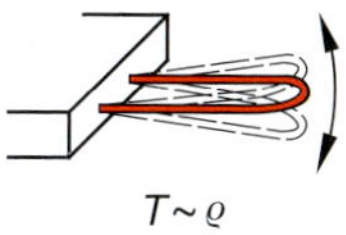		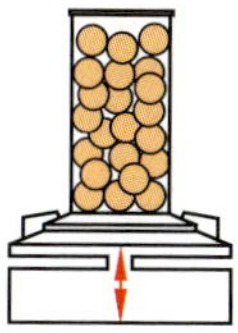	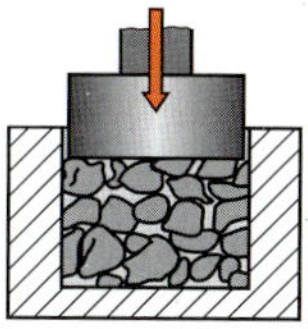
Anwendung	Flüssigkeiten	Flüssigkeiten, Gase	Schüttung	Schüttung	Schüttung
Norm		DIN ISO 2811-3	DIN EN 1236	DIN EN 1237	

Bild 1: Methoden zur Dichtebestimmung von Feststoffen, Flüssigkeiten, Gasen und Schüttungen

10.1.1 Dichtebestimmung mit dem Pyknometer

Das Pyknometer (von griech. pyknós: dicht, fest) ist ein kleiner Kolben aus Borosilikatglas mit einem Schliffstopfen, der eine feine Kapillare besitzt **(Bild 1).**

Pyknometer (pycnometer) nach DIN ISO 3507 sind auf Einlauf kalibrierte oder geeichte Volumenmessgefäße mit birnenförmigem Gefäßkörper und einem gestuften Nennvolumen von 1 mL bis 100 mL.

Nach Aufsetzen des Stopfens auf das gefüllte Pyknometer tritt die überschüssige Flüssigkeit durch die Kapillare aus, sodass Pyknometer ein sehr exaktes Volumen aufnehmen.

Bei der Dichtebestimmung dürfen im Pyknometer keine Luftbläschen verbleiben. Die Temperatur ist auf $5 \cdot 10^{-2}$ °C konstant zu halten.

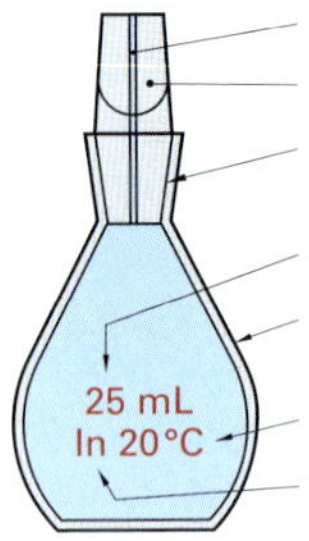

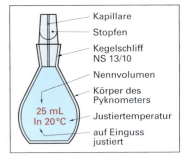

Bild 1: Pyknometer nach Gay-Lussac[1)]

Bestimmung des Pyknometervolumens (EN ISO 2811-1)

Wenn das exakte Volumen des Pyknometers auf der Pyknometerflasche nicht angegeben ist, wird das Volumen eines Pyknometers V(Pyk) durch Wiegen des leeren Pyknometers m_A und des mit Wasser gefüllten Pyknometers m_D bestimmt. Man berechnet es mit der nebenstehenden Größengleichung. Da das Pyknometer beim Wiegen mit Luft gefüllt war, muss für sehr genaue Messungen die Dichte der Luft mitberücksichtigt werden, ϱ(Luft, 20,0 °C) = 1,21 g/L.

Pyknometervolumen
$V(\text{Pyk}) = \dfrac{m_D - m_A}{\varrho_W - \varrho_L}$

Beispiel: Ein Pyknometer mit einem Nennvolumen von 50 mL hat eine Masse von m_A = 39,8765 g. Mit Wasser bei 20,50 °C gefüllt, wiegt es 89,8115 g. Welches Volumen hat das Pyknometer, wenn die Dichte des Wassers bei dieser Temperatur 0,9981 g/cm³ beträgt?

Lösung: $\mathbf{V(Pyk)} = \dfrac{m_D - m_A}{\varrho_W - \varrho_L} = \dfrac{89{,}8115\,\text{g} - 39{,}8765\,\text{g}}{0{,}9981\,\text{g/cm}^3 - 0{,}00121\,\text{g/cm}^3} = \dfrac{49{,}9350\,\text{g}}{0{,}99689\,\text{g/cm}^3} = 50{,}0907\ \text{cm}^3 \approx \mathbf{50{,}09\ cm^3}$

Bestimmung der Dichte einer Flüssigkeitsportion mit dem Pyknometer (EN ISO 2811-1)

Zur Bestimmung der Dichte einer Flüssigkeitsportion ϱ(Flü) mit dem Pyknometer wird die Masse des leeren Pyknometers m_A von der Masse des mit Flüssigkeit gefüllten Pyknometers m_D subtrahiert und durch das bei Prüftemperatur bestimmte Volumen des Pyknometers V(Pyk) dividiert.

Da nach EN ISO 2811-1 die Wiederholbarkeit beim Bestimmen der Dichte mit dem Pyknometer 10^{-3} g/cm³ beträgt, macht es keinen Sinn, die Dichte mit mehr als drei Nachkommastellen anzugeben.

Dichte einer Flüssigkeitsportion
$\varrho(\text{Flü}) = \dfrac{m_D - m_A}{V(\text{Pyk})}$

Beispiel: Die Dichte eines Netzmittels wurde von einem Hersteller mit ϱ = 1,05 g/cm³ angegeben. Bei der Überprüfung der Dichte mit einem Pyknometer wurden folgende Messwerte erhalten:

m(Pyk) = 43,1243 g, m(Pyk mit Netzmittel) = 95,0070 g, V(Pyk) = 48,9365 cm³

Stimmt die angegebene Dichte des Herstellers mit der zu ermittelnden Dichte überein?

Lösung: $\boldsymbol{\varrho}\mathbf{(Probe)} = \dfrac{m_D - m_A}{V(\text{Pyk})} = \dfrac{95{,}0070\ \text{g} - 43{,}1243\ \text{g}}{48{,}9365\ \text{cm}^3} = 1{,}0602\ \text{g/cm}^3 \approx \mathbf{1{,}06\ g/cm^3}$

Die Dichte des Netzmittels stimmt im Rahmen der Messgenauigkeit mit den Herstellerangaben überein.

Bestimmung der Dichte einer Feststoffportion mit dem Pyknometer (DIN EN ISO 787-10)

Mit dem Pyknometer lässt sich ebenfalls die Dichte von körnigen Feststoffportionen ermitteln. Dazu benötigt man eine Verdrängungsflüssigkeit, die mit der Probe nicht reagiert. Auch ein Lösen oder Quellen der Probe muss ausgeschlossen sein. Weiterhin ist darauf zu achten, dass in der Probe durch die Verdrängungsflüssigkeit keine Luftbläschen eingeschlossen werden.

---

1) Louis-Joseph Gay-Lussac (1778–1850), französischer Physiker und Chemiker

Als Verdrängungsflüssigkeiten kommen in Abhängigkeit von der untersuchten Probe gut benetzende und schwer verdampfbare Flüssigkeiten zum Einsatz.

Zur Bestimmung der Dichte einer Feststoffportion mit dem Pyknometer unter Verwendung einer Verdrängungsflüssigkeit sind nach DIN EN ISO 787-10 folgende Wägungen durchzuführen **(Bild 1)**:

A) Pyknometer leer	**B) Pyknometer teilweise mit Probesubstanz gefüllt**	**C) Pyknometer mit Substanz und Flüssigkeit gefüllt**	**D) Pyknometer vollständig mit Flüssigkeit gefüllt**
m_A	m_B	m_C	m_D

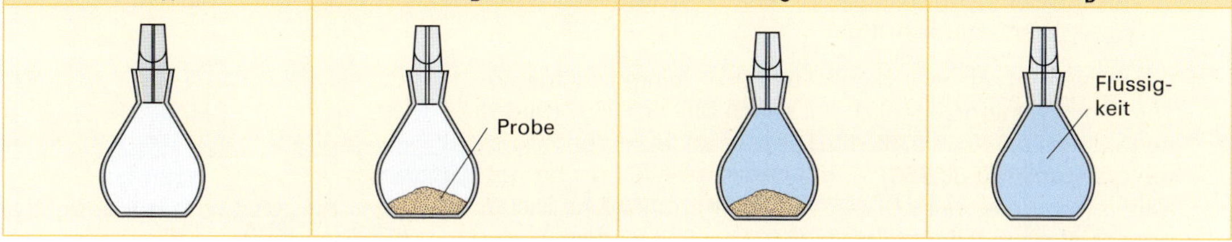

Bild 1: Wägungen zur Dichtebestimmung einer Feststoffportion mit dem Pyknometer

Eine Gleichung zur Berechnung der Dichte der Feststoffportion ϱ(Probe) lässt sich wie folgt ableiten:

1. Berechnung des Pyknometervolumens V(Pyk): $V(\text{Pyk}) = \dfrac{m_D - m_A}{\varrho_{\text{Flü}}}$
2. Berechnung der Masse der Feststoffportion m(Probe): $m(\text{Probe}) = m_B - m_A$
3. Berechnung des Volumens der Feststoffportion V(Probe):

$$V(\text{Probe}) = V(\text{Pyk}) - \frac{m_C - m_B}{\varrho_{\text{Flü}}} = \frac{m_D - m_A}{\varrho_{\text{Flü}}} - \frac{m_C - m_B}{\varrho_{\text{Flü}}} = \frac{m_D - m_A - m_C + m_B}{\varrho_{\text{Flü}}}$$

4. Berechnung der Dichte der Feststoffportion ϱ(Probe):

$$\varrho(\text{Probe}) = \frac{m(\text{Probe})}{V(\text{Probe})} = \frac{m_B - m_A}{\dfrac{m_D - m_A - m_C + m_B}{\varrho_{\text{Flü}}}}$$, daraus folgt:

Dichte einer Feststoffportion

$$\varrho(\text{Probe}) = \frac{m_B - m_A}{m_D - m_A - m_C + m_B} \cdot \varrho_{\text{Flü}}$$

Beispiel: Wie groß ist die Dichte von Drehspänen eines Kupferwerkstoffes, wenn die Dichtebestimmung mit dem Pyknometer unter Verwendung von Wasser der Dichte $\varrho(H_2O) = 0{,}9982\ \text{g/cm}^3$ als Verdrängungsflüssigkeit folgende Wägewerte ergibt:

Pyknometer, leer:	$m_A = 22{,}175$ g
Pyknometer mit Kupferdrehspänen:	$m_B = 37{,}673$ g
Pyknometer mit Drehspänen und Wasser:	$m_C = 60{,}597$ g
Pyknometer mit Wasser:	$m_D = 46{,}835$ g

Lösung: $$\varrho_{Cu} = \frac{m_B - m_A}{m_D - m_A - m_C + m_B} \cdot \varrho(H_2O) = \frac{37{,}673\,\text{g} - 22{,}175\,\text{g}}{46{,}835\,\text{g} - 22{,}175\,\text{g} - 60{,}597\,\text{g} + 37{,}673\,\text{g}} \cdot 0{,}9982\ \text{g/cm}^3$$

$$\varrho_{Cu} = \frac{15{,}498\ \text{g}}{1{,}736\ \text{g}} \cdot 0{,}9982\ \text{g/cm}^3 \approx \mathbf{8{,}906\ g/cm^3}$$

Aufgaben zur Dichtebestimmung mit dem Pyknometer

1. Ein 50-mL-Pyknometer hat eine Tara von 22,5543 g. Bei 20,0 °C mit Wasser der Dichte 0,9982 g/cm³ gefüllt, wiegt es 74,0416 g. Um wie viel Prozent weicht das Pyknometervolumen vom Nennvolumen ab?

2. Bei der Dichtebestimmung eines Hydrauliköls mit Hilfe eines Pyknometers wurden bei einer Temperatur von $\vartheta = 20{,}0$ °C folgende Messwerte erhalten: Pyknometer leer: $m = 26{,}7349$ g, Pyknometer mit Wasser: $m = 52{,}5334$ g, Pyknometer mit Hydrauliköl: $m = 54{,}5649$ g. Welche Dichte hat das Hydrauliköl, wenn die Dichte des Wassers bei der Prüftemperatur $\vartheta(H_2O) = 0{,}9982\ \text{g/cm}^3$ beträgt?

3. Ein 25-mL-Pyknometer nach GAY-LUSSAC (Bild 1, Seite 296) hat eine Tara von 21,0348 g. Mit entmineralisiertem Wasser bei 20,0 °C gefüllt, wiegt es 46,0437 g.
   a) Wie groß ist das exakte Volumen des Pyknometers, wenn bei 20,0 °C die Dichte des Wassers 0,9982 g/cm³ beträgt?
   b) Nach DIN ISO 3507 darf die Volumenabweichung des Pyknometers vom Nennvolumen ±2 mL betragen. Wird dieser Wert unterschritten?

4. Das Volumen eines Pyknometers mit eingeschliffenem Thermometer und Seitenkapillare nach DIN ISO 3507 **(Bild 1)** beträgt bei 20,0 °C 50,0765 mL. Die Masse des leeren Pyknometers wurde zu 30,8601 g, die des mit Weichmacher gefüllten Pyknometers zu 92,5851 g bestimmt. Welche Dichte hat der Weichmacher? ($\varrho(H_2O$, 20,0 °C) = 0,9982 g/cm³)

5. Ein Pyknometer mit einer Masse von 21,0316 g wiegt mit Wasserfüllung 45,9324 g. Mit Entschäumer gefüllt, beträgt die Masse des Pyknometers 44,2325 g. Welche Dichte hat der Entschäumer ($\varrho(H_2O$, 20,0 °C) = 0,9982 g/cm³)

6. Pyknometer nach HUBBARD **(Bild 2)** dienen zur Dichtebestimmung hochviskoser Flüssigkeiten. Die Tara eines solchen Pyknometers beträgt 31,3685 g. Mit Wasser bei ϑ = 20,0 °C gefüllt, wiegt das Pyknometer 56,5127 g, mit Mineralöl gefüllt 51,0954 g. Welche Dichte hat das Mineralöl? ($\varrho(H_2O$, 20,0 °C) = 0,9982 g/cm³)

7. Berechnen Sie die Dichte eines Lacklösemittels mit Hilfe folgender Messwerte ($\varrho(H_2O$, 20,0 °C) = 0,9982 g/cm³):

   Pyknometer, leer: m_p = 23,4689 g
   Pyknometer mit Wasserfüllung: m_{pw} = 74,1243 g
   Pyknometer mit Lacklösemittel: m_{pL} = 63,9567 g.

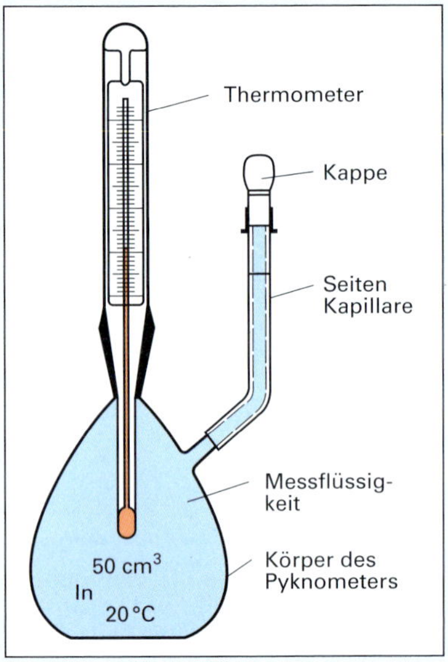

Bild 1: Pyknometer nach DIN ISO 3507

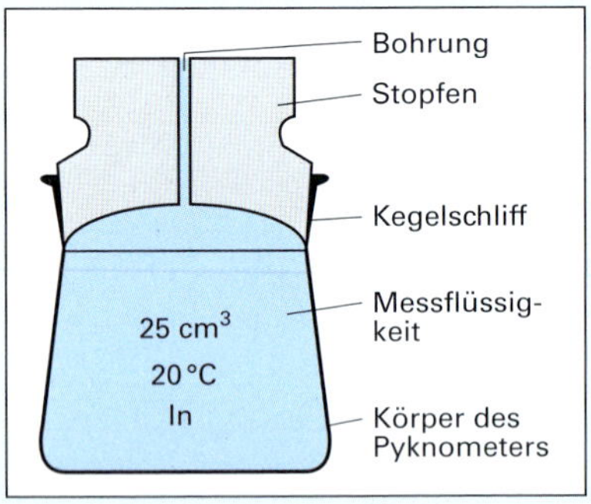

Bild 2: Pyknometer nach HUBBARD (DIN ISO 3507)

8. Bei der Dichtebestimmung einer Emulgatorlösung wurden mit einem 50-mL-Pyknometer bei ϑ = 21,50 °C folgende Messwerte erhalten: *m*(Pyk, leer) = 35,3798 g, *m*(Pyk, mit H_2O) = 85,7654 g, *m*(Pyk, mit Emulgatorlösung) = 87,7368 g. Welche Dichte hat die Emulgatorlösung, wenn die Dichte des Wassers bei der Prüftemperatur 0,9979 g/cm³ beträgt?

9. Welche Dichte hat Rohrzucker, wenn die Bestimmung mit dem Pyknometer unter Verwendung von Cyclohexan als Verdrängungsflüssigkeit ($\varrho(C_6H_{12})$ = 0,7791 g/cm³) folgende Wägewerte ergibt:

   Pyknometer leer: m_A = 13,8792 g
   Pyknometer mit Rohrzucker: m_B = 16,4470 g
   Pyknometer mit Rohrzucker u. Cyclohexan: m_C = 65,2112 g
   Pyknometer mit Cyclohexan: m_D = 63,9531 g

10. Die Dichtebestimmung von Kunststoff-Recyclaten unterschiedlicher Herkunft mittels eines Pyknometers mit einer Masse von *m* = 20,7316 g und einem Volumen von *V* = 25,2116 cm³ unter Verwendung von Wasser ($\varrho(H_2O$, 20,0 °C) = 0,9982 g/cm³) ergab folgende Messwerte:

Kunststoff-Recyclat:	**I**	**II**	**III**	**IV**
Pyknometer mit Recyclat:	30,6531 g	31,1735 g	29,6375 g	31,4567 g
Pyknometer mit Wasser und Recyclat:	48,8973 g	49,2366 g	47,6539 g	49,8923 g

Welche Dichte haben die Kunststoffrecyclate?

10.1.2 Dichtebestimmung mit der hydrostatischen Waage

Die hydrostatische Waage (hydrostatic balance) ist eine oberschalige Analysenwaage, die zur Dichtebestimmung von Feststoffen und Flüssigkeiten dient.

Mittels einer speziellen Wägevorrichtung **(Bild 1)** wird die Masse des Prüfkörpers in der Luft m_K und anschließend seine scheinbare Masse m_S in der Auftriebsflüssigkeit bestimmt.

Die Wägevorrichtung besteht aus einem Bügel, der an der Waagschale der Oberschalenwaage befestigt ist. Der Bügel nimmt den Tauchkörper auf und dient zur Übertragung der Gewichtskraft F_G oder der Restgewichtskraft F_R auf die Waagschale. Die über der Waagschale stehende Brücke dient zur Aufnahme des Becherglases. Die Brücke steht auf dem Waagengehäuse und hat demzufolge keinen Kontakt mit der Waagschale.

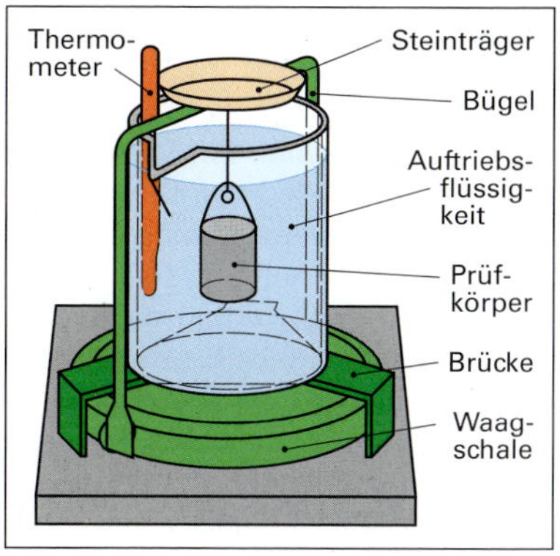

Bild 1: Hydrostatische Waage

Physikalische Grundlagen

Die bei der hydrostatischen Waage durch die Auftriebskraft der Verdrängungsflüssigkeit verursachte Gewichtskraftminderung des Prüfkörpers entspricht der Gewichtskraft und damit der Masse an verdrängter Flüssigkeit. Da die Dichte der verdrängten Flüssigkeit (meist Wasser) bekannt ist, lässt sich auf das Volumen des Prüfkörpers und bei bekannter Masse auf seine Dichte schließen.

Umgekehrt lässt sich bei bekannter Masse und Volumen des Prüfkörpers, er wird dann als Senk- oder Tauchkörper bezeichnet, die Dichte der Auftriebsflüssigkeit nach DIN 51757 bestimmen.

Ableitung der Größengleichungen zur Berechnung der Dichte

Die Auftriebskraft F_A des Prüfkörper in der Auftriebsflüssigkeit ist die Differenz zwischen seiner Gewichtskraft F_G und seiner Restgewichtskraft F_R: $F_A = F_G - F_R = m_K \cdot g - m_S \cdot g = (m_K - m_S) \cdot g$.

Nach dem Gesetz von ARCHIMEDES (vgl. Seite 99) ist die Auftriebskraft F_A gleich der Gewichtskraft F_G der verdrängten Flüssigkeit. Mit $F_A = \varrho_{Flü} \cdot V_K \cdot g$ folgt nach dem Gleichsetzen in F_A und Kürzen der Erdbescheunigung g: $m_K - m_S = \varrho_{Flü} \cdot V_K$.

Durch Umstellen nach $\varrho_{Flü}$ erhält man die nebenstehende Gleichung zur Berechnung der Dichte der Auftriebsflüssigkeit.

Durch Umstellen nach dem Volumen des Prüfkörpers V_K: $V_K = (m_K - m_S)/\varrho_{Flü}$ und Einsetzen dieses Terms in die Definitionsgleichung der Dichte $\varrho_K = m_K/V_K$ ergibt sich nebenstehende Gleichung zur Berechnung der Dichte des Prüfkörpers ϱ_K.

Dichte der Auftriebsflüssigkeit

$$\varrho_{Flü} = \frac{m_K - m_S}{V_K} = \varrho_K - \frac{m_S}{V_K}$$

Dichte des Prüfkörpers

$$\varrho_K = \frac{m_K}{V_K} = \frac{m_K \cdot \varrho_{Flü}}{m_K - m_S}$$

Beispiel 1: Ein unregelmäßig geformter Kunststoffschmelzkörper aus Polymethylmethacrylat mit der Masse $m(\text{PMMA}) = 22{,}38$ g hat in Wasser ($\varrho = 1{,}00$ g/cm³) eine scheinbare Masse von 3,41 g. Welche Dichte hat der Kunststoffschmelzkörper?

Lösung: $$\boldsymbol{\varrho_K} = \frac{m_K \cdot \varrho_{Flü}}{m_K - m_S} = \frac{22{,}38\text{ g} \cdot 1{,}00\text{ g/cm}^3}{22{,}38\text{ g} - 3{,}41\text{ g}} = 1{,}179\text{g/cm}^3 \approx \mathbf{1{,}18g/cm^3}$$

Beispiel 2: Ein Senkkörper mit einer Masse von 12,1345 g verdrängt laut Herstellerangabe 4,991 g Wasser ($\varrho(H_2O$, 20,0 °C) = 0,9982 g/cm³). In eine ölmodifizierte Polyesterharz-Lösung getaucht, beträgt seine scheinbare Masse 7,5361 g. Welche Dichte hat die Polyesterharz-Lösung?

Lösung: $$\varrho_{PH} = \frac{m_K - m_S}{V_K}; \quad \text{mit} \quad V_K = V_{H_2O} = \frac{m_{H_2O}}{\varrho_{H_2O}} \quad \text{folgt:} \quad \varrho_{PH} = \frac{m_K - m_S}{m_{H_2O}} \cdot \varrho_{H_2O}$$

$$\boldsymbol{\varrho_{PH}} = \frac{12{,}1345\text{ g} - 7{,}5361\text{ g}}{4{,}991\text{ g}} \cdot 0{,}9982\frac{\text{g}}{\text{cm}^3} \approx \mathbf{0{,}9197\ g/cm^3}$$

10.1.3 Dichtemessung mit der WESTPHAL'schen Waage

Die WESTPHAL'sche Waage (Westphal' balance) ist eine spezielle ungleicharmige Balkenwaage zur Bestimmung der Dichte von Flüssigkeiten **(Bild 1)**. Zu Messbeginn wird die Waage, an der sich ein Senkkörper mit einem exakt definierten Volumen befindet, mit der Justierschraube am Fuß in Luft ins Gleichgewicht gebracht. Anschließend lässt man den am Balkenende hängenden Senkkörper in die zu untersuchende Flüssigkeit eintauchen.

Der durch den Auftrieb verursachte scheinbare Gewichtsverlust des Senkkörpers wird durch Auflegen von Reitergewichten in die Kerben des Waagebalkens ausgeglichen. Die Massen der Reiter A, B, C, D, verhalten sich wie 1 : 0,1 : 0,01 : 0,001.

Aus der Größe der Reitergewichte und ihrer Position an der Teilung des Waagebalkens kann die Dichte der Flüssigkeit abgelesen werden. Dabei ist Folgendes zu beachten:

- Wenn einer der Reiter zur Gleichgewichtseinstellung nicht benötigt wird, so tritt an seine Stelle in der Ablesung eine Null.
- Ist die Dichte einer Flüssigkeit größer als ein Gramm durch Kubikzentimeter, so wird der Reiter mit der größten Masse im Endhaken aufgehängt.
- Falls zur Gleichgewichtseinstellung mehrere Reiter in dieselbe Kerbe eingesetzt werden müssen, so wird der kleinere Reiter in den größeren Reiter eingehängt.

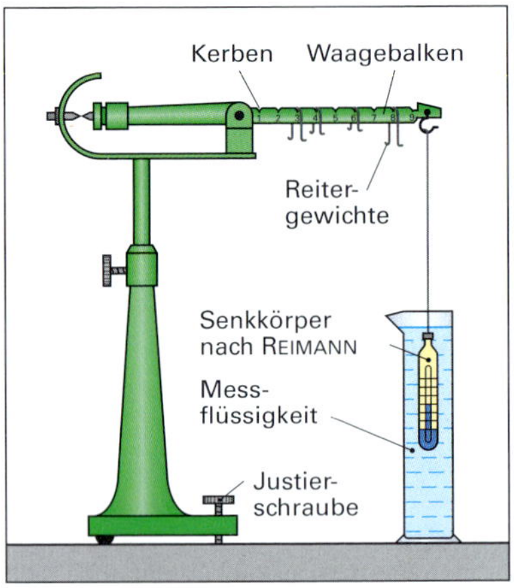

Bild 1: WESTPHAL'sche Waage

Beispiel: Welche Dichte hat ein Testbenzin, wenn die Dichtebestimmung mit der Westphal'schen Waage die in **Bild 2** dargestellten Reiterpositionen ergibt?

Lösung:

5000 mg Reiter in Kerbe 8:	⇒	0,8000
500 mg Reiter in Kerbe 2:	⇒	0,0200
50 mg Reiter in Kerbe 4:	⇒	0,0040
5 mg Reiter in Kerbe 6:	⇒	0,0006
Durch Addition erhält man:	=	0,8264 ⇒
Dichte des Testbenzins:	ϱ =	**0,8246 g/cm³**

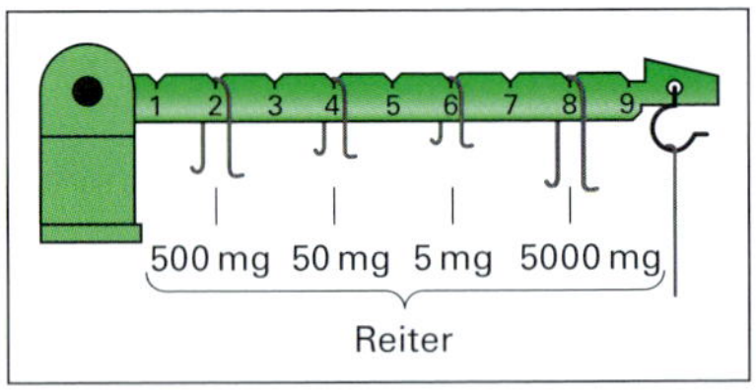

Bild 2: Beispiel einer Dichtebestimmung mit der WESTPHAL'schen Waage

Aufgaben zur hydrostatischen und zur WESTPHAL'schen Waage

1. Ein Tauchkörper aus Borosilikatglas (m = 4,8760 g, ϱ = 2,25 g/cm^3) wird vollständig in eine Soda-Lösung getaucht. Sein scheinbarer Masseverlust beträgt 2,653 g. Welche Dichte hat die Lösung?
2. Ein Tauchkörper aus Messing (m(Ms) = 14,5062 g) hat unter Wasser (ϱ(H_2O, 20,0 °C) = 0,9982 g/cm^3) eine scheinbare Masse von 12,785 g. Wie groß ist die Dichte des Messings?
3. Welche scheinbare Masse hat ein Senkkörper aus Aluminium (ϱ(Al) = 2,70 g/cm^3, m = 7,4225 g) in Wasser (ϱ(H_2O, 20,0 °C) = 0,9982 g/cm^3)?
4. Ein Senkkörper nach REIMANN **(Bild 1)** mit der Masse 12,1345 g verdrängt laut Herstellerangabe 4,991 g Wasser (ϱ(H_2O, 20,0 °C) = 0,9982 g/cm^3). In eine Antihautmittel-Lösung getaucht, beträgt seine scheinbare Masse 7,4950 g. Welche Dichte hat die Antihautmittel-Lösung?
5. Bei der Dichtebestimmung eines Testbenzins werden die Reiter einer WESTPHAL'schen Waage in folgenden Positionen vorgefunden: 100 mg Reiter in Kerbe 8 der Skale, 10 mg Reiter in Kerbe 1 der Skale, 1 mg Reiter im 10 mg Reiter. Welche Dichte hat das Testbenzin?
6. Welche Dichte hat ein Ethanol/Wasser-Gemisch mit einem Ethanol-Massenanteil von w(CH_3 CH_2OH) = 80,0 % wenn die Dichtebestimmung mit der WESTPHAL'schen Waage bei 20,0 °C folgende Reiterpositionen ergibt: 5000 mg Reiter in Kerbe 8, 500 mg Reiter in Kerbe 4, 50 mg Reiter im 500 mg Reiter der Kerbe 4, 5 mg Reiter in Kerbe 9?

10.1.4 Dichtebestimmung mit dem Tauchkörper-Verfahren

Die Dichtebestimmung nach dem Tauchkörper-Verfahren (immersed body method) nach DIN EN ISO 2811-2 wird bei niedrig- und mittelviskosen Beschichtungsstoffen und ähnlichen Flüssigkeiten angewandt. Das Verfahren ist besonders als Betriebsprüfverfahren von Stoffen dieser Art geeignet.

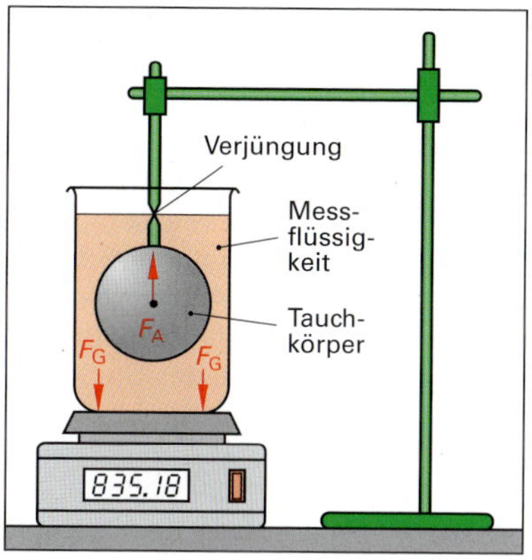

Bild 1: Tauchkörper-Verfahren

Kurzbeschreibung des Verfahrens

Ein Gefäß mit der zu untersuchenden Flüssigkeit wird auf eine Oberschalenwaage gestellt **(Bild 1)**. Anschließend senkt man den an einem Stativ befestigten genormten Tauchkörper vollständig bis zur Mitte der Verjüngung in die zu prüfende Flüssigkeit.

Aus den Wägewerten W_1 vor dem Absenken und W_2 nach dem Absenken des Tauchkörpers kann die Dichte der Flüssigkeit berechnet werden.

Ableitung der Größengleichung zur Berechnung der Dichte

Senkt man den Tauchkörper in die Probeflüssigkeit, so versucht die Auftriebskraft F_A den Tauchkörper aus der Flüssigkeit herauszudrücken. Die Auftriebskraft ist nach dem Gesetz von ARCHIMEDES (vgl. Seite 99) gleich der Gewichtskraft F_G der vom Tauchkörper verdrängten Probeflüssigkeit: $F_A = F_G$. Die Auftriebskraft, die den Tauchkörper herauszudrücken versucht, wirkt in Form der Gewichtskraft der verdrängten Probeflüssigkeit auf die Waagschale. Sie entspricht, auf einer Oberschalenwaage gemessen, der Masse $m_{Flü}$ der verdrängten Probeflüssigkeit. Sie wird durch eine Wägung vor (W_1) und nach dem Absenken des Tauchkörpers (W_2) in die Probeflüssigkeit bestimmt. Die Differenz $W_2 - W_1$ entspricht der Masse der verdrängten Probeflüssigkeit: $m_{Flü} = W_2 - W_1$.

Mit der Definitionsgleichung für die Dichte $\varrho_{Flü} = m_{Flü}/V_{Flü}$ erhält man nach dem Einsetzen und Umstellen eine Bestimmungsgleichung zur Berechnung der Dichte der Probeflüssigkeit $\varrho_{Flü}$. Bei sehr genauen Messungen ist zur Korrektur des Luftauftriebs die Dichte der Luft ϱ(Luft, 20,0 °C) = 1,205 g/L zu addieren.

Dichte der Auftriebsflüssigkeit

$$\varrho_{Flü} = \frac{m_{Flü}}{V_{Flü}} + \varrho_{Luft} = \frac{W_2 - W_1}{V_{Flü}} + \varrho_{Luft}$$

Beispiel: Ein geöffnetes 750-mL-Gebinde mit Polyesterlack hat eine Bruttomasse von 1275,5 g. Mit einem Tauchkörper (V = 100,1347 mL) wurde bei ϑ = 20,0 °C ein Wägewert von 1424,5 g ermittelt. Welche Dichte hat der Polyesterlack?

Lösung: $$\varrho_{Flü} = \frac{W_2 - W_1}{V_{Flü}} = \frac{1424{,}5\ g - 1275{,}5\ g}{100{,}1347\ cm^3} = 1{,}48799\ g/cm^3 \approx \mathbf{1{,}488 g/cm^3}$$

Aufgaben zur Dichtebestimmnung nach dem Tauchkörper-Verfahren

1. Beim Eintauchen eines Tauchkörpers in eine Leinölprobe wurde auf einer zuvor auf Null tarierten Analysenwaage bei ϑ = 21,3 °C ein Wägewert von 9,2120 g gemessen. Berechnen Sie die Dichte des Leinöls, wenn das Tauchkörpervolumen 9,8734 cm³ beträgt.

2. Berechnen Sie die Dichte eines Lackbenzins, wenn die Dichtebestimmung nach dem Tauchkörper-Verfahren bei 20,7 °C folgende Messwerte ergibt:
   W_1 = 57,137 g, W_2 = 64,635 g, V(Tauchkörper) = 9,8734 cm³

3. Eine geöffnete Weißblechdose mit 375 mL eines pigmentierten Nitrolacks hat eine Bruttomasse von m(Lack) = 350,12 g. Mit einem Tauchkörper (V = 9,8179 cm³) wurde bei ϑ = 20,3 °C ein Wägewert von 360,96 g abgelesen. Welche Dichte hat der Nitrolack?

4. Beim Absenken eines Tauchkörpers in eine Siliconharzlösung wurde auf einer zuvor auf Null tarierten Makrowaage bei ϑ = 19,8 °C ein Wägewert von 97,67 g ermittelt. Das Tauchkörpervolumen beträgt V = 99,7865 cm³. Berechnen Sie die Dichte der Siliconharzlösung.

10.1.5 Dichtemessung mit dem Aräometer

Aräometer (hydrometer) nach DIN 12790 sind geschlossene zylindrische Schwimmkörper aus Glas **(Bild 1)**. Sie haben am unteren Ende eine Beschwerung, damit sie in der Messflüssigkeit lotrecht schwimmen. Der stabförmig verjüngte Stengel enthält eine Strichskale der Dichte. Sie ist nicht linear geteilt, weil die Auftriebskraft mit steigender Eintauchtiefe des Aräometers nicht proportional zunimmt. Da ein Aräometer umso tiefer in die Prüfflüssigkeit eintaucht, je kleiner ihre Dichte ist, befindet sich der Skalenendwert am unteren Ende des Stengels.

Die Eintauchtiefe in der Messflüssigkeit wird auf einem Skalenträger im Stengel abgelesen. Er ist z.B. in Gramm durch Kubikzentimeter kalibriert. Die Ablesung erfolgt bei durchsichtigen Flüssigkeiten auf der Schnittlinie zwischen Flüssigkeitsspiegel und Stengel **(Bild 2)**.

Die Schnittlinie zwischen Flüssigkeitsspiegel und Stengel ist deutlicher zu erkennen, wenn man das Auge dicht unter die Ebene des Flüssigkeitsspiegels bringt. An der Stelle, wo die Flüssigkeitsoberfläche den Stengel schneidet, ist dann eine elliptisch erscheinende Fläche zu sehen. Nun wird das Auge langsam gehoben, wobei die Fläche zu einer Linie zusammenschrumpft. Dies ist die gesuchte Schnittlinie zwischen Flüssigkeitsspiegel und Stengel.

Die Dichtemessung mit dem Aräometer wird auch Spindeln genannt, das Aräometer selbst als Spindel bezeichnet.

Bei der Dichtemessung mit dem Aräometer ist Folgendes zu beachten:

- Da unterschiedliche Flüssigkeiten unterschiedliche Oberflächenspannungen aufweisen, ist ein Aräometer nur für die Flüssigkeiten zu benutzen, für die es justiert wurde.
- Da sowohl die Dichte der Messflüssigkeit als auch das Volumen des Aräometers temperaturabhängig sind, ist das Aräometer nur bei der angegebenen Bezugstemperatur (meist 20 °C) zu benutzen.
- Da oberhalb des Meniskus anhaftende Flüssigkeit den Messwert stark verfälschen kann, darf das Aräometer nur bis etwa zur Gleichgewichtslage in die Messflüssigkeit eingesetzt werden.

Aufgaben zur Dichtemessung mit dem Aräometer

1. Eine Zinkchlorid-Lösung $ZnCl_{2(aq)}$ wurde gespindelt. Die Stellung des Aräometerstengels zum Flüssigkeitsspiegel der Zinkchlorid-Lösung ist in **Bild 3** wiedergegeben. Welche Dichte hat die untersuchte Zinkchlorid-Lösung?
2. Welche Dichten hätten die gespindelten Probeflüssigkeiten, wenn die Aräometerstengel im **Bild 2** und **Bild 3** jeweils 10 mm weiter aus den Probe herausragten oder 5 mm tiefer in Messflüssigkeiten eintauchten?

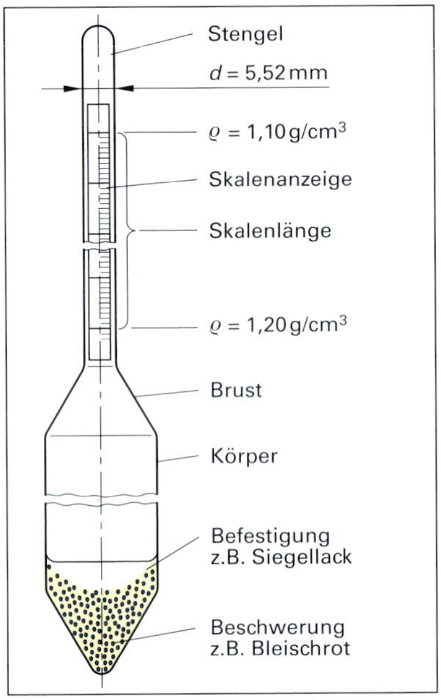

Bild 1: Aräometer nach DIN 12790

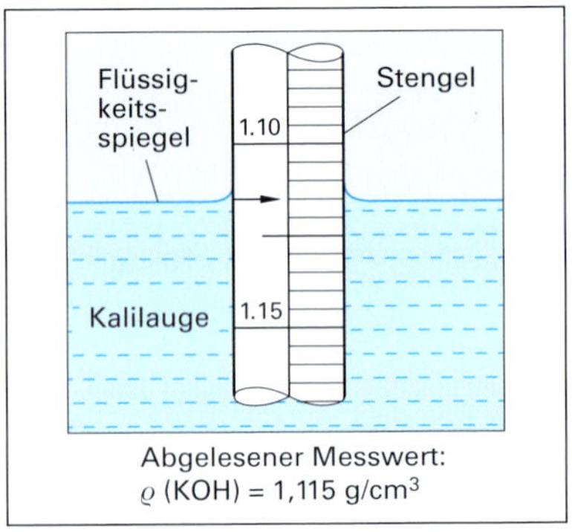

Bild 2: Beispiel einer Dichteablesung am Aräometer

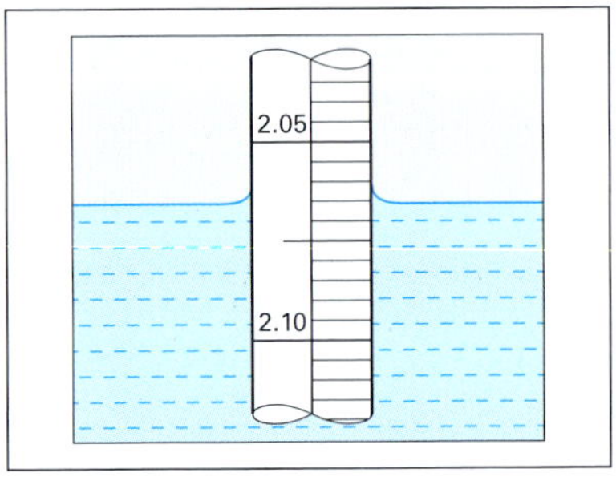

Bild 3: Ableseübung zur Dichtemessung mit dem Aräometer (Aufgabe 1)

10.1.6 Dichtebestimmung nach der Schwingungsmethode

Die Schwingungsmethode (oscillation method) ist zur Dichtebestimmung von Flüssigkeiten und Gasen geeignet. Sie kann sowohl zur Dichtemessung in einem kontinuierlichen Prozess **(Bild 1)** als auch im Labor herangezogen werden.

Bei Laborgeräten wird die zu untersuchende Probe in einen hohlen, U-förmig gebogenen Biegeschwinger aus Borosilicatglas eingespritzt. Nach dem Temperaturausgleich wird der Schwinger durch einen Elektromagneten zu einer ungedämpften Schwingung bei konstanter Amplitude angeregt.

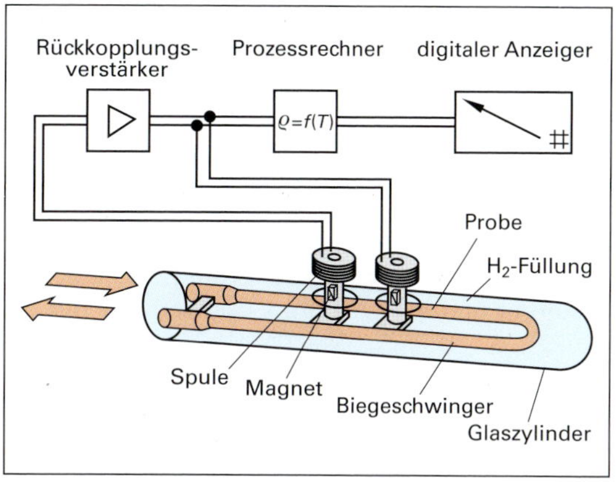

Bild 1: Messprinzip der Dichtebestimmung nach der Schwingungsmethode (DIN EN ISO 15212-1)

Die Schwingungsdauer T des Biegeschwingers wird über eine Empfängerspule mittels einer eingebauten Quarzuhr gemessen und dem Prozessrechner zugeführt. Er bestimmt unter Verwendung der Geräteparameter die Dichte der untersuchten Probe. Die Schwingungsfrequenz des gefüllten Biegeschwingers und damit seine Schwingungsdauer T ist bei konstanten Biegeschwingerparametern wie Innenvolumen V, Masse m sowie Schwingungskonstante D nur von der Dichte ϱ der untersuchten Probe abhängig. Nachfolgend wird die Größengleichung zur Auswertung einer Dichtebestimmung nach der Schwingungsmethode abgeleitet.

Die Schwingungsdauer T des Biegeschwingers berechnet sich nach der nebenstehenden Größengleichung. In ihr stellen die Größen m die Masse und D die Schwingungskonstante des schwingenden Systems dar.

Schwingungsdauer
$T = 2 \cdot \pi \sqrt{\frac{m}{D}}$

Die Masse m des schwingenden Systems setzt sich aus der Masse des leeren Schwingers m_S und der Masse der darin enthaltenen Probe m_P zusammen: $m = m_S + m_P$.

Mit $m_P = \varrho_P \cdot V_P$ folgt: $m = m_S + \varrho_P \cdot V_P$, wobei das Volumen der Probe V_P mit den an den Einspannstellen des Biegeschwingers gekennzeichneten Volumen des Schwingers V_S identisch ist: $V_P = V_S = V$.

Dichteberechnung nach der Schwingungsmethode
$\varrho_P = \frac{D}{4\pi^2 \cdot V}\left(T^2 - \frac{4\pi^2 \cdot m_S}{D}\right)$

Nach dem Einsetzen von $m = m_S + \varrho_P \cdot V$ in die Größengleichung zur Berechnung der Schwingungsdauer T des Biegeschwingersensors und Umstellen nach der Dichte der untersuchten Probe ϱ_P erhält man die nebenstehende Formel zur Berechnung der Dichte der Probe.

Beispiel: Wie groß ist die Dichte eines technischen 2-Propanols CH_3-$CH_2(OH)$-CH_3 wenn bei ϑ = 20,00 °C in einem Biegeschwinger mit der Masse m_S = 10,2732 g und einem Volumen von 0,73496 mL eine Schwingungsdauer von T = 5,9837 ms gemessen wurde? Die Schwingungskonstante des Biegeschwingersensors beträgt D = 11,966 N/mm.

Lösung:

$$\varrho_P = \frac{D}{4\pi^2 \cdot V}\left(T^2 - \frac{4\pi^2 \cdot m_S}{D}\right) = \frac{11{,}966\ \text{N/mm}}{4\pi^2 \cdot 0{,}73469\ \text{mL}}\left[(5{,}9837\,\text{ms})^2 - \frac{4\pi^2 \cdot 10{,}2732\ \text{g}}{11{,}966\ \text{N/mm}}\right]$$

$$\varrho_P = \frac{11{,}966\ \text{N} \cdot 10^3\,\text{m}^{-1}}{4\pi^2 \cdot 0{,}73496 \cdot 10^{-6}\,\text{m}^3}\left[(5{,}9837 \cdot 10^{-3}\,s)^2 - \frac{4\pi^2 \cdot 10{,}2732 \cdot 10^{-3}\ \text{kg}}{11{,}966\ \text{N} \cdot 10^3\ \text{m}^{-1}}\right]$$

$$\varrho_P = 412{,}41 \cdot 10^6\ \frac{\text{N}}{\text{m} \cdot \text{m}^3}\left(35{,}8047 \cdot 10^{-6}\text{s}^2 - 33{,}8935 \cdot 10^{-6}\,\frac{\text{kg} \cdot \text{m} \cdot \text{s}^2}{\text{kg} \cdot \text{m}}\right) = 788{,}17\,\frac{\text{N} \cdot \text{s}^2}{\text{m} \cdot \text{m}^3}$$

$$\boldsymbol{\varrho_P} = 788{,}17\,\frac{\text{kg} \cdot \text{m} \cdot \text{s}^2}{\text{s}^2 \cdot \text{m} \cdot \text{m}^3} = 788{,}17\ \text{kg/m}^3 \approx \mathbf{0{,}7882\ g/cm^3}$$

Kalibrierung des Biegeschwingersensors

Die Größengleichung zur Berechnung der Dichte nach der Schwingungsmethode lässt sich durch Einführung der Apparatekonstanten *A* und *B* weiter vereinfachen. Die Größengleichung zur Berechnung der Dichte lautet dann: $\varrho_P = 1/A \cdot (T^2 - B)$.

Die Konstanten *A* und *B* sind Apparatekonstanten eines ganz bestimmten Biegeschwingers. Sie enthalten das Volumen *V* der Probe sowie die Leermasse m_S und die Federkonstante *D* des Schwingers. Die Apparatekonstanten können durch Kalibriermessungen mit Stoffen bekannter Dichte, in der Regel Luft ϱ_L und Wasser ϱ_W bestimmt und in den Geräte-Festwertspeicher eingegeben werden.

Apparatekonstanten des Biegeschwingersensors

$$\varrho_P = \frac{1}{A} \cdot (T^2 - B)$$

$$A = \frac{4\pi^2 \cdot V}{D}; \quad B = \frac{4\pi^2 \cdot m_S}{D}$$

$$A = \frac{T_W^2 - T_L^2}{\varrho_W - \varrho_L}; \quad B = T_L^2 - A \cdot \varrho_L$$

Nach der Kalibrierung kann die zu untersuchende Probe in den Biegeschwinger eingespritzt werden. Er wird anschließend über eine Spule in seiner Eigenfrequenz bei konstanter Amplitude erregt. Die Schwingungsdauer des Biegeschwingers wird über eine Empfängerspule mittels einer eingebauten Quarzuhr gemessen und dem Prozessrechner zugeführt. Er bestimmt unter Verwendung der Apparatekonstanten die Dichte der untersuchten Probe (Bild 1, Seite 303).

Beispiel 1: Beim Kalibrieren eines Biegeschwingersensors mit reinem, luftfreiem Wasser und Luft wurden bei 20,00 °C folgende Schwingungsdauern gemessen: T_W = 3,43575 ms, T_L = 2,53761 ms. Weitere Stoffkonstanten bei ϑ = 20,00 °C: $\varrho(H_2O)$ = 0,99820 g/mL, ϱ(Luft) = 1,1780 kg/m³ bei p_{amb} = 1000 mbar und einer relativen Feuchte von φ_r = 65 %.

Lösung: $$\boldsymbol{A} = \frac{T_W^2 - T_L^2}{\varrho_W - \varrho_L} = \frac{(3{,}43575\,\text{ms})^2 - (2{,}53761\,\text{ms})^2}{0{,}99820\,\text{g/mL} - 0{,}0011780\,\text{g/mL}} = \frac{5{,}36491 \cdot 10^{-6}\,\text{s}^2}{0{,}99702\,\text{g/mL}} \approx \mathbf{5{,}3809 \cdot 10^{-6}\ \frac{s^2}{g/mL}}$$

$$B = T_L^2 - A \cdot \varrho_L = (2{,}53761\ \text{ms})^2 - 5{,}3809 \cdot 10^{-6}\,\frac{\text{s}^2}{\text{g/mL}} \cdot 0{,}0011780\ \text{g/mL}$$

$$\boldsymbol{B} = 6{,}4395 \cdot 10^{-6}\,\text{s}^2 - 6{,}3387 \cdot 10^{-9}\,\text{s}^2 \approx \mathbf{6{,}4331 \cdot 10^{-6}}$$

Beispiel 2: Welche Dichte hat ein Testbenzin, wenn die Schwingungsdauer *T* = 3,2538 ms beträgt? Die Apparatekonstanten lauten: *A* = 5,3809 · 10⁻⁶ s²/(g/mL), *B* = 6,4331 · 10⁻⁶ s².

Lösung: $$\boldsymbol{\varrho_P} = \frac{1}{A}(T^2 - B) = \frac{1}{5{,}3809 \cdot 10^{-6}\,\frac{\text{s}^2}{(\text{g/mL})}}\left[(3{,}2538\ \text{ms})^2 - 6{,}4331 \cdot 10^{-6}\,\text{s}^2\right] \approx \mathbf{0{,}7721\ g/mL}$$

Aufgaben zur Dichtebestimmung nach der Schwingungsmethode

1. Die Kalibrierung eines Biegeschwingersensors (A = 6,0858 · 10^{-6} s²/(g/mL), B = 6,3661 · 10^{-6} s²) soll mittels n-Heptan $\varrho(CH_3(CH_2)_5CH_3)$ = 0,68376 g/cm³ überprüft werden. Wie groß ist die Abweichung vom wahren Wert der Messgröße, wenn die Schwingungsdauer des mit n-Heptan gefüllten Schwingers 3,2446 ms beträgt?
2. Welche Dichte hat ein technisches Kohlenstoffdisulfid CS_2 bei 20,00 °C, wenn in einem Biegeschwingersensor der Masse m_S = 10,3158 g und mit einem Volumen V_S = 0,74022 cm³ die Schwingungsdauer T = 6,3158 ms beträgt? Die Federkonstante des Schwingers konnte über die Apparatekonstanten zu 11,1325 N/mm bestimmt werden.
3. Welche Dichte hat eine wässrige Diethylammoniumchlorid-Lösung, wenn mit einem Schwinger-Dichtemessgerät bei ϑ = 20,00 °C folgende Messwerte erhalten wurden:
   D = 11,8611 N/mm, V = 0,7523 mL, m_S = 9,7528 g, T = 5,9158 ms.
4. Leiten Sie die Größengleichung zur Berechnung der Dichte nach der Schwingungsmethode ab.

10.2 Bestimmung technischer Dichten

Technische Produkte liegen häufig als Schüttungen in körniger oder pulveriger Form vor. Für diese Schüttgüter, auch Haufwerke genannt, hat man technische Dichten ϱ(techn) eingeführt, z. B. die Schüttdichte oder die Rütteldichte (vgl. Seite 79).
Technische Dichten (industrial densities) sind definiert als Quotient aus der Masse m und dem sich aus dem genormten Verfahren ergebenden Volumen V(norm) der Schüttgutportion.
Die technischen Dichten (Tabelle 1, Seite 79) werden nach genormten Verfahren bestimmt. Fast allen Verfahren gemeinsam ist die Verdichtung einer körnigen Stoffportion, z. B. Düngemittel, Pigmente, oder Formmassen. Die Verdichtung kann bei konstanter Masse durch geeignete mechanische oder thermische Verfahren erreicht werden.
Stellvertretend für die Vielzahl der Verfahren soll die Bestimmung der technischen Dichte am Beispiel der Schütt- und Rütteldichte (bulk density [loose] bzw. bulk density [tapped]) nach DIN EN ISO 1236 bzw. DIN EN ISO 1237 erfolgen.

Technische Dichte

$$\varrho(\text{techn}) = \frac{m}{V(\text{norm})}$$

Schüttdichte

$$\varrho(\text{Schütt}) = \frac{m_1 - m_Z}{V_Z}$$

Rütteldichte

$$\varrho(\text{Rütt}) = \frac{m_2 - m_Z}{V_Z}$$

10.2.1 Bestimmung der Schütt- und Rütteldichte

a) In einem 1-L-Messzylinder aus Polypropylen (PP) mit der Masse m_Z wird eine Probe des Schüttguts lose aufgeschüttet, so dass sie über den Rand des Messzylinders hinaus einen Kegel bildet. Nach dem Abstreichen des überschüssigen Schüttguts bestimmt man die Masse des gefüllten Zylinders m_1 und berechnet daraus die Schüttdichte.
b) Anschließend wird auf den Messzylinder eine Kunststoffmanschette gesteckt und mit Schüttgut gefüllt **(Bild 1)**. Nach 2500 Rüttelbewegungen mit 250 min^{-1} wird das überschüssige Schüttgut erneut abgestrichen und die Masse des gefüllten Messzylinders m_2 bestimmt und daraus die Rütteldichte berechnet.

Beispiel: Die Bestimmung der Schütt- und Rütteldichte eines Polyethylengranulats in einem 1-Liter-Messzylinder ergab folgende Wägewerte:
$m_1 = 1{,}0128$ kg, $m_2 = 1{,}0962$ kg, $m_z = 0{,}2234$ kg.
Welche Schütt- und Rütteldichte hat das PE-Granulat?

Lösung:

$$\varrho(\textbf{Schütt}) = \frac{m_1 - m_Z}{V_Z} = \frac{1{,}0128\,\text{kg} - 0{,}2234\,\text{kg}}{1{,}000\,\text{L}} \approx \mathbf{0{,}7894\,\frac{kg}{L}}$$

$$\varrho(\textbf{Rütt}) = \frac{m_2 - m_Z}{V_Z} = \frac{1{,}0962\,\text{kg} - 0{,}2234\,\text{kg}}{1{,}000\,\text{L}} \approx \mathbf{0{,}8728\,\frac{kg}{L}}$$

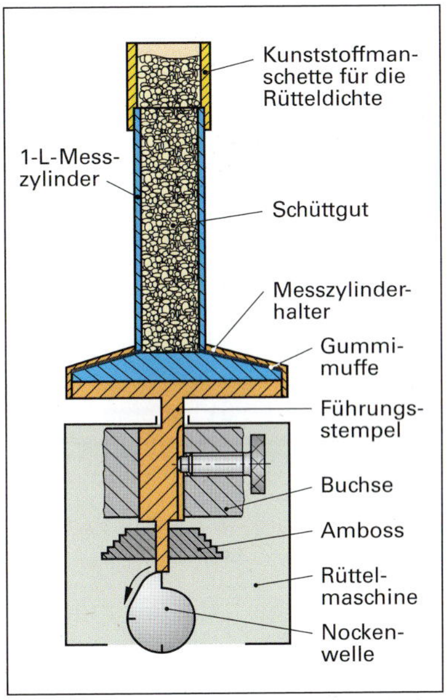

Bild 1: Vorrichtung zur Bestimmung der Rütteldichte nach DIN EN 1237

10.2.2 Bestimmung der Pressdichte

Beim Formpressen **(Bild 2)** werden pulverförmige Schüttgüter auf Pressmaschinen unter Druck zu Presslingen geformt. Dabei wird zu Beginn des Pressvorgangs die große Porosität des Schüttguts bei geringem Pressdruck reduziert. Anschließend füllen sich die Partikelzwischenräume durch Partikelbruchstücke bei steigendem Pressdruck unter abnehmender Porosität. Die weitere Zunahme des Pressdrucks bewirkt eine Verformung der Partikel. Sie führt zur Ausbildung von Kontaktflächen, was wiederum das Entstehen von Feststoffbrücken zur Folge hat. Die Grenzverdichtung ist erreicht, wenn der Pressling die gleiche Dichte hat wie der homogene Feststoff.

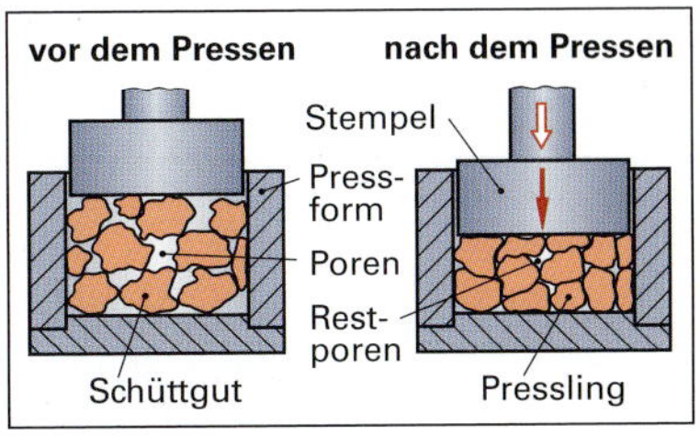

Bild 2: Formpressen

Zur Bestimmung der Pressdichte (green density) müssen Masse *m*(Press) und Volumen *V*(Press) des Presslings bestimmt werden. Den Quotient aus beiden Größen bezeichnet man als Pressdichte.

Da bislang keine gültige Norm zur Bestimmung der Pressdichte vorliegt, müssen die Pressbedingungen wie Pressdruck, Größe des Presslings mit der Pressdichte angegeben werden.

Die relative Volumenverminderung ΔV_{rel} beim Formpressen ergibt sich, wenn die Dichte des Stoffes vor dem Pressen ϱ(Schütt) durch die Dichte des Stoffes nach dem Pressen ϱ(Press) geteilt wird.

Pressdichte

$$\varrho(\text{Press}) = \frac{m(\text{Press})}{V(\text{Press})}$$

Relative Volumenverminderung

$$\Delta V_{rel} = \frac{\varrho(\text{Schütt})}{\varrho(\text{Press})}$$

Beispiel: REA-Gips, $CaSO_4 \cdot 2\ H_2O$, aus einer **R**auchgas-**E**ntschwefelungs-**A**nlage wurde auf einer Walzenpresse zu Pellets mit einer mittleren Masse von 25,443 g verpresst **(Bild 1)**. Die Pellets verdrängen nach dem Beschichten mit Silikonöl im Mittel 12,0 cm³ Wasser. Die stoffspezifische Dichte des Calciumsulfat-Dihydrats beträgt 2,32 g/cm³.

a) Welche mittlere Pressdichte haben die Presslinge?

b) Wurde die Grenzverdichtung durch das Pelletieren erreicht?

Lösung: a) $\varrho(\text{Press}) = \frac{m(\text{Press})}{V(\text{Press})} = \frac{25{,}443\,\text{g}}{12{,}0\,\text{cm}^3} \approx \mathbf{2{,}12\ g/cm^3}$

b) $\Delta V_{rel} = \frac{\varrho(\text{Press})}{\varrho(\text{Stoff})} = \frac{\varrho(\text{Press})}{\varrho(CaSO_4 \cdot 2H_2O)} = \frac{2{,}12\,\text{g/cm}^3}{2{,}32\,\text{g/cm}^3} \approx 91{,}4\%$

Die Grenzverdichtung wurde durch das Pelletieren bis auf 100% – 91,4% = 8,6% erreicht.

Bild 1: Walzenpresse zur Herstellung von Gips-Pellets

Aufgaben zur Bestimmung technischer Dichten

1. Ein zur Aluminiumherstellung eingesetzter Bauxit hat die Schüttdichte 1,05 t/m³. Welche Rütteldichte hat der Bauxit, wenn der Massenunterschied einer Probe mit dem Volumen 1,00 L vor und nach dem Rütteln 296 g beträgt?

2. Polystyrol (PS) hat eine Stoffdichte von ϱ(PS) = 1,06 g/cm³. Die Bruttomasse einer 1-L-Polystyrol-Granulatprobe beträgt nach dem Rütteln 0,801 kg. Wie groß ist die Raumerfüllung des Granulats, wenn die Masse des leeren Messzylinders 220,0 g beträgt?

3. Berechnen Sie die Schütt- und Rütteldichte des Pigments Zinkweiß ZnO mit Hilfe folgender Wägewerte: m_Z = 230,0 g, m_1 = 5284 g, m_2 = 5756 g, V_Z = 1,000 L.

4. Pressfertiges Aluminiumoxid Al_2O_3 hat eine Schüttdichte von ϱ(Schütt) = 1,17 g/cm³. Die mittlere Masse eines zylinderförmigen 100-MPa-Presslings mit den Maßen $d = h = 5{,}0$ mm wurde zu $m(Al_2O_3)$ = 223,8 mg bestimmt. a) Welche mittlere Pressdichte haben die Presslinge? b) Welche Volumenverminderung wird durch das Pressen erzielt?

5, Ein Arzneimittelgranulat mit der Schüttdichte ϱ(Schütt) = 0,6430 g/cm³ soll zu $5{,}0 \cdot 10^3$ Tabletten mit einer mittleren Masse von je 1250 mg verpresst werden. Welches Schüttvolumen an Granulat ist dazu erforderlich?

6. 227,69 mg Kaliumbromid KBr werden in einer hydraulischen Presse bei einem Druck von 10^4 bar zu einem zylinderförmigen Pressling von 0,624 mm Höhe und 13,0 mm Durchmesser verpresst.

   a) Welche Pressdichte hat der Pressling? b) Welche Grenzverdichtung wurde erreicht, wenn die Stoffdichte des Kaliumbromids ϱ(KBr) = 2,75 g/cm³ beträgt?

7. Monoethylanilin C_6H_5-NH-CH_2CH_3 wird in einem Rohrbündelreaktor durch Monoethylierung von Anilin C_6H_5-NH_2 mit Ethanol CH_3-CH_2-OH synthetisiert. Die exotherme Reaktion verläuft bei 200 °C und Atmosphärendruck in der Gasphase. Zur heterogenen Katalyse werden zylinderförmige Pellets mit den Maßen $h = d = 5{,}0$ mm aus einem Gemenge von Niobsäure und Grafit eingesetzt. Die mittlere Masse der Pellets beträgt 245,4 mg. Welche Pressdichte hat der Katalysator?

10.3 Bestimmung der Viskosität

Die **Viskosität** (engl. viscosity), auch Zähflüssigkeit genannt, beschreibt das Fließverhalten einer Flüssigkeit oder eines Gases. Zähfließende Flüssigkeiten, wie z.B. Maschinenöl oder Glycerin (1,2,3-Propantriol) werden als hochviskos bezeichnet. Dünnflüssige Flüssigkeiten, wie z.B. Wasser oder Aceton (Propanon) sind niederviskos. Gase haben eine besonders niedrige Viskosität.

10.3.1 Dynamische und kinematische Viskosität

Die Viskosität wird durch die innere Reibung der Teilchen im Fließmedium (Fluid) verursacht. Flüssigkeiten mit hohen Kohäsionskräften haben eine große innere Reibung, sie sind zähflüssig.

Die übliche Größe zur Beschreibung des Fließverhaltens eines Fluids ist die **dynamische Viskosität** η (engl. dynamic viscosity; η griechischer Kleinbuchstabe eta). Sie ist wie folgt definiert:

Eine dynamische Viskosität η von 1 Pa · s hat ein Fluid, wenn zwischen zwei ebenen parallelen Schichten im Fluid mit einer Fläche von 1 m² und einem Abstand von 1 m zur Erzeugung eines Geschwindigkeitsunterschiedes der Schichten von v = 1 m/s eine Kraft von 1 N aufgebracht werden muss **(Bild 1)**.

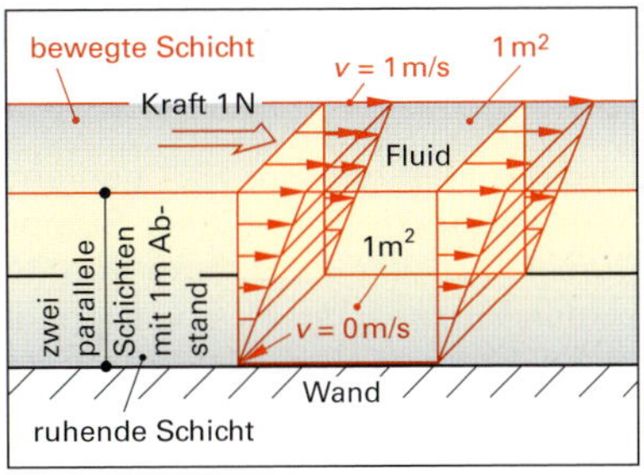

Bild 1: Schema zur Definition der dynamischen Viskosität

Die Einheit der dynamischen Viskosität η ist Pascalsekunde, Einheitenzeichen Pa · s.

Die dynamische Viskosität von Flüssigkeiten bewegt sich in weiten Grenzen zwischen weniger als $1 \cdot 10^{-3}$ Pa · s und mehreren Tausend 10^{-3} Pa · s **(Tabelle 1).**

Sie nimmt bei Flüssigkeiten mit steigender Temperatur stark ab, weil dieTeilchenbeweglichkeit zunimmt. Eine Temperaturerhöhung um 10 °C vermindert die Viskosität um rund 20%. Die Messtemperatur muss deshalb bei der Angabe eines Viskositätswertes angegeben werden.

Die dynamische Viskosität von Gasen ist wegen der größeren Teilchenabstände etwa um den Faktor 100 bis 1000 kleiner als die von Flüssigkeiten. Sie nimmt bei Gasen mit der Temperatur leicht zu, weil sich die Gasteilchen durch die zunehmende Wärmebewegung stärker durchdringen und dadurch behindern.

In vielen Industriebereichen wird als Größe für die Zähflüssigkeit eines Fluids die **kinematische Viskosität** ν verwendet (engl. kinematic viscosity; ν griechischer Kleinbuchstabe ny).

Sie berechnet sich als Quotient aus der dynamischen Viskosität η und der Dichte ϱ_{Fl} des Fluids nach nebenstehender Gleichung.

Die kinematische Viskosität ν berücksichtigt den Einfluss der Dichte des Fluids auf das Fließverhalten.

Die Einheit der kinematischen Viskosität ν ist Quadratmeter durch Sekunde, Einheitenzeichen m²/s.

Tabelle 1: Dynamische Viskosität von Fluiden

Flüssigkeiten (bei 20 °C)	η in 10^{-3} Pa · s
Aceton (Propanon)	0,30
Wasser	1,002
Ethanol	1,19
Glycol	20,41
Glycerin	1412
Gase (bei 25 °C)	η in 10^{-6} Pa · s
Propan	8,2
Luft	18,2
Argon	22,6

Kinematische Viskosität

$$\nu = \frac{\eta}{\varrho_{Fl}}$$

Beispiel: In einem Tabellenbuch wird die dynamische Viskosität von n-Butanol mit $\eta = 2{,}95 \cdot 10^{-3}$ Pa·s angegeben, die Dichte beträgt $\varrho = 810$ kg/m³.

Welche kinematische Viskosität hat die Flüssigkeit?

Lösung: $\nu = \frac{\eta}{\varrho_{Fl}} = \frac{2{,}95 \cdot 10^{-3}\,\mathrm{Pa \cdot s}}{810\,\mathrm{kg/m^3}}$; Mit $1\,\mathrm{Pa} = 1\,\frac{\mathrm{N}}{\mathrm{m^2}} = 1\,\frac{\mathrm{kg}}{\mathrm{m \cdot s^2}}$ $\Rightarrow$ $\nu = \frac{2{,}95 \cdot 10^{-3}\,\mathrm{kg \cdot s \cdot m^3}}{810\,\mathrm{kg \cdot m \cdot s^2}} \approx \mathbf{3{,}64 \cdot 10^{-6}\,\frac{m^2}{s}}$

10.3.2 Kugelfall-Viskosimeter nach HÖPPLER

Zur Messung der Viskosität dienen Viskosimeter (engl. viscosimeter). Sie arbeiten nach unterschiedlichen physikalischen Prinzipien.

Das **HÖPPLER-Kugelfall-Viskosimeter** (engl. falling-ball viscosimeter) nach DIN 53 015 besteht aus einem unter 10° geneigten Glas-Fallrohr von 15,94 mm Innendurchmesser, in dem eine Kugel eine markierte Laufstrecke (M_1 bis M_2) in der zu messenden Flüssigkeit durchrollt **(Bild 1).**

Das Fallrohr befindet sich in einem Temperiermantel aus Glas. Für die verschiedenen Viskositätsbereiche stehen Kugeln mit unterschiedlichen Durchmessern und Dichten zur Verfügung (Kugel Nr. 1–6).

Zur Messung wird die Flüssigkeit und die passende Kugel in das Messrohr gefüllt und 15 Minuten temperiert. Dann wird das Messrohr um 180° gedreht, worauf die Kugel im Rohr herunterrollt. Mit einer Stoppuhr wird die Zeit zum Durchlaufen der Rollstrecke von 100 mm zwischen den beiden Messmarken M_1 und M_2 gemessen.

Aus der Fallzeit wird die dynamische Viskosität mit nebenstehender Größengleichung berechnet.

Es sind: K_H Kugelkonstante
ϱ_K Dichte der Kugel in g/cm³
ϱ_{Fl} Dichte der Messflüssigkeit in g/cm³
t Fallzeit der Kugel in Sekunden

Es können durchsichtige Flüssigkeiten mit dynamischen Viskositäten von 0,6 mPa·s bis 250 Pa·s gemessen werden.

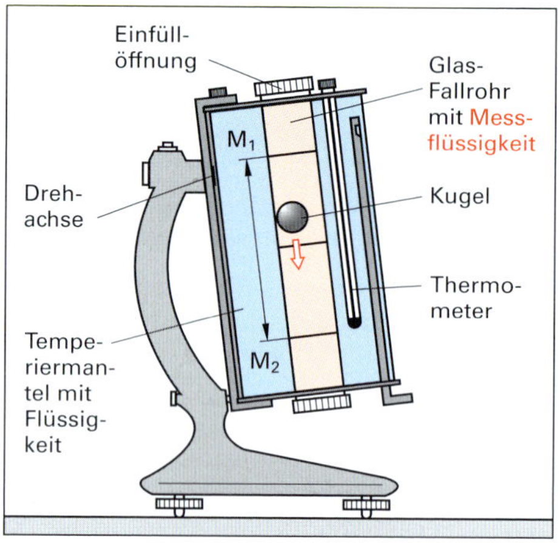

Bild 1: HÖPPLER-Kugelfall-Viskosimeter

Dynamische Viskosität mit dem HÖPPLER-Kugelfall-Viskosimeter

$$\eta = K_H \cdot (\varrho_K - \varrho_{Fl}) \cdot t$$

Beispiel: In einem Höppler-Viskosimeter wurde die Viskosität eines Glycerin/Wasser-Gemischs der Dichte ϱ_{Fl} = 1,2322 g/cm³ bei 25,0 °C gemessen. Die Dichte der Fallkugel beträgt ϱ_K = 8,142 g/cm³, die Kugelkonstante ist mit $K_H = 9{,}19 \cdot 10^{-2}$ mPa · cm³/g angegeben. Die mittlere Fallzeit wurde in 3 Messungen zu 258 s bestimmt. Welche dynamische Viskosität hat das Glycerin/Wasser-Gemisch?

Lösung: $\boldsymbol{\eta} = K_H \cdot (\varrho_K - \varrho_{Fl}) \cdot t = 9{,}19 \cdot 10^{-2} \frac{\text{mPa} \cdot \text{cm}^3}{\text{g}} \cdot (8{,}142 \text{ g/cm}^3 - 1{,}2322 \text{ g/cm}^3) \cdot 258 \text{ s} \approx \mathbf{164 \cdot 10^{-3}\ Pa \cdot s}$

Aufgabe zum Kugelfall-Viskosimeter nach HÖPPLER

In einem HÖPPLER-Kugelfall-Viskosimeter wurde die Viskosität eines Maschinenöls bei verschiedenen Temperaturen bestimmt. Die Dichte der Fallkugel war ϱ_K = 8,188 g/cm³, die Kugelkonstante des Viskosimeters betrug K_H = 0,131 mPa·cm³/g. Es wurden folgende Messwerte erhalten:

Messtemperatur in °C	Dichte ϱ_{Fl} bei Messtemperatur in g/cm³	Laufzeit der Kugel in s				
		Messwert 1	Messwert 2	Messwert 3	Messwert 4	Mittelwert
30,2	0,861	86,5	85,7	86,2	86,0	
37,9	0,858	54,6	54,8	54,5	54,5	
49,7	0,855	31,5	32,2	32,0	31,5	
68,3	0,847	15,8	15,6	15,2	15,4	

a) Berechnen Sie mit dem Laufzeitmittelwert die dynamische Viskosität bei den Temperaturen.

b) Erstellen Sie ein Viskositäts-Zeit-Diagramm mit der dynamischen Viskosität als Ordinate und der Temperatur als Abszisse.

c) Erstellen Sie ein Viskositäts-Zeit-Diagramm mit der dynamischen Viskosität als doppeltlogarithmisch geteilter Ordinate und der Temperatur als linear geteilter Abszisse.

10.3.3 Auslauf-Viskosimeter

Kapillar-Viskosimeter Bauart UBBELOHDE

Das UBBELOHDE-Viskosimeter gemäß DIN 51562 (engl. Ubbelohde viscosimeter) besteht aus einem dreischenkligen Glaskörper, der zur Messung mit einem Temperiermantel umgeben ist oder in ein Temperierbad eingehängt wird **(Bild 1)**. Das Messrohr enthält eine verengte Strecke (Kapillare), durch welche die Messflüssigkeit ausfließt.

Zu Messbeginn wird die Probeflüssigkeit in das Vorratsgefäß gefüllt und 15 Minuten temperiert. Dann wird bei zugehaltenem Druckausgleichsrohr die Messflüssigkeit mit einem Saugbalg in das Messrohr gesaugt, bis der obere Kugelraum etwa halb gefüllt ist. Nach Entfernen des Saugballs fließt die Flüssigkeit langsam durch die Kapillare ab. Es wird die Zeit gemessen, welche die Probeflüssigkeit zum Absinken von Messmarke M_1 bis Messmarke M_2 benötigt. Die Berechnung der kinematischen Viskosität erfolgt mit dem Mittelwert der Ausflusszeit *t* aus drei Messungen.

Die kinematische Viskosität ν wird mit nebenstehender Größengleichung berechnet. Darin ist *K* eine auf dem Vorratsgefäß des Viskosimeters aufgeprägte Gerätekonstante.

Es gibt UBBELOHDE-Viskosimeter mit unterschiedlichen Kapillardurchmessern für verschiedene Viskositätsbereiche. Damit können Viskositäten größer als $0{,}35 \cdot 10^{-6}\ m^2/s$ gemessen werden. Die Genauigkeit beträgt 0,1 %.

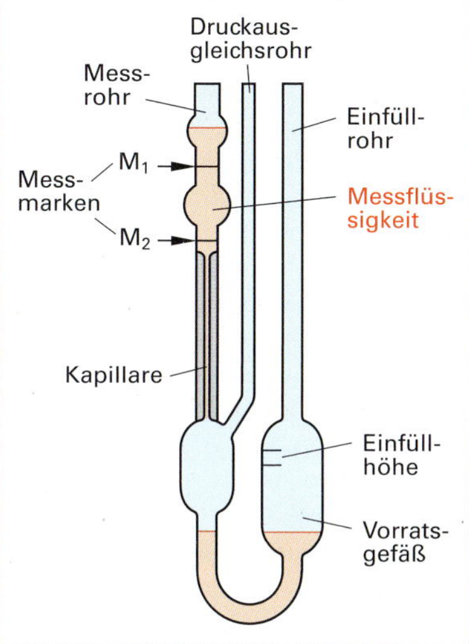

Bild 1: UBBELOHDE-Viskosimeter (dargestellt bei Messbeginn)

Kinematische Viskosität mit dem UBBELOHDE-Viskosimeter
$\nu = K \cdot t$

Beispiel: Mit einem UBBELOHDE-Viskosimeter (die Gerätekonstante beträgt $K = 1{,}003\ mm^2/s^2$) wird für einen Lackrohstoff eine mittlere Auslaufzeit $t = 195{,}5$ s gemessen. Welche kinematische Viskosität hat der Lackrohstoff?

Lösung: $\nu = K \cdot t = 1{,}003\ mm^2/s^2 \cdot 195{,}5\ s \approx \mathbf{196 \cdot 10^{-6}\ m^2/s}$

Auslaufbecher

Auslaufbecher (engl. viscosity cup) benutzt man zur schnellen Ermittlung der Fließfähigkeit z. B. von Lacken, im Labor oder im Betrieb. Die Auslaufbecher sind in Form und Größe genormt, z. B. nach DIN EN ISO 2431 **(Bild 2)**. Sie haben ein Messflüssigkeitsvolumen von 100 mL und Auslaufdüsen mit 3, 4, 5 und 6 mm Durchmesser. Vor der Messung müssen der Auslaufbecher und die Messflüssigkeit sorgfältig temperiert werden bzw. die Umgebungstemperatur gemessen werden. Nach Freigabe der Auslauföffnung wird die Zeit bis zum erstmaligen Abreißen des auslaufenden Flüssigkeitsstrahls gemessen. Sie sollte zwischen 30 s und 100 s liegen. Es sind kinematische Viskositäten zwischen $25 \cdot 10^{-6}\ m^2/s$ und $150 \cdot 10^{-6}\ m^2/s$ messbar.

Die kinematische Viskosität, gemessen mit dem Auslaufbecher, kann aus einer Kalibrierkurve oder einer Größengleichung ermittelt werden. Für den Auslaufbecher mit einer 4-mm-Düse nach DIN EN ISO 2431 gilt nebenstehende Auswertegleichung. Die Auslaufzeit ist in Sekunden einzusetzen.

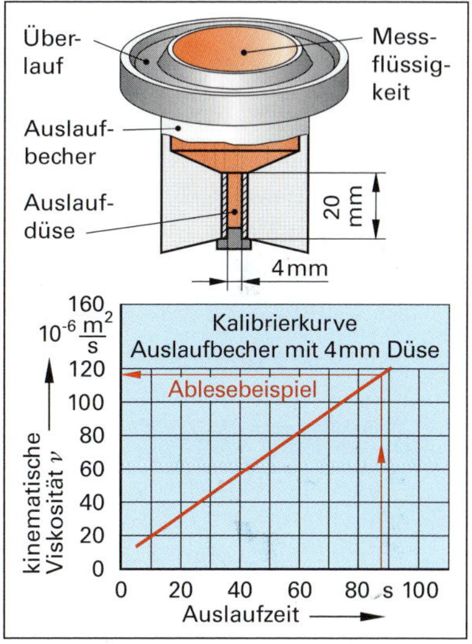

Bild 2: Auslaufbecher nach DIN EN ISO 2431 mit Kalibrierkurve

Kinematische Viskosität mit einem 4-mm-Auslaufbecher
$\nu = \left(1{,}37 \cdot t - \frac{200}{t}\right) \cdot 10^{-6}\ \frac{m^2}{s}$

Beispiel: Eine Messung mit einem genormten Auslaufbecher (Auslaufdüse 4 mm) ergibt eine Auslaufzeit von $t = 87{,}5$ s. Wie groß ist die kinematische Viskosität des untersuchten Klarlackes?

Lösung: $\nu = \left(1{,}37 \cdot 87{,}5 - \frac{200}{87{,}5}\right) \cdot 10^{-6}\ \frac{m^2}{s} \approx \mathbf{118 \cdot 10^{-6}\ m^2/s}$

10.3.4 Rotations-Viskosimeter

Rotations-Viskosimeter (engl. rotary viscometer) nach DIN 53018 bestehen aus einer temperierbaren Messzelle, in der ein runder Drehkörper in einem Messbecher rotiert **(Bild 1)**. Im Spalt zwischen Becherwand und Drehkörper befindet sich die Messflüssigkeit. Der Drehkörper wird von einem kleinen Elektromotor angetrieben. Das dazu erforderliche Drehmoment *M* wird an der Antriebswelle gemessen. Daraus wird mit nebenstehender Größengleichung die Viskosität berechnet (K_R ist eine Gerätekonstante). Durch Verwendung verschiedener Messbecher und Drehkörper können Viskositäten über einen sehr weiten Messbereich von dünnflüssig bis extrem zähflüssig gemessen werden. Für hochviskose Flüssigkeiten verwendet man als Messzelle z.B. eine ebene oder eine leicht kegelige Platte, zwischen die eine dünne Schicht der zu messenden Flüssigkeit eingebracht wird.

Moderne Rotations-Viskosimeter besitzen eine computergestützte Auswerteeinheit, die die Viskosität intern errechnet und auf einem Display anzeigt.

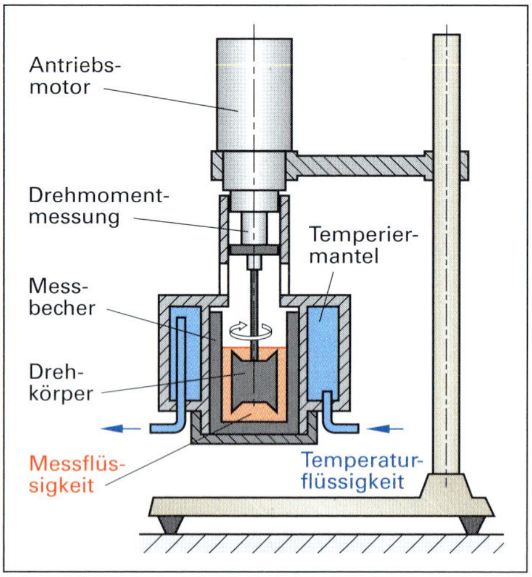

Bild 1: Rotations-Viskosimeter (in Schnittdarstellung)

Beispiel: Bei der Bestimmung der Viskosität eines Maschinenöls mit einem Rotations-Viskosimeter wurde das Drehmoment mit 235 µNm gemessen, die Gerätekonstante betrug $K_R = 3{,}49 \cdot 10^6$ Pa · s/Nm. Wie groß ist die dynamische Viskosität?

Lösung: $\eta = K_R \cdot M = 3{,}49 \cdot 10^6 \text{ Pa} \cdot \text{s/Nm} \cdot 235\ \mu\text{Nm}$

$\eta = 820 \cdot 10^6 \text{ Pa} \cdot \text{s/Nm} \cdot 10^{-6} \text{ Nm} \approx$ **820 Pa·s**

Dynamische Viskosität mit dem Rotations-Viskosimeter

$$\eta = K_R \cdot M$$

Aufgaben zur Bestimmung der Viskosität mit Auslauf- und Rotationsviskosimetern

1. In einem alten Herstellerprospekt sind für ein Motorenöl nebenstehende Angaben gemacht.
   a) Erstellen Sie eine dynamische Viskosität/Temperatur-Kurve in einem Diagramm mit doppeltlogarithmisch geteilter Ordinate (η) und linear geteilter Abszisse (ϑ).

Temperatur in °C	21	35	50	70
Kinematische Viskosität ν in mPa·s	116	52	27	13
Dichte in g/cm³	0,877	0,869	0,861	0,848

   b) Ermitteln Sie die dynamische Viskosität aus dem Diagramm bei 30 °C, 45 °C und 60 °C.

2. Mit einem Kugelfall-Viskosimeter nach Höppler wird die Viskosität einer 40%igen Glucose-Lösung bei 20 °C ermittelt. Die Dichte der Fallkugel beträgt 2,40 g/cm³, die Dichte der Lösung 1,18 g/cm³; die Kugelkonstante ist $K = 0{,}0749$ mPa·cm³/g. Die mittlere Fallzeit aus drei Messungen beträgt 67,9 s. Wie groß ist die dynamische Viskosität der Glucoselösung?

3. Mit einem Ubbelohde-Viskosimeter (Gerätekonstante $K = 1{,}674 \cdot 10^{-4}$ m²/s²) wird die Viskosität einer Allylalkohol-Lösung bei 20 °C bestimmt. Es wurden 3 Messungen der Auslaufzeit durchgeführt: $t_1 = 91{,}9$ s, $t_2 = 93{,}5$ s, $t_3 = 94{,}2$ s.

   Die Dichte der Lösung wurde zu $\varrho(20\ °C) = 870$ kg/m³ ermittelt. Wie groß ist

   a) die kinematische Viskosität und b) die dynamische Viskosität der Lösung?

4. Die Prüfung eines Lackes mit einem Auslaufbecher nach DIN EN ISO 2431 (4-mm-Auslaufdüse) ergibt bei 20 °C eine Auslaufzeit von 49,5 s. Welche kinematische Viskosität hat der Lack?

5. Mit einem Rotations-Viskosimeter wird die Viskosität eines Glycerin-Wasser-Gemischs bestimmt. Es wird ein mittleres Widerstands-Drehmoment von 0,0365 Nm an der Antriebswelle gemessen; die Gerätekonstante beträgt $K_R = 6{,}274$ Pa · s/Nm. Welche dynamische Viskosität hat die Lösung?

10.4 Bestimmung der Oberflächenspannung

Flüssigkeitsoberflächen scheinen eine unsichtbar dünne Oberflächenhaut zu besitzen. Aus diesem Grund zerfließen Wassertropfen nicht auf glatten Oberflächen oder Wasser steht leicht über den Rand eines Reagenzglases, ohne abzulaufen **(Bild 1)**.

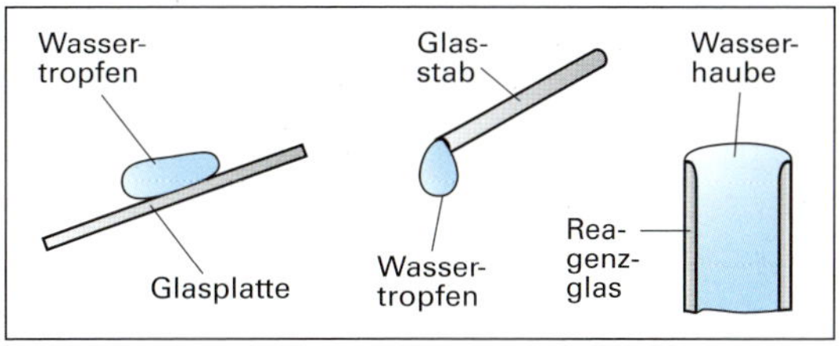

Bild 1: Das Phänomen Oberflächenspannung

Dieser „Hauteffekt" einer Flüssigkeitsoberfläche wird **Oberflächenspannung** (engl. surface tension) genannt. Sie wird durch Kohäsionskräfte bewirkt. Zwischen den Teilchen im Innern einer Flüssigkeit herrschen in alle Raumrichtungen wirkende Anziehungskräfte, da dort ein Teilchen allseitig von anderen Teilchen umgeben ist **(Bild 2)**. Die Kräfte heben sich im Innern insgesamt auf. An der Flüssigkeitsoberfläche fehlen die Teilchen zum Gasraum hin und damit ihre anziehenden Kräfte. Die Teilchen an der Oberfläche werden von den angrenzenden Teilchen zum Flüssigkeitsinnern hingezogen. Dadurch entstehen an der Flüssigkeitsoberfläche resultierende Kräfte in die Flüssigkeit; sie bewirken den Hauteffekt (die Oberflächenspannung).

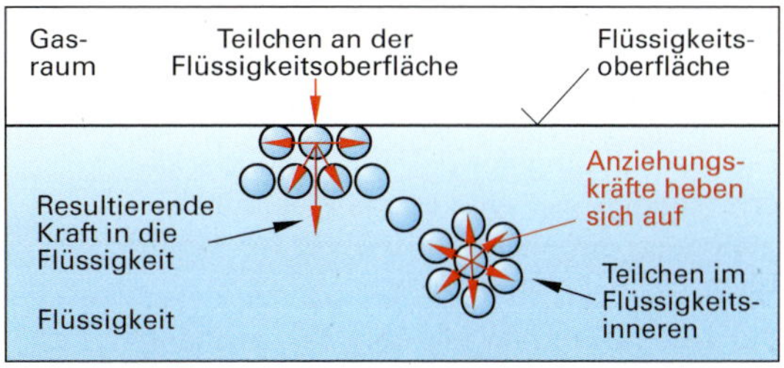

Bild 2: Molekulare Ursache der Oberflächenspannung

Zur Bildung von neuer Flüssigkeitsoberfläche müssen gegen die resultierenden Oberflächenkräfte Teilchen aus dem Flüssigkeitsinnern an die Oberfläche gebracht werden. Die dazu erforderliche Arbeit *W* pro gebildeter Oberfläche *A* ist die **Oberflächenspannung σ**.

Ihre Einheit ist:

$$[\sigma] = \frac{[W]}{[A]} = \frac{\text{J}}{\text{m}^2} = \frac{\text{Nm}}{\text{m}^2} = \frac{\text{N}}{\text{m}}$$

Oberflächenspannung

$$\sigma = \frac{W}{A}$$

Tabelle 1: Oberflächenspannungen (bei 20 °C)

Flüssigkeiten	Oberflächenspannung σ in N/m
Diethylether	$17{,}0 \cdot 10^{-3}$
Ethanol	$22{,}3 \cdot 10^{-3}$
Aceton (Propanon)	$23{,}7 \cdot 10^{-3}$
Wasser	$72{,}8 \cdot 10^{-3}$
Quecksilber	$500 \cdot 10^{-3}$

Flüssige Metalle, wie z. B. Quecksilber, und polare Flüssigkeiten, wie z. B. Wasser, haben eine große Oberflächenspannung. Unpolare Flüssigkeiten, wie z. B. Aceton, haben eine geringe Oberflächenspannung (**Tabelle 1**).

Die Oberflächenspannung nimmt mit steigender Temperatur ab, weil die Kohäsionskräfte durch die stärkere Teilchenbewegung geschwächt werden.

Die Oberflächenspannung σ ist der spezielle Fall der Grenzflächenspannung zwischen einer Flüssigkeit und der Luft. Wechselwirkungskräfte gibt es an allen Grenzflächen, z. B. auch zwischen Flüssigkeiten und Feststoffen. Veranschaulichen kann man dies an einem Tropfen auf einer Unterlage (**Bild 3**).

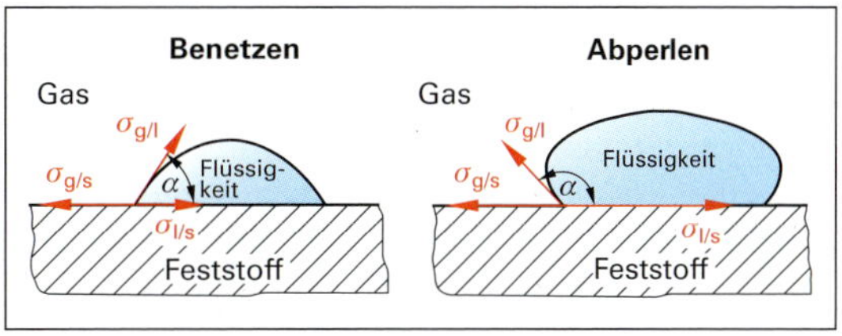

Bild 3: Benetzen und Abperlen auf Oberflächen

An der Berührungsstelle der drei Phasen fest/flüssig/gasförmig (am Tropfenrand) wirken drei Grenzflächenspannungen: $\sigma_{g/s}$, $\sigma_{g/l}$ und $\sigma_{l/s}$. Sie überlagern sich wie Kräfte und führen zu einem Gleichgewichtszustand. **Benetzen:** Ist $\sigma_{g/s}$ groß, so wird der Tropfen auseinander gezogen: Der Randwinkel α ist kleiner als 90°, die Flüssigkeit benetzt den Feststoff. **Abperlen:** Ist $\sigma_{l/s}$ groß, so wird der Tropfen zusammengehalten. Der Randwinkel α ist größer 90°, die Flüssigkeit benetzt den Feststoff nicht. Sie liegt als Tropfen auf dem Feststoff und perlt ab, wie z. B. Wasser auf gewachstem Autolack.

Durch Zugabe von oberflächenaktiven Stoffen, z. B. von Tensiden zu Wasser, kann die Grenzflächenspannung $\sigma_{l/s}$ stark herabgesetzt werden. Dadurch wird z. B. eine bessere Benetzung von Textilien durch Wasser erreicht und eine gründlichere Reinigung beim Waschen erzielt.

Des Weiteren ist die Oberflächenspannung von Flüssigkeiten in vielen Bereichen von Bedeutung: bei Beschichtungen mit Anstrichstoffen, beim Reinigen von Metalloberflächen und bei der Flotation.

10.4.1 Bügel- oder Ringverfahren

Das Messgerät für die Bestimmung der Oberflächenspannung mit dem Bügel- oder Ringverfahren nach DIN EN 14370 (engl. stirrup or ring method) wird Tensiometer (engl. tensometer) genannt. Es besteht aus einem Bügel oder Ring als Messgeber, der an einem Kraftmesser aufgehängt ist **(Bild 1)**. Die Messflüssigkeit befindet sich in einer Schale auf einer Platte, die auf und ab gefahren werden kann. Zu Beginn der Messung taucht der Messdraht in die Flüssigkeit ein. Der Kraftmesser wird hier auf Null gestellt. Beim langsamen Absenken der Flüssigkeitsschale taucht der Messdraht aus der Flüssigkeit auf. Sie bleibt an ihm hängen und er zieht unter Aufwendung einer Kraft eine dünne Flüssigkeitshaut heraus. Sie reißt bei einer Höhe h ab. Die maximal gemessene Zugkraft F_z steht im Gleichgewicht mit der Kraft F_A, mit der die Oberflächenspannung auf beiden Seiten der Haut versucht den Messdraht in die Flüssigkeit zu ziehen.

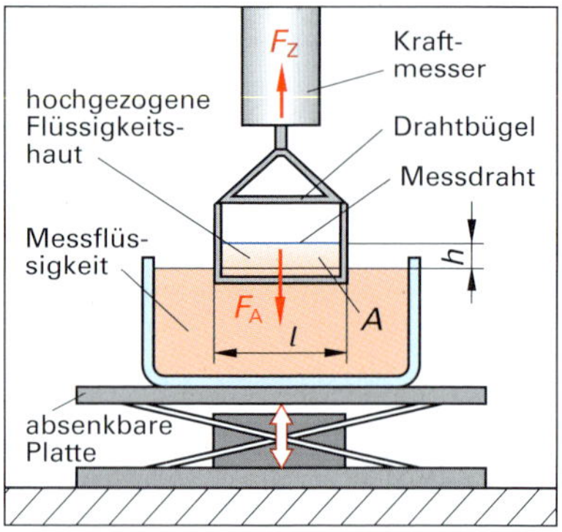

Bild 1: Tensiometer (Bügelverfahren)

Die Berechnungsformel für die Oberflächenspannung σ wird aus der Definitionsgleichung abgeleitet und lautet für einen Messdraht als Hautbildner:

$$\sigma = \frac{W}{A} = \frac{F_z \cdot h}{2(l \cdot h)}$$

Für einen Drahtring mit dem Kreisumfang $U = \pi \cdot d$ berechnet sich die Oberflächenspannung nach der Beziehung:

$$\sigma = \frac{W}{A} = \frac{F_z \cdot h}{2(\pi \cdot d \cdot h)}$$

Der Faktor 2 in den Gleichungen berücksichtigt die auf beiden Seiten der hochgehobenen Flüssigkeitshaut entstandenen Oberflächen.

Oberflächenspannung nach dem Bügel- oder Ringverfahren

mit Messdraht: $\sigma = \frac{F_z}{2\,l}$

mit Drahtring: $\sigma = \frac{F_z}{2\pi \cdot d}$

Beispiel: Eine wässrige Ethanol-Lösung ergibt bei der Messung mit einem Tensiometer am Messdraht mit 40 mm Länge eine Abreißkraft von 4,56 mN. Welche Oberflächenspannung hat die Lösung?

Lösung: $\sigma = \frac{F_z}{2\,l} = \frac{4{,}56\,\text{mN}}{2 \cdot 4{,}0 \cdot 10^{-2}\,\text{m}} \approx$ **57 mN/m**

10.4.2 Tropfenmethode

Das Messgerät zur Messung der Oberflächenspannung nach der **Tropfenmethode** (engl. drop method) wird **Stalagmometer** genannt. Es ist ein spezielles Glasrohr mit einem Messvolumen in einem Vorratsgefäß zwischen zwei Marken (M_1, M_2). Das untere Glasrohrende ist eine Kapillare mit einem Tropfenabreißende **(Bild 2)**. Die Messflüssigkeit fließt aus dem Vorratsgefäß durch die Kapillare zum Abreißende und bildet dort Tropfen. Je nach Oberflächenspannung der Messflüssigkeit fallen die Tropfen bei Erreichen einer charakteristischen Tropfengröße ab. Eine große Oberflächenspannung hält den Tropfen lange zusammen, so dass wenige große Tropfen aus dem Messvolumen entstehen, während eine geringe Oberflächenspannung viele kleine Tropfen abfallen lässt. Die Anzahl der Topfen z wird gezählt.

Das Stalagmometer wird mit einer Flüssigkeit bekannter Oberflächenspannung kalibriert (z.B. mit Wasser) und die Bestimmung mit nebenstehender Größengleichung ausgewertet.

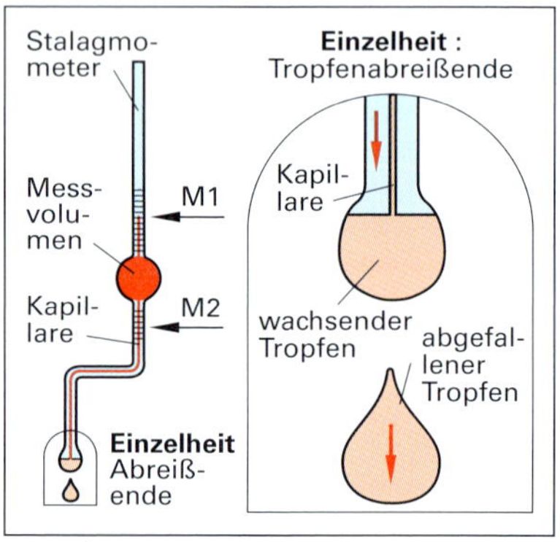

Bild 2: Stalagmometer

Beispiel: Bei der Messung der Oberflächenspannung eines Netzmittels mit der Dichte $\varrho = 0{,}925$ g/cm³ in einem Stalagmometer werden $z = 193$ Tropfen gezählt. Die Kalibriermessung mit Wasser ($\varrho(H_2O) = 0{,}998$ g/cm³, $\sigma(H_2O) = 72{,}8$ mN/m) hatte als Ergebnis $z(H_2O) = 88$ Tropfen. Wie groß ist die Oberflächenspannung des Netzmittels?

Lösung: $\sigma(\text{Netzmittel}) = \frac{\sigma(H_2O) \cdot z(H_2O)}{\varrho(H_2O)} \cdot \frac{\sigma(\text{Netzmittel})}{z(\text{Netzmittel})}$

$\boldsymbol{\sigma}$**(Netzmittel)** $= \frac{72{,}8\,\text{mN/m} \cdot 88}{0{,}998\,\text{g/cm}^3} \cdot \frac{0{,}925\,\text{g/cm}^3}{193} \approx$ **31 mN/m**

Oberflächenspannung nach der Tropfenmethode

$$\sigma = \frac{\sigma(H_2O) \cdot z(H_2O)}{\varrho(H_2O)} \cdot \frac{\varrho(\text{Probe})}{z(\text{Probe})}$$

10.4.3 Kapillarmethode

Taucht man eine Glaskapillare (Innendurchmesser weniger als 1 mm) in eine Flüssigkeit, so steigt die Flüssigkeit in der Kapillare hoch, bis sie eine Endsteighöhe h erreicht hat **(Bild 1)**.

Auf diesem Effekt beruht die **Kapillarmethode** (engl. capillarry method) zur Bestimmung der Oberflächenspannung.

Ursache hierfür sind die Adhäsionskräfte zwischen der Glaswand der Kapillaren und der Messflüssigkeit.

Wenn die Messflüssigkeit die Glaskapillarenwand vollständig benetzt, zieht die Oberflächenspannung σ die zylinderförmige Flüssigkeitssäule mit dem Radius r_K mit der Kraft $F_K = U_{Rohr} \cdot \sigma = \pi \cdot 2\, r_K \cdot \sigma$ nach oben.

Entgegengesetzt nach unten wirkt die Gewichtskraft der Flüssigkeitssäule in der Kapillare: $F_G = V_{Fl} \cdot \varrho_{Fl} \cdot g = \pi \cdot r_K^2 \cdot h \cdot \varrho_{Fl} \cdot g$

Bei Erreichen der Endsteighöhe sind beide Kräfte gleich groß: $F_K = F_G$

$$\pi \cdot 2 \cdot r_K \cdot \sigma = \pi \cdot r_K^2 \cdot h \cdot \varrho_{Fl} \cdot g$$

Durch Umstellen und Kürzen erhält man nebenstehende Bestimmungsgleichung für die Oberflächenspannung.

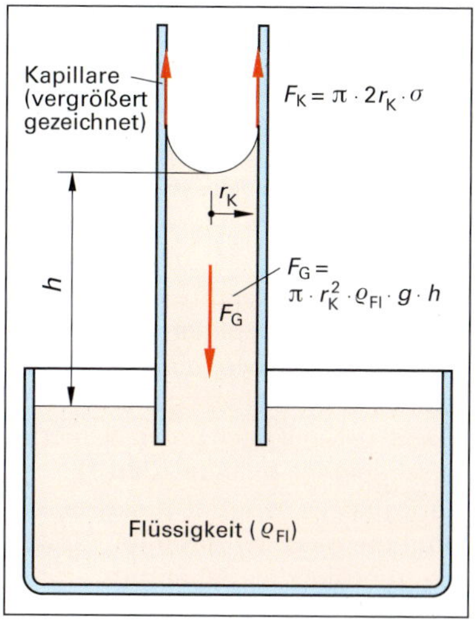

Bild 1: Kapillarmethode zur Bestimmung der Oberflächenspannung

Oberflächenspannung nach der Kapillarmethode

$$\sigma = \frac{r_K \cdot h \cdot \varrho_{Fl} \cdot g}{2}$$

Beispiel: Eine Glaskapillare mit 0,23 mm Innendurchmesser taucht in ein Lösemittel mit der Dichte $\varrho = 0{,}714\ g/cm^3$ ein und zieht die Flüssigkeit 42,2 mm in der Kapillare hoch. Wie groß ist die Oberflächenspannung des Lösemittels?

Lösung: $r_K = \frac{d_K}{2} = \frac{0{,}23\ mm}{2} = 0{,}115\ mm$; $\sigma = \frac{r_K \cdot h \cdot \varrho_{Fl} \cdot g}{2}$

$$\sigma = \frac{0{,}115\ mm \cdot 42{,}2 \cdot 10^{-3}\ m \cdot 714\ kg/m^3 \cdot 9{,}81\ N/kg}{2}$$

σ(Lösemittel) ≈ 17 mN/m

Aufgaben zu Bestimmung der Oberflächenspannung

1. In einer Messreihe wird mit einem Drahtring-Tensiometer die Oberflächenspannung eines Lösemittels gemessen. Der Drahtring-Durchmesser nach DIN beträgt 19,5 mm. Drei Messungen ergeben die Abreißkräfte: $F_1 = 3{,}25$ mN; $F_2 = 3{,}16$ mN; $F_3 = 3{,}31$ mN.
   Berechnen Sie die Oberflächenspannung des Lösemittels.
2. Bei der Messung der Oberflächenspannung von 1-Butanol ($\varrho = 0{,}8096\ g/cm^3$) mit einem Stalagmometer wurde bei 20 °C eine Tropfenzahl von $z = 216$ gezählt. Die Kalibriermessung mit Wasser von 20 °C ($\varrho = 0{,}9982\ g/cm^3$; $\sigma = 72{,}8$ mN/m) ergab eine Tropfenzahl von $z(H_2O) = 92$.
   Welche Oberflächenspannung hat 1-Butanol?
3. Die Messung der Oberflächenspannung eines Lösemittelgemisches mit einem Drahtbügel-Tensiometer ergab bei einer Messdrahtlänge von 3,9 cm eine mittlere Abreißkraft von 3,92 mN.
   Wie groß ist die Oberflächenspannung des Lösemittelgemisches?
4. Mit der Kapillarmethode wird die Oberflächenspannung einer Nährlösung der Dichte $\varrho = 1{,}027\ g/cm^3$ bestimmt. Der innere Kapillardurchmesser beträgt 0,21 mm. In einer Versuchsreihe werden folgende Steighöhen gemessen: 84,8 mm, 86,2 mm und 87,9 mm.
   Berechnen Sie die Oberflächenspannung der Nährlösung.
5. In einem Gefriertrockenturm werden stündlich 2,358 m³ eines Kaffee-Extrakts zu Tropfen mit 60 μm Durchmesser versprüht (σ (Kaffee-Extrakt) $= 82{,}5 \cdot 10^{-3}$ N/m). Der Wirkungsgrad der Sprühdüse beträgt 12,5 %. Welche Energie ist stündlich für das Versprühen aufzubringen?

10.5 Bestimmung der Partikelgrößenverteilung von Schüttgütern

In der chemischen Grundstoffindustrie sind die Ausgangsstoffe oder Produkte häufig sogenannte Haufwerke oder Schüttungen: Erz- und Gesteinsmehle, Sande, Dünger usw. Sie bestehen aus Partikeln (Teilchen, Körner) unterschiedlicher Größe, die in verschiedenen Mengenanteilen vorhanden sind.

Häufig ist es erforderlich, die Partikelgröße (Korngröße) und deren Mengenanteil im Schüttgut zu kennen, um das günstigste Verfahren für die Weiterverarbeitung des Schüttguts ermitteln zu können.

Dann muss eine **Messung der Partikelgrößenverteilung,** auch **Partikelgrößenanalyse** genannt (engl. particle size analysis), durchgeführt werden.

Erfolgt die Partikelgrößenanalyse mit Sieben, so nennt man sie **Siebanalyse** (engl. sieve analysis).

Die Siebanalyse wird mit einer Prüfmaschine durchgeführt, in der sich ein genormter Prüfsiebsatz (DIN ISO 3310-1) mit nach unten kleiner werdender Siebmaschenweite befindet **(Bild 1).**

Die Prüfsiebe (engl. test sieves) stellt man so zusammen, dass der gesamte Partikelgrößenbereich des zu prüfenden Schüttguts erfasst ist. In der Regel bilden 5 bis 10 Siebe einen Siebsatz.

Die Einzelheiten der Durchführung einer Siebanalyse sind in DIN 66 165-2 genormt.

Bei der Durchführung der Siebanalyse wird eine Probe des zu analysierenden Schüttguts oben auf einen Prüfsiebsatz gegeben und in der Siebmaschine eine bestimmte Zeit gerüttelt. Auf jedem Sieb findet eine Trennung des Schüttguts statt **(Bild 2).** Die Teilchen des Siebguts, die größer als die Maschenweite des Siebs sind, bleiben als **Rückstand *R*** auf dem Sieb liegen.

Sie bilden eine **Kornklasse Δd** (engl. grain-size class) mit Korngrößen zwischen der Maschenweite des oberen Siebes und der Maschenweite des Siebes, auf dem sie liegen.

Die Teilchen, die durch das Sieb auf das nächste tiefere fallen, werden als **Durchgang *D*** bezeichnet.

Für die Auswertung einer Siebanalyse müssen die Gesamtmasse der Probe des Schüttguts R_{ges} und die Massen der einzelnen Rückstände (R_1, R_2, R_3, ...) auf den Sieben gewogen werden.

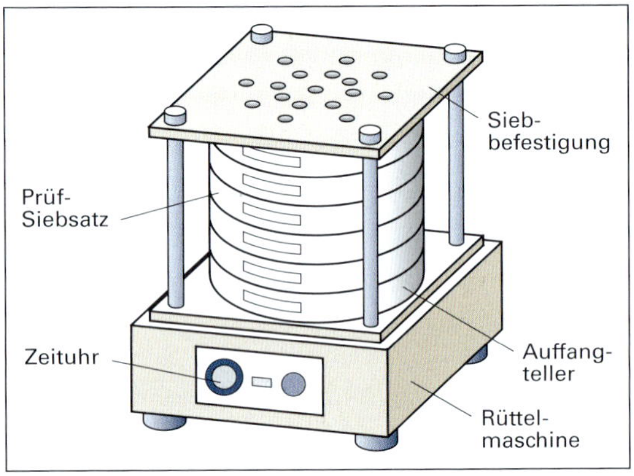

Bild 1: Prüfsiebmaschine

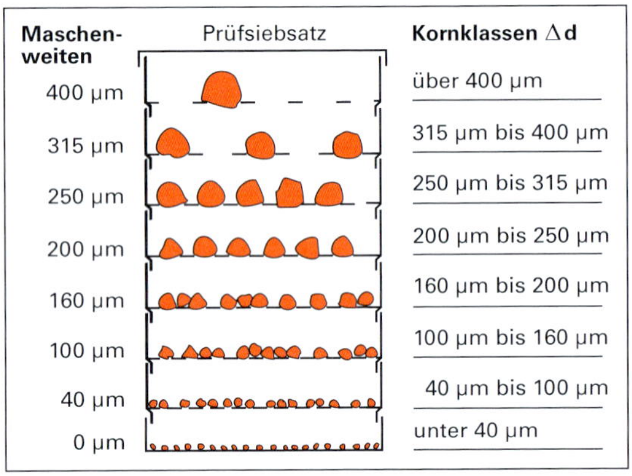

Bild 2: Prüfsiebsatz mit den Siebrückständen nach einer Siebung

10.5.1 Auswertung einer Siebanalyse

An einem Beispiel soll die Auswertung einer Siebanalyse nach DIN ISO 9276-1erläutert werden. Dazu verwendet man einen Vordruck (**Bild 1,** Seite 315).

Er besitzt einen Kopf mit Angaben zur Probe sowie die Maschenweiten des Prüfsiebsatzes.

In Spalte 1 werden die Kornklassen des Siebsatzes eingetragen. Die Nummer der Rückstände *R* wird vom Auffangteller (unten) nach oben durchgezählt (Spalte 2). Die Massen der einzelnen Rückstände werden in Spalte 3 notiert. Daraus werden die Massenanteile w_R der einzelnen Rückstände berechnet und in Spalte 4 eingetragen.

Massenanteil der Rückstände

$$w_R = \frac{R}{R_{ges}} \cdot 100\,\%$$

Beispiel: $w_{R7} = \frac{R_7}{R_{ges}} \cdot 100\,\% = \frac{7{,}6\text{ g}}{103{,}7\text{ g}} \cdot 100\,\% \approx \mathbf{7{,}3\,\%}$

Die Massenanteile der Rückstände werden vom gröbsten Sieb (R_8) ausgehend fortlaufend aufaddiert und in Spalte 5 als Rückstandssumme R_S eingetragen.

Die Rückstandssumme R_S und die Durchgangssumme D_S (jeweils in %) auf einem Sieb ergeben zusammen jeweils 100 %.

$$R_S + D_S = 100\,\%$$

Analysenproben Nr.: 93 Material: Kalksteinmehl Probenmasse: 103,7 g Datum:
Maschinelle Siebung mit Metalldrahtsieben gemäß ISO 3310; Siebdauer: 15 min

		1	2	3	4	5	6
Maschenweite in µm	Prüfsiebsatz gemäß ISO 3310 (mit Haufwerk nach der Siebung)	Kornklasse Δd in µm	Rückstand Nr.	Masse Rückstand R in g	Massenanteil Rückstand w_R in %	Rückstandssumme R_s in %	Durchgangssumme D_s in %
400	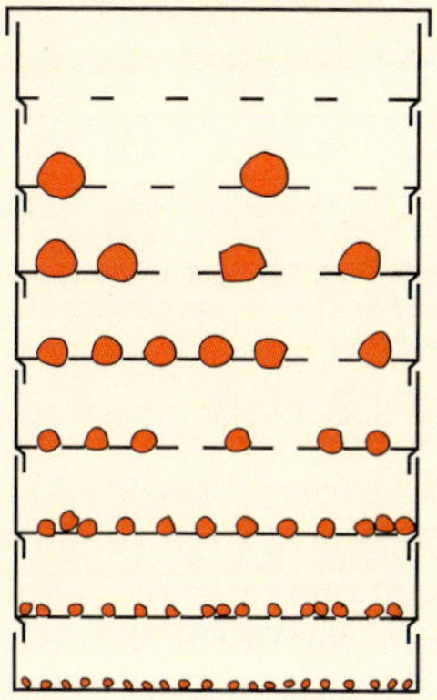	> 400	R_8	*0*	*0*	*0*	*100*
315		315…400	R_7	*7,6*	*7,3*	*7,3*	*92,7*
250		250…315	R_6	*14,3*	*13,8*	*21,1*	*78,9*
200		200…250	R_5	*16,2*	*15,6*	*36,7*	*63,3*
160		160…200	R_4	*18,9*	*18,2*	*54,9*	*45,1*
100		100…160	R_3	*22,4*	*21,6*	*76,5*	*23,5*
40		40…100	R_2	*20,2*	*19,5*	*96,0*	*4,0*
0		0…40	R_1	*4,1*	*4,0*	*100*	*0*
				R_{ges} = *103,7*	*100,0*		

Bild 1: Beispiel einer Siebanalyse und deren Auswertung

Die **Durchgangssumme D_S** wird für das jeweilige Sieb über die Beziehung $D_S = 100\,\% - R_S$ errechnet und in Spalte 6 eingetragen.

Beispiel: $D_{S7} = 100\,\% - R_{S7} = 100\,\% - 7{,}3\,\% = 92{,}7\,\%$

Histogramm der Verteilungsdichte

Ein anschauliches Bild über die Massenanteile der Kornklassen erhält man im Histogramm der Verteilungsdichte (engl. histogram of mass density distribution). Hierin sind die Massenanteile w_R der einzelnen Rückstände über den jeweiligen Kornklassen Δd aufgetragen **(Bild 2)**. Aus dem Histogramm kann abgelesen werden, mit welchem Massenanteil eine Kornklasse im Schüttgut vorliegt.

Beispiel: Für das Schüttgut mit dem Histogramm der Verteilungsdichte von Bild 2 kann abgelesen werden:

- Am häufigsten ist die Kornklasse 100 µm bis 160 µm mit einem Massenanteil von 21,6 % vorhanden.
- Das Schüttgut besteht zu 19,5 % + 21,6 % + 18,2 % = 59,3 % aus der Kornklasse 40 µm bis 200 µm.

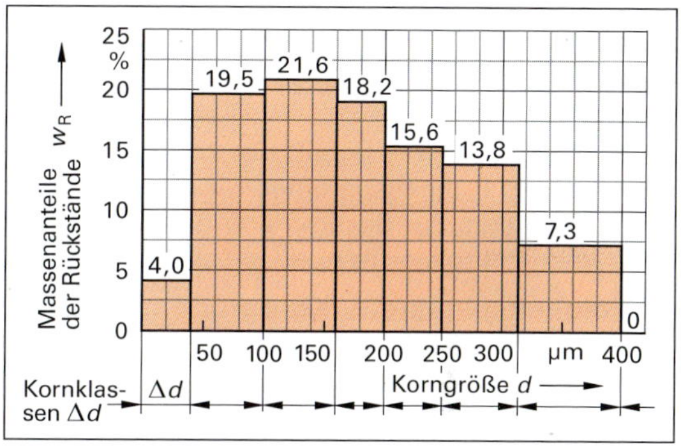

Bild 2: Histogramm der Verteilungsdichte

Histogramm der Rückstandssummen

Wird die Rückstandssumme R_S (Spalte 5 von Bild 1) über den jeweiligen Kornklassen Δd aufgetragen, so erhält man das Histogramm der Rückstandssummen **(Bild 3)**. Aus ihm kann abgelesen werden, welcher Massenanteil des Schüttguts größer als eine bestimmte Korngröße ist.

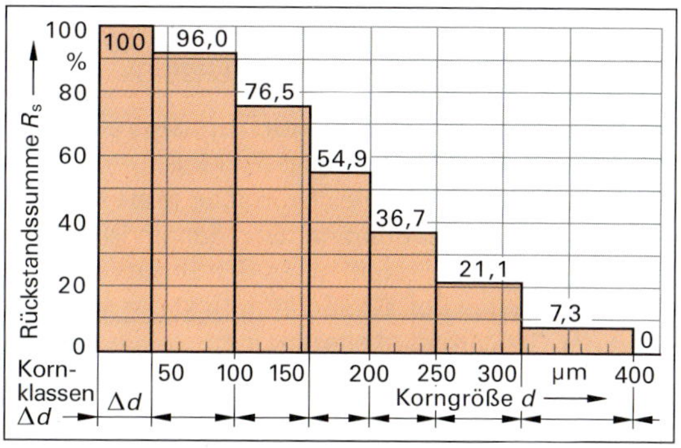

Bild 3: Histogramm der Rückstandssummen

Beispiel: Für das Schüttgut mit dem Histogramm der Rückstandssummen von Bild 3 kann abgelesen werden: 36,7 % der Masse des vorliegenden Schüttguts haben eine Korngröße größer als 200 µm.

Histogramm der Durchgangssummen

Die Durchgangssumme D_S auf einem Sieb erhält man mit der Beziehung $D_S = 100\% - R_S$.

Beispiel: $R_S = 55{,}0\% \Rightarrow D_S = 100\% - 55{,}0\% = 45{,}0\%$

Das Histogramm der Durchgangssummen wird erhalten, wenn die jeweilige Durchgangssumme über der Kornklasse aufgetragen wird **(Bild 1)**.

Aus dem Histogramm der Durchgangssummen kann abgelesen werden, welcher Massenanteil des Schüttguts kleiner als eine bestimmte Korngröße ist.

Beispiel: 63,3% des Schüttguts von Bild 1 haben eine Korngröße von weniger als 200 µm.

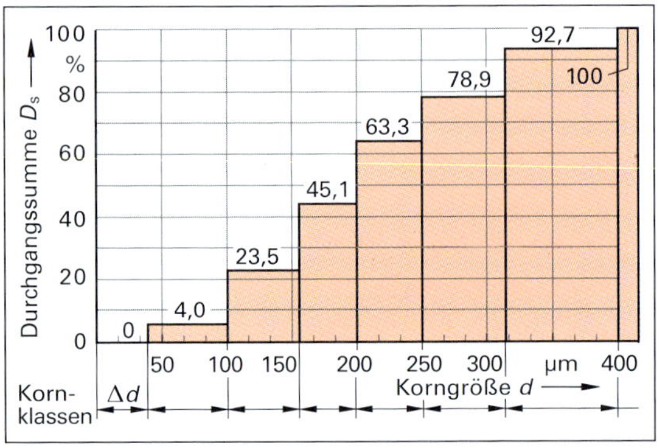

Bild 1: Histogramm der Durchgangssummen

10.5.2 Darstellung und Auswertung einer Siebanalyse im RRSB-Netz

Je nach Entstehung weisen Schüttgüter fester Stoffe charakteristische Arten der Kornverteilung auf. Diese Kornverteilung kann nach den Wissenschaftlern ***R**osin, **R**ammler, **S**perling* und ***B**ennett* durch eine mathematische Verteilungsfunktion beschrieben und grafisch in einem Koordinatenpapier, dem **RRSB-Netz** (engl. RRSB-grid), dargestellt werden (**Bild 1,** Seite 317). In diesem genormten RRSB-Netz (DIN 66145) ist die Abszissenachse nach lg*d* und die Ordinatenachse doppelt logarithmisch nach lg [lg 1/(1 – D_S] geteilt.
Trägt man die Durchgangssumme D_S (Spalte 6 von Bild 1, Seite 315) eines Schüttguts über dem Teilchendurchmesser *d* in ein RRSB-Netz ein, so erhält man eine das Schüttgut charakterisierende Kurve. Bei Schüttgütern, die aus Zerkleinerungsprozessen hervorgegangen sind, sind die Kurven der Durchgangssumme im RRSB-Netz meist Geraden (siehe Bild 1, Seite 317).

Beispiel: Aus Spalte 6 der Tabelle in Bild 1, Seite 315, wird für die Korngröße größer 160 µm eine Durchgangssumme von 45,1 % (= 0,451) abgelesen. Dieses Wertepaar wird im RRSB-Netz als Punkt eingetragen. Ebenso werden die anderen Wertepaare eingezeichnet. Die Punkte lassen sich annähernd zu einer Geraden verbinden, der so genannten **RRSB-Geraden.** Die Lage und Neigung der RRSB-Geraden kennzeichnen die Kornverteilung des Schüttguts.

Aus der Geraden eines Schüttguts im RRSB-Netz können charakteristische Kennwerte des Schüttguts, die sogenannten **Feinheitsparameter,** bestimmt und daraus die spezifische Oberfläche des Schüttguts berechnet werden. Zur Bestimmung der Feinheitsparameter enthält das RRSB-Netz in der linken unteren Ecke einen **Pol** sowie am oberen rechten Rand den **Randmaßstab *n*.**

Feinheitsparameter Korngrößenmittelwert d' und d_{50}-Wert

Der Korngrößenmittelwert d', auch $d_{63,2}$ genannt, ist ein Maß für die Feinheit des Haufwerks. Man erhält ihn, indem für eine Durchgangssumme von $D_s = 63{,}2\%$ (0,632) mit der RRSB-Geraden des Schüttguts der zugehörige Teilchendurchmesser bestimmt wird. Dazu liest man am Schnittpunkt der RRSB-Geraden mit der $D_S = 0{,}632$-Linie am Abszissenmaßstab den Teilchendurchmesser ab.

Als Korngrößenmittelwert kann auch der **d_{50}-Wert** angegeben sein. Er entspricht der Korngröße des Haufwerks bei einer Durchgangssumme von $D_S = 50\%$ (0,50).

Beispiel: Für das Schüttgut mit der RRSB-Geraden Nr. 6 (Seite 317) liest man ab: $d' \approx 200$ µm, $d_{50} \approx 170$ µm.

Feinheitsparameter Gleichmäßigkeitszahl *n*

Die Gleichmäßigkeitszahl *n* ist ein Maß für die Gleichkörnigkeit eines Schüttguts.
Ein Schüttgut ist umso gleichkörniger, je steiler seine Gerade im RRSB-Netz verläuft. Ein Maß für die Gleichkörnigkeit ist die Steigung der Geraden im RRSB-Netz. Man drückt sie durch die Gleichmäßigkeitszahl *n* aus. Die Gleichmäßigkeitszahl eines Schüttguts erhält man durch Zeichnen einer Parallelen zur Schüttgut-Geraden durch den Pol. Am Schnittpunkt der verlängerten Parallele mit dem *n*-Randmaßstab liest man den Wert der Gleichmäßigkeitszahl *n* ab.

Beispiel: Für das Schüttgut Nr. 6 in Bild 1, Seite 317, beträgt die Gleichmäßigkeitszahl $n = 2{,}0$.

Mit den beiden Feinheitsparametern d' und *n* ist ein Schüttgut bezüglich seiner Korngrößen und ihrer Verteilung charakterisiert. Sind d' und *n* eines Schüttguts bekannt, so kann mit ihrer Hilfe im RRSB-Netz die RRSB-Gerade gezeichnet werden. Daraus können ohne Kenntnis der übrigen Daten der Siebanalyse die D_S-*d*-Wertepaare abgelesen und das Histogramm der Durchgangssummen, das Histogramm der Rückstandssummen sowie das Histogramm der Verteilungsdichte gezeichnet werden.

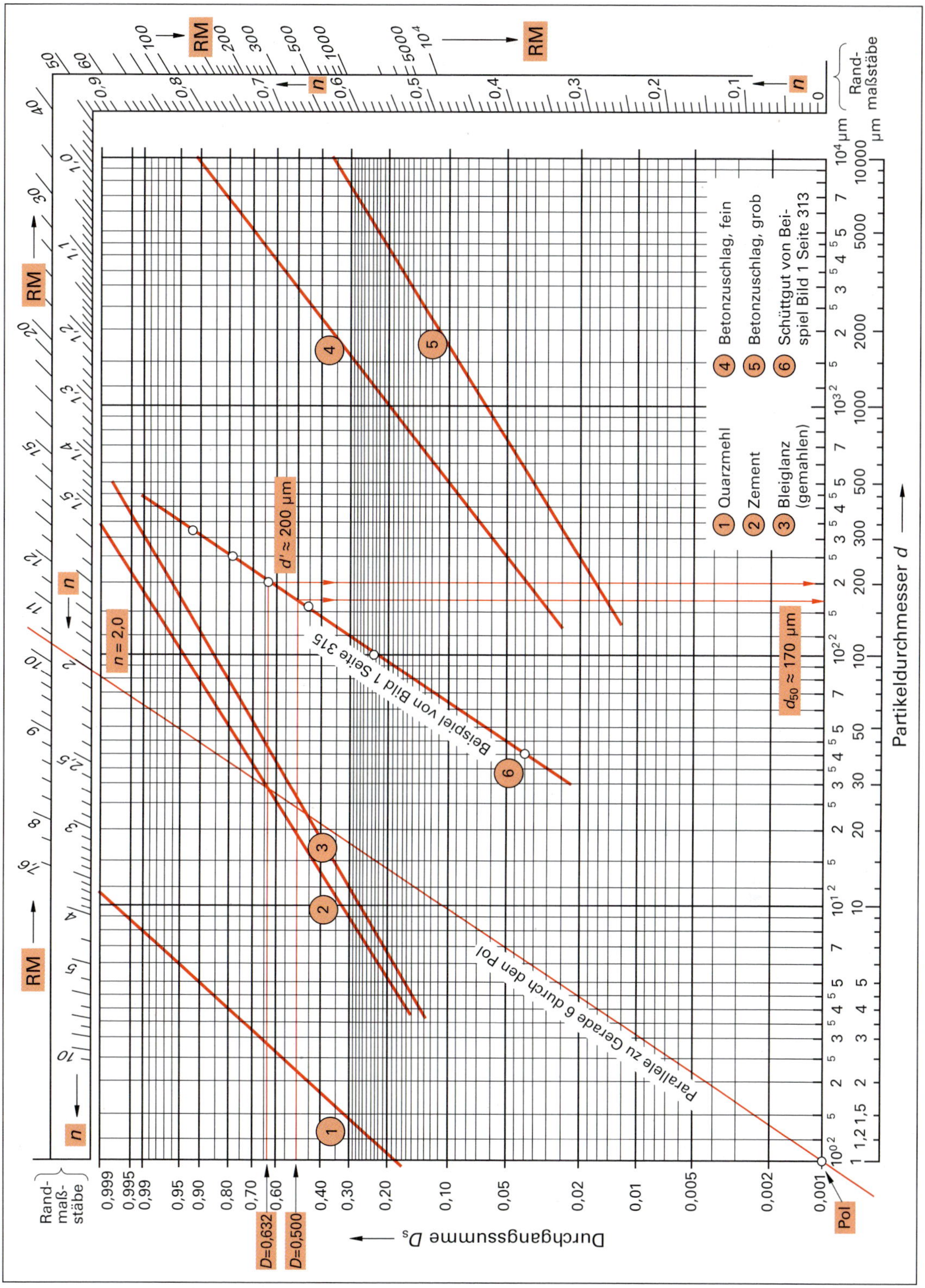

Bild 1: RRSB-Netz (gemäß DIN 66145) mit RRSB-Geraden verschiedener Schüttgüter

Hinweis: Eine Kopiervorlage für ein RRSB-Netz befindet sich auf Seite 342.

10.5.3 Bestimmung der spezifischen Oberfläche von Schüttgütern

Mit dem RRSB-Netz kann die spezifische Oberfläche eines Schüttguts einfach bestimmt werden. Dazu besitzt das RRSB-Netz am oberen und rechten Diagrammrand einen weiteren Randmaßstab (RM in Bild 1, Seite 317). Er verläuft in entgegengesetzter Richtung wie der Randmaßstab *n*.

Mit dem Randmaßstab RM kann die **volumenbezogene Oberfläche S_v** eines analysierten und durch eine RRSB-Gerade charakterisierten Schüttguts mit nebenstehender Gleichung bestimmt werden.

- S_v ist die volumenbezogene Oberfläche des Schüttguts. Darunter versteht man die Summe der Oberflächen aller Partikel pro Volumeneinheit des Haufwerks. Die Einheit von S_v ist cm^2/cm^3 oder m^2/cm^3.
- d' ist der Korngrößenmittelwert des Schüttguts (vgl. Seite 316). Er wird aus dem RRSB-Netz mit der $D_S = 0{,}632$-Linie bestimmt.
- φ ist ein stoffspezifischer Formfaktor. Für kugelförmige Teilchen ist $\varphi = 1$, für andere Teilchenformen ist $\varphi > 1$.
- Der RM-Wert eines Schüttguts wird beim Schnittpunkt der Parallelen der Haufwerksgeraden mit dem RM-Maßstab abgelesen (Bild 1, Seite 317).

Die **massenbezogene Oberfläche S_m** erhält man durch Dividieren der volumenbezogenen Oberfläche S_v durch die Dichte ϱ des Schüttguts nach nebenstehender Größengleichung. Die Einheit von S_m ist cm^2/g.

Volumenbezogene Oberfläche eines Schüttguts

$$S_v = \frac{RM \cdot \varphi}{d'}$$

Massenbezogene Oberfläche eines Schüttguts

$$S_m = \frac{S_v}{\varrho}$$

Beispiel: Wie groß ist die volumenbezogene und die massenbezogene Oberfläche des Schüttguts Nr. 6 in Bild 1, Seite 317? (Die Partikel sollen annähernd kugelförmig sein: $\varphi = 1$, ihre Dichte ist $\varrho = 2{,}34\ g/cm^3$)

Lösung: Aus dem RRSB-Netz (Bild 1, Seite 317) liest man für das Schüttgut Nr. 6 ab:
Den Korngrößenmittelwert $d' \approx 200\ \mu m = 0{,}0200\ cm$ und den Randmaßstab RM ≈ 10,3.

$$S_v = \frac{RM \cdot \varphi}{d'} \approx \frac{10{,}3 \cdot 1}{0{,}0200\,cm} \approx 515\frac{1}{cm} \approx 515\frac{1}{cm} \cdot \frac{cm^2}{cm^2} \approx \mathbf{515\frac{cm^2}{cm^3}}; \quad S_m = \frac{S_v}{\varrho} \approx \frac{515\,cm^2/cm^3}{2{,}34\ g/cm^3} \approx \mathbf{220\frac{cm^2}{g}}$$

Aufgaben zur Siebanalyse

1. Bei einer Siebanalyse werden die in **Tabelle 1** aufgetragenen Rückstände gemessen.
   a) Berechnen Sie den Rückstand, die Rückstandssumme und die Durchgangssumme, jeweils in Prozent.
   b) Zeichnen Sie das Histogramm der Verteilungsdichte, das Histogramm der Rückstandssummen und das Histogramm der Durchgangssummen.
   c) Zeichnen Sie im RRSB-Netz die RRSB-Gerade ein.
   d) Bestimmen Sie die Feinheitsparameter d', d_{50} und *n* sowie die volumenbezogene Oberfläche des Schüttguts aus dem RRSB-Netz. ($\varphi = 1{,}24$)
2. Bei der Siebanalyse eines Schüttgutes werden auf den Sieben die nebenstehenden Rückstände gemessen **(Tabelle 2)**.
   a) Ermitteln Sie das Histogramm der Verteilungsdichte und das Histogramm der Rückstandssummen.
   b) Bestimmen Sie die Feinheitsparameter d', d_{50} und *n* im RRSB-Netz sowie die volumenbezogene und die massenbezogene Oberfläche des Schüttguts. ($\varphi = 1{,}4$; $\varrho = 2{,}129\ g/cm^3$)
3. Führen Sie die Auswertung der Siebanalysen von Aufgabe 1 und Aufgabe 2 mit einem Tabellenkalkulationsprogramm aus.
4. Bestimmen Sie für den Zement (Schüttgut Nr. ② in Bild 1, Seite 317) aus der RRSB-Geraden die Durchgangssumme und die Rückstandssumme für die Partikeldurchmesser: 5,6 µm, 8 µm, 16 µm, 31,5 µm, 45 µm, 90 µm, 125 µm. Zeichnen Sie ein Histogramm der Verteilungsdichte dieses Schüttguts.

Tabelle 1: Messwerte einer Siebanalyse (Aufgabe 1)

Einwaage: 75,7 g

Kornklassen in µm	Rückstand in g
> 500	0,0
400 bis 500	8,5
315 bis 400	12,2
200 bis 315	16,5
160 bis 200	18,4
100 bis 160	9,0
63 bis 100	8,5
0 bis 63	2,6

Tabelle 2: Messwerte einer Siebanalyse (Aufgabe 2)

Siebmaschenweite in mm	Rückstand in g
16,0	0
10,0	1,25
5,0	15,25
2,0	22,0
1,0	7,0
0,5	2,5
Siebteller	2,0

10.5.4 Auswertung einer Siebanalyse mit einem Tabellenkalkulationsprogramm

Die Ausführung der Auswertung von Messdaten mit einem Tabellenkalkulationsprogramm (kurz TKP) wurde in Kapitel 2.5 ausführlich beschrieben (Seite 55 ff.). Im Folgenden wird die Nutzung eines TKP bei der Auswertung von Siebanalysen dargestellt.

Datenauswertung mit dem TKP

Die Gestaltung der Eingabemaske orientiert sich an den Messwerten der Siebanalyse und den gewünschten Ausgabewerten **(Bild 1).** Die Eingabefelder für die Messdaten (Spalte B) sind zur besseren Orientierung grau, die Ergebnis-Ausgabefelder (D2, G5, G9, G11 und G14) rot unterlegt.

Notwendige **Eingaben** für die Maske sind in Spalte A die **Siebmaschenweiten,** in Spalte E und F die festgelegten **Spezifikationen.** Die Zahlenwerte für die **Rückstände *R*** der einzelnen Prüfsiebe, d. h. die Messwerte, sind in die grau unterlegten Zellen B5 bis B14 eingetragen.

	A	B	C	D	E	F	G
1	**Siebanalyse**						
2	**Probe:**	RM D5042	**Einwaage:**	**103,0 g**	**Datum:**	02.08.2004	
3/4	**Siebmaschen-weite in mm**	**Rückstand *R* in g**	**Rückstand w_R in %**	**Rückstands-summe in %**	**Spezifikation** **Kornklassen**	**Soll**	**Ist**
5	> 1,00	0,5	0,5 %	0,5 %	> 1,00 mm	**max. 5 %**	**0,5 %**
6	> 0,80	8,8	8,5 %	9,0 %			
7	> 0,63	27,6	26,8 %	35,8 %			
8	> 0,50	28,6	27,8 %	63,6 %			
9	> 0,40	19,3	18,7 %	82,3 %	0,4 - 1,0 mm	**60 - 95 %**	**81,8 %**
10	> 0,315	9,0	8,7 %	91,0 %			
11	> 0,25	4,2	4,1 %	95,1 %	0,25 - 0,40 mm	**2 - 25 %**	**12,8 %**
12	> 0,20	2,2	2,2 %	97,3 %			
13	> 0,125	1,9	1,8 %	99,1 %			
14	> 0	0,9	0,9 %	100,0 %	< 0,125 mm	**max. 4 %**	**0,9 %**

Bild 1: Eingabemaske mit Messwerten und ausgewerteter Siebanalyse

Zelle **D2** enthält die Summe der Rückstände, sie ergibt die **Einwaage**: **=Summe(B5:B14)**

Der Betrag wird mit *Format / Zellen / Zahlen / Zahl* auf eine Dezimalstelle gerundet und mit dem Einheitenzeichen „g" formatiert (siehe Tabelle 1, Seite 320). **0,0 "g"**

In der Spalte C (C5 bis C14) sind die Rückstände der Einzelsiebe in Anteile umgerechnet. In den Zellen C5 bis C14 ist in der Formel zur Berechnung des Rückstands die Zelladresse D 2 als **absoluter Bezug $D$2** formatiert. Der Eintrag in Zelle **C5** lautet: **=(B5/$D$2)**

Durch Mausklick in der Symbolleiste erhält das Ergebnis das Prozentformat, mit den nebenstehenden Symbolen ist die Anzahl der Dezimalstellen (eine) festzulegen.

Spalte D enthält die Rückstandssummen der Siebrückstandsanteile. Sie sind ein wichtiges Kriterium für die grafische Auswertung der Zusammensetzung eines Schüttgutes (Bild 2, Seite 318).

Der Formeleintrag von Zelle D 10 steht beispielhaft für die Inhalte der Zellen D5 bis D14: **=Summe(D9+C10)**

In Spalte G erfolgt der Abgleich der ermittelten Kornklassenanteile mit den in Spalte E und D festgelegten Spezifikationen. Dies ergibt folgende Einträge für die betroffenen Zellen:

G5: **=C5** G9: **=Summe(C6:C9)** G11: **=Summe(C10:C11)** G14: **=C14**

Bei der vorliegenden Siebanalyse liegen alle Kornklassen innerhalb der festgelegten Spezifikation.

Weichen Analysenergebnisse von vorgegebenen Sollwerten ab, so kann dies durch eine entsprechende Formatierung der Ergebnisfelder optisch hervorgehoben werden, beispielsweise durch farbige Darstellung der Zahlenwerte oder durch einen farbigen Zellenhintergrund. Die entsprechende Formatierung für Zelle **G9** lautet:

Format / Bedingte Formatierung / Zellwert ist / nicht zwischen / 60 / und 95 / Format / Muster / OK / OK

In der Farbtafel ist der Zellenhintergrund festzulegen, der bei Werten außerhalb des Bereiches zwischen 60 und 95% optisch die Abweichung von der Spezifikation signalisiert.

Mit der Option ... *Format / Schrift* anstelle von ... *Format / Muster* ist bei Abweichung von der Spezifikation eine farbige Schriftausgabe statt des farbigen Zellenhintergrundes wählbar.

Tabelle 1: Hinweise zur Formatierung von Zelleninhalten mit Excel

Formatierung	*Format / Zellen / Zahlen / Zahl ...*	Ausgabe-Beispiel
Ziffer 23,23 mit dem Einheitenzeichen mL ausgeben	*Benutzerdefiniert / Eingabe: 0,00 „mL“*	23,23 mL
Ziffer 2,345 mit dem Einheitenzeichen cm^2 ausgeben	*Benutzerdefiniert* / Eingabe: 0,000 „cm^2“ (Eingabe der Ziffer 2 mit den Tasten AltGr + 2)	2,345 cm^2
Ziffer 2,34 mit dem Einheitenzeichen g/cm^3 ausgeben	*Benutzerdefiniert* / Eingabe 0,00 „g/cm^3“ (Eingabe der Ziffer 3 mit den Tasten AltGr + 3)	2,34 g/cm^3
Keine Ausgabe bei Ergebnis Null	*Benutzerdefiniert* / Eingabe ###0,0;###0,0; (das Zeichen # ist Platzhalter für eine Ziffer)	Ergebnis außer 0 mit einer Dezimalstelle
Dezimalzahlen nach dem Komma ausrichten (die Zellen rechtsbündig formatieren)	*Benutzerdefiniert* / Eingabe: 0,0??? (0??? für Ziffern mit maximal 4 Dezimalstellen)	23,4423 1845,98 2,3

Aufgabe zur rechnerischen Auswertung einer Siebanalyse

1. Erstellen Sie mit einem Tabellenkalkulationsprogramm für die nebenstehenden Daten einer Siebanalyse eine Eingabemaske und werten Sie die Bestimmung nach Vorgabe von Bild 1, Seite 319, aus. Überprüfen Sie in der Auswertung, ob das Haufwerk die nachfolgende Kundenspezifikation erfüllt:

   Maximal 7% dürfen kleiner als 0,5 mm sein, 22 bis 52% sollen zwischen 1 und 5 mm und maximal 10% größer als 10 mm sein.

   Formatieren Sie außerhalb der Spezifikation liegende Werte mit roter Schrift. Probebezeichnung: RF-245-3

Kornklassen in mm	Rückstand in g
>16	1,4
>10	4,6
>5	19,5
>2	21,7
>1	9,3
>0,5	3,8
<0,5	2,6

Grafische Auswertung mit dem TKP

Die Diagramme **(Bild 1 und 2)** dienen der grafischen Veranschaulichung der Zahlenwerte der Siebanalyse. Dabei bleibt das Diagramm jeweils mit den Originaldaten der Siebanalyse verbunden, Änderungen von Messwerten oder Siebmaschenweiten in der Tabelle wirken sich sofort auf die Grafik aus. Die Einbettung der Diagramme geschieht mit Excel entweder neben oder unterhalb der Tabelle oder auf einem eigenen Arbeitsblatt in der Arbeitsmappe.

Bei der Siebanalyse verschaffen Histogramme einen raschen Überblick über die Korngrößen und die Korngrößenverteilung innerhalb eines Haufwerkes.

Den nachfolgenden Diagrammen liegen die Messwerte der Siebanalyse von Seite 319 zugrunde. Als Diagrammtyp wurde das Histogramm, es ist ein spezielles Säulendiagramm, gewählt.

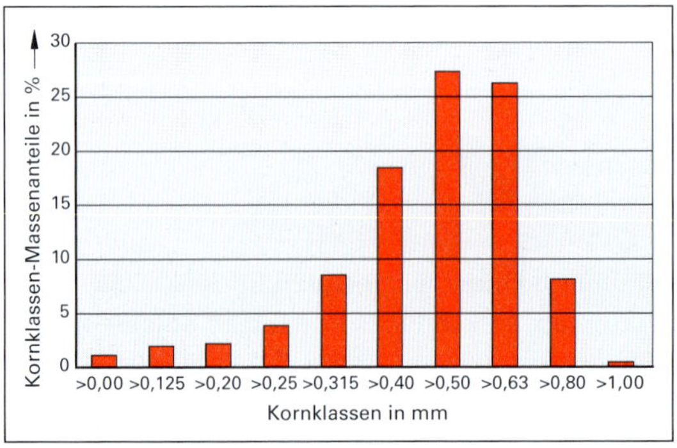

Bild 1: Histogramm der Verteilungsdichte

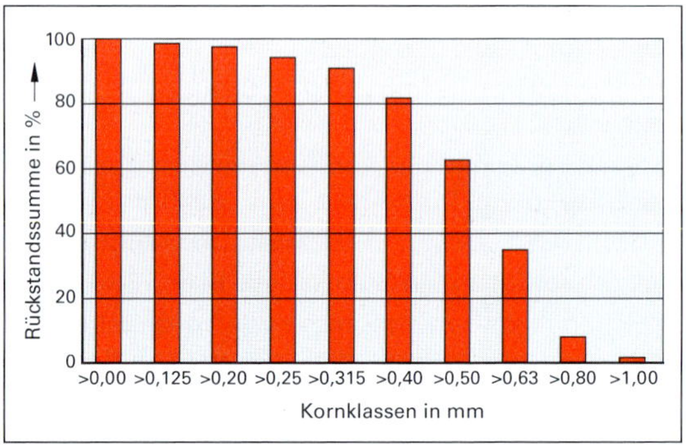

Bild 2: Histogramm der Rückstandssummen

Im **Histogramm der Verteilungsdichte** (**Bild 1,** Seite 320) ist der Rückstand (Spalte C) über der Siebmaschenweite (Kornklasse, Spalte A) aufgetragen.

Zur Erstellung des Histogramms der Verteilungsdichte werden mit der linken Maustaste bei gedrückter Strg-Taste die Datenbereiche für das Diagramm markiert: **Zelle A5:A14** und **Zelle C5:C14**

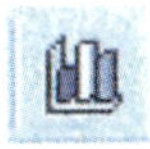

Das Diagramm kann alternativ über den *Diagrammassistenten* in der Standardsymbolleiste (siehe Symbol rechts) oder die Option *Einfügen – Diagramm – Auswahl Säulendiagramm* (vgl. Bild 1, Seite 58) und anschließend mit der in den **Bildern 1a und 1b** skizzierten Schrittfolge formatiert und eingefügt werden. Eine Legende ist in diesem Diagramm nicht erforderlich.

Nach linkem Mausklick auf die *x*-Achse und anschließenden Rechtsklick sind nach der Option:

Achse formatieren – Skalierung – Rubriken in umgekehrter Reihenfolge

die Kornklassen in der gewünschten aufsteigenden Reihenfolge formatiert.

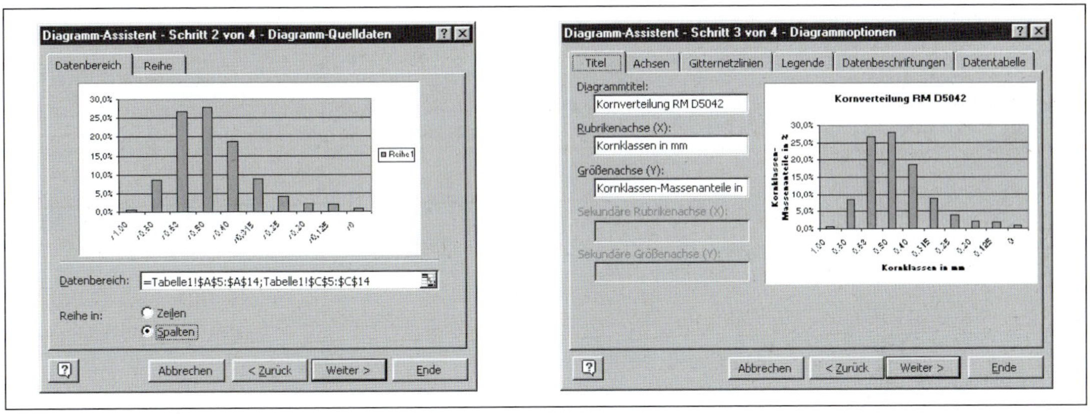

a) Festlegung der Datenbereiche **b) Eingabe von Titel und Achsenbeschriftungen**

Bild 1: Erstellen eines Histogramms mithilfe des Diagrammassistenten von Excel

Diagrammposition und -größe sind durch linken Mausklick auf die Diagrammfläche veränderbar.

Nach Doppelklick oder linken/rechten Mausklick gilt dies auch für die Schriftgröße und Formatierung der Achsen, des Diagrammtitels und die farbliche Gestaltung der Diagrammflächen.

Entsprechend der beschriebenen Reihenfolge beim Histogramm der Verteilungsdichte ist anschließend bei der Erstellung des **Histogramms der Rückstandssummen** vorzugehen **(Bild 2, Seite 320).** Hier sind als Datenbereiche die Zellen **A5:A14** und **D5:D14** zu kennzeichnen.

Aufgaben zur grafischen Auswertung einer Siebanalyse

1. Erstellen Sie mit einem Tabellenkalkulationsprogramm die Eingabemaske von Bild 1, Seite 315, mit den Spalten Kornklassen, Rückstand in Gramm, Rückstand in Prozent und Durchgangssumme in Prozent. Geben Sie die Messwerte aus Bild 1, Seite 315, ein und stellen Sie das Histogramm der Verteilungsdichte und das Histogramm der Durchgangssummen in einer aussagefähigen Diagrammform dar.
2. Werten Sie die Siebanalyse der Aufgabe 1, Seite 320, grafisch aus. Stellen Sie die Verteilungsdichte und die Rückstandssumme in geeigneten Diagrammen dar.
3. Bei der Siebanalyse eines Schüttgutes werden auf den Sieben die nebenstehenden Rückstände ausgewogen **(Tabelle 1).**
   a) Erstellen Sie mit einem TKP eine Eingabemaske zur Auswertung der Siebanalyse. Ermitteln Sie die Rückstandssummen in Prozent.
   b) Ermitteln Sie mit Hilfe des Programms, ob das Haufwerk folgende Spezifikationen erfüllt:
   „Maximal 7 % sind größer als 315 µm, 45 bis 65 % liegen zwischen 160 µm und 315 µm, maximal 5 % sind kleiner als 40 µm."
   c) Stellen Sie mit Hilfe des Programms das Histogramm der Verteilungsdichte und das Histogramm der Rückstandssummen dar.

Tabelle 1: Siebanalyse (Aufgabe 3)

Kornklassen in µm	Rückstand in g
>400	0
>315	6,6
>250	11,5
>200	16,7
>160	18,2
>100	26,5
>40	14,8
<40	3,6

11 Qualitätssicherung

Maßnahmen zur **Qualitätssicherung** (engl. quality control) haben in der chemischen Produktion, bei der Konditionierung (Aufbereitung) und Abfüllung der Produkte eine immer größere Bedeutung erlangt. Garantierte Qualität ist für die Wettbewerbsfähigkeit der Chemie- und Pharmaunternehmen heute unverzichtbar.

Qualität kann man allgemein als Übereinstimmung zwischen den Anforderungen des Kunden an ein Produkt und den tatsächlichen Eigenschaften des Produkts definieren. Voraussetzung der Qualitätssicherung ist die Bestimmung der Prozessbedingungen und der Produkteigenschaften (Messdaten).

Aufgrund der Vielzahl der Messdaten produktionsbegleitender Qualitätsüberwachung hat die Anwendung statistischer Methoden bei der Prozesssteuerung (engl. Statistical Process Control, SPC) große Bedeutung.

Die Prozesslenkung und die Aufrechterhaltung der Qualität erfolgen auf der Basis regelmäßig erfasster Messwerte bzw. entnommener Stichproben, ohne eine 100-%-Kontrolle.

11.1 Erfassung der Verteilung von Messwerten

Ein Messvorgang, z.B. beim Wiegen abgefüllter Gebinde, unterliegt vielen Fehlereinflüssen.

Es gibt **systematische Fehlereinflüsse**, wie z.B. einem falsch eingestellten Nullpunkt bei einer Waage. Er bewirkt eine ständige Verschiebung der Messwerte in eine Richtung.

Daneben gibt es zahlreiche **unsystematische Fehlereinflüsse**, wie z.B. bei einer Waage die im Tagesverlauf sich ändernde Temperatur, die Aufhängung des Gebindes, Reste von verschüttetem Füllgut, Schmutzablagerungen usw. Diese unsystematischen Fehlereinflüsse führen zur Streuung der Messwerte um den Sollwert.

Eine einfache Methode zur Erfassung der Streuung der Messwerte ist das Führen einer **Datensammelkarte (Tabelle 1)**. Dies ist eine Strichliste mit Klasseneinteilung.

Die Eintragung der Messwerte in die Datensammelkarte erfolgt in **Klassen**. Die Messwertspanne einer Klasse bezeichnet man als **Klassenbreite *b***.

Die Klassenbreite b und die Anzahl k der Klassen berechnet man nach nebenstehenden Gleichungen.

Dabei ist R die Spannweite (von engl. range), d.h. die Differenz zwischen dem Größtwert x_{max} und dem Kleinstwert x_{min} der Messwertreihe; n ist die Anzahl der Messwerte.

In ein vorbereitetes Formular mit den Klassen (wie Tabelle 1) werden die Messergebnisse in einer Zeile, die einer Messwertspanne entspricht, mit einem Strich markiert und zu 5er-Päckchen zusammengefasst.

Messwerte, die mit einer oberen Klassengrenze übereinstimmen (z.B. m = 80,0 kg), werden dabei jeweils der nächsthöheren Klasse zugeordnet.

Tabelle 1: Datensammelkarte der Einwiegemassen Abfüllanlage K 72

Klasse	Mindestwert: 80,0 kg; Toleranz: ± 2,4 kg				
	Masse in kg		Anzahl Wägungen	An-	Anteil
Nr.	von	bis	pro Klassenbreite	zahl	in %
0	79,7	80,0		0	0,0
1	80,0	80,3	|	1	2,0
2	80,3	80,6	|||	3	6,0
3	80,6	80,9	卌 |||	8	16,0
4	80,9	81,2	卌 卌 卌 ||	17	34,0
5	81,2	81,5	卌 卌 ||	12	24,0
6	81,5	81,8	卌 |	6	12,0
7	81,8	82,1	|||	3	6,0
8	82,1	82,4		0	0,0
			Summen:	50	100,0

Berechnungen zur Datensammelkarte

Klassenbreite $b = \frac{R}{k}$

Anzahl der Klassen $k = \sqrt{n}$ und auf ganze Zahl aufrunden

Mit $R = x_{max} - x_{min}$ (Spannweite) und n = Anzahl der Messwerte

Anteil einer Klasse: $x_w = \frac{\text{Anzahl der Striche}}{\text{Summe aller Striche}}$

Nach Abschluss der Messwerterfassung zählt man in der Datensammelkarte die Anzahl der Messwerte in jeder Klasse aus und notiert sie in einer Spalte.

Der **Anteil x_w der einzelnen Klassen** wird mit nebenstehender Gleichung berechnet und ebenfalls in einer Spalte notiert.

Beispiel 1: Von den Gebinden einer Abfüllanlage K 72 wurden 50 Stichproben ausgewogen und dabei folgende Messwerte (in kg) erhalten. Die Mindest-Einwiegemasse beträgt 80,0 kg, die Toleranz +2,4 kg:

80,0	81,4	81,2	80,9	81,6	81,4	82,0	81,2	80,6	81,0	80,8	81,3	82,0	80,5	81,0	81,5	80,8	81,1	81,2	80,3	81,1	81,0	80,7	81,3	81,6
81,0	81,4	81,3	81,1	80,8	80,9	81,3	81,1	80,6	81,7	81,1	80,4	81,4	81,8	81,3	80,7	81,1	81,1	81,0	80,6	81,0	80,9	81,6	81,6	80,9

a) Berechnen Sie die Spannweite *R*. b) Berechnen Sie die Anzahl *k* der Klassen und die Klassenbreite *b*.
c) Erstellen Sie eine Datensammelkarte mit Strichliste. d) Berechnen Sie die Anteile der Einzel-Klassen.

Lösung: a) mit x_{max} = 82,0 kg und x_{min} = 80,0 kg folgt: Spannweite $\boldsymbol{R} = x_{max} - x_{min}$ = 82,0 kg - 80,0 kg = **2,0 kg**

b) mit *n* = 50 folgt die Anzahl der Klassen $\boldsymbol{k} = \sqrt{50} = 7{,}07$; Aufgerundet auf die nächste ganze Zahl, ergibt **8 Klassen**

Klassenbreite $\boldsymbol{b} = \frac{R}{k} = \frac{2{,}0\,\text{kg}}{8} = 0{,}25\,\text{kg} \approx \mathbf{0{,}3\,kg}$

c) Die Datensammelkarte ist in der **Tabelle 1** auf Seite 322 abgebildet.

d) Der Anteil einer Klasse, z. B. für die Klasse 5 (81,2 bis 81,5 kg), berechnet man zu:

$$\boldsymbol{x}_{w5} = \frac{\text{Anzahl der Striche}}{\text{Summe aller Striche}} = \frac{12}{50} = 0{,}24 = \mathbf{24\,\%}$$

Alle Klassenanteile werden in eine Tabellenspalte eingetragen (Tabelle 1, Seite 322).

Die Streuung von Messwerten kann auch anschaulich in einem **Histogramm** (ein spezielles Säulendiagramm) grafisch dargestellt werden **(Bild 1)**.

Im Histogramm werden die Häufigkeitsanteile x_w jeder Klassenbreite (Messwertspanne) über der Klasse aufgetragen. Die Aufteilung der *x*-Achse in Klassen wird an Beispiel 1 erläutert. Mit *b* = 0,3 kg folgt:

Klasse 0: = x_{min} – b bis x_{min} ≙ 80,0 kg – 0,3 kg = 79,7 kg bis 80,0 kg
Klasse 1: = x_{min} bis x_{min} + b ≙ 80,0 kg bis 80,0 kg + 0,3 kg = 80,3 kg
Klasse 2: = x_{min} + b bis x_{min} + 2b ≙ 80,3 kg bis 80,6 kg
Klasse 3: = x_{min} + 2b bis x_{min} + 3b ≙ 80,6 kg bis 80,9 kg usw.

Die Höhe jeder Säule im Histogramm ist der Anteil der Messwerte x_w (letzte Spalte Tabelle 1, Seite 322) der jeweiligen Klasse an der Gesamtheit der Messwerte.

Das Histogramm ermöglicht erste Rückschlüsse auf die Genauigkeit des Prozesses, die Zentrierung auf den Toleranzmittelwert, die Normalverteilung der Messwerte u. a. Über die Form der Verteilungskurve der Messwerte kann man auf Fehler im Prozess schließen.

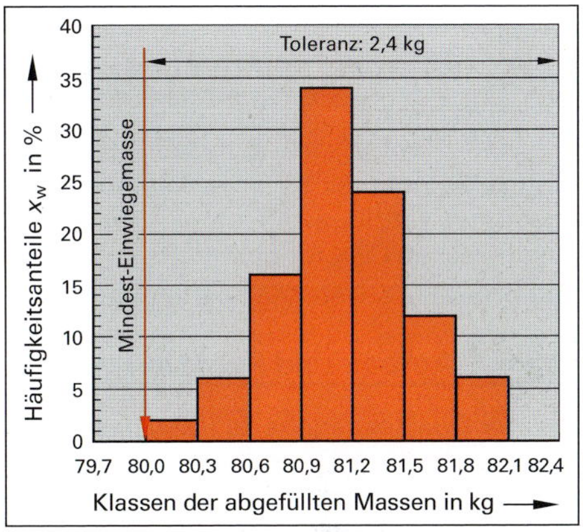

Bild 1: Histogramm der abgefüllten Massen der Abfüllanlage K 72

Beispiel 2: Stellen Sie die Messwerte der Einwiegemassen der Abfüllanlage von **Beispiel 1 Seite 322** in einem Histogramm dar. Schätzen Sie ab, ob die Messwerte der Stichproben annähernd normalverteilt sind.

Lösung: Das Histogramm der Stichprobenwerte zeigt **Bild 1**. Alle Werte liegen oberhalb der Mindest-Einwiegemasse von 80,0 kg und innerhalb der Toleranzgrenzen zwischen 80,0 kg und 82,4 kg. Die Messwerte sind annähernd normalverteilt, da die größte Häufigkeit etwa mittig zwischen den Toleranzgrenzen auftritt.

Aufgaben zur Erfassung der Verteilung von Messwerten

1. Eine Abfüllanlage für ein flüssiges Waschmittel soll Flaschen mit je 2000 mL Inhalt füllen. Die Spezifikationsgrenze ist mit 2000 mL + 80 mL angegeben. Die Stichprobenergebnisse sind in folgender Urwertliste festgehalten:

Abweichung des Volumens von Waschmittel-Flaschen in mL												
+14	+55	+38	+48	+45	+16	+30	+40	+53	+40	+24	+50	+38
+35	+38	+24	+60	+62	+65	+35	+25	+40	+44	+55	+30	+52

a) Berechnen Sie die Spannweite *R*, die Anzahl der Klassen *k* und die Klassenbreite *b*.
b) Erstellen Sie eine Datensammelkarte mit Strichliste, berechnen Sie die Anteile der Klassen.
c) Stellen Sie die Messwerte in einem Histogramm dar, beurteilen Sie die Verteilung der Werte.

2. Der Gehalt an Fällungsmittel in einer Lösung soll zwischen und 325 mg/L und 350 mg/L liegen. Folgende Messwerte in mg/L wurden bei Stichproben erhalten:

336	330	343	332	339	337	339	335	328	346	337	340	343	331	335	336	340	333	333	338	342	339	337	336
340	341	337	327	337	334	336	335	333	333	340	337	347	339	344	339	335	338	332	332	334	327	341	343

Untersuchen und bewerten Sie die Messwertreihe nach dem Schema a bis c von Aufgabe 1.

3. In einer petrochemischen Anlage wird ein Hydrauliköl der Viskositätsklasse ISO VG 46 hergestellt (kinematische Viskosität 46,0 mm^2/s bei 40 °C). Nach Stichprobenplan wird alle 45 min eine Probe gezogen, die Viskosität ν mit einem Rotationsviskosimeter bei 40 °C gemessen. Die zulässige Toleranz ist mit ± 5 % angegeben. Die Tabelle zeigt die Messwerte der letzten 26 Proben:

Messprotokoll vom 19.03.2009, ISO VG 46, Viskosität in mm^2/s												
46,2	46,3	46,0	45,1	47,1	45,7	44,9	47,3	46,2	46,3	45,9	46,1	47,5
46,0	46,4	46,8	46,9	45,3	46,6	45,9	46,1	46,1	45,5	46,7	45,6	43,9

a) Berechnen Sie aus den Angaben den oberen und den unteren Grenzwert.
b) Untersuchen und bewerten Sie die Messwertreihe nach dem Schema a) bis c) von Aufgabe 1.

11.2 Qualitätssicherung mit Qualitätsregelkarten

Die **Qualitätsregelkarte** (kurz **QRK,** engl. control chart) ist ein wichtiges Werkzeug zur Qualitätssicherung, das im Rahmen der statistischen Prozesslenkung (kurz SPC) eingesetzt wird. Man unterscheidet QRK für **qualitative** (attributive) Qualitätsmerkmale, wie z. B. in Ordnung/nicht in Ordnung oder Fehler je Prüfeinheit, sowie QRK für **quantitative** (variable) Merkmale, wie z. B. Messwerte oder Zählwerte.

Im Folgenden sollen Regelkarten für Messwerte erläutert werden.

11.2.1 Aufbau und Funktion von Qualitätsregelkarten

In einer Qualitätsregelkarte (QRK) werden die aus dem Prozess gewonnenen Messwerte eines Qualitätsmerkmals in ein Diagramm eingetragen **(Bild 1)**. Die Abszisse (*x*-Achse) stellt die Probennummer oder den zeitlichen Ablauf dar (z. B. Uhrzeit, Prüfperiode, Schicht), während auf der Ordinate (*y*-Achse) die Kenngröße des Qualitätsmerkmals (z. B. die Masse, eine Gehaltsgröße, die Dichte) aufgetragen ist.

In die QRK wird der Sollwert M als horizontale Linie eingetragen. Dadurch kann man die Lage der Messwerte zum Sollwert gut erkennen.

Man unterscheidet folgende Qualitätsregelkarten:

Als **Urwertkarte**, auch *x*-Karte genannt, bezeichnet man die QRK, wenn die Einzel-Messwerte *x* eingetragen werden **(Bild 1)**.

Außerdem gibt es QRK mit statistischen Größen der Messwerte, wie z. B. dem Mittelwert (Seite 325).

Wird in eine QRK nur eine Messgröße aufgetragen, nennt man die QRK **einspurig** (**Bild 1** und **2**), bei zwei aufgetragenen Messgrößen **zweispurig** (Bild 1, S. 325).

In die QRK sind Regelgrenzen eingezeichnet. Sie geben die Grenzen an, in denen der Prozess geführt werden soll. Dies können sein: **Toleranzgrenzen TG, Eingriffsgrenzen EG** und **Warngrenzen WG**.

Sollen in einer QRK bei einem Qualitätsmerkmal Abweichungen in nur eine Richtung überwacht werden (Über- oder Unterschreiten eines Grenzwertes), so spricht man von einer **einseitigen Regelkarte** (Bild 1). Sie hat nur eine obere Toleranzgrenze OTG und entsprechend nur eine obere Eingriffsgrenze OEG und eine obere Warngrenze.

Beispiele für einseitige Regelgrenzen:
- Im Trinkwasser dürfen laut TVO maximal 25 mg/L Nitrat-Ionen enthalten sein.
- VE-Wasser aus einer Ionenaustauscheranlage darf eine Grenzleitfähigkeit nicht überschreiten.

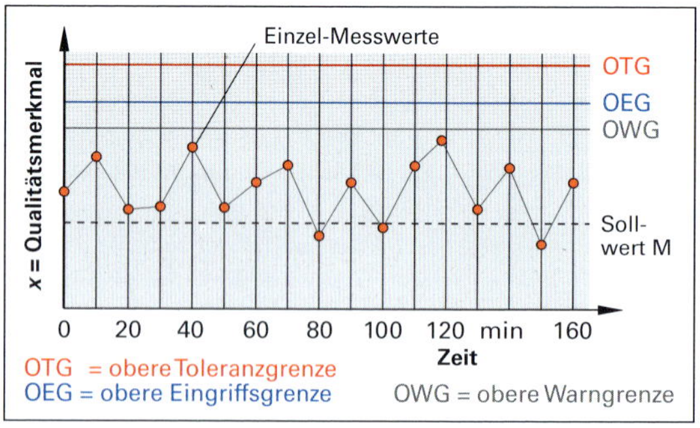

Bild 1: Aufbau einer einspurigen, einseitigen Urwert-Qualitätsregelkarte

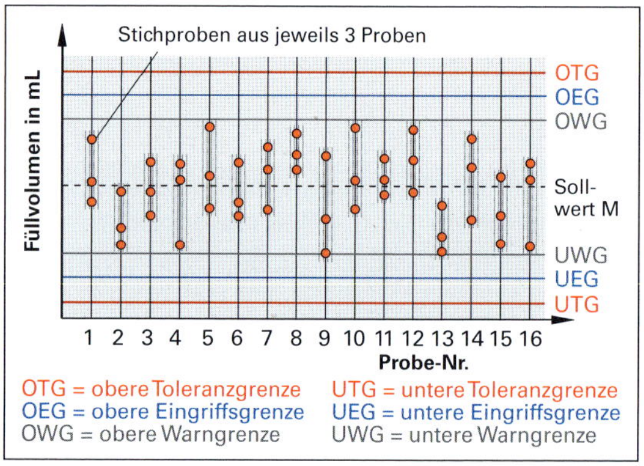

Bild 2: Aufbau einer einspurigen, zweiseitigen Urwert-Qualitätsregelkarte mit 3er-Stichproben

Wird das Über- und Unterschreiten von Grenzwerten mit QRK überwacht, trägt man obere und untere Toleranz- und Eingriffsgrenzen ein: OTG, UTG; OEG, UEG. Die QRK ist dann **zweiseitig** (Bild 2, Seite 324).

Beispiel: Die Füllmengen bei maschinell abgefüllten Lackdosen haben ein Mindest- und ein Höchstvolumen.

Anstatt der Einzelmesswerte (Bild 1, Seite 324) können auch Stichproben mit mehreren Einzelwerten in die QRK eingetragen sein. **Bild 2**, Seite 324, zeigt beispielsweise eine QRK, in der Stichproben aus jeweils drei Einzelproben eingetragen sind. Die Stichproben-Einzelwerte geben nicht nur die Lage der Messwerte zum Sollwert M wieder, sondern auch die **Streuung** der Messwerte innerhalb einer Stichprobe. Allerdings ist diese manuelle Methode der QRK sehr zeitaufwendig und unübersichtlich.

Um den Prozessverlauf besser beurteilen zu können, werden anstatt der Urwerte statistisch aufbereitete Messwerte wie z. B. der arithmetische Mittelwert $\bar{x}$, die Spannweite R, der Medianwert $\tilde{x}$ oder die Standardabweichung s in die Qualitätsregelkarte QRK eingetragen. Man erhält so umfassendere Informationen über den Prozess. Die statistischen Kennwerte berechnet man nach nebenstehenden Größengleichungen. Näheres dazu auf Seite 41.

Berechnung statistischer Größen	
Arithmetischer Mittelwert: $\bar{x} = \frac{x_1 + x_2 \ldots x_n}{n}$	**Medianwert:** ***n* ungerade:** $\tilde{x} = x_{(n+1)2}$; ***n* gerade:** $\tilde{x} = \frac{1}{2}(x_{n/2} + x_{(n/2)+1})$;
Standardabweichung: $s = \pm\sqrt{\frac{\Sigma(x_i - \bar{x})^2}{n-1}}$	**Spannweite (Range):** $R = x_{max} - x_{min}$

Die daraus resultierenden Qualitätsregelkarten werden als Mittelwert-QRK ($\bar{x}$-QRK), Median-QRK ($\tilde{x}$-QRK), Spannweiten-QRK (R-QRK) oder Standardabweichungs-QRK (s-QRK) bezeichnet.

Die $\tilde{x}$-QRK ist rasch von Hand zu erstellen. Die $\bar{x}$-QRK, R-QRK und s-QRK werden wegen des Rechenaufwands meist rechnerunterstützt angefertigt.

Soll neben der **Lage** der Messwerte zum Sollwert auch die **Streuung** der Stichprobenwerte verdeutlicht werden, ist dies entweder mit einer **Spannweitenkarte** (R-Regelkarte) oder mit einer **Standardabweichungskarte** (s-Regelkarte) möglich.

Häufig wird die $\bar{x}$-QRK bzw. die $\tilde{x}$-QRK mit einer s-QRK über der gleichen x-Achse zu einer **zweispurigen QRK** zusammengefasst (**Bild 1**).

Hier werden anstatt des Sollwertes der Mittelwert aller Mittelwerte $\bar{\bar{x}}$ (Bild 1 oben, auch xqq oder x-quer-quer genannt) und der Mittelwert aller Standardabweichungen $\bar{s}$ (auch sq bzw. s-quer genannt) eingezeichnet (Bild 1 unten).

Eine zentrale Funktion in Qualitätsregelkarten haben die Regelgrenzen: Die Warngrenzen OWG, UWG sollen vor einer einsetzenden Entfernung der Messwerte vom Sollwert warnen. Bei Überschreiten der Eingriffsgrenzen OEG, UEG muss regulierend in den Prozess eingegriffen werden, um ihn wieder in die Nähe des Sollwerts zurück zu führen. Die Toleranzgrenzen OTG, UTG dürfen nicht überschritten werden; der Prozess und die erzeugten Produkte entsprechen dann nicht mehr den Qualitätsvorgaben.

Das prozessbegleitende Führen von Qualitätsregelkarten hat die Funktion eines Reglers in einem Regelkreis (**Bild 2**): Es bewirkt, dass Ausschuss gar nicht erst entsteht.

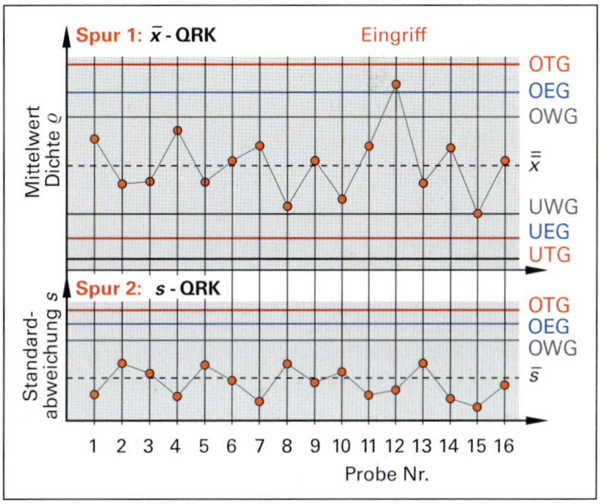

Bild 1: Zweispurige $\bar{x}$-s-Qualitätsregelkarte
Spur 1: zweiseitige Mittelwertkarte $\bar{x}$,
Spur 2: einseitige Standardabweichungskarte s

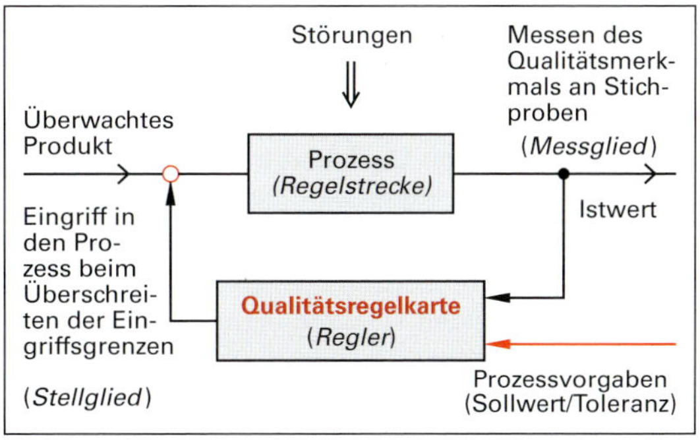

Bild 2: Schema der Reglerfunktion einer Qualitätsregelkarte (Qualitätsregelkreis)

11.2.2 Berechnen der Regelgrenzen bei Qualitätsregelkarten

Eine wichtige Voraussetzung für das Führen von Qualitätsregelkarten sind normal oder annähernd normal verteilte Messreihen. Die Lage dieser Messwerte ist durch die GAUSS'sche Normalverteilungskurve (Seite 43) gekennzeichnet. Sie gibt die Häufigkeit der Messwerte einer Stichprobe in Abhängigkeit der Standardabweichung *s* zum Mittelwert an.

In **Bild 1** ist links neben der Regelkartenspur die zu erwartende Zufallsstreuungskurve normal verteilter Messwertreihen (Normalverteilungskurve) eingezeichnet.

Qualitätsregelkarten lassen sich zusätzlich nach der Festlegung (Berechnung) der Regelgrenzen unterscheiden.

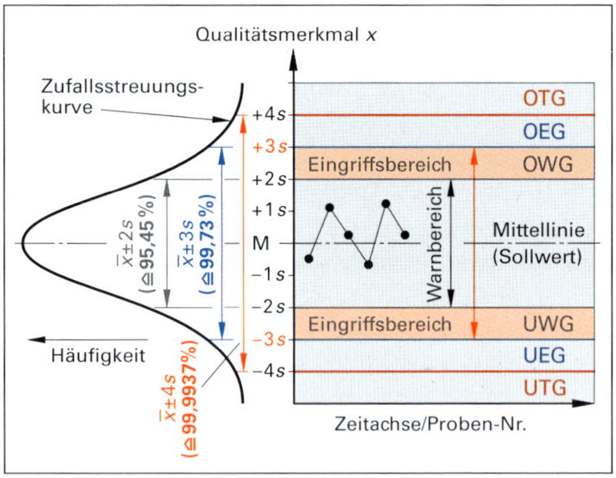

Bild 1: Zweiseitige Regelkarte mit Regelgrenzen auf Basis der Standardabweichung *s*

Bei der **Annahme-QRK** werden die zu Beginn des Prozesses festzulegenden Toleranzgrenzen OTG und UTG in der Regel als Spezifikationsgrenzen (≙ Toleranzgrenzen) durch die Kundenforderungen vorgegeben. Die Eingriffsgrenzen werden häufig bei OEG und UEG bei 80% der Toleranzgrenzen festgelegt.

Die Annahme-QRK ist vorwiegend in der Fertigung des Maschinenbaus verbreitet.

Im Folgenden soll nur die in der chemischen Industrie verbreitete Prozess-QRK vertieft werden.

Die **Prozess-QRK** (auch Shewhart-QRK genannt) geht von einem vorgegebenen Sollwert aus. Sie wird eingesetzt, wenn der statistisch kontrollierte Zustand z. B. eines Prozesses oder einer Analyse (Sollzustand) beibehalten werden soll. Veränderungen an diesem Zustand soll die QRK anzeigen, um durch Verändern der Prozessparameter die Prozesswerte wieder in die Nähe des vorgegebenen Sollwertes zurückzuführen.

Die **Regelgrenzen von Prozess-QRK** können nach verschiedenen Bestimmungsgleichungen festgelegt werden. Eine Festlegung beruht auf Gleichungen mit $\bar{\bar{x}}$ (xqq), dem Mittelwert aller Stichproben-Mittelwerte $\bar{x}$ (xq), und $\bar{s}$ (sq), dem Mittelwert aller Standardabweichungen *s*.

Die Standardabweichung $\bar{s}$ und der Mittelwert $\bar{\bar{x}}$ werden durch einen Vorlauf mit einer größeren Anzahl von Stichproben, in der Regel mindestens 25 zu je 5 Einzelproben, ermittelt.

Die **Bestimmungsgleichungen der Regelgrenzen** sind nebenstehend aufgeführt.

Bestimmungsgleichungen der Regelgrenzen von Prozess-QRK auf Basis $\bar{\bar{x}}$ und $\bar{s}$		
Warngrenzen	$WG = \bar{\bar{x}} \pm 2 \cdot \bar{s}$	Einer von 22 Werten liegt außerhalb der WG
Eingriffsgrenzen	$EG = \bar{\bar{x}} \pm 3 \cdot \bar{s}$	Einer von 370 Werten liegt außerhalb der EG
Toleranzgrenzen	$TG = \bar{\bar{x}} \pm 4 \cdot \bar{s}$	Einer von 16.667 Werten liegt außerhalb der TG

Die **Warngrenzen WG** werden als zweifache Standardabweichung **± 2 *s*** um den Mittelwert der Mittelwerte $\bar{\bar{x}}$ definiert. In Bild 1 sind dies die Linien mit Abstand ± 2 *s* um die Mittellinie. Hierbei liegen die Messwerte mit 95,45% Wahrscheinlichkeit innerhalb der Warngrenzen. 4,56% der Messwerte, also ein Messwert von 22 Werten, überschreitet die Warngrenzen (1 : 4,56% ≈ 22).

Als **Eingriffsgrenzen EG** sind die dreifache Standardabweichung **± 3 *s*** um $\bar{\bar{x}}$ festgelegt (siehe Formelkästchen und Bild 1). Hierbei befinden sich 99,73% der Messwerte innerhalb der Eingriffsgrenzen, 0,27% darüber oder darunter. Das bedeutet: bei einem von 370 Messwerten ist ein Eingreifen in den Prozess erforderlich. (Zur Erläuterung: 1 : 0,27% ≈ 370)

Die **Toleranzgrenzen TG** werden durch die vierfache Standardabweichung **± 4 *s*** um $\bar{\bar{x}}$ definiert (siehe Formelkästchen und Bild 1). Dann sind 99,9937% aller Messwerte innerhalb der Toleranzgrenzen zu erwarten, 0,0063% außerhalb. Das bedeutet: einer von 16.667 Werten liegt außerhalb den Toleranzgrenzen.

In der Produktion dürfen die Toleranzgrenzen nicht überschritten werden. Bei Toleranzgrenzen von ± 4 *s* erfüllt beispielsweise eines von 16.667 Produkten nicht die Qualitätsanforderungen. Dies ist häufig tolerabel.

Bei Produkten mit großem Risikopotenzial, wie z. B. bei der Herstellung von Medikamenten in der Pharmaindustrie, wird als Toleranzgrenze ±5 *s* festgelegt. Dann liegen 99,999943 % der Messwerte innerhalb der Toleranzgrenzen, 0,000057 % außerhalb. In diesem Fall hält ein Produkt von 1754386 Produkten nicht das geforderte Qualitätsmerkmal ein. Es muss sofort aussortiert werden.

Beispiel 1: Bei der Produktion von Aerosil (pyrogene Kieselsäure) wurde der Mittelwert der mittleren Korngröße zu $\bar{\bar{x}} = 0{,}50\ \mu m$ bestimmt, die mittlere Standardabweichung zu $\bar{s} = \pm 0{,}03\ \mu m$ ermittelt. Berechnen Sie die Eingriffsgrenzen und die Warngrenzen mit der dreifachen ($\pm 3\ \bar{s}$) bzw. zweifachen mittleren Standardabweichung ($\pm 2\ \bar{s}$).

Lösung: **OEG** $= \bar{\bar{x}} + 3\ \bar{s} = 0{,}50\ \mu m + 3 \cdot 0{,}03\ \mu m = \mathbf{0{,}59\ \mu m}$; **UEG** $= \bar{\bar{x}} - 3\ \bar{s} = 0{,}50\ \mu m - 3 \cdot 0{,}03\ \mu m = \mathbf{0{,}41\ \mu m}$

OWG $= \bar{\bar{x}} + 2\ \bar{s} = 0{,}50\ \mu m + 2 \cdot 0{,}03\ \mu m = \mathbf{0{,}56\ \mu m}$; **UWG** $= \bar{\bar{x}} - 2\ \bar{s} = 0{,}50\ \mu m - 2 \cdot 0{,}03\ \mu m = \mathbf{0{,}44\ \mu m}$

Beispiel 2: Der Füllgrad der Produkte einer Abfüllanlage wird mit einer Prozess-Qualitätsregelkarte überwacht. Alle 20 min werden 5 befüllte Proben entnommen und einzeln ausgewogen (Wägewerte aus dem Vorlauf siehe Tabelle 1). Berechnen Sie mit dem Mittelwert $\bar{\bar{x}}$ und der Standardabweichung $\bar{s}$ die Eingriffsgrenzen und die Warngrenzen für eine zweiseitige Mittelwert-Qualitätsregelkarte ($\bar{x}$-QRK).

Tabelle 1: Überwachung der Abfüllmaschine Z-73															
Teil: PE-Flasche			**Merkmal:** Masse in g			**Spezifikation:** 267 g ± 5 g			**Stichprobengröße/-Frequenz:** 5 Stück alle 20 min						
	Stichprobe		Datum: 18.03.2008						**Grenzwerte:** OTG = 272 g UTG = 262 g						
Zeit	**10:00**	**10:20**	**10:40**	**11:00**	**11:20**	**11:40**	**12:00**	**12:20**	**12:40**	**13:00**	**13:20**	**13:40**	**14:00**	**14:20**	**Regelgrenzen:**
Messwerte in g	269	265	267	270	265	266	266	265	270	269	270	264	268	267	OEG = **270,9 g**
	268	266	269	268	269	264	269	269	268	265	268	266	266	269	UEG = **263,7 g**
	267	266	270	269	267	265	268	267	269	269	269	264	266	267	OWG = **269,7 g**
	267	265	266	269	266	264	269	266	269	265	269	265	264	266	UWG = **264,9 g**
	268	266	268	270	268	266	268	268	270	268	270	266	269	268	
$\bar{x}$	267,8	265,6	268,0	269,2	267,0	265,0	268,0	267,0	269,2	267,2	269,2	265,0	266,6	267,4	$\bar{\bar{x}} = 267{,}3$ g
s	0,837	0,584	1,581	0,837	1,581	1,000	1,225	1,581	0,837	2,094	0,837	1,000	1,949	1,140	$\bar{s} = \pm 1{,}214$ g

Lösung: **Tabelle 1** zeigt die Ergebnisse der Berechnungen in roter Schrift.
Berechnung der Einzel-Mittelwerte, exemplarisch die 10:00-Uhr-Stichprobe:

$\bar{x}_1 = (269 + 268 + 267 + 267 + 268)\ g / 5 = 267{,}8\ g$

Berechnung des Mittelwerts aller Einzel-Mittelwerte:

$\bar{\bar{x}} = (267{,}8 + 265{,}6 + \ldots + 266{,}6 + 267{,}4)\ g / 14 \approx 267{,}3\ g$

Berechnung der Standardabweichung der 10:00-Uhr-Stichprobe:

$$s = \pm\sqrt{\frac{(267{,}3 - 269)^2 + (267{,}3 - 268)^2 \ldots g^2}{5 - 1}} = \sqrt{\frac{2{,}8\,g^2}{4}} \approx \pm 0{,}837\ g$$

Berechnung des Mittelwerts der Standardabweichungen:

$\bar{s} = (0{,}837 + 0{,}584 + \ldots + 1{,}949 + 1{,}140)\ g/14 \approx \pm 1{,}21\ g$

Für die Eingriffsgrenzen folgt:
OEG $= \bar{\bar{x}} + 3\bar{s} = 267{,}3\ g + 3 \cdot 1{,}214\ g \approx \mathbf{270{,}9\ g}$
UEG $= \bar{\bar{x}} - 3\bar{s} = 267{,}3\ g - 3 \cdot 1{,}214\ g \approx \mathbf{263{,}7\ g}$

Für die Warngrenzen folgt:
OWG $= \bar{\bar{x}} + 2\bar{s} = 267{,}3\ g + 2 \cdot 1{,}214\ g \approx \mathbf{269{,}7\ g}$
UWG $= \bar{\bar{x}} - 2\bar{s} = 267{,}3\ g - 2 \cdot 1{,}214\ g \approx \mathbf{264{,}9\ g}$

Aufgabe zu Berechnen der Regelgrenzen bei Qualitätsregelkarten

1. In einem Brüdenkondensat wird die Chlorid-Massenkonzentration volumetrisch überwacht. Sie soll $\beta(Cl^-) = 50$ mg/L ±4 mg/L betragen. Die Tabelle zeigt je 5 Stichproben-Messwerte eines Vorlaufs. Berechnen Sie die Eingriffsgrenzen (±3*s*) und Warngrenzen (±2*s*) für eine zweiseitige Mittelwert-QRK.

Probe Nr.		**1**	**2**	**3**	**4**	**5**	**6**	**7**	**8**	**9**	**10**	**11**	**12**	**13**	**14**	**15**
Messwerte in mg/L	x_1	51,3	50,0	52,1	47,4	50,1	47,6	49,9	52,3	49,0	50,1	49,4	47,1	50,4	48,7	48,1
	x_2	48,8	48,9	53,1	49,4	49,3	48,3	50,5	53,6	49,7	50,1	47,1	47,6	48,4	49,6	50,0
	x_3	49,8	51,5	51,0	47,4	50,0	49,7	48,4	52,1	50,7	50,3	49,4	49,7	51,7	49,0	50,2
	x_4	49,6	52,0	52,4	49,8	50,3	47,8	49,8	50,8	49,1	50,4	52,0	47,2	50,9	48,0	50,4
	x_5	47,6	49,1	52,4	47,6	49,2	49,7	52,3	51,0	49,7	50,2	48,6	47,2	49,5	47,6	50,0

11.2.3 Erstellen und Führen von Qualitätsregelkarten

Medianwert-Qualitätsregelkarten ($\tilde{x}$-QRK) und Spannweiten-Qualitätsregelkarten (R-QRK) erfordern nur wenig Rechenaufwand und sind deshalb auch unmittelbar am Arbeitsplatz vom Mitarbeiter durch Eintrag in einen QRK-Vordruck (Bild 1, Seite 324) zu führen.

Dagegen ist der Rechenaufwand bei Mittelwert-QRK ($\bar{x}$-QRK) und Standardabweichungs-QRK (s-QRK) sehr hoch. Das gilt vor allem für große Stichproben, für welche die $\bar{x}$-s-QRK besonders gut geeignet ist. $\bar{x}$-s-QRK werden deshalb bevorzugt mithilfe wissenschaftlicher Taschenrechner oder rechnergestützt geführt.

Die nachfolgende Übersicht **(Bild 1)** zeigt an einem Beispiel das Ablaufschema zur Erstellung einer Prozessregelkarte mit festgelegten Regelgrenzen. Dabei wird in folgenden Schritten vorgegangen:

① Berechnen der Stichproben-Mittelwerte $\bar{x}$ (zu je 5 Einzelwerten) aus den Daten des Vorlaufs, berechnen des Mittelwerts der Mittelwerte $\bar{\bar{x}}$ und eintragen der $\bar{\bar{x}}$-Mittellinie in die QRK.
② Berechnen der Standardabweichungen s innerhalb der Einzel-Stichproben, berechnen des Mittelwerts der Standardabweichungen $\bar{s}$.
③ Berechnen der oberen und unteren Warngrenze OWG/UWG, eintragen der Linien in die QRK.
④ Berechnen der oberen und unteren Eingriffsgrenze OEG/UEG, eintragen der Linien in die QRK.
⑤ Eintragen der Mittelwerte der Messwerte ($\bar{x}$-Werte) der laufenden Produktion in die QRK.
⑥ Verbinden der Punkte.

Messwerte des Vorlaufs, β(Analyt) in mg/L							
Nr.	1	2	3	4	5	…	20
x_1	59,6	59,1	59,6	60,2	59,9	…	59,6
x_2	60,3	60,1	60,3	59,4	59,5	…	59,8
x_3	60,1	60,3	60,1	59,9	60,4	…	59,9
x_4	60,4	59,7	60,5	59,5	60,2	…	59,6
x_5	59,7	59,9	59,7	60,1	59,5	…	60,1
$\bar{x}$	60,0	59,8	60,0	59,8	59,8	…	59,9
s	0,356	0,460	0,385	0,56	0,427		0,208
①	Mittelwert der Mittelwerte $\bar{\bar{x}}$:					60,0	
②	Mittelwert Standardabweichungen $\bar{s}$:					±0,366	
③	Warngrenzen 60,0±2s: 60,0 ± 0,731 **= 60,731** **= 59,269**						
④	Eingriffsgrenzen 60,0±3s: 60,0 ± 1,097 **= 61,097** **= 58,903**						

$\bar{x}$-Werte der laufenden Produktion in mg/L:			
Proben Nr. 1:	60,6	Proben Nr. 5:	59,7
Proben Nr. 2:	60,2	Proben Nr. 6:	60,1
Proben Nr. 3:	60,8	Proben Nr. 7:	60,4
Proben Nr. 4:	59,8	Proben Nr. 8:	60,6

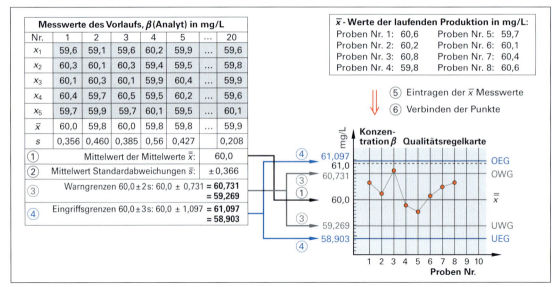

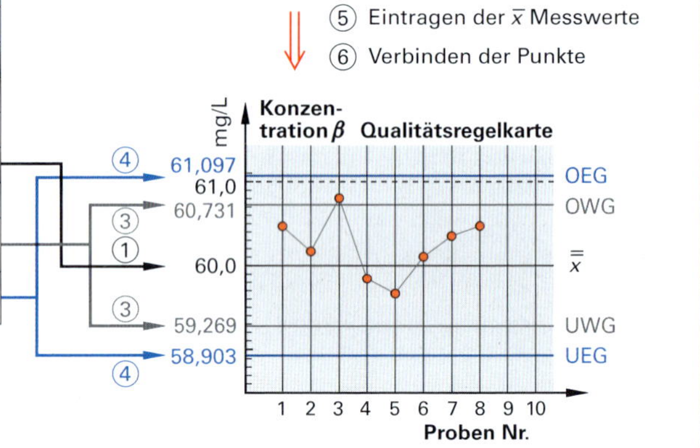

Bild 1: Ablaufschema zur Erstellung einer zweiseitigen Mittelwert-Qualitätsregelkarte ($\bar{x}$-QRK)

Aufgaben zum Erstellen und Führen von Qualitätsregelkarten

1. Eine petrochemische Anlage produziert Hydrauliköl der Viskositätsklasse ISO VG 46 mit einer Viskosität (Sollwert) von 46 mm²/s (bei 40 °C). Die zulässige Toleranz ist mit ±5% angegeben. Die letzten 26 Stichproben-Messwerte des Rotationsviskosimeters dokumentiert nachfolgende Tabelle:

Messprotokoll vom 19.03.2014, ISO VG 46, kinematische Viskosität in mm²/s (alle 45 min)												
46,2	46,3	46,0	45,1	47,1	45,7	44,9	46,7	46,2	46,3	45,9	46,1	47,0
46,0	46,4	45,1	46,9	46,0	45,3	46,6	45,9	46,1	45,5	46,7	45,6	47,1

a) Berechnen Sie aus den Angaben den oberen und den unteren Grenzwert.
b) Berechnen Sie den Mittelwert, die Standardabweichung und die Warn- und Eingriffsgrenzen.
c) Stellen Sie die Messwerte in einer Urwert-Regelkarte dar.

2. Stellen Sie die in Aufgabe 1 Seite 327 angegebenen Prozessdaten (Überwachung der $\beta(Cl^-)$ in einem Brüdenkondensat) in einer Mittelwert-QRK mit Eingriffsgrenzen und Warngrenzen dar.

11.3 Interpretation von Qualitätsregelkarten

Die Interpretation von Qualitätsregelkarten (QRK) ermöglicht es, einen Prozess in den Toleranzgrenzen zu führen.

Unauffälliger Verlauf der Werte in einer Qualitätsregelkarte

In der nebenstehenden QRK **(Bild 1)** liegen die eingetragenen Mittelwerte zufällig verteilt oberhalb und unterhalb des Sollwertes M und aufgrund der geringen Streuung innerhalb der oberen und unteren Warngrenzen OWG und UWG.
Das bedeutet: der Prozess kann ohne Eingriff weiterlaufen.

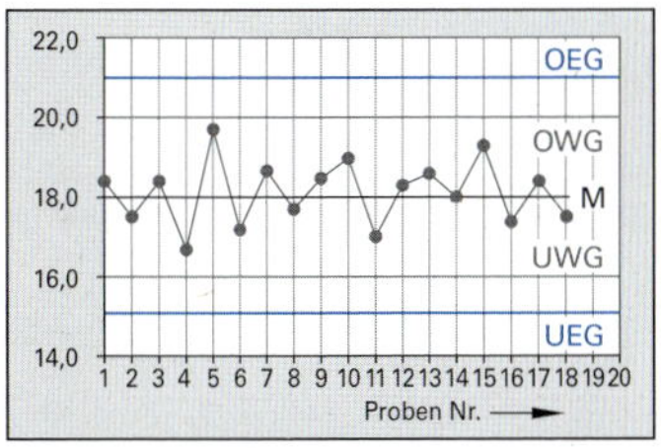

Bild 1: Unauffälliger Prozessverlauf

Auffällige Werte und erforderliche Maßnahmen

Messwerte außerhalb der Warngrenzen (Bild 2, links): Liegen zwei von drei Messwerten oberhalb oder unterhalb der Warngrenzen, so nähern sich die Werte den Eingriffsgrenzen und der Prozess droht außer Kontrolle zu geraten. Maßnahmen: Durch zusätzliche Stichproben ist eine verschärfte Überwachung des Prozesses einzuleiten, die Ursachen sind zu analysieren und abzustellen.

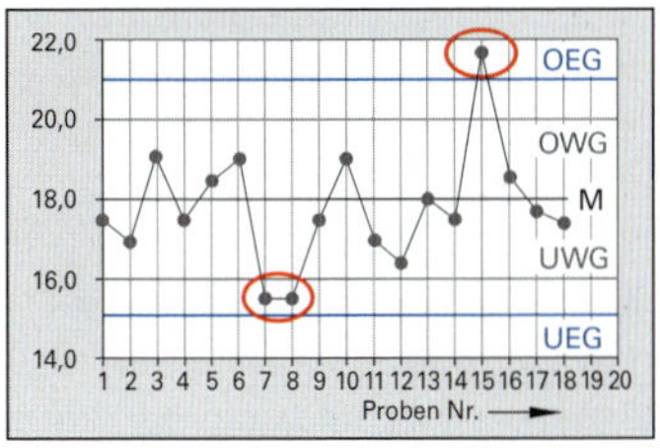

Bild 2: Werte außerhalb der Warn- bzw. Eingriffsgrenzen

Überschreiten der Eingriffsgrenzen (Bild 2, rechts): Liegt ein Wert in der QRK oberhalb oder unterhalb einer Eingriffsgrenze EG, besteht der erste Schritt zur Prozessverbesserung darin, durch zusätzliche Stichproben festzustellen, ob der Prozess systematisch oder zufallsbedingt streut. Befinden sich weitere aufeinander folgende Werte ausschließlich z.B. oberhalb der Eingriffsgrenzen, so liegt eine systematische Streuung vor. Der Prozess ist dann außer Kontrolle. Maßnahmen: Es sind Prozess-Veränderungen zwingend erforderlich.

Trend (Bild 3): So bezeichnet man eine Wertereihe, wenn mehr als 7 Werte in Folge steigen oder fallen. Der Prozess scheint sich beispielsweise in Folge von Temperatureinflüssen, Ablagerungen, Verschleißerscheinungen, Einsatz neuer Rohstoffe oder durch Alterung von Reagenzien in der Analytik zu den Eingriffsgrenzen hin zu verschieben und diese demnächst zu überschreiten. Maßnahmen: Es ist die Ursache der Veränderung zu untersuchen und abzustellen.

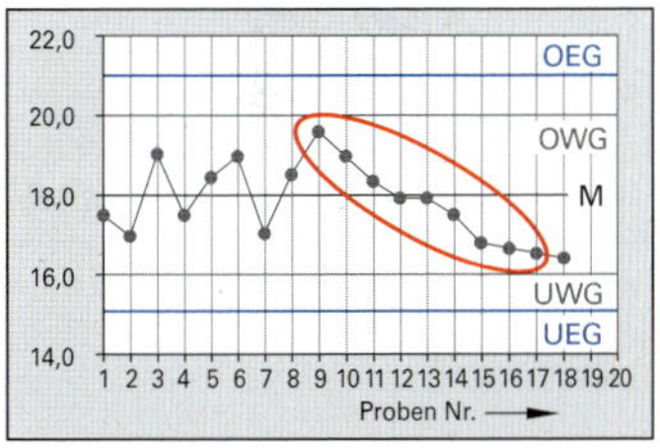

Bild 3: Messreihe mit Trend

Run (Bild 4): Man spricht von einem Run, wenn mindestens 7 Werte in Folge oberhalb oder unterhalb der Mittellinie M liegen. Ursache ist ein systematischer Einfluss. Er kann durch den Einsatz anderer Rohstoffe, den Wechsel einer Messelektrode, Neukalibrierung eines Messgerätes oder auch durch Wechsel des Bedienungspersonals hervorgerufen werden. Maßnahmen: Der Prozess wird mit weiteren Stichproben verschärft überwacht und bei erkannter Ursache wird eingegriffen.

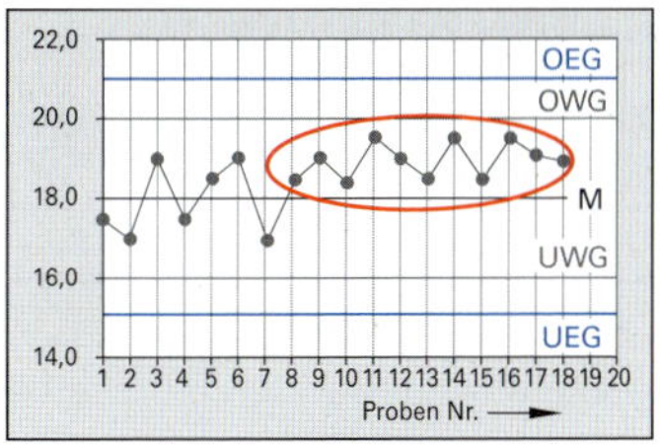

Bild 4: Messwertreihe mit Run

Aufgabe zur Interpretation von Regelkarten

1. Die nebenstehend abgebildete Mittelwert-Regelkarte zeigt den Messwertverlauf einer Viskositätsmessung bei einer laufenden Produktion.

   Beschreiben Sie die Auffälligkeiten im Werteverlauf und zu ergreifende Maßnahmen zu ihrer Beseitigung.

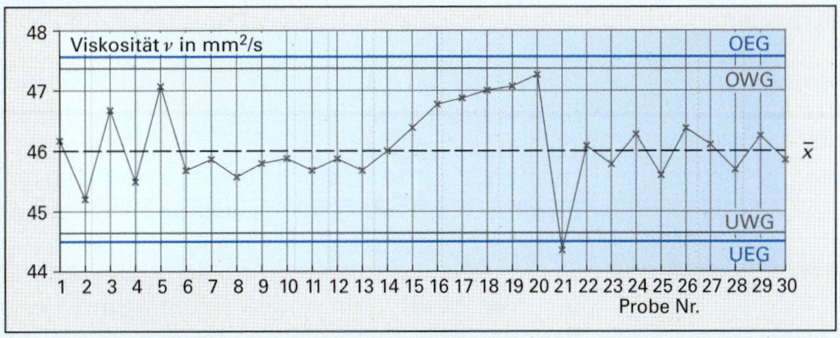

12 Anhang

Griechisches Alphabet

$A\ \alpha$ Alpha	$B\ \beta$ Beta	$\Gamma\ \gamma$ Gamma	$\Delta\ \delta$ Delta	$E\ \varepsilon$ Epsilon	$Z\ \zeta$ Zeta	$H\ \eta$ Eta	$\Theta\ \vartheta$ Theta
$I\ \iota$ Iota	$K\ \varkappa$ Kappa	$\Lambda\ \lambda$ Lambda	$M\ \mu$ My	$N\ \nu$ Ny	$\Xi\ \xi$ Xi	$O\ o$ Omnikron	$\Pi\ \pi$ Pi
$P\ \varrho$ Rho	$\Sigma\ \sigma$ Sigma	$T\ \tau$ Tau	$Y\ \upsilon$ Ypsilon	$\Phi\ \varphi$ Phi	$X\ \chi$ Chi	$\Psi\ \psi$ Psi	$\Omega\ \omega$ Omega

Physikalische Konstanten (nach DIN 1304-1 und DIN 1301-1)

Größe	Formelzeichen, Zahlenwert, Einheit	gerundeter Größenwert
AVOGADRO-Konstante	$N_A = 6{,}0224199 \cdot 10^{23}$ mol^{-1}	$\approx 6{,}022 \cdot 10^{23}$ mol^{-1}
Molares Volumen idealer Gase	$V_{m,n} = 22{,}413994$ L/mol	$\approx 22{,}41$ L/mol
Universelle Gaskonstante	$R = 8{,}314472$ J/(mol · K)	$\approx 0{,}08314$ bar · L · K^{-1} · mol^{-1}
Normdruck	$p_n = 1{,}01325$ bar	$\approx 1{,}013$ bar
Normtemperatur	$T_n = 273{,}15$ K	≈ 273 K
Atomare Masseneinheit	$1\ u = 1{,}66053873 \cdot 10^{-24}$ g	$\approx 1{,}66 \cdot 10^{-24}$ g
FARADAY-Konstante	$F = 96.485{,}3415$ C/mol	≈ 96.485 A · s · mol^{-1}
BOLTZMANN-Konstante	$k = 1{,}3806503 \cdot 10^{-23}$ J/K	$\approx 1{,}38 \cdot 10^{-23}$ J/K
Elementarladung	$e = 1{,}602176462 \cdot 10^{-19}$ C	$\approx 1{,}60 \cdot 10^{-19}$ C
Fallbeschleunigung	$g = 9{,}80665$ m/s^2	$\approx 9{,}81$ m/s^2
Lichtgeschwindigkeit	$c_0 = 2{,}99792458 \cdot 10^8$ m/s	≈ 300.000 km/s

Hinweis zu den Normen

Bei der Erstellung dieses Lehrbuchs wurden die aktuell gültigen Normen berücksichtigt (Stand: Februar 2012).

Es würde den Rahmen dieses Lehrbuchs sprengen, wollte man alle Normen nennen, die Ausbildungs- und Unterrichtsinhalte der Chemieberufe berühren könnten. Aus diesem Grund sind nicht alle, die Sachgebiete tangierenden Normen im Lehrbuch genannt und behandelt. Die Autoren empfehlen jedoch den Lehrern, Ausbildern und Lernenden, bei Bedarf diese Normen sich zu beschaffen und einzusehen.

Maßgebend für das Anwenden der Normen ist die jeweils gültige Norm. Ihre Gültigkeit und der Titel können auf der Internetadresse **www.mybeuth.de** eingesehen werden.

Die Bestellung kann postalisch beim Beuth Verlag GmbH, Burggrafenstraße 6, D-10787 Berlin, oder online bei dessen Internetadresse www.mybeuth.de erfolgen.

Hinweis: Das Deutsche Institut für Normung (DIN) und der Beuth Verlag bieten eine Vielzahl an Informationen, jedoch keine Volltext-Einsicht über das Internet an.

www.beuth.de Recherche- und Bestelladresse, in der das gesamte Publikations- und Vertriebsprogramm des Beuth Verlags recherchiert und online bestellt werden kann.

www.din-katalog.de: Kostenpflichtige bibliographische Datenbank, in der alle in Deutschland gültigen technischen Regeln sowie Rechts- und Verwaltungsvorschriften mit technischem Bezug recherchiert werden können.

Kopiervorlage: **Millimeterpapier**

Kopiervorlage: **Einfach-Logarithmen-Papier**

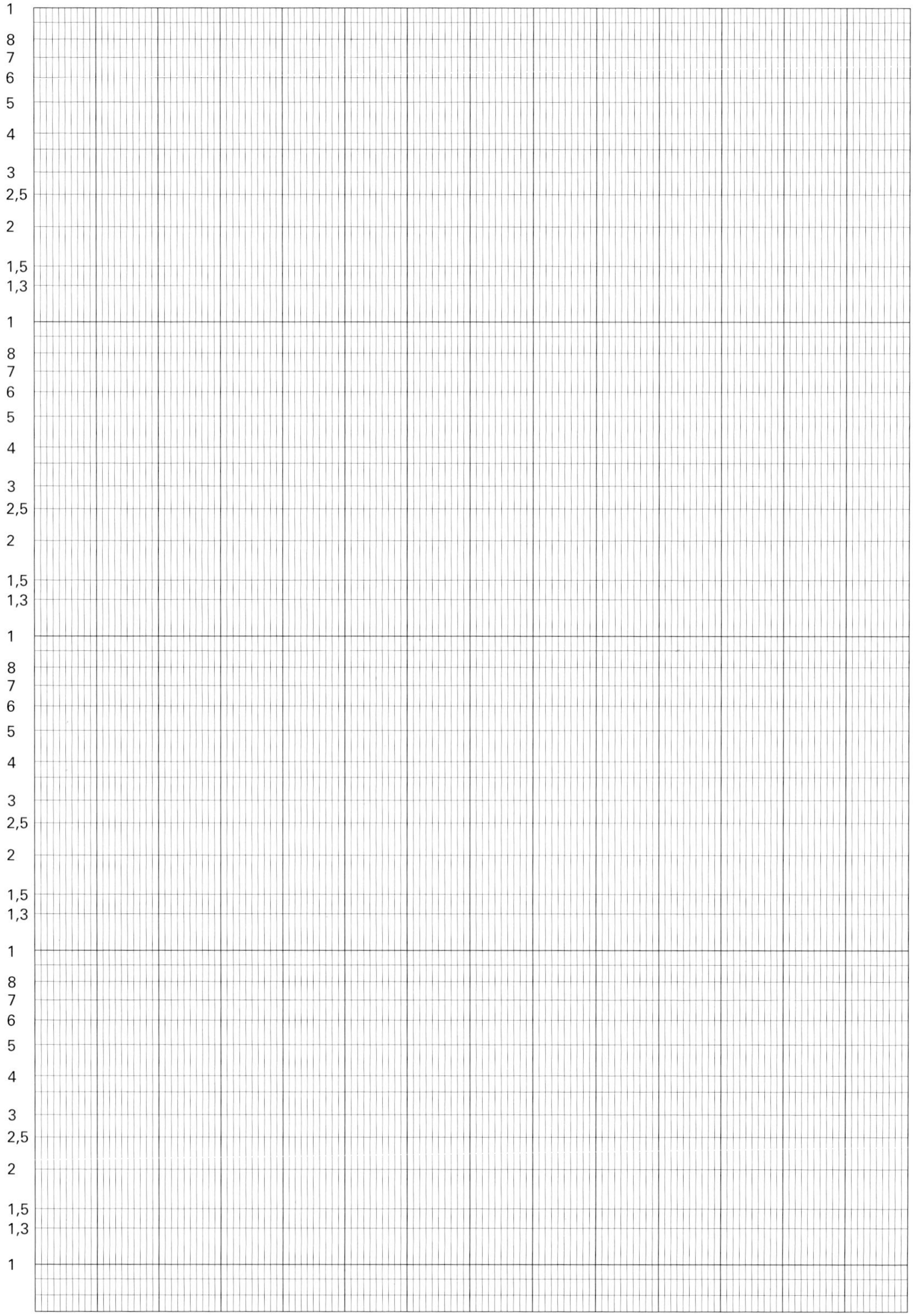

Kopiervorlage: **Doppelt-Logarithmen-Papier**

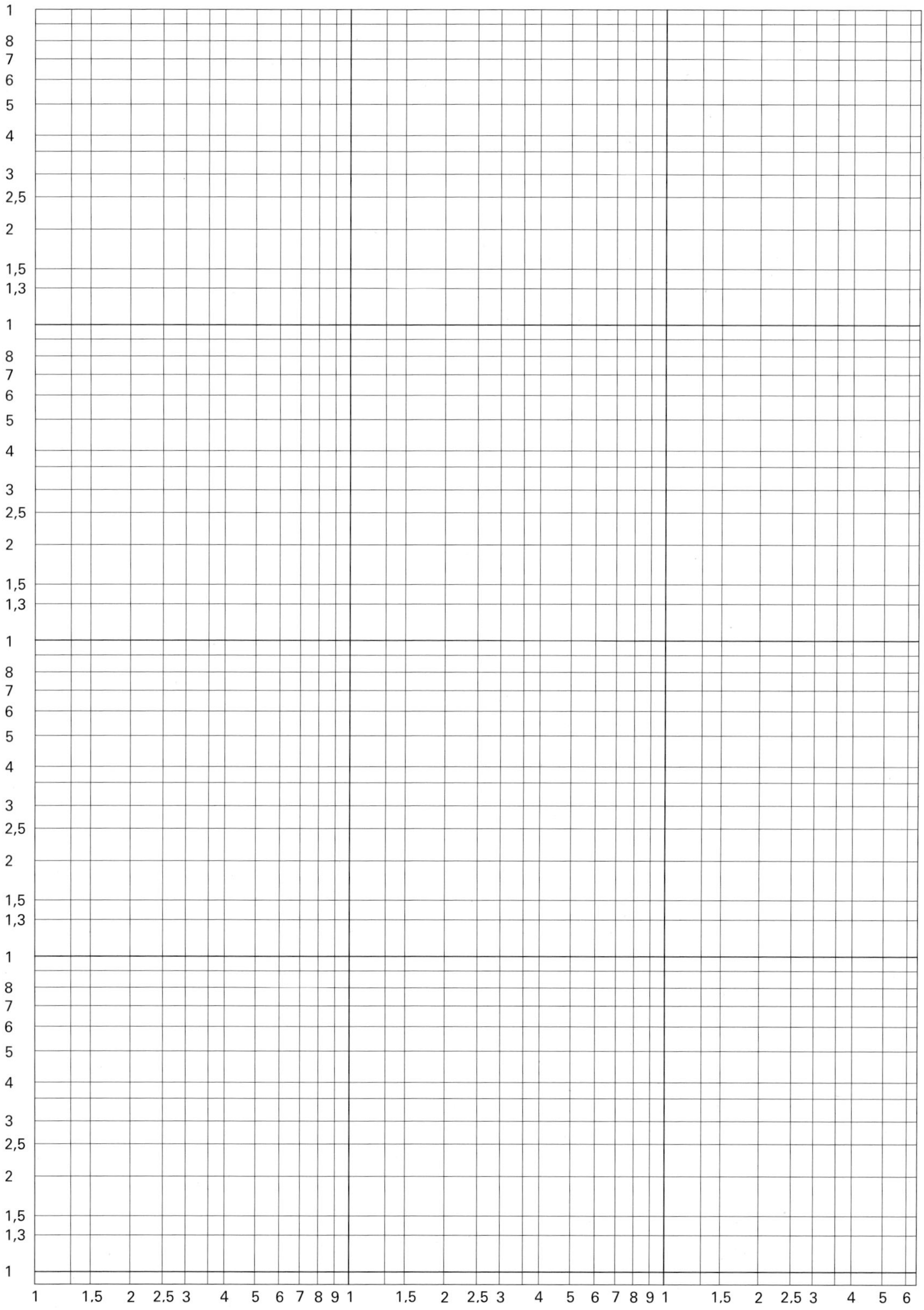

Kopiervorlage: **RRSB-Netz für die Siebanalyse**

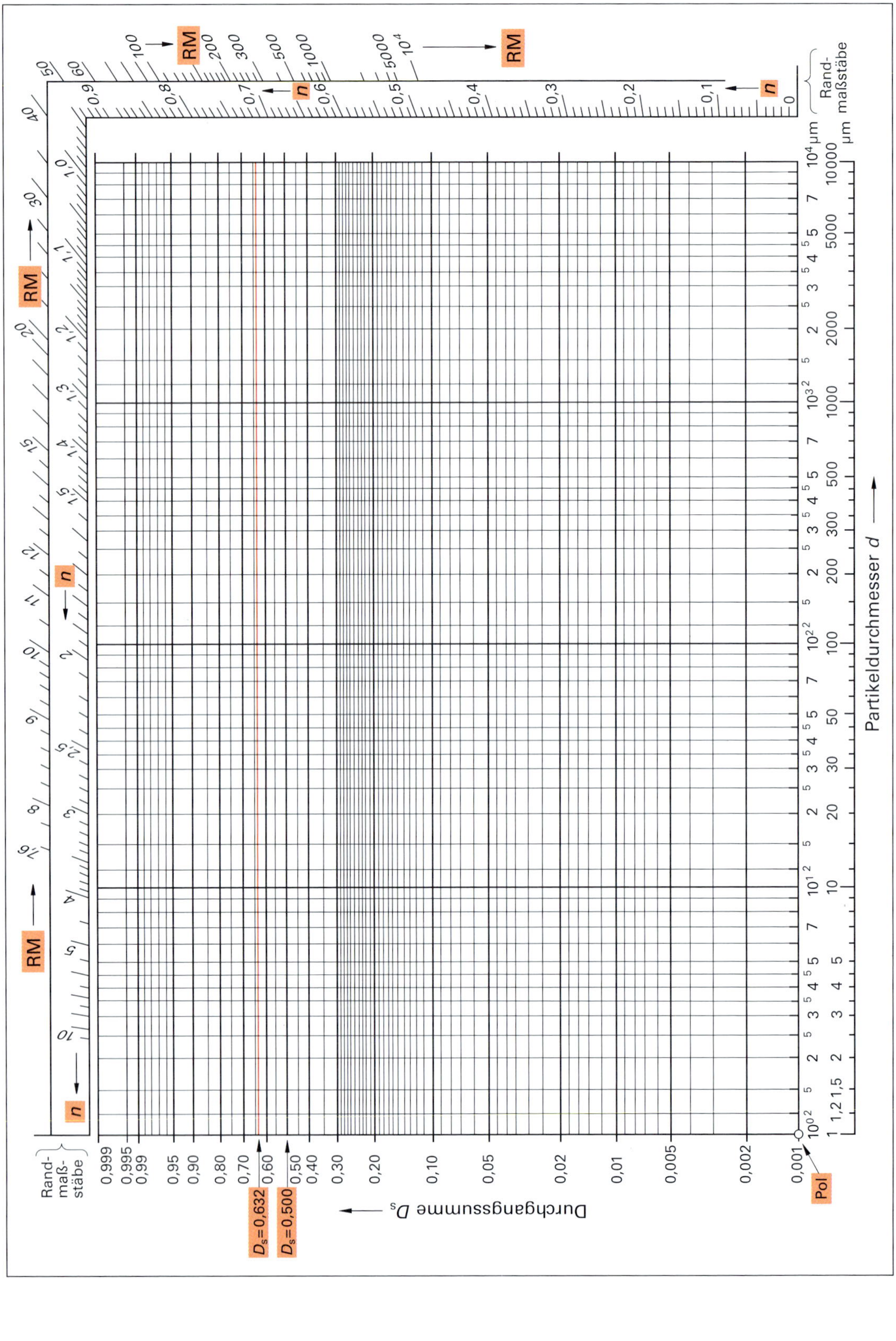

Kopiervorlage: **Gleichgewichtsdiagramm**

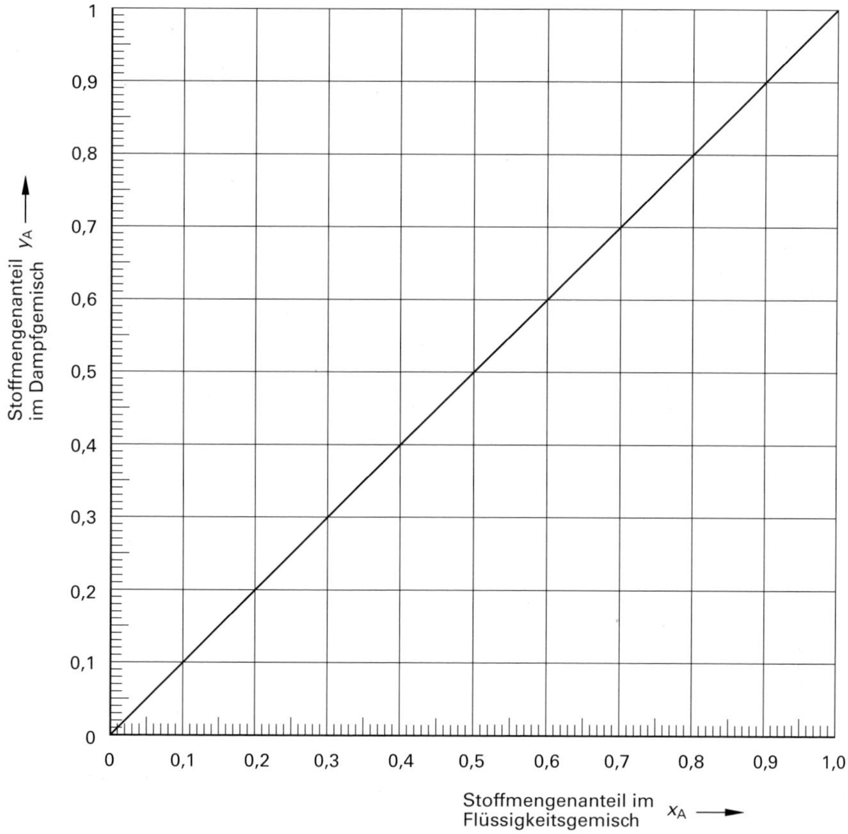

Kopiervorlage: **Qualitätsregelkarte**

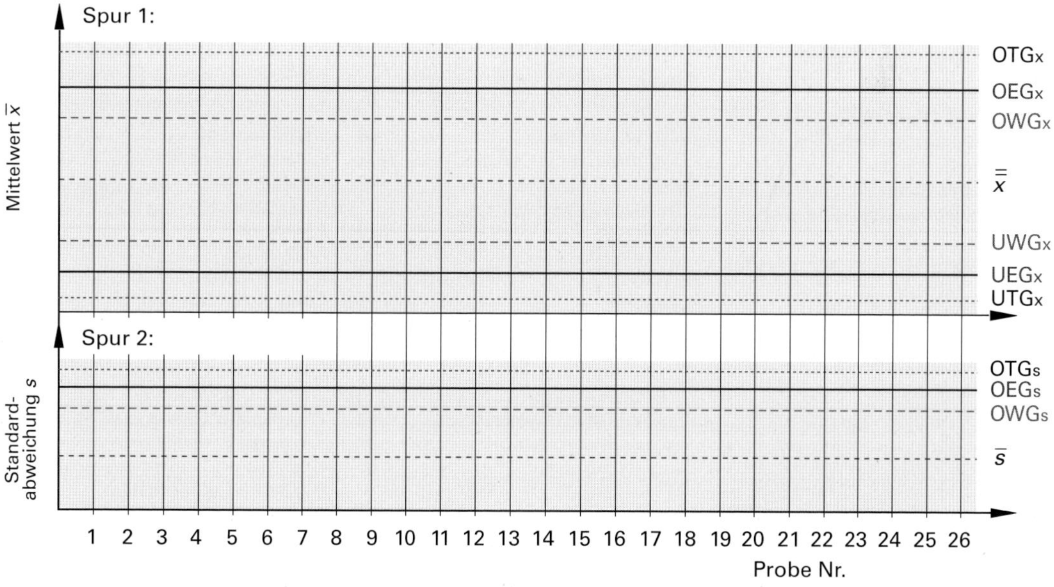

Sachwortverzeichnis

mit englischen Sachwörtern

A

Abbe-Refraktometer 233
Abbe refractometer
Abperlen 311
rolling off
Absolute Luftfeuchte 105
absolute humidity
Absoluter Druck 96
absolute pressure
Absoluter Fehler 41
absolute error
Abszisse 46
x-coordinate
Abwasser 211
waste water
Abwasserkennwerte 211
waste water characteristics
Achsenparallele Gerade 50
axially parallel line
Acidimetrie 205
acidimetry
Addieren 10
to add
Äquivalentkonzentration ... 155, 203
equivalent concentration
Äquivalenzpunkt 202, 221
equivalent point
Aggregatzustand 279
state of aggregation
Aggregatzustandsänderungen . 279
change of state of aggregation
AliquoteTeile 202
aliquots
Alkalimetrie 205
alkalimetry
Allgemeine Gasgleichung 118
ideal gas equation
Allgemeine Gaskonstante 118
universal gas constant
Allgemeine Zustandsänderung . 102
general change of state
Allgemeine Zustandsgleichung der Gase 118, 138
general ideal gas equation
Ampholyt 188
ampholyte
Analyt 202
analyte
Analytische Bestimmungen 197–246
analytical determinations
Anhang 330–335
appendix
Anion 109
anion
Anomalie des Wassers 276
anomaly of water
Anteile 28
fractions
Anzeige 32
display, reading
Apparatur nach Viktor Meyer ... 120
apparatus of Viktor Meyer
Aräometer 302
areometer, hydrometer
Arbeit (physikalische) 90
work
Archimedisches Gesetz 99
Archimedes law
Arithmetischer Mittelwert ... 41, 325
arithmetic mean
Atmosphärendruck 96
atmospheric pressure
Atom 108
atom
Atomare Masseneinheit 113
atomic mass unit
Atomhülle 108
atomic shell
Atomkern 108
atom nucleus
Auflösung 32, 241
resolution
Auftriebskraft 99
lift force
Ausbeute 140
yield
Ausgleichskurve 47
regression curve
Auslaufbecher 309
viscosity cup
Auswertung 32
analysis, evaluation
Auswertung von Hand 45
analysis by hand
Autoprotolyse 188
autoprotolysis
Avogadro 117

B

Balkendiagramm 58
bar diagram
Basenkonstante 192
basicity constant
Basisbreite 240
base width
Benetzen 311
wetting
Berechnen 13
to calculate
Berechnungsformel 71
calculation formula
Beschleunigte Bewegung 83
accelerated motion
Beschleunigung 83
acceleration
Beschleunigungsarbeit 90
acceleration work
Bestandteil 114
component
Bestimmung des Titers 208
determination of titer
Bestimmung des Wassergehalts in Ölen 200
Dean and Stark test method
Bestimmungsgleichung 23
conditional equation
Biegeschwinger 303
flexural resonator
Biochemischer Sauerstoffbedarf BSB 211
biochemical oxygen demand BOD
Biot'sches Gesetz 237
Biot's law
Bodenhöhe (Kolonne) 242
height of plate (column)
Bodenhöhe HETP 241
height equivalent to a theoretical plate
Bodenzahl 242
number of plates
Brechungsgesetz von Snellius .. 232
law of refraction
Brechzahl 232
refraction index
Brigg'sche Logarithmen 20
Briggs logarithm
Brennwert 292
gross calorific value
Bruch (mathematisch) 14
fraction
Bruchrechnen 14
arithmetics of fractions
Bügel- und Ringverfahren zur Messung der Oberflächenspannung 312
stirrup or ring method
Bürette 35
buret

C

Carbonathärte 214
carbonate hardness
Celsius-Skale 273
Celsius scale
Chemische Reaktionen 122, 172–196
chemical reactions
Chemischer Sauerstoffbedarf CSB 213
chemical oxygen demand COD
Chemisches Element 108
chemical element
Chemisches Gleichgewicht 180
chemical equilibrium
Chemische Zusammensetzung . 114
chemical composition
Chromatografie 237
chromatography
Chromatogramm 240
chromatogram

Cosinus 25
cosine
Cotangens 25
cotangent

D

Dampfheizung 287
steam heating
Dehnungs-Messstreifen DMS 262
strain gauge
Dekadischer Logarithmus 20, 21
decimal logarithm
Diagramm 58
diagram, chart
Dichte 78, 121, 295
density
Dichte eines Gases 121
gas density
Dichte von Stoffgemischen 80
density of mixtures
Digitalrefraktometer 233
digital refractometer
Direkte Dampfbeheizung 287
direct steam-heating
Direkte Eiskühlung 287
direct ice-cooling
Direkter Dreisatz 26
direct rule of three
Direkttitration 205
direct acidimetric titration
Dissoziationsgleichgewicht 188
dissociation equilibrium
Dividieren 12
to divide
Doppelt-logarithmisches Papier 53
double logarithmic paper
Drehstrom 265, 267
three-phase current
Drehstromnetz 265
three-phase power system
Drehzahl 82
driving speed, engine speed
Dreieck 75
triangle
Dreieckschaltung 266
delta connection
Dreiphasenwechselstrom 267
three-phase alternating current
Dreisatz 26
rule of three
Druck 96
pressure
Druckarten 96
modes of pressure
Druck in Gasen 101
pressure in gases
Druckmessgerät 36
pressure gauge
Druckwandler 98
pressure converter
Dünnschichtchromatografie 237
thin-layer chromatography
Durchflussmasse 85
mass rate
Durchflussvolumen 85
volume rate
Durchgang 314
pass
Durchgangssumme 315
total pass
Durchgangssummen-diagramm 316
total pass diagram
Durchschnitts-Reaktions-geschwindigkeit 173
average reaction rate
Dynamisches Gleichgewicht 180
dynamic equilibrium
Dynamische Viskosität 307
dynamic viscosity

E

Ebullioskopische Konstante 282
ebullioscopic constant
Einfach-logarithmisches Papier 53
logarithmic paper
Eingriffsgrenze 324
action controllimit
Einheit 9, 69
unit
Einheitenzeichen 70
symbol
Einphasenwechselstrom 267
one-phase alternating current
Einspurig 324
single-track
Eintauchtiefe 100
depth of immersion
Eiskühlung 287
ice-cooling
Elektrische Arbeit 263
electric work
Elektrische Ladung 247
electric charge
Elektrische Leistung 263
electric power
Elektrische Spannung 247
voltage
Elektrischer Strom 247
electric current
Elektrischer Stromkreis 248
electric circuit
Elektrischer Widerstand 249
electric resistance
Elektrolytische Stoffabscheidung 269
electrolytic deposition
Elektromagnetisches Spektrum 226
electromagnetic spectrum
Elektromagnetische Welle 226
electromagnetic wave
Elektron 108
electron
Elektronegativität 127
electronegativity
Elektrotechnik 247–273
electrical engineering
Elementarteilchen 108
fundamental particle
Endotherme Reaktion 289
endothermic reaction
Energie 93
energy
Erstarren 279
to solidify
Erstarrungswärme 279
heat of solidification
Esterzahl EZ 219
ester value
Exotherme Reaktion 289
exothermic reaction
Exponent 16
exponent
Extinktion 227
extinction
Extinktionskoeffizient 227
extinction coefficient

F

Faraday'sches Gesetz 269
Faraday's law
Faraday-Konstante 269
Faraday constant
Feuchtigkeitsgehalt 198
moisture content
Filterfotometrie 228
filter photometry
Fläche 75
area
Flüchtige Bestandteile 199
volatiles
Förderbandwaage 35
belt weigher
Formänderungskraft 87
force of deformation
Formel 9, 110
formula
Formelzeichen 69
letter symbol
Fotometrie 228
photometry
Freier Fall 83
free fall
Frequenz 225
frequency
Funktionsgraph 50
functional graph

G

Gaschromatografie 239
gas-chromatography
Gasportion 116
gas portion
Gefrierpunkterniedrigung 283
freezing point depression
Gehalt 145
content
Gehaltsgrößen von Mischungen 145–171
content values of mixtures
Genauigkeit 39
precision
Genauigkeitsklasse 34
modulus of precision, accuracy class
Geradengleichung 50
linear equation

Geradlinige Bewegung 82
rectilineal movement
Gesamtausbeute 141
total yield
Gesamtdruck 97
total pressure
Gesamthärte 214
total hardness
Geschwindigkeit 82
velocity
Geschwindigkeitsänderungskraft . 87
accelerator force
Gesetz von Avogadro 116
Avogadro's law
Gesetz von Bouguer, Lambert und Beer 227
law of Bouguer, Lambert and Beer
Gewichtskraft 87
weight force
Glasthermometer 36
glass thermometer
Gleichgewichtskonstante 181
equilibrium constant
Gleichmäßigkeitszahl 316
equability value
Gleichung (mathematisch) 23
equation
Glührückstand 199
ignition residue, ash content
Glührückstandsbestimmung . . . 199
determination of annealing residue
Glühverlust 199
ignition loss, annealing loss
Grafische Darstellung 46
grafic chart
Grafische Extrapolation 48
graphical extrapolation
Grafische Interpolation 48
graphical interpolation
Gravimetrische Analyse 198
gravimetric analysis
Grenzwinkel der Totalreflexion . 233
angle of total reflection
Griechisches Alphabet 330
greek alphabet
Größe (physikalische) 9
physical quantity
Größengleichung 9, 24
quantity equation
Grundrechnungsart 10
basic arithmetical operation
Gruppenschaltung 256
multiple series

H

Härtehydrogencarbonat 215
hardness-hydro-carbonate
Heizwert 291
net calorific value
Histogramm 323
histogram
Histogramm der Verteilungsdichte 315
histogram of mass density distribution
Hochleistungs-Flüssigkeitschromatografie HPLC 239
high-performance liquid chromatography
Höppler-Kugelfall-Viskosimeter . 308
falling-ball viscosimeter
Hubarbeit 90
lifting work
Hydraulische Presse 97
hydraulic press
Hydrostatische Waage 299
hydrostatic balance
Hydrostatischer Druck 97
hydrostatic pressure

I

Ideale Gase 117
ideal gases
Index 110
index
Indirekter Dreisatz 27
indirect rule of three
Industriewaage 35
scale
Ion 109
ion
Ionenprodukt des Wassers 188
ionic product of water
Isobare Zustandsänderung 101
isobar change of state
Isochore Zustandsänderung 101
isochore change of state
Isotherme Zustandsänderung . . 101
isotherm change of state
Isotop 109
isotope
Isotopengemisch 115
isotopic mixture
Isotopenschreibweise 109
symbolism of isotopes

K

Kalibrierkurve 48
calibrating diagram
Kapillarmethode 311
capillary method
Katalysator 179
catalyst
Kation 109
cation
Kelvin-Skale 273
Kelvin scale
Kinematische Viskosität 307
kinematic viskosity
Kinetische Energie 93
kinetic energy
1. Kirchhoff'sche Regel 254
1. Kirchhoff's law
2. Kirchhoff'sche Regel 252
2. Kirchhoff's law
Klammer (mathematisch) 13
bracket
Klasse 322
class
Klassenbreite 322
class range
Koeffizient 110
coefficient
Komplexometrie 215
compleximetry
Kondensationswärme 281
heat of condensation
Kondensieren 281
to condense
Konduktometrie 222
conductimetry
Kontinuitätsgleichung 86
continuity equation
Konnzentrieren 169
to concentrate
Kopiervorlage 331
master
Korngrößenmittelwert 316
particle size mean value
Kornverteilungsdiagramm 315
particle size distribution diagram
Kotangens 25
cotangent
Kraft (physikalisch) 87
force
Kraft-Weg-Diagramm 90
force-path diagram
Kreis 75
circle
Kreisbewegung 82
circular motion
Kreisdiagramm 60
circle diagram
Kreisring 75
circular ring
Kristallwasser 111
chemically combined water
Kryoskopische Konstante 284
cryoscopic constant
Kurve 48
graph

L

Laborwaage 35
balance
Ladungszahl 111
ionic valence
Länge 74
length
Längenausdehnungskoeffizient 274
coefficient of linear thermal expansion
Längenberechnung 74
computation of length
Leistung 92
power
Leistungsfaktor 267
power factor
Leistungsschild 267
rating plate
Leitfähigkeitstitration 222
conductivity titration

Leitwert ... 250
conductivity
Lichtbrechung ... 232
refraction
Lichtgeschwindigkeit ... 225
velocity of light
Lineare Regression ... 62
linear regression
Linearisieren ... 52
to linearise
Liniendiagramm ... 59
line diagram
Löslichkeit ... 158
solubility
Löslichkeitsgleichgewicht ... 195
solubility equilibrium
Löslichkeitskurve ... 158
solubility curve
Löslichkeitsprodukt ... 195
solubility product
Logarithmen-Papier ... 332
logarithmic paper
Logarithmieren ... 20
to logarithmise
Logarithmus ... 20
logarithm
Luftfeuchtigkeit ... 104
air humidity

M

Manometer ... 36
manometer
Maßanalyse ... 202
titrimetry
Maßanalytische Äquivalentmasse ... 206
titrimetric equivalent mass
Maßanalytische Kennzahlen ... 217
volumetric values
Masse ... 78
mass
Massenanteil ... 114, 147
mass fraction
Massenbezogene Oberfläche ... 318
mass specific area
Massenkonzentration ... 153
mass concentration
Massenstrom ... 85
mass flow
Massenwirkungsgesetz ... 181, 188
law of mass action
Maßlösung ... 202, 203
standard solution
Maßstab ... 74
enlargement scale
Mathematische Grundlagen ... 8
mathematics
Mathematisches Zeichen ... 9
mathematical symbol
Medianwert ... 41, 325
median
Messbereich ... 33
specified measuring range
Messergebnis ... 33
result of measurement
Messfühler ... 36
measuring sensor
Messgenauigkeit ... 34
measuring accuracy
Messgröße ... 32
measurand
Messsystem ... 37
measuring system
Messtechnik ... 32–68
measuring technology
Messunsicherheit ... 33
uncertainty of measurement
Messwert ... 32, 38
data, measured value
Messwertreihe ... 41
list of measurement readings
Messzylinder ... 34
measuring glass
MiddleThird (ORK) ... 337
middle third
Millimeterpapier ... 53, 331
millimeter squared paper
Mischen von Lösungen ... 165
mixing of solutions
Mischung ... 145
mixture
Mischungskreuz ... 166
distributive law
Mischungstemperatur ... 285
mixing temperature
Mittelwert ... 41
mean
Molalität ... 282
molality
Molare Drehung ... 235
molar rotation
Molare Masse ... 112,120
molar mass
Molarer Extinktionskoeffizient ... 227
molar extinction coefficient
Molares Normvolumen ... 117
molar standard volume
Molares Volumen, ... 116
molar volume
Momentan-Reaktionsgeschwindigkeit ... 173
instantaneous reaction rate
Monochromatisch ... 235
monochromatic
Multiplizieren ... 11
to multiply

N

Natürlicher Logarithmus ... 20, 21
natural logarithm
Netto-Retentionszeit ... 240
net retention time
Netzdiagramm ... 60
radar diagram
Netzwerk ... 256
network
Neutralisationstitration ... 205
acidimetric titration
Neutralisationszahl ... 217
neutralisation value
Neutron ... 108
neutron
Nichtcarbonathärte ... 214
noncarbonate hardness
Normalverteilung ... 43
normal distribution
Normbedingungen ... 117
standard conditions
Normdruck ... 117
standard atmospheric pressure
Normen ... 330
standards
Normtemperatur ... 117
standard temperature

O

Oberfläche ... 76, 318
area, surface
Oberflächenspannung ... 311
surface tension
Ohm'sches Gesetz ... 251
Ohm's law
Oleum-Bestimmung ... 210
oleum determination
Optisch aktive Medien ... 235
chiral substances
Optische Analyseverfahren . 225–236
optical analysis
Ordinate ... 46
ordinate
Oxidation ... 129
oxidation
Oxidationszahl ... 127
oxidation number

P

Papierchromatografie ... 237
paper chromatography
Parallelschaltung ... 254
parallel connection
Partialdruck ... 103
partial pressure
Partikelgrößenanalyse ... 314
particle size analysis
Peakfläche ... 240
peak area
Peakhöhe ... 240
peak height
pH-Wert ... 22, 189
pH-value
Physikalische Berechnungen ... 69–107
physical calculations
Physikalische Größe ... 69
physical quantity
Physikalische Konstanten ... 330
physical constants
pOH-Wert ... 189
pOH-value
Polarimeter ... 236
polarimeter

Polarimetrie 235
polarimetry
Polarisator 235
polariser
Potentiometrie 220
potentiometry
Potenz (mathematisch) 16
power
Potenzielle Energie 32
potential energy
Potenzieren 16
to raise a number to a power
Pressdichte 79, 305
compressed density
Prinzip des kleinsten Zwanges 183
principle cf least resistance
Prinzip von Le Châtelier 183
principle of Le Châtelier
Produkteigenschaften 295–321
product properties
Promille 28
permill
Proportion 27
proportion
Protolysegleichgewicht 187
protolysis equilibrium
Protolysegrad 191
degree of protolysis
Protolysereaktion 187
protolysis
Proton 108
proton
Prozent 28
percent
Prozentualer Fehler 41
percentage error
Prozessdaten 32
process data
Prozessdatenauswertung mit einem Computer 55
process data analysis with a computer
Prozessregelkarte 331
process control chart
Pufferlösung 194
buffer system
Pyknometer 296
pycnometer

Q

Quadrat 75
square
Qualitätsregelkarte 324, 335
control chart
Qualitätssicherung 322–329
quality control
Quantität 111
quantity

R

Reaktionsenergie 289
reaction energy
Reaktionsenthalpie 289
reaction enthalpy
Reaktionsgeschwindigkeit 172
reaction rate
Reaktionsgeschwindigkeits-Temperatur-Regel 177
reaction rate-temperature-equation, van't Hoffs law
Reaktionsgleichung 122
reaction equation
Reale Gase 117
real gases
Rechnen 8
arithmetics
Rechteck 75
rectangle
Redox-Reaktion 129
redox reaction
Reduktion 129
reduction
Refraktometer 233
refractometer
Refraktometrie 232
refractometry
Regelgrenze 326
control limit
Regression 62
regression
Reibungsarbeit 90
frictional work
Reibungsgesetz 88
friction law
Reibungskraft 88
frictional force
Reihenschaltung 252
series connection
Relative Luftfeuchte 105
relative humidity
Relative Standardabweichung 43
relative standard deviation
Relativer Fehler 41
relative error
Retentionsfaktor 238, 241
retention factor
Retentionszeit 240
retention time
Rohrleitungen 85
piping
Rotations-Viskosimeter 310
rotary viscosimeter
RRSB-Netz 316, 334
RRSB-grid
Rückstand 314
residue
Rückstandssumme 315
total residue
Rückstandssummendiagramm 315
total residue diagram
Rücktitration 209
back titration
Rütteldichte 79, 305
vibration density, tapped bulk density
Run (QRK) 329
run
Runden 38
to round

S

Sättigungsdampfdruck 103
saturation vapor pressure
Sättigungs-Lösekurve 158
saturation solubility curve
Säulendiagramm 58, 323
column diagram, bar diagram
Säure 187
acid
Säurekonstante 192
acidity constant
Säurezahl SZ 217
acid value
Schmelzen 278
to melt
Schmelzwärme 279
melting heat
Schüttdichte 79, 305
bulk density, loose bulk density
Schüttgut 314
bulk material
Schwingungsmethode 304
oscillation method
Sensor 36
sensor
Sieb 314
sieve
Siebenanalyse 314
sieve analysis
Siedepunkterhöhung 282
boiling point increasement
Signifikante Ziffern 38
significant figures
Sinus 25
sine
Skalenanzeige 32
scala reading
Spalte 55
column
Spannarbeit (Feder) 91
clamping work
Spannenergie 93
clamping energy
Spannweite 41, 325
range
Spektraler Reinabsorptionsgrad 226
spectral internal absorptance
Spektraler Reintransmissionsgrad 226
spectral internal transmittance
Spezifische Drehung 235
spedfic rotation
Spezifische Oberfläche 318
specific area
Spezifische Schmelzwärme 279
specific melting heat
Spezifische Verdampfungswärme 281
specific heat of evaporation
Spezifische Wärmekapazität 278
specific heat capacity
Spezifischer Brennwert 292
gross calorific value

Spezifischer elektrischer Widerstand 250
specific electric resistance, resistivity
Spezifischer Heizwert 292
net calorific value
Stammlösung 202
stock solution
Standardabweichung 42, 325
standard deviation
Standard-Reaktionsenthalpie... 289
standard reaction enthalpy
Statischer Druck 97
static pressure
Statistische Prozesslenkung 322
Statistical Process Control
Sternschaltung 265
star circuit
Stöchiometrische Berechnungen 108–144
stoichiometric calculations
Stöchiometrische Zusammensetzung 114
stoichiometric composition
Stoffmenge 111
amount of substance
Stoffmengenanteil......... 103, 150
molar fraction
Stoffmengenkonzentration. 155, 203
molar concentration
Stoffportion 111
portion of substance
Stoffumsatz 133
substance conversion rate
Stoßtheorie der Reaktionsgeschwindigkeit 176
collision theory of reaction rate
Streuung..................... 325
deviation, statistical spread
Strichliste 322
check list
Strömende Medien 85
flowing fluids
Strömungsgeschwindigkeit 85
flow speed
Stromstärke.................. 248
amperage
Subtrahieren 10
to subtract
Symbol 110
symbol

T

Tabellenkalkulationsprogramm... 55
spread sheet
Tangens 25
tangent
Taschenrechner 43
pocket calculator
Tauchkörper-Verfahren 302
immersed body method
Technische Dichte 79, 305
industrial density
Temperaturskala 273
temperature scale
Tensiometer 312
tensometer
Thermische Längenausdehnung 274
thermal expansion
Thermische Volumenausdehnung.................. 275
thermal volume dilatation
Thermische Widerstandsänderung 259
thermal change of resistance
Thermodynamische Temperatur 101, 272
thermodynamic temperature
Thermoelement 260
thermocouple
Thermoelektrischer Effekt 260
thermoelectric effect
Thermometer 36, 273
thermometer
Thermospannung 260
thermocouple voltage
Titer 204
titer, titre
Titerbestimmung 208
determination of titer
Titerstellung 208
determination of titer
Titration 205
titration
Toleranzgrenze............... 324
tolerance limit
Totzeit 240
dead time
Trend (QRK).................. 329
trend
Trennfaktor 241
separation factor
Trennstufenzahl 242
number cf theoretical stages
Trennwirkung 241
selection effect
Trockengehalt................ 198
dry solids content
Trockensubstanz 198
dry matter, dry substance
Tropfenmethode 312
drop method

U

Ubbelohde-Viskosimeter....... 309
Ubbelohde viscosimeter
Überdruck 96
excess pressure
Umdrehungsfrequenz 82
rotary frequency
Umfang........................75
circumference
Umfangsgeschwindigkeit 82
cireumferential speed
Umrechnen 20, 160
to convert, converting
Umsatz 133
conversion rate
Unsicherheit 33, 39
uncertainty
Ursprungsgerade................50
line trough origin
Urwertkarte 324
original data chart
UV-VIS-Spektroskopie 230
UV-VIS-spectroscopy

V

van't Hoff-Gesetz 177
van't Hoff's law
Verdampfen.................. 280
to evaporate
Verdampfungswärme.......... 280
evaporation heat
Verdünnen 167
to dilute, diluting
Verdünnungsfaktor 203
diluting factor
Verseifungszahl VZ 218
saponification value
Viktor Meyer Apparatur 120
Viktor Meyer apparatus
Viskosität.................... 307
viscosity
VIS-Strahlung 226
visible radiation
Volumen................... 76, 78
volume
Volumenänderungsarbeit...... 102
volumetric work
Volumenanteil................ 149
volume fraction
Volumenausdehnungskoeffizient.................... 275
coefficient of volume dilatation
Volumenbezogene Oberfläche . 318
volume specific area
Volumenkonzentration......... 154
volume concentration
Volumenstrom 85
volume flow
Volumetrische Bestimmung.... 202
volumetric analysis
Vorsatz 70
prefix
Vorsatzzeichen 70
prefix symbol

W

Wärmeenergie 93
heat energy
Wärmeinhalt 277
heat capacity, enthalpy
Wärmelehre.............. 273–294
thermodynamics
Wärmemenge................. 292
heat quantity
Warngrenze.................. 324
warning limit

Wasserhärte 214
 water hardness
Wellenlänge. 225
 wavelength
Wellenzahl 225
 wave number
Wertetabelle 45
 table of values
Westphal'sche Waage 300
 Westphal's balance
Wheatstone'sche
Brückenschaltung 258
 Wheatstone bridge
Widerstandsänderung durch
Dehnung. 262
 change of resistance by
 elongation
Widerstandsthermometer 259
 resistance thermometer
Winkel . 25
 angle
Winkelfunktion 25
 trogonometric function

Wirkungsgrad 94, 264
 efficiency
Wurzel (mathematisch) 18
 radical, root
Wurzelexponent 18
 exponent of a root
Wurzelziehen (mathematisch) 18
 radical arithmetics

X

x-y-Diagramm 59
 x-y-scatter, x-y-diagram

Z

Zahlen . 8
 numbers, numeracy
Zahlenarten . 8
 species of numeracy

Zahlenstrahl. 8
 number line
Zehnerpotenz 16
 decimal power
Zeile . 55
 row
Zelle . 55
 cell
Zentrifugalkraft. 88
 centrifugal force
Ziffernanzeige 32
 numeral display
Zusammensetzung 114
 composition
Zustandsänderung 101
 change of state
Zweispurig. 324
 double-track
Zwischenwert 45
 interim value

Danksagung und Bildquellenverzeichnis

Die Autoren und der Verlag Europa-Lehrmittel bedanken sich bei den nachfolgend aufgeführten Firmen und Institutionen für die Überlassung von Prospekten und Druckschriften, für wertvolle persönliche Beratungen und Auskünfte sowie für die Erlaubnis zum Abdruck von Bildmaterial.

Firma	Bild-Nr.
Agilent Technologies/Waldbronn	
Alfa Laval Mid Europe GmbH/Glinde	260/1, 268/2
Aerzener Maschinenfabrik/Aerzen	74/1, 106/1
Bayer AG/Leverkusen	
Beumer Maschinenfabrik/Beckum	84/3, 91/3
Bornemann GmbH/Obernkirchen	271/3
Bruker Analytik GmbH/Reinstetten	
Dipl.-Ing. Wolfgang Ross/Stuttgart	264/1
Dorr-Oliver Eimco GmbH/Walluf	82/3
Dr. Kernchen GmbH/Seelze-Letter	35/2
Emile EGGER & Co. GmbH/Mannheim	106/3
DOW Deutschland Anlagen-gesellschaft/Stade	Buchumschlag
Eaton Filtration GmbH/Nettersheim	75/1
GEA Westfalia GmbH/Oelde	88/3
Gebrüder Haake GmbH/Karlsruhe	
Hosokawa Micron GmbH/Köln	271/1
Johnson Engineering GmbH/Neuss	106/2
Leybold Didaktik GmbH/Hürth	
Maschinenfabrik Köppern/Hattingen	304/1
Merck AG/Darmstadt	
Pallmann Maschinenfabrik/Zweibrücken	84/2, 271/2
Polytec GmbH/Waldbronn	
Ritz Pumpenfabrik/Schwäbisch Gmünd	264/2
Ritz-Atro GmbH/Roding	91/2
Sartorius AG/Göppingen	35/3, 36/2
Sulzer-Escher Wyss	163/1
Texas Instruments GmbH/Freising	
Thyssen Krupp AG/Düsseldorf	84/1, 107/1

Die Autoren bedanken sich auch bei den Benutzern des Buches, die durch Hinweise zur Behebung von Fehlern und durch konstruktive Sachkritik zur Verbesserung des Buches beigetragen haben.

Falls Sie auch bei dieser neuen Auflage zur Optimierung des Buches beitragen wollen, so senden Sie Ihre Vorschläge an die E-Mail-Adresse des Verlags: lektorat@europa-lehrmittel.de.